Die großen Erfindungen

Bergbau · Kohle
Erdöl

Roland Gööck

Die großen Erfindungen

Bergbau · Kohle Erdöl

SIGLOCH EDITION

Titelbild auf Seite 2: Den Eingang in die Welt unter Tage bezeichnet der Förderturm, ob er nun wie dieser auf der Zeche Franz Haniel in Oberhausen-Sterkrade in einem der ältesten Steinkohlereviere der Welt steht oder ob er der Förderung von Erz, Steinsalz oder anderen Mineralien dient. Modernste Technik kann nicht nur die Fördermengen der Gruben steigern, sondern auch die Gefährdung des Bergmanns mindern – ganz beseitigen läßt sie sich wohl nie. Der alte deutsche Bergmannsgruß kommt deshalb immer noch von Herzen: Glück auf!

Einbandfoto: Helga Lade, Frankfurt am Main
Satz: Setzerei Lihs, Ludwigsburg
Reproduktion: Otterbach Repro, Rastatt
Druck: Universitätsdruckerei H. Stürtz AG, Würzburg
Papier: 135 g/m^2 BVS der Papierfabrik Scheufelen, Lenningen
Bindearbeiten: Sigloch Buchbinderei, Künzelsau
ISBN 3-89393-038-8

Inhaltsverzeichnis

Bergbau · Kohle

Feuerstein, Metall und Kohle

Vom Feuerstein zur Kohle 12 – Feuersteinknollen aus dem Bergwerk 12 – Die Story vom Kupfer 12 – Die Kupferbergleute des Pharaos 12 – Gold und Silber 14 – Blei und Zink 14 – Das Eisenmonopol der Hethiter 14 – Berichte aus der Antike 15 – Wasserhaltung und Berggeister 15 – Kohle als Schwungrad der industriellen Revolution 16 – Die gespeicherte Sonnenenergie 16 – Die Photosynthese: Voraussetzung für das Leben auf der Erde 16 – Der Kohlenstoffkreislauf 20 – Riesenschachtelhalme und Superfarne 20 – Die versunkenen Wälder des Karbons 22 – Zweiter Höhepunkt der Kohlebildung im Tertiär 22

Nachrichten über schwarze Steine 22 – Der scharfe Geruch des thrakischen Steins 23 – Von Römern und Germanen 23 – China: eine Art von schwarzen Steinen 23 – Die ersten Umweltschutzgesetze 24 – Die Satelliten des Satans 24 – Spekulationen um das schwarze Gold 24 – Vermoderte Holzklötze oder die Natur echter Holzkohle 25

Was ist Kohle, woher kommt Kohle? 26 – Ein Ausgangspunkt: Kohlenstoff in Pflanzen, Torf und Kohle 26 – Die flüchtigen Bestandteile der Kohle 26 – Die dünn geschliffenen Gesteine 27 – Kohle unter dem Mikroskop 28 – Kohle unter Mitwirkung von Bakterien und Pilzen? 28

Kohlevorkommen: gleichmäßig über die Erde verteilt

Von Großbritannien bis China 29 – Englands Marsch ins Industriezeitalter 29 – Das Mutterland der Kohle-Industrie 30 – Streiks und veraltete Maschinen 31 – Amerika, du hast es besser (was die Kohle anbelangt) 31 – Lieber Holz statt teure Kohle 32 – Über den Fluß und in die Städte 32 – Kohle auf der anderen Seite der Welt: Australien 32 – Die Schätze der Darling Downs 33 – Leichhardt und die Kohle am German Creek 34 – UdSSR: unter anderem Kohle 34 – Kohlevorkommen im Donezbecken 34 – Der Kuzbass in Westsibirien 34 – Der stille Kohleriese: China 35 – Amateurgeologen auf Kohlesuche 35 – Reisende und Geologen 35 – Tagebau in Liaoning 36

Das Land an einem Fluß namens Ruhr 37 – Kohle auf Feldern und Wiesen 37 – „Damit noch Kohlen übrig bleiben“ 38 – Bergregal und Gewerkschaften 38 – Der Staat und die Kohle 39 – Ausbau der Verkehrswege: Straßen, Flüsse und Kanäle 40 – Mit Dampfkraft auf dem Wasser und auf Schienen 40 – Die Kohle unter dem Deckgebirge 40 – Mit Hilfe der Dampfkraft in die Tiefe 41 – Die Geburtsstunde der Eisen- und Stahlindustrie im Ruhrgebiet 42 – Der tiefe Sturz des Bullen Benno 43 – Hellweg- und Emscherzone 44 – Kirdorf: Rationalisator der Ruhrindustrie 44 – Die Vestische Zone und die Lippezone 44 – Die besetzte Kohlehochburg 45

Deutschlands andere Kohle-Schatztruhen 46 – Das Saargebiet: Mandelbaum und Industriegöttin 47 – Bergbau in einer schwermütigen Waldlandschaft 47 – Das Saarland als Streitobjekt 48 – Französisches Bergrecht und deutscher Fortschritt 49 – Die Saar und zwei Weltkriege 50 – Aachen: Deutschlands ältester Kohlenbergbau 50 – Ibbenbüren und das Ruhrkarbon 50

Markscheidekunst und Schachtabteufen

Vermessungen unter der Erde: die Markscheidekunde 51 – Das Aufsuchen der Lagerstätten 51 – Wie orientiert sich der Bergmann unter der Erde? 52 – Mit Lotschnur und Setzwaage 53 – Tunnelbauten und Richtschächte 53 – Heron und die Vermessungslehre 54 – Eine Nadel zeigt nach Norden: der Kompaß 56 – Der Kompaß unter der Erde 56 – Der Kompaß an der Markscheiderschnur 57 – Vom Astrolabium zum Theodoliten 58 – Die neue Markscheidekunde 58 – Beim Kompaß ist Norden nicht gleich Norden 59 – Schuler und der Vermessungskreisel 60 – Vom Kreisel zum Laserstrahl 60

Die Verbindung mit der Erdoberfläche: das Schachtabteufen 62 – Franz Haniel und die Mergelschicht 62 – Ein Ire namens William Thomas Mulvany 62 – Eine revolutionäre Methode: eiserne Schachtringe 64 – Die niedergehende Schachtauskleidung: Senkschachtverfahren 64 – Die pneumatische Entwässerung des Monsieur Triger 66 – Der Taucherglocke nachempfunden: der Druckluftsenkschacht 66 – Das Kind-Chaudron-Schachtabteufverfahren 66 – Ein Schwergewicht donnert auf das Gestein 67 – Tiefbohrung mit Dickspülung: Fritz Honigmann 68 – Die Frostsäule im Erdboden: das Gefrierverfahren 68 – Der Test im Sandkasten: Friedrich Hermann Poetsch 68 – Kein Denkmal für den Erfinder 70 – Die Versteinung des Gebirges 71 – Mit Zementbrei und Chemie 71 – Großbohrlöcher und Schachtbohrmaschinen 72 – Der umgekehrte Bohrvorgang 73

Gewinnungsmethoden

Mit Schlägel und Eisen 73 – Das unterirdische Gebäude: ein wenig Kumpeljargon 76 – Zurück in die Steinzeit 77 – Werkzeuge aus Bronze und Eisen 77 – Bergmannsgezähe im Bild der Jahrhunderte 78 – Sprenglöcher, von Hand gebohrt 78

Bohren mit Maschinenkraft 79 – Tunnelbauten als Schrittmacher 80 – Tunnel, in einem Stück gebohrt 80 – Erste Versuche mit Dampf und Druckluft 80 – Premieren am Mont Cenis 82 – Die Kompressions-Stoßbohrmaschine des Monsieur Sommeiller 82 – Der Hoosac-Tunnel: Wiege der amerikanischen Druckluftindustrie 82 – Simon Ingersoll aus Stanwich, Connecticut 83 – John George Leyner und sein „Jackhammer“ 83 – Flottmann und die Doppelkugelsteuerung 84 – Die rotierend arbeitende Bohrmaschine 84 – Von Tresoren und Tunneln 85 – Das Verkehrstor zwischen Deutschland und Italien 86 – Alfred Brandt: Druckwasser kontra Druckluft 87 – Kein elektrischer Strom für die Kumpel 88 – Am Anfang war die Solenoid-Stoßbohrmaschine 89 – Sparsamer mit elektrischem Strom 89

Explosivstoffe im Bergbau: die Zeit des Schwarzpulvers 89 – Kein Erfinder für den ältesten Explosivstoff 89 – Himmelerschütternder Donner und Pfeile des fliegenden Feuers 90 – Roger Bacon und Albertus Magnus: Donner und Kanonenschlag 90 – „Es ist gewesen ein Bernhardinermönch“ 90 – Konrad Kyeser und seine explosiven Ideen 92 – Die Brisanz wird gemessen 92 – Schneller als mit der Axt: Bäumefällen mit Schwarzpulver 92 – Es krachte im Oberbiberstollen zu Schemnitz: Caspar Weindl 92 – Das bergmännische Schießen breitet sich aus 94 – Besatz und Raumnadel 94 – Erfindungen rund um das Schießpulver 95 – Knallquecksilber und Hohlraumschießen 96 – Das Schwarzpulver in zwei Versionen 96 – Mit Feuerschwamm und Schwefelmännchen 96 – Bickford und die Sicherheitszündschnur 97 – Mit Reibungselektrizität und Galvanismus 97

Bergmännisches Schießen: Epoche der brisanten Sprengstoffe 98 – Die explosive Baumwolle 98 – Noch keine Konkurrenz für das Schwarzpulver 98 – Explosivstoff und Medizin: Nitroglycerin 99 – Alfred Nobel: ein Mensch, der die Welt veränderte? 99 – Die Erfindung der Initialzündung 100 – Erste Testexplosionen im Bergbau 100 – Amerika und das Nitroglycerin 101 – Das Dynamit war kein Zufallstreffer 101 – Das Geheimnis der aktiven Beimengungen 102 – Sprenggelatine und Gelatinedynamite 102 – Eine explosive Verbindung: Ammoniumnitrat 102 – Zur Sicherheit Ammonsalpeter 104 – Kleine Schritte auf dem Weg zur Schlagwettersicherheit 104 – Die flammenlöschenden Salznebel 105 – Bei Schlagwettergefahr am besten überhaupt nicht schießen 106 – Der größte Fehler des Herrn Nobel 106 – Mit flüssiger Luft in die Luft gejagt 106 – Von ANFO und Slurries 106

Die maschinelle Kohlegewinnung 108 – Der Schlitz in der Flözwand 108 – Die Vorreiter: England und Amerika 109 – Menzies: der schottische Pionier für Schrämmaschinen 110 – Hundert Jahre später: über hundert Patente auf Schrämmaschinen 110 – Der *iron man* des Mr. Firth aus Leeds 110 – Die Kettenschrämmaschinen 111 – Der Bairds-Clan 111 – Die Radschrämmaschine 111 – Gillott, Copley und Winstanley 114 – Stangenschrämmaschinen im britischen Bergbau 114 – Ein amerikanischer Bergbaupionier: Joseph A. Jeffrey 115 – Lechner und das Prinzip der *heading machine* 116 – Die Jeffrey Manufactoring Company 116 – Ein Engländer in Amerika: der „Stanley Header“ 116 – Amerika, Land der unbegrenzten Rationalisierung 116 – Britische Grundlagenforschung 118 – Die russische Kohlenkombine 122 – Die ersten deutschen Versuchsschrämlader 123 – Deutschland und die Schrämwalze 124 – Der Startschuß für die schälende Kohlegewinnung 124 – Als Konrad Grebe nach Ibbenbüren kam 124 – Pionier auf dem Weg zur Mechanisierung: Wilhelm Löbbe 125 – Das unermüdliche Streben nach Vollmechanisierung 127 – Mit Wasserstrahl und Hobelschneiden 128 – Hydromechanische Gewinnung: Kohleabbau mit Wasserwerfern 128 – Methangas und Mikroben 129 – Die Giganten des Tagebaus 129 – Die Mauselöcher von West Virginia 134

Förderung

Der Transport unter Tage 134 – Schwere Lasten und Peitschenhiebe 134 – Schleppförderung mit Menschen und Tieren 134 – Von Schubkarren und Hunden 135 – Auf die Schiene gekommen 136 – Einführung der Großraumförderwagen 136 – Seil- und Bremsbergförderung 138 – Mit Feuer und Rauch: Dampfloks in der Grube 138 – Luft als Lokomotivantrieb 139 – Von „Grubenzwergen“ und „Trollen“ 139 – Mit Fahrdraht und Akkus: Elektroloks 140 – Der entgiftete Verbrennungsmotor 140 – Rutschen, unbewegt und bewegt 141 – Förderbänder und Kratzförderer 142

Die Schachtförderung 144 – Am Anfang war das Seil 146 – Eyserne Seile von hohem Gewicht 146 – Ein Seil aus Drähten und ein Teufenanzeiger 147 – Der Pionier des Drahtförderseils: W. A. J. Albert 148 – Von flachen und verschlossenen Drahtseilen 149 – Dücker und die Bahn am Drahtseil 149 – Die ersten Schachtfördermotoren 150 – Mit Wasserkraft und Kehrrad 150 – Am Seil in die Tiefe 151 – Die Fahrkunst des Berggeschworenen Dörell 152 – Die Erzförderanlage des Christopher Polhem 153 – Hohes Seilgewicht bei tiefen Schächten 154 – Albert und das Unterseil 155 – Konstantes Drehmoment durch konische Seiltrommeln 155 – Bizylindrisch-konische Seiltrommeln für Südafrika 156 – Das Patent des Carl Friedrich Koepe 157 – Der Wendepunkt in der Entwicklung der Schachtförderung 158 – Gestellförderung und Fangvorrichtungen 158 – Der Siegeszug der Dampffördermaschinen 159 – Dinnendahl und die Förderung mit Dampf 160 – Zwillingsdampfmaschinen und Nockensteuerung 161 – Höhere Geschwindigkeiten, bessere Sicherheitsvorrichtungen 161 – Der elektrische Fördermaschinenantrieb 162 – Leonard und die stufenlose Drehzahlregelung 163 – Mit Dampfmaschinen und Drehstrom 163 – Vom rollenden Gehweg inspiriert: der Ilgner-Umformer 164 – Elektrische Fördermaschinenantriebe in Europa 164 – Der Motor in der Treibscheibe 165

Wasserhaltung, Bewetterung, Geleucht

Die Wasserhaltung 166 – Das größte unterirdische Bauwerk der Welt: Wasserlösungsstollen 166 – Wasserknechte in Doppelreihen 166 – Von Schraubenpumpen und Schöpfrädern 167 – Die Kolbenpumpe und die Rolle des Luftdrucks 168 – Dampfmaschinen über oder unter Tage 168 – Mit Wassersäulenmaschine und Mammutpumpe gegen Grubenwasser 170 – Eine gute Ehe: Elektromotor und Kreiselpumpe 170

Die Grubenbewetterung 173 – Der natürliche Wetterzug 173 – Wetteröfen: Kohlenglut unter Tage 175 – Die Wassertrommel vertreibt böse Wetter 175 – Wenn das Wasser als Kolben dient 176 – Das biblische Alter der Druckluft 177 – Agricola und das Zentrifugalgebläse 178 – Radialgebläse: die Stunde der Erfinder 178 – Für enge und schwierige Gruben: der Rateau-Lüfter 178 – Von Theorie und Praxis der Wetterführung 178 – Die Geschwindigkeit des Wetterstroms 180 – Schraubengebläse und Methanverdünnung 181 – Dahlbusch-Bombe und Grubenwehren 182

Das Geleucht 183 – Vom Kienspan zur Öllampe 183 – Wenn unter Tage das Licht ausgeht 184 – Für schlagwettersichere Gruben: die Carbidlampe 184 – Wenn offene Flammen zu gefährlich sind 184 – Die Erfindung der Wetterlampe 185 – Davy und sein engmaschiges Drahtnetz 185 – Es werde (etwas mehr) Licht 185 – Die „Wolf'sche Sicherheits-Wetterlampe“ 186 – Elektrisches Licht in der Hand 186 – Beide Hände frei mit der Kopflampe 187

Kohleveredelung

Aufbereitungstechniken 188 – Das biblische Alter des Sink-Schwimm-Verfahrens 188 – Zerstampfen mit dem Eisenstößel 188 – Die Erfindung des Naßpochwerks 190 – Die zerquetschte Kohle 190 – Von Backenbrechern und Rohrmühlen 190 – Das ratternde Geräusch der Siebe 191 – Die Sache mit der Endfallgeschwindigkeit 193 – Die Setzarbeit: Das Schwere sinkt immer nieder 193 – Wasserbewegung durch Kolben und Luft 193 – Flotation, eine uralte Erfindung? 194 – Magnete, Supraleitung und Computer 196

Briketts aus Braun- und Steinkohle 197 – Handstreichsteine oder Klütten 197 – Die ersten Brikettpressen 199 – Probleme mit der Trocknung 199 – Steinkohlenbriketts 200

Kohlekraftwerke: Kohle wird über Draht geleitet 201 – Dampfkraftwerke: zur Entwicklung der Dampferzeuger 201 – Das erste öffentliche Elektrizitätswerk 201 – Dampfturbinen und Kohlenstaubfeuerung 202 – Neue Werkstoffe und höhere Drücke 202 – Der Kessel des Mark Benson 202 – Die Wirbelschichtfeuerung 203

Verkokung, Vergasung, Verflüssigung 204 – Kein Elefantenpflug, dafür aber Koks 204 – Koks, Teer und Schlacke 206 – Öfen mit Nebenproduktengewinnung 206 – Koppers-Öfen und Braunkohle-Hochtemperatur-Koks 206 – Die Chemiker: Kohle eine Fundgrube für Chemikalien 207 – Das chemische Zwischenprodukt Benzol 208 – Die Praktiker: Kohlengas erhellt die Nacht 208 – Künstlich erzeugtes Gas 208 – Benzin aus Gas: die Fischer-Tropsch-Synthese 208 – Synthesegas aus dem Winkler-Generator 209 – Die Kohledruckvergasung 209 – Fester Kohlenstoff wird verflüssigt 211 – Abfall in der norddeutschen Tiefebene 211

Erdöl

Aus der Frühzeit des Erdöls

Werkstoff, Licht und Medizin 216 – Von Steinöl und Bergwachs 216 – Asphalt in Sumer und Babylon 216 – Erdöl in Nebukadnezars Badezimmer 217 – Das Pech der Sintflut 217 – „Angezündetes Bitumen vertreibt Fliegen" 217 – Brandpfeile und Feuertöpfe 218 – Das Erdöl als taktische Feuer-Waffe 218 – Ein Kapitel Frühgeschichte des Erdgases 219

Die Sage vom europäischen Erdöl 219 – Dürschenöl zur Wundbehandlung 220 – Kein Leuchtöl für Münchner Lampen 220 – Flüssiges Bitumen auf Bächen und Flüssen 221 – Ein Anstrich gegen Holzwurmbefall 222 – Ein Abstecher nach Rumänien und Galizien 222 – Wietze und die erste deutsche Erdölbohrung 222 – Unterirdische Glühungen der Kohlenlager? 223 – Kein Prioritätsanspruch für Wietze 224

Das amerikanische Öldorado 224 – Spaziergang über den Asphaltsee 224 – Der brennende Fluß der Seneca 225 – Erdöl gegen steife Gelenke 226 – Die Pioniere des Erdgases vom Eriesee 226

Die Wissenschaft und das Erdöl

Die Stunde der Geologen 226 – Die Griechen: erste geologische Bausteine 226 – Reste von Drachen und Riesen 227 – Der Beginn der Erdgeschichtsforschung 227 – Ein großer Schritt auf dem Weg zur Geologie 228 – Gesteine als Zeugnisse der Vergangenheit 228 – Das Leitfossilienprinzip des William Smith 228 – Von Stufen und Zonen 230 – Der Ursprung aller Gesteine im Wasser? 230 – Das Aktualitätsprinzip 230 – Die verwickelte Kunst der Geotektonik 231 – Wie entstehen die Gebirge? 231 – Die Tektonik der Salzstöcke 232

Der Teufelsschweiß aus Kohlenwasserstoffen 233 – Mendelejew und die Carbide 233 – Carl Engler: Kohlenwasserstoffe aus Fischtran 234 – Die Rolle der Bakterien 234 – Petroporphyrine vertragen keine Hitze 234 – Theorie der Erdölentstehung 235 – Der lange Weg des Erdöls 235 – Die Vorstellung des Thomas Gold 235 – Die Chemiker und die Kohlenwasserstoffe 236 – Schorlemmer und die Alkane 236 – Cycloalkane und Aromaten 236

Der Beginn des Ölzeitalters

Drake und seine Folgen 238 – Schwarze Katzen und schielende Ochsen 238 – Steinöl als natürliches Heilmittel 238 – Untragbare Geruchsbelästigungen 238 – Öle für Amerikas Lampen 238 – Pioniere der Leuchtölproduktion 239 – Die erste Erdölgesellschaft der Welt 240 – Eine Freifahrt für Colonel Drake 240 – Falscher Titel als Werbegag? 241 – Ein Lehrgang bei den Salzdrillern 241 – Der Trick mit den Futterrohren 242 – Am Tag, als das Erdöl kam 242 – Booms und Pleiten 242 – Red Adair: Blowout und Feuersturm 244

Die großen Ölimperien 245 – Die Voraussetzungen 245 – Die Geschichte von Standard Oil 246 – Der Coup mit dem Transportmonopol 247 – Ein Konzern wird zerlegt 248 – Die Mellons und die Gulf Oil 248 – Wechselseitige Aufkäufe: Texaco und DEA 249 – Der russische Ölboom 249 – Die Brüder Nobel: Konkurrenz für amerikanisches Erdöl 250 – Die Royal Dutch/Shell Group 251 – Detering, der Napoleon des Öls 252 – The British Petroleum Company PLC 253 – Knox d'Arcy und der Besitzerwechsel 253

Suchen und Bohren

Die Exploration 253 – Die ersten magnetischen Messungen 254 – Die Sonde des Friedrich Förster 254 – Newton, ein Apfel und die Fallbeschleunigung 255 – Das Reversionspendel von Bohnenberger 256 – Relativmessungen der Fallbeschleunigung 256 – Die Drehwaage: Konkurrenz für das Pendel 257 – Wie sich die menschliche Anziehungskraft messen läßt 258 – Die Eötvös-Drehwaage findet einen Salzstock 258 – Das Prinzip der Federwaage 258 – Seismik, das wichtigste Aufschlußverfahren 259 – Kugelspuckende Drachen und Quecksilber 260 – Sprengseismik und Vesuv-Seismograph 260 – In Japan bebt die Erde häufig 260 – Seismographische Stationen auf der ganzen Welt 261 – Galitzin-Pendel und Strain-Seismograph 261 – Emil Wiechert und die Erdbebenwellen 262 – Ludger Mintrop: Vater der Refraktionsseismik 262 – Erschütterungen verraten Geschützstellungen 263 – Künstliche Erdbeben und die Mintrop-Welle 263 – Ein Salzdom wird herausgeschossen 263 – Das Kind der Amerikaner: Reflexionsseismik 265 – LOTEM-Verfahren: Wenn die Seismik nicht weiterhilft 265 – Logging oder Bohrlochmessungen 265 – Die erste elektrische Bohrlochsondierung 266

Bohren nach Erdöl und Erdgas 266 – Brunnenbohrer im Fernen Osten 266 – Die chinesische Seilbohrtechnik 266 – Auf der Suche nach Solequellen 267 – Pioniere des Bohrens am Kanawha River: die Ruffners 268 – Die ersten Casing-Rohre 269 – Bohrtechnische Variationen 270 – Rutschschere und Freifallvorrichtung 270 – Wasser durch das Bohrgestänge: Spülbohren 272 – Die Schnellschlagbohrer des Herrn Raky 272 – Die Internationale Bohrgesellschaft 273 – Erfolge und Rückschläge 273 – Eine Bohrkrone, mit Diamanten besetzt 275 – Zwei deutsche Pioniere des Tiefbohrens 276 – Das Rotarybohrverfahren 276 – Eine 54 Meter lange Stricknadel 278 – Richtungsbohren und Spülflüssigkeit 278 – Gewinnungsmethoden: mit Torpedos und Atombomben 278 – Mit Wasser, Tensiden und Polymeren 279 – Turbinen- und Elektrobohrer 280

Bohren im Wasser: die Off-shore-Technik 281 – Kein Land mehr in Sicht 282 – Eine Hubinsel für den Golf von Mexiko 283 – Halbtaucher für stürmische See 283 – Ölrausch auf der Nordsee 284 – Künstliche Inseln im stürmischen Meer 287

Transport und Verarbeitung

Vom Barrel zum Supertanker 290 – Barrel, ein Faß für 159 Liter 290 – Über den Fluß und in die Städte 290 – Öl auf dem Schienenweg 291 – Die Pipeline des Samuel van Syckle 294 – Schüsse nach Sonnenuntergang 296 – Ein Netz von Öl- und Gaspipelines 296 – Erdölleitung durch das Land des Dauerfrostes: Alaska-Pipeline 296 – Schiffe mit langem Bremsweg: Tanker 298 – Explosive Fracht auf der Atlantikroute 300 – Der Petroleumtanker „Glückauf“ 300 – Japans aufgeblasene Riesen 301 – Tankschiffe für flüssiges Erdgas 302 – Keine Crew für Selbstmörderschiffe 303 – Tanks über und unter der Erde 303 – Salzkavernen und Porenspeicher 304

Verarbeitung des Erdöls 304 – Aristoteles und das Destillationsprinzip 304 – Ein Abstecher zu Ölschiefer und Ölsand 305 – Leichtbenzin gegen Eingeweidewürmer 305 – Von der Nobel-Raffinerie zu den Fraktionierkolonnen 306 – Waschen mit Schwefelsäure: Reinigungsprozesse 306 – Die Entschwefelung nach Hermann Frasch 306 – Sinkende Geruchsbelästigung, steigende Aktien 308 – Schonende Erdölbehandlung nach Edeleanu 308 – Die Erdölmoleküle werden manipuliert 308 – Mehr Leuchtöl durch Erhitzen 308 – Burton und das thermische Kracken 309 – Der Houdry-Prozeß: katalytisches Kracken 309 – Europäische Konkurrenz 309 – Flugbenzin von „Mr. Catalysis“ 310 – Kracken mit fließendem Staub 310 – Katalytisches Reformieren 310 – Die Geschichte des Benzins: Bleiverbindungen als Klopfbremse 311 – Ein Additiv für alle Fälle 312

Anhang

Synoptische Zeittafel 313

Literaturübersicht 332

Ein Wort des Dankes 334

Bildquellenverzeichnis 335

Namen- und Sachregister 336

Bergbau · Kohle

Rund 2,6 Millionen Jahre ist es her, daß menschliche Wesen an einem afrikanischen See die ersten simplen Steinwerkzeuge benutzten. Vor mehr als einer Million Jahren begann der Mensch das Spiel mit dem Feuer. Und noch immer wandelte er über seine Erde, sammelte Feuerstein und Obsidian auf, transportierte diese Gesteine über beachtliche Entfernungen und bearbeitete sie mit Hilfe von Schlagsteinen oder Schlägeln aus Knochen oder Geweih zu Geräten. Gegen Ende der Altsteinzeit wurden mit Kupfer und Gold die ersten Metalle bekannt, und der Mensch begann seinen Weg in die Zivilisation.

Als Feuer und Metalle in der Verhüttungstechnik zusammenwirkten, reichten die oberirdischen Funde nicht mehr aus, und der Mensch folgte den Erzadern in die Tiefe. Er holte die Bodenschätze „aus der Finsternis der Berge“, so ein sumerischer Text aus der Zeit um 2300 v. Chr. Von dieser Zeit an führte der Weg der Technik steil nach oben, und der Bedarf an Bodenschätzen auch. Der Mensch und die Kultur mußten Schritt halten. Zuerst Bronze, dann Eisen und schließlich Stahl brachten der Welt vor allem waffentechnisch einen Höhepunkt nach dem anderen. Es hatte schon seinen Grund, daß vor mehr als dreitausend Jahren Eisen doppelt soviel wert war wie Gold.

Vor 280 bis 350 Millionen Jahren ist jenes brennbare, braune bis schwarze organische Sedimentgestein namens Kohle aus fossilem Pflanzenmaterial entstanden. Und annähernd ebenso viele Millionen Jahre lag dieser Stoff von erdiger bis harter Konsistenz als kompliziertes Gemisch kohlenstoffhaltiger Verbindungen unbeachtet in der Erde. Doch an manchen Stellen durchbrachen die Kohleflöze die Erdoberfläche und lieferten die ersten Nachrichten über seltsame brennbare Steine. Sie wurden zwar sehr vereinzelt in kleinen Mengen verheizt, aber einen Rausch auf Kohle lösten diese frühen Anwender nicht aus. Ganz im Gegenteil: Der englische König Edward I. verlegte seinen Regierungssitz von London nach Nottingham, weil seine Gemahlin eine Kohlenrauch-Allergie entwickelt hatte. Im Jahr 1306 erließ er wegen gesundheitsschädigender Abgase ein Verbot, Londoner Öfen mit Kohle zu beheizen. Warum sollte man auch schmutzige schwarze Steine verbrennen, wenn Holz pur oder als Holzkohle alle wärme- und energietechnischen Anforderungen erfüllte?

Doch dann erlebte Europa gegen Ende des 16. Jahrhunderts als Folge der unbeschwerten Abforstungen die erste Energiekrise. Die Holzpreise schossen in die Höhe, und die europäischen Gesetzgeber begannen, den Wald zu schützen. Die Kohle stieß in die entstandene Energielücke vor. Und in knapp drei Jahrhunderten hatten sich in Kohlerevieren rings um den Globus industrielle Ballungszentren gebildet.

In Deutschland begann die Chemie sehr früh, sich mit der Kohle auseinanderzusetzen. Davon zeugen einige Nobelpreise. Eine unübersehbare Menge von Farbstoffen wurde aus Kohle hergestellt, außerdem unter vielem anderen Düngemittel und Medikamente, Waschrohstoffe und Kunststoffe, Alkohol, Paraffine und Perlon, Margarine und natürlich Benzin.

Aber dann kam das Erdöl und bot die gleichen Kohlenwasserstoffe an wie die Kohle, nur ungleich billiger, bequemer und vielseitiger. In der Weltwirtschaft schwamm das Öl oben, riesige Ölbrecher schwemmten die Kohle von ihrem Stammplatz, und das Wort Kohle kam fast nur noch in der Verbindung mit Krise vor. Als alle Welt glaubte, die großen internationalen Ölkonzerne könnten den braunen Saft in schier unbegrenzten Mengen anbieten, begannen Arabiens Herrscher am Ölhahn zu drehen. Wieder einmal dämmerte eine Energiekrise herauf, und allzeit bereite Krisenpropheten kündigten das Ende des Öl- und den Beginn eines neuen Kohlezeitalters an. In riesigen Hydrieranlagen sollte aus Kohle Benzin gewonnen werden, um die Autoräder am Laufen zu halten. Für die derzeitigen Ölmultis dürfte das kein sonderlich erschreckender Gedanke sein. Sie sind längst auch Kohlemultis.

Steinkohle im Flöz. Von den „brennbaren Steinen“ zum „schwarzen Gold“ wandelte sich im Lauf der Jahrhunderte nicht nur das Bild, sondern auch die Bedeutung der Kohle, denn sie ist längst nicht mehr nur einer der wichtigsten Energieträger. Das ist sie nach wie vor, aber inzwischen auch ein außerordentlich ergiebiger Grundstoff für vielerlei chemische Produkte von Farbstoffen über Pharmazeutika und Sprengstoffe bis zu den verschiedensten Kunststoffen. Nur echtes Gold scheint das einzige zu sein, was sich nicht daraus herstellen läßt.

Feuerstein, Metall und Kohle

Vom Feuerstein zur Kohle

Die Menschheit unternahm schon sehr früh mehr oder weniger gelungene Versuche, der Erde ihre Schätze zu entreißen. Und das hatte durchaus seinen Grund, wie der Technikhistoriker Albert Neuburger kurz und bündig vermerkte: „Ohne Bergbau keine Technik! Diese Wahrheit galt schon im Altertume, denn auch damals wäre jede technische Entwicklung unmöglich gewesen, wenn man es nicht verstanden hätte, der Erde die Schätze abzuringen, die sie in ihrem Schoße verbarg."
Steinzeit – Bronzezeit – Eisenzeit: die Idee, die Geschichte der frühen Menschheit nach dem Material ihrer Werkzeuge und damit auch nach den Schätzen ihrer bergbaulichen Bemühungen in diese drei Zeitalter einzuteilen, stammt von dem dänischen Archäologen Christian Jürgensen Thomsen (1788–1865). Aber die Übergänge zwischen diesen Epochen sind natürlich fließend. Was mit dem Steinbeil begann, wurde nicht gleich mit dem Bronzemesser vollendet, sondern dazwischen stellten die frühen Metallhandwerker unter anderem Armbänder, Schüsseln und Waffen aus Kupfer, Schmuck und auch Gebrauchsgegenstände aus Gold und kultische Geräte aus Silber her.

Feuersteinknollen aus dem Bergwerk

Vor rund 2,6 Millionen Jahren wurden am Rudolf- oder Turkanasee im Norden Kenias mit den *pebble tools* die vermutlich ersten steinernen Werkzeuge der Menschheitsgeschichte hergestellt. Das war der Beginn des Paläolithikums, der Altsteinzeit. Von nun an waren harte Steine wie Flint (Feuerstein) oder Obsidian die wichtigsten Basismaterialien für Werkzeuge und Waffen.
Das älteste Bergwerk der Menschheit fanden die Archäologen in Oberägypten. Dort stießen sie in der Nähe des Dorfes Nazlet Khater in geringer Tiefe auf Schächte und Gräben, die rund 30000 Jahre alt sein sollen.
Die Jungsteinzeit, das Neolithikum, begann im Orient um 5000 v. Chr., die Europäer waren rund tausend Jahre später dran. Es war eine Zeit, in der sich auf bergmännischem Gebiet schon allerhand tat. So wurden Feuerstein und verwandte Gesteinsarten bergmännisch gebrochen, teils im Tagebau, teils schon unter Tage, weil bergfrischer Feuerstein besser zu verarbeiten war. Im 3. Jahrtausend v. Chr. trieben Europas frühe Bergleute die Schächte schon bis in eine Tiefe von 30 Metern. Im Gebiet von Grimes Graves in England entdeckten Archäologen über 250 Schächte. Dazu wurde ein breiter Schacht steilwandig abgeteuft, bis die im Kreidekalk in größerer Konzentration eingelagerten Feuersteinknollen erreicht waren. Von der Schachtsohle aus arbeiteten diese frühen Kumpel strahlenförmig Strecken zum Abbau des begehrten Rohstoffes heraus.

Die Story vom Kupfer

Die Altsteinzeit, so definieren die Prähistoriker, endete mit der letzten Kaltzeit um 8000 v. Chr. Um ebendiese Zeit entdeckte ein mittelsteinzeitlicher Jäger und Sammler im Geröll eines Flußbetts oder an einem Felsen im Ausgehenden einer Lagerstätte ein auffallend rotes, ziemlich schweres Material, das sich durch Hämmern formen ließ: Kupfer. Dadurch daß es in gediegener, metallischer Form vorkam und nicht sehr hart war, ließ Kupfer sich leicht bearbeiten und wurde so zum ersten Gebrauchsmetall für die Herstellung von Waffen und Geräten. Zwei- bis dreitausend Jahre später hatten die Nachkommen des Entdeckers herausgefunden, daß sich der rote Stein zusammenschmelzen und in Steinformen gießen ließ. Nachdem so die Kupferverhüttung erfunden war, gossen die Ägypter um 4000 v. Chr. Hammerköpfe aus Kupfer.
Die Bronzezeit mit ihrer revolutionären Legierung aus Kupfer und Zinn brach für Werkzeuge um etwa 3000 v. Chr. an. Ein wenig schneller (möglicherweise um fünfhundert Jahre) waren die Metallhandwerker von Ur im heutigen Irak. In ihrer Bronze aus der Zeit um 3500 v. Chr. fand man Zinnanteile von bis zu 18 Prozent. „Funde aus alten Bronzegegenständen bezeugen, daß die Hüttenleute und Metallhandwerker im alten Orient (in Sumer um 2700 v. Chr.) über differenzierte Fachkenntnisse bei der Gewinnung und Verarbeitung von Bronze verfügt haben müssen, die sie zuerst unter Zuführung von Arsen, dann von Zinn hergestellt haben" (Werner Maser).
Zu Beginn des 3. Jahrtausends v. Chr. wurden am Südhang des anatolischen Taurusgebirges Zinnminen ausgebeutet, die das Legierungsmaterial für die ersten Bronzen im Nahen Osten lieferten. Die Stollen führten bis zu 40 Meter weit in den Berg. Etwa im 4. Jahrtausend v. Chr. be-

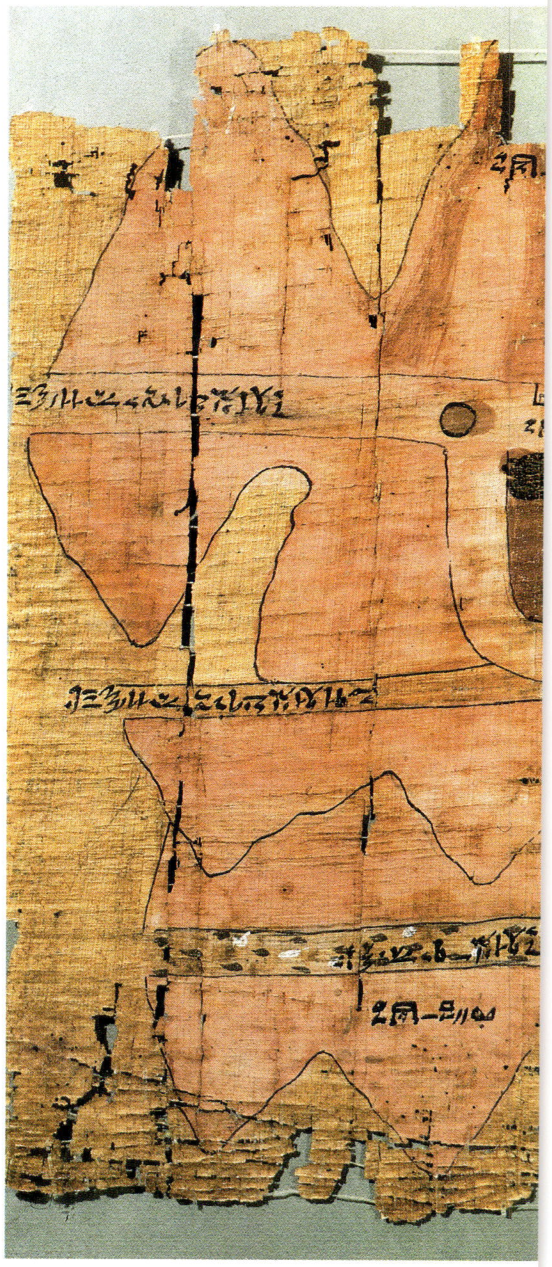

gann der Kupferbergbau im Gebiet um Fenan in Jordanien, nördlich der alten Nabatäerhauptstadt Petra. Bis in die Bronzezeit konnte das hochprozentige Kupfererz ziemlich dicht unter der Erdoberfläche geschürft werden, aber schon während der Eisenzeit (etwa ab 1200 v. Chr.) mußten die Bergarbeiter die Abbauschächte immer tiefer in den Berg hineintreiben.

Die Kupferbergleute des Pharaos

Fenan war kein Einzelfall. Etwa um 3000 v. Chr. trieben orientalische Kumpel auf der Suche nach Kupfer Schächte in die Erde Syriens, Palästinas und der Sinaihalbinsel. In Nubien wurde um dieselbe Zeit schon unter Tage nach Gold gesucht. Auch auf Zypern wurde damals Kupfer in großen Mengen abgebaut. Die unterirdi-

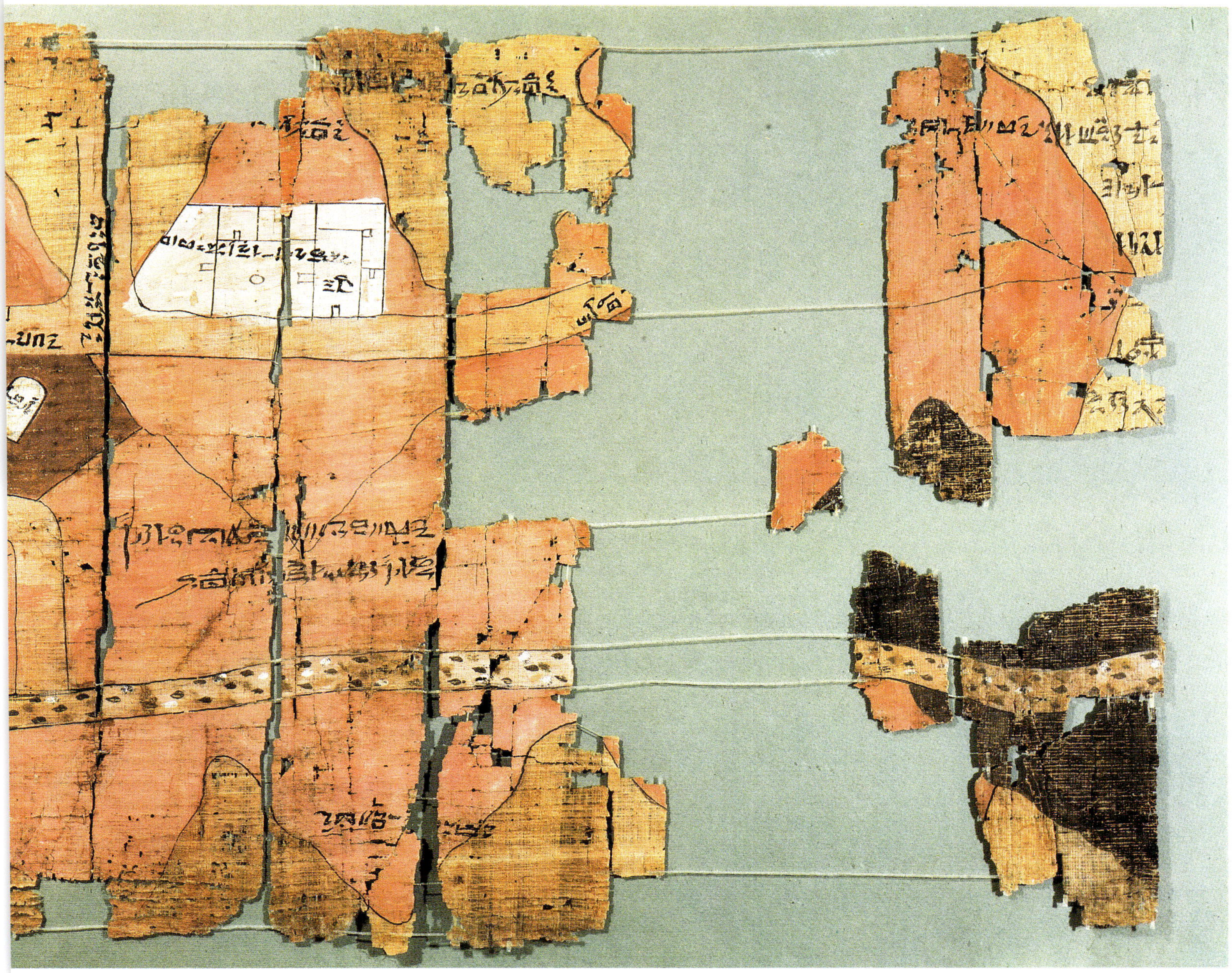

sche Suche nach Kupfer und Zinn wurde im chinesischen Honan im 2. Jahrtausend v. Chr. aufgenommen.

Im 4. Jahrtausend v. Chr. begann vermutlich der Bergbau in der heutigen südisraelischen Negev im Kupferrevier von Timna. Später, vor dreitausend Jahren, holten dort altägyptische Bergleute mit einem komplexen System aus engen Stollen und senkrechten Förder-, Luft- und Lichtschächten Kupfer aus dem Boden. Die Gegend wurde sogar von namhaften Gelehrten als Ort der „Kupferminen Salomos" angesehen, und die israelische Touristenwerbung griff diesen Mythos natürlich begeistert auf. Erfinder der Kupferlegende war Sir Henry Haggard (1856 bis 1925), der Ende des vorigen Jahrhunderts seinen Abenteuerroman „King Solomon's Mines" veröffentlichte. Die Grubengebäude in Timna waren von der Anlage her verhältnismäßig einfach und wenig planvoll, von der Arbeit her aber ungeheuer aufwendig angelegt.

Zunächst teuften Pharaos Kumpel einen Schacht ab, manchmal über 30 Meter tief, und bauten das Erz in der Umgebung der Schachtsohle ab. Dann schlugen sie, voll Vertrauen in den Schutz der Göttin Hathor, unter anderem Patronin der Bergleute, im Verlauf der Erzgänge Stollen von 40 bis 60 Zentimeter Durchmesser heraus. Damit außer den Bergleuten auch ihr Geleucht in Form von qualmenden Öllampen genügend Sauerstoff erhielt, mußten die Stollen durch immer neue Tagesschächte zur Luft- und Lichtzufuhr und zur Erzförderung mit der Erdoberfläche verbunden werden.

Leder- und Holzreste fanden Archäologen in den Kupfergruben von Aramo in der historischen spanischen Landschaft Astu-

Im Museo delle Antichità Egizie zu Turin wird die älteste bekannte Bergbaukarte der Welt aufbewahrt. Die Papyrusfragmente aus der Zeit des Pharaos Ramses II. (gest. 1224 v. Chr.) zeigen ein ägyptisches Goldbergwerk mit den „Bergen des Goldes" und den „Häusern der Goldarbeiter", mit den Wegen, einem als Kreis dargestellten Brunnen und anderen Details so deutlich, daß die Ägyptologin Rosemarie Klemm und der Mineraloge Dietrich Klemm nach langen Recherchen etwa hundert Kilometer östlich von Luxor eine antike Bergwerksanlage ausfindig machen und erforschen konnten.

rien (heute die Provinz Oviedo) am Nordhang des schluchtenreichen Kantabrischen Gebirges. Die Phöniker hatten sich schon um 1000 v. Chr. intensiv um den spanischen Bergbau und die reichen Silberminen gekümmert. Ihre Nachfolger waren die Karthager, die das südspanische Cádiz zum Metallumschlagplatz ausbauten.
Zwischen 1600 und 700 v. Chr., so vermuten die Historiker, haben keltische Kupferbergleute in der Nähe von Salzburg Schächte und Stollen in den Mitterberg getrieben und bereits mit Verzimmerung, Förder- und Steiganlagen gearbeitet. Im 9. Jahrhundert v. Chr. wurden in Oberösterreich von keltischen Kumpeln bei Hallstatt auch schon die ersten Untertage-Salzbergwerke angelegt.

Gold und Silber

Nicht viel jüngeren Datums als die Entdeckung des Kupfers ist vermutlich der Fund eines edlen Metalles namens Gold, das ebenfalls in reiner Form aufgelesen werden konnte. Manche Wissenschaftler glauben sogar, daß Gold das erste von Menschen bearbeitete Metall ist. Der älteste europäische Fund von Goldobjekten aus einem Friedhof bei Warna in Bulgarien stammt aus dem 5. Jahrtausend v. Chr. Um 3500 v. Chr. hatten die Sumerer bei der Metallbearbeitung schon die Wahl zwischen Kupfer, Gold, Blei und Silber. In Böhmen und Siebenbürgen läßt sich der Goldbergbau bis um das Jahr 2000 v. Chr. zurückverfolgen.
Die ersten Silberfunde aus Königsgräbern werden auf etwa 4000 v. Chr. datiert. Ein Kodex des (vielleicht legendären) Königs Menes (um 3000 v. Chr.) legt fest, daß „ein Teil Gold soviel wert ist wie zweieinhalb Teile Silber". Um 560 v. Chr. begann in dem alten griechischen Bergwerksbezirk Laureion im südöstlichen Attika der Silberbergbau. Ungefähr um die Mitte des 4. Jahrhunderts v. Chr. wurden dort Schächte bis zu 111 Meter Tiefe niedergebracht und Stollen in etwa 50 Meter Tiefe in die Berge hineingetrieben. Zwischen den Jahren 104 und 102 v. Chr. machten die Bergwerkssklaven von Laureion einen Aufstand, verließen ihre Minen und brannten alles nieder, was sich ihnen in den Weg stellte. Der Bergbau kam zum Erliegen und wurde erst rund zweitausend Jahre später, 1865, wieder aufgenommen. In Laureion wurden neben Silber auch Blei und Zink abgebaut.

Blei und Zink

Blei gehört ebenfalls zu den ganz alten Gebrauchsmetallen. In Ägypten wurde es möglicherweise schon um 5000 v. Chr. benutzt. Zumindest verwandten die ägyptischen Damen wohl ein rotes Bleioxid als Schminke im Gesicht oder benutzten Bleiverbindungen ausgerechnet als Arzneimittel. Im Osiristempel von Abydos in Mittelägypten fand man eine Bleistatue aus der Zeit um 3800 v. Chr. Um 2000 v. Chr. betrieben die Phöniker Bleibergbau in Spanien, und die Chinesen setzten es in ihrer Geldwirtschaft ein. Wichtig wurde das Metall vor allem bei der Silbergewinnung und, weil es so schön schwer war, zur Herstellung von Geschossen für Schleudern.
Das erste Zink tauchte wahrscheinlich um 1000 v. Chr. in einer Legierung mit Kupfer als Messing auf. Weil die Gewinnung von reinem Zink etwas schwierig ist, dauerte es ziemlich lange, bevor man feststellte, daß es sich dabei um ein eigenständiges Metall handelt. Reines Zink wurde nach 500 v. Chr. in Persien gewonnen, danach auch in China und Indien.

Das Eisenmonopol der Hethiter

Die Frühgeschichte des Eisens ist ungewiß. Die erste Spur von Eisen, das von Menschen erschmolzen und bearbeitet wurde, führt in den Nahen Osten. Die Zeit: um 2200 v. Chr. Der Ort: der Ruinenhügel Alaça Hüyük im zentralen Anatolien. Dort fanden türkische Archäologen als Grabbeigabe einen eisernen Dolch mit Goldgriff, eine der ältesten jemals ans Tageslicht beförderten Eisenwaffen. Rund fünfhundert Jahre später hatten die Hethiter Kupfer und Bronze durch Eisen ersetzt. Um 1750 v. Chr. wurde zur Zeit des Hethiterkönigs Anittas das kostbare Metall erstmals erwähnt.
Im 14. Jahrhundert v. Chr. verarbeiteten die Hethiter in Anatolien Eisenerze in zunehmendem Maß und entwickelten eine beachtliche Eisentechnologie. Diese Kunst behielten sie aber streng geheim und errichteten im Vorderen Orient eine Art Eisenmonopol. Nach dem Zusammenbruch des Hethiterreiches breitete sich nach 1200 v. Chr. die Kenntnis der Eisenverarbeitung sehr schnell im westlichen Eurasien aus, vor allem, nachdem die alten Hüttentechniker und Schmiede auch noch gelernt hatten, eine Stahloberfläche herzustellen. Das Eisen verdrängte nach 1000 v. Chr. in Griechenland und Italien die Bronze und wurde fast überall in Europa, aber auch in Indien und Nordchina im 6. Jahrhundert v. Chr. vorherrschend.

Den Goldbergbau, die Verhüttung und Weiterverarbeitung des Edelmetalls auf der Insel Sado westlich der japanischen Hauptinsel Hondo im 17. Jahrhundert stellt ein mehrere Meter langes japanisches Rollbild im Besitz des Deutschen Museums dar. Der Ausschnitt zeigt in zarten Aquarelltönen viele interessante Tätigkeiten und Vorrichtungen: Steigbäume zum Ein- und Ausfahren der Bergleute, Ausbau eines Stollens, Wasserhaltung durch Seilzug und von Hand zu Hand, Bewetterung mit einem handbetriebenen Lüfter durch eine konische Lutte und manches mehr.

Berichte aus der Antike

Um 1200 v. Chr. war die Technik des Untertagebaus schon auf einer ganz beachtlichen Entwicklungsstufe angelangt. Zunächst hatte allein die Handarbeit mit Werkzeugen der jeweiligen Epoche die Gewinnungsarbeiten bestimmt. Doch um diese Zeit kannte man auch schon eine andere, etwas drastischere Methode, dem harten Muttergestein zu Leibe zu rücken, zumal die bronzezeitlichen Ingenieure etwas härteres Gestein bevorzugten, weil das nicht so leicht nachbrach und ein mühsamer Ausbau sich erübrigte. Sie entwickelten also die Methode des Feuersetzens. Dabei wurde das Gestein durch starke Feuerbrände kräftig erhitzt und dann entweder auf natürliche Weise oder durch Besprengen mit Wasser wieder abgekühlt. Dadurch entstanden unterschiedliche Spannungen im Gestein, die auch harte Felsen sprengten oder so weit lockerten, daß das Gestein herausgebrochen werden konnte.

Plinius beschrieb diesen Vorläufer der Sprengtechnik im Bergbau: „Es werden Stollen in die Berge getrieben und weitläufig untersucht. – Oft stürzten diese Stollen ein und begruben unter sich viele Arbeiter. Kommen sehr harte Gesteine vor, so versucht man, sie mit Feuer und Essig zu sprengen. Weil der dadurch entwickelte Dampf und Rauch oft die Arbeiter erstickte, so zerschlagen die letzteren lieber das Gestein in Stücken von 150 Pfund und darüber und verwenden dazu eiserne Keile und Hämmer.“

Der Bergbau in der Antike stützte sich vor allem auf ergiebige Lagerstätten auf Zypern, bei der griechischen Hafenstadt Laureion an der Ostküste Attikas, in Spanien, Irland und in Cornwall auf der britischen Insel. Die Phöniker hatten die Bergbaukunst über Kreta und Sardinien nach Spanien und schließlich nach Griechenland transportiert. Die Griechen sorgten für die weitere rasche Verbreitung. Es waren vor allem Silber, Kupfer, Blei, Zink und Zinn, die Bergleute, Bergwerkssklaven und Kinder in engen Grubenbauen aus der Erde lösten und meist kriechend zutage förderten.

Agatharchides gab im 2. Jahrhundert v. Chr. Zeugnis davon, daß die Bergarbeiter des Altertums sich in sehr niedrigen und engen Gängen an den Erzadern entlang vorarbeiteten und es möglichst vermieden, überflüssiges Gestein herauszuhauen und zu entfernen: „Die Stollen, die sie graben, sind nicht gerade, sondern verlaufen in Richtung der Metallader, und da sich die Arbeiter in diesen unterirdischen Krümmungen im Dunkeln befinden, tragen sie Fackeln, die an der Stirn befestigt sind.“ Und wenn schon so schöne schriftliche Belege für den Bergbau der Altvordern existieren, soll auch noch Theophrast zu Wort kommen, der über den Platzmangel in den Stollen, die zur Gewinnung von Walkerde angelegt wurden, berichtete: „Es ist in den Gruben von Samos nicht möglich, aufrecht stehend zu graben, sondern man muß auf der Seite oder auf dem Rücken liegen.“

Wasserhaltung und Berggeister

Das Haupthindernis bei tiefer reichenden Schächten war das Wasser. Und so wurde die Bewältigung dieses Problems für lange Zeit zur Meßlatte für Fortschritte im Bergbau. Die Römer stellten ihren Bergleuten für die Wasserhaltung in tieferen Schächten große Schöpf- und Becherwerke zur Verfügung. Das frühe Mittelalter verwendete einfache Seilaufzüge mit Ledersäcken, die zu Becherelevatoren und schließlich zu Kettenwerken nach Art des Paternosters weiterentwickelt wurden.

In Deutschland entstanden zwischen dem 10. und dem 13. Jahrhundert mehrere große Bergbauzentren, so etwa der Erzbergbau im Harz, südlich an den Harz angrenzend der Kupferschieferbergbau in Mansfeld, 1168 wurden die Silbergänge von Freiberg in Sachsen entdeckt, und es begann der Zinnbergbau bei Graupen am Südabhang des Erzgebirges.

Mit dem Beruf des Bergmannes entstand ein eigenes Brauchtum, kamen die Bergmannstracht und die Bergmannssprache, kamen die Bergmannslieder und die Berggeister. Die Untertagegeister und Bergdämonen des Volksglaubens werden in den Berggeistersagen als die eigentlichen Herren der Gruben angesehen, die es gar nicht gerne sehen, wenn Bergleute fluchen, pfeifen oder zuviel reden. Fundstellen zeigen diese recht gutartigen Geister durch Hämmern und Klopfen an, und wenn sie verschwinden, dann versiegt der Bergsegen. Von einem weniger gutartigen „Schachtmandl" erzählt eine Tiroler Sage: „Dies hatte eine eigne Lust, die Knappen zu erschrecken, indem es sich entweder mit feurigen Augen oder ganz grün, oder ganz feurig und Grimassen machend, oder einem ins Ohr gellend zeigte."

Kohle als Schwungrad der industriellen Revolution

Das 16. Jahrhundert brachte eine Reihe technischer Verbesserungen, aufgezeichnet und kommentiert in den ersten Lehrbüchern. Einen großen Sprung nach vorn konnte die Wasserhaltung verzeichnen, als Wasserräder oder Pferdegöpel ganze Batterien von Kolbenpumpen über komplizierte Stangenkünste antrieben. Aber eines Tages reichten alle diese Hilfsmittel nicht mehr aus, der Mensch drohte im Kampf gegen das Wasser in den Bergwerken zu unterliegen, die Förderung stagnierte. Da erwies sich die Erfindung der Dampfkraft und ihre Nutzung zunächst in Form der Dampfpumpe für Bergwerke als überaus nützlich. Das krempelte die technische, soziale und politische Welt nachhaltig um. Die Verbesserung der alten und die Entwicklung neuer Pumpen vergrößerten die Chancen im Wettlauf gegen das Grubenwasser. Und das kam gerade recht in einer Zeit, als der Abbau von Steinkohle vor allem durch die Eisenindustrie immer mehr an Bedeutung gewann.
Der Kohlenbergbau profitierte natürlich von der uralten Bergbautradition, denn die Bergleute waren, wie erwähnt, schon seit der Jungsteinzeit unter Tage gestiegen und hatten in Stollen und Schächten zuerst nach Feuerstein und dann nach Erzen gewühlt. Mit Kohle hatten sie höchstens indirekt zu tun, etwa wenn sie zufällig auf ein Kohleflöz stießen, Methangas freisetzten und mit den offenen Flammen ihrer Lampen eine Schlagwetterexplosion hervorriefen. Aber als dann die Kohle ziemlich rasch zum „schwarzen Gold" avancierte, waren die technischen Grundlagen zu ihrem Abbau und ihrer Förderung bereits vorhanden. Der Einsatz der Dampfmaschine leitete eine unglaubliche technische Entwicklung ein, und zu ihrem Betrieb war Kohle erforderlich. Die Kohle brachte die industrielle Revolution erst richtig in Schwung. Wo es den Energierohstoff Kohle in ausreichender Menge gab, entstanden industrielle Ballungszentren: das Ruhrgebiet in Deutschland, Manchester in England, Pittsburgh in den USA, Nowosibirsk in der UdSSR oder Johannesburg in Südafrika.

Die gespeicherte Sonnenenergie

Die Götter mußten und müssen bekanntlich für eine ganze Reihe unerklärlicher Vorkommnisse geradestehen, je nach dem Erkenntnisstand der jeweiligen Epoche. Wurden früher Blitz und Donner oder stürmische See als Unmutsäußerungen zorniger Götter akzeptiert, erliegt der Mensch von heute der Versuchung, zivilisatorische Katastrophen als Wille Gottes, Allahs, Buddhas oder einer anderen Gottheit zu rechtfertigen. Und in solchen Fällen sind die Ursachen selten so harmlos wie bei dem Versuch des Proklos von Byzanz (411–485 n. Chr.), einen übernatürlichen Grund für das Vorhandensein von Bodenschätzen zu finden: „Gold und Silber und auch andere Metalle und Stoffe werden in der Erde durch himmlische Gottheiten und die von ihnen kommenden Ausflüsse erzeugt. Die Sonne erzeugt das Gold, der Mond das Silber, Saturn das Blei und Mars das Eisen."
Proklos hat die Kohle zwar nicht ausdrücklich erwähnt, aber speziell in ihrem Fall und im Fall eines anderen fossilen Energieträgers namens Erdöl zeichnet die himmlische Gottheit Helios verantwortlich, beide sind in Jahrmillionen gespeicherte Sonnenenergie, gespeichert in riesigen Wäldern und unzähligen Lebewesen im Meer. Der Grund dafür ist nicht so ohne weiteres ersichtlich, und nackte Begriffe wie „Kohlenstoffkreislauf" oder „Photosynthese" tragen nicht sonderlich zur Klärung bei. Also sollte man Endprodukt und Ausgangsmaterial einmal näher unter die Lupe nehmen.
Die natürlich vorkommenden Kohlen bestehen aus komplizierten Verbindungen des Kohlenstoffs, chemisches Symbol C, mit Wasserstoff und Sauerstoff. Der Kohlenstoffanteil kann etwa bei Anthrazit über 92 Gewichtsprozent in der wasser- und aschefreien Substanz betragen. Auch in der Trockensubstanz der Pflanzen, nach Abzug des Wassers, steht der Kohlenstoff mengenmäßig an erster Stelle. Dieser gemeinsame Kohlenstoffanteil könnte einen ersten Hinweis auf die Entstehungsgeschichte der Kohle geben. Aber Kohlenstoff kommt nicht nur in über einer Million bekannten Kohlenstoffverbindungen vor, die die stoffliche Grundlage des organischen Lebens bilden, sondern auch in reiner Form als Graphit oder als Diamant. Der größte Teil des Kohlenstoffs liegt gebunden als Carbonat vor, etwa als Calciumcarbonat in Kalkstein, Kreide oder Marmor. Und auf diesen gebundenen Kohlenstoff haben die Pflanzen keinen Zugriff. Woher also nehmen sie den Kohlenstoff, der dann später in Kohleflözen, in Torfmooren oder einfach im Brennholz erscheint?

Die Photosynthese: Voraussetzung für das Leben auf der Erde

Es begann mit der relativ einfachen Chemikalie Porphyrin, die sich auf der urzeitlichen Erde im Ozean in einem Gemenge von organischen und anorganischen Substanzen ganz unabhängig von den ersten einzelligen Lebewesen gebildet hatte. Dieses Porphyrin war in der Lage, die Energie des sichtbaren Sonnenlichts zu speichern. Einige Einzeller, die zuvor das Manna der Ursuppe, das einfache Zuckermolekül Glucose, durch Gärung in ihre Nahrung namens Adenosintriphosphat (ATP) und in den Abfall Wärme, Alkohol und Kohlendioxid aufgespalten hatten, nahmen solche neuartigen Porphyrinmoleküle auf. Und damit hatten sie ungehinderten Zugang zu einer Energiequelle, die vorher nicht auf direktem Weg anzapfbar war: zur Sonne.
Einige hundert Millionen Jahre nach der Entstehung des Lebens hatten die Einzeller den Glucosevorrat nämlich fast verbraucht. Es ist anzunehmen, daß eine gewaltige Hungersnot ausbrach und die bakterienähnlichen Mikroorganismen dazu zwang, sich ihre Nahrung aus Licht, Luft

Im deutschsprachigen Raum brachte vor allem der Silberbergbau in Sachsen, im Harz und in Tirol hohe Erträge. 1168 wurde in Freiberg das erste Silbererz entdeckt. Mit zunehmender wirtschaftlicher Bedeutung bildete sich ein eigenes bergmännisches Brauchtum heraus, das sich auch in den Trachten ausdrückt, von der Arbeitstracht bis zur Paradeuniform, nach Tätigkeit und Rang säuberlich gegliedert. Diese schönen farbigen Darstellungen stammen aus dem Werk „Trachten der Berg- und Hüttenleute" von G. E. Rost, Freiberg 1831.

Hennersdorf del. G. Wunderlich sc.

Sächss Bergmann in Arbeitstracht

GEW b. G. E. Rost in Freiberg

Hartmann del. G. Wunderlich sc.

Oberberghauptmann

GEW bei G. E. Rost Juli 1831.

G. Wunderlich sc.

Sächs. Bergmann in Parade

GEW bei G. E. Rost i. Freyberg Febr. 1830.

Hennersdorf del. Wunderlich f.

Freiberger Bergmaurer in Parade.

GEW b. G. E. Rost in Freyberg

1

2

3

1 – Ein naturgroßes Diorama des Ruhrlandmuseums der Stadt Essen zeigt einen Blick in den Karbonmoorwald, dessen Riesenschachtelhalme, baumhohe Bärlappe, Siegel- und Schuppenbäume in 280 bis 350 Millionen Jahren zu Steinkohle wurden.
2 – Hin und wieder konnten die Urwaldriesen in Steinkohleflözen unverformt freigelegt werden wie hier bei St-Étienne.
3 – Kleinere Versteinerungen wie diese fossilen Farnpflanzen sind nicht so selten.
4 – In den Tropen und Subtropen gibt es noch heute Baumfarne mit bis zu 20 Meter Höhe. (Junge Triebe des Hainfarns *Alsophila tricolor*)
5 – In den gemäßigten Zonen gedeihen nur bescheidene Nachfahren einstiger Größe. (Schachtelhalm *Equisetum*, Kalifornien)
6 – Zierliche Triebe des Keulenbärlapps *(Lycopodium clavatum)*.

4

5

6

und Wasser selbst herzustellen. Sie nutzten die neu entdeckte Sonnenkraft zunächst, um in einem Schritt aus dem seinerzeit weitverbreiteten, unangenehm riechenden Gas Schwefelwasserstoff und aus Kohlendioxid ihre Nahrung Glucose herzustellen. Als Abfallprodukte fielen dabei Schwefel und Wasser an.

Dann, vor mindestens dreieinhalb Milliarden Jahren, gelang es einigen Einzellern, den Cyanobakterien nämlich, den biochemischen Trick entscheidend zu verbessern. Mit Hilfe der Zellsubstanz Chlorophyll waren sie in der Lage, in zwei Schritten mit Hilfe des Sonnenlichts aus dem unerschöpflichen Rohstoff Wasser und aus Kohlendioxid ebenfalls Glucose herzustellen. Damit war der bis heute wichtigste Stoffwechselvorgang erfunden, die Photosynthese. Ohne Photosynthese gäbe es heute weder Pflanzen noch Tiere noch Menschen, weil alle tierischen Lebewesen direkt oder indirekt von Pflanzen leben. Photosynthetisierende Organismen nahmen also Kohlenstoff auf seinem niedrigsten Energiepotential, nämlich als Kohlendioxid, auf und hoben ihn auf das hohe Energiepotential der Kohlenhydrate (Glucose) an. Für Landpflanzen ist der mit 0,03–0,04 Prozent geringe Gehalt der Atmosphäre an Kohlendioxid die einzige Kohlenstoffquelle. Und es ist leicht einzusehen, daß durch die Photosynthese recht bald der gesamte Kohlenstoff der Luft zu organischen Substanzen gebunden sein müßte, wenn nicht gegenläufige Prozesse für eine dauernde Ergänzung des Vorrats an freiem Kohlenstoff sorgen würden.

Der Kohlenstoffkreislauf

Zu den gegenläufigen Prozessen zählen die Atmung bei Menschen, Tieren und Pflanzen, Gärungen und Fäulnisvorgänge als Auswirkung der Arbeit von Mikroorganismen und technische Verbrennungsvorgänge, durch die beträchtliche Mengen von Kohlendioxid in die Atmosphäre entlassen werden. In den letzten Jahren stellte die Wissenschaft fest, daß der Kohlendioxidgehalt nicht nur in der unteren, bis in etwa 15 Kilometer Höhe reichenden Luftschicht, der Troposphäre, seit Jahren ständig zunimmt, sondern ebenso in der darüber liegenden Stratosphäre. Das ist ein Befund, der besonders die Klimaforschung interessiert und alarmiert.

Für die Atmung ist bekanntlich Sauerstoff erforderlich. Und Sauerstoff in ungebundener Form fällt neben Wasser als Abfallprodukt der Photosynthese an. Aber die Photosynthese war nicht die einzige Quelle für freien Sauerstoff, vermuten die sowjetischen Forscher E. K. Byuter und J. Ye. Turchinovich vom hydrologischen Institut in Leningrad. Möglicherweise hatte die präkambrische Atmosphäre schon einen deutlichen abiologischen Sauerstoffanteil, entstanden aus der Photolyse von Wasserdampf, dem chemischen Zerfall des Wasserdampfs in Wasserstoff und Sauerstoff durch Bestrahlung mit sichtbarem oder ultraviolettem Licht in etwa siebzig Kilometer Höhe. Für diesen Fall müßte die Entwicklungsgeschichte des Lebens mit einigen Fragezeichen versehen werden.

Der reaktionsfreudige Sauerstoff war für die damaligen Ur-Einzeller ein tödliches Gift und vereinigte sich überdies mit allem, was sich chemisch binden konnte, speziell mit den im Meerwasser gelösten riesigen Eisenmengen. Als nach vielen Millionen Jahren das ganze Eisen im Meer verrostet war, entwich freier Sauerstoff in die Atmosphäre und verwandelte das auf dem Festland vorhandene Eisen in Rost. Dadurch entstanden die wichtigen Eisenerzvorkommen des Rotsandsteins. Als die ganze Erde gewissermaßen verrostet war, reicherte sich die Lufthülle mit dem heute lebenspendenden Gas Sauerstoff an.

Riesenschachtelhalme und Superfarne

Eine erste Kohlebildung ist bereits für das Präkambrium, das vor etwa 530 Millionen Jahren zu Ende ging, nachgewiesen. Der erste Höhepunkt aber war im Karbon, der „Steinkohlenformation", zu verzeichnen. Dieser geologische Zeitraum vor rund 280 bis 350 Millionen Jahren hat seinen Namen von den in dieser Zeit besonders in Europa und Nordamerika gebildeten umfangreichen Steinkohlelagern. Erfunden wurde die Bezeichnung Karbon von dem schottischen Geologen Sir Roderick Impey Murchison (1792–1871) im Jahr 1839. (Auch der Name Perm, nach der Stadt Perm im Ural, stammt von ihm.)

Daß es gerade in diesem Zeitraum von rund 70 Millionen Jahren zur Kohlebildung kam, ist auf das glückliche Zusammentreffen von drei entscheidenden Faktoren zurückzuführen: einen gewaltigen Aufschwung der Pflanzenwelt; ein für diesen Aufschwung günstiges Klima; und gigantische Bewegungen der Erdrinde, darunter Absenkungen ganzer Landstriche, hervorgerufen durch die Auffaltung von Gebirgen.

Das Klima des Karbons in den späteren Kohlegebieten, so nimmt die Wissenschaft an, war warm, feucht, niederschlagsreich und ohne eine deutliche jahreszeitliche Trennung zwischen Sommer und Winter. Vermutlich wurde durch einen höheren Kohlendioxidgehalt der Atmosphäre eine Art Treibhauseffekt hervorgerufen, ein Phänomen, das nach Ansicht mancher Wissenschaftler der Erde in absehbarer Zeit erneut droht.

Die spezielle Steinkohleflora wuchs in einem hochstämmigen, licht- und schattenarmen Karbonmoorwald mit vielen Sumpfpflanzen. Diese Waldmoorvegetation bestand unter anderem aus Bärlappen, Schachtelhalmgewächsen und Farnen. Das sind lauter bekannte Namen, nur nehmen sich die heutigen Nachkommen dieser Pflanzen neben ihren urzeitlichen Vorfahren ausgesprochen kümmerlich aus. Die Bärlappe erreichten Baumgröße. Zu ihnen gehörten die Siegelbäume und die Schuppenbäume. Die Siegelbäume hatten hohe, unverzweigte Stämme und einen Blattschopf aus langen, fleischigen Blättern. Die Schuppenbäume waren dagegen reich verzweigt und dicht beblättert. Als Vorfahren der Schachtelhalmgewächse ragten die Kalamiten mit Stämmen aus dem Moorwald, die bis zu einem Meter Durchmesser erreichten. Manche Arten sahen wie einfache, untergliederte Pfähle aus, bizarre Vergrößerungen der heutigen winzigen Schachtelhalme, andere waren reich verzweigt. Die Farne reckten im Karbon ihre Wedel teils baumhoch in den Himmel, teils handelte es sich um niedrige Bodenfarne. Von den höher organisierten Pflanzen traten bereits mehrere Arten von Nacktsamern auf, darunter Cordaiten und Nadelbäume. Was die Tierwelt betraf, so wies das Karbon bereits eine große Vielfältigkeit auf: von Foraminiferen, bis über zehn Zentimeter messenden Urtierchen, die erstmals als Gesteinsbildner auftraten, über Korallen,

Den Familienstammbaum der Kohlenstoffmineralien zeigt diese Tafel aus dem Werk „La Vie Souterraine" von L. Simonin, Paris 1867: 1. Kristalliner Kohlenstoff, Diamant. 2. Graphit. 3. Anthrazit oder Hartkohle. 4. Fettkohle. 5. Magerkohle, schiefrig. 6. Pechkohle oder Braunkohle. 7. Fossiles Holz. 8. Torf.

LA FAMILLE DU CARBONE

LES MINES DE CHARBON

PLANCHE I.

A Faguet pinxt

Regamey Chromolith

Schnecken und Insekten bis hin zu den ersten Reptilien. Zwar sang kein Vogel zu Zeiten des Karbons, aber der Luftraum war bereits bevölkert, und zwar von ganz beachtlichen Insekten mit Flügelspannweiten von manchmal fast einem halben Meter (bei Halle wurde ein solches Flugfossil gefunden). „Große Schaben und ähnlich grausliches Kriechgetier, beispielsweise nahezu zwei Meter lange Tausendfüßer-Verwandte, lebten zuhauf in den Sumpfwäldern, deren ausgetrocknete Überreste im Laufe vieler Jahrmillionen zu den mächtigen Steinkohlen-Flözen der Ruhr, Oberschlesiens und des Saarlandes versteinerten" (Der Spiegel). Bleibt noch der dritte Faktor, die Auffaltung von Gebirgen.

Die versunkenen Wälder des Karbons

Schon im Devon, das erdgeschichtlich vor dem Karbon liegt, waren weite Gebiete der Erde abgesunken und hatten damit die Voraussetzungen für Auffaltungen und Gebirgsbildungen geschaffen. An der Wende vom Devon zum Karbon beispielsweise faltete sich in Nordamerika die Hauptmasse der Appalachen auf. In Europa erreichten diese gigantischen Erdbewegungen im Karbon ihren Höhepunkt, und zwar mit der Auffaltung des Variskischen Gebirgssystems. Es zog sich im großen Bogen und einer Breite von etwa fünfhundert Kilometern vom französischen Zentralplateau durch Deutschland über das Erzgebirge bis zu den Sudeten. Zu diesem Faltengebirge der Karbonzeit gehören viele europäische Rumpfgebirge wie Vogesen, Schwarzwald, Thüringer Wald und Harz. Vor diesen damaligen Faltenzügen liegen nun die bedeutendsten Steinkohlelagerstätten. Der Grund dafür ist, daß dort während der Auffaltung durch sogenannte isostatische Ausgleichsbewegungen ausgedehnte Senkungsgebiete, Vortiefen, entstanden. Die Mulden, die sich bald schneller, bald langsamer senkten, waren zum einen wechselnden Meeresüberflutungen und Meeresrückzügen ausgesetzt, zum anderen wurden in diese Gebiete riesige Mengen Verwitterungsschutt der aufgefalteten Gebirge eingeschwemmt und zu kilometerdicken Schichten angehäuft.

In Zeiten, in denen die Absenkung in diesen wassergefüllten Vortiefen ganz aussetzte oder sehr langsam vor sich ging, bildeten sich aus der versunkenen Vegetation durch chemischbiologischen Abbau zunächst Torfmoore. Die Pflanzensubstanz häufte sich immer mehr auf und zersetzte sich, erst unter Mitwirkung von Luftsauerstoff, dann schließlich unter Luftabschluß. Es entstand eine Substanz, die Torf genannt wird. Hielten sich die Absenkungsgeschwindigkeit und die Torfanhäufung die Waage, konnten sich gewaltige Mengen pflanzlicher Substanz ablagern, aus denen später bedeutende Kohleflöze wurden. Wenn sich aber die Senkung verstärkte, bildeten sich in den Mulden Seen, oder das Meer drang ein, und vom Festland wurde Schutt eingeschwemmt, der die Torfschichten überdeckte und zusammenpreßte. Die Erde hatte damals viel Zeit. Das Wasser verschwand wieder, oder die überfluteten Gebiete verlandeten erneut. Dann kamen wieder die Pflanzen, und das Spiel begann von vorn.

Die Torfmasse wurde also von anderen Sedimenten wie Ton und Sand und von Geröll überdeckt, sank zusammen und ging allmählich in Braunkohle über. Dazu bedurfte es lediglich eines gewissen Zeitraums. Um aber aus der Braunkohle Steinkohle entstehen zu lassen, dazu reichten ein paar Millionen Jahre allein nicht aus. Druck und Wärme waren die zusätzlichen Faktoren, die für die Steinkohlebildung unabdingbar waren, und diese wurden durch die tektonischen Vorgänge im Karbon, etwa durch Faltung und Pressung, geliefert. Je mehr Gase und Wasser durch Wärme- und Druckwirkung (Thermometamorphose) aus der Masse gepreßt wurden, desto intensiver wurde in den Flözen die Inkohlung, die diagenetische Umbildung von pflanzlicher Substanz unter biochemischer Anreicherung von Kohlenstoff.

Zweiter Höhepunkt der Kohlebildung im Tertiär

Während der rund 70 Millionen Jahre des Karbons „haben 92 solcher Sintfluten über den immer neu wuchernden Urwäldern ungeheure Geröllschichten getürmt. 92 Flöze liegen unter der heutigen Erdoberfläche, das unterste in einer Tiefe von 3000 Metern. Bäume und Pflanzen wurden in Jahrmillionen so zusammengepreßt, daß von den 2000 Meter hohen Urwaldschichten nur noch 4 Prozent an Substanz, eine Kohlenschicht von 80 Metern, übriggeblieben sind. Ein erstes Flöz liegt tief im Boden des Gebiets, das später, durchflossen von einem nur 230 Kilometer langen Fluß, als Ruhrrevier weltbekannt werden sollte. Zu gleicher Zeit bildete sich das unterste Flöz an der Saar, im Wurmrevier bei Aachen, in den Gruben von Lüttich, Charleroi, Mons und im Artois" (Lutz Graf Schwerin von Krosigk).

Torf – Braunkohle – Steinkohle – Anthrazit: das sind die Stadien, die von der Kohlesubstanz der Reihe nach durchlaufen werden müssen, um das Endstadium Anthrazit zu erreichen, die Kohle mit dem höchsten Kohlenstoffgehalt und dem größten Heizwert. Während bei der Steinkohle noch vereinzelt Pflanzenabdrücke gefunden werden können, ist Anthrazit so stark inkohlt, daß keinerlei Pflanzenteile mehr zu erkennen sind. Natürlich muß die Kohlesubstanz nicht immer die ganze Entwicklungsreihe durchlaufen. Es kann durchaus zu Aussteigern kommen, wenn einer der Faktoren Zeit, Druck und Temperatur sich verändert oder ausfällt.

Braunkohle bleibt über Jahrmillionen hinweg Braunkohle, wenn Ablagerungsmassen oder Faltungen nicht für den nötigen Nachdruck sorgen und sich die nötige Wärme nicht einstellt. Das ist im Moskauer Becken passiert. Bei genügend hoher Temperatur, zum Beispiel durch vulkanische Hitze, kann die Kohle auch in geologisch kurzer Zeit bis zum Anthrazit reifen. So sind beispielsweise auch aus dem Tertiär, das vor rund 65 Millionen Jahren begann und infolgedessen im Vergleich eine sehr junge Formation ist, vereinzelte Steinkohlelager bekannt, etwa in Bulgarien, in Indonesien, in Japan, aber auch am Alpenrand und am Hohen Meißner. Auf Sumatra fanden die Geologen Steinkohle und Braunkohle aus derselben Zeit nebeneinander, aber die Steinkohle hatte eine vulkanisch-heiße Nachbarschaft.

Im Tertiär war die Erdkruste noch einmal in heftiger Bewegung. Es sah den Höhepunkt und das Ende der alpidischen Faltung mit der Entstehung der Pyrenäen, Alpen, Karpaten, des Kaukasus und so fort. Das Mittelmeer brach ein, die ostafrikanischen Grabenbrüche entstanden und durch Bruchfaltung die deutschen Schollengebirge. Und wieder war das Szenarium ähnlich: Subtropisches Klima begünstigte die Entstehung großer Sumpfwälder, die wiederum die Grundlage gewaltiger Braunkohlelagerstätten wurden. Gegen Ende des Tertiärs vor rund 2,3 Millionen Jahren waren etwa 88 Prozent der heutigen Tier- und Pflanzenwelt bereits auf unserer Erde versammelt.

Nachrichten über schwarze Steine

Australien umfaßt eine große Oberfläche, besitzt gewaltige Rohstoffreserven, doch wenig Wasser; originelle Beuteltiere bewohnen den Kontinent und wenige Menschen, laut Statistik sogar nur 1,7 pro Quadratkilometer. Ein Beispiel: Das Gebiet Northern Territory ist fast dreimal so groß wie die Bundesrepublik Deutschland, doch die Namen in ihrem Telefonbuch passen auf dreißig Seiten. Reichster Besitz dieser wenigen Australier ist eine geschätzte halbe Billion Tonnen Kohlereserven. Davon sind etwa 18 Milliarden Tonnen sehr wirtschaftlich zu fördern, weil sie nur bis 300 Meter tief in der Erde liegen. Ein guter Teil von Australiens Kohle kann also im Tagebau gewonnen werden. Zwei Drittel der geförderten Kohle kommt aus New South Wales, dem Bundesstaat um Sydney und Newcastle. In dieser Provinz, an einem Berg im Gebiet des Hunter Valley, brennt wahrscheinlich seit Tausenden von Jahren das ewige Feuer Australiens.

Den australischen Eingeborenen, den Aborigines, ist dieser Ort mit der aufsteigenden Rauchsäule nicht ganz geheuer. Sie vermuten, daß die immerwährenden Rauchzeichen göttliche Äußerungen sind. Der weiße Mann suchte und fand eine andere Erklärung. Der Qualm wurde auf ein etwa 150 Meter unter der Erde brennendes Kohleflöz zurückgeführt. Entzündet wurde die Kohle vielleicht vor dreitausend Jahren an ihrer Austrittsstelle zur Erdoberfläche durch einen Baum, den ein Blitz in Brand gesetzt hatte. Im Lauf der Jahrhunderte fraß sich das Feuer langsam, aber sicher durch das Flöz. Eine andere Theorie verzichtet auf den Blitz und erklärt die Feuersbrunst in der Kohle durch Selbstentzündung. Wäre nun vor dreitausend Jahren ein umherstreifender Eingeborener rechtzeitig im Hunter Valley vorbeigekommen, dann hätte er wie vor und nach ihm viele andere Entdecker von Kohlenfeuern feststellen können, daß da seltsame schwarze Steine vor sich hin brannten und qualmten und eine erstaunliche Hitze abgaben.

Der scharfe Geruch des thrakischen Steins

Gegen Ende des 3. Jahrtausends v. Chr. wurden unter anderen Materialien wie Bernstein oder Knochen auch Knöpfe aus Pechkohle verwendet. Unter dieser Bezeichnung ist eine steinkohleähnliche tertiäre Glanzbraunkohle zu verstehen. Sie ist schwarz und ziemlich fest, hat einen hohen Inkohlungsgrad und glänzt schön. Aus dem zentralen Südengland der Wessexkultur um 1600 v. Chr. sind Halsbänder aus dieser Pechkohle bekannt, etwa das mondsichelförmige Poltalloch-Halsband aus Argyllshire.

Die nächste Spur der schwarzen Steine führt nach Griechenland. Dort brachte im 4. Jahrhundert v. Chr. einer der größten Wissenschaftler aller Zeiten seine erstaunlichen Erkenntnisse seinen Schülern bei: Aristoteles (384–322 v. Chr.). Neben richtigen Aussagen (z. B. daß die Erde rund sei) und weniger richtigen Aussagen (z. B. daß das Herz Sitz des Lebens und das Gehirn lediglich ein Organ zur Blutkühlung sei) berichtete er in seiner „Meteorologica“ auch über Kohle als „thrakischen Stein“, der „beim Verbrennen einen so widerlichen, scharfen Geruch entwickelt, daß kein Kriechtier an dem Platze bleibt“.

Tyrtamos (um 372 bis um 287 v. Chr.) war Schüler des Aristoteles und wurde von seinem großen Meister „Theophrastos“ genannt, „der wie Gott spricht“. Theophrastos, nach seinem Geburtsort auch Theophrast von Eresos genannt, wurde zum Vater der Botanik und beschrieb schon über fünfhundert Pflanzenarten. Um 300 v. Chr. erschien seine Schrift „Über die Steine“. Darin berichtete er folgendes über den Gebrauch der Kohle: „Unter den zerbrechlichen Steinen gibt es einige, die wie angezündete Holzkohle werden, wenn man sie ins Feuer bringt, und lange so verbleiben.“ Und über die natürlichen Kohlevorkommen schrieb er: „Man findet sie (die zerbrechlichen Steine) in Ligurien und zu Elis auf den Bergen, über welche man nach Olympia geht. Ihrer bedienen sich die Schmiede.“

Gaius Plinius Secundus (23–79), Plinius der Ältere, wollte sich den Vesuvausbruch näher ansehen, der Pompeji und Herculaneum unter Lava- und Aschemassen begrub. Seine wissenschaftliche Neugierde kostete ihn das Leben. Sein Hauptwerk war eine „Naturgeschichte“ in 37 Bänden, in der ziemlich kritiklos alles aufgenommen wurde, was die Antike an Wissens- und Wundernswertem zu bieten hatte. Da wird von fliegenden Pferden und von Nixen berichtet, von Männern, die ihre Riesenfüße als Sonnenschirm verwendeten, und da taucht auch die Steinkohle auf, die beim Kupfergießen gebraucht worden sei (Naturalis Historia 34,8,96). Normalerweise scheint aber Kohle in römischen Schmelzöfen nicht verwendet worden zu sein.

Von Römern und Germanen

Als häuslicher Brennstoff dagegen tauchte die Kohle bereits in einigen Teilen des römischen Weltreiches auf. Wahrscheinlich gab es noch keine Gruben im Tiefbau, zumindest gibt es dafür keine Beweise. Die Fundstellen waren Ausstrich oder Ausbiß, der Schnitt der Kohleschicht mit der Erdoberfläche, also die Stellen, an denen die Kohleflöze an die Oberfläche traten. Das war beispielsweise im britischen Northumberland der Fall. Dort und entlang dem Limes in Britannien wurden in römischen Villen und Siedlungen Schlacken gefunden, die auf eine Versorgung mit Kohle als Brennstoff vor 400 hinweisen. Ein anderes Beispiel sind die Kohlefunde, die bei Ausgrabungen in Neuss gemacht wurden. Offenbar wurde dort im römischen Militärlager Novaesium bereits Ruhrkohle verheizt.

Ähnlich selten wurde vermutlich Torf als Vorstufe der Kohle verheizt. Den südlichen Völkern scheint er vollkommen unbekannt gewesen zu sein, bis Plinius von dem an der Nordseeküste lebenden Germanenstamm der Chauken berichtete: „Zum Fischfang flechten sie Netze aus den Binsen ihrer Sümpfe, deren Schlamm sie mit den Händen formen und unter dem trüben Himmel im Wind trocknen. Mit dem Brand dieser Erde kochen sie ihre Speisen und erwärmen die vom Eis des Nordens erstarrten Glieder.“

China: eine Art von schwarzen Steinen

Zur Zeit der Han-Dynastie (206 v. Chr. bis 220 n. Chr.) und noch viele Jahrhunderte danach waren für die Schmelzöfen Holzkohle, für die Brennöfen Holzscheite und -kloben die wichtigsten Brennstoffe. Der gewaltige Holzbedarf führte im Lauf der Zeit zu einer Energiekrise (wie etwas später in Europa auch), und so gewann der Kohlenbergbau zunehmend an Bedeutung. Die Chinesen waren also die ersten, die zur Ausbeutung des schwarzen Goldes unter die Erde gingen und nicht nur die zutage tretenden Flöze abbauten. Gegen Ende des 1. Jahrtausends war der Kohlenbergbau bereits ein wichtiger Wirtschaftszweig und deckte den größten Teil des industriellen Brennmaterialbedarfs.

Wie früh oder spät Kohle als Brennmaterial in privaten Haushalten eingesetzt wurde, scheint nicht bekannt zu sein. Die erste Nachricht darüber brachte der venezianische Weltreisende Marco Polo (1254–1324) nach Europa. Marco Polo war 1271 mit seinem Vater und dessen Bruder Maffeo aufgebrochen. Er reiste über Bagdad zum Persischen Meer, von Ormus aus durch den Iran und den Pamir nach China (Kitai, Kathai oder Katai) bis zur Stadt Kambaluk (Peking). Er gewann die Gunst des Großkhans und machte in seinem Auftrag bis 1292 Reisen innerhalb des Riesenreiches. Zurück in Italien, war Marco Polo von September 1298 bis Juli 1299 Gefangener der Genuesen. Im Kerker diktierte er seinem Mitgefangenen,

dem fahrenden Sänger Rusticiano da Pisa, seinen berühmten Reisebericht. Daraus der Auszug über die Kohle:
„Ich will euch nun von den Steinen erzählen, die besser brennen als Holz. – Überall in Katai findet man eine Art von schwarzen Steinen, die in den Bergen abgebaut werden und wie Scheite brennen, aber die Hitze besser halten als Holz. Wenn man sie abends ins Feuer wirft, brennen sie die ganze Nacht. Deshalb bedient man sich ihrer im gesamten Gebiet. Es gibt dort auch Holz, aber diese Steine sind billiger und helfen, Holz zu sparen."

Die ersten Umweltschutzgesetze

In England lassen sich die ersten Spuren des Steinkohlenbergbaus bis ins 9. Jahrhundert zurückverfolgen. Die erste bekannte Aufzeichnung über die Benutzung der vermutlich im Tagebau gewonnenen schwarzen Steine in England soll 852 entstanden sein und berichtet vom Verbrennen von Kohle in der Abtei Peterborough. Aber das war wohl die Ausnahme, denn Britanniens berühmtes „Domesday Book" von 1086, in dem alles aufgezeichnet wurde, was irgendeinen wirtschaftlichen Wert hatte, weiß nichts von Kohle, schwarzen Steinen oder ihrer Verwendung.
Der erste europäische Steinkohlenbergbau unter Tage, so weiß der Große Kulturfahrplan, ist den Mönchen des Klosters Klosterrade (heute Rolduc) im Herzogtum Limburg zu verdanken. Sie trieben bereits um 1113 nur etwa 1 Meter hohe, bis zu 1,5 Meter breite Stollen in Kohleflöze. Jeweils ein Hauer baute sitzend mit dem Pickel vor Ort die Kohle ab, Schlepper förderten sie aus der Grube.
Im sächsischen Zwickau, der „Aue des Feuergottes Zwicz" im erzgebirgischen Becken mit seinem berühmten flachhügeligen Zwickauer Steinkohlebecken, begann der Kohlenbergbau vermutlich schon um 1100. 1118 wurde Zwickau erstmals urkundlich erwähnt. 1348 scheinen das Geschäft mit der Steinkohle und die Luftverschmutzung bereits so zugenommen zu haben, daß den Schmieden die Verwendung der Kohle untersagt wurde.
Um 721 wurde das Dorf Lüttich im gewundenen Tal der Maas im Wallonenland Belgiens Bischofssitz. In diesem industriereichen Hochstift (Bistum) Lüttich soll 1198 der Kohlenbergbau begonnen haben.
In London traf 1228 die erste Kohle per Schiff ein. Sie kam als „Seekohle" aus der Gegend der schottischen Grafschaft Fife und aus Northumberland an der Nordseeküste, der nördlichsten Grafschaft Englands. Die kuriose Bezeichnung erklärt sich aus der Tatsache, daß von unterseeischen Ausbissen Kohlebrocken herausbrachen und durch die Wellen- und Gezeitenbewegungen an Land geschwemmt wurden. Frauen und Kinder sammelten die schwarzen Brocken auf. Etwas später im selben Jahrhundert begannen in Nordengland Mönche mit dem Kohleabbau, die Klöster wurden zu Pionieren der Kohleausbeutung in Britannien.

Die Satelliten des Satans

„Der Kohlenbergbau bei Newcastle-on-Tyne wird urkundlich zuerst im Jahre 1243 erwähnt. Damals bestätigte König Heinrich III. ein Privileg, das König Johann (1199–1216) den ‚ehrlichen Leuten von Newcastle' verliehen hatte, Kohlen und Steine auf dem Castle-Moor zu graben. Die Kohlen von Newcastle gingen zu Schiff nach London und wurden im Mittelalter auch schon bis Hamburg verfrachtet" (Otto Johannsen). Daß die Städte jetzt auch im Kohlegeschäft mitmachen wollten, paßte den Klöstern gar nicht, und so kam es zu ständigen Streitereien um die Abbaurechte. Die „ehrlichen Leute von Newcastle" hatten sich wegen der Plünderung von Kohlenkähnen des Klosters Tynemouth vor dem hohen Gericht zu verantworten. „Besonders belastend wirkte es, daß sie hierbei die Mönche ‚verhöhnten und beschimpften' und sie ‚Satellites of Satan' nannten, was allerdings schon an Gotteslästerung grenzte" (Juri Semjonow).
Noch vor den Zwickauer Bürgern sahen sich die Londoner Bewohner bald von stinkendem Kohlensmog eingenebelt, weil die Handwerker ziemlich ausgiebigen Gebrauch von dem neuen Energieträger machten. Es waren vor allem die „höllischen" Ingredienzien der Kohle, hauptsächlich der Schwefel, die der weiteren Verbreitung der Kohle im Wege standen. 1273 erhoben Londoner Edelleute die erste Beschwerde gegen die üble Rauchbelästigung. Es dauerte aber noch bis 1315, bis ein königliches Dekret den Handwerkern die Verwendung von Steinkohle untersagte. Ein Verstoß dagegen und wider die Gesundheit der Bevölkerung hatte beim ersten Mal eine hohe Geldstrafe zur Folge. Wiederholungstätern wurde der Kohlenherd zerstört. Wirklich Abhilfe konnte aber erst durch die Konstruktion geeigneter Öfen und Kamine geschaffen werden. In Wales wurden nach dem bronzezeitlichen Intermezzo die ersten Steinkohlengruben um 1300 erwähnt.

Wenn auch die erste deutsche Steinkohle wahrscheinlich schon um 1100 im erzgebirgischen Ort Zwickau gefördert wurde, gründete sich der Ruhm der deutschen Bergleute seit dem Mittelalter jahrhundertelang vor allem auf ihr Können im Erzbergbau. Der als Einzelblatt gedruckte Holzschnitt von etwa 1530 gibt verschiedene Tätigkeiten rings um ein sächsisches Bergwerk der Zeit wieder: Einfahrt in den Stollen mit Hunten, die auf einfachen Bretterbohlen laufen, Arbeiten mit Schlägel und Eisen oder nur mit dem Eisen, Wasserhaltung mit handbetriebener Eimerwinde, Herstellen oder Reparieren des bergmännischen Gezähes in der Schmiede, Zerpochen der Erzknollen von Hand und Siebwäsche. Die Mahnung „daß kein bös' Neuerung werd' gemacht" in dem aufmunternden Reimspruch zeigt das Traditionsbewußtsein des ganzen Standes. Doch der guten Neuerungen hat es seitdem viele gegeben, das walte Gott.

Spekulationen um das schwarze Gold

Georg Bauer, berühmter Gelehrter und Bergbaufachmann des 16. Jahrhunderts und bekannter unter dem latinisierten Namen Georgius Agricola (1494–1555), war der Ansicht, „Steinkohle sei nichts anderes als in der Erde hart gewordenes und mit Schwefel vermischtes Erdöl" (Semjonow). In seinem berühmten Buch „De re metallica", das ein Jahr nach seinem Tod erschien, faßte er alles Wissenswerte über den Bergbau und seine Fördermaschinen, Bewetterung, Wasserhaltung und Pumpwerke zusammen. Er schätzte den Beruf des Bergmanns höher ein als den „des Kaufmanns, der um schnöden Gewinn handelt".
Das war nicht immer so. Jahrhunderte vorher sahen ehrfürchtige Erdenkinder den Bergbau als Raub und Vergewalti-

gung an, bei denen der Erde mit Pickel und Schaufel unersetzbare Bestandteile entrissen würden. Kein Wunder also, daß im Volksglauben Bergmönche und Minengeister ihr Unwesen trieben. Selbst ein hervorragender Wissenschaftler wie Agricola konnte offenbar ein bergwerk-spezifisches Dämonenwesen nicht von der Hand weisen. Der französische Geisterforscher Dom Calmet schrieb in seinem 1617 in Paris erschienenen Werk „Trait sur les apparitions des esprits" (Abhandlung über Geistererscheinungen): „Georg Agricola, der Bergwerke, Metalle und die Art, sie zu fördern, wissenschaftlich untersucht hat, erkennt zwei oder drei Arten von Geistern an, die in den Bergwerken erscheinen. Die einen sind sehr klein und gleichen Zwergen oder Pygmäen; die anderen gleichen Greisen mit krummen Rücken und sind wie Bergarbeiter gekleidet. Ihr Hemd ist hochgerollt, und sie tragen eine Lederschürze um die Nieren. Noch andere tun oder scheinen das zu tun, was sie bei anderen sehen. Sie sind lustig und schaden niemandem. Aber ihre Arbeit führt zu nichts."

Zu der Zeit, als Agricola sein Buch schrieb, nahm Deutschland im Bergbau und in der Eisenverhüttung eine Spitzenstellung ein, der deutsche Bergmann hatte einen hervorragenden Ruf. Er holte Erz, Kupferschiefer, Zinn und Silber aus der Erde, aber so gut wie keine Kohle.

Vermoderte Holzklötze oder die Natur echter Holzkohle

Es dauerte ziemlich lange, bis sich die Wissenschaft halbwegs darüber im klaren war, wie die Kohle letztendlich entstanden ist. Und selbst als manche Kohlesachverständige schon auf der richtigen Spur mit den untergegangenen Wäldern waren, meldeten sich erboste Gegenstimmen zu Wort.

Im Jahr 1540 erschien das Werk „De la pirotecnia" des Italieners Vannoccio Biringuccio (1480–1539). Das Buch besteht aus 168 Blättern mit 82 Holzschnitten und gibt, ganz im Gegensatz zu den bis dahin üblichen obskuren alchimistischen Werken, klare Anweisungen und Erläuterungen zu den Themen Bergbau, Metallurgie und Metallbearbeitung.

In „Pirotecnia" schrieb der Italiener den bemerkenswerten Satz: „Die Bergleute werden wahrscheinlich eher den Erzvorrat erschöpfen als die Forstleute den Vorrat an Holz, der nötig ist, um die Erze zu schmelzen. Überall findet man sehr große Wälder, was einen denken läßt, daß die

Zeitalter des Menschen sie nie erschöpfen werden." Biringuccio irrte, und die Natur kam bald mit der Holzproduktion nicht mehr nach. Zu Beginn des 17. Jahrhunderts bemühte sich die englische Regierung, die radikale Entforstung zu stoppen, weil sonst das Bauholz für die Schiffe der königlichen Marine knapp wurde. Einen Ausweg konnte nur die Kohle bieten, und über diese Kohle schrieb Biringuccio lediglich den lapidaren Satz: „Neben den Bäumen haben ‚schwarze Steine', die an vielen Orten zu finden sind, die Natur echter Holzkohle", aber der riesige Holzvorrat mache es völlig unnötig, „an diesen fernen Brennstoff zu denken".

Werden war einmal die südliche Vorstadt von Essen und ein beliebter Ausflugsort der Essener Bürgerschaft, bis es 1929 eingemeindet wurde. Die Benediktinerabtei Werden (799–1802) war der Stützpunkt der Sachsenmission. Und einem Vorsteher dieser Abtei, dem Abt Conrad von Werden, ist es zu verdanken, daß die vermutlich älteste Einteilung der Kohlearten überliefert wurde. 1608 erließ Conrad für sein Gebiet Bergbaubestimmungen, in denen die Steinkohle bereits in Kalk- und Schmiedekohlen, in Brand- und Landkohlen untergliedert war. Die Kalkkohle wurde, wie der Name schon vermuten läßt, zum Kalkbrennen verwendet. Der Kalkstein kam aus den Kohlekalkschichten südlich von Werden. Die größte Bedeutung erlangte die Schmiedekohle, vermutlich die Kohleart, die später als Eßkohle (von „Esse", Feuerstelle des Schmiedes) bezeichnet wurde. Die Brandkohle wurde im häuslichen Herd verheizt, und mit der qualitativ schlechten Landkohle lockerte die Werdener Bauernschaft schwere Ackerböden auf.

Was ist Kohle, woher kommt Kohle?

Selbst Lexikondefinitionen lassen bei dieser Fragestellung eine gewisse Hilflosigkeit erkennen, und die ehrliche Antwort müßte eigentlich lauten: Ganz sicher weiß man es bis heute nicht. Immerhin läßt sich ein gewisser Fortschritt in der Beurteilung dieser schwarzen Steine nicht verhehlen, wenn man die Nachrichten aus zwei weit auseinander liegenden Jahrhunderten gegenüberstellt.

Der Italiener Enea Silvio Piccolomini (1405–1464) wurde nicht nur als Kanzleisekretär Kaiser Friedrichs III. oder als Publizist und Schriftsteller geographischer und geschichtlicher Werke bekannt, sondern auch dadurch, daß er sein leichtfertiges Leben grundlegend änderte und 1458 Papst Pius II. wurde. Als Enea Silvio Mitte des 15. Jahrhunderts nach Schottland reiste, mußte er erstaunt feststellen, daß den Armen Schottlands an Stelle der sonst üblichen Almosen lediglich schwarze Steine in die Hand gedrückt wurden, die aber unverständlicherweise freudig in Empfang genommen wurden. Der Italiener hatte nicht die geringste Vorstellung vom Namen und von der Art der Steine, aber er ließ sich darüber aufklären, daß man sie anzünden und wie Holz brennen lassen konnte.

Rund vierhundert Jahre später erklärte George Stephenson (1781–1848), der englische Techniker und Gründer der ersten Lokomotivenfabrik der Welt, in Anspielung auf die Sonne-Pflanzen-Kohle-Theorie beim Anblick einer Dampflok: „Nicht durch die Kraft des Dampfes wird diese Maschine vorwärts bewegt, sondern durch die Kraft der Sonnenwärme."

Ein Ausgangspunkt: Kohlenstoff in Pflanzen, Torf und Kohle

Zunächst einmal lieferten die Pflanzenphysiologie und die Chemie zwei Beiträge, die auf den ersten Blick recht wenig mit neuen Erkenntnissen über die Natur der Kohle zu tun hatten. Der Schweizer Chemiker und Pflanzenphysiologe Nicolas Théodore de Saussure (1767–1845), auch Professor der Mineralogie und Geologie, wies 1804 nach, daß Pflanzen aus der Kohlensäure der Luft Kohlenstoff aufnehmen und ihn zum Aufbau ihres organischen Körpers verwenden.

Der zweite Beitrag betraf die quantitative Analyse organischer Verbindungen, die im allgemeinen eine viel kompliziertere Struktur aufweisen als anorganische Stoffe. Die beiden französischen Chemiker Joseph Louis Gay-Lussac (1778–1850) und Louis Jacques Thenard (1777–1857) hatten bereits den Weg zu einer Analyse gewiesen, bei der sie organische Verbindungen verbrannten und die dabei freiwerdende Menge an Kohlendioxid und Wasser wogen. Justus von Liebig (1803 bis 1873), deutscher Chemiker und Begründer der Mineraldüngung, perfektionierte 1831 diese Technik und erfand damit die Elementaranalyse. Mit ihr werden Kohlenstoff- und Wasserstoffgehalt einer organischen Substanz durch Oxidation mit Sauerstoff oder Kupferoxid bestimmt. Die Oxidationsprodukte (Verbrennungsprodukte) Wasser und Kohlendioxid lassen sich getrennt absorbieren und wiegen. Durch Berücksichtigung von Atomgewichten und Molekulargewichten der beteiligten Elemente kann man die Gewichtsmengen und das Atomverhältnis von Kohlenstoff, Wasserstoff und Sauerstoff exakt berechnen. Da nun die Mehrzahl der organischen Verbindungen nur diese drei Elemente enthalten, war die Liebigsche Elementaranalyse allgemein anwendbar, natürlich auch bei Holz, Torf, Braunkohle und Steinkohle.

Die flüchtigen Bestandteile der Kohle

Bereits 1814 hatte der Chemiker H. Buff die Steinkohle analytisch untersucht und je nach der Koksbeschaffenheit der Steinkohleart in Back-, Sinter- und Sandkohlen eingeteilt. Der französische Chemiker, Physiker und Liebigschüler Henri Victor Regnault (1810–1878) stellte 1837 ein Klassifizierungssystem auf, das sich an der chemischen Zusammensetzung orientierte. Das Regnaultsystem wurde später perfektioniert und führte zu einer Einteilung nach dem Gehalt an Kohlenstoff und Wasserstoff.

Für den Wissenschaftler war diese Klassifizierung sehr wertvoll, aber für den praktischen Gebrauch erwies sie sich als wenig sinnvoll, weil das Verhältnis zwischen der rein chemischen Zusammensetzung und der industriellen Verwendbarkeit viel zu kompliziert war. Deshalb wurde ein System aufgestellt, das sich nach dem Gewichtsverlust bei Erhitzung richtete, nach dem (steigenden) Gehalt an Kohlenstoff und dem (abnehmendem) Gehalt an den flüchtigen Bestandteilen Wasserstoff und Sauerstoff: Weichbraunkohle und Hartbraunkohle, dann die Untergruppen der Steinkohle Flammkohle, Gasflammkohle und so weiter bis hin zum Anthrazit.

Anhand der chemischen Analysen und der geologischen Schichtungen ließ sich folgendes feststellen: Einmal nimmt vom Holz über Torf und Braunkohle bis zum Anthrazit der Kohlenstoffgehalt ständig zu; zum anderen weist eine Substanz um so mehr Kohlenstoff auf, je älter die Formation ist, in der sie gefunden wurde. In dieser Staffelung der Kohlequalitäten bei Kohlevorkommen mit zahlreichen Flözen übereinander erkannte der Geologe C. Hilt eine Gesetzmäßigkeit, die als Hiltsche Regel in die Geschichte der Kohleforschung einging: Der Grad der Inkohlung der Steinkohle nimmt mit wachsender Tiefe zu, oder anders ausgedrückt, die ältesten Flöze sind die reifsten, die jüngsten die unreifsten. Der Kohle aus den ganz alten Flözen würden also bei Erhitzung die wenigsten Gase entweichen. Ein Beispiel: Die etwa 4000 Meter starke Schichtenfolge im Ruhrrevier enthielt oben Flöze mit über 40 Prozent Gasgehalt, unten Flöze mit 10 Prozent Gasge-

1 – Daß bei so allgegenwärtigen Gefahren wie Stollenbruch und Wassereinbruch abergläubische Vorstellungen unter den Bergleuten aufblühen konnten, nimmt nicht Wunder. Selbst auf die „Mithilff der Teuffel in dem Bergwerk" hoffte der eine oder andere, wie der Holzschnitt aus Olaus Magnus' „Mitternächtige Länder" (deutsche Ausgabe 1567) zeigt.
2 – Der italienische Gelehrte Vannoccio Biringuccio (1480–1539) versuchte, dem Bergbau, der Metallurgie und Metallbearbeitung sachlich auf den Grund zu gehen. Einer der 82 Holzschnitte in seinem posthum 1540 erschienenen Werk „De la pirotecnia" zeigt die Grubenkohlung zum Herstellen von Holzkohle.

1

2

halt und weniger, also schon anthrazitartige Kohle.
Damit sind aber die Unterscheidungsmöglichkeiten verschiedener Kohlearten noch nicht erschöpft. Makroskopisch wird in Glanz-, Matt-, Faser- und Halbglanzkohle unterteilt. Und die Kohlemikroskopie klassifizierte die Steinkohlen später mit Hilfe der Mazerale, aus denen die Streifenarten (z. B. Vitrit, Durit, Fusit) bestehen. Die Mazerale genannten Gefügebestandteile der Kohle lassen sich an ihrem unterschiedlichen Reflexionsvermögen im auffallenden Licht und an ihrer Struktur unter dem Mikroskop erkennen.
In Europa war an diesem petrologischen System vor allem die Engländerin Marie Charlotte Carmichael Stopes (1880–1958) beteiligt. In den Vereinigten Staaten hatte der Geologe Reinhardt Thiessen eine umfangreiche Sammlung von Kohle-Dünnschliffen angelegt und eine von der Stopesschen Nomenklatur der Gefügebestandteile abweichende Namengebung vorgezogen. Die Thiessensche Arbeit wurde vor allem von dem amerikanischen Geologen und Paläobotaniker James Morton Schopf (1911–1978) weitergeführt und ergänzt. Schopf brillierte auf dem Gebiet der Pollenanalyse und untersuchte fossile Sporen durch chemische Mazeration der Kohle. Vor allem aber wandte er die Ordnungsprinzipien der systematischen Botanik auf das Studium pflanzlicher Mikrofossilien an.

Die dünn geschliffenen Gesteine

Wenn schon früher einzelne Stimmen laut geworden waren, die einen pflanzlichen Ursprung der Kohle propagierten, so kam die vermutlich erste wissenschaftliche Begründung für diese Annahme von dem russischen Naturforscher Michail Wassiljewitsch Lomonossow (1711–1765). Dem Russen, so ein Beitrag zur Geschichte der Erdöl- und Erdgasgeologie von Bakirov, Pätz und Rjabuchin aus dem Jahr 1976, „gebührt das Verdienst, auf den genetischen Zusammenhang der fossilen Brennstoffe, d. h. auf die Wechselbeziehung zwischen Torf und Kohle oder Asphalt und Erdöl hingewiesen zu haben. Daraus entwickelte sich in der nachfolgenden Zeit die Lehre von den Kaustobiolithen." Dieses griechische Kunstwort bezeichnet brennbare Steine, die aus der Umwandlung von Pflanzen und Faulschlamm unter Luftabschluß hervorgegangen sind: Der Inkohlungsvorgang führt von Torf über Braunkohle zur Steinkohle. Lomonossow war äußerst vielseitig interessiert und arbeitete unter anderem auf dem Gebiet der Geologie und Mineralogie. In seinen geologischen Arbeiten entwickelte er die Grundlagen einer natürlichen Entwicklungsgeschichte der Erde, sprach sich gegen immer noch kursierende Sintflut-Theorien aus und sah die Bewegungen der Erdkruste als die Auswirkungen innerer Kräfte an. Unter seinen vielen Schriften, die von der westlichen Wissenschaft erst sehr spät zur Kenntnis genommen wurden, weil sie in russischer Sprache verfaßt waren, ist in diesem Zusammenhang die Arbeit „Über die Schichten der Erde“ zu erwähnen. Sie war ein bedeutender Beitrag zur Wissenschaft und zur Erforschung des Mineralreichtums der russischen und außerrussischen Erde.

Um die Mitte des 18. Jahrhunderts wurden auch die geologischen Untersuchungsmethoden erheblich verbessert und verfeinert. Das Mikroskop wurde ins geologische Instrumentarium aufgenommen und machte unter anderem vergleichende Untersuchungen möglich. Der englische Physiker William Nicol (um 1768 bis 1851), Erfinder des Nicolschen Prismas zur Herstellung von polarisiertem Licht, untersuchte erstmals 1827 hauchdünne, durchsichtige Scheiben von versteinertem Holz. Als „Vater der mikroskopischen Gesteinskunde“ wird der englische Geologe Henry Clifton Sorby (1826–1908) angesehen. Sorby stellte 1849 dünne Gesteinsplättchen (0,025 Millimeter dick) her und untersuchte die Struktur dieser nunmehr durchsichtigen „Dünnschliffe“ unter dem Mikroskop. Er zeigte dadurch, daß sich Dünnschliffe unterschiedlicher Mineralien anhand ihrer optischen Eigenschaften einordnen lassen.

Kohle unter dem Mikroskop

Den mikroskopischen Nachweis für die Zusammensetzung der Steinkohle brachte der deutsche Botaniker Heinrich Robert Göppert (1800–1884). Speziell durch seine Arbeit „Über die Entstehung der Steinkohlen“ von 1848 wurde er zum Mitbegründer der Paläobotanik, eines Zweigs der Paläontologie, der sich mit fossilen Pflanzen beschäftigt und der sich später natürlich besonders bei der Erschließung der aus Pflanzenresten entstandenen Kohlenlager bewährte. In Frankreich untersuchte der berühmte Pflanzensystematiker Adolphe Théodore Brongniart (1801 bis 1876), Professor am Jardin des Plantes in Paris, die fossilen Pflanzen.

Um die Mikroskopie der Steinkohle machte sich besonders der deutsche Geologe Wilhelm von Gümbel (1823–1898) verdient. Er wies nach, daß in der Steinkohle „der organische Zellenbau der ihr zu Grunde liegenden Pflanzen durch und durch erkennbar erhalten ist“ (Melchior Neumayr). Gümbel führte auch den Begriff „autochthon“, ortsgebunden, in die Geologie ein. Damit werden Sedimente beschrieben, die sich ohne Transport bilden konnten, zum Beispiel auch Kohlen, die aus Pflanzenmaterial hervorgegangen sind, das sich im Lebensraum abgelagert hatte. Heute bezeichnet der Begriff alle Gesteinsmassen, die sich noch am Ort ihrer Bildung befinden. Aus der von Sorby eingeführten Technik entwickelten vor allem Karl Harry Ferdinand Rosenbusch (1836–1914) und Ferdinand Zirkel (1838–1912), beide deutsche Mineralogen, die mikroskopische Petrographie. Zirkel gab dabei in seinem 1873 erschienenen Werk „Mikroskopische Beschaffenheit der Mineralien und Gesteine“ eine der ersten Klassifikationen.

Kohle unter Mitwirkung von Bakterien und Pilzen?

Die neuen Untersuchungsmethoden belegten schließlich eindeutig, daß unsere Kohle aus Landpflanzen entstanden sein mußte. Der deutsche Zoologe und Geologe und Wahl-Genfer Karl Vogt (1817 bis 1895) stützte sich auf entsprechende Berechnungen des französischen Geologen Léonce Élie de Beaumont (1798–1874) und wies nach, daß aus einem fünfundzwanzig Jahre alten Stangengehölz unter bestimmten Umständen und in entsprechenden geologischen Zeiträumen eine zwei Millimeter starke Steinkohlenschicht entsteht.

Bis in die achtziger Jahre des 20. Jahrhunderts hinein schien diese Theorie, nach der Kohle aus versunkenen Wäldern entstand, die einzig mögliche Erklärung zu sein. Dann brachte eine französische Arbeitsgruppe an der Louis-Pasteur-Universität in Straßburg Erstaunliches zutage. Guy Ourisson, Pierre Albrecht und Michel Rohmer machten sich Gedanken über den „mikrobiellen Ursprung fossiler Brennstoffe“ und kamen zu dem Schluß, „daß viele der aus Kohle extrahierten Substanzen nicht direkt von Bäumen oder höheren Pflanzen stammen, sondern von Bakterien und Pilzen umgebaut wurden, die am Grunde von Mooren siedeln“.

Kohle, das schwarze Gold, scheint noch für einige Überraschungen gut zu sein. Aber mit diesen Ausführungen ist bereits ein Ausflug auf fremdes Gebiet verbunden. Etwa parallel zur Entdeckung der Kohle als chemische Fundgrube wurde allmählich eine andere Wissenschaft aus der Taufe gehoben: die Geologie. Nach rein empirischem Vorgehen und bergbaulichen Erfahrungswerten der Frühzeit, nach Schöpfungsgeschichten und Mythologien, die eine Erklärung für die Entstehung der Erde anboten, und schließlich nach einer Stagnation der wissenschaftlichen Erkenntnis im Mittelalter durch die von der Kirche durch Feuer, Folter und Verfolgung erzwungene geistige Unmündigkeit und den Schwierigkeiten bei der Trennung von Wissenschaft und Religion, mit denen herausragende Männer wie Kolumbus oder Galilei zu kämpfen hatten, bahnte sich etwa in der zweiten Hälfte des 17. Jahrhunderts eine Wende zum Besseren an, und das haarsträubend verbissene Festhalten an alten Überlieferungen wich langsam einem neuen wissenschaftlichen Geist.

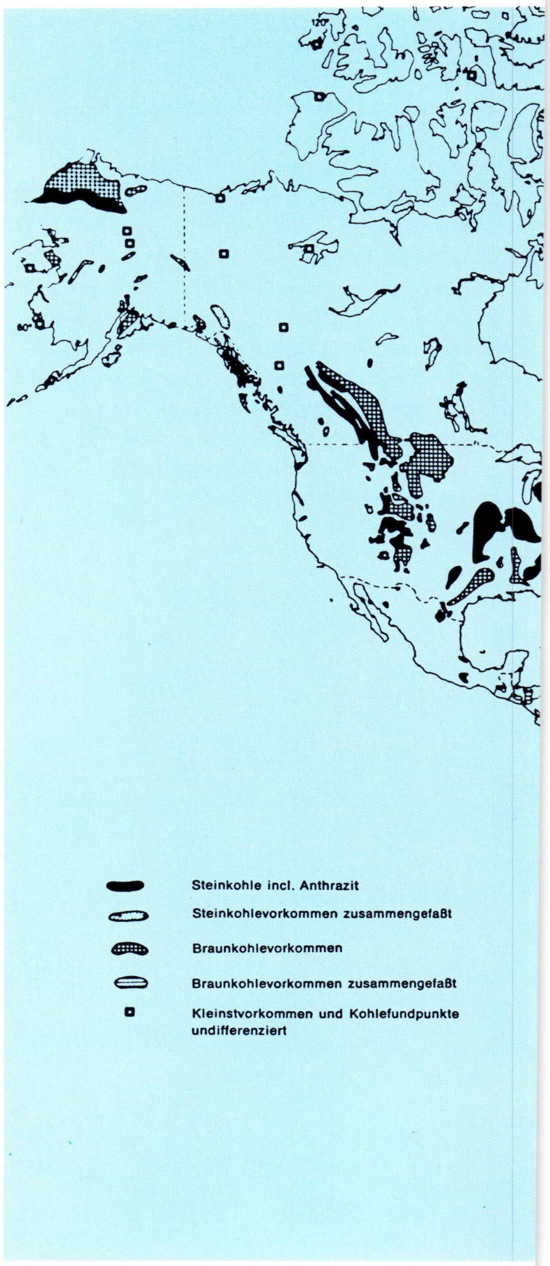

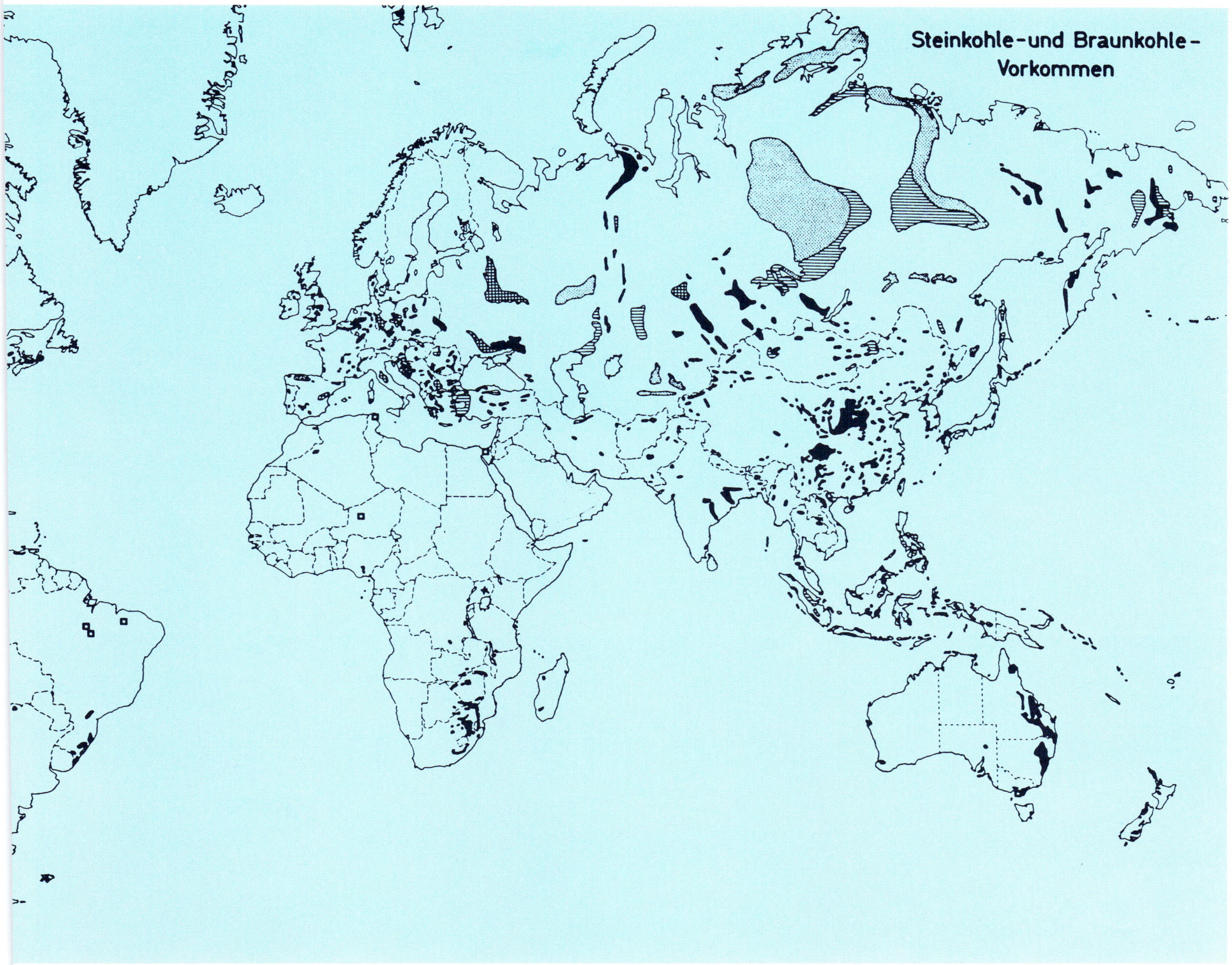

Kohlevorkommen: gleichmäßig über die Erde verteilt

Von Großbritannien bis China

Die Kohlevorräte des blauen Planeten Erde, so schätzen die Fachleute, sind, gemessen in Steinkohleneinheiten, zwei- bis dreimal so hoch wie die Erdölvorräte. Eine Steinkohleneinheit, Kurzzeichen SKE, diente bis zur Neuregelung der Einheiten im Meßwesen als Vergleichsmaß zur statistischen Erfassung des Energieinhalts verschiedener Brennstoffe. Dabei entspricht 1 SKE dem Wärmeinhalt von 1 Kilogramm Steinkohle mit einem Heizwert von 7000 Kilokalorien (29307,6 Kilojoule). Zum Vergleich: 1 Kilogramm Erdöl hat etwa 1,44 SKE. Während aber die Ölfelder nur in besonders begünstigten Gegenden auftreten, sind die Kohlevorkommen relativ gleichmäßig über die Erde verteilt und den meisten Industrienationen mehr oder weniger direkt zugänglich.

Englands Marsch ins Industriezeitalter

In Europa waren es die Untertanen Ihrer britischen Majestät, die fast überall auf ihrem Inselboden buchstäblich auf der Kohle herumtrampelten und die ersten professionellen Kohledigger stellten. Kohle war für die britische Industrie nicht lediglich eine andere Energiequelle, sondern Ausgangspunkt, Ansporn, Basis und Notwendigkeit für die weitere technologische Entwicklung. Zwei Jahrhunderte lang prägten die Kohle und ihr gezielter und immer weiter verbreiteter Einsatz die englische Industrie und führten schließlich mit der industriellen Revolution zu einem ersten Höhepunkt.

Die gestiegene Kohlenachfrage führte fast zwangsläufig dazu, daß der Kohlenbergbau sich zu einer ganzen Industrie auswuchs. Und die Kettenreaktion ging noch weiter: Die Kohle mußte von den Bergwerken zu den privaten und Industriekunden transportiert werden. Aus diesem Transportproblem entstand ein ausgedehntes Netz von Landstraßen, befahrbaren Flüssen und Kanälen. Die britischen Techniker taumelten in eine regelrechte Kanaleuphorie, weil ein Kanalboot mit hundert Tonnen Kohle von nur fünf Pfer-

1

den am Ufer geschleppt werden konnte, während dafür auf der Straße eine Karawane von mindestens sechzig Wagen mit hundertzwanzig Pferden aufgeboten werden mußte.

Das Mutterland der Kohle-Industrie

Zu Beginn der Tudorzeit wurde an Englands Küsten Meerwasser mit Kohle verdampft, um Salz zu gewinnen. Und wenig später kam Kohle bei der Kalkbrennerei zum Einsatz. Im Verlauf des 16. Jahrhunderts hatte sich die Verwendung von Kohle von den Huf- und Waffenschmieden des Mittelalters auf die Kupferschmiede, Zinngießer und Büchsenmacher ausgebreitet. Auch die Textilindustrie, vor allem das Färberei- und Filzgewerbe, unternahm frühe Versuche mit diesem neuen Brennstoff. 1612 wurde erstmals in Spezialöfen Kohle zum Glasschmelzen eingesetzt.

Ebenfalls im frühen 17. Jahrhundert hielt die Kohle in der Ziegel- und Keramikbrennerei, in Seifensiedereien und Zuckerfabriken Einzug, und einige Jahrzehnte später benutzte eine frühe chemische Industrie sie zur Herstellung von Salpeter, Alaun und Schießpulver.

Auf einer Urkunde von 1684 sind 70 Kohlenminen in der Nähe von Bristol erwähnt, die insgesamt 123 Bergleute beschäftigten. Gegen Ende des 17. Jahrhunderts soll die britische Kohleproduktion zwischen zwei und drei Millionen Tonnen pro Jahr betragen haben. Allerdings werden diese Zahlen von einigen Fachleuten bezweifelt. Fest steht, daß die britischen Bergleute mengenmäßig erheblich mehr Kohle ans Tageslicht beförderten als die Kumpel anderer Nationen. Die steigende Nachfrage hatte zur Folge, daß die Innovationsrate im Bergbau ebenfalls anstieg. Die *coal-viewers* (Kohlenschauer), die Bergbauingenieure aus Englands Nordosten, wurden Experten für Probebohrungen zum Auffinden neuer Kohleflöze. Außerdem entwickelten sie eine Fördereinrichtung, die auf Schienen lief und später unter dem Namen Eisenbahn berühmt werden sollte.

Aber dazu bedurfte es noch einer weiteren Erfindung, die zunächst dem Bergbau zugute kam: die Dampfmaschine, in ihren Anfängen als Dampfpumpe eingesetzt, um des ständig steigenden Wassers in den Schächten Herr zu werden. Die Dampfmaschine war der eine Schrittmacher für den Kohlenbergbau, die Erfindung des Kokshochofens der andere. Aus der Ehe von Eisen und Koks ging die britische

1 – England kann man zwar als Mutterland der Kohle-Industrie bezeichnen, aber mit ihren Kindern ging diese „Mutter“ alles andere als human um, wie diese kolorierte Lithographie von 1844 beweist. Nicht nur als äußerst billige und willige (weil hungrige) Arbeitskräfte wurden sie gerne unter Tage eingesetzt, sondern weil sie mit ihren kleinen, ausgemergelten Körperchen auch in den niedrigsten Flözen als „Treckejungen“ dienen konnten.
2 – Die in den Zechen des nordenglischen South Hetton gewonnene Kohle wurde auf dem Schienenweg zum Hafen von Seaham gebracht und dort zum Weitertransport auf Segelschiffe umgeladen (Holzschnitt aus „The Pictorial Gallery of Arts“, 1851).

2

Schwerindustrie hervor und läutete eine neue industrielle Epoche ein, mit all ihren Schattenseiten, die unter anderen Friedrich Engels, Freund und Mitarbeiter von Karl Marx, in seinem Werk „Die Lage der arbeitenden Klassen in England“ ausleuchtete.

Streiks und veraltete Maschinen

Die britische Kohleförderung schlug dank technischer Verbesserungen und eines weiten Abnehmerkreises lange Zeit alle Rekorde und schuf vermutlich in den Revieren auch die ersten Industrieslums der Geschichte. Das riesige Kolonialreich Ihrer Majestät mußte britische Kohle schlucken wie vorher britisches Tuch. Britanniens Kohlenschiffe, zuerst Segler, dann Dampfschiffe, waren Doppelverdiener. Als Rückfracht brachten sie unter anderem Holz, Getreide und vor allem Baumwolle auf die britischen Inseln. Die mächtige Kriegs- und Handelsflotte der Briten hatte rings um die Welt auf jedem Felsen im Meer eine Kohlestation.
Als die internationale Konkurrenz in der kohlschwarzen Branche stärker wurde, zeigte sich, daß der technische Fortschritt nicht in die tiefen Schächte der britischen Zechen vorgedrungen und eine ausreichende Modernisierung der Gruben versäumt worden war. Nach dem Ersten Weltkrieg hatten britische Politiker die grandiose Idee, Deutschland als Teil der Reparationszahlungen Kohle an England liefern zu lassen. Dadurch geriet der eigene Kohlenbergbau in Bedrängnis. Ständig stiegen in irgendeinem Revier die Kumpel auf die Barrikaden und legten den Kohlenachschub durch Streik lahm. Das Jahr 1926 ging in die englische Geschichte ein, weil der gesamte britische Kohlenbergbau ein Dreivierteljahr stillstand. Seitdem ist es nie mehr ruhig geworden um die britischen Kohlengruben. Und als die Briten in ihrem Teil der Nordsee Öl fanden, kam die Kohle in eine Dauerkrise und auf Halde.

Amerika, du hast es besser (was die Kohle anbelangt)

Die Kohlereviere der Vereinigten Staaten von Amerika und Kanadas sind kontinentweit gestreut. Von Alaska bis Texas und von den Rocky Mountains bis zum Alleghanygebirge liefern oft dicht unter der Erdoberfläche gelegene Flöze gute Fettkohle, wenn nicht hochwertige Gasflammkohle. Die günstige Lage der nordame-

rikanischen Kohle und damit die Möglichkeit des Tagebaus hat den Vorteil, daß die Gruben unabhängig von den Berg-und-Tal-Fahrten der Ölpreise bei Absatzstokkungen einfach zugemacht und bei ansteigender Konjunktur binnen kürzester Frist wieder aufgemacht werden können. Bundesdeutsche Zechen dagegen, die unter dem Druck niedriger Ölpreise stillgelegt wurden, sind „abgesoffen", ließen sich wegen unkontrollierbarer Verwerfungen und Grundwassereinbrüche nicht wieder in Betrieb nehmen.
Die Amerikaner, immer etwas neidisch auf die vollblütige geschichtliche Vergangenheit des alten Europa, wissen sehr genau, wer wo wann in ihrer kurzen Kohlehistorie als Entdecker des schwarzen Goldes auftrat. Die Kohleforschung ging mit der Erforschung ihres gottgesegneten Amerika gewissermaßen Hand in Hand. Bei der frühesten Erwähnung von US-Kohle stand die katholische Kirche in Gestalt des flämischen Franziskanermissionars Louis Johannes Hennepin (1626 bis nach 1701) Pate. Hennepin war 1675 nach Kanada gekommen. Er erforschte die Großen Seen und den Illinois River, kam als Gefangener der Sioux bis in die Gegend von Minneapolis, Minnesota.
1682 kehrte er nach Frankreich zurück und veröffentlichte 1683 und 1697 zwei Schilderungen seiner Reiseerlebnisse, in denen er Kohle erwähnt, die er 1679 an den Ufern des Illinois River entdeckt hatte, entweder in der Nähe der heutigen Stadt Creve Cœur bei Peoria oder bei Ottawa, Illinois, am Illinois River.

Lieber Holz statt teure Kohle

Der zweite Kohleforscher Amerikas scheint ebenfalls ein katholischer Mönch gewesen zu sein, nämlich der französische Pater Lally. Er entdeckte 1742 Kohlelager am James River, unweit der heutigen Stadt Richmond, Virginia. Die Gegend war 1607 erstmals von den Engländern erforscht worden, und eine englische Firma war es auch, die 1750 die Zechen dort für Virginia zu den ersten Kohlenzechen für den amerikanischen Markt machte. Aber die Engländer wurden mit ihrer Kohle nicht recht glücklich. Sie war so teuer, daß sich kaum jemand in den großen Küstenstädten die Kohle aus Richmond leisten konnte. Noch viele Jahre nach der Öffnung der Kohlengruben in Virginia verbrannten die Amerikaner in ihren Öfen lieber Holz.
Trotzdem ging die Kohleprospektion weiter. Nur fünf Jahre, nachdem der Abbau am James River begonnen hatte, 1755, berichtete ein gewisser Lewis Evans über die Entdeckung von Kohlelagern in Ohio. Dann ging es Schlag auf Schlag. 1760 wurde Anthrazit in Rhode Island ausgemacht. Er ließ sich von Ausbissen auf der Erdoberfläche einsammeln und wurde unter der Bezeichnung „British lustre", britischer Glanz, verkauft und als Poliermittel verwendet.
1763 erzählte der reisende Händler und Indianerkenner George Croghan (1720 bis 1782) von Kohle, die er „auf der Südseite des Wabash River (rechter Nebenfluß des Ohio), in einem hohen Ufer mit einigen wunderbaren Kohleflözen" gesehen hatte. 1766 wurde Anthrazit im Wyoming Valley gefunden, 1768 war die Gegend westlich des Susquehanna auf einer Karte bereits mit der Bezeichnung „stone coal", Steinkohle, markiert. Und zwei Brüder namens Gore, die sich im Wyoming Valley als Schmiede niedergelassen hatten, sollen in diesem Jahr als erste die Kohle für ihr Schmiedefeuer verwendet haben.

Über den Fluß und in die Städte

1776, während des amerikanischen Unabhängigkeitskriegs, wurde erstmals Kohle per Schiff verfrachtet. Sie wurde in Booten nach Harrisburg und von dort mit Wagen nach Carlisle gebracht. Ein Jahr später veröffentlichte ein Captain Hutchins in London eine Karte, die mehrere Kohlevorkommen entlang dem Ohio River zeigte. 1791 fand ein armer Jäger namens Philip Ginter im Lehigh County in der Nähe der heutigen Stadt Jim Thorpe im östlichen Pennsylvania einen seltsam aussehenden schwarzen Stein. Er zeigte ihn seinem Freund Oberst Weiss in Fort Allen. Weiss sah, erkannte und gründete mit der „Lehigh Coal Company" die erste Gesellschaft zur Ausbeute des Pennsylvania-Anthrazits.
Die Lehigh-Kohle sollte in Philadelphia als Hausbrand eingeführt werden, aber die Einwohner hatten für den neuen Brennstoff wenig Verständnis. 1800 versuchte William Morris dort vergeblich, eine Wagenladung voll loszuschlagen. Und die Leute in Philadelphia blieben mißtrauisch. So hatte ein gewisser Colonel George Shoemaker aus Pottsville Schwierigkeiten, als er 1812 neun Wagenladungen Anthrazit nach Philadelphia brachte. Zwei Ladungen konnte er verkaufen, die übrigen soll er heimlich auf einem Schuttplatz abgeladen haben. Er hatte erhebliche Schwierigkeiten, die Stadt unbehelligt zu verlassen, weil die Käufer seinen Anthrazit äußerst erbost reklamierten und behaupteten, er habe sie mit unbrennbaren Steinen betrogen.
Als die Geschichte des Pennsylvania-Anthrazits im ersten Jahrzehnt des 20. Jahrhunderts dann doch richtig begonnen hatte, förderten die amerikanischen Kumpel über 45 Millionen Tonnen. Trotzdem hatten sich die Amerikaner nie mit der gleichen Konsequenz auf den Abbau gestürzt wie die Europäer. Der Grund war ein Energiereservoir namens Erdöl, und mit diesem Öl wurde Amerikas Energie- und damit wirtschaftlicher Reichtum begründet. Kohle war lediglich für die Stahlindustrie und in der Frühzeit der Eisenbahn interessant.
Dann kam mit dem Öldesaster der siebziger Jahre der Aufbruch in den kohleträchtigen Westen Amerikas, in Gegenden wie Wyoming, Dakota und Montana. Was die Amerikaner aber für diesen Aufbruch in eine neue Kohlezeit mit einer Förderung von zwei Milliarden Tonnen aufzubieten hätten, wurde ihnen von den Wissenschaftlern des Massachusetts Institute of Technology glashart ausgerechnet: eine Million neuer Bergleute; eine dreizehnfach erhöhte Förderung im Wilden Westen mit einem Ausbau der Transportwege zur Küste; die Förderung im alten Untertagebau des Ostens müßte verdoppelt werden; Gesamtaufwand rund 200 Milliarden Dollar.

Kohle auf der anderen Seite der Welt: Australien

Etwa um die Zeit, als im Fichtelgebirge der letzte Bär Deutschlands erlegt wurde (1797), Trevithick in England die erste Hochdruckdampfmaschine baute (1798) und in Amerika die ersten vergeblichen Versuche unternommen wurden, Kohle in Philadelphia an den Mann zu bringen, entdeckten die Engländer jenseits des Pazifiks die Steinkohle Australiens. Die britischen Schiffe mit den ersten unfreiwilligen Siedlern trafen am 19. Januar 1788 in der Botany Bay ein, einer flachen Bucht an der Ostküste Australiens, südlich der heutigen Stadt Sydney. Und es dauerte nicht lange, bis die Siedler von Kohlevorkommen um Sydney herum und auch anderswo berichteten. Die Bestätigung dafür lieferte ein Mann, der als Erforscher der australischen Südküste in die Geschichte des Kontinents einging: George Bass (1771–1803). Bass war eigentlich Chirurg, er interessierte sich aber mehr für Expeditionen.
1797 erforschte er die Küste südlich von Sydney, studierte Pflanzen- und Tierwelt und bestätigte die Berichte über Kohle-

Nicht überall auf dieser Erde ist der Abbau von Steinkohle mit notgedrungen immer tiefer vordringender bergmännischer Wühlarbeit verbunden. In Nordamerika zum Beispiel, hier in Sparwood/British Columbia, Kanada, kann Steinkohle noch im Tagebau gewonnen werden wie in Mitteleuropa die Braunkohle.

vorkommen in einer Gegend, die später Coalcliff hieß. George Bass, der zusammen mit Flinders noch Tasmanien umsegelte und dabei seine Inselnatur bewies, bestieg 1803 ein Schiff, das mit Fracht von Sydney nach Südamerika unterwegs war. Seit der Zeit hat nie wieder jemand etwas von ihm gehört.
Mit die wichtigsten Kohlefelder von New South Wales liegen im Hunter Valley, wo sich auch die Deutschen einen Claim gesichert haben. Der Hunter River wurde 1791 von Sträflingen besucht, die ihn aus offensichtlichen Gründen Coal River, Kohlenfluß, nannten. Sechs Jahre später taufte ihn der britische Leutnant John Shortland nach seinem Gouverneur John Hunter um. Die zutage tretende Kohle wurde seit 1800 abgebaut, und bis 1850 hatte sich ein reger Kohlenhandel entwikkelt. Die wichtigsten Zechen liegen im Dreieck von Singleton, Muswellbrook und Denman. Die Kohlengruben am unteren Hunter River, zwischen Cessnock und Maitland, waren für die Entwicklung der Eisen- und Stahlindustrie von Newcastle von entscheidender Bedeutung.

Die Schätze der Darling Downs

Um Wollongong, rund hundert Kilometer südlich von Sydney an der Küste gelegen, und bei Lithgow, nordwestlich von Sydney weiter im Landesinneren, erstrecken sich weitere Kohlefelder mit 250 Millionen Jahre alten Kohleschätzen. Genauso alt ist das schwarze Gold in den Flözen der nördlich anschließenden Provinz Queensland, das erdölmüde Investoren vor allem aus den USA, England, Japan und der Bundesrepublik Deutschland ins Land holte. Allein im 2. Quartal 1980 war der Ansturm so groß, daß Australiens Regierung 414 Auslandsbeteiligungen genehmigte. Der Lockruf der Kohle in Australiens Weiten wird für die Anleger teuer. Nach dem Stand von 1980 sollten rund 20 Milliarden Dollar in die Erschließung neuer Gruben und den Ausbau der Infrastruktur in Queensland und New South Wales gesteckt werden.
1824 wurde an der Stelle der heutigen Hauptstadt von Queensland, Brisbane, die erste Siedlung gegründet. In den Jahren danach stießen die Engländer Patrick Logan und Edmund Lockyer bei der Erforschung des Hinterlandes auf Kohle. Westlich schließt sich das Tafelland der Darling Downs an, 1827 von Allan Cunningham erforscht. Dort liegen neben ausgedehnten Kohlevorkommen das Moonie-Ölfeld und ergiebige Erdgasfelder.

Leichhardt und die Kohle am German Creek

Nahezu ein Jahrhundert lang wurde vergeblich nach einem Mann gesucht, der im Jahr 1848 mit seiner Expedition bei dem Versuch, Australien von den Darling Downs zum Swan River an der Westküste zu durchqueren, spurlos verschwand. Sein Name war Friedrich Wilhelm Ludwig Leichhardt (1813–1848). Leichhardt hatte in Berlin und Göttingen Philosophie studiert, sich dann aber zu einer naturwissenschaftlichen Ausbildung entschlossen. 1842 landete er mit dem festen Vorsatz in Sydney, Australien und besonders das unbekannte Innere dieses Kontinents zu erforschen. 1844 brach er zu seiner ersten großen Expedition auf, die ihn von Darling Downs bis nach Port Essington ganz im Norden des Northern Territory auf der Cobourg Peninsula führte. Auf seinem Weg kam Leichhardt im Bowen Basin von Queensland an einen Bach, an dessen Ufer Kohleflöze zutage traten. Er nannte ihn German Creek. 1850 wurden dort die ersten Zechen betrieben.
Hundertdreißig Jahre später schlossen sich mehrere ausländische Gesellschafter, darunter die Ruhrkohle AG und das englische National Coal Board, zu dem Konsortium Capcoal Management Pty. Ltd. in Brisbane zusammen und beschlossen am 1. Oktober 1979, am German Creek für über 700 Millionen Mark ein Bergwerk für drei bis vier Millionen Tonnen Jahresförderung zu bauen. 1980 lag die Kohleförderung ganz Australiens bei 78 Millionen Tonnen. Im Laufe des nächsten Jahrzehnts, so hieß es recht bescheiden, wollte man die 100-Millionen-Marke überschreiten. Aber die australischen Kohlediggers schafften das mit ausländischer Unterstützung schon 1983: 111 Millionen Tonnen.

UdSSR: unter anderem Kohle

„Sibirien ist ein Eisschrank", hatte Nikita Chruschtschow in klarer Erkenntnis der klimatischen Gegebenheiten versichert, „vollgestopft mit Schätzen, mit Kohle und ungenutzter Energie. Laßt uns den Eisschrank knacken." Doch mit dem Knakken hapert es bis heute in dem kalten Gebiet zwischen Ural und Pazifik, zwischen Nordpolarmeer und den nördlichen Randgebieten Zentralasiens an der mongolischen Grenze. Riesige Kohlevorkommen, oft nur wenige Meter unter dem neun Monate lang gefrorenen Boden, die größten Erdgasreserven der Welt, ein gigantisches Wasserkraftreservoir durch gewaltige Stromsysteme und Bodenschätze, die in ihrer Vielfalt einem Querschnitt durch das Periodensystem der Elemente gleichkommen, all diese Schätze wurden bisher nur angekratzt. Zu kalt, zu groß, zu wenig erschlossen, zu wenige Freiwillige, das sind einige der Gründe für die mangelnde Initiative der Russen in „Sibir", oder, wie es Stalin ausdrückte: „In diesem fluchwürdigen Lande befällt mich ein trauriges Heimweh nach einem Stück Natur." Er wußte, wovon er sprach. Zwischen 1907 und 1913 wurde er mehrfach verhaftet und nach Sibirien verbannt.
Die drei wichtigsten Kohlegebiete sind das Donezbecken, das Kusnezker Kohlebekken und der Ural mit mehreren Kohlevorkommen. Weitere große Kohlefelder liegen im mittelasiatischen Kirgisien und in Usbekistan mit dem Angren-Feld. Dazu kommen das Tschulmym-Jenisseiski-Kohlegebiet, das Kansker und Irkutsker Revier, das Lena-Kohlebecken und das Amur- und Sachalin-Kohlegebiet. Aber nicht minder kohleträchtig ist die Gegend um Karaganda in Kasachstan oder um Workuta im Petschorabecken zwischen Polarural und Timanrücken mit einem Gesamtvorrat von 344 Milliarden Tonnen, davon 25 Prozent Steinkohle, die hauptsächlich nördlich des Polarkreises liegt. In diesem unwirtlichen Gebiet, am Unterlauf der Workuta, wurden Flöze bester Kokskohle von drei Meter und mehr Mächtigkeit gefunden.

Kohlevorkommen im Donezbecken

Bereits im Jahr 1721 wurden die riesigen Kohlevorkommen im Donezbecken (russisch Donbass) und im Kusnezk-Becken (russisch Kuzbass) entdeckt, und zwar von Grigori Kapustin. Kapustin meldete seinen phantastischen Fund sogleich dem staatlichen Bergkollegium, und Zar Peter I. (1682–1725) tat daraufhin den prophetischen Ausspruch: „Dieses Mineral wird, wenn nicht uns, so doch unseren Nachkommen nützlich sein." Der Donez, der kleine Don, ist als rechter Nebenfluß des Don ein echter Steppenfluß mit geringer Wasserführung.
Südlich des Flusses erstreckt sich der Donbass, ein riesiges Kohlerevier, von dem erst 23000 Quadratkilometer erschlossen sind. Doch nach der Entdeckung der Kohle passierte zunächst gar nichts. Erst im frühen 19. Jahrhundert begann die Erschließung und nahm an Tempo zu, als 1869 die erste Eisenbahn die Kohlen-Goldgrube erreichte und Kursk und Charkow mit dem Donezbecken und dem Asowschen Meer verband. Die reichen Steinkohlevorräte auf der einen Seite und dazu noch Eisenerz in der Nähe, nämlich bei Kriwoi Rog, schufen exzellente Bedingungen für die Entwicklung einer Industrie. Für Sibirien war das wichtigste Ereignis der Bau der Transsibirischen Eisenbahn, der 1905 vollendet war. Zur Versorgung der Eisenbahn entstanden entlang der Strecke an verschiedenen Orten Kohlengruben.
In der Umgebung von Irkutsk, das bereits 1652 im südlichen Sibirien gegründet worden war, stießen die Prospektoren auf ergiebige Steinkohlelager. Reiche Kohlevorkommen fanden sich auch an der unteren Tunguska, einem rechten Nebenfluß des Jenissej, und in Jakutien, das den Ostteil des Mittelsibirischen Berglands, die Zentraljakutische Niederung und die westlichen Gebirgszüge Ostsibiriens umfaßt. Im Süden der Autonomen Sowjetrepublik Jakutien, im Einzugsbereich der neuen 3100 Kilometer langen Baikal-Amur-Magistrale, wurde in der Abgeschiedenheit der Taiga Mitte der siebziger Jahre der Grundstein für das Städtchen Nerjungri gelegt. Dort hatte die Chefgeologin Karimowa Kohlevorkommen von etwa 40 Milliarden Tonnen entdeckt und war für diese Tat zur „Heldin der sozialistischen Arbeit" ernannt worden. Wenn es nach den russischen Energieplanern geht, dann ist Nerjungri erst eins von elf vorgesehenen Produktionszentren.

Die Sowjetunion ist, vom Donezbecken im Westen bis zu den Revieren am Amur und auf Sachalin im Osten, mit Kohlevorkommen reich gesegnet, und auch an Öl und Erdgas fehlt es nicht. Nur die technologischen Voraussetzungen zur Gewinnung und zur Energieverteilung müßten verbessert werden.

Der Kuzbass in Westsibirien

Erheblich älter als diese Produktionszone am gleichnamigen Flüßchen Nerjungri ist das Kohlezentrum im sibirischen Kusnezk-Becken. Die erste Kohle im Kuzbass wurde 1721 am Fluß Kondoma gewonnen.

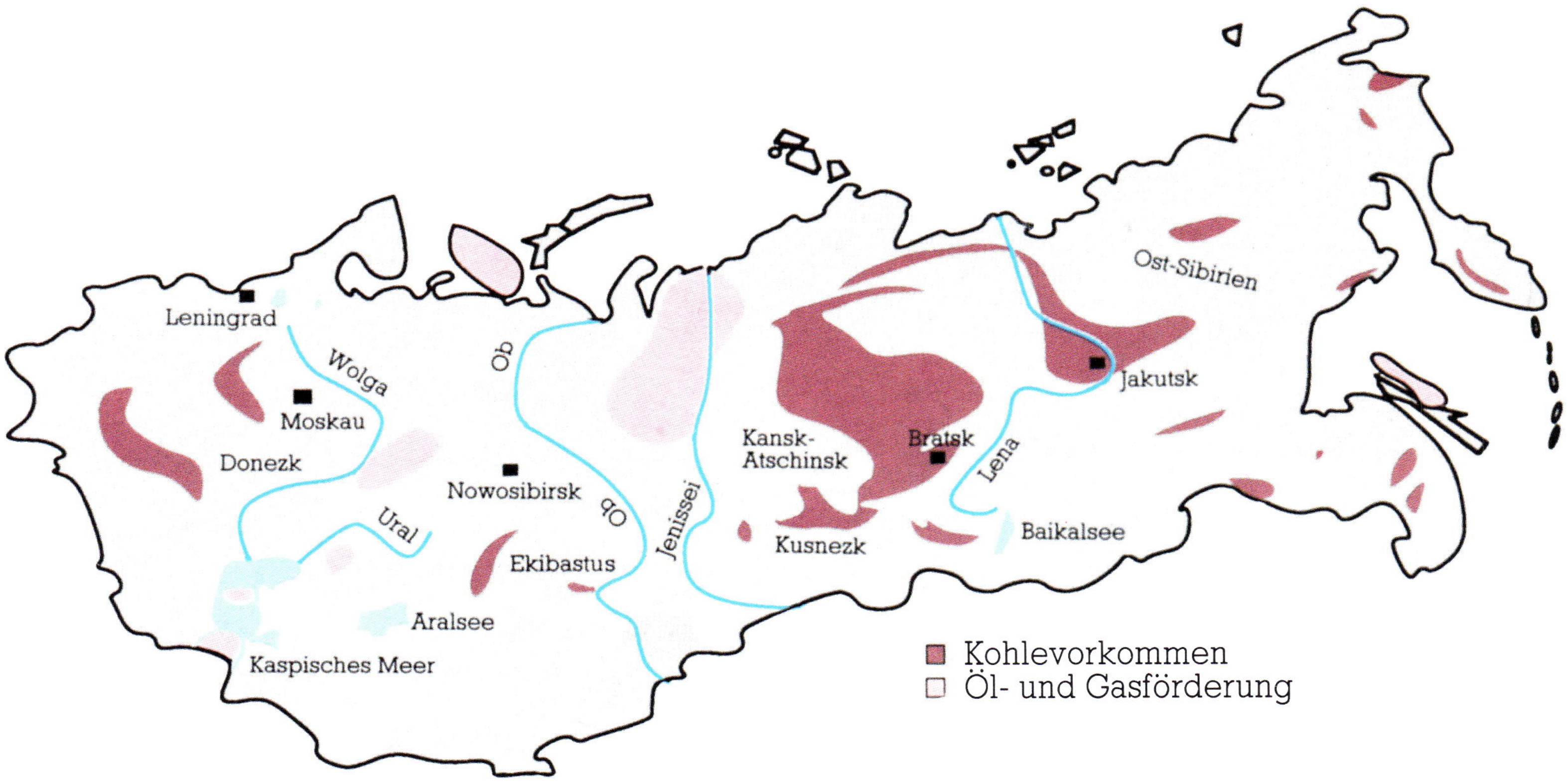

Im späten 19. Jahrhundert entwickelten sich zwar drei kleinere Bergbauzentren, aber sie blieben unbedeutend. Erst als sich die sowjetische Wissenschaft entschloß, weiter nach Osten zu schreiten, und der erste der berühmten sowjetischen Fünfjahrespläne (1928–1932) proklamiert wurde, begann die genauere Exploration. Vor dem Zweiten Weltkrieg entstand das Ural-Kusnezk-Kombinat, dem auch die Kohlenbergbau-Stadt Karaganda in Kasachstan angeschlossen wurde. Karaganda ist heute „die dritte Kohlebasis der Sowjetunion mit Vorräten zwischen 50 und 60 Milliarden Tonnen", so das Institut für ökonomische Geographie der Humboldt-Universität in Ostberlin. Die erste Kohle dort, „Steine, die brennen können", soll ein Ziegenhirt gegen Ende des 19. Jahrhunderts gefunden haben. Sein Chef, so wird berichtet, verkaufte dann in Unkenntnis der wahren Sachlage die Kohle-Weide für 225 Rubel an einen Kaufmann in Swerdlowsk.

Der stille Kohleriese: China

Genauere Kunde über das Land Kathay, China, kam erst um 1300 durch Marco Polo nach Europa. Sein Reisebericht allerdings wurde als ein Haufen Lügen hingestellt. Die Berichte über Chinas Bodenschätze, etwa das schwarze Gestein, das wie Holzkohle brannte, waren schon phantastisch genug. Aber Erzählungen über „zehn Schritt lange Schlangen mit einem so großen Rachen, daß sie einen Menschen verschlingen können" (Krokodile), wurden glatt als Hirngespinste abgetan. Dabei hatte speziell die Sache mit den schwarzen Steinen Hand und Fuß.

1983 war China mit fast 688 Millionen Tonnen der weltgrößte Kohleproduzent und lag als stiller Kohleriese vor den USA mit 660 Millionen und vor der Sowjetunion mit 557 Millionen Tonnen Kohle. Ohne Zweifel gehört China zu den reichsten Ländern der Welt, was die Bodenschätze im allgemeinen und die Kohle im besonderen anbelangt, aber die Vorkommen sind nur zum Teil erschlossen. Dabei müßte man bei einer Aufzählung der chinesischen Kohlevorkommen eine vollständige Liste der Provinzen aufschreiben, denn etwas Kohle kommt in allen Landesteilen vor, wenn auch massiert vor allem im Norden der Volksrepublik.

Amateurgeologen auf Kohlesuche

Diese Volksrepublik mit Mao Tse-tung als Chef wurde im Jahr 1949 ausgerufen. Im Mai 1958 trugen die kommunistischen Staatsplaner die „Grundzüge des sozialistischen Aufbaus" der Volksrepublik China vor, blumig als „Großer Sprung vorwärts" ins Industriezeitalter bezeichnet. Zwar fiel der Große Sprung durch Naturkatastrophen und organisatorische Mängel insgesamt gesehen zu kurz aus, aber kohletechnisch gesehen war er ein voller Erfolg. Jahrhundertelang war in China Kohle in Miniaturzechen und im Kleinstbergbau mit Spitzhacke, Schaufel und Körben gefördert worden. Mao mobilisierte nun 100 Millionen Chinesen, vorwiegend Bauern, die ein dichtes Netz von Kleinzechen über das ganze Land legen sollten. Das 1952 gegründete Ministerium für Geologie verbreitete leicht verständliche Anleitungen zum Aufspüren von Bodenschätzen in Millionenauflagen. Es dauerte nicht lange, und dann liefen im Jahresdurchschnitt 28000 Meldungen von Amateurgeologen aus allen Bevölkerungsschichten in Peking ein. Auf diese Weise sollen tatsächlich eine ganze Menge ergiebiger Vorkommen entdeckt worden sein. Darüber hinaus waren ständig rund dreihundert Expeditionen mit professionellen Geologen und Diggern in ganz China unterwegs.

Lag die Kohleförderung 1955 bei rund 100 Millionen Tonnen, schnellte sie 1959 auf 350 Millionen Tonnen. Allein im Herbst 1958 soll in einer Massenbewegung ohnegleichen die Zahl der Klein-Kohlegruben von 20000 auf 110000 gestiegen sein. Bis 1980 waren in chinesischer Erde etwa 2300 Kohlevorkommen entdeckt, arbeiteten mehr als drei Millionen Männer und Frauen hauptberuflich im Kohlenbergbau und waren nach Auskunft des Kohleministers Xiao Han „zwanzig Kohleforschungs- und Projektierungsinstitute, zwölf Hochschulen für Bergbau und dreißig Bergfachschulen eingerichtet worden".

Reisende und Geologen

In den ersten Jahrzehnten des 19. Jahrhunderts bereisten vor allem Missionare unterschiedlicher Couleur Chinas Landschaften. Die geologische Erforschung des chinesischen Riesenreichs leitete ein Amerikaner ein. Der Geologe und Forschungsreisende Raphael W. Pumpelly (1837–1923) machte sich in seiner Heimat Nordamerika vor allem dadurch einen Namen, daß er in Michigan und im westlichen Ontario reiche Eisenerzvorkommen entdeckt hatte. In den Jahren 1863 bis

1864 ging er auf eigene Faust nach China und stellte bahnbrechende geologische Untersuchungen an. Zuerst auf einem Kohlenschiff, dann auf einem Hausboot befuhr er den Chang Jiang (Yangtze Kiang), um die Kohlefelder der südchinesischen Provinz Hunan zu besuchen. Anschließend suchte er Kohlevorkommen im nördlichen China. Er studierte die weitverbreiteten Lößablagerungen und erkannte sie richtig als Sedimente von eiszeitlichem Schutt.
Auch die Provinz Shanxi (Shansi) im Nordosten Chinas ist reich an Bodenschätzen, vor allem an Kohle. Sie steht bei den Kohlevorkommen an erster Stelle im Reich der Mitte und soll sogar die Hälfte der beachtlichen Kohlereserven (es wurden 1,5 Billionen Tonnen geschätzt) beherbergen. Während des japanisch-chinesischen Krieges ab 1937 begannen die Japaner, die Kohlevorkommen im Gebiet der Hauptstadt Taiyuan zu erschließen und, obwohl dort kaum Eisenerze vorkommen, eine Schwerindustrie aufzubauen. Allerdings wurden sie ständig von kommunistischen Guerillas überfallen, die von Stützpunkten in den Bergen aus operierten. Nach der Gründung der Volksrepublik 1949 waren die Anthrazit- und Kokskohlen-Ressourcen von Shanxi eine wichtige Trumpfkarte im kommunistischen Wirtschaftsplan. Die Zechen mit der größten Förderung liegen bei Tatung, das durch die Steingrotten von Jüngang mit zahlreichen Buddhastatuen bekannt wurde. Im Norden der östlichen Nachbarprovinz Shaanxi (Shensi) werden die gewaltigen Kohlereserven in modernen Zechen bei Tongchuan und Hancheng abgebaut. Die Tongchuan-Kohle liefert in riesigen Kraftwerken bei Hsi-an elektrischen Strom.

Tagebau in Liaoning

Ob in den Provinzen Heilonjiang (Heilungkiang) und Jilin (Kirin) im Nordosten, im autonomen Gebiet Xinjiang (Sinkiang) in der nordwestlichen Grenzregion, in den Provinzen Liaoning, Hebei (Hopeh) und Shandong (Shantung) am Gelben Meer oder in Guizhou (Kweichow), Guangxi (Kwangsi) und Guangdong (Kwangtung) im Süden Chinas (um nur einige Kohleprovinzen zu nennen), überall ist genug schwarzes Gold in der Erde und kann manchmal sogar im Tagebau abgebaut werden, wie bei Fushun und Fushin in der Provinz Liaoning. Die weiche, stark rußende Kohle von Fushun war schon in vorchristlicher Zeit bekannt und ein wichtiger Handelsartikel. Der moderne Abbau in Fushun und auch in der Kohlengrube von Fushin begann 1905 mit vorwiegend

Als Kohleriesen kann man auch die Volksrepublik China bezeichnen. In Fushun-West, dem größten Steinkohletagebau des Landes, fördern 10 000 Arbeiter (davon 2400 Frauen) aus 280 Meter Tiefe jährlich 5 bis 6 Millionen Tonnen Kohle, daneben 8 bis 12 Millionen Tonnen Ölschiefer. Wenn die chinesische Führung mehr in die Technologie des Bergbaus und in die Infrastruktur investieren würde, könnte sie noch lange auf den Einsatz von Kernenergie verzichten.

deutschen Fachleuten und Maschinen, als die Gruben von russischen in japanische Hände kamen. Innerhalb eines Vierteljahrhunderts brachten die Japaner die Förderung von 160000 auf 7,5 Millionen Tonnen. 1945 schaffte Fushun nur noch mühevolle 600000 Tonnen. Die UdSSR hatte radikal demontiert und große Mengen Maschinen nach Sibirien verfrachtet. Mao Tse-tung gelang es, den größten Teil dieser seltsamen Kriegsbeute zurückzuholen und von den Sowjets sogar noch neue Ausrüstung zu bekommen.

In der Fushun-West-Tagebaumine liegt die Kohle in einer Mächtigkeit bis zu 120 Metern unter der Erde. Die Kohle wird in Anshan zur Eisenverhüttung verwendet, aber auch in Kohleverflüssigungsanlagen in Benzin umgewandelt. Die Eisenverhüttung hat in Anshan seit den Zeiten der Handynastie Tradition, auch wenn den ersten modernen Hochofen dort 1919 die Japaner aufstellten. Anshan wurde nach 1949 im Zuge des ersten Fünfjahresplans zu Chinas erstem Stahlzentrum ausgebaut. In Shandong wurden die Kohlevorkommen vor allem um Boshan zwischen 1898 und 1915 durch deutsche Firmen ausgebeutet.

Das größte und wichtigste industrielle Revier Nordchinas liegt in der Provinz Hebei an der Pohaibucht des Gelben Meeres und ist das Peking-Tientsin-Industriegebiet. Entlang den Vorbergen des Taihang Shan erstrecken sich riesige Kohlelager bis hinein in die Provinz Henan (Honan) in Mittelchina. Tangshan, Zentrum der Schwerindustrie von Hebei und das vermutlich älteste Kohlerevier Chinas, erlangte durch das Erdbeben vom Juli 1976 traurige Berühmtheit. Schwer betroffen wurde auch der Bergbau um Tangshan.

Das Land an einem Fluß namens Ruhr

Das Ruhrgebiet hat Probleme mit seinem Image. Diese Riesenstadt auf dem größten Steinkohlevorrat der Bundesrepublik Deutschland, diese auf rund fünftausend Quadratkilometer zum größten industriellen Ballungsgebiet Europas verdichtete Welt von Siedlungs- und Industrieanlagen mit einem Spinnennetz von Stromleitungen, Straßen, Gleisen und Kanälen tut sich schwer, das überkommene Bildnis vom düsteren Kohlerevier mit übel qualmenden Schornsteinen, stinkenden Kokereien, kohlegeschwärzten Fördertürmen, grauem Gras, grüngrauen Bäumen und tristen Siedlungsanlagen zu retuschieren. Als den „Kraftquell der Teutonen" erkannte eine amerikanische Zeitschrift das Ruhrgebiet bis zum Zweiten Weltkrieg. Als „ein starkes Stück Deutschland" sieht der Kommunalverband Ruhrgebiet den Kohlenpott heute in einer Werbekampagne, und er weist darauf hin, daß das Revier zusammen mit New York, Paris, London und Tokio zu den fünf größten Kulturlandschaften der Welt gehört.

Kohle auf Feldern und Wiesen

Als Fluß ist die 217 Kilometer lange Ruhr zwar ziemlich unbedeutend, aber als Namengeberin für das wichtigste Industriezentrum Europas erlangte sie Weltruhm. Die Verwendung von Kohle an diesem Nebenfluß des Rheins hatte im wahrsten Sinne des Wortes sagenhaft begonnen. Es war einmal vor vielen hundert Jahren ein Hirtenjunge, der auf den Bergen an der Ruhr seine Herde weiden ließ. Er zündete abends ein Lagerfeuer an und baute einen Windschutz aus schwarzen Steinen rings um die Feuerstelle. Als er am nächsten Morgen erwachte, leuchtete der Boden rings um das Feuer in roter Glut. „Der Berg brennt!" soll er entsetzt ausgerufen und schleunigst die Leute des Dorfes alarmiert haben. Von dem Tag an scheinen die Ruhrdörfler den Umgang mit Kohle gelernt zu haben, und sie gewöhnten sich offenbar auch daran, daß im Süden des Landes gelegentlich glitzernde schwarze Kohlenbrocken auf ihren Feldern auftauchten. Aus dem Jahr 1302 ist ein Vertrag überliefert, durch den die Brüder Heinrich und Dietrich aus Aplerbeck ihr Haus zu Schüren bei Dortmund an einen Reinhold Boemund verkauften, und zwar „mit allem Zubehör" und deshalb auch mit dem Recht zum Steinebrechen und Kohlegraben „im Waldgebiet wie in den Wiesen".

Aus dem Jahr 1317 überliefern alte

Schriftstücke gleich zwei Nachrichten über das Ruhrgebiet. Einmal übergab der Graf Engelbert II. (gest. 1328) von der Mark den Brüdern Wistrate aus Dortmund einen Hof ebenfalls in Schüren mit allen „Gerechtigkeiten" an Stein- und Kohlebrechen. Das andere Schriftstück ist eine Stiftsurkunde des Essener Hospitals, in der ein Winkel für durchreisende Bettelmönche, Holz und Kohle erwähnt werden. Seit 1371 tauchten Ausgaben für Holz und Kohle auf den Rechnungen der Stadt Essen häufiger auf. Würzig duftendes Holz gab es für die hohen Herren im Rathaus, unangenehm rauchende Kohle für die Mannschaften in den Wachstuben an den Stadttoren.

„Damit noch Kohlen übrig bleiben"

In Essen und in Steele (heute ein Stadtteil von Essen) florierte im 16. und 17. Jahrhundert das Geschäft mit Waffen, vor allem mit Büchsen. Die Büchsenmacherkunst wurde begünstigt durch die kriegerischen Zeiten des Dreißigjährigen Kriegs (1618–1648) mit seiner Reihe von mehr oder weniger zusammenhängenden Feldzügen, die Deutschland als verwüsteten Schauplatz europäischer Machtgelüste zurückließen. 1620 führte die Gewehrindustrie des Ruhrgebiets 15000 Gewehre aus. Es läßt sich denken, daß bei diesem Absatz erhebliche Mengen Schmiedekohle verheizt werden mußten und der Bedarf entsprechend stieg, zudem mancherorts die Holzkohle längst rationiert worden war. Der Rat der Stadt Dortmund, der während des Krieges bereits ein Ausfuhrverbot für Kohle erlassen hatte, befürchtete 1646, zwei Jahre vor Kriegsende, daß der Kohle eine ähnliche Verknappung blühen könnte, und lehnte die Eröffnung einer neuen Grube ab, mit der Begründung, „damit die Nachkommen auch noch Kohlen finden möchten".

„Doch obrigkeitliche Eingriffe vermochten den Drang nach Steinkohle nicht aufzuhalten, der mit dem wirtschaftlichen Wachstum Anfang des 18. Jahrhunderts die Menschen gleich einem Goldrausch erfaßte", schrieb der Oberbergrat a. D. und Bergbau-Autor Karl Bax. Kohlenhauer wurden überdurchschnittlich gut bezahlt. „Immer größer wurde daher auch die Zahl derer, die gleich den Goldgräbern ihr Glück mit der Kohle versuchten, sie willkürlich und planlos aus zutage tretenden Flözen hackten und die dabei entstandenen brunnenartigen Löcher mit Holzknüppeln und Reisig absicherten, bis das Grundwasser oder nachrutschendes Erdreich zur Einstellung der Arbeit zwang."

Austheilung der Außbeut/vom Uberschuß des alten löblichen Bergkwercks/der Churfl. Sächs. Bergk-Stadt Freybergk in Meissen.

Die Rechnung oder das Qvartal Trinitatis Anno 1678.

Auff nachverzeichneten III. Zechen.

Alß uff 1. Fl. oder 4. Kuckus/

a. 20. fl. Hohebircke Ober 9. 10.te Maas/sambt den Hermes Ober 4. 5. Mas.

b. 20. fl. Ober Silberschmir Ober 13. bis 18. Maas uff den Freudensteiner Flachen Gange.

c. 12. fl. Tzscherper unter nechste 2. Maas/sambt den Hermes Ober 8. 9. Maas.

Summa 1664. fl.

FREYBERGK/

Gedruckt bey Zacharias Beckern.

1

Bergregal und Gewerkschaften

Während die Dortmunder aus Angst vor einer möglichen Energiekrise den Kohleabbau zu drosseln bemüht waren, startete in Preußen Friedrich II., der Große, mehrere staatliche Werbeaktionen. 1764 setzte er eine Prämie über fünfzig preußische Taler aus, die demjenigen findigen Kopf zufallen sollte, der für den Einsatz von Steinkohle in der märkischen Eisenindustrie eine exakte Gebrauchsanweisung erstellen könnte. Sinn des Preisausschreibens war es, die Verwendung von Holzkohle einzuschränken und das Waldsterben durch Abholzen zu verringern. 1780 ließ er in seinen Heeresbäckereien Kommißbrote in kohlenbeheizten Öfen backen und über das offenbar gelungene und nahrhafte Ergebnis berichten.

Überhaupt wehte zu dieser Zeit ein anderer, nämlich merkantilistischer Wind in Preußens Landen. Hauptziele dieser neuen Politik waren die Erschließung und Ausbeutung inländischer Rohstoffquellen und die Förderung der heimischen Verarbeitung. Der Bergbau bekam die Merkantilpolitik als erster zu spüren. Im frühen Mittelalter wurde der Bergbau von den Grundherren betrieben, die Fronarbeiter in ihren Bergwerken einsetzten. 1158 stellte Kaiser Friedrich I. Barbarossa erstmals in der Ronkalischen Konstitution das „Bergregal" als Hoheitsrecht des Königs fest, über bestimmte Mineralien frei verfügen und ihren Abbau erlauben zu können. Die Erlaubnis kostete natürlich Geld, nämlich den „Bergzehnt" oder das „Berggefälle".

Seit Mitte des 13. Jahrhunderts stand das Bergregal dem jeweiligen Landesherren zu. Das war die rechtliche Seite des Berg-

1 – Schon im 13. Jahrhundert schlossen sich in Deutschland die Eigentümer eines Bergwerks zu einer „Gewerkschaft“ zusammen – nicht zu verwechseln mit den erst sechshundert Jahre später aufgekommenen Arbeitnehmervereinigungen. Für die Teilhaber oder „Gewerken“, die Risiko und Gewinn teilten, wurde (in Freiberg ab 1529) jährlich oder später auch vierteljährlich die „Austheilung der Außbeut“ aufgestellt und dafür ein sogenannter Ausbeutbogen gedruckt. Hier taucht auch der Begriff Kuckus oder Kux auf, der anders als die Aktie nicht auf einen Geldbetrag, sondern auf den hundertsten bis zehntausendsten Teil des Gewerkschaftsvermögens lauten kann und auf den Namen der Gewerken ausgestellt ist.

2 – Das Verfügungsrecht über die Bodenschätze, das Bergregal, ging Mitte des 13. Jahrhunderts vom König auf die einzelnen Landesherren über. Da diese die Genehmigung zur Ausbeutung an ihre Untertanen weitergaben, mußten zur Vermeidung oder Schlichtung nachbarlicher Streitigkeiten sehr ins einzelne gehende Bergrechte erlassen werden. Eine Zusammenfassung der im Königreich Böhmen geltenden Bergrechte brachte Johann Haselberg wahrscheinlich zwischen 1535 und 1538 heraus.

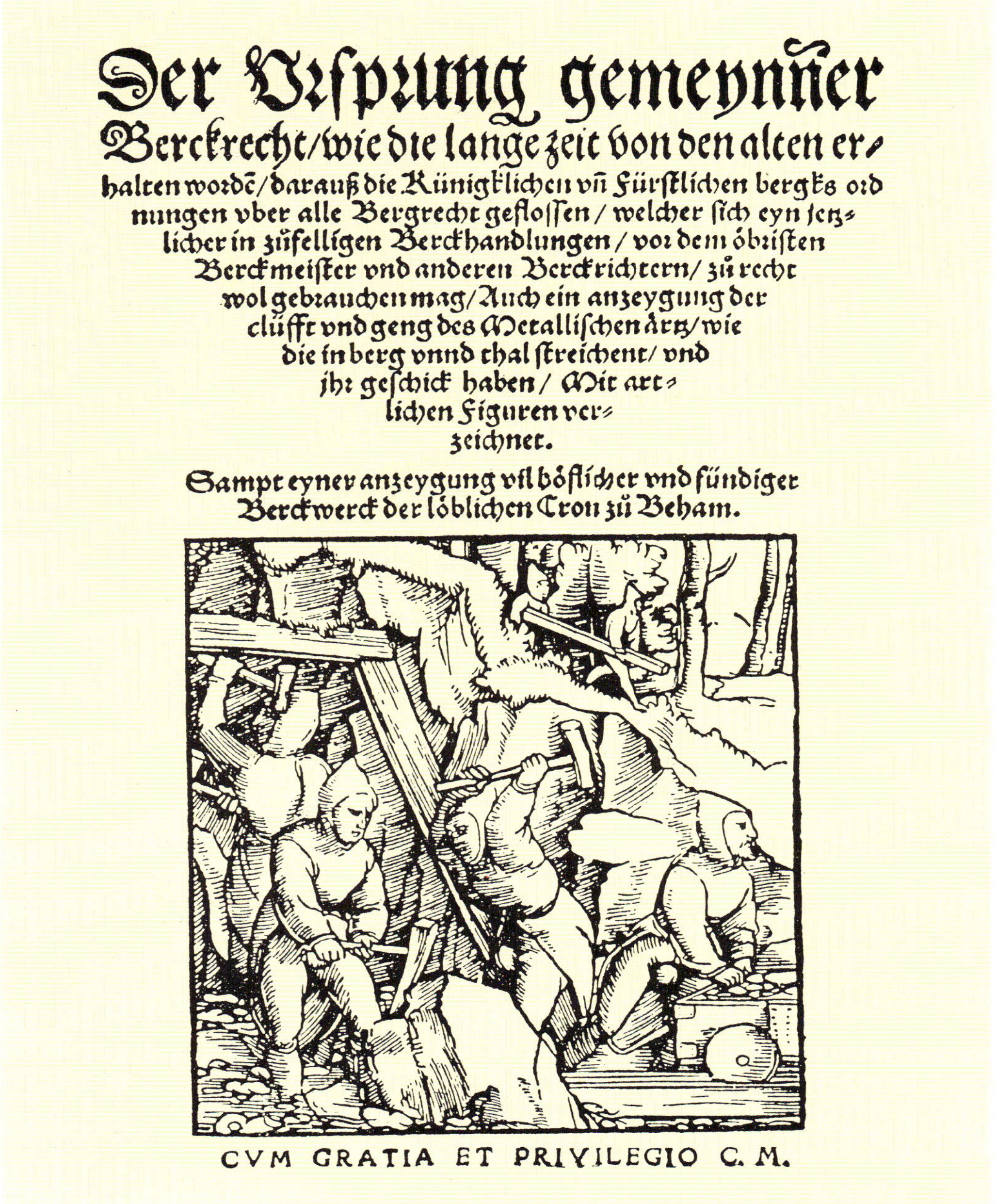
Der Vrsprung gemeynner Berckrecht/wie die lange zeit von den alten er/halten wordē/darauß die Künigklichen vñ Fürstlichen bergks ordnungen vber alle Bergrecht geflossen/ welcher sich eyn jetzlicher in züfelligen Berckhandlungen/ vor dem öbristen Berckmeister vnd anderen Berckrichtern/ zü recht wol gebrauchen mag/Auch ein anzeygung der clüfft vnd geng des Metallischen arts/wie die im berg vnnd thal streichent/ vnd jhr geschick haben/ Mit artlichen Figuren verzeichnet.

Sampt eyner anzeygung vil höflicher vnd fündiger Berckwerck der löblichen Cron zü Beham.

CVM GRATIA ET PRIVILEGIO C. M.

2

baus, nämlich die Trennung des Mineralreichtums vom Grundeigentum. Das finanzielle Risiko und die hohen Unkosten, die den Bergbau bis zu einer möglichen Ausbeute begleiteten, riefen Geldgeber auf den Plan, die sich schließlich als Unternehmer in die Genossenschaften persönlich freier Bergleute einnisteten. Daraus entstand ebenfalls im 13. Jahrhundert die Rechtsform der „Gewerkschaft“. Ihre Teilhaber nannten sich „Gewerken“ und waren persönlich haftende Miteigentümer des Bergwerks. Die Arbeit im Lohnverhältnis machten Bergleute als Knappen mit Steigern als Vorgesetzten. Die Bergleute, gewissermaßen zu Arbeitnehmern degradiert, schlossen sich in diesem Jahrhundert zu besonders privilegierten Knappschaften zusammen, die ihren Mitgliedern bei Unfällen oder Krankheiten unter die Arme griffen.

Der Staat und die Kohle

Im 17. Jahrhundert wurde nicht nur von Bergleuten des Erzgebirges der traditionsreiche Bergmannsgruß „Glückauf“ erfunden, sondern das Bergrecht Mitteleuropas hatte die ursprünglichen Gewerkschaften als bergbauspezifische Form der Gesellschaft überrollt. Die Verwaltung ging nämlich im wesentlichen auf den Staat über. Die Gewerken behielten zwar ihre Anteile, und sie hatten selbstverständlich auch Anspruch auf Mitverwaltung, aber das oberste Weisungsrecht lag bei den Bergbaubeamten. Zu ihrer Ausbildung wurden in vielen Ländern Bergakademien und Bergschulen gegründet, wie 1765 im sächsischen Freiberg oder 1783 die französische École des mines in Paris. Erst 1851 wurde in Preußen diese staatliche Direktionsbefugnis in eine mildere Form der Aufsichtsbefugnis, in ein Inspektionsprinzip umgewandelt, das dem Staat lediglich die „Berghoheit“ überließ.

Eine andere Vorbedingung für die reibungslose Industrialisierung war eine Reorganisation der Berggesetzgebung. Es waren Männer wie der Berghauptmann Karl Freiherr von Oeynhausen (1795 bis 1865), der Geologe und Mineraloge Ernst Heinrich Karl von Dechen (1800 bis 1889), der Berghauptmann Adolf Achenbach (1825–1903), der Staatsmann Friedrich Ferdinand Freiherr von Beust (1809–1886) und der preußische Berghauptmann Hermann Friedrich Wilhelm Brassert (1820–1901), die von der Wichtigkeit der heimischen Bodenschätze überzeugt waren und eine möglichst nutzbringende Verwertung anstrebten.

Besonders Brassert machte sich um das „Allgemeine Berggesetz für die Preußischen Staaten" vom 24. Juni 1865 verdient, als er die zersplitterte, ziemlich verwirrende und mit unsinnig vielen örtlichen Sonderrechten gespickte ältere Fassung zu einem einheitlichen Bergrecht zusammenschmiedete. Dieses Berggesetz von 1865, „das eine durchgreifende Bergrechtsreform brachte, die Kuxenzahl (Anteile an einer Gewerkschaft) von 128 auf 1000 erhöhte sowie deren Beweglichkeit verbesserte, krönte diese Entwicklung, die vom Merkantilismus ausgehend, ein Jahrzehnt vor der Wende zu Bismarcks neuem Staatsinterventionalismus im reinen Liberalismus des modernen Kapitalismus endete" (Wilhelm Treue).

1

Ausbau der Verkehrswege: Straßen, Flüsse und Kanäle

Zu diesen politischen und wirtschaftlichen Faktoren, die Deutschlands industriellen Aufstieg und die Karriere des Ruhrgebiets insbesondere begünstigten, kam noch ein ziemlich umfangreicher Ausbau der Verkehrswege. Von vornherein besaß das Ruhrgebiet eine hervorragende Verkehrslage, weil sich in diesem Gebiet die beiden wichtigsten mitteleuropäischen Verkehrsachsen schnitten: nämlich einmal der Hellweg in ost–westlicher Richtung am Nordrand des Mittelgebirges und zum anderen in nord–südlicher Richtung Vater Rhein mit seinem weitverzweigten Flußnetz und seiner idealen Verbindung zum Meer in Rotterdam.
Die Straßen waren lange Zeit zum großen Teil bessere Feldwege. Erst unter Napoleon wurde mit dem Bau befestigter Chausseen begonnen, was der Handel natürlich sehr begrüßte. Zwischen 1816 und 1852 wuchs das Straßennetz in Preußen von rund 4000 Kilometer auf rund 17000 Kilometer. Der Zustand der Wege und Straßen hatte der Binnenschiffahrt schon sehr früh eine besondere Bedeutung zugewiesen.
Flüsse wurden kanalisiert und durch Schleusen schiffbar gemacht. Größere und wirklich brauchbare Schiffahrtskanäle entstanden, abgesehen von wenigen löblichen Ausnahmen, erst im Zeitalter des Merkantilismus, speziell in Brandenburg-Preußen. Großzügig wurde das Wasserstraßennetz erst ab 1892 ausgebaut. So entstanden für das Ruhrgebiet 1899 der Dortmund-Ems-Kanal, 1914 der Rhein-Herne-Kanal und 1931 der Lippe-Seitenkanal mit zahlreichen Häfen. Auch die Binnenhäfen erlebten einen kohlebedingten Aufschwung. Das Binnenhafensystem Duisburg-Ruhrort verdankte beispielsweise seine Entstehung dem Kohleumschlag aus Ruhrkähnen in Rheinschiffe. 1715 entstand dort bereits der erste künstliche Hafenbau, ein Hafenbecken von etwa einem Hektar Größe.

Mit Dampfkraft auf dem Wasser und auf Schienen

1817 erschien die „Caledonia" von James Watt auf dem Rhein und mußte mit einem Kesselschaden in Ruhrort vor Anker gehen. 1826 wurde in Köln die „Preußisch-Rheinische Dampfschiffahrtsgesellschaft" gegründet. Sie ließ ihre Schiffe in Holland bauen. Aber dann baute die Gutehoffnungshütte auf der Ruhrorter Hafeninsel eine Werft und stellte 1830 den ersten hölzernen Frachtdampfer, die „Stadt Mainz", und 1838 den ersten eisernen Rheindampfer, die „Graf von Paris", in Deutschland her. Zu der Zeit wurden die Kohlenkähne noch von Pferden flußaufwärts gezogen. Das änderte sich erst 1843, als der eiserne Schleppkahn erfunden worden war und der Mülheimer Kaufmann Mathias Stinnes (1790–1845) die Zugpferde auf den Treidelpfaden entlang dem Rhein durch einen dampfgetriebenen Schlepper namens „Mathias Stinnes I." ersetzte. Vom Kohlentransport und Kohlenhandel kam der „ohlde Matheis" Stinnes zum Kohlenbergbau. Als er 1845 starb, vermachte er seinen Erben vier eigene Kohlenzechen und große Beteiligungen an 38 anderen Kohleunternehmungen. Einer seiner Nachfolger, sein Enkel Hugo Stinnes (1870–1924), wurde zu einem der markantesten Großindustriellen der wilhelminischen Zeit und baute mit Kohle, Eisen, Reedereien, Elektrizität und anderen interessanten Zutaten zu Beginn dieses Jahrhunderts das größte Wirtschaftsimperium seiner Zeit auf.
Um 1830 begann durch den Einsatz der Dampfmaschine ein neues Zeitalter des Landverkehrs. Die Eisenbahn verlagerte einen großen Teil des Personen- und Güterverkehrs von der Straße auf die Schienen. Die erste Trasse von Nürnberg nach Fürth 1835 war ganze sechs Kilometer lang. Am 15. Mai 1847 fuhren erstmals Ehrengäste mit der Eisenbahn von Köln nach Minden. Bis 1848 war der Eisenbahnbau ausschließlich in den Händen von Privatleuten. Es entstanden so berühmte Gesellschaften wie die Rheinische Eisenbahngesellschaft, die Köln-Mindener Eisenbahngesellschaft oder die Düsseldorf-Elberfelder Eisenbahn. Damals gehörten diese Strecken zu Deutschlands wichtigsten Verbindungen. 1879 war das Schienennetz des Deutschen Reiches auf 33094 Kilometer angewachsen. Doch damit ist der Entwicklung an der Ruhr etwas vorgegriffen.

Die Kohle unter dem Deckgebirge

Ein geregelter, wenn auch nicht unbedingt reglementierter Bergbau begann an der Ruhr um 1730. Die an den Ruhrufern zutage tretenden Kohlevorräte wurden im Schürf- und Stollenbergbau gewonnen, wobei die Stollen von der Tagesoberfläche schräg in einen Berghang vorgetrieben wurden. Meist bauten die frühen Ruhrkumpel die Kohleflöze in den offenen Gruben im Schürfverfahren so weit ab, bis das Wasser einbrach.
Um 1830 waren die verhältnismäßig bequem erreichbaren Kohlevorräte an den Ruhrufern erschöpft, und nun tauchte das

1 – An der Ruhr wurde die Steinkohle vom 17. bis ins 19. Jahrhundert weitgehend im Stollenbau gewonnen, in mehr oder weniger waagerecht in den Berg getriebenen Gängen. Das Foto vom Stollenmundloch der Zeche Neuglück bei Bochum-Wahlhausen aus dem Jahr 1934 zeigt, daß einzelne dieser alten Stollen sogar noch im 20. Jahrhundert betrieben wurden.
2 – Für den Transport der Kohle aus dem Ruhrgebiet kam zu den Land- und Wasserstraßen ab Mitte des 19. Jahrhunderts die Schiene hinzu. Die „Ruhr“ war die erste im Revier eingesetzte Dampflokomotive.
3 – Auf der Zeche Vollmond bei Bochum wurde 1801 erstmals an der Ruhr eine Dampfmaschine zur Wasserhaltung – noch nicht zur Förderung – eingesetzt. Steiger Bilger hat sie 1806 in einer Skizze festgehalten.

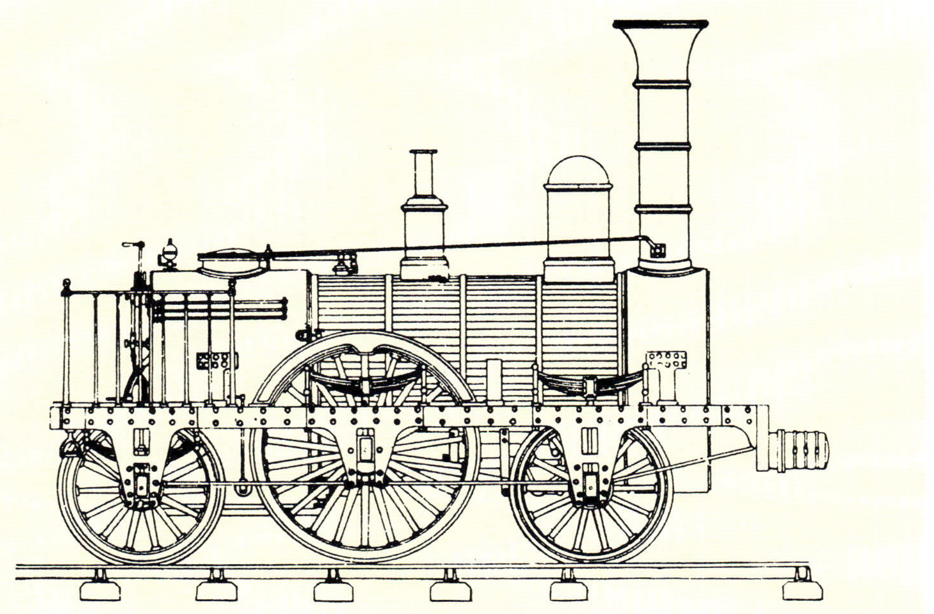

2

Problem auf, wie sich das Deckgebirge aus starken Mergelschichten durchstoßen ließ, um an die Kohle zu kommen. Im Süden des Reviers, also an den Ufern der Ruhr, lagen die Flöze an der Erdoberfläche. Aber nach Norden ins Münsterland hinein sank das sogenannte Schichtpaket des kohleführenden Karbons in einem Winkel von zwei bis sieben Grad schräg in die Reviererde ab. In der Lippezone am Nordrand der Ruhrgebiets ist das Deckgebirge über der Kohle schon rund tausend Meter dick. Als die Schächte tiefer wurden oder gar das stark wasserführende Deckgebirge in Angriff genommen werden sollte, gab es also Wasserprobleme. Die bisherigen Schöpf- und Pumpenkonstruktionen reichten wie schon früher in England nicht mehr aus, das störende Grundwasser aus den Stollen zu pressen, die Kumpel in die Flöze getrieben hatten. Auch im Ruhrgebiet mußte also eine leistungsfähige Maschine eingesetzt werden, die der Wasserfluten Herr werden konnte: eine mit Dampfkraft betriebene Pumpe.

Mit Hilfe der Dampfkraft in die Tiefe

Diese umwälzende neue Technik, die Kraft des Dampfes Arbeit leisten zu lassen, kam aus England. 1768 wurde die erste Wattsche Dampfmaschine in einer schottischen Kohlengrube bei Kinneil eingesetzt. Mit seiner neuen Dampfkraft war die britische Insel das Dorado einer neuen Maschinenepoche, und so wurde sie gegen Ende des 18. Jahrhunderts von zahlreichen Technikinteressenten und Industriespionen besucht, die die gewaltigen technischen Wunderwerke in Britanniens Fabriken und Manufakturen, ebenfalls durch

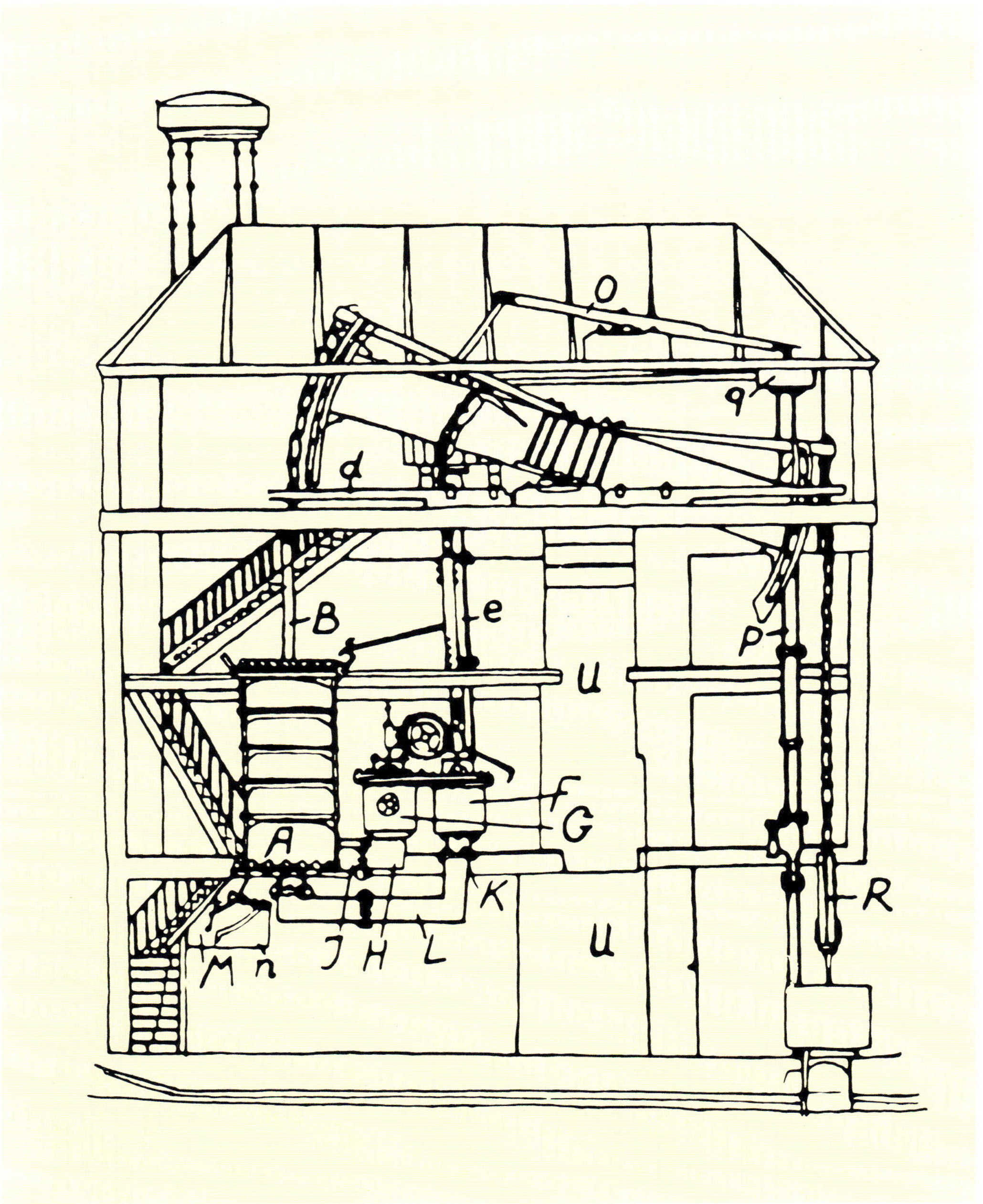

3

die Dampfmaschine des James Watt ermöglicht, bewunderten.
Die erste Dampfmaschine im Ruhrgebiet, ein englisches Modell, stand 1798 in der Saline des Sol- und Thermalbades Königsborn bei Unna in der fruchtbaren Ebene des Hellwegs. Jahrhundertelang hatte die Saline den Rohstoff Salz für den ältesten Handel der Hansestadt geliefert, bis sie 1932 stillgelegt wurde. Die erste „Feuermaschine" als freie deutsche Nacherfindung des Wattschen Originals orderte ein Freiherr von Romberg, Besitzer der Kohlengrube Vollmond in Langendreer bei Bochum.
Die atmosphärische Dampfmaschine kam, transportgerecht in tausend Einzelteile zerlegt, aus dem oberschlesischen Tarnowitz und war von August Friedrich Wilhelm Holtzhausen (1768–1827) unter Mitwirkung des Engländers John Baildon (1772–1846) gebaut worden. Ein Monteur, der die kostbare Maschine in Langendreer wieder zusammensetzen sollte, war aus dem schlesischen Industriegebiet mitgeliefert worden. Doch der Fachmann versagte und mit ihm natürlich die Maschine. Nach dem dritten ergebnislosen Anlauf meldete sich der Zimmermann zu Wort, der neben dem Schacht der Zeche Vollmond den Schuppen für die neue Maschine gebaut hatte. Sein Name war Franz Dinnendahl (1775–1826). Er brachte die Maschine 1801 so erfolgreich in Schwung, daß er sich entschloß, eigene Dampfmaschinen für den Kohlenbergbau zu konstruieren. Die erste lieferte er 1803 an die Zeche Wohlgemut bei Essen.
Durch die dampfmaschinelle Unterstützung der Stollenentwässerung wurde 1808 auf der Zeche Vollmond die Rekordtiefe von 46 Metern erreicht. Aber die unglaublichen Maschinen ließen sich nicht nur zur Wasserführung einsetzen, sondern waren auch für die Förderung interessant. Seit 1809 förderten Zechen wie Wiesche und Karoline bis zu tausend Scheffel Steinkohle pro Tag. Dann begannen auch andere, finanzkräftigere Firmen, die Dampfmaschinenproduktion aufzunehmen: 1814 baute die Gutehoffnungshütte auf Anraten von Franz Haniel eine eigene Dampfmaschine; und inmitten der Ruinen der Burg Wetter an der Ruhr hatte Friedrich Harkort (1793–1880) seine berühmt gewordene „Mechanische Werkstätte" eingerichtet und seit 1818 Dampfmaschinen für Wasserhaltung und Förderung gebaut.
Bis 1828 wurden im Bezirk des Dortmunder Oberbergamtes bereits 26 Dampfmaschinen gezählt. Sie ebneten allmählich den Weg vom waagerechten Stollenbetrieb an den Ruhrtalhängen zum senkrechten Schachtbau weiter im Norden.

Die Geburtsstunde der Eisen- und Stahlindustrie im Ruhrgebiet

Franz Ferdinand Freiherr von der Wenge zu Dieck (1707–1788), ein Domherr aus Münster, war in der Emscherniederung bei Sterkrade fündig geworden und erbat am 25. Februar 1741 vom Kölner Erzbischof die Genehmigung, in der Gegend um Osterfeld nach Raseneisenerz graben zu dürfen, weil „auf einigen gemeinen Broichen und Büschen sich ein verstreuter und steiniger Ohrgrund (Erzgrund) befinde, woraus dem äußerlichen Ansehen nach wohl einiges Eisen zu erzwingen sein möchte".
Aber es sollte siebzehn Jahre dauern, bis zum 18. Oktober 1758 nämlich, bis der Domherr mit der St.-Antony-Hütte Eisen „erzwingen" konnte. Das war der Geburtstag der Eisenindustrie am Elpenbach des Ruhrgebiets. Schuld an der Verzögerung war ein früher Umweltprotest der Klosterfrauen von Sterkrade. Die streitbaren geistlichen Damen fürchteten um die Wasser und die Fischlein eben dieses Elpenbaches. Das Wasser benötigten sie zum Waschen, aber auch zum Brauen und Backen. Nach erbitterten Gefechten, ausgetragen mit Gutachten und Gegengutachten, bescheinigte der Erzbischof von Köln „dem weiblichen Geschlecht und besonders den Klosterfrauen durchgehend angestammten Eigensinn" und sprach ein Machtwort zugunsten der Ruhrindustrie und der St.-Antony-Hütte. Denn da gerade der Siebenjährige Krieg (1756–1763) zwischen Österreich und Preußen um den Besitz Schlesiens ausgebrochen war, wurden Kanonenkugeln aus Emscher-Erz entschieden wichtiger als klosterfraulicher Eigensinn. So wurde die St.-Antony-Hütte zum ältesten Stammwerk der späteren Gutehoffnungshütte.
1780 gründete der Siegerländer Hüttenfaktor Eberhard Pfandhöfer ebenfalls bei Sterkrade die Hütte Gute Hoffnung. 1790 errichtete die Fürstäbtissin Kunigunde vom Stift Essen am Emscherufer die Hütte Neu-Essen. Drei Eisenhütten drängten sich also jetzt in drei verschiedenen deutschen Kleinstaaten in der Emscherniederung, eine Viertelstunde Fußmarsch voneinander entfernt, und jagten sich gegenseitig Wasser, Holzkohle und Kunden ab: im Vest Recklinghausen, im Herzogtum Kleve und im Stift Essen. Vier Gründerväter an der Ruhr machten diesem Konkurrenzkampf ein Ende: Gottlob Jacobi (1770–1823), Franz Haniel (1779–1868), Gerhard Haniel (1774–1834) und Heinrich Huyssen (1779–1870). 1810 wurden die drei Hütten zur Hüttengewerkschaft und Handlung Jacobi, Haniel & Huyssen zusammengefaßt, aus der 1873 die Gutehoffnungshütte, abgekürzt GHH, hervorging.
Doch die Konkurrenz für die angehenden Fabrikherren des Ruhrgebiets war zunächst nicht die Kohlengrube oder die Eisenhütte von nebenan, sondern waren Eisenverhüttung, Stahlerzeugung und Maschinenparks auf der britischen Insel.
Um 1740 hatte Benjamin Huntsman (1704–1776) im englischen Sheffield das uralte indische Tiegelverfahren zur Herstellung von Gußstahl neu erfunden. Die britischen Stahlerzeuger hielten das Rezept selbstredend geheim, und so versuchten Fachleute auf dem Festland, vor allem während der Napoleonischen Kontinentalsperre gegen England, den wichtigen Tiegelstahl nachzuahmen. Der Schweizer Metallurg Johann Conrad Fischer (1773–1854) in Schaffhausen war vermutlich der erste auf dem Kontinent, der 1804 in seiner Stahlschmelzerei Gußstahl erzeugte. Im Jahr 1811 gründete der Kaufmann Friedrich Krupp (1787–1826), Sproß einer angesehenen Essener Familie, in Essen ein kleines Stahlwerk. Bis 1816 gelang es ihm, einen brauchbaren Stahl zu erschmelzen. 1818/19 baute er, vom Erfolg ermutigt, westlich der Stadt Essen eine größere Fabrik mit einem Schmelzbau für sechzig Tiegelöfen. Doch bei seinen Gußstahlversuchen war sein ganzes Vermögen von 120000 Talern draufgegangen. Friedrich Krupp machte Bankrott. Als er am 8. Oktober 1826 starb, war er längst aus der Liste der Steuerzahler gestrichen. Sein Sohn, Alfred Krupp (1812–1887), wurde mit vierzehn Jahren Besitzer einer Fabrik mit einer Stammbelegschaft von sieben Arbeitern. Auf der Grundlage des Kruppschen Tiegelstahls, der Weltruhm errang, entwickelte Alfred Krupp das kleine Werk zu einem Weltunternehmen.
Beim Thema Gußstahl und Stahlgußtechnik darf auch Jacob Mayer (1813–1875), Gründer des „Bochumer Vereins für Bergbau und Gußstahlfabrikation", nicht vergessen werden. Ihm gelang als erstem das Verfahren, Stahl in Tiegeln so dünnflüssig herzustellen, daß er direkt in Form gegossen werden konnte.
In England war schon 1784 die Puddeltechnik erfunden worden, die sich als Revolution in der Eisenverhüttung herausstellte. Die ersten deutschen Werke errichteten 1824 Eberhard Hoesch (1790–1852) unterstützt von dem englischen Ingenieur namens Dobbs und Christian Friedrich Remy (1783–1861) mit Cockerills Hilfe. Der erste deutsche Kokshochofen war 1796 im oberschlesischen Gleiwitz in Betrieb gegangen. An der Ruhr dauerte es damit noch fünfzig Jahre.

1 – Nicht nur Kohle, sondern auch Eisen und Stahl verbindet man mit dem Begriff Ruhrgebiet. Die St.-Antony-Hütte nahm am 18. Oktober 1758 in Osterfeld, heute zu Oberhausen gehörend, als erstes schwerindustrielles Unternehmen an der Ruhr den Betrieb auf. Als älteste der später mit ihr vereinigten Hütten Gute Hoffnung und Neu-Essen bildet sie die Keimzelle der Gutehoffnungshütte, die heute Teil des MAN-Konzerns ist. Die früheste Abbildung der St.-Antony-Hütte stammt aus dem Jahr 1834.

2 – Alfred Krupp (1812–1887) baute in Essen nicht nur 1862 das erste Bessemer-Stahlwerk auf dem Kontinent und führte 1869 das Siemens-Martin-Verfahren in Deutschland ein, sondern hatte mit dem Riesen-Dampfhammer Fritz schon 1861 einen Superlativ gesetzt. Das 1839 von dem schottischen Ingenieur James Nasmyth (1808–1890) erfundene Konstruktionsprinzip baute Krupp zu einem schließlich fünfzig Tonnen schweren Maschinenkoloß aus, der ein halbes Jahrhundert lang Stahl schmiedete.

1

2

Neue Verfahren zur Stahlerzeugung leiteten schließlich den Aufbruch ins Zeitalter der Massenstahlherstellung ein: das Bessemerverfahren (1855, Deutschland 1862); der Thomaskonverter (1876); das Siemens-Martin-Verfahren (1864, Deutschland 1869).

Der tiefe Sturz des Bullen Benno

Dank der neuen Maschinen wie etwa der Dampfpumpe, der steigenden Nachfrage und verbesserter Abbautechnik rückten die Fördertürme immer weiter von Süden nach Norden vor, und die Kumpel wühlten sich immer tiefer in die Erde. Diese Nordwanderung der Zechen und der von ihnen abhängigen Industrie war das Ergebnis einer mehr als hundertjährigen Entwicklung, die sich in Zeitintervallen von rund zwanzig Jahren und fünf von Süden nach Norden aufeinanderfolgenden Produktionszonen vollzog. Der Weg der Kohle nach Norden hinterließ unübersehbare Spuren: entlaubte Wälder, verseuchte Flüsse und die am wildesten zersiedelte deutsche Industrielandschaft. Außer in Richtung Norden gruben sich die Kumpel auch in die geologisch weniger gestörten Bereiche an den westlichen und östlichen Rändern des Reviers, das heißt bis über Kamp-Lintfort auf der einen und bis Ahlen auf der anderen Seite.
Den Ausgangspunkt des Kohlenbergbaus, das Gebiet, in dem alles begann, bildet die Ruhrzone am Nordrand des Rheinischen Schiefergebirges. Dort war die Kohle so dicht unter der Erdoberfläche, daß die Kumpel waagerecht in den Berg einfahren konnten. Dort blühte auch, wie erwähnt, der wilde Bergbau mit Kleinstzechen. Und diese Miniaturzechen, die den Kleinbauern der Umgebung als Zubrot dienten, waren natürlich nicht sonderlich fachmännisch angelegt, deshalb tun sich noch heute manchmal Löcher oder Spalten im Erdboden auf. Tagesbrüche nennt sie der Fachmann.
Es soll schon vorgekommen sein, daß jemand von solch einem Tagesbruch verschluckt wurde, beispielsweise eine Bochumer Hausfrau, die hinter ihrem Haus Teppich klopfte. Plötzlich brach die Erde auf, und Frau plus Teppich verschwanden elf Meter tief. Der Grund war der Einbruch einer längst verlassenen und vergessenen Kleinzeche. Die Frau überlebte den Sturz in die Bochumer Unterwelt, ganz im Gegensatz zum Bullen Benno, der bei Brockhövel von der Weide und in einem Erdspalt über der Zeche Alte Haase verschwand.

1 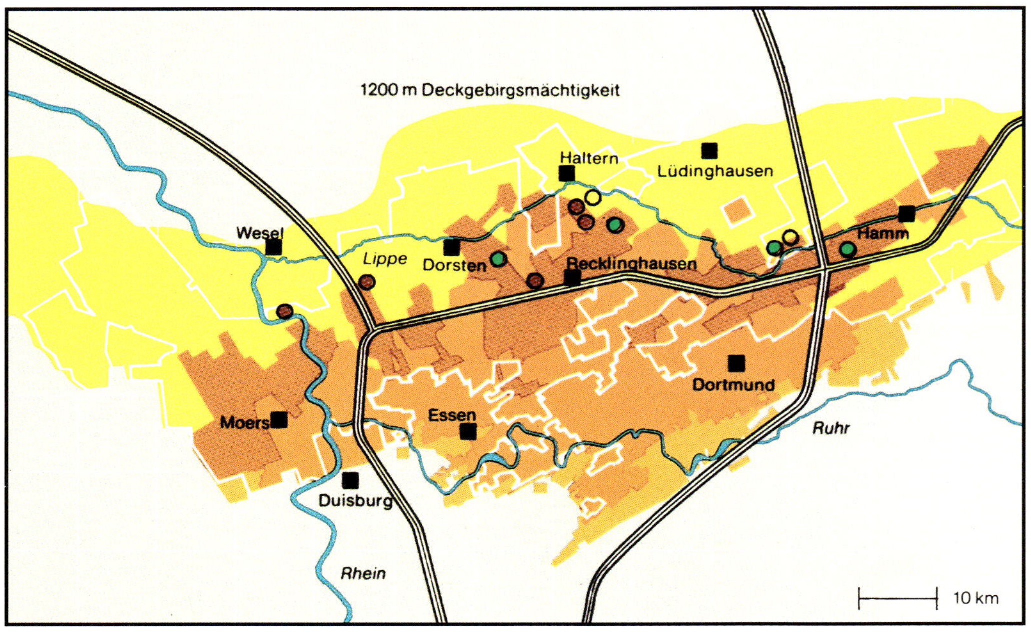

1, 2 – Die flözführenden Schichten verlaufen in Norddeutschland, vereinfacht ausgedrückt, in einer nach Norden geneigten Ebene. Die Steinkohle, die an der Ruhr noch bis ins 19. Jahrhundert in flachen Gruben, sogenannten Pingen, abgebaut werden konnte, liegt zwischen Essen und Münster schon unter einem 1200 bis 1500 Meter mächtigen Deckgebirge. Je mehr Zechen ausgekohlt aufgelassen werden, desto weiter muß der „Ruhr"-Bergbau nach Norden wandern. Mit zunehmender Abbauteufe steigen die Kosten gewaltig.

Hellweg- und Emscherzone

Die Hellwegzone, heute von weiten Feldern ausgekohlter Zechen überzogen, war im vorigen Jahrhundert der Schauplatz für den Beginn der Kohlechemie im Ruhrgebiet, war das Testgelände für eine weitreichende Gasversorgung und die Bühne für den ersten Auftritt eines Konzerngründers namens Thyssen.
August Thyssen (1842–1926), genannt der „alte Thyssen", wurde am 17. Mai als Sohn des Drahtwalzwerkbesitzers Friedrich Thyssen zu Eschweiler geboren. Sohn August gründete 1867 in Duisburg ein Eisenwalzwerk und nach dessen Liquidation 1871 unter Beteiligung seines Vaters in Mülheim an der Ruhr das Band- und Stabeisenwalzwerk „Thyssen & Co. KG.". Auf dieser eisernen Grundlage in Mülheim baute August Thyssen auf und entwickelte einen der größten Konzerne der damaligen Stahlindustrie.
Im Gegensatz zur Zone am Hellweg haben die Städte, Industrieansiedlungen und Wohnagglomerationen im Gebiet um die Emscher nicht mehr die Geschichte und das Flair alter kultureller Mittelpunkte. Wild gewachsene Riesendörfer mit lückiger Bebauung vor den Werkstoren der Zechen und Hütten bestimmen das Bild. Selbstverständlich lassen sich auch die Riesendörfer der Emscherzone wieder mit den Namen einiger Ruhr-Tycoons in Verbindung bringen, auch wenn diese Verknüpfung mit einzelnen Städten natürlich nicht unbedingt zwingend logisch ist, weil technische, wirtschaftliche und soziale Pioniertaten der großen Ruhrindustriellen jener Zeit Auswirkungen auf das gesamte Revier und bekanntermaßen darüber hinaus hatten. Ort: Schalke; Name: Grillo.
Friedrich Grillo (1825–1888), Gründer, Aufbauer und Pionier, verpflanzte den Kohlenbergbau auf die Wiesen und Kornfelder jenseits der Emscher. „Der Mann mit der breiten Stirn und dem kräftigen gespaltenen Kinn", so Lutz Graf Schwerin von Krosigk, „hatte einen suggestiven Glauben an die Kohle, eine unerreichte Einsicht in die geologische Struktur und die technischen Erfordernisse, eine mitreißende Gewalt über die Menschen."
Schalke war ein Dorf von zweihundert Einwohnern, als Grillo an der Emscher Grund und Boden erwarb. Im Laufe von nicht einmal zehn Jahren hatte er das Dorf zum Industriezentrum mit etwa 6000 Einwohnern pro Quadratkilometer umfunktioniert. 1873 kaufte Friedrich Grillo die Zechen Rhein-Elbe und Alma, beide im besten Teil des Ruhrgebiets gelegen, und legte damit den Grundstock zur Gelsenkirchener Bergwerks-AG, die sich zum größten und mächtigsten Bergbauunternehmen des Reviers mauserte. Kaufmännischer Direktor der neuen AG mit einem Aktienkapital von 4,5 Millionen Talern wurde im Alter von 26 Jahren Emil Kirdorf (1847–1938).

Kirdorf: Rationalisator der Ruhrindustrie

Irgend jemand soll später gesagt haben: „Wenn es Kirdorf verstanden hätte, so würde ihm heute halb Westfalen gehören." Das sagt schon viel über den Mann aus, der zum mächtigsten Ruhrindustriellen aller Zeiten aufstieg, in dessen Kohlestaat 55 000 Mann arbeiteten und der mit dem „Rheinisch-Westfälischen Kohlensyndikat" eine Art OPEC der Kohle gründete. 1873, als Kirdorf bei Grillo einstieg, beendete gerade die mit dem Börsenkrach in Wien beginnende Weltwirtschaftskrise die Gründerjahr-Konjunktur in Deutschland. In dieser schwierigen Zeit soll Kirdorf seinen berühmten Slogan zur wirkungsvollen Eigenwerbung erfunden haben: „Ich komme durch, durch komm' ich schon!"
Das Imperium, das Kirdorf unter seinem Daumen aufbaute, umfaßte außer Zechen chemische Fabriken, Eisen- und Maschinenwerke, Handelsbetriebe und Transportunternehmen und nicht zuletzt das riesige Stahlwerk Aachener Hüttenverein, dessen Chef sein Bruder war. Nach dem Ersten Weltkrieg schloß Kirdorf sein angeschlagenes Imperium mit dem Industriereich des Hugo Stinnes zu dem neuen Koloß Rhein-Elbe-Union zusammen, der dann in den neu gegründeten Vereinigten Stahlwerken aufging.

Die Vestische Zone und die Lippezone

Eine große Industrialisierungswelle überschwemmte nicht nur im Ruhrgebiet die mit Schwerindustrie befrachteten Kohlereviere. Die Bevölkerung nahm sprunghaft zu, ganze Völkerwanderungen von Bergarbeitern setzten ein und machten die Reviere zu den größten industriellen Ballungszentren der Welt. Ab 1880 erreichten die Fördertürme in größerem Ausmaß die Vestische Zone des Ruhrgebiets mit Städten wie Bottrop, Gladbeck, Herten und Recklinghausen.
Eine in Alter und Dichte unterschiedliche Siedlungsstruktur, Wohnkolonien zwischen Feldern, beherbergte Einwanderer aus Polen und der Tschechoslowakei, aus West- und Ostdeutschland. „Der Spiegel"

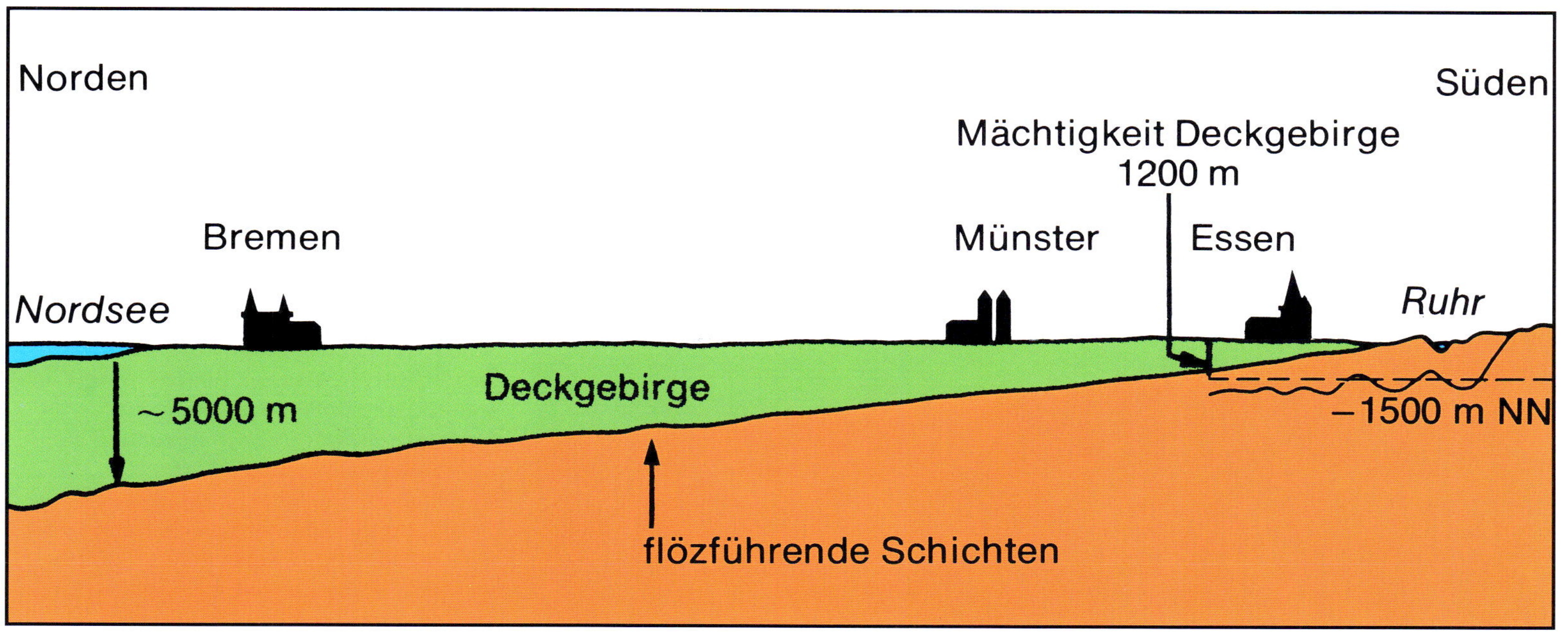

2

faßte 1966 in einer Titelgeschichte zusammen: „Sonderzugweise karrte das kaiserliche Deutschland ostelbische Landarbeiter, Schlesier, Polen und Russen vor die Zechentore, wo ihnen Eisen, Fäustel und Häckel in die Hand gedrückt wurden, mit denen sie das schwarze Gestein im Berg losmachten. Sie standen noch stramm, wie sie es auf den ostischen Gütern gelernt hatten, wohnten wochenlang in Häusern ohne Fenster und Türen, schliefen auf Strohsäcken, die der Zechenherr ihnen hatte hinwerfen lassen, und aßen von der Fensterbank oder aus dem Henkelmann, den ihnen Weib und Kind ans Zechentor brachten."

Rund 275000 Menschen lebten 1820 im Ruhrgebiet, hundert Jahre später waren es schon rund 5,3 Millionen. Der Bergbau schob sich um 1900 ins Tal der Lippe vor, obgleich dort, wie schon erwähnt, das Deckgebirge über der Kohle bereits eine Mächtigkeit von rund tausend Metern erreicht. Um dieselbe Zeit begann auch die Kohleförderung am linken Niederrheinufer in den südlichen Teilen der Kreise Kleve und Wesel. Für die Lippezone läßt sich die Grenze etwa durch die weit nach Osten ausgedehnte Städtereihe Wesel, Dorsten, Marl, Haltern, Lünen, Hamm und Ahlen legen.

Die besetzte Kohlehochburg

Nach dem Ersten Weltkrieg wurde das Ruhrgebiet aufgrund des Versailler Vertrags durch erhebliche Reparationen in Form von Kohlelieferungen an Frankreich belastet. Im Frühjahr 1919 und besonders im Frühjahr 1920 wurde das Ruhrgebiet zum Zentrum schwerer kommunistischer Unruhen. Die Kohlelieferungen kamen ins Stocken.

Im März 1921 besetzten die Franzosen zunächst Düsseldorf, Duisburg und Ruhrort. Dann am 11. Januar 1923 rückten rund 100000 Mann französische und belgische Truppen ins Ruhrgebiet ein. Die Regierung Cuno reagierte auf die Ruhrbesetzung mit passivem Widerstand. Die Förderung wurde lahmgelegt, alle Lieferungen hörten auf, die Besetzung erwies sich für Frankreich als wirtschaftlicher und politischer Fehlschlag. Im August 1925 endete die Ruhrbesetzung.

Während der großen Weltwirtschaftskrise Anfang der dreißiger Jahre wurde die Kohleproduktion im Ruhrbergbau von 123 auf nur noch 78 Millionen Tonnen heruntergeschraubt. Zahlreiche Zechen wurden stillgelegt, rund 165000 Kumpel waren arbeitslos. Ohne Zweifel spielte das Ruhrgebiet nur wenige Jahre später eine wichtige Rolle bei Deutschlands Vorbereitungen zum Zweiten Weltkrieg. Deshalb wurde es auch zum bevorzugten Ziel der alliierten Bomber: Rund 75 Prozent des Reviers wurden zerstört. Um dieses potentielle Rüstungszentrum in Zukunft besser kontrollieren zu können, wurde 1949 von den westlichen Siegermächten das Ruhrstatut unterzeichnet und die Internationale Ruhrbehörde geschaffen, die für die Aufteilung der Kohle-, Koks- und Stahlerzeugung des Ruhrgebiets auf das In- und Ausland verantwortlich war. 1954 endete die Kontrolle der Alliierten über die Industrie Westdeutschlands.

1957 wurden in Deutschland noch 123 Millionen Tonnen Steinkohle gefördert. Etwa von diesem Jahr an begann der Rückgang, ausgelöst durch das Vordringen der handlicheren Energieträger Erdöl und Erdgas. An der Ruhr türmten sich die schwarzen Haldengebirge, es begann das, was als „Kohlekrise" in den geläufigen Wortschatz einging, es begann der Untergang einer Epoche, ein historischer Bühnenwechsel mit Hindernissen.

In der Zeit von 1956 bis 1966 wurden 43 Schachtanlagen mit einer normalen Jahresförderung von 21,5 Millionen Tonnen und 136 Kleinbetriebe mit einer Kapazität von einer Million Tonnen stillgelegt. Trotzdem stieg die Leistung je Mann und Schicht von 1,7 Tonnen im Jahr 1958 über 2,9 Tonnen 1966 auf beachtliche 4,4 Tonnen pro Kumpel und Schicht im Jahr 1985. Oder anders ausgedrückt: 1960, als die Kohlekrise im deutschen Steinkohlenbergbau richtig begann, förderten 1631 Bergwerke täglich jeweils durchschnittlich 310 Tonnen Kohle; im Jahr 1985 wurde nur noch in 184 sogenannten Abbaubetriebspunkten gearbeitet, von denen aber jeder täglich 1672 Tonnen Kohle ans Tageslicht beförderte. Möglich gemacht wurde diese beachtliche Steigerung durch die zunehmende Automation in den finsteren Stockwerken unter der Erde: Prozeßrechner und Mikroprozessoren, Walzenschrämlader und Kohlenhobel und Schildvortrieb haben den Bergbau revolutioniert.

Der Höhepunkt der Kohlekrise mit den höchsten Quoten an Arbeitsplatzverlusten lag in den Jahren 1965 bis 1968. 1969 schlossen sich 24 Grubengesellschaften zur Einheitsgesellschaft Ruhrkohle AG zusammen, um den Steinkohlenbergbau im Ruhrgebiet zu konzentrieren und eine Verlagerung der Förderung auf die besten Anlagen zu erreichen. Die RAG fördert heute etwa 75 Prozent der gesamten deutschen Steinkohle.

1

2

Die Nordwanderung des Bergbaus von der Ruhr aus bietet auch Chancen, in den einst wegen seiner dreckigen, ungesunden Industriestruktur verschrieenen „Kohlenpütt" wieder Grün zurückzuholen, und diese Möglichkeiten werden von der Emschergenossenschaft genutzt.

1 – Die Emscher bei Dortmund um 1900 als natürlich mäanderndes und im Frühjahr die Wiesen überflutendes Flüßchen.

2 – Die Emscher in Oberhausen 1984 – selbst nur noch in einer Betonrinne kanalisiert –, zwischen Rhein-Herne-Kanal (rechts) und Emscherschnellweg.

3 – Der Dellwiger Bach in Dortmund als Schmutzwasserlauf 1978.

4 – Möglichkeiten der Umgestaltung von Schmutzwasserläufen: A Gesamtverrohrung, B Kanal mit Flutmulde, C Stadtgewässer und Abfangsammler, D renaturiertes Gewässer und Abfangsammler.

5 – Der frühere Schmutzwasserlauf Dellwiger Bach in Dortmund nach Abtrennung des Schmutzwassers und naturnaher Umgestaltung 1988.

Deutschlands andere Kohle-Schatztruhen

Die Kohlelagerstätte an der Ruhr ist mit über hundert Flözen zwischen Moers und Ahlen zwar die größte in der Bundesrepublik Deutschland, aber nicht die einzige. Im Zentrum Europas, im Grenzland zwischen Deutschland und Frankreich wird an der Saar zwischen Wäldern Kohle abgebaut. Das Saarrevier war zwar häufiger Zankapfel zwischen den beiden Nachbarn, aber so spektakulär wie im Ruhrgebiet ging es dort nie zu. Im Dreiländereck zwischen Belgien, den Niederlanden und Deutschland liegt das Aachener Revier, dessen Bergbau zu den ältesten Europas gehört. Und schließlich wird am Nordwestrand des Teutoburger Waldes, bei Ibbenbüren, schon seit sechshundert Jahren nach Kohle gegraben.

3

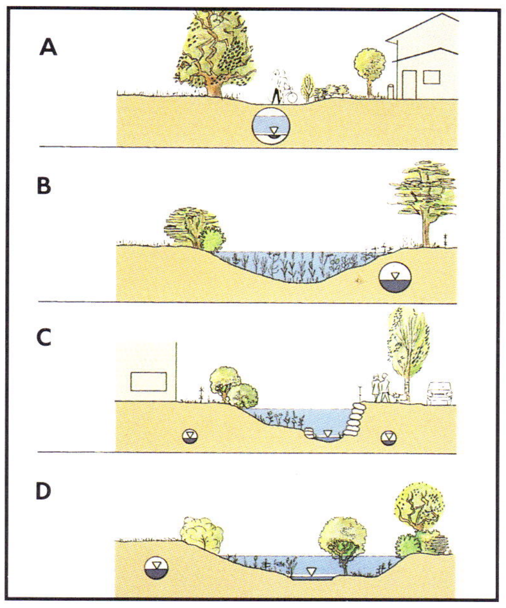

4

5

Das Saargebiet: Mandelbaum und Industriegöttin

Von der Industrie an der Saar wird ein recht idyllisches Stimmungsbild gezeichnet. „Bergbau zwischen Wäldern", schwärmt der Gesamtverband des deutschen Steinkohlenbergbaus. Im vorigen Jahrhundert scheint es nicht der herbe Duft des Weins gewesen zu sein, der dem Berichterstatter August Becker (1828 bis 1891) aus der gesegneten Pfalz in die Nase gestiegen war. Ganz anders lesen sich August Beckers Notizen aus dem Sulzbachtal von 1857: „Das schwarze Tal, welches die Grenze bildet, ist das schmutzigste und kotigste, das man treffen kann, aber auch eines der gewerbsamsten ... Durch den schwarzen, fußhohen Kot watet man an zahllosen Fabrikgebäuden, Arbeiterwohnungen und Wirtshäusern vorüber bis nach dem preußischen Ort Sulzbach, wo die Industrie an allen Ecken und Enden ihren Wohnsitz aufgeschlagen hat. Der Ort ist mit unverstopfter Nase leicht zu finden, denn es befindet sich hier eine Salmiak- und Berliner-Blau-Fabrik, und faulende Tierleichname und Äser füllen die Luft mit mephistischen Dünsten. Den Bach entlang kommt man nach Dudweiler, einem preußischen Flecken, wo der modernen Göttin Industrie aus den Alaunfabriken stinkende Opferdünste aufsteigen ... Gewaltige Feuer erhellen die Nacht, furchtbar ist der Anblick der langen Reihen von aufqualmenden Feuerströmen über den Koksöfen."
Von Anfang an war der Saarbergbau dem technischen Fortschritt sehr aufgeschlossen. 1773 nahm in Schwalbach die erste Dampfpumpe ihren Dienst auf, 1829 kam auf der Grube Kronprinz eine 8-PS-Fördermaschine zum Einsatz, 1862 wurde die Zeche Von der Heydt auf maschinelle Seilförderung der Kohlenwagen unter Tage umgestellt, 1894 tauchten die ersten elektrischen Antriebsmaschinen auf.

Bergbau in einer schwermütigen Waldlandschaft

Wann die ersten schwarzen Brennsteine an der Saar aus der Erde gebuddelt wurden, ist wohl kaum exakt festzustellen. 1429 werden erstmals Kohlengruben im Saargebiet erwähnt, aber die Kohlegewinnung, so Fachleute, dürfte viel weiter zurückreichen, vielleicht bis zu den Feuerstellen römischer Besatzer. Jedenfalls scheint Saarkohle schon im 12. Jahrhundert in England gehandelt worden zu sein. In Neunkirchen, aus einer frühmittelalter-

lichen Rodungssiedlung entstanden, 1281 urkundlich belegt, wurde der Steinkohleabbau als „Ysenschmitten und Kolengruben“ 1431 erstmalig erwähnt. Die Gegend um Neunkirchen war auch Geburtsort des saarländischen Hüttenwesens: In Lauterthal fanden Archäologen einen Schmelzofen, der schon vor Christi Geburt betrieben wurde.
Auf der anderen Seite der Blies, in Bexbach, stieß man im 14. Jahrhundert auf Eisen und förderte seit dem 16. Jahrhundert Kohle. St. Ingbert liegt inmitten der schönen Wälder der Saarpfalz. Im Dreißigjährigen Krieg wurde der Ort völlig zerstört. Die Wiederbesiedlung und eine erste Blüte waren 1661 der Herrschaft des alten rheinischen Fürstengeschlechts derer von der Leyen und dem Kohleabbau zu verdanken. Das erste Eisenwerk entstand 1733. Auch in Dudweiler machte die Kohle schon sehr früh von sich reden, wenn auch nicht durch ihren Abbau, sondern durch den „brennenden Berg“ von Dudweiler. Seit 1668 kokelt hier unterirdisch Kohle und sorgt dafür, daß der Berg „einem Vulcane gleicht, durch dessen Spalten und Risse der Rauch eines im Inneren brennenden Steinkohlenflötzes zu Tage tritt“ (Bersch).
Die gewaltige Industrialisierung, die das Saartal zwischen Saarbrücken und Dillingen zu einer riesigen Eisenhüttenstraße werden ließ, setzte im 19. Jahrhundert ein, und zwar mit der Erschließung der Kohlezone und der Entdeckung des Thomasverfahrens, das die Verhüttung der Minette aus den lothringischen Eisenerzgruben ermöglichte. Im Kohlerevier wuchs die Bevölkerung im amerikanischen Tempo, verteilte sich aber auf ganze Ketten von kleineren Orten. „Charakteristisch“, so ein Lexikon von 1935, „für die Saargruben im allgemeinen ist ihre Lage in der schwermütigen, erst im vorigen Jahrhundert durch die Industrieansiedlung erschlossenen Waldlandschaft des Kohlengebirgs (‚Kohlenwald‘).“

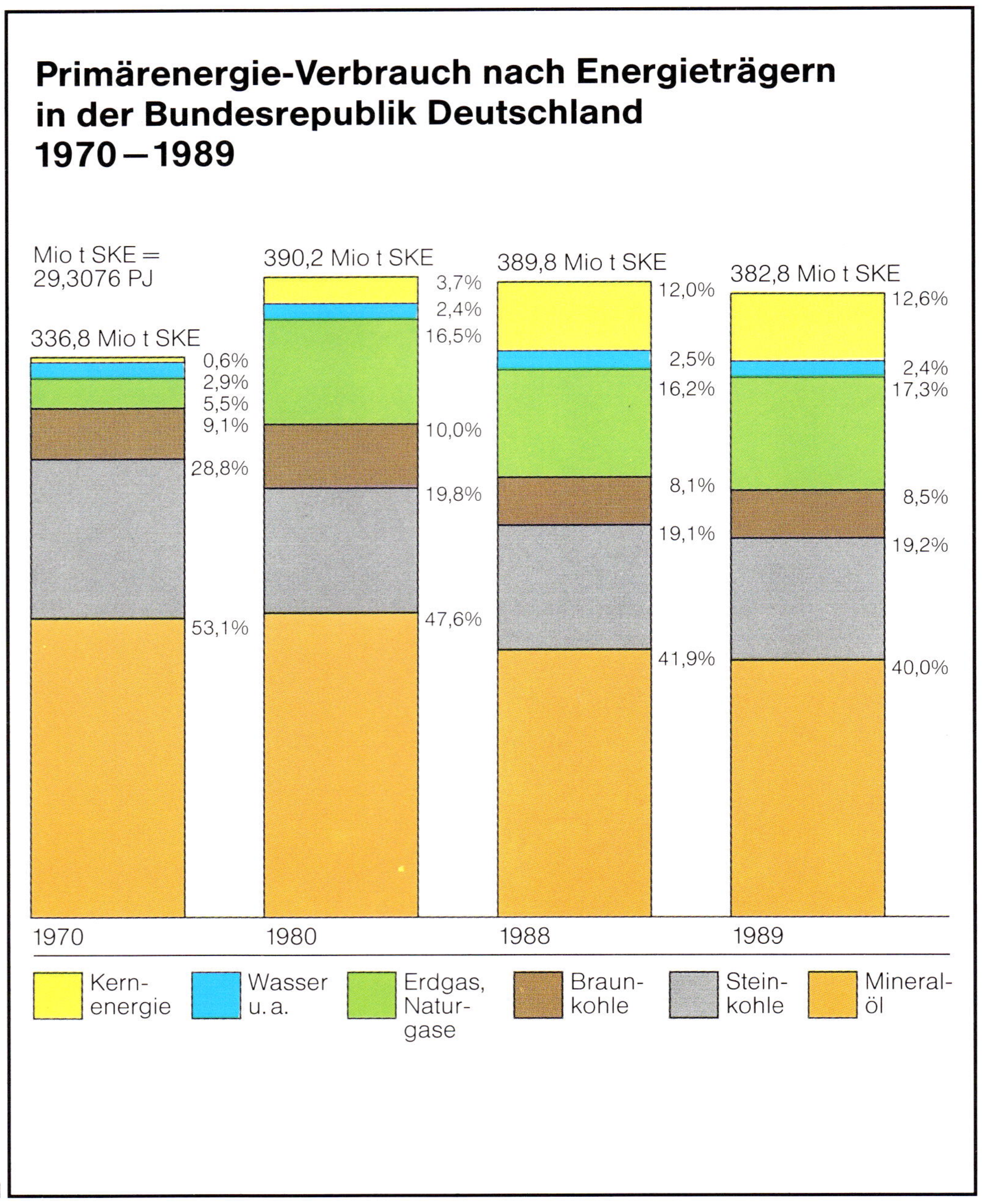

1

Das Saarland als Streitobjekt

Das Saarland und damit auch die Saargruben können auf eine recht bewegte und abwechslungsreiche Vergangenheit zurückblicken. Das Land um die Saar nahm immer so eine Art Zwischenlage ein, die alle Nachbarn immer zum nachdrücklichen Anklopfen animierte. Bereits 1586 hatte ein Graf von Nassau-Saarbrücken mit Namen Philipp kohlehistorisch von sich reden gemacht. Er bestand darauf, den Kohlenbergbauwilligen eigenhändig eine Genehmigung zu erteilen, um mögliche Einnahmen durch Abgaben wie den „Grubengult“ keinesfalls zu versäumen. Ein anderer Nassau-Saarbrücker, Wilhelm Heinrich („groß als Baumeister im Land“ steht auf seinem Grab in der Schloßkirche von Saarbrücken), der von 1740 bis 1768 das Land und die Geschicke der Saarkohle regierte, verstaatlichte 1756 alle Gruben, weil die privaten Kohlediger ziemlich planlos im Berg wühlten. Aber er gilt auch als Vorkämpfer für die Verwendung der Steinkohle nicht nur im häuslichen Herd, sondern er wollte sie auch abschwelen, dabei Teer gewinnen und mit dem Koks die Hochöfen der fürstlichen Werke betreiben.
Hilfestellung erhielt er dabei von seinem Kammerrat Johann Gottfried Röchling, einem Vorfahren der Saarbrücker Kaufmanns- und Industriellenfamilie Röchling. Aber das fürstliche Unterfangen scheiterte, weil „den vielfachen Absichten alles zusammen unterlag“, wie der junge Goethe lakonisch feststellte. Anders ausgedrückt, es ging schief. Dafür aber sorgte des Fürsten Hauptmann Quinn dafür, daß die Kohle im Hausbrand eingesetzt wurde. Das klingt viel einfacher, als es beim damaligen Stand der Heizungstechnik war. Die bisherigen Öfen waren nämlich auf Holz programmiert, und der neue Brennstoff aus dem Bauch der Erde hatte gänzlich andere Verbrennungseigenschaften, die unter anderem einen Rost und eine regelbare Luftzufuhr unerläßlich machten.
Während an der Saar die Kohleförderung in ungeahnte Höhen kletterte (mehr als 50000 Tonnen 1790), machte Frankreich mit dem äußerst werbewirksamen Slogan „Freiheit, Gleichheit, Brüderlichkeit“ Revolution und sorgte damit für eines der

1 – Die Grafik über den Verbrauch von Primärenergie in der „alten“ Bundesrepublik Deutschland in den zwanzig Jahren von 1970 bis 1989 zeigt, daß der gesamte Verbrauch bis 1980 um etwa 16 Prozent anstieg, danach aber wieder leicht abnahm trotz anhaltendem Wirtschaftswachstum. Maßgebenden Anteil an dieser Entwicklung hatten die beiden Ölpreiskrisen 1973 und 1979 als „Erzieher“ der privaten und industriellen Verbraucher. 1988/89 tat die ungewöhnlich milde Witterung ein übriges. Die Bedeutung der Kohle als Energielieferant nahm zwischen 1970 und 1980 von fast 38 Prozent aller Energieträger um etwa 10 Prozentpunkte ab. Aber auch der Mineralölverbrauch sank prozentual stark und mengenmäßig bemerkenswert.
2 – Der Welt-Energieverbrauch ist in den hundert Jahren bis 1980 auf mehr als das Dreißigfache angestiegen, verursacht nicht nur durch die Zunahme der Weltbevölkerung, sondern vor allem durch die Entwicklung in den Industrieländern. Die Kohle verlor seit Mitte dieses Jahrhunderts ihre vorherrschende Rolle an das Erdöl und seit den sechziger Jahren auch an das Erdgas. Nach Ansicht von Fachleuten werden übrigens zusätzlich zu den statistisch erfaßbaren „kommerziellen“ Energieträgern heute noch etwa zehn Prozent „nichtkommerzielle“ Energie aus Holz, Dung und anderem genutzt, vor allem natürlich in den Entwicklungsländern.

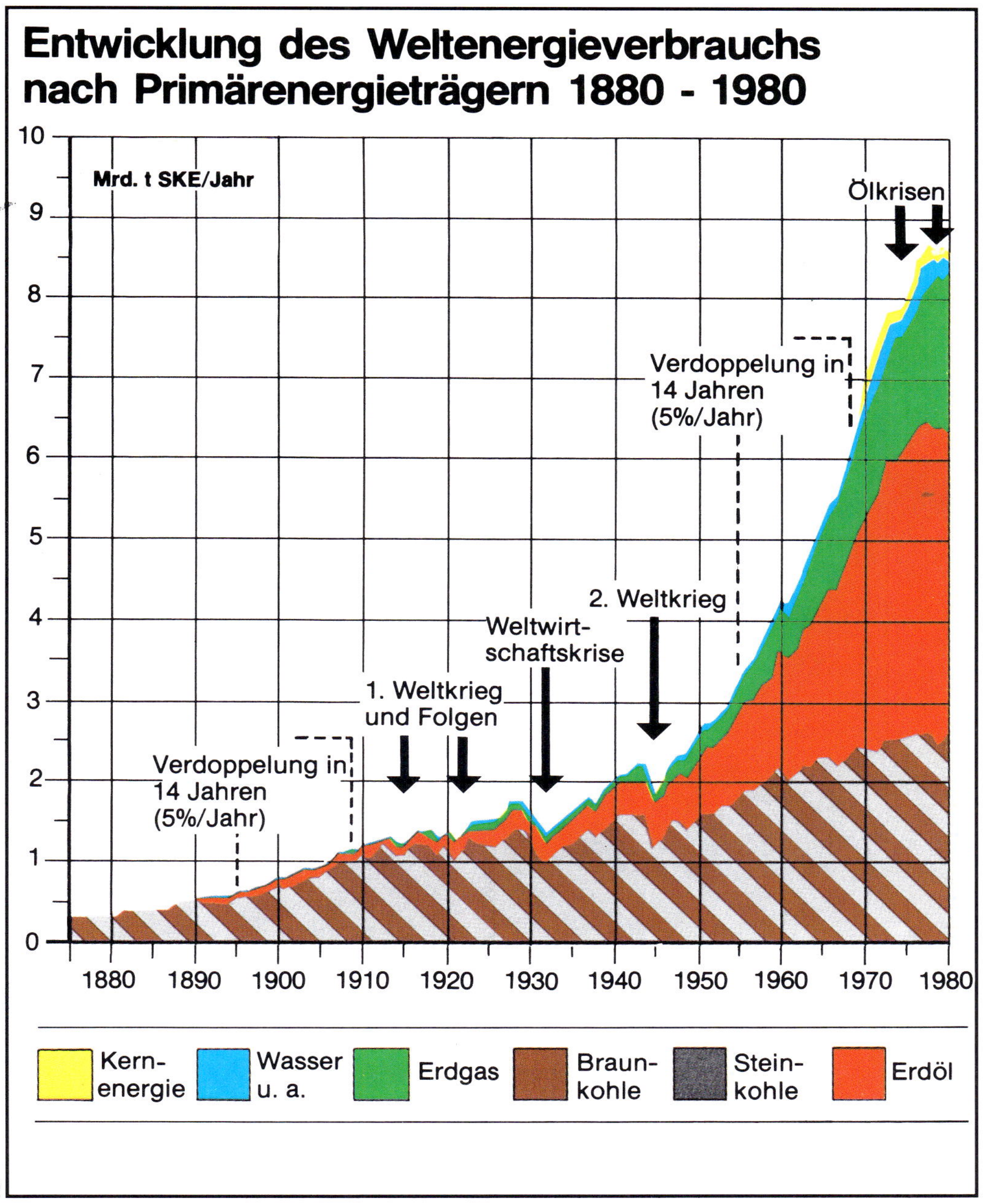

2

folgenreichsten Ereignisse der modernen Geschichte. Und um einer drohenden Intervention des weniger revolutionären Auslandes zuvorzukommen, erklärten die Girondisten am 20. April 1792 dem mit Preußen verbündeten Österreich den Krieg. Im selben Jahr besetzten französische Truppen das Land an der Saar und nahmen es in Verwaltung. 1793 mußte der letzte Nassauer Fürst aus Saarbrücken fliehen.

Französisches Bergrecht und deutscher Fortschritt

Mit der französischen Verwaltung kam auch das französische Bergrecht an die Saar. Napoleon I., seit 1804 Kaiser der Franzosen, ließ alle Kohlevorkommen an der Saar von den französischen Professoren Duhamel, Beaunier und Calmelet systematisch in einem Kohleatlas erfassen und bescherte dem besetzten Gebiet am 21. April 1810 ein neues Berggesetz, mit dem das französische Bergrecht von 1791 abgelöst wurde. Wichtiges Faktum dieser Napoleonischen Bergrechtsprechung war, daß Grundstückseigentum von Bergwerkseigentum getrennt wurde und somit Konzessionen über Grundstücksgrenzen hinweg beantragt werden durften. Nach dem Sturz des Korsen fiel der größte Teil der Saargruben an Preußen, ein kleines Stück des Kohlekuchens von St. Ingbert und Bexbach bekam Bayern. 1865 trat das preußische Allgemeine Berggesetz in Kraft und schuf zusammen mit den neuen wissenschaftlichen und technischen Erkenntnissen dieser Zeit den Rahmen für einen beachtlichen wirtschaftlichen Aufschwung.

Neben dem recht fortschrittlichen preußischen Management der Saargruben und dem Einsatz jeweils modernsten Geräts trieben die Planer vor allem die verkehrsmäßige Erschließung voran. Das Eisenbahnnetz wurde ausgebaut, um den Absatz der Saarkohle zu erweitern, und das führte wiederum zu einem Aufschwung des Bergbaus durch die Entstehung großer Kohlengruben zur Versorgung der Eisenbahn in den Jahren zwischen 1850 und 1862. Der Kohleabsatz ins benachbarte Frankreich steigerte sich seit 1866 durch den Saarkanal. Im Frühjahr desselben Jahres 1866 versuchte Napoleon III. von Frankreich, sich auf einem kleinen Umweg wieder ins Saargebiet einzuschleichen. Strohmänner sollten die Saarbrükker Bergwerke für ihn aufkaufen. Aber daraus wurde nichts. Statt dessen gerieten sich die beiden Nachbarn im Krieg von

1870/71 wieder in die Haare. Nach 1871 ließ sich der preußische Staat Modernisierungen angelegen sein. Sie betrafen beispielsweise den Einsatz von Dampfmaschinen: 1880 waren immerhin schon 301 im Einsatz, zwanzig Jahre später fast 800. Statt der Grubenpferde besorgten Dampfmaschinen die Seilförderung der schweren Loren, Schmalspurlokomotiven lösten die Pferdebahnen ab. Seit 1865 wurden die Stollen durchgehend mit Holz ausgebaut. Dynamit und Druckluft-Bohrhämmer standen den Saarkumpeln früher zur Verfügung als ihren Kollegen an der Ruhr. Zwischen 1860 und 1895 stieg die Steinkohleförderung von zwei auf fast sieben Millionen Tonnen. Der Höchststand wurde übrigens 1955 mit 17,2 Millionen Tonnen erreicht.

Die Saar und zwei Weltkriege

Der Erste Weltkrieg und der Versailler Vertrag degradierten das Land um die Saar wieder zum Streitobjekt zwischen Frankreich und Deutschland. Fünf preußische Kreise und zwei bayerische Bezirksämter wurden vom Deutschen Reich abgetrennt und als „Saargebiet" wirtschaftlich an Frankreich angeschlossen. Zwar wurde es einer vom Völkerbund eingesetzten Regierungskommission unterstellt, deren Präsidenten der Reihe nach Franzosen, Kanadier und Engländer waren, aber die Gruben wurden Frankreich als Ersatz für die während des Weltkriegs beschädigten oder von deutscher Seite abgebauten nordfranzösischen Gruben auf fünfzehn Jahre als Eigentum überlassen.
Es war ein gutes Geschäft. Für den zwischen 1919 und 1925 in Nordfrankreich angefallenen Abbauverlust von rund 69 Millionen Tonnen Kohle holten Frankreichs Kumpel bis 1934 etwa 166 Millionen Tonnen Kohle aus den Saargruben. Allerdings ließ es auch die französische Minenverwaltung nicht an moderner Technik für die Gruben fehlen. Die ersten Kettenschrämmaschinen wurden eingesetzt, Druckluft- und Diesellokomotiven ersetzten in den gasgefährdeten Saarstollen die Dampfloks.
Bei der Volksabstimmung von 1935 stimmten neunzig Prozent der Einwohner des Saargebiets für einen Anschluß an das Deutsche Reich, der aber nach zehnjähriger deutscher Grubenherrschaft 1945 nach dem Zweiten Weltkrieg schon wieder beendet war. Bis 1957 übernahmen noch einmal die Franzosen die Verwaltung der Saargruben. Dann brachte der deutsch-französische Saarvertrag vom 27. Oktober 1956 am 1. Januar 1957 endgültig die Eingliederung des Saargebiets als zehntes Bundesland der Bundesrepublik Deutschland. Federführend im Land um die Saar waren die Saarbergwerke AG. Sie wurden am 30. September 1957 gegründet und gehören zu 74 Prozent dem Bund, zu 26 Prozent dem Saarland. Ihre modernste Schachtanlage, der Warndtschacht, liegt in einem Gebiet, von dem G. W. Stephens, Mitglied der Regierungskommission des Saargebiets, bewundernd sagte: „Ich habe immer geglaubt, Kanada habe wunderbare Wälder, aber ich fand hier riesige Kohlenlager unter und riesige Wälder auf der Erde." In der Blütezeit der Kohle Ende der fünfziger Jahre beschäftigten die Saarbergwerke AG 65000 Arbeitnehmer. Vierzig Jahre später waren es keine 20000 mehr, und die Zahl der Saargruben wird bis zur Jahrtausendwende auf nur noch drei sinken. Dies gehört mit zu den Plänen der Bundesregierung, die Kohlesubventionen auf Drängen der Europäischen Gemeinschaft abzubauen.

Aachen: Deutschlands ältester Kohlenbergbau

Die Quellen von Aachen wurden schon in vorgeschichtlicher Zeit benutzt. Die Römer bauten sie dann im 1. Jahrhundert aus und nannten den Ort nach einem keltisch-germanischen Heilgott Grannus Aquae Granni, die Wasser des Grannus, obgleich sie sonst für die keltischen Druiden und ihre Religion nicht sonderlich viel übrig hatten. Archäologische Funde sprechen dafür, daß die Römer ihre Villen und Bäder mit Steinkohle beheizten. Später hieß der Ort Aquisgranum, und er wurde zum Lieblingssitz Karls des Großen.
Die Grundlage des Vorkommens von Aachen bilden die Wurm-Mulde nordöstlich der Stadt bei Kohlscheid-Alsdorf und Baesweiler sowie südöstlich die Inde-Mulde bei Eschweiler. Der Steinkohlenbergbau im Wurm-Gebiet wird 1113 erstmalig erwähnt, der Eschweiler Kohlberg in der Inde-Mulde 1394. Ende des 16. Jahrhunderts wühlten sich etwa zweihundert „Gesellen" in vierzig Gruben in den Kohlberg. Die Kohle wurde vor allem an die Stolberger Messingfabriken geliefert. Um die Wende zum 17. Jahrhundert ging man im Aachener Revier bereits zum Tiefbau über. Wegen der „schwimmenden Beschaffenheit des Deckgebirges" gab es natürlich Schwierigkeiten beim Schachtabteufen. Vor allem in der Inde-Mulde sikkerte Wasser in das Steinkohlegebirge durch. „Handpompen" und „Roßkunst" mußten für den Tiefbau durch Wasserräder ersetzt werden.
1786 soll die erste Dampfmaschine in Eschweiler installiert worden sein, und zwar von einem umherziehenden Mechaniker aus Lüttich namens Jean Wasseige. Dieser soll 1751 auch eine Dampfmaschine für eine Bleigrube in der Nähe von Düsseldorf gebaut haben. Im gleichen Jahr 1786 heiratete eine Schultheißentochter namens Christine Wültgens den kurpfälzischen Hauptmann Karl Englerth. Ihrem Vater gehörte bei seinem Tod 1787 etwas mehr als die Hälfte des Eschweiler Kohlbergs. Christine Englerth (1767–1838), „Mevrouw Englerth" genannt, machte sich bis auf kleine Absplitterungen zur Besitzerin des gesamten Kohlbergs und gründete 1838 die „Anonyme Gesellschaft Eschweiler Bergwerks-Verein", der heute zum luxemburgischen Stahlkonzern ARBED gehört.

Ibbenbüren und das Ruhrkarbon

„Eingebettet zwischen Teutoburger Wald und Wiehengebirge", so eine Anzeige des Verkehrsvereins Ibbenbüren über Ibbenbüren, „ist Ibbenbüren das führende Ausflugsziel des Nordmünsterlandes." Weitere Stichworte sind die erste urkundliche Erwähnung 1146, im 16. Jahrhundert Hauptort der Grafschaft Lingen, die später von Preußen angekauft wurde, heute Zentrum im Nordmünsterland, herrliche Wanderwege, die abenteuerlichen Felsformationen der Dörenther Klippen – und kein Wort vom Schafberg, an dessen Südhang die Stadt liegt.
Der Ibbenbürener Schafberg, ein Bergplateau mit zehn Kilometer Länge und sieben Kilometer Breite, hat eine besondere Bedeutung, und zwar durch seine Steinkohleflöze, die Grundlage eines mittlerweile sechshundert Jahre alten Bergbaus. Wenn die geologische Geschichte etwas ruhiger abgelaufen wäre, müßte der Schafberg mit seinen Kohleflözen des Ruhrkarbons einige Kilometer tiefer in der Erdkruste liegen. Aber gebirgsbildende Kräfte haben den Block wie eine Insel aus etwa drei Kilometer Tiefe emporgepreßt und die Kohle leichter zugänglich gemacht. Trotzdem erreicht der Ibbenbürener Nordschacht eine beachtliche Teufe von 1418 Metern. Anschließend fällt das flözführende Gebirge wieder ab und erreicht unter der Nordsee Teufen bis zu 7000 Metern. Auf der Kohle des Schafbergs sitzt heute die Preussag, eine 1923 vom preußischen Staat zur Gewinnung und Verarbeitung von Grundstoffen gegründete Aktiengesellschaft. 1981 und wieder 1991 gab es mittelstarke Erdstöße im Münsterland, vermutlich Gebirgsentspannungsschläge infolge des Bergbaus.

Das Markscheiden, also das Abscheiden der bergbaulichen Markungsgrenzen über Tage und ihre Übertragung unter Tage, hatte zunächst besitzrechtliche Bedeutung, diente dann aber auch zur Orientierung beim Schachtabteufen und Stollenvortrieb in der eigenen Grube. Die kolorierte Federzeichnung aus dem Münchner Exemplar des „Schwazer Bergbuchs“ von 1556 zeigt das „Sohleisen“ auf der Sohle der Grube.

Markscheidekunst und Schachtabteufen

Vermessungen unter der Erde: die Markscheidekunde

„Unter Steinkohlenbergbau“, so definierte der Kölner Geologieprofessor Gerhard Bischoff, „werden sämtliche Arbeiten zum Aufsuchen, Gewinnen, Fördern und Aufbereiten von Steinkohle auf ihren natürlichen Lagerstätten verstanden.“ Mit diesen recht nüchternen Worten wird ein gigantisches Sachgebiet umrissen, das sich großzügige Anleihen von nahezu allen technischen und naturwissenschaftlichen Fakultäten geholt hat. Speziell der Bergbau auf Steinkohle hat darüber hinaus die halbe Welt umgekrempelt und industriell revolutioniert, hat mit der Dampfkraft ganz neue verkehrstechnische Möglichkeiten erschlossen und eine gigantische chemische Industrie ins Leben gerufen. Entsprechend umfangreich müßte eine Erfindungsgeschichte sein, die allen Verästelungen der im Bergbau angewandten Techniken nachspürt und die wissenschaftlichen Grundlagen berücksichtigt – eine Mammutaufgabe, die den Rahmen des vorliegenden Bandes bei weitem sprengen würde. Aber selbst vom Gesichtspunkt der reinen Technikgeschichte aus ist eine Beschränkung auf allgemein bergbauliche und speziell für die Kohle typische Einzelthemen unumgänglich.
Wie bereits erwähnt, hatten manche Länder Glück mit ihren Steinkohlelagerstätten. In den USA beispielsweise können etwa fünfzig Prozent der Steinkohle im Tagebau aus dem Boden geholt werden. Auch in der UdSSR, in Australien, China und Südafrika läßt sich die Steinkohle teilweise im Tagebau abbauen. In Deutschland, Frankreich, Belgien oder England dagegen liegen die Flöze tief unter der Erde und sind durch tektonische Bewegungen auch noch vielfach gestört. Diese Lagerstätten werden im Tiefbau von der Tagesoberfläche aus durch das Abteufen von Schächten und das Auffahren von Strecken aufgeschlossen.
In der Antike richteten sich die Gänge im Gebirge exakt nach dem Verlauf der jeweiligen Mineraladern. Wollte man etwas mehr Methode in die unterirdischen Baue bringen und wollten die freiwilligen oder unfreiwilligen Bergleute jederzeit wissen, an welchem Punkt unter der Erde sie sich gerade befanden, dann mußten bestimmte Vermessungen durchgeführt werden. Das war die Geburtsstunde des Markscheidewesens, eines Zweiges der Vermessungskunde, der in bergbaugeschichtlichen Werken oft recht stiefmütterlich behandelt wird. Diese Markscheidekunde befaßt sich mit den für bergbauliche Zwecke über und unter Tage notwendigen Vermessungen, Berechnungen und zeichnerischen Darstellungen. Aber bevor der Markscheider die Markscheiden, nämlich die Grenzen der Grubenfelder auf der Erdoberfläche und in den Grubenbauen unter Tage bestimmt, muß erst einmal eine Lagerstätte gefunden worden sein.

Das Aufsuchen der Lagerstätten

Da beim Steinkohlenbergbau die gesuchten Lagerstätten an bestimmte Altersstufen der Erdrinde gebunden sind, gestalten sich die geologischen Voruntersuchungen verhältnismäßig einfach. Kohleflöze aus dem Karbon wird der Geologe nicht ausgerechnet in Gebieten suchen, in denen Schichten des Devons die Tagesoberfläche bilden, falls nicht gerade an dieser Stelle eine große Überschiebung anzunehmen ist. Die geophysikalischen Untersuchungsverfahren, speziell die seismischen Messungen, werden im Kapitel „Erdöl“ näher behandelt.
Für den Bergbau auf Steinkohle faßte Gerhard Bischoff zusammen: „Die Untersuchungsverfahren dienen der Ermittlung der notwendigen Daten über die Kohlearten, Anzahl und Lage der Flöze, deren Ausdehnung und Kohlenvorrat sowie der Tektonik und der Gebirgsverhältnisse. Während die geophysikalischen Meßergebnisse, bei sedimentären Lagerstätten insbesondere seismische Messungen, das Erkennen von großtektonischen Störungsflächen ermöglichen, können die spezifischen Eigenschaften der Lagerstätte selbst nur durch Schürfarbeiten festgestellt werden. Die Auswertung der Untersuchungsergebnisse bildet die Grundlage für die Berechnung und Bewertung des Kohlenvorrates und die Planung der Schachtanlagen.“
Seismische Untersuchungen und auch die Tests durch bergmännische Tiefbohrungen geben oft nicht genügend Anhaltspunkte, ob sich eine neue Lagerstätte wirtschaftlich abbauen läßt. Die Fachleute möchten möglichst genau wissen, wie mächtig die kohleführenden Schichten sind. Als Ergänzung zu den geophysikalischen Messungen entwickelte die DMT-

1, 2 – Aufschluß darüber, ob eine vermutete Lagerstätte abbauwürdig ist, können Probebohrungen geben. Neben der Untersuchung von zutage geförderten Bohrkernen lassen sich Flöze, Nebengestein und Tektonik auch optisch mit einer speziellen Fernsehanlage erkunden. Das Verfahren hat die Firma IBAK in Kiel nach genauen Vorgaben der DMT-Gesellschaft für Forschung und Prüfung mbH in Essen (früher Bergbau-Forschung GmbH) entwickelt. Da Kamera und Sichtvorsatz schlagwetter- und explosionsgeschützt sind, ist auch der Einsatz in durch Grubengas gefährdeten Bauen möglich, zum Beispiel zur Rettung eingeschlossener Bergleute.
3 – Bei einem Grubenunglück in Chancelade am 22. Oktober 1885 wurde bereits ein spezieller Fotoapparat von Langlois für Blitzlichtaufnahmen unter Tage eingesetzt.

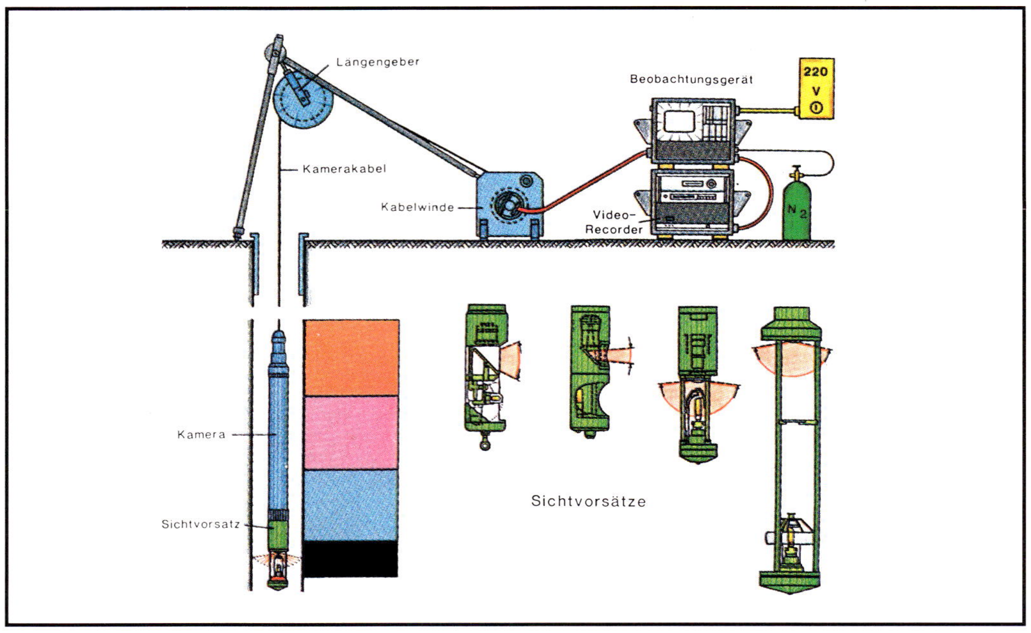

1

3

Gesellschaft für Forschung und Prüfung mbH in Essen zusammen mit der IBAK in Kiel eine Bohrloch-Fernsehanlage. Sie besteht aus einer Sonde mit Kamera, einem Übertragungskabel, einem Sichtgerät und einem Videorecorder. Der Videorecorder zeichnet Aufnahmen der einzelnen Abschnitte in Vortriebsrichtung und auch rechtwinklig dazu auf. Verglichen mit den Gesteinsproben aus Kernbohrungen liefern die Aufnahmen einen exakten Plan von der Art der Lagerung und der Mächtigkeit der Kohleflöze.

Wie orientiert sich der Bergmann unter der Erde?

1898 schrieb der Chronist des Montanwesens Wilhelm Bersch in seinem Buch „Mit Schlägel und Eisen" über Sinn und Zweck der Markscheidekunst: „Soll die mühevolle Arbeit des Bergmannes von Erfolg gekrönt sein, dann muß in ihr Methode liegen. Nicht nur auf das nutzbare Fossil, das er der Erde entreißen will, darf der Bergmann ausschließlich sein Augenmerk richten, und nicht nur der augenblickliche Vortheil darf ihn leiten. Sein kunstvoller Bau muß nach einem wohldurchdachten Plane zur Ausführung gelangen, wenn er jede Gefahr für die Oberwelt beseitigen will und dauernder Gewinn seine Mühe lohnen soll.
Der Bergmann muß sich deshalb jeden Augenblick im Klaren sein, wie sich die Lage eines jeden Punktes seines Baues zu jener der ihm bekannten Gegenstände auf der Erdoberfläche verhält. Nur durch die sorgfältige Ermittlung der Lage unterirdischer Baue gegen ihre Umgebung auf und unter der Erdoberfläche kann eine Gewähr für die sichere Herstellung und die Möglichkeit des ungestörten Betriebes der Bergwerksanlagen gefunden werden.
Bei diesen Betrachtungen drängt sich uns unwillkürlich die Frage auf: Wie orientirt sich der Bergmann unter der Erde? Wie sind die Messungen bei einem Grubenbaue vorzunehmen, welche zur Gewinnung eines Grubenbildes führen, in welcher Weise wird ein solches zur Darstellung gebracht?
Alle hierzu erforderlichen Methoden, die Instrumente und Vorrichtungen bilden in ihrer Gesammtheit einen eigenen Zweig der Vermessungskunde, welcher als Markscheidekunst bezeichnet wird. Der Name wurde gewählt, da es auch zu den Aufgaben des Markscheiders gehört, zwischen benachbarten Gruben Marken zu scheiden, das heißt, die Grenzlinien zu bestimmen."

2

Mit Lotschnur und Setzwaage

Die Wühlarbeit unter Tage hatte schon sehr früh begonnen, aber es ist nicht bekannt, ob zugleich auch schon ein Bedürfnis an markscheiderischen Vermessungskunststücken bestanden hat. Manche Forscher vermuten die ersten Zeugnisse für markscheiderische Tätigkeiten in einem altägyptischen Kupferbergwerk. Es lag in einem der Täler der gebirgigen, wüstenhaften Sinaihalbinsel, die jedes Jahr von ägyptischen Arbeitstrupps zum Abbau von Kupfer, Malachit und Türkis besucht wurden. Speziell im Wadi Maghara sind Abfallhaufen und Felsinschriften für die Archäologen eindeutige Zeugnisse, die von einer intensiven Kupfergewinnung vom Alten Reich (etwa ab 2700 v. Chr.) bis zur Erschöpfung der Vorkommen irgendwann während des Mittleren Reiches (etwa 2040–1780 v. Chr.) sprechen. Eingeritzt in die Seitenwände einer unterirdischen Strecke fanden sich Zeichnungen, die für markscheiderische Darstellungen gehalten wurden. Um 3000 v. Chr. sollen die Ägypter bereits das Lot gekannt haben, das sie auch als Setzwaage zur Bestimmung der Waagerechten einsetzten: An der Spitze eines Holzrahmens in Form eines A wurde eine Lotschnur befestigt; die beiden Schenkel standen dann auf einer waagerechten Linie, wenn die Lotschnur mit der Mittelmarkierung des Querbalkens zur Deckung gebracht werden konnte. Ein Winkel und ein langer, mit Wasser gefüllter Trog als zweiter Vorläufer unserer heutigen Wasserwaage gehörten ebenfalls zum Handwerkszeug ägyptischer Vermessungstechnik.
Die beachtlichen Fortschritte in der Geometrie, die den Landvermessern der Pharaonen zugute kamen (um 1400 v. Chr. wurden bereits Grundstücksgrenzen vermessen und festgelegt), lassen vermuten, daß die Vermessungskunst auch unter Tage einige Fortschritte zu verzeichnen hatte. Jedenfalls wurde bei Tunnelstrecken für Wasserleitungen bereits um 700 v. Chr. ganz Beachtliches geleistet.

Tunnelbauten und Richtschächte

Der Bau der Wasserleitung für Jerusalem des Königs Hiskia von Juda um 700 v. Chr. verlief nicht ganz problemlos. Durch einen 45 Meter hohen Bergrücken mußte ein Tunnel geführt werden. Die Arbeit begann von beiden Seiten, nicht etwa geradlinig, sondern im Zickzack, immer auf der Spur des weicheren Gesteins. Aus einer Luftlinie von 335 Metern wurde eine Stollenlänge von 530 Metern. Es erscheint fast wie ein Wunder, daß die beiden Bohrtrupps trotzdem aufeinandertrafen: Exakte Messung oder Zufall, das ist hier die Frage. Ein sehr bekanntes Beispiel für den Tunnelbau aus dem Jahr 532 v. Chr. überlieferte Herodot (nach 490 bis nach 430 v. Chr.). Ein gewisser Eupalinos, Sohn des Naustrophos von Megara, legte auf der Insel Samos einen über 1000 Meter langen Stollen für eine Wasserleitung durch einen Bergrücken an. Die Arbeit wurde auch hier von beiden Seiten begonnen. Durch Vermessungsfehler lagen die beiden Stollenhälften in der Mitte waagerecht sechs und senkrecht einen Meter auseinander, aber auch das war noch ein ganz beachtliches Vermessungsergebnis.

Im 1. Jahrhundert v. Chr. empfahl der römische Baumeister Vitruv beim Stollenbau ein Vorgehen, das möglicherweise der Bergbautechnik der damaligen Zeit entlehnt war: Alle 35,5 Meter sollten in Richtung des späteren Tunnelverlaufs senkrechte Richtschächte niedergebracht und dann durch horizontale Gänge (Stollen) im Berg miteinander verbunden werden. Für exakte Gefälleberechnungen von Wasserleitungen, aber auch bei Straßen- und Brückenbauten waren genaue Meß- und Nivellierinstrumente erforderlich. Da gab es außer der Setzwaage und dem Senkblei die Groma, ein Winkelkreuz mit vier Loten; den Chorobates, ein Richtscheit (Setzlatte) auf vier Stützen mit Hilfsloten und einer rechteckigen Vertiefung auf der oberen Richtfläche, die als Wasserwaage diente; die Libra, eine einfache Wasserwaage. Niemand weiß genau, wann und vom wem diese Geräte alle erfunden wurden, aber vermutlich wurden sie alle von den Griechen verbessert und von den Römern übernommen, die noch den Meßtisch hinzufügten. Einen Teil von ihnen beschrieb Vitruv in seinem Lehrbuch der Architektur.

1

2

3

Heron und die Vermessungslehre

Auf einer Linie hintereinander liegende, senkrechte Schächte niederzubringen und sie dann durch einen Stollen miteinander zu verbinden, war eine Sache. Schwieriger wurde es, wenn auf der Erdoberfläche ein Punkt gesucht werden mußte, von dem aus ein senkrecht ausgegrabener Schacht einen bereits vorhandenen Stollen treffen sollte. Eine mögliche Lösung dieses Problems erdachte der griechische Mathematiker, Physiker und Erfinder Heron von Alexandria im 1. Jahrhundert n. Chr. In seinem Werk „Dioptra" stellte er das vermutlich älteste Modell eines Theodoliten (Dioptra) und einen Wegemesser vor und löste eine Reihe von Vermessungsaufgaben, die die Arbeit unter Tage betrafen.

Dazu gehörten: „Ein Berg in gerader Linie zu durchstechen, wenn die Mündungspunkte des Grabens an dem Berg gegeben sind; Schächte für einen unterirdischen Kanal in einen Berg zu graben, die zum Kanal senkrecht verlaufen sollen; wenn ein unterirdischer Kanal gegeben ist, auf dem vorliegenden Boden ein Ort, das heißt, einen Punkt zu finden, von dem aus ein Brunnenschacht gegraben werden muß, um auf einen gegebenen unterirdischen Punkt zu treffen, so daß, wenn beispielsweise ein Einsturz in dem unterirdischen Kanal erfolgt ist, man durch den Brunnen das Material zur Ausräumung des Kanals und zur Wiederherstellung desselben transportieren kann." Herons Universalinstrument namens Dioptra war mit einer Kanalwaage ausgerüstet, einem einfachen Nivelliergerät, bei dem die waagerechte Ziellinie durch die Oberfläche des Wassers in kommunizierenden Glasröhrchen gebildet wurde. Der Apparat ließ sich waagerecht und senkrecht in jede Richtung drehen und ermöglichte die Messung von Höhenunterschieden und die Abstimmung von rechten Winkeln. Für die dritte seiner oben genannten Aufgaben, die Übertragung eines bestimmten Punktes in einem Schacht unter der Erde auf die Erdoberfläche, wählte er einen sogenannten Polygonzug, zusammenhängende, von Schnüren gebildete Dreiecke. Ausgangspunkt für das erste Schnurdreieck waren zwei von der Erdoberfläche aus durch einen schon vorhandenen Schacht bis in die Tiefe des Stollens hängende Lotschnüre. An dieses erste Dreieck schloß

1, 2 – Das um 1500 anonym erschienene „Nützlich Bergbüchlein“ ist wahrscheinlich das älteste deutschsprachige Fachbuch über den Bergbau. Sein Verfasser, inzwischen als Ulrich Rülein von Calw (um 1465 bis 1523) identifiziert, Stadtarzt im sächsischen Freiberg und Bergbaufachmann, erwähnt und zeigt erstmals einen Kompaß im Bergbau: „Also magst du haben ein gewiß Erkenntnis von den Örtern der Welt und von dem Streichen, Fallen und Aufgehen der Gänge, so das Kompaß, also abgeteilt, auf den Gang gehalten wird.“
3 – Das „Bergbüchlein“, hier in einer kolorierten Abschrift etwa von 1518, erlebte bis 1535 neun Druckauflagen, war danach aber wahrscheinlich inhaltlich nicht mehr aktuell.
4 – Leonardo da Vinci zeigt um 1500 in seinem als „Codex Madrid I“ bezeichneten Skizzenbuch schon die kardanische Aufhängung. Zu der rechten Zeichnung schreibt er: „Verfahren, Kreise in jeder Richtung sich drehen zu lassen wie beim Schiffskompaß.“ Links hat er die Konstruktion für eine Halbkugel abgewandelt.
5, 6 – Die kardanische Aufhängung wird auch beim bergmännischen Hängekompaß angewandt. Die Holzstichillustration aus „La Vie Souterraine“ von L. Simonin, Paris 1867, zeigt die Verwendung beim Markscheiden unter Tage.

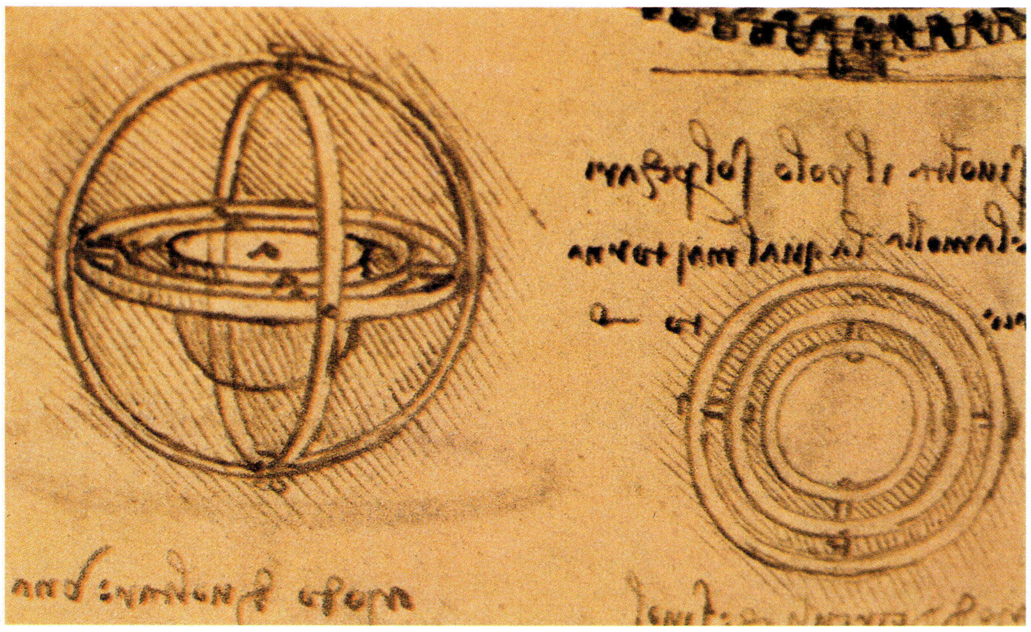
4

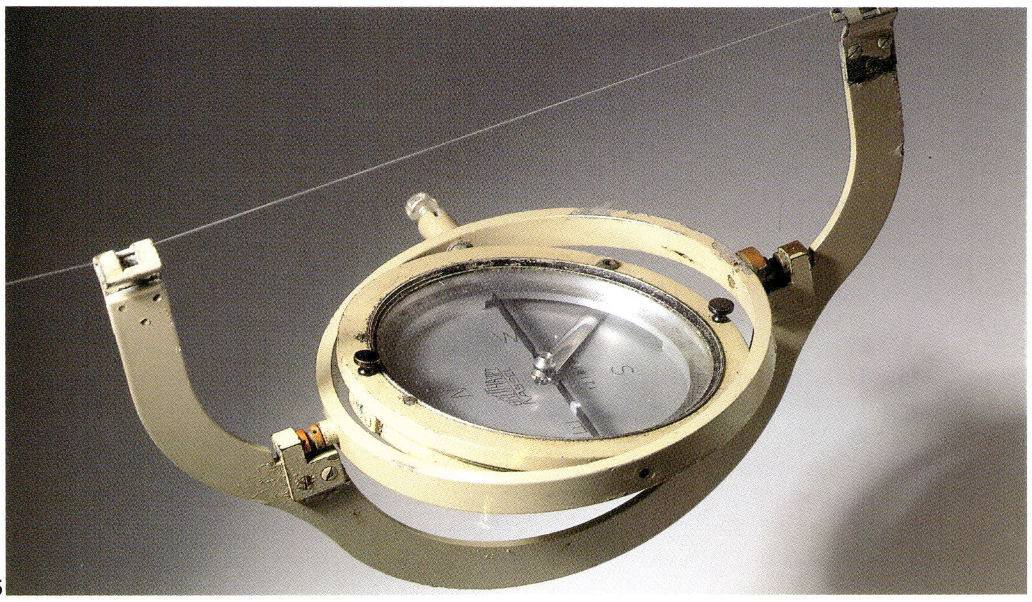
5

sich ein ganzes Netz von Dreiecken genau festgelegter Größe an. Oben auf dem Erdboden mußte nun nur noch am Ausgangspunkt der beiden Lotschnüre ein zweiter Dreieckszug ausgesteckt werden, der in seiner Form und in der Größe der Dreiecke dem Dreieckszug unter Tage genau entsprach. Theoretisch mußten nun die beiden Endpunkte beider Dreieckszüge über und unter der Erde genau senkrecht übereinanderliegen. Aber die Dehnbarkeit der Schnüre bei der Herstellung der Dreieckszüge und die Längenveränderung durch die Grubenfeuchtigkeit dürften in der Praxis für einige Ungenauigkeiten und damit unliebsame Überraschungen im Hinblick auf die Trefferquote bei der Untertagearbeit gesorgt haben.
Es gibt noch eine Menge Beispiele für unterirdische Ingenieurbauten des Altertums, die ohne ein gut funktionierendes

6

Vermessungswesen unter Tage kaum mit solcher Präzision hätten vollendet werden können.
Für römische Baukunst kann der Entwässerungsstollen des römischen Kaisers Claudius (54 n. Chr. ermordet) stehen. Dieser 6000 Meter lange, 3 Meter hohe und 1,8 Meter breite Stollen durch den Monte Salviano sollte der Wasserregulierung des häufig überfluteten Fuciner Sees in Mittelitalien dienen. Die Richtung dieses Stollens wurde durch vierzig senkrechte Schächte festgelegt, die zwischen 80 und 122 Meter tief abgeteuft wurden. Diese Schächte hatten einmal den Zweck, durch eingehängte Lote die Richtung des Stollens zu weisen und zum anderen, damit unter Tage an vierzig Stellen gleichzeitig mit der Arbeit begonnen werden konnte.

Eine Nadel zeigt nach Norden: der Kompaß

Nach den Berichten über den Stollenbau des Kaisers Claudius, die von Sueton und Tacitus stammten, und nach der Dioptra von Heron wurde es erstaunlich still um die markscheiderischen Meßmethoden. Das lag vielleicht einmal daran, daß die mittelalterlichen Grubenbauten unter Tage keine besonders große Ausdehnung hatten, oder es mag auch damit zusammenhängen, daß die Markscheidekunde lange Zeit nur wenig verbreitet und als eine Art Zunftgeheimnis für mathematisch begabte, wenige Auserwählte betrachtet wurde. Noch 1710 mokierte sich der Theologe, Mathematiker und Baumeister Leonhard Christoph Sturm (1669–1719), daß die Markscheider „sonst gar honnete Leute waren“, aber „daß sie etwas geheim mit der Kunst waren“. Es wird sogar behauptet, daß die Geheimhaltung der Markscheidekunst erst mit der Gründung der Freiberger Bergakademie im Jahr 1765 aufhörte.
Bis ins 13. Jahrhundert hinein sollen die Bergleute zumindest in Deutschland die Richtung ihrer Erzgänge und Stollen grob nach den Himmelsrichtungen oder nach dem Stand der Sonne zu verschiedenen Tageszeiten abgeschätzt und ausgerichtet haben. Davon zeugen Bezeichnungen wie Morgengänge, Spätgänge oder flache Gänge.
Vermutlich irgendwann nach dem 13. Jahrhundert, exakt lassen sich die zeitlichen Grenzen nicht festlegen, kam ein neues Meßgerät in der markscheiderischen Vermessungskunst auf: der Kompaß. Die Chinesen benutzten um 1100 bereits einen Kompaß zur Orientierung auf See. Die erste Erwähnung in Europa stammt von dem englischen Theologen und Wissenschaftler Alexander Neckam (1157–1217). In seinem um 1187 geschriebenen Werk „De utensilibus“ spricht er von einer Nadel, die an Bord von Schiffen mitgenommen wird, um den Seeleuten ihren Kurs anzuzeigen, wenn der Polarstern nicht sichtbar ist. Wahrscheinlich im 14. Jahrhundert wurde der Kompaß mit einer Windrose ausgerüstet, die die acht Hauptwindrichtungen anzeigte. Der englische Dichter und „Vater der englischen Literatur“, Verfasser der „Canterbury Tales“, Geoffry Chaucer (1340–1400), berichtete 1391 in einer Abhandlung über das Astrolabium von Kompaßwindrosen mit einer Gradeinteilung von 32 Punkten.

Der Kompaß unter der Erde

Bereits um 1500 kannte Leonardo da Vinci einen Kompaß mit kardanischer Aufhängung für die Schiffahrt. 1745 perfektionierte der englische Erfinder und Wissenschaftler Gowin Knight (1713–1772) eine Methode, Nadeln aus hartem Stahl wirkungsvoll zu magnetisieren. Er konstruierte einen Kompaß mit rhombischer Nadel, die in der Mitte drehbar auf einem Stift gelagert war. Dieser Kompaß wurde bei der englischen Royal Navy zum Standard und blieb etwa ein Jahrhundert lang in seiner ursprünglichen Form erhalten.
Aus dem Jahr 1813 datiert das erste Patent für einen Flüssigkeitskompaß. Spätere, speziell für den Bergmanns- und Geologengebrauch ausgerüstete Kompasse haben im Gegensatz zum üblichen Marschkompaß eine feststehende Gradeinteilung, die überdies entgegengesetzt zum Uhrzeigersinn angebracht ist, also bei der Ost und West miteinander vertauscht sind. Sie sind zur Messung von Streichen und Fallen von geologischen Flächen, Klüften und Störungen gedacht und unter anderem mit Neigungsmesser, Libelle und Visierausrüstung versehen. Ein bekannter Geologenkompaß war der nach seinem Konstrukteur D. W. Brunton (1849–1927) benannte Brunton-Kompaß.
Doch damit ist der Entwicklung des Vermessungswesens unter Tage vorgegriffen. Neben der Ermittlung der immer tiefer gelegenen Schächte, Stollen und Strecken gingen die Markscheider allmählich auch dazu über, Grubenrisse anzufertigen. Meßwerte mußten auf die Zeichenebene übertragen werden. Die ersten Grundrisse von Gruben wurden etwa Mitte des 16. Jahrhunderts aufgezeichnet, etwas später, zu Anfang des 17. Jahrhunderts, wurden auch Grubenkarten senkrecht zur Zeichenebene angelegt, sogenannte Seigerrisse. Derartige Grubenkarten erforderten zum einen ein gewisses Maß an abstrakt-mathematischem Denken, aber auch neue oder verbesserte Meßgeräte.
Die erste Erwähnung eines Kompasses für den Bergbau stammt vermutlich aus einer um 1500 anonym erschienenen Schrift mit dem Titel „Ein nutzlich Bergbuchleyn“. Der Verfasser, später als Ulrich Rülein von Calw identifiziert, stellt sich als „Daniel der Bergverständige“ vor. Auf die Verwendung des Kompasses in einem verwandten Gebiet, nämlich im Tunnelbau, soll schon um 1470 ein gewisser Francesco di Giorgo Martini hingewiesen haben. Selbstverständlich hat auch der Bergbauspezialist Agricola sich in seinem Werk „De re metallica“ in einem Kapitel mit der Markscheidekunst beschäftigt. Er stellte so unterschiedliche Modelle wie Setzkompaß, Windrosenkompaß und Alpenkompaß vor.

Die schwierige und zeitraubende Arbeit des Markscheiders wurde von der Mitte des 16. Jahrhunderts an in Grundrißzeichnungen festgehalten. Auf das Jahr 1606 wird im Oberharzer Erzbergbau der älteste Seigerriß datiert *(seiger* bergmännisch für *senkrecht).* Der abgebildete, im Original 55,4 x 85,4 cm messende Seigerriß der Gruben Herzog Christian Ludwig, St. Georg und St. Elisabeth bei Clausthal von Valentin Decker aus dem Jahr 1668 ist wegen seiner detailreichen Darstellung ein besonders schönes Beispiel. Abgesehen von den Tages- und Blindschächten, zum Teil mit Förderkübeln und den Fahrten (Leitern) für die Bergleute, die im Sprossenbau arbeiten, sind in der Bildmitte ein großer Bruch mit zerstörter Zimmerung und die Absicherung des rechten Schachtes zu erkennen. Die schrägperspektivische Darstellung der Tagesoberfläche zeigt kegelförmige Schutzbauten der Pferdegöpel und die komplizierten Feldgestänge zur Kraftübertragung zwischen den Wasserrädern und den Schächten. Das Originalblatt – im Besitz der Preussag AG Metall in Goslar – gibt auf der Rückseite neben weiterem Beschreibungstext die Tagesoberfläche in einem Grundriß wieder.

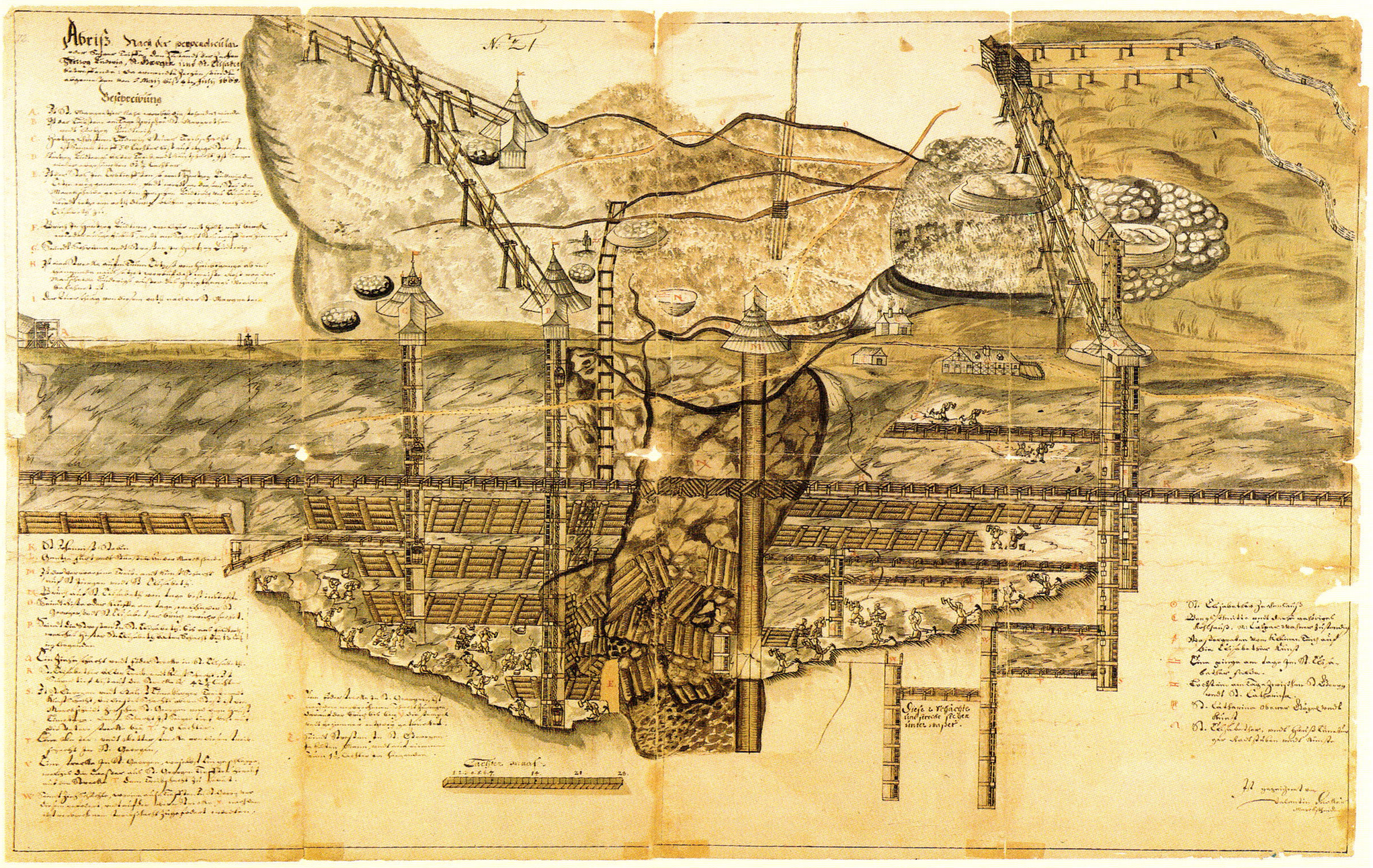

Der Kompaß an der Markscheiderschnur

Eine entscheidende Verbesserung oder, wie Wilhelm Bersch es ausdrückte, „ein großer Sprung in der Geschichte der bergmännischen Vermessungskunst“ fand im Jahre 1633 statt. In diesem Jahr erfand der sächsische Bergmann und Markscheider Balthasar Rößler (1605–1673) den Hängekompaß, der in der Mitte einer zwischen zwei Vermessungspunkten ausgespannten Schnur aus bestem Hanf, der Markscheiderschnur, aufgehängt wurde. Dieser Hängekompaß und der schon lange vorher gebräuchliche Gradbogen (Hängebogen oder Hängeniveau) waren die wichtigsten Hilfsmittel des Markscheiders, bis sie etwa um die Mitte des 19. Jahrhunderts durch den Theodoliten abgelöst wurden.

Balthasar Rößler wurde am 22. Dezember in Heinrichsgrün in Böhmen geboren. Er begann seine Karriere als Markscheider in Annaberg in Sachsen, wurde 1630 in Gräßlitz Schichtmeister, 1649 Markscheider und Gegenschreiber in Freiberg und 1663 schließlich Bergmeister in Altenberg. Dort lebte er bis zu seinem Tode.

Durch seinen Hängekompaß wurde es möglich, die von Heron beschriebene Methode mit dem Netz aus zusammenhängenden Dreiecken zu vereinfachen und auf einen Schnurzug (Polygonzug) zurückzugreifen. Die einzelnen Schnurstücke (Polygonseiten) wurden nun vermessen: Durch Anhängen des Hängekompasses an jede Schnur ließ sich die Ausrichtung der Schnüre gegen den magnetischen Nordpol bestimmen; durch den ebenfalls eingehängten Gradbogen wurde ihr Neigungswinkel festgestellt; die Schnurlängen zwischen einzelnen Polygoneckpunkten schließlich konnten ganz einfach ausgemessen werden. Dadurch waren also Länge, Neigung und Richtung der einzelnen Schnüre oder Polygonseiten eindeutig festgelegt, und eine maßstabgetreue zeichnerische Darstellung der Grubenmessungen, eine sogenannte Zulage auf Papier, bereitete keinerlei Schwierigkeiten mehr.

Die erste Abbildung eines Hängekompasses erschien 1686 in einem Werk namens „Geometria subterranea“, einer für die damalige Zeit grundlegenden Markscheidekunde. Autor war der Bergmann und Markscheider Nicolaus Voigtel (1658 bis 1714). Voigtel wurde in Freiberg geboren, war von 1697 bis 1711 Bergzehntner am gewerkschaftlichen Bergamt Wettin. Anschließend wurde er kurfürstlich sächsischer und gräflich mansfeldscher Oberbergmeister zu Eisleben. Neben der Verbesserung des Hängekompasses wird Voigtel auch die Erfindung des Winkelweisers und der Zulegplatte zugeschrieben. Der Winkelweiser bestand aus einer hölzernen Latte, die drehbar auf einem Stativ befestigt werden konnte. Auf der Oberseite der Latte befand sich eine Visiereinrichtung aus Messing, an der Unterseite konnte an einer straff gespannten kurzen Schnur ein Hängekompaß aufgehängt werden. Da Grubenkarten zwar schon üblich waren, die Gänge aber meist nebenbei noch oben auf der Erdoberfläche abgesteckt wurden, ließen sich mit diesem Winkelweiser die in der Grube gemessenen Winkel der Schnüre über Tage exakt nachvollziehen.

In der Folgezeit wurden die Hakenarme, die zum Aufhängen des Kompasses dienten, weiter auseinandergelegt, der Kompaßring erhielt eine horizontale Ausrichtung. Selbst in der zweiten Hälfte des 19. Jahrhunderts kamen immer noch weitere Verbesserungen auf, zu einer Zeit, als ein Instrument namens Grubentheodolit schon langsam, aber sicher seinen Siegeszug in den Stollen unter der Erde angetreten und die Markscheiderschnur zur Festlegung der Richtung und als Anlegemedium ihre Bedeutung verloren hatte.

Vom Astrolabium zum Theodoliten

Der Theodolit, das wichtigste Winkelmeßinstrument der Geodäsie sowohl für Horizontal- als für Höhenwinkelmessung, entwickelte sich aus dem Astrolabium, auch „Sternfasser" genannt. Ursprünglich als Armillarsphäre, als Ringkugel, für astronomische Zwecke zur Darstellung der Haupthimmelskreise gedacht, diente sie später in Form der Planisphäre bis ins 17. Jahrhundert zur mechanischen Lösung von astronomischen, geographischen oder auch astrologischen Aufgaben. Mit dem Astrolabium wurde die Zeit bestimmt, die Astrologen verwendeten es zur Höhenbestimmung der Himmelskörper, und die frühen Vermessungsingenieure benutzten es auf der Erde zur Winkelmessung, Entfernungs- und Höhenbestimmung und zur Ermittlung der geographischen Breite. Wer die Urform des Astrolabiums erfunden hat, ist nicht genau bekannt. Es könnte der griechische Mathematiker Apollonius (um 262 bis um 190 v. Chr.) gewesen sein, der sich vor allem durch sein achtbändiges Werk über die Kegelschnitte und durch seine Idee, daß die Planeten um die Sonne kreisen, hervorgetan hat. Möglicherweise baute auch der griechische Astronom Hipparchos (190 bis um 125 v. Chr.) das erste Astrolabium. Hipparchos wird übrigens allgemein als der Begründer der Trigonometrie angesehen, da er die Trigonometrie in die Astronomie einführte.

Es ist denkbar, daß Heron mit seiner Dioptra Anleihen beim antiken Astrolabium genommen hat. Bis ins 16. Jahrhundert wurde neben dem Astrolabium offenbar ein Gewirr neuer Instrumente zu Landvermessungszwecken eingesetzt. Es waren zum Teil vereinfachte Versionen der Meßgeräte der Astronomen, zum Teil komplizierte Kombinationen mehrerer bereits bekannter Instrumente. Es scheint, daß die erste genaue Beschreibung eines Theodoliten in dem „Pantometria" betitelten Werk des englischen Mathematikers Leonard Digges auftaucht. Digges lebte in Bristol, starb vermutlich um das Jahr 1573 und soll, nach Ansicht eines französischen Werkes, eine Kombination von konkaven und konvexen Gläsern erfunden haben, die schließlich zum Bau eines Fernglases führte. Die „Pantometria" wurde von Digges' Sohn Thomas (um 1550 bis um 1595), der ebenfalls Mathematiker war, im Jahr 1571 veröffentlicht. Digges prägte auch den Begriff „Theodolit".

Um 1730 stattete der englische Mechaniker Jonathan Sisson den Theodoliten mit einem Beobachtungsfernrohr aus und ersetzte die Lotschnur durch eine Wasserwaage. Nach anderen Quellen war es der Engländer Edward Wright, der zu Beginn des 17. Jahrhunderts den Theodoliten mit dem neuerfundenen Teleskop verband und dadurch eine größere Meßgenauigkeit erreichte. Daß aber der Theodolit zum wichtigsten Instrument der Landvermesser wurde, war dem Briten Jesse Ramsden (1735–1800) zu verdanken. Ramsden war Mechaniker und Optiker, stammte aus Yorkshire und hatte sich durch seine Fernrohre, Teilkreise und Mikrometer einen Namen gemacht. Er baute etwa ab 1787 große und sehr stabile Theodoliten, die mit Mikrometer-Mikroskopen ausgestattet waren. Dadurch wurde eine Ablesegenauigkeit bis auf 5 Bogensekunden ermöglicht.

Die neue Markscheidekunde

In Deutschland machte sich vor allem der Instrumenten- und Maschinenbauer Georg Friedrich von Reichenbach (1771–1826) um die Entwicklung des Theodoliten verdient. Aus seinem 1804 gegründeten Mathematisch-Mechanischen Institut in München und aus der optischen Anstalt in Benediktbeuern gingen seine, so der Technikhistoriker Matschoß, „bahnbrechenden, in den Fachkreisen der ganzen Welt Aufsehen erregenden und von ihnen begehrten astronomischen und geodätischen Instrumente hervor, die sich durch Einfachheit der Anordnung und Konstruktion, durch Festigkeit und Genauigkeit auszeichneten".

Besonders berühmt wurden Reichenbachs Theodoliten. Der deutsche Mathematiker, Geodät, Astronom und Physiker Carl Friedrich Gauß (1777–1855) war begeistert von seinem Reichenbach-Theodoliten und versicherte, „daß es ein unübertreffliches Instrument ist". Er soll die Feinheit und die Genauigkeit der Teilung, die fast unglaubliche Empfindlichkeit der Libellen (leicht gekrümmte Glasröhre einer Wasserwaage mit Gasblase), die Vollkommenheit der Fernrohre und die Akkuratesse und Schönheit der Ausarbeitung aller einzelnen Teile bewundert haben. In Deutschland verdrängte der Theodolit von Reichenbach das bis dahin verwendete Winkelmeßinstrument des französischen Seemanns und Mathematikers Jean Charles Borda (1733–1799), den nach ihm benannten Bordaschen Kreis.

Nach diesen hervorragenden Vorarbeiten war es nur noch eine Frage der Zeit, bis der Theodolit als Grubentheodolit im unterirdischen Vermessungswesen Fuß fassen konnte. Nach Wilhelm Bersch soll die Einführung des Grubentheodoliten in Deutschland in das Jahr 1798 fallen. Zu danken sei diese erste Anwendung dem Professor W. Breithaupt. Gemeint ist vermutlich der Mathematikprofessor und Markscheider Heinrich Karl Wilhelm Breithaupt (1775–1856). Dessen Vater Johann Christian (1736–1800) hatte einen großen Mauerquadranten und einen Distanzmesser konstruiert.

Aber es war wohl Julius Ludwig Weisbach (1806–1871), der dem Theodoliten im Bergbau und im Vermessungswesen unter Tage zum Durchbruch verhalf. Seine experimentellen Forschungen auf dem Gebiet der praktischen Hydraulik waren bahnbrechend, und berühmt wurde sein Werk „Handbuch der Bergmaschinenmechanik". Seinen Ruf als Begründer der „Neuen Markscheidekunst" festigte er durch den Nachweis, daß geometrische Messungen unter Tage mit Theodolit und Libelle wesentlich exakter und sicherer auszuführen waren als mit Kompaß und Gradbogen. 1870 veröffentlichte der Markscheider Eduard Borchers (1815 bis 1902) „Die praktische Markscheidekunst unter Anwendung des Luftblasenniveaus (Wasserwaage) und des Theodoliten". Borchers führte auch die magnetischen Feinmessungen unter Benutzung des Gaußschen Magnetometers in die Markscheidekunst ein. In Frankreich war es Charles Combes (1801–1872), seit 1857

Direktor der École des mines de Paris, der einen Theodoliten für unterirdische Vermessungen entwarf und in die französische Markscheidekunst einführte. Combes machte sich vor allem um die Bewetterung, also die Belüftung von Kohlengruben, verdient.

Beim Kompaß ist Norden nicht gleich Norden

Es war schon seit dem 15. Jahrhundert bekannt, daß die Kompaßnadeln nicht genau in Richtung des geographischen Nordpols zeigen, sondern eine örtlich verschiedene Mißweisung in Richtung des Erdmagnetfeldes aufweisen. Auch im Bergbau, speziell in stark eisenhaltigen Gruben und in Gruben mit eisernen Ausbauten, liefert der Magnetkompaß keine zuverlässigen Angaben. All diese Widrigkeiten ließen sich mit einem Meßgerät umgehen, das unter der Bezeichnung Kreiselkompaß zum wichtigsten Navigationsinstrument aufstieg. Der Kreiselkompaß beruht auf dem Prinzip, daß ein schnell rotierender Kreisel die Lage seiner Drehachse im Raum beibehält. Diese Tatsache hatte schon der französische Physiker Léon Foucault (1819–1868) experimentell herausgefunden und mit seiner Versuchsanordnung einen Vorläufer dieses Kreiselkompasses erfunden. Foucault stellte den grundlegenden Satz auf: „Ein Kreisel, dessen Achse an die Horizontalebene gefesselt wird, ist auf der sich drehenden Erde bestrebt, seine Achse gleichsinnig drehend zu der Erdrichtung in den Meridian einzustellen."
Die aberwitzigen Verteidigungsausgaben und die damit einhergehende Vernachläs-

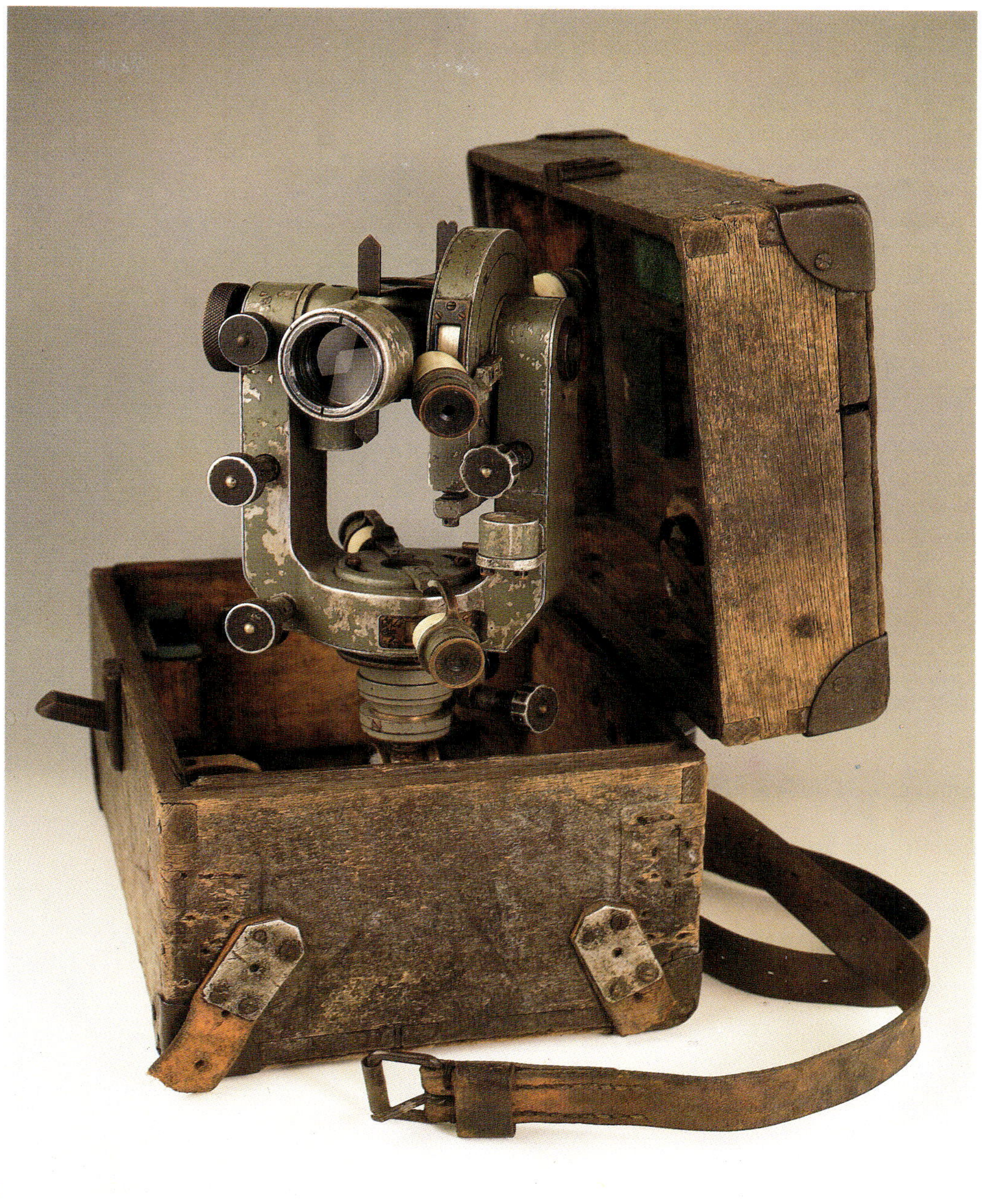

1

2

1 – Dem Mathematikprofessor und Markscheider Heinrich Karl (oder Carl) Wilhelm Breithaupt (1775–1856) kommt wahrscheinlich das Verdienst zu, den Theodoliten erstmals im Bergbau eingesetzt zu haben. Die Feinmechanikerfamilie Breithaupt in Kassel hat sich durch eine Reihe von Erfindungen mathematischer, astronomischer und chirurgischer Präzisionsinstrumente hervorgetan. Auch der abgebildete bergmännische Hängetheodolit stammt aus dem Hause Breithaupt.
2 – Vermessungssteiger und Markscheidergehilfe arbeiten mit dem Hängetheodoliten auf der Zeche Prosper 3 in Bottrop (1932).

sigung der privatwirtschaftlichen Forschungsausgaben in manchen Ländern der heutigen Zeit scheinen den alten Satz „Der Krieg ist der Vater aller Dinge“ ad absurdum zu führen, im Falle des Kreiselkompasses hatte er aber durchaus noch seine Berechtigung. Nach den wissenschaftlichen Versuchen von Foucault bis Werner von Siemens wurde 1898 erstmals ein Kreisel zur Stabilisierung von Torpedosteuerungen eingesetzt. 1902 begann der deutsche Ingenieur Hermann Anschütz-Kaempfe (1872–1931), der allgemein als Erfinder des Kreiselkompasses angesehen wird, mit dem Bau des ersten Kreiselkompasses zur Steuerung eines Unterseeboots. Die erste technisch ausgereifte Version hatte er im Jahr 1908 fertiggestellt. In der Zwischenzeit hatte der deutsche Physiker und Hochschullehrer Arnold Sommerfeld (1868–1951), der ebenfalls über die Theorie des Kreisels arbeitete, vorgeschlagen, für Bohrlochneigungsmesser statt eines Magnetkompasses einen Kreisel zu verwenden.

Schuler und der Vermessungskreisel

Damit war zum erstenmal die Verwendung eines Kreisels zu Vermessungszwekken im Bergbau angesprochen worden. Konstrukteur des ersten Vermessungskreisels für den Einsatz unter Tage war ein deutscher Ingenieur, der in seinem Lebenslauf geschrieben hatte: „Am 5. Februar 1882 war ich, Maximilian Schuler, als Sohn des Bankiers Oskar Schuler zu Zweibrücken geboren.“ Maximilian Schuler (1882–1972) studierte bis 1907 an der Technischen Hochschule München das Fachgebiet Maschinenbau. Nach seiner Diplomhauptprüfung trat er in die Firma Anschütz & Co. in Kiel ein. Er arbeitete dort als Konstrukteur und befaßte sich hauptsächlich mit der theoretischen Entwicklung des Kreiselkompasses. 1915 wurde er Teilhaber der Firma. Zu dem Thema „Der Kreisel als Richtungsweiser“ schrieb er 1924 in einem Aufsatz: „Schon Foucault hat bewiesen, daß ein Kreisel, der mit seiner Achse in der Horizontalebene gehalten wird, diese Achse in den Meridian einstellt. Ein solcher Kreisel hat ein bestimmtes Richtmoment und zeigt zum geographischen Pol der Erde, ähnlich wie die Magnetnadel zum magnetischen Pol. Wir können einen derartigen Kreisel ebenso verwenden wie eine Magnetnadel, nur daß wir keine Mißweisung und Deviation erhalten und keine Beeinflussung durch Eisen oder fremde magnetische Felder zu befürchten haben. Es ist aber Foucault nie gelungen, die Erkenntnis, die er mathematisch ableitete, auch durch das Experiment zu beweisen, da er keinen genügend schnell laufenden Kreisel besaß. Erst durch die moderne Elektrotechnik ward es möglich, entsprechend gute Kreisel zu bauen und aufgrund des Foucaultschen Satzes einen Kreiselkompaß zu schaffen, dessen Weisungsgenauigkeit auch strengen Anforderungen genügte.“

1

Vom Kreisel zum Laserstrahl

Bereits 1914 hatte der deutsche Bergbau den Wunsch geäußert, einen Meßkreisel statt der Magnetkompasse einsetzen zu können, da im Ausbau unter Tage immer mehr Eisenteile verwendet wurden. Erst 1915 wurde der Firma Anschütz & Co. ein Patent über einen „Kreiselkompaß für Vermessungszwecke“ erteilt, aber, bedingt durch den Ersten Weltkrieg, erst am 1. April 1921 ausgegeben. Er war von Maximilian Schuler konstruiert und zwischen 1919 und 1921 bei der Firma Anschütz & Co. gebaut worden. 1922 wurden die ersten Versuchsmessungen unter Tage in einem Bergwerk in Wattenscheid erfolgreich abgeschlossen. Das Gerät wog 350 Kilogramm, die Meßzeit betrug rund sechs Stunden. Kreiselgerät und Theodolit standen auf je einem eigenen Stativ. Die Ergebnisse der Versuchsmessungen kommentierte Schuler wie folgt: „Damit ist es möglich, den Kreisel für Vermessungszwecke zu verwenden. Allerdings war der Apparat, mit dem ich die oben beschriebenen Versuche machte, recht schwer und unhandlich und nur für das Laboratorium bestimmt. Doch es ist sicher möglich, den Kreiselkompaß leichter zu bauen, denn die Genauigkeit der Weisung hängt, wie

1 – Um die beim Magnetkompaß unvermeidliche Mißweisung und durch Eisenmassen verursachte zusätzliche Ablenkung der Magnetnadel zu vermeiden, baute Hermann Anschütz-Kaempfe (1872–1931) von 1902 bis 1908 den ersten funktionsfähigen Kreiselkompaß. Wissenschaftliche und experimentelle Vorarbeiten hatten schon der französische Physiker Léon Foucault (1819–1868) und Werner von Siemens (1816–1892) geleistet.
2 – Das Prinzipbild des Einkreiselkompasses zeigt den Kreisel, der in einem kardanisch aufgehängten, quecksilbergefüllten Kessel von einem kreisförmigen Schwimmkörper getragen und von einem Drehstrommotor mit 20 000 U/min angetrieben wird.
3 – Angeregt von K. Haussmann, Professor für Geodäsie in Berlin, konstruierte Maximilian Schuler (1882–1972) einen Kreiselkompaß zum Vermessen des Meridians, von dem ein erster Versuchsapparat 1920 von der Firma Anschütz & Co. gebaut wurde. Die ersten Messungen wurden 1921/22 vorgenommen. a Quecksilberfüllung, b Hohlkugel als Schwimmer, c mit Drehstrommotor angetriebener Kreisel, d Quecksilbergefäß, e Zentrierstift für dieses Gefäß, f Spiegel zum Ablesen der Kreiselachse, g Außengehäuse.

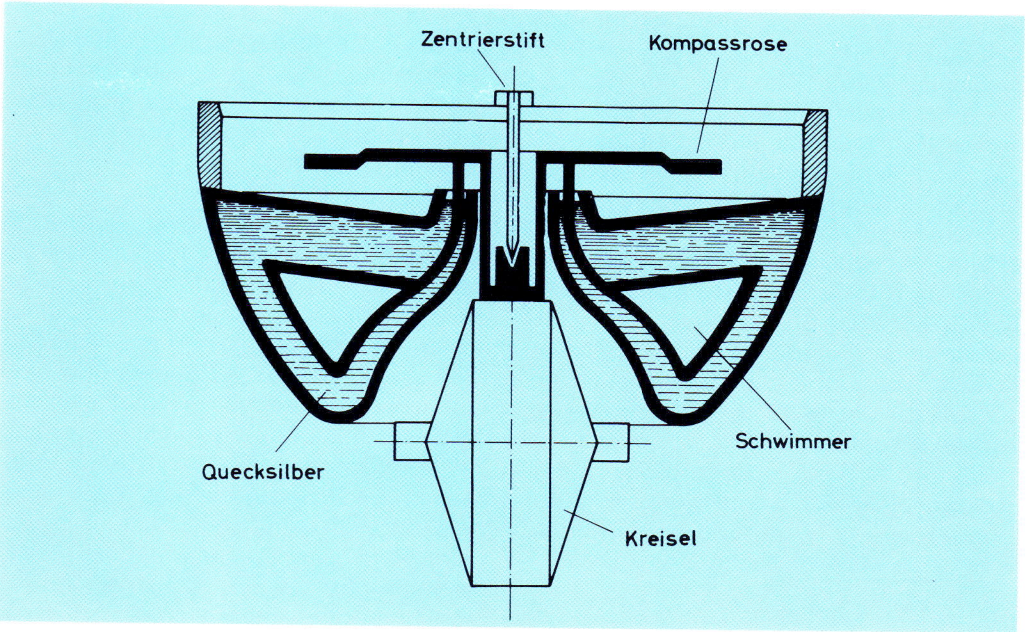

2

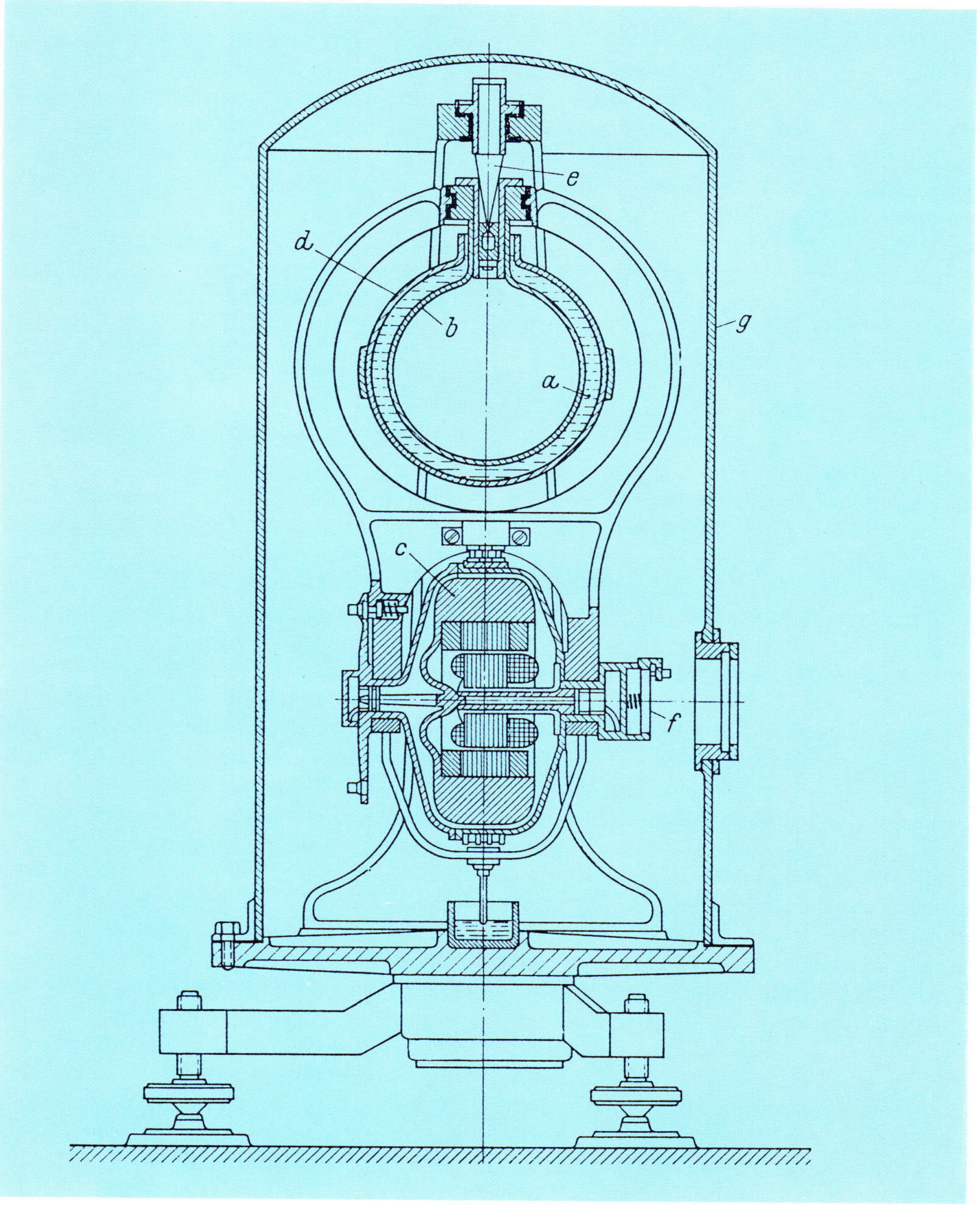

3

eine theoretische Überlegung zeigt, nicht von der Größe des Apparates ab, sondern nur von der Genauigkeit seiner Ausführung."
Doch es sollte noch einige Zeit dauern, bis für das Markscheidewesen Geräte mit ausreichender Meßgenauigkeit zur Verfügung standen. 1959 brachte die „Westfälische Berggewerkschaftskasse" in Bochum den „Meridianweiser MW 4 A" zum Einsatz. Das Gerät wog wegen des Schlagwetterschutzes immerhin noch 85 Kilogramm, die Meßzeit war aber auf rund 40 Minuten verkürzt und die Genauigkeit erheblich erhöht worden. 1962 war man mit dem Gerät MW 50 A bereits bei 11 Kilogramm und nur noch 10 Minuten Meßzeit. 1978 wurde das Gerät „Gyromat" vorgestellt, bei dem Kreiselgerät und Theodolit in einer Einheit verbunden sind. Für eine Einzelmessung werden nur noch 8 Minuten

benötigt, das Gerät erreicht eine Genauigkeit von 3 Bogensekunden. Bei allen Vermessungen unter Tage und beim Tunnel- oder Stollenbau sind die Vermessungskreisel nicht mehr zu entbehren. Speziell im Steinkohlenbergbau werden größere Streckenauffahrungen mit Vermessungskreiseln orientiert.
Heute wird beim Streckenvortrieb im modernsten Fall ein Laserstrahl eingesetzt, der die Richtung über größere Entfernungen festlegt. Dadurch werden die früher häufiger erforderlichen Zwischenmessungen überflüssig. Bei der Streckenplanung wird, wie sollte es anders sein, heute der Computer zu Rate gezogen, der nach den vorgegebenen Daten eine optimale Streckenführung errechnet und die Zeichnung über einen Plotter ausgibt.

Die Verbindung mit der Erdoberfläche: das Schachtabteufen

Wie der Bergmann an die begehrten Rohstoffe unter Tage am besten herankommt, das hängt in erster Linie von der Gestaltung der Erdoberfläche ab. In gebirgigen Landstrichen kann das durch Stollen geschehen, die vom Berghang aus in die Lagerstätten „aufgefahren" werden. Das funktioniert zumindest so lange, wie die mineralischen Schätze noch immer oberhalb der Talsohle gefunden werden. Ist die Talsohle erst einmal erreicht – und in den älteren Bergbaugebieten der deutschen Lande ist das nahezu überall der Fall –, dann läßt sich Mutter Erde nur noch im Tiefbau weiter ausbeuten. Und das Kennzeichen des Tiefbaus ist, daß die Lagerstätten von der Tagesoberfläche aus durch Schächte aufgeschlossen werden: durch seigere (senkrechte) oder auch durch tonnlägige (schräge) Schächte. Die Schächte haben eine ganze Reihe wichtiger Aufgaben zu erfüllen, und ihre Bezeichnungen richten sich nach ihrem Verwendungszweck: Es gibt Hauptförderschächte, Wetterschächte, Seilfahrtschächte und Materialschächte, Zentralschächte und Außenschächte. Aus Gründen der Sicherheit und der Wettertechnik muß jede Zeche in der Regel über mindestens zwei Schächte verfügen. Als diese Bestimmung noch nicht in Kraft getreten war, kam es nach Bersch 1862 in der englischen Kohlengrube Hartley zu einer Katastrophe: „Es war nämlich der Balancier der Wasserhaltungsmaschine gebrochen und die eine Hälfte dieses Gußstückes von enormem Gewichte stürzte in den einzigen der Grube zur Verfügung stehenden Schacht, in welchem es Zerstörungen von solchem Umfange anrichtete, daß derselbe vollkommen zusammenging. Damit war aber den in der Grube befindlichen 204 Arbeitern der Ausweg abgeschnitten, und sie fanden alle, da Hilfe nicht rasch genug gebracht werden konnte, einen schauderhaften Tod."
Im einfachsten Fall läßt sich ein senkrechter Schacht durch einen immer gleich bleibenden Arbeitszyklus abteufen: Bohren (mit einer Hochleistungsbohrmaschine werden eine Menge Löcher drei Meter tief in das Gestein gebohrt), Schießen (Sprengstoff wird in die Sprenglöcher gefüllt und in mehreren Zeitstufen gezündet), Wegfüllen (ein Hydraulikgreifer lädt das losgeschossene Gestein) und Ausbauen (die Schachtwandung wird zuerst vorläufig mit Stahlringen, dann in größeren Absätzen mit Beton ausgebaut). Bei einem relativ jungen Verfahren werden Schachtbohrmaschinen eingesetzt, die Abteuf- und Ausbauarbeiten nach dem Prinzip des Kernbohrens gewissermaßen in einem Arbeitsgang durchführen. Aber so verhältnismäßig problemlos geht das alles nur, wenn man die Rechnung ohne das Wasser machen kann. Besteht das Deckgebirge auf den ersten hundert Metern etwa aus lockerem Mergel, Schwimmsandschichten, wasserführenden Gesteinsschichten oder Störungszonen, dann können verschiedene Sonderabteufverfahren zum Einsatz kommen, etwa das Senkschachtverfahren oder das Gefrierverfahren.

Franz Haniel und die Mergelschicht

Auch im Ruhrgebiet stand, wie bereits erwähnt, das Schachtabteufen endgültig zur Debatte, als die beiderseits des Ruhrtales zutage tretenden Kohleflöze im waagerechten Stollenbetrieb ausgebeutet waren. In der Theorie war den Geologen im Ruhrgebiet längst klar, daß sich die kohleführenden Schichten weit nach Norden fortsetzen, aber in immer größere Tiefen abfallen. Aber das wasserführende Deckgebirge aus Mergel ließ sämtliche Abteufversuche in salzhaltigen Wasserfluten ersaufen. Es war der Ruhrorter Industrielle und Mitbesitzer der Gutehoffnungshütte Franz Haniel (1779–1868), der die technische Machbarkeit des Schachttiefbaus an der Ruhr unter Beweis stellte. „Und in dieser Eigenschaft als ‚Gewerke' und Kaufmann wurde er zum bahnbrechenden Pionier, der als erster den Tiefen der Ruhrerde ihr Geheimnis entriß" (Stephan). Mit 21 Jahren gründete Franz Haniel bereits seinen eigenen Kommissions- und Kohlenhandel, vier Jahre später leitete er die Vereinigung der drei konkurrierenden Eisenhütten im Sterkrader Raum ein, aus denen später die Gutehoffnungshütte hervorging. Um diese Hütte mit Kohle aus eigenen Gruben beliefern zu können, erwarb er mit Hilfe eines Strohmannes in der Nähe ein Grubenfeld, besorgte sich eine Schürferlaubnis und begann im Juni 1832 mit den Arbeiten an einem Schurfschacht von 1,24 mal 1,55 Meter für die zukünftige Zeche Franz. Aber trotz sorgfältiger Ausschalung mit Brettern verurteilte ein Wassereinbruch das Werk zum Scheitern. Am 29. November 1832 wurde ein zweiter Schacht in Angriff genommen. Er sollte bis in eine Tiefe von 22 Metern mit Ziegelsteinen ausgemauert und mit einer Handpumpe entwässert werden. Im Dezember wurde deutlich, daß nur eine Dampfpumpe der unterirdischen Fluten Herr werden konnte. Die 7-PS-Maschine modernster Bauart fraß Unmengen von Kohle, aber immerhin hatte Haniels Mannschaft bis zum September 1833 54 Meter Tiefe erreicht. Doch erst im März 1834 stießen die Kumpel in einem Querschlag auf ein 11 Zoll (gleich etwa 27 Zentimeter) mächtiges Kohleflöz. 10000 Taler hatte das Abteufen dieses ersten Mergelschachtes gekostet, aber es stellte sich heraus, daß er für eine wirtschaftliche Förderung der unten anstehenden Kohle viel zu eng war.
Bald fand Haniel Nachahmer, und die Kohlefront verschob sich unaufhaltsam nach Norden. 1857, Franz Haniel war bereits 78 Jahre alt, gab er den Startschuß für den Kohlenbergbau am linken Niederrhein. Aber erst zwanzig Jahre später war es seinem Sohn Hugo gelungen, den gefährlichen Schwimmsand dort zu überwinden.

Ein Ire namens William Thomas Mulvany

Als Haniel seinen ersten Schacht mit Holz ausbaute, bediente er sich einer Technik, die bei weniger standfestem Gebirge früher allgemein angewandt wurde. Der Holzausbau war zwar preiswert, eignete sich aber nur zum Ausbau von rechteckigen Schächten und wies verhältnismäßig geringe Festigkeit und Haltbarkeit auf. Da für einen ausreichenden Wasserabschluß speziell im Ruhrgebiet die Wahl des Ausbaus entscheidend ist, mußten die hölzernen Gevierte zunächst der Ziegelmauerung weichen. Holz wurde bei der Jagd auf die Steinkohle nur noch für Blindschächte in den Zechen eingesetzt. Um 1930 war die Ziegelmauerung im Ruhrgebiet und in Oberschlesien mit über 80 Prozent an der Gesamtschachtteufe beteiligt. Die Schachtverkleidung mit Zie-

1 – Der Ausschnitt aus einer Miniatur in dem „Münz- und Mineralienbuch“ von Andreas Ryff (1550–1630) zeigt, daß man in früheren Jahrhunderten wenigstens in gebirgigen Gegenden noch durch Auffahren der Stollen vom Berghang aus an die Bodenschätze herankommen konnte. Äußerst mühsam war diese Arbeit mit Schlägel und Eisen oder nur mit dem Schwingeisen jedenfalls, erst recht natürlich beim Abteufen eines Schachtes.
2 – Selbst bei dem heute schon als „konventionell“ bezeichneten Schachtabteufverfahren lenkt der Mensch nur noch eine Maschine.

1

geln ließ sich ziemlich problemlos herstellen, aber auch sie hatte bei wasserführendem Deckgebirge ihre Grenzen, wie Haniel in einer sehr kostspieligen und feuchten Lektion feststellen mußte. Da wurde rechtzeitig mit dem Aufschwung der Steinkohleförderung eine andere Schachtausbau-Technik von der britischen Konkurrenz im nordenglischen Kohlenrevier importiert: gußeiserne Schachtringe, genannt Tübbings, gebogene, plattenförmige Ringsegmente, die abschnittsweise im Schacht zusammengesetzt werden und gewissermaßen ein geschlossenes Rohr aus Gußeisen bilden. In England wurden solche Tübbings seit 1795 für den Schachtausbau eingesetzt, im Ruhrgebiet tauchten sie erstmals 1857 auf, und das war einem Iren und einem Briten zu verdanken. Die Geschichte der Tübbings im Ruhrgebiet begann am 11. März 1806 in oder bei Dublin auf der armen, grünen Insel Irland. An diesem Tag wurde dem Kunstmaler und Direktor der Royal Hibernian Academy, Thomas James Mulvany, der erste Sohn geboren. Er wurde auf den Namen William Thomas katholisch getauft, trat aber bereits mit sechzehn Jahren zum protestantischen Glauben über, der ihm in einem englisch verwalteten Irland hinsichtlich einer späteren Karriere vielversprechender erschien. William Thomas Mulvany (1806–1885) begann am Dubliner Trinity College ein Medizinstudium, mußte es aber aus Geldmangel aufgeben und wurde mit neunzehn Jahren Landmesser und später Vermessungsingenieur mit einer Laufbahn als protestantischer Staatsbeamter. 1846 erreichte Mulvany als Königlicher Kommissar für öffentliche Arbeiten den Höhepunkt seiner Karriere, sechs Jahre später fand sie ein recht ab-

2

ruptes Ende. Ein Regierungswechsel in London, Mulvanys unbequemer Einsatz für seine Landsleute und eine drastische Kürzung der öffentlichen Mittel machten den tatendurstigen Iren zum sechsundvierzigjährigen Pensionär.

Eine revolutionäre Methode: eiserne Schachtringe

Im Auftrag einer Gruppe von irischen Geschäftsleuten, die sich mit Mulvany als Organisator und Leiter in der Gegend von Gelsenkirchen einkaufen wollten, reiste er nach Westfalen, um die Möglichkeiten der dortigen Kohlefelder und der Infrastruktur zu sondieren. Damit begann seine zweite Karriere. Dem Experten für Wirtschaftsfragen war sofort klar, „welche gewaltigen, von der Natur gebotenen Hilfsmittel in Bewegung gesetzt werden konnten, um die Anfänge der Industrie in Rheinland-Westfalen in mächtigem Umfange zu entfalten“ (Mulvany, 25 Jahre später). 1855 siedelte William Thomas Mulvany nach Düsseldorf über, kaufte mit seinen Geschäftsfreunden zusammen drei Mutungen und begann am 17. März 1856, am St.-Patricks-Tag, mit den Arbeiten an der Gewerkschaft, die später Hibernia heißen sollte.

Mulvany und sein Betriebsführer Louis Christian König hatten ihre Bergbaufachleute, von den Ingenieuren bis zu den Kumpeln, aus den englischen Kohlerevieren abgeworben, darunter auch den berühmtesten Abteufer Englands aus Durham, William Coulson. Coulson wandte beim Niederbringen des Schachtes Hibernia die englische Tübbingmethode erstmals in Deutschland an und stellte den Schacht in der Rekordzeit von zwei Jahren fertig. Im Februar 1858 hatte die Mannschaft von Coulson sechs Kohleflöze durchteuft und war in 209 Meter Tiefe vorgedrungen. „Der Schacht wurde absatzweise abgeteuft, in die wassertragenden plastischen Schichten wurden Keilkränze gelegt und von diesen aus bis zum nächsten Keilkranze eiserne Segment-Tübbings eingebaut. Alle Teile dieser Eisenverkleidung wurden dann gegeneinander in waagerechter und senkrechter Richtung mit Holzkeilung pikotiert (abgedichtet). Auf diese Weise hatte man nur jedesmal das Wasser zu heben, welches zwischen den dichten plastischen Schichten zirkulierte“, berichtete der Markscheider Bruno Schulz-Briesen 1904 in seinen „Erinnerungen eines alten Bergmanns“.

Durch die Holzzwischenlage war der englische Tübbingausbau zwar etwas nachgiebig, aber selten vollständig wasserdicht.

1

Bei der deutschen Variante des Gußringausbaus wurden die Ringteile deshalb mit bearbeiteten Flanschenflächen hergestellt, die genau zusammenpaßten und unter Verwendung einer Bleidichtung (statt Holz) starr und wasserdicht miteinander verschraubt wurden. Es war die Firma Haniel & Lueg, die seit 1874 als erstes deutsches Werk gußeiserne Tübbings, eine Entwicklung von J. Riemer dem Älteren, auf den Markt brachte. Riemer veröffentlichte 1923 eine Arbeit über „Die Entwicklung des gußeisernen Schachtbaues“.

Die niedergehende Schachtauskleidung: Senkschachtverfahren

Über Tage also wird der Schachtausbau aus Ziegelmauerwerk, Beton oder Gußeisen fix und fertig hergerichtet, und dann wird er in die zu durchteufenden Schichten eingetrieben. Am unteren Ende der niedergehenden Schachtwandung, des Senkkörpers, sitzt ein kreisförmiger stählerner Schneidschuh, der das Eindringen in das Gebirge erleichtern soll. Entweder durch sein eigenes Gewicht oder durch massive Nachhilfe mit Gewichten, Schraubwinden oder hydraulischen Pressen sinkt dieser Fertigschacht immer tiefer, während unten an der Schachtsohle das Gebirge gelockert, abgeräumt und dadurch ständig vertieft wird. Die Ausbrucharbeit kann manuell erfolgen, Polypgreifer bringen den Abraum nach oben. Zwischen Senkkörper und Gebirgswandung wird oft von oben eine Gleitflüssigkeit zugegossen.

In dem Maß, wie der Senkkörper niedergeht, wird über Tage ständig Schachtausbau hinzugefügt. Zumindest geht das Ab-

1 – Beim Abteufen des Schachtes müssen dessen Wandungen Zug um Zug gegen den Druck des Gebirges und vor Wassereinbruch gesichert werden. Statt des Ausbaus mit Holz oder dann in Ziegelmauerung setzte der Ire William Thomas Mulvany (1806–1885) Mitte vorigen Jahrhunderts eiserne Schachtringe, Tübbings, ein, deren einzelne Segmente durch Holzkeile abgedichtet wurden. Beim deutschen Tübbingsverfahren werden die gußeisernen Ringabschnitte, wie das Modell im Deutschen Bergbau-Museum zeigt, miteinander verschraubt und mit Walzblei abgedichtet. Die Tübbingssäule kann daher bei fortschreitendem Abteufen durch Unterhängen neuer Schachtringe nach unten verlängert werden. Im Abstand von 25 bis 40 Metern dienen Keilkränze zur Versteifung der Tübbingssäule.

2 – Die Idee des nur mit seinem Nachnamen und durch seine Erfindung bekannten Triger, Wasser aus dem Schacht fernzuhalten oder hinauszudrücken, bestand darin: Der Schacht wird nach oben und soweit möglich seitlich hermetisch abgedichtet. Durch ein Rohr (rechts) wird Luft bis zu einem leichten Überdruck eingeführt, der das eingedrungene Wasser vom Tiefsten durch ein zweites Rohr an die Tagesoberfläche drückt.

3 – Eine Taucherglocke mit Arbeitsbühne stellte der florentinische Ingenieur Buonaiuto Lorini (geb. um 1545) im Jahr 1592 vor, die er in seinem Werk „Delle fortificationi“ 1597 beim Bau der Fundamente eines Hafendammes einsetzen wollte – Vorläufer des Senkkastens.

2

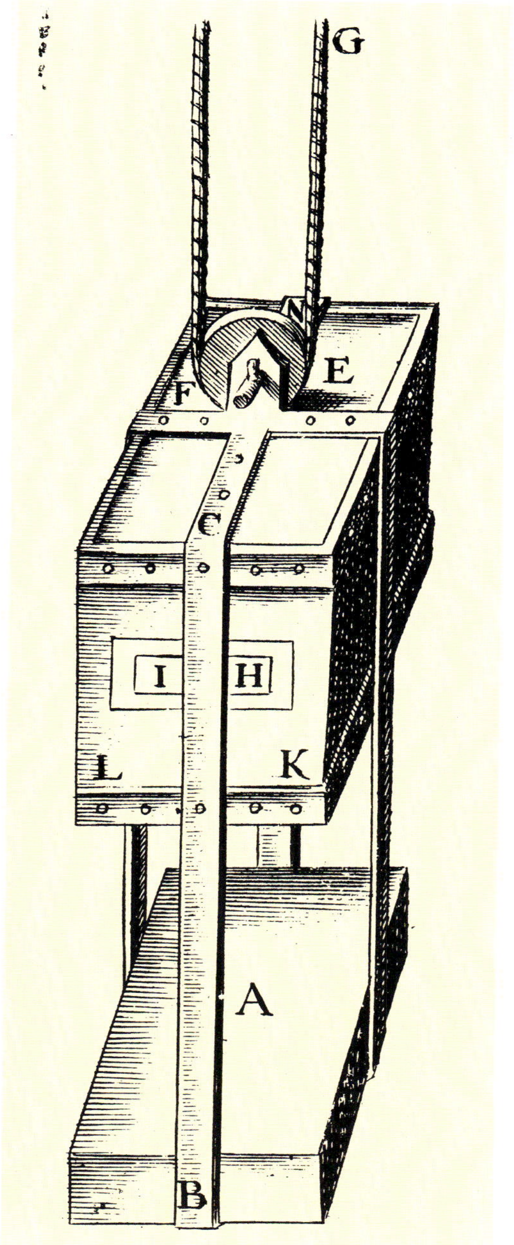

3

senken so lange, bis die wassertragende Schicht (etwa eine wasserstauende Tonschicht) erreicht ist oder bis sich der Senkkörper nicht mehr rührt, etwa weil die Reibung im Gebirge zu groß wird oder weil der Schneidschuh beispielsweise auf einen Riesenfindling gestoßen ist. Dann bleibt nur noch das übrig, was Ende des vorigen Jahrhunderts auf der Zeche Rheinpreußen 1 praktiziert wurde: Bis auf eine Tiefe von nur 125 Metern mußten die Abteufer unter der Leitung ihres Chefs Heinrich Pattberg (1862–1934) nicht weniger als sieben Senkkörper ineinanderschachteln.

Pattberg, am 8. Mai 1862 in Mülheim an der Ruhr geboren, erhielt seine Ausbildung in den Jahren 1884–1887 auf der Bergschule in Bochum. Nach dem Abschluß begann er seine erstaunliche Karriere mit einem Job als Steiger auf der Zeche Rheinpreußen bei Homberg. Die nächsten Stationen waren Obersteiger, Betriebsführer, 1892 Grubenverwalter, 1899 Bergwerksdirektor und 1920 Generaldirektor der Gewerkschaften Rheinpreußen und Rheinland. „Bei den schwierigen Verhältnissen des Grubenbetriebes wurde Pattberg ein Bahnbrecher für neue Betriebsverfahren: Die Schächte ließ er nach einem von ihm erfundenen und nach ihm benannten Verfahren abteufen, bei der starken Tiefbohr-Tätigkeit, die sich unter seiner Leitung am Niederrhein entwickelte, ging er ebenfalls neue Wege, er führte Schüttelrutschen und Förderbänder ein, so daß die ihm unterstellten Gruben vorbildlich wurden“ (Serlo).

Pattberg verwendete bei der Zeche Rheinpreußen teleskopartig ineinandergeschachtelte eiserne Senkzylinder und einen gewaltigen Schlagbohrer von Schachtdurchmesser. Die losen Gebirgsmassen im toten Wasser im Inneren des Senkzylinders wurden durch den Riesenbohrer aufgerührt, notfalls noch weiter zerkleinert und mit sogenannten Mammutpumpen oder Lufthebern zutage gefördert. Mit diesen Druckluft-Wasserhebern lassen sich die schlammigen und sandigen Gewässer und der Bohrschlamm am Boden eines Schachtes in Rohrleitungen unter der Zufuhr von Luft und unter Ausnutzung des dadurch entstehenden Aufstroms an die Tagesoberfläche befördern. Besonders vorteilhaft war, daß dazu gleich das Röhrengestänge des Schachtbohrers verwendbar war.

Mit dem Pattberg-Verfahren ließen sich beachtliche monatliche Abteufleistungen von 30 bis 40 Metern erreichen. In den letzten Jahrzehnten des 19. Jahrhunderts wurden nach dem Senkschachtverfahren sechs über 100 Meter tiefe Schächte niedergebracht, zwei davon konnten sogar mit einer Teufe über 150 Meter aufwarten. Heute hat es nur noch bis in Tiefen von 20 bis 30 Metern eine Chance. Pattberg, Gründer des Vereins der Bergwerke am linken Niederrhein, Ehrensenator der Technischen Hochschule zu Berlin-Charlottenburg, trat Ende 1931 in den Ruhestand. Er starb am 11. Mai 1934 in Agnetenhof bei Kapellen.

Die pneumatische Entwässerung des Monsieur Triger

In der Erfindungsgeschichte tauchen immer wieder Namen auf, die ohne biographische Daten und damit gänzlich ohne Personifizierung ihrer Leistung durch unterschiedliche technikhistorische Werke geistern, immer überliefert, nie hinterfragt. „Triger" ist solch ein Nachname ohne Vorname, ohne Geburtsdaten, ohne Biographie. Ein biographisches Werk seiner französischen Landsleute weiß zum Stichwort Triger: „Ingenieur im Departement Loire. Erfinder der Ausschachtung (Schachtabteufen) unter Druckluft von mäßigem Druck zur Überwindung wasserhaltiger Strecken mittels luftdichter Verschalung (1839)."

Feldhaus kann immerhin mit drei Daten aufwarten: 1839, Triger erfindet in Angers die pneumatische Entwässerung; 1841, Triger wendet die pneumatische Entwässerung zuerst in einem Kohlenschacht zu Chalonnes an der Loire an; 1845, Triger legt der Pariser Akademie am 25. Februar das Projekt zur Gründung von Brückenpfeilern durch seine pneumatische Entwässerung vor. Im Prinzip geht es also bei der Triger-Technik um eine sogenannte Druckluftgründung als Spezialfall der Senkkastengründung. Ein Senkkasten ist ein unten offener Kasten aus Stahl oder Stahlbeton (Caisson), der für Gründungsarbeiten, etwa bei Brückenpfeilern, senkrecht ins Wasser gelassen wird. Durch Zuführung von Druckluft wird ein Gleichgewicht zwischen dem Wasserdruck von außen und dem Luftdruck im Inneren des Kastens hergestellt, wodurch kein Wasser in den Senkkasten eindringen kann. Entsprechend funktioniert das Verfahren bei einem Druckluftsenkschacht im Bergbau bei stark wasserhaltigem Gebirge: Im Inneren des nach unten offenen Schachts wird der Luftdruck künstlich erhöht und dadurch das Wasser gewissermaßen in das Gebirge zurückgepreßt. Anders ausgedrückt: Der Luftdruck muß immer dem Druck der Wassersäule über der jeweiligen Schachtsohle entsprechen.

Der Taucherglocke nachempfunden: der Druckluftsenkschacht

Entwickelt hat sich diese Technik aus der Taucherglocke, wie sie in Form eines „Kessels von großer Weite" bereits 1538 Kaiser Karl V. von zwei griechischen Tauchern vorgeführt wurde. 1597 veröffentlichte der Florentiner Buonaiuto Lorini (um 1545 geboren) seine Befestigungslehre („Delle fortificationi"), in der er den Einsatz einer Taucherglocke beim Bau der Fundamente eines Hafendamms vorschlug. Der englische Astronom Edmond Halley (1656–1742) gab 1716 den Plan einer gut durchdachten Taucherglocke heraus. 1778 verbesserte der englische Ingenieur John Smeaton (1724–1792) ein inzwischen verwendetes Gerät bei Arbeiten im Hafen von Ramsgate durch Blasebälge, die ständig frische Luft nach unten pumpten. Dem englischen Admiral Thomas Cochrane (1775–1860) soll 1830 eine Doppeltür mit Luftschleuse patentiert worden sein. Eine andere Quelle spricht diese Erfindung dem Franzosen Triger zu.

In Belgien wurden bis 1910 insgesamt 18 Schächte nach diesem Druckluftverfahren abgeteuft. Der Überdruck für die auszugleichende Wassersäule betrug maximal 2,16 bar. In Deutschland führte der verdiente Bergmann und Gründer der Aachener Bergschule Ludwig Honigmann (1822–1898) die Anwendung von Preßluft beim Abteufen von Schächten im Schwimmsand ein. Er machte sich die Preßluft auch bei Sonderventilatoren in schlagwetterreichen Flözen zunutze. In technisch perfektionierter Form wandte beispielsweise die Firma Philipp Holzmann & Co. (heute Philipp Holzmann AG) in Frankfurt am Main das Verfahren 1911 und 1913 im Ruhrgebiet an.

Die Druckluftsenkschächte hatten einiges für sich. Sie waren recht einfach zu bewerkstelligen und sehr kostengünstig, weil unter anderem keine Pumpanlagen zur Wasserhaltung eingesetzt werden mußten. Der Grundwasserspiegel wurde nicht abgesenkt, verstärkte Wasserabflüsse in Richtung Schacht spülten das Gebirge hinter dem Senkkörper nicht aus, so daß Bodenbewegungen um den Schacht selbst wie Einstürze oder Absenkungen an der Tagesoberfläche vermieden wurden.

Das Kind-Chaudron-Schachtabteufverfahren

Für tiefere Schächte, etwa bei Teufen über dreißig Meter, sind die bisher behandelten Verfahren meist nicht geeignet. Wenn sich das Wasser nicht mehr durch komprimierte Luft in der Erde zurückhalten oder durch den Einsatz von Pumpen bewältigen läßt, dann kann der Schacht mit Bohrern hergestellt werden, die den vollen Durchmesser in mehreren aufeinanderfolgenden Bohrstufen hereingewinnen.

Tiefbohrungen sind keineswegs nur die Domäne der Erdölprospektoren oder nationaler Tiefbohrprogramme zur Erforschung unserer Erdkruste, sondern sie wurden im Kohlenbergbau schon sehr früh als Aufschlußbohrungen zur Untersuchung der Lagerungsverhältnisse, zur Erkundung des Deckgebirges und als Hilfsbohrung vor dem Schachtabteufen, beim Gefrierverfahren zur Herstellung von Frostlöchern und beim Versteinungsverfahren zum Einpressen von Zement eingesetzt. Die im Kohle- und Steinsalzbergbau eingesetzten Bohrgeräte lieferten alle Bausteine für das später so wichtige Rotarybohrverfahren.

Die Bohrverfahren lassen sich in die beiden Hauptgruppen „stoßendes" und „drehendes Bohren" unterteilen, das gilt auch für die Techniken, die beim Schachtabteufen zum Einsatz kamen. Den Weg in die Tiefe der gebohrten Schächte bereiteten zwei Techniker in deutsch-belgischer Zusammenarbeit: Karl Gotthelf Kind (1801 bis 1873) und Josef Chaudron (1822 bis 1905). Sie erhielten für ihr Kind-Chaudron-Schachtabteufverfahren ab 1849 verschiedene Patente und machten es zur meistbenutzten Technik des letzten Jahrhundertdrittels. Doch dazu mußte Kind erst einmal die von Karl August Ludwig von Oeynhausen (1795–1865) konstruierte Rutschschere zur Entlastung des Gestänges über dem Bohrmeißel zu seinem Kindschen Freifallbohrer weiterentwickeln.

„Das Verfahren [nach Kind-Chaudron] besteht darin, daß der Schacht in voller Weite im toten Wasser abgebohrt wird, wobei die Schachtstöße (Schachtwandung) zunächst unverkleidet bleiben. Nach Erreichung wassertragender Schichten beendet man das Bohren und läßt von über Tage eine wasserdichte, aus Gußringen bestehende Schachtauskleidung ein. Der zwischen der Gußringwand und dem Gebirge verbleibende Ringraum von 20–30 cm Breite wird mit Gußbeton verfüllt. Hierauf wird der Schacht gesümpft und, falls die Arbeiten gelungen sind, mit Hand weiter abgeteuft" (Fritzsche). Das tote Wasser, also einbrechendes Grundwasser, das durch die vorher behandelten Verfahren tunlichst ausgeschlossen werden sollte, wurde hier zur Stützung der Schachtwände ausgenutzt.

Ein Schwergewicht donnert auf das Gestein

Beim Schachtabteufverfahren leistete der belgischen Ingenieur Josef Chaudron dem deutschen Kind Geburtshilfe. Chaudron erblickte am 29. November 1822 in Gosselies bei Charleroi das Licht der Welt. Seine bergmännische Ausbildung erhielt er auf der Lütticher Bergakademie. 1842 wurde er Mitglied des Corps Royal des Mines. Irgendwann danach muß er sich mit Kind zusammengetan haben, denn nach 1846 verbesserte er das Bohrverfahren des Deutschen durch die Einführung der Verrohrung der Bohrlochwände, und 1852 erbohrten die beiden zusammen ihren ersten Schacht.
Das ging in zwei Bohrstufen vor sich. Vorgebohrt wurde mit einem kleineren Bohrer von 1,5 bis 2,6 Meter Schneidbreite, der an einem Holzgestänge mit Freifallvorrichtung hing und bis zu 30 Schläge in der Minute ausführte. Dieser kleinere Bohrmeißel wog immerhin auch schon bis zu 15000 Kilogramm. Anschließend wurde mit dem großen Bohrer (bis über 5 Meter Breite und 25000 Kilogramm Gewicht) an einer Rutschschere mit etwa 12 Hüben pro Minute nachgebohrt.
Zwischen 1854 und 1905 wurden unter Chaudrons fachmännischer Leitung 80 Schächte nach dem Verfahren angelegt. In Deutschland führte der Markscheider, Autor („Erinnerungen eines alten Bergmanns") und Direktor der Steinkohlengrube Dahlbusch an der Ruhr Bruno Schulz-Briesen (1832–1919) das Kind-Chaudron-Schachtabteufverfahren ein. Dreizehnmal wurde es im Ruhrgebiet eingesetzt und dann 1914 in Deutschland ad acta gelegt. Karl Gotthelf Kind erhielt auf

Zum Abbohren von Schächten in vollem Querschnitt bei unverkleideten Stößen haben der Deutsche Karl Gotthelf Kind (1801–1873) und der Belgier Josef Chaudron (1822–1905) das nach ihnen benannte Schachtabteufverfahren entwickelt. Das Modell des Deutschen Bergbau-Museums zeigt von oben nach unten: Nachlaßschraube, mit der entsprechend dem Bohrfortschritt der Bohrer nachgelassen wird; Abfangbalken für Bohrer und Gestänge; Fallschirm, der durch den Wasserwiderstand beim Niedergang den Freifallapparat öffnet und beim Aufgang schließt; Freifallapparat, der den Bohrer beim Niedergang freigibt und beim Aufgang wieder erfaßt (siehe Skizze rechts); Führungskreuz für den Bohrer. Unter dem Bohrmeißel, nicht sichtbar, der Vorschacht zur Führung des großen Bohrers und zur Aufnahme des Bohrmehls.

der Pariser Weltausstellung von 1867 für seine Verdienste um die Bohrtechnik den Großen Preis. Ein Jahr später zog er sich „wegen zunehmender Kränklichkeit" (Serlo) auf sein Gut Goldene Bremm bei Saarbrücken zurück. Er starb dort am 9. März 1873. Im selben Jahr wurde Chaudron Aufsichtsratsvorsitzender der Bergwerksgesellschaft Dahlbusch. Sein Todestag war der 16. Januar 1905.

Tiefbohrung mit Dickspülung: Fritz Honigmann

Das nächste Schachtabteufverfahren, das auf einer drehenden Tiefbohrung mit sogenannter Dickspülung beruht, die sowohl dem hydrostatischen als auch dem Gebirgsdruck entgegenwirkt, erwies sich als so erfolgreich, daß die Amerikaner 1962 auch ihre zwanzig Meter tiefen und fünf Meter durchmessenden Raketensilos mit dieser Technik in den weichen Fels von Wyoming bohrten. Für einen Schacht brauchten sie nur zwei bis drei Tage.
Entwickelt wurde das Verfahren von dem deutschen Bergwerksbesitzer Fritz Honigmann (1841–1913). Er wurde am 2. März in Düren geboren. Ausgebildet wurde er an den Bergakademien zu Clausthal und zu Freiberg. Danach begann er, seine Studien auf dem Bergwerksbesitz der Familie Honigmann bei Aachen in die Praxis umzusetzen. „Diesen suchte er zu erweitern durch Tiefbohrungen, die er nördlich von Aachen bei Erkelenz und in der holländischen Provinz Limburg unter großen Schwierigkeiten bei Anwendung des von ihm erfundenen Schachtabbohr- und Ausbauverfahrens im schwimmenden und rollenden Gebirge niederbrachte" (Serlo).
Beim ursprünglichen Honigmann-Verfahren wurde der Schacht sofort mit vollem Enddurchmesser gebohrt. Damit die Wände des Bohrschachts nicht zusammenrutschten und einbrachen, begnügte Honigmann sich nicht mit dem toten Wasser im Schacht wie Kind und Chaudron, sondern hielt die Stöße mit einer Flüssigkeitssäule von möglichst hohem spezifischem Gewicht unter Gegendruck. Dazu wurde dem Wasser des Spülstroms fein gemahlener, kolloidale Bestandteile enthaltender Ton beigesetzt, der das spezifische Gewicht dieser Dickspülung in Form von Tontrübe auf etwa 1,3 erhöhte. Noch höhere Werte ließen sich mit Schwerspatmehltrübe (1,7) erreichen. Mit diesem raffinierten Trick konnte Honigmann dicke Schwimmsandschichten durchteufen und sogar Tonschichten durch den Überdruck vom Hereinquellen in seinen Schacht bewahren.
Das Bohrklein oder der Bohrschmand wurde nach dem Prinzip der Mammutpumpe mit Druckluft innerhalb des hohlen Bohrgestänges ans Tageslicht befördert. Der Wasserstrom hatte eine solche Kraft, daß er sogar zwanzig Kilogramm schwere Felsstücke herausspülte. Der fertig gebohrte Schacht wurde mit Gußringen ausgekleidet, der Zwischenraum zwischen Wandung und Schachtstoß mit Zementbrei verfüllt. Honigmann selbst erbohrte im Aachener Bezirk und in Holland höchst erfolgreich elf Schächte mit Tiefen zwischen 108 und 190 Metern und lichten Durchmessern von 2,65 bis 4,5 Metern. Er erkannte auch den unterirdischen Zusammenhang zwischen den Steinkohlevorkommen in Westfalen und den Flözen in Belgien. Der Erfinder starb am 19. Dezember 1913 in Aachen.
Sein Schachtbohrverfahren wurde unterdessen von der Westrheinischen Tiefbohr- und Schachtbau GmbH in Düsseldorf und ihrer niederländischen Schwesterfirma N. V. Mijnbouw in Arnhem übernommen und verbessert. Man bohrte nicht mehr mit vollem Enddurchmesser, sondern stufenweise mit zunehmenden Schneidbreiten, für sandige Schichten kamen andere Bohrer als für hartes Gebirge zum Einsatz, und die Auskleidung bestand bei tieferen Schächten aus doppelwandigen Ringen mit Betonzwischenfüllung.

Die Frostsäule im Erdboden: das Gefrierverfahren

Am 27. Februar 1883 wurde „auf das von mir aufgefundene Verfahren, Schächte im wasserreichen und schwimmenden Gebirge sicher, lotrecht, billig abzuteufen", so der Bergingenieur und Markscheider Friedrich Hermann Poetsch (1842–1902), Patent erteilt. Fast ein Jahr später stellte ein Pressebericht das Patent Kl. 5 Nr. 25015 so vor: „Es wird vorgeschlagen, um und in dem Querschnitte des projektierten Schachtes verröhrte Bohrlöcher niederzubringen und dann durch diese Bohrlöcher irgend eine stark gekühlte Flüssigkeit (auch Luft) zirkulieren zu lassen, um in dem hierdurch gefrorenen und fest gewordenen Erdzylinder ohne irgendwelche Schachtauskleidung und Wasserhaltung Schächte niederführen zu können. Der gefrorene Zustand des Erdzylinders muß natürlich so lange erhalten werden, als der Schacht dauert, und müssen die gefrorenen Schachtstöße so stark sein, daß alle Seiten und Sohlendrücke abgehalten werden können."
Ein ideales Verfahren für lockere Sedimente wie Schwimmsande, so scheint es, und Bersch wußte dazu anzumerken: „Die Arbeiter können hierbei also weder ertrinken, noch naß oder verschüttet werden, aber auch die Gefahr des Erfrierens ist nicht vorhanden …" Aber es gibt noch andere Möglichkeiten, wie sich am 12. Mai 1987 auf der Schachtsohle im Gorlebener Atommüll-Bergwerk in 234 Meter Tiefe zeigte. Obwohl im Umkreis von 18 Metern um den Schachtmittelpunkt mit Hilfe von 43 Gefrierlöchern und tiefreichenden Kühlrohren sowie einer gigantischen Kühlmaschine, deren Leistung rund 50000 Gefriertruhen entsprach, das Gestein auf minus 26 Grad Celsius eingefroren war, kam die Schachtwand in Bewegung, und der Außendruck wurde so stark, daß er einen anderthalb Tonnen schweren und dreißig Zentimeter starken Stahlring sprengte. Dieser löste sich aus dem Verbund und stürzte auf die an der Schachtwand arbeitenden Schürfer. Zwei Bergleute wurden schwer verletzt, ein dritter starb zwei Tage später.

Der Test im Sandkasten: Friedrich Hermann Poetsch

Poetsch wurde am 12. Dezember 1842 im Forsthaus Biendorf in der Nähe der Kreisstadt Köthen am Nordrand der Leipziger Bucht geboren. Er besuchte die Volksschule seines Heimatdorfes, dann das Gymnasium zu Köthen und stürzte sich ab 1858 zweieinhalb Jahre lang auf bergbauliche Tätigkeiten: in Braunkohlengruben, in Steinkohlenzechen und im Salzbergwerk von Leopoldshall. In den Jahren von 1860 bis 1862 besuchte Poetsch die Bergschule Clausthal. Danach arbeitete er als Steiger zuerst im salzreichen Leopoldshall, dann im silbergesegneten Neudorf bei Harzgerode.
1867 bestand Poetsch die Elevenprüfung und ging, ausgerüstet mit einem einjährigen Staatsstipendium, an die Bergakademie Freiberg. Weitere Stationen seiner bergmännischen Karriere waren Direktor der herzoglichen Bergfaktorei der Neudorfer Silberhütte, und dann, 1873, eine Stellung bei der Mägdesprung-Neudorfer Eisenhütten und Silberbergbau AG. 1875 gab ihm das Oberbergamt in Halle sein Diplom, und er durfte sich als konzessionierter Markscheider betrachten. Im selben Jahr eröffnete Poetsch sein Büro in Aschersleben. Noch 1884 gab das Adreßbuch dieser Stadt Auskunft: „Poetsch, Hermann, Berg- und Hütteningenieur, Markscheider, Promenade 4".
Seine ersten Versuche unternahm Berg- und Hütteningenieur Poetsch in einem Kasten mit rund vier Kubikmeter

Schwimmsand, in den Kühlrohre eingeführt waren, durch die der Kälteträger, vermutlich 24- bis 30prozentige Chlormagnesiumlauge, zirkulierte. Nach acht Tagen Einsatz der Kühlmaschinen konnte Poetsch die Kastenwände entfernen, und der von Schachtbauern so gefürchtete Schwimmsand stand freitragend und unterkühlt da „wie ein Sandsteinblock".
Die Kältetechnik war in dieser Zeit gerade im Kommen, und die ersten funktionsfähigen Kältemaschinen entstanden: Eine Absorber-Kühlmaschine stellte 1860 der Franzose Fernand Philippe Edouard Carr (1824–1900) vor; die erste Kompressions-Kältemaschine erfand der Amerikaner Jacob Perkins (1766–1849) im Jahr 1834; 1873 baute der deutsche Professor Carl von Linde (1842–1934) die erste betriebssichere Ammoniak-Kompressions-Kältemaschine für eine Münchner Brauerei.

1

2

Ein „Verfahren, Schächte im wasserreichen und schwimmenden Gebirge sicher, lotrecht und billig abzuteufen", wurde 1883 dem deutschen Bergingenieur Friedrich Hermann Poetsch (1842–1902) patentiert, das Gefrierverfahren.
1 – In der Gefrieranlage verdichtet ein Kompressor Ammoniakgas auf 9 at und Kohlensäure auf 60–70 at. Das danach abgekühlte und verflüssigte Gas gelangt durch ein Expansionsventil in schlangenförmige Verdampfer. Beim Expandieren (Ammoniak auf 0,2–0,5 at, Kohlensäure auf 8–12 at) und Verdampfen entsteht Kälte, die auf einen im Gegenstrom vorbeigeführten Kälteträger (Chlormagnesium- oder Chlorcalciumlauge) übertragen wird.
2 – Der Kälteträger wird durch ein Rohrsystem in das Gebirge geleitet, an das er im Aufsteigen die Kälte abgibt. Ständige Messungen und heute computergestützte Datenauswertungen geben Aufschluß über die Frostwandentwicklung in den einzelnen geologischen Horizonten. In besonderen Fällen wird das Tiefkälteverfahren angewendet.

1

1 – In standfesten wasserführenden Formationen wird das Gebirge im Zementierverfahren verfestigt. Die Schnittdarstellung im Besucherbergwerk des Deutschen Museums zeigt die durch einen Betonklotz gegen Wassereinbrüche gesicherte Schachtsohle. Durch Standrohre in Bohrlöchern wird Zementmilch eingepreßt, die nach dem Abbinden die wasserführenden Klüfte schließt, so daß in gewöhnlicher Weise abgeteuft werden kann.

2 – Schächte in „mildem" standfestem Gebirge werden mit hohem Fortschritt durch moderne Schachtbohrmaschinen profilgerecht abgeteuft. Das Foto zeigt den Durchschlag auf eine bereits bestehende Sohle oder Strecke.

Kein Denkmal für den Erfinder

Die „Eismaschine", die Poetsch bei seinen ersten Abteufaufträgen einsetzte, funktionierte nach einem verbesserten System Carr. Die Nagelprobe fand 1883 im Grubenfeld Archibald in Schneidlingen bei Aschersleben statt. Dort stellte die Gewerkschaft Douglas ihm einen 34 Meter tiefen Schacht zur Verfügung, der durch eine fast sechs Meter dicke Schwimmsandschicht von einem Braunkohleflöz getrennt war. Poetsch bohrte von der Schachtsohle aus 23 „Gefrierlöcher" bis einen halben Meter tief in die Kohle hinein. Nach einigen Wochen hatte die zirkulierende Kühlflüssigkeit dafür gesorgt, daß aus dem Schwimmsand ein gefrorener Gesteinsblock geworden war und der Schacht weiter bis zur Kohle abgeteuft werden konnte. Bei insgesamt sieben Schächten konnte Poetsch sein Verfahren erfolgreich einsetzen.

Der Erfinder Poetsch war nicht gerade vom Glück verfolgt. 1894 mußte er seine Schachtbaufirma wegen Kapitalschwierigkeiten liquidieren. 1895 begann er in Böhmen seine letzten beiden Gefrierschächte. Im Jahr 1898 schließlich lief auch noch der Patentschutz ab, und die Aufträge blieben aus. Burisch: „In einem Brief, den er 1901 dem Herzog von Anhalt schrieb, klagte er über sein Unglück und daß anderen die Früchte seiner Arbeit zufielen. Von seinem Vaterland vergessen, ging er am 9. Juni 1902 in Dresden von hinnen."

Schon 1890 wurde der erste Schacht nach dem Gefrierverfahren in den USA von der Chapin Mining Company bei Iron Mountain, Michigan, auf 30 Meter abgeteuft. Für französische Gefrierschächte machte sich der Ingenieur und ehemalige Mitarbeiter Poetschs Louis Gebhardt stark. Er gründete zusammen mit dem Kaufmann August Koenig die Gebhardt & Koenig Deutsche Schachtbau AG. 1910 gelangen die ersten Schächte nach dem Tiefkälteverfahren, wobei die Kälteträger auf weit unter minus 30 Grad Celsius abgekühlt werden mußten. Das war besonders wichtig, wenn das Wasser in größeren Tiefen warm und stark salzhaltig war und deshalb nur schwer gefror. Es war Männern wie den Professoren O. Domke und K. Haussmann und Bergfachleuten wie Drost, Erlinghagen, Joosten und Martienssen, Firmen wie Gebhardt & Koenig, Haniel & Lueg (heute Deilmann-Haniel) und Thyssen zu verdanken, daß die Idee von Friedrich Hermann Poetsch zu einem betriebssicheren und häufig eingesetzten Abteufverfahren vervollkommnet werden konnte. Auch einer der erfolgreichsten

2

Tiefbohringenieure und Erdölunternehmer Deutschlands, der Bergassessor Carl Deichmann (1866–1936), stieg in das Geschäft mit Gefrierschächten ein und entwickelte zusammen mit der Firma Borsig schnellaufende Ammoniakkompressoren für Temperaturen bis minus 50 Grad Celsius.

Die Versteinung des Gebirges

Anstatt ein wasserdurchlässiges Gebirge durch tief gekühlte Kälteträger wie Chlormagnesium- oder Chlorcalciumlauge oder aber Alkohol in Dauerfrost erstarren zu lassen, kann eine Verfestigung und Wasserundurchlässigkeit bei wasserführenden Gesteinsklüften im standfesten Gestein auch durch Versteinung des Bodens erreicht werden, durch das Zementierverfahren oder durch ein chemisches Verfestigungsverfahren. Voraussetzung ist aber, daß das Gebirge nicht zu schlammig ist und nicht aus zu nassem Schwimmsand besteht. Durch Bohrlöcher werden im ersten Fall dünnflüssiger Zement, im zweiten Fall chemische Lösungen eingepreßt. Es ist wohl nicht ganz auszuschließen, daß auch hierfür die Natur die ersten Anregungen lieferte, und zwar in Form der Verkieselung (Silifikation, Silifizierung). Darunter ist einmal die nachträgliche Durchtränkung eines Gesteins mit Kieselsäure zu verstehen, die sich beispielsweise als Quarz oder Hornstein abscheidet und die ursprüngliche mineralische Substanz ersetzt. Das ist besonders häufig bei Sandsteinen und Kalksteinen. Aber das funktioniert auch bei Baumstämmen oder bei Seeigeln oder Korallen. Da gibt es im Osten des US-Bundesstaates Arizona den Petrified Forest National Park mit versteinerten Bäumen, Blättern und Pflanzen. Die Holzfasern in diesem versteinerten Wald wurden durch Chalcedon ersetzt, eine kryptokristalline Abart von Quarz. Dadurch entstand eine erstaunlich exakte Kopie des ursprünglichen Holzes – nur eben steinhart. Und das funktioniert in ähnlicher Form auch bei Sand und Erdreich, besonders dann, wenn es sich um sehr feinporige Massen handelt, in die auch ein dünnflüssiger Zementbrei nicht eindringen kann.

Mit Zementbrei und Chemie

Es scheint, daß das Zementierverfahren erstmals 1864 in Frankreich zum Einsatz kam. Ein gewisser Loiter soll Zementmilch in vorher angelegte Bohrlöcher ge-

preßt haben. Die flüssige Mischung drang in die Poren des Gesteins und erstarrte zu einem festen Schutzmantel, der es ermöglichte, einen Schacht trocken niederzubringen. Heute wird das Verfahren bis zu einer Teufe von zwanzig bis dreißig Metern eingesetzt, und dabei werden oft über 50000 Sack Zement verbraucht. Auch Poetsch hatte bereits mit dem Versteinungsverfahren geliebäugelt, weil er glaubte, mit dieser Technik einige Unvollkommenheiten seiner Frostmethode überwinden zu können.

In Frankreich machte sich ein Ingenieur der „Arts et Manufactures" namens H. Portier (gest. 1944) um das Zementierverfahren verdient. Portier erfand 1899 auch eine Zementverschalung. Doch die entscheidenden Verbesserungen des Zementierverfahrens, das auch eine erfolgreiche Zementierung poröser Sandsteine ermöglichte, kamen aus Belgien und stammten von Albert François. Er bereitete die Sandsteine durch chemische Lösungen (mit Aluminiumsulfat und Natriumsilikat) vor und erleichterte der Zementmilch dadurch das Eindringen in die Gesteinsporen. Das François-Verfahren erhielt unter anderem das Deutsche Reichspatent Nr. 323412 und wurde von den Firmen Procédés de Cimentation „François" in Paris und The François Cementation Co. Ltd. in Doncaster, England, ausgeführt.

In François' eigener Firma, der Société Albert François, arbeitete ein Ingenieur namens Albert Abraham (geb. 1881). Dessen Bruder war Leiter der mineralogischen Arbeiten an der Universität Lüttich. Und diesen beiden Brüdern, so berichtet ein französisches Werk, ist die Erfindung der Verkieselung zu verdanken, also die Abdichtung poröser Schichten durch Einspritzen gelöster Chemikalien in die Bohrlöcher. In Deutschland wurde vornehmlich das chemische Verfestigungsverfahren von Joosten eingesetzt, das von der Gesellschaft für chemische Verfestigung und Abdichtung mbH in Berlin-Schöneberg übernommen wurde.

Großbohrlöcher und Schachtbohrmaschinen

Bei den Abteufmethoden wurden außer dem konventionellen Zyklus Bohren – Sprengen – Wegfüllen vor allem die Schachtbohrverfahren modifiziert und in Form der enorm weiterentwickelten Großbohrlochverfahren bei „mildem" Gebirge eingesetzt. Dabei diente das Rotarybohrverfahren der Erdölindustrie mit

Seit 1962 wird zunehmend auch das aus den USA stammende Raisebohrverfahren eingesetzt. In eine tiefer gelegene Strecke führt man eine Vorbohrung zur Aufnahme des Gestänges der hydraulischen Drehbohrmaschine. Der unten montierte Riesenbohrkopf bohrt mit seinen Rollenmeißeln senkrecht nach oben. Das unten anfallende Bohrmehl kann mit Lademaschinen über die Strecke abtransportiert werden.

Drehtisch und Bohrturm als Vorbild. Um 1930 entwickelten die beiden sowjetischen Ingenieure K. N. Stschepotjew und W. P. Iwanow ein Schachtbohrverfahren, bei dem der volle Schachtdurchmesser in einem Satz gebohrt werden konnte. Unter anderem wurde nach dieser Technik 1940 ein Wetterschacht von 74 Meter Tiefe und 1,8 Meter Durchmesser abgeteuft. Ihr Landsmann G. I. Mankowski ersann eine Methode, die von 1944 an Schächte mit Durchmessern bis zu 6 Metern ermöglichte. Auf der Brüsseler Weltausstellung von 1958 stellten russische Spezialisten die von der Tagesoberfläche aus gesteuerte Kernbohranlage „UKB-3" vor, mit der Abteuf- und Ausbauarbeiten nach dem Prinzip des Kernbohrens durchgeführt werden konnten.
Die Amerikaner entwickelten ihr Großbohrlochverfahren mit Durchmessern bis 180 Zentimeter in den sechziger Jahren für Schächte, die sie für atomare Testexplosionen im Tuff- und Granituntergrund von Nevada brauchten. In einem Arbeitsgang fraß sich ein mit Rollenmeißeln besetzter, mit bis zu 135000 Kilogramm belasteter Bohrkopf in den Untergrund. Ein anderer Entwicklungszweig führte zum gestängelosen Abteufverfahren mit einer Abteuf- oder Schachtbohrmaschine. Das Prinzip hatten wieder die Amerikaner in den dreißiger Jahren dieses Jahrhunderts entwickelt, und es war geeignet für Bohrschächte von rund 160 Zentimeter Durchmesser in standfestem Gebirge bis auf Teufen von mehreren hundert Metern. „Die Besonderheit des dabei angewandten Verfahrens besteht darin, daß der Drehbohrer, und zwar ein Schrotbohrer von einer in das Bohrloch eingelassenen zylinderförmigen Bohrkabine, in der ein Mann Platz hat, bedient und durch einen 80-kW-Motor angetrieben wird. Die Kabine wird an einem Seil eingelassen und während der Bohrarbeit durch Preßschrauben an den Schachtstößen befestigt. Kabine, Bohrschuh und Kernrohr sind zusammen rund 9,50 Meter lang und wiegen 13,5 Tonnen. Nach Möglichkeit sucht man Bohrkerne, die bis vier Meter Länge aufweisen, zu gewinnen. Bröckliges Material muß mit einem Kübel gefördert werden. Zur Seilfahrt dient ein besonderer torpedoförmiger Einmannkorb" (Fritzsche).

Der umgekehrte Bohrvorgang

Doch damit war der bergmännische Erfindungsreichtum noch nicht erschöpft. Statt einen Schacht von oben nach unten zu bohren, entwickelte man eine umgekehrte Methode und bohrte von einer existierenden Strecke oder Sohle aus von unten nach oben. Zuerst wird nach der herkömmlichen Art und Weise ein enges Pilotloch in die Tiefe gebohrt, in das das Gestänge einer hydraulischen Drehbohrmaschine nach unten bis zur Sohle eingeführt werden kann. An das untere Ende des Gestänges wird dann ein überdimensionaler Schachtbohrkopf mit vielen Rollenmeißeln angesetzt, der von der Hydraulik über Tage drehend nach oben gezogen wird. Den Vorteil dieser Technik erkannten die Bergingenieure sehr früh: Das abgeraspelte Gestein fällt nach unten auf die Sohle oder Strecke und kann dort mit Lademaschinen bequem abtransportiert werden. Im Kohlenbergbau an der Ruhr werden nach dieser Methode Blindschächte angelegt, die verschiedene Sohlen miteinander verbinden.
In den fünfziger Jahren experimentierten deutsche Ingenieure mit einem System, bei dem Bohrer und Antriebsmotor eine Einheit bildeten und das an einem Kabel durch ein vorher gebohrtes Pilotloch nach oben gezogen wurde. Die Schweden versuchten sich 1957 mit einer Arbeitsplattform, die an Schienen an der Schachtwandung nach oben kletterte. Der entscheidende Durchbruch in Form des *raise borer* mit Gestänge, Riesenbohrkopf und hydraulischer Drehbohrmaschine kam 1962 aus den USA. 1969 wurde nach dieser Technik in der Kupfermine White Pine in Michigan ein 500 Meter tiefer Wetterschacht von 3,7 Meter Durchmesser niedergebracht. Die Einführung der amerikanischen „Von-unten-nach-oben-Methode" bedeutete einen Durchbruch beim Schachtbohren, denn dadurch gelang es, die Arbeitszeit um zwei Drittel, die Kosten um die Hälfte zu senken.

Gewinnungsmethoden

Mit Schlägel und Eisen

„Der Bergbau stellt die Tätigkeit dar", so Alison Burford recht drastisch in seinem Sachbuch über Künstler und Handwerker in Griechenland und Rom, „die am deutlichsten die Grausamkeit erkennen läßt, die in bestimmten Gruppen der antiken Gesellschaft herrschte. Antike Berichte über diese Arbeit übertreiben ihre Schrecken wohl nur sehr wenig; manche von diesen schlimmen Zügen lagen in der Natur der Tätigkeit begründet, doch wurden die Leiden der Arbeiter sicher oft durch ihren Status – Sklavenstand, Kriegs- oder Kriminalgefangenschaft – und die dem entspringende strenge Disziplin, der sie unterworfen waren, verstärkt." Also gab es an Arbeitskräften für den Bergbau im Altertum (vornehmlich nach Feldzügen) keinen Mangel, und das erklärt, warum die auf der Jagd nach Bodenschätzen verwendeten Hilfsmittel Jahrtausende hindurch in ihrer Form etwa die gleichen geblieben sind, lediglich das Material änderte sich: Schlägel und Eisen aus Horn, Stein oder Metall.
Erst sehr viel später, im 17. Jahrhundert, kam der Sprengstoff dazu. Die Bohrlöcher wurden zuerst mit der Hand angelegt, seit dem Beginn des 18. Jahrhunderts dann mit mechanischen Bohrgeräten. Um die Jahr-

Die perspektivische Schnittzeichnung verdeutlicht die dem Laien meist unzugängliche Welt eines Steinkohlenbergwerks mit dem Grubenbetrieb, in dem die Kohle gewonnen und zutage gefördert wird, und den Tagesanlagen, die zur Aufbereitung und Veredelung dienen. Um die Einzelheiten deutlicher zeigen zu können, ist die Zeichnung in der Waagerechten verkürzt (unten rechts eine maßstabsgerechte Skizze).
In der Darstellung der Grube ist zu erkennen, daß durch die nach der Karbonzeit eingetretene Faltung der Gebirgsschichten im linken Bildteil die Flöze von flacher bis geneigter Lagerung in steile Lagerung übergehen. Außerdem werden rechts und links des Haupt- und des Wetterschachts Klüfte oder Störungen infolge von Schollenbildung der Schichten gezeigt.

Tagesanlagen

- a Förderturm mit Turmfördermaschine
- b Schachtgebäude
- c Fördergerüst
- d Grubenlüfter und Diffusor
- e Aufbereitungsanlage mit Verladung
- f Kokskohlenturm
- g Füllwagen
- h Überdachte Koksofenbatterie
- i Kokslöschwagen
- k Kokslöschturm
- l Gasometer
- m Kläranlage
- n Alte Bergehalde
- o Kraftwerk
- p Kühlturm
- q Wasserturm
- r Materiallagerplatz
- s Sägerei
- t Ausbildungszentrum

Grubenbetrieb

1 Hauptförderschacht mit Gefäßförderung
2 Wetterschacht mit Gestellförderung
3 Füllort
4 Blindschacht mit Wendelrutschenförderung
5 Blindschacht mit Gestellförderung
6 Querschlag
7 Richtstrecke
8 Flözstrecke
9 Streckenvortriebsmaschine
10 Hobelstreb in flacher Lagerung
11 Schrämstreb in flacher Lagerung
12 Abbauhammerstreb in steiler Lagerung
13 Rammstreb in steiler Lagerung
14 Alter Mann
15 Wetterschleuse
16 Bandförderung
17 Wagenförderung
18 Rohkohlenbunker mit Beschickungsbändern für die Gefäßförderanlage
19 Materialtransport mit Einschienenhängebahn
20 Materialtransport mit Förderwagen
21 Personenfahrung mit Einschienenhängebahn
22 Personenfahrung mit Personenzug
23 Wasserhaltung

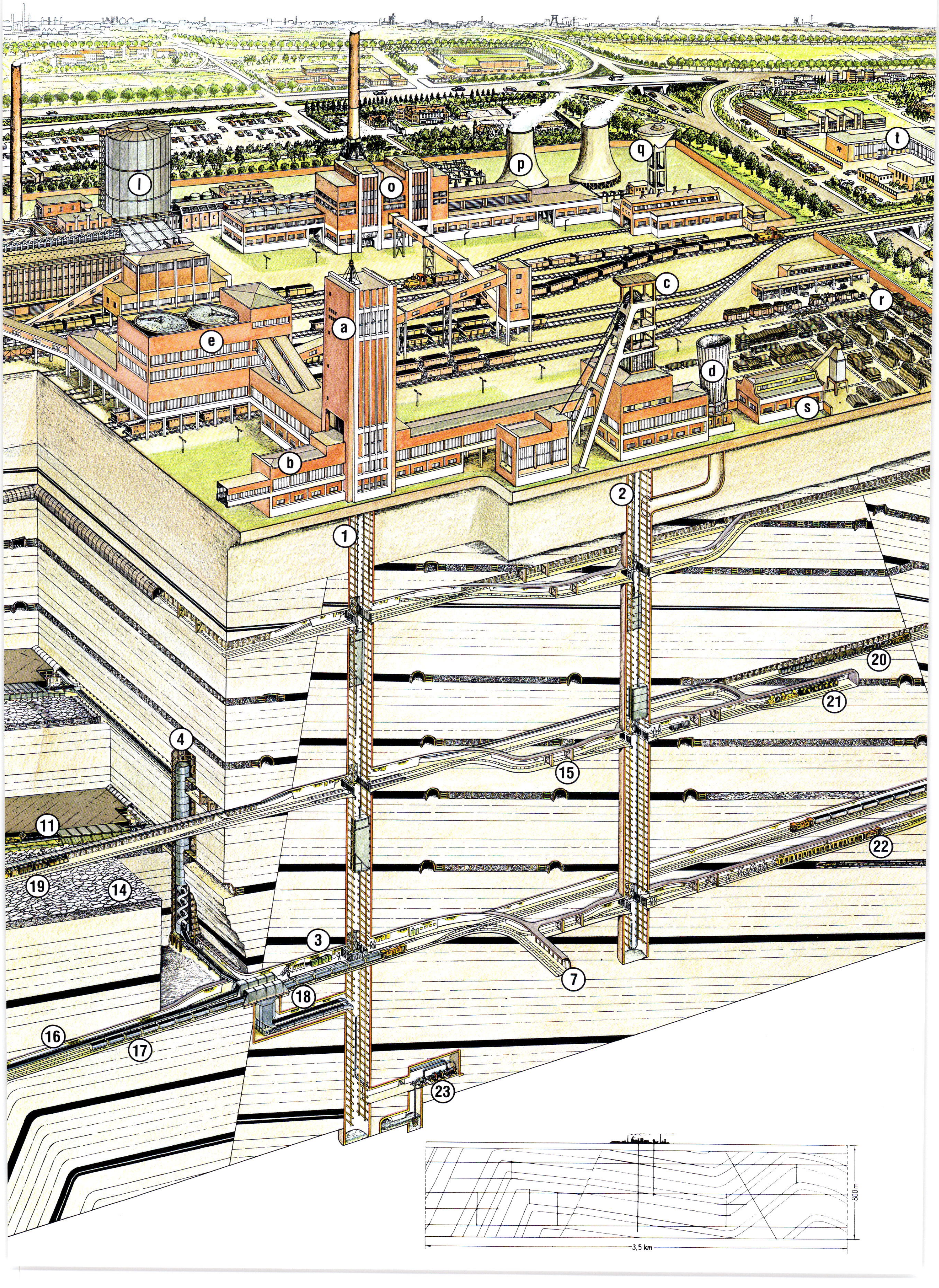
l
o
p
q
t
a
c
r
e
d
s
b
2
1
20
21
4
15
11
22
19
14
3
7
18
16
17
23
800 m
3,5 km

1

2

1 – Im „Schwazer Bergbuch“ von 1556 heißt es zu dieser Zeichnung: „Wenn man in einem Gebirge harte Bretter oder sonst in bauenden Zechen hartes Gestein erbaut, so hauen und machen die Arbeiter mit Schlägel und Eisen eine Rinne oder einen Schram in das Gestein ... Mit eisernen Pochern schlagen sie dann auf die eisernen Keile, treiben so das Gebirge auseinander und werfen große Wände herunter ...“
2 – Die „Room-and-Pillar“-Abbauweise, wie sie diese über hundert Jahre alte Darstellung zeigt, ist nur sinnvoll, wenn die Kohle in mächtigen Flözen auftritt. Auch im Salzbergbau ist sie üblich.
3, 4 – Die beiden zweiteiligen Hirschhornhacken aus Carnon und Nointel und der Holzschlägel aus Bliesenbach im Bergischen Land geben eine Vorstellung von den primitiven Arbeitsbedingungen der vor- und frühgeschichtlichen Kumpel.

hundertwende begann die Mechanisierung unter Tage Fuß zu fassen und allmählich die menschliche und tierische Arbeitskraft zu ersetzen. Der Mechanisierung folgte später die Automatisierung. Nach fast hundertjährigen Bemühungen kam in der zweiten Hälfte des 19. Jahrhunderts in England die erste wirtschaftlich erfolgreiche Scheibenschrämmaschine zum Einsatz. Als Kraftquelle diente zuerst Dampf, dann Druckluft und elektrischer Strom. Abbauhammer, Kohlehobel und Walzenschrämlader (eine Schrämwalze fräst mit Hartmetallzähnen die Kohle aus dem Flöz) zum Kohleabbau veränderten das Bild unter Tage, die Vollschnittbohrmaschine für den Gesteinsstreckenvortrieb, ein von einem einzigen Mann gesteuerter Gigant, unterstützte die herkömmliche Vortriebsarbeit nach dem Schema Bohren, Sprengen und Wegfüllen.

Das unterirdische Gebäude: ein wenig Kumpeljargon

Moderne Grubengebäude sind kunstvolle Netzwerke unter Tage mit genau unterteilten Bauabschnitten, ein unterirdisches Gebäude mit Stockwerken (Sohlen), Fahrstuhleingängen (Füllorte), Fahrstuhlschächten (Seilfahrtschächten), Korridoren (Querschlägen) und Fluren (Richtstrecken). Mit Analogien läßt sich ein Grubengebäude ganz einleuchtend beschreiben, aber ein bergtechnisch Ahnungsloser tut sich bisweilen schwer, Bergbautexte, die im Prinzip recht einfache Sachverhalte beschreiben, in allgemein verständliches Deutsch zu übersetzen, vor allem dann, wenn Begriffe wie folgt erläutert werden: Ein Querschlag ist im Bergbau eine quer zum Streichen der Schichten aufgefahrene Strecke.

In der Bergbauterminologie bezeichnet der Begriff „Gewinnung“, mit dem sich dieses Hauptkapitel befassen wird, alle Arbeitsgänge, die das unmittelbare Loslösen von nutzbaren Mineralien und/oder Nebengesteinen aus dem natürlichen Gebirgsverband von Hand, durch Sprengen oder mit Hilfe von Gewinnungsmaschinen zum Ziel haben. Das betrifft die Ausrichtung, die Herstellung aller Grubenbaue im Gestein, beispielsweise aller Strecken (ob Gesteinsstrecken, die zu den Lagerstätten führen, oder Abbaustrecken im Flöz), darunter die söhlige (horizontale) Ausrichtung durch Querschläge und Richtstrecken, und auch die seigere (senkrechte) Ausrichtung durch Blindschächte und Gesteinsberge sowie die Vorrichtungsbaue in den Lagerstätten und natürlich den Abbau der Lagerstätten selbst.
„Die Sprache des Bergmanns ist reich an verschiedenen Ausdrücken, deren er sich bedient, um Geräthe, Thätigkeiten, Einrichtungen u. s. f., die zum Betriebe der Grube unerläßlich sind, zu bezeichnen“, schrieb Wilhelm Bersch, „und häufig sind diese Ausdrücke in solcher Weise gewählt, daß sie oft einen kürzeren oder längeren Satz ersetzen.“ Wie wahr.
Die Idee des planmäßigen Abbaus nach bestimmten Abbauverfahren tauchte im Kohlenbergbau schon ziemlich früh auf. 1795 beispielsweise wurde in England das Grubengebäude erstmals in getrennte Bauabschnitte unterteilt. Aus Gründen der Sicherheit und der besseren Belüftung kamen weitere Tageschächte dazu, planmäßiger Bergeversatz, also das Auffüllen der durch den Abbau entstandenen Hohlräume mit taubem Gestein, wurde in englischen Anthrazitminen gegen Ende des 19. Jahrhunderts durchgeführt. Der Ab-

3

4

bau erfolgt heute von stockwerkartig etwa 100 bis 200 Meter übereinander angelegten, waagerechten Sohlen aus. Der westdeutsche Steinkohlenbergbau setzt dabei meistens das Zweisohlensystem ein, bei dem die Lagerstätte in zwei Ebenen durch Gesteinsstrecken ausgerichtet wird. Die annähernd flache Lagerung der verhältnismäßig dicken Flöze in Großbritannien und den USA ermöglicht in diesen Ländern eine Technik, die *in-the-seam-mining* genannt wird. Das ist ein Einsohlenbergbau, bei dem die Ausrichtung weitgehend in das Flöz gelegt wird.

Das Untertage-Gebäude ist etwa wie folgt aufgebaut. Vom Schacht her wird zunächst das Füllort (die Bergleute sagen nach mittelalterlichem Sprachgebrauch tatsächlich „das Füllort") erstellt, der Umschlagbahnhof zwischen Schacht und Strecke, dann ein Querschlag rechtwinklig zum Schichtenverlauf mit Preßlufthämmern, Schlagbohrern, Einbruchsprengungen oder Streckenvortriebsmaschinen aufgefahren. Parallel zu diesem ersten Hauptquerschlag verlaufen im Abstand von einigen hundert Metern weitere Abteilungsquerschläge, die untereinander mit rechtwinklig kreuzenden (in der Richtung des Schichtenverlaufs) Richtstrecken verbunden sind.

Übereinanderliegende Sohlen werden zur Vereinfachung der Materialförderung durch Blindschächte miteinander verbunden. Parallel im Abstand von 200 bis 250 Meter in ein Flöz vorgetriebene Abbaustrecken unterteilen das Flöz für den Kohleabbau in einzelne Abschnitte. Ein solcher Abschnitt, also die Verbindung zwischen zwei Abbaustrecken, wird in der Bergbausprache als Streb bezeichnet und lexikalisch als langgestreckter, durch den Abbaufortschritt sich täglich verlagernder Abbauhohlraum definiert.

Die Kohlegewinnung, also der Abbau, muß nicht unbedingt nach dem Verfahren des Strebbaus (oder, modifiziert für stark geneigte Lagerung, nach dem Verfahren des Schrägbaus) erfolgen. Das älteste Abbauverfahren ist die kammerartige Bauweise, das „Room-and-Pillar"-System des amerikanischen Bergbaus, bei dem schachbrettartig Kohlepfeiler stehen gelassen werden, die das Hangende, also die Gesteinsschicht über dem Flöz, die die Decke des Abbauraums bildet, abstützen. Das Liegende ist übrigens im Gegensatz dazu der Boden des Abbauraums, also die Gesteinsschicht unter dem Kohleflöz.

Zurück in die Steinzeit

„Ein großer Theil der Geräthe des Bergmannes, des Gezähes, wie er diese in seiner Sprache bezeichnet, ist wohl, wenigstens in seiner Grundform, nahezu so alt, wie das Menschengeschlecht selbst", vermutete Wilhelm Bersch. Der Begriff *Gezähe* stammt von dem althochdeutschen Wort *gizawa* und bedeutet nichts anderes als Gerät oder Werkzeug. Am bekanntesten sind wohl Schlägel oder Fäustel, ein Doppelhammer, und das keilförmige Eisen, die gekreuzt im bekannten Bergwerkszeichen vorkommen und bis heute das Symbol der Bergleute sind. Die Spitze des Eisens wurde mit dem Schlägel in das Gestein hineingetrieben. Was das Alter dieser Werkzeuge anbelangt, so bedarf es schon einiger Phantasie, um sie bis zum Ursprung des Homo sapiens zurückzuverfolgen.

Die ältesten bekannten Werkzeuge tauchten in der Nähe des Rudolf- oder Turkanasees im Norden Kenias auf. Sie wurden vor rund 2,6 Millionen Jahren aus der Hand gelegt und markieren etwa den Beginn des Paläolithikums, der Altsteinzeit. Es handelt sich bei diesen sogenannten *pebble tools* um Geröllgeräte unterschiedlicher Größe.

Vor 50000 Jahren, so scheinen zumindest Funde aus dem Jahr 1985 in einer altsteinzeitlichen Feuersteingrube bei Farkasrét in der Nähe von Budapest zu belegen, wurden Hacken und Hämmer aus Hirschgeweih hergestellt. Vor 35000 Jahren, noch immer in der Altsteinzeit also, machte als erster „moderner" Mensch der Cromagnonmensch durch neue Arten von Werkzeugen und Geräten von sich reden. Darunter waren so weitreichende Erfindungen wie Speerschleuder und Pfeil und Bogen, die sich in Windeseile unter der Menschheit dieser Zeit ausbreiteten. Aber auch die, nach Meinung mancher Wissenschaftler, wichtigste Einzelerfindung überhaupt ist ihm zu verdanken: Er versah sein Steinwerkzeug mit einem Handgriff, einem Stiel. Der Steinkopf des Werkzeugs wurde mit Riemen an einem Griff befestigt, und das vergrößerte zum einen die Reichweite, zum anderen die kinetische Energie des Axt- oder Hammerkopfes.

Werkzeuge aus Bronze und Eisen

Hammer, von althochdeutsch *hamar*, bedeutete ursprünglich „Stein", später dann „Steinhammer", und das weist darauf hin, daß dieses Werkzeug ursprünglich ein großer oder kleiner Stein war, der mit einer Hand oder beiden Händen auf das Werkstück oder einen fremden Schädel geschlagen wurde. Vor rund zehntausend Jahren dämmerte langsam das Neolithikum, die Jungsteinzeit herauf. Um diese Zeit ist vermutlich die älteste Form eines Hammers mit Stiel entstanden, den die Forscher für eine Art Bergmannsfäustel halten, mit einem konischen oder eiförmigen Stein als Hammerkopf. Es dauerte nicht mehr lang, und ein steinzeitliches Genie kam auf die Idee, einen Steinhammer mit flacher Bahn und meißelförmiger Schneide in der Mitte zu durchbohren und den Stiel durch das Loch zu stecken. Um 2300 v. Chr. begannen britische Kumpel bei Grimes Graves, rund 140 Kilometer nordöstlich von London, ein ausgedehntes Feuersteinbergwerk aufzubauen. Sie legten bis zu 12 Meter tiefe Schächte an, von denen radial Stollen abgingen. Abgeteuft wurde mit Holzschaufeln oder Schaufeln aus den Schulterblättern von Rindern. Für die etwa sechshundert Jahre dauernde Wühlarbeit, so haben Wissenschaftler errechnet, hatten die neolithischen Bergleute einen beachtlichen Verschleiß von mindestens 50000 Pickeln aus Rothirschgeweihen.

Es folgten Werkzeuge aus dem Material, das der jeweiligen Epoche ihren Namen gab: Hämmer aus Bronze und schließlich Werkzeuge aus Eisen. Das Werkzeugsortiment hatte sich um die Mitte des 1. Jahrtausends v. Chr. in den Mittelmeerländern durch Schlägel und Spitzeisen unterschiedlicher Größe, durch Keile, Pickel, Spitz- und Breithauen mittlerweile auch etwas vergrößert.

Bergmannsgezähe im Bild der Jahrhunderte

Ein bemaltes Tontäfelchen aus der Zeit um 600 v. Chr. zeigt als älteste bekannte Bergwerksdarstellung den Abbau in einer Tongrube bei Korinth. Ein nackter Kumpel arbeitet mit einer Art Spitzhacke, drei andere sind mit der Förderung beschäftigt. Aus dem 6. bis 1. Jahrhundert v. Chr. stammt das Bergmannsgezähe, das im Salzbergwerk Dürrnberg bei Hallein in Österreich gefunden wurde. Es handelt sich um eine Art Bergeisen mit Knieholzschäftung, das mit Hilfe von Schlägeln aus Holz in das salzhaltige Gebirge getrieben und dann herausgehebelt wurde.

Mehrere bergbautechnische Errungenschaften sind auf dem berühmten Flitschl-Altar aus dem Jahr 1514 im Diözesan-Museum zu Klagenfurt zu bewundern. Eine der beiden Figuren mit Heiligenschein, vermutlich der sagenumwobene Bergmann „Daniel Knappius“, hält Schlägel und Eisen in der Hand. Im Hintergrund ist eine Zechenlandschaft zu sehen, mit Stollenmundlöchern, einem Förderschacht und einem hölzernen Schienengestänge für sogenannte Bergtruhen, niedrige Kästen auf vier Rädern, in denen das Erz gefördert wurde. Diese Art der Förderung auf Schienen kam in der zweiten Hälfte des 15. Jahrhunderts im Bergbau des Ostalpenraumes zum Einsatz.

In Georgius Agricolas „De re metallica“ von 1556 findet sich eine recht gute Darstellung des Bergmannsgezähes der damaligen Zeit. Dazu gehörten Bergeisen, Ritzeisen und Sumpfeisen, Spitzkeil oder Fimmel, Breitkeil oder einfach Keil, Plötz und Legeisen. Bei Hämmern konnte der Kumpel zwischen Ritzfäustel, Handfäustel und Treibefäustel wählen oder lieber zum zweihändigen Treibefäustel oder Großfäustel greifen. Die Bilder des Werkes von Agricola wurden übrigens von Blasius Weffring gezeichnet und von Hans Rudolf Manuel (1525–1571) in Holz geschnitten.

Welches Gezähe im einzelnen zum Einsatz kam, das richtete sich natürlich nach der Beschaffenheit des in Angriff genommenen Gebirges. Zum Wegfüllen von lokkerem Gestein dienten Schaufeln, Rechen oder kleinere Breithauen, Krücken- und Spitzkratze, und der Trog, ein muldenähnliches Gefäß aus Eisen oder auch Holz. In festerem Gestein war die Keilhaue sinnvoller, wobei nach einfacher und doppelter Keilhaue, nach Keilhaue mit Einsetzspitze, Schrämeisen und Breit- oder Rodehaue unterschieden wurde.

Neben der schweißtreibenden Abbauarbeit von Hand mit eisernen Abbauwerkzeugen machten sich schon die Kumpel des Altertums auch die Quellwirkung angefeuchteter Holzkeile zunutze. Sie trieben die trockenen Keile in enge Spalten des harten Gesteins und übergossen sie mit Wasser. Bergleute des Mittelalters erfanden ein abgekürztes Verfahren: Sie drehten zusätzlich noch konische Schrauben in die Holzkeile. Außerdem war den Kumpeln der Antike, wie bereits erwähnt, die Technik des Feuersetzens bekannt.

Sprenglöcher, von Hand gebohrt

Die Erfindung der Sprengstoffe und die Einführung der Sprengarbeit unter Tage war von entscheidender Bedeutung für die weitere Entwicklung der bergmännischen Gewinnungsmethoden. Manche Autoren schätzen die Explosivstoffe noch höher ein und halten die Erfindung der Sprengarbeit sogar für einen „der Marksteine in der Entwicklung menschlicher Kultur“ (Heise, Herbst, Fritzsche). Die Sprengladung wurde in einem Bohrloch eingeschlossen und gezündet.

Damit also die chemische Umsetzung namens Explosion, bei der hochgespannte Gase in so kurzer Zeit entstehen, daß eine plötzliche Druckwirkung hervorgerufen wird, laut und wirkungsvoll eingesetzt werden konnte, mußten zunächst Löcher in das Gestein gebohrt werden. Das geschah zunächst in Handarbeit, dann kam das mechanische Bohrgerät auf, das in der Anfangszeit ebenfalls manuell, später dann maschinell betrieben wurde. Beide Entwicklungen, nämlich die Vervollkommnung der Sprengstoffe und die Einführung der maschinellen Bohrarbeit, waren für den Bergbau gleichermaßen wichtig.

Die ältesten Methoden, das Gebirge zu durchlöchern, waren drehendes und stoßendes Bohren von Hand. Die einfachste

Dieses bemalte Tontäfelchen aus dem 6. Jahrhundert v. Chr. wurde mit einer großen Anzahl weiterer Weihtäfelchen in einem Poseidonheiligtum in Penteskouphia bei Korinth gefunden. Es befindet sich heute als älteste bildliche Darstellung des Bergbaus in den Staatlichen Museen zu Berlin. Da viele der anderen Täfelchen das Kneten von Ton, das Töpfern und Gefäßbrennen zeigen, dürften diese Arbeiter in einer Tongrube schürfen.

Handbohrmaschine zum Drehbohren war ein Schlangenbohrer mit Kurbel und Brustblech zur Erhöhung des Bohrdrukkes. Zum stoßenden Bohren nahm der Bergmann eine Bohrstange aus Rundeisen mit einer stählernen Schneide am Ende in beide Hände und stieß sie unter ständigem Umsetzen gegen die Bohrlochsohle.
Der Clausthaler Oberbergmeister Georg Illing (1569–1644) führte 1632 in seinen Gruben das Schießen mit Pulver ein und verbesserte die Bohrarbeit. Nach Feldhaus setzte ein gewisser Henning Hutmann 1636 als erster die Maschinenbohrung für Sprengarbeiten im Bergbau ein. Es folgte die Bergbohrmaschine des Zellerfelder Maschinendirektors Johann Justus Bartels 1713. Zu Beginn des 19. Jahrhunderts gab es bereits die ersten stoßenden Handbohrmaschinen, beispielsweise die sogenannte pneumatische Handbohrmaschine von Jordan. Das war im Prinzip ein Schlagbohrhammer, der durch eine Handkurbel angetrieben wurde. Bei jeder Kurbeldrehung stieß die Federkraft einer in einem Zylinder vom Kolben komprimierten Luftmenge den Bohrmeißel gegen das Gestein. Das Drei- bis Vierfache der Handarbeit soll das Gerät von Jordan geleistet haben, aber zur Bedienung waren immerhin zwei bis drei Kumpel erforderlich, und das verringerte die Wirtschaftlichkeit und Handlichkeit um einiges.
Eine Menge Erfinder diesseits und jenseits des Atlantiks beschäftigte sich mit dem Thema Handbohrgeräte. Von Auer, Barthelsson und Meih über Faber in Barmen und Gronert in Berlin bis hin zu US-amerikanischen Bohrspezialisten wie John T. Snyder, Francis W. Corrigan oder William X. Stevens, um nur einige zu nennen. Der entscheidende Fortschritt aber kam erst durch die Bohrmaschinen mit Kraftbetrieb, durch Dampf, Preßluft und Elektrizität.

Bohren mit Maschinenkraft

In gewisser Weise haben sie sich schon sehr früh gegenseitig befruchtet, der Bergbau und der Tunnelbau mit seinen Vorläufern, den unterirdischen Be- und Entwässerungskanälen. Das zeigte sich bei der Entwicklung der Hand-Werkzeuge und der Vermessungstechnik, bei Sprengarbeiten oder bei der Belüftung. Aber die Bohrmaschinen mit Kraftbetrieb, oder auch die Großbohrmaschinen für den Streckenvortrieb beispielsweise, wurden in den unterirdisch geführten Strecken eines Verkehrsweges, genannt Tunnel, aus der Taufe gehoben, verbessert und dann erst im Bergbau eingesetzt, deshalb zunächst einige wenige Daten aus der Geschichte des Tunnels.

Tunnelbauten als Schrittmacher

In den Jahren 1679 bis 1681 baute Pierre Riquet den 157 Meter langen Malpas-Tunnel mit einem Querschnitt von sieben auf acht Meter für den Canal du Midi (Kanal von Languedoc), den ersten Kanal, der Atlantik und Mittelmeer verband.
Bemerkenswert bei diesem Tunnelbau war, daß zum erstenmal in größerem Umfang Schwarzpulver zum Gesteinsprengen eingesetzt wurde. Die Bohrlöcher entstanden mit Bohrern aus Eisen in mühsamer Handarbeit.
Pioniere des Unterwassertunnelbaus waren der britische Ingenieur und Architekt französischer Herkunft Marc Isambard Brunel (1769–1849) und sein Sohn Isambard Kingdom (1806–1859). Sie entwickelten für die Untertunnelung der Themse viereinhalb Meter unter dem Flußbett ein Schildvortriebsystem. Es bestand aus einem mit einer Schneide versehenen Stahlgehäuse mit hufeisenförmigem Querschnitt, das durch eine Schraubwinde in das (relativ weiche) Gebirge gedrückt und so vorgeschoben wurde. Durch Klappen an der Frontseite trugen Bergleute das Material ab, hinter dem Bohrschild mauerten sie den Tunnel dann mit Ziegeln aus.
Auch der Vorläufer der leistungsstarken Streckenvortriebsmaschinen des Bergbaus, die gleichzeitig mit Ladevorrichtungen ausgestattet sind, kam von der Tunnelbautechnik. So wußte 1883 die „Illustrirte Zeitung" zu berichten: „Durch die kolossalen Tunnelbauten der Neuzeit ist nicht nur in technischen Kreisen den bei derartigen Leistungen der Ingenieurkunst zu Hülfe genommenen Maschinen ein immer regeres Interesse zugewendet worden. Eine principielle Neuerung auf diesem Gebiet stellt die nach dem System Beaumont und English construirte Maschine, welche gegenwärtig beim Bau des Kanaltunnels (Anm.: unter dem Ärmelkanal) zur Anwendung kommt, insofern dar, als dieselbe nicht zur Herstellung von Sprenglöchern, sondern unmittelbar zum Hinwegschneiden oder vielmehr Hinwegschälen der zu beseitigenden Gesteinsmassen dient.
Der wirkende Theil der Maschine … ist durch eine Anzahl kurzer Stahlmeißel gebildet, die in zwei mit einer gemeinsamen Achse drehbaren Armen befestigt sind. – In dem Maße, wie das Gestein durch die schneidende Wirkung der Stahlmeißel losgeschält wird, bewegt sich das Obergestell der Maschine vorwärts. – Auf diese Weise wird die ganze in den Bereich der Stahlmeißel kommende Kalksteinfläche entfernt.
Die als Triebkraft für die Bohrmaschine verwendete comprimirte Luft wird am Eingang des Tunnels mittels durch Dampf getriebener Luftpumpen erzeugt. – Ein vorn an der Maschine stehender Arbeiter wirft mittels einer Schaufel die losgeschälten Stücke in kleine Eimer, die, an einer endlosen Kette befestigt, dieselben durch die Maschine hindurch in die hintenstehenden Wagen befördern." Erst 1947 wurde das Beaumont-System für den Kohlenbergbau adaptiert.

Tunnel, in einem Stück gebohrt

Aus dem Kanaltunnel wurde damals bekanntlich noch nichts, weil die sicherheitsliebenden britischen Militärs die Tunnelpläne boykottierten und weil das Projekt Unsummen verschlungen hätte, aber in Amerika griffen einige Ingenieure den Traum von der vollmechanischen Tunnelbohrmaschine auf. Es war das Team unter dem Chefingenieur Jerome O. Ackerman mit F. K. Mittry und James S. Robbins, das 1954 beim Bau des Oahe-Damms am Missouri in der Nähe der Stadt Pierre in South Dakota die erste „Mittry-Mole" genannte Maschine baute. Die Tele-Mole, eine vollautomatische Tunnelbaumaschine mit Laser-Visier und Computersteuerung, wurde in Japan entwickelt und beim Seikantunnel eingesetzt, der 270 Meter unter dem Meeresspiegel die japanischen Inseln Honschu und Hokkaido verbindet.
Als das Kanaltunnelprojekt im Dezember 1987 mit neuem Elan und neuen Maschinen wieder aufgenommen wurde, kamen elf Tunnelbohrmaschinen und amerikanisches Know-how zum Einsatz. Die 1300 Tonnen schweren Bohrwürmer mit 2400 Pferdestärken fraßen sich mit Hilfe eines vollautomatischen Steuerungssystems aus Laserstrahlen und Mikroprozessoren Tag und Nacht eineinhalb Meter pro Stunde durch den Kreidemergel. Die rotierenden Fräsköpfe waren mit 49 Stahlscheiben und Hunderten von Meißeln bestückt. Der zerschnittene, abgesprengte und zu faustgroßen Stücken zerkleinerte Felsmüll gelangte über Förderbänder und Transportzüge ins Freie. Im *worst case*, im schlimmsten Fall eines Wassereinbruchs nämlich, ließ sich der Bohrkopf der Tunnelbohrmaschinen auf Knopfdruck durch einen Schild wasserdicht verschließen.
Im Steinkohlenbergbau werden heute im Zuge der Automatisierung leistungsstarke Streckenvortriebsmaschinen eingesetzt, und zwar je nach Beschaffenheit des Gesteins unterschiedliche Maschinentypen. In hartem Gestein beispielsweise übernehmen Vollschnittbohrmaschinen den Vortrieb, die kreisrunde Löcher bis zu sechs Meter Durchmesser aus dem Gebirge schneiden. „Beeindruckend ist, daß diese Giganten von einem einzigen Mann gesteuert werden. Die Maschinen sparen nicht nur Zeit und Geld, sondern leisten auch ihren Beitrag für erhöhte Sicherheit unter Tage: Jeder Sprengvorgang erschüttert das Gebirge, macht es brüchig. Eine ohne Sprengung kreisrund aufgefahrene Strecke bietet auch durch ihre Form einen stärkeren Halt gegen das ringsum drükkende Gebirge", so die Broschüre des Gesamtverbandes des deutschen Steinkohlenbergbaus.
Aber eine der wichtigsten verkehrstechnischen Entwicklungen des vorigen Jahrhunderts, nämlich der Bau der großen Gebirgstunnel, wurde erst durch die Erfindung neuer Sprengtechniken und der mit Druckluft betriebenen Gesteinsbohrmaschinen möglich. Noch lange Zeit, nachdem der Gesteinsbohrer erfunden war, wurden die Untergrundbohrungen von zwei Bergleuten ausgeführt: Der eine drehte den Bohrer schrittweise weiter, während der andere den Hammer schwang. Da kamen die Tunnelbauer und brauchten verzweifelt neue Maschinen. Ganz besonders zwei Projekte, nämlich der Mont-Cenis-Tunnel zwischen Frankreich und Italien und der Hoosac-Tunnel in Massachusetts, USA, waren Meilensteine in der Entwicklung neuer Gesteinsbohrmaschinen und Sprengtechniken. Und beide Neuerungen übernahm der Bergbau.

Erste Versuche mit Dampf und Druckluft

Natürlich konnten auch die innovationsfreudigen Tunnelbauer auf bohrtechnische Vorbilder zurückgreifen, sofern sie ihnen bekannt waren. In den USA wurde bereits am 27. März 1849 die erste dampfbetriebene Gesteinsbohrmaschine, eine „verbesserte Maschinerie zum Bohren von Felsen", unter der Nummer 6237 patentiert. Eigentlich war das Gerät ein stationärer Dampfbohrhammer, und der Erfinder, Joseph James Couch aus Philadelphia, hatte es unter Verwendung einiger Teile einer Kolbendampfmaschine zusammengebaut. Der Bohrmeißel führte durch einen Hohlkolben und wurde wie eine Lanze gegen das Gestein geworfen. Beim Zurückprallen fing ein Greifer den Meißel

1

2

3

auf, dann schleuderte der dampfgetriebene Kolben ihn wieder nach vorn. Solche Dampfbohrhämmer schafften rund sechshundert Schläge in der Minute, aber beim Einsatz unter Tage ergaben sich unter anderem Bewetterungsprobleme. Deshalb hatten mit Preßluft betriebene Gesteinsbohrer von Anfang an bessere Chancen.

Der Mechaniker und Ingenieur Ktesibios aus Alexandria war um 250 v. Chr. wohl der erste Techniker, der Druckluft zum Betrieb von Maschinen ausnutzte. Er baute unter anderem ein Druckluftkatapult. Im Bergbau aber tauchte die komprimierte Luft als Antrieb vermutlich erst zu Beginn des 19. Jahrhunderts auf. Bekannt ist, daß der schwedische Techniker und Ingenieur und Sohn eines Grubenbesitzers John Ericsson (1803–1889) einen Luftkompressor erfand, den er nach 1826 in den Zinnbergwerken von Cornwall einsetzte und damit zum erstenmal auf der britischen Insel Preßluft als Antriebskraft verwendete.

1829 wurde ein Verbundkompressor patentiert, der die Luft in mehreren Zylindern und damit Stufen hintereinander komprimierte. Nahezu unbeachtet von technikhistorischen Werken blieb ein deutscher Modellmeister, der Anfang 1855 in Freiberg in Sachsen eine Gesteinsbohrmaschine konstruierte, die durch komprimierte Luft betrieben wurde. Sein Name war Carl Gottfried Schumann (1813–1867). Der Sohn eines Stuhlbauers besuchte bis zu seinem vierzehnten Lebensjahr die Volksschule in Freiberg, war dann Gehilfe in einem chemischen Laboratorium und arbeitete von 1833 an als Gezeugarbeiter in der Maschinenbauanstalt in Halsbrücke. Zehn Jahre später stellte ihn die Freiberger Bergakademie

Mit der Einführung des bergmännischen Schießens im 17. Jahrhundert setzten auch die Versuche ein, das Bohren der Sprenglöcher durch Maschinen zu erleichtern.
1 – Eine Abbildung aus einer Darstellung des Bergbau- und Hüttenwesens von 1900 zeigt das Bohren mit der Lisbethschen Handbohrmaschine im Kalisalzbergbau.
2 – Die bereits Anfang des 19. Jahrhunderts von Jordan erfundene Stoßbohrmaschine, mit Handkurbel angetrieben und pneumatisch arbeitend, wie sie die 8. Auflage des „Buches der Erfindungen, Gewerbe und Industrien" zeigt.
3 – Nach Vorarbeiten von Daniel Colladon (1802–1893) entwickelte der französische Ingenieur Germain Sommeiller (1815–1871) eine Reihe von Kompressions-Stoßbohrmaschinen, die ab 1861 beim Bau des Mont-Cenis-Tunnels eingesetzt wurden.

als Modellarbeiter an und verlieh ihm 1852 den Titel Modellmeister. Seine Druckluft-Gesteinsbohrmaschine wurde „im Frühjahr und Sommer 1856 von den Professoren Reich und Julius Weisbach in Halsbrücke ausprobiert, wobei das Druckwerk des dortigen Amalgamierwerkes die Preßluft lieferte. Die Versuche führten zu größerer Vereinfachung und Verbesserung der Maschine, auf die am 1. Februar 1860 ein Erfindungspatent auf die Dauer von 5 Jahren erteilt wurde" (Schiffner). Schumann starb am 17. Februar 1867 an einem Gehirnschlag. Mittlerweile war am ersten großen Alpentunnel unter dem Col de Fréjus die Arbeit aufgenommen worden.

Premieren am Mont Cenis

Der 1871 fertiggestellte, 12,2 Kilometer lange Eisenbahntunnel unter dem Mont Cenis, der erste seiner Art von dieser Länge, konnte mit mehreren Pioniertaten aufwarten, darunter der Einsatz von Dynamit für Felssprengungen, die Erzeugung und Verteilung von Druckluft und die konstruktive Verbesserung von druckluftbetriebenen Bohrmaschinen. Dazu kam, daß die Bauarbeiten von beiden Seiten zugleich begannen und der Tunnel ohne dazwischenliegende Schächte vorangetrieben wurde. Als die beiden Arbeitskolonnen Ende 1870 im Tunnel aufeinandertrafen, betrug die Richtungsabweichung der beiden Röhren voneinander weniger als 45 Zentimeter.
Der Vorschlag, „die langwierige Handarbeit durch irgend eine maschinelle Einrichtung zu entlasten" (Bersch), kam wohl schon vor 1848 von dem belgischen Ingenieur Heinrich Mauss. Er wollte eine Tunnelbohrmaschine mit Wasserkraft betreiben, was aber in Anbetracht der erheblichen Entfernungen in den Tunnelstrecken kaum zum Erfolg führen konnte. Wesentlich interessanter war die Idee des Genfer Professors und Maschinenfachgelehrten Daniel Colladon (1802–1893) aus dem Jahr 1855. „Der wichtigste praktisch-wissenschaftliche Vorschlag Colladons war der, den Tunnelbau mit Hilfe der Preßluft zu betreiben. Sein Name wird mit dieser Betriebsweise immer verbunden bleiben. Zuerst mit glänzendem Erfolg beim Mont Cenis angewandt, kam die Arbeitsweise beim Gotthardtunnel zur vollsten Anerkennung, desgleichen auch Colladon selbst, der dann auch nie aufgehört hat, in Tunnelfragen zu arbeiten und seine von geologischen Kenntnissen getragenen Anschauungen zu maßgebender Geltung zu bringen" (Reuleaux). Colladon, Sohn einer Genfer Hugenottenfamilie, entwickelte nicht nur die Idee einer Druckluftanlage und einen Luftkompressor, bei dem „zuerst außer der Mantelkühlung eine lebhafte Wasserzirkulation durch die hohle Kolbenstange hindurch zur Luftkühlung angewendet wurde" (Feldhaus), sondern führte 1843 auch die Gasbeleuchtung in Genf ein, verbesserte das Galvanometer und verwandte Meßgeräte. Er starb am 30. Juni 1893 im Alter von 91 Jahren in Genf. Auf seiner Druckluft-Idee bauten andere auf.

Die Kompressions-Stoßbohrmaschine des Monsieur Sommeiller

Einer von ihnen war der französische Ingenieur Germain Sommeiller (1815 bis 1871), geboren am 15. März in Saint-Jeoire, Obersavoyen. Sommeiller hatte sich an der Universität von Turin mit der Konstruktion einer Art Druckluft-Zusatzmotors befaßt, der Dampflokomotiven auf steilen Steigungsstrecken mit zusätzlicher Leistung versorgen sollte. Als er die französische Bauleitung für die Tunnelarbeiten unter dem Mont Cenis übernahm, schwebte ihm vor, seine Druckluftmechanik für eine Gesteinsbohrmaschine einzusetzen. Zwar war dem Franzosen dampfgetriebenes Bohr- und Schlaggerät bekannt, schien ihm aber nicht geeignet, weil der Dampf durch kilometerlange Rohrleitungen bis an die jeweilige Stollenbrust hätte geleitet werden müssen. Für die italienische Tunnelseite setzten sich die Ingenieure Severino Grattini, Grandie und G. B. Piatti (1813–1867) mit dem Problem der maschinellen Bohrung auseinander und entwickelten ebenfalls eine Druckluftbohrmaschine. Doch als die Arbeiten an dem Projekt am 1. September 1857 begannen, war die Frage der Bohrmaschinen noch nicht geklärt, und die Arbeiter mußten nach der traditionellen Methode vorgehen: manuell gebohrte Löcher, Sprengung mit Schwarzpulver, Wegfüllen der Gesteinsbrocken. In den ersten Jahren soll der tägliche Fortschritt bei nur knapp 25 Zentimetern gelegen haben. Und als Sommeiller 1861 seine erste Druckluft-Stoßbohrmaschine in Betrieb nahm, ging es auch nicht viel schneller. Doch durch die mühsame, aber sichere Methode von Versuch und Irrtum perfektionierte er seinen hydraulisch betriebenen Hubkolbenkompressor und die Kompressions-Stoßbohrmaschine. Über der Kompressorstation baute er einen Staudamm. Das herabstürzende Druckwasser trieb über Wasserräder die Kolben in den Zylindern der Kompressoren an, bei denen zwischen Kolben und der von ihnen auf etwa zwölf Atmosphären Überdruck komprimierten und dadurch erhitzten Luft immer eine frische Wasserschicht für Kühlung sorgte („Naßkompressor").
Wilhelm Bersch beschrieb das Bohrwunder vom Mont Cenis 1898 wie folgt: „Die Sommeiller'sche Maschine, welche zur Zeit selbstverständlich nur mehr ein historisches Interesse besitzt, arbeitet mit neun beweglichen Bohrern, von denen einige parallel mit der Achse, die anderen in divergirender Richtung gegen die Stollenbrust sich bewegen. Die Bewegung der Bohrer selbst war eine doppelte, und zwar eine stoßende und eine rotirende. An jedem Bohrer waren zwei bewegliche Röhren angebracht, die eine für comprimirte Luft, die andere für das Wasser, welches in die Bohrlöcher eingespritzt wurde. Zur Bedienung dieser Maschine waren nicht weniger als 37 Personen erforderlich. Bei jedem Angriffe auf die Stollenbrust wurden durchschnittlich acht Löcher von 75–80 cm. (Zentimeter) Tiefe gebohrt. Der durchschnittliche Fortschritt auf beiden Angriffspunkten des Tunnels betrug im Tage 3–4 Meter, das Maximum über 5 Meter."
Nach etwa 13 Jahren, 12,2 Kilometer Bohr- und Sprengarbeiten, nach einem Kostenaufwand von 60 Millionen Goldmark und einem tragischen Opfer von 28 Menschenleben reichten sich am 25. Dezember 1870, dem ersten Weihnachtstag, italienische und französische Arbeitskolonnen nach dem Durchstich im Tunnel unter der Erde die Hände. Über der Erde indes ging es weniger friedlich zu. Deutsche Kanonen beschossen Paris, und nicht weit vom Mont Cenis lieferten sich französische und deutsche Truppen erbitterte Gefechte. Sommeillers Kompressoren und Bohrgeräte wurden in der Folgezeit in Bergwerken von Schweden, Belgien und Frankreich eingesetzt. Sommeiller starb am 11. Juli 1871 (oder 1878?) in seinem Heimatort Saint-Jeoire.

Der Hoosac-Tunnel: Wiege der amerikanischen Druckluftindustrie

Auch die USA hatten eine leistungsfähige Industrie für pneumatisches Werkzeug ins Leben gerufen. Der Grundstein dafür war fast hundert Jahre früher gelegt worden, wieder bei einem Tunnel, und wieder für den Schienenverkehr. Es war der Hoosac-Tunnel durch die Berkshire Mountains der Hoosac Range, der die Eisenbahnverbindung zwischen Boston und dem amerikanischen Westen sicherstellte.
Die Bauarbeiten an diesem Tunnel began-

Bei den Pulsator- oder elektropneumatischen Bohrmaschinen wie dieser (Bauart Temple-Ingersoll, Hersteller Ingersoll-Rand Company, um 1906) treibt ein Elektromotor einen Wechseldruckerzeuger oder Pulsator. Zwei Kolben bringen je eine Luftsäule in schwingende Bewegung, die durch Schläuche geführt in einer Druckluft-Stoßbohrmaschine den Stoßkolben abwechselnd in Stoßhub und Rückhub versetzen.

nen 1851 und dauerten, bedingt durch zahllose technische, finanzielle und politische Schwierigkeiten, ganze vierundzwanzig Jahre. Verantwortlicher Leiter in den Jahren 1855 bis 1862 war der Ingenieur und Erfinder Herman Haupt (1817–1905), West-Point-Zögling und Eisenbahnspezialist. Er machte sich besonders für die Einführung der Druckluftwerkzeuge im Tunnel- und Bergbau stark. Auch der erste Kompressor, eine Vier-Zylinder-Maschine, der von 1866 an in den USA für umfangreiche Arbeiten eingesetzt wurde, erlebte seine Premiere am Hoosac-Tunnel. Ebenfalls Premiere, zumindest im zivilen Bereich, hatte das Nitroglycerin als Sprengmittel, das der Ingenieur Thomas Doane zusammen mit der elektrischen Zündung am Hoosac-Tunnel einsetzte. Als wichtigste Neuerung aber wird in amerikanischen Quellen die Entwicklung der Hoosac-Kompressions-Bohrmaschinen angesehen, die der amerikanischen Druckluftindustrie den Weg ebnete. Und in diesem Zusammenhang wird vor allem der Name Simon Ingersoll (1818–1894) genannt.

Simon Ingersoll aus Stanwich, Connecticut

Die Ingersoll-Rand Company mit Sitz in New York hält sich für das weltgrößte Maschinenbauunternehmen auf dem Gebiet der Preßluftwerkzeuge. Mit jenem Erfinder Simon Ingersoll hat das Unternehmen nur noch den Namen gemein. Der Namengeber selbst besaß trotz zahlreicher Erfindungen und Patente bei seinem Tod am 24. Juli 1894 praktisch keinen Pfennig mehr. Simon Ingersoll wurde am 3. März 1818 auf der Farm seines Vaters geboren. Bis zu seinem 21. Lebensjahr half er seinem Vater bei Farmarbeiten und war bald in der ganzen Umgebung als brillanter Allroundmechaniker bekannt. Aber die Gelegenheitsarbeiten brachten kaum Geld, und deshalb versuchte er sich nach seiner Heirat 1839 in Astoria, Long Island, als Gemüsegärtner. Über die nächsten zwanzig Jahre seines Lebens ist kaum etwas bekannt, aber wahrscheinlich befaßte er sich weiter mit mechanischen Experimenten, denn 1858 erhielt er das Patent Nr. 20800 für eine ganz spezielle rotierende Dampfmaschinenwelle. Etwa um dieselbe Zeit lachte halb Stamford über ihn, als er in den Straßen der Stadt einen selbstgebauten Dampfwagen vorführte.
In Fulton Market, New York, hatte er sich um 1870 einen Laden gekauft, in dem er wieder Gemüse anbot. Dort kam er eines Tages mit mehreren Fremden ins Gespräch und erzählte von seinen Erfindungen. Daraufhin schlug einer von ihnen Ingersoll vor, seine Energie doch einmal auf die Entwicklung einer Gesteinsbohrmaschine zu konzentrieren, und er gab ihm 50 Dollar Vorschuß. Ingersoll kam in einer kleinen Maschinenwerkstatt in New York unter, die einem gewissen Jos F. Navarro gehörte und von den Herren H. Sergeant und Cullingsworth geleitet wurde. Innerhalb eines Jahres konstruierte Ingersoll mehrere Modelle und eine voll funktionsfähige Druckluftbohrmaschine. Sie wurde zur Grundlage für das Patent Nr. 112254 vom 7. März 1871 auf den „Ingersoll rock drill" (Gesteinsbohrmaschine). Noch im selben Jahr ließ der Erfinder sich einige Verbesserungen patentieren und verkaufte sämtliche Patentrechte für ein Butterbrot an Navarro, der dafür die Ingersoll Rock Drill Company ins Leben rief. Die Firma fusionierte nach einigen geschäftlich sehr erfolgreichen Jahren zur Ingersoll-Rand Company. Mit seinem Gewinn aus diesem Zusammenschluß ging Ingersoll nach Stamford zurück und kaufte sich in eine Maschinenwerkstatt ein. In dieser Werkstatt namens Ingersoll, Betts & Cox legte er noch weitere Verbesserungen an seinem Bohrgerät sowie Bohrzubehör (sechzehn Patente zwischen 1873 und 1893) und einige neue Erfindungen vor, darunter einen Schußapparat für Projektile mit Rettungsleinen (vier Patente). Zwar legten seine Erfindungen die Grundlage für eine ganze Industrie, er selbst war aber nicht in der Lage, seine Ideen in klingende Münze umzuwandeln.

John George Leyner und sein „Jackhammer"

Bei der Kompressions-Stoßbohrmaschine, wie sie auch am Mont Cenis eingesetzt wurde, war ein Meißelbohrer durch einen Bohrschuh fest mit der Kolbenstange eines Treibkolbens verbunden, der von der abwechselnd von beiden Enden einströmenden Druckluft vorwärtsgeschleudert wurde. Anders bei der Druckluft-Schlagbohrmaschine, in der freihändig einsetzbaren Version mit Handgriff meist als Bohrhammer (oder in technisch ähnlicher Version als Abbauhammer) bezeichnet, in Verbindung mit einer Vorschubvorrichtung dagegen als Hammerbohrmaschine. Während die Schlagbohrmaschine ihr Vorbild in der bergmännischen Arbeit mit Fäustel und Meißelbohrer hat und demzufolge ihr Bohrmeißel ständig in Berührung

mit der Bohrlochsohle bleibt, ist die Stoßbohrmaschine auf die Arbeit mit der Bohrstange zurückzuführen, die abgehoben und unter ständigem Umsetzen gegen die Sohle gestoßen wurde. John George Leyner (1860–1920) nun entwickelte den Bohrhammer zu einem Werkzeug mit geringstem Gewicht, solider Ausführung und höchstem Wirkungsgrad.
John George Leyner wurde genau wie Ingersoll auf einer Ranch geboren, und zwar am 26. August 1860 in Left Hand Creek Canyon, Boulder County, im US-Bundesstaat Colorado. Er war der älteste Sohn des deutschstämmigen Farmers Peter A. Leyner. Nach dem Besuch der Grundschule seines Distrikts blieb er bis zum zwanzigsten Lebensjahr im „Canyon des linken Baches", war aber nach Auskunft des Dictionary of American Biography „schon immer mehr an Maschinen als an der Bestellung des Bodens interessiert". Nach einigen Anstellungen als Ingenieur machte er 1886 in Longmont, Colorado, eine Werkstatt und Gießerei auf. Etwa zwei Jahre später verkaufte er sein Geschäft und legte sein Geld in Anteilen an einer Maschinenwerkstatt in Denver, Colorado, an. Der Laden ging später in seinen Besitz über.
Schon während seiner Tätigkeiten als Ingenieur hatte Leyner mit der Reparatur von Bergbaumaschinen und -gerätschaften zu tun gehabt. Deshalb wußte er sehr genau, wo die Bergleute unter Tage der Schuh drückte. 1893 brachte er seine erste Stoßbohrmaschine heraus, die gegenüber den bis dahin üblichen Geräten einige Verbesserungen aufzuweisen hatte. Der Bohrmeißel war dabei noch fest mit dem von komprimierter Luft angetriebenen Kolben verbunden. Aber Leyner hatte eigentlich anderes im Sinn. Eine Art Einsteckhülse sollte den Bohrmeißel so lose aufnehmen, daß das in den Zylinder hineinragende Ende des Bohrers die sehr schnellen Schläge des relativ leichten Arbeitskolbens empfing. Der Bohrmeißel konnte also eine gewisse Vorwärtsbewegung ausführen, wenn er vom Schlagkolben getroffen wurde. Die freie Beweglichkeit nach vorn mußte aber begrenzt sein, damit der Bohrer mit der Maschine aus dem Bohrloch herausgezogen werden konnte.
Neun Jahre brauchte Leyner für diese Neuerung. Sein Bohrhammer arbeitete nicht nur mit der doppelten Schlagzahl der damals üblichen Maschinen (die etwa 400 pro Minute schafften), sondern er wog statt rund dreißig Kilogramm nur noch knapp über sieben. Am 13. Juni 1899 erhielt Leyner für seine Erfindung das US-Patent Nr. 626761.
Bei der Arbeit mit Bohrhämmern wird das angebohrte Gebirge zu feinstem Staub zermahlen, dem normale Staubmasken kaum gewachsen sind. Um dieser Gefahr für die Bergmannslungen vorzubeugen, erfand Leyner einen Hohlbohrer, durch den Luft und Wasser bis zur Bohrlochsohle gelangten. Der Staub wurde bei der Entstehung gebunden und das Bohrloch freigespült. Das Ergebnis war der „Water Leyner Rock Drill", der als „Jackhammer" Bergbaugeschichte machte und auf der ganzen Welt Verbreitung und Nachahmung fand.
Um der steigenden Nachfrage gerecht zu werden, gründete der Erfinder 1902 die J. George Leyner Engineering Works Company. Er perfektionierte eine Bohrerschleifmaschine, mit der er bald achtzig Prozent des einschlägigen Weltmarktes beherrschte. Am 26. Oktober 1909 erhielt er das US-Patent Nr. 938004 für eine wichtige Verbesserung am Luftkompressor. Alle seine Maschinen wurden bis 1911 in seiner Fabrik in Littleton, Colorado, hergestellt, dann verkaufte er seine ganze Firma an die Ingersoll-Rand Company, die schon damals ihren Sitz in New York hatte. Aber sein Erfindergeist war ungebrochen und führte ihn zur Beschäftigung mit einem Raupenkettentraktor. Zwei Testmaschinen hatte er schon gebaut, als er 1920 bei einem Autounfall schwer verletzt wurde und am 5. August 1920 in Littleton starb.

Flottmann und die Doppelkugelsteuerung

Für einen deutschen Bohrhammer zeichnete der Maschinenindustrielle und Erfinder Otto Heinrich Flottmann (1875–1944) verantwortlich. Er ließ sich 1904 seinen pneumatischen „Flottmann-Bohrhammer mit Kugelsteuerung und selbsttätiger Umsetzung" patentieren. Das Gerät wirkte revolutionierend im Bergbau, im Steinbruchbetrieb und im Tiefbau und sorgte für den ungeahnten Aufstieg der Flottmann AG (bis 1950, dann Flottmann-Werke GmbH). 1922 verließ der 100000. Bohrhammer das Werk in Herne. Gegründet wurde die Firma 1872 von Vater Friedrich Heinrich (1844–1899) als Metallgießerei und Maschinenfabrik in Bochum. Rund drei Jahre nach der Firmengründung, am 24. Dezember 1875, kam der Sohn Otto Heinrich zur Welt. Im Zuge seiner praktischen Ausbildung arbeitete der Junior als Dreher, Schlosser, Former und Lokomotivführer und studierte dann Maschinenbau. 1899 starb sein Vater, und Otto Heinrich sah sich gezwungen, sein Studium ad acta zu legen und die Maschinenfabrik zu übernehmen.
1902 zerstörte ein Brand das Bochumer Werk. Es wurde nach Herne verlegt. Schon in Bochum waren Druckluft-Stoßbohrmaschinen hergestellt worden, aber das waren ziemlich unhandliche Geräte, die von mehreren Arbeitern bedient werden mußten. Der Juniorchef dachte, wie jenseits des Atlantiks sein amerikanischer Kollege Leyner, über ein leichteres Gerät nach und konstruierte schließlich seinen Flottmann-Bohrhammer. Dessen besonderes Kennzeichen war die Doppelkugelsteuerung, die für eine Umlenkung der Druckluft, einmal vor und einmal hinter den Arbeitskolben, sorgte. Damit ein genügend großer Querschnitt für den Durchfluß der Druckluft zur Verfügung stand, legte Flottmann zwei Einströmkanäle mit je einer kleinen und leichten und damit sehr beweglichen Ventilkugel an. Da bei einem Bohrhammer der Schlagkolben nicht starr mit dem Bohrmeißel verbunden ist, mußte Flottmann eine besondere Technik entwickeln, um die durch schräge Drallzüge an der Kolbenstange bei jedem Schlag hervorgerufene Drehbewegung des Kolbens auf den Bohrmeißel zu übertragen. Das geschah unter anderem durch eine Drallmutter und Sperrklinken.
Flottmann sorgte dafür, daß sein Bohrhammer ständig verbessert wurde, und dehnte das Firmenprogramm ganz allgemein auf druckluftverbrauchende und drucklufterzeugende Maschinen aus, darunter Gesteinsbohrmaschinen wie die pneumatisch arbeitende Freihand-Drehbohrmaschine, Luftkompressoren und ganze Anlagen zur Drucklufterzeugung. Der Industrielle starb am 28. Februar 1944 in Erlangen.

Die rotierend arbeitende Bohrmaschine

Eine andere Gruppe aus der Großfamilie der mechanischen Bohrgeräte sind die Drehbohrmaschinen. Die ersten Hand-Drehbohrmaschinen waren schon um 1850 erfunden. Aber erst die hydraulische Drehbohrmaschine mit Kronenbohrer spielte bei der weiteren Entwicklung der Tunnel- und Bergbautechnik eine wichtige Rolle. Fast noch erfolgreicher wurde die Drehbohrmaschine, als sie mit einem elektrischen Antrieb ausgerüstet werden konnte.
Die Erfindung der hydraulischen Drehbohrmaschine führt wieder in die Alpen. Der Tunnelbau war dort in der zweiten Hälfte des vorigen Jahrhundert in vollem Gange, bot ein ergiebiges Experimentierfeld für alle mögliche Untertagetechniken

Auch moderne Druckluft-Stoßbohrmaschinen haben einen unüberhörbaren Nachteil: Selbst wenn der Druckluftgenerator abseits steht, verbreiten sie einen auf die Dauer gesundheitsgefährdenden Lärm, dem nur mit einem wirksamen Gehörschutz begegnet werden kann.

und ermöglichte schnellere Verkehrsverbindungen für Schienen- und später auch Straßenverkehr.

Die ersten Versuche, auch in hartem Gestein drehend zu bohren, scheiterten am Material der Bohrmeißel. Sie waren nicht hart genug und deshalb einem viel zu großen Verschleiß unterworfen. Es war ein Genfer Uhrmacher namens Georges Auguste Leschot, der zwischen 1857 und 1862 die Bohrkrone einer rotierend arbeitenden Bohrmaschine mit schwarzen Diamanten besetzte und über ein Getriebe sehr schnell umlaufen ließ. Der Bohrkopf bestand aus einer zylindrischen eisernen Hülse mit je vier Diamanten an der Innen- und Außenseite des vorderen Endes. Nur die Befestigung der Diamanten in einfachen Fassungen war noch nicht befriedigend gelöst, denn die Steine brachen bei der Bohrarbeit oft aus. Für Tiefbohrungen setzte sich die Diamantbohrkrone zwar durch, für Sprenglöcher dagegen war sie viel zu kostspielig.

Erst als bei Maschinen mit hohen Drehzahlen für die Bohrschneiden der seit 1927 von der Firma Krupp mit einem Zusatz von Kobalt hergestellte Widia-Stahl (so hart *wie Dia*mant) und andere Hartmetalle eingesetzt wurden, ließ sich wirtschaftlich eine ausreichende Verschleißfestigkeit erreichen. Die Voraussetzung für solche gesinterten Hartmetalle schuf 1923 der Chemiker und Ingenieur Karl Schröter (geb. 1885) bei der Osram-Gesellschaft mit einer Elektrostahllegierung aus Wolframkarbid und einem Hilfsmetall. Die ungewöhnliche Härte des Wolframkarbids hatte 1890 bereits der französische Chemiker Ferdinand Frédéric Henri Moissan (1852–1907) entdeckt. 1907 stellte der Amerikaner Ellwood erfolgreich Formkörper aus gegossenen Kobaltchromlegierungen mit Wolframzusatz und hohem Kohlenstoffgehalt her.

Von Tresoren und Tunneln

Industriediamanten veränderten das Bild noch einmal. Heute werden im Hoch- und Tiefbau, bei Sprengarbeiten und von den Kumpeln im Pütt Diamantkernbohrgeräte eingesetzt. Ein solches Gerät, etwa der amerikanische Diamantbohrer „Milwaukee 4114", wiegt rund fünfzig Kilogramm, schafft mit drei PS 1200 Umdrehungen pro Minute und frißt sich in diesen 60 Sekunden acht Zentimeter tief in gewöhnlichen, zwei Zentimeter tief in armierten Beton.

Die Bohrkrone besteht aus einer Hartmetallegierung, in die millimeterkleine Industriediamanten eingebettet sind. Je nach

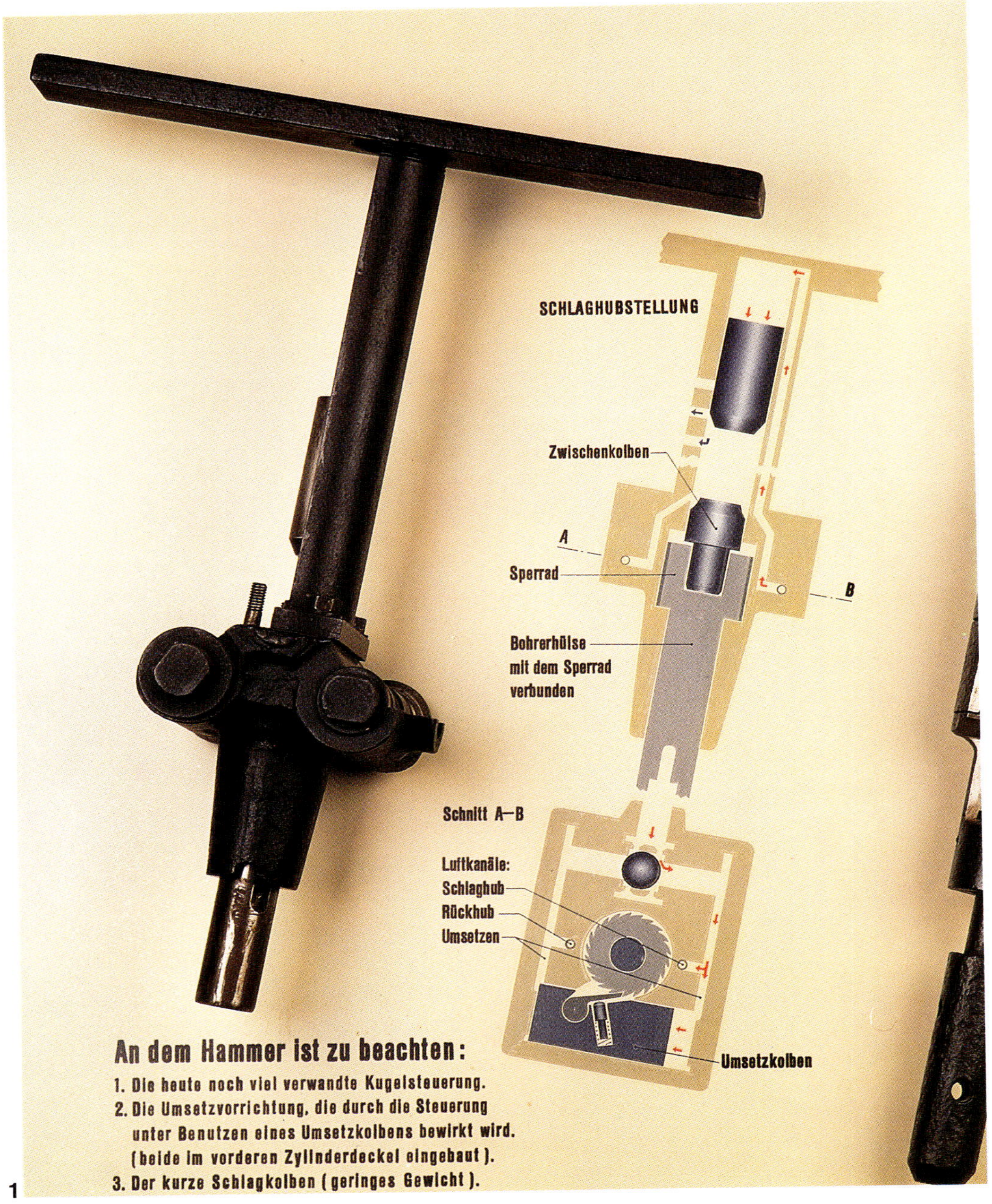

1

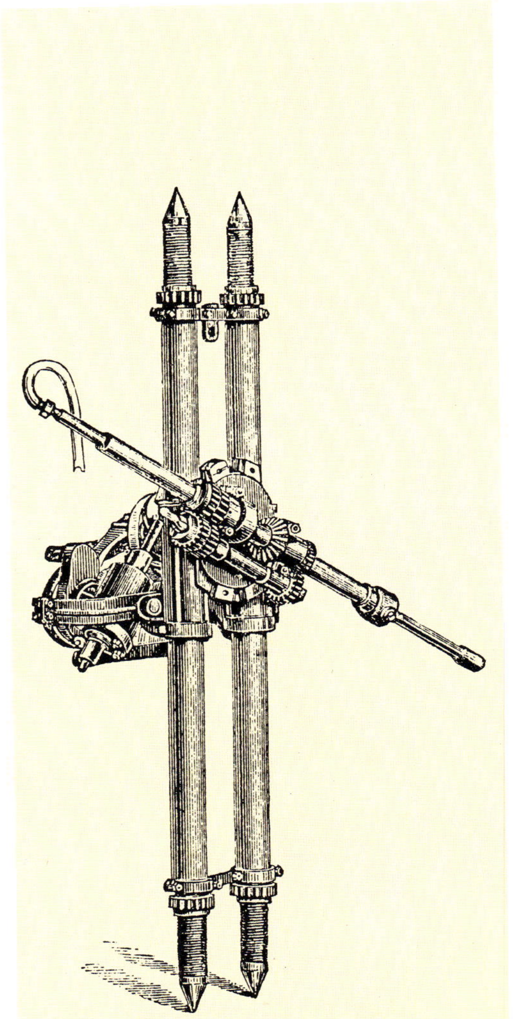

2

Kronendurchmesser schneidet der wassergekühlte Bohrkopf acht bis sechzehn Zentimeter dicke Zylinder aus dem Beton. Diese herausragende Bohrleistung ließ die Geldschrankknacker in aller Herren Ländern aufhorchen. Sie setzen Diamantkernbohrgeräte mit viel Erfolg auf den armierten Beton von Tresoren an.

Bevor so außerordentlich harte Werkstoffe zur Verfügung standen, mit denen sich das Gestein wie mit Diamanten abschleifen ließ, mußten für die Drehbohrung andere Möglichkeiten gefunden werden. Das gelang dem jungen deutschen Ingenieur Alfred Brandt (1846–1899). Er preßte den Hohlbohrer mit muschelförmig gebogenen Stahlschneiden an der Spitze mit so gewaltigem hydraulischem Druck (bis zu 100 Atmosphären Überdruck) gegen die Felswand, daß das Gestein durch die relativ langsame Drehung (5 bis 10 Umdrehungen pro Minute) zertrümmert wurde. Erstmals eingesetzt und praktisch erprobt wurde diese Gesteinsbohrmaschine beim Bau des Gotthardtunnels.

Das Verkehrstor zwischen Deutschland und Italien

Der Gotthardtunnel: Baubeginn am 4. Juni 1872 an der Nordseite, am 1. Juli auf der Südseite; Kosten 46 Millionen Goldmark; Länge knapp 15 Kilometer; erstmaliger Einsatz von Druckluftlokomotiven zum Transport der Gesteinsmassen; Arbeit in kohlensäurehaltiger, feuchter Luft bei 35 Grad Wärme; Wassereinbrüche und zu weiches Gestein; „finanzielle Sorgen und Ränke von Seiten der Gotthardgesellschaft“ (Matschoß); Pleiten und Bankrotte; zeitweilig waren bis zu 3400 Arbeiter beschäftigt; 200 Menschen kamen ums Leben; darunter der Schweizer Ingenieur und Bauunternehmer Louis Favre (1826–1879), der Erbauer, der am 19. Juli in seinem Tunnel zusammenbrach und starb; der Eisenbahningenieur Robert Gerwig (1820–1885), von Beginn an Bauleiter der Gotthardbahn, legte aufgrund von Meinungsverschiedenheiten 1875 die Bauleitung nieder; der Nachfolger Wilhelm Konrad Hellwag holte 1875 einen unbekannten Ingenieur namens Alfred Brandt auf die Baustelle und schied ebenfalls vor der Fertigstellung aus; Alfred Brandt überprüfte die im Tunnel eingesetzten Druckluft-Stoßbohrmaschinen und kam zu dem Schluß, daß es wirtschaftlicher sei, die Bohrmaschinen direkt mit dem Druckwasser anzutreiben, statt ihnen dessen Energie auf dem Umweg über die Komprimierung der Druckluft zuzuführen.

1 – Otto Heinrich Flottmann (1875–1944) benutzte bei seinem 1904 patentierten Bohrhammer für die Ventilsteuerung, seit den achtziger Jahren als Flattersteuerung bekannt, erstmalig eine Kugel als Steuerorgan.

2 – In „Bergbau und Hüttenwesen. Für weitere Kreise dargestellt" schreiben die Verfasser E. Treptow, F. Wüst und W. Borchers 1900: „Vor kurzem ist auch die lange schwebende Frage gelöst worden, von Grubenräumen aus zur Untersuchung des Gebirges tiefe Bohrlöcher bis zu 100 und mehr Meter in beliebiger Richtung herzustellen: Derartige Bohrmaschinen – es wird ausschließlich Diamantbohren verwendet – werden entweder mit Hand bedient, oder sind mit Antrieb durch Preßluft (Abbildung) oder mittels Elektrizität versehen."

3, 4 – Die Maschinenbauanstalt Gebrüder Sulzer in Winterthur baute für den Gotthardbahn-Tunnel 1876 die erste Druckwasser-Drehbohrmaschine nach dem System von Alfred Brandt (1846–1899). Das Druckwasser treibt die Wassersäulenmaschine an, drückt den Kernbohrer gegen das Gestein und zieht ihn zurück, dient zum Einspannen der Spannsäule zwischen den Tunnelwänden oder Streckenstößen, und das Abwasser spült das Bohrmehl aus und kühlt die Bohrkrone.

3

4

Alfred Brandt: Druckwasser kontra Druckluft

Alfred Brandt kam am 3. September 1846 in Hamburg als Sohn einer wohlhabenden Kaufmannsfamilie zur Welt. Er besuchte zunächst eine Privatschule, kam dann auf die Realschule und entdeckte seine Neigung zum Ingenieurberuf. In einer kleinen Maschinenfabrik absolvierte er eine mehrjährige praktische Ausbildung und schrieb sich dann 1866 auf dem Zürcher Polytechnikum ein. Vier Jahre später, 1870, beendete er sein Hochschulstudium, arbeitete beim Bau der Nordostbahn in Ungarn und suchte sich dann in Wien eine Arbeit. Seine ersten eigenen Erfindungen stellte er 1873 vor. 1875 tauchte er am Gotthardtunnel auf und erhielt von seinem Förderer, Oberingenieur Hellwag, den Auftrag, die beim Bau bereits eingesetzte Ferroux-Druckluft-Stoßbohrmaschine zu begutachten und möglichst auch zu verbessern. Brandt erstellte ein Gutachten, in dem er vorschlug, das Druckwasser direkt umzusetzen, zunächst in einer hydraulischen Stoßbohrmaschine, dann in einer Drehbohrmaschine. Auf Kosten der Gotthardbahn-Gesellschaft baute die Maschinenbauanstalt Gebrüder Sulzer in Winterthur eine erste Bohranlage System Brandt. Das Druckwasser drehte den Bohrer mit etwa fünf Umdrehungen pro Minute und sorgte für einen Andruck gegen das Gestein, der bei vier bis sieben Tonnen lag. Ein von der Firma Sulzer weiterentwickelter Bohrer wurde schon mit fünfzehn Tonnen gegen und in die Felsen gepreßt. Durch den Hohlbohrer schoß ein Wasserstrahl mit 50 Liter pro Minute in das Bohrloch und spülte die abgebohrten Gesteinsteilchen heraus.

„War ein Bohrer abgenützt, so daß er durch einen neuen ersetzt werden mußte, so wurde einfach die Wasserzufuhr umgesteuert. Der Bohrer drehte sich dann aus dem Bohrloch heraus, sein Bohrkopf wurde abgeschraubt und durch einen neuen ersetzt. Damals waren je nach der Gesteinsart 1,30 bis 1,90 Meter Bohrloch je Kubikmeter Ausbruch erforderlich" (Hanns Peugler).

Als einer der ersten Bergverwalter führte der Markscheider und Bergingenieur Max Ferdinand Georgi (1854–1940) im sächsischen Steinkohlenwerk Zauckeroda den Versuchsbetrieb mit Brandts hydraulischer Bohrmaschine ein. Obwohl das Gerät damals seine Feuerprobe noch nicht bestanden hatte, war der Versuch sehr erfolgreich. Georgi beschäftigte sich auch mit dem Studium neuer Sprengstoffe, ihrer Wirksamkeit und Flammensicherheit.

Der elektrische Strom hatte es gegen die Konkurrenz von Dampf und Druckluft lange Zeit schwer, sich unter Tage durchzusetzen. Nach der Solenoid-Stoßbohrmaschine von Werner von Siemens 1879 stellte Siemens & Halske 1891 die Kurbel-Stoßbohrmaschine vor. Wegen ihrer Unhandlichkeit, wie sie dieses Bild um 1900 zeigt, trennten die Konstrukteure bei einem anderen Modell den Motor von der Maschine und übertrugen die Drehbewegung durch eine flexible Stowsche Welle.

Nachdem Brandts hydraulische Drehbohrmaschine am Gotthard ihre Leistungsfähigkeit bewiesen hatte, kam sie häufig beim Stollenbau in deutschen, ungarischen und italienischen Bergwerken, beim Bergbau im Kaukasus und in Spanien zum Einsatz. Bereits 1879 hatte Brandt zusammen mit seinem Studienkollegen vom Zürcher Polytechnikum Karl Brandau (1849–1917) die Firma Brandt & Brandau in Hamburg gegründet, die in ganz Europa Stollenbetriebe für den Bergbau ausführte. Alfred Brandt erlag am 29. November 1899 einem Schlaganfall.

Kein elektrischer Strom für die Kumpel

Die Elektrotechnik hatte es anfangs sehr schwer, in den Grubenbauen der Bergwerke Fuß zu fassen. Wilhelm Philippi, Oberingenieur und Leiter einer Arbeitsgruppe für den Bergbau bei den Siemens-Schuckertwerken, der als anerkannte Autorität auf dem Gebiet „Elektrizität im Bergbau" (Titel einer von ihm herausgegebenen Zeitschrift) galt, hatte zuerst erhebliche Probleme, den elektrischen Strom vor Ort populär zu machen. 1910 faßte er den zähen und mißtrauischen Widerstand so zusammen: „Der Elektriker war mit den für die damaligen elektrischen Maschinen ungünstigen und schwierigen Grubenverhältnissen nicht vertraut und kannte auch nicht die Betriebsbedingungen der einzelnen Bergwerksmaschinen oder vermochte, soweit er sie kannte, doch mit seinen damaligen Maschinen ihnen nicht gerecht zu werden. Der Bergmann aber sah ebenso wie der Konstrukteur der Bergwerksmaschinen in den Elektromotoren ein wissenschaftlich wohl bemerkenswertes, aber für den Grubenbetrieb unbrauchbares Werkzeug." Dazu kam noch, daß vor Ort die Abbauhämmer und Schrämmaschinen, die vor dem Kohlenstoß vorbeilaufenden Schüttelrutschen oder Förderbänder an das ohnehin vorhandene Druckluftnetz angeschlossen waren – und das war dem Kumpel vor Ort, wo die Kohle fiel, erheblich sympathischer als elektrische Kabel. Es war Männern wie dem preußischen Oberberghauptmann Otto Ludwig Krug von Nidda (1810–1885) zu verdanken, daß sich doch noch die ersten Elektromotoren unter Tage einschlichen, bei Pumpen und Ventilatoren, bei Hauptschachtfördermaschinen, Haspeln und, wenn es die Schlagwettergefahr zuließ, bei elektrischen Grubenlokomotiven. „Wenn man sich überlegt, daß auf einer großen Zeche in der Schicht tausend und mehr Mann vor der Kohle arbeiten", schrieb Georg Siemens, „daß ihre Arbeit schwierig und nicht ungefährlich ist, deshalb also eine besonders gute Beleuchtung erfordern würde, dann wundert man sich doch, daß bis zur Mitte der zwanziger Jahre die Davysche Sicherheitslampe, also eine Tranfunzel von etwa einer Hefnerkerze Leuchtkraft, die einzige Lichtquelle dort unten bildete. Der naheliegende Gedanke, den Streb elektrisch zu beleuchten, scheiterte an der leidigen Schlagwettergefahr, die dort, wo die Kohle gelöst wird, natürlich viel größer ist als anderswo."

Und was speziell die elektromotorisch angetriebenen Bohrmaschinen betraf, so hatten sie zunächst gegen die ziemlich leichten und preiswerten Druckluftbohrhämmer kaum eine Chance. Dabei hatte sich bei der Firma Siemens schon frühzeitig der Chef selbst, Werner (damals noch ohne „von") Siemens (1816–1892), damit beschäftigt, bei der Gesteinsbohrung die Druckluft durch einen Elektromotor zu ersetzen. Aber die Aufgabe erwies sich später als unerwartet schwierig, denn zu der drehenden Bewegung des Bohrers mußte eine stoßende Aktion dazukommen, und das bereitete den Werkstoff-Fachleuten und Konstrukteuren erhebliche Schwierigkeiten.

Am Anfang war die Solenoid-Stoßbohrmaschine

Als die Elektrotechnik noch in den Kinderschuhen steckte, nahm sie für ihre Konstruktionen noch vielerlei Anleihen beim Maschinenbau. Die ersten Elektromotoren waren ganz klar der Dampfmaschine nachempfunden, wobei die Zylinder durch Spulen ersetzt wurden, in denen sich durch geeignete Umsteuerung Eisenkerne als Kolben hin- und herbewegten. Es ist leicht zu verstehen, daß ein solcher Elektromotor wie geschaffen als Antrieb für eine Stoßbohrmaschine schien. Über einen Kurbeltrieb ließ sich die Kolbenbewegung natürlich auch in eine Drehbewegung umsetzen.

War die Bewegung des Eisenkerns zunächst mit Hilfe von Stromunterbrechern erzeugt worden, so dachten die Elektrotechniker als nächstes daran, die Bewegung durch geschlossene Stromkreise zu erreichen, um so die zerstörende Wirkung der Unterbrechungsfunken zu umgehen. Waldemar Meissner schrieb dazu 1895: „Werner von Siemens war es, dem dies zuerst gelang, indem er ein System von drei Drahtspulen (Solenoiden), in deren gemeinschaftlicher Achse ein Eisenkern lag, in zwei getrennten, dauernd geschlossenen Stromkreisen gleichzeitig durch Wechselstrom und Gleichstrom erregte. Dieser ‚elektrische Hammer' sollte hauptsächlich zum Stoßbohren Verwendung finden, ist auch für diesen Zweck thatsächlich ausgeführt und versuchsweise benutzt worden." Siemens erhielt dafür das Deutsche Reichspatent vom 22. Oktober 1879. Diese Solenoidmaschinen, wie sie in den USA auch von Marvin und van Depoele entwickelt wurden, hatten einige Nachteile, darunter so gravierende wie einen miserablen Wirkungsgrad und eine starke Erhitzung der Spulen. Die Konstruktionsidee für eine Stoßbohrmaschine mit rotierender Antriebswelle lag schon längere Zeit in der Luft.

Sparsamer mit elektrischem Strom

Verwirklicht wurde der Mechanismus dann 1891 von Carl Hoffmann, Ingenieur im Charlottenburger Werk von Siemens & Halske (Deutsches Reichspatent vom 28. Februar 1891). „In der ursprünglichen Form besteht der Mechanismus aus einem Kurbelgetriebe, dessen Kurbel mit dem hin- und herzubewegenden Körper nach beiden Richtungen hin durch je eine Feder dauernd verbunden ist, so dass sie diesen Körper vorwärts und rückwärts nach sich zieht bzw. vor sich her schiebt, je nachdem Zug- oder Druckfedern zur Verwendung kommen" (Meissner).

Auf der Frankfurter Ausstellung von 1891 stellten Siemens & Halske diese 800-Watt-Kurbel-Stoßbohrmaschine mit einem 35-Millimeter-Loch vor, das sie pro Minute 25 bis 30 Millimeter tief in Granit bohrte. Schließlich erschien es den Siemens-Konstrukteuren sinnvoller, die Bohrmaschine vom Elektromotor zu trennen und die Drehbewegung mit Hilfe einer biegsamen Welle auf die Arbeitsmaschine zu übertragen. (Verwendet wurde dazu eine Stowsche Welle, „Stow flexible shaft", nach dem amerikanischen Erfinder Stow, der sie 1877 zusammen mit Burnham erfand.)

Neben der Stoßbohrmaschine boten Siemens & Halske auch eine Drehbohrmaschine an. Sie war mit selbsttätigem und selbstregelndem Vorschub ausgerüstet und ebenfalls über eine flexible Welle mit dem Elektromotor verbunden. Der selbstregelnde Vorschub (auch die Stoßbohrmaschine wurde damit ausgerüstet) ermöglichte es dem Bohrer, auf unterschiedliche Gesteinshärten zu reagieren. Die Bohrvorrichtung ließ sich an einer Schraubenspannsäule befestigen. Um 1910 waren an beiden Bohrmaschinen so gründliche Verbesserungen vorgenommen worden, daß sie eine echte Alternative zum Druckluftbohrhammer boten. Die Kosten der Elektrobohrer lagen zwar höher, ihr Energieverbrauch betrug aber nur ein Zehntel. Durch neue Motorkonstruktionen wurde es möglich, Antriebsmaschine und Bohrteil (beim Stoßbohren wie beim Drehbohren) wieder zusammenzuspannen.

Explosivstoffe im Bergbau: die Zeit des Schwarzpulvers

Zu Beginn des Jahres 1973 entdeckten drei niederländische Kernphysiker an der Universität Amsterdam bei routinemäßigen radiologischen Untersuchungen von Silberbarren überraschende Spuren von Radioaktivität an dem edlen Metall, das aus sowjetischen Bergwerken stammte. Offensichtlich durch Neutronenbestrahlung war eine ungewöhnlich große Menge von radioaktiven Silberisotopen (108 und 110) entstanden, die anhand ihrer Halbwertszeit auch den ungefähren Zeitpunkt des drastischen Neutronenbombardements verrieten: April 1969. In diesem Monat, so die Vermutung der niederländischen Wissenschaftler, war das Erz in einem sowjetischen Bergwerk durch eine unterirdische Atomexplosion aus dem Gebirge gesprengt worden. Zwar hatten die Russen vorher schon Überlegungen angestellt, Nuklearsprengungen zur Gewinnung von Erdgas und für größere Erdbewegungen nutzbar zu machen, aber diese radikale Methode war im Bergbau neu. Doch müsse man bei der Kernenergienutzungstechnik, so räumte ein optimistischer Chronist damals ein, „damit rechnen, daß die Sowjetunion auf dem Gebiet Fortschritte erzielt hat, die dem Westen bisher unbekannt waren".

Auch die Amerikaner unternahmen zwei Anläufe, 1967 und 1972, unterirdische Atomexplosionen zur Gewinnung von Bodenschätzen wie Erdgas einzusetzen. Doch das Projekt verschwand stillschweigend wieder. Der Bergbau verzichtete beim Aufschluß von Bodenschätzen auf diese brisanten Techniken und ging weiter nach herkömmlichen Methoden vor: beispielsweise Bohren und Sprengen mit einem Explosivstoff. Und die Geschichte dieser Gewinnungsmethode begann mit dem Schwarzpulver, ganz am anderen Ende der Sprengkraft-Skala.

Kein Erfinder für den ältesten Explosivstoff

Das Stoffgemisch aus Kalium- oder Natriumnitrat (75 %), Holzkohle (15 %) und Schwefel (10 %) wird den wichtigsten Erfindungen der Menschheitsgeschichte zugerechnet. Das Zünden dieser Mischung namens Schwarzpulver oder Schießpulver führt nicht einmal zu einer Detonation mit überschallschneller Stoßwelle und hohen Temperatur- und Drucksprüngen im Wellenkopf, sondern lediglich zu einer Deflagration, der Zersetzungsreaktion eines Explosivstoffes, die mit der Geschwindigkeit einer normalen Verbrennung abläuft. Trotzdem hatten rund 350 Liter Gas und Rauch, die nach der Zündung von einem Kilogramm Schwarzpulver entstehen, nämlich hauptsächlich Kohlendioxid, Kohlenmonoxid, Stickstoff und Schwefeldioxid sowie etwas Methan, Wasserstoff und Sauerstoff, ganz beachtliche Auswirkungen auf den kriegerischen und friedlichen Lauf der Weltgeschichte.

Um so erstaunlicher ist es eigentlich, daß wahrscheinlich niemals aufgeklärt werden kann, wer diese brisante Mischung wann erfunden hat. Übereinstimmung besteht mittlerweile darin, daß der Ursprung des Pulvers in China zu suchen ist. Möglicherweise stießen chinesische Alchimisten auf der Suche nach Unsterblichkeit bereits im 7. Jahrhundert während der Tangdynastie auf ein Schießpulverrezept. Für Feuerwerkskörper und Signale wurde Schwarzpulver vielleicht schon im 10. Jahrhundert eingesetzt. Im 12. Jahrhundert waren chinesische Feuerwerker wahrscheinlich schon so fortschrittlich, daß sie eiserne Bombenhüllen mit Schießpulver laden und zur Explosion bringen konnten.

Der erste schriftlich belegte Einsatz dieser gefährlichen Knallkörper fand im Jahr 1232 statt. Quelle ist die chinesische Chronik „Tse-tschi t'ung-kien kang-mu". Sie stammt in ihrer ursprünglichen Form von Sse-ma Kuang (1029–1086), wurde von dem einflußreichen Philosophen Tschu Hi (1130–1200) bis 1172 überarbeitet und ist mit allen Ergänzungen und Fortsetzungen die umfassendste Gesamtdarstellung der Geschichte Chinas. Im Jahr 1232 also belagerten die Mongolen die südliche Hauptstadt Pien-king, das heutige Kaifeng in der Provinz Henan. Die Belagerten setzten sich offenbar mit Explosivkörpern zur Wehr, obgleich der Technikhistoriker Feldhaus die folgende Textstelle nicht als philologisch einwandfreie Interpretation der chinesischen Schriftzeichen ansieht und den Beweis als „höchstwahrscheinlich" abgeschwächt sehen will.

Himmelerschütternder Donner und Pfeile des fliegenden Feuers

„Damals hatte man *huo-p'au* (Feuer-*p'au*; vielleicht Feuerbombe aus einem eisernen Hohlkörper) mit Namen *tschin-tien-lui* (himmelerschütternder Donner). Man gebrauchte dazu ein eisernes Gefäß, welches man mit *yo* (vermutlich salpeterhaltige Sprengmasse) füllte. Sobald man Feuer angelegt hatte, flog der *p'au* auf, und das Feuer brach von allen Seiten hervor. Sein Geräusch war wie der Donner und auf mehr als 100 Li (rund 65 Kilometer) Entfernung hörbar. Er vermochte sein Feuer über eine Fläche von mehr als einem halben Morgen (etwa 1250 Quadratmeter) zu verstreuen. Dieses Feuer durchbohrte sogar eiserne Panzer, welche es traf.

Die Mongolen stellten aus Rindshäuten einen Gang her, vermittels dessen sie bis an den Fuß der Befestigungen gelangen konnten. Sie fingen an, die Mauern zu untergraben und machten Höhlungen darin, in denen man sich aufhalten konnte, ohne von den Menschen auf der Mauer etwas zu fürchten zu haben. Unter den Belagerten gab es einen, der vorschlug, *tschin-tien-lui-p'au* an Ketten aufzuhängen und an den Mauern hinabzulassen. An den Höhlungen angelangt, platzten die *p'au* und zerschmetterten die Menschen und die Rindshäute, gleichsam ohne daß eine Spur übrig blieb. Außerdem hatten die Belagerten auch *fei-huo-tsiang* (Pfeile des fliegenden Feuers). Man brachte an dem Pfeil eine brennbare Substanz an; der Pfeil flog plötzlich vorwärts und verbreitete sein Feuer zehn Schritt breit (vermutlich die Erfindung der Rakete). Niemand wagte sich zu nähern. Die Mongolen fürchteten sehr diese beiden Dinge."

Allzuviel halfen den Bewohnern von Kaifeng ihre Explosionskünste nicht. Zwei Jahre später, 1234, nahmen die Mongolen die Stadt ein und ließen sich bis 1368 dort häuslich nieder. In diesem Jahr übernahm der erste Herrscher der Mingdynastie das Ruder und machte Kaifeng zur Hauptstadt der Provinz Henan.

Roger Bacon und Albertus Magnus: Donner und Kanonenschlag

Den größten Anteil an der Schwarzpulvermischung nimmt Kaliumnitrat (Kalisalpeter) oder Natriumnitrat (Chilesalpeter) als Oxidationsmittel in Anspruch. Einige Jahre nach der denkwürdigen Belagerung von Kaifeng durch die Mongolen, um 1240 nämlich, berichtete der arabische Schriftsteller Abd-Allah, daß Salpeter als „Schnee von China" im moslemischen Afrika und Spanien bereits bekannt war. Abd-Allah (gest. 1248) wurde in der Nähe der spanischen Stadt Malaga geboren. Da sein Vater Pferdedoktor war, nannte der Sohn sich mit vollständigem Namen Abd-Allah Ibn-Albaythar. Er reiste viel in der damals bekannten Welt herum, wurde Oberaufseher der Heilkräutergärten eines syrischen Fürsten und schrieb eine wichtige Enzyklopädie der Botanik und Arzneiwissenschaft. Über eine Verwendung des Salpeters zum Sprengen allerdings verlor er kein Wort.

Trotzdem spricht wohl einiges dafür, daß arabische Gelehrte Kenntnis vom Schießpulver hatten, wenn sie es nicht sogar noch einmal erfunden haben. Jedenfalls kam die schwarze Pulvermischung durch sie nach Europa. Und dort griff der englische Franziskaner, Philosoph, Naturforscher und Hochschullehrer Roger Bacon (um 1220 bis um 1292) die Idee auf und berichtete 1242 darüber: „Laß das gesamte Gewicht 30 sein, jedoch von Salpeter nehme 7 Teile, 5 von jungem Haselholz und 5 von Schwefel, und du wirst so Donner und Zerstörung hervorrufen, wenn du die Kunst kennst." Ob Bacon nun das Pulver erfunden oder wiedererfunden hat oder ob er aufgrund seiner Arabischkenntnisse moslemische Quellen angezapft hat, wird sich kaum ergründen lassen. Jedenfalls stammen von ihm die ersten genauen Anweisungen und Mischungsverhältnisse für das Pulver, auch wenn er sie aus Sicherheitsgründen in Form eines schwer zu entziffernden lateinischen Anagramms niedergeschrieben hatte.

Auch der Graf von Bollstädt, genannt Albertus Magnus (um 1200 bis 1280) ließ sich um diese Zeit über Explosivstoffe aus und machte in seiner Schrift „Opus de mirabilibus mundi" (Über das Wundersame der Welt) das Schießpulver bekannt. Er schlug eine Art Kanonenschlag aus einer geschlossenen, mit Schwarzpulver gefüllten Hülse vor. Der gelehrte Dominikaner war Lehrer an verschiedenen Universitäten, zeitweilig (1260–1262) Bischof von Regensburg und Bahnbrecher des Aristotelismus. Seine Schriften wurden nicht zuletzt durch den reisefreudigen Gelehrten selbst ziemlich schnell unters Volk gebracht. „Er ist also wohl jedenfalls als der hauptsächliche Verbreiter der Kenntnis von den Eigenschaften des Salpeters zu betrachten, und dürfte vielleicht auch als derjenige zu betrachten sein, welcher die Kenntnis der salpeterhaltigen Feuerwerkskörper demjenigen vermittelte, welcher ... aus der ‚Feuerlanze' der Chinesen eine Feuerwaffe in unserem Sinne machte" (S. J. von Romocki, 1895).

„Es ist gewesen ein Bernhardinermönch"

„Hier ist zu wissen, wer das Pulver und das Geschütz erdacht und erfunden hat. Es ist gewesen ein Bernhardinermönch,

Das Schwarzpulver war noch nicht lange in Europa für Kanonen und schwere Hakenbüchsen in Gebrauch, da benutzte man es auch schon zum Antrieb von Raketen. Der Arzt und Kriegsingenieur Konrad Kyeser aus Eichstätt (1366 bis nach 1405) beschreibt in seiner 1405 vollendeten Handschrift „Bellifortis“ auch, wie man solche Raketen baut. Aber entweder hat der damalige Illustrator nichts vom Handwerk verstanden, denn der Treibsatz entlädt sich nach vorne statt nach hinten, und der als „Stabilisator“ gedachte Stecken ist zu kurz und flattert an einer Schnur herum, oder er wollte einen Fehlstart zeigen; der Feuerwerker erhöbe dann voll Entsetzen und nicht vor Freude die Arme.

mit Namen Bertholdus niger, da man zählte 1380 Jahre. Der Bertholdus niger ist von wegen der Kunst, die er erdacht und erfunden hat, vom Leben zum Tode gerichtet worden im Jahre 1388.“ Nach dieser Kurzbiographie des Kölner Büchsenmeisters und Feuerwerkers Franz Helm aus dem Jahr 1444 hat es ihn also wirklich gegeben, den schwarzen Berthold, Berthold Schwarz, „bartoldus niger“ oder Berthold den Schwarzen (14. Jh.), den (möglichen) Reformator der damals noch jungen Geschütztechnik und (wahrscheinlichen) Apostel einer verbesserten Pulvermischung.

Berthold, Magister der freien Künste und Alchimist, war vielleicht ein deutscher Bernhardinermönch und lebte wohl in Südwestdeutschland. Seinen alchimistischen Umtrieben verdankte er den Beinamen „der Schwarze“. Sowohl Köln als auch Freiburg im Breisgau erhoben schon Anspruch auf den Mönch, der (vielleicht) das Pulver erfand, aber das einzige Beweismaterial für seine Existenz sind Einträge zweifelhafter Authentizität in alten Dokumenten der Stadt Gent in Ostflandern.

Über sein Leben ist wenig bekannt, und über seine Erfindungen erfuhr die Nachwelt erst von Kriegstechnikern des 15. Jahrhunderts. Möglicherweise war er Domherr in Konstanz und dann um 1330 Dozent an der Pariser Universität. Vielleicht verbarg sich hinter ihm auch der Konstanzer Domherr Bertold von Lützelstetten, der in neueren Untersuchungen als Erfinder des Schießpulvergeschützes angegeben wird. In der Geschichte der Stadt Freiburg gibt es mehrere sagenhafte Vorkommnisse um Bruder Berthold. Einmal sollen ihn seine verängstigten Mitbrüder wegen seiner unheimlichen Experimente und Studien eingesperrt haben. Eine andere Legende besagt, daß sich der schwarze Berthold zu Freiburg selbstmörderisch in die Luft gesprengt habe, um die erstaunliche Wirkung seiner Pulvermischung möglichst überzeugend demonstrieren zu können.

Bisweilen wird behauptet, daß er als einen wichtigen Schritt für die Verwendung in Feuerwaffen das Körnen der Pulvermasse erfunden habe. Andere Historiker halten dagegen, daß Schwarz nicht das Pulver verbessert habe, sondern den Venezianern das Rezept für ein besonders gutes Kanonenmetall verkauft habe. Die maßgeblichen Herren in Venedig hätten ihn dann zum Dank dafür, und damit das Geheimnis um das Metall gewahrt bleibe, ins Gefängnis geworfen. Der schwarze Berthold sei nie aus der Lagunenstadt zurückgekehrt.

Konrad Kyeser und seine explosiven Ideen

Ob mit oder ohne Bertholds Erfinderhilfe, im 14. Jahrhundert werden Feuerwaffen in Manuskripten vieler Länder häufiger erwähnt. Das bedeutet, daß die Feuerwerker dieser Zeit über die Sprengwirkung des Schwarzpulvers hinaus auch seine Eignung als Treibmittel für Geschosse erkannt hatten und anwenden konnten.
Im achten Kapitel seines Kriegswerkes „Bellifortis", im Feuerbuch, behandelte der deutsche Edelmann und Kriegstechniker Konrad Kyeser aus Eichstätt (1366 bis nach 1405) die Verwendung von Schießpulver für allerlei kriegerische Zwecke wie Brandpfeile, Höllenmaschinen in Form unauffälliger, scheinbar achtlos bei einem Gelage weggeworfener hohler Knochen, Geschütze, etwa ein Revolvergeschütz mit sechs Rohren, und einiges mehr. Da ist von einer Rakete die Rede, durch deren Pulvertreibsatz erstaunlicherweise bereits ein Kanal hindurchgeht, der für eine ausreichend große Brennfläche und damit für eine schnelle Gasproduktion sorgt. „Die Kenntnis der Thatsache, daß die Gasentwicklung es ist, welche die Rakete treibt, geht bei Kyeser aus der Ermahnung hervor, die Hülse vorn luftdicht zu verschließen" (S. J. von Romocki).
Daß die Expansion der Gase dem Schwarzpulver seine verblüffende sprengende und treibende Kraft verleiht, erkannte zwar 1610 schon der niederländische Arzt und Naturforscher Johann Baptist van Helmont (1577–1644), und der englische Philosoph und Staatsmann Francis Bacon (1561–1626) verglich die Funktion des Salpeters im Schießpulver sehr treffend mit der Wirkung eines Blasebalges. Der deutsche Arzt, Oberbergrat und spätere „romantische theologisierende Philosoph" Franz Xaver von Baader (1765–1841) verfaßte um die Wende zum 19. Jahrhundert eine Schrift mit dem Titel „Versuch einer Theorie der Sprengarbeit". Aber erst die genaueren Untersuchungen über die Zusammensetzung der Pulvergase und ihres Rückstandes durch den bedeutenden deutschen Chemiker Robert Wilhelm Bunsen (1811–1899) und andere legten den Grundstein zu einer Theorie der Verbrennung des Pulvers. Wissenschaftler wie Frederick Augustus Abel (1827–1902) aus England und Andrew Noble (1831–1915) aus Schottland erweiterten diese Theorie und untersuchten den Verbrennungsdruck des Pulvers. Nobles Experimente halfen der noch jungen Wissenschaft der Ballistik auf die Sprünge und führten auch zu neuen Schießpulvertypen.

Die Brisanz wird gemessen

Für Frankreich arbeitete der Bergwerksingenieur und Professor für Mechanik an der École Polytechnique Henri Resal (1828–1896) über die explosive Kraft des Schießpulvers. Er zog die Thermodynamik zum Studium des Drucks in Feuerwaffen heran. Seine Landsleute Paul(-Marie-Eugène) Vieille (1854–1934) und Pierre Eugène Marcelin Berthelot (1827–1907) untersuchten die Wärmeentwicklung bei der Explosion von Sprengstoffen bis über 2000 Grad Celsius und machten 1881 wichtige Entdeckungen auf dem Gebiet der Detonationsgeschwindigkeit und des Detonationsdrucks in der Wellenfront.
Berthelot arbeitete auch über das Glycerin, das er als dreiwertigen Alkohol erkannte, dessen nitrierte Form als Nitroglycerin für beträchtliches Aufsehen und noch beträchtlichere Explosionen sorgte. Vieille stellte überdies 1882 die Theorie des Stauchapparats auf, mit dem die Brisanz einer Sprengladung meßbar wurde. Zur Prüfung der Brisanz, die von der entwickelten Gasmenge, der Explosionswärme, der Detonationsgeschwindigkeit und der Ladedichte des Sprengstoffs abhängt, wird die Stauchung eines Blei- oder Kupferzylinders unter dem verformenden Einfluß der Detonation gemessen (etwa der Stauchapparat von H. Kast oder der Bleiblock von Trautzl). Der Bergassessor Carl Beyling (1871–1938) untersuchte Sprengstoffe speziell für den Bergbau und unterschied den Detonationsdruck, den er für die Zertrümmerung und Zermalmung des der Sprengladung zunächst liegenden Gesteins verantwortlich machte, und den Gasdruck, der die Vorgabe (das Gestein/Mineral bis in Bohrlochtiefe) absprengte und wegschleuderte. Beyling besaß, so ein Nachruf, ein „versöhnliches, liebenswürdiges Wesen, das noch durch einen trockenen, stets schlagfertigen Humor unterstützt wurde". Er machte sich auch um die elektrische Grubenlampe und die Schlagwettersicherheit im Kohlenbergbau verdient.

Schneller als mit der Axt: Bäumefällen mit Schwarzpulver

Doch zurück zu Konrad Kyeser und seinem pergamentenen, mit mehreren hundert Federzeichnungen und Miniaturgemälden verzierten Prachtwerk, das am 28. August 1405 vollendet wurde. Nach diesem Datum war der Edelmann aus Eichstätt in Franken für die Nachwelt verschollen. Schon während der Niederschrift lebte er als Verbannter (Gründe unbekannt) in den böhmischen Wäldern. Bis ins 19. Jahrhundert hinein wurde (Kali-) Salpeter vornehmlich aus pflanzlichem Kompost und Tierdung in sogenannten Salpeterplantagen oder Salpetergruben gewonnen, also durch Fäulnis stickstoffhaltiger organischer Verbindungen. Kyeser ist der Ansicht, daß man auch in großen Töpfen Salpeterplantagen anlegen könne, und weist darauf hin, daß den Substanzen außer Kalk auch Asche beigemischt werden sollte.
Besonders interessant ist Kyesers Vorschlag zur Sprengung eines Hindernisses, in dem Fall eines Baumes. Statt mühevoller Axtschläge wird im Stamm ein größeres Bohrloch angelegt und mit ganz fein gestoßenem Pulver mehliger Konsistenz gefüllt. Das Pulver wird gut festgestampft und dann durch einen eingeschlagenen Pflock abgedichtet, verdämmt. Anschließend bohrt der Sprengmeister von der entgegengesetzten Seite her ein enges Loch bis zum Schwarzpulver, durch das die ganze Ladung gezündet wird.
Doch für den Bergbau unter Tage, zum Lossprengen von taubem Gestein tief unter der Erde, wagte noch niemand, das krachende und qualmende Pulver einzusetzen. Zwar brachten versierte Feuerwerker unter der Erde Pulverladungen zur Explosion, aber nicht in Erz-, sondern in Sprengminen, und auch nicht zum friedlichen Mineralabbau, sondern zu höchst kriegerischen Zwecken, etwa an feindlichen Festungsmauern. Bei so vielen Versuchsobjekten stieß man im 15. Jahrhundert auch auf die Vorzüge des gekörnten Schießpulvers gegenüber dem relativ langsam abbrennenden Mehlpulver.

Es krachte im Oberbiberstollen zu Schemnitz: Caspar Weindl

In der Folgezeit sprengten die Feuerwerker gekonnt alles mögliche, von Mauern über Tore bis hin zu Schiffen, und die Sprengtechnik hatte enorme Fortschritte zu verzeichnen. Bis etwa zur Mitte des 17. Jahrhunderts wurde das Schwarzpulver ohne feste Mischungsverhältnisse zusammengebraut, die Anteile der drei verschiedenen Grundstoffe waren erheblichen Schwankungen unterworfen – mit unterschiedlichem Erfolg. Vor allem Holzkohle und Schwefel hatten meist einen höheren Anteil als später. Aber das 17. Jahrhundert brachte auch noch einen anderen Wendepunkt: Erst jetzt kam das Schwarzpulver in größerem Ausmaß auch für friedlichere Zwecke zum Einsatz. Die Furcht vor einem Einsturz der Gruben, Mangel an geeignetem Werkzeug zur Herstellung der Bohrlöcher, hohe Kosten für das Schwarzpulver und eine fehlende Schießausbildung der Bergleute haben vermutlich dazu beigetragen, daß sich der Einsatz der bergmännischen Sprengarbeit so lange verzögerte. Und als es dann zum erstenmal richtig geklappt hatte, dauerte es aus denselben Gründen (im Gegensatz zur kriegerischen Sprengarbeit) ziemlich lange, bis sich im Bergbau der Gebrauch von Schwarzpulver durchsetzte.

Schemnitz, in einem Tal des Slowakischen Erzgebirges gelegen, ist eine der sieben niederungarischen Bergstädte, die im 13. Jahrhundert in den Karpaten von Deutschen gegründet wurden. Bis zum 16. Jahrhundert gab es dort einen blühenden Gold- und Silberbergbau. Heute liegt die Stadt in der ČSFR und heißt Banská Štiavnica.

Daß die erste nachweisbare bergmännische Sprengung am 8. Februar 1627 im Oberbiberstollen von Schemnitz für die interessierte Nachwelt schwarz auf weiß festgehalten wurde, ist dem Protokollführer und „Perggerichtsschreiber" Caspar Pistorius des Schemnitzer Berggerichtsbuches aus dem Jahr 1627 zu verdanken. „Adi. 8. Februari, dits 1627 Jars, gat die Gancz Löblich Gewerkschafft beim hauptperkhwerch Ober Piberstolln, Ihr kai: Mai: (kaiserlicher Majestät) perggericht zu Schembnitz zur Einfahrt wegen des Casper Weindlß Sprengwerch solches in Augenschein zunemen, ob es dem Gezimmerwerch durch daß schießen schedlich sein mechte, in beratschlagung zu ziehen begrueßt, Ueber solchem eingenomenen Augenschein, vnd (und) in Gegenwart der Ambtleut, Sowol des Perggerichts, besehenen Schuß hat sich befunden, daß dieses Sprengwerch wol fürzunemen sei, vnd

1

2

1 – Über zweihundert Jahre dauerte es, bis das Schwarzpulver auch friedlich und nützlich im Bergbau angewandt wurde, am 8. Februar 1627 im Oberbiberstollen von Schemnitz im Slowakischen Erzgebirge. Die älteste nachgewiesene Darstellung eines bergmännischen Schießvorgangs ist auf einer Gedenkmünze von 1694 aus dem Ostharz zu sehen.

2 – Der Ausschnitt aus dem Münzbild zeigt, wie sich der „Schießhauer", mit der Froschlampe in der Hand, vor der Sprengung in Sicherheit bringt – eigentlich schon zu spät.

nichts schedlichs causirn (zur Folge haben) werde, ob zu Zeitten gleich ein Rauch entstehet, vergeet er doch in ainer Viertl Stundt ... So wol in den Schächten= vnd Stolwenten auf der Soolen, ließ sich das Sprengwerch gar wol an."

Viel ist über diesen Pionier des Sprengens im Bergbau, Caspar Weindl, nicht bekannt. Nach seiner Tat wurde ihm der Beiname „Sprenger" verliehen, und schon im erwähnten Protokoll des Berggerichts vom 16. Februar wird er als Caspar Sprenger bezeichnet. Er kam aus Tirol und war „offenbar früher auf den in Tirol befindlichen Bergwerken des Grafen Montecuccoli, damaligen Oberstkammergrafen von Schemnitz, in Arbeit gestanden" (Bersch). Es ist nicht ganz auszuschließen, daß Caspar Weindl-Sprenger die bergmännische Sprengarbeit bereits in Tiroler Bergwerken entwickelte und aus ebendiesem Grund nach Schemnitz geholt wurde.

Das bergmännische Schießen breitet sich aus

Im Verlauf des 17. Jahrhunderts breitete sich diese Art der Sprengarbeit allmählich aus, auch wenn sie im Vergleich zur Verwendung von Explosivstoffen für militärische Zwecke völlig ins Hintertreffen geriet. Im wesentlichen beschränkte sich der zivile Einsatz des schwarzen Pulvers auf das bergmännische Sprengen. 1632 verbesserte der Oberbergmeister Georg Illing (1569–1644) in Clausthal, Harz, die Bohrarbeit und führte das Schießen (Sprengen) mit Schwarzpulver ein. Illing war 1616 Berggeschworener in Clausthal und verbesserte dort Gezähe und Maschinen. Als eine Verleumdungskampagne gegen ihn gestartet wurde, verließ er 1619 den Harz. Erst vier Jahre später kehrte er auf Wunsch eines Herzogs Christian nach Clausthal zurück. Bekannt wurde er als Erfinder der Kraftübertragung durch Feldgestänge und Kunstkreuze. 1645 soll die Kunst des bergmännischen Schießens in Freiberg, 1670 auf der britischen Insel bekannt geworden sein, in schwedischen Bergwerken erst 1724. Noch in einem 1673 in London gedruckten Reisebericht wunderte sich der englische Arzt und Globetrotter Edward Brown, der die meisten wichtigen Bergwerke des Kontinents besucht hatte, mit welch subtilen Mitteln die Bergleute in einer Grube bei Neusohl (heute Banská Bystrica, ČSFR) dem Gestein zu Leibe rückten, das so hart war, „daß es sich mit ihren Werkzeugen nicht gewinnen ließ". Aber die Gewinnung wurde möglich, „*by the means of Gunpowder rammed into long round holes in the Rock, an so blown up*" (mit Hilfe von Schießpulver, das in tiefe runde Löcher im Gestein gestopft und zur Explosion gebracht wurde).

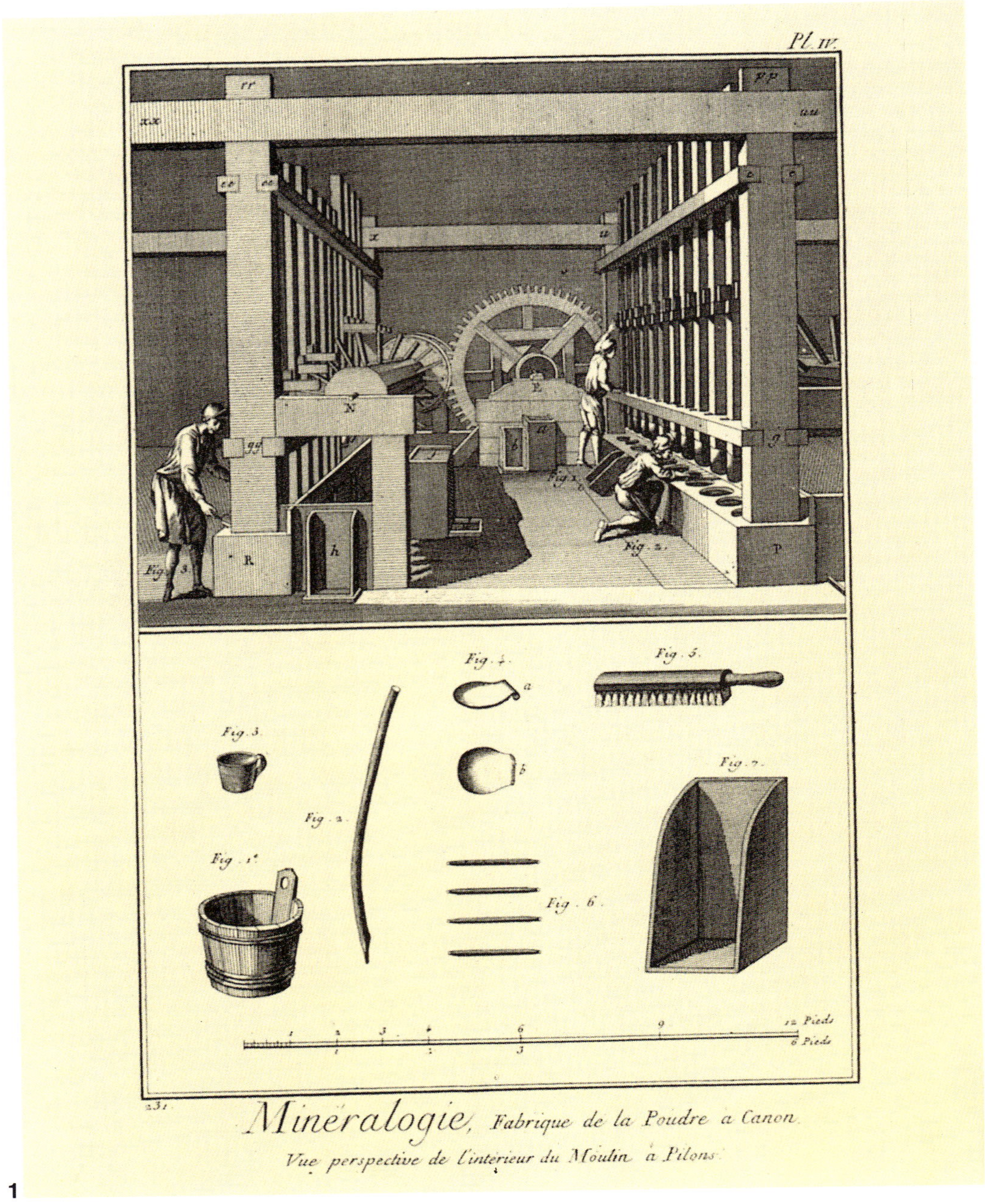

1

Besatz und Raumnadel

Als die bergmännischen Sprengkünste noch in den Kinderschuhen steckten, verstauten die frühen Schießmeister das Schwarzpulver in bereits vorhandene Spalten und Risse im Gestein und verkeilten die Ladung mit Holzpflöcken. Eigene Bohrlöcher wurden erst später vermutlich mit Kronenbohrern recht mühsam hergestellt. Sie hatten einen beachtlichen Durchmesser von bis zu 70 Millimetern und wurden mit einem sogenannten Schießpflock verschlossen. Etwa um 1685 kam der erste praktikable Besatz auf.

Ein Besatz ist ein inerter (chemisch neutraler) Stoff, mit dem das Bohrloch nach dem Laden mit Sprengstoff verschlossen wird, beispielsweise Letten (Tone oder Mergel), Sand (etwa das von der Firma Kruskopf in Dortmund entwickelte Besatzverfahren, bei dem feiner loser Sand in einen Papierschlauch gefüllt wird), Wasser oder auch mit Wasser gefüllte Kunststoffröhrchen. Der Besatz dient mehreren Zwecken: Einmal soll er dem Druck der hochgespannten Gase so lange widerstehen, bis sich das Gestein in der gewünschten Tiefe (Vorgabe) gelöst hat; Pulversprengstoffe explodieren überhaupt nur bei vollständigem Einschluß; zum anderen verhindert ein geeigneter Besatz, daß eine Schußflamme aus dem Bohrloch herausschlägt und womöglich zu Schlagwetter- oder Kohlenstaubexplosionen führt.

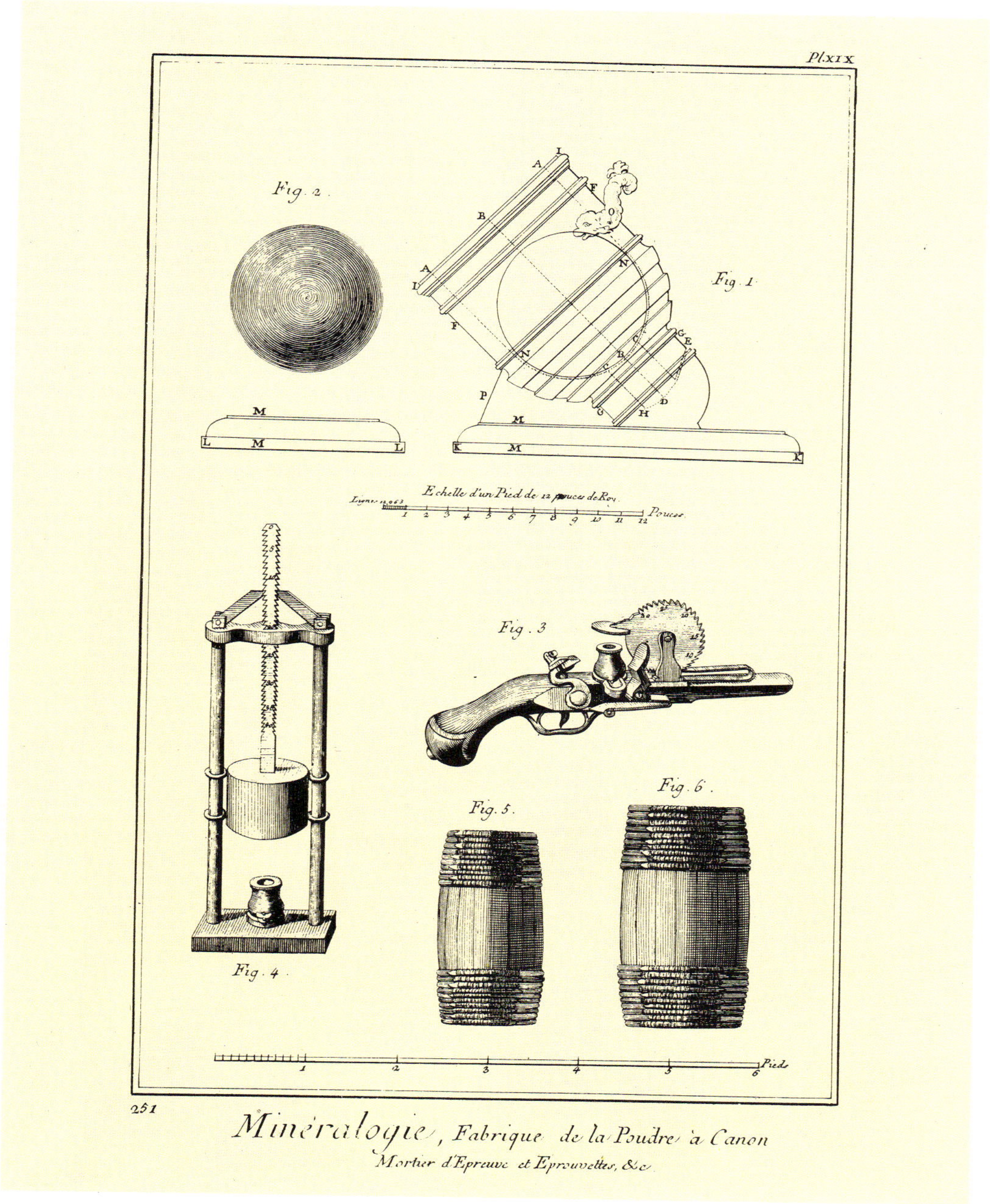

2

1 – Welch immense Bedeutung dem Pulver im 18. Jahrhundert beigemessen wurde, zeigt die Tatsache, daß die berühmte „Encyclopédie" (1751–1772) von Denis Diderot und Jean Le Rond d'Alembert der Salpetergewinnung und der Pulverherstellung nicht weniger als 28 ein- und zweiseitige Bildtafeln widmet – natürlich überwiegend als „Schieß"-Pulver (Poudre à canon). Die Abbildung gibt einen Blick in die Stampfmühle wieder.

2 – Zum Erproben der Treib- und Sprengkraft gab es schon verschiedene Testgeräte, vom genormten Mörser bis zum Pistolenprober.

Nach Feldhaus verdankt der Bergbau einem gewissen Karl Zumbe aus Altenburg in Sachsen den Lettenbesatz für Bohrlöcher. Zumbe verbannte die vorher üblichen Holzpflöcke zum Verdämmen der Ladung und verwendete in den Gruben von Clausthal um 1685 plastischen Letten, der für lange Zeit der am weitesten verbreitete Besatzstoff bleiben sollte. Er wurde in Form von leicht feuchten Nudeln gebraucht, die der Bergmann meist selbst knetete, mit einem hölzernen Ladestock ins Bohrloch eingeführt und festgestampft.

Damit der Kumpel trotz Lettenbesatz noch zum Zünden an sein Pulver herankonnte, verwendete er eine Raumnadel (manchmal auch Räumnadel). Sie wurde vorher in das Bohrloch eingeführt und reichte etwa bis zur Mitte der Ladung. Nach der Herstellung des Besatzes kam sie heraus und hinterließ einen engen Kanal für die Zündvorrichtung. Zumbe ersetzte die etwas gefährliche Raumnadel aus Eisen (möglicher Funkenschlag) durch eine messingne Raumnadel. Außerdem entwickelte er noch ein Zündröhrchen und strich für seine Erfindungen die stolze Summe von 760 Talern ein.

Erfindungen rund um das Schießpulver

Die Kunst, Schießpulver zu verwenden, kam allmählich in Schwung. 1689 ersetzte der Zellerfelder Buchbinder Johann Andreas Lufft die bis dahin verwendeten Lederbeutel mit Pulver durch geleimte Papierpatronen. Noch in unserem Jahrhundert (bevor das Schwarzpulver durch Wettersprengstoffe ersetzt wurde) durfte das Kornpulver mit Körnergrößen zwischen 1 und 10 Millimeter nur in fertigen Patronen aus braunem Papier an den Bergbau geliefert werden. Daneben wurden aber auch zylinderförmige Patronen aus unter starkem Druck komprimiertem Pulver hergestellt. Das Mischungsverhältnis änderte sich nur noch in relativ engen Grenzen: Je höher der Prozentsatz an Salpeter, desto sprengkräftiger war das Pulver. So wurde beispielsweise Sprengpulver 1 mit bis zu 77 Prozent Salpeter für sehr festes Gestein eingesetzt, Sprengpulver 3 mit mindestens 63 Prozent Salpeter für weicheres Gebirge verwendet.

Auf der einen Seite wurden die Lederpatronen ausgemustert, auf der anderen brachte P. Cornelli in Ancona 1699 das Leder wieder in Mode, und zwar in Form eines wasser- und funkensicheren ledernen Sacks zur Aufbewahrung von Schießpulver. Ein erstes Testgerät für die Güte

von Schießpulver erfand Furttenbach 1626. 1702 konstruierte Surirey de Saint Remy einen Pistolenprober, „bei dem die Pulvergase den an einer drehbaren Scheibe sitzenden Verschlußdeckel des Laufs treffen, so daß die Scheibe um eine Anzahl von Graden gedreht wird" (Feldhaus).
Im Jahr 1717 ging man zu engeren Bohrlöchern über. Dadurch waren unter anderem bei Meißelbohrungen mit der Hand und später auch bei Bohrhämmern höhere Bohrleistungen zu erzielen. 1786 entdeckte der französische Chemiker Claude Louis Berthollet (1748–1822) das Kaliumchlorat, das mit oxidierbaren Substanzen beim Erhitzen explodiert, manchmal auch schon bei Reibung oder Stoß. Eigentlich wollte Berthollet den Salpeter im Schießpulver durch sein Kaliumchlorat ersetzen, aber das klappte nicht. In der Nähe von Corbeil fand ein entsprechender Versuch statt. Er kostete mehrere Personen, unter ihnen den Direktor der nationalen Pulverfabrik, das Leben. Aber immerhin ließ sich sein Stoff für farbiges Feuerwerk und für Zündhölzer verwenden.

Knallquecksilber und Hohlraumschießen

Später verwendete dann ein Mann namens Alfred Nobel Berthollets Entdeckung für seine Sprengkapseln, zusammen mit „Howards Knallpulver", besser bekannt unter der Bezeichnung Knallquecksilber oder Quecksilberfulminat. Dieses kristalline, hochexplosive Salz der Knallsäure, hergestellt durch Versetzen einer Lösung von Quecksilber in Salpetersäure mit Alkohol, kannte wohl schon 1608 der niederländische Mechaniker und Physiker Cornelis Jacobszoon Drebbel (1572–1633), Erbauer des ersten lenkbaren Unterseebootes. Wiedererfunden wurde es dann 1800 von dem englischen Chemiker Edward Charles Howard (1774–1816). In der Folgezeit wurde es zunehmend benutzt als Initialsprengstoff und um 1806 in Form von kleinen Pillen als Treibmittel im Schloß des Perkussionsgewehrs, erfunden von dem schottischen Geistlichen Alexander John Forsyth (1769–1843).
Wohl gleich nach 1790 erfand Alexander Freiherr von Humboldt (1769–1859) das Hohlraumschießen. Im 19. Jahrhundert war Humboldt ein weltweit berühmter Naturforscher. Von seinem Bekanntheitsgrad zeugen noch heute zahlreiche Berge, Flüsse, Institute und anderes, die seinen Namen tragen. Bis 1792 studierte er an der Freiberger Bergakademie und war dann bis 1797 Oberbergmeister. In dieser Zeit entwickelte er eine Sicherheitslampe, gründete aus eigenen Mitteln eine Schule für junge Bergingenieure und entwickelte die Technik des Hohlraumschießens. Dabei ließ er in tiefen Bohrlöchern zwischen den einzelnen Schießpulverpatronen oder vor/hinter der Gesamtladung Hohlräume frei. Der Druck der Sprenggase wirkte auf die Hohlräume mit ein und bewirkte unter günstigen Umständen eine beachtliche Sprengstoffersparnis. Außerdem wurde das losgesprengte Mineral nicht so stark zerstrümmert, und das war vor allem für den Steinkohlenbergbau von Interesse, weil zerbröckelte Kohle beträchtlich an Wert verliert.

Das Schwarzpulver in zwei Versionen

1852 kam der italienische Graf Paolo de San Roberto auf die Idee, die pastose Schwarzpulvermischung unter hohem Druck zu Blöcken zu pressen. Die nächste Erfindung kam aus den USA. Von 1845 an beschäftigte sich der in West Point ausgebildete Thomas Jackson Rodman (1815–1871) mit der zu plötzlichen Explosion der Pulvergase in Kanonen, die oft genug das Geschützrohr auseinandersprengte. Vom gepreßten Pulver ausgehend, perforierte er die Stücke und gab ihnen dann auch noch eine prismatische Form. Dadurch erreichte er eine gleichmäßigere Verbrennung und kontrollierte Expansion der Gase.
Lange Zeit hatten die Hersteller von Schwarzpulver nur Kalisalpeter für ihre Mischungen verwendet. Er wurde aus organischem Material gewonnen, und später lieferten in Indien aufgefundene Lager ausreichenden Stoff für viele Jahre. 1820 entdeckte der Naturforscher Mariano de Rivero im Norddistrikt Chiles riesige Lager von Natronsalpeter (Natriumnitrat, Chilesalpeter). Chilesalpeter war ein Jahrhundert lang fast der einzige Rohstoff zur Herstellung von Salpetersäure, Anilinfarbstoffen und Sprengstoffen und wurde in gigantischen Mengen als Düngemittel eingesetzt.
Zur Schwarzpulverherstellung schien dieser fast unermeßliche Salpeterschatz zunächst ungeeignet, weil er viel zu empfindlich auf Feuchtigkeit reagierte. Also nahm man den Chilesalpeter und setzte ihn mit dem kochsalzähnlichen Kaliumchlorid, das ebenfalls in genügenden Mengen zur Verfügung stand, zu Kaliumnitrat (Kalisalpeter) um. Und hier kam eine Pulverfabrik ins Spiel, die zu einem der größten Chemiekonzerne der Welt avancieren sollte: E. I. du Pont de Nemours & Company. Stammvater des nordamerikanischen Familienzweigs war Pierre Samuel du Pont de Nemours (1739–1817). Sein Sohn Eleuthère Irénée (1771–1834) gründete 1802 am Brandywine Creek in der Nähe von Wilmington, Delaware, eine Pulverfabrik, weil ihn die miserable Qualität und der hohe Preis des amerikanischen Schwarzpulvers sehr beeindruckt hatten. Der Krieg von 1812 erwies sich für die Pulvermühle am Brandywine Creek als äußerst profitabel.
Lammot du Pont (1831–1884), Enkel des Gründervaters, tat sich besonders als chemischer Erfinder hervor und eroberte dem Unternehmen einen führenden Platz bei der Herstellung von Explosivstoffen („soda powder"). Lammot du Pont gelang es unter anderem, das Problem mit der Feuchtigkeitsaufnahme des Chilesalpeters zu lösen und 1858 Schwarzpulver mit dieser Salpeterart auf den Markt zu bringen. Die als B-Sprengpulver bezeichnete Mischung setzte sich sehr schnell durch. Sie hatte zwar nicht die Qualität des A-Sprengpulvers mit Kalisalpeter, aber für die meisten bergmännischen und tiefbautechnischen Sprengungen reichte es vollkommen aus und war außerdem billiger. Mit der A-Qualität liebäugelte vor allem das Militär. Sie wurde aber auch für die Sicherheitszündschnüre eingesetzt, die nach einigen Jahrhunderten ziemlich unberechenbarer Schwarzpulverzündungen 1831 erfunden worden waren.

Mit Feuerschwamm und Schwefelmännchen

„Bei der Pulversprengung wird die Zündung entweder mittelst des Halmes oder mittelst der Zündschnur bewirkt. Ersterer ist ein mit Pulver gefüllter, unverletzter Strohhalm, welcher in die durch die Raumnadel ausgesparte Oeffnung im Besatze bis in die Pulverladung eingeschoben wird. – Zur Zündung des Halmes oder der Zündschnur dient entweder ein daran befestigter Feuerschwamm oder das Schwefelmännchen, d. i. ein mit Schwefel getränkter Faden, welcher daran befestigt und in Brand gesteckt wird. Seine Länge muß derart bemessen sein, daß sich der die Zündung bewirkende Arbeiter rechtzeitig in Sicherheit bringen kann" (Bersch).
Damit sind die Zündmöglichkeiten für die Sprengung mit Schwarzpulver schon ganz gut beschrieben, aber natürlich hat es etwas einfacher angefangen. Das älteste Sprengpulver der Geschichte ist, ganz im Gegensatz zu den noch zu besprechenden brisanteren Explosivstoffen, ziemlich unempfindlich gegenüber Schlag oder Rei-

Sprengen in einer Kohlenmine („Blasting in a Coal Mine – Waiting for the Blast") zeigt die Zeitschrift „Scientific American" vom 22. März 1873. Allzuviel Angst vor schlagenden Wettern scheinen die Kumpel nicht zu haben mit ihren offen brennenden Kopflampen und der rechte mit glimmender Pfeife in der Hand.

bung und muß durch eine offene Flamme oder durch Hitze gezündet werden. Damit der frühe Sprengmeister noch ausreichend Zeit hatte, sich in Sicherheit zu bringen, legte er eine ausreichend lange Pulverspur zur Hauptladung und zündete sie mit einer Fackel, mit glimmendem Zunder oder auch mit einem stark erhitzten Eisenstab an.

In der Folgezeit wurden mit feinem Schwarzpulver gefüllte Strohhalme als Zündschnüre verwendet. Andere Techniken bestanden darin, aus Schilfrohr das Mark zu entfernen und durch eine pastöse Pulver-Wasser-Mischung zu ersetzen oder einen Wollfaden mit der Paste zu bestreichen.

Bickford und die Sicherheitszündschnur

Als nächstes waren bei der Zündung der Sprengschüsse Gänsefederkiele sehr beliebt. Die Federkiele konnten zugeschnitten, ineinandergesteckt und mit Pulver gefüllt werden. Sie waren ziemlich wasserdicht, konnten direkt angezündet werden und machten dadurch ein Schwefelmännchen als eine Art Zeitzünder überflüssig, aber leider erwiesen sie sich als ziemlich unberechenbar.

Das änderte sich erst, nachdem der Lederwarenhändler William Bickford seine Erfindung gemacht hatte. Bickford war im Zinnminendistrikt von Cornwall, England, zu Hause und mit den Zündproblemen des bergmännischen Schießens wohl vertraut. Häufig war die Unfallursache bei Sprengungen im Versagen der Federkiel-Zündröhrchen zu suchen, und er sann auf Abhilfe. 1831 hatte er die Sicherheitszündschnur entwickelt. Sie bestand aus einem mit Schwarzpulver gefüllten Schlauch aus Jute oder einem ähnlichen Material und einer zusätzlichen Umspinnung aus Jute oder Baumwolle. Diese Sicherheitszündschnur brachte die Zündflamme erheblich sicherer und zuverlässiger zur Pulverladung als alle ihre Vorgänger. Die Brenndauer ließ sich (bei etwa einem Zentimeter Abbrand pro Sekunde) erstaunlich exakt festlegen. Später erhielt die Schnur als Feuchtigkeitsschutz und als Vorbeugung gegen seitliches Durchbrennen einen Überzug aus Kaolinbrei oder Guttapercha oder sie wurde geteert und früher mit Bandwicklungen, heute mit Kunststoff überzogen. Bei schlagwettersicheren Gruben konnten die Schießmeister die Zündschnur direkt an der offenen Lampe anzünden. In Schlagwettergruben dagegen empfahl es sich früher, die Zündung mit Stahl, Stein und Schwamm vorzunehmen, weil weder die Funken, die dabei entstehen, noch der glimmende Schwamm die Schlagwetter zündeten. Erheblich sicherer aber waren später entwickelte Anzündvorrichtungen, etwa der Drehzünder oder der Reißzünder der Firma Josef Norres in Gelsenkirchen.

Mit Reibungselektrizität und Galvanismus

Auch mit der elektrischen Zündung hatten sich Wissenschaftler schon sehr früh befaßt. Erste Versuche, allerdings mit brennbaren Flüssigkeiten, unternahm bereits der Sprachwissenschaftler und Physiker Johann Heinrich Winkler (1703–1770) in Leipzig im Jahr 1744. Er deutete den Blitz als elektrische Erscheinung und zündete die Flüssigkeiten durch Funkenentladung. Der russische Telegrafie-Pionier Baron Pawel Lwowitsch Schilling von Cannstadt (1786–1837) legte 1812 ein Kabel quer durch die Newa bei Petersburg und stellte Versuche an, Pulverminen elektrisch zur Explosion zu bringen. 1823 soll ein gewisser Snow Harris den ersten Versuch unternommen haben, Pulver auf größere Entfernung durch Reibungselektrizität zu zünden. 1830 oder 1831 füllte ein gewisser Philander Shaw Bohrlöcher im Felsen mit Schießpulver und zündete die Ladung durch einen elektrischen Funken, den er mit Hilfe einer Leidener Flasche erzeugt haben soll. Am 1. Juni 1831 soll Shaw einem Professor Hare von seinen Versuchen berichtet haben. Der Professor probierte es selbst aus, erhitzte einen Draht mit hohem Widerstand durch eine galvanische Batterie zur Rotglut und erfand damit die Glühzündung. Die erste wirklich zufriedenstellende Zündmaschine erfand der Amerikaner H. Julius Smith 1878. Ein Griff mit Zahnstange wurde schnell nach unten gedrückt und versetzte einen Anker zwischen den Polen eines Elektromagneten in rasche Umdrehung. Dadurch wurden in den Ankerwicklungen ausreichend starke Wechselströme induziert, die auf einem Kollektor gleichgerichtet wurden und ein dünnes Drähtchen in einem elektrischen Zünder zum Erglühen brachten.

Der Kohlenbergbau war früher einmal der größte (friedliche) Verbraucher von Schwarzpulver. Da das Pulver ein verhältnismäßig langsam explodierender Sprengstoff mit einer mehr schiebenden und nur wenig zertrümmernden Wirkung ist, war es im Grunde von der geringen Brisanz her der ideale Stoff für den Kohlenbergbau. Die Kohle brach in großen Brocken ab und ließ sich gut verladen. Aber leider hatte das Pulver die verhängnisvolle Eigenschaft, Grubengase, vor allem das Methan, und Kohlenstaub allzu leicht zu entzünden. Deshalb wurden um 1880 in einigen europäischen Ländern Versuchsstationen eingerichtet, in denen nach schlagwettersicheren Sprengstoffen als Ersatz gesucht werden sollte. Das Ergebnis waren schließlich sogenannte Wettersprengstoffe. Aber die hatten mit dem guten alten Schwarzpulver nichts mehr zu tun.

Bergmännisches Schießen: Epoche der brisanten Sprengstoffe

Von Caspar Weindls erstem Sprengschuß unter Tage im Oberbiberstollen des Schemnitzer Reviers bis weit ins 19. Jahrhundert hinein hatte das Schwarzpulver die arg strapazierte Muskelkraft der Bergleute mit viel Donner und Rauch unterstützt. Aber die Hilfsarbeit beim Schießen war nicht ganz ungefährlich. Zum einen bestand in Kohlenbergwerken die bereits erwähnte Explosionsgefahr durch schlagende Wetter in Form von Methan- oder Kohlenstaub-Luft-Gemischen, zum anderen waren es die Pulvergase, speziell das darin enthaltene Kohlenmonoxid, die den Kumpeln unter Tage mit der Minenkrankheit drohten. „Diese Krankheit wird angekündigt", so dozierte Bersch 1898, „durch Schmerz in der Stirngegend, Betäubung, Brausen in den Ohren, Verlust des Bewußtseins und Insensibilität, zuweilen einem Krampfanfalle, welcher schließlich in Lähmungserscheinungen übergeht, während die Athmung röchelnd und die Haut kühl wird, und ein Zustand der Exaltation, selbst der Tobsucht, eintritt."

Aber schließlich kam die Zeit, in der das Schwarzpulver den wachsenden Anforderungen beim rapide steigenden Abbau der Bodenschätze, der immer rascheren Erschließung neuer Verkehrswege und den gehobenen Ansprüchen der Militärs einfach nicht mehr gewachsen war. 1875 faßte der Mann, der die Welt um eine ganze Reihe höchst brisanter Sprengstoffe bereicherte, die Nachteile des jahrhundertealten schwarzen Pulvers gekonnt zusammen. In seiner Abhandlung „Über die modernen Sprengstoffe" schrieb Alfred Nobel: „Diese altbekannte Mischung besitzt eine wirklich erstaunliche Elastizität, die ihre Verwendung für die verschiedensten Zwecke erlaubt. So benötigt man in einem Bergwerk lediglich eine Explosion ohne Triebkraft; in einem Gewehr aber ohne Sprengwirkung. Bei einer Granate finden sich diese beiden Kräfte vereinigt. In einer Zündschnur wie auch beim Feuerwerk geht die Verbrennung sehr langsam vor sich, und es erfolgt keine Explosion. Der Druck des Schwarzpulvers, der bei zahlreichen Verfahren erprobt wurde, schwankt zwischen einer Unze (ca. 31 g) auf den Quadratzoll (ca. 6,5 cm) bei einer Zündschnur und 85000 Pfund auf den Quadratzoll in einer Granate. Doch wie bei einem Mädchen für alles fehlt die Perfektion auf den einzelnen Gebieten."

Und an dieser Perfektion versuchten sich die Forscher und Wissenschaftler des 19. Jahrhunderts. Sie begannen mit der Schießbaumwolle, sprengten mit Nitroglycerin sich und ihre Fabriken in die Luft, entwickelten Dynamite und Sprenggelatinen, und setzten in den Kohlenbergwerken unter Tage die ziemlich sicheren Wettersprengstoffe ein, die beispielsweise durch Entwicklung von Natriumchloridsalz-Nebeln einen so schnellen Flammenabbruch garantierten, daß sich die Schlagwetter nicht entzünden konnten.

Aber auch die Verwendung von Wettersprengstoffen hatte negative Folgen, zumindest Folgen sozialer Natur, so fand der Historiker Horst Steffens (geb. 1950) heraus: „Denn der Umgang mit diesen Sprengstoffen mußte erlernt werden. Das Hereinschießen der Kohle wurde nach und nach Spezialisten, den Schießmännern, übertragen, den Bergleuten dadurch wiederum ein Bereich ihrer ehemals selbstverantwortlich verrichteten Arbeit entzogen." Mit dem früher eingesetzten Schwarzpulver konnten sich die Kumpel wenigstens noch eigenverantwortlich in die Luft schießen. Das heißt, heute ist auch im Bergbau „sprengen" die offizielle Bezeichnung, und aus den Schießmeistern sind Sprengmeister geworden. Und auch das ist vor Ort heute immer seltener, denn trotz Wettersprengstoffen ist die Aktion ihrer gebirgserschütternden Wirkung wegen nicht ganz ungefährlich. Gesprengt wird unter Tage meist nur noch, um den Streb aufzuschließen. Beim Streckenvortrieb wurde die konventionelle Methode, Bohren – Sprengen – Laden, zunehmend durch die Arbeit von Streckenvortriebsmaschinen ersetzt.

Die explosive Baumwolle

Der erste neue Sprengstoff, der den gestiegenen Ansprüchen aller Sprengexperten zu genügen schien, war Nitrocellulose (besser Cellulosenitrat), die durch Nitrierung von Baumwolle oder Holzzellstoff mit einem Gemisch aus konzentrierter Salpeter- und konzentrierter Schwefelsäure, der sogenannten Nitriersäure, hergestellt wurde. Je nach ihrem Stickstoffgehalt (Veresterungsgrad, Anzahl der Nitrogruppen) wird die reib- und schlagempfindliche Nitrocellulose in Schießwolle oder Schießbaumwolle (ab 13 Prozent Stickstoff) und in (niedrig nitrierte) Kollodiumwolle (bis zu 12,6 Prozent Stickstoff) unterteilt. So viel zur Theorie dieser explosiven Baumwolle.

Ihre Entwicklung begann bereits im Jahr 1832, als der französische Naturforscher Henri Braconnot (1781–1855) die Inhaltsstoffe von Pflanzen untersuchte. Er behandelte verschiedene pflanzliche Produkte, darunter auch Rinde und Sägemehl mit konzentrierter Salpetersäure und stellte fest, daß die getrockneten Substanzen, die er „Xyloidin" nannte, anschließend sehr leicht brennbar waren.

Sechs Jahre später setzte der französische Chemiker Théophile Jules Pelouze (1807–1867) die Untersuchungen fort und befaßte sich mit Sprengstoffversuchen. Einer seiner Schüler war übrigens ein junger Schwede namens Alfred Nobel. Pelouze versicherte den Herren von der Pariser Akademie der Wissenschaften, daß mit Salpetersäure in Kontakt gekommene Cellulosestoffe gute Sprengmittel abgäben.

Den Beweis lieferte 1840 ein anderer französischer Chemiker mit der Herstellung eines solchen Stoffes, nämlich einer der Pioniere der organischen Chemie, Jean-Baptiste André Dumas (1800–1884). Er nannte ihn „Nitramid". Und als Christian Friedrich Schönbein (1799–1868) im Jahr 1845 einen Strang Baumwolle in Nitriersäure tunkte, die nitrierte Baumwolle mit Wasser auswusch, um sie von der überschüssigen Säure zu befreien, und den Strang dann trocknete, wollte er eigentlich ein neues Treibmittel für Waffen entwikkeln. Aber es sollte sich herausstellen, daß seine Schießbaumwolle für die damaligen Gewehre und Kanonen viel zu brisant war. Einer der ersten, die große Pläne mit dem neuen Spreng- und Treibmittel hatten, war der französische Science-fiction-Autor Jules Verne (1828–1905). Er wollte mit einer Riesenkanone und der entsprechenden Portion Schießbaumwolle Menschen auf den Mond schießen.

Noch keine Konkurrenz für das Schwarzpulver

Schönbein entdeckte 1846 auch die Kollodiumwolle mit ihrem etwas geringeren Stickstoffgehalt (Dinitrocellulose) und stellte fest, daß sich das Material in einem Gemisch aus Äther und Alkohol (Äthanol) löste „wie Zucker in einem Glas Wasser". Ohne es zu wissen, legte er mit dieser zähflüssigen Lösung namens Kollodium (Collodium) den Grundstein zur Cellulosechemie und den Kunstfasern (siehe „Die großen Erfindungen, Textil · Bauen und Wohnen · Beleuchtung"). Ein anderes Beispiel: Im Jahr 1921 erfand Flaherty unter Verwendung der Dinitrocellulose als Bindemittel die schnelltrocknenden Nitrolacke.

Gleichzeitig mit Schönbein hatte auch der Chemiker Rudolf Christian Böttger (1806–1881), Erfinder des Sicherheitszündholzes, in Frankfurt Versuche mit Schießbaumwolle angestellt. Die beiden Nitrocellulose-Spezialisten schlossen zur gemeinsamen Auswertung ihrer Erfindung einen Vertrag. 1846 kam die explosive Baumwolle erstmals bei einem Tunnelbau bei Idstein im Taunus zum Einsatz. 1859 füllten die Österreicher bei der Verteidigung des Hafens von Venedig ihre Torpedos damit.

Aber weder Privatunternehmer noch der Deutsche Bund konnten sich zum Ankauf des Verfahrens entschließen. Zudem hatte der neue Sprengstoff die unangenehme Eigenschaft, scheinbar grundlos zu explodieren, und so flog manche Pulverfabrik in die Luft: 1848 zerstörten 1600 Kilogramm Schießbaumwolle eine französische Fabrik in Le Bouchet, 1862 knallte es in Simmering bei Wien. Und so legte sich die anfängliche Begeisterung für die Schießbaumwolle wieder. Für den Bergbau war sie ohnehin viel zu teuer, und so hatte das Schwarzpulver bald wieder Konjunktur.

Schießwolle wurde aber weiter zur Herstellung von rauchlosem Pulver eingesetzt. Frederick Augustus Abel (1827–1902), der sich unter anderem auch mit Kohlenstaubexplosionen in Bergwerken befaßte, suchte 1868 nach einer Möglichkeit, die Schießbaumwolle vor spontanen Explosionen zu bewahren, damit sie militärisch besser einzusetzen wäre. Er stellte fest, daß die Wolle nach der Nitrierung nicht genügend ausgewaschen wurde und deshalb noch eine Menge Säure enthielt. Neue Waschverfahren verbesserten die Produktion, aber die Pulvermagazine flogen weiter in die Luft. Erst Paul Vieille fügte zur Nitrocellulose spezielle Stabilisierungsmittel hinzu, die die katalytisch aktiven Zersetzungsprodukte neutralisierten. Die Kollodiumwolle Schönbeins ging ihren eigenen brisanten Weg: Sie diente zur Produktion von Sprenggelatine und Gelatinedynamiten.

Explosivstoff und Medizin: Nitroglycerin

1952 war das Jahr, in dem die erste britische Atombombe auf dem Montebello-Archipel vor Australien explodierte. Es war dasselbe Jahr, in dem auch der brisante Film „Le salaire de la peur" (Lohn der Angst) in die Kinos kam. Die Regie bei diesem Thriller hatte der Franzose Henri Georges Clouzot (1907–1977). Er führte den Zuschauern mit furchterregender Subtilität die kaum beherrschbaren Gefahren eines Explosivstoffes mit der Bezeichnung Nitroglycerin vor Augen.

Exakter ist die Bezeichnung Glycerintrinitrat, und es handelt sich dabei um eine farblose bis gelbliche, ölige und geruchlose Flüssigkeit, die bei Erschütterung oder rascher Erhitzung mit der außergewöhnlich hohen Detonationsgeschwindigkeit von 7700 Meter pro Sekunde (27720 km/h) explodiert. Dabei entstehen Gase, die schon bei normalem Druck und normaler Temperatur mehr als das 1200fache des ursprünglichen Volumens einnehmen würden. Dieses „Sprengöl", wie es auch genannt wurde, ist einer der brisantesten Explosivstoffe und Bestandteil vieler Sprengmittel, etwa von Dynamiten oder Sprenggelatinen. Auch die Medizin hat sich der gefährlichen Flüssigkeit bemächtigt und verschreibt sie als Mittel gegen Angina pectoris.

Irgendwann zwischen 1843 und 1847, die Angaben schwanken, ließ der Professor für Chemie am Technischen Institut der Universität Turin Ascanio Sobrero (1812–1888) ein Gemisch aus Salpeter- und Schwefelsäure auf wasserfreies Glycerin, den einfachsten dreiwertigen Alkohol, der in kleinen Mengen auch im Wein enthalten ist, einwirken. Er bemerkte bald mit unangenehmer Deutlichkeit am eigenen Leib, daß die dadurch entstehende Flüssigkeit hochexplosiv ist. Als er ein Proberöhrchen mit dem Stoff erhitzte, flogen ihm die Glassplitter um die Ohren und verletzten ihn im Gesicht. Er nannte das gefährliche Gemisch „Pyronitroglycerin" und fand bald heraus, daß es sogar bei einem Schlag explodieren kann.

Ascanio Sobrero wurde am 12. Oktober 1812 im italienischen Casale geboren. Er studierte bei Berzelius und Justus von Liebig und schließlich bei Pelouze in Paris, bei dem er mit Sprengstoffen in Kontakt kam. Zurückgekehrt nach Turin, startete er seine eigenen Versuchsreihen und stieß schließlich auf das Glycerintrinitrat. Er war zunächst ebenso ratlos wie die Herren der Wissenschaftlichen Akademie in Turin, denen er seine neue Sprengflüssigkeit vorstellte, weil niemand genau erklären konnte, unter welchen Bedingungen das hochsensible Gemisch derartig heftig explodierte.

Sobrero unternahm noch weitere Nitrierversuche mit höherwertigen Alkoholen, etwa mit dem süß schmeckenden sechswertigen Mannit. Daraus braute er das Nitromannit zusammen. Als 1853 im Arsenal von Turin 400 Gramm von diesem Nitromannit in die Luft flogen und das halbe Arsenal mit, gab Ascanio Sobrero seine Experimente resigniert auf. 1873 heuerte ihn der schwedische Industrielle Alfred Nobel als wissenschaftlichen Berater der schweizerisch-italienischen Nobel-Gesellschaft an. Er starb am 26. Mai 1888 in Turin. Die beträchtlichen Risiken bei der Nitrogylcerinherstellung und die seltsame Eigenschaft des Sprengöls, aus manchmal offenbar völlig unerklärlichen Gründen zu explodieren, hatten zur Folge, daß die Flüssigkeit zunächst hauptsächlich als Labor-Kuriosität betrachtet wurde – bis zwei Schweden, Vater und Sohn Nobel, sich der Substanz annahmen.

Alfred Nobel: ein Mensch, der die Welt veränderte?

Es war schon mehrfach von ihm die Rede, von jenem schwedischen Erfinder und Industriellen Alfred Bernhard Nobel (1833–1896), der die Menschheit mit höchst brisanten Sprengstoffen beglückte und sie an jeden und alle Länder verkaufte, die dafür zahlen konnten, und der sich durch eine einzigartige Public-relations-Aktion mit der Schlagzeile „Nobelpreis-Verleihung" ein grandioses und sehr umstrittenes Denkmal setzte.

Alfred Nobel begründete sein explosives Werk mit dem Begriff der Abschreckung und betrachtete seine Sprengstoffe als Werkzeuge des Friedens, Betrachtungsweisen, die Militärs wie Politiker noch heute wie liebgewordene Basisweisheiten bis zum Überdruß strapazieren und vermutlich noch lange strapazieren werden. Nobel: „Mein Dynamit wird eher zum Frieden führen als tausend weltumspannende Verträge. Sobald der Menschheit klar wird, daß in einem einzigen Augenblick ganze Armeen vollständig vernichtet werden können, werden sie mit Sicherheit an einem goldenen Frieden festhalten."

Alfred Bernhard Nobel wurde am 21. Oktober 1833 in einem Hinterhaus in der Norrlandsgatan 9 im damals billigsten Stadtteil Stockholms geboren. Im selben Jahr meldete sein Vater Immanuel Nobel (1801–1872) als Baumeister seinen ersten Konkurs an. Alfred war ein schwächliches und kränkliches Kind, das kaum mit Gleichaltrigen Kontakt hatte und lediglich von 1841 bis 1842 eine öffentliche Schule in Stockholm besuchte. Die weitere Erziehung übernahmen Privatlehrer. Vater Nobel hatte inzwischen seine zweite Firma, eine Gummifabrik, in den Konkurs ge-

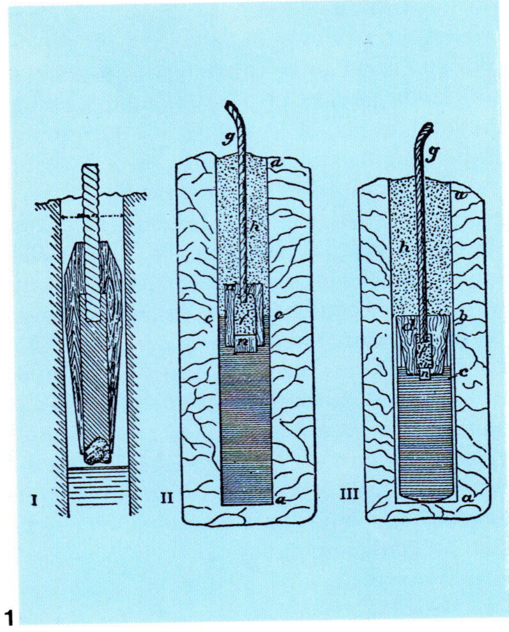

1

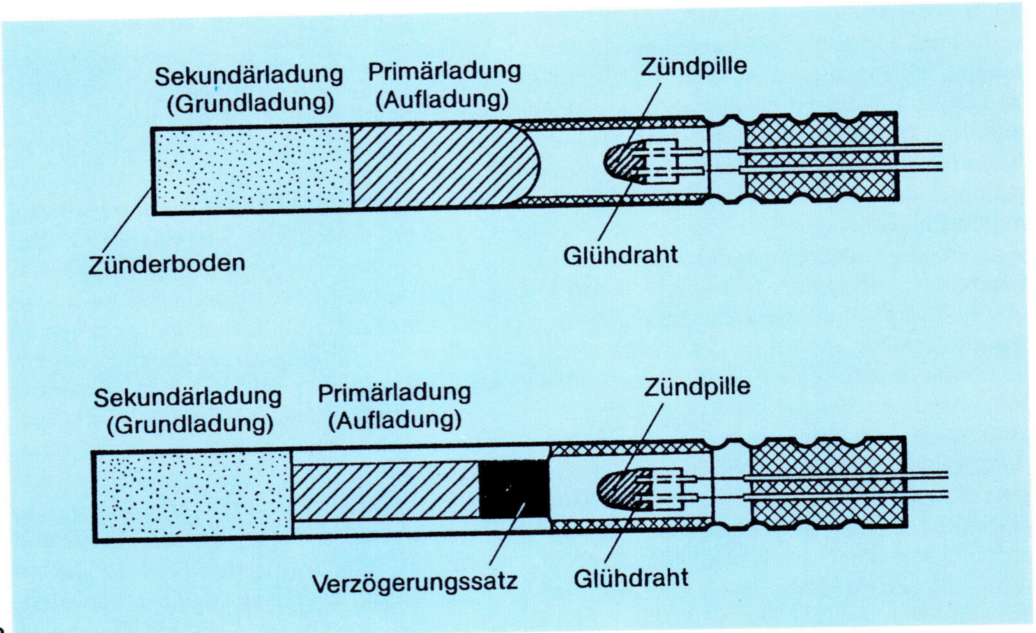

2

führt und ging 1840 nach Petersburg, um dort den russischen Militärs des Zaren Nikolaus seine Dienste und von ihm entwickelte Land- und Seeminen anzubieten.
Die Geschäfte liefen gut, und im Oktober 1842 holte Immanuel Nobel seine Familie, Frau Andriette und die drei Söhne Robert, Ludwig und Alfred, nach Petersburg. Alfred lernte Russisch, Englisch, Französisch und Deutsch. Vaters Betrieb florierte, die Minen waren ein glänzendes Geschäft, und als Robert zwanzig, Ludwig achtzehn und Alfred sechzehn war, kam Nobel senior zu der Überzeugung, daß seine Söhne nunmehr genug der Erziehung erhalten hatten, und er nahm sie in sein Geschäft auf. Seine Beurteilung: „Nach meiner Meinung hat Ludwig das meiste Genie, Alfred den größten Fleiß und Robert den meisten Spekulationsgeist." Alfred wurde auf Reisen geschickt, um sich die Welt anzusehen. Er besuchte die meisten Länder Europas, war in New York und kam 1853 nach Petersburg in die Familienfirma zurück.
Der Krimkrieg (1853–1856) ließ die Nobel-Fabrik noch einmal florieren, aber nach dem Krieg mit seinen verheerenden Folgen für Rußland stornierte der neue Zar Alexander II. alle Aufträge für Privatfirmen. 1859 mußte Immanuel Nobel wieder einmal Konkurs anmelden und kehrte mit seiner Frau und dem jüngsten, in Petersburg geborenen Sohn Emil nach Schweden zurück. Dort mietete er das Landgut Heleneborg in der Nähe von Stockholm. Einer der Privatlehrer seiner Kinder war der russische Chemiker Nikolai Zinin (1812–1880). 1855 hatte er Alfred sehr nachdrücklich auf die außergewöhnliche Sprengkraft des Nitroglycerins aufmerksam gemacht: Er brachte einen Tropfen des Sprengöls auf einem Amboß durch den Schlag mit einem Hammer zur Explosion. In Heleneborg begann Vater Immanuel, ungeachtet der Instabilität des Nitroglycerins und der damit verbundenen Risiken, mit dem explosionsfreudigen, von Sobrero entdeckten Gemisch zu experimentieren. Sohn Alfred machte dasselbe, zunächst noch in Petersburg, dann, 1863, kehrte er zu gemeinsamen Forschungsarbeiten über Sprengstoff mit seinem Vater nach Schweden zurück.

Die Erfindung der Initialzündung

Am 14. Oktober 1863 erhielt Alfred Nobel nach zahllosen Versuchreihen sein erstes Patent für ein Nitroglycerin-Produkt, das er „Nobels Patent-Sprengöl" nannte. Es war dasselbe Jahr, in dem er zu einer bemerkenswerten Erkenntnis kam: „Schon 1863 war ich mir völlig klar darüber, welche Nachteile Nitroglycerin in seiner flüssigen Form mit sich brachte." Doch das sagte er sehr viel später. Zunächst einmal lag das ereignisreiche Jahr 1864 vor ihm.
Am 15. Juli dieses Jahres erhielt er ein Patent auf seine Sprengkapsel, die als Initialzünder für andere Sprengstoffe, in diesem Fall Nitroglycerin, diente. „Nobels Patent-Zünder" bestand ursprünglich aus einem kleinen mit Schießpulver gefüllten und mit einer Zündschnur versehenen Zylinder, der in einem etwas größeren, mit Nitroglycerin gefüllten Behälter steckte. Die brennende Zündschnur entzündete das Schwarzpulver, das Schwarzpulver brachte das Sprengöl zur Explosion. Viele Experten halten diese Idee Nobels mit der Initialzündung für den größten Fortschritt in der Sprengstofftechnologie seit der Erfindung des Schwarzpulvers. Zusammen mit Bickfords Sicherheitszündschnur eignete sich seine Sprengkapsel ausgezeichnet dazu, um Nitroglycerin und seine vielen hochbrisanten Nachfolger zur Explosion zu bringen. Nobel kam schließlich nach vielen unbefriedigenden Experimenten zu dem bereits bekannten Knallquecksilber als Initialsprengstoff in einer Kupferkapsel.
Am 3. September desselben Jahres 1864 flog das Laboratorium von Heleneborg in die Luft. Fünf Menschen starben in den Trümmern, darunter Alfreds jüngerer Bruder Emil. Eine polizeiliche Untersuchung der Katastrophe führte zu einem Verbot der schwedischen Regierung, den neuen Sprengstoff in der Nähe bewohnter Gebiete herzustellen und zu lagern. Am 6. Oktober erlitt Immanuel Nobel einen Schlaganfall und blieb bis zu seinem Tod 1872 ein Invalide.

Erste Testexplosionen im Bergbau

Aber die Gewalt der Explosion hatte offenbar auch ein paar Geldgeber sehr beeindruckt. Sie schlossen sich mit Nobel zu einer Firma zusammen und bauten 1865 an dem abgelegenen Flecken Vinterviken in der Nähe von Stockholm eine Nitroglycerinfabrik auf. Im selben Jahr noch wurde der Grundstein für eine Nitroglycerinfabrik in Krümmel bei Hamburg gelegt. Die Produktion begann im Frühjahr 1866, und Anfang Mai flog das Werk bereits in die Luft.
In Europa interessierten sich vor allem Länder mit Bergbau- und Eisenbahnbau-Programmen für Nobels Sprengstoff. Nach Sprengversuchen in Steinbrüchen

1 – Alfred Nobel machte im Frühjahr 1862 in Petersburg seine ersten Sprengversuche mit Nitroglycerin und einem Initialzünder. I Früheste Form. II Späterer Typ, in ein mit Nitroglycerin geladenes Bohrloch eingeführt. III Nitroglycerinpatrone mit eingesetztem Zünder (a umgebendes Gestein, b Papphülse, c Nitroglycerinladung, d Zünderhülse, f Schwarzpulverladung, g Zündschnur, h Verdämmung).
2 – Aufbau moderner Sprengzünder – oben Momentzünder, unten Zeitzünder.
3 – Die nach 1850 entwickelte elektrische Zündung bringt doppelten Zeitgewinn: Die Abbrenndauer der Zündschnur entfällt, und mehrere Schüsse können gleichzeitig gezündet werden. Der Schießhauer auf dem Foto von 1933 hat schon den Mund zum Druckausgleich geöffnet, um seine Trommelfelle zu schonen.

3

bei Stockholm und in drei schwedischen Gruben 1863 schienen die Vorteile gegenüber dem Schwarzpulver zu überwiegen. Der Leiter der Oberharzer Bergwerke, Oberbergrat Hermann Koch (1814–1877), Vater des Bakteriologen Robert Koch und Freund der Familie Nobel, testete das Sprengöl in den Erzgruben um Clausthal, etwa im Erzbergwerk Grund. Koch versuchte, durch Beimischung fester Bestandteile zu dem flüssigen Nitroglycerin die Einsatzmöglichkeiten zu verbessern, denn das Sprengöl machte bei waagerechten und nach oben ansteigenden Bohrlöchern verständlicherweise einige Probleme.

Der Pochsteiger Schell im Bergwerk Grund soll schon im Jahr 1866 Sprengöl mit After – das ist bei der Erzaufbereitung anfallendes körniges Taubgestein – gemischt und die plastische Masse in Papphülsen gefüllt haben; also stellte Schell einen Vorläufer des Dynamits her. Koch selbst setzte sich dann später konsequent für die Einführung und Verbreitung des Dynamits im Bergbau ein. Der unmittelbare Gebrauch des Nitroglycerins im Bergbau wurde bald als besonders gefährlich verboten, denn die Flüssigkeit verlor sich gern in Gesteinsklüften oder wurde verschüttet und explodierte nachträglich.

Amerika und das Nitroglycerin

Mit den Versuchen, seine Interessen mit einem abgesicherten Patent für das Nitroglycerin (14. August 1866) auch in den Vereinigten Staaten durchzusetzen, hatte Nobel wenig Glück. In Amerika herrschten schon damals rauhere Sitten im Geschäftsleben, und überall schossen Firmen aus dem Boden, die auch Nobels Nitroglycerin herstellten, ohne sich einen Deut um solche Kleinigkeiten wie Patente zu kümmern. 1885 überließ Alfred Nobel entnervt Amerika den Amerikanern, speziell der Firma du Pont, und verkaufte alle seine Holdings für 20000 Dollar. Um diese Zeit hatte das Nitroglycerin in Amerika fast schon so etwas wie Tradition. Erstmals in größerem Maßstab stellte es der Chemiker George Mowbray her, und zwar vor allem für den Hoosac-Tunnel. Das erste Werk entstand daher auch in Tunnelnähe bei North Adams, Massachusetts. Mowbray stellte im Laufe der Zeit etwa 450000 Kilogramm Nitroglycerin her, ohne einen einzigen Unfall, weder bei der Produktion noch beim Transport. Später wurde das Sprengöl dann eingesetzt, um Ölvorkommen „auszublasen“ und den Ölfluß dadurch zu verstärken. Der Ingenieur E. A. L. Roberts erhielt ein Patent auf diese Technik und das Recht, nach dem Nobel-Patent Nitroglycerin herzustellen.

Im Jahr 1866 bekam das Sprengöl durch eine Kette von Katastrophen miserable Publicity. Am 4. März explodierten zwei Kisten davon und legten ein Lagerhaus in Sydney, Australien, mit einigen angrenzenden Häusern in Trümmer. Im April verlor die Transportgesellschaft Wells, Fargo & Co. in San Francisco ein Lagerhaus durch eine spektakuläre Nitroglycerinexplosion. Und einen Monat später wurde das Werk in Krümmel dem Erdboden gleichgemacht.

Der publizistische Nachhall der Explosionen war so laut, daß sogar die Regierungen mancher Länder aufwachten und verschreckt mit Einschränkungen und Verboten reagierten. In vielen Fällen wurden Einfuhr und Eisenbahntransport des Nitroglycerins untersagt. Die Folge war, daß gut organisierte Schmuggelringe den gefahrvollen Transport übernahmen, „man führte nachts Sprengungen durch, stopfte die Ohren der Sicherheitsbeamten mit großen Scheinen, und fand vor allem Advokaten, die das Recht in ‚moderner Manier‘ auszulegen verstanden“ (Robert Jungk).

Für Nobel wurde es nun immer wichtiger, das Nitroglycerin auf die eine oder andere Art zu entschärfen und einen zwar brisanten, aber weniger unberechenbaren und gefährlichen Sprengstoff zu entwickeln. Da die Fabrik in Krümmel noch in Trümmern lag, zog er sich mit seinem Laboratorium auf einen Lastkahn zurück, der mitten auf der Elbe zwischen Tespe und Tesperhude verankert war.

Das Dynamit war kein Zufallstreffer

In Klausur auf seinem Elbkahn testete er eine ganze Reihe von Materialien, die er als eine Art Absorptionsmittel dem flüssigen Nitroglycerin beimengte, darunter Gips, Sägespäne, Lehmerde, Ziegelmehl, Kohle, Silicium und sogar Zement. Und im Spätherbst 1866 kam er auf die geniale Idee, drei Teile Nitroglycerin von einem Teil Kieselgur aufsaugen zu lassen. Damit ließ zwar die Sprengkraft um etwa ein Viertel nach, aber das so entstandene „Dynamit oder Nobels Sicherheitspulver“ war immer noch fünfmal explosiver als das gute alte Schwarzpulver, dazu aber ziemlich lager- und transportsicher.

Die Kieselgur, unter anderem auch Bergmehl oder Diatomeenerde genannt, ist ein mehliges, weißes bis graubräunliches Pul-

ver, das aus den kieselsäurehaltigen Schalen abgestorbener einzelliger Algen (Diatomeen) besteht und sich in der erdgeschichtlichen Vorzeit in mächtigen Lagern abgesetzt hat. Kieselgur absorbiert stark Gase und Flüssigkeiten und diente schon vorher als Verpackungsmaterial für Korbflaschen mit Nitroglycerin.
Und aus dieser Tatsache bildete sich wieder eine Erfindungslegende. Zufällig soll Nobel entdeckt haben, daß aus einer undichten Flasche Nitroglycerin auf die Kieselgurpackung getropft und aufgesaugt worden sei. Er habe die Zufallsmischung getestet, so die Sage, und schon sei das Dynamit (von griechisch *dynamis*, Kraft) in die Welt gesetzt worden, das viele Großbauten des 19. und 20. Jahrhunderts erst ermöglichte, darunter Straßen, Tunnel und Kanäle. Aber es gab eine Person, die sich ganz entschieden dagegen verwahrte, das Dynamit als Zufallstreffer anzusehen, und das war Alfred Nobel selbst: „Ich habe gewiß niemals ein zufälliges Auslaufen des Nitroglycerins auf das Kieselgur-Packmaterial in solchen Mengen bemerkt, wie es für einen Sprengstoffkörper oder auch nur zum Befeuchten des Materials ausreichend gewesen wäre. Die Idee zu solch einer Begebenheit kann nur von einem Menschen stammen, der eine Vermutung für Wahrheit nimmt. Was mich auf die Möglichkeit einer Eignung der Kieselgur für Dynamit hinwies, war ihr großer Umfang in trockenem Zustand, was jedenfalls ein Beweis für ihre große Porosität ist. Die Erfindung des Dynamits ist deshalb kein Zufallstreffer, sondern ich kannte von Anfang an die Nachteile des flüssigen Sprengstoffes und war seitdem auf der Suche nach einem Mittel, das sie beseitigt."

Das Geheimnis der aktiven Beimengungen

In der Folgezeit krachten in drei deutschen Bergwerken Versuchssprengungen unter der Leitung des Erfinders: bei Dortmund, in Clausthal-Zellerfeld und im oberschlesischen Königshütte. Zu Beginn des Jahres 1867 konnte das wiederaufgebaute Werk in Krümmel die ersten größeren Dynamitkontingente ausliefern. Nobel bot zunächst Typen unterschiedlicher Zusammensetzung an. Das Dynamit „Nr.1" war aus 75 Prozent Nitroglycerin und 25 Prozent Kieselgur gemischt, „Nr.2" hatte das Mischungsverhältnis 66 zu 34.
Aber es dauerte nicht lange, bis der Perfektionist Nobel mit seiner Kraftmasse, speziell mit der Kieselgur, unzufrieden war. Die reaktionsneutrale Diatomeenerde absorbierte eine Menge Explosionswärme und verringerte dadurch die Sprengkraft. Außerdem hatte sich gezeigt, daß die Dynamitpatronen unter gewissen Umständen etwas von ihrem explosiven Nitroglycerin-Gehalt ausschwitzten. Als man das erkannte, gab man dem Dynamit wirksame Beimengungen (statt unwirksamer wie Kieselgur), Beimengungen, die an der Explosion teilnahmen und die Explosionskraft erhöhten. Das führte dann zu einer erweiterten Definition: Dynamite oder Sprenggelatine aus Mischungen von Nitroglycerin (später Nitroglykol) mit Holzmehl, Natriumnitrat (Chilesalpeter), Ammoniumnitrat (Ammonsalpeter) mit Pflanzenmehl und/oder festen Kohlenwasserstoffen, Soda oder Kollodiumwolle. Als erste aktive Beimengungen verwendete Nobel Holzmehl zum Aufsaugen und Chilesalpeter als Oxidationsmittel. Je nach Mischungsverhältnis ließ sich dadurch die Explosivkraft des jeweiligen Dynamittyps variieren. 1869 erhielt Nobel ein Patent auf seine wirksamen Beimengungen, aber das war nicht viel wert, denn ähnliche Patente für ganz ähnliche Mischungen wurden um dieselbe Zeit auch noch an eine Reihe anderer Erfinder vergeben.
1873 wählte Alfred Nobel Paris als Hauptwohnsitz. In ganz Europa schossen Dynamitfabriken wie Pilze aus dem Boden. Das Imperium besaß Werke in Südafrika, Australien und Lateinamerika, die weltgrößte Anlage entstand im schottischen Ardder bei Ardrossan im County Ayr (heute Teil der Strathclyde Region). Zwei Jahre später, 1875, leistete Nobel mit der Sprenggelatine und den daraus abgeleiteten Gelatinedynamiten seinen nächsten Beitrag zur Sprengtechnologie.

Sprenggelatine und Gelatinedynamite

„Seine Heimat in Paris war das Laboratorium", erzählt Rolf Wünnenberg in seiner Nobelbiographie, „das er sich zunächst in der Avenue Malakoff einrichtete. – Für Fremde war das Laboratorium unzugänglich. Hinter einer dunklen Brille grübelte er nach, experimentierte und entwickelte mitunter phantastische Pläne, deren Ausführung er sofort, ohne an geregelte Mahlzeiten zu denken, in Angriff nahm. Hier überprüfte er seine bisherigen Erfindungen, vor allem sein Gurdynamit. Zufrieden war er nie."
Die Legende will wissen, daß ein Zufall dem Erfinder bei seiner Grübelei Hilfestellung leistete. Als er sich eines Abends am Finger verletzte, schmierte er sich zur Wundbehandlung etwas von Schönbeins Kollodium über die Verletzung. In der Nacht trieb ihn der Schmerz aus dem Bett und in sein Labor. Dort probierte er aus, welche Wirkung das zähflüssige Kollodium auf Nitroglycerin hatte. Und die war erstaunlich: Nachdem in der Mischung die Lösungsmittel (Äther und Alkohol) verdampft waren, blieb eine durchscheinende, gummiartige, zähe und gelatinöse Masse von gelblichbrauner Farbe zurück, die gegen Stoß, Schlag und Reibung verhältnismäßig unempfindlich war.
Nobel stellte sehr schnell fest, daß sich dasselbe Ergebnis auch direkt mit Kollodiumwolle erzielen ließ. Das ideale Mischungsverhältnis lag bei 92 bis 94 Prozent Nitroglycerin und 6 bis 8 Prozent Kollodiumwolle. Er nannte diesen neuen Stoff Sprenggelatine (später auch unter der Sammelbezeichnung Plastiksprengstoffe bekannt). Wenn er weniger von dieser niedrig nitrierten Cellulose dazugab, wurde das Ergebnis etwas dünnflüssiger, und er konnte noch andere aktive Ingredienzien beimischen. Diese Mehrfachmixturen liefen unter der Bezeichnung Gelatinedynamite. Nach ausführlichen Tests in verschiedenen Fabriken konstruierte Nobels Jugendfreund und engster Mitarbeiter, der schwedische Ingenieur Alarik Liedbeck (1834–1912), die notwendigen Apparaturen und entwickelte die Produktionsmethode.
Noch 1875 erhielt Nobel für diese neuen Sprengstoffe das englische Patent, 1878 folgte das deutsche. Die Sprenggelatine und die Gelatinedynamite standen im Hinblick auf Kraft und Wirkung an der Spitze aller Dynamite. Das lag einmal an ihrer höheren Ladedichte und zum anderen an ihrer Plastizität, die es ermöglichte, das ganze Sprengloch damit auszustopfen. Außerdem wurden sie kaum durch Feuchtigkeit beeinflußt und waren deshalb ideal für nasse Gruben. Nobels Fabriken wurden größer, Nobel wurde reicher und reicher. „Aber war Alfred Nobel dabei eigentlich glücklich?" fragte sich sein Biograph Wünnenberg und fand die Antwort: „Gerade jetzt verstärkte sich die Zwiespältigkeit seines Wesens. Nach außen einer der erfolgreichsten Männer seiner Zeit, wurde er innerlich immer unbefriedigter und einsamer."

Eine explosive Verbindung: Ammoniumnitrat

Der dritte wichtige Salpeter unter den so explosionsfreudigen Nitraten ist der Ammonsalpeter (Ammoniumnitrat). Er ist ein farbloses, sehr hygroskopisches, in

25 Jahre liegen zwischen den ersten Sprengversuchen Alfred Nobels in Petersburg (heute Leningrad) und der Einführung des Kohlen-Carbonits „für Kohlen-Gewinnung in Schlagwettergruben" im Jahre 1887. Das Nitroglycerin war zunächst durch Beimengen von Kieselgur oder Diatomeenerde, dann durch „aktive Beimengungen" wie Natriumnitrat, Ammoniumnitrat, Soda und Kollodiumwolle leichter zu handhaben geworden. Schlagwettersicherheit erreichte man einerseits durch den Besatz, der den gefährlichen Kontakt mit dem entzündlichen Methan- oder Kohlenstaub-Luft-Gemisch verzögert. Andererseits wurde der Nitroglycerinanteil auf 25 Prozent (Carbonit I) oder 30 Prozent (Carbonit II) vermindert, um die Explosionstemperatur herabzusetzen und die Flammendauer zu verkürzen.

Wasser leicht lösliches Salz, das durch Neutralisation von Salpetersäure mit Ammoniak hergestellt werden kann. Der Ammonsalpeter kann bei raschem Erhitzen und durch Initialzündung explosionsartig in Lachgas und Wasser zerfallen.

Wie verheerend sich eine Ammoniumnitrat-Explosion auswirken kann, wurde der Weltöffentlichkeit am 16. April 1947 überdeutlich vor Augen geführt. An diesem Tag flogen im Hafen von Texas City, USA, nördlich von Galveston, zwei Schiffsladungen mit Ammoniumnitrat in die Luft. Das Nitrat war für Stickstoffdünger gedacht. Docks, Lagerhäuser, Öltanks und die angrenzenden Stadtgebiete wurden verwüstet und brannten drei Tage lang.

Bekannt war das Salz der Salpetersäure schon lange. Der Apotheker, Chemiker und Europäer (er lebte in Deutschland, Österreich und Holland) Johann Rudolf Glauber (1604–1670), der mit seinen verbesserten Verfahren zur Salpetergewinnung und Holzessigfabrikation einer der Begründer der frühen chemischen Industrie war, entdeckte nicht nur sein abführendes Glaubersalz (Natriumsulfat), sondern er verbreitete auch erste Nachrichten vom salpetersauren Ammonium, also vom Ammoniumnitrat. Krachende Gemische waren dem Chemiker-Alchimisten Glauber nicht unbekannt. In seinen „Philosophischen Öfen" aus dem Jahr 1648 spricht er von einem Schlag- oder Knallpulver und, laut Feldhaus, hatte er auch schon Erfahrung mit Kaliumchlorat, das Graf Berthollet 1786 wiederentdeckte.

Dieses Ammoniumnitrat also führte zu einem weiteren wichtigen Fortschritt in der Dynamitherstellung und in der Sprengstofftechnik überhaupt. Durch Mischung mit kohlenstoffhaltigen Substanzen (etwa mit aromatischen Nitroverbindungen wie Nitrotoluol) erhält man pulverförmige Gesteinssprengstoffe für den Bergbau (PA-Sprengstoffe). Ammoniumnitrat und gelatiniertes Nitroglykol ergibt handhabungssichere, wasserbeständige und gelatinöse Sprengstoffe, sogenannte Ammon-Gelite. Und schließlich führten im Jahr 1955 Mischungen aus Ammoniumnitrat mit flüssigen Kohlenwasserstoffverbindungen wie Treibstoffen oder Dieselöl zu den ANFO-Sprengstoffen *(ammonium nitrate-fuel oil)*.

Doch zunächst einmal waren die Tüftler bemüht, einen weiteren Teil des Nitroglycerins in gelatinösen Dynamiten durch das Ammoniumnitrat zu ersetzen. Sie versprachen sich davon einen preiswerteren und noch weniger gefährlichen Explosivstoff. Die ersten Patente für den Einsatz von

1

Seit den Tagen Alfred Nobels haben sich vor allem im Erzbergbau der Streckenvortrieb und die Gewinnung durch Sprengen neben mechanisch-maschinellen Vortriebs- und Gewinnungsmethoden fest eingeführt.
1 – Elektrische Zündmaschine der Zünderwerke E. Brun ZN der Wasagchemie Sythen GmbH, Type Z-EB/C.
2 – In einer Strecke mit 7,5 m^2 Querschnitt wie hier im Eisenerz werden 37 Bohrlöcher mit 45 kg Ammon-Gelit besetzt. Nach einem zuvor erstellten Leitsprengbild und dem Zündplan läuft die Sprengung in neun aufeinanderfolgenden Stufen ab. Bei einer Abschlagstiefe von 2,4 m beträgt der Ausbruch 18 m^3.

Ammonsalpeter in Sprengstoffen wurden 1867 in Schweden erteilt. Aber wieder waren es Alfred Nobel und seine Firma, die mit einem gelatinösen Sprengstoff unter der Bezeichnung „Extradynamit", der zwischen 20 und 60 Prozent Ammoniumnitrat enthielt, auf dem Markt erfolgreich waren.

Zur Sicherheit Ammonsalpeter

In den Jahren von 1867 bis 1884 bemühten sich viele Sprengstoffspezialisten, das Ammoniumnitrat als wichtigsten Bestandteil auch in pulverförmigen Sprengstoffen unterzubringen. Zwar ist der reine Ammonsalpeter an sich ja schon eine explosive Verbindung, aber er läßt sich nur schwer zur Explosion bringen, seine Explosionstemperatur liegt niedrig, und seine Explosionskraft ist nicht groß genug. Also wurden Zusätze wie Sprengöl, also Nitroglycerin und/oder Nitroglykol (das ergab zum Beispiel Donarit) oder Trinitrotoluol (daraus besteht beispielsweise das Ammonit) zur Erhöhung der Sprengkraft beigemischt.
Die geringe Explosionsfähigkeit des reinen Ammoniumnitrats war nicht unbedingt ein Nachteil, denn die daraus entstandenen pulvrigen Sprengstoffkompositionen waren gegen Stoß und Schlag unempfindlich und brannten im Feuer nur widerwillig ab. Sie gefroren nicht und waren auch bei niedrigeren Temperaturen ohne größere Umstände für das Auftauen einsetzbar. Das heißt, diese sogenannten Ammonsalpeter-Sprengstoffe waren handhabungssicher und ließen sich unter dem Oberbegriff „Sicherheitssprengstoffe" einreihen.

Aber einen entscheidenden Nachteil hatten sie zunächst doch: Sie waren so stark hygroskopisch, daß ihr praktikabler Einsatz in Frage gestellt war. Erst der Amerikaner R. S. Penniman fand 1885 eine Lösung, die zu einer Reihe recht erfolgreicher Ammonium-Sprengmittel führte. Er versah das Ammoniumnitrat vor der Verwendung mit einer dünnen Schicht Paraffin (oder einer ähnlichen Substanz). Zwar fand man später noch andere Möglichkeiten, die wasseranziehenden Eigenschaften dieses Salpeters in den Griff zu bekommen, etwa wasserabweisendes Calciumstearat oder bestimmte Substanzen wie vorgelatinierte Stärkeprodukte oder Roggenmehl, die mit Wasser als Dispersionsmittel an der Oberfläche des Sprengstoffs ein Hydrogel bildeten und das weitere Eindringen von Wasser stark verlangsamten. Aber trotzdem mußten die Ammonsalpeter-Sprengstoffe gut verpackt sein und durften nicht allzulange in feuchter Grubenluft lagern.

Kleine Schritte auf dem Weg zur Schlagwettersicherheit

Unter die Rubrik Sicherheitssprengstoffe fielen früher auch solche Sprengmittel, die im Kohlenbergbau eingesetzt wurden, gegenüber Schwarzpulver und normalem Dynamit eine wesentlich höhere Sicherheit boten und beim Auftreten von Grubengas und Kohlenstaub nicht gleich eine Schlagwetterexplosion auslösten. Um Mißverständnisse auszuschließen, erhielten derartige Explosivstoffe die Bezeichnung Wettersprengstoffe (*„permissibles"* in den USA, *„explosifs antigrisouteux"* in Frankreich). Der erste Beitrag zur Erhöhung der Schlagwettersicherheit bei Dynamit und ähnlich brisanten Sprengstoffen war der Besatz gewissermaßen als Deckel. Dahinter lief die Explosion so schnell ab, daß eine Entzündung der Methan- oder Kohlenstaub-Luft-Gemische nach außen hin zumindest erschwert wurde. Da die Schlagwettersicherheit eines Sprengstoffs vor allem von der Explosionstemperatur und von der Flammendauer abhängt, bestand der zweite Beitrag darin, den Anteil an Nitroglycerin der Gelatinedynamite auf 30 oder 25 Prozent zu verringern (Carbonit I und Carbonit II) und mit Beimischungen von Holzmehl, Salpeter und ähnlichem ein ziemlich schwaches Mischdynamit herzustellen.
Von den Nobel-Firmen, die sich 1889 dem Sprengstoffkartell „Deutsche Union" anschlossen, wurde das Kohlen-Carbonit seit 1887 („seit 1887 stets bewährt") ausgeliefert. Die Bergbauzeitschrift „Glückauf" versicherte in ihrer Nr. 37 von 1898: „Kohlen-Carbonit ist der sicherste Sprengstoff, den wir haben." Und eine Werbung der zur Nobel-Gruppe gehörenden Sprengstoff AG Carbonit verspricht: „Ammon-Carbonit, kräftiger als obige Sorten (Carbonit I und II), nach amtlicher Prüfung ebenfalls sicher in Schlagwettern und Kohlenstaub; empfehlenswert als Ersatz für Gelatine-Dynamit. Bester Stückkohlenfall!"
Der Einsatz von Ammonsalpeter war also der dritte Schritt in Richtung Wettersprengstoff, denn er setzte die Explosionstemperatur brisanter Sprengstoffe herab. Aber der vierte Schritt war fast noch entscheidender: Den Wettersprengstoffen wurden nämlich sozusagen Kühlmittel beigemengt, und zwar in Form von inerten Salzen wie Natriumchlorid (Kochsalz)

2

oder Ammoniumchlorid, oder Salzgemische, etwa aus Ammoniumchlorid und Natriumnitrat, aus denen sich bei der Detonation Natriumchlorid bildet. Ein Natriumchloridsalz-Nebel bewirkt einen raschen Flammenabbruch.

Die flammenlöschenden Salznebel

Ein interessantes Beispiel aus Nobels Labors ist das Wetternobelit B aus den Hauptbestandteilen gelatiniertes Sprengöl (30 Prozent), Ammonsalpeter (26 Prozent) und Kochsalz (40 Prozent). Während beispielsweise die Sprenggelatine eine Explosionstemperatur von 4210 Grad Celsius aufweist und Schwarzpulver es auf immerhin noch 2320 Grad bringt, beträgt die Explosionstemperatur bei Wetternobelit B nur 1670 Grad Celsius. Welcher findige Kopf auf die Idee mit den flammenlöschenden Salznebeln gekommen ist, wird sich vermutlich kaum noch feststellen lassen. Wahrscheinlich wurde viel nach der Versuch-und-Irrtum-Methode gearbeitet und in sogenannten Versuchsstrecken unter Tage oder in stillgelegten Bergwerken wie der Versuchsgrube Hibernia bei Gelsenkirchen Sprengtests vor allem zum Studium der Kohlenstaubgefahr unternommen.
Neue Erkenntnisse brachten Bergingenieure wie Max Ferdinand Georgi, der sich mit dem Studium neuer Sprengstoffe, ihrer Wirksamkeit und Flammensicherheit beschäftigte, und der deutsche Grubeningenieur Carl Beyling, Leiter der Versuchsstation Gelsenkirchen-Bismarck, der auf der Versuchsstreckenanlage in Derne die Schlagwetter- und Kohlenstaubsicherheit testete. Beyling untersuchte auch die bei Schlagwetterexplosionen entstehenden Drucke und erfand eine Sicherheitsvorrichtung aus übereinanderliegenden Platten, die die Luft zum Zirkulieren zwangen. Außerdem stellte er, wie schon 1908 der Engländer Garforth, fest, daß Kohlenstaub- und Schlagwetterexplosionen durch Gesteinsstaub mit Erfolg bekämpft werden konnten. Die Anwendung von Gesteinsstaub wurde im Ruhrgebiet 1926 für alle Flöze mit gefährlichem, die Explosion fortleitendem Kohlenstaub vorgeschrieben. Im Hamburger Nobel-Werk Krümmel entwickelte Dr. Aufschläger einen Wettersprengstoff; bei der Köln-Rottweil AG mischte der Chemiker Emil Müller den Wettersprengstoff „Sekurit" aus 37 Prozent Ammonsalpeter, 34 Prozent Kalisalpeter und 29 Prozent Nitrobenzol, das der deutsche Chemiker Eilhardt Mitscherlich (1794–1863) schon 1834 syn-

thetisiert hatte. Für Frankreich arbeitete der Chemiker und Bergingenieur Henry Louis Le Chatelier (1850–1936) über explosive Gase in Bergwerken und regte Wettersprengstoffe an, deren Einsatz auch bei ungünstigen Verhältnissen relativ ungefährlich war.

Bei Schlagwettergefahr am besten überhaupt nicht schießen

Le Chatelier, bekannt durch das von ihm aufgestellte und durch Karl Ferdinand Braun später erweiterte „Prinzip des kleinsten Zwangs", befaßte sich mit chemischen und physikalischen Eigenschaften von Flammen und konstruierte auch Pyrometer und Grubengasmesser. Zusammen mit dem Geologen und Mineralogen Ernest Mallard (1833–1894) bestimmte er die spezifischen Wärmen von Gasen und stellte fest, daß alle Sprengstoffe mit einer Entzündungstemperatur unter 2200 Grad Celsius die Schlagwetter nicht zur Explosion bringen. Mallard trug entscheidend zur Sicherung von Kohlenbergwerken bei, die durch Grubengas gefährdet waren. Er untersuchte die Geschwindigkeit der Flammenfront bei der Entzündung explosiver Gemische und entdeckte den Zündverzug beim Grubengas.

Noch ein anderer Franzose machte sich um die Sicherheit in Kohlenbergwerken verdient, der Grubeningenieur Jacques Taffanel (1875–1946). In den Jahren zwischen 1907 und 1914 stellte er in einem mit Stahlblech ummantelten Gang Untersuchungen und Experimente zur Entstehung und Ausbreitung von Schlagwettern an. Als Gegenmittel setzte er Nebelschwaden aus fein verteilten, nicht brennbaren Materialien ein.

Ein Lehrbuch der Bergbaukunde aus dem Jahr 1938 bemerkte zum Schlagwetterproblem lakonisch: „Wenn auch an schlagwetter- und kohlenstaubgefährlichen Punkten überhaupt nicht geschossen werden soll, so muß man doch auf allen Steinkohlengruben mit dieser Gefahr bei Ausübung der Sprengarbeit trotz aller Vorsichtsmaßnahmen mehr oder weniger rechnen. – Eine bestimmte Umgrenzung des Begriffs ‚Wettersprengstoff' gibt es freilich nicht und kann es nicht geben, weil kein Sprengstoff beim Gebrauche völlige Sicherheit gegenüber Schlagwettern und Kohlenstaub bietet."

In Deutschland hatte sich in den zwanziger Jahren dieses Jahrhunderts beim Hereingewinnen der (relativ weichen deutschen) Kohle besonders der pneumatische Abbauhammer bewährt und verbreitet. Grubenunglücke trugen ihren Teil dazu bei, daß die Schießarbeit im Flöz stark eingeschränkt war. Auch als 1938 die sogenannten „ummantelten" Wettersprengstoffe höhere Sicherheit boten, wurden an der Ruhr nur 3,4 Prozent der Kohle durch Schießarbeit gewonnen.

Der größte Fehler des Herrn Nobel

Die Welt mit ihrem exzessiven Wettrüsten verhalf Nobel zu immer mehr Reichtum. Dabei vereinsamte er immer mehr. Als sein Bruder Ludwig ihn um einen Lebenslauf für eine Familiengeschichte bat, brachte Alfred folgende sarkastische Zeilen zu Papier: „Alfred Nobel – Kümmerliches Halbdasein, hätte von einem menschenfreundlichen Arzt umgebracht werden sollen, als er heulend seinen Einzug ins Leben hielt. Größte Verdienste: Sich die Nägel reinzuhalten und nie jemand zur Last zu fallen. Größte Fehler: Keine Familie, keine gute Laune und keinen guten Magen zu haben. Größter und einziger Anspruch: Nicht lebend begraben zu werden. Größte Sünde: Nicht den Mammon anzubeten. Bedeutende Begebenheiten: Keine."

Alfred Nobel starb am 10. Dezember 1896 um zwei Uhr morgens in seiner Villa in San Remo an der Riviera. Erst drei Wochen nach seinem Tod erfuhr die Nachwelt, was in seinem Testament stand. Zwar kamen Verwandte, Mitarbeiter, Freunde und Freundinnen ganz gut weg, aber der größte Teil seines Vermögens wurde in einer Stiftung zusammengefaßt, die zu endlosen Testamentstreitigkeiten und -anfechtungen auf der einen Seite und zu den Nobelpreisen auf der anderen Seite führte. Also sprach Nobel in seinem Testament: „Über mein übriges, realisierbares Vermögen wird auf folgende Weise verfügt: Das Kapital, vom Testamentsvollstrecker in sicheren Wertpapieren realisiert, soll einen Fonds bilden, dessen jährliche Zinsen als Preise denen zuerteilt werden, die im verflossenen Jahr der Menschheit den größten Nutzen gebracht haben. Die Zinsen werden in fünf gleiche Teile geteilt: ein Teil dem, der auf dem Gebiete der Physik die wichtigste Entdekkung oder Erfindung gemacht hat; ein Teil dem, der die wichtigste chemische Entdeckung oder Verbesserung gemacht hat; ein Teil dem, der die wichtigste Entdekkung auf dem Gebiete der Physiologie oder der Medizin gemacht hat; ein Teil dem, der in der Literatur das Ausgezeichnetste in idealistischer Richtung hervorgebracht hat; ein Teil dem, der am meisten oder besten für die Verbrüderung der Völker gewirkt hat, für die Abschaffung oder Verminderung der stehenden Heere und die Verbreitung von Friedenskongressen."

Mit flüssiger Luft in die Luft gejagt

1895 erzeugte der deutsche Kältetechniker Carl von Linde (1842–1934) erstmals größere Mengen flüssiger Luft nach dem von ihm ausgearbeiteten Gegenstromverfahren. Im selben Jahr hatte er die Idee, diese flüssige, tiefstgekühlte Luft (−191 °C) für Sprengarbeiten einzusetzen. Dabei wurden die Patronen, ein Kohlenstoffträger wie gemahlene Holzkohle, Korkmehl, Ruß oder auch Naphthalin in einer porösen Papierhülle, in flüssige Luft eingetaucht und gut getränkt. Während bei den anderen Sprengstoffen der zur Explosionszersetzung der brennbaren Bestandteile nötige Sauerstoff in chemisch gebundener Form vorliegt (etwa im Salpeter des Schwarzpulvers), lieferte bei Lindes Sprengluftverfahren die tiefgekühlte Luft den Sauerstoff, und zwar ungebunden und flüssig. In Deutschland fand das Verfahren starke Verbreitung, zumindest in schlagwetterfreien Gruben, weil durch den Ersten Weltkrieg Salpetermangel herrschte. In den USA wurde das Sprengluftverfahren unter der Bezeichnung „LOX" *(Liquid oxygen explosives)* bekannt und in großem Maßstab in den Kohlengruben des Mittleren Westens eingesetzt. Allein 1953 wurden über 10 Millionen Kilogramm des sehr preiswerten LOX verschossen. 1968 ging die Menge glatt auf Null zurück, weil noch billigere Sprengstoffe auf den Markt kamen: die ANFO-Sprengstoffe.

Von ANFO und Slurries

Melvin A. Cook (geb. 1911) befaßte sich zeit seines Lebens mit Explosionen, vor allem mit solchen von Ammoniumnitrat. Er wurde auf einer Farm im nördlichen Utah geboren, studierte an der University of Utah, dann an der Yale University und schloß 1937 als Doktor der Philosophie ab. Bis 1947 arbeitete er als Sprengstoffexperte bei du Pont, danach war er bis 1970 Direktor des Explosives Research Institute an der Universität von Utah. 1974 wurde er Vorstandsvorsitzender der Cook Slurry Company.

Mit Cooks Testexplosion in der Knob Lake Mine in Kanada im Dezember 1956 begann eine neue Ära der Sprengstoffe, die Ära der *water gels* oder *slurries* und der ANFO-Mischungen. Was Cook da in einer Schubkarre gemixt hatte, war ein

Das immense Kapitalvermögen, das sich aus der friedlichen und militärischen Nutzung von Alfred Nobels Erfindungen ansammelte, ging im wesentlichen in die Nobelstiftung ein. Aus den anfallenden Zinsen werden die jährlich zuerkannten Nobelpreise dotiert für herausragende Leistungen auf den Gebieten der Physik, Chemie, Physiologie oder Medizin und Literatur sowie für die Erhaltung des Friedens. Die Stiftung des Friedensnobelpreises hat die österreichische Pazifistin und Schriftstellerin Bertha Freifrau von Suttner (1843–1914) angeregt. Sie war schon 1889 mit dem Roman „Die Waffen nieder" hervorgetreten. Doch weder der Roman noch die inzwischen zahllos verliehenen Friedensnobelpreise haben den Ausbruch von zwei Weltkriegen und der kaum noch zu beziffernden „kleinen" Kriege verhindern können – geschweige denn, die abschreckende furchtbare Sprengkraft hätte, wie von Nobel erhofft, der Welt zum ewigen Frieden verholfen.

Sprengmittel aus der Gruppe der SBA *(slurry blasting agents)* oder *water gels* (Wassergels), eine Mischung aus Ammoniumnitrat, Aluminium und Wasser. Das ergab einen dünnflüssigen Brei, der ebenso wie die ANFO zu einer eigenen Stoffklasse gehörte, nämlich zur Gruppe der *blasting agents*, die nur mit Hilfe eines *boosters*, eines kräftigen Sprengsatzes zur Explosion gebracht werden können und in den USA nicht zu den eigentlichen Sprengstoffen zählen.

Wassergels unterschiedlicher Zusammensetzungen, aber immer mit dem Hauptbestandteil Ammoniumnitrat, kamen ab 1958 häufiger zum Einsatz. 1963 hatten Cook und sein Team einen Pumpenwagen entwickelt und erstmals an der Kaiser Steel's Eagle Mountain Mine eingesetzt. Damit ließ sich pro Schicht fast siebzigmal so viel Sprengstoff in die Bohrlöcher laden (besser: gießen) wie auf die herkömmliche Art und Weise mit Sprengstoffpatronen. Dazu kam, daß diese *slurries* eine hohe Ladedichte hatten, ziemlich wasserfest waren und unter Verdrängung von Wasser oder Luft ein Bohrloch vollständig ausfüllten. Die ANFO-Mischungen bestehen aus Ammoniumnitrat und flüssigen Kohlenwasserstoffverbindungen wie Treibstoffen oder Dieselöl. In den USA stellten sie in den achtziger Jahren rund 70 Prozent der Sprengstoffe, während in den anderen Ländern noch kaum ANFO-Mischungen angewandt wurden.

1955 hatte der Amerikaner Robert Akre entdeckt, daß eine Mischung aus 94 Prozent Ammoniumnitrat und 6 Prozent feinem Kohlenstaub („Akremit") in 22,5 Zentimeter durchmessenden Bohrlöchern von Tagebau-Kohlengruben recht beachtliche Sprengergebnisse zeitigte. Den hygroskopischen Unarten der Mischung wurde durch Abfüllen in Polyäthylenbeutel begegnet. Daß Ammoniumnitrat gemischt mit Treibstoff zur Explosion gebracht werden konnte, war schon Ende des 19. Jahrhunderts bekannt. Aber erst als das Nitrat in seiner gekörnten Form, wie es auch als Dünger eingesetzt wurde, vorlag und nicht kristallisiert, ließ sich mit ANFO auch in Bohrlöchern von nur fünf Zentimeter Durchmesser sprengen. Die Körner konnten nämlich einen größeren Treibstoffanteil aufnehmen. Aber erst als Melvin A. Cook einen wirksamen *booster*, der statt der vorher verwendeten 22,5 Kilogramm schweren Pulversprengsätze nur noch 0,45 Kilogramm wog, entwickelt hatte, wurden die ANFO ein voller Erfolg. Sie kamen zunächst in Tagebaugruben in Kanada und in den USA zum Einsatz und schließlich auch unter Tage.

Die maschinelle Kohlegewinnung

Das Jahr 1987 sah einen vorläufigen Höhepunkt in der langen Entwicklung des Ruhrgebietes. Der ehemalige „Kraftquell der Teutonen", der Kohle-und-Stahl-Gigant, wurde zum wirtschaftlichen und sozialen Notstandsgebiet. Fast 300000 Menschen waren arbeitslos. Kohle und Stahl steckten in einer Dauerkrise, die Blütezeit war längst Geschichte, auch wenn der Stahl ein Jahr später eine kleine Renaissance erlebte. Der einzige Hoffnungsschimmer kam von den Propheten, die da vorhersagten, daß die Kohle ihre große Zukunft noch vor sich habe. Zunächst einmal sah es nicht so aus. Selbst die Wunderformel „Kohle plus Kernenergie", Kernkraftwerke in Grundlast plus Steinkohlekraftwerke in Mittellast, später der Einsatz der Wärme aus Hochtemperaturreaktoren zur Kohlevergasung, wurde im Bombardement der Nachrichten über lebensgefährliche Kernenergie, durchgehende Reaktoren und völlig ungeklärte Entsorgung der hochgiftigen Reaktorabfälle gründlich demontiert. Der „Spiegel" konstatierte im Dezember 1987 zur Lage im Ruhrgebiet: „Quer durchs Revier zieht sich eine häßliche Spur des Verfalls: vergessene Fabrik-Ruinen, Schuttgebirge oder verödete Abraumflächen, ausgeweidete Zechenanlagen und verfallene Straßenzüge, die sich wie schwärende Wunden in den vom industriellen Niedergang betroffenen Städten ausdehnen."
Einen ganz anderen Stellenwert hatte die Kohle zur selben Zeit in den USA. Dort ging die Entwicklung der Energieversorgung zu Lasten der Kernenergie, und das führte zu einer Renaissance der Kohle. Sie wurde mit einem Beitrag von 57 Prozent zur Stromerzeugung (Februar 1988) zum bedeutendsten Energieträger der Vereinigten Staaten. Die US-amerikanische Steinkohle hat gegenüber der europäischen zwei Pluspunkte: gleichmäßige Verteilung der Lagerstätten über das gesamte Gebiet der USA und Gewinnung im Tagebau, jedenfalls zu einem großen Teil.

1

Der Schlitz in der Flözwand

Der Schram, so definiert ein Lexikon, ist ein maschinell oder von Hand hergestellter tiefer Schlitz in hereinzugewinnendem Material. Im Kohlenbergbau lief es darauf hinaus, daß gewöhnlich auf Bodenhöhe ein langer und tiefer Schlitz aus der Flözwand herausgearbeitet und dadurch der darüberliegenden Kohle die Unterlage entzogen wurde. Entweder fiel dann die Oberbank durch den vorhandenen Gebirgsdruck von selbst nach, oder die Kumpel leisteten durch mechanische Hilfsmittel, später durch Sprengung, nachdrücklich Hilfestellung. Die Schrämtechnik hatte den Vorteil, daß die Kohle in verhältnismäßig großen und dadurch wertvolleren Stücken gewonnen werden konnte. Die anfallende Feinkohle ließ sich damals noch nicht zu Briketts verarbeiten und wurde in der Grube zurückgelassen.
Seit sich die Mönche von Klosterrade (heute Rolduc) im Herzogtum Limburg um 1113 mit Pickeln in die Kohleflöze hineinwühlten, war auch die Herstellung der Schrämspalte jahrhundertelang solide Handarbeit. Dazu wurden Kohlehacke oder Keilhaue, Schrämeisen und Schrämspieß eingesetzt. Das Schrämeisen ist eine schmale, leichte Keilhaue mit rechtwinklig zum Stiel umgebogenem Blatt. Beim Schrämspieß verlaufen eiserner Stiel und Blatt geradlinig. Die mit diesem Gezähe meist bis zu einem Meter tief unterschrämte Kohle konnte dann mit Schlägel und Eisen abgekeilt (abgetrieben) werden. Ein früher Versuch, die mühselige, oft in unbequemen Stellungen auszuführende Schrämarbeit etwas zu erleichtern, war, zumindest bei sehr weichem Gestein, den Schrämspieß mit einer Kette an der Zimmerung aufzuhängen und wie ein Pendel gegen das Gestein zu stoßen. Auch für den Fall, daß die Oberbank nicht so ohne weiteres auf den Schram reagierte und von selbst zu Bruch ging, setzten findige Kumpel bis zum Beginn des 19. Jahrhunderts schon einige mechanische Hilfsmittel ein, die das Abbrechen der Kohle erleichterten.
Die Quellwirkung angefeuchteter Holzkeile war schon im Altertum bekannt. Das Eindrehen konischer Schrauben in Holz-

1 – Der Hauer mußte früher, wie das Foto um 1890 zeigt, in meist unbequemer, oftmals liegender Stellung mit der Hacke, dem Schrämeisen oder dem Schrämspieß einen parallel zum Liegenden verlaufenden, bis zu einem Meter tiefen Spalt herstellen, den Schram. Die Kohle konnte dann mit Schlägel und Eisen abgetrieben werden.

2 – Im Ruhrgebiet wurden 1875 auf der Zeche Ruhr und Rhein in Duisburg die ersten Versuche gemacht, für die besonders anstrengende Schrämarbeit Maschinen einzusetzen. Doch die bewährten sich zunächst nur in regelmäßig gelagerten Flözen und waren zudem sehr groß und unhandlich. Das Foto zeigt Bergleute mit einer preßluftgetriebenen Säulen-Stoßschrämmaschine um 1900.

2

keile kürzte das Quellverfahren ab und verstärkte die Wirkung. Englische Kumpel brachten stark quellende Mineralien wie Kalk in Bohrlöcher oder trieben einen Keil mit einer manuell betätigten Kohlenramme in ein Bohrloch. Und schließlich setzte man auch hydraulisch wirkende Abdrückvorrichtungen in entsprechende Bohrlöcher.

Die Vorreiter: England und Amerika

Schon bevor die Schießarbeit in größerem Umfang in Kohlenbergwerken Einzug hielt, dachten Erfinder und Ingenieure darüber nach, wie sich die Gewinnungsarbeit maschinell bewerkstelligen ließe. In Deutschland wurden statt der Keilhauen bisweilen auch Preßlufthämmer eingesetzt, die, im spitzen Winkel gegen den Arbeitsstoß gerichtet und daran entlang geführt, Stücke aus der Kohle im Schram absplitterten. Noch 1938 klagte Fritzsche in seiner Bergbaukunde hinsichtlich der maschinellen Schrämarbeit im Abbau: „Sie hat im Gegensatz zu England und Niederschlesien im westdeutschen Bergbau leider noch nicht die Verbreitung gefunden, die ihr gebührt. So wurden 1936 im Ruhrgebiet nur 6,5 % der Förderung durch maschinelle Schrämarbeit gewonnen gegen rund 30 % in Niederschlesien und über 55 % 1937 in Großbritannien.“ Und was den US-amerikanischen Kohlenbergbau betraf, so stellte der Königliche Berginspektor a. D. und Bergassessor A. Macco aus Köln-Brühl 1911 fest: „Bei regelmäßigerer Lagerung, als sie bei uns Regel ist, stehen dagegen, insbesondere in Amerika, fräsend arbeitende Schrämmaschinen stark in Benutzung.“ Aber auch im Lande der unbegrenzten Möglichkeiten dauerte es immerhin bis Oktober 1930, bis mit der Wildwood-Grube der Butler Consolidated Coal Company in Wildwood, Pennsylvania, die erste vollständig mechanisch betriebene Kohlengrube ihre Arbeit aufnahm. Vom Bohren über das Zerkleinern bis zum Aufladen, vom Sortieren und Reinigen der Kohlenbrocken bis hin zur Lagerung wurden alle Schritte von mechanischem Gerät ausgeführt. Den Kohlentransport besorgten Gummigurt-Förderbänder.
Verwunderlich ist es nicht, daß man sich in Großbritannien schon ziemlich früh mit der Mechanisierung der Gewinnung beschäftigte, weil sich die britischen Kumpel mit einer größeren Kohlenhärte als in Deutschland und wenig gängiger Kohle herumplagen mußten. Daraus resultierte übrigens später auch eine unterschiedliche

Anpassung der Maschinen an die verschiedenen Kohlesorten: Im britischen Kohlenbergbau setzte sich die schneidende Gewinnung (mit dem *shearer*) durch, in Deutschland die schälende Gewinnung (mit dem Kohlehobel). Aber lange bevor solche feineren Unterschiede gemacht wurden, hatte ein Advokat und Erfinder in Schottland, dem Ursprungsrevier des britischen Steinkohlenbergbaus, einige subtile Ideen für Schrämmaschinen.

Menzies: der schottische Pionier für Schrämmaschinen

Am 31. Januar 1719 wurde ein junger Mann namens Michael Menzies (gest. 1766) in der Faculty of Advocates als Mitglied aufgenommen, aber seltsamerweise geben die Unterlagen der Fakultät keinerlei Hinweise auf seine Herkunft oder sein Geburtsdatum. Spätere Biographen vermuteten, er könnte von den Menzies aus Culter-Allers in Lancashire im Tal des Clyde abstammen, einer ehemaligen Grafschaft im südlichen Zentral-Schottland, die 1975 unter anderen Distrikten aufgeteilt wurde. Sein jüngerer Bruder war Richter *(sheriff-depute)* in East Lothian. Michael Menzies wandte seinen technischen Verstand zunächst der Landwirtschaft zu und schlug 1734 als einer der ersten vor, das Dreschen des Getreides einer Maschine zu übertragen. In der Folgezeit, er scheint sich in Newcastle upon Tyne aufgehalten zu haben, konzentrierte Menzies sich mehr auf die Arbeit in den Kohlenbergwerken.
1750 erhielt er das Patent Nr. 653, das unter anderem eine Fördermaschine beschrieb, die Kohle von der Abbaustelle vor Ort zum Grund des Förderschachtes transportieren sollte. Ein weiteres Patent (Nr. 762) wurde ihm 1761 erteilt. Es deckte in sehr umfangreichen Beschreibungen Maschinen für die Arbeit in Bergwerken und zur Wasserhaltung. Einige der von Menzies erfundenen Maschinen scheinen tatsächlich zum Einsatz gekommen zu sein. Obgleich seine Methode zur Schachtförderung beispielsweise nur dann technisch machbar war, wenn ein Wasserstrom mit einem Gefälle von halber Schachttiefe verfügbar war, scheint sie 1753 im Kohlenbergwerk von Chatershaugh ausprobiert worden zu sein. Im Patent von 1761 sind die ersten Schrämmaschinen festgehalten, und zwar als Maschinen mit schweren eisernen Schrämpicken, mit Sägen (Scheibenschrämmaschine) oder mit von Schneidwerkzeugen besetzten Ketten (Kettenschrämmaschine). Als Antrieb dachte Menzies an die damals noch ziemlich neue *fire engine*, die Dampfmaschine, hielt aber durchaus auch eine Wasser- oder Windmühle oder einen Pferdegöpel für brauchbar. Als Kraftübertragung vom Antrieb über Tage sollten schwere Eisenketten oder Gestänge durch den Schacht nach unten laufen. „Bedenkt man den Stand der mechanischen Kenntnisse dieser Zeit“, schrieb Sydney F. Walker 1902, „so ist es nicht verwunderlich, daß den Apparaten kein Erfolg beschieden war.“ Aber immerhin ging Menzies als Prophet künftiger, tatsächlich brauchbarer Schrämmaschinen in die Technikgeschichte ein. Er starb am 13. Dezember 1766 in Edinburgh.

Hundert Jahre später: über hundert Patente auf Schrämmaschinen

Um 1760 soll ein englischer Bergwerksingenieur mit dem nicht eben seltenen Namen William Brown eine kohleabbauende Maschine erfunden haben. Sie wurde wohl über einen Pferdegöpel angetrieben und schlug mit einer Keilhaue gegen das Flöz. Eine andere Schrämeinrichtung stammt aus dem Schottland des Jahres 1768. Der Erfinder ist nicht bekannt, aber es handelte sich dabei um einen Schwengel, der offenbar um eine senkrechte Achse schwenkbar und am einen Ende mit einem schrämpickenbesetzten Schrämkopf ausgestattet war.
Die nächsten Versuche zur maschinellen Kohlegewinnung fielen schon ins 19. Jahrhundert. 1830 stellte W. Wood eine Schrämmaschine mit stoßender Bewegung vor, die aus einem Meißel und einer auf einer Schiene gleitenden Ramme bestand. W. Newton wollte 1843 mit zwei parallel übereinander angeordneten Kreissägeblättern zwei Schlitze in das Flöz schneiden, zwei hakenförmige Stangen in die Schlitze schieben und mit einer Winde die Kohle zwischen oberem und unterem Schram gewissermaßen herausziehen.
Die Anzahl der phantasievollen Prototypen stieg in der ersten Hälfte des 19. Jahrhunderts sprunghaft an. Im Jahr 1860 waren in Großbritannien bereits weit über hundert Patente zu verzeichnen, die alle die mechanische Herstellung des Schrams betrafen. Fast alle verschwanden als unbrauchbar im Keller der Erfindungsgeschichte. Die erste Maschine, die tatsächlich unter der Erde knapp über der Stollensohle ihre Schlitze in die Kohle hauen durfte, war 1861 eine *pick machine*, die sich die Arbeit des Bergmanns mit der Kohlenhaue zum Vorbild nahm. Die vierrädrige Maschine lief auf Schienen, war bei etwa einer Tonne Gewicht ungefähr 120 Zentimeter lang und rund 70 Zentimeter hoch. Über die Kolbenstange eines Druckluftzylinders wurde eine Haue parallel zur Stollensohle mit einer hin- und hergehenden Bewegung (über 70mal pro Minute) in den Kohlenstoß geschlagen. Ihre Leistung beim Schlitzen des Flözes entsprach etwa dem Arbeitseinsatz von 14 Kumpeln. Der erste Maschinenpickel von Firth kam 1862 im Kohlenbergwerk von West Ardsley, Yorkshire, zum Einsatz. Die zweite Maschine zog 1864 im Bergwerk Hetton in der Grafschaft Durham mit 2 PS ihren Schram, in jeweils drei Fahrten bis zur vollen Schramtiefe.

Der *iron man* des Mr. Firth aus Leeds

Der Erfinder war ein Mr. Firth aus Leeds. Die einschlägige Literatur gibt nicht viel Auskunft über ihn. Irgendwann vor 1874 hielt Firth vor der British Association einen Vortrag über seine Maschine, der, laut Heinrich Simon, „auch in deutschen Blättern erwähnt wurde“. Und von Simon ist auch zu erfahren, daß Firth sein Patent verkaufte. „Die Besitzer des Patentes der Firth'schen Maschine annonciren in Fachjournalen, dass sie das Unterhauen von Cannelkohle, Anthracit, Shale etc. bis zu einer Tiefe von fünf Fuss (etwa 150 cm) unternehmen.“
Ende 1867 unternahm ein Mr. Theodore Wood Bunning vom North of England Mining Institute den Versuch, die bis dahin patentierten Gewinnungsmaschinen mit Kurzbeschreibungen und Diagrammen zusammenzustellen. Aus diesem Resümee geht hervor, daß Firth 1861 zusammen mit einem gewissen Ridley für eine Maschine ein Patent unter der Nummer 2975 erhielt, die statt des Pickels einen dreieckigen Keil gegen die Kohlewand schlug. 1863 wurde für Firth & Firth unter der Nummer 1888 ein mechanischer Schramhauer mit „a. oszillierendem Zylinder, b. Kolbenstange, c. Haue“ patentiert.
1870 brachte Firth schließlich seinen *iron man*, den eisernen Mann heraus. Bei dieser Maschine waren in eine Doppelhaue zwei austauschbare, meißelförmige Schneiden eingesetzt. Die Haue selbst war so konstruiert, daß sie einen guten Teil der losgeschlagenen Kohle aus dem Schlitz herauswarf. Firth versicherte, daß er mit seinem *iron man* jedes Mineral unterhauen könne, das sich überhaupt mit Stahl bearbeiten ließe. „Die Firth'sche Maschine ist sehr einfach und stark gebaut und daher wenig Reparaturen unterworfen. Die Steuerung der Maschine findet selbstthätig statt, doch ist auch ein Handhebel dicht bei dem Handrade, welches

zum Fortbewegen der Maschine dient, angebracht, mittelst welchem der Führer die Maschine Schlag für Schlag von Hand arbeiten lassen kann" (Heinrich Simon). In der Kohlengrube von Espie bei Gartsherrie wurde der Leiter einer solchen Maschine mit 7,5 Pence pro Tonne unterhauener und herausgebrochener Kohle entlohnt. Wenn er davon seine beiden Hilfskräfte bezahlt hatte, gelangten etwa 25 Schilling pro Schicht in seine eigene Tasche.

Die Kettenschrämmaschinen

Schon in den frühen Tagen der ersten maschinellen Kumpel zum Schramhauen zeigten sich einige ganz besondere Probleme. So beklagten sich beispielsweise einige Erfinder bitterlich über die Behandlung, die ihre Maschinen durch unqualifiziertes Bedienungspersonal auszuhalten hatten. Eine andere und sehr ernsthafte Schwierigkeit war, daß in den dunklen Gängen vor Ort keine ausreichende Beleuchtung zur Verfügung stand, wenn die Maschine einmal defekt war und der Fehler gesucht und behoben werden sollte. Und schließlich wandte sich, wie üblich, auch noch der Mensch selbst gegen seinen mechanischen Ersatzmann. Doch der ließ sich nicht aufhalten.
Die Erfinder merkten sehr bald, daß eine Maschine wesentlich sinnvoller einzusetzen war, wenn sie nicht den Arbeitsablauf eines Schramhauers imitierte und auch nicht den ganzen Pickel, sondern beispielsweise nur die Spitze als Werkzeug einsetzte. So setzte nach dem Vorschlag von Menzies in Schottland schon sehr früh die Entwicklung der Kettenschrämmaschine ein. Um einen Kettenausleger läuft eine endlose Schrämkette aus Pickenhaltern (mit versetzt angeordneten Picken, um die Schramhöhe zu erhalten) und den gelenkig daran befestigten Verbindungslaschen.
1853 erhielt ein Mr. Peace das Patent Nummer 2262 auf eine Kettenschrämmaschine. Das Gerät scheint sich keiner großen Beachtung erfreut zu haben, und häufige Kettenbrüche zeigten deutlich die Diskrepanz zwischen der guten Idee und dem damals technisch Machbaren. Auch der nächste Versuch zehn Jahre später war noch nicht erfolgreich. Erfinder war Frederick Hurd senior. Die Maschine kam wohl nicht zum praktischen Einsatz, und Hurd selbst bezweifelte, daß eine Kette der geeignete Träger für die Picken war. 1872 wandte er sich der Radschrämmaschine zu, und 1888 konstruierte er eine Stangenschrämmaschine, deren Schrämwerkzeug aus einer mit Schrämpicken besetzten, rotierenden Stange bestand. Sein Sohn Frederick junior rüstete die Stangenschrämmaschine um 1895 mit einem Elektromotor aus.

Der Bairds-Clan

1864 entstand die erste wirklich erfolgreiche Kettenschrämmaschine. Sie war der Urahn einer Familie von Maschinen mit Schrämketten, die, nachdem sie sich einmal durchgesetzt hatten, bis nach dem Zweiten Weltkrieg das Bild der schneidenden Gewinnung im Kohlenbergbau bestimmte. Das Schrämgerät wurde von der schottischen Firma William Baird & Co. in den firmeneigenen Gartsherrie-Eisenwerken in Coatbridge, Schottland, entwickelt und in Serie gebaut (daher auch der Name Gartsherrie-Maschine). Die technische Ausführung basierte auf dem Patent eines Erfinders namens Gledhill (oder Gleadhill). Die Maschine wurde über einen Zylinder mit Druckluft betrieben und bewegte sich auf Schienen durch eine eingebaute Winde selbsttätig am Kohlenstoß entlang. Die Kette war mit neun meißelförmigen Lösewerkzeugen besetzt, die einen bis zu einen Meter tiefen Schram herausarbeiteten. Zur Bedienung waren drei Mann nötig, „oder ein Mann und zwei Jungen" schrieb Simon 1874, und: „Die bekannten Besitzer dieser Werke haben soeben eine grosse eigene Maschinenfabrik errichtet, speciell und allein für den Bau dieser Gleadhill'schen Maschine, was nach so langjähriger Erprobung allerdings ein für den praktischen Wert der Maschine sehr sprechender Umstand ist".
Die „bekannten Besitzer", das war der Clan der Bairds. Clan-Vater Alexander Baird (gest. 1833) war ursprünglich Farmer und Müller. 1809 stieg er in das Geschäft mit Kohlengruben ein. Im Mai 1826 erhielt er zusammen mit seinen Söhnen William, Alexander und James von Mr. Hamilton Colt von Gartsherrie einen Pachtvertrag über die Kohlereviere von Sunnyside, Hollandhirst und New Gartsherrie. Zwei Jahre später stiegen die Bairds mit der Pacht des an Gartsherrie angrenzenden, eisenerzhaltigen Gebietes von Cairnhill auch noch zu Eisenhüttenbesitzern auf. 1830 zog sich Alexander senior aus dem Geschäft zurück, und seine Söhne gründeten als gleichberechtigte Partner die Firma William Baird & Co. Die aktive Leitung der Firma übernahm James Baird (1802–1876). In den nächsten 25 Jahren kaufte der Baird-Clan in ganz Schottland Kohlengruben und Eisenhütten auf. James überlebte alle seine Brüder. Er beschäftigte sich ausgiebig mit religiösen und erzieherischen Fragen, errichtete viele Schulen und unterstützte die Kirche. Als er nach einer mehrwöchigen Krankheit am 20. Juni 1876 starb, hinterließ er ein Vermögen, das auf drei Millionen Pfund Sterling geschätzt wurde.
Schon um 1868 zogen mehrere Baird-Maschinen ihren Schram in schottischen Gruben, und auch an der Saar kam die schneidende Kette mit Druckluftantrieb zum Einsatz. Doch für eine weitere Verbreitung waren die metallurgischen Mängel der Schrämketten ein Haupthindernis. Das änderte sich erst, als in den zwanziger Jahren dieses Jahrhunderts für das Kettengebiß Zähne aus Hartmetallegierungen verwendet wurden.

Die Radschrämmaschine

Heinrich Simon klassifizierte die Rad- oder Scheibenschrämmaschinen als „solche, bei denen das Unterschneiden der Kohlen durch eine, einer horizontal liegenden Circularsäge oder Fräse vergleichbaren Scheibe, welche an der Peripherie mit Werkstählen besetzt ist, geschieht". Tatsächlich war das Prinzip der Kreissäge schon ein halbes Jahrhundert lang in England bekannt, bevor es auf die Schrämmaschinen angewandt wurde. Der Franzose L. C. A. Albert hatte unter der Bezeichnung *scie sans fine*, Säge ohne Ende, am 12. September 1799 das Patent Nr. 355 für seine kreisförmige Säge erhalten, die aus mehreren Segmenten zusammengesetzt war.
Die erste praktisch einsetzbare Scheibenschrämmaschine stammte von J. Scarsbrick Walker aus der Stadtgrafschaft Wigan. Seit dem 16. Jahrhundert wurde dort Kohle abgebaut. 1851 waren rund 5000 Frauen und Männer in den Kohlengruben des Wigan-Distrikts beschäftigt. Die Maschine von Walker entstand gegen Ende der sechziger Jahre und wurde bereits im Dezember 1869 in der Ladies Lane Colliery bei Wigan mit Erfolg zum Schrämen eingesetzt. Die über zwei Meter lange und nur 53 Zentimeter hohe Maschine lief auf Schienen am Flöz entlang und wurde über zwei Zylinder mit Druckluft betrieben. Als maximale Leistung schaffte die Maschine einen rund 120 Zentimeter langen Schram pro Minute, der aber, bedingt durch die Bauweise, nur 60 Zentimeter tief war. Mr. J. Scarsbrick Walker und seine Mitarbeiter gaben die Weiterentwicklung von Schrämmaschinen bald auf und konzentrierten sich ganz auf die Drucklufttechnik. Walker war nämlich

Schon auf die Mitte des 18. Jahrhunderts gehen die ältesten Erfindungen zur maschinellen Kohlegewinnung zurück, doch es dauerte noch bis in die sechziger Jahre des 19. Jahrhunderts, bis die ersten Maschinen ihr Schräme zogen.

1 – Eine der ältesten englischen Schrämmaschinen im Modell des Deutschen Bergbau-Museums, Bauart Firth & Donisthorpe, angewendet etwa 1862–1868.

2 – Hydraulische Schrämmaschine Bauart Carret & Marshal, eingesetzt 1864–1870.

3 – Radschrämmaschine System Garforth, Hersteller Schalker Eisenhütte, Marschgeschwindigkeit 8–12 m/h, Anwendungszeit 1880–1930.

4 – Stoßschrämmaschine von Ingersoll-Sergeant Drill Co., New York, Typ H^5, Schlagzahl 150–180/min, Schramtiefe 1,5 m, Anwendungszeit 1889–1910 (um 1900 versuchsweise im Ruhrgebiet).

5 – Kettenschrämmaschine von William Baird & Co. nach einem Patent von Gledhill, vor 1902 in dieser Form gebaut, doch erst mit der Verwendung hartmetallbewehrter Kettenglieder in den zwanziger Jahren dieses Jahrhunderts als System weiter verbreitet.

6 – Stangenschrämmaschine der Demag, angewendet von 1920 bis etwa 1935.

1

2

3

4

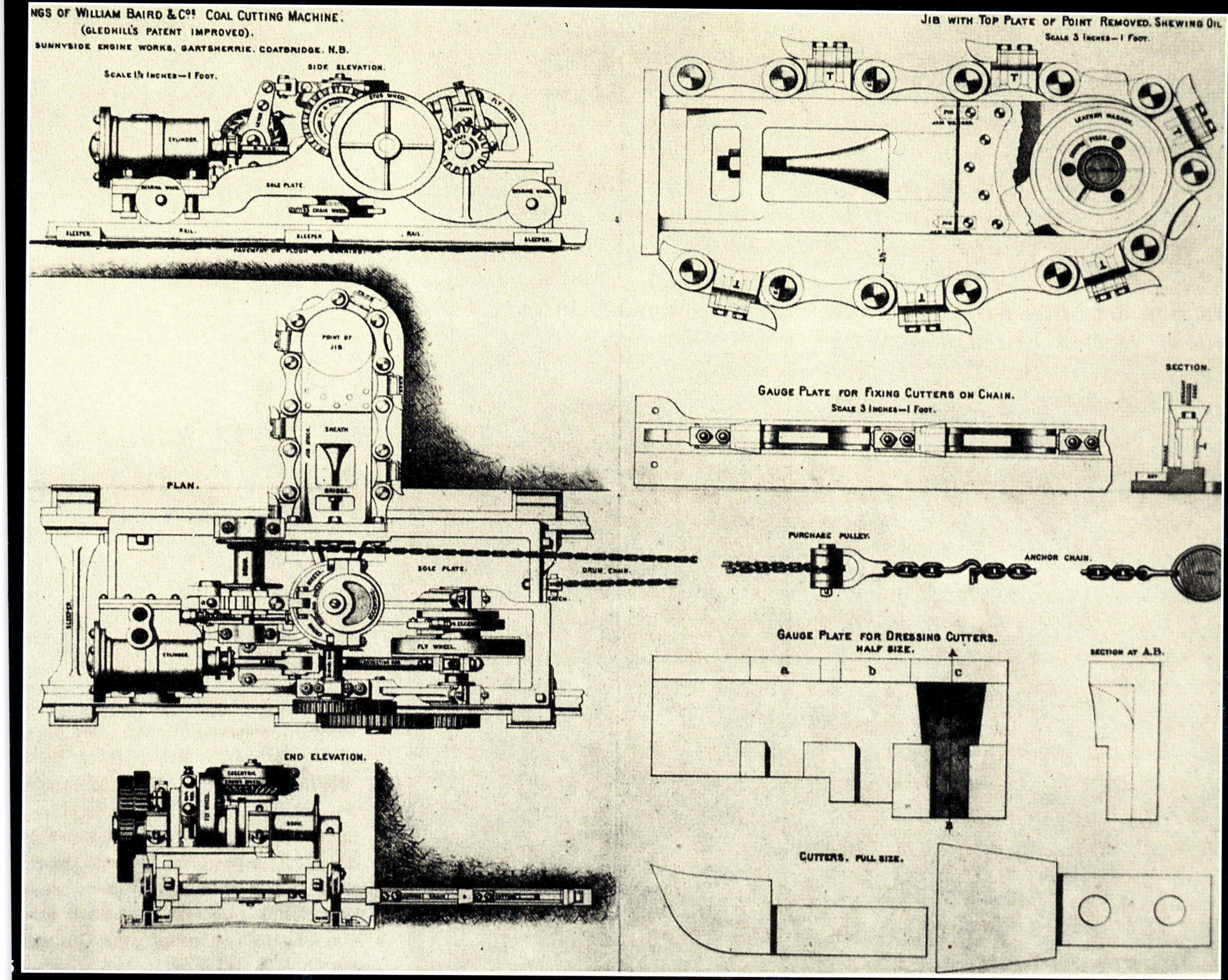
NGS OF WILLIAM BAIRD & Co. COAL CUTTING MACHINE.
(GLEDHILL'S PATENT IMPROVED).
SUNNYSIDE ENGINE WORKS, GARTSHERRIE, COATBRIDGE. N.B.
SCALE 1½ INCHES—1 FOOT.
SIDE ELEVATION.
JIB WITH TOP PLATE OF POINT REMOVED, SHEWING OIL
SCALE 3 INCHES—1 FOOT.
POINT OF JIB
SHEATH
BRIDGE
PLAN.
SOLE PLATE.
DRUM CHAIN.
CYLINDER.
FLY WHEEL.
END ELEVATION.
GAUGE PLATE FOR FIXING CUTTERS ON CHAIN.
SCALE 3 INCHES—1 FOOT.
SECTION.
PURCHASE PULLEY.
ANCHOR CHAIN.
GAUGE PLATE FOR DRESSING CUTTERS.
HALF SIZE.
SECTION AT A.B.
CUTTERS. FULL SIZE.

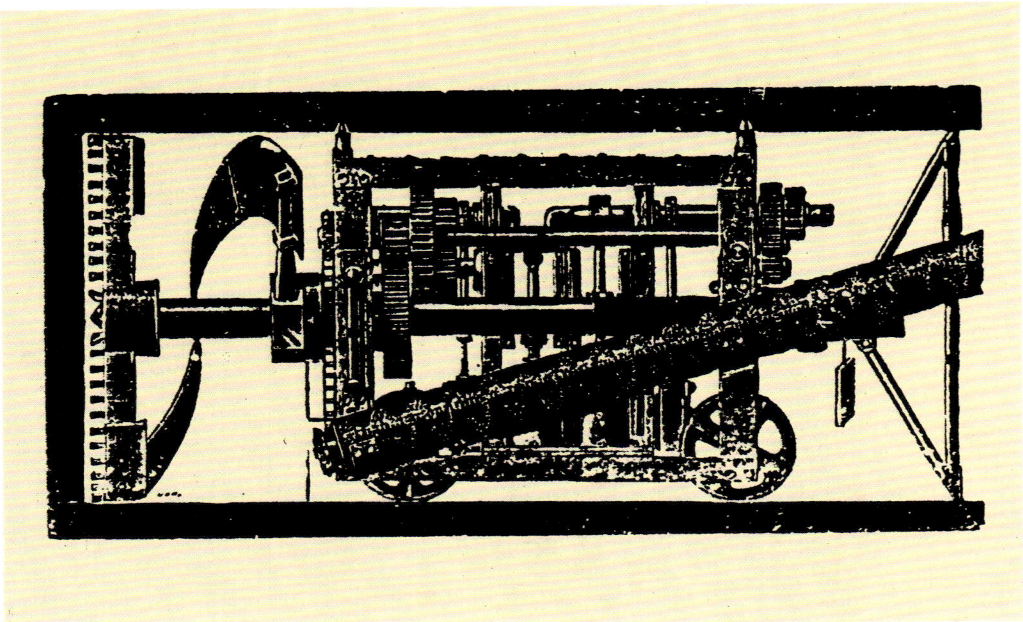

1

1 – Wie der erste Stanley Header von 1880 war auch diese zweite Konstruktion des britischen Erfinders in der Lage, „einen vollständigen Zylinder in einem Arbeitsgang zu schneiden“. Doch statt nur einen kreisförmigen Schram zu legen, wurde „die gesamte Kohlefront, auf die die Maschine ansetzte, in kleine Brocken zerlegt, die durch die Fördervorrichtung hinter die Maschine gebracht“ wurden – der erste Schrämlader der Welt und zugleich Vorläufer der modernen Vollschnittmaschinen.

2 – Mit einer Anzahl Rollenmeißeln auf dem Bohrkopf arbeitet eine Vollschnittmaschine, hier im Bergwerk Lohberg noch in der ausgebauten Startröhre vor dem Einsatz durch die Thyssen Schachtbau GmbH.

der festen Überzeugung, daß die Elektrizität unter Tage niemals die Preßluft ersetzen könnte. Und so ruhte die Verantwortung für eine konstruktive Verbesserung der Radschrämmaschine auf anderen Schultern.

Gillott, Copley und Winstanley

Sein erstes Patent auf eine Radschrämmaschine erhielt John Gillott, Maschinenbautechniker bei Newton, Chambers & Co., im Jahr 1863. Aber das Gerät war noch nicht ausgereift. Erst als er sich mit seinem Arbeitskollegen Copley zusammentat, konnten die beiden 1868 das erste Patent auf die später sehr bekannte Radschrämmaschine von Gillott & Copley anmelden. Im Gegensatz zu dem Gerät von Walker war das von einem flachen, breiten Arm gehaltene Schrämrad ganz an die Außenseite der Maschine verlegt. Bei einem Raddurchmesser von 117 Zentimetern betrug deshalb die Schnittiefe etwa 102 Zentimeter. Etwas umständlich war die Prozedur nach vollendeter Schrämarbeit. Der Schrämarm mußte abmontiert und die Maschine auf ihren Schienen weitergeschoben werden. Dann hatten die Kumpel die Aufgabe, das Rad aus dem Schram herauszuziehen. Ähnlich schwierig gestaltete sich der Ansatz für den Schram. Entweder begann der Maschinist mit der Arbeit an der Ecke eines Kohlepfeilers, oder seine Gehilfen mußten mit der Haue einen Anfangsschlitz in die Kohle einhauen, in den die Scheibe eingeschoben werden konnte.
Ohne stationäres Schrämrad und umständliche Montagearbeit kam die Radschrämmaschine aus, die Mr. Winstanley, Bergbauingenieur aus Manchester, um das Jahr 1870 konstruierte. Bei ihm war die gezahnte Scheibe schwenkbar und konnte ganz unter die Maschine zurückgedreht werden. Die Maschine war also sofort an jeder beliebigen Stelle der Kohlewand einsetzbar. Der Maschinenwärter mußte dazu nur mit Hilfe eines Handrades die Schrämscheibe immer mehr gegen die Kohle drücken, bis der Schrämarm im rechten Winkel zu den Schienen stand, auf denen sich die Maschine selbsttätig fortbewegte. Winstanley hatte bei der Konstruktion seiner Erfindung in dem Maschinenbauingenieur Barker einen erfahrenen Partner. Das erfolgreiche Gespann baute etwa vierzig Maschinen, die auch in die USA, nach Rußland, Frankreich und Oberschlesien verkauft wurden. Die Ingenieure der französischen Blanzy-Kohlengruben brachten noch einige Verbesserungen an und stellten die so entstandene Winstanley-Blanzy-Maschine auf der Pariser Weltausstellung von 1889 aus.
Übrigens konstruierte auch der deutsche Ingenieur und Flugpionier Otto Lilienthal (1848–1896) 1875 eine Radschrämmaschine mit Handkurbelantrieb, die ein „normal gegen den Stoß geführtes Schrämrad mit nur einem jeweils schneidenden Zahn“ besaß, so der Patentantrag vom 10. November 1876.

Stangenschrämmaschinen im britischen Bergbau

Es scheint, daß die Idee der mit Fräsern oder Schrämpicken besetzten Stange schon ab 1850 ihre konstruktive Verwirklichung fand und auch schon patentreif war. Aber die ersten Namen, die in diesem Zusammenhang aus der Reihe der englischen Bergbau-Erfinder überliefert wurden, sind Johnson und Dixon aus Newcastle. Sie stellten ihre Stangenschrämmaschine 1856 vor und testeten sie auf der Steinkohlenzeche Bromhill im Untertage-Einsatz. Die mit gußeisernen Meißeln besetzte Schrämstange wurde über ein Zahnrad von einem druckluftbetriebenen (2,5 at) Kolben-Zylinder-Motor gedreht, der auch über zwei Triebräder für den Vorschub parallel zum Flöz sorgte.
Einen technischen Steckbrief zu dieser Maschine, die zeitgenössischen Berichten zufolge offenbar bereits einen zufriedenstellenden Schram in das Flöz schnitt, schrieb Diplom-Bergingenieur Heinz Kundel: „Die Schrämstange machte etwa 50 Umdrehungen je Minute, war 0,9 Meter lang und hatte einen Durchmesser von 0,13 Meter. Bei einem Vorschub von 0,15 m/min schrämte die auf einem Holzgestänge laufende 1,8 Meter lange, 0,9 Meter breite und hohe Maschine somit rund 0,14 m/min ab. Da die Schrämstange sich nicht schwenken ließ, konnte nur aus einem Einbruch heraus mit dem Schrämen begonnen werden.“
In der Folgezeit bis zur Jahrhundertwende befaßte sich eine ganze Reihe von Erfindern mit der Stangenschrämmaschine. 1866 konstruierte Mr. Fidler vermutlich bereits den Vorläufer einer Maschine mit zwei vor Kopf angeordneten Schrämstangen. Etwa um dieselbe Zeit brachten die Herren Blackburn und Mori in der Zeche von Bowers' Allerton in Yorkshire eine Stangenschrämmaschine zum Einsatz, die durch einen getrennt aufgestellten Motor über Drahtseile angetrieben wurde. Die Stangenschrämmaschinen von Vater und Sohn Hurd wurden bereits erwähnt, und

2

1888 entwickelte Goolden eine Maschine, die in verschiedenen Kohlengruben von Yorkshire, Durham und Staffordshire mit Erfolg arbeitete. Sie konnte bis 1,8 Meter tief einschneiden, wog fast 2,5 Tonnen und leistete rund 11 Kilowatt. Bereits zwei Jahre früher liefen in Yorkshire die ersten Tests mit einer elektrisch angetriebenen Stangenschrämmaschine an. Ende des 19. Jahrhunderts waren auf der britischen Insel bereits 71 von 311 Schrämmaschinen mit Elektromotor ausgerüstet.

Ein amerikanischer Bergbaupionier: Joseph A. Jeffrey

Die amerikanischen Erfinder, Techniker und Ingenieure waren indessen nicht untätig geblieben. 1877 konstruierte Harrison einen überdimensionalen Drucklufthammer, den *Puncher*. Er lief auf einem Fahrgestell und schlug einen Schram in das Flöz. 1890 wurde das Gerät mit Elektroantrieb ausgerüstet. Auch die einschlägig vorbelastete Firma Ingersoll entwickelte mit dem *Airpuncher* von 1900 eine Schrämmaschine mit stoßender Arbeitsweise. 1902 arbeiteten in US-amerikanischen Kohlengruben schon weit über fünftausend Schrämmaschinen, und das war nicht zuletzt der Initiative des Joseph Andrew Jeffrey (1836–1928) zu verdanken.
Jeffrey kam am 17. Januar 1836 auf der Farm seines Vaters James in Clarksville, Clinton County, US-Bundesstaat Ohio, zur Welt. Nach seinem High-School-Abschluß stürzte er sich ins Geschäftsleben und arbeitete vier Jahre lang als Angestellter in einem kleinen Laden in der Nähe seines Elternhauses, das seit 1853 im Auglaize County, ebenfalls Ohio, stand. Danach sammelte er etwa zwölf Monate lang in unterschiedlichen Jobs geschäftliche Erfahrungen und landete schließlich 1858 in Columbus, Hauptstadt des Bundesstaates Ohio. Die nächsten acht Jahre verbrachte er als Buchhalter, als Kassierer und an Schaltern der Privatbank Rickley & Brother. 1866 ging Jeffrey nach Cincinnati, wurde Geschäftsführer bei Rickley, Howell & Company, Groß- und Einzelhandel für Teppiche und Möbel, und heiratete Celia C. Harris aus Columbus. Drei Jahre hielt er es dort aus, dann zog es ihn nach Columbus und ins Bankgeschäft zurück, und er gründete zusammen mit F. C. Sessions eine eigene Bank, die spätere Commercial National Bank. Rund acht Jahre lang war Jeffrey ausschließlich als Banker tätig, und dann kam um das Jahr 1877 der folgenreiche Spaziergang in einer der Geschäftsstraßen von Columbus.

Lechner und das Prinzip der *heading machine*

In einem Schaufenster entdeckte Jeffrey das Modell einer Stangenschrämmaschine. Im Gegensatz zu den englischen Maschinen mit der senkrecht zum Streb angebrachten Schrämstange, die parallel zum Flöz arbeiteten, war bei diesem Modell der Schrämarm vor Kopf angeordnet, also parallel zum Kohleflöz, und die Maschine arbeitete sich senkrecht in das Flöz hinein. Diese *heading machines* waren besonders für den amerikanischen Kammer- oder Pfeilerbau *(room-and-pillar method)* geeignet. Erfinder des ersten *bar headers* war der Amerikaner Francis M. Lechner, „einer der bedeutendsten Konstrukteure von Bergwerksmaschinen“, versicherte ein Zeitgenosse. Jeffrey, so wird berichtet, erahnte schon am Modell die großen Möglichkeiten der Maschine für den amerikanischen Kohlenbergbau und gründete zur Entwicklung und wirtschaftlichen Auswertung des Geräts die Lechner Mining Machine Company.
„Die Maschine bestand aus einem stationären Rahmen, auf dem eine mit scharfen Zähnen versehene Stange, die rotierte, mittels Preßluftmaschinen in die Kohlenwand hineingetrieben wurde. Wenn der Oberteil der Maschine mit der (Schräm-) Stange den Rahmenanschlag erreicht hatte, wurde die Maschine zurückgezogen und an einer daneben liegenden Stelle der Kohlenwand eingesetzt. Dieses waren die ersten Maschinen nach dem Lechner-Patent; sie waren jedoch ziemlich schwach gebaut und konnten nur bei weicher Kohle verwandt werden. In Anthrazitminen wurden sie häufig defekt und vollkommen unbrauchbar“ (Waldemar Kaempffert).
Lechners *heading machine* arbeitete sich also so tief in das Flöz hinein, wie der Rahmen mit dem Schrämarm vorgeschoben werden konnte, und der Schram war so breit wie der Schrämarm lang. Der Abbau erfolgte also in aufeinander folgenden Schritten oder Kammern, bei den US-Kumpeln *rooms* genannt. Dazwischen blieben massive Kohlepfeiler zur Deckenabstützung stehen. Die Amerikaner konnten sich diese Art der Kohleverschwendung leisten, weil sie über reiche und mächtige Kohlelager verfügten, die außerdem noch flach und nah der Oberfläche verliefen.

Die Jeffrey Manufactoring Company

Joseph A. Jeffrey war so sehr überzeugt davon, daß die Schrämmaschine den Kohlenbergbau revolutionieren werde, daß er 1883 seine Anteile an der Bank verkaufte und die Aktienmehrheit an der Lechner Mining Machine Company erwarb. Von dem Zeitpunkt an ging es bergauf mit der Firma. Zwar wurde der „Jeffrey Air Power Bar Header“, die druckluftbetriebene Schrämmaschine mit vor Kopf angeordneter Schrämstange, in mehreren Bergwerken eingesetzt und tat lange Jahre ihre Dienste, aber bereits 1893 bestand der „Jeffrey Chain Header“, die Kettenschrämmaschine mit vor Kopf angesetzter Schrämkette und Druckluft- oder Elektroantrieb, den Praxistest. Jeffrey scheint die Vorteile des Kettenschrämens früher erkannt zu haben als seine europäischen Kollegen. Die Produktion der Stangenschrämmaschine wurde ganz eingestellt, dafür wurden weitere Bergwerksmaschinen und -ausrüstungen ins Lieferprogramm aufgenommen.
Der Prototyp einer elektrisch betriebenen Kettenschrämmaschine für den Strebbau *(longwall mining)* war schon 1890 fertig. Bis 1902 kamen Scheibenschrämmaschinen mit elektrischem und Druckluftantrieb für den Strebbau („Jeffrey Longwall machine“) hinzu. Und 1950 schließlich brachte die Firma als *Continuous Miner* den „Jeffrey Colmol“ heraus, eine Art Bohrschrämlader, der auch bei dünnen Flözen eingesetzt werden konnte.
Aber das erlebte der Firmengründer nicht mehr. 1900 trat Jeffrey als Präsident der in „Jeffrey Manufactoring Company“ umbenannten Firma zurück, blieb aber bis zu seinem Lebensende im Aufsichtsrat. Daneben kümmerte er sich noch um seine „Ohio Malleable Iron Company“, saß im Aufsichtsrat mehrerer Banken in Columbus und war in Wohltätigkeitsorganisationen aktiv. Als er am 27. August 1928 starb, hinterließ er das weltgrößte Unternehmen für Bergwerksmaschinen.

Ein Engländer in Amerika: der „Stanley Header“

Der Traum von der vollmechanisierten Gewinnung unter Tage, Lösen und Laden der Kohle in einem Maschinengang, wurde zuerst im britischen Steinkohlenbergbau nach den Plänen eines Konstrukteurs namens Stanley um 1880 verwirklicht. Über den Erfinder der als „Stanley Header“ bezeichneten Maschine scheint herzlich wenig bekannt zu sein. 1902 schrieb sein Landsmann Sidney F. Walker lediglich: „Bei dieser Maschine weist nichts darauf hin, daß der Erfinder auf Konstruktionen anderer Erfinder aufgebaut hat, so wie es bei fast allen anderen Maschinen der Fall ist. Er hat offenbar völlig neuen Boden betreten. Die Maschine schneidet einen ringförmigen Schram in Kohle oder in Gestein und hinterläßt einen zylindrischen Kohlekern, der dann auf dem üblichen Weg mit Pickel oder durch Sprengen hereingewonnen wird.“
Die Maschine wurde für Schnittdurchmesser zwischen 122 und 229,6 Zentimetern mit Abstufungen von 3 Inch (7,62 cm) gebaut und schnitt ein Yard (91,44 cm) tief in die Kohle oder in das Gestein ein. Der Antrieb erfolgte zunächst manuell, dann mit Druckwasser und schließlich mit Druckluft. Die Hauptachse, die den Bohrkopf mit zwei Schneidarmen trug, war mit einem Gewinde versehen, das bei jeder Umdrehung für einen Bohrkopf-Vorschub von rund einem Zentimeter sorgte. War die Schnittiefe von einem Yard erreicht, zog der Maschinist den Header zurück und setzte ihn an einer anderen Stelle erneut an.
Dieses erste Modell von Stanley kam zwar in England und in den USA zum Einsatz, aber der erste Schrämlader war erst 1888 betriebsbereit und wurde im US-Bundesstaat Colorado auf Herz und Nieren geprüft. Statt einen kreisförmigen Schram anzulegen, fräste die Maschine in einem Arbeitsgang im gesamten Kreisquerschnitt einen Zylinder aus der Kohle. Eine Förderschnecke nach dem Prinzip der archimedischen Schraube transportierte die Kohlenstückchen an der Maschine vorbei nach hinten in ein anderes Fördermittel. Dieser zweite Stanley Header, der erste Schrämlader, ist ein Vorläufer der Vollschnittmaschine für den Streckenvortrieb (für Durchmesser bis 6 Meter) und für den Continuous Miner. In England wurde die Maschine von der Nuneaton Engineering Company im Kohledistrikt Nuneaton and Bedworth in den englischen Midlands hergestellt. Sie lief zuerst mit Druckluft, später mit elektrischem Strom.

Amerika, Land der unbegrenzten Rationalisierung

Nach den ersten Erfahrungen mit dem Stanley Header wurde noch eine Reihe ähnlicher Maschinen gebaut, aber bedingt durch metallurgische Schwächen blieb es bei der Konstruktion von Prototypen, bis 1914 in den USA für den Kammerbau die *„Joy machine“* eingesetzt wurde, die mit einer Sammelvorrichtung ausgerüstet war und den Grundstein für spätere Selbstfahrlademaschinen legte. Als in den späten vierziger Jahren die Technik des Continuous Mining eingeführt wurde und die zyklische Methode im Kammerbau zu er-

1 – Solche Continuous Miner, bis zu 40 Tonnen schwere Teilschnittmaschinen, wurden ab 1963 in weichem Gestein oder in Kohle eingesetzt. Der Schrämkopf schneidet mit den fünf Ketten einen rechteckigen Querschnitt.
2 – Der Dosco Miner von der Paurat GmbH in Voerde, Baujahr 1965, wird in weichem Gestein zum Auffahren von Strecken und zur Gewinnung verwendet (elektrischer Antrieb, Gesamtmotorleistung 66 kW, Schneidleistung 0,2–1,0 m^3/min, Gesamtgewicht 10 t).

1

setzen begann, erschienen die Continuous Miner auf der Bildfläche, beispielsweise der „Joy Ripper" von 1948, der erste Continuous Miner für das amerikanische Kammerbausystem, der „Marietta Miner" oder der „Dosco Miner". Es sind auf Raupen laufende Teilschnittmaschinen mit einem riesigen, spiralförmig mit Stahlmeißeln bewehrten Schrämkopf, der sich senkrecht nach oben und seitlich in das Flöz frißt und die abgeschnittene Kohle auf ein Fördersystem lädt. Schon ein Jahr später, nämlich 1949, war der amerikanische Kohlenbergbau so weit rationalisiert, daß fast neunzig Prozent der US-amerikanischen Kohle maschinell abgebaut wurden. Anton Zischka gab 1961 einen kurzen Überblick über einige amerikanische Abbaumethoden: „In der Moss Creek Mine der Pennsylvania Coal & Coke Co. in Marstellar zum Beispiel sah ich ein Abbaugerät, das einem Bullen ähnelt, der seine Hörner in das Flöz stößt und Kohlenbrocken über seine Schultern wirft, während aus seinen Nüstern Wasser spritzt, um den Staub zu binden. 70 Sekunden höllischen Lärms. Dann rollt die Maschine, deren Bunker drei Tonnen faßt, auf Gummirädern zum Förderband und wirft ihre Last ab."
Einen Beitrag zur Continuous-Mining-Technik leistete Clifford Snyder von der Sunnyhill Coal Co. Er entwickelte einen *„Colmol"*, der die Kohle löste und gleich auf einen Bandförderer lud. George T. Felbeck von der Carbide & Carbon Chemicals Co. in Charleston, West Virginia, konstruierte einen gepanzerten Schrämlader mit rotierendem Abbaukopf und Bandförderer, der sich ferngesteuert auf unterschiedliche Kohlenhärten einstellen ließ und keinen Strebausbau brauchte.

2

Britische Grundlagenforschung

Die europäischen Kumpel entwickelten mit dem Strebbausystem eine etwas andere Abbaumethode als ihre amerikanischen Kollegen. Ihnen blieb nichts anderes übrig, weil die mächtigsten und leicht zugänglichen Flöze zu Beginn dieses Jahrhunderts bereits abgebaut waren und Strebbau sich auch für dünne Flöze und geneigte Lagerung eignet. Trotz positiver Erfahrungen mit dem Stanley Header und obwohl schon die ersten Patente auf Schrämwalzen künftige Erfindungen von Schrämladern vorausahnen ließen, mußten die britischen Kumpel die maschinell im Streb gelöste Kohle in mühsamer Handarbeit auf einen Strebförderer laden. So erschien es durchaus sinnvoll, von der bewährten Schrämmaschine auszugehen und sie mit zusätzlichen Schrämarmen und einer Ladevorrichtung zu einer Gewinnungs- und Lademaschine umzubauen. Bei den ersten in den Jahren 1927 und 1931 in Großbritannien patentierten Testmaschinen wurde die von drei Schrämarmen gelöste Kohle mit rücklaufender Kette in einen Kratzförderer geschoben.
Doch bevor sich die Gewinnungsarbeit weiterhin sinnvoll mechanisieren ließ, waren erst noch einige Verbesserungen im Strebausbau erforderlich. So standen beispielsweise die alten Holzstempel zum Abstützen des Hangenden vor Ort den Maschinen im Wege. Abhilfe brachte in den dreißiger Jahren die Entwicklung verschiedener Stahlstempel und Stahlkappen; der überkragende Stahlausbau und die rückfreie Abbaufront ohne Stempel am Kohlenstoß zusammen mit dem 1940 gebauten „Panzerförderer" wurden zur Voraussetzung der weiteren Mechanisierung. Bei der rückfreien Abbaufront (etwa mit den Kurzstahlkappen von Haarmann) wurde „ein Nachrücken des Abbaufördermittels hinter dem fortschreitenden Kohlenstoß gestattet, ohne das Abbaufördermittel auseinander zu nehmen und im neuen Feld wieder zusammenzusetzen" (Fritzsche). Etwa seit 1960 wurden die manuell gesetzten Stahlstempel durch den vollmechanischen „Schreitausbau", hydraulische Stahlkappen mit darüber verspanntem Maschendraht, abgelöst (erste Versuche dazu wurden schon 1943 auf den Zechen Hansa, Grimberg und Radbod gestartet). In den siebziger Jahren kam mit dem Schildausbau, bei dem starke Stahlplatten das Hangende lückenlos mit hydraulischer Kraft abstützen und so den Arbeitsraum nach oben und hinten abschirmen, eine weitere Basisinnovation hinzu. Damit konnte der ganze Verbund von Gewinnungsmaschine, Strebförderer und Schild durch hydraulischen Druck mit dem Abbau der Kohle voranschreiten. Und hinter den schützenden Schilden bricht dann das Gestein herunter in den Raum, den das Flöz eingenommen hatte.
Die Engländer beanspruchen die Lorbeeren für die Einführung des Schildausbaus für sich. Nach einer anderen Quelle stammt die Methode aus der UdSSR und wurde im Westen weiterentwickelt. Im Kuzbass soll nach einem Bericht der sowjetischen Wissenschaftsjournalistin Wanda Belezkaja die Schild-Abbaumethode für Kohle eingeführt worden sein, die „bald in der ganzen Welt unter der Bezeichnung ‚Tschikanal-Schilder' bekannt war" und den Abbau hochwertiger Kohle verdoppelt haben soll. „Die Schilder von Professor Nikolaj Tschikanal haben auch heute ihre Bedeutung noch nicht verloren. Zum Beispiel wurde das Schildsystem mehr als ein Vierteljahrhundert nach seiner Entwicklung auf dem Internationalen Kongreß in Paris als Meilenstein in der Geschichte der Bergbauwissenschaft und -technik anerkannt."
Die Engländer gingen das Problem der mechanischen Gewinnung in der Folgezeit mit wissenschaftlicher Gründlichkeit an. Sie untersuchten den bei ihrer harten Kohle wichtigen Schneidvorgang und testeten Geräte über Tage an künstlich aufgebauten Kohlestößen. Ihre Grundlagenforschung hatte Sinn. 1952 konnte mit dem *shearer*, einem Walzenschrämlader mit Meißeln auf einer rotierenden Trommel, ein durchschlagender Erfolg verbucht werden. Der *shearer* lief an einem gepanzerten Strebförderer entlang, ein Pflug lud die abgeschnittene Kohle auf das Band.
Mit dem Einsatz des Schildausbaus fand der britische Walzenschrämlader rasche

Seitdem Menschen auf der Suche nach Bodenschätzen oder beim Tunnelbau unter Tage arbeiten, ist der Durchschlag ein faszinierender Augenblick: Die letzte trennende Gesteinswand fällt zwischen zwei aufeinanderzu getriebenen Strecken oder wenn ein Schacht auf eine Strecke abgeteuft wird. Während der Bergmann in früheren Jahrhunderten nur hoffen konnte, daß der Markscheider sich nicht verrechnet und all seine Muskelarbeit sich gelohnt hatte, weiß der Kumpel heute, daß es drüben licht wird, wenn die Teilschnittmaschine unter gewaltigem Getöse die Trennwand durchschlägt.

1

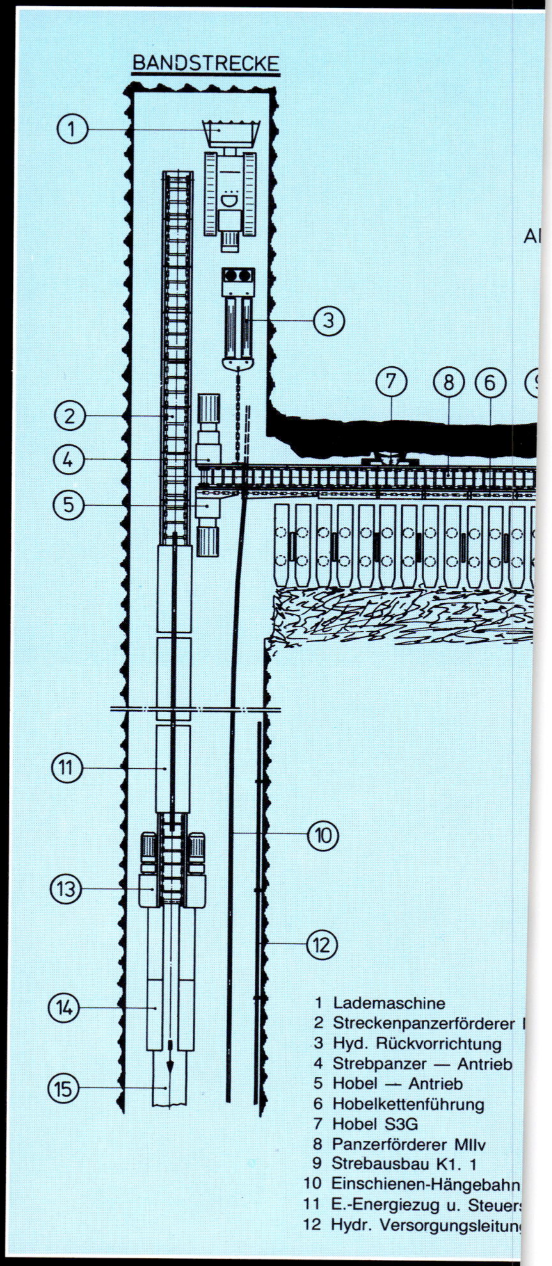
BANDSTRECKE
1 Lademaschine
2 Streckenpanzerförderer
3 Hyd. Rückvorrichtung
4 Strebpanzer — Antrieb
5 Hobel — Antrieb
6 Hobelkettenführung
7 Hobel S3G
8 Panzerförderer MIIv
9 Strebausbau K1. 1
10 Einschienen-Hängebahn
11 E.-Energiezug u. Steuer
12 Hydr. Versorgungsleitun

4

2

3

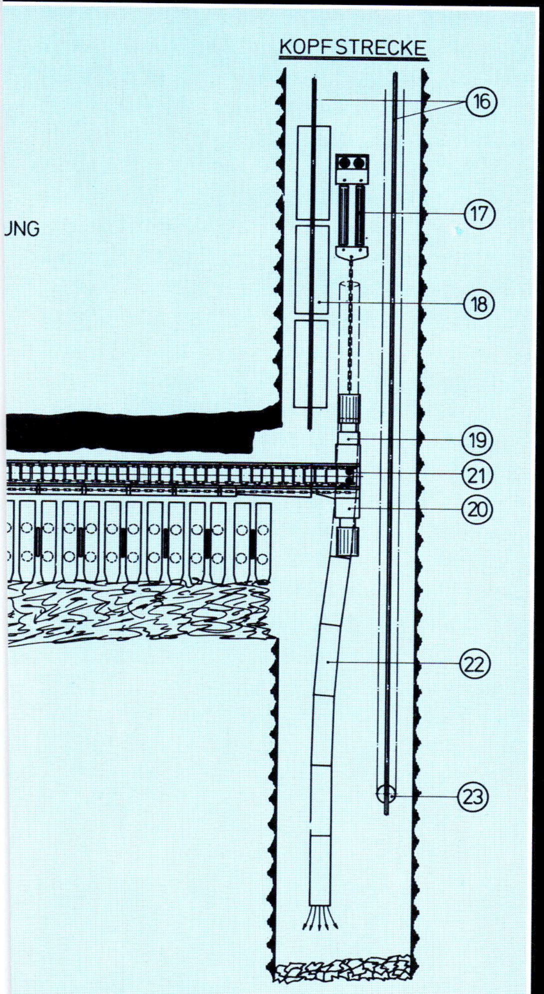

13 Streckenpanzer — Antrieb
14 Panzer — Gurtband — Aufgabe
15 Gurtband
16 Einschienen-Hängebahn
17 Hydr. Rückvorrichtung
18 E.-Energiezug
19 Strebpanzer — Hilfsantrieb
20 Hobel — Hilfsantrieb
21 Hydr. Abspanneinrichtung
22 Luttentour
23 Seilumlenkrolle — EHB

5

6

1 – Lange Zeit war der Holzausbau von Stollen oder Strecke die einzige Möglichkeit, sich vor Bergbruch zu sichern. Im Bild Türstockzimmerung in einer neuseeländischen Kohlenmine.
2 – Im vorigen Jahrhundert kam dann die Eisenzimmerung auf, wie sie hier zwei sächsische Bergleute um 1890 einbauen.
3 – Mit dem maschinellen Abbau wurden auch neue Ausbauformen nötig. Das Foto von 1951 zeigt, wie nach dem Rücken des Förderers Reibungsstempel unter die Gelenkkappen gesetzt wurden.
4 – Die Grundrißskizze vom Flöz Rauschenwerk der Gewerkschaft Sophia-Jacoba demonstriert den modernen Steinkohleabbau bei flacher Lagerung.
5 – Panzerschildausbau BS 2.1 der Eisenhütte Westfalia Lünen.
6 – PM2-Steuerung von Westfalia Lünen für den fortschreitenden Schildausbau.

Verbreitung. 1958 waren bereits mehr als dreihundert dieser Maschinen in Betrieb. Im selben Jahr wurde ein neues Gerät, der „Trepanner", vorgestellt. Er war mit Bohr- und Schrämvorrichtungen ausgerüstet und wurde mit der härtesten britischen Kohle fertig. Er war zwar langsamer als sein Vorgänger, lieferte aber einen höheren Stückkohlenanteil. Ab 1961 wurden auch modifizierte *shearer* wieder ins Maschinenprogramm aufgenommen. Schließlich warfen die britischen Ingenieure die beiden Systeme zusammen und schufen den *trepan shearer*, eine Kombination von Walzenschrämlader und „Trepanner". Die Walzenkörper ließen sich schließlich über eine Hydraulik anheben und absenken; sie waren dadurch nicht nur in mächtigeren Flözen wirtschaftlich einsetzbar, sondern konnten auch Nebengestein im Kohleflöz umgehen.

Die russische Kohlenkombine

Stalin, diktatorischer Chef der KPdSU, betonte 1931 die außerordentliche Wichtigkeit der Industrialisierung als die technische Basis des Kommunismus und die dabei entscheidende Rolle der Technik und der Techniker. Und während ein Jahr später der Kohlenhauer Isotow aus Gorlowka in der sozialistischen Wettbewerbsbewegung während des ersten Fünfjahresplans der Sowjetunion das Soll der Kohleförderung um mehr als das Zehnfache übertraf, überlegten sich andere bereits, wie sich die Arbeitsproduktivität unter Tage durch maschinelle Unterstützung noch weiter steigern ließ. Die ersten Vorschläge zur Vollmechanisierung der Kohlegewinnung wurden 1931 von A. I. Bachmutski und einigen seiner Bergbautechnik-Genossen unterbreitet. Heinz Kundel ist der Ansicht, daß eine 1925 von der Maschinenfabrik Knapp in Deutschland entwickelte Kohlegewinnungs- und Lademaschine mit drei vor Kopf angeordneten Schrämarmen und einem Querförderer den Russen als Vorbild diente. „Die von Knapp gebauten Schrämlader dürften in der Sowjetunion nicht unwesentlich die weitere Entwicklung der dortigen Gewinnungsmaschinen beeinflußt haben."
Was bei der russischen Weiterentwicklung herauskam, war eine Kombination von Schrämmaschine, Zerkleinerungsaggregat und Strebförderer und wurde Kohlenkombine getauft. Im Donbass ließ N. A. Tschichatschow 1939 seinen Schrämlader die ersten Testläufe absolvieren, im selben Jahr lief die praktische Erprobung einer Kohlenkombine namens PK-1 im Moskauer Kohlenbecken an. Die Erfindungschronologie eines DDR-Autorenkollek-

1

2

1 – Seit 1958 bewährt sich im britischen Steinkohlenbergbau mit seiner besonders harten Kohle der Longwell-Trepanner der Firma Anderson, Boyes & Co. als Schrämlader. Die zwei Schrämarme und die mit 40 U/min sich drehenden zwei Bohrbrechkronen (im Bild die rechte abgebaut) gewinnen bis zu 850 Tonnen Kohle am Tag herein.
2 – Schon 1938 stellten die Gebrüder Eickhoff, Maschinenfabrik und Eisengießerei, ihren ersten Schrämlader SSK 30 vor. Die von der Schrämkette und der heb- und senkbaren Schrämstange gewonnene Kohle wurde von einem nachgezogenen Kratzförderer übernommen.
3 – Dieser Doppelwalzenschrämlader EDW-170-L von Gebrüder Eickhoff, heute im Besucherbergwerk des Deutschen Museums, war von 1965 bis 1983 an der Saar im Einsatz. Seine Tagesleistung von 500 bis 1500 Tonnen Kohle entspricht der Arbeit von 80 bis 120 Kohlenhauern. Die meißelbestückten und hydraulisch heb- und senkbaren Schrämwalzen schieben das geschnittene Gut mit ihrem spiralförmigen Profil auf den Strebförderer. Dieser Streb-Panzerförderer EKF 3 der Maschinenfabrik Halbach & Braun dient außer der Förderung von Kohle und Nebengestein zum Übergabeförderer in der Abfuhrstrecke zugleich als Gleitbahn für den Walzenschrämlader und als Widerlager für das Nachziehen der Schilde (Schildausbau mit Zweistempelschild „Prosper C" von Klöckner Ferromatik Desma).

tivs unter Federführung von Walter Conrad faßte 1980 die Weiterentwicklung in der Sowjetunion wie folgt zusammen: „Mit der Kohlenkombine ‚Donbass' war 1948 das Problem des industriellen Einsatzes von Kohlenkombinen im Kohlebergbau der UdSSR gelöst. Der Trend zur Vollmechanisierung führte 1960 zum Probebetrieb des ersten komplex mechanisierten Förderaggregats (A-3) im Moskauer Becken, mit dem eine weitere Entwicklungsstufe in der modernen Technologie des Kohlenbergbaus erreicht wurde."

Die ersten deutschen Versuchsschrämlader

Ähnlich wie in England versuchten auch deutsche Firmen, die Schrämmaschine zum Schrämlader weiterzuentwickeln. 1857 hatte Franz Haniel am linken Rheinufer trotz des Schwemmsands dort die Zeche Rheinpreußen gegründet. 1951 wurde das Unternehmen, das sich mittlerweile auch der chemischen Produktion (z. B. Kohlehydrierung) zugewandt hatte, in Rheinpreußen AG für Bergbau und Chemie umbenannt. 1932 beriefen die Verantwortlichen Heinrich Kost (1890–1978) zum Generaldirektor der Firma, damals noch Gewerkschaft Rheinpreußen. Kost machte sich besonders um den Wohnungsbau für Bergarbeiter und um die Mechanisierung des Kohlenbergbaus verdient. Er führte in seiner Zeche als technische Neuerung mit der Rheinpreußen-Maschine einen der ersten Schrämlader in Deutschland ein. Ein Kettenschrämarm schnitt am Liegenden 185 Zentimeter tief ein, eine nach oben und unten bewegliche, parallel dazu angebrachte Schrämstange löste und zerkleinerte die Kohle. Ein unter der Schrämstange montierter kurzer Querkratzförderer lud die Kohle auf den Strebförderer.

Eine ähnliche Maschine stellte 1938 die Firma Gebrüder Eickhoff, Maschinenfabrik und Eisengießerei GmbH in Bochum, mit dem Schrämlader SSK 30 vor. Die Gewinnung besorgten ebenfalls eine Schrämkette und eine Schrämstange, aber für das Laden war ein nachgezogener Einketten-Kratzförderer zuständig.

1939 veranstaltete der 1858 gegründete Verein für die bergbaulichen Interessen in Essen ein Preisausschreiben für Gewinnungs- und Lademaschinen, die mindestens drei Schichten pro 100 Tonnen geförderter Kohle einsparen halfen. Beide Schrämlader erfüllten die Bedingung und brachten ihren Firmen einen Geldpreis ein.

In den folgenden Jahren wurde eine ganze Reihe weiterer Gewinnungs- und Lademaschinen entwickelt, getestet und auf Eis gelegt. Keine der Maschinen konnte die Kohle restlos über die ganze Flözhöhe herausschneiden, sie waren schwerfällig und pannenanfällig. Einen großen Fortschritt brachte 1950 die elektrohydraulische Schrämmaschine SE III von Eickhoff mit stufenlos regelbarem Vorschub des Schrämarms. Aber immer deutlicher zeigte sich, daß bei mächtigen Flözen mit sehr fester Kohle ganz offensichtlich die Hartkohle gewohnten Briten mit ihrer Schrämwalze bei der schneidenden Gewinnung den richtigen Weg gingen.

Deutschland und die Schrämwalze

1954 stellte die Firma Eickhoff mit dem W-SE III den ersten deutschen Walzenschrämlader vor. Er arbeitete mit einem Schnitt von 50 bis 75 Zentimetern bei einer je nach Kohlenhärte variablen Vortriebsgeschwindigkeit zwischen 30 und 200 Meter pro Stunde. Im selben Jahr brachte die Firma Korfmann ihren Bohrschrämlader heraus, der für dünne Flöze mit hoher Kohlenhärte entwickelt wurde. 1965, als Eickhoff den Doppelschwenkwalzenschrämlader EDW 130-L auf den Markt brachte, wühlten sich im westdeutschen Steinkohlenbergbau bereits 106 Walzenschrämlader in die Flöze ab 130 Zentimeter Mächtigkeit.
Ein Walzenschrämlader mit höhenverstellbaren Walzen kann zwar die gesamte Flözmächtigkeit in einem oder zwei Schnitten hereingewinnen und die Fördermenge gewaltig steigern, aber er kann natürlich nicht zwischen Kohle und Nebengestein unterscheiden, und so erhöhte sich die Quantität auf Kosten der Qualität: Der Abbau besteht aus 50 Prozent Kohle und 50 Prozent Nebengestein. Deshalb hatten Techniker der Ruhrkohle AG ein Verfahren entwickelt, über Meßmeißel mit Sensoren in der Schrämwalze die Festigkeit des Gesteins und die Grenzschicht Kohle–Gestein zu ermitteln und nach diesen Meßgrößen die Höhensteuerung der Walze vorzunehmen. Von 1987 an versuchte man, die sensorgeführte Walzenladersteuerung mit einem „Multi-Sensor-Konzept" zu verwirklichen.

Der Startschuß für die schälende Kohlegewinnung

Lexikalisch definiert ist ein Kohlehobel eine Maschine zur schälenden Gewinnung von Kohle, wobei der an einer endlosen Kette am Kettenkratzförderer geführte messerbestückte Hobelkörper am Kohlestoß hin- und hergezogen wird. Im Gegensatz zur schneidenden Gewinnung gelang der Schältechnik erst Ende der vierziger Jahre der Durchbruch unter Tage. Über der Erde schürfte und kratzte, baggerte und schrappte man mit dieser Technik schon lange vorher. Mit dem ersten Vorläufer eines Baggers wurden vermutlich schon im alten Ägypten Erde und Gestein abgetragen. Am Ende einer Stange schürfte ein eiserner Bügel über den Boden. Das dadurch abgeschälte oder gelöste Material wurde in einem Sack (später in einem Metallkasten) aufgefangen. Aus dieser oder einer ähnlichen frühen Baggervorrichtung entwickelten sich Schleppschaufel- oder Schürfkübelbagger ebenso wie Eimerkettenbagger mit Schürfeimern und Schrämbagger mit Kratzeisen statt Schürfkübeln für harte Braunkohlewände. Aber auch der einfache Schrapper, bestehend aus einem eisernen Schrappkübel ohne Boden und Vorderwand, der an einem endlosen Seil über das Fördergut gezogen wird und sich durch sein Eigenwicht ein Stück eingräbt und füllt, kann auf den ägyptischen Urahn zurückblicken.
Im Salzbergbau spielte schon ziemlich früh der Schrapper als Gewinnungs- und Ladegerät eine überragende Rolle, im Steinkohlenbergbau kam er unter Tage nur selten und dann fast ausschließlich als Ladegerät beim Gesteinstreckenvortrieb zum Einsatz. Vielleicht wurde er auch schon mal als schälendes Kohlegewinnungsgerät ausprobiert, denn die Suche nach technischen Möglichkeiten für hobelartige Maschinen hatte bereits zu Beginn des 20. Jahrhunderts in mehreren Ländern begonnen. 1912 erhielt Wissemann in Deutschland ein Patent für schälende Kohlegewinnung, 1917 folgten der Brite Hirst, 1925 der Amerikaner Brackett und zwei Jahre später der Franzose Ducœur. Aber es fehlten einfach die Voraussetzungen: die stempelfreie Abbaufront und der richtige Strebförderer.

Als Konrad Grebe nach Ibbenbüren kam

In Ibbenbüren im nordrhein-westfälischen Kreis Tecklenburg liegt das nördlichste Steinkohlenbergwerk Deutschlands. Es gehört der 1923 vom preußischen Staat gegründeten Preussag. 1929 kam ein junger Mann namens Konrad Grebe (1907–1972) nach Ibbenbüren und nahm im Steinkohlenbergwerk eine Stelle an. Zu Beginn des Jahres 1937 beauftragte Grebe, mittlerweile Maschinenfahrsteiger, die betriebseigene Werkstatt, an einen Hobelkörper aus Grubenbahnschienen keilförmige Messer anzuschweißen. Dieses einfache Gerät war der Auftakt zur Entwicklung einer funktionsfähigen schälenden Gewinnungsmaschine. 1962 verlieh der Deutsche Erfinderverband Konrad Grebe für seine grundlegende Arbeit am Kohlehobel die Dieselmedaille in Gold. Grebe starb im Alter von 65 Jahren, im Juli 1972, in Wuppertal. Auf eigenen Wunsch wurde er in Ibbenbüren beigesetzt.
Dieser erste Kohlehobel aus Ibbenbüren wurde von drei Grubenlokomotiven am Kohlestoß entlanggezogen und schälte einen 15 Zentimeter breiten Streifen aus dem Flöz. Damit hatten Konrad Grebe und sein Kollege Seeber zwar die Möglichkeit der schälenden Gewinnung bewiesen, aber noch fehlte ein geeignetes Strebfördermittel, das zugleich als Träger und als Gleis für einen künftigen Kohlehobel dienen konnte. Zunächst ließ Grebe den Hobel von Seilwinden am oberen und unteren Strebende am Kohlestoß hin- und herziehen. 1941 hatte er einen Kratzförderer der Maschinenfabrik A. Beien in Herne so umgebaut, daß ein neu entwickelter Kohlehobel daran laufen konnte. Der Hobelkörper war dreieckig, die Basisseite zeigte zur Kohle, die Spitze zum Strebförderer, an den Schenkeln waren die Schälmesser befestigt. Die Schnittiefe betrug etwa dreißig Zentimeter und die Fahrgeschwindigkeit rund sechs Meter pro Minute. „Dieser sogenannte Einheitshobel wurde ständig verbessert. Er erhielt Räumschaufeln und Vorräumer, ein Gelenk zur besseren Anpassung an Sätteln und Mulden, und das Zugseil wurde am Hobel über Rollen eingeschert. Mit diesem Hobel konnte das Steinkohlenbergwerk Ibbenbüren im Jahre 1942 im Rahmen eines Preisausschreibens den ersten Preis erringen" (Kundel).
Da von Strebförderern schon mehrfach die Rede war, eine kurze Erläuterung: Den bereits erwähnten Schüttelrutschen machten schon 1908 die über Tage längst erprobten Bandförderer (Förderbänder) erstmals Konkurrenz. Aber sie begannen erst um das Jahr 1926, sich in Deutschland durchzusetzen; 1942 waren an der Ruhr 374 Kilometer nutzbarer Bandlänge in Betrieb. In Pennsylvania, USA, wurde die erste Kohlengrube bereits 1924 vollständig mit Förderbändern ausgerüstet. Um 1928 kam mit dem Kratzförderer ein weiteres Fördermittel auf. Aber im Gegensatz zu Schüttelrutsche und Bandförderer hatte diese Maschine eine ruhende Stahlblechrinne, das heißt, die Unterlage stand still, und das Fördergut wurde in der Stahlblechrinne durch Kratzer oder Mitnehmer an einer endlosen Kette vorwärts gescho-

1 – Einfache Schrapper, hier als Lademaschine in einer Richtstrecke der Bottroper Zeche Prosper II (1932), gehören auch zu den Vorläufern moderner Gewinnungsmaschinen.
2 – Der Kohlehobel, auch Schnellhobel oder nach seinem Erfinder Löbbe-Hobel genannt, ist oberflächlich gesehen nur ein um 90 Grad gedrehter Schrapper. Aber es kommt auf den Anpreßdruck gegen den Kohlestoß an – ohne Unterstützung durch die Schwerkraft. Bei einer Schnittiefe von 10 cm arbeiteten sich seine Hobelzähne mit 38 cm/sec durch die Kohle (Foto 1951 auf der Zeche Jacobi in Gelsenkirchen).

1

2

ben. Für geringere Förderlängen waren die Kratzer an einer Kette in der Rinnenmitte befestigt (Einkettenkratzförderer). Größere Leistungen und Förderlängen wurden mit dem Zwei- oder Doppelkettenkratzförderer erreicht, bei dem die Mitnehmer zwischen zwei parallel verlaufenden Gliederketten angeordnet sind. Und dieses Fördermittel war der Ausgangspunkt für die nächste Innovation auf dem Weg zum Kohlehobel. Initiator war der Maschinenbauingenieur Wilhelm Löbbe (1890–1950).

Pionier auf dem Weg zur Mechanisierung: Wilhelm Löbbe

Mitte des Jahres 1950 würdigte Bergassessor Dr. Stephan, langjähriger Mitarbeiter Wilhelm Löbbes, im Ausschuß für schneidende Kohlegewinnung der Deutschen Kohlenbergbauleitung die Lebensarbeit des Ingenieurs in einem bewegenden Nachruf. Er begann mit den Worten:
„Am 8. März 1950 verstarb an den Folgen eines tragischen Unfalls Direktor Wilhelm Löbbe, der Chefkonstrukteur und Leiter der Entwicklungsabteilungen der Gewerkschaft Eisenhütte Westfalia, Lünen. Mit seinem Tode hat nicht nur die Westfalia, Lünen, einen unersetzlichen Verlust erlitten, der gesamte deutsche Bergbau beklagt den Heimgang einer seiner markantesten Persönlichkeiten. Besonders der jüngeren Generation der Bergleute war Herr Löbbe ein unentbehrlicher Ratgeber auf dem Wege der Mechanisierung der Betriebe. In unzähligen Grubenfahrten hat der Maschinenmann Löbbe sich die praktischen Erfahrungen gesammelt, um die Bergmannsarbeit zu vereinfachen und der maschinellen Hereingewinnung der Kohle zum Durchbruch zu verhelfen. An seiner Bahre fehlte daher kaum eine der Bergwerksgesellschaften des Ruhrgebiets, um von diesem bedeutenden Mann Abschied zu nehmen."
Wilhelm Löbbe wurde am 12. August 1890 im westfälischen Oberaden geboren. 1904 ging er als Schlosserlehrling in eine Eisenhütte und war dann nach bestandener Lehre bis 1911 in verschiedenen Maschinenfabriken tätig. In den Jahren von 1912 bis 1914 vertiefte er sein Wissen an der Maschinenbauschule in Elberfeld. Nach seiner Einberufung zur Kriegsmarine im Ersten Weltkrieg und einer Tätigkeit bei der Maschinenfabrik Pilgrim in Lüdinghausen trat er 1921 als Oberingenieur in die Eisenhütte Westfalia Lünen (1820 von Dietrich Wehrenbold bei Wethmar gegründet) ein und übernahm die Leitung

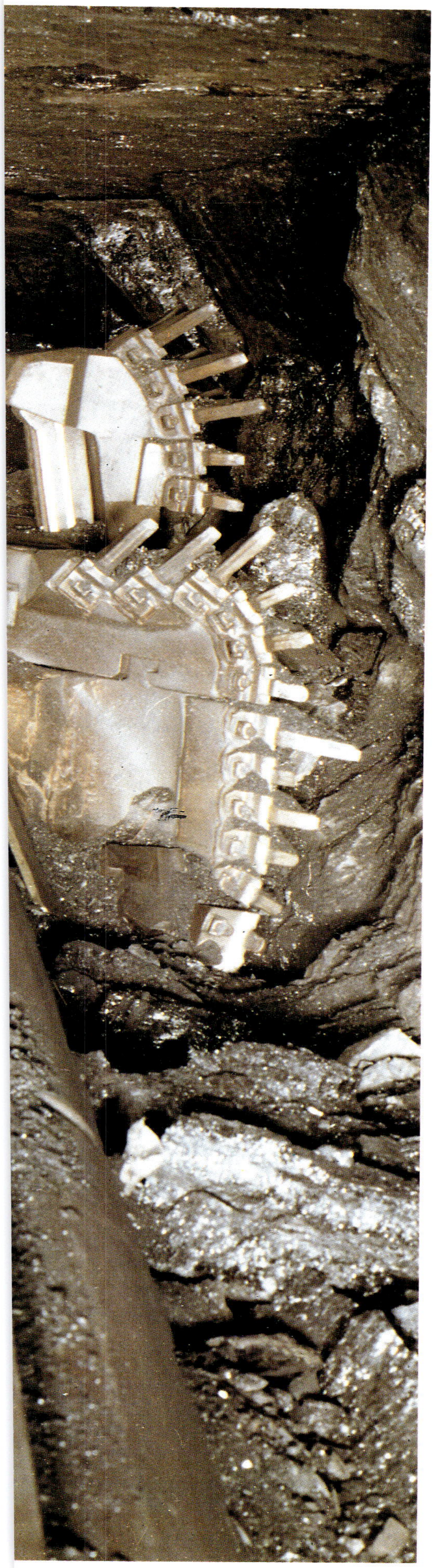

Vom ersten Kohlehobel, den Konrad Grebe als Maschinenfahrsteiger des Bergwerks in Ibbenbüren 1937 zusammenschweißen und von drei Grubenloks am Kohlestoß entlangziehen ließ, über den Abbaupflug Wilhelm Löbbes von 1939 wurde die schälende Kohlegewinnung kontinuierlich weiterentwickelt zu einem modernen System. Das Foto zeigt einen Kurzgleithobel 9-30/4.3 mit Panzerförderer PF II-600 und Panzerschild-Ausbau WS 1.7 der Eisenhütte Westfalia Lünen, einzusetzen bei einer Flözmächtigkeit von 0,9 bis 1,4 Meter in söhliger Lagerung.

des Konstruktionsbüros. In den folgenden Jahren entstand eine ganze Reihe von Fördermitteln, die allesamt Löbbes Handschrift trugen, darunter die Schachtwendelrutsche, der Einkettenbremsförderer oder Stauscheibenförderer (um 1932) und der Zweikettenbremsförderer für steile Lagerung, die im Gegensatz zum Kratzförderer das Fördergut nicht bewegen, sondern in seiner abwärts gerichteten Bewegung hemmen und so verlangsamen.
1939 erprobte Löbbe auf der Zeche Hugo mit dem Abbaupflug sein erstes schälendes Gewinnungsgerät. Ein Jahr später, 1940, stellte er seinen gepanzerten Doppelkettenkratzförderer mit einem stabilen Profilrahmen vor, der als Kettenführung und Kettenlaufbahn diente, mit Doppelförderketten aus hochwertigem Werkstoff und einer mit Panzerplatten abgedeckten Rinne. Die Gewerkschaft Eisenhütte Westfalia Lünen nannte das Fördergerät, das Beanspruchungen in bis dahin unbekanntem Ausmaß gewachsen war, „Panzerförderer". Weniger respektvoll reagierten die Kumpel und tauften die schuß- und verschleißfeste Konstruktion „Panzerjohanna".
In einem Steinkohlenbergwerk in Oberschlesien, das so bergbauliche Widrigkeiten wie dünne Flöze mit sehr harter Kohle in welliger Lagerung zu bieten hatte, lief der erste Test. Der Förderer lag dicht am Abbaustoß, und die Kohle konnte durch Sprengungen direkt auf die schußfest abgedeckte „Panzerjohanna" geschossen werden. Daß die stabile Bauart und die anderen wertvollen Eigenschaften dieses Strebförderers von umwälzender Wirkung auf die weitere Mechanisierung der Abbaubetriebe sein könnte, blieb auch anderen Firmen nicht verborgen.

Das unermüdliche Streben nach Vollmechanisierung

Der hohe Energieverbrauch und das beachtliche Gewicht des von Löbbe konstruierten Förderers sorgten zunächst für skeptische Zurückhaltung, aber dann griffen andere Bergbau-Zulieferfirmen den Gedanken auf, und als nächstes erschienen der Förderer „Rekord" der Maschinenfabrik A. Beien, Herne, und der Doppelkettenförderer der Demag AG auf dem Markt. Die Förderer schufen die Voraussetzung für die stempelfreie Abbaufront und ein Vorrücken als Ganzes, also im geschlossenen Strang über die ganze Streblänge – und sie begünstigten, wie erwähnt, den Einsatz von Schrämladern.
Die Erfolge mit dem Kohlehobel von Grebe sorgten auch im Ruhrgebiet für einiges Aufsehen und für eine neue Beurteilung der schälenden Gewinnung. Im August 1942 hatte der Ruhrbergbau auf der Zeche Hannover-Hannibal in einem 190 Meter langen Streb Premiere mit einem selbstgebauten, zweiseitig ausgebildeten Hobelaggregat. 1943 kamen die ersten Vorschläge, die viel zu rasch verschleißenden Draht-Zugseile durch hochwertige Zugketten zu ersetzen. Der gepanzerte Doppelkettenförderer wurde zunächst durch mechanische Winden oder Knarrenstempel, durch vom Hobel mitgezogene Rückschlitten vorgerückt und schließlich durch preßluftbetriebene Vordrückzylinder.
Auch bei der Eisenhütte Westfalia hatte man das Konzept des Kohleschälens erfolgreich weiter verfolgt, oder, wie Bergassessor Stephan sich ausdrückte: „Die Krönung fand Löbbes unermüdliches Streben nach Vollmechanisierung in dem sogenannten Schnellhobel, der seit vorigem Jahr (1949) im Ruhrbergbau eingesetzt ist und noch eine sehr große Zukunft haben dürfte." Löbbe hatte damit aber nicht nur seinen Schnellhobel entwickelt, sondern mit der Westfalia-Löbbe-Hobelanlage ein ganzes Abbaukonzept mit entsprechend umgebautem Panzerförderer, kombiniertem Hobel- und Fördererantrieb, mit verringerter Schnittiefe (5–15 Zentimeter) und hoher Marschgeschwindigkeit (etwa 22 Meter pro Minute), mit hochwertigen Zugketten und Vordrückzylindern etwa alle sechs Meter.
Damit war der Weg zur vollmechanisierten schälenden Kohlegewinnung und zu mannigfachen Weiterentwicklungen und technischen Varianten und Modifikationen frei. 1952 kam der Anbauhobel von Westfalia auf den Markt. Sein Grundkonzept, getrennte Antriebe für Schnellhobel und Förderer, war im Saargebiet entwik-

kelt worden. Bis 1960 brachten die Maschinenfabrik A. Beien in Herne ihre Einbau-Hobelanlage mit dem Schrämplattenhobel und Westfalia die Reißhakenhobelanlage heraus. Während 1950 der Anteil der schälenden Gewinnung 2 Prozent betrug, lag er zehn Jahre später schon bei etwa 25 Prozent. 1965 waren laut Kundel im westdeutschen Steinkohlenbergbau 531 Kohlehobelanlagen im Einsatz, und Pelzer hatte schon zehn Jahre früher nachgewiesen, daß die vollmechanisch schälende Kohlegewinnung die höchsten Leistungen bei niedrigsten Kosten erbrachte.

Mit Wasserstrahl und Hobelschneiden

Doch es regten sich auch die Stimmen moderner Maschinenstürmer wider den Triumph der Technik über den Menschen und die gnadenlose Mechanisierung des Kohlenbergbaus. Der sozialkritische Schriftsteller und ehemalige Kumpel Max von der Grün fabulierte in seinem 1963 erschienenen Roman „Irrlicht und Feuer" grauslich über die Gewalt der Technik und einen Kohlehobel: „Die Kette am Hobel riß, sauste über meinen Kopf und schlug mit unbenennbarer Gewalt dem zwei Meter hinter mir heranhastenden Steiger den Kopf ab. Der Kopf rollte in den Panzerförderer, und was ich als Wasser wähnte, war Blut. Der Blutstoß des geköpften Steigers klatschte in mein Gesicht." Der fiktive Unfall des Romans erregte die Gemüter in Bergbau und Industrie bis hin zum Antrag auf eine einstweilige Verfügung; immerhin war „Panzerförderer" eine geschützte Bezeichnung.
Frankreich und die Niederlande stiegen bald in die rationelle Hobel-Technologie ein. 1968 gelang es, durch verbesserte Antriebe die Marschgeschwindigkeit von Hobel und Strebförderer zu steigern und beachtliche Produktionszahlen zu erreichen. In diesem Jahr 1968 hatte sich im Ruhrrevier der Anteil der vollmechanisch geförderten Kohle an der Gesamtförderung von 22 Prozent 1958 auf 88 Prozent erhöht. Bei den Strebförderern wurde im Institut für Bergbau an der Technischen Universität Clausthal unter der Leitung von Hans Joachim Lürig (geb. 1935) daran gedacht, beim Kratzförderer die Gleitfläche zu vereisen, um die Reibung zu verringern und gleichzeitig den Streb zu kühlen. 1982 lag der Mechanisierungsgrad bei der Kohlegewinnung an der Ruhr bei 99 Prozent. 1983 liefen die Hobel schon mit einer Höchstgeschwindigkeit von 2,5 Meter pro Sekunde und wurden ohne Sichtkontakt von der Strecke aus gesteuert. Und über Tage, in der Grubenwarte, wird der gesamte Ablauf von Gewinnung und Förderung im Grubengebäude elektronisch überwacht, alle wichtigen Vorgänge, etwa Betriebs- und Stillstandzeiten der Maschinen oder der Kohlenmonoxidgehalt der Grubenluft, werden kontrolliert. Im April 1989 führte die Ruhrkohle AG auf der Industriemesse Hannover vor, wie sich der Kohleabbau per Fernbedienung verwirklichen läßt. Glasfaser-Lichtwellenleiter in der Stärke einer Wäscheleine übermitteln Fernsehbilder aus tausend Meter Tiefe in einen Leitstand, der nicht mehr wie bisher üblich über der Zeche, sondern in einer zweihundert Kilometer entfernten Zentrale aufgebaut ist.
Um größere Schnittiefen bei härterer Kohle und gleichzeitiger Energie-Einsparung durch enorm verringerte Antriebsleistung geht es in den Zukunftsplänen und beim „Jet-Mining". 1983 berichtete Georg H. Altenmüller über dieses Verfahren: „Erste Versuche auf der Schachtanlage Lohberg in Dinslaken, die Hobelschneidköpfe mit dünnen Hochdruckwasserstrahlen zu unterstützen, haben dazu ermutigt, dieses Verfahren weiterzuentwickeln. Der MAN-Unternehmensbereich Gutehoffnungshütte Sterkrade hat zusammen mit der Bergbau-Forschung GmbH und der Ruhrkohle AG eine Maschine gebaut, die jetzt unter Produktionsbedingungen erprobt wird. Durch senkrecht schwenkbare Düsen in den Schneidköpfen wird mit 700 bar Druck ein 2 Millimeter dünner Wasserstrahl in der Richtung des Hobelwegs gepreßt. Er macht einen Schnitt in die Kohle, so daß die keilförmigen Schneidköpfe des Hobels die Kohle mit minimalem Kraftaufwand nur noch herausbrechen und auf den Förderer drücken müssen."
Die ersten Versuche, die Vortriebsgeschwindigkeit von Tunnelbohrmaschinen durch die „Kombination eines guten Schneidwerkzeugs, des Hochdruck-Wasserstrahls, mit einem guten Brechwerkzeug, dem Rollenbohrwerkzeug" (Johannes Henneke) zu erhöhen, hatten bereits 1974 das amerikanische Bureau of Mines und die National Science Foundation veranlaßt. Das Hochdruckwasser wurde von Druckverstärkern der Firma Flow Industries, Inc. in Seattle, USA, erzeugt, die nach dem Prinzip reversierbarer Doppelkolbenpumpen arbeiteten. Die Abteilung Vortrieb der Bergbau-Forschung GmbH lieh sich Teile der amerikanischen Hochdruckwasseranlage aus und entwickelte seit 1978 eine eigene Version mit einer Tunnelbohrmaschine von Wirth.
Eine weitere Anwendung der Wasserkraft im weitesten Sinne ist der Wasserhammer, den die Bergbau-Forschung GmbH zusammen mit der Dynamit Nobel AG nach 1980 entwickelte. Mit einem Druck bis zu 12000 bar werden geringe Wassermengen (ca. 0,2 Liter) wie Kugeln gegen das Gestein geschossen. Das Gestein wird ziemlich gefahrlos zertrümmert. In den USA rückte man erheblich rabiater der Gebirgswand mit vier Kilogramm schweren Betongeschossen zu Leibe, versuchte es mit Laserstrahlen und Ultraschall.

Hydromechanische Gewinnung: Kohleabbau mit Wasserwerfern

Diese Technik der Kohlegewinnung durch Druckwasser läuft unter verschiedenen Bezeichnungen: Von Hydroabbau oder hydraulischem Abbau ist die Rede, von Hydrogewinnung, hydromechanischer und hydrodynamischer Kohlegewinnung, und in den dreißiger Jahren dieses Jahrhunderts sprachen die Fachleute auch von Spritzverfahren und meinten damit eine Abbauart auf sekundäre Lagerstätten, also auf Sand- und Geröllmassen mit einem abbauwürdigen Gehalt an Gold, Platin, Edelsteinen und ähnlichem. Dabei wurden mit schwenkbaren Wasserwerfern Druckwasserstrahlen auf den Abbaustoß gerichtet. Es scheint, daß ein französischer Ingenieur diese Technik bereits 1852, vier Jahre nach dem Ausbruch des kalifornischen Goldrausches, in Kalifornien zur Gewinnung in Seifenlagerstätten mit Goldgehalt eingesetzt hat.
Über Tage hatte die Technik also schon Tradition, als 1903 auf der Steinkohlenzeche Heinitz in Oberschlesien die ersten Versuche unternommen wurden, ein Flöz mit einem dünnen Druckwasserstrahl (etwa 20 bar) zu unterschrämen. Es blieb bei den Versuchen. Erfolgreicher scheinen drei Jahre später Tests in zwei anderen oberschlesischen Gruben verlaufen zu sein. Die dort verwendeten Wasserkanonen sollen schon mit bis zu 200 bar einen Schram in die Kohle gezogen haben. Aber während bei diesem Verfahren das Wasser lediglich die Arbeit einer Schrämmaschine übernehmen sollte, werden beim modernen Hydroabbau Gewinnung und Förderung dem Wasser übertragen. Pionierarbeit leisteten die Bergwerksingenieure in der UdSSR. Der russische Ingenieur R. E. Klasson entwickelte 1914 eine Druckwassertechnik zum Abbau von Torf. Und 1936 gelang es W. S. Mutschik, das Verfahren in modifizierter Form beim Untertageabbau russischer Steinkohle einzusetzen. Aber es sollte noch bis 1953 dauern, bis die erste Zeche der Welt mit Hydrogewinnung in der UdSSR ihren Betrieb aufnahm.

1968 ging man in Deutschland daran, den Hydrobetrieb nach russischem Vorbild auszuprobieren. Die Zeche Vereinigte Poertingsiepen-Carl Funke bei Essen wurde in Zusammenarbeit zwischen dem Steinkohlenbergbauverein, den Essener Steinkohlenbergwerken und der Ruhrkohle AG für 34 Millionen Mark zur ersten deutschen Zeche mit Hydrogewinnung ausgebaut. Vier umgebaute und ferngesteuerte Wasserwerfer mit einer Reichweite von 25 Metern brachen mit Drücken bis 90 bar die Kohle aus den geneigten Flözen Mausegatt und Geitlingen in 300 bis 700 Meter Tiefe. Mit dem abfließenden Wasser (deshalb der Einsatz bei leicht geneigter Sohle) wurde die Kohle zu den Förderschächten geschwemmt. Der Kohlenschlamm wurde über Rohrleitungen zur Erdoberfläche gepumpt, die Stückkohle unter Tage aussortiert. Als Wasserreservoir diente das an der Ruhr ausreichend zur Verfügung stehende Grubenwasser.

1977 kamen die Wasserkanonen in die Dortmunder Zeche Hansa. Als die Kohle nach dem Ölschock wieder mehr Geltung erlangte, glaubte man, durch Hydrogewinnung die abbauwürdigen Kohlevorräte um geschätzte 50 bis 100 Millionen Tonnen vergrößern zu können. Mit Drücken über 100 bar und einem Rückstoß bis zu einer Tonne schoß die Wasserkanone die Kohle aus dem Flöz und zersprengte sie in kleine Stücke. Anschließend schwemmte das Wasser die Kohle über eine Förderrinne in ein zentrales Sammelbecken. Pumpen förderten das Gemisch nach Übertage. „Auf ‚Hansa' wird der Wasserhauer ein neuer Beruf sein", prophezeite ein Enthusiast der Hydrotechnik. Staublunge und Kohlenstaubexplosion sollten in Zukunft der Vergangenheit angehören. Aber der Großversuch mit Druckwasser blieb in der Probephase stecken, diese Abbautechnik bewährte sich auf der Zeche Hansa nicht. Die letzte Wasser-Schicht wurde 1980 gefahren.

Methangas und Mikroben

Das Stichwort Untertagevergasung bedeutet: Überführung eines festen fossilen Brennstoffes in den gasförmigen Zustand, und zwar an Ort und Stelle *(in situ)* in der Lagerstätte. Und dabei denken die Wissenschaftler nicht nur an Kohle, sondern auch an Ölschiefer und Ölsand in sehr tief gelegenen und/oder schwer zugänglichen Lagerstätten, die sich den herkömmlichen Abbaumethoden entziehen. Bei der Kohlevergasung unter Tage geht es im Prinzip darum, das Flöz an zwei (z. B. 60 Meter voneinander entfernten) Stellen von oben anzubohren, die Kohle zu entzünden, unter Druck ein Wasserdampf-Luft-Gemisch (oder ein anderes Reaktionsgas) durch das eine Rohr (Injektionsbohrung) einzupressen und das dabei entstehende Produktgas (mit dem Hauptbestandteil Methan) durch das zweite Rohr (Produktionsbohrung) abzusaugen.

Der erste Vorschlag, Steinkohle an Ort und Stelle unter der Erde zu belassen und durch Entgasung Leuchtgas für die öffentliche Gasversorgung zu gewinnen, kam schon 1867 oder 1868 und stammte von Wilhelm (Sir William) Siemens (1823 bis 1883). 1909 erhielt ein gewisser Betts das erste Patent über diese Technik. Die ersten Feldversuche in England fanden noch vor dem Ersten Weltkrieg statt. Und der britische Chemiker und Nobelpreisträger William Ramsey (1852–1916) lieferte 1915 eine Arbeit über die Kohlevergasung unter Tage. Die Sowjetunion war vor allem im Rahmen ihrer Bemühungen um den „belegschaftsfreien Streb" an der chemischen Umwandlung der Kohle in ein brennbares Gas interessiert. Die theoretischen Grundlagen und ersten Vorschläge kamen von dem russischen Chemiker und Vater des Periodensystems Dmitri Iwanowitsch Mendelejew (1834–1907). In der Nähe der Industriestadt Gorlowka, Zentrum eines Steinkohlereviers im Donezbecken, Ukrainische Sowjetrepublik, fanden bereits 1933 die ersten ausgedehnten Versuche zur Kohlevergasung unter Tage statt. 1938 sollen Bohrlöcher zur Vergasung bereits 400000 Kubikmeter Gas pro Stunde geliefert haben. Und 1942 wurde bei Moskau das erste Kraftwerk errichtet, das mit unter Tage aus sowjetrussischer Kohle gewonnenem Gas arbeitet.

Von 1940 an hatten sich auch die USA und England wieder intensiver mit der In-situ-Vergasung befaßt. In den Vereinigten Staaten sorgten sehr strenge Umweltschutzauflagen dafür, daß sich der Abbau gar nicht tief liegender Hartbraunkohle durch In-situ-Vergasung eher lohnte, als eine durch Tagebau zerstörte Landschaft kostspielig zu rekultivieren.

Im Hinblick auf die sehr tief liegenden Steinkohleflöze in der norddeutschen Tiefebene wurde in den siebziger Jahren ein deutsch-belgisches Projekt zur Untertagevergasung ins Leben gerufen. Im belgischen Thulin nahe der Grenze zu Frankreich wurden Bohrungen bis in 860 Meter Teufe niedergebracht, aber es gab Probleme bei der waagerechten Zielbohrung, einer Verbindung zwischen den senkrechten Bohrlöchern, die bei kaum durchlässigem Kohlegestein erforderlich ist. Um aber langfristig doch noch ein Verfahren zur Umwandlung von Kohle entwickeln und in zehn oder zwanzig Jahren Gas zu einem konkurrenzfähigen Preis an Wärmekraftwerke liefern zu können, gründete man die K2G, die „Forschungsgesellschaft zur Kohlegewinnung Zweite Generation".

Aber in Deutschland gibt es noch ein anderes Projekt, den Steinkohlenbergbau zu revolutionieren: die Biotechnik, genauer: den Kohleabbau mit Mikroben. Hans Georg Trüper (geb. 1936), Professor für Mikrobiologie an der Universität Bonn, und R. M. Fakoussa fanden fünf Pilz- und zwei Bakterienstämme, die ausschließlich von Kohle leben können. Immerhin laufen schon seit 1982 Versuche mit laugungsaktiven Bakterien, die Schwefel aus Kohle herauslösen. „Hier zeichnet sich am Horizont ein Verfahren ab, schwefelhaltige Kohle vor ihrer Verbrennung bakteriell zu entschwefeln und damit umweltfreundlicher zu machen" (Corale L. Brierley).

Aber der biotechnische Bergbau hat längst begonnen. 1947 entdeckte man in sauren Wässern von Kohlengruben ein Bakterium namens *Thiobacillus ferrooxidans*. Erst zehn Jahre später erkannten die Wissenschaftler, daß dieses Bakterium seine Wachstumsenergie aus der Oxidation von Schwefel und Eisen bezieht und deshalb Metalle aus Erzen herauslaugen kann. In den Vereinigten Staaten wird heute bereits großtechnisch ein Verfahren eingesetzt, bei dem Kupfer mit Hilfe von Bakterien aus minderwertigen Erzen herausgelaugt wird. 1984 betrug die Gesamtausbeute dieser Technik schon über zehn Prozent der Landesproduktion. Es ist also vielleicht keine Illusion mehr, an Mikroben zu denken, die Kohle im Flöz gezielt zu Methangas umwandeln.

Die Giganten des Tagebaus

Man muß nicht immer tief in die Erde, unter Tage, um Kohle oder andere Bodenschätze abbauen zu können. Einen bergbaulichen Abbaubetrieb an der Tagesoberfläche unter freiem Himmel nennt man folgerichtig Tagebau. In Deutschland beispielsweise betrifft das die Braunkohle, in Australien läßt sich sogar Steinkohle im Tagebau gewinnen. In jedem Fall muß erst eine mehr oder weniger große Menge Abraum beseitigt werden, der über der Lagerstätte liegt. Und zu diesem Zweck wurden vor allem im 20. Jahrhundert Geräte entwickelt, die zu den Dinosauriern der Maschinenbautechnik gehören.

In Deutschland entwickelte sich der Braunkohletagebau während der zweiten Hälfte des 19. Jahrhunderts aus dem Tiefbau. In den USA entstand die erste Tagebaugrube 1866 in der Nähe von Danville, Illinois. Von Pferden gezogene Pflüge und Schrapper lösten den Abraum, in Karren und Schubkarren wurde er abtransportiert. Aber die richtigen Maschinen waren schon in der Entwicklung.

Den ersten Eimerkettenbagger mit Dampfantrieb und Schienenführung konstruierte 1859 der Franzose A. Convreux. 1885 erfuhr die Maschine entscheidende Verbesserungen hin zum Eimerkettenbagger mit Durchfahrtportal. 1891 wurde im rheinischen Braunkohlerevier der erste Eimerkettenbagger für den Abraum eingesetzt. 1907 kratzte der von Carl Gruhl (1862 bis 1947) entwickelte „Eiserne Bergmann", eine Art Schrämbagger, erstmals auch Kohle vom Flöz.

Der Pionier des Abraumbaggers im böhmischen Braunkohlenbergbau war Richard Julius Baldauf (1848–1931).

Ab 1910 stellten Ingenieure in den USA den Eimerkettenbagger auf ein Raupenfahrwerk. Die Eimerkettenbagger erhielten immer größere Ausleger, und hinter ihnen liefen schließlich Abraumförderbrücken her. Das erfolgreiche Gespann war ein geschlossener Maschinenkomplex und funktionierte so: Die deckende Erdschicht wurde vom Eimerkettenbagger (oder auch Schaufelradbagger) auf der einen Seite abgebaggert, über die Brücke gefördert und dann auf der anderen Seite abgeworfen, während in der Mitte die Kohle abgebaut werden konnte.

Die erste Abraumförderbrücke zum stetigen Transport des Abraums zur Kippe im Braunkohletagebau soll 1924 in der Grube Plessa in der Niederlausitz in Betrieb gegangen sein. Für die Einführung von Förderbrücken im mitteldeutschen Braunkohlerevier setzte sich unter anderen Max

1

2

4

Der Braunkohlenbergbau hat es gegenüber dem auf Steinkohle, die in immer größeren Tiefen gewonnen und zutage gefördert werden muß, relativ leicht. Braunkohle ist im Tagebau erreichbar, und sie ist viel weicher als Steinkohle. So setzten erst gegen Ende des 19. Jahrhunderts Bemühungen ein, Abbau und Förderung durch Maschinen zu rationalisieren.

1 – Die ersten Eimerkettengeräte, hier auf der Grube Donatus vermutlich vor 1900, wurden als Abraumbagger eingesetzt.

2 – Der „Eiserne Bergmann“ von Carl Gruhl gilt als erster brauchbarer Bagger zur Kohlegewinnung im rheinischen Revier. Das 56 Tonnen schwere Gerät (im Foto als Modell des Deutschen Museums) war ab 1907 siebzehn Jahre im Gruhlwerk eingesetzt, Tagesleistung etwa 1000 Tonnen, Abtragshöhe maximal 18 Meter.

3 – Modell eines Schienenbaggers als Einfachschütter, Baujahr 1918, eingesetzt bis 1974, höchste Tagesleistung 14 110 m^3, Höhe 14,50 m.

4 – Das Foto vor oder um 1925 zeigt die erste Abraumförderbrücke im Einsatz in den Braunkohlegruben von Plessa, Kreis Bad Liebenwerda/Niederlausitz, gebaut von ATG, Allgemeine Transportanlagen-Gesellschaft, Leipzig.

5 – Modell eines Schaufelradbaggers ohne Vorschub, Baujahr 1935, wie er 49 Jahre lang zur Kiesgewinnung im Tagebau Frechen eingesetzt war. Tagesleistung 2800 m^3, Höhe 9 m, Gewicht 70 t – als Vorläufer der modernen Maschinengiganten im Braunkohletagebau kaum zu erkennen.

3

5

1

1, 2 – Der erste Groß-Schaufelradbagger der Welt mit einer Tagesleistung von 240 000 m³ ging 1978 im Tagebau Hambach der Rheinischen Braunkohlenwerke in Betrieb, gebaut von Krupp Industrietechnik, 84 Meter hoch und etwa 225 Meter lang.
3 – Zum modernen wandernden Braunkohleabbau (Gewinnung, Verfüllung, Renaturierung der Landschaft) bedarf es leistungsfähiger Bandabsetzer-Systeme mit Bandschleifenwagen, schwenkbarem Abwurfausleger sowie auf Raupenfahrwerk abgestütztem Zuführungsausleger.
4 – Ohne den winzigen Menschen wie diesen Einweiser blieben Maschinenriesen nutzlose Monster.
5 – Selbst ein Gigant wie der Groß-Schaufelradbagger von O&K Orenstein & Koppel wirkt inmitten des Tagebaus Garzweiler I aus der Luft wie ein Spielzeug.

3

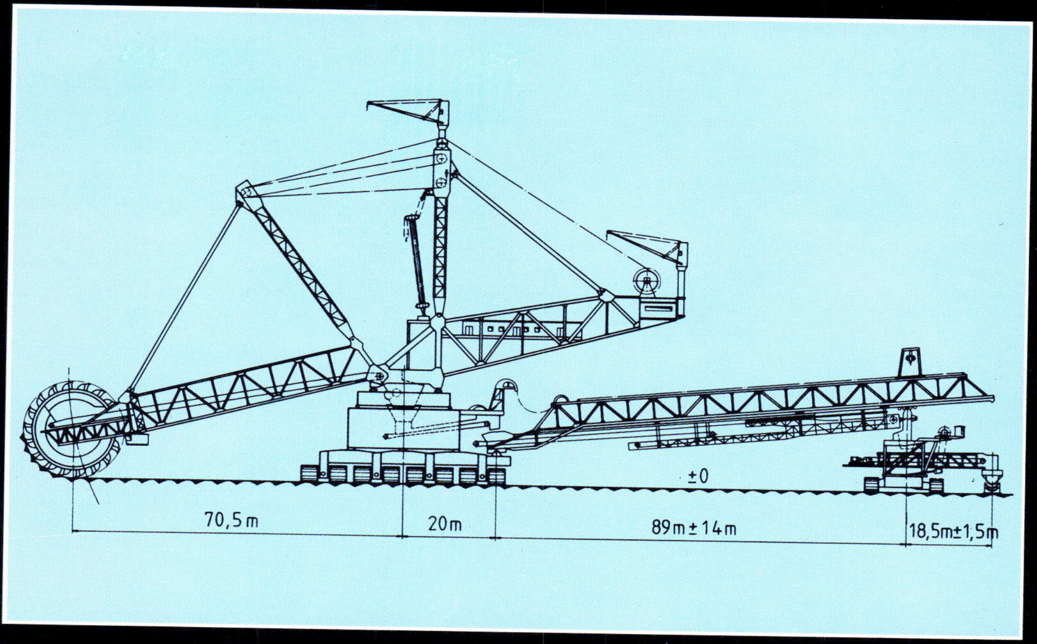

2

5

Treptow (geb. 1890) ein, der sich auch um die Vollmechanisierung raupenbeweglicher Bohrwerkzeuge und den Einsatz von Kippenräumern verdient machte. Im Westen promovierte Helmut Piatschek (geb. 1902) an der Bergakademie Clausthal über das Thema „Die Grundlagen für die Anwendungsmöglichkeiten von Abraumförderbrücken". Neben solchen Brücken wurden auch spezielle Gurtförderer verwendet, sogenannte Absetzer. Sie hatten meist lange Ausleger und erzielten durch hohe Fördergeschwindigkeit beachtliche Wurfweiten.

Die Mauselöcher von West Virginia

1911 kam auf dem Mission Field von Illinois erstmals erfolgreich ein dampfbetriebener Löffelbagger im Tagebau zum Einsatz. Die Amerikaner entwickelten ihre Löffelbagger weiter. Nach dem Zweiten Weltkrieg nahmen sie gigantische Ausmaße an: Bis zu 40 Meter hoch konnte ein solcher Bagger etwa 100 Kubikmeter Abraum auf einmal zur Seite schaffen.
Ende der dreißiger Jahre gingen die ersten Schaufelradbagger in Betrieb. Sie schafften etwa 30000 Kubikmeter pro Tag. 1978 wurde im rheinischen Braunkohlerevier erstmals ein Schaufelradbagger eingesetzt, der an einem einzigen Tag rund 240000 Kubikmeter Abraum oder auch Kohle bewältigte. 84 Meter hoch und 225 Meter lang war der Koloß. 110 Motoren für die unterschiedlichsten Bewegungen hatten einen Energieverbrauch wie eine Stadt mit 20000 Einwohnern. Gebaut wurde das Ungetüm von der Firma Krupp Industrietechnik. Ein ähnliches Monstrum konstruierte die M.A.N. für das Revier Hambach der Rheinischen Braunkohlenwerke AG.
Für Fälle, in denen sich die Abraumbeseitigung nicht mehr lohnt, etwa weil das Kohleflöz in hügeligem Gelände liegt wie in den Appalachen der USA, erfanden die amerikanischen Techniker das „Auger mining" mit einem Schneckenbohrer, eine der preiswertesten Abbautechniken. Die Bohrköpfe haben Durchmesser von 40 bis 245 Zentimeter und holen die Kohle bis zu 300 Meter tief aus dem Berg.
Anton Zischka beschrieb 1961 einen US-amerikanischen Tagebaubetrieb, der mit solchen Schneckenbohrern arbeitete: „Da gibt es zum Beispiel nicht weit von Morgantown in West Virginia einen Berg, der von einer Art riesiger Mauselöcher durchsiebt scheint. Schöne, runde Löcher von etwa eindreiviertel Meter Durchmesser, die die Grafton Coal Co. ihre ‚Auger', die ‚Kohlen-Großlochbohrer', in die Flöze treiben ließ." Entwickelt wurde diese Maschine von C. E. Compton (geb. 1915), als seine Tagebauzeche in der Nähe von Morgantown nichts mehr hergab, das Deckgebirge zu mächtig wurde und als für den Stollenbau keine Kumpel zur Verfügung standen. Die Maschine fräste wie ein riesiger Holzbohrer Löcher mit fast zwei Meter Durchmesser in das Flöz und löste dadurch rund drei Tonnen Kohle pro Minute. 1973 förderten die USA bereits 47 Prozent ihrer Kohle auf diese Weise.

Förderung

Der Transport unter Tage

„Wie gelangt aber der Bergmann in das Innere seiner Baue, wie verläßt er dieselben nach gethaner Arbeit? Und wie schafft er die Schätze der Tiefe ans Tageslicht?" Hinter dieser etwas vereinfachend gefaßten Frage von Wilhelm Bersch verbirgt sich eine Unzahl verschiedener Einrichtungen und Anlagen. Zunächst soll der Transport von Menschen und Material unter Tage betrachtet werden, von den Säcken bis zum unterirdischen Zug. Dann folgt eine kurze Geschichte der Schachtförderung von Seilen und Leitern bis zur computergesteuerten 9000-kW-Fördermaschine.

Schwere Lasten und Peitschenhiebe

Der Abtransport des unter Tage gewonnenen Materials hatte natürlich schon längst vor dem Einsetzen des Kohlenbergbaus Bedeutung erlangt. Immerhin gab es in Nordwest- und Mitteleuropa schon in der Altsteinzeit Bergbau auf Feuerstein. Auch die Jagd auf Kupfer, Gold, Zinn, Blei und Silber und schließlich auf Eisen war schon sehr früh eröffnet worden. Albert Neuburger beschrieb die antike Fördertechnik so: „Das Erz wurde in Säcke oder Tröge eingefüllt und von Kindern, die in den niedrigen Stollen oft allein mit der Last vorwärts kommen konnten, herausgeschleppt. War man im Inneren des Berges auf eine Höhlung gestoßen, so sortierte man es wohl schon hier, sonst aber fand die Sortierarbeit über Tage statt. Aus der Größe der Säcke und dem spezifischen Gewicht der Erze hat man berechnet, daß die von einem solchen Kinde getragene Last oft bis zu zwanzig Kilogramm betrug. Wie viele dieser armen Kinder mögen nicht unter derartig schweren Lasten und unter den Peitschenhieben der Aufseher zusammengebrochen sein! Manche Gänge alter Bergwerke sind so steil, daß man, ebenso wie auch bei den senkrechten Schächten, die Verwendung von Seilen zur Förderung annehmen muß. Gefunden haben sich solche Seile nicht."
Anzeichen für die Verwendung von Haspeln bei der Schachtförderung fanden Archäologen in uralten spanischen Kupfergruben. Nach 1600 v. Chr. bedienten sich vermutlich keltische Bergleute in Kupferminen im österreichischen Mitterberg einer Haspel. Eine solche waagerechte hölzerne Welle ließ sich mit Hilfe von vier oder mehr Treibspeichen drehen, um beispielsweise ein Seil aufzuwickeln, an dem eine Last hing. Die Haspel von Mitterberg lag in hölzernen Lagern, die auf halber Schachthöhe in den Felsen eingeklemmt waren.
Säcke, Tröge aus Holz oder Flechtwerk und kleine Blechkessel waren die ersten Fördergefäße. Im 9. Jahrhundert v. Chr. transportierten keltische Kumpel Salz aus oberösterreichischen Bergwerken in rucksackähnlichen Tragsäcken aus rohem Rindsfell. Kaum vorstellbar, daß über zweieinhalb Jahrtausende später die tragende Förderung im Bergbau noch immer aktuell war, wie ein 1842 erschienener, vom englischen Parlament in Auftrag gegebener Bericht über Kinderarbeit bestätigte.

Schleppförderung mit Menschen und Tieren

Schlitten zum Bewegen so schwerer Lasten wie riesiger Steinquader beim Tempel- oder Gräberbau waren schon um 6000 v. Chr. bekannt. Und so kam auch in den Bergwerken neben der tragenden Förderung sehr bald der schleppende Transport mit geflochtenen Körben oder Brettertrögen zum Einsatz. Die Reste solcher Schleppbehälter wurden bei Keldenich in der Eifel gefunden, in einem Bergwerk, das aus der Zeit des römischen Kaisers Claudius II. Gothicus stammt.

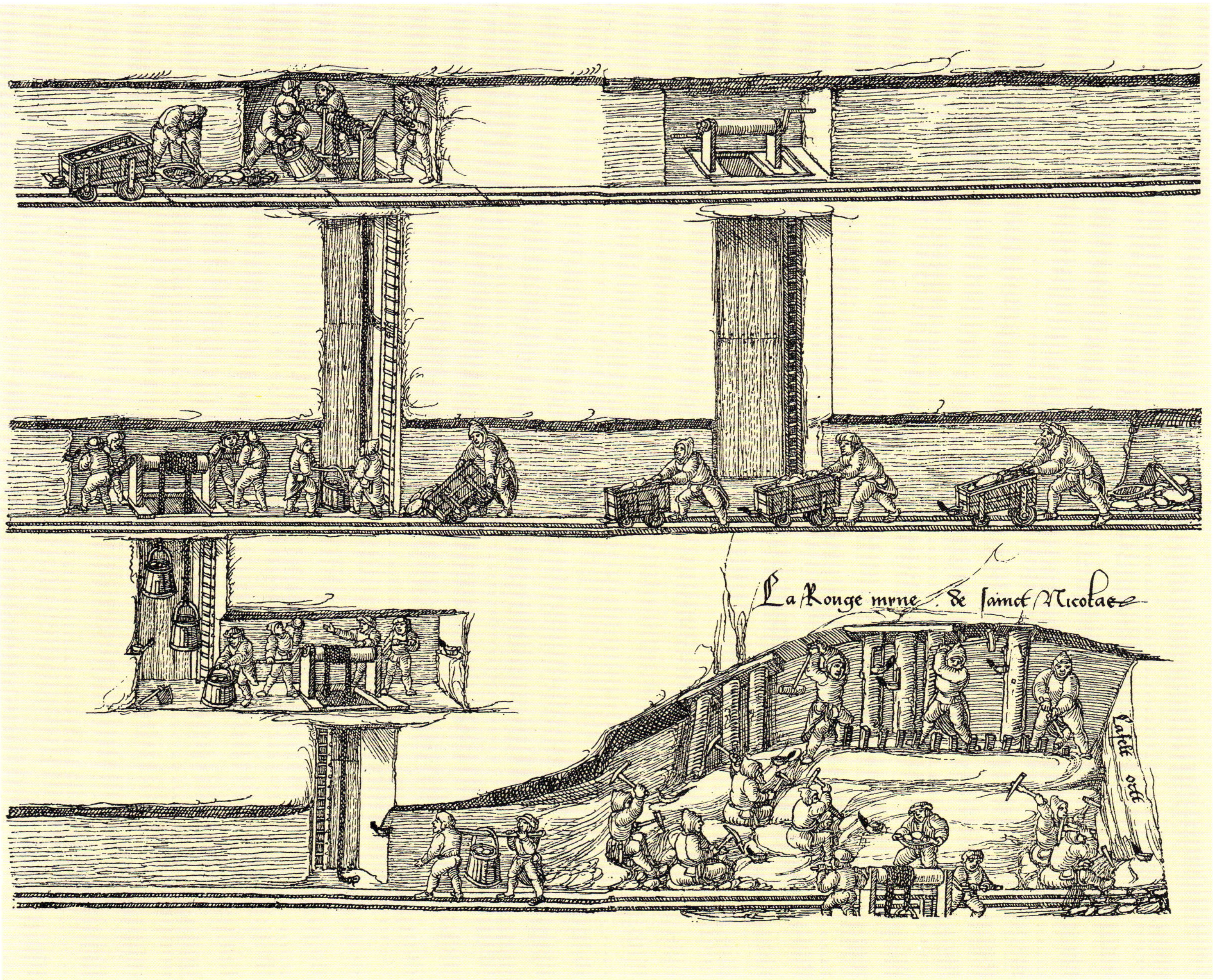

Auch die schleppende Förderung überdauerte die Zeit und den technischen Fortschritt, und so konnte Friedrich Engels in Anlehnung an den oben erwähnten Report in seiner „Lage der arbeitenden Klasse in England" 1845 schildern: „Die Weiber und Kinder, die die Kohlen zu schleppen haben, kriechen auf Händen und Füßen, mit einem Geschirr und einer Kette, die in vielen Fällen zwischen den Beinen hindurchgeht, an die Kufe gespannt, durch die niedrigen Stollen, während ein andrer von hinten mit Kopf und Händen nachschiebt. Das Drücken mit dem Kopf erzeugt lokale Irritation, schmerzhafte Anschwellungen und Geschwüre. In vielen Fällen sind die Stollen auch naß, so daß diese Arbeiter durch schmutziges oder salziges, ebenfalls Irritation der Haut erzeugendes Wasser von mehreren Zoll Tiefe zu kriechen haben. Man kann sich leicht vorstellen, wie sehr die den Grubenarbeitern ohnehin eigentümlichen Krankheiten durch eine so scheußliche Sklavenarbeit begünstigt werden."

Neben der menschlichen Zugkraft wurde aber auch das Reservoir an zug-kräftigen Tieren ausgeschöpft und Maultiere, Pferde, Ochsen in die Grubenbaue gebracht, aber auch Ziegen und Hunde. An diesen Antriebstechniken für Fördermittel änderte sich zunächst auch nichts, als das Rad die Kufen ergänzte.

Von Schubkarren und Hunden

Die Schubkarre wurde vermutlich schon bald nach ihrer Erfindung im 12. Jahrhundert zum Transport unter Tage eingesetzt. Die Chinesen kannten eine frühe Form

Die in mühsamer Arbeit gewonnenen Bodenschätze müssen zutage gefördert werden, und das war in früheren Jahrhunderten kaum weniger mühsam als die Gewinnung. Die Federzeichnung von Heinrich Gross zeigt den Untertagebetrieb im lothringischen Revier von La Croix-aux-Mines um 1550 mit tragender und fahrender Förderung sowie Schachtförderung mit Handwinden.

bereits vor dem Jahr 200 v. Chr. Diese fernöstliche Version ging aus dem zweirädrigen Handkarren hervor, während die europäische Schubkarre aus der von zwei Männern getragenen Tragmulde entwickelt wurde. Wann aber der vierrädrige Kastenwagen, der Förderwagen, Grubenhund oder Hunt zum erstenmal als Fördermittel im Bergwerk durch die Strecken geschoben wurde, das weiß man nicht. Erst mit detaillierteren schriftlichen Aufzeichnungen lassen sich zeitliche Grenzen ziehen. Fest steht, daß Förderkästen auf Rädern, die zur leichteren Handhabung auf hölzernen Spuren liefen, in Deutschlands Gruben bereits um 1500 bekannt waren. Und damit ist auch in weiten Grenzen die Geburtszeit des neuzeitlichen Verkehrsmittels namens Eisenbahn definiert, auch wenn sie damals noch auf Holz lief.

Georgius Agricola berichtete in seinem zwischen 1530 und 1550 in lateinischer Sprache verfaßten (1556 veröffentlichten) Bergwerksbuch „De re metallica" von hölzernen Bohlenbahnen und Förderwagen mit Holzscheibenrädern auf eisernen Achsen und mit Spurnagel, der in eine Rinne zwischen den Gleisen eingriff und den Hund oder Hunt auf der Fahrbahn hielt. Für den sonderbaren Namen „Hund" gab Agricola eine recht originelle Erklärung, hier in einer Baseler Übersetzung seines Bergwerksbuches aus dem Jahr 1621: „Dieweil er aber so man ihn bewegt einen thon gibet, dass etliche dunckt (dünkt), er habe ein thon dem bellen der Hunden nicht ungleich, habend sie ihn ein Hund genandt. Diesen Hund gebrauchen sie, wann sie etwan auß den weitesten Stollen die Last herauß führen, dann er auch leicht bewegt wird und auch ein schwerer Last hineyn mag geleget werden."

1

Auf die Schiene gekommen

1544 berichtete der Geograph und Orientalist Sebastian Münster (1488–1552) in seinem Werk „Cosmographia universalis" über einen Besuch in einer Silbermine im elsässischen Leberthal, daß die Bergleute beim Ausfahren von Erz und Gestein aus den Stollen zwei parallele Balken auf den unebenen Boden legten, damit die scheibenförmigen Räder der Förderkarren besser voran kamen. Die ersten künstlichen Förderbahnen bestanden aus mehreren nebeneinander liegenden unbearbeiteten Rundhölzern, Stangen, daher der Name „Gestänge". Ihr Ursprung wird im Harzer Bergbau vermutet, und ihr Vorteil scheint sich rasch verbreitet zu haben, denn Elisabeth I., Englands Königin von 1558 bis 1603 und willensstarke Schöpferin der britischen Großmacht, holte Harzer Bergleute auf ihre Insel. Sie sollten Britanniens Bergbau ankurbeln und brachten die Holzbahnen mit in die Gruben. Um 1650 hatten sich die Spurbahnen in England bereits durchgesetzt. Und was dann auf der britischen Insel folgte, machte Eisenbahngeschichte (siehe „Die großen Erfindungen: Wege · Straßen · Schienen"). 1602 verband Beaumont, ein Zimmermann aus Northumberland, die Spurbalken durch Schwellen. 1738 sollen bei Whitehaven die Holzstangen erstmals gegen die Abnutzung mit Flacheisen beschlagen worden sein. 1767 kam Richard Reynolds, einer der Besitzer des Colebrookdale-Eisenwerks in Shropshire auf die Idee, Schienen aus Gußeisen herzustellen, 1820 erfand John Berkinshaw das Walzen von Eisenbahnschienen aus Schmiedeeisen, und der Amerikaner Robert L. Stevens entwickelte um 1830 die bekannte Breitfußschiene, die später der Engländer Charles Vignoles noch verbesserte.

Einführung der Großraumförderwagen

Die Urausführungen der Förderwagen wurden zuerst von den Bergleuten selbst, später von Grubenwerkstätten oder Dorfschmieden zusammengebaut. Während sich die Erbauer bei den Spurweiten offenbar keinerlei Beschränkung oder Systemzwang auferlegten, wurden Abmessung und Fassungsvermögen von den recht engen Grubenquerschnitten bestimmt. Mit Vergrößerung dieser Querschnitte nahmen auch die Wagenabmessungen zu. Um 1900 faßte ein Förderwagen im Ruhrgebiet durchschnittlich rund 540 Liter, aus den Holzkästen wurden Ei-

1 – Einer der vielen Holzschnitte in der „Cosmographia universalis" von Sebastian Münster (1489–1552) zeigt einen auf Holzbohlen geschobenen Grubenhunt, wie ihn der Autor von seinem Besuch in einer elsässischen Silbermine beschreibt. In bergbaulichen Darstellungen der frühen Neuzeit wie in dieser sieht man auch immer wieder Wünschelrutengänger auf der Suche nach verborgenen Erzadern.
2 – Wir wissen nicht genau, wann „Kumpel Pferd" erstmalig zur Förderung unter Tage eingesetzt wurde. Spätestens seit der Zeit, als man vom Stollenbau, der ja vom Berghang aus relativ eben zugänglich war, zum nur noch über Schächte erreichbaren Streckenbau überging, blieben die Pferde meist bis an ihr Lebensende unter Tage, fern von Sonnenlicht, frischer Luft und grüner Weide.
3 – Die vierrädrigen Hunte glitten leicht von der Holzbohlenbahn ab. Um das zu verhindern, kam ein findiger Bergmann auf die Idee, die Räder durch einen zwischen ihnen angebrachten eisernen Zapfen in der Spur zu halten, wie der Blick unter einen ungarischen Hunt oder Spurnagelhunt im Deutschen Bergbau-Museum zeigt. Er war bis Anfang des 20. Jahrhunderts im Freiberger Erzbergbau in Gebrauch.

2

senkästen. Die eckige Kastenform mußte nach und nach der mehr abgerundeten Muldenform weichen. Mit der Einführung der Lokomotivförderung wurden die offenen Gleitlager der Achsen durch geschlossene Gleitlager oder durch Rollenlager ersetzt.
Während in englischen und amerikanischen Gruben schon Großraumwagen ab etwa 1000 Liter Inhalt im Einsatz waren, lag das Limit in Deutschland bis nach dem Ersten Weltkrieg bei 750 Litern. Förderwagen mit 1200 bis 1500 Liter Kapazität erschienen in den Betrieben etwa ab 1930. Beim Bergbau-Verein in Essen wurde 1935 der Ausschuß für Großraumwagen gegründet, 1936 wurden die ersten Großraumwagen eingesetzt. Bei der Größe entschied sich beispielsweise die Gewerkschaft Rheinpreußen für 3500 Liter, die Niederrheinische Bergwerks AG glaubte,

3

mit 2200 Litern auszukommen. Die Erfindung und Einführung der Wendelrutschen in den Bergwerken begünstigte die Großraumwagenförderung. Nach einem ersten Normungsentwurf für deutsche Förderwagen im Jahr 1928 kam es erst 1943 in Zusammenarbeit zwischen Bergbau und Herstellerfirmen zu einer endgültigen Norm. Mit der Umstellung von Gestell- auf Gefäßförderung in der zweiten Hälfte dieses Jahrhunderts (die Kohle wird nicht mehr in den Wagen, sondern in einem 30 Tonnen fassenden Gefäß über den Zentralschacht nach oben gefördert) konnten Kohlewagen mit einem Fassungsvermögen bis zu 7000 Litern eingesetzt werden.
Ursprünglich wurden die Hunte durch Menschenkraft bewegt, eine Tätigkeit, die noch 1938 als „Schlepperförderung" bisweilen in deutschen Steinkohlengruben ausgeübt wurde.
Vermutlich im 17. Jahrhundert übernahmen auch Pferde den Transport und zogen auf Schienen laufende Förderwagen. Über Tage war der Einsatz von Pferden im Bergbau, etwa beim Pferdegöpel, schon um 1550 weit verbreitet. Nach 1700 waren in den meisten Gruben Pferde anzutreffen, und das blieb bis zu Beginn des 20. Jahrhunderts so. 1938 wurden im Oberbergamtsbezirk Dortmund noch 1102 Pferde, davon 504 Ponys (die Größe richtete sich nach der Höhe der Förderwege) eingesetzt. Der erste Vorschlag, bei der Streckenförderung Förderwagen zu ganzen Zügen zusammenzustellen, scheint 1786 von dem angloirischen Allround-Erfinder Richard Lovell Edgeworth (1744 bis 1817) unterbreitet worden zu sein. Edgeworth erfand unter anderem auch eine einrädrige Chaise, einen Rübenschneider und verschiedene Segelwagen.

Seil- und Bremsbergförderung

Aber Pferde wurden nicht nur als pflanzenfressende Lokomotive eingesetzt, sondern auch als Antriebsmotor bei der sogenannten Seil- oder Kettenförderung. Dabei lief ein endloses Seil (Kette) mit den daran befestigten Wagen um zwei drehbare Scheiben, von denen eine angetrieben wurde. Ein solches System mit Pferdegöpel, aber auch mit Dampfmaschine als Antriebsmotor für die Treibscheibe ließ sich am 29. Juni 1813 John Curr (1756–1823), Direktor eines Kohlenbergwerks im englischen Sheffield, unter der Nummer 3711 patentieren. Die Dampfmaschine stand auf der Schachtsohle und zog die beladenen Förderwagen über die Strecke zum Schacht und nach dem Entleeren zurück zum Ausgangspunkt. Über

1

John Curr ist recht wenig bekannt, obwohl er zu seiner Zeit als *Mineral Agent* (etwa Bevollmächtigter für Mineralien) für die Kohlengruben von Sheffield des Duke of Norfolk ein wichtiger Mann in der Stadt und ihrer Umgebung war. Er verbesserte 1776 die damals übliche Schienenform durch einen erhöhten Innenrand und ließ die Schienen auf Querschwellen auflegen. 1798 erfand er das flache Hanfförderkabel, ließ sich 1806 die Verwendung von Seilen in Zusammenhang mit Winden und Haspeln patentieren. Insgesamt brachte er es auf zehn Patente.
Ein Seil wurde auch bei der sogenannten Bremsbergförderung zwischen untereinanderliegenden Grubenbauen eingesetzt, eine abwärts gehende Zwischenförderung mit Wagen, die entweder direkt an ein Seil gehängt oder mit Hilfe eines Gestells am Seil gewissermaßen schräg abgeseilt wurden. Den ersten Bremsberg soll 1797 der Engländer Barnes angelegt haben. Nach anderen Quellen war es ein gewisser Smeaton aus Whitehaven, der die Bremsbergförderung im ersten Viertel des 19. Jahrhunderts einsetzte. In kontinentalen Kohlengruben tauchte der Bremsberg Mitte des vorigen Jahrhunderts auf. Der Bremsbetrieb wurde von Wendelrutschen, Rollöchern und Gliederförderern fast völlig verdrängt.
Die Seilförderung, diese älteste maschinelle Streckenförderung in Deutschland, wurde Mitte des 19. Jahrhunderts eingeführt und im Laufe der Jahre verbessert. Aber als Hauptstreckenförderung mit einem endlosen Zugmittel, Kette oder Seil, konnte sie im Steinkohlenbergbau keine langen Triumphe feiern. Die Lokomotivförderung erwies sich schließlich als preiswerter und erheblich leistungsfähiger.

Mit Feuer und Rauch: Dampfloks in der Grube

Die Lokomotivförderung begann, wie sollte es anders sein, mit der Dampfmaschine, die plötzlich nicht nur in Fabriken und Schiffsbäuchen, sondern auch auf Schienen lief. Erbauer der ersten Dampflokomotive mit einer kleinen und leichten Hochdruckdampfmaschine war der englische Ingenieur Richard Trevithick (1771 bis 1833). Nach einigen Dampfwagenmodellen stellte er 1804, angeblich aufgrund einer Wette mit einem Grubenbesitzer, in Penydarran, Südwales, seine Eisenbahnlokomotive vor. Sie ging mit fünf Wagen und einer Zuladung von zehn Tonnen plus siebzig Fahrgästen auf die 14,5 Kilometer lange Strecke und bewies so, daß es durchaus technisch machbar und wirtschaftlich sein konnte, die Grubenbahnen von Lokomotiven ziehen zu lassen, auch wenn die Gleise damals der Belastung nicht gewachsen waren. Die erste brauchbare Lokomotive, die ein halbes Jahrhundert zum Kohlentransport eingesetzt wurde, war der „Puffing Billy" des Engländers William Hedley (1779–1843) von 1813.
In der Folgezeit wurden Dampfloks in den englischen Gruben von Südwales und am Tyne, in amerikanischen Bergwerken in Pennsylvania und West Virginia und kurze Zeit auch im lothringisch-luxemburgischen Minettegebiet eingesetzt. Aber sie erzeugten zu viel Rauch und verschlechterten die Luft unter Tage noch mehr. Auch die sogenannte feuerlose Grubenlokomotive schaffte den Durchbruch nicht. Bei dieser Maschine wurde überhitzter Dampf unter hohem Druck in einen stabilen, zu rund 80 Prozent mit 200 Grad Cel-

1 – Im 19. Jahrhundert setzte sich für die Streckenförderung die Seil- oder Kettenförderung durch. Dabei wurden nach einer Erfindung von John Curr (1756–1823) die Hunte an einer endlosen Kette oder einem Seil mit Umlenkscheibe und Treibscheibe zum Schacht und wieder zurück vor Ort gezogen, angetrieben von einem Pferdegöpel oder einer Dampfmaschine.
2 – Mußte die Kohle von einem oberhalb der Fördersohle gelegenen Abbaupunkt hinuntergefahren werden, baute man eine geneigte Strecke als Bremsberg aus. Der volle Wagen zog über eine gebremste Umlenkrolle an Seil oder Kette den leeren Wagen aufwärts. (Beide Fotos 1894 in einem sächsischen Steinkohlenbergwerk.)

2

sius heißem Wasser gefüllten Behälter geleitet. Bei Dampfentnahme siedete das Wasser, und der neu entstehende Dampf trieb die Maschine an. Zehn solche Maschinen wurden vor 1880 in den USA gebaut, aber diese Konstruktion blieb ein Kuriosum.

Luft als Lokomotivantrieb

Erste Versuche, statt Dampf hochgespannte Druckluft als Treibmittel einzusetzen und eine Eisenbahn mit Druckluftlokomotiven zu betreiben, unternahm bereits um 1830 der britische Ingenieur französischer Abstammung Isambard Kingdom Brunel (1806–1859). Er trug sich mit dem Aufsehen erregenden Gedanken, die Süd-Devon-Bahn von Dampf- auf Druckluftbetrieb umzustellen. Seine Versuche endeten mit einem Mißerfolg und einem gigantischen finanziellen Defizit. Um dieselbe Zeit entwarf der deutsche Maschinenbauer Carl Anton Henschel (1780 bis 1861) eine Drucklufteisenbahn zur Personen- und Güterbeförderung. Zur Druckluftversorgung sollten an bestimmten Stationen jeweils Kompressoren aufgestellt werden. Aber schließlich konzentrierte Henschel sich doch auf die Dampflokomotive.
1872 konstruierte der französische Architekt und Erfinder Léon Mekarski aus Auxerre eine Druckluftlokomotive mit 25 bar Betriebsdruck. Sie zog in den Gruben von Graissessac die Förderwagen und kam um 1878 beim Bau des St.-Gotthard-Tunnels zum Einsatz. In Nantes und Paris sollen Mekarskis Maschinen sogar Straßenbahnwagen gezogen haben.
Rund zehn Jahre später, 1881, brachte die H. K. Porter Company in Pittsburgh, Pennsylvania, die erste amerikanische Druckluftlokomotive heraus. Sie führte ihren Kraftvorrat an hochgespannter Druckluft (etwa 50 bar) in einem Behälter mit sich. Auch in Deutschland wurden etwa um diese Zeit bereits Versuche mit solchen absolut schlagwettersicheren Loks unternommen, aber eine Einführung scheiterte zunächst an der Schwerfälligkeit, den hohen Kosten und dem ungünstigen Wirkungsgrad der Maschinen. In den USA ging indessen die Entwicklung unverdrossen weiter und läutete mit der Druckluftlokomotive eine neue Phase der Streckenförderung ein. 1908 bauten US-amerikanische Ingenieure die erste zweistufige Druckluftlok mit hohem Wirkungsgrad – und jetzt wurde man auch in Europa wieder hellhörig.

Von „Grubenzwergen" und „Trollen"

Es scheint, daß die Berliner Maschinenbau-Actiengesellschaft vorm. L. Schwartzkopff als Vorreiter die Einführung der Druckluftlokomotive im europäischen Bergwerksbetrieb übernahm. Die Maschinenbau-A.G. entstand 1870 und ging aus der Maschinenfabrik und Gießerei hervor, die der Maschinenbauer Louis Schwartzkopff (1825–1892) im Oktober 1852 in der Berliner Chausseestraße gegründet hatte. Nach der Umwandlung in die Aktiengesellschaft blieb Schwartzkopff bis 1888 Generaldirektor. Neben Bergwerksmaschinen, Ventilatoren und Pumpen baute die Firma Dampflokomotiven und stellte dann auch Brennstoff- und Druckluftloks sowie elektrische Lokomotiven her. Die erste Druckluftlok wurde 1908 für die Emscherschächte des Kölner Bergwerks-Vereins in Altenessen geliefert.
Andere Firmen in Deutschland nahmen dann auch die Produktion von Druckluftlokomotiven auf, etwa die Demag in Duisburg oder die „Lokomotiv- und Maschinenfabrik A. Borsig" in Berlin. Sie entstand aus der 1837 von Johann Friedrich August Borsig (1804–1854) in Berlin gegründeten Maschinenfabrik, in der zuerst stationäre Dampfmaschinen, ab 1841 Lokomotiven hergestellt wurden. Borsig starb kurz nach der Fertigstellung der fünfhundertsten Lokomotive an einem Schlaganfall. Inzwischen zur größten Lokomotivfabrik auf dem europäischen Kontinent herangewachsen, wurde die Firma 1936 von der Rheinmetall AG übernommen und gehört zur Deutschen Babcock AG.
In Frankreich konstruierte der Ingenieur P. E. Leroux (gest. 1943) 1910 eine Druckluft-Compound-Grubenlokomotive mit einem vierstufigen Kompressor für Drücke bis 130 bar. Darüber hinaus beschäftigte er sich mit einem Becherkettenförderer, einer Schaufelmaschine, Geräten für die Weiterverarbeitung der Kohle und einer Bergeversatzmaschine.
Fortschritte im Bau von Stahlbehältern machten eine Erhöhung des Luftdrucks möglich und erweiterten damit den Aktionsradius. Besonders gedrängte Bauweise wurde von Loks verlangt, die zur Abbaustreckenförderung eingesetzt werden sollten. Es entstanden also Druckluft-Abbauloks mit so hübschen Namen wie „Grubenzwerg" von der Demag, heute zum Mannesmann-Konzern gehörend, oder „Troll" von der Bergbau Gesellschaft für betriebstechnische Neuerungen GmbH in Dortmund. Heute sind Druckluftloks im Bergbau nicht mehr häufig anzutreffen.

Mit Fahrdraht und Akkus: Elektroloks

Im Grunde begann der verbreitete Einsatz der maschinellen Streckenförderung aber nicht mit Dampf oder Luft, sondern mit der Elektrizität. Allerdings ging die Entwicklung, verglichen mit dem recht frühen ersten Einsatz einer elektrischen Grubenbahn, doch schleppend voran, weil neben der Druckluftlokomotive auch noch Loks mit Verbrennungsmotoren aufkamen und den Kumpeln unter Tage entschieden vertrauter erschienen als der unsichtbare elektrische Strom. Die Angst vor elektrischen Schlägen und die potentielle Gefahr durch überspringende Funken bei Schlagwetterbildung erwiesen sich als beachtliche Innovationsbremse. Zwar hatten sich seit etwa 1840 schon einige Techniker in Deutschland, England und in den USA mit Elektroloks beschäftigt, aber noch fehlte eine geeignete Stromquelle. Sie wurde erst 1867 durch Werner Siemens (1816–1892) mit seiner Dynamomaschine aus der Taufe gehoben.

Ursprünglich sollte Werner Siemens 1878 für ein Bergwerk bei Cottbus eine elektrische Grubenbahn liefern, aber die Besitzer überlegten es sich anders und stornierten den Auftrag. So kam es, daß Siemens die fast fertige Grubenbahn umfunktionierte und die Firma Siemens & Halske am 31. Mai 1879 auf der Berliner Gewerbeausstellung die erste elektrische Bahn der Welt vorführte. Eine Miniaturlokomotive mit einem 3-PS-Elektromotor zog drei bis sechs kleine offene Personenwagen über einen dreihundert Meter langen Rundkurs – bei trockenem Wetter, denn bei Regen war keine ausreichende Isolation zwischen Hin- und Rückleitung, einem Flacheisen zwischen den Schienen und den Schienen selbst, gewährleistet. Bereits drei Jahre später, 1882, lieferten Siemens & Halske die erste brauchbare Grubenlokomotive in das sächsische Steinkohlenbergwerk Zauckerroda. Aber es dauerte noch bis ins erste Jahrzehnt des 20. Jahrhunderts, bis steigender Kohlebedarf auch leistungsfähigere Fördereinrichtungen notwendig machte. „So begannen die Siemens-Schuckertwerke in mehrjähriger mühseliger Ingenieurarbeit elektrische Grubenbahnen zu entwickeln, deren Fahrzeuge und Einrichtungen den äußerst schwierigen Arbeitsbedingungen des Kohlenbergbaus, zumal der rheinisch-westfälischen Tiefbauzechen entsprachen, und hatten die Genugtuung, daß der anfangs zögernde Bergbau sich zusehends mit dem neuen Hilfsmittel befreundete und schließlich ein großes Geschäft daraus entstand, das seine Aufwendungen reichlich gelohnt hat" (Georg Siemens).

1

Der entgiftete Verbrennungsmotor

Ähnlich wie bei den Dampfloks hatten auch Loks mit Verbrennungsmotoren für den Einsatz unter Tage den Nachteil, daß sie unangenehm heiße Stellen aufwiesen und schädliche Abgase entwickelten. Daher mußten sich die Ingenieure den Kopf darüber zerbrechen, wie sich die Auspuffgase auf mindestens 60 Grad Celsius herabkühlen und von schädlichen Bestandteilen reinigen ließen, sie mußten eine funkenfreie Anlaßvorrichtung ersinnen und in stark staubhaltiger Luft für eine erstklassige Luftfilterung sorgen. Die erste Lokomotive mit einem Verbrennungsmotor, einer Gasmaschine, stammte ausgerechnet von einem Elektrotechniker und Mathematiker, dem Franzosen Marcel Deprez (1843–1918), Professor am Conservatoire des Arts et Métiers. Er wurde vor allem durch seine Pionierarbeiten auf dem Gebiet der elektrischen Kraftübertragung bekannt (1882 Stromleitung Miesbach–München). Seinen mit Gas betriebenen Motor stellte er 1879 vor. Das komprimierte Gas leistete in einem Zylinder zunächst durch Expansion Arbeit, dann nach Durchmischung mit Luft durch Explosion noch einmal.

Gegen Ende des 19. Jahrhunderts wurde eine ganze Reihe von Anläufen unternommen, flüssige und gasförmige Brennstoffe für Lok-Motoren im Grubenbetrieb heranzuziehen. Versuche mit Petroleummotoren schlugen fehl, da mußte erst Rudolf Diesel seinen Dieselmotor erfinden und 1908 seine 1000-PS-Diesellokomotive konstruieren. Also stürzte man sich zunächst auf Benzin und Benzol. 1896 baute die Gas-Motoren-Fabrik Deutz AG die erste Grubenlokomotive mit Benzinmo-

1 – 1882 ging die erste elektrische Lokomotive von Siemens & Halske im sächsischen Zauckerroda in Betrieb, etwa ein Jahr später diese heute im Deutschen Museum stehende im Steinkohlenbergwerk Cons. Paulus Hohenzollern bei Beuthen in Oberschlesien. Auf einer zunächst 750 Meter langen Strecke waren über den Fahrschienen zwei T-förmige Leitungsschienen aufgehängt. Von je einem Hanfseil gezogen und durch ein Kupferseil mit dem Motor verbunden, lief auf jeder dieser Schienen ein Schleifkontakt aus zwei Bronzebacken mit, die durch Stahlfedern angedrückt wurden. Funkenbildung wurde durch die vielen Berührungspunkte selbst bei „schneller" Fahrt (etwa 14 km/h) weitgehend vermieden. Die Lok zog mit ihrem 7,5 kW starken Motor 15 Wagen mit je 550 kg Fassungsvermögen. Förderkosten 6,7 Pfennig je t/km gegenüber 10 Pfennig bei Pferdebetrieb.
2 – Die erste brauchbare Grubenlok mit Verbrennungsmotor wurde 1896 von der Gas-Motoren-Fabrik Deutz (heute Klöckner-Humboldt-Deutz AG) gebaut. Sie trägt die Typenbezeichnung 4 E3 RZ 6-CI, was soviel bedeutet wie „Viertaktmotor Type E3, Radantrieb mittels Zahnrad, 6 PS Leistung, Construction I". Der Ottomotor verbrennt praktisch alle flüssigen Brennstoffe. Als Förderkosten wurden damals 6,5 Pfennig je t/km errechnet. Das Original steht heute, ohne die Verkleidungsbleche, im Motorenmuseum von KHD in Köln-Deutz.
3 – Die Druckluft-Grubenlokomotive „Troll", hergestellt von der Bergbau Gesellschaft für betriebstechnische Neuerungen mbH in Dortmund, wurde erstmals 1922 auf der Zeche Recklinghausen I eingesetzt.

2

3

tor. Die Deutz AG war 1872 aus der 1864 von Nikolaus August Otto (1832 bis 1891) und Eugen Langen (1833–1895) gegründeten Gasmotorenfabrik N. A. Otto & Comp. entstanden. Sie ging später in der Klöckner-Humboldt-Deutz AG auf.
Der geringere Preis und die größere Sicherheit des Treibstoffs beschleunigten später die Entwicklung von Diesellokomotiven für die Streckenförderung. In den achtziger Jahren dieses Jahrhunderts lagen für den deutschen Kohlenbergbau (auf der Schachtanlage Schlägel + Eisen im Ruhrgebiet) auch die ersten Erfahrungen mit der gleislosen Technik vor. Die gummibereiften Wagen, vornehmlich mit Dieselantrieb ausgestattet (darunter Fahrlader und Mehrzweckfahrzeuge), dienten zum Auffahren von Grubenbauen und für den Personen- und Materialtransport.

Rutschen, unbewegt und bewegt

Die Geschichte der Stetigförderung (durch eine kontinuierliche Bewegung längs eines festgelegten Weges) im Kohlenbergbau beginnt mit einfachen feststehenden Rutschen, Rinnen aus Holz, später mit Blechauskleidung und schließlich aus Stahlblech, die bei einer Neigung von 20 bis 30 Grad bis ins 20. Jahrhundert hinein als einfachstes Hilfsmittel zur Grubenförderung eingesetzt wurden.
Da bei einer steileren Lagerung die Kohle eine zu hohe Beschleunigung erreichen und Staub entwickeln würde, ja Kohlenbrocken aus der Rutsche herausspringen könnten, erfanden Techniker der Gewerkschaft Eisenhütte Westfalia Lünen 1931 mit dem Bremsförderer (Hemmförderer) eine Technik, die Kohle bei halbsteiler Lagerung zwar in feststehenden Stahlrutschen zu fördern, ihre Abwärtsfahrt aber durch Staubleche an einer oder zwei Ketten zu hemmen.
Bei einer flacheren Lagerung (Neigung von 0 bis 25 Grad) war es günstiger, die Förderrinne in eine in Längsrichtung hin- und hergehende Bewegung zu versetzen. So entstand die Schüttelrutsche, die 1905 erstmals auf der Zeche Rheinpreußen eingesetzt wurde. Am schnellsten verbreitete sich die Freihängerutsche (Pendel- oder Hängerutsche), die mit Ketten oder Seilen an den Querbalken des Ausbaus befestigt war. Der Antrieb erfolgte zuerst von Hand, dann maschinell. Der anfangs halbkreisförmige Querschnitt mußte bald einem flach-trapezförmigen Querschnitt weichen.
1910 brachte zuerst die Firma Hinselmann, dann die Maschinenfabrik Gebr. Eickhoff die Rollenrutsche auf den Markt,

1

2

bei der die kohlefördernde Bewegung über Rollen auf Stahlgestellen erfolgte. Übrigens waren in diesem Jahr 1910 etwa 22 Kilometer Rutschen im Ruhrgebiet in Betrieb, 1925 erreichte die Rutschenlänge insgesamt fast 400 Kilometer. 1926 ersetzten die Ingenieure der Maschinenfabrik Gebr. Eickhoff die Laufrollen durch Laufkugeln und führten so die Kugelrutsche ein, die sich aufgrund ihres geräuscharmen Gangs und ihres geringen Energiebedarfs rasch verbreitete und die Rollenrutsche weitgehend verdrängte. Im Zuge des Übergangs zur stempelfreien Abbaufront wurden vor dem gepanzerten Doppelkettenförderer auch sogenannte Panzerrutschen eingesetzt, wie sie unter anderem auch die Bischoff-Werke in Recklinghausen herstellten.

Förderbänder und Kratzförderer

Seit dem 3. November 1986 gelangte im Bergwerk Prosper-Haniel bei Bottrop die Kohle auf einem etwas ungewöhnlichen Weg („bergmännische Pionierleistung", so die Ruhrkohle AG) ans Tageslicht und in die Aufbereitungsanlagen: Aus der 786-Meter-Sohle führt ein 12,3 Grad geneigter Tunnel mit Förderbandanlage (Förderberg) über eine Länge von fast 3700 Metern nach Prosper II. Für die Bandanlage entwickelte die Universität Hannover zusammen mit der Phoenix Gummiwerke AG in Hamburg-Harburg ein neuartiges Transportband. Auf dem Band können pro Stunde maximal 1800 Tonnen Rohkohle aufwärts transportiert werden.
Die Geschichte der Bandförderung begann vermutlich schon um 2000 v. Chr. Um diese Zeit zogen ägyptische Ziegelei-Arbeiter Rohziegel auf gewebten Bändern erschütterungsfrei über ebene Flächen zur Brennstelle. Fast vier Jahrtausende tat sich nichts auf dem Gebiet der Bandförderer. Erst 1861 erfand der russische Ingenieur A. Lopatin mit seiner „Sandfuhre" den ersten Gurtbandförderer und setzte ihn auch gleich im Bergbau ein. Die schnelle Verbreitung über Tage in der zweiten Hälfte des 19. Jahrhunderts war dem Einsatz von Gummigurten zu verdanken. Amerikas Erfindergenie Thomas Alva Edison (1847–1931) kümmerte sich mit der bekannten Akribie und Systematik um die Bandförderer und kam auf Gummigurtbänder mit einer tragenden Gummischicht und einer Gewebeeinlage aus Baumwolle, die die Zugkräfte aufnahm. Um 1890 verwendete er bereits Gurtbänder von dreihundert Meter Länge.
Im Jahr 1906 zeigte der Engländer Sut-

1 – Eine originelle Fördermethode zeigt das kleine Aquarell im Salzburger Museum Carolino Augusteum, den Sackzug. Aus den teils sehr hoch gelegenen Erzbergwerken vor allem im Revier von Gastein und Rauris fuhr man das Erz bei guter Schneelage von Dezember bis Juni auf diese Weise zu Tal. Die leeren Säcke wurden oft von Hunden wieder nach oben gebracht. Wenn auch eine „Rutsche", war das noch alles andere als eine Stetigförderung.

2 – Kratzförderer mit ein oder zwei Endlosketten und daran befestigten Mitnehmern sind aus dem modernen Bergbau kaum noch wegzudenken. Im Foto ein H-Förderer von Demag Untertagebau (heute Mannesmann Demag AG) auf Zeche Hugo II/5.

3, 4 – Der zur Zeit modernste Förderberg der Welt wurde am 3. November 1986 im Bergwerk Prosper-Haniel der Ruhrkohle AG in Betrieb genommen. Um die im ganzen Bergwerk gewonnene Kohle zentral in einer Anlage bei Schacht Prosper II aufbereiten zu können, verzichtete man auf die Schachtförderung und baute eine Bandanlage, die stündlich 1800 Tonnen Rohkohle mit einer Geschwindigkeit von 5,5 m/s von der 786-m-Sohle zutage fördert und gleichzeitig im Untertrum 1000 Tonnen der bei der Aufbereitung anfallenden Berge nach unten bringt. Für diese Anlage entwickelte die Phoenix AG in Hamburg das stärkste Förderband der Welt, 7,5 km lang, 1,4 m breit, 35 mm dick und 106 kg/m schwer. Das Herz der Gurtes bilden 72 in Gummi gebettete Stahldrahtseile mit je 12,5 mm Durchmesser, oben und unten noch mit Deckplatten geschützt und verstärkt.

3

cliff, daß der Bandförderer hervorragend zum Abbau von Flözen geringer Mächtigkeit geeignet war. Zwei Jahre später wurden Bandförderer erstmals in deutschen Bergwerken eingesetzt, waren aber bis 1914 wieder vollständig verschwunden, weil die Qualität der Gurte bei der rauhen Behandlung unter Tage noch zu wünschen übrig ließ. Doch das gab sich. Von 1959 an wurden im westdeutschen Steinkohlenbergbau zunehmend Bänder aus PVC bevorzugt. In den achtziger Jahren setzte beispielsweise die Saarbergwerke AG Förderbänder ein, die mit der Technologiefaser namens „Kevlar" von Du Pont verstärkt waren. Die Faser hat bei gleichem Gewicht die fünffache Festigkeit von Stahl.
Für die Streckenförderung war inzwischen das Stahlgliederband mit schuppenartig übereinander greifenden Stahlplatten als

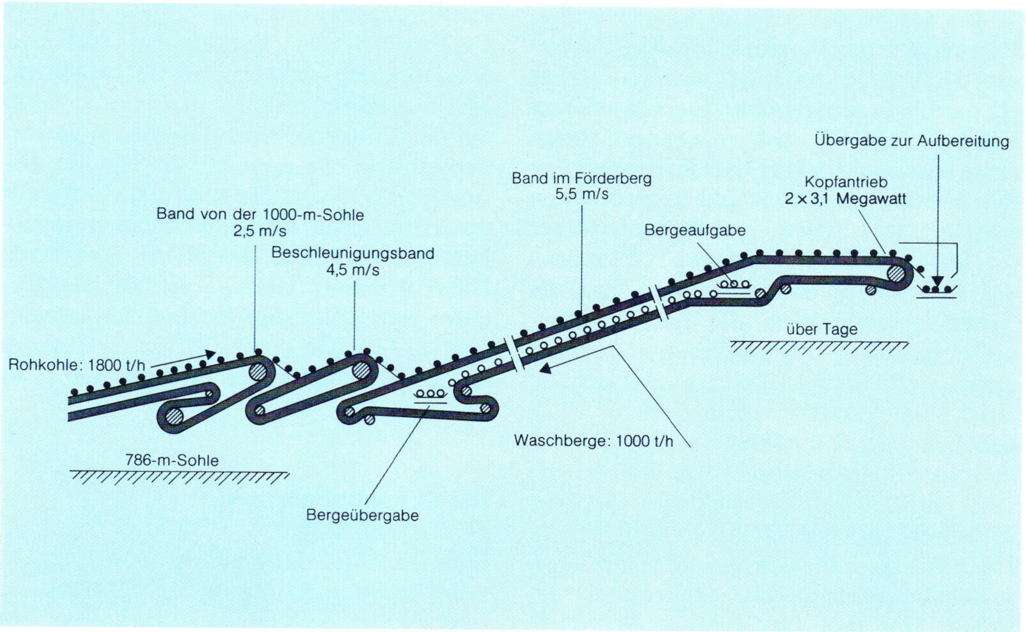

4

1

2

Träger des Förderguts entwickelt worden. Es ging auf die Pionierarbeit von Professor Dr.-Ing. H. Aumund zurück und war als breites Leseband über Tag schon lange bekannt. Da es von vornherein durch seine Konstruktion für die Beanspruchung durch schwere Kohlen- und Bergebrocken ausgelegt war, führte es sich problemloser ein als das Gummigurtband. „Es waren die Maschinenfabrik Hauhinco und die Zeche Rheinpreußen, die dieses Fördermittel erstmalig entwickelten und dadurch einen wesentlichen Beitrag zur Vervollkommnung der Fördermittel unter Tage lieferten" (Kurt Jericho). Stahlgliederbänder hatten allein in den fünf Jahren von 1955 bis 1959 eine Zuwachsrate von über 35 Prozent zu verzeichnen.

Die Kratzförderer wurden schon als unersetzlicher Partner des Kohlehobels erwähnt. Das erste Gerät dieser Art führte ein Engländer namens Blackett schon 1902 im britischen Bergbau ein. Anschließend wurde es in den USA übernommen. In Deutschland scheint man erst vor 1929 auf die Kratzerketten aufmerksam geworden zu sein. In diesem Jahr nämlich berichtete A. Haarmann über „Versuche mit amerikanischen Lademaschinen und Abbauförderern im deutschen Bergbau". Diese Abbauförderer waren Einkettenförderer mit Endlosketten und daran befestigten Mitnehmern. 1942 waren an der Ruhr 20,5 Kilometer Kratzförderer im Einsatz.

Die Schachtförderung

Die Schachtförderung, also der Transport von Personen (Seilfahrt) und Materialien in den Schächten der Bergwerke, beginnt an der Hängebank. Das ist der obere Ausgang des Schachts, gewissermaßen die Ladebühne, auf der in früheren Jahrhunderten die Förderkörbe ans Seil gehängt wurden. Aber diese Körbe waren zunächst nur für den Materialtransport gedacht. Für die Bergleute waren andere Zugangstechniken vorgesehen. Die älteste Methode waren sogenannte Fahrten, einfache, aber kräftige Leitern, die den Schacht hinunter führten („Wir klettern herab durch den felsichten Schacht / zum erzgeschwängerten Grunde", dichtete Theodor Körner, ab 1808 Student an der Freiberger Bergakademie). In manchen Bergwerken wurden örtlich auch Rutschen aus geglätteten Baumstämmen zum Einfahren (besser: Einrutschen) verwendet oder einfallende Mannstollen mit zum Teil weit über tausend Stufen gebaut. Aber alle diese Fahrungstechniken hatten den entschei-

denden Nachteil, daß die Bergleute nach ihrer Schufterei unter Tage wieder mühsam nach oben klettern mußten.
Die Einfahrt der Bergleute am Förderseil begann vermutlich mit der Einführung von Hebezeugen wie Winde, Göpel und Wasserräder, aber offiziell war die Personen-Seilfahrt im preußischen Bergbau bis 1858 verboten. Bis dahin „fuhren" die Bergleute zu Fuß in die Gruben ein, beispielsweise durch einen Stollen von der Bergflanke her oder durch Stollen mit Gefälle nach unten. Der Erzbergbau hatte mit der Einführung der sogenannten Fahrkünste zu der Zeit schon längst die Anstrengung des Ausfahrens reduziert, und das hatte, so ein Bericht aus dem Jahr 1846, für die Bergwerkseigentümer ganz handfeste Vorteile: „Durch Fahrkünste kann der Harzer Grubenarbeiter etwa 10 Jahre länger benutzt werden. Sie nutzen sich bei weitem weniger ab, und im Allgemeinen werden sie erst mit 60 Jahren bergfertig und fallen der Knappschaftskasse zur Last, deren Ausgaben daher die Fahrkünste namentlich vermindern."
Während im 18. Jahrhundert die Kegeldächer der Pferdegöpel-Fördermaschinen das Landschaftsbild südlich der Ruhr bestimmten, waren es seit dem 19. Jahrhundert die Silhouetten der Fördergerüste und dann schließlich der Fördertürme, die als Wahrzeichen des Industriezeitalters das Bild der städtischen Industriegebiete bestimmten: Vom burgfriedartigen Malakowturm (benannt nach dem Fort Malakow bei Sewastopol auf der Krim) über die filigranen Stahlkonstruktionen von Tomson-Bock, deutschem Strebenfördergerüst oder Doppelbock-Förderturm bis hin zum schlichten 80 Meter hohen Stahlbetonförderturm. Aus der Hängebank

1 – Georgius Agricola zeigt in seinem Werk „De re metallica", wie der Bergmann im 16. Jahrhundert – und auch jahrhundertelang vorher und nachher – in den Berg einfuhr: A auf der „Fahrt", einer gewöhnlichen Leiter; B auf einem Knebel am Seil hängend und mit Winde oder Haspel gefördert; C auf dem Leder oder „Arschleder" rutschend; D bequem auf Stufen in den Stollen einfahrend.
2 – Im „Schwazer Bergbuch" von 1556 heißt es zu dieser Abbildung eines Getriebegöpels zur Wasserhaltung: „Das Werk steht in Kuttenberg (Kutná Hora/ČSFR) auf einem Bergwerk und wird von Rossen getrieben. Die Gewerken und Schmelzer zu Schwaz haben einen eigenen Gesandten dorthin geschickt, um eine Zeichnung davon zu bringen, damit sie das Werk bei dem Erbstollen desto besser danach machen können."

von einst wurde eine große Halle unmittelbar am Schacht mit Rasenhängebank für schwere und lange Materialien und Hängebank für die Kumpel 15 Meter höher. Der Förderkorb aus Weidengeflecht wurde zum stählernen Fahrstuhl mit mehreren Etagen oder zum Fördergefäß für über 30 Tonnen Kohle, das mit etwa 70 Stundenkilometern durch den Schacht rast. Die 9000-kW-Fördermaschine wird von einem Computer gesteuert, der die Anlage bei Störungen stoppt und ihre Geschwindigkeit regelt.
In seinem Bergarbeiterroman „Germinal" ließ Emile Zola zwei Bergleute auf der Hängebank über dem Schacht einen bedrückenden Dialog führen: „Beide schwiegen und richteten die Augen auf das Seil, das jetzt emporstieg. Etienne fragte wieder: ‚Und wenn es reißt?' ‚Wenn es reißt ...' Der Grubenarbeiter beendete den Satz mit einer Gebärde."

Am Anfang war das Seil

Seile aus Hanf oder anderen Pflanzenfasern wurden schon vor einigen Jahrtausenden hergestellt. Die Darstellung eines ägyptischen Seilers bei der Arbeit fand sich in einer Grabkammer in Sakkara aus dem 3. Jahrtausend v. Chr. „Starke Seile waren die Vermittler zwischen den langen Sklavenreihen und der zu fördernden Last" (Feldhaus). In den Bergwerksschächten des Altertums wurden wohl Seile zur Materialförderung eingesetzt, aber die Pflanzenfasern haben natürlich die Zeiten nicht überdauert. Obgleich Hanfseile einem ziemlich raschen Verschleiß unterworfen und empfindlich gegen Frost und die Grubenfeuchtigkeit waren, wurden sie bis ins 19. Jahrhundert zur Schachtförderung verwendet, bevor das Drahtseil vom Harz aus seinen Siegeszug antrat. Aber vorher noch traten neben die Rundseile die Bandseile. Wie schon erwähnt, nahm John Curr am 17. November 1798 ein Patent auf ein flaches Hanfseil. Es ließ sich im Gegensatz zum zylindrischen Seilkorb des Rundseils in übereinanderliegenden Wicklungen auf einer sogenannten Bobine, einer schmalen Trommel von der Breite des Seils, aufrollen. In Deutschland soll ein gewisser Mögling 1796 ein Bandseil erfunden haben.
Der Belgier L. J. Goens verbesserte das flache Hanfseil dadurch, daß er statt vier sechs Rundseile nebeneinander vernähte. Nach Feldhaus soll Goens 1840 auch flache Drahtseile erfunden haben. Mitte des 18. Jahrhunderts wurde im Harz noch eine weitere Alternative getestet, nämlich Seile aus Leder. In Schweden und in Sibirien

1

hatten sie offenbar gute Dienste geleistet, aber in der Harzer Grube riß das lederne Förderseil schon nach der fünften hochgezogenen Tonne zum erstenmal. Die Harzer Bergleute zogen weiterhin das bewährte Hanfseil vor und führten um 1750 aus Dänemark geteerte Seile ein. Sie sollen am Georg-Wilhelm-Schacht neun Monate lang ihre Förderpflicht getan haben.

Eyserne Seile von hohem Gewicht

Die rasche Abnutzung war auch Agricola bereits aufgefallen, und so spricht er in seiner ausführlichen Darstellung des Bergmaschinenwesens neben den Hanfseilen auch von „eysernen Seilen". Damit waren aber nicht etwa Drahtseile, sondern eiserne Ketten gemeint. 1568 ersetzte Christoph Sander (1526–1601), der als einer der bedeutendsten Harzer Bergleute des 16. Jahrhunderts gilt, in Bergwerken des Unterharzes die Schachtförderseile aus Hanf durch eiserne Ketten. Sander war zuerst Kanzleijunge in Wolfenbüttel und wurde 1563 zum Oberverwalter des Rammelsberger Bergwerks und gleichzeitig zum Oberförster des ganzen Harzforstes berufen. „Er hat als oberster Berg- und Hüttenbeamter des gesamten Harzes allen damals eingerissenen Mißständen kraftvoll gesteuert und mancherlei Verbesserungen eingeführt" (Serlo).
Die eisernen Treibketten waren zwar preiswerter und hielten auch ungleich länger als die Hanfseile, aber bei größeren Schachtteufen wurde ihr hohes Eigengewicht problematisch. 1750 plädierte der Harzer Oberbergmeister Harzig wieder für das gute alte Hanfseil, weil es bei einer Schachtteufe von rund 370 Metern nur

2

1 – Wie es im vorigen Jahrhundert in einem englischen Bergwerk an der Hängebank, dem oberen Ausgang des Schachts, zuging, illustriert der Holzstich aus „The Pictorial Gallery of Arts“ von 1851. Die Kohle wird teils in Körben, teils in Tonnen gefördert, die aber auch zur Personenförderung benutzt werden. Rechts wird eine Tonne von drei Mann mühsam in einen Kohlenbunker entleert. Die Förderseile sind am unteren Ende mit Ketten verlängert. Zwischen den beiden Schächten ist eine Signaleinrichtung zu erkennen, die mittels Kette vom Füllort unten zu betätigen ist. Die Szene wird von glühenden – und qualmenden – Kohlen in einem aufgehängten Feuerkorb beleuchtet.

2 – Dieser Teufenanzeiger, auch Weiszeug genannt, weil er die augenblickliche Stellung des Förderkübels weist, war bis ins 19. Jahrhundert auf der Oberharzer Erzgrube Ring und Silberschnur in Gebrauch. Von den beiden Zeigern gibt der kleine die Stellung der Seiltrommel an, der große die des Kübels. Die Teufe der Feldortstrecken und Stollen sind in Lachtern gemessen (in Hannover und Braunschweig 1 Lachter = 1,92 m).

440 Kilogramm wog gegenüber 2500 Kilogramm Gewicht bei entsprechenden „eysernen Seilen“. Als aus Tiefen über 400 Meter auch noch große Lasten gefördert werden mußten, kam es häufig zu Kettenbrüchen und damit unter anderem zu schweren Beschädigungen der Schachtröhre. Am 20. Oktober 1820 wurden die Treibketten per „Rescript“ behördlich verboten. Erst mit der Einführung des Drahtseils erfuhr die Schachtfördertechnik neuen Aufschwung.

Ein Seil aus Drähten und ein Teufenanzeiger

Nach Franz Maria Feldhaus ist die Idee der zu einem Seil zusammengedrehten Drähte keineswegs eine Erfindung des so innovativen 19. Jahrhunderts, vielmehr fanden Ausgräber in dem bereits 79 n. Chr. untergegangenen Pompeji zwei Teilstücke eines über vier Meter langen Drahtseils. „Es hat einen Umfang von 25 mm und besteht aus 3 spiralig gewundenen Strängen von je 15 Drähten aus Bronze, die im Kreuzschlag verflochten sind.“ Ein geflochtenes Seil aus Messingdraht scheint Leonardo da Vinci um 1500 gekannt zu haben, und im Wrack eines 1588 gesunkenen Schiffes der spanischen Armada fanden Taucher ein Stück Kupferdrahtseil. In der zweiten Hälfte des 18. Jahrhunderts wurden Drahtseile als Blitzableiter eingesetzt. So soll der französische Mechaniker Reignier zu diesem Zweck handgedrehte Drahtseile hergestellt haben.

Der erste Testeinsatz eines Drahtseils bei der Schachtförderung im Bergbau geht auf das Jahr 1790 und auf Claus Friedrich von Reden (1736–1791), seit 1769 Berghauptmann zu Clausthal, zurück. Reden sorgte im Harzer Bergbau für zahlreiche Verbesserungen und Neuerungen. 1790 ließ er aus gezogenem Eisendraht ein Drahtseil mit hoher Zugfestigkeit und geringem Gewicht herstellen und als Schachtförderseil einsetzen. „Es wurde auch einige Wochen in der Grube benutzt, dann aber nicht weiter verwendet, weil man sich der Befürchtung hingab, die dünnen Drähte würden sich sehr bald durchschleifen; man behalf sich darum weiter mit Ketten und Hanfseilen“ (Freise).

Noch eine wichtige Erfindung fiel in die Amtszeit des Berghauptmanns von Reden: der Teufenanzeiger, der genau die jeweilige Tiefe des Förderkorbs im Schacht deutlich machte. Erfinder war der Clausthaler Oberbergmeister Georg Andreas Stelzner (1725–1802). Stelzner begann

1

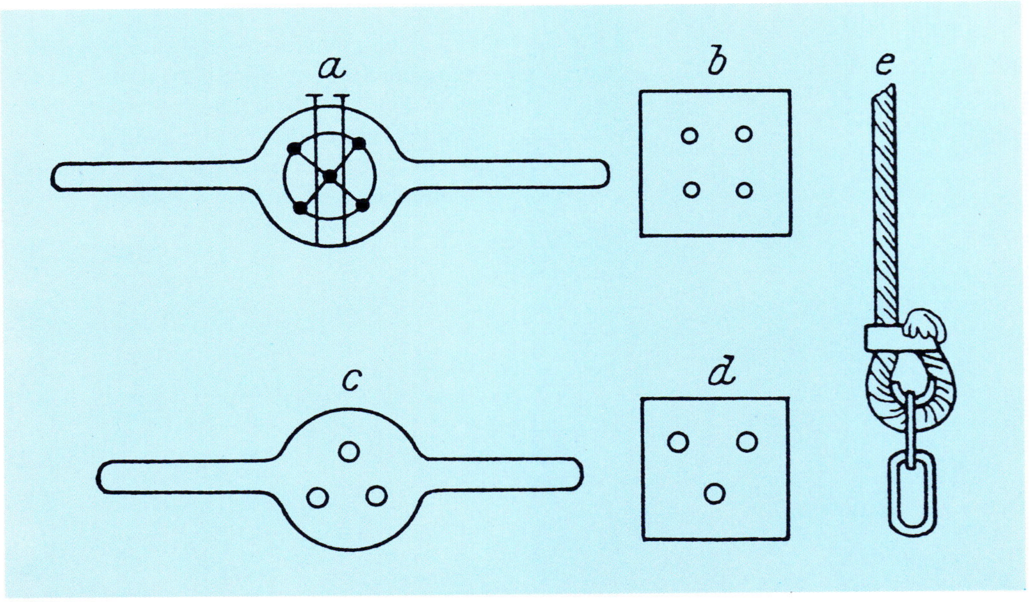

2

1 – Zum Drahtziehen benutzte man schon früher sinnreiche Vorrichtungen, wie auf diesem Holzschnitt aus „De la pirotecnia" von 1540 des Italieners Vannoccio Biringuccio zu erkennen. Der Mann kann auf einer Schaukel sitzend die durch die Kurbelwelle erzeugte Schwingbewegung mitmachen.
2 – Geradezu primitiv – wenn auch sinnvoll – erscheinen uns die Werkzeuge, mit denen nach der Erfindung von Wilhelm August Julius Albert 1835 zwei Mann an einem Schraubstock und mit einem Handschraubstock das erste 600 Meter lange Drahtseil aus drei Litzen mit je vier Eisendrähten herstellten.
3 – Die „Seileisenbahn" von Franz Fritz von Dücker (1827–1892) ist mit ihren getrennten Trag- und Zugseilen das Urbild aller modernen Drahtseilbahnen.

seine Karriere im Bergbau 1750 als Einfahrer, wurde 1766 Geschworener und Bergmeister und hatte von 1771 bis 1797 das Amt des Oberbergmeisters inne. Sein Teufenanzeiger bestand aus einem Räderwerk mit Zifferblatt und Zeiger, das mit der Seilkorbwelle der Fördermaschine gekoppelt war. 1773 kam das Gerät erstmals bei der Erzgrube Caroline zum Einsatz. In derselben Grube wurde am 22. Juli 1834 das erste Albert-Drahtförderseil auf die Seilscheiben aufgelegt.

Der Pionier des Drahtförderseils: W. A. J. Albert

Wilhelm August Julius Albert (1787 bis 1846) wurde am 24. Januar in Hannover geboren. Die Eltern hatten für ihren kleinen Wilhelm eigentlich eine Karriere als Musiker vorgesehen, und so spielte der Junge bereits mit elf Jahren in Hofkonzerten Flöten-Solostücke. Doch 1803 legte W. A. J. Flöte, Cello und Noten beiseite und begann auf der Universität Göttingen ein Jurastudium. Durch einen Onkel lernte er im Harz den Bergbau kennen und lieben. 1806 stellten ihn die Berg- und Hüttenämter in Clausthal und Zellerfeld als Auditor an. Nach dem Tod des Berghauptmanns Friedrich Otto Burchard von Reden (1769–1836), Sohn des oben erwähnten Claus Friedrich, übernahm Albert in Clausthal die Leitung des Bergbaus im Harz.

In der Fachzeitschrift „Draht-Welt" vom 10. Mai 1957 war in einem Artikel über „Wilhelm August Julius Albert und seine Verdienste um die Erfindung des Drahtseils" nachzulesen: „Albert war eine ausgesprochene Arbeitsnatur. Sommer wie Winter stand er morgens um 4 Uhr auf und saß meist abends bis 10 Uhr in seinem Arbeitszimmer, die Zeit der Mahlzeiten ausgeschlossen. Trotz seiner großen Verdienste blieb er ein selbstloser und bescheidener Mann von robuster Gesundheit." 1827 liefen Alberts Versuche mit Drahtseilen auf der Clausthaler Grube Franz August an, denn, so schilderte er in einer Bestandsaufnahme: „Es verlief kein Quartal, wo nicht Hunderte von Brüchen der eisernen Seile (Ketten), Beschädigungen der Schächte und Störungen des Betriebes, durch dieselben veranlaßt, zur Anzeige kamen. Glieder von gebrochenen Kettenseilen wurden von allen Seiten in großer Menge geliefert, und es fehlte nicht an Vorwürfen gegen die Eisenhüttenbeamten, wenn solche Glieder oder sogar neues Seileisen bei dem kalten zerschlagen keinen fadigen Bruch zeigte."

Seine ersten kurzen Drahtseilstücke soll Albert in seinem Arbeitszimmer eigenhändig nach dem Vorbild des Hanfseils aus vier dünnen Strängen geflochten haben. Nach einer Zerreißprobe mit kräftigen Pferden, die zugunsten des Drahtseils ausging, war er sicher, auf dem richtigen Weg zu sein. Nach langwierigen Versuchen, Verbesserungen und Neuanfängen war 1834 das erste Förderseil nach einer neuartigen Flechttechnik, dem Albert-Schlag, für den Einsatz bereit. Es hatte eine Länge von sechshundert Metern und bestand aus drei Litzen oder Spiralseilen, die aus je vier Weicheisen-Drähten mit 3,5 Millimeter Durchmesser zusammengedreht waren. Die Litzen ihrerseits wurden dann in der gleichen Drehrichtung (Gleichschlag-Methode) zum endgültigen Drahtseil zusammengedreht.

Der Test in der Carolinen-Grube verlief

so erfolgreich, daß in den nächsten zwei Jahren weitere dreizehn Schächte des Oberharzes mit dem Albert-Drahtseil ausgerüstet wurden. An die Ruhr gelangte das Drahtseil am 15. Oktober 1835, und zwar führte es der Essener Seilermeister Erckener in der Zeche Sälzer und Neuack ein. Im selben Jahr (oder 1837) erfand der Österreicher Franz Xaver Wurm in Wien die erste Maschine zur Herstellung der Drahtseile, eine sogenannte Drahtseilschlagmaschine. Andere Länder zogen mit der Einführung des Drahtseils im Bergbau nach, etwa England und Rußland. In England führte Lewis Gordon das Albert-Seil 1839 ein. Bis 1843 wurden in Clausthal jährlich etwa sechzehn Kilometer Albert-Seil hergestellt. „Die letzten Jahre seines Lebens waren ihm durch Krankheit verbittert, die er sich durch Überanstrengung beim Brande Goslars 1844 zugezogen hatte. Trotzdem versah er mit unermüdlicher Pflichttreue und oft nur unter größten Anstrengungen noch zwei Jahre lang alle seine Geschäfte mit eiserner Energie“ (H. Häneke).

Von flachen und verschlossenen Drahtseilen

Die Firma Felten & Guilleaume wurde 1826 von dem Kölner Seilermeister Johann Theodor Felten und seinem Schwiegersohn Franz Carl Guilleaume als Hanfseilfabrik gegründet. Bereits 1834 nahm die Firma die Herstellung von Drahtseilen auf. Theodor Guilleaume (1812–1879), der älteste Sohn des Franz Carl, führte Litzenseile ein, die durch Zusammendrehen von Litzen um eine mit Schmiermittel durchtränkte Hanfseele hergestellt wurden. Eine weitere seiner Erfindungen war der sogenannte Kreuzschlag, bei dem im Gegensatz zum Gleichschlag die Drähte in den Litzen den entgegengesetzten Windungssinn wie die Litzen im Seil haben.
Band- oder Flachseile für die Wickeltrommel namens Bobine wurden wohl 1840 zuerst in Belgien, später auch von Felten & Guilleaume hergestellt. 1865 übernahm mit Franz Carl die dritte Guilleaume-Generation das Ruder der Firma. Er führte 1869 die in England erfundene Herstellung von Gußstahldrahtseilen in Deutschland ein. Sie hatten die drei- bis vierfache Festigkeit der alten Weicheisenseile und waren bei gleicher Stärke erheblich schmiegsamer. Die Herstellungstechnik der sogenannten verschlossenen Drahtseile aus drei verschiedenen Arten von Drähten und ohne Hanfseele stammt aus dem Jahr 1884 und geht auf Latch und Batchelor in England zurück. Sie wurden fast ausschließlich auf der britischen Insel als Förderseile bei der Trommelförderung eingesetzt, weil sie deutschen Bergingenieuren ihrer glatten Außenfläche wegen keine ausreichende Reibung für eine Koepe-Förderung zu gewährleisten schienen. Die Parallelschlagseile, die ab 1890 vornehmlich in den USA hergestellt wurden, entwickelte Thomas Seale im Jahr 1885. In Bochum gibt es seit 1903 eine international anerkannte Prüfstelle für Drahtseile.

Dücker und die Bahn am Drahtseil

Eine besondere Anwendung des Drahtseils darf an dieser Stelle nicht vergessen werden: die erste Drahtseilbahn. Japaner und Völker im Himalaja benutzten Seilbahnen schon vor mehr als tausend Jahren, einfache Seilschwebebahnen werden in den Schriften von Conrad Kyeser (1405), Jacopo Mariano (1449) oder Fausto Veranzio (um 1595) dargestellt. Und Adam Wybe baute 1644 eine Seilbahn mit kleinen Gondeln auf den Danziger Bischofsberg. Die Erfindung des Drahtseils machte die Schwebebahn moderner Prägung möglich. Konstrukteur war der Berggeschworene Franz Fritz (Freiherr) von Dücker (1827–1892). Nach seiner Gymnasialzeit in Soest erhielt Dücker in westfälischen Gruben eine Bergmannsausbildung. Danach studierte er in Bonn und Berlin und machte 1855 die Prüfung als preußischer Bergreferendar. Schon vorher war der angehende Bergrat (1872) bemerkenswert kreativ. Im April 1851 erfand er ein selbststeuerndes Wassersäulengebläse, 1854 entwickelte er eine Methode zur Schwefelsäureherstellung. 1861 war er als Berggeschworener in Bad Oeynhausen. Im dortigen Kurpark des Solquellen-Heilbades testete er seine erste Drahtseilbahn, später folgte eine Strecke bei Bochum. „Die Anlagen besassen getrennte Trag- und Zugseile und ermöglichten zum ersten Male die selbsttätige Überwindung der Zwischenstützen-Auflager durch die angehängten Wagen. Damit war ein höchst wichtiger Fortschritt erreicht, und Dücker gebührt zweifellos ein Ehrenplatz in der Geschichte der Seilbahnen, wenn seine Bauart auch noch nicht alle neuzeitlichen Ausrüstungsstücke aufwies“ (Artur Fürst).
Dücker folgten der Engländer Hodgson (1869) und die beiden Deutschen Theodor Otto und Adolf Bleichert (1874). Dücker machte 1863 die Bergassessorprüfung, wurde 1871 in Neurode Bergmeister und

ein Jahr später Bergrat. 1871 überprüfte er auf Wunsch der griechischen Regierung die seit der Antike ausgebeuteten Silbervorkommen bei Laureion, kehrte 1872 nach Deutschland zurück und, so weiß Oberbergamtsdirektor i. R. Walter Serlo zu berichten, „nahm seinen Abschied aus dem preußischen Staatsdienst und lebte in Bückeburg seinen großen Sammlungen und seinen berg- und hüttenmännischen Neigungen".

1

Die ersten Schachtfördermotoren

Die Verwendung von Haspeln, bei denen sich ein Seil auf einem Rundbaum auf- und abwickelte, ist mit Sicherheit uralt. Sie wurden beim Ziehbrunnen vermutlich ebenso früh eingesetzt wie bei der Schachtförderung. Die Haspeln wurden etwa bis zum 13. Jahrhundert hauptsächlich durch Menschenkraft über eine Handkurbel, ein Drehkreuz oder ein Tretrad (Tretgöpel) angetrieben. Die Handhaspel stand meist direkt über dem Schacht. Als nächster Schritt wurden Tiere im Kreis herumgetrieben, und so entstanden Pferde-, Ochsen- oder Eselgöpel, die schon früh zum Betrieb von Mühlen herhalten mußten. Die Göpel für größere Leistungen mußten jetzt allerdings neben dem Schacht untergebracht werden. Wann genau das passierte, weiß man nicht. Mit Sicherheit gab es pferdbetriebene Göpel für ein bis vier Pferde zur Schachtförderung und zur Wasserhaltung bereits vor 1550, denn in jenem Jahr schloß Georgius Agricola sein Werk „De re metallica" ab. Darin beschreibt er unter anderem eine Haspel mit Förderkette, die über hölzerne Zahnräder durch einen Pferdegöpel in Gang gesetzt wird. Die Haspel ist mit einer Bremsscheibe versehen, gegen die über eine Gestängeverbindung ein Bremsklotz gepreßt werden kann. Mit einem Sturzhaken am Schachteingang läßt sich die Förderkette in jeder beliebigen Höhe festhaken. Der einfache Haspelrundbaum hat sich bei Agricola schon zu einer Art zylindrischer Seiltrommel verdickt.

Erheblich früher setzte Freise 1907 den bergmännischen Einsatz des Pferdegöpels an: „Ferner kann man aus dem Umstande, dass an keiner Stelle ein Hinweis auf die Einführung des Pferdegöpels zu finden ist, wohl den Schluss ziehen, daß auch diese, wenigstens in der rohesten Gestalt, bereits in grauer Vorzeit bekannt waren, und in der grossen Zahl von 300 Treibrossen, die schon unter Przemysl Ottokar (Ottokar II., 1253–1278 König von Böhmen) beim Kuttenberger Bergbau (Silberminen; heute Kutná Hora, ČSFR) beschäftigt waren, dürfte jene Mutmassung eine Bestätigung finden."

Mit Wasserkraft und Kehrrad

Als die Bergingenieure die Wasserkraft zur Schachtförderung entdeckten, mußten die Wassermotoren oder Wassergöpel in Form von Wasserrädern für einen Rechts- und Linkslauf eingerichtet sein. Ein solches riesiges „Kehrrad" ist ebenfalls bei Agricola zu finden. Es hat einen Raddurchmesser von über zehn Metern und ist in Richtung der Achse gewissermaßen in zwei Hälften geteilt, die eine entgegengesetzte Schaufelstellung aufweisen. Je nachdem, welches von zwei Schützen geöffnet ist, wird die eine oder die andere Radhälfte mit dem Wasser aus einem Zulaufkanal beaufschlagt, und das Rad dreht sich in die eine oder die entgegengesetzte Richtung. Die Förderkette wird auf eine Trommel über dem Schacht aufgewickelt, die auf der verlängerten Kehrradachse sitzt. Zwischen Trommel und Kehrrad ist ein Bremskranz geschaltet. Eines der ältesten Kehrräder, mit dem in Holzkübeln Erz und Gestein und in riesigen Bulgen, Säcken aus Ochsenhäuten, Wasser zutage gefördert wurde, kam 1553 im Kupfererzbergbau bei Schwaz in Tirol zum Einsatz, das Schwazer „Werch". Konstrukteur soll der salzburgische Kunstmeister Wolfgang Lascher (oder Lesser) gewesen sein. Je nach der Wassersituation wurden die Kehrräder (später auch Kehrturbinen) über Tage oder unterirdisch eingebaut.

Vor allem im Bergbau der Gebirge konnten auch Wassersäulenmaschinen, die sich bereits bei der Wasserhaltung bewährt

1 – Das Göpelwerk oder die Roßkunst war bis zum Beginn des Dampfzeitalters einer der gebräuchlichsten Förderantriebe. Auf dem Holzschnitt aus Georgius Agricolas „De re metallica“ von 1556 sind zu erkennen: A Kammrad an der stehenden Welle, B liegende Welle, C Getriebe (Ritzel), D Bremsscheibe, E Seilkorb, F Bremsschuh, G zweiarmiger Hebel, H Bremsklotz, I Sturzhaken. Zum Umkehren der Drehbewegung mußte der Roßtreiber seine Tiere in die Gegenrichtung laufen lassen.

2

2 – Bergwerke mit „Wasseranschluß“ hatten es da leichter, wie die immer wieder nachgedruckte Darstellung eines Kehrrades aus Agricolas Werk verdeutlicht. Der Maschinenwärter O konnte mit den beiden Hebeln C und D das Wasser aus dem Behälter A entweder durch das Gerinne E auf den Schaufelkranz G leiten (Linksdrehung) oder durch das Gerinne F auf den Schaufelkranz H (Rechtsdrehung). Sowohl bei der Roßkunst als auch am Kehrrad hängen die Förderkübel an „eysernen Seilen“ oder Ketten.

hatten, zur Schachtförderung herangezogen werden. Die erste derartige Druckwasserförderanlage konstruierte der englische Ingenieur und Industrielle William George Armstrong (1810–1900) im Jahr 1848 für die Kohlengrube South Hetton bei Newcastle. Armstrong erfand 1846 den hydraulischen Akkumulator, eine Art Druckwasserreservoir, und baute auf dieser Grundlage verschiedene hydraulische Anlagen, darunter zum Beispiel einen hydraulischen Hafenkran. Darüber hinaus revolutionierte er die Konstruktion und die Herstellung von Gewehren.

Am Seil in die Tiefe

Bei der Förderung der Bergleute selbst setzte sich die Seilfahrt nur sehr zögerlich durch. Aber als die Bodenschätze aus immer größeren Teufen aus dem Berg geholt werden mußten, wurde der Ein- und Ausstieg über Leitern immer mehr zu einer langwierigen und anstrengenden Expedition. So bot sich für eine rasche und mühelose Beförderung der Belegschaft das Förderseil an. Die Kumpel fuhren zunächst in Seilschlingen, dann in Sitzen oder Tonnen ein. Seilbrüche, Herausspringen des Seils aus der Trommel und nicht zuletzt Unvorsichtigkeit und sträflicher Leichtsinn führten immer wieder zu katastrophalen Unfällen, denn, so Wilhelm Bersch, es sei ja bekannt, „daß der stete Verkehr mit der Gefahr leichtsinnig macht, und so kommt oder kam es denn nicht selten vor, daß sich Häuer einfach auf den Rand der niedergehenden Tonne stellten, um mit dieser in die Tiefe zu fahren …“
Noch in den Jahren zwischen 1894 und 1909, als sich die Seilfahrt längst eingebürgert und die Dampffördermaschine die Arbeit übernommen hatte, waren in fünf Oberbergamtsbezirken 658 Seilfahrtunfälle zu beklagen, die 423 Bergleute das Leben kosteten. Die Unsicherheiten dieser Fahrmethode am Hanf- oder auch Drahtseil gaben speziell den Bergleuten im Erzbergbau des Harzes Anlaß zu berechtigten Zweifeln. Carl Hartmann berichtete 1846 nach „Delvaux de Fenffe und anderen Hülfsmitteln“ zu diesem Thema: „Man wollte am Harz die in England, Belgien und Ungarn gebräuchliche Fahrmethode anwenden, und die Bergleute auf Sitze oder in Tonnen setzen, die mit dem Förderseil verbunden sind; es war aber unmöglich, diesen Gebrauch einzuführen, denn obgleich die Seile eine Tragkraft von 126 Centnern haben, so empfinden doch die Härzer Bergleute einen unüberwindlichen Widerwillen, dieses Mittel

1

zum Befahren der flachen Schächte anzuwenden."

Und so kam es, daß erstmals 1833 im rund 190 Meter tiefen Schacht der Grube Spiegelthal-Hoffnung bei Zellerfeld die erste Fahrkunst oder Fahrmaschine eingebaut wurde. Ausgangspunkt waren die etwa um 1550 zur Wasserhaltung aufgekommenen „Stangenkünste", zwei im Schacht auf- und niederschiebende wasserradbetriebene Holzgestänge, die die Kolben von in mehreren Etagen übereinander angeordneten Pumpen bewegten und so das Wasser stufenweise in die Höhe drückten. Als ein Teil der Antriebskraft (infolge eines Durchschlags) in der Hoffnungsgrube nicht mehr gebraucht wurde, kam der Berggeschworene Georg Ludwig Wilhelm Dörell (1793–1854), mit Anregungen von seinem Berghauptmann Friedrich O. B. von Reden und von Wilhelm A. J. Albert, auf die Idee, die überschüssige Wasserkraft und die Kunstgestänge zum Ein- und Ausfahren der Bergleute zu nutzen.

Die Fahrkunst des Berggeschworenen Dörell

Dörell wurde am 17. Dezember 1793 in Clausthal geboren. Nach einem Besuch der Clausthaler Bergschule 1812/13 und einem Praktikum im Erzbergbau ging er 1815 an die Freiberger Bergakademie. Die weiteren Stationen seiner Laufbahn nach dem Studium waren Geschworener in Katzhütte im Thüringer Wald, damals Fürstentum Schwarzburg-Rudolstadt, 1822 Einfahrer im Zellerfelder Bergrevier, dann Berggeschworener in Clausthal, 1841 Oberberggeschworener und 1848 Bergmeister in Zellerfeld.

Dörell beauftragte zunächst den Kunstjungen und späteren Scheidesteiger Lichtenberg, ein maßstabsgetreues Modell der Fahrkunst anzufertigen. Die Rotationsbewegung eines Wasserrades wurde über eine Kurbel mit daran befestigter Schubstange auf ein sogenanntes Kunstkreuz (durch Gelenke bewegliches Gestänge) übertragen. An seinen Enden waren die beiden senkrecht in den Schacht hängenden Gestänge befestigt, an denen sich in zweckmäßiger Entfernung voneinander (für Kumpel von mittlerem Wuchs) Handgriffe und Trittbretter befanden. Da die Bewegung des Kunstkreuzes auf das Kunstgestänge übertragen wurde, bewegten sich die Stangen gegenläufig auf und ab, und zwar jeweils um 48 Zoll (das sind bei preußischen Zoll 181 Zentimeter). Der mutige Bergmann stellte sich also beispielsweise auf das Trittbrett des einen

1 – Wasser wird mit Wasserkraft gehoben. Die Zeichnung aus dem „Schwazer Bergbuch“ zeigt die Kehrradförderung im Erbstollen zu Schwaz, die 1554 errichtet wurde. Die Anlage mit zwei vollständigen Kehrrädern, davon wohl das kleinere in Reserve, galt danach als technisches Wunderwerk. Die Darstellung ist allerdings ungenau, weil bei beiden Kehrrädern die zweite Aufgaberinne fehlt. Interessant die doppelt konischen Seilkörbe, die damals schon einen Ausgleich des Gewichts von Kette oder Seil je nach der hängenden Länge ermöglichten.

2 – Zur Einfahrt in den mit etwa 800 Metern seinerzeit tiefsten Schacht Deutschlands, den Samsonschacht von St. Andreasberg im Harz, brauchte der Bergmann anderthalb Stunden, für die Ausfahrt – nach zehn Stunden Arbeit vor Ort! – zweieinhalb Stunden, als er noch die „Fahrt“ benutzen mußte, eine gewöhnliche Leiter. Nach Einführung der Fahrkunst oder Fahrmaschine von Georg Ludwig Wilhelm Dörell (1793–1854) verkürzte sich die Zeit für Ein- und Ausfahrt auf je eine Dreiviertelstunde. Das Modell des Deutschen Bergbau-Museums zeigt rechts und links der für Notfälle noch vorhandenen Fahrt Holzbalken mit Trittstufen und Haltegriffen. Diese Balken bewegten sich ständig gegenläufig auf und ab. Bei der Ausfahrt trat der Bergmann am unteren Totpunkt der linken Stange auf einen Tritt, ließ sich bis zum oberen Totpunkt heben und stieg mit dem rechten Fuß auf einen Tritt der anderen Stange um, die gerade auf ihrem Tiefpunkt angelangt war und ihn nun wieder ein Stück nach oben mitnahm. Natürlich gab es mehrere Zwischenstationen, denn 800 Meter lange Stangen wären schon durch ihr eigenes gewaltiges Gewicht abgerissen.

2

Gestänges, fuhr die 48 Zoll nach unten, stieg vor dem Hubwechsel, wenn sich die Trittbretter auf beiden Gestängen gegenüber standen, auf das Gestänge daneben um und fuhr wieder um dasselbe Stück nach unten bis zum nächsten Wechsel.
Natürlich dachte Dörell auch an die entsprechenden Sicherheitsvorkehrungen. Zunächst einmal wurde der Hoffnungsschacht in 22 Abschnitte mit je einer Ruhebühne unterteilt, entsprechend den verschiedenen Strecken, die in den Schacht ausliefen. Zwischen den beiden Gestängen befand sich die schon bisher benutzte „Fahrt“, eine gewöhnliche Leiter, „worauf sich der etwa irre-werdende Anfänger leicht zurückziehen konnte“ (Hartmann). Um ein Schwanken der Stangen im Schacht zu verhindern, wurden sie in größeren Abständen zwischen Walzen geführt. Außerdem sorgte Dörell für fünf Fangbänke, die das Gestänge bei einem Bruch der Stangen aufnehmen sollten.
Nach fast dreijährigem Testlauf wurde 1835 eine ähnliche Fahrkunst im fast siebenhundert Meter tiefen Herzog-Georg-Wilhelm-Schacht zu Clausthal eingebaut. 1846 waren im Harz bereits neun Fahrkünste in Betrieb, und auch in Westfalen und Böhmen, in Belgien und England stieß die Technik auf reges Interesse. Da in England und Belgien die Kunstgestänge nur aus einer Stange bestanden, mußten die Bergleute von der einen beweglichen Stange jeweils auf eine daneben angebrachte Leiter umsteigen. Außer hölzernen Gestängen kamen auch Holz-Drahtseil-Mischkonstruktionen und reine Drahtseil-Fahrkünste zum Einsatz. In Belgien sind Lambert aus Mons und Abel Warocqué zu nennen, die sich um die Fahrkunst verdient machten, in England ein Mister Loam, ebenfalls Fahrkünste konstruierten die Captains Nicholson und Richard sowie John Philipp, Spurgin, Jonas und Pregelles.

Die Erzförderanlage des Christopher Polhem

Dörell war übrigens nicht der erste, der in den Kunstgestängen ein praktisches Fördermittel erkannte. Der berühmte schwedische Bergingenieur Christopher Polhem (1661–1751) baute 1694 in Blankstöten eine neuartige Erzförderanlage, die er *Machina nova* nannte. Die Bewegung eines oberschlächtigen Wasserrades wurde über Exzenter, Schwingstangen und Schwinghebel auf zwei Gestängepaare im Schacht übertragen. Während die beiden äußeren Stangen sich nach oben beweg-

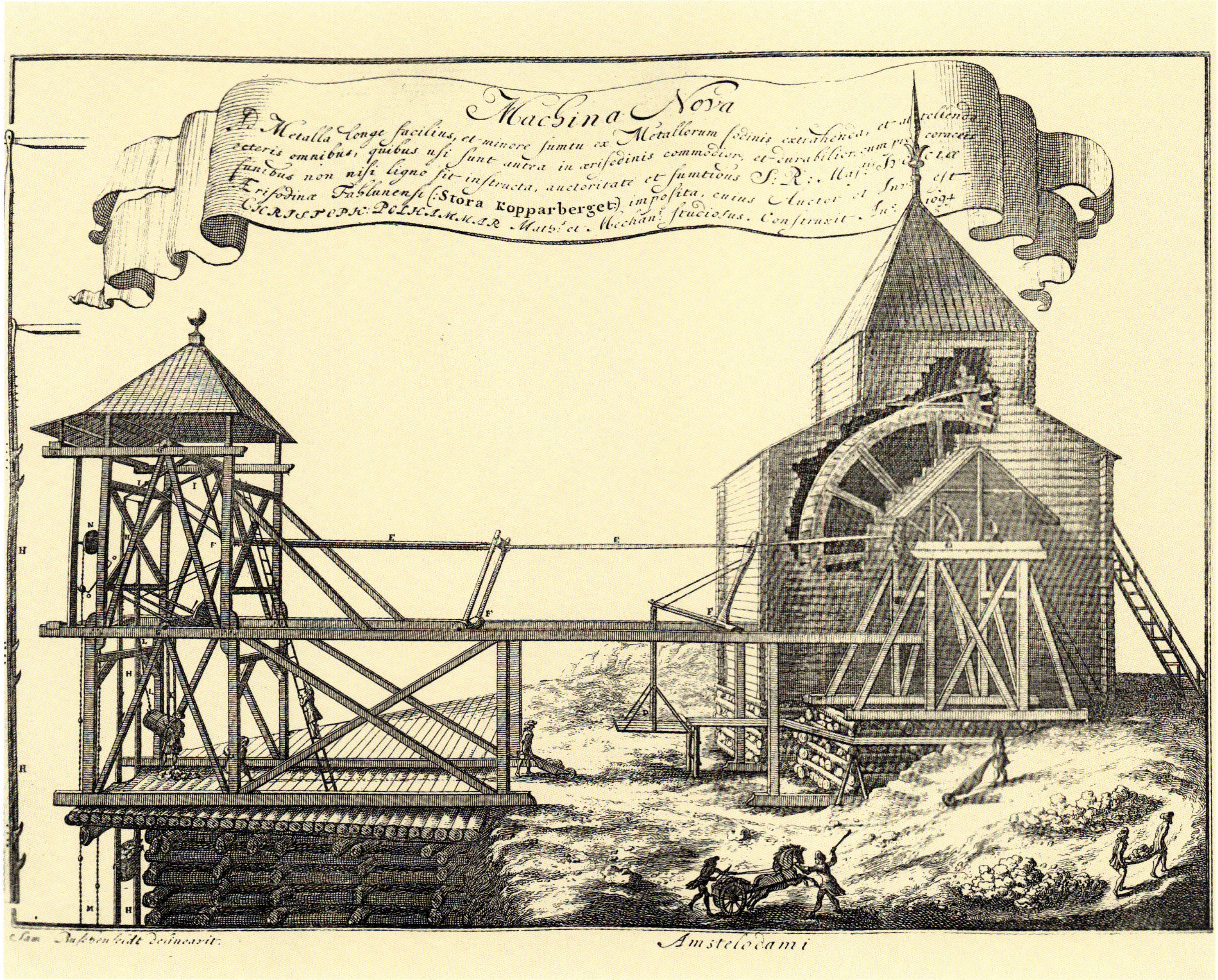

1

ten, senkten sich die beiden inneren um denselben Weg abwärts. Die Gestänge waren mit Haken versehen, die bei Innen- und Außenstangen jeweils in derselben Höhe angebracht waren. Durch das Oberteil des Förderkorbs war eine Stange geschoben, und zwei Bergleute legten die Stange unten am Füllort in ein Hakenpaar (entweder das innere oder das äußere) ein. Da sich die Gestängepaare gegenläufig bewegten, wurde die Querstange mit dem Förderkorb gewissermaßen von Hakenpaar zu Hakenpaar weitergereicht und so nach oben befördert.
Eigentlich war diese Anlage für das Bergwerk in Falun gedacht, aber der Faluner Kunstmeister Olof Henriksson Trygg traute dieser Kunstgestänge-Version nicht und bestand auf einem Testlauf in Blankstöten. Damit nicht genug, mußte Polhem daneben auch noch für eine gewöhnliche Förderanlage sorgen, damit die Kapazität beider Techniken bei gleicher Teufe verglichen werden konnte. Die *Machina nova* schaffte mehr als 22 Förderkörbe mit Erz pro Stunde, nach der herkömmlichen Methode kamen nur 16 Körbe herauf.

Hohes Seilgewicht bei tiefen Schächten

Nach diesem Abstecher auf das Gebiet der Fahrkünste zurück zu den Förderseilantrieben. Die zylindrischen Seiltrommeln oder Seilkörbe entstanden, wie erwähnt, aus dem Haspelrundbaum. Das Seil war an einem Ende an der Trommel befestigt und wickelte sich beim Hochziehen des Förderkorbs auf der Trommel auf. Bei zwei Förderkörben waren zwei Seile und zwei Trommeln auf einer Achse erforderlich. Für eine Förderung von verschiedenen Sohlen wurde später eine von beiden Trommeln, die Lostrommel, auf der Nabe versteckbar eingerichtet, das heißt, sie konnte von der Nabe abgekuppelt und mit einer Bremse festgestellt werden, sie ermöglichte dadurch den doppeltrümmigen Förderbetrieb von wechselnden Sohlen. Damit sich das Seil problemlos in sauberen Windungen nebeneinander aufwickelte, wurde der Holzbelag der Trommel mit schraubenförmig verlaufenden Seilrillen versehen.
Es stellte sich schon bald heraus, daß sich bei großer Teufe das Gewicht des Seils ganz erstaunlich bemerkbar machte. Bei Beginn der Förderung ist beispielsweise der volle Förderkorb unten am Füllort, der andere oben. Die Fördermaschine muß jetzt den schweren Korb und das ganze Seilgewicht heben, während auf der Gegenseite beim leichten leeren Korb

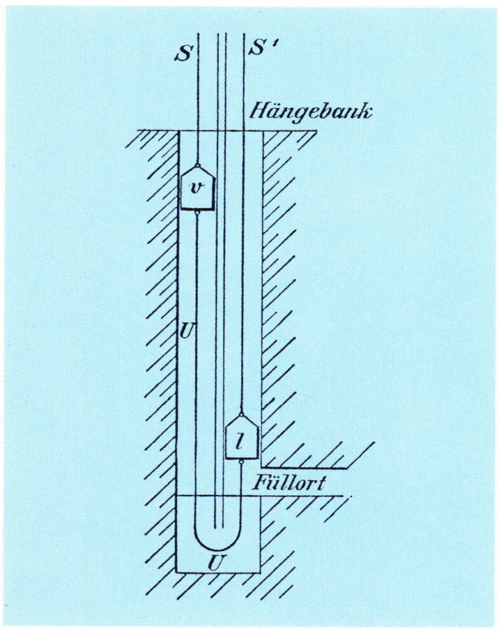

2

1 – Ein mit Dörells Fahrkunst zur Personenförderung sehr ähnliches System hatte der Schwede Christopher Polhem (1661–1751) schon bei seiner *Machina nova* zur Erzförderung angewandt. Doch benutzte er zwei Stangenpaare, von denen abwechselnd das äußere und das innere Paar mit ihren Kipphaken einen an einer Querstange hängenden Förderkübel nach oben hoben.
2 – Um bei der Seilförderung – abgesehen vom unvermeidlich unterschiedlichen Gewicht des vollen und des leeren Förderkorbs – wenigstens den Gewichtsunterschied des langen und des kurzen Seilendes auszugleichen, griff Albert 1828 die Idee des Unterseils wieder auf. Um das Verdrillen zu verhindern, wurde dann auch noch am Punkt U der Skizze eine bewegliche Seilscheibe eingehängt.

kein Seilgewicht vorhanden ist. Es findet also fast kein Gewichtsausgleich statt, und die Fördermaschine muß die ganze Arbeit allein leisten, bis sich das Seil des leeren Korbs beim Niedergehen so weit abgewickelt hat, daß es das Gewicht des vollen Förderkorbs ausgleicht oder sogar übertrifft. Um dieses wechselnde Seilgewicht und die damit verbundene ungleichmäßige Belastung auszugleichen, erfanden die Bergingenieure zwei elegante Techniken: das Unterseil oder Seiltrommeln mit veränderlichem Halbmesser und dadurch gleichbleibendem Drehmoment (Produkt aus Kraft mal Hebelarm). Bei geringem Seilgewicht muß weniger Zugkraft aufgewendet werden, und das Drehmoment bleibt gleich, wenn sich der Halbmesser (= Hebelarm) der Trommel vergrößert. Umgekehrt muß sich bei hohem Seilgewicht und hoher Zugkraft der Halbmesser verringern. Und was dabei herauskommt, ist eine konische Seiltrommel oder die bereits erwähnte Bobine mit Flachseil, bei der sich der Wickelhalbmesser mit zunehmender Seillänge im Schacht verringert.

Albert und das Unterseil

Die älteste Methode zum Gewichtsausgleich des im Schacht hängenden Förderseils war das Unterseil. Es wurde an den Förderkörben befestigt und hatte in der Regel das gleiche Metergewicht wie das Förderseil. In seiner ersten Version hing das Unterseil von der Länge der Schachtteufe vermutlich unten am Förderkorb oder der Tonne und legte sich bei niedergehendem Korb im Schachttiefsten übereinander. Da diese Technik mit Sicherheit zu Knoten und Verschlingungen führte, benutzte man nur noch ein Seil und befestigte es mit jedem Ende an einem Förderkorb. Jetzt bildete das Seil im Schachttiefsten einen Bogen und sorgte dafür, das das Gewicht des gesamten Seils bei beiden Förderkörben oder Tonnen in jeder Stellung im Schacht immer gleich blieb.
Nach Georg Engelhard von Löhneysen (1552–1622), Stallmeister, dann Berghauptmann und Chef des gesamten Berg- und Hüttenwesens im Harz, wurde dort schon vor 1617 bei einer windkraftbetriebenen Schachtförderanlage die Methode des Seilgewichtsausgleichs herangezogen, und zwar in Form einer unter die Fördertonne gehängten eisernen Kette. Löhneysen oder Löhneiß war ein „lebhafter Förderer des harzer Berg- und Hüttenwesens" (Serlo), veröffentlichte 1617 seinen berühmten (wahrscheinlich nachdrücklich von Agricola und Lazarus Ercker inspirierten) bergbaukundlichen „Bericht vom Bergwerk" und fiel 1619 beim Herzog von Braunschweig-Wolfenbüttel, der ihn als Bergbauleiter eingesetzt hatte, in Ungnade. Löhneysen zog sich ämterlos auf sein Gut Remlingen bei Wolfenbüttel zurück und starb dort am 1. Dezember 1622.
Wilhelm Albert brachte dann das Seil ohne Ende 1828 wieder ins Gespräch und testete es im 140 Meter tiefen Schacht der Grube Franz August bei Clausthal. Das endlose Seil lief um die Seilscheibe auf der Kehrradwelle über zwei Seilscheiben direkt über dem Schacht. Ein Jahr später benutzte Albert nur noch eine Seilscheibe, über die das Förderseil gehängt wurde. Über zwei Transmissionen wurde die Rotation des Kehrrades auf diese Seilscheibe übertragen. Es scheint, daß Albert damit einen Vorläufer der Koepe-Förderung geschaffen hatte. Unter den Förderkörben hing das Unterseil (Albert nannte es „Ballastseil"), in dessen Bogen am tiefsten Punkt eine bewegliche Seilscheibe eingehängt war, die Seilverdrehungen verhindern sollte.
Später wurden der guten Biegsamkeit und Drallfreiheit wegen vorwiegend Flachseile als Unterseile eingesetzt. Allerdings hatte diese Technik den Nachteil, daß nicht mehr mit einer Lostrommel gearbeitet und dadurch mit beiden Körben von verschiedenen Sohlen gefördert werden konnte. Aber das ging bei der nächsten Ausgleichsmethode, nämlich den konischen Trommeln, auch nicht.

Konstantes Drehmoment durch konische Seiltrommeln

Die konische Trommel, mit spiralförmig verlaufender Seilrinne auch Spiraltrommel oder Spiralkorb genannt, wird Gottfried Wilhelm Leibniz zugeschrieben, und zum Auslöser für diesen Gedankenblitz sagte er, „daß die erste Gelegenheit der Erfindung die Schnecke in der Taschenuhr" war. Erfunden hatte er das Gerät für sein Projekt Windmühlenpumpen. Der konische Kettenkorb sollte für eine veränderliche Übersetzung und damit bei wechselnden Windstärken für einen gleichmäßigen Pumpengang sorgen. Aber die technischen Schwierigkeiten waren zu groß, und als auch das Verfahren mit Unterseil nicht richtig funktionierte, stieg Leibniz auf die Schachtförderung mittels konischer Seiltrommel um. Am 8. Februar 1694 wurde der erste wasserradbetriebene Spiralkorb nach diesem Prinzip auf dem Johannisschacht des Rosenhöfer Zuges bei Clausthal in Betrieb genommen.
Der österreichische Bergbeamte Christoph Traugott Delius (1728–1779) wurde durch ein Buch berühmt. Dieses Buch entstand auf ausdrücklichen Wunsch der Kaiserin Maria Theresia, es erschien im Jahr 1773, trug den Titel „Anleitung zur Bergbaukunst" und befaßte sich ausführlich mit dem österreichischen Bergbau und der Erzaufbereitung. In diesem Buch wurden erstmals „in sachkundiger Weise" Spiraltrommeln für die Seilförderung dargestellt. Delius führte in ungarischen Bergwerken eine Reihe von Verbesserungen ein und brachte den österreich-ungarischen Bergbau beachtlich in Schwung. 1776 ernannte man ihn zum Wirklichen Hofrat und Referenten in Bergwerks- und Münzsachen. Er starb am 21. Januar 1779 in Florenz.
1793 wurde in der Eisenerzgrube Krussná Hora in Böhmen (heute ČSFR) die zylindrische Seiltrommel der von einem Pferdegöpel angetriebenen Schachtförderanlage gegen eine konische Spiraltrommel

1

ausgetauscht. Initiator dieser Aktion war der Mathematiker, Ingenieur und Astronom Franz Joseph Ritter von Gerstner (1756–1832). Gerstner gründete 1806 das erste polytechnische Institut in Österreich, entwarf 1807 einen Plan für die erste österreichische Pferdeeisenbahn Budweis–Linz und wurde 1811 Leiter der nach seinen Vorstellungen gegründeten Wasserbaudirektion für Böhmen. 1816 erschien seine wissenschaftliche Arbeit mit dem Titel „Die Spirallinie der Treibmaschinen in Bergwerken".

Bizylindrisch-konische Seiltrommeln für Südafrika

In Frankreich errichteten die beiden Brüder Jacques Constantin Perrier (1742 bis 1818) und Auguste Charles Perrier um 1770 in Chaillot Werkstätten für Zentrifugalpumpen (die großes Interesse erregten), Webstühle und Dampfmaschinen. 1785 bauten die Brüder die ersten französischen Dampfmaschinen mit Drehbewegung und erhielten die ersten drei in Frankreich auf Dampfmaschinen erteilten Patente. 1788 versorgten sie Paris mit Hilfe von Dampfmaschinen mit Seinewasser. 1800 ließen sich die Perriers eine Dampffördermaschine unter der Nr. 426 patentieren. Und im selben Jahr wurde in einem Schacht der Kohlenbergbau-Gesellschaft von Littry eine konische Seiltrommel aus der Fabrik der Gebrüder Perrier eingebaut. Die ganze Anlage kostete 23000 Francs und förderte aus 107 Meter Teufe.
Noch in der ersten Hälfte des 19. Jahrhunderts konstatierte der Oberbergrat Albert: „Auch von dem Seilausgleich durch Anwendung der Spiralkörbe versprach man sich schon bei Schachttiefen von z. B. 350 Lachter (rund 700 Meter) Tiefe nicht viel." Doch in den dreißiger Jahren des 20. Jahrhunderts wurden bizylindrisch-konische Trommeln (ein stark konischer zwischen zwei zylindrischen Trommelteilen) für Tiefen eingesetzt, an die Albert vermutlich nicht einmal im Traum dachte: Aus einer Teufe von 2020 Metern förderten sie im südafrikanischen Goldbergbau. Jede Trommel wog 125 Tonnen und hatte 10,7 Meter größten und 4,0 Meter kleinsten Durchmesser.
Auch in Frankreich und England drehten sich bizylindrisch-konische Trommeln. Bobinen wurden vor allem in Spanien zum normalen Förderbetrieb eingesetzt. Und da sie sich wie Zylindertrommeln von der Achse abkuppeln ließen und so eine Förderung auch aus veränderlicher Teufe er-

2

möglichten, fanden sie in Deutschland vornehmlich beim Schachtabteufen Verwendung.

Das Patent des Carl Friedrich Koepe

Die Trommelmaschinen hatten eine Reihe von Nachteilen, etwa die große Baubreite, das hohe Gewicht und damit großen Platzbedarf und schwerfälligen Betrieb, die Axialbeanspruchung an Trommeln und Lagern, großes Anfahrmoment bei zylindrischen Trommeln ohne Unterseil. Bei konischen Trommeln wurde das Umsetzen durch die verschiedenen Wege für den unteren und oberen Förderkorb unmöglich, das heißt, für die verschiedenen Etagen (Tragböden) der Förderkörbe mußte die Maschine erneut angefahren werden. Das alles führte in Deutschland dazu, daß vornehmlich die konischen Trommeln durch die sogenannte Koepe-Scheibe (Treibscheibe) ersetzt wurden.

Das grundlegende Prinzip dafür wurde in der Patentanmeldung von Friedrich Koepe in der Zeche Hannover bei Bochum für eine „Fördermaschinen-Anlage mit vollständiger Seil-Last-Ausgleichung nebst Fangvorrichtung" so beschrieben: „Der Erfinder legt die von der Dampfmaschine direct betriebene Förderscheibe unmittelbar über den Schacht und hängt über dieselbe weg das Förderseil, welches somit nur durch Reibung bewegt wird." An jedem Ende trug das Seil ein Fördergefäß oder Fördergestell, und da die Drehung der Treibscheibe durch Reibkraftübertragung auf das Seil einwirkte und es deshalb nicht aufgewickelt werden mußte, ließen sich mit der Koepe-Förderung auch große Teufen problemlos bewältigen.

1 – Um bei schnellaufenden Maschinen das gleichmäßige Aufwickeln zu gewährleisten, versah man die Seiltrommel mit spiralförmigen Rillen. Die älteste erhaltene deutsche Fördermaschine mit Gleichstromantrieb, gebaut von Schmidt, Kranz & Co. in Nordhausen (heute in Velbert) und AEG, Berlin, lief von 1902 bis 1951 im Erzbergwerk Hilfe Gottes in Bad Grund.

2 – Anders als bei der Trommelfördermaschine konnte man das Gewicht des länger werdenden Seiles auf der Bobinenfördermaschine ausgleichen: kurzes Seil – großer Wickeldurchmesser – große Übersetzung; langes Seil – kleiner Durchmesser und kleine Übersetzung. Dabei wurden Flachseile verwendet. Die Bobine der Fördermaschine Baujahr 1905 von J. Westermann GmbH, Witten, stand bis 1949 auf der Zeche Hannover Hannibal in Bochum.

Als „vollständige Seil-Last-Ausgleichung" wurde ein Unterseil eingesetzt. Zweck dieser Treibscheibenförderung war nach den Worten des Erfinders die „Vereinfachung und somit auch Verringerung der Anlagekosten von Fördermaschinenanlagen" und darüber hinaus vor allem eine „Erhöhung der Betriebssicherheit derselben, soweit diese von der Seilfestigkeit abhängt". Die Fördermaschine sollte nach einem Vorschlag Koepes direkt über dem Schacht auf einem Turm untergebracht werden (was erst durch den Elektroantrieb möglich wurde), und außerdem entwickelte er das Konzept einer Fangvorrichtung aus zwei zusätzlichen Tragseilen, die als Fangseile unterhalb der Treibscheibe über zwei besonders gelagerte Seilscheiben liefen.

Die Grundlagen dieser Technik waren schon früher bekannt. So hatte der Wasserbauingenieur Johann Albert Eytelwein (1765–1849) seine bekannte Seilreibungsgleichung (Eytelwein-Gleichung) aufgestellt. Sie gibt den Zusammenhang zwischen zwei Zugkräften (z. B. voller und leerer Förderkorb) an den Enden eines über den Umfang eines Zylinders (z. B. Treibscheibe) gelegten Seils an, und zwar in Abhängigkeit vom Reibungskoeffizienten (z. B. zwischen Seil und Treibscheibe) und Umschlingungswinkel. 1862 schlug der französische Ingenieur Lemielle vor, das Seil mit mehrfacher Umschlingung um eine Trommel zu schlagen und das Seil mit Hilfe der Reibung mitzunehmen. Solche Seilreibungstrommeln wurden auch bei der Seil-Streckenförderung mit Wagen eingesetzt. Und Artur Fürst sah sie als Vorläufer des Treibscheiben-Koepe-Triebs an: „Er kann als Weiterentwicklung der Seilreibungstrommel angesprochen werden, die hier zu einer schmalen Treibscheibe geworden ist, die das gemeinsame Seil beider Körbe in einem Winkel von 180 Grad umfaßt."

Der Wendepunkt in der Entwicklung der Schachtförderung

Carl Friedrich Koepe (1835–1922) kam am 1. Juli in Bergkamen als Sohn eines Landwirts zur Welt. Nach seiner Schulzeit in Kamen begann er seine berufliche Laufbahn als Schlepper auf dem Oeynhausen-Schacht in Ibbenbüren. Zwischen 1858 und 1862 bildete er sich auf der Bergschule Bochum weiter, ging weitere vier Jahre nach Ibbenbüren, diesmal als Steiger, und kam dann 1866 als Maschinenmeister beim Kölner Bergwerksverein ins Ruhrgebiet. Er ließ sich vom Grillo-Konzern abwerben, sammelte Erfahrungen bei einer Reihe von Schachtneubauten und landete schließlich 1873 als technischer Direktor bei der zum Krupp-Konzern gehörenden Zeche Hannover nahe Bochum.

Der Wendepunkt in der Entwicklung der Schachtförderung war der 1. August 1877, denn an diesem Tag erteilte das kaiserliche Patentamt in Berlin Friedrich Koepe das Reichspatent Nummer 218 auf seine Fördermaschinenanlage. Ein Jahr später begann die erste Koepe-Anlage auf dem Schacht 1 der Zeche Hannover mit der Förderung. Die dampfgetriebene Fördermaschine wurde (entgegen dem Vorschlag Koepes in der Patentschrift) seitwärts vom Schacht untergebracht. Erst zehn Jahre später, 1888, setzte Koepe die Fördermaschine unmittelbar über dem Schacht auf den Förderturm. Aber im Dauerbetrieb zeigte sich, daß das große Gewicht der Dampfmaschinen und die von ihnen ausgehenden Erschütterungen eine Aufstellung auf dem Turm nicht ratsam erscheinen ließen. 1890 machte Koepe sich selbständig. In jenem Jahr konnte er auf 13 Koepe-Förderanlagen in Deutschland zurückblicken, und bis um 1900 war ihre Zahl auf 43 angestiegen. Carl Friedrich Koepe starb am 12. September 1922 in Bochum.

Seine Maschinen verbreiteten sich auf dem europäischen Festland und gelangten schon 1906 nach China. Die Engländer warteten mit der Übernahme bis nach dem Zweiten Weltkrieg, als die Treibscheibenförderung mit zunehmenden Teufen und Korblasten zum Mehrseilbetrieb überging. Während auf der Zeche Beust bei Haßlinghausen schon 1909 die erste Koepe-Treibscheibe mit zwei Förderseilen lief, ging die erste große Vierseil-Koepe-Förderanlage (statt eines starken vier schwächere Seile) 1947 auf der Zeche Hannover in Betrieb. Zur Vergrößerung der Reibkraft wurde der Umschlingungswinkel vergrößert, etwa bei der Ohnesorge-Schuhkettenscheibe (nach O. Ohnesorge, um 1930), bei der das Seil die Treibscheibe eineinhalbmal umschlingt, oder bei der amerikanischen Whiting-Bauart durch eine doppelte Treibscheibe mit Gegenscheibe.

Gestellförderung und Fangvorrichtungen

Bei der Verbesserung der Fördergefäße und der Schachtleitungen muß wieder einmal der Engländer John Curr erwähnt werden. Als die beiden Förderkörbe noch frei an den Seilenden hingen, konnten sie im Schacht hin- und herschwingen oder sogar bei einer Begegnung in der Schachtmitte mit recht fatalen Folgen zusammenstoßen. Um solche Zusammenstöße von Förderkörben *(corves)* bei der Schachtförderung von „Kohle, Blei und anderen Mineralien" zu verhindern, ließ sich Curr am 12. August 1788 unter der Nummer 1660 hölzerne Leitbäume oder Spurlatten patentieren, die als Führung für Schlitten an den Kübeln oder Tonnen dienten. Auch an Fördergestelle *(cages)*, in die die Wagen hineingeschoben wurden, hat Curr bereits gedacht. Ab 1830 kamen die Fördergestelle in England schon häufiger zum Einsatz. 1832 gelangte die Gestellförderung auf den Kontinent, und zwar zuerst in das Lütticher Becken, dessen Kohlevorkommen vor allem von Henri Orban (1779–1846) ausgewertet wurden. Orban führte 1811 dort die erste Dampffördermaschine und 1815 Eisenschienen und Förderwagen ein.

Selbstverständlich war damit die Gefäßförderung nicht einfach aufgegeben. So erfand beispielsweise 1865 der belgische Ingenieur Alphonse Briart (1835–1898) eine selbsttätige Klappenöffnung für Förderkübel. Zehn Jahre später entwickelte er eine besondere Klemme für Stahldrahtseile und weiterhin eine Art Stangenrost zur Trennung verschieden großer Kohlenstücke.

Die erste Fangvorrichtung für Förderkörbe kam aus Frankreich. 1845 konstruierte Jean-Baptiste Machecourt, Ingenieur in den Kohlegruben von Decize im Département Nièvre, seinen *parachute* (Fallschirm), der sich im Notfall an den Leitbäumen verspreizte. „1849 erfand Fontaine seine Fangvorrichtung, bei der bekanntlich beim Seilbruche zwei sonst nach innen zurückgehaltene gezahnte Fangarme nach aussen schlagen und den Korb durch Klemmwirkung in den Leitbäumen fangen sollen. – 1850 wurde sie auf Tinchonschacht zu Anzin zuerst angewandt, und 1858 zählte man schon 29 Fälle, wo sie (trotz ihrer grossen Stosswirkung!) tödliche Verunglückungen verhütet hatte" (Freise). Eine deutsche Neuerung bei der Fangvorrichtung für Förderkörbe konstruierte der sächsische Bergrat Ernst Otto Schenk (1859–1920).

1978 entwickelte die Cable Belt Ltd. in England einen Schachtbodenpuffer, ein luftgefedertes Abfangsystem für Förderkörbe aus mehrlagigen Neoprenschichten und speziell verwebten Polyesterfasern. Die nationale Britische Bergwerksaufsichtsbehörde hatte den Luftkissenpuffer in Auftrag gegeben, nachdem bei einem Grubenunglück in Markham ein Förderkorb in einen 428 Meter tiefen Schacht gestürzt war und 18 Bergleute in den Tod gerissen hatte.

Der Siegeszug der Dampffördermaschinen

Eine beeindruckende Schilderung einer dampfbetriebenen Förderanlage in einem Bergwerk Nordfrankreichs lieferte der französische Schriftsteller Emile Zola in seinem 1885 erschienenen Bergarbeiterroman „Germinal": „Dann trat er einige Schritte vorwärts, angezogen durch die Maschine, deren stählerne und kupferne Bestandteile er glänzen sah. Sie stand etwa fünfundzwanzig Meter hinter der Schachtmündung in einem höher gelegenen Saale, so fest auf ihrem Unterbau gelagert, daß sie mit ihren vollen vierhundert Pferdekräften arbeitete und daß ihr riesiger Kolben sich, gut geölt, leicht und glatt auf und ab bewegte, ohne die Mauern im geringsten zu erschüttern. Der Maschinist, der am Hebelwerk stand, lauschte dem Geklingel der Signale und wandte kein Auge von der Tafel, auf welcher der Schacht mit seinen verschiedenen Stockwerken durch eine senkrechte Fuge dargestellt war, in der an Schnüren befestigte Bleistücke, die Aufzugskasten darstellend, auf und nieder liefen. Wenn beim Abstieg die Maschine sich in Bewegung setzte, drehten sich die beiden Riesenräder von fünf Meter Durchmesser, auf deren Naben die Stahlseile in entgegengesetzter Richtung auf und ab rollten, mit solcher Schnelligkeit, daß sie grauem Staube glichen."

Als die Dampfmaschine den Kinderschuhen entwachsen war, wurden in England offenbar schon ab etwa 1770 mit Erfolg kleine Förderhaspeln damit angetrieben. Aber da die Dampfmaschine ursprünglich als Dampfpumpe entwickelt worden war, setzte sich zunächst eine heute etwas selt-

1

2

3

4

1 – Schon 1788 ließ sich John Curr hölzerne Spurlatten patentieren, an denen in schlittenartigen Führungen die Förderkübel auf- und abglitten. So wurde verhindert, daß sie ins Pendeln kamen und aneinanderstießen. Die Gestellförderung mit mehreren Wagen setzte sich in Europa im Laufe des 19. Jahrhunderts durch.
2 – Die Personenförderung, hier in einem sächsischen Bergwerk um 1890, stellt an den Fahrsteiger und an die Sicherheit der Fördereinrichtung höchste Anforderungen.
3, 4 – In der nordfranzösischen Bergbaustadt Anzin wurde 1850 erstmals eine Fangvorrichtung für Fördergestelle nach einer Erfindung von Fontaine erfolgreich erprobt. Bei Seilriß preßte eine Spiralfeder zwei Krallen nach außen gegen die Führungsbalken.

1

sam anmutende Einsatztechnik der „Feuermaschine" im Bergbau durch, nämlich dampfmaschinenbetriebene Wasserräder. So berichtete beispielsweise John Curr von Förderwinden, die ihre Kraft von einem Wasserstrom erhielten: „In der Gegend von Newcastle und Sunderland, wo meiner Ansicht nach mindestens dreißig oder vierzig solcher Räder in Betrieb sind, wird dieser Wasserstrom von einer Feuermaschine erzeugt, die neben der Fördermaschine steht und das Wasser oben auf das Wasserrad pumpt."

Dinnendahl und die Förderung mit Dampf

Während in Frankreich die Brüder Perrier schon am 24. Oktober 1800 das französische Patent Nr. 426 auf eine Dampffördermaschine erhalten hatten *(Sur l'application de la machine à vapeur pour monter les charbones des mines)*, mußten deutsche Kumpel noch elf Jahre länger warten. Auf der Zeche Sälzer und Neuack bei Essen drohte 1806 der erste Tiefbauschacht, Josina, abzusaufen, weil die Wasserkunst mit Pferdegöpel den Zufluß nicht mehr wirtschaftlich bewältigen konnte. So erhielt der Maschinenbauer Franz Dinnendahl (1775–1826) den Auftrag, eine dampfbetriebene Wasserhaltungsmaschine zu liefern. Und da machte Dinnendahl den bemerkenswerten Vorschlag, gleich auch noch eine Dampffördermaschine aufzustellen und beide Maschinen über einen gemeinsamen Kessel mit Dampf zu versorgen. Er bekam zwar sein Placet, mußte aber härteste Zahlungs- und Lieferbedingungen akzeptieren. Und Probleme mit der Lieferzeit gab es schon allein dadurch, daß die Hütte Gute Hoffnung ganze elf Monate zum Gießen des Zylinders für die Wasserhaltungsmaschine brauchte. So mußte der Schacht Josina bis 1809 auf seine dampfbetriebene Wasserkunst warten. Die Fördermaschine, die erste im Ruhrgebiet, ging erst 1811 ans Förderseil. Mit einem Zylinderdurchmesser von 392 Millimetern und 1219 Millimeter Hub förderte sie pro Minute einen Wagen mit bis zu 380 Kilogramm Nutzlast aus 46 Meter Teufe. „Die Dampfkraftanlage auf dem Josina-Schacht für Wasser- und Kohleförderung war ein damals viel bestauntes Wunderwerk, das Besucher aus weiterer Umgebung anzog und hervorragende Werbungskraft ausübte" (Heinrich Koch). Technologisch stand diese Dampffördermaschine noch sehr nahe der Feuermaschine von 1797/99 aus der Saline Königsborn bei Unna, die heute im Deutschen Bergbau-Museum steht.

1 – Nach Versuchen mit dampfgetriebenen Förderhaspeln in England um 1770 ging im Ruhrgebiet 1811 die erste Dampffördermaschine in Betrieb. Wie die meisten technischen Vorreiter fiel auch sie irgendwann dem Fortschritt und der Rationalisierung zum Opfer. So stammt die älteste erhaltengebliebene Dampffördermaschine an der Ruhr aus dem Jahr 1834. Gebaut von Nering & Co. in Isselburg, förderte sie mit 4,4 kW Leistung aus etwa 100 Meter Teufe bis 1866 auf der Zeche Wülfingsburg in Volmarstein, heute zu Wetter gehörig. Danach diente sie bis 1908 der Wasserhaltung auf Zeche Trappe im benachbarten Silschede und steht heute im Deutschen Bergbau-Museum.

2 – Seit der ersten Zwillingsfördermaschine, die 1852 die Gutehoffnungshütte für die Zeche Concordia in Oberhausen baute, bewährte sich dieses Prinzip. Die abgebildete Fördermaschine von GHH, Baujahr 1874/75, für Schacht 1 der Zeche Fröhliche Morgensonne in Wattenscheid blieb sogar fast hundert Jahre in Betrieb. Die zwei Zylinder hatten 940 mm Durchmesser und 1570 mm Hub; Trommelabmessungen 5020/6270 mm Durchmesser × 1246 mm.

Zwillingsdampfmaschinen und Nockensteuerung

Am 20. November 1824 stellte die Gutehoffnungshütte ihre erste Fördermaschine ebenfalls auf der Zeche Sälzer und Neuack auf, aber an einem neuen Schacht mit dem Namen Waldthausen. Es handelte sich um eine doppeltwirkende Dampfniederdruck-Maschine von rund sieben PS (5 kW) Leistung. Das runde Hanfseil hatte vier Zentimeter Durchmesser und lief über zwei konische Trommeln. Mit einer mittleren Fördergeschwindigkeit von etwas über einem Meter pro Sekunde wurden ein voller Förderwagen (statt eines Förderkorbs) aus bis zu 122 Meter Teufe heraufgeholt und ein leerer Wagen abgesenkt.
Im Jahr 1826 konnte der preußische Bergbau auf ganze 16 Dampffördermaschinen stolz sein. 1852, als auch die Zahl der Tiefbauschächte im Revier zugenommen hatte, wurden immerhin schon 155 Dampffördermaschinen gezählt.
Die weitere Entwicklung war von einer systematischen Leistungssteigerung geprägt, vor allem durch die Verwendung von höheren Dampfspannungen. 1840 erhielt die Zeche Urbanus bei Bochum eine Dampffördermaschine mit einem Dampfdruck von 4 bar. 1852 lieferte die Gutehoffnungshütte für die Zeche Concordia in Oberhausen die erste Zwillingsfördermaschine, eine Dampffördermaschine mit zwei nebeneinander liegenden, mit Frischdampf beschickten Zylindern, deren Kolben über zwei um 90 Grad versetzten Kurbeln auf gemeinsamer Welle arbeiteten. Die Zwillingsdampfmaschine hat sich in verschiedenen europäischen Bergwerken noch bis in die Mitte des 20. Jahrhunderts als Fördermaschinenantrieb gehalten.
Besonders wichtig bei einem solchen Antrieb war die Möglichkeit der Umsteuerung, das heißt, ihre Bewegungsrichtung mußte umkehrbar sein. Die Dampfverteilung bei der Umsteuerung erfolgte zunächst durch eine Kulissensteuerung, die der englische Ingenieur Daniel Gooch (1816–1889) 1843 konstruiert hatte. Gooch (seit 1866 „Sir Daniel") war in jungen Jahren Mitarbeiter der beiden Eisenbahnpioniere Stephenson, dann Lokomotivenbauer und schließlich Direktor einer Firma, die maßgeblich am Bau der ersten beiden Transatlantikkabel beteiligt war.
Die Kulissensteuerung von Gooch wurde von der Nockensteuerung abgelöst, die um 1870 von Johann Ritter von Kraft de la Saulx (1832–1920), Ingenieur und Konstrukteur bei Cockerill in Seraing, Belgien, erfunden wurde. Sie kam zuerst in französischen und belgischen Maschinen zum Einsatz. 1874 wurde sie auch in Deutschland beim Hochdruckzylinder einer Verbundfördermaschine der Friedrich-Wilhelms-Hütte verwendet.

Höhere Geschwindigkeiten, bessere Sicherheitsvorrichtungen

Die Nutzlast der Dampffördermaschinen stieg von wenigen hundert Kilogramm zu Beginn ihres Fördereinsatzes auf durchschnittlich drei Tonnen um die Jahrhundertwende. Nach 1930 lag aufgrund neuer Schachtbauten die mittlere Nutzlast bei über zehn Tonnen. Die Seilgeschwindigkeit lag um 1880 bei etwa 5 Meter pro Sekunde, nach 1900 schossen die Förderkörbe oder -gestelle schon mit bis zu 20 Metern pro Sekunde oder 72 Kilometern in der Stunde in die Tiefe. In England baute der Ingenieur James Peterson 1881 eine Sicherheitspreßluftbremse für Fördermaschinen, und die Ingenieure Warsop und Hill konstruierten 1882 für die Clifton Colliery eine automatische Übertagebedienung für die Schachtförderanlage. Und was sich in bezug auf die Sicherheit nach 1900 im Bau von Dampffördermaschinen tat, faßte Heinrich Koch in einer Erinnerungsschrift zum 125jährigen Bestehen des Dampffördermaschinenbaus bei der Gutehoffnungshütte zusammen: „Verbesserung der mechanischen Bremsen, die, schon längst als Doppelbackenbremse mit gemeinsamen Bremsbacken und Gestänge für Steuer- und Notbremse ausgeführt, in Hinblick auf schnelle Einwirkung und geregelte, sanft einsetzende und schnell ansteigende Bremsdruckwirkung gestaltet werden. Ausbildung und Ver-

2

1

2

1 – Beim Betrieb der ersten elektrischen Fördermaschinen konnte man noch nicht auf die Dampfmaschine verzichten. Sie trieb den Gleichstromgenerator an und war zum Ausgleichen der starken Belastungsschwankungen mit einem großen Schwungrad ausgestattet. Die Skizze zeigt das Treibehaus der von Arnimschen Steinkohlenbergwerke in Planitz bei Zwickau mit zwei Fördermaschinen von AEG aus dem Jahr 1900 direkt über dem Schacht.

2 – Die erste große Drehstrom-Fördermaschine, gleichfalls von AEG, ging 1901 auf der Zeche Preußen II der Harpener Bergbau AG, Dortmund, in Betrieb.

3 – Für die Donnersmarckhütte im oberschlesischen Hindenburg, polnisch Zabrze, konstruierte Carl Ilgner den 1901 für ihn patentierten Umformer. Um die auf Belastungsschwankungen besonders empfindlich reagierenden Gasmotoren als Generatorantrieb zu schonen, versah er diese mit Schwungrädern und die Generatoren mit der Leonard-Schaltung. Damit wurden stufenlose Drehzahlregelung und nach der Weiterentwicklung dieses Systems durch Carl Köttgen und G. Meyer bei Siemens & Halske erstmals Seilfahrgeschwindigkeiten von 10 m/s möglich.

vollkommnung der Fahrtregler, die bisher nur als Korrektur- und Noteingriffsgeräte bei groben Verstößen der Maschine gegen einen gewollten Bewegungsablauf wirkten, zu fehlerlos arbeitenden Fahrtüberwachungsorganen, die die verbesserten Steuermittel sinnvoll einsetzen, ohne den Maschinisten in der erforderlichen Steuerfreiheit zu beschränken."

Der elektrische Fördermaschinenantrieb

Wie schon erwähnt, stieß die Elektrizität im Bergbau auf mißtrauischen Widerstand, und als elektrische Ventilatoren und vor allem Wasserhaltungsmaschinen längst ihre enormen Vorteile unter Beweis gestellt hatten, bestanden gegen die elektrische Hauptschachtförderung im Gegensatz zu ihrer dampfenden Konkurrenz

3

noch 1910 heftige Widerstände. Im Ruhrgebiet waren zu Beginn des Jahres 1914 immerhin 535 Dampffördermaschinen in Betrieb, gegenüber 74 Fördermaschinen mit Elektroantrieb.
„Die ersten, kleinen, elektrischen Fördermaschinen (z. B. einfache elektrische Haspeln) fielen in jene Zeit", so Wilhelm Philippi 1918 in einem Vortrag, „in der der Drehstrom, der heute in den Bergwerken vorherrscht, noch nicht so weit ausgebildet war, daß er ernstlich hätte in Betracht gezogen werden müssen. Wechselstrom schied wegen der großen Schwierigkeiten der Verwendung bei motorischen Anlagen ganz aus, so daß nur Gleichstrom übrig blieb, dessen Benutzung für motorische Zwecke bereits bekannt und geläufig war."
Die Regelung bei einem Gleichstrommotor, also die Veränderung seiner Drehzahl beim sanften Anfahren oder Abstoppen und sogar die Umkehrung der Drehrichtung, machte keine grundsätzlichen Schwierigkeiten, wenn auch der Ankeranlasser (in den Ankerstromkreis eingeschalteter Anlasser aus Schalter und Regelwiderstand, der den beim Einschalten eines Elektromotors auftretenden Stromstoß abschwächt) für leistungsstarke Fördermaschinen nicht den Anforderungen entsprach. Aber für diese Art der Regelung hatte der Amerikaner Harry Ward Leonard (1861–1915) schon 1891 eine raffinierte Schaltung zum Patent angemeldet, die allerdings ursprünglich zum Antrieb von Elektrolokomotiven gedacht war. Die Patentanmeldung erfolgte am 14. Januar 1891 unter der Nummer 463802 in den USA und am 24. November desselben Jahres unter der Nummer 77266 in Deutschland.

Leonard und die stufenlose Drehzahlregelung

In Deutschland sollte folgende Technik durch das Patent von Leonard geschützt werden: „Verfahren zur Regelung elektrischer Treibmaschinen, bei welchem ohne Änderung des von einer besonderen Quelle erzeugten Erregerstromes nur der Ankerstrom geändert wird, dadurch gekennzeichnet, daß zur Erzeugung des veränderlichen Ankerstromes eine besondere Hilfs-Stromerzeugermaschine von einer Zwischentreibmaschine angetrieben wird, welch letztere unmittelbar von der Hauptstromquelle gespeist wird."
Diese verlustarme, stufenlose Drehzahlregelung und Veränderung der Drehrichtung bei Elektromotoren benutzte in der Endphase der Entwicklung einen Drehstrommotor, der mit nahezu gleichbleibender Drehzahl einen Gleichstromgenerator antrieb. Die Klemmenspannung des Gleichstromgenerators konnte durch Veränderung seines Erregerstroms zwischen zwei entgegengesetzten Maximalwerten feinstufig eingestellt werden. Und diese regelbare Gleichspannung wurde nun an einen Gleichstrom-Elektromotor angelegt und verhalf ihm zu veränderlicher Drehzahl von einem Maximum über Null bis zum Maximum in der entgegengesetzten Drehrichtung.
1902 ließ Leonard das deutsche Patent für seine Leonard-Schaltung nicht mehr verlängern, weil es außer Kosten nichts einbrachte und fast in Vergessenheit geraten war. An einen Einsatz bei elektrischen Antrieben von Fördermaschinen, Werkzeug- und Papiermaschinen oder Blockwalzwerken hatte der Erfinder offenbar nicht gedacht. Immerhin setzte er die Schaltung bei elektrischen Fahrstühlen ein und gründete 1894 die Ward Leonard Electric Company in Bronxville, New York. Die Leonard-Schaltung verlor erst durch die Vervollkommnung der elektronischen Steuerung (mit steuerbaren Stromrichtern) zunehmend an Bedeutung. Mit Thyristoren kann die variable und umkehrbare Gleichspannung direkt aus dem Drehstromnetz erzeugt werden.

Mit Dampfmaschinen und Drehstrom

In Deutschland kam zunächst eine Vorläuferin der Regelschaltung nach Leonard bei einer Fördermaschine zum Einsatz. 1893 baute die Allgemeine Elektricitäts-Gesellschaft, Berlin, in der Eisenzeche Hollertszug in Herdorf bei Siegen eine elektrische Förderanlage. Allerdings wurde der Gleichstromgenerator nicht, wie von Leonard verlangt, von einem Elektromotor, sondern direkt von einer Dampfmaschine angetrieben. Die Belastungsschwankungen durch die wechselnde Energieaufnahme fingen bis zu einem gewissen Grad Akkumulatoren ab. Die Anlage förderte eine Nutzlast von 1000 Kilogramm mit einer Maximalgeschwindigkeit von 3 Metern pro Sekunde aus einer Teufe von 240 Metern. Die Dampfmaschine betrieb übrigens noch zwei weitere Generatoren, die Strom für Pumpen und Ventilatoren, für eine elektrische Grubenbahn und für die Beleuchtung unter Tage bereitstellten.
1900 beschritt die AEG in den von Arnimschen Steinkohlenbergwerken im sächsischen Planitz bei Zwickau im Chemnitzer Kohlerevier Neuland. Erstmals wurden zwei größere elektrische Fördermaschinen

direkt über dem Schacht in einem gemauerten Maschinenhaus untergebracht statt seitlich neben dem Schacht. Die Fördergeschwindigkeit war schon auf über 8 Meter pro Sekunde angewachsen. Dampfmaschinen trieben auch hier die regelbaren Gleichstromgeneratoren, aber statt der Akkumulatoren wurde eine neue Art zum Auffangen der Belastungsschwankungen ausprobiert, nämlich schwere Schwungräder an den Dampfmaschinen, die mit ihrer kinetischen Energie einen Teil der Belastungsspitze übernehmen sollten.
Eine weitere Premiere konnte die AEG bereits ein Jahr später, 1901, feiern. Die Zeche Preußen II der Harpener Bergbau-AG in Dortmund erhielt die erste große Drehstrom-Fördermaschine Deutschlands. Der asynchrone Drehstrommotor war direkt mit der Förderwelle gekoppelt. In England, Frankreich und Südafrika wurde diese relativ preiswerte Antriebsart rasch aufgegriffen.

Vom rollenden Gehweg inspiriert: der Ilgner-Umformer

Die damaligen Kraftwerksleistungen waren noch recht gering, und so wirkten sich Belastungsspitzen auf das Stromnetz mit Spannungsschwankungen besonders nachteilig aus. Bei drehzahlregelbaren Gleichstrommotoren traten starke Belastungsspitzen auf. Mit diesem Problem beschäftigte sich der Ingenieur Carl Ilgner (1862–1921). Ilgner besuchte eine Realschule in Köln und dann von 1883 bis 1886 die Gewerbeakademie in Berlin. Nachdem er sich unter anderem bei der AEG umgesehen hatte, übernahm er 1895 die Vertretung der 1890 von dem Elektromaschinenbauer Wilhelm Lahmeyer (1859 bis 1907) gegründeten Elektrizitätsgesellschaft Lahmeyer & Co. für Schlesien. 1900 entdeckte Ilgner auf der Pariser Weltausstellung den *Trottoir roulant*, den rollenden Gehsteig, eine Art Förderband für Fußgänger. Die Drehzahlregelung erfolgte durch eine Leonard-Schaltung.
Wieder zurück in Schlesien, kam Ilgner zu Ohren, daß die Donnersmarckhütte AG in Oberschlesien einen elektrischen Fördermaschinenantrieb wünschte, der den Strom von einem Gasmaschinen-Kraftwerk erhalten sollte. Da die Gasmaschinen sich als besonders empfindlich gegen starke Belastungsschwankungen erwiesen, mußte ein geeigneter Ausgleich dagegen gefunden werden. Und genau das gelang Ilgner durch den Kunstgriff, ein schweres Schwungrad als Energiespeicher einzusetzen, das bei Laststößen Leistung abgab. Daran hatten aber schon die AEG-Ingenieure gedacht, und so war das Neue am sogenannten Ilgner-Umformer, daß er die Schwungmasse mit der Leonard-Schaltung kombinierte.
Auf der Düsseldorfer Gewerbe- und Industrieausstellung von 1902 erregte der Ilgner-Umformer bei den Herstellern von Fördermaschinen mit energieverzehrendem Anlasser und Puffer-Akkumulatoren großes Aufsehen. Die AEG und Siemens & Halske besorgten sich bei der Donnersmarckhütte sofort eine Lizenz. Carl Ilgner wechselte 1905 zu den Siemens-Schuckertwerken in Wien. Als er aus Gesundheitsgründen seine Tätigkeit dort aufgeben mußte, zog er nach Breslau und arbeitete als beratender Ingenieur. „Ilgner war kein trockener Theoretiker, sondern durchaus praktisch veranlagt und ging geradenwegs, großzügig und mit scharfem Verstande seinen Zielen nach" (L. Haeubler). 1909 ernannte ihn die Technische Hochschule in Breslau zum Ehrendoktor. Zehn Jahre später, 1919, legte er wegen einer Krankheit alle Ämter nieder. Er starb am 18. Januar 1921 auf seinem Alterssitz in Bartelsdorf am Fuß des Riesengebirges.

Elektrische Fördermaschinenantriebe in Europa

Bei Siemens & Halske in Charlottenburg hatte der Ingenieur Carl Köttgen (1871–1951) die Bedeutung des Ilgner-Umformers für Hauptschachtfördermaschinen und auch für Umkehrwalzwerke erkannt. Zusammen mit seinem Kollegen G. Meyer entwickelte er die Anlage zur Einsatzreife. Besondere Beachtung fanden dabei die Form des 40-Tonnen-Schwungrades und die großen Schwungradlager. Erstmals wurden Seilfahrtgeschwindigkeiten von 10 Meter pro Sekunde erreicht. Carl Köttgen war 1894 ins Charlottenburger Werk gekommen. 1920 wurde er Leiter der Siemens-Schuckertwerke. 1925 erschien sein Buch „Das wirtschaftliche Amerika", in dem er über das *scientific management* der Amerikaner berichtete. 1939 ging Köttgen im Alter von 68 Jahren in den Ruhestand.
Im September 1908 hatte die Brown, Boveri & Cie. auf dem Mauveschacht der Kons. Heinitzgrube im oberschlesischen Beuthen eine neuartige Hauptschachtfördermaschine aufgestellt. Der Steuerdynamo war in dem Fall direkt mit einer Dampfturbine gekoppelt. Und da Dampfturbinen gegen Belastungsschwankungen erheblich unempfindlicher sind als die vorher ausprobierten Dampf- und Gasmaschinen, erübrigten sich Ausgleichsmittel wie Schwungrad oder Akkumulatoren.

Galt es um 1900 als Sensation, wie in Planitz die Fördermaschinen direkt über dem Schacht in den Förderturm zu stellen, so erregten 1988 MAN-Gutehoffnungshütte und Siemens Aufsehen mit einem wiederum gänzlich neuen Konzept. Der Drehstrommotor für die Vierseil-Fördermaschine ist in die Treibscheibe mit einem Durchmesser von 7 Metern integriert.

Auch bei dieser Fördermaschine betrug die Seilgeschwindigkeit 10 Meter pro Sekunde, und sie förderte in der Anfangsphase eine Nutzlast von 3600 Kilogramm aus 540 Meter Teufe.
Für den belgischen Bergbau konstruierte 1905 der Oberingenieur L. Créplet von der Cie. Internationale d'Électricité in Lüttich eine Fördermaschine mit Schwungradumformer, die ohne Leonard-Schaltung auskam. Das Schwungrad war getrennt vom netzgespeisten Umformer an den Pufferdynamo, eine besondere Gleichstrommaschine, gekuppelt. Die Anlage arbeitete auf dem Schacht Fléron der Charbonnages du Hazard. Einen Drehstrom-Fördermotor mit Schwungradpufferung baute um 1910 die British Westinghouse Electric and Manufacturing Co. für den Schacht Maritime der Great Western Colliery Co. in Südwales.

Der Motor in der Treibscheibe

„Die fortdauernde Zunahme der Leistungen der Kraftwerke, die für die Energieerzeugung bei Bergwerksfördermaschinen in Frage kommen", prophezeite Wilhelm Philippi am 26. März 1918, „lassen bei mittelgroßen Förderleistungen die Nachteile des einfachen asynchronen (Drehstrom-) Motors immer weniger ungünstig erscheinen, so daß damit zu rechnen ist, daß diese Ausführungsform mit Rücksicht auf die niedrigen Anlagekosten und die einfache Bauart der Motoren für mittelgroße Fördermaschinen in Zukunft wieder häufiger angewandt werden wird." Aber das sollte noch einige Zeit dauern.
Der drehzahlregelbare Drehstrommotor, der so hochinteressante Prädikate wie wartungsarm und energiesparend, kostengünstig und einfacher Aufbau auf sich vereinigt, wurde erst mit der Weiterentwicklung der Bauelemente der Leistungselektronik wirklich interessant. 1981 wurde mit Neu-Monopol in Bergkamen im östlichen Ruhrgebiet eine der modernsten Schachtanlagen Europas in Betrieb genommen. Auf dem Strebengerüst des Schachtes Grimberg 2 sind zwei getrennte Fördereinrichtungen mit 4 Wellen und 14 Seilscheiben untergebracht. Die komplette Elektroausrüstung mit 3 Synchron-Drehstrommotoren lieferte Siemens. Für die Gefäßmaschine beträgt die installierte Leistung zweimal 4220 Kilowatt, für die Gestellfördermaschine 2650 Kilowatt.
1980 entwickelte AEG-Telefunken eine automatisierte Schachtförderanlage für den Schacht der Gewerkschaft Sophia-Jacoba in Hückelhofen im Aachener Bezirk. Die Steuerung übernahmen elektronische Schaltungen wie Fernwirksystem, Fahrkurvenrechner (frei programmierbares Steuergerät, das optimale Werte für Beschleunigung und Halteweg errechnet) und Schachtsignalanlage (für die Betriebsartenwahl von Haltepunkten und vom Korb aus). In dem Fall übernahm ein 1000-kW-Gleichstrommotor die 10-Tonnen-Nutzlastförderung mit einer Seilgeschwindigkeit von 22 Meter pro Sekunde aus 523 Meter Teufe.
Eine technische Weltneuheit wurde am 19. August 1988 vorgestellt: eine Schachtfördermaschine mit dem Antriebsmotor in der Treibscheibe. Die mechanischen Teile des 130 Tonnen schweren Monstrums mit 7 Meter Durchmesser lieferte MAN-Gutehoffnungshütte in Oberhausen-Sterkrade, Siemens sorgte für die elektrische Ausrüstung. Die Fördermotor-Treibscheibe für vier Seile ist für eine Nutzlast von 20 Tonnen ausgelegt.

Wasserhaltung, Bewetterung, Geleucht

Die Wasserhaltung

Wasserführende Schichten im Gebirge, sogenannte Wasserträger, die alle Grubenbaue mit mehr oder weniger großen Wassermengen beglücken, hatten den Bergleuten schon sehr früh eine Menge Arbeitskraft, Erfindungsgeist und Experimentierfreudigkeit abverlangt. Je tiefer die Schächte in das Gebirge vordrangen, desto dringlicher wurde das Problem der Wasserhaltung, oder, lehrbuchhaft ausgedrückt, das Problem der „bergmännischen Wasserwirtschaft". Mit welchen Mengen an Wasser die Kumpel bisweilen fertig werden mußten, zeigt das Beispiel Ruhrgebiet: Im Durchschnitt muß pro Tonne Kohle eine Tonne Wasser zutage gefördert werden, bei manchen Schachtanlagen sogar zehn Tonnen Wasser pro Tonne Kohle, Wasser, das in den Wasserseigen aufgefangen und entlang den Strecken zu Sammelbecken geleitet wird.

Solange Sklaven unter Tage schufteten, waren Wasserhaltungsmaschinen nicht sonderlich gefragt. Die Römer setzten dann schon Schöpfwerke ein, und im 15. Jahrhundert übernahmen Kunstgezeuge das Heben der Wässer, angetrieben von Wasserrädern. Schließlich leitete die Dampfmaschine eine neue Ära der Grubenentwässerung ein. Aber feucht war es unter Tage immer noch.

„Die schlimmste Marter aber kam von der Nässe. Wenige Zentimeter über seinem Antlitz floß das Wasser aus dem Felsen; dicke Tropfen fielen in unablässiger, rascher Folge und einer beharrlichen Gleichmäßigkeit immer auf die nämliche Stelle. Vergebens drehte er den Hals: die Tropfen klatschten ihm unablässig ins Gesicht. Nach einer Viertelstunde war er durchnäßt und überdies von Schweiß bedeckt, so daß ein dichter Dampf von ihm ausging wie von feuchter Wäsche" (Emile Zola, „Germinal").

Das größte unterirdische Bauwerk der Welt: Wasserlösungsstollen

Als es noch keine leistungsstarken Wasserhaltungsmaschinen gab, war die einfachste Möglichkeit, die Grubenbauten in einem größeren Bergwerk zu entwässern, einen horizontal (allerdings mit Gefälle) verlaufenden Stollen von einem Punkt oberhalb der nächsten Talsohle aus in die Grube zu treiben. Diese meist sehr langen Wasserlösungsstollen wurden als „Schlüssel des Gebirges" angesehen und daher auch, weniger blumig, als Schlüsselstollen bezeichnet. Selbst als die Tiefbaugruben an die Stelle der Stollengruben traten, hatten die Wasserlösungsstollen ihre Daseinsberechtigung noch nicht verloren, denn sie konnten das Wasser abführen, das ihnen aus tiefen Teilen des Bergwerks mit Hilfe von Pumpen zugeführt wurde. Als Beispiel wird gern der 31 Kilometer lange Schlüsselstollen im Mansfelder Bergbaugebiet – Bergbau dort wurde urkundlich schon 1199 erwähnt – am Ostrand des Harzes angeführt. Der Stollen erspart der Pumpenwasserhaltung rund hundert Meter Hubhöhe und führt noch heute das gesamte Grubenwasser aus den Tiefbauen ab.

Im nordwestlichen Oberharz um die Berg(bau)städte Clausthal und Zellerfeld entstand im Laufe von einigen hundert Jahren eine der großartigsten Wasserhaltungsanlagen der Technikgeschichte. Als die Schächte dort zu tief wurden, um das Wasser noch zutage fördern zu können (per Hand, Wasserrad oder Pferdegöpel), mußten Stollen zur Wasserableitung angelegt werden. Der „Dreizehnlachter-Stollen", 1524 bei der Bergstadt Wildemann in 13 Lachter gleich etwa 26 Meter Tiefe begonnen und 176 Jahre später in 140 Meter Tiefe bei 9 Kilometer Länge in den Gruben von Zellerfeld beendet, war der erste größere Schlüsselstollen in dem Gebiet. Als unter anderen die Grube Caroline noch weiter in die Tiefe ging, mußte man die nächste Wasserableitung bauen, das war der „Tiefe Georg-Stollen". 1777 entstand das Stollenmundloch bei dem Dorf Grund, 1799 war in 286 Meter Tiefe die Verbindung zu den Clausthaler Gruben Caroline und Dorothea perfekt. Der Stollen war rund 11 Kilometer lang, mit Abzweigstollen (Flügelörtern) sogar 19 Kilometer. Der Tiefe Georg-Stollen hielt lange Zeit den Titel weltgrößtes unterirdisches Bauwerk.

Aber damit waren derlei Aktivitäten im Oberharz noch lange nicht beendet. Tiefere Schächte erforderten tiefere Wasserlösungen. 1804 legten die Harzer Bergleute noch unter dem Tiefen Georg eine abflußlose Strecke an, die als über 6 Kilometer langer Pumpensumpf diente und von Erzkähnen bis zum Schacht Silber-Segen befahren werden konnte. Diese „Tiefe Wasserstrecke" war 1835 vollendet, und aus ihr mußte natürlich das gesammelte Grubenwasser abgepumpt werden, weil sie keine Öffnung zu irgendeinem Tal hin aufwies. Das übernahmen zwei Wassersäulenmaschinen, die pro Minute fast 4000 Liter zum Tiefen Georg-Stollen hochdrückten. 1851 schließlich krachten die ersten Sprengungen für den Ernst-August-Stollen. Sein Ausgang bei Gittelde am Rand des westlichen Oberharzes liegt 197 Meter über dem Spiegel der Nordsee. Von 10 Punkten aus wurden die Arbeiten betrieben, 1,5 Millionen Sprenglöcher gebohrt und 100 Tonnen Schießpulver gezündet, bis der (mit Flügelörtern) 26 Kilometer lange Stollen nach 13 Jahren fertig und mit der Tiefen Wasserstrecke verbunden war. Für die Vermessungsarbeiten zeichnete der bereits erwähnte Markscheider Eduard Borchers (1815–1902) verantwortlich.

Wasserknechte in Doppelreihen

Handarbeit wurde im Bergbau jahrtausendelang nicht nur bei der Gewinnung und Förderung großgeschrieben, auch die Wasserhaltung konnte oft nicht auf die Kraft der Kumpel verzichten. Die einfachste und beschwerlichste Art, des Grubenwassers Herr zu werden, war das Ausschöpfen mit Eimern.

Etwas bequemer gestaltete sich diese Arbeit mit der handbetriebenen Eimerwinde, wie sie auch beim Ziehbrunnen schon sehr früh Anwendung fand. Der griechische Philosoph Aristoteles (384 bis 322 v. Chr.) sprach laut Feldhaus um 330 v. Chr. „in seinen mechanischen Problemen (Kap. 29) von Ziehbrunnen, deren Eimer an einem Seil mittels einer Welle durch Umdrehung einer Kurbel gesenkt oder gehoben werden". Als Schwungmasse zur Arbeitserleichterung diente ein Kreuz mit Gewichten. Im Grunde fällt diese Art der Wasserhaltung unter den Oberbegriff Schachtförderung, wie schon 1553 in Schwaz mit Kehrrad und 1400-Liter-Wassersäcken demonstriert. Pro Schicht wurden damit rund hundert Kubikmeter Wasser zur Erdoberfläche gehievt. Auch im 20. Jahrhundert kam diese Technik noch zum Einsatz, wenn nur geringer oder vorübergehender Wasserzufluß zu bewältigen war und sich Pumpen deshalb nicht lohnten. So wurde beispielsweise ein Wasserkasten an den Boden des Förderkorbs angehängt. In Wasserwagen pumpte oder schöpfte man Wasser, das in einiger Entfernung vom Füllort auftrat, und die Wagen wurden dann in den Förderkorb gefahren.

1 – Dem griechischen Mathematiker und Physiker Archimedes (285–212 v. Chr.) wird die Erfindung der Wasserschnecke, auch Schraubenpumpe, ägyptische oder archimedische Schraube genannt, zugeschrieben. Meist mit einer einfachen Handkurbel angetrieben, wird sie noch heute in vielen orientalischen Ländern wie hier von einem ägyptischen Bauern zum Bewässern von Feldern benutzt.
2 – 1890 wurden in der spanischen Blei- und Silbermine Santa Barbara bei Posades, Provinz Córdoba, mehrere römische Schraubenpumpen aus dem 2. Jahrhundert v. Chr. gefunden. Sie dienten der Wasserhaltung. Bei dem sehr flachen Förderwinkel und den vom Baumaterial – im wesentlichen Holz – gegebenen statischen Voraussetzungen mußte man 20 solcher Schnecken hinter- und übereinander anordnen, um das Wasser um 30 Meter zu heben. Angetrieben wurde jede Schraubenpumpe von einem Sklaven, der sie mittels Trittklötzen etwa in ihrer Mitte in ständiger Drehung halten mußte. Die zylindrische Außenwand der Schrauben war aus langen hölzernen Dauben zusammengefügt und mit Grasseilen umwickelt. Zur Zeit ihrer Entdekkung Ende des 19. Jahrhunderts war es noch nicht möglich, die organischen Teile zu konservieren. So zerfielen diese Schraubenpumpen, kurz nachdem man sie freigelegt hatte.

1

2

Von Schraubenpumpen und Schöpfrädern

Die Schraubenpumpe, auch archimedische Schraube oder Schnecke genannt, kann als Pumpe zur Landbewässerung auf ein beachtliches Alter zurückblicken. In einem Holzzylinder, dessen unteres Ende ins Wasser taucht, rotiert langsam ein wendelförmiger Läufer, eine Art Transportschnecke aus Holz, die das bei jeder Umdrehung erfaßte Wasser entlang der Wendelfläche zum anderen Zylinderende auf ein höheres Niveau transportiert. Als Erfinder der Pumpe gilt Archimedes (um 285 bis 212 v. Chr.), der allerdings, so eine Überlieferung, das Gerät um 250 v. Chr. auf einer Ägyptenreise kennengelernt und die Kenntnis lediglich weitergeben haben soll. Der griechisch-syrische Philosoph, Universalgelehrte und Historiker Poseidonios (um 135 bis 50 v. Chr.) berichtete um 80 v. Chr. über den Einsatz der Schraubenpumpe zur Wasserhaltung in spanischen Bergwerken. Vom 15. Jahrhundert an wird die archimedische Schraube in der Literatur recht häufig erwähnt.
Wasserschöpfräder oder Radpumpen bestehen aus einem großen Wasserrad, an dessen Umfang eine Anzahl von Schöpfgefäßen befestigt sind. Das jeweils unterste Gefäß füllt sich mit Wasser, steigt bei der Raddrehung nach oben und entleert sich am höchsten Punkt in eine Rinne. Der Grieche Philon von Byzanz beschrieb eine solche Radpumpe um 230 v. Chr. in seiner „Pneumatika".
Nach demselben Prinzip wie die Radpumpe funktionierten die Schöpfeimerketten oder Becherwerke. An einer endlosen über eine Trommel laufenden Kette waren in Abständen Eimer oder Becher aus Leder befestigt. Philon beschrieb eine solche Schöpfeimerkette mit unterschiedlichen Antriebsmotoren, nämlich mit Tretrad, Wasserrad und Kurbelantrieb. Nach den Paternostern oder Vaterunsern, deren Anzahl Katholiken beim Beten mit einem Rosenkranz und den daran aufgereihten Perlen abzählen, wurden auch die Becherwerke mit den aufgereihten Eimern Paternoster genannt. Mit diesen Paternosterwerken ließ sich das Grubenwasser immerhin bis zu achtzig Meter emporheben. Ein wasserradbetriebenes Bergwerksbecherwerk über drei Etagen hat der kurpfälzische Architekt und Ingenieur Georg Andreas Böckler in seinem 1661 herausgegebenen Buch „Theatrum machinarum novum" abgebildet. Die Beschriftung lautete: „Doppel Schöpffwerck mit bulgen (Bechern), welches ahn drey underschiedlichen ohrten hebt und außschütt".

Die Kolbenpumpe und die Rolle des Luftdrucks

Dem alexandrinischen Mechaniker Ktesibios (um 250 v. Chr.) werden eine ganze Reihe von Erfindungen zugeschrieben, darunter Wasseruhren und Druckluftgeschütze, eine Wasserorgel, eine Feuerspritze, die mit komprimierter Luft aus einer zweizylindrigen Kolbenpumpe aus Bronze arbeitete, eine Saugpumpe und noch eine Menge mehr. Auch Philon beschreibt eine Kolbenpumpe zur Wasserförderung. Eine echte Saug- und Druckpumpe zur Brandbekämpfung mit zwei Zylindern und Kolben stellte Heron von Alexandria in der zweiten Hälfte des 1. Jahrhunderts v. Chr. vor. Die beiden Zylinder waren untereinander und mit einem Steigrohr verbunden. Die beiden Kolben wurden über einen Hebel abwechselnd auf- und abbewegt. Über ein sinnreiches Ventilsystem saugte der eine Kolben beim Hochgehen Wasser an, während der zweite Kolben beim Niedergehen das Wasser in seinem Zylinder durch das Steigrohr hinausdrückte.

Im Bergbau wurden Kolbenpumpen vermutlich schon vom 15. Jahrhundert an eingesetzt. Auf jeden Fall beschreibt Agricola Pumpenwerke mit Kolbenpumpen in mehreren Etagen übereinander als die „künstlichste, dauerhafteste und nützlichste" Art der Wasserhaltung im Bergwerk. Die Pumpenzylinder bestanden aus ausgehöhlten Baumstämmen, das Grubenwasser wurde beim Hochsteigen des Kolbens ausgestoßen, das heißt, es handelte sich um Hubpumpen. Bei den kleineren Anlagen wurde von Hand gepumpt oder ein Tretrad benutzt. Aus größerer Teufe trieb ein Wasserrad über der Erde über ein „Kunstgestänge" alle Pumpenkolben gemeinsam an. Der Grund für diese mehrstufige Anordnung: Bedingt durch den Atmosphärendruck erreicht eine Kolbenpumpe eine theoretische Saughöhe von zehn Metern. In der Praxis sorgen Dampfdruck und Rohrwiderstände (und zu Agricolas Zeiten Dichtungs- und Fertigungsmängel) dafür, daß die tatsächliche Saughöhe im allgemeinen höchstens sieben bis acht Meter beträgt. Es war der italienische Physiker Vincenzo Viviani (1622–1703), der im Jahr 1643 diesen Zusammenhang aufklärte. Mit den pumpenden Stangenkünsten wurden immerhin beachtliche Förderhöhen von bis zu vierhundert Metern erzielt. 1565 arbeitete im Joachimsthaler Silberbergwerk eine Pumpenkunst, die „ein Ausländer aus dem Lande Meißen" eingeführt hatte. Im 17. Jahrhundert förderten die „Harzer Pumpensätze" das Wasser in bis zu fünfzehn Etagen übereinander.

1

Dampfmaschinen über oder unter Tage

Schon gegen Ende des 17. Jahrhunderts zeigte sich, ganz besonders bei der Wasserhebung in Bergwerken, daß die bis dahin so hoffnungsvoll eingesetzten Muskel-, Wasser- und Windkraftmaschinen an ihre Grenze gestoßen waren. Ihre Wirksamkeit und auch ihre Zuverlässigkeit waren größeren technischen Anforderungen nicht mehr gewachsen. Doch da wurde mit dem Dampf eine neue Kraftquelle erschlossen. Am 25. Juli 1698 ließ sich der englische Techniker Thomas Savery (um 1650 bis 1715) seine „Feuermaschine" patentieren, eine Dampfpumpe zum Wasserheben in Bergwerken. *„Miner's Friend"*, Freund des Bergmanns, nannte Savery seinen Dampfmaschinenvorläufer. Aber das Gerät hatte noch erhebliche Mängel, darunter eine geringe Leistung gepaart mit einem ungeheuren Brennstoffverbrauch. Auch die nächste Entwicklungsstufe, die atmosphärische Kolbendampfmaschine mit Einspritzkondensation des Engländers Thomas Newcomen (1663 bis 1729), zeichnete sich noch durch einen enormen Energiebedarf aus. Um ein Kohlenbergwerk mit einer Newcomen-Maschine zu entwässern, so eine polemische zeitgenössische Bedarfsrechnung, brauche man ein zweites Kohlenbergwerk, um die Maschine zu füttern. (Eine ausführliche Darstellung der Dampfmaschinen-Geschichte enthält der Band „Wind · Wasser · Dampf · Sonne".)

Die Dampfmaschine als Antrieb für Kolbenpumpen verdrängte langsam, aber sicher die bisherigen Kraftmaschinen. Die Hauptentwicklungsarbeit für Dampfpumpen scheint in den USA und in England stattgefunden zu haben. Was trotz Dampf-

1 – Im 15. Jahrhundert bediente man sich der Heinzenkunst zur Wasserhebung in den Gruben des Erzgebirges, später auch im Harz. Mit Roßhaaren gefüllte lederne Bälle wurden, an einer endlosen Kette befestigt und von einem Tretrad angetrieben, durch eine hölzerne Röhre aufwärtsgezogen und nahmen so das Wasser aus dem Pumpensumpf mit. Die Förderhöhe war allerdings gering, so daß man unter Umständen mehrere Heinzenkünste übereinander installieren mußte. Das Deutsche Museum hat nach der Beschreibung von Georgius Agricola und dem Holzschnitt in seinem Werk „De re metallica" eine genaue Nachbildung aufgestellt.
2 – Mit der Erfindung der Dampfmaschine eröffneten sich auch für den Bergbau ganz neue Möglichkeiten, zunächst auf dem Gebiet der Wasserhaltung. In der langen Reihe der Anwendungen kombinierte Carl Kley (1831–1914) eine Dampfmaschine über einen Balancier direkt mit der Pumpe im Schacht. Das Foto zeigt im Modell des Deutschen Bergbau-Museums eine Wasserhaltungsmaschine System Kley, die die Gutehoffnungshütte 1880 für Schacht I der Zeche Rheinpreußen gebaut hat (500 PS/ 370 kW, maximaler Förderstrom 2800 l/min aus 800 m Teufe).
3 – Unter den direkt wirkenden Dampfpumpen bewährten sich besonders die Konstruktionen von Henry Rossiter Worthington (1817–1880) wie diese aus dem Jahr 1850 (Durchmesser Dampfzylinder 400 mm, Pumpenkolben 266 mm, Hub 230 mm).

2

maschine beim Bergbau zunächst blieb, das war die sogenannte Gestängewasserhaltung. Die Dampfmaschine wurde über Tage aufgestellt, und die Verbindung mit den Kolbenpumpen unter Tage erfolgte über ein im Schacht herabgeführtes Gestänge aus Holz, Schmiedeeisen oder Rundstahl, entweder direkt oder über die berühmte Stangenkunst mit Kunstkreuz. Es ist leicht einzusehen, daß die Leistungsfähigkeit der Dampfmaschine durch das Riesengewicht des auf- und niedergehenden Gestänges erheblich beeinträchtigt wurde. Außerdem beanspruchte die Stangenkunst Platz im Schacht, und sie ging bisweilen auch zu Bruch. Schließlich wurde es mit zunehmender Schachttiefe fast unmöglich, die erforderlichen Kräfte durch das schwerfällige Gestänge zu übertragen.
Aus diesem Grund entschied man sich in

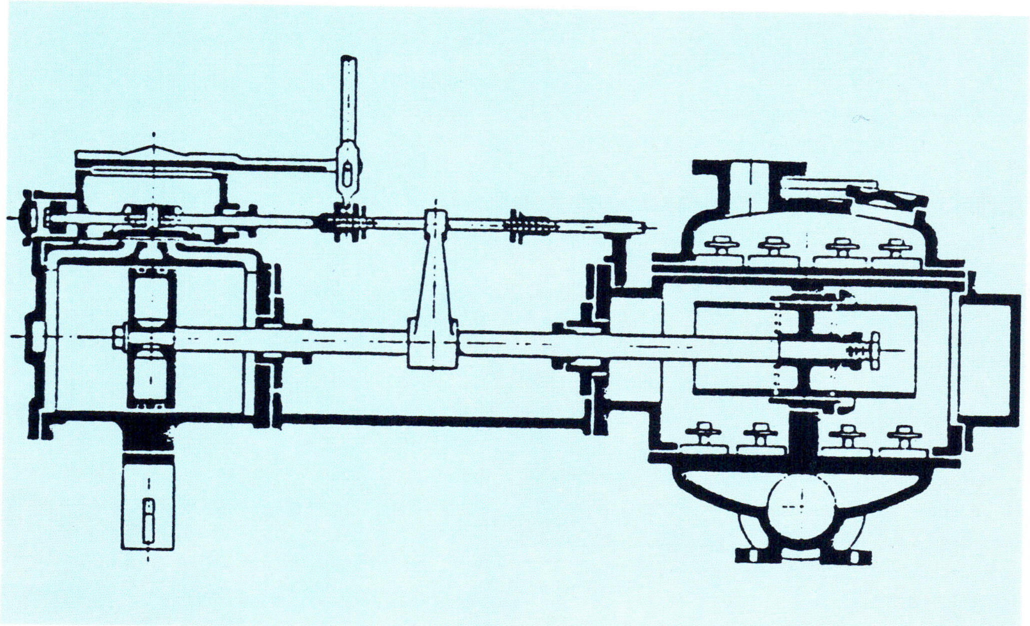

3

der zweiten Hälfte des 19. Jahrhunderts (an der Ruhr in den achtziger Jahren), auf das teure Gestänge zu verzichten und die Antriebsmaschine samt Druckpumpe unter Tage aufzustellen. Der Dampf wurde entweder von der Tagesoberfläche aus durch eine Rohrleitung zugeführt, oder er kam von einer unterirdischen Kesselanlage. In Belgien allerdings hatte der Ingenieur Dieudonné Gérard 1830 bereits eine Dampfpumpe entworfen, die unter Tage eingesetzt werden sollte. Aber erst 1845 wurde seine Idee in Blanzy verwirklicht, allerdings nur in neunzig Meter Tiefe.

In Amerika war es der gebürtige New Yorker Henry Rossiter Worthington (1817–1880), der die Dampfpumpe vervollkommnete. Er baute 1840 die erste direkt wirkende Dampfpumpe zur Speisung von Heizkesseln und arbeitete sich bis zu seiner berühmten Duplexpumpe von 1857 empor, die später in den wichtigsten amerikanischen Wasserwerken zum Einsatz kam (1867 hatten die Worthington Hydraulic Works bereits 87 Duplexpumpen an 50 Wasserwerke geliefert). Die Jeansville Ironworks in Pennsylvania konstruierten aus der Worthington-Pumpe Duplex-Verbunddampfpumpen für die Wasserhaltung in Bergwerken. Für deutsche dampfkraftbetriebene Wasserhaltungspumpen stellte vor allem der Ingenieur Carl Kley (1831–1914) sein technisch-wissenschaftliches Know-how zur Verfügung. 1861 konstruierte er eine Woolf-Dampfmaschine mit zwei Zylindern über dem Schacht, deren Kolben ihre Kraft über einen Gegengewicht-Balancier direkt auf die Pumpen übertrug. 1865 lieferte Kley die mathematischen Grundlagen für seine vielbeachteten Wasserhaltungsmaschinen nach. Seine Pumpmaschine mit ununterbrochener Rotation und Hubpausen wurde 1878 patentiert.

1

Mit Wassersäulenmaschine und Mammutpumpe gegen Grubenwasser

Besondere Verdienste um den Einsatz von Wassersäulenmaschinen in der Bergwerkswasserhaltung erwarb sich Christian Friedrich Brendel (1776–1861), oberster Maschinenbeamter im sächsischen Erzbergbau. Brendel baute zwischen 1816 und 1847 vier Wassersäulenmaschinen für Freiberger Silbererzgruben, darunter für die Gruben Reicher Bergsegen bei Brand-Erbisdorf und Alte Mordgrube bei Freiberg. Für die Maschine in der Mordgrube entwarf er nach 1820 seine berühmte „Brendelsche Kolbensteuerung".

Eine ganz andere Art von Wasserhebevorrichtung, ganz ohne Kolben, erfand 1797 der Bergmeister Carl Emanuel Löscher (1750–1813): die Mammutpumpe oder den Druckluft-Wasserheber. Ihr Prinzip beruht darauf, daß in eine von zwei Wassersäulen, die sich das Gleichgewicht halten, Druckluft eingeblasen wird. Dadurch vermindert sich das spezifische Gewicht dieser Wassersäule, und das erteilt ihr gegenüber der druckluftfreien Säule einen Auftrieb. In der Praxis kann das so aussehen, daß eine Steigleitung in das zu fördernde Grubenwasser eintaucht (die Eintauchtiefe soll etwa fünfzig Prozent der geforderten Steighöhe betragen). Durch eine enge, ganz unten mit dem Steigrohr verbundene Rohrleitung wird Luft eingeblasen. Eine Ausführung mit unter dem Spiegel des Wasserzuflusses liegendem U-Rohr wurde zur Wasserhebung von verschiedenen Sohlen eingesetzt.

Löscher, der Erfinder, studierte von 1775 an in Freiberg an der Bergakademie. In den Jahren von 1785 bis 1793 stand er als Bergmeister in den Diensten des Grafen Thun in Klösterle an der Eger in Böhmen. Dann kehrte er nach Freiberg zurück und heiratete in eine Apotheke ein.

„Löscher war ein hochbegabter, fleißiger und erfahrener Mann … Seine Erfindungen zeugen im Rahmen der Zeitverhältnisse von seltener Selbständigkeit des Denkens und Handelns und von genialer Schaffenskraft" (Schiffner). Löscher starb am 21. März 1813 an Typhus. Seine Mammutpumpe wußten zuerst die Amerikaner Mitte des vorigen Jahrhunderts auf den Ölfeldern Pennsylvanias zu schätzen. Da sie sich bei sehr großer Betriebssicherheit besonders gut zum Heben von sandigem und schlammigem Wasser eignet, wurde sie mit Vorliebe beim Schachtabteufen im toten Wasser eingesetzt.

Speziell für die tiefen Schächte von Bergwerken erfand der deutsche Ingenieur Franz (Peter) Ritter von Rittinger (1811 bis 1872) eine einachsige Pumpe. Rittinger besuchte zunächst die Bergakademie in Schemnitz. 1840 entwickelte er dort als Pochwerksinspektor die Waschtrommel und den Spitzkasten. 1848 wurde er als Kunstmeister „nach den böhmischen Kohlenschürfungen" versetzt und erfand dort bei den „ärarischen Bergbauunternehmungen" seine Rittingersche Schachtpumpe mit hydraulischem Gestänge, die das übliche schwere Eisengestänge überflüssig machte. Dabei bildete der untere Teil des Steigrohrs zugleich den Kolben, der über eine Stopfbüchse in den langen Zylinder eingeführt ist. Das Wasser trat in die hohle Kolbenstange ein und wurde durch die Auf- und Abbewegung nach oben transportiert. Ein eingeschalteter Windkessel minderte die Schläge des Druckventils. 1864 wurde Rittinger Ministerialrat im Finanzministerium. Diese Stellung ließ ihm so viel Zeit, daß er als Fachmann der Erzaufbereitung von europäischem Rang 1867 sein grundlegendes „Lehrbuch der Aufbereitungskunde" herausgeben konnte.

Eine gute Ehe: Elektromotor und Kreiselpumpe

Im Jahr 1900 gab es an der Ruhr 387 Wasserhaltungen mit Dampfantrieb, 23 mit Wassersäulenmaschinen und immerhin bereits 14 mit elektrischem Antrieb. Der Elektromotor schien das Problem der Antriebsmaschine für eine Wasserhaltung unter Tage einfach und elegant zu lösen, aber es zeigte sich, daß er seiner hohen

1 – Im 19. Jahrhundert wurde bei den sogenannten Wassersäulenmaschinen auch Wasser selbst als Antriebsmittel benutzt (Holzstich nach einer Zeichnung von Eduard Heuchler 1857).
2 – Franz Peter Ritter von Rittinger verbesserte 1848 eine Idee des Bergrats Karl Ludwig Althans, nach der Schachtgestänge, Druckrohrleitung und Kolbenpumpe zu einer Einheit kombiniert werden sollten. Diese Hubpumpe mit Rohrkolben, auch Rittinger-Rohrsatz genannt, bewährte sich wegen ihrer Kompaktheit als Schachtpumpe.
3 – Für die schnellaufenden Elektromotoren ist bei direktem Antrieb die Kreisel- oder Zentrifugalpumpe das geeignetste System. Bereits der französische Physiker Denis Papin (1647–1712) ließ ein Holzmodell für Versuchszwecke bauen und beschrieb sie 1689 in der ältesten naturkundlichen Zeitschrift Deutschlands, den „Acta Eruditorum". Im Grunde funktioniert die Kreiselpumpe wie eine umgekehrt arbeitende Francis-Turbine. Das Wasser strömt axial ein, wird umgelenkt und dabei beschleunigt. Im Leitkranz und im spiralförmigen Gehäuse wird die Geschwindigkeits- in Druckenergie umgewandelt.
4 – Die 1871 gegründete Firma Gebr. Körting, heute Körting Hannover AG, setzte bei ihren Wasserstrahl-Elevatoren auf Hochdruckwasser als Antrieb. „Der Arbeitsvorgang in den Apparaten ist der, dass ein Strahl Hochdruckwassers aus einer engen Düse in eine weitere Düse tritt und dabei eine Luftverdünnung erzeugt, durch die das zu fördernde Wasser angesaugt wird; letzteres mischt sich dann mit dem Betriebswasser und wird so auf die gewünschte Höhe gefördert."

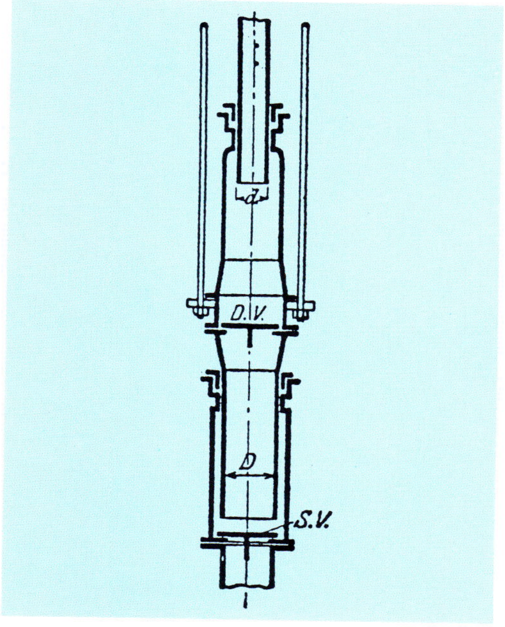

2

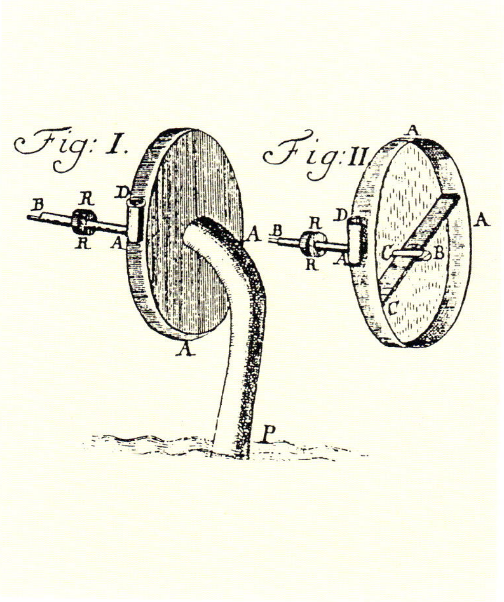

3

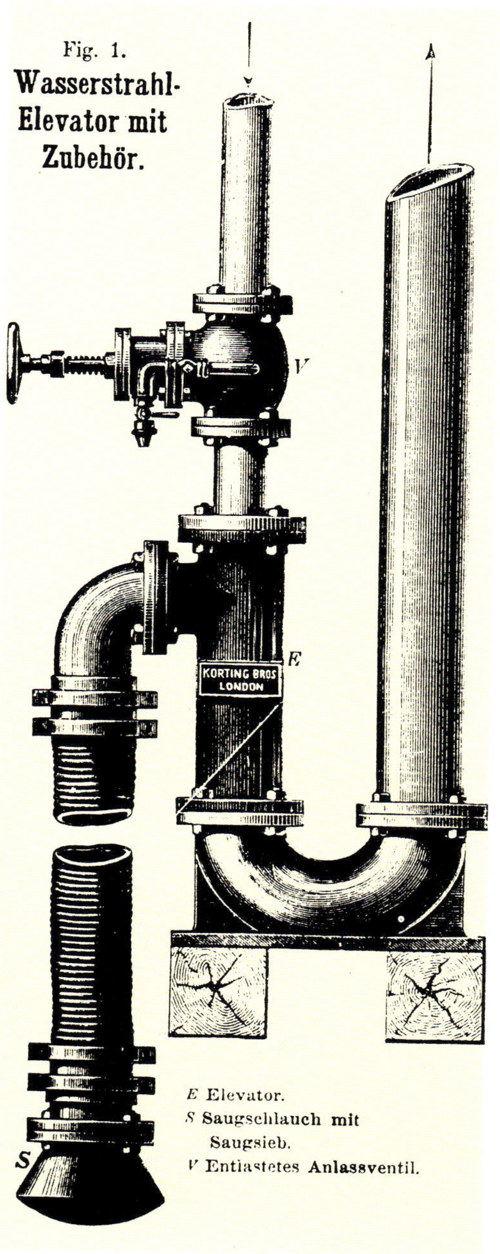

4

Umdrehungszahlen wegen bei einer direkten Kopplung für den Betrieb einer Kolbenpumpe nicht sonderlich gut geeignet war. So entwickelte der Ingenieur Alois Riedler (1850–1936) schnell laufende Kolbenpumpen, die bis zu 300 Spiele pro Minute schafften. Riedler stammte aus Österreich. In den Jahren 1888 bis 1921 war er Professor an der Technischen Hochschule Berlin. Er gründete dort das Maschinenlaboratorium und setzte 1899 das Promotionsrecht für Technische Hochschulen durch. 1896 baute er einen Compound-Trockenkompressor mit Kühlung zwischen den beiden Druckstufen, erhielt Patente auf Pumpen und gesteuerte Ventile und entwickelte eine Expreßpumpe mit Zwillingszylinder. Die Pumpen-Schnelläufer nach System Riedler scheinen sich in der Praxis aber nicht sonderlich bewährt zu haben, und man ging zunächst wieder zu langsamer laufenden Pumpen mit Spielzahlen von maximal 140 pro Minute über. Drehstrommotoren wurden mit geringeren Periodenzahlen gefahren, bei kleinen Pumpen wurden Zahnraduntersetzungen eingeschaltet. Da erinnerte man sich an eine andere Art von Pumpe, deren Prinzip bereits im 17. Jahrhundert bekannt war: die Kreiselpumpe.
Als Erfinder der Kreiselpumpe (auch Zentrifugal-, Schleuder- oder Turbopumpe genannt) gilt der französische Physiker Denis Papin (1647–1712). Bei ihr wird der Druck zum Erreichen einer bestimmten Förderhöhe nicht durch einen Kolben, sondern durch die Zentrifugalbeschleunigung der Flüssigkeit in einem rotierenden Rad erzeugt.
Nach Papin legte noch eine Reihe anderer Erfinder Entwürfe für Kreiselpumpen vor, etwa 1732 ein gewisser Le Demour und 1816 der portugiesische Schiffsleutnant J. V. Jorge. Erste betriebsfähige Ausführungen stammen von dem Russen A. A. Sablukow um 1835 und von dem englischen Ingenieur Appold im Jahr 1848. Und mit dieser Kreiselpumpe hatten die Elektromotoren für die Wasserhaltung den richtigen Partner gefunden, weil sie mit ihren hohen Drehzahlen ohne lästige Vermittler direkt mit ihnen gekoppelt werden konnten.
Natürlich mußten sich die Ingenieure für die Elektropumpen unter Tage einiges einfallen lassen, etwa spritzwassergeschützte, mit schlagwettersicher gekapselten Schleifringen ausgerüstete Motoren und Kühlung durch das Grubenwasser selbst. Die erste Wasserhaltungsanlage mit Zentrifugalpumpen soll 1903 in einem spanischen Bergwerk installiert worden sein.

BARBARA
SANCT
ORA

Bei den vielfältigen Gefahren für Leib und Leben, denen sich der Bergmann unter Tage ausgesetzt sieht, hatte er wohl seit jeher ein besonderes Bedürfnis zum Gebet. Von den vierzehn Nothelfern gilt die heilige Barbara, die nach der Legende von ihrem heidnischen Vater in einen Turm gesperrt und dann hingerichtet wurde, unter anderen als Schutzpatronin der Bergleute. Ende des 16. Jahrhunderts wurden im Erzgebirge gemeinsame Andachten vor Schichtbeginn eingeführt. Nach Gebet und Gesang in der Betstube erhielten die Knappen vom Obersteiger ihre Arbeit zugewiesen und stiegen dann mit dem Gruß „Fahrt glücklich" in die Tiefe.

Die Grubenbewetterung

Wenn ein frischer Wind durch die Grube weht, etwa von der Zusammensetzung der atmosphärischen Luft, dann spricht der Bergmann zufrieden von einem frischen oder guten Wetter. Wird die Atmung durch starke Anreicherung der Luft mit Kohlendioxid, Stickstoff, Wasserstoff oder Methan erschwert, dann durchziehen matte oder stickende Wetter die Grubenbaue, und dann „kommt den Berghäweren ein dicker Lufft für das Gesicht, der nicht mag zertheilet werden, darvon sie dann schwerlich athmen, zu Zeiten auch wohl ersticken, und darzu werden auch die brennende Liechtlin belöschet" (Agricola). Bezeichnend heißt eine Mischung mit giftigen Beimengungen wie Kohlenmonoxid, Schwefelwasserstoff und Stickoxiden böses oder giftiges Wetter. Ein zündfähiges Gemisch, etwa aus Luft und Methan, das durch einen Zündfunken oder eine offene Flamme zur Explosion gebracht werden kann, ist ein schlagendes Wetter. Die Versorgung der Grube mit frischen Wettern und die Entsorgung der Abwetter (verbrauchte Luft), die Verdünnung und Abfuhr gefährlicher Gase und auch die Kühlung und Feuchtigkeitsregelung der Grube sind Aufgabe des komplizierten Systems der Grubenbewetterung oder Wetterwirtschaft oder Wetterführung, regelmäßig überwacht vom Wettersteiger.

In den Anfängen der Wetterwirtschaft mußten sich die Kumpel mit einem natürlichen Wetterstrom begnügen. Aber schon sehr früh begannen die Bergbautechniker, diese natürliche Luftbewegung durch physikalische Tricks und schließlich durch den Einsatz von Wettermaschinen kräftig zu unterstützen. Die Wetterführung wurde Gegenstand wissenschaftlicher Untersuchungen. Im deutschen Bergbau legten die Bergbehörden die Frisch-Wetter-Menge pro Betriebspunkt, Minute und Kumpel auf sechs Kubikmeter fest. Und dazu wurden am Ausziehschacht mancher Zechen 3000 Kilowatt starke Ventilatoren installiert, die pro Minute bis zu 26000 Kubikmeter Abwetter ansaugen konnten. Solche Mengen sind auch für die notwendige Kühlung in den Grubenbauen wichtig. Immerhin herrscht in tausend Meter Teufe eine Gebirgstemperatur von über 40 Grad Celsius. Und reicht die Wetter-Kühlung noch nicht aus, etwa weil durch die weitgehende Mechanisierung im Streb zusätzliche Wärmequellen die Wetter und damit die Kumpel aufheizen, kommen zentrale Kälteanlagen mit Leistungen im Megawattbereich zum Einsatz. Das hat seinen Grund: Nur bis zu Temperaturen von 28 Grad Celsius dürfen die Kumpel unter der Erde in einer Achtstundenschicht arbeiten. In wärmeren Strecken gibt es Hitzefrei, die Arbeitszeit muß verkürzt werden. Denn, so mahnte schon der Vater der deutschen Bergbaukunde, Georgius Agricola, am Ende seines Bewetterungskapitels in „De re metallica": „Es ist vonnöthen, daß man allwegen mehr achtung auff die Gesundheit dann auf den Gewinn habe."

Der natürliche Wetterzug

Für die natürliche Luftbewegung in einer Grube ist in erster Linie das Schornsteinprinzip interessant: Die warmen und dadurch spezifisch leichteren Verbrennungsgase werden von der kälteren Außenluft nach oben gesogen. Dadurch entsteht am Fuß des Schornsteins ein Druckunterschied, den nachströmende Umgebungsluft auszugleichen sucht. Solche Temperaturunterschiede durch die Wärme des Gebirges reichten bei Gruben mit zwei unterschiedlich hoch liegenden Ausgängen (zum Beispiel senkrechter Schacht und waagerechter Stollen) meist aus, um einen gleichmäßig zirkulierenden Wetterstrom aufrechtzuerhalten. Dabei konnte sich die Richtung des Wetterstroms durch die Winter-Sommer-Unterschiede in der Außentemperatur umkehren. Selbst bei tiefen Gruben, die durch ihre hohe Gebirgstemperatur die Grubenluft das ganze Jahr über erwärmen, kann eine natürliche Zirkulation stattfinden, wenn der Wetterzug erst einmal in Bewegung gekommen ist. In den Minen von Athen waren die Bergtechniker auf die Idee gekommen, Stollen und Schächte paarweise anzule-

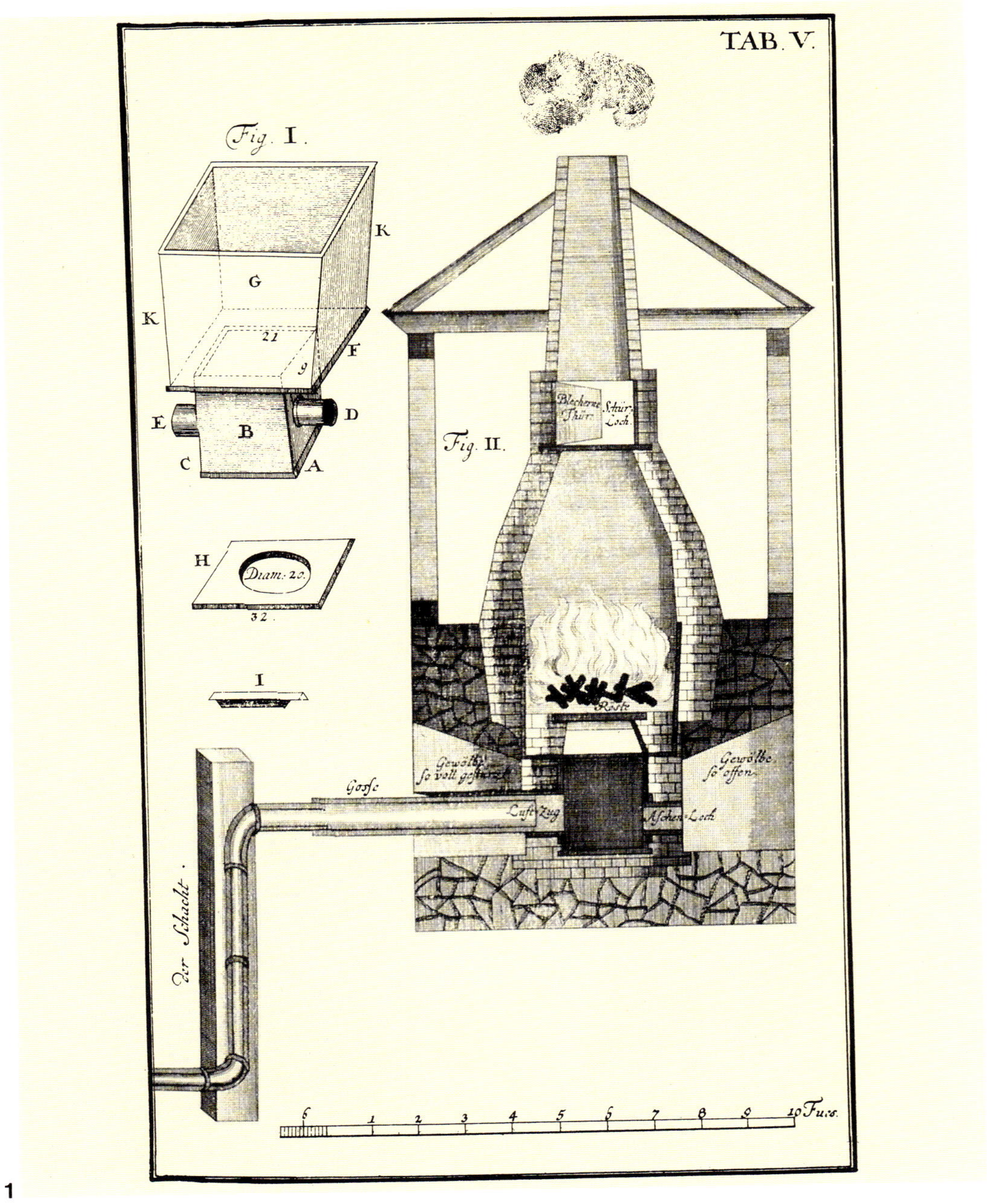

1

1 – Schon im antiken Attika sollen Bergleute auf die Idee gekommen sein, den natürlichen, auf Temperaturunterschieden beruhenden Wetterzug durch Feuer in der Grube zu verstärken. Besonders in England bediente man sich noch bis ins 20. Jahrhundert vielfach gemauerter Wetteröfen über dem Schacht, wie diese Tafel aus der „Beschreibung des Maschinenwesens und der Hülfsmittel bey dem Bergbau auf dem Oberharz" von Henning Calvör aus dem Jahr 1763 einen zeigt.

2 – Strahlgebläse wie diesen Dampfstrahl-Ventilator baute Ende des 19. Jahrhunderts die Firma Gebr. Körting und bot sie unter anderem für die Lüftung von Bergwerksanlagen an. „Für die Lüftung im Innern der Bergwerke zum Betriebe mit Pressluft haben wir besondere Apparate hergestellt."

gen. Die Stollen wurden durch Wettertüren verbunden, die je nach der erforderlichen Stärke des Wetterzuges geöffnet oder geschlossen werden konnten. Zusätzlich verstärkten Feuer in den Gruben den Wetterstrom, obgleich die Athener Bergbauvorschriften „nicht nur ein Verbot, Waffen zu tragen", enthielten, „sondern auch einen Absatz, nach dem es untersagt war, Rauch zu entwickeln, um damit seinen Nachbarn im nächsten Abschnitt zu stören – denn das mochte ihn nicht nur ärgern, sondern konnte ihn ebensogut töten" (Alison Burford).

In England wurden zur Unterstützung und Verstärkung des Wetterstroms über Wetterschächten noch rechteckige Kamine gebaut. Bei kleineren Gruben bediente man sich dieser Bewetterungstechnik bis ins frühe 20. Jahrhundert.

Als vor rund 300 Millionen Jahren die Wälder des Karbons in Sümpfen versanken, entwickelte sich unter Luftabschluß auch Methangas, das sich in Hohlräumen und porösen Schichten des Steinkohlegebirges und in der Kohle sammelte. Bei der Gewinnung der Kohle wird dieses Methan je nach Inkohlungsgrad der Flöze in unterschiedlichen Quantitäten frei. Liegt die Methankonzentration in der Grubenluft zwischen 5 und 14 Prozent, dann ist das Luft-Gas-Gemisch ein Schlagwetter und damit hochexplosiv. Das war der Hauptgrund, warum eine gute Wetterwirtschaft speziell in Kohlengruben schon seit frühen Zeiten des Kohlenbergbaus besonders wichtig war.

Schon 1666 beschrieb der englische Naturwissenschaftler Robert Boyle (1627–1691) Schlagwetterexplosionen in Bergwerken, aber zu der Zeit suchte man weniger bei der Wissenschaft und wirksamen Ventilatoren als bei der Religion Zuflucht und bemühte sich, den „Feuerdampf" in den Gruben mit Gebeten, geweihten Reliquien und Lichtern zu verscheuchen.

Eine andere Technik bestand darin, am Förderseil Zweigbüschel im Schacht auf und nieder zu ziehen, um das Gas zu verteilen. Oder die Kumpel schickten in der ersten Hälfte des 17. Jahrhunderts vor Schichtbeginn einen „Feuermann" oder „Büßer" in die Grube, der das zweifelhafte Vergnügen hatte, die Gase abzubrennen. 1733 schickte ein Grubenbesitzer namens Sir James Lowthon im englischen Whitehaven, Cumberland, eine Schweinsblase voll des gefährlichen Grubengases zur Untersuchung an die Royal Society in London. In der Folgezeit beschäftigten sich wissenschaftliche Größen wie Alexander von Humboldt und Alessandro Volta mit der Entstehung und den

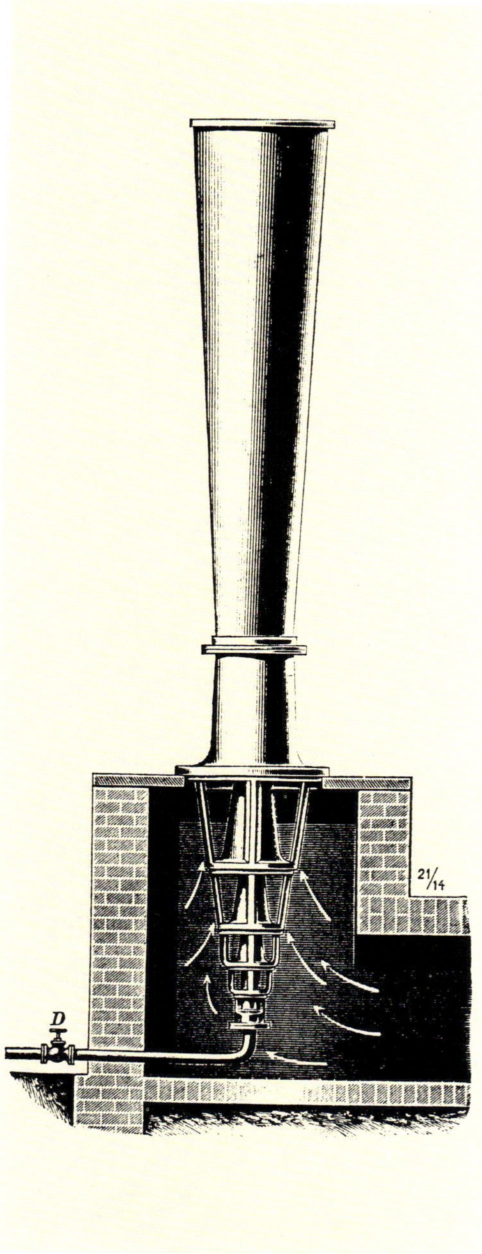

Eigenschaften jener gefährlichen Schwaden, die 1734 noch recht diffus so beschrieben wurden: „Schwaden ist ein böses Wetter oder gifftige Lufft, Witterung oder unzeitiger Berg=Saame, Koboldische oder arsenicalische Dämpffe und Flüchtigkeit." 1815 berichtete der deutsche Physiker Johann Salomon Christoph Schweigger (1779–1857), daß in englischen Gruben jährlich mehrere hundert Menschen durch Schlagwetterexplosionen ihr Leben verloren.
Es wurde also hohe Zeit, diese Feuerdämpfe aus der Steinkohle durch eine ausreichende Bewetterung entsprechend zu verdünnen. Und da Kohlenbergwerken genügend Brennstoff zur Verfügung stand, kamen findige Köpfe auf die Idee, den natürlichen Wetterstrom durch zusätzliche Erwärmung der Grubenluft zu verstärken.

Wetteröfen: Kohlenglut unter Tage

Zunächst einmal hängten die Bergleute eiserne Körbe mit einem Kohlenfeuer in den Schacht, etwa in den oberschlesischen Gruben, die nicht schlagwettergefährdet waren. Etwas weniger wirkungsvoll, dafür aber ungefährlicher war das Aufstellen des „Feuerkübels" neben dem Schacht an der Tagesoberfläche. Aus dem Feuerkübel wurden schließlich gemauerte Wetteröfen über oder unter Tage, auf deren Rost ein ständiges Kohlenfeuer unterhalten werden mußte. Besonders in England erfreute sich die Wetterofen-Ventilation so großer Beliebtheit, daß sie vor allem in Gruben mit geringem Gasgehalt bis ins 20. Jahrhundert in großer Zahl zum Einsatz kam.
In Deutschland wurde beispielsweise um 1810 auf der Zeche Langenbrahm bei Essen seitlich vom Schacht über Tage ein solcher Wetterofen angelegt. Messungen an zehn verschiedenen Anlagen ergaben, daß ein Wetterofen dieses Typs bis zu 550 Kubikmeter Luft pro Minute aus der Grube ansaugen konnte. Der risikofreudige an der Ruhr tätige Ire William Thomas Mulvany ging vor 1858 bei seiner Zeche Hibernia trotz hohen Gasgehalts mit seinem Ofen unter Tage und schaffte dadurch einen erheblich verstärkten Wetterstrom mit 1700 Kubikmeter ausgetauschter Luft pro Minute. Der gemauerte Wetterofen mit Steinkohlenfeuerung lag in über 200 Meter Teufe, rund 30 Meter vom Schacht entfernt. 1898 waren im Ruhrgebiet noch vier Wetteröfen in Betrieb. Dann übernahmen die Ventilatoren die Wetterwirtschaft.

Die Wassertrommel vertreibt böse Wetter

Zu den natürlichen Gegebenheiten, die einen Wetterstrom in der Grube zur Folge haben können, gehört die Wirkung des in den Schacht niedertropfenden Wassers, das Luftteilchen mit sich reißt. Der französische Physiker Alexis Thérèse Petit (1791–1820), der schon mit knapp zwanzig Jahren Professor für Physik am Lycée Bonaparte in Paris war, hatte festgestellt, daß bei Schächten, durch die frische Wetter einziehen, 12 bis 16 Prozent der im fallenden Wasser steckenden Arbeit der Wetterführung zugute kommen. Und genau das war die Grundlage des Wassergebläses, wie es zum Beispiel die Engländer für ihre Grubenventilation einsetzten. Aus einem Wasserbehälter auf einem mit Lufteinlässen versehenen Turm floß Wasser in den Schacht. Das fallende Wasser riß frische Luft mit sich in die Grube und floß dann über einen Wasserhaltungsstollen ab oder mußte abgepumpt werden.
Auch das Wassertrommelgebläse, das der italienische Naturkundige Giambattista della Porta (1534 oder 1535 bis 1615) in seiner „Magia Naturalis" beschrieb, beruhte darauf, daß fallendes Wasser Luft mit sich reißt. Bei ihm stürzt ein Wasserstrahl aus größerer Höhe in einen Trichter, der in einen Luft-Wasser-Sammelbehälter mündet. Hat die Luft einen bestimmten Druck erreicht, preßt sie überschüssiges Wasser nach außen und kann abgezapft und ihrem Verwendungszweck (nach Porta etwa zur Zimmerlüftung) zugeführt werden. 1665 benutzten italienische Handwerker in Tivoli bei Rom ein Wassertrommelgebläse zum Messingschmelzen.
Daß diese Wassertrommeln in verbesserter Ausführung 1732 zur Bewetterung einzelner Grubenbaue in den Harzer Bergwerken eingesetzt wurden, war dem mathematikbegeisterten Pfarrer Henning Calvör (1686–1786) zu verdanken, wie er in seinem 1763 erschienenen zweibändigen Werk „Acta Historico" (genauer der Untertitel: „Historisch-chronologische Nachricht und theoretische und practische Beschreibung des Maschinenwesens und der Hülfsmittel bey dem Bergbau auf dem Oberharze") mit Genugtuung zur Kenntnis gibt: „Zu ihrer Einführung bey den Harzischen Bergwerken habe ich die erste Veranlassung gegeben." Das Wasser floß über einen Trichter und ein Fallrohr in einen zylinderförmigen Behälter, von dem im oberen Teil die Druckluftleitung, im unteren Teil die Ableitung für das überschüssige Wasser abzweigten. „Sie hat so stark geblasen", berichtet der innovative Pfarrer in seiner „Acta Historico", „daß in einer Nacht alle bösen Wetter auf dieser Grube vertrieben wurden, da vorher niemand mehr den halben Schacht hat hineinkommen können." Henning Calvör gilt übrigens als geistiger Vater der Bergakademie Clausthal und damit der heutigen Technischen Universität Clausthal.
Als weit entfernten Verwandten der Wassertrommel, der auch die umgebende Luft mitreißt, könnte man das Strahlgebläse bezeichnen, das gegen Ende des 19. Jahrhunderts zur Erzeugung des Wetterstroms eingesetzt wurde. „Diese beruhen, wie alle Strahlgebläse, auf dem Principe, daß ein Dampfstrahl, sobald er aus einer engen in eine weite Düse strömt, eine Luftleere erzeugt, durch welche die den Apparat umgebende Luft eingesogen und vermöge der ihr durch den Dampfstrahl ertheilten Geschwindigkeit fortgeführt wird" (Bersch). In Deutschland hatte die Firma Gebrüder Körting AG in Körtingsdorf bei

1

1 – Der braunschweigische Berghauptmann Georg Engelhardt Löhneyß zeigt in seinem „Bericht vom Bergwerck wie man dieselben bauen und in guten wolstande bringen sol", Zellerfeld 1617: „A Durch vier Unterschiedliche Windtfang ..., B Durch Lotten (Lutten) und (Blase-)Balgen ..., C Durch Rören und Balgen Wetter in die S(ch)acht zubringen".
2 – Leonardo da Vinci hatte bereits Ideen zum Kastengebläse, zum Schalen- und Kolbengebläse. Diese Skizzen aus dem „Codex Madrid I" beweisen, daß er sich um 1500 auch Gedanken über eine Windturbine gemacht hat. Umgekehrt angewandt, hätte sie auch als Gebläse dienen können.
3 – Georgius Agricola waren Mitte des 16. Jahrhunderts schon mehrere Methoden der künstlichen Bewetterung bekannt. Der Holzstich aus „De re metallica" zeigt einen Kreisellüfter, hier von einem Wasserrad getrieben. Er schreibt: „Wenn die Flügel auf einer Welle befestigt werden, so wird sie gewöhnlich in einer hohlen feststehenden Trommel angeordnet, die auf der einen Seite der Welle ein Getriebe hat, welches von einem Zahnrad auf einer niedriger gelagerten Welle angetrieben wird, die selbst wieder von einem Wasserrad in Umdrehung versetzt wird."

Hannover (1871 von Berth und Ernst Körting gegründet) die Strahlgebläse mit wichtigen konstruktiven Details für den Wettereinsatz perfektioniert.

Wenn das Wasser als Kolben dient

Es scheint, daß Leonardo da Vinci (1452–1519), überlebensgroßes Genie des ausgehenden 15. Jahrhunderts, um 1494 als erster daran dachte, einen unten offenen Kasten mit Kraftaufwand in einen Wasserbehälter zu drücken. Als er in die Oberseite ein Loch bohrte, schoß die unter Druck stehende Luft heraus. Damit hatte der Maler, Bildhauer, Mathematiker und Techniker Leonardo das Prinzip des Kastengebläses entdeckt. Übrigens hatte er auch beim Schalen- und Kolbengebläse hochintelligente Ideen.

Bewegte sich statt des Kastens ein zylindrischer Behälter im Wasser auf und ab und das Wasser fungierte praktisch als Kolben in diesem Zylinder, dann wurde diese Art der hydraulischen Luftpumpe Glockengebläse genannt. Wurde der Zylinder nach oben gezogen, saugte er durch ein Ventil die Luft an; wenn er sich senkte, trieb er die Luft durch ein anderes Ventil wieder hinaus. Um 1620 kam diese Art von Gebläse im Harz zum Einsatz. Erfinder waren laut Feldhaus die „Müllerbrüder M. und N. Schellhorn zu Schmalebuche in Koburg". Über ein Gestänge wurde die Rotation eines Wasserrades auf über zwei Meter hohe Zylinder übertragen, die abwechselnd in ihre Wasserbehälter eintauchten und über hölzerne Wetterlutten (Luftleitungsrohre) die verbrauchte Luft aus der Grube saugten. Diese Maschinen erlangten als „Harzer Wettersätze" Berühmtheit. Meist wurden sie vom Gestänge der Wasserhaltung mit angetrieben. Mitte des 18. Jahrhunderts pumpten sie auch in spanischen Bergwerken matte Wetter aus den Gruben, und 1775 kamen sie in der Bretagne zum Einsatz. Einen entscheidenden Nachteil dürften solche und ähnliche hydraulische Gebläse gehabt haben: Sie froren im Winter leicht ein. Joseph von Baader (1763 bis 1835), bayerischer Eisenbahnvorkämpfer, machte den Lüfter in England bekannt und baute 1788 im schottischen Edinburgh das Modell eines verbesserten Glockengebläses. 1798 wurde er Direktor des Maschinenwesens im bayerischen Bergbau, und ein Jahr später, 1799, sorgte ein Baadersches Gebläse in Weyerhammer für frische Grubenluft. Auf seinen Reisen nach England erkannte er vor allem die mögliche zukünftige Bedeutung

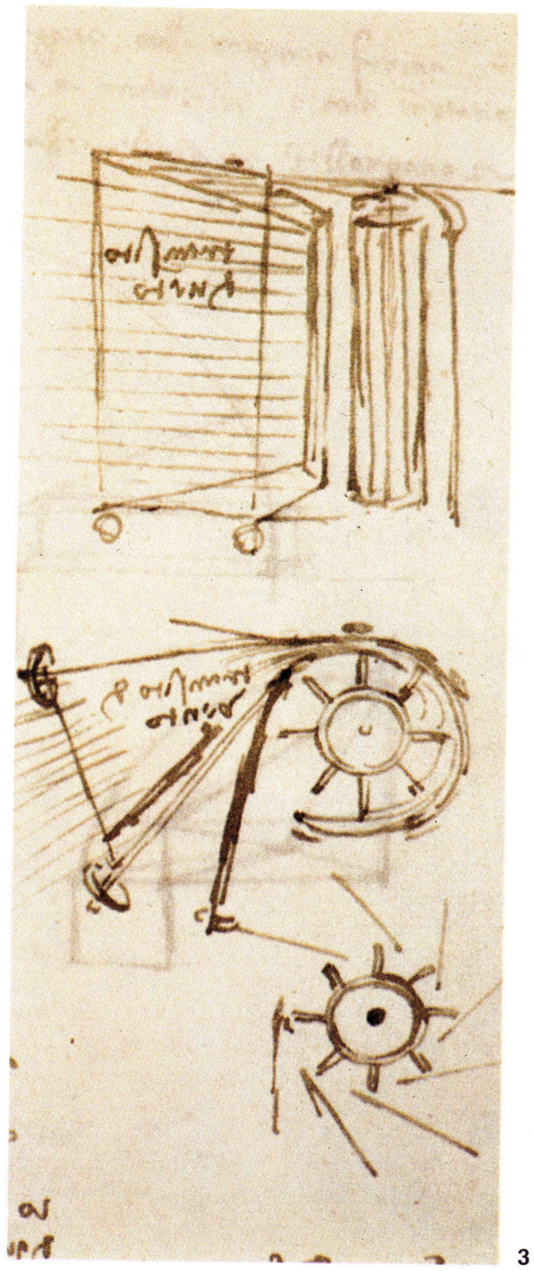

2

3

der Eisenbahn. 1814 erschien sein Buch „Ankündigung einer überall anwendbaren eisernen Kunststraße zur Erleichterung des Transportes als das vorteilhafteste Surrogat für schiffbare Kanäle“.
Joseph von Baader starb am 20. November 1835 in München, wenige Wochen bevor die erste deutsche Eisenbahn von Nürnberg nach Fürth dampfte.

Das biblische Alter der Druckluft

Das einfachste Gebläse und zugleich die erste Druckluftausrüstung bestand aus der menschlichen Lunge (Kompressor) und einem Blasrohr (Druckluftleitung). Ob das Blasrohr nun zuerst zum Anblasen eines Schmelzofens diente (wie eine Abbildung im ägyptischen Theben um 1800 v. Chr. zeigt) oder zum Abschuß eines Giftpfeils am Amazonas oder in Borneo, das mag dahingestellt sein. Jedenfalls hat der Einsatz des Energieträgers Druckluft schon ein biblisches Alter.
Balg- oder Schlauchgebläse aus einem Tierbalg, bei dem drei Beine zugebunden sind, im vierten ein Rohr steckt und in dessen Halsöffnung zwei parallele Hölzer als handbetätigtes Ventil dienten, sind die Vorläufer des Blasebalgs aus zwei durch Leder verbundenen Holzplatten. Abbildungen solcher Blasebälge im Bergbau sind seit dem 15. Jahrhundert bekannt. Sie waren vermutlich auch die ersten Geräte zur künstlichen Grubenbewetterung. Im Bergbau des Unterharzes sollen sie um 1620 eingesetzt worden sein.
Mit Druckluft kannten sich auch die alten Griechen bereits aus, und sie faßten die Druckluftmaschinen ihrer kreativen Ingenieure unter dem Sammelbegriff *Pneumatica* zusammen. Archimedes beschäftigte sich mit druckluftbetriebenen Kriegsmaschinen, auch Philon experimentierte mit Luft. Der Alexandriner Ktesibios baute ein Druckluftkatapult, und im 1. Jahrhundert v. Chr. beschrieb der Römer Vitruv eingehend ein Hubkolbengebläse (auch Zylindergebläse genannt), das aus bronzenen Zylindern und gut eingepaßten Kolben bestand, die als Dichtungsmittel „mit wolligen Fellen überzogen“ waren. Im 1. Jahrhundert n. Chr. stellte Heron eine Orgel vor, die die Luft für ihre Pfeifen von einem windradbetriebenen Hubkolbengebläse erhielt. Dann kam eine über tausendjährige Pause. Leonardo da Vinci beschäftigte sich zwar auch mit dem Hubkolbengebläse, aber erst ab etwa 1760 entstanden mit der Dampfmaschine als Antriebsmotor in England die ersten großen Zylindergebläse und versorgten Hochöfen

mit großen Mengen Frischluft. Natürlich wurden diese dampfbetriebenen Gebläse auch für die Wetterwirtschaft im Bergbau eingesetzt. Mitte des 19. Jahrhunderts hatten sie zahlenmäßig und mit Gebläsezylindern von bisweilen mehr als fünf Meter Durchmesser auch leistungsmäßig ihren Höhepunkt. Aber auch diese hohen Leistungen konnten den ungeheuren Frischluftbedarf speziell der Kohlenbergwerke nicht befriedigen. Hubkolbengebläse wurden zwar noch bis gegen Ende des 19. Jahrhunderts eingesetzt, aber mittlerweile wurden auch schon Zentrifugalgebläse in den Bergwerken verwendet. Denn, so Wilhelm Bersch: „Die Wirkung dieser Ventilatoren ist eine gewaltige, und indem sie die Luft aus dem Schachte aussaugen, wird dieselbe gezwungen, an einer anderen Stelle des Baues zuzutreten und denselben zu durchstreichen."

Agricola und das Zentrifugalgebläse

Trotz jahrtausendelanger Erfahrung mit Windrädern und Windmühlen dachten die Erfinder seltsamerweise nicht etwa zuerst an eine Umkehrung der Wind-Verhältnisse in Form eines Schrauben- oder Axialgebläses (Luft wird in Richtung der Achse angesaugt, beschleunigt und ausgestoßen), sondern konstruierten zuerst ein Zentrifugalgebläse (Radial-, Kreisel-, Schleuderrad- oder Fliehkraftgebläse bzw. -lüfter). Ein in einem Gehäuse laufendes Kreiselrad saugt Luft radial an, verdichtet sie und befördert sie nach dem Prinzip der Kreiselpumpe radial an ihren Bestimmungsort. Und ebensolche Kreiselgebläse oder -lüfter wurden nach der Beschreibung von Georgius Agricola im innovationsfreudigen sächsischen Bergbau schon im 16. Jahrhundert eingesetzt.

Das Laufrad hatte vier Flügel, angeordnet wie die Schaufeln bei einem Wasserrad, und drehte sich in einer Trommel. Zum Antrieb dachte Agricola an ein Wasserrad oder auch an Windkraft.

Radialgebläse: die Stunde der Erfinder

Besondere Verbreitung scheint das Zentrifugalgebläse damals aber nicht gefunden zu haben, denn der französische Physiker, Dampfmaschinen- und Tauchboot-Experimentator Denis Papin (1647–1712) erfand es 1689 zur Belüftung seines U-Bootes noch einmal. Allerdings wies sein Laufrad erheblich mehr Flügel auf, und das Gerät sollte auch als Zentrifugalpumpe Verwendung finden können. Im 18. Jahrhundert mußte die Pariser Akademie der Wissenschaften gleich mehrmals Zentrifugalgebläse begutachten: 1716 stellte ein Baron de Knoppers eine Siebmaschine mit Kreiselgebläse vor; 1728 wurde der französische Ingenieur Terall mit einem solchen Gebläse vorstellig und wies sogar auf seinen Vordenker Agricola hin. Für die Grubenbewetterung wurden die Zentrifugalgebläse erst wieder im 19. Jahrhundert eingesetzt. Und da stürzten sich eine ganze Menge Erfinder mit kreativem Eifer in die Entwicklungsarbeit.

Einer der Wetter-Ingenieure der ersten Stunde war der Russe A. A. Sablukow, Konstrukteur einer Kreiselpumpe. Er entwickelte 1832 ein einwandfrei arbeitendes Kreiselgebläse, das zwei Jahre später in einem Erzbergwerk im Altai eingesetzt werden konnte. Für Frankreichs Bergwerke war Jules Guibal (1813–1888) kreativ. Er stammte aus Toulouse und war Professor an der École des Mines im Industriegebiet des belgischen Hennegau (Hainaut). Als einer der ersten Wissenschaftler führte er Untersuchungen zur Grubenbelüftung und zur Luftzusammensetzung durch. Sein Guibal-Ventilator (Gebläse) von 1860 hatte eine relativ geringe Anzahl schwach gekrümmter Schaufeln. Die Luft wurde axial auf beiden Seiten angesaugt, mit einer Kapazität von 2000 bis 3000 Kubikmeter pro Minute. Das verhältnismäßig langsam (30–60 U/min) drehende Laufrad hatte bis 12 Meter Durchmesser und war bis zu 3,50 Meter breit, und das bedeutete großes Gewicht und ebenso große Herstellungskosten. Aber fast alle Bergbauländer bauten das Gebläse in ihren Gruben ein, vor allem Frankreich und Belgien, England und die Vereinigten Staaten. Im deutschen Bergbau wurden sie speziell im Revier von Saarbrücken und in Oberschlesien viel eingesetzt.

In Deutschland beschäftigten sich zwei Fachleute auf dem Gebiet der Wasserhaltung auch mit dem Schleudergebläse: Franz Ritter von Rittinger und Carl Kley. Der Kley-Ventilator war eine Weiterentwicklung des Guibal-Gebläses. Er hatte gerade, sich zum Ende hin verjüngende Schaufeln, einen Diffusor (Verteiler) und einen spiralförmigen Einlauf, der die Luft ohne Stoß und Energieverlust dem Laufrad zuleitete. Weitere Vorschläge stammten unter anderem von Lloyd (einfachste und älteste Konstruktion), Pelzer (eine Verbindung von Schrauben- und Zentrifugalgebläse), Geisler und Mortier. Weite Verbreitung fand auch ein Schleudergebläse, das in den achtziger Jahren des vorigen Jahrhunderts in England entstand. Erfinder war der Ingenieur George M. Capell aus Pattenham. Er erhielt auf seinen Capell-Lüfter das Deutsche Reichspatent Nr. 25273. Das Gerät brachte bei relativ kleinen Abmessungen ganz erstaunliche Luftleistungen zustande. So wurde 1892 auf der Zeche Holland bei Wattenscheid eine solche Wettermaschine aufgestellt, die mit einem Flügelrad von 3,8 Meter Durchmesser und 1,8 Meter Breite eine Wettermenge von 4600 Kubikmeter pro Minute bei 60 Umdrehungen pro Minute schaffte. Spätere Anlagen, etwa auf der Zeche Pluto bei Wanne, sorgten in der Minute sogar für 8000 Kubikmeter frische Wetter.

Für enge und schwierige Gruben: der Rateau-Lüfter

Im Jahr 1892 erschien in Frankreich eine bemerkenswerte Schrift mit dem Titel „Considérations sur les turbo-machines et en particulier sur les ventilateurs" (Betrachtungen über rotierende Maschinen und insbesondere über Ventilatoren). Verfasser war der spätere Dampfturbinenkonstrukteur und Professor an der École Nationale de Saint-Etienne Auguste Rateau (1862–1930). Rateau war 1887 auf das Problem der Wetterführung speziell in Kohlenbergwerken aufmerksam geworden. Mit System begann er, die dazu erforderlichen Maschinen zu studieren. Das Ergebnis war zum einen eine brillante Studie, die durch ihre klare Darstellung und die praktischen Vorschläge bei den zuständigen Stellen Aufmerksamkeit erregte, und zum anderen der Rateau-Lüfter mit seinen doppelt gekrümmten Schaufeln, der sich seit den neunziger Jahren überall im Bergbau (besonders in engen und schwer zu ventilierenden Gruben) auszubreiten begann und zusammen mit der Capell-Wettermaschine die Technik der Grubenbewetterung ein gutes Stück voranbrachte.

In Deutschland wurden die Rateau-Lüfter von der Schüchtermann & Kremer-Baum AG in Dortmund gebaut. Weitere Wettermaschinen waren unter anderem der Sirocco aus England, der Hohenzollernlüfter oder der Lüfter der Westfalia-Dinnendahl-Gröppel AG.

Von Theorie und Praxis der Wetterführung

Rateau gehörte auch zu den Wissenschaftlern, die theoretische Untersuchungen über Konstruktionsverhältnisse, Luftströmungen und Wirkungsgrad der Zentrifugallüfter insbesondere und die Wetterbewegungen in Bergwerken im allgemeinen

durchführten. Überhaupt waren die Franzosen auf dem Gebiet der Wetterwirtschaft sehr rührig. Charles Pierre Matthieu Combes (1801–1872), Direktor der Grube von Firminy und ab 1857 Leiter der École des Mines von Paris, lieferte grundlegende Arbeiten über die Wetterführung und Ventilatoren und konstruierte 1838 zur meßtechnischen Überwachung der Wetterbewegung ein Flügelanemometer. Es wurde zur Messung der Geschwindigkeit des Wetterzuges in vielen Bergwerken eingesetzt. (Vorgänger des Anemometers entwarfen Leonardo da Vinci und Gottfried Wilhelm von Leibniz.)
Mit den kräftigen Gebläsen allein war es schließlich nicht getan, sondern die Wetterführung mußte in einem komplizierten System funktionieren. So wurden zur Regulierung, Aufteilung und Absperrung des Wetterzugs in den Grubenräumen sogenannte Wettertüren eingesetzt. Sie konnten entweder von selbst zufallen oder wurden „in Strecken mit lebhafter Förderung von jugendlichen Arbeitern geöffnet und geschlossen“, so ein Lexikon der Jahrhundertwende. Und zu diesem System gehörte selbstverständlich auch die Sonderbewetterung mit hölzernen Lutten oder Zinkblechrohren an den Firsten der Strecken, deren Wetterstrom zunächst etwa durch Wettertrommeln (kleine handbetriebene Radialventilatoren), später dann durch elektrische Luttenlüfter aufrechterhalten wurde.
Auch der französische Ingenieur Daniel Murgue (1840–1918), Direktor der Gruben von Montrambert und La Béraudière (Loire), trug wesentlich zur Verbesserung der Wetterführung bei. Er konstruierte ein sehr genaues Anemometer und untersuchte damit die Strömungsgeschwindig-

1

2

1 – Das Prinzip des Kreisel-, Schleuder- oder Zentrifugalgebläses erlebte im 19. Jahrhundert durch bessere Formgebung eine vielfältige Renaissance. Sehr weit verbreitet war das System des britischen Ingenieurs George M. Capell, hier als Hauptlüfter 1907 gebaut von R. W. Dinnendahl (Flügelraddurchmesser 3200 mm, 175–280 U/min, Fördermenge 5700–9000 m^3/min).
2 – Dem Luttenlüfter System Rateau, gebaut von Schüchtermann & Kremer 1907 (Flügelraddurchmesser 500 mm, 1200 U/min, Fördermenge 216 m^3/min), sieht man an, daß sein Konstrukteur Auguste Rateau sich später dem Entwurf von Dampfturbinen zuwandte.

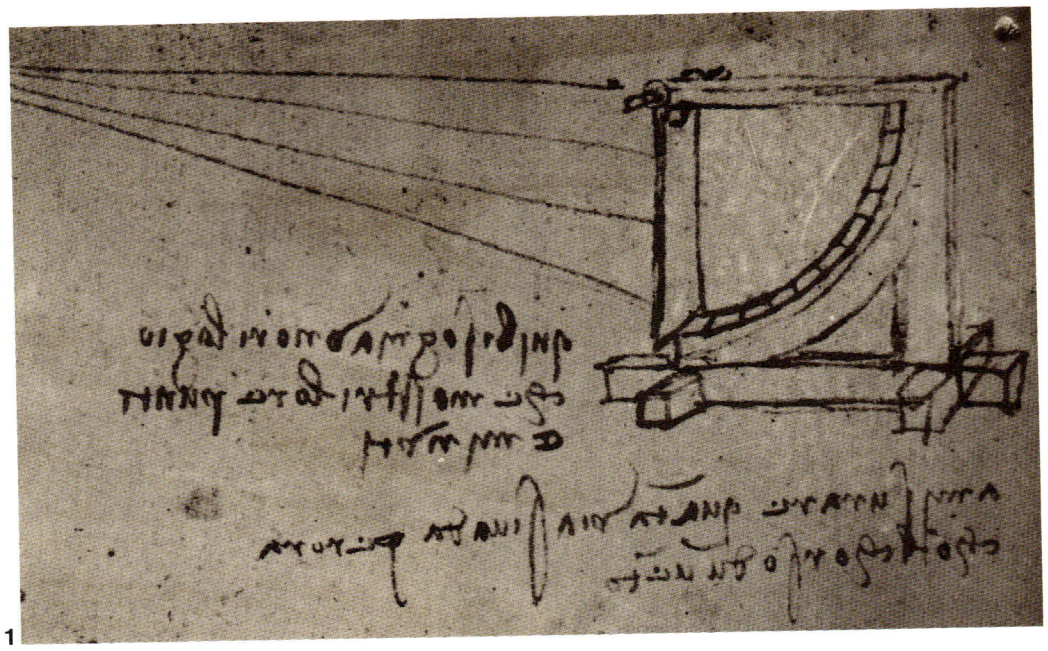

1

2

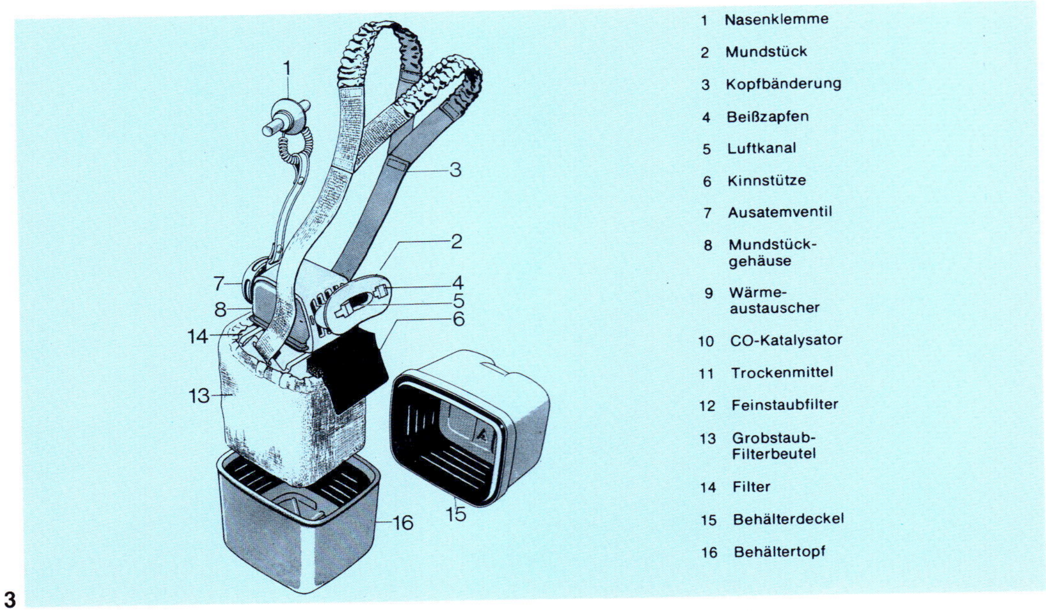

3

4

keiten in den Stollen und Schächten. Später untersuchte er auch die Wetterführung in der Pariser U-Bahn.
Bei den Erfindern von Windmessern darf der irische Astronom Armstrong Thomas Romney Robinson nicht vergessen werden. Er erfand 1846 das Schalenkreuz-Anemometer, auch Robinson-Schalenkreuz genannt.

Die Geschwindigkeit des Wetterstroms

Aber in den Bergwerken waren schließlich nicht nur die Strömungsgeschwindigkeiten der Wetter als Meßgrößen interessant. Die Untersuchungen zu schlagenden Wettern des Franzosen Taffanael und des Deutschen Beyling wurden schon erwähnt. Der Franzose Gustave Léon (1863–1916) erfand um 1900 einen tragbaren Grubengasmesser, der mit Hilfe einer Wheatstoneschen Brücke funktionierte. Das Gerät war aber erst 1929 wirklich einsatzbereit. Um 1910 entwickelte die Firma Carl Zeiss einen Schlagwetter-Messer in Form eines Interferometers. Anzeigegeräte für Kohlenmonoxid boten die Auergesellschaft in Berlin und das Drägerwerk in Lübeck an. Mitbegründer und späterer Alleininhaber des Drägerwerks war Bernhard Dräger (1870–1928), Ingenieur, Erfinder und Pionier auf dem Gebiet des Grubenrettungswesens.
Auch die Firma Rudolf Fuess in Berlin-Steglitz hatte sich unter anderem auf Meßgeräte zur Überwachung des Wetterstroms spezialisiert. Die Firma wurde 1875 von Rudolf Fuess (1838–1917) gegründet. So wurden unter Tage unter anderem ihr Aneroidbarometer und ihr Hitzedraht-Anemometer eingesetzt. Sehr genaue und zuverlässige Luftdruckmessungen, um ein anderes Beispiel zu nennen, ließen sich in den Gruben mit dem Askania-Minimeter durchführen. Die Askania-Werke AG, zuerst in Dessau, dann in Berlin, wurde 1871 von Carl Bamberg als Instrumenten- und Apparatebau-Unternehmen gegründet. Auch ein Österreicher ist als Untertage-Techniker zu nennen: 1895 konstruierte der Ingenieur Pilar Mayer ein Grubenrettungsgerät in Form einer Atemmaske mit Sauerstoffbehälter und Lufterneuerer.
Und mit der Theorie der Ventilatoren und Wetterführungen beschäftigten sich in Deutschland unter anderen der Zivilingenieur, Maschinenbauer und Professor Karl Fink (1821–1888) sowie Julius Ludwig Weisbach (1806–1871), der deutsche Fachmann des Maschinenbaus im 19. Jahrhundert.

6

Schraubengebläse und Methanverdünnung

Während die ersten Gebläse und Lüfter noch Schaufeln und Gehäuse lediglich aus Holz aufwiesen und von Dampfmaschinen angetrieben wurden, verbesserte sich die Technologie im ausgehenden 19. und dann im 20. Jahrhundert durch den Werkstoff Stahl, durch Elektromotoren und durch beachtliche Fortschritte in der Aerodynamik. So wurde auch etwa seit 1930 der Axiallüfter (Schraubenlüfter) mit seinem mehrblättrigen Propeller für die Wetterwirtschaft in Bergwerken interessant, und das nicht nur im Kleinformat als besonders geeigneter sogenannter Luttenlüfter für Sonderbewetterungen.

Als Vorläufer des Schraubengebläses kann das 1809 erfundene Spiralgebläse des französischen Ingenieurs und Erfinders einer Sirene Charles Cagniard Baron de Latour (1777–1859) gelten. Das Cagniardelle genannte Gebläse bestand aus einer schräg liegenden archimedischen Schraube, deren Unterteil bis in Höhe der Achse ins Wasser tauchte. Bei Drehung gab sie einen kontinuierlichen Luftstrom ab. Seit der amerikanische Ingenieur Schuyler Skaats Wheeler 1882 den ersten elektrischen Tischventilator mit einem zweiblättrigen Propeller auf den Markt brachte, wurde dieser Gebläsetyp noch um die Jahrhundertwende fast nur für Lüftungsanlagen in Wohn- und Arbeitsräumen eingesetzt.

Erst die wissenschaftliche Betrachtung der Windturbinen und die aerodynamischen Forschungen für Flugzeuge trugen ihren Teil dazu bei, diesen Gebläsetyp mit einem oder auch zwei Flügelrädern (Propellern) auch für die Grubenbewetterung in-

1 – Noch nicht an die Messung des Wetterzuges in einer Grube dachte Leonardo da Vinci, als er um 1500 dieses Pendelanemometer skizzierte.
2 – Ein Wettermeßgerät wie das von Rudolf Fuess arbeitet mit einem Flügelrad.
3, 4 – In schlagwettergefährlichen Gruben soll der Bergmann ständig einen Filterselbstretter bei sich tragen. Die Skizze verdeutlicht die Funktionsweise.
5 – Als im Mai 1955 auf der Zeche Dahlbusch drei Bergleute eingeschlossen waren, ließ Eberhard Au einen torpedoförmigen Stahlblechzylinder zusammenschweißen. Durch eine Rettungsbohrung konnten die Eingeschlossenen damit lebend geborgen werden. Seitdem hat sich diese Dahlbusch-Bombe immer wieder bewährt.
6 – In allen modernen Zechen sind gut ausgerüstete und ausgebildete Grubenwehren ständig einsatzbereit.

teressant zu machen. Zuerst erschien er im nordamerikanischen Steinkohlenbergbau und in den südafrikanischen Goldgruben. Propeller mit über vier Meter Durchmesser sorgten für über 12000 Kubikmeter Abwetter pro Minute (moderne Windkanalgebläse schaffen etwa 5000 Kubikmeter Luft pro Sekunde). Der Wirkungsgrad lag bei bemerkenswerten achtzig Prozent. Ihr Vorteil bestand vor allem in geringeren Kosten und einem guten Anpassungsvermögen an veränderte Grubenweiten und Wettermengen. In Deutschland nahmen unter anderem die Siemens-Schuckertwerke AG und die Firma Kühnle, Kopp und Kausch in Frankenthal die Produktion von Schraubenlüftern für Bergwerke auf. Heute sind es sowohl axial als auch radial arbeitende Grubenlüfter, die an den ausziehenden Schächten arbeiten und für einen frischen Wind in der Grube sorgen.

Mit den gewaltigen Frischwettermengen ließ sich das Problem der Grubengase zwar in den Griff bekommen, aber da man kein Mittel hatte, das Luft-Methan-Gemisch über Tage wieder zu trennen, wurden ungeheure Energiereserven buchstäblich in die Luft geblasen. Eine Lösung fand schon der belgische Ingenieur Baudouin Souheur aus Seraing. Am 28. Juli 1901 erhielt er das Deutsche Reichspatent Nr. 139694 auf ein „Verfahren zum Entfernen und Verwerten der Grubengase aus Bergwerken und aus Kohlemassen durch Absaugen der Gase".

In der Patentschrift führte Souheur aus, daß verschiedene Versuche, das gefährliche Grubengas durch Luftpumpen über Tage abzupumpen, nicht sonderlich erfolgreich waren, „weil man das Gas nur an den höchsten Stellen der Arbeitspunkte oder den Punkten des Abbaues, an welche der Bergmann schon vorgedrungen ist", absaugte, und da hatte sich das Gas schon längst mit den frischen Wettern zu Schlagwettern vermischt. In seinem Patentanspruch führte Souheur aus, daß sein Verfahren dadurch gekennzeichnet sei, „daß in die Kohlenflöze oder in das Gestein Löcher gebohrt und in diese mit einer Leitung verbundene Saugröhren derart eingeführt werden, daß das Grubengas aus dem Inneren der Kohlenflöze oder der grubengashaltigen Kohlenmasse abgesaugt und in natürlichem Zustande ohne Luftbeimengungen gewonnen wird".

Dahlbusch-Bombe und Grubenwehren

Was passieren kann, wenn durch Abschaltung eines Ventilators der Hauptwetterzug unterbrochen wird, das zeigte die Explosionskatastrophe in der Schachtanlage 3/4 der Kohlenzeche Nordstern in Gelsenkirchen-Horst am 26. Juni 1955. Die Frischluftzufuhr hörte auf, Grubengas und Kohlenstaub bildeten mit Luft unter Tage ein hochexplosives Gemisch. Zwar dürfen sich bei Abschalten eines Ventilators keine Kumpel unter Tage aufhalten, aber durch haarsträubende Kommunikationsfehler und Fahrlässigkeit fuhren ein Grubensteiger und dreizehn Bergleute zu Sprengarbeiten ein. Es kam zu einer Explosion, die alle vierzehn Bergleute tötete. Am 3. August desselben Jahres 1955 kamen bei einer Schlagwetterexplosion auf der Zeche Dahlbusch in Gelsenkirchen 42 Kumpel ums Leben. Die hohe Zahl der Opfer ließ sich vor allem dadurch erklären, daß die meisten der betroffenen Bergleute ihre CO-Filterselbstretter nicht bei sich hatten. Diese kleinen Geräte waren zu Beginn des Jahres 1954 auf der Zeche eingeführt worden, nachdem sie in langjähriger Forschungsarbeit vom Drägerwerk entwickelt worden waren. Sie schützen den Träger bis zu zwei Stunden vor giftigen Kohlenmonoxidgasen, setzen allerdings einen Sauerstoffgehalt von 16 bis 18 % in der Grubenluft voraus. Inzwischen gehören sie zur selbstverständlichen Ausrüstung in allen grubengasgefährdeten Bergwerken.

Im Mai 1955 hatte der Einbruch eines Schachts in 855 Meter Tiefe auf derselben Zeche Dahlbusch, bei dem drei Bergleute verschüttet wurden, die Erfindung eines Rettungsgeräts angeregt, das als „Dahlbusch-Bombe" in die Geschichte der Rettungstechnik einging und in Zechen in aller Welt nachgebaut wurde. Konstrukteur des torpedoförmigen Geräts mit zweieinhalb Meter Länge und vierzig Zentimeter Durchmesser aus vier Millimeter starkem Stahlblech war der Diplomingenieur Eberhard Au (geb. 1921), Wirtschaftsingenieur der Grube Dahlbusch. Unter Mitwirkung des Betriebsdirektors Molwitz und der Techniker Bischoff und Mosblech wurde die Bombe zusammengeschweißt, ein 406 Millimeter weites Loch zu den eingeschlossenen Kumpeln gebohrt und die Rettungskapsel hinuntergelassen. Alle drei wurden gerettet. Eberhard Au meldete seinen Rettungstorpedo niemals zum Patent an, denn, so der Erfinder: „Hauptsache, die Kerle kommen raus." Und sie kamen raus: Allein bei der Bergwerkskatastrophe von Lengede im Oktober 1963 verdankten vierzehn Bergleute der Dahlbusch-Bombe ihr Leben.

Um den Gefahren unter Tage, von Strebbrüchen über Erdrutsche und Grubenbrände bis zu Schlagwetterexplosionen und Wassereinbrüchen rasch begegnen zu können, wurden im Ruhrgebiet schon sehr früh Grubenwehren und Rettungstrupps

1

ausgebildet. 1910 gründeten die Bergwerksgesellschaften des Ruhrreviers in Essen die zentrale „Hauptstelle für das Grubenrettungswesen", die heute über dreißig Grubenwehren unterstützt und betreut.

Neben menschlicher Hilfeleistung ist auch die Technik von größter Wichtigkeit. Ein dichtes Netz von elektronischen Meßgeräten wie CO-Schreibern in den Grubenbauen gibt deren Werte an einen Computer in der Grubenwarte über Tage und zeigt den Gasgehalt der Wetter an. Grubenbrände lassen sich dadurch rasch erkennen. Auch Handmeßgeräte spielen eine wichtige Rolle. Die Wetterlampen als Gaswarngerät sind heute ebenfalls weitgehend durch Elektronik ersetzt. So entwickelte Karl-Friedrich Luft von der DMT-Gesellschaft für Forschung und Prüfung in Essen mit dem UNOR ein in aller Welt verbreitetes Meß- und Warngerät für Grubengas.

2

Das Geleucht

„Gib acht aufs Licht, verfahr dein Schicht", lautet ein alter Bergmannsspruch. Und das war bis ins 19. Jahrhundert hinein bei Luftzug, Tropfwasser und Schlagwetter unter Tage ein sicherlich guter, aber wohl nicht immer leicht zu befolgender Rat. Jahrtausendelang war in der Beleuchtungstechnik über Tage kein wesentlicher Fortschritt zu verzeichnen und dementsprechend unter Tage natürlich auch nicht. Die offene Flamme in Form von Kienspan, Fackel, Kerze und Öllampe beleuchtete mehr schlecht als recht qualmend, stinkend und flackernd die Arbeit vor Ort. Die ersten Sicherheitslampen verhinderten zwar weitgehend die gefürchteten Schlagwetterexplosionen, aber wesentlich mehr Licht brachten sie auch nicht in die dunkle Grube. Als zu Beginn des 19. Jahrhunderts endlich Gaslichter die Städte erhellten, mußten die Kumpel unter Tage auf diese neue Errungenschaft zunächst verzichten. Fast ein Jahrhundert nach der Einführung des Gaslichts über Tage holten sie sich dann mit der Carbidlampe ein helles Gaslicht in die Gruben. Schließlich trat über und unter der Erde der elektrische Strom seinen Siegeszug an.

Vom Kienspan zur Öllampe

Die erste Entwicklungsstufe des bergmännischen Geleuchts unterscheidet sich nicht von den beleuchtungstechnischen Bemühungen über Tage (siehe Band „Textil · Bauen und Wohnen · Beleuchtung"). Abgesehen vom brennenden Ast aus der Feuerstelle, etwas vornehmer als Holzfackel bezeichnet, war aller Wahrscheinlichkeit

1 – Dem Kumpel liegt seine Bergmannslampe, das Geleucht, besonders am Herzen. Mit seiner Freiberger Blende hat sich dieser Bergmann aus einer Silbergrube im sächsischen Freiberg 1895 in ein Fotoatelier begeben.

2 – Die Lampe mit offenem Feuer zeigt als Grubenleuchte eine große Formenvielfalt. Von links nach rechts, oben: offene Froschlampe aus Messingguß für Fettbrand, um 1830 gebräuchlich; geschlossene Froschlampe aus Eisenblech für Ölbrand, um 1900; geschlossene Öllampe aus Messing um 1915, auch in der Freiberger Blende verwendet; Obernkirchener Handschelle, um 1900; unten: schottische Kopfschelle, um 1900; Karbid-Hutlampe aus dem Mansfelder Bergbau, nach 1945; Linsenlampe für Öl- und Fettbrand, um 1880; Karbid-Handlampe aus Messing, Steigerlampe.

nach der Kienspan die erste halbwegs vernünftige Lichtquelle. Der hohe Harzgehalt des Tannen-, Kiefern- oder Fichtenholzes (bisweilen auch Lärche) bewirkte, daß der Span ziemlich langsam und mit gleichmäßiger Flamme abbrannte. Im oberösterreichischen Steinsalzbergbau der Hallstattzeit wurden in der ersten Hälfte des letzten vorchristlichen Jahrtausends Kienspanfackeln unterschiedlicher Länge verwendet, kurze, mit dem Mund gehaltene Späne bei der Ein- und Ausfahrt und über einen Meter lange, in Felsspalten gesteckte Späne als ortsfeste Beleuchtung. Beim nächsten Schritt halfen die frühen Beleuchtungstechniker der Natur etwas nach: Span oder Stabfackel wurden am oberen Ende mit Bienenwachs, Pech oder Harz bestrichen. Kerzen aus Bienenwachs und Talg waren schon seit dem 1. Jahrhundert n. Chr. bekannt und dienten rund 1900 Jahre lang unter Tage als Arbeitslicht.

Einen zu einer Schale ausgehöhlten rötlichen Sandstein mit flachem Handgriff und Dochtkerbe, gefüllt mit ausgelassenem Fett, benutzten Cromagnonmenschen vor rund 20000 Jahren in der Höhle von La Mouthe in der Dordogne. Die weltberühmten Malereien in der Höhle von Lascaux entstanden beim Licht von Leuchtschalen aus Ton. Lampen mit geschlossenem Ölbehälter kamen um 600 v. Chr. auf. Am Prinzip dieser einfachen Verbrennungslampe änderte sich lange Zeit überhaupt nichts, was sich veränderte, das waren einmal die Brennstoffe (Tran, tierische und pflanzliche Öle, manchmal sogar Erdöl) und zum anderen Materialien und äußere Form. Etwa vom 16. Jahrhundert an kamen Lampen aus preiswertem Eisenblech auf. Je nach ihrer Form hatten solche Gruben-Öllampen Namen wie „Frosch“, „Schiffchen“, „Vögelchen“ oder „Kopfschelle“. Kurt Repetzki schrieb in einem Beitrag zur Geschichte der Grubenlampe: „Im Flackerlicht von 1–1,4 Normalkerzen solcher Fett- und Öl-Lämpchen haben die alten Bergleute Edelmetalle, Kupfer- und Zinnerze sowie dauerhafte Bausteine gefördert, kilometerlange Tunnel vorgetrieben, die Ingenieure des alten Griechenland, in Ägypten und Rom Tempel, Pyramiden, Thermen und Arenen entworfen, die Könige und Bürger Feste gefeiert.“

Wenn unter Tage das Licht ausgeht

Es waren aber nicht nur die „alten Bergleute“, die mit Öllampen auskommen mußten. Selbst im 20. Jahrhundert wurden, wenn auch selten, auf schlagwetterfreien Gruben noch immer einfache und in der Anschaffung sehr preiswerte Rüböllampen eingesetzt. Sie hatten die Form einer kleinen Kaffeekanne mit unten angesetzter Gießtülle, durch die der geflochtene Docht ins Freie trat, und einem oben angebrachten spitzen Traghaken. Als Brennstoff diente entweder reines Rüböl oder, aus Kostengründen, ein Gemisch aus Rüböl und Petroleum je zur Hälfte. Mehr Petroleum war nicht ratsam, weil die Flamme sonst zu stark rußte. Und das war auch der Grund, warum sich die offene Petroleumlampe unter Tage nicht durchsetzte, während sie über Tage, ausgestattet mit einem zerbrechlichen Glaszylinder, wahre Triumphe feierte und damit Rockefeller noch reicher machte. Ausprobiert wurde sie aber schon sehr früh, und zwar 1819 in den Erzbergwerken am Fuß der Karpaten im erdölreichen Galizien.

Wenn ein kräftiger Wetterzug oder Tropfwasser die offene Flamme unter Tage zum Erlöschen brachte, dann gab es bis zum Beginn des 19. Jahrhunderts nur die recht mühsame Methode des Funkenschlagens mit Stahl und Stein, um wieder Licht zu machen. Das änderte sich erst ab 1805, als der Franzose Chancel sein *„Briquet oxygéné“*, sein Tunk- oder Tauchfeuerzeug, erfand. Es bestand aus Hölzchen, die an einem Ende unter anderem mit Schwefel und Kaliumchlorat getränkt waren, und aus einem Fläschchen mit konzentrierter Schwefelsäure (später mit Schwefelsäure getränkter Asbest). Wurde das Hölzchen in die Säure getaucht, entzündete sich das Kaliumchlorat. Bequemer zu handhaben waren dann schon die Reibehölzchen des englischen Apothekers John Walker (1781 bis 1859) aus Stockton on Tees, Durham. Der Streichholzkopf bestand aus einer Mischung von Kaliumchlorat, Antimontrisulfid und Gummiarabikum. Als Reibefläche diente ein Streifen Sandpapier. Walker verkaufte die erste Schachtel seiner *„Friction Matches“* im April 1827. Diese zündenden Ideen schätzte Kurt Repetzki so ein: „Die Bedeutung dieser Erfindungen und ihrer Verbesserungen für den Bergbau ist unermeßbar.“

Für schlagwettersichere Gruben: die Carbidlampe

Die ersten wirklich hellen Handlampen konnten hergestellt werden, als das Licht aus dem Acetylen kam. Das Acetylen, das mit helleuchtender Flamme brennt, wurde 1836 von Humphry Davy entdeckt. Der deutsche Chemiker Friedrich Wöhler (1800–1882) entdeckte 1862 das Calciumcarbid und zeigte, daß bei seiner Zersetzung mit Wasser unter Wärmeentwicklung das Gas Acetylen entsteht. Mit dieser Entdeckung schuf er die Grundlage für die Acetylenherstellung auf Kohlebasis und damit für einen bis in die sechziger Jahre dieses Jahrhunderts wichtigen Ausgangsstoff für chemische Produkte (Acetylenchemie).

Die Herstellung des Calciumcarbids nach dem Lichtbogenverfahren (Schmelzen von gebranntem Kalk und Kohle im elektrischen Ofen) erfanden 1892 unabhängig voneinander der französische Chemiker Henri Moissan (1852–1907), Nobelpreisträger von 1906, und der Kanadier Thomas L. Wilson. Kurz danach gingen in den USA die ersten Carbidöfen in Betrieb. Von diesem Zeitpunkt an trat die Carbidlampe, profitierend von den Erfahrungen mit der Gasbeleuchtung, ihren Siegeszug an, unter anderem als Fahrradlampe. Sie ersetzte etwa von 1895 an auf schlagwetterfreien Gruben fast überall die Öllampe. Das Acetylen wurde in den Lampen selbst durch eintropfendes Wasser und Carbidbröckchen erzeugt. Die Lampe hatte eine hohe Leuchtdichte, brannte selbst in matten Wettern gut und konnte auch einem starken Wetterzug widerstehen. Sie wurde schließlich auch als Carbid-Kopflampe (der Brenner war über einen Schlauch mit dem Gaserzeuger verbunden) und als Carbid-Wetterlampe angeboten (die aber um 1921 in allen Ländern verboten wurde).

Wenn offene Flammen zu gefährlich sind

Es war schon im 17. Jahrhundert bekannt, daß die offene Flamme der Grubenlampen speziell in Kohlenbergwerken zur tödlichen Gefahr werden kann, wenn sich die „Feuerdämpfe“, die schlagenden Wetter aus einem Methan-Luft-Gemisch entzünden. Trotzdem machte man bisweilen noch immer Dämonen für dieses unheimliche Phänomen verantwortlich, holte den Pfarrer und versuchte die bösen Geister durch Stockschläge und Tücherwedeln aus der Grube zu vertreiben. Todesmutige Freiwillige gingen vor der Schicht als „Feuermänner“ in die Tiefe und zündeten das Grubengas mit einer Fackel an. „Mit einer ‚ewigen Lampe‘ wollte man das Gas in dem Maße verbrennen, als es sich entwickelte, durch Chlorgas es chemisch zersetzen, durch elektrische Zünder die schlagenden Wetter von Zeit zu Zeit in ‚ungefährlichen‘ Mengen zur Explosion bringen, das Gas in besonderen Entzündungsbehältern sammeln und die Verbrennungsproducte oder das Gas selbst in Röhren zu Tage leiten. Indessen keiner dieser Pläne hatte einen praktischen Er-

folg. Bewährt hat sich nur eine gute Ventilation des Bergwerks" (Bersch).
Aber mit der wissenschaftlichen Erforschung der Ursachen für die Explosionsgefahren unter Tage kamen auch die ersten Vorschläge für schlagwettergeschützte Lampen. Um 1730 erfand der Grubenaufseher Carlisle Spedding (1696 bis 1755) in Whitehaven, Cumberland, seine *flint-and-steel-mill*, eine Feuerstein-Stahl-Mühle. Über ein Zahnradgetriebe wurde eine Stahlscheibe in schnelle Rotation versetzt und dann ein Feuerstein dagegen gedrückt. Die Funkengarbe erleuchtete mehr schlecht als recht das Dunkel unter Tage. Spedding hatte persönliches Interesse an einem sicheren Geleucht, weil er bei einer Grubengas-Abflammung bei Newcastle upon Tyne Verbrennungen erlitten hatte. Diese Stahlmühle verbreitete sich rasch in englischen und kontinentalen Gruben, weil man der sicheren Überzeugung war, daß die Funken zur Entzündung der Schlagwetter nicht heiß genug seien. Das war ein Irrtum. 1785 löste eine Stahlmühle in Wallsend doch eine Schlagwetterexplosion aus. Aber Carlisle Spedding erlebte diesen Irrtum nicht mehr. Er starb im August 1755 bei einer Explosion in einer der Gruben von Whitehaven.

Die Erfindung der Wetterlampe

Eine andere Schlagwetterexplosion, nämlich am 25. Mai 1812 auf der Grube Brandling Main im Bezirk Durham, die 92 englische Kumpel das Leben kostete, führte am 1. Oktober 1813 zur Gründung der Society in Sunderland for Preventing Accidents in Coal Mines, der Gesellschaft zur vorbeugenden Unfallbekämpfung in Kohlengruben. Mitglied war ein irischer Arzt namens William Reid Clanny (1776 bis 1850), der am 20. November 1815 die erste brauchbare Sicherheitslampe unter Tage testen ließ. In einem mit Glasfenster versehenen Behälter befand sich eine Kerze. Der Behälter stand mit dem unteren Teil in einem Wassertank. Die von einem Blasebalg gelieferte, zur Verbrennung erforderliche Luft wurde durch den Wassertank zur Flamme geleitet. Die Verbrennungsgase verließen die Lampe durch einen zweiten Wassertank über dem Kerzenbehälter. Das System Clanny war zwar etwas unbequem, aber entschieden lichtstärker und auch sicherer als der Funkenregen der Stahlmühle. Clanny hatte an der Universität von Edinburgh Medizin studiert und war zuerst bei der Marine, bevor er sich als praktischer Arzt niederließ.
Auch der Erfinder der Dampflokomotive George Stephenson (1781–1848), mit vierzehn Jahren bereits Heizergehilfe an der Dampfmaschine der Killingsworth-Grube bei Newcastle, befaßte sich schon 1805 mit Sicherheitslampen. Am 21. Oktober 1815 führte er seine schlagwettersichere Grubenlampe ein. „In der späteren Form mit einem von Drahtgaze umhüllten Glaszylinder und einer Lochblechhaube oben sowie einem durchlochten Ring zur Luftzufuhr von unten fand sie Eingang in die Gruben unter dem Namen ‚Geordie', der liebevollen Koseform für George im Norden der Insel. Die Bergleute schenkten ihm 1818 eine silberne Uhr als Zeichen ihres Dankes" (Peter Hubig). In den letzten Monaten desselben Jahres 1815 trug das Mitglied der Royal Society Humphry Davy (1778–1829) den hohen Herren der Philosophical Society in London seine ersten Erfahrungen mit schlagwettersicheren Lampenkonstruktionen vor. Diese annähernde Gleichzeitigkeit dreier verschiedener Lampenerfindungen sollte später zu ausgedehnten Patentstreitigkeiten Anlaß geben.

Davy und sein engmaschiges Drahtnetz

Davy war von der Sunderland-Society gebeten worden, sich des Problems schlagwettersicherer Lampen anzunehmen. Nach einer Reihe von systematischen Experimenten machte Davy die Beobachtung, daß eine Gasflamme durch ein darüber gehaltenes engmaschiges Drahtnetz aufgehalten wird und nicht durchschlagen kann. Und zwar leitet das Metall die Hitze der Flamme so schnell ab, daß das Gas oberhalb des Netzes nicht mehr die erforderliche Entzündungstemperatur erreicht. Das wurde zur Grundlage der Davy-Lampe mit einem Zylinder aus Drahtgewebe, der die Flamme vollständig umgab. „Die Erfindung besteht darin", schrieb Davy in einem Brief vom Januar 1816 (zitiert nach Repetzki), „die Flamme der Lampe oder Kerze mit einem Drahtsieb zu überdecken oder zu umgeben. Das gröbste, das ich als völlig durchschlagsicher erprobte, hatte 97 Maschen, das feinste 990 Maschen pro Quadratzentimeter."
Innerhalb etwa eines Jahres wurde die Davy-Lampe auf allen gasgefährdeten Gruben der britischen Insel eingeführt. Am 18. April 1826 beschloß das Oberbergamt Bonn, daß ausschließlich die Davy-Sicherheitslampe zu verwenden sei. Immerhin war sie auch das erste sichere Nachweisgerät für Grubengas. Bei Vorhandensein von schlagenden Wettern wurde die Flamme länger, konnte flackern und zeigte eine blaßblaue Korona, bei größeren Mengen Grubengas kam es innerhalb des Drahtzylinders zu Verpuffungen.
Zwar brach ein erbitterter Streit darüber aus, ob Davy oder Stephenson der Lorbeer des Bergbaus gebührte, aber ein Patent nahm keiner der drei Sicherheitslampen-Pioniere auf seine Erfindung. Natürlich hatte die erste einfache Lampe aus einem Öltopf mit einem zylindrischen, oben geschlossenen Drahtkorb darüber ihre Kinderkrankheiten. Zum einen war die Lichtausbeute nicht sonderlich hoch, und wenn durch den Ölbrand auch noch der Drahtkorb verrußte, wurde es dunkel in der Grube. Zum anderen kam es trotz Sicherheitslampe zu Schlagwetterexplosionen. Das konnte mehrere Gründe haben: Die im Drahtnetzzylinder abgesetzten Kohlepartikel begannen zu glühen, wurden vom Wetterzug als Funken fortgetragen und entzündeten im schlimmsten Fall ein Methan-Luft-Gemisch; oder unvorsichtige Bergleute öffneten unter Tage erloschene Lampen und zündeten sie in methangeschwängerter Luft wieder an. Was fehlte, waren eine hellere, möglichst rußfreie Flamme, eine innere Zündvorrichtung und ein Verschluß, der gegen unbefugtes Öffnen gesichert war.

Es werde (etwas mehr) Licht

Dem Problem mit der mangelnden Helligkeit konnten die Erfinder der Sicherheitslampen als erstes beikommen. William Reid Clanny war seit seinen ersten Versuchen ständig um Verbesserungen bemüht, und bei seinem sechsten Modell schließlich war die Lichtausbeute dreimal höher und die Gefahr, daß ein schneller Wetterstrom die Flamme gegen den Drahtkorb drückte und ihn zum Glühen brachte (Durchblasgefahr) viel geringer als beim Prototyp von Davy. Clanny schaffte das durch einen Glaszylinder, hinter dem die Flamme leuchtete, und einem erst darauf aufgesetzten zylindrischen Drahtkorb. Über den Zeitpunkt der ersten Experimente zu dieser erfolgreichen Lampe äußerte sich der Erfinder selbst recht vage mit „1841 oder 1842 oder 1843".
Damit hat Clanny eigentlich die Prioritätsfrage gegen sich entschieden, denn am 15. September 1840 erhielt der belgische Ingenieur L. (oder M.) Mueseler (1799 bis 1866) aus Lüttich ein Patent auf eine Sicherheitslampe mit einem Zylinder aus 6 Millimeter starkem Glas. Die Verbrennungsabgase wurden durch einen konischen inneren Kamin nach oben abgeführt. Dieser Schornstein begann zweieinhalb Zentimeter über dem Docht und

durchbrach ein Drahtnetz über dem Glaszylinder (Diaphragma). Umgeben war diese Kaminanordnung vom üblichen Drahtzylinder. Bestand die Gefahr einer Explosion von schlagenden Wettern, wurde die Flamme größer und erlosch durch ihre eigenen Abgase. Die Mueseler-Lampe galt in Belgien lange Zeit als obligatorisch und war auch in anderen Bergbaugebieten weit verbreitet. Im Bereich des Oberbergamtes Dortmund waren in den Jahren von 1861 bis 1882 nach einer Ermittlung der preußischen Schlagwetterkommission 140 Explosionen mit Todesfolge wegen Durchschlagens der Flamme bei Sicherheitslampen, 34 durch Zertrümmerung und 69 Explosionen durch das unbefugte Öffnen der Sicherheitslampe zu verzeichnen. Diese Unfallursachen nahm der französische Bergingenieur und Direktor der Gruben von Bessèges, Departement Gard, Südfrankreich, Jean-Baptiste Marsaut (1833–1914) zum Anlaß, zunächst die Mueseler-Lampe 1871 mit einem schützenden Blechmantel umzurüsten. In Tausenden von Versuchen kam er schließlich 1882 auf eine Konstruktion mit doppeltem Drahtkorb und einem an den Rändern gelochten Blechzylinder als Panzerung. Marsaut war Schüler der berühmten École des Mineurs in St-Etienne und erfand außerdem noch eine sichere Fangvorrichtung für Förderkörbe.

Die „Wolf'sche Sicherheits-Wetterlampe"

Einen entscheidenden Schritt vorwärts brachte das Jahr 1882, als dem selbständigen Zeugschmied und Feinmechaniker Carl Wolf (1838–1915) in einem kleinen Haus in der Dresdner Straße von Zwickau in Sachsen der Prototyp einer Benzinsicherheitslampe mit innerer Zündvorrichtung und Magnetverschluß gelang, die unter der Nummer 23341 patentiert wurde. Carl Wolf war als Sohn eines Bergmanns im sächsischen Steinkohlerevier mit den unerfreulichen Licht- und Leuchtenverhältnissen unter Tage vertraut und brachte seine Erkenntnisse auf den Nenner: „Nirgends wird das Licht so dringend gebraucht wie in den dunklen Schächten. Nicht nur Arbeit und Förderung sind vom Geleucht abhängig, sondern auch Leben und Gesundheit der Bergleute." Statt des Rüböls verwendete Wolf also das viel heller und ohne Ruß abbrennende Benzin, das er im Vorratstank von einer Füllung aus Baumwollwatte aufsaugen ließ. Der Benzinbrand gab während einer ganzen Schicht ein gleichbleibend helles Licht und ermöglichte es dem Wettersteiger, sowohl schlagende als auch matte Wetter an der Veränderung der Flammenaureole zu erkennen.
Der Magnetverschluß bestand aus einer Sperrklinke, die von einer Feder festgehalten wurde. Die Federkraft war so stark, daß sie nur durch einen kräftigen Elektromagneten über Tage gelöst werden konnte. Erfunden wurde diese Verschlußtechnik ursprünglich in England von Craig und Bidder. Und schließlich war da noch die Innenzündvorrichtung, bei der ein Schlaghammer die auf einen Papierstreifen aufgebrachten Phosphorpillen entzündete. Sie war die erste ihrer Art in Wetterlampen, und deshalb wurde sie weltberühmt.
Carl Wolf hatte auf der Fahrt zum Reichspatentamt den Eislebener Heinrich Friemann kennengelernt, der ihn bei der Patentanmeldung beriet und ihm Kapital für die industrielle Fertigung seiner vielversprechenden Sicherheitslampe anbot. Am 1. August 1884 wurde in Zwickau die Firma Friemann & Wolf, Maschinen- und Grubenlampenfabrik, ins Handelsregister eingetragen. 1947 entstand in Duisburg aus einer zerstörten Zweigniederlassung das neue Stammhaus der FRIWO-Gruppe, die heute neben der Leuchtenherstellung auch auf den Gebieten der netzunabhängigen Stromversorgungen, der Elektrochemie und der Elektronik arbeitet.
1893 brachte die Firma die Wolfsche Paraffinbandzündung heraus, bei der die Phosphorpillen durch Zähne angerissen und dadurch gezündet wurden. Sie konnte auch in Schlagwettergemischen völlig gefahrlos betätigt werden, vorausgesetzt, die Lampen waren mit einem doppelten Drahtkorb ausgerüstet. Neben Friemann & Wolf nahmen unter anderen auch die Firmen Wilhelm Seippel in Bochum und Carl Koch in Bochum-Linden (seit 1914 Gewerkschaft Carl) die Produktion von Grubenlampen auf.
Eine neue Epoche in der Zündtechnik der Grubenlampen brach zu Beginn des 19. Jahrhunderts mit der Erfindung des österreichischen Chemikers Carl Freiherr von Auer von Welsbach (1858–1929) an. Bei seinen Untersuchungen der seltenen Metalle (Lanthanoiden) fand er 1904 heraus, daß eine Legierung aus Cerium und Eisen hervorragend als Zündstein geeignet ist. Dieses Auermetall oder Cereisen wurde zum einen für Feuerzeuge, zum anderen ab 1908 als Cereisen-Zündvorrichtung in Sicherheitslampen interessant. In der Zwischenzeit hatte aber vor allem in den Kohlengruben Englands und der Vereinigten Staaten eine andere Energiequelle für Lampen von sich reden gemacht: der elektrische Strom. Und daß ein dringendes Bedürfnis für größere Sicherheit unter Tage vorlag, als sie Öl- und Benzinwetterlampen bieten können, zeigte eine alarmierende Statistik: Im Zeitraum von 1900 bis 1918 kam es in den Bergwerken Preußens zu 607 Schlagwetterexplosionen; 357 (58,8 Prozent) davon wurden ausgelöst durch Benzinsicherheitslampen.

Elektrisches Licht in der Hand

1844 beleuchtete der Pariser Mechaniker Louis Joseph Deleuil die Place de la Concorde mit einer Bogenlampe. Aber erst 1878 leuchtete die erste Bogenlampe im Bergbau, und zwar in der Braunkohlengrube Nachterstedt bei Magdeburg. Auch in oberschlesischen Kohlengruben wurden Bogenlampen eingesetzt, aber einerseits verhielten sich die Bogenlampen „wie eine Grubenlampe ohne Davy'sches Drahtnetz" (Bersch), also wie eine offene Flamme, und zum anderen war das gleißende Licht erstaunlicherweise für bergmännische Arbeiten zu grell.
Die erste tragbare elektrische Grubenlampe (eigentlich: Grubenleuchte) entwickelten um 1860 die beiden Franzosen A. Dumas und Benoit. Das Licht kam aus einer Geißlerschen Röhre, die erforderliche Hochspannung lieferte ein Funkeninduktor. Tests im Bergbau und bei der französischen Marine scheinen recht vielversprechend verlaufen zu sein, aber das Gerät war schwer, teuer und lichtschwach. Auch der nächste Versuch einer elektrischen Grubenleuchte war französischem Erfindergeist zu verdanken. Am 3. November 1884 führte Gustave Trouvé (1839–1902) der Pariser Akademie der Wissenschaften eine tragbare Grubenleuchte vor, deren Glühlampe im Schutzkorb von einem Chromsäureelement betrieben wurde. Auch bei diesem Modell standen Kosten und geringe Lichtausbeute einer weiteren Verbreitung im Wege. Trouvé hat außerdem noch zahlreiche andere elektrische Vorrichtungen erfunden, darunter ein Elektroboot, ein elektrisches Dreirad, die Ausrüstung für beleuchtete Wasserfälle und Springbrunnen und elektromedizinische Apparate.
Die elektrischen Handleuchten wurden im Bergbau erst einsatzfähig, als verbesserte Akkumulatoren und Glühlampen die Handhabung und das Preis-Leistungs-Verhältnis in günstigere Bereiche verschoben. 1891 stellte Charles François Pollak, 1859 in Galizien geboren, seine Pollak-Lampe vor. Sie wog etwas über eineinhalb Kilogramm und spendete acht bis zehn Stunden Licht. Pollak hatte 1885 einen Regler für elektrisches Licht und 1890

1

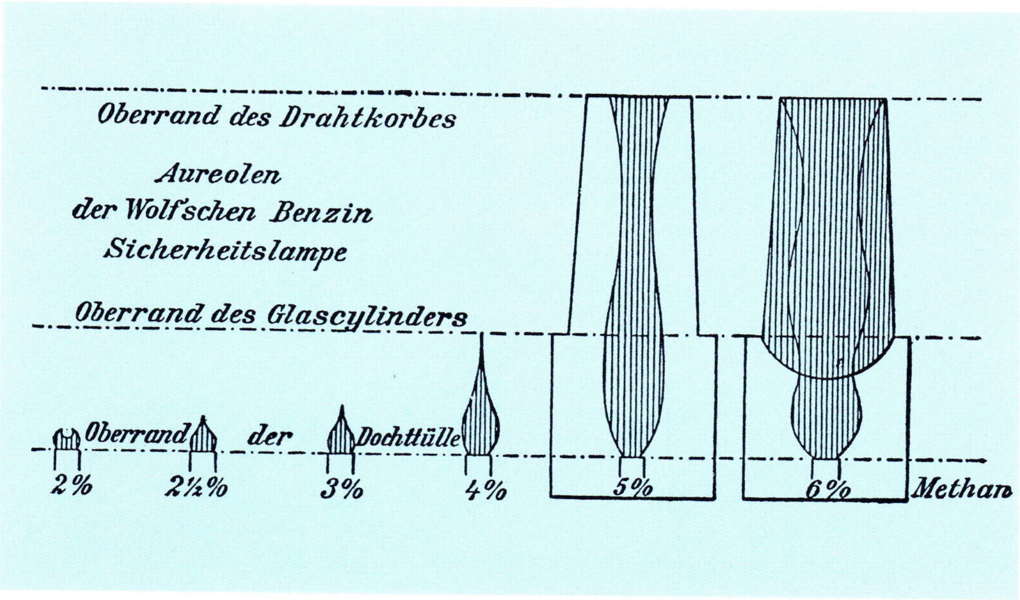

2

3

1 – Den immer wieder durch offenes Feuer ausgelösten verheerenden Schlagwetterexplosionen begegnete Humphrey Davy 1815 wirkungsvoll mit seiner Sicherheitslampe (links). Das dichte Drahtnetz um die Flamme leitet die Verbrennungshitze so stark ab, daß außerhalb die Temperatur nicht mehr zur Entzündung des Gasgemischs ausreicht. Im Laufe des 19. Jahrhunderts gab es zahlreiche Verbesserungen, unter anderem durch den Einbau von Glaszylindern. In der Mitte Benzin-Sicherheitslampe von The Protector Lamp and Lightning Co Ltd, Eccles; rechts Benzin-Sicherheitslampe von Kopex, Kattowitz, um 1910.

2 – Über die Wirkungsweise der von Carl Wolf 1882 erfundenen Sicherheitslampen schreibt Emil Treptow 1900: „Man verkleinert zur Beobachtung (von Schlagwettern) durch Herunterschrauben des Dochtes die Lampenflamme so weit, daß nur ein kleines schwach leuchtendes Küppchen übrig bleibt. Nähert man nun die Lampe vorsichtig der Firste, an der sich wegen des geringeren spezifischen Gewichtes die Schlagwetter zuerst zu zeigen pflegen, so verlängert sich die Flamme mit bläulichem Scheine, es bildet sich die sogenannte Aureole."

3 – Mit der Entwicklung leistungsfähiger Akkumulatoren wurde zunehmend die elektrische Hand- oder Kopflampe verwendet. Von links nach rechts: Akku-Handlampe aus Eisenguß von Friemann & Wolf, Zwickau, um 1935; Akku-Handlampe aus Eisenguß, wie die vorige als Rundlichtleuchte, von Friemann & Wolf, Duisburg, nach 1947; Akku-Handlampe aus Eisenblech, elektrischer Blitzer, von Dominit-Werke GmbH, Hoppecke; Akku-Kopflampe aus Kunststoff von Ceag, Dortmund.

einen Akkumulator erfunden und die Société des Accumulateurs Pollak gegründet. Bis 1897 kamen zu seinen elektrischen Erfindungen noch ein elektrolytischer Kondensator, ein Gleichrichter und ein Voltmeter hinzu.

Beide Hände frei mit der Kopflampe

Ebenfalls 1891 kam in Österreich die Stella-Lampe auf, ein Jahr später in England die Swan-Lampe. In Deutschland lieferten die Berliner Akkumulatoren-Fabrik (1898), die AEG (1899) und Concordia Elektrizitäts-AG (CEAG) in Dortmund (1907) die ersten elektrischen Handlampen an die Bergwerke. Auch Carl Wolf hatte die Vorteile an Leuchtkraft und Sicherheit der elektrischen Grubenleuchte früh erkannt und 1903 eine

Rundlicht-Mannschaftsleuchte mit Blei-Akku entwickelt. Ab 1910 begann die Firma mit eigenen Entwicklungen auf dem Gebiet der Akkumulatoren. Ab 1911, so eine Firmenschrift, „werden die ersten NiCd-Akkumulatoren (Nickel-Kadmium) mit positiven Faltbandelektroden in die Grubenlampen eingebaut. Der ‚Wolf'sche Stahlakku' erlangt bald einen legendären Ruf." Die immer noch ziemlich schweren elektrischen Handleuchten waren im Ruhrgebiet bis etwa 1960 im Gebrauch, dann wurden sie allmählich von den Kopflampen abgelöst.

In den USA leuchteten die elektrischen Kopflampen den Kumpeln schon 1896. Der Akkumulator wurde am Gürtel getragen und war über ein Kabel mit der scheinwerferähnlichen Leuchte am Helm verbunden. 1927 erhielt die Firma Friemann & Wolf für ihre erste elektrische Bergbau-Kopfleuchte das Reichspatent Nr. 446183. Aber mit dem Einsatz sollte es noch etwas dauern, obwohl man schon um 1929 durchaus die Vorteile solcher mit Lichtspiegel versehenen Mützen- oder Kopflampen erkannt hatte. Sie „liegen in der großen Leuchtkraft", so ein Lehrbuch der Bergbaukunde, „in dem Fortfall jeglicher Schattenbildung und Blendung und in dem Umstande, daß der Träger beide Hände frei hat. In den Vereinigten Staaten sind sie weit verbreitet, aber auch in Deutschland beginnt ihre Anwendung besonders für Schlosser und Elektriker."

Die vermutlich ersten elektrischen Kopflampen auf dem europäischen Festland, die beim bergmännischen Arbeitseinsatz unter Tage verwendet wurden, führte nach eigenen Angaben Kurt Repetzki 1930 im oberschlesischen Steinkohlenbergwerk Abwehr ein. Sie kamen aus den USA.

Kohleveredelung

Aufbereitungstechniken

Daß sich aus Kohle mehr machen läßt als Feuer, das hat die industrielle Entwicklung der letzten hundertfünfzig Jahre mit recht eindringlichen Beispielen verdeutlicht. Aber gleichgültig, welchem Verwendungszweck die Kohle schließlich zugeführt wird, ob sie als Koks oder als Pflanzenschutzmittel endet, in jedem Fall muß sie durch Sortierungs- und Reinigungsprozesse zu einem marktfähigen Produkt mit höchstmöglicher Reinheit aufbereitet werden. Längst vor der Kohle wurden natürlich Erze mit dem Ziel behandelt, unerwünschte Bestandteile wie taubes Gestein, „die Berge", abzutrennen und die erwünschten vom Gold bis zum Eisen anzureichern. Speziell die naßmechanische Aufbereitung als Erfindung des 16. Jahrhunderts gestattete endlich auch die wirtschaftliche Nutzung ärmerer Erze.

Was speziell die Kohle betrifft, so hat die Mechanisierung unter Tage zwar die Abbauleistung ganz gewaltig gesteigert, den Anteil an taubem Gestein aber auch. Übrigens bringt man die abgetrennten Berge, die an der Ruhr etwa vierzig Prozent der geförderten Rohkohle ausmachen, zum Teil wieder unter Tage und transportiert sie zum Beispiel nach dem Spül- oder Blasversatzverfahren oder mit Versatzschleudern in die Abbauhohlräume. Das taube Gestein wird aber auch beim Straßen- oder Dammbau verwendet.

Das biblische Alter des Sink-Schwimm-Verfahrens

Manche Aufbereitungstechniken konnten schon auf ein biblisches Alter zurückblikken, bevor man auf die Kohlen als brennende Steine überhaupt aufmerksam wurde. Das älteste Verfahren bei der Goldgewinnung war zugleich auch das einfachste: die Goldwäsche aus Goldseifen und Flußsanden mit flachen Schüsseln. Die Technik wurde in Ägypten von etwa 2000 v. Chr. an eingesetzt und funktioniert nach Wilhelm Bersch so: „Die Schüssel wird mit dem goldhaltigen Materiale gefüllt, unter Wasser gebracht und so lange geschwenkt, bis aller feine Sand, Lehm und ähnliche leichte Bestandtheile weggeschwemmt sind. Auf dem Boden der Schüssel hinterbleibt dann das Gold."

Wird ein Gemenge von Gold mit hoher Dichte und Sand oder Begleitgestein mit geringerer Dichte in Wasser wiederholt aufgeschlämmt und läßt man der Aufschlämmung zwischendurch Zeit zum Absetzen, dann liegt die einfachste Form einer Sink-Schwimm-Aufbereitung oder Schwertrübesortierung vor, wie sie 1917 für die Aufbereitung in industriellem Maßstab entwickelt wurde. Durch das unterschiedliche spezifische Gewicht wird die Mischung in schwimmendes und sinkendes Gut (daher der Name) getrennt. Steinkohle wird nach diesem „nassen" Verfahren in Schwertrübesinkscheidern aufbereitet, aber anders als beim Gold schwimmt in diesem Fall die leichtere Kohle auf, während das Gestein absinkt. Etwas jüngeren Datums ist die Kohleaufbereitung in Schwertrübezyklonen, bei denen die Fliehkraft die Trennarbeit übernimmt.

Zerstampfen mit dem Eisenstößel

Am Beispiel des Goldbergbaus lassen sich noch zwei weitere Verfahrensschritte bei der Aufbereitung erläutern. Zunächst einmal wurde bereits in der Grube das taube Gestein aussortiert, das war die sogenannte Handklaubung oder Handscheidung. Später wurden dazu feststehende Klaubetafeln, dargestellt bei Agricola, dann rotierende Klaube- oder Lesetische konstruiert. Im Kohlenbergbau kam in den siebziger Jahren des 19. Jahrhunderts das Leseband zum Einsatz. Auch die zweite neue Aufbereitungstechnik läßt sich anhand der Goldgewinnung dokumentieren. Als man dazu überging, neben den gediegenen Nuggets auch in Gestein eingesprengtes Gold zu gewinnen und bergmännisch abzubauen (in Siebenbürgen zum Beispiel etwa ab 2000 v. Chr.), wurde die Zerkleinerung als Vorbereitungsschritt für die Trennung der mehr oder weniger fein miteinander verwachsenen Bestandteile (Gold und Gestein) wichtig. Das geschah zunächst mit dem

Mit der Gewinnung von Bodenschätzen ist nicht viel gewonnen, wenn sie nicht auch vom tauben Gestein getrennt und veredelt werden. Eine besonders schöne Darstellung des Betriebes unter und über Tage in einem spätmittelalterlichen Erzbergwerk bewahrt die Österreichische Nationalbibliothek mit dem Titelblatt des Kuttenberger Kantionales aus Kutná Hora in Böhmen um 1500 auf. Das hier etwa auf die Hälfte verkleinert wiedergegebene Blatt zeigt über den mit Schlägel und Eisen schürfenden Knappen den Pferdegöpel zur Wasserhaltung, Haspelknechte an der Winde, Männer und Frauen beim Pochen, Klauben und Waschen des Erzes, und an dem Tisch werden die einzelnen Erzstufen geprüft und verkauft. In der Schachtstube am linken Bildrand wird ein ausgefahrener Bergmann auf unterschlagenes Erz abgetastet.

Hammer, dann in Mörsern und mit Handmühlen. Diodor wußte im 1. Jahrhundert v. Chr. Schauerliches über den Goldbergbau zu berichten. Knaben schleppten die goldhaltigen Gesteinsbrocken aus den Gruben. „Die Männer über 30 Jahre nehmen die Steine von ihnen und ... zerstampfen sie mit Eisenstößeln ...; dann übernehmen sie die Frauen und die älteren Männer und zerreiben sie in Mühlen, ... bis sie so fein wie Mehl sind. Und da sie nie die Gelegenheit haben, sich um sich selbst zu kümmern, und da sie keine Kleider haben, um ihre Blöße zu bedekken, kann niemand diese unglückseligen Menschen anschauen, ohne Mitleid zu empfinden ... Sie arbeiten ohne Pause, ... bis sie auf Grund der schlechten Behandlung mitten in ihren Leiden sterben" (zitiert nach Alison Burford). Das goldhaltige Mehl wurde auf einfachen, festliegenden Herden im seichten Wasserstrom aufgrund der Unterschiede im spezifischen Gewicht in seine Bestandteile Gold und Gestein zerlegt.

Die Erfindung des Naßpochwerks

Um die Zeit, als Christoph Kolumbus in der festen Überzeugung starb (1506), mit seiner Amerikareise den Seeweg nach Ostindien entdeckt zu haben, bahnte sich in Sachsen eine neue Epoche der Erzgewinnung an. 1505 erfand der Techniker Sigismund von Maltitz in der Zinn-Bergbaustadt Altenberg am Fuße des Geisings das Naßpochwerk. Das war eine Zerkleinerungsmaschine, bei der ein schwerer Pochstempel in Form eines eisenbeschlagenen Holzbalkens in die Höhe gehoben wurde, herunterfiel und dann mit seinem Pochschuh auf einer harten Unterlage, der Pochsohle, Erzbrocken zertrümmerte. Im Gegensatz zum Trockenpochen fand bei der Maschine von Maltitz die Zerkleinerung unter ständigem Wasserzufluß statt, wobei sich die Pochtrübe bildete, ein Gemenge von Wasser und Erzmehl, aus dem der (spezifisch leichtere) Bergeanteil ausgeschlämmt wurde.
Mit dem Naßpochwerk wurde es rentabel, auch das Grubenklein und Erze mit geringem Metallgehalt, sogenannte arme Erze (es gibt auch reiche, gediegene oder derbe Erze), zu verarbeiten. 1507 standen solche Pochwerke in Altenberg und im nahe gelegenen Dippoldiswalde. Nach dem dort anstehenden, Zwitter genannten zinnhaltigen Granitgestein wurden sie Zwittermühlen getauft. Jeder Pochstempel hatte zunächst seinen eigenen Wasserradantrieb. Sie waren so angeordnet, daß das abfließende Wasser des obersten Rades als Aufschlagwasser für ein tiefer liegendes Wasserrad diente. Später wurden bisweilen mehr als zwanzig Pochstempel über Transmissionen durch ein einziges Wasserrad bewegt. 1519 – als Magellan zur ersten Weltumsegelung aufbrach – errichtete der Schwazer Paul Grommestetter in Joachimsthal ein Naßpochwerk. Aber erst gegen Ende des 17. Jahrhunderts war die Technik so weit ausgereift, daß sie Allgemeingut wurde.
Die erste Idee eines dampfgetriebenen Pochwerks steuerte vermutlich Giovanni Branca (1571–1640) bei. Auf der Basis seines Dampfrads, Vorläufer der Aktionsturbine, wurden über Zahnräder zwei gegenläufige Pochstempel in Bewegung gesetzt. Mit dem Einsatz der Dampfmaschine erhöhte sich die Leistungsfähigkeit: Ein Stempel konnte fast 2500 Kilogramm wiegen und der tägliche Durchsatz 30 Tonnen Rohmaterial betragen. Noch heute werden Pochwerke bei der Golderzaufbereitung eingesetzt.

Die zerquetschte Kohle

Die älteste maschinelle Zerkleinerungsmethode war das Mahlen, in diesem Fall mit Erzmühlen. Dann übernahmen in vielen Bergrevieren die Pochwerke diese Arbeit, bis im 18. Jahrhundert die Dampfkraft die Entwicklung von Walzenbrechern, Kohlenquetschen und verbesserten Mühlen begünstigte. Die erste umfassende Beschreibung der Erzaufbereitung stammt von Altmeister Georgius Agricola, und er berichtet von Trocken- und Naßpochwerken „mit Stempeln, von denen manchmal mehr als zwanzig in einer Reihe stehen", vom Klauben und Scheiden, vom Sieben und von der Setzarbeit. Er weiß auch von einer Mühle zur Erzzerkleinerung, einer Rollenquetsche mit zwei schweren zylindrischen Läufern, die auf einem Mahltisch im Kreis herumgeführt wurden und das aufgeschüttete Material zerdrückten. Als Antriebsmaschine schlug er ein von zwei Ziegen getriebenes Tretrad vor.
Die Kohlenquetsche wurde zum Quetschwalzwerk weiterentwickelt, bei dem sich zwei glatte Stahlzylinder gegeneinander drehten und die Kohle zwischen sich zermalmten. Und daraus wiederum entstand der Walzenbrecher des Bergingenieurs und Mentors der amerikanischen Kohle-Industrie Eckley Brinton Coxe (1839 bis 1895). Coxe hatte unter anderem in Paris und Freiberg studiert und gründete 1865 in der Anthrazit-Region von Pennsylvania die Coxe Brothers & Company. Unter seinen Erfindungen waren sogenannte Kreiselrätter, Siebe hoher Leistungsfähigkeit mit kreisender Bewegung für die Kohleklassierung (Coxe-Rätter), und eine daran anschließende selbsttätige Klaubetafel, die flache Schieferberge von würfeligen Stücken Anthrazitkohle trennte. Zu seinen weiteren Entwicklungen gehörte eine automatische Brennstoffzufuhr für Feuerungsanlagen.

Von Backenbrechern und Rohrmühlen

Eine spezielle Mühle für weicheres Mahlgut wie Kohle erfand 1859 der englische Ingenieur Carr mit seinem Desintegrator, einer Schleuder- oder Schlagmühle. Er stellte sein Gerät 1862 auf der Londoner Weltausstellung vor. Die Maschine von Carr fand weite Verbreitung und diente etwa von 1880 an zum Zerkleinern der Kohle für die Verkokung und Brikettierung. Die „mahlenden Teile sind sogenannte Körbe aus Stahlbolzen, welche an seitlichen Scheiben und Ringen, die ihrerseits auf horizontaler Welle sitzen, kreisförmig angeordnet sind. Im Desintegrator sind zwei solcher Körbe, jeder aus zwei Gruppen Stahlbolzen bestehend, in einander gerückt, sie werden durch Riemenscheiben nach entgegengesetzten Richtungen angetrieben. An der Nabe des einen Korbes wird das Mahlgut zentral eingetragen und dann durch die Bolzen zerschlagen" (E. Treptow).
Ähnlich wie die Schleudermühle wirft die Prallmühle mit einem schlagleistenbestückten, schnellumlaufenden Rotor sprödes Mahlgut gegen feste Widerlager (Prallplatten). „Dabei wird die Kohle elastisch zerkleinert, das heißt, entsprechend der unterschiedlichen Härte ihrer verschiedenen Bestandteile mehr oder weniger stark zertrümmert" (Lange/Schönmüller). 1858 erhielt der amerikanische Erfinder Eli Whitney Blake (1795–1886) aus Massachusetts ein Patent auf den ersten Backenbrecher, auch Steinbrecher genannt. Er diente zum Vorzerkleinern von großen und harten Erzstücken und bestand aus einer schwingenden und einer festen Brechbacke. 1880 stellte der englische Ingenieur Hardinge eine Kugelmühle vor, eine drehbare Trommel, in der Stahlkugeln die Zerkleinerungsarbeit verrichteten. Da seine Kugelmühle für intermittierenden Betrieb ausgelegt war, sann man auf Abhilfe, und die fand vor 1890 der französische Hüttenfachmann C. Raty in Saulnes (Meurthe-et-Moselle). Seine Rohrmühle arbeitete nach dem gleichen Prinzip, war aber für kontinuierlichen Durchgang des Mahlguts ausgelegt. Eine besonders große Rohrmühle konstruierte 1892 ein gewisser Davidsen für die südafri-

kanischen Goldminen. Und auch die Theorie der Zerkleinerung kam nicht zu kurz. Der österreichische Professor für mechanische Technologie Friedrich Kick (1840–1915) befaßte sich von 1874 an mit Versuchen zu Formveränderungserscheinungen und stellte ein Gesetz für die beim Mahlen geleistete Arbeit auf.

Das ratternde Geräusch der Siebe

Die Anfänge der Kohleaufbereitung fallen etwa in das Jahr 1820. Vorher scheint außer der Handklaubung eine Sortierung nach Korngröße oder Qualität nicht gefragt gewesen zu sein. Ohnehin war man in den Gruben selbst bemüht, den Stückkohleanteil so hoch wie möglich zu halten. Dann kam als erste und bisweilen einzige mechanische Aufbereitungstechnik die Klassierung mit Sieben, aber auch nur im Hinblick und mit Rücksicht auf den späteren Verbraucher. Wenn die Kohle nämlich als Brennstoff für Feuerungsanlagen verwendet werden sollte, mußten die Brocken so groß sein, daß sie nicht durch die Roste der Öfen fielen. Um 1875 sollen im Ruhrgebiet höchstens fünfzehn Zechen eine Aufbereitungsanlage mit Sieberei und Kohlewäsche gehabt haben.
Verschiedene Arten von Sieben aus einem Eisendrahtgeflecht zur Trennung nach Korngröße beschreibt bereits Agricola für den Erzbergbau. Bei seinem schräg stehenden Durchwurfsieb wurde das Gut mit der Schaufel geworfen. Sein großes Schüttelsieb bestand aus einem Holzrahmen mit Siebboden, war mit einem Seil an einer Art Galgen aufgehängt und wurde von zwei Leuten hin- und herbewegt. Auch mehrere Siebe nacheinander mit feiner

1

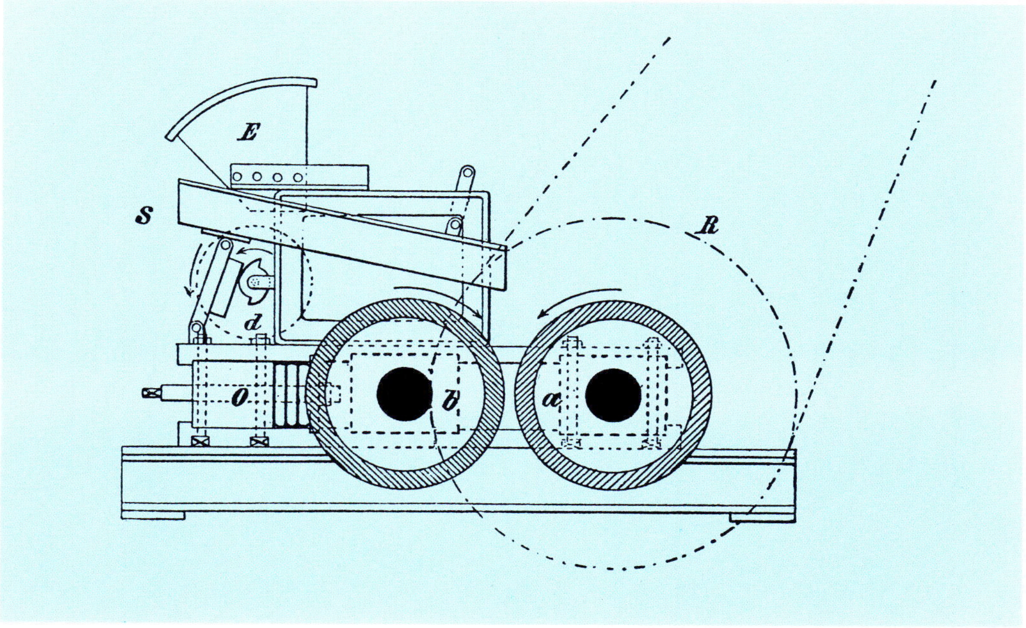

2

1 – Das von Sigismund von Maltitz 1505 erfundene Naßpochwerk für Erz zeigt Agricola schon 1556 in seinem Werk „De re metallica".
2 – Ein Quetschwalzwerk, wie es zur Zerkleinerung im 19. Jahrhundert eingeführt wurde. Aus dem Eintragtrichter E gelangt das Gut über den Rüttelschuh S zwischen die beiden gegenläufig schnelldrehenden Walzen a und b und wird beim Durchgang zerdrückt.

werdender Siebweite wurden damals benutzt. Mit dem Übergang von den handbewegten Sieben (Handsiebe) zu den maschinell bewegten wurden die Abmessungen der Siebflächen größer. Schüttelsiebe oder Schwingsiebe erhielten ihre Bewegung über einen Exzenter, Stoßsiebe durch eine Daumenwelle. Von dem ratternden Geräusch der Stoßsiebe stammen die Bezeichnung „Rätter" für Sieb und „Rättern" für Durchsieben. Da die großen schwingenden Massen der Siebe Erschütterungen verursachten, die den Gebäuden ziemlich abträglich waren, führte sich bald das 1928 von Schieferstein entwickelte Resonanzschwingsieb mit Massenkraftausgleich der schwingenden Teile ein.

Für die Kohle benutzte man schon bald ein Durchwurfsieb, das den Feuerungsrosten nachempfunden war. Gegen Ende des 19. Jahrhunderts waren daraus die ersten Rostsiebmaschinen (etwa von Briart, Karop, Distl-Suski) geworden, die durch ihren höheren Durchsatz und ihre schonende Behandlung der Kohlenbrocken die Klassiertechnik ein gutes Stück weiterbrachten. 1895 kam auf der Zeche Hannover ein Karop-Rost der Firma Schüchtermann & Kremer in Dortmund zum Einsatz. „Er diente zur Aussiebung der Stücke bei 80 mm. Er bestand aus festen Längsstäben und drehbaren ovalen Querstäben. Letztere waren parallel so nebeneinander angeordnet, daß der Querschnitt des einen Stabes gegen den folgenden um 90° versetzt war. Hierdurch wurde erreicht, daß bei jeder Stellung der sich drehenden Stäbe die freibleibende Durchfallöffnung des Rostes stets gleich groß blieb und die Absiebung infolge der wellenförmigen Bewegung der Oberfläche eine recht gute war" (Lange/Schönmüller).

1 – Die Erzaufbereitung im 18. Jahrhundert zeigen einige Ölbilder im Salzburger Museum Carolino Augusteum, hier den naßmechanischen Teil mit der Erzwäsche auf Herden und Planen. Am Ausfluß des Naßpochwerks sind Lochbleche zur Klassierung nach Korngröße zu erkennen.

2 – Ein Holzstich von Eduard Heuchler 1857 stellt die Stoßherdwäsche dar.

3 – Zum Sieben nach Kornklassen führte Franz Ritter von Rittinger um 1845 Spitzkästen ein, von Stufe zu Stufe größer werdende Behälter, die von der Trübe mit stufenweise abnehmender Geschwindigkeit durchflossen werden. In der späteren Form befindet sich am Boden jeweils ein U-förmiges Austragrohr; ein darüber von oben hinabreichendes Rohr führt frisches Wasser zu, mit dem das leichteste Gut nach oben und zum nächsten Kasten geschwemmt wird.

Die Sache mit der Endfallgeschwindigkeit

Eine weitere trockene Aufbereitungsart soll hier noch kurz erwähnt werden, nämlich das Sichten. Es beruht auf dem Gesetz der Gleichfälligkeit, das heißt, die Kornklassen werden nach gleicher End- oder Höchstfallgeschwindigkeit getrennt. Da gibt es einmal das mechanische Sichten mit untereinanderliegenden Siebflächen verschiedener Maschenweiten, zum anderen das pneumatische Sichten mit dem Windsichter. Wegen der steigenden Feuchtigkeit in der Rohkohle wurden die Windsichter immer weiter entwickelt. Das erste Gerät mit Schüttelrost und Gebläse für die Kohleaufbereitung bauten nach der Jahrhundertwende die amerikanischen Ingenieure H. M. Sutton und die Brüder W. L. und E. G. Steele.

Ein weiteres Klassierungsverfahren ist das Sortieren der Trübe in sogenannten Stromapparaten. Auch hier wird nach Gleichfälligkeitsklassen getrennt. In einem waagerechten Wasserstrom sinken die Teilchen in einer parabolischen Kurve auf den Grund, die um so steiler ist, je höher die Fallgeschwindigkeit des Körnchens ist. Wird die Trübe in einen aufsteigenden Wasserstrom gebracht, werden Körner, deren Fallgeschwindigkeit geringer als die Wassergeschwindigkeit ist, weggeschwemmt, die anderen sinken nach unten. Körnchen mit gleicher Fallgeschwindigkeit liegen an derselben Stelle, aber da gibt es ein Problem: Große spezifisch leichtere Körner werden nicht von kleinen spezifisch schwereren getrennt.

Für Deutschland brach um 1845 eine neue Epoche der Aufbereitungstechnik an, weil um diese Zeit der schon erwähnte Franz Ritter von Rittinger seinen Spitzkasten einführte und dadurch mit den kontinuierlich arbeitenden Maschinen brach. „Das Gerinne besteht aus mehreren, immer breiter werdenden Abteilungen, so dass die Geschwindigkeit der Trübe allmählich abnimmt. An Stelle des ebenen Gerinnebodens tritt in jeder Abteilung eine umgekehrte Pyramide, welche die niederfallenden Körner aufnimmt und durch ein unten anschliessendes, gebogenes Rohr mit Trübe in ein kleines Gerinne austrägt. Führt man durch ein senkrecht bis in den tiefsten Teil des Spitzkastens hinabreichendes Rohr frisches Wasser zu, so entsteht hier ein aufwärts gerichteter Wasserstrom, der das feinste Gut am Austreten hindert" (E. Treptow).

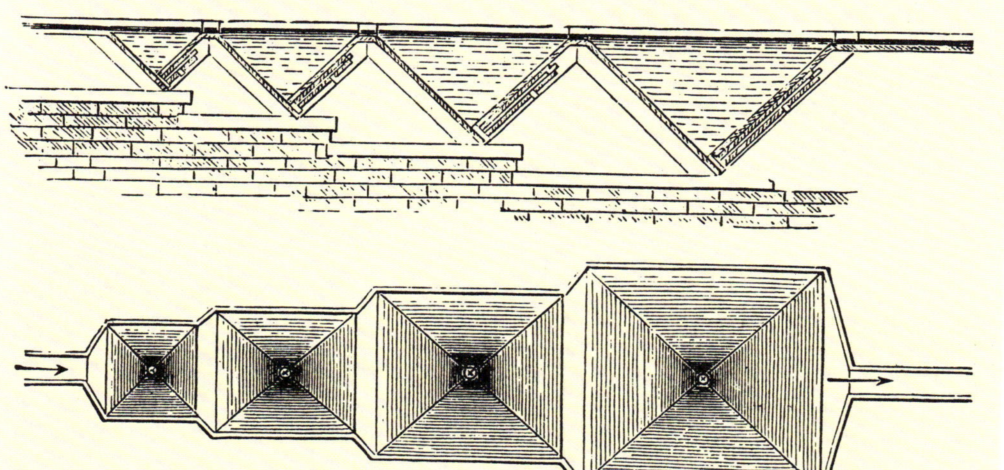

257 u. 258. Rittingers Spitzkästen. (Längsdurchschnitt und Querschnitt.)

Die Setzarbeit: Das Schwere sinkt immer nieder

Mit dem Schwertrübeverfahren wurde schon eine Technik der sogenannten naßmechanischen Aufbereitung (hydraulische Trennung, nasse Aufbereitung, daher auch „Wäsche") und ihre Ausnutzung unterschiedlicher spezifischer Gewichte erwähnt. Auch eine andere Sortierung bedient sich eines bewegten Wasserstroms und der massebedingten unterschiedlichen Fallgeschwindigkeiten und Fallwege der Mineralien. Bei Korngrößen zwischen etwa 100 und 0,5 Millimetern übernehmen Setzmaschinen die Sortierarbeit, feine Sande und Schlämme werden durch die sogenannte Herdaufbereitung getrennt, die aber heute auf vielen Gebieten durch Flotation ersetzt worden ist. Der Herd ist eine ebene, leicht geneigte Fläche, über die in sehr dünnem Strom die Trübe fließt.

Die Setzarbeit soll um 1500 in Tirol erfunden worden sein, aber der erste, der über den frühesten Einsatz in der Erzaufbereitung mit Bild berichtete, war wieder Agricola: „Das Erz wird eingetragen und in einem nahezu mit Wasser gefüllten Fasse gesiebt, wobei das Sieb geschüttelt wird. Es ist zweierlei: Das Erz, welches die unteren Lagen einnimmt, und das Nebengestein und Berge, die obenauf liegen. Denn das Schwere sinkt immer nieder, während das Leichte durch den Wasserstoß in die Höhe gebracht wird. Dieses wird mit einem Streichbrett weggenommen."

Bis etwa Mitte des 18. Jahrhunderts beherrschten in strikter Handarbeit betriebene feststehende Kehrherde (die Schicht der Erzteilchen wurde mit Reisigbesen abgekehrt) und Planherde (der Herd wurde mit Planen oder Tüchern abgedeckt, auf denen sich die feinen Erzteilchen absetzten) das Feld in der Aufbereitung. Um 1770 drang der erste bewegte Herd, der sogenannte Langstoßherd mit stoßartiger Rüttelbewegung der Herdtafel, von Böhmen aus in andere Bergbaugebiete vor.

Das Handstauchsieb Agricolas wurde um 1830 im Plauenschen Grund bei Dresden erstmals als Stauchsieb zur Kohleaufbereitung eingesetzt. Über einen Handhebel wurde das als Kolben ausgebildete Sieb mit der Kohle stoßweise in ein Faß mit Wasser eingetaucht. Obenliegende Kohlen und schwere darunterliegende Berge wurden dann nacheinander abgehoben, das Gerät eignete sich also nicht für große Leistungen, breitete sich aber trotzdem in den folgenden Jahrzehnten nach Westen aus und wurde auch in Frankreich und Belgien zur Kohlenwäsche benutzt.

Der Oberbergrat Oscar Bilharz (gest. 1917 in Berlin) schlug deshalb um 1880 eine Stauchsiebstrom-Setzmaschine vor, die eine kontinuierliche Arbeit ermöglichte, aber zunächst wurden Maschinen vorgezogen, bei denen das Sieb fest war und das Wasser bewegt wurde. Erst 1985 besann sich die Firma KHD Humboldt Wedag in Bochum im Auftrag des Eschweiler Bergwerk-Vereins auf die Patenschaft des Agricola und konstruierte eine Stauchsetzmaschine mit kontinuierlichem Materialtransport durch eine geneigte, bewegte Schwinge. Bis zu 360 Tonnen Berge pro Stunde kann die Maschine auf der Schachtanlage Emil Mayrisch in Aldenhoven aus Rohkohle ausschleusen.

Wasserbewegung durch Kolben und Luft

Der andere Weg führte über die Kolbensetzmaschine oder hydraulische Setzmaschine mit festliegendem Sieb. Das Wasser wurde aus einem Zylinder durch Herabdrücken eines Kolbens stoßweise unter das Sieb gedrückt und hob die Körnchen an, die spezifisch leichteren höher als die schwereren. Die schweren Teilchen sammelten sich beim Zurückströmen des Wassers unten an, die leichten fielen oben drauf. Die ersten Geräte wurden über einen Handhebel bedient, die späteren wurden von einer Dampfmaschine angetrieben. Erfinder des Kolbensetzkastens gab es in mindestens drei Ländern. Für England wird der Ingenieur Througton genannt, der 1843 ein Patent auf seine Maschine für die kontinuierliche Erzwäsche erhielt. Etwa um dieselbe Zeit konstruierte in Belgien der Ingenieur Bérard eine Maschine, bei der die Berge ständig ausgetragen wurden. 1860 sorgte der deutsche Ingenieur Martin Neuerburg dadurch für eine größere Durchsatzleistung der Kolbensetzmaschine, daß er außerdem noch für einen ständigen Austrag der gewaschenen Kohle sorgte. Neuerburg gründete übrigens 1856 zusammen mit Hermann Sievers und W. Breuer in Kalk bei Köln eine Maschinenfabrik für Zerkleinerungs- und Aufbereitungsmaschinen. 1870 wurde daraus die Maschinenbau-AG Humboldt, die auf dem Gebiet der Erzaufbereitung zur bedeutendsten Spezialfirma der Welt wurde. Sie ging 1938 in der Klöckner-Humboldt-Deutz AG auf.

1891 gelang es dem deutschen Ingenieur F. Baum, Gründer der Maschinenfabrik Baum in Herne, die Wasserbewegung nicht mehr durch einen Kolben, sondern durch einen pulsierenden Luftstrom zu erzeugen. Auch bei der Herdarbeit waren Innovationen zu verzeichnen. So konstruierte beispielsweise der Deutsche C. Linkenbach 1890 einen Rundherd. In Kokoma, Colorado, USA, baute der Ingenieur A. R. Wilfley 1895 einen Schüttelherd mit Rillen für die Erzwäsche. Antoine France (1875–1945), Ingenieur der École des Mines in Lüttich, erfand 1907 einen Herd mit Vertikalbewegung für die Kohlenwäsche.

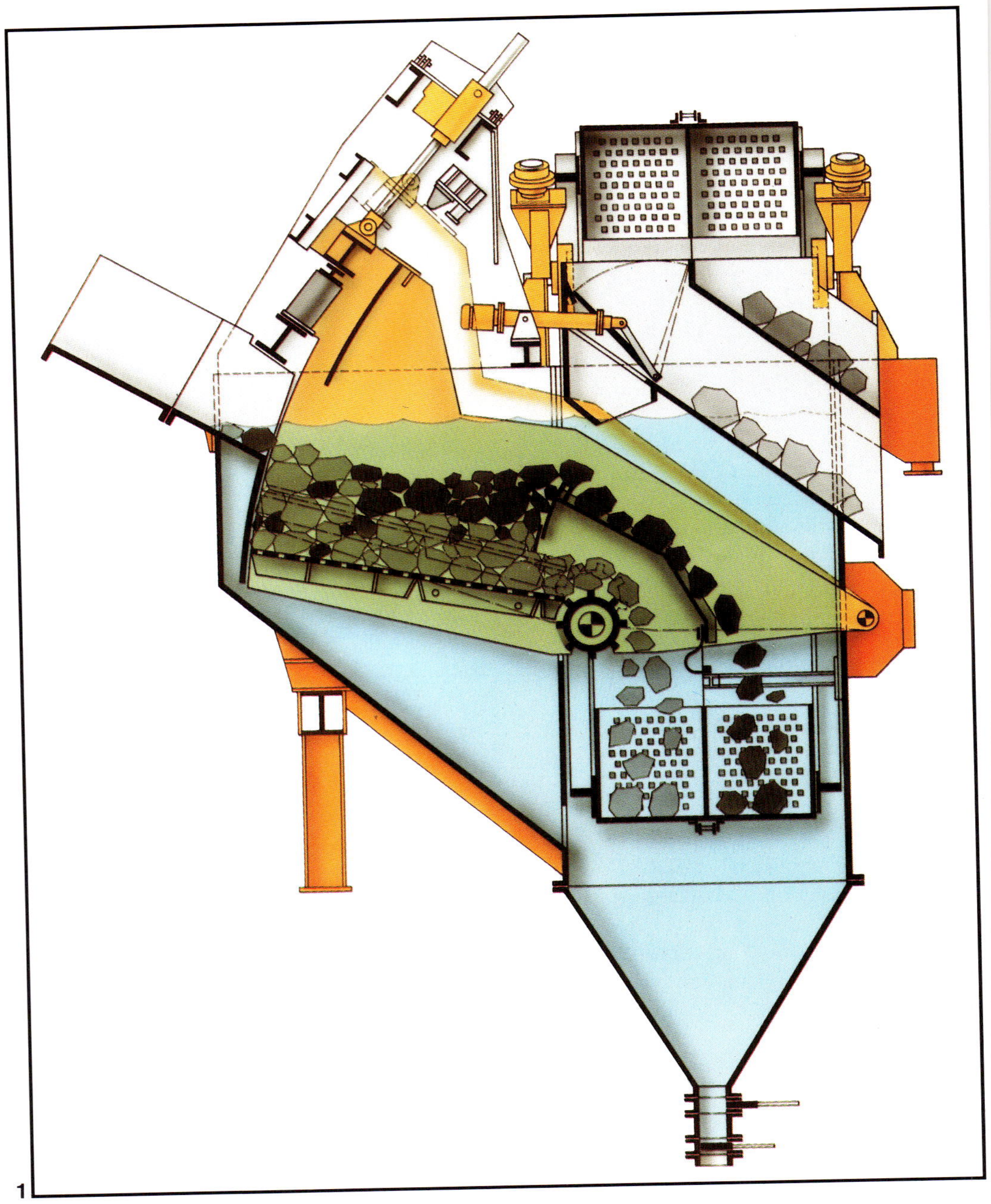

1

Flotation, eine uralte Erfindung?

Die Flotation oder Schwimmaufbereitung wird zur Sortierung sehr fein gemahlener Mineralien in einer wäßrigen Suspension eingesetzt. Dabei wird das Phänomen ausgenutzt, daß die einzelnen Bestandteile zum Teil von Wasser mehr oder weniger gut benetzbar (hydrophil), zum Teil aber unterschiedlich stark wasserabstoßend (hydrophob) sind. Eingeblasene, in feine Bläschen zerteilte Luft hängt sich nun an die hydrophoben Teilchen an und trägt sie an die Oberfläche. Dort bildet sich eine Schaumschicht, mit der zusammen die gewünschten Teilchen durch eine Abstreichvorrichtung abgenommen werden können. Die benetzbaren Teilchen bleiben weiter in der Trübe. Bestimmte Mineralien wie Graphit oder Schwefel sind von vornherein wasserabstoßend, aber die meisten müssen erst mit einem wasserabstoßenden Mittel behandelt werden. Durch Flotationsmittel können beispielsweise die Oberflächeneigenschaften der Feststoffkomponenten beeinflußt werden. Die alten Griechen kamen wohl als erste auf die Idee der Flotation. Aus dem Schlamm vom Grund eines Sees gewannen sie Gold mit Hilfe von Federn, die vorher in Pech getaucht wurden. In der Neuzeit soll, so berichtet die Fama, die Wäscherin Carry Jefferson den Anstoß zur Entwicklung des Flotationsprozesses gegeben haben. Als sie die Arbeitskleidung von Bergleuten wusch, stellte sie fest, daß der Seifenschaum metallisch glitzerte. Sie machte einen Grubenarzt darauf aufmerksam, und das soll der Anstoß für die Entwicklung gewesen sein. Als Erfinder eines Flotationsverfahrens werden M. V. Pernolet (1852) und der Engländer William Haynes (Patent 1860) genannt. Haynes fand heraus, daß sulfidische Erze sich gut mit Öl benetzen lassen und dann im Wasser aufschwimmen. 1877 meldeten die Brüder Bessel in Dresden das Flotationsverfahren für die Graphitaufbereitung an.

Der erste kommerziell erfolgreiche Prozeß, angewandt bei Kupfererz, stammte von den englischen Brüdern Francis Edward (1864–1932) und Alexander Stanley Elmore (1867–1944). Francis hatte der 1898 patentierten *bulk oil process* erfun-

1 – Zur Vorabscheidung von Bergen (Nebengestein) aus der Rohkohle werden heute Stauchsetzmaschinen wie diese von KHD Humboldt Wedag, Bauart ROM-JIG, eingesetzt. Der Setzvorgang findet in einem Wasserbad statt. Die zum Sortieren erforderliche Auflockerung des Gutes wird durch Heben und Fallenlassen einer mechanisch bewegten Schwinge erzeugt. Die Berge werden mittels einer Walze ausgetragen.
2, 3 – „Unter Aufbereitung durch ein Schwimmverfahren versteht man die Trennung eines im einfachsten Falle aus 2 Bestandteilen bestehenden Rohgutes in einer wässrigen Trübe dadurch, daß man durch geeignete Vorbehandlung den einen Bestandteil an der Oberfläche der Trübe aufsteigen, den anderen Bestandteil in der Trübe verbleiben bzw. zu Boden sinken läßt." So führte Hubert Schranz 1925 in den „Kruppschen Monatsheften" in die Schwimmaufbereitung von Kohlen und Erzen ein. Das Foto zeigt den Schaumschwimmapparat mit vereinigten Rühr- und Schaumzellen aus der im Stammbaum darunter dargestellten Schwimmaufbereitungsanlage für Erze des Grusonwerks der Fried. Krupp AG.
4 – Auch bei der Kohle führt der vermehrte Anfall von Feinstkorn durch mechanische Abbaumethoden immer mehr zum Einsatz von Flotationsmaschinen wie dieser von KHD Humboldt Wedag.

2

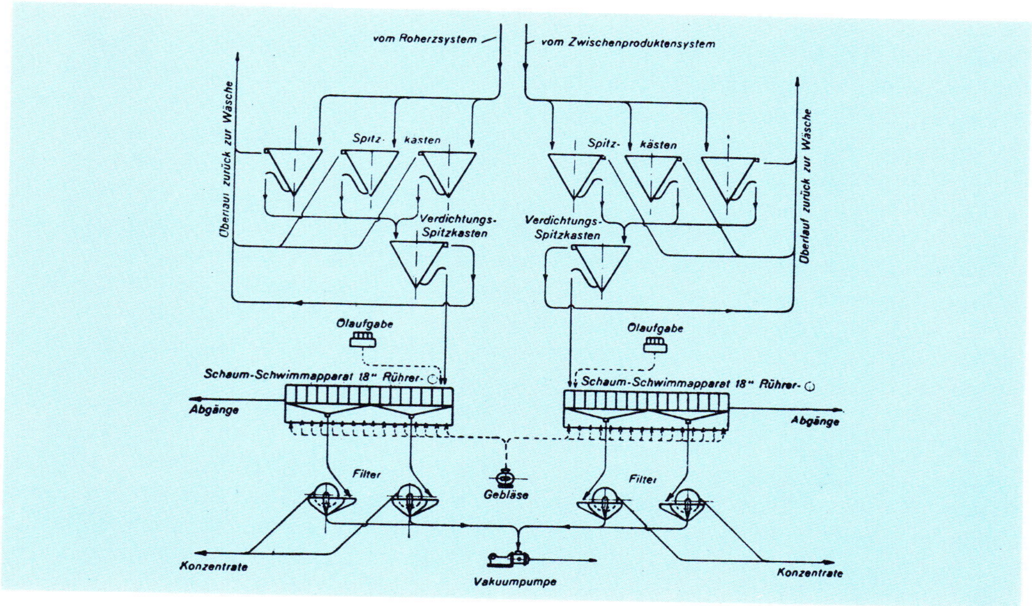

3

den, Bruder Alexander brachte ihn zur technischen Reife. Das feingemahlene Kupfererz wurde mit Wasser gemischt und in die Trübe dann Öl eingeleitet. Das Öl stieg nach oben, benetzte nur die Kupferzteilchen und nahm sie mit an die Oberfläche. In der Folgezeit entwickelten die Brüder den „Elmore vacuum process", der weniger Öl erforderte und auch für magere Erze geeignet war. 1912 kam ihr Verfahren auch bei Blei-Zink-Erzen zum Einsatz.
Die Kohleflotation wurde nach dem Ersten Weltkrieg zur Aufbereitung herangezogen. Sie war so erfolgreich, daß sie in kurzer Zeit weltweit in allen Kohlegebieten zum Einsatz kam. In wirklich großem Maßstab wurde die Erzflotation aber erst ab etwa 1924 eingesetzt, als sich mit speziellen Sammlern (etwa Xanthate oder kationenaktive Substanzen) gezielt die

4
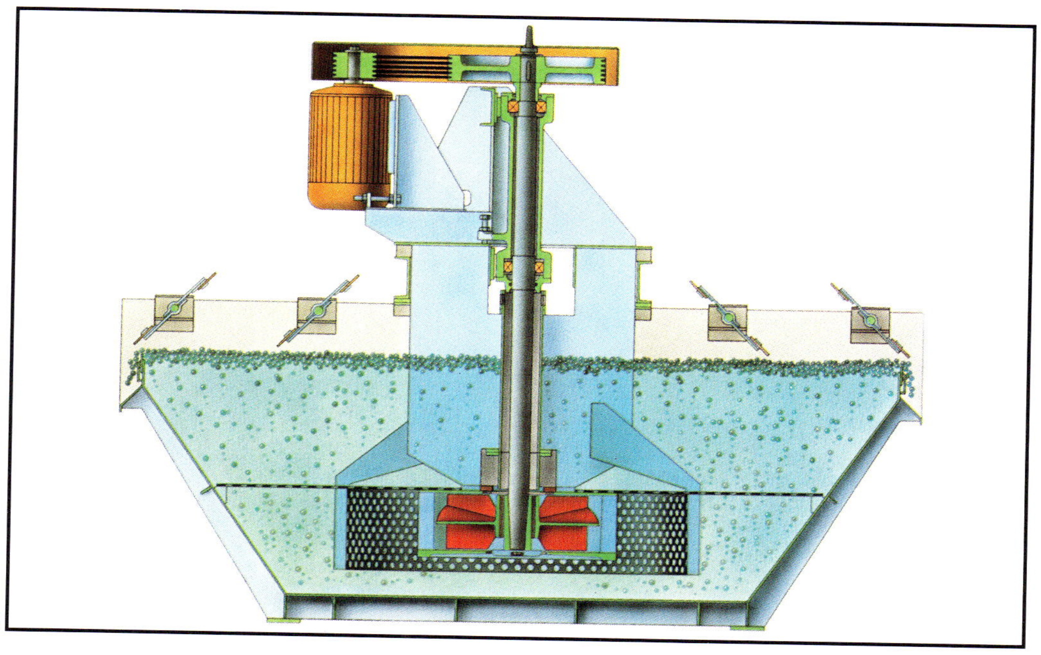

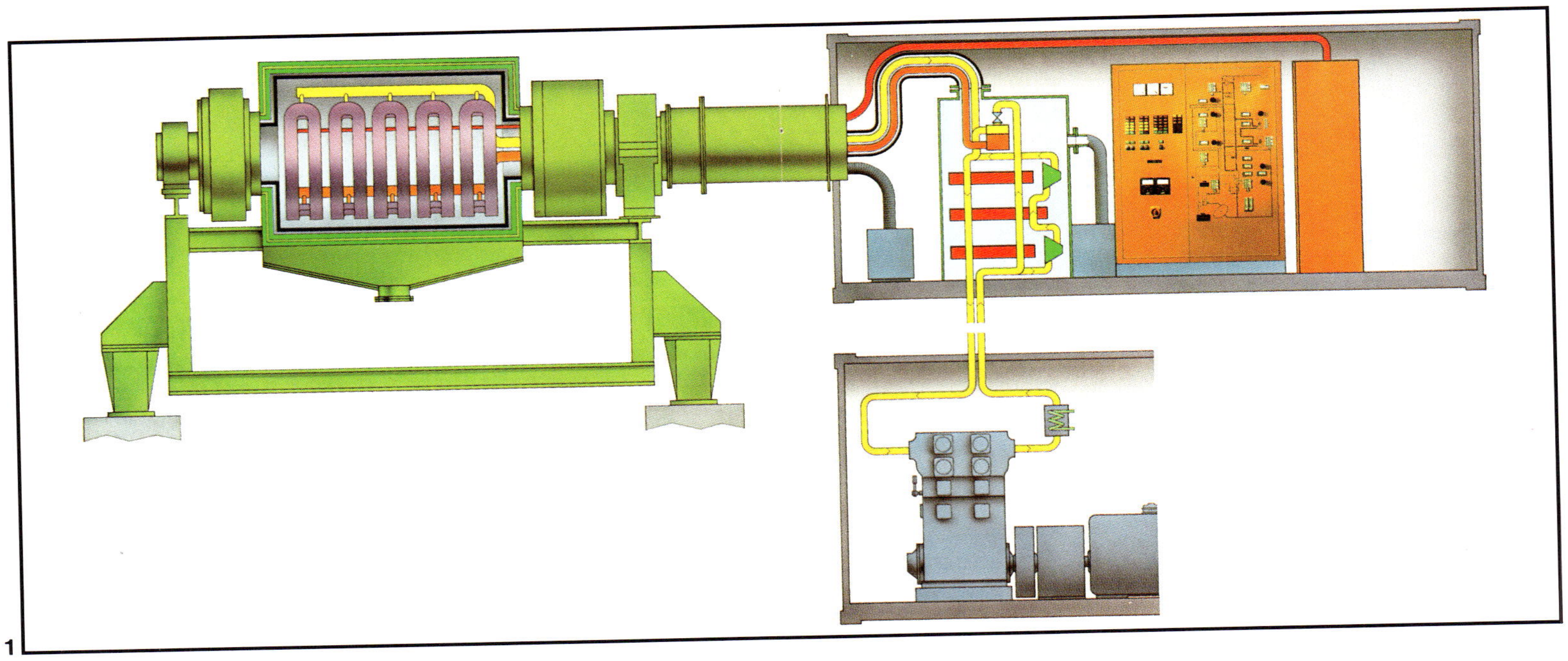

1

1 – Der Supraleitungs-Starkfeld-Magnetscheider DESCOS von KHD Humboldt Wedag kann einerseits die magnetisierbaren Verunreinigungen aus nichtmagnetisierbaren Wertstoffen ausscheiden; andererseits dient er der Anreicherung schwach magnetisierbarer Wertminerale. Die Supraleitung der Niob-Titan-Legierung in den Spulen wird erst durch Kühlung auf minus 269 °C erreicht.
2 – Am 6. Juli 1983 nahm die Gewerkschaft Sophia-Jacoba in Hückelhoven auf der Zentralschachtanlage eine neue Aufbereitung für Anthrazitkohle in Betrieb. Die Wäsche in der neuartigen Rundhalle hat eine Durchsatzleistung von 1000 t/h. Die Kornklasse 80–6 mm wird im Schwertrübeverfahren aufbereitet, Korn 6–0,5 mm auf Setzmaschinen und Feinstkorn unter 0,5 mm durch Flotation.

Benetzbarkeit spezieller Mineralien verbessern ließ. Daraus ergab sich die Möglichkeit, selektiv zu flotieren, wenn Erze mehrere nutzbare Mineralien enthielten. Praktiker der Flotationsanwendung nach der Jahrhundertwende waren der Australier Guilleaume Daniel Delprat (1902) und der Amerikaner Charles Vincent Potter (1904). Mit organischen Sammlern befaßte sich besonders der Amerikaner Perkins (1921). Mit der Theorie beschäftigte sich der gebürtige Türke und eingebürgerte Amerikaner Antoine Marc Gaudin (1900–1974). Er wies unter anderem nach, daß die Flotation von der Kristallstruktur auf der Oberfläche jedes Mineralpartikels abhängt. In Deutschland machte sich der Diplomingenieur Hubert Schranz (1893 bis 1960) um die Flotation verdient. Schon als Student erhielt er einen Preis für seine Abhandlung „Ein experimenteller Beitrag zur Kenntnis des Schwimmvermögens". Nach seiner Promotion 1923 an der Bergakademie Freiberg übernahm er die Leitung der Versuchsanlage für Flotationsverfahren bei der Firma Friedrich Krupp Grusonwerk in Magdeburg.

Magnete, Supraleitung und Computer

Die Magnetscheidung ist, wie der Name schon vermuten läßt, ein Sortierverfahren, das aufgemahlenes und bereits klassiertes Erz nach den magnetischen Eigenschaften seiner Bestandteile trennt. In erster Linie werden Eisen- und Manganerze durch die Magnetscheider geschickt. Die ältesten Geräte waren noch mit Stahlstäben bestückt, die durch Permanentmagnete magnetisiert wurden (Stahlmagnete). Magnetisierbare Mineralkörner sammelten sich auf einer mit solchen Stahlmagneten besetzten drehbaren Trommel und wurden durch Bürsten abgenommen. Aber mit den Fortschritten in der Elektrotechnik kam man darauf, daß Elektromagnete wesentlich stärker sind. So baute der Italiener Sella schon 1855 in Traversella, Piemont, in seinen Magnetscheider Elektromagnete ein.

In der Folgezeit beschäftigten sich Ingenieure in Europa und Amerika mit der magnetischen Aufbereitung und bauten die unterschiedlichsten Geräte: Trommel-, Walzen-, Ring- und Bandscheider, Gröndal-Scheider und Jones-Scheider, Starkmagnetscheider bis hin zum Magnetscheider mit supraleitenden Spulen. Auch an mehr oder weniger berühmten Namen ist kein Mangel. Der amerikanische Ingenieur John Smith ließ 1870 magnetische Erze zwischen zwei Magnetpolen hindurchlaufen. 1890 wurde den US-amerikanischen Ingenieuren Clinton M. Ball und Sheldon Norton ein Magnetscheider patentiert, dessen Durchlauf sich je nach Erzgehalt veränderte. Vor der Jahrhundertwende brachten Siemens & Halske einen Erzscheider heraus, der aus einer Förderschnecke in einer magnetisierbaren Trommel bestand. Auch Thomas Alva Edison stellte einen Magnetscheider vor, bei dem die magnetisierbaren Bestandteile des herabrieselnden Guts aus der senkrechten Fallinie abgelenkt und gesondert aufgefangen wurden. 1906 erhielt der schwedische Ingenieur Gustaf Gröndal ein Patent auf sein naß arbeitendes Gerät.

Schließlich wurden auch noch thermische Behandlungsverfahren entwickelt, die es ermöglichten, die magnetischen Eigenschaften von Natur aus schwachmagnetischer Eisenerze (zum Beispiel Eisenspat, Rot- und Brauneisenerz) ganz beachtlich zu erhöhen. Aber trotzdem mußten dazu riesige Spulen mit entsprechend großen Eisenkernen verwendet werden, um die notwendigen magnetischen Feldstärken zu erreichen. Deshalb bauten die Konstrukteure der KHD Humboldt Wedag in Köln einen Magnetscheider mit Spulen, die mit Niob-Titan-Supraleitern gewickelt und durch flüssiges Helium auf minus 269 Grad Celsius gekühlt werden. Im Juni 1987 hatte die Pilotanlage bereits 27000 Betriebsstunden hinter sich. Ihre Durchsatzleistung bei Mineralien wie Magnesit, Apatit und Serpentin beträgt 100 Tonnen pro Stunde.

Wie nicht anders zu erwarten, ist mittlerweile auch der Computer in die Aufbereitungstechnik integriert worden. 1983 wurde der Prototyp einer Wasch- und Aufbereitungsanlage für Anthrazitkohle

2

für die Gewerkschaft Sophia-Jacoba in Hückelhoven bei Aachen errichtet. Die elektronische Ausrüstung mit vier Prozeßrechnern, Farb-Videosystem sowie die Software lieferte AEG-Telefunken.

Briketts aus Braun- und Steinkohle

Steinkohlenbriketts wurden interessant, als etwa um die Mitte des 19. Jahrhunderts die Eisenbahnen in Frankreich und Belgien und dann auch in England allmählich bei der Lokomotivbeheizung von Koks auf Steinkohle umgestellt wurden. Weil es aber Stückkohle sein mußte, wären die Zechen auf ihrer Feinkohle, die bisher zu Koks verarbeitet worden war, sitzengeblieben, wenn sie nicht mit der Feinkohlenbrikettierung einen praktischen und lukrativen Ausweg gefunden hätten. Auch Dampfschiffe verwendeten diese Kohlenziegel, Darrsteine oder Preßkohlen in handlichen Stücken, und weil sie langsam abbrannten und wenig (sichtbaren) Schmutz verursachten, hielten sie auch in den Hausbrandöfen Einzug. In Deutschland bürgerte sich das Brikettieren von Steinkohlenklein um 1880 ein. Erst um diese Zeit lieferten deutsche Nebenproduktöfen preiswerten Steinkohlenteer, aus dem das Pech als Brikettbindemittel hergestellt werden konnte. Bei der Braunkohle war das nicht erforderlich, aber die warf andere Probleme auf.

Handstreichsteine oder Klütten

Beim Brikettieren wird loses, feinkörniges Gut (zum Beispiel Kohle, Torf, Eisen, Salz) in feste Stückform gebracht. Das Wort Brikett stammt von dem französischen Wort *la briquette*, der Verkleinerungsform von *la brique*, Ziegelstein. Tatsächlich wurden in der Frühzeit der maschinellen Brikettherstellung umgebaute Ziegelpressen benutzt, die seit ungefähr 1824 in zahlreichen neuen Konstruktionen auftauchten, etwa als Schneckenpressen nach dem Prinzip des Fleischwolfs oder als hydraulische Pressen mit Stempel. Aber damit ist der Geschichte etwas vorgegriffen, denn zunächst einmal ging die Weiterverarbeitung der Braunkohle in mühseliger Handarbeit vonstatten.
Frisch geförderte Braunkohle enthält sehr viel Wasser. Dadurch ist einmal der Heizwert recht gering, und zum anderen zerfällt die Kohle zu einer kleinkörnigen Masse, zu Braunkohlengrus, wenn der Wassergehalt sich durch Trocknung verringert. Also versuchte man, das Kohlen-

1 – Schon im 16. Jahrhundert gruben in der Gegend westlich von Köln Bauern, Waldarbeiter und Tagelöhner nach Braunkohle. Um den weichen und bröckeligen Brennstoff besser transportieren, lagern und vor allem verbrennen zu können, ging man dazu über, die Braunkohle mit Wasser gemischt mit den Füßen zu zerstampfen, in kleine Kübel zu pressen und dann zu stürzen. Die so entstandenen Klütten, Vorläufer der Briketts, wurden in der Sonne getrocknet.
2 – Mit dem 1858 bei Halle erstmals eingesetzten Verfahren von Carl Exter (1816–1870) wurde es möglich, die Braunkohle zunächst zu trocknen und erst dann unter hohem Druck zu Briketts zu pressen. In der Exter-Presse werden von der links stehenden Dampfmaschine mit zwei Schwungrädern Schw der Bolzen B und der Preßstempel p in der Form f vor- und zurückbewegt. Beim Zurückgehen des Preßstempels fällt aus der Füllvorrichtung w die nötige Menge getrocknete Braunkohle für ein weiteres Brikett herab, die nun mit starkem Druck gegen das hinterste der noch in der Form befindlichen Briketts gepreßt wird. Mit jedem Druck fällt rechts ein fertiges Brikett aus der Form.
3 – Der Wettbewerb um den Absatz der einzelnen Brikettmarken Donatus, Berggeist, Concordia, und wie sie alle hießen, hatte zum Teil ruinöse Formen angenommen trotz qualitativ gleichen Produkten. So wurde schließlich zum 1. April 1904 der gemeinsame Markenname Union für alle deutschen Briketts eingeführt.
4 – Bei aller Modernisierung vor allem in der Braunkohlegewinnung hat sich bei der Verarbeitung am Prinzip der Brikettierung gegenüber der Exter-Presse nicht viel geändert.

1

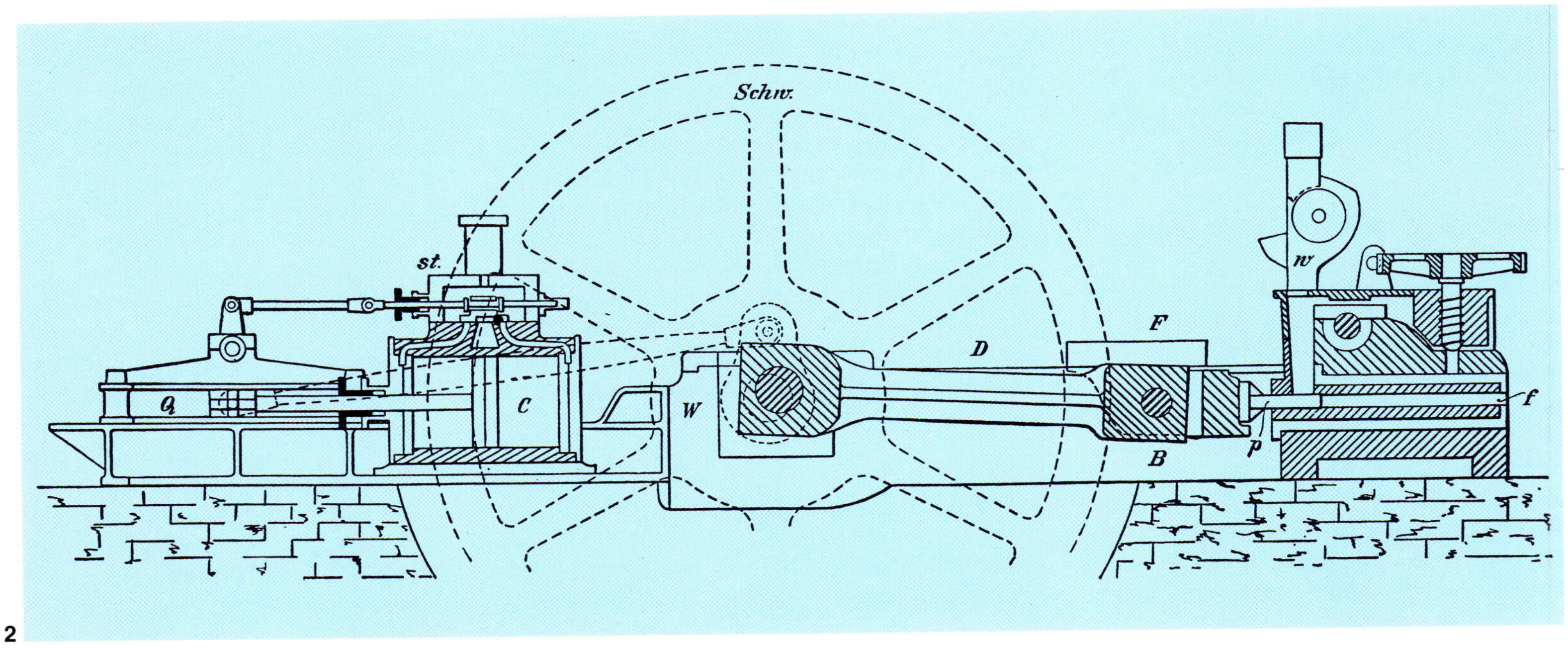

2

3

4

klein durch Zusammenbacken in eine Stückform überzuführen, und daraus entstanden die Vorläufer der Briketts, Handstreichsteine oder Klütten genannt. Wie das vor sich ging, beschrieb Arno Kleinebeckel in seinem Buch „Unternehmen Braunkohle" wie folgt: „Zu ihrer Herstellung wurde die rohe Kohle auf einem eigens neben der Grube eingerichteten Formplatz zerkleinert und mit Wasser zu einem steifen Brei durchgeknetet. Das geschah ‚per pedes', also mit den Füßen, und auch Frauen und Kinder mußten dabei helfen. Eine schlecht gelittene Produktionsweise! Man konnte es abends an den Füßen erkennen, wer vom Klüttenmachen kam, und ein Mann, der etwas auf sich hielt, bedankte sich für solche Arbeit. Als Bindemittel rührte man noch eine Schmiere aus erdiger Kohle, Ton oder gar Kuhmist darunter, bevor der ‚Förmer' den Brei mit dem Spaten in kleine Holzeimer schlug, die in der Form unseren heutigen Blumentöpfen ähnelten."

Die ersten Brikettpressen

Ein Arbeiter schaffte in einer Zehnstundenschicht rund 1200 Klütten, Kneten und Transport zum Trockenplatz inbegriffen. Aber beim Trocknen passierte es, daß Handstreichsteine Risse bekamen und leicht auseinanderfielen, besonders, wenn sie transportiert werden sollten. Das verschlechterte die Absatzchancen, und der Braunkohlengrus häufte sich zu immer höheren Halden. Dieser Überschuß und die langwierige Suche nach einer Herstellungstechnik für festere Steine führten schließlich zu den Naßpreßsteinen. Laut Feldhaus versuchte man im sächsischen Bad Dürrenberg ab 1833, Braunkohlenbriketts herzustellen. Da es in dem Solbad eine Dampfziegelei gab und Ziegeleien auch Braunkohle als Brennstoff verwendeten, setzten die Techniker vermutlich eine Ziegelpresse für ihre Brikettierversuche ein. Ab 1863 lieferte die von Schmelzer verbesserte Hertel-Presse nach dem Prinzip der Ziegelpresse recht brauchbare Naßpreßsteine. Die Kohle gelangte über ein Knetwerk in den Preßzylinder, trat als rechteckiger Kohlenstrang mit abgerundeten Ecken aus und wurde durch ein Schneidwerk geteilt.

In großen Schuppen auf Lattengerüsten konnten die Steine an der Luft trocknen. Das beschränkte die Fabrikation natürlich auf die Sommermonate und machte die Trockenzeit von der Witterung abhängig. Aber auch die Widerstandsfähigkeit der Naßpreßsteine ließ zu wünschen übrig, und der mit dreißig bis vierzig Prozent noch immer sehr hohe Wassergehalt sorgte für einen miserablen Heizwert.

Aus diesem Dilemma führte erst eine Herstellungstechnik heraus, die Trockenpreßsteine, Darrpreßkohlen oder Braunkohlenbriketts ermöglichte. Bei dieser Technik wurde das Braunkohlenpulver in speziellen Öfen getrocknet, und dann genügte der sehr hohe Druck einer Brikettpresse, daß die Teilchen durch Adhäsion aneinander hafteten und durch ihren Bitumengehalt verklebten. Als Erfinder der Brikettpresse wird ein gewisser Carl Exter genannt, sein Beruf mit so unterschiedlichen Professionen wie Münchner Postrat oder bayerischer Maschinenmeister überliefert. Die bei Kleinebeckel angegebenen Lebensdaten (1816–1870) stimmen mit denen eines Eisenbahntechnikers Carl Exter überein, der am 10. Juni 1816 in Zweibrücken geboren wurde und am 30. Oktober 1870 in München starb. Er erfand die Exter-Wurfbremse für Eisenbahnfahrzeuge – und vielleicht auch die Exter-Presse.

Probleme mit der Trocknung

Exter hatte seine Stempelpresse 1856 ursprünglich zur Torfpressung konstruiert. Speziell auf Braunkohle abgeändert wurde die Maschine erstmals 1858 auf der Grube Theodor im späteren Braunkohlewerk Ammendorf in Sachsen ausprobiert. Bei der Exter-Presse wurde der Preßstempel von einer Dampfmaschine angetrieben. „Bei jedem Hube (des Stempels) tritt eine abgemessene Menge Kohlenklein in die Form, deren vordere Oeffnung durch einen Strang bereits gepresster Briketts ausgefüllt ist. Gegen das zuletzt gepresste

Brikett drückt der Preßstempel bei der Vorwärtsbewegung das Kohlenklein zu einem neuen Brikett zusammen, während die Reibung der in der Form befindlichen Briketts den Gegendruck gibt. Dieser wird jedoch zuletzt überwunden und der Brikettstrang um eine Brikettdicke durch die Form in ein anschließendes Gerinne vorgedrückt. Bei dieser Bewegung trennen sich die einzelnen Briketts von einander, werden durch die umgebende Luft gekühlt und dann erst verladen oder gelagert, da sonst Selbstentzündung eintreten könnte" (E. Treptow).

Während der reine Preßvorgang mit der Exter-Presse schon sehr bald funktionierte, erwies sich der Trocknungsvorgang fast bis zur Mitte der siebziger Jahre als das Sorgenkind der Brikettieranlagen, weil der getrocknete Braunkohlenstaub hochexplosiv war. Erst mit der Entwicklung geeigneter Trockenöfen konnte sich die Braunkohle-Industrie in größere Dimensionen aufschwingen. 1893 waren allein im Oberbergamtsbezirk Halle 237 Pressen in Betrieb, die Produktion betrug fast 1,8 Millionen Tonnen Briketts. Doch mit der Steigerung der Produktivität begann auch der Kampf um den Kunden, der auch seltsame Blüten wie eine „Briket-Polka" zum Erblühen brachte.

Steinkohlenbriketts

Am 18. Juni 1810 erhielt ein Monsieur Quest in Paris das Patent Nr. 59 auf die Herstellung von Briketts aus feiner Steinkohle. Während aber Braunkohle die zur Bindung nötigen Stoffe bereits mitbringt, braucht die Steinkohle fremde Bindemittel, sonst nützt auch der stärkste Preßdruck nichts. Quest verwendete dazu Tonerde. Das Verfahren bewährte sich nicht, aber in Frankreich bemühte man sich um bessere Techniken. 1832 kamen die beiden Franzosen Ferrand in St-Etienne und E. Marsais, Grubendirektor in Labrulée, auf die Idee, den in Kokereien und Leuchtgasfabriken in ausreichender Menge anfallenden Steinkohlenteer, eine schwarze, viskose Flüssigkeit, als Bindemittel zu verwenden. 1842 baute Marsais in Bérard bei St-Etienne eine Brikettfabrik. Allerdings war er vom Teer abgekommen und verwendete statt dessen den thermoplastischen Rückstand, der bei der Teerdestillation anfällt, nämlich Steinkohlenteerpech. Statt des weichen Pechs, das Marsais bevorzugte, entschied sich ein Jahr später der Engländer William Wylam in Newcastle für hartes Pech, das sich später allgemein durchsetzte. Das Teerpech wurde erwärmt und in einem Mischapparat mit dem Kohlenklein vermengt. Anschließend kam die Mischung in die Brikettpresse. Mit sogenannten Tangentialpressen wurden Eierbriketts hergestellt. „Bei denselben sind auf dem Umfang zweier sich berührenden Walzen reihenweise die halben Eiformen angeordnet. Bei Drehung der Walzen füllen sich je zwei gegenüber stehende Höhlungen mit dem Material und bilden bei der Berührung ein Eierbrikett. Gebräuchlich ist die von Zimmermann, Hanrez & Co. erfundene und von Fouquemberg verbesserte Konstruktionsform", erklärt ein Lexikon von 1898 das Verfahren.

Für die normalen Briketts kamen Pressen mit offenen Formen nach dem Prinzip der Exter-Presse zum Einsatz (etwa die Presse von Bouriez) oder Pressen mit geschlossenen Formen, wie sie beispielsweise der britische Zecheningenieur Middleton 1845 vorstellte. Dabei wurde die in geschlossene Formen gefüllte Masse von einem Stempel zum Brikett gepreßt und dann durch einen gesonderten Ausstoßstempel aus der Form auf ein Transportband gedrückt. Bekannte Pressen stammten von der Firma Biétrix & Co. aus St-Etienne (1878) und von Couffinhal, von dem die Firma Schüchtermann & Kremer in Dortmund eine Lizenz nahm und vor der Jahrhundertwende Brikettieranlagen baute.

Im Rahmen eines gesteigerten Umweltbewußtseins entwickelte man später Steinkohlenbriketts, die nicht mehr teergebunden sind und nahezu ohne Rauchentwicklung abbrennen. In Großbritannien hat das National Coal Board ein Brikettierungsverfahren entwickelt, bei dem überhaupt kein Bindemittel mehr erforderlich ist. Die Kohle wird auf über 400 Grad Celsius erhitzt und zu Briketts gepreßt.

Im Gegensatz zu Braunkohle, die genügend Bitumen als Bindemittel für die Brikettierung enthält, mußte bei der Steinkohle nachgeholfen werden. Von Tonerde über Steinkohlenteer bis zu weichem, dann hartem Steinkohlenteerpech reichten die Ideen der Erfinder. Nach dem System Couffinhal, für das in Deutschland Schüchtermann & Kremer in Dortmund die Lizenz hatte, wurde die zerkleinerte Kohle mit etwa 8–10 % Hartpech in dem stehenden Mischzylinder (in der Zeichnung rechts) vermengt und durch überhitzten Dampf auf 200 °C gebracht. Mit einem Füllapparat gelangte die Masse portionsweise in eine der Öffnungen des sich drehenden Formtischs und wurde durch Preßstempel von oben und unten zu drei Kilogramm schweren Briketts geformt – in einer Zehnstundenschicht an die 17 000 Stück oder 50 Tonnen.

Kohlekraftwerke: Kohle wird über Draht geleitet

Das Holz als Energieträger wurde um 1880 von der Kohle verdrängt. Etwa 1930 begann die Ablösung der Kohle durch Erdöl und Erdgas. In den sechziger Jahren hatte das Erdöl auf der Weltrangliste der Energieträger den ersten Platz erobert. Mit Beginn der siebziger Jahre trug auch die Kernenergie zunehmend zur Energieversorgung bei. Die Quellen für die bundesdeutsche Stromversorgung sahen 1988 so aus: 27,9 Prozent stammten aus der Steinkohle, 20,3 Prozent trug die Braunkohle bei, 39,3 Prozent lieferte die Kernenergie, und die restlichen 12,5 Prozent teilten sich Heizöl, Erdgas, Müll, Wasser und anderes. Fast die Hälfte der Elektrizität kam, begünstigt durch das Verstromungsgesetz von 1974 und das Energieprogramm der Bundesregierung von 1977, aus Kohlekraftwerken. Und es war ein langer Weg von Thomas Alva Edisons erstem öffentlichem Elektrizitätswerk in der New Yorker Pearl Street Nr. 255–257 von 1882 bis zum größten Steinkohlekraftwerk des europäischen Kontinents (3800 Megawatt) in Gelsenkirchen-Scholven rund hundert Jahre später. Über hundert Jahre lang wurden Kohlekraftwerke zur Stromerzeugung eingesetzt, und dann kamen sie ins Gerede als umweltgefährdende Dreckschleudern, die mit ihren Emissionen aus Schwefel- und Stickoxiden neben dem Auto für Waldschäden und Fischsterben verantwortlich gemacht werden und die mit ihrem Kohlendioxid-Ausstoß den Treibhauseffekt beschleunigen helfen. Mit neuen Feuerungstechniken, speziellen Filtern sowie Entschwefelungs- und Entstikkungsanlagen rückte die Industrie diesem Umweltproblem zu Leibe.

Dampfkraftwerke: zur Entwicklung der Dampferzeuger

Die Dampfkraftwerke, so belehrt jedes Lexikon, gehören zur großen Gruppe der thermischen Kraftwerke. Dabei wird durch die thermische Energie aus der Verbrennung von Kohle, Öl, Gas, Holz oder auch Müll oder durch den sogenannten Massendefekt bei der Kernspaltung und die dadurch freiwerdende Energie in einem Dampferzeuger Wasser verdampft. Der Dampf liefert durch Entspannung in einer Dampfturbine (früher in einer Dampfmaschine) die Energie zum Antrieb eines Generators. Dieser ganze umständliche Energieumwandlungsprozeß (Wärmeenergie → mechanische Energie → elektrische Energie) dient also dazu, unsere Steckdosen mit elektrischem Strom zu versorgen (und vielleicht auch noch eine Fernheizung mit Heizdampf).

Die Entwicklung der Dampferzeuger verlief zunächst parallel zu den Fortschritten im Dampfmaschinenbau, zwangsläufig, denn „das göttliche Agens, das der Dampfmaschine zuströmt, ihr lebendiger Odem, ist der Dampf" (Artur Fürst). Die ersten Dampfkessel waren nichts anderes als große runde Kochtöpfe, unter denen ein Feuerchen brannte. James Watt (1736–1819) brauchte für seine leistungsfähigeren Maschinen größere Kessel und entwickelte 1780 den langgestreckten Kofferkessel mit gewölbtem Oberteil.

Für höhere Dampfdrücke konstruierte der Amerikaner Oliver Evans (1755–1819) um 1785 einen Zylinderkessel, und für seine Hochdruckdampfmaschine, die „Columbian Engine", baute er einen Vorläufer des Rauchrohrkessels, bei dem die heißen Rauchgase durch ein Rohr im Zylinderkessel geführt wurden. 1828 ließ sich der französische Ingenieur und Erfinder der Drahtseil-Hängebrücke Marc Séguion (1786–1875) einen leistungsfähigen Rauchrohrkessel patentieren, den Stephenson in seine Lokomotive „Rocket" einbaute. 1800 erregte Richard Trevithick (1771 bis 1833) in Cornwall Aufsehen mit dem ersten Flammrohrkessel, bei dem er die Feuerung mit Hilfe des Flammrohrs in den Kessel hinein verlegte. Nach seinem Entstehungsgebiet wurde der Dampferzeuger auch als Cornwall-Kessel bekannt. Der Zweiflammrohrkessel kam aus Lancashire und wurde entsprechend benannt.

Das erste öffentliche Elektrizitätswerk

Als die Maschinen immer mehr Dampf schluckten, die Dampfdrücke erhöht wurden und Ende des 19. Jahrhunderts die Dampfturbinen gewaltige Anforderungen an die Dampferzeuger stellten, setzte sich mit dem Wasserrohrkessel eine andere Technik für die Kessel durch. Dabei wird das Wasser in Rohren verdampft, die durch einen beheizten Raum laufen und dort Strahlungswärme der Flammen und Wärme der heißen Rauchgase aufnehmen. Sie wurden zum erstenmal von dem englischen Chirurgen und Erfinder Goldsworthy Gurney (1793–1875) gebaut. Gurney (seit 1863 Sir Goldsworthy) konstruierte nach Stephensons Erfolg mit der „Rocket" einen Dampfwagen und legte damit die Strecke London–Bath–London mit einer Geschwindigkeit von 24 Stundenkilometern zurück.

Den ersten Wasserrohrkessel mit schräg angeordneten Rohren (Schrägrohrkessel) konstruierte der Augenarzt und Maschinenbauer Ernst Alban (1791–1856) bereits im Jahr 1840. Zwei solche Schrägrohrkessel verwendete Edison bei seinem ersten öffentlichen E-Werk. Die erste Blockstation in Berlin von 1884 kam noch mit drei Wasserrohrkesseln für vier Dampfmaschinen aus. Mit 87 Schrägrohrkesseln in drei Stockwerken übereinander wurden Ende des 19. Jahrhunderts elf Dampfdynamos in New York betrieben, die Strom für eine elektrische Straßenbahn lieferten. Mechanische Transportvorrichtungen schafften die Kohlen unmittelbar vom Schiff in zwei 5000-Tonnen-Vorratsbehälter im Dachgeschoß. In Deutschland war es unter anderem die Firma L. & C. Steinmüller, Röhren-Dampfkessel- und Maschinenfabrik in Gummersbach, die sich um die Einführung und Entwicklung des Wasserrohrkessels verdient machte. Die Firma wurde 1873 von Lebrecht (1838–1899) und Carl Steinmüller (1840–1909) auf der Grundlage der väterlichen Papierfabrik gegründet. Mit Dampfkesselanlagen wurde auch die 1898 gegründete Deutsche Babcock & Wilcox Dampfkessel-Werke AG (heute Deutsche Babcock AG in Oberhausen) groß. Ihr Sektionalkessel ermöglichte die Steigerung des Kesseldrucks auf über 20 bar. In der Schweiz baute die Gebrüder Sulzer AG in Winterthur, 1834 als Familienunternehmen gegründet, neben hervorragenden Dampfmaschinen auch Kesselanlagen.

Für feste Brennstoffe wie grobkörnige Kohle oder Braunkohle brauchte man Roste aus Eisenstäben, durch die von unten Luft an den brennenden Kohlen vorbeistreichen konnte. Die einfachste und älteste Form war der Planrost. Für große Kessel erhielt der Engländer Jukes 1841 ein Patent für den Wanderrost, der von Tailfer zuerst in Frankreich zum Einsatz gebracht wurde. Die Roststäbe und damit die Kohle werden so durch den Feuerraum bewegt, daß die Kohle am Ende des Durchgangs verbrannt ist.

Dampfturbinen und Kohlenstaubfeuerung

Die zweite Periode im Dampfkraftwerksbau wurde von den Dampfturbinen (siehe den Band „Wind · Wasser · Dampf · Sonne") bestimmt, und die fraßen bei Dampfspannungen von etwa 15 bar und Dampftemperaturen um 350 Grad Celsius ungeheure Dampfmengen. 1915/16 entstand nach den Plänen des Elektrotechnikers und Ingenieurs Georg Klingenberg (1870–1925) das Braunkohle-Großkraftwerk Golpa-Zschornewitz im Bitterfelder Braunkohlerevier. Klingenberg war Dozent an der Technischen Hochschule Charlottenburg und von 1902 bis 1925 Vorstandsmitglied der AEG. Er konstruierte über siebzig Kraftwerke und genoß „insbesondere wegen der in seinen Kraftwerken erstmals durchgeführten Zusammenfassung aller Einzelanlagen, wie Kessel- und Maschinenhaus, Schaltanlage usw. zu höchstwertigen Einheiten" („Der große Herder" 1933) internationales Ansehen.

Bei der Erstausstattung des Kraftwerks von Zschornewitz sorgten zehn Dampfturbinen für eine Leistung von 128000 kW. Jede Turbine brauchte pro Stunde rund 80000 Kilogramm Dampf, ein Wasserrohrkessel mit Wanderrost lieferte stündlich 12000 bis 15000 Kilogramm. Das zeigt, daß jede Turbine fast ein eigenes Kesselhaus brauchte. Die Technik der Schräg- und ab 1900 der Steilrohrkessel war ausgereizt, und die Fläche der Wanderroste ließ sich nicht beliebig vergrößern. Da erinnerten sich die Ingenieure daran, daß um die Jahrhundertwende schon einmal, allerdings ohne rechten Erfolg, versucht worden war, im Dampferzeuger Kohlenstaub zu verbrennen. Die Amerikaner hatten die Technik um 1914 betriebsfähig gemacht. Zu feinem Staub zermahlene Kohle wurde zusammen mit der Verbrennungsluft in den Feuerungsraum geblasen und verbrannte dort mit etwa 1800 Grad Celsius. Damit ließen sich Kessel konstruieren, die 50000 Kilogramm Dampf und mehr in der Stunde erzeugen konnten. In Deutschland kam diese Technik 1922 auf. Klingenberg konzipierte in Berlin-Rummelsburg ein solches Kraftwerk, das mit 16 steinkohlenstaub-gefeuerten Kesseln ausgerüstet war. Es ging erst ein Jahr nach seinem Tod, 1926, ans Netz. Die Wälzmühlen, in denen die Steinkohle für das Kraftwerk zu Staub gemahlen wurden, stammten von der Firma Loesche in Berlin, heute Ingenieurbüro Loesche in Düsseldorf.

Neue Werkstoffe und höhere Drücke

Die Leistung einer Wärmeenergiemaschine ist gemäß dem 1824 veröffentlichten Kreisprozeß des französischen Physikers Nicolas Léonard Sadi Carnot (1796 bis 1832) von der Temperaturdifferenz in der Anlage abhängig, also zum Beispiel von der Differenz zwischen der Anfangstemperatur des Wasserdampfes und der Kondensatortemperatur bei einer Dampfturbine. Deshalb lag es nahe, Temperatur und Druck in den Anlagen immer weiter zu steigern.

Die Steigerungsrate wurde von den Schwierigkeiten bestimmt, die bei der Entwicklung neuer und für solche Belastungen geeigneter Werkstoffe auftraten. „Man bedenke: bei 500° fängt der Stahl bereits an, dunkelrot zu glühen – in dem Zustand sollten Rohrleitungen mit 120 Atmosphären Druck (= 120 bar) beansprucht, Ventilsitze aufeinandergepreßt, Turbinenschaufeln mit halber Schallgeschwindigkeit umhergewirbelt werden. Erst die Einführung der legierten Stähle, vor allem der Molybdänstähle, in den Maschinen- und Apparatebau erlaubte es, das Wagnis zu unternehmen, als das vielen noch eine Dampfkraftanlage für 100 Atmosphären und mehr erschien" (Georg Siemens).

1927 erregte ein Braunkohlekraftwerk der I. G. Farben Aufsehen, das mit einem Dampfdruck von 100 bar arbeitete. Auf 150 bar konnte der Kesseldruck hochgefahren werden, als für die Kessel warmfeste Stähle (etwa die zunderfesten Sicromalstähle von H. J. Schiffler, die neben Chrom und Silicium bis zu 6 Prozent Aluminium enthalten) zum Einsatz kamen und das Kesselwasser durch chemische Entsäuerung und Behandlung mit Trinatriumphosphat weniger aggressiv wurde.

Der Kessel des Mark Benson

1921 wollte Mark Benson in England den Sprung in noch höhere Kesseldrücke wagen und dazu ein physikalisches Prinzip einsetzen, das der irische Chemiker und Mediziner Thomas Andrews (1813–1885) im Jahr 1869 formuliert hatte. Andrews hatte Kohlendioxid durch Druck verflüssigt und dann langsam erwärmt. Um das Gas weiter flüssig zu halten, mußte er den Druck erhöhen. Bei 31,1 Grad Celsius war plötzlich die Trennung zwischen Flüssigkeit und Gas verschwunden, das Kohlendioxid existierte nur noch als Gas. Auch eine weitere Druckerhöhung änderte daran nichts. Andrews schloß daraus, daß es für jedes Gas eine „kritische Temperatur" und einen dazugehörigen „kritischen Druck" gibt, oberhalb derer keine flüssige Phase existiert, auch bei höchsten Drükken nicht.

Mark Benson wollte diese Gesetzmäßigkeit bei Wasserdampf anwenden. Stand Wasser unter seinem kritischen Druck von 217,5 bar und wurde es erhitzt, passierte zunächst nichts. Erst bei Erreichen der kritischen Temperatur, bei Wasser 374,1 Grad Celsius, tat sich etwas: Das ganze Wasser verwandelte sich auf einmal in Dampf. Der Engländer baute eine Versuchsanlage und veröffentlichte seine Theorie über Dampfkessel in einer englischen Fachzeitschrift, die auch bei den deutschen Siemens-Schuckertwerken aufmerksam gelesen wurde.

Siemens schloß einen Vertrag mit dem Erfinder, und die Ingenieure von Siemens, darunter H. Gleichmann und Karl Schröder (geb. 1898), brachten den Benson-Kessel schließlich erfolgreich zur Anwendungsreife.

Nach dem Zweiten Weltkrieg wurden in den Kraftwerken auch überkritische Temperaturen benutzt und das Wasser durch die Rohre des Kessels gepumpt (Zwangsdurchlauf). Auch das hielt der Benson-Kessel aus und konnte zum Beispiel bei einem 370-Megawatt-Kraftwerksblock mit Steinkohlenstaubfeuerung eine Dampfmenge von über einer Million Kilogramm pro Stunde liefern, bei einem Druck von 212 bar und einer Temperatur von 535 Grad Celsius.

„Es ist eine Schande für die Menschheit, daß die Industriestädte sich immer noch durch dicke, schwarze Rauchsäulen und eine trübe Nebelatmosphäre kenntlich machen, die es verschuldet, daß man z. B. in London bereits an mehr als 180 Tagen im Jahre die Sonne nicht mehr sieht", klagte Hans Elden. Man schrieb das Jahr 1907. Und im selben Jahr arbeitete in Zürich bereits eine Müllverbrennungsanlage, die in zwölf englischen Verbrennungsöfen bis 140 Tonnen Müll in 24 Stunden beseitigte und Schlacke für Bauzwecke sowie Verbrennungsgase für zwei Heißdampfkessel lieferte, die einen Turbogenerator antrieben.

Heute heißt die Nebelatmosphäre Smog, und die Kohlekraftwerke mit ihren enormen Schadstoffmengen an Kohlendioxid, der Ursache für den Treibhauseffekt, Schwefel- und Stickoxiden, verantwortlich für den sauren Regen, mußten den Forderungen des Umweltschutzes angepaßt werden. Lagen die staubförmigen Emissionen in der Bundesrepublik 1960 noch bei 10 Gramm pro erzeugter Kilowattstunde elektrischer Energie, waren es bei neueren Kraftwerken der achtziger Jahre durch den Einsatz hochwertiger Staubabscheider in Form von Gewebefiltern und Elektroentstaubern nur noch 0,3 Gramm staubförmige Emissionen pro erzeugte Kilowattstunde. Im gleichen Zeitraum wuchsen die Kraftwerksschornsteine in die Höhe, von etwa 100 auf rund 250 Meter.

Vorreiter, im Rahmen der Luftreinhaltung die Stickoxide aus der Abluft der Kraftwerke zu entfernen, waren die Japaner. Sie entwickelten die selektive kataly-

1

2

3

1 – Zur rationellen Nutzung der Kohle als Energiequelle kommt es wesentlich auf die Konstruktion der Dampfkesselanlage an. In ihrem Gründungsjahr 1874 stellte sich die Firma L. & C. Steinmüller GmbH in Gummersbach mit diesem Wasserröhrenkessel vor, der trockenen Dampf erzeugte.
2 – Mit dem schmiedeeisernen Sektionalkessel der Deutschen Babcock & Wilcox, heute Deutsche Babcock AG in Oberhausen, vom Ende des 19. Jahrhunderts wurden Kesseldrücke von über 20 bar möglich.
3 – Die Gebrüder Sulzer AG in Winterthur stattete 1896 ihren Zylinderkessel in zwei Etagen mit Tenbrink-Apparatur für rauchfreie Feuerung aus.

1

tische Reaktion (SCR), bei der die Stickoxide mit Hilfe von Katalysatoren durch die Reaktion mit Ammoniak in Stickstoff und Wasserdampf umgesetzt werden. 1989 experimentierten Wissenschaftler der Universität Essen mit umweltbelastender, ammoniakhaltiger Jauche, die anstelle der Ammoniaklösung in die heißen Rauchgase eingespritzt werden soll. Mit Hilfe von Cyansäure wollten 1987 Wissenschaftler der Sandia-Laboratorien in den USA Stickoxide aus den Rauchgasen entfernen. Dem Schwefeldioxid rückten in der Bundesrepublik 1987 rund 30 Hersteller mit 19 zum Teil sehr ähnlichen Verfahren zu Leibe. Aber eine Menge noch ungelöster Probleme ließen sich vermutlich mit einer Technik lösen, die schon bald siebzig Jahre alt ist: das Wirbelschichtverfahren. Erfunden wurde diese Technik 1921 von dem Chemiker bei der BASF Fritz Winkler (1888–1950), der sie in seinem Winkler-Generator zur Kohlevergasung einsetzte.

Die Kohle wird zu millimetergroßen Körnchen zermahlen und dem Verbrennungsraum kontinuierlich zugeführt. Von unten wird Preßluft eingeblasen, die die Kohleteilchen während der Verbrennung im Schwebezustand hält. Die Frankfurter Firma Lurgi Chemie und Hüttentechnik GmbH entwickelte aus dem ursprünglichen Wirbelschicht- oder Fließbettverfahren die verbesserte zirkulierende Wirbelschichtfeuerung (ZWS), die dafür sorgt, daß die Kohlenkörnchen durch seitliche Luft mehrfach durch den Brennraum gewirbelt werden. Da die Verbrennungstemperatur mit 850 Grad Celsius relativ niedrig liegt und die Zirkulation einen hohen Ausbrand der Kohle ermöglicht, entstehen kaum noch Stickoxide. Wird die Kohle zusätzlich noch mit feingemahlenem Kalkstein gemischt, wird das bei der Verbrennung entstehende Schwefeldioxid sofort neutralisiert und bleibt als Gips zurück.

In England und den USA verbrennt gemahlene Kohle schon seit 1975 in Wirbelschichtfeuerungen. In Deutschland nahm die erste Anlage Ende November 1979 bei den Düsseldorfer Stadtwerken den Betrieb auf. 1982 bewies eine industrielle Anlage mit zirkulierender Wirbelschicht bei den Vereinigten Aluminiumwerken in Lünen, daß sich mit ballastreicher Steinkohle auch minderwertige Kohlesorten mit dieser neuen alten Technik relativ umweltfreundlich verstromen lassen.

Verkokung, Vergasung, Verflüssigung

Unter der Verkokung der Steinkohle versteht der Fachmann ihre thermische Behandlung unter Sauerstoffausschluß bei Temperaturen zwischen 700 und 1300 Grad Celsius. Verkokt wird heute fast ausnahmslos in ganzen Batterien von Horizontalkammeröfen, und außer Koks entstehen dabei größere Mengen der „Kohlenwertstoffe“ Teer, Rohbenzol, Ammoniak, Schwefelverbindungen und ein Heizgas.

Weniger trocken und erheblich dramatischer beschrieb Karl Aloys Schenzinger in seinem Buch „Anilin“ die Verkokungstechnik: „Am gleichen Tag noch, vielleicht erst nach Wochen, aber doch mit unabwendbarer Gewißheit wird dieses Kohlenstück eines Tages von einem unerbittlichen Griff erfaßt und in die große Retorte geschleudert. Hier wird es jäh von scharfer Hitze angesprungen. Die Hitze ist so stark, so zwingend, daß das Steinkohlenstück alles preisgibt, was es in sich birgt. Zuerst gibt es die Gase weg, die Kohlenwasserstoffe, das Ammoniak. Sie entweichen im Helm der Retorte. Dann läßt es die Dämpfe frei, den Teer mit all seinen geheimnisvollen Schätzen. Die Dämpfe gehen den nämlichen Weg wie die Gase.

Bis zum letzten ausgeplündert, liegt das Stück Kohle rotglühend auf dem Grund der Retorte, wird endlich von einem schweren Haken an die freie Luft gezogen. Hier überfällt es ein eisiger Wasserstrahl. Unter donnerndem Getöse zerknallt die glühende Hitze, zerstäubt als zischender Dampf.

Porös wie ein erstarrter Schlamm, matt, grau und unscheinbar liegt jetzt das vordem in fettem Schwarz erglänzende Steinkohlenstück als Koks auf dem Boden der Kokerei.“

Kein Elefantenpflug, dafür aber Koks

Eine Art Verkokungstechnik benutzten kohleverbrauchende Schmiede wohl schon seit undenklichen Zeiten, um den Schwefelgehalt der Kohle zu verringern. Abgesehen von den Schmieden und ihren Abschwefelungsversuchen sollen die ersten Koksmeiler in Deutschland schon im späten 16. Jahrhundert „gedörrte“ Kohle geliefert haben. Als Initiator des Verfahrens zum Ersatz von Holzkohle wird der Pfarrherr, Salzsiedefachmann und „Rathgeber der berglustigen Fürsten“ Johannes Rhenanus genannt. Rhenanus beheizte 1567 bei Allendorf an der Werra seine Sudpfannen mit mineralischer Kohle. Nach einigen Jahren dann hat er

1 – Rauch mit allen gefährlichen Komponenten entquoll den Schloten in der ehemaligen DDR.
2 – In modernen Kohlekraftwerken kommt es neben der Optimierung des Wirkungsgrades (zur Zeit über 40 %) auf die Minimierung der Schadstoffemissionen an.
3 – Zur Minderung des Stickoxids wird in der selektiven katalytischen Reduktion dem Rauchgas Ammoniak zugeführt, durch das sich die Stickoxide in Wasser und harmlosen Stickstoff umwandeln.
4 – Durch Elektroentstauber werden den Rauchgasen über 99 % Flugasche entzogen.
5 – In der Rauchgas-Entschwefelung wird das Schwefeldioxid durch eine Absorberflüssigkeit, die Kalkstein und Gips enthält, mit dem Restsauerstoff der Rauchgase zu Schwefelsäure oxidiert und die Säure gleichzeitig durch den Kalk neutralisiert.

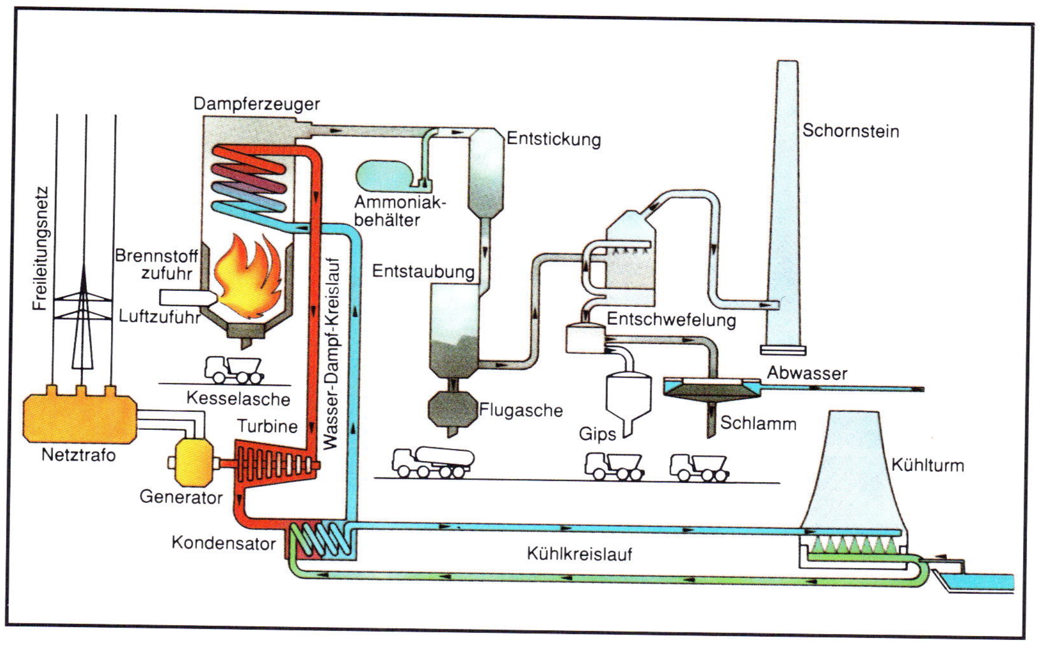

2

die Kohle vom Hohen Meißner „in einem Meiler und später, mit besserem Erfolg, in einem von außen erhitzten eisernen Behälter nach Art eines Dörrofens ‚abgeschwefelt'. Die auf diese Weise erhaltene ‚saubere' Kohle nutzte er zum Kalkbrennen und für den Schmelzofen des unweit Allendorfs gelegenen Bilsteiner Kupfererzbergwerks" (Karl Bax).
Auch in England wurde schon sehr früh gekokst. Seit 1636 verwendete Thomas Peyton in seiner Brauerei in Deptford, Kent, Koks zum Darren von Malz für das Bier. 1640 wurde die Technik auch in Derby angewandt, und der Koks begründete den guten Ruf des Derby-Malzes und des Derby-Biers. Holz konnte man dazu nicht verwenden, weil es dem Bier einen üblen Geschmack gab, deshalb ging die Malztrocknung vorher im Strohfeuer vor sich. Ebenfalls 1640 soll sich ein Techniker namens Daniel Stumpfelt mit der Steinkohleverkokung beschäftigt haben.
Kurz bevor die Dampfmaschine das technische Zeitalter einläutete, erschien in Deutschland 1682 ein Buch mit dem seltsamen Titel „Närrische Weisheit und weise Narrheit". Autor war der Chemiker, Arzt, Wirtschaftswissenschaftler und Reisende Johann Joachim Becher (1635–1682). Darin enthalten war ein buntes Sammelsurium von technischen Errungenschaften, Experimenten, Phantasien und blühendem Unsinn, vom Elefantenpflug über Universalarzneien bis zum Donau-Main-Kanal und der Verkokung der Steinkohle. Es scheint das erste Mal gewesen zu sein, daß jemand die Steinkohle in verschiedene Bestandteile, nämlich Steinkohlenteer, Leuchtgas und Koks, zerlegte und auch noch ein Patent (am 19. August 1681) darauf erhielt.

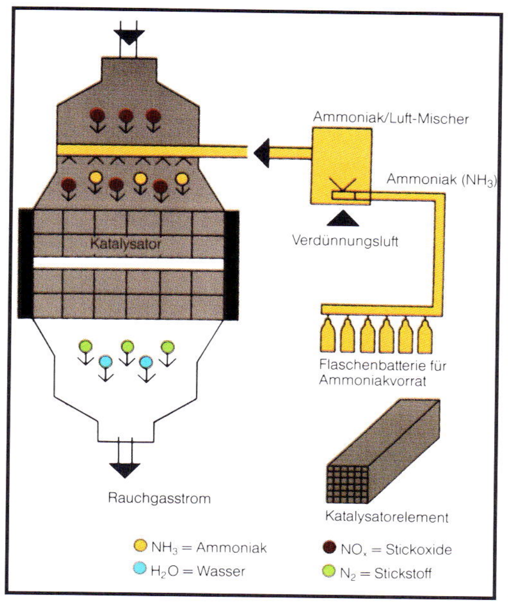

3

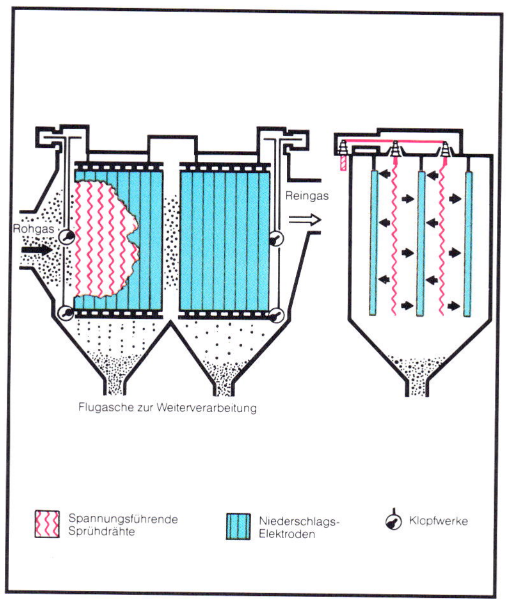

4

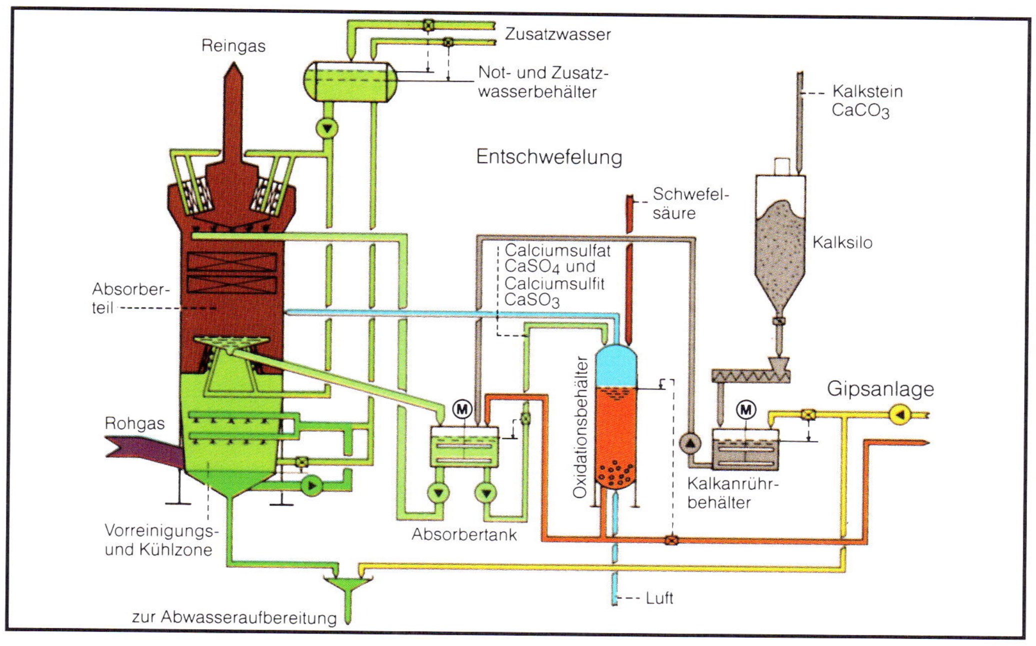

5

1699 wurde Koks in Südwales bei Sir Humphrey Mackworth zum Bleischmelzen eingesetzt. Und seit 1709 verwendete Abraham Darby I. (1677–1717) in Coalbrookdale, Shropshire, Koks zusammen mit Holzkohle als Reduktionsmittel im Hochofen, um das Eisenerz in reines Eisen zu verwandeln. Nach anderen Quellen war es sein Sohn, Abraham Darby II. (1711–1763), der ab 1730 Kohle in Meilern zu verkoken begann.
Zum Verkoken wurde die Feinkohle Mitte des 17. Jahrhunderts in einer knapp einen Meter hohen Schicht in backofenähnliche Herde, sogenannte Bienenkorbkoksöfen, geschichtet. Sie wurde angezündet und mußte dann drei Tage lang garen. Anschließend zog man die Füllung heraus und löschte sie mit Wasser ab.
Archibald Cochrane (1749–1831) hatte kein Geld, aber einen Titel: Er war der neunte Earl of Dundonald, geboren am 1. Januar 1749 in Culross Abbey, Schottland. Berühmt wurde sein Sohn, der zehnte Earl, der sich als Admiral mit der ganzen britischen Regierung überwarf und dann die chilenische Flotte gegen Spanien, die brasilianische Flotte gegen Portugal und die griechische Flotte gegen die Türkei befehligte. Vater Cochrane, der neunte Earl, führte ein geruhsameres Leben als Erfinder. Von ihm stammten die ersten Koksöfen mit Teergewinnung und Schlackenabscheidung. Es waren Bienenkorbkoksöfen mit einem Rost und Zuglöchern für den Lufteintritt in den Wänden. Am 30. April 1781 erhielt er auf sein Verfahren das Patent Nr. 1291 und gründete ein Jahr später die British Tar Company. Aber es sollte noch einige Zeit dauern, bis sich Koksöfen mit Nebenproduktengewinnung durchsetzten.

Öfen mit Nebenproduktengewinnung

Die Kokserzeugung im Ruhrgebiet begann 1816 mit einem Abschwefelungsofen beim Schacht Josina der Zeche Sälzer-Neuack in Essen. Zunächst kokelten offene Öfen mit niedrigen Mauern vor sich hin. 1836 ließ Franz Haniel auf der Zeche Schölerpad in Essen-Borbeck den ersten geschlossenen Koksofen mit Schornstein bauen, um die Belästigung durch stinkende Qualmschwaden etwas zu verringern. Kurz nach 1840 baute ein Berginspektor namens Hauser Kanäle in die Wände ein, durch die Verbrennungsluft zu- und Verbrennungsgase abgeführt wurden. Diese halboffenen „Schaumburger Öfen", wie sie nach ihrem Entstehungsort genannt wurden, wurden jedoch wie die offenen meilerähnlichen Öfen 1847 wegen der Qualmbelästigung verboten. Trotzdem standen sieben Jahre später, 1854, immer noch 428 offen stinkenden Koksöfen erst 484 geschlossene Öfen gegenüber. Gegen 1860 hatten sich in privaten Kokereien an der Saar sogenannte François-Öfen, liegende Koksöfen mit senkrechten Heizzügen in den Wänden, verbreitet. Das waren die Vorläufer der Horizontalkammeröfen. Der belgische Ingenieur Evence Coppée brachte als Verbesserung eine schmalere Bauform heraus. Diesen Koksofen übernahm der Chemiker und Ingenieur Carl Otto, der 1867 in Dahlhausen an der Ruhr eine Koksofenbau-Firma gegründet hatte. Otto baute 1881 (fast zeitgleich mit Albert Hüssener) auf der Zeche Holland bei Wattenscheid den ersten Koksofen mit Nebenproduktengewinnung in Deutschland. Für einen derartigen Ofen hatten die Franzosen Antoine Pauwels und Vincent Dubochet in Paris 1850 ein Patent erhalten.
Einen weiteren wichtigen Baustein zur Technik der Kokserzeugung lieferte 1882 Gustav Hoffmann. Er baute bei Gottesberg in Niederschlesien (heute Boguszów, Polen) Koksöfen mit einer Regenerativfeuerung nach William Siemens. Carl Otto kaufte das Patent und baute 1884 die ersten Otto-Hoffmann-Öfen auf der Zeche Pluto in Wanne.

Koppers-Öfen und Braunkohle-Hochtemperatur-Koks

Doch nach Ablauf des Hoffmann-Patents war der Regenerativkoksofen vorerst nicht mehr interessant, und man baute einen Ofen, dessen Wände mit einer Reihe von Bunsenbrennern erhitzt wurden. 1896 gingen diese ersten Unterbrenner-Koksöfen auf der Halberghütte im Saarland in Betrieb. Konstrukteur war der Nachfolger Ottos Gustav Hilgenstock (1844–1913).
Ebenfalls aus der Otto-Schule kam Heinrich Koppers (geb. 1872). Koppers ließ sich 1901 als selbständiger Zivilingenieur in Karnap bei Essen nieder und gründete die Firma Heinrich Koppers GmbH. „In Voraussicht des steigenden Gasbedarfs der Industrie rehabilitierte Koppers den Regenerativkoksofen, indem er 1904 den Koksofen mit Einzel- oder Querregeneratoren schuf ... Mit dem Koppers-Ofen war eine Bauart gegeben, die dank ihrer wirtschaftlichen Überlegenheit endgültig zu Gunsten des Regenerativkoksofens entschied", schrieb die Tonindustrie-Zeitung 1932.
1908 setzte Koppers in den USA erstmals Silikatmaterial im Hochofenbau ein, weil den Amerikanern keine geeigneten Tonvorkommen zur Herstellung feuerfester Steine zur Verfügung standen. Vom Erfolg ermutigt, gründete er in den USA die Koppers Company. 1909 führte der Pionier dieser Kokereitechnik den mit Generatorgas beheizten Horizontalkammerofen in der Gasindustrie ein. Grundlegende Verbesserungen gelangen ihm bei der Nebenproduktengewinnung. So schuf er beispielsweise das halbindirekte Ammoniakgewinnungsverfahren.
„Von der Bergbau-Forschung in Essen und von den Bergbauunternehmen werden neue Verfahren entwickelt, um Koks auf andere Weise rascher und besser herzustellen", so eine Broschüre des Gesamtverbandes des deutschen Steinkohlenbergbaus. „Mit dem ‚Precarbon'-Verfah-

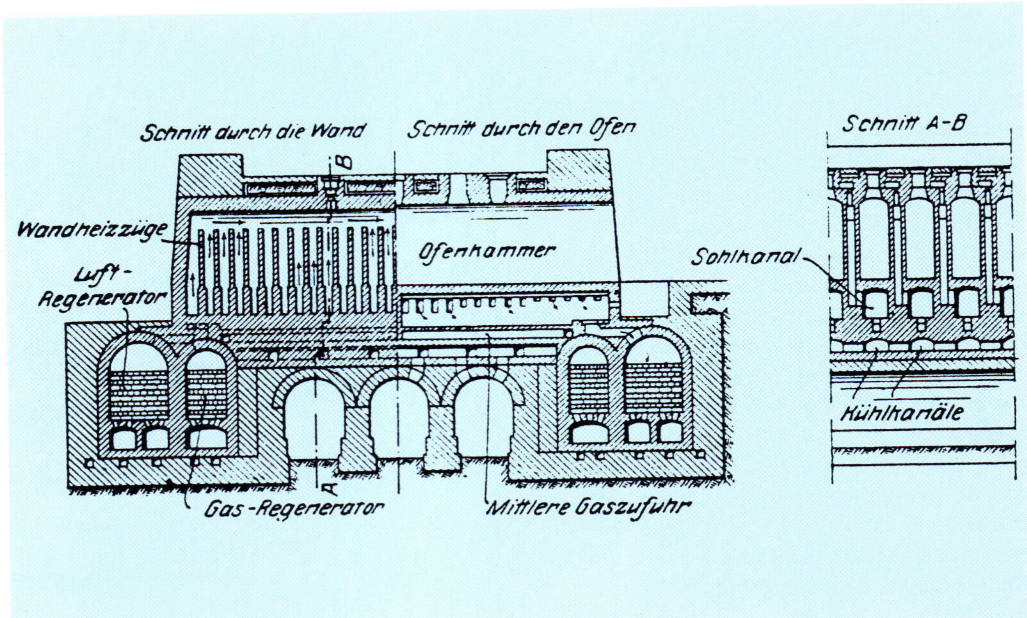

1

1 – Die 1884 auf der Zeche Pluto bei Wanne erbauten Otto-Hoffmann-Öfen zur Kokserzeugung hatten eine Regenerativheizung nach dem System von William Siemens. Der Gasüberschuß von 100 m³/ Tag je Ofen wurde zu Heizzwecken benutzt.
2 – Die ersten Versuche, Londons Straßen mit Gaslicht zu erhellen, machte 1807 Friedrich Winzler (engl. Winsor) aus Znaim. Noch zwei Jahre später bot dieses Ereignis Stoff für eine Karikatur.
3 – Die Gasanlage, die Samuel Clegg 1812 in London für den Buchhändler Ackermann baute, bestand aus zwei Horizontalretorten, einer Teervorlage, einem rechteckigen Gasbehälter mit entlasteter Tauchglocke und Gaskühlung, Teerscheider und Kalkmilchreiniger.

2

3

ren wird durch Vorerhitzen der Kohle und durch andere technische Verbesserungen die Verkokungszeit um etwa ein Drittel verkürzt. Die Saarbergwerke haben ein Verfahren zum Feststampfen der Kohle entwickelt, um aus Saarkohle hochwertigen Koks zu erzeugen. Zur Herstellung von Formkoks gibt es in Deutschland zwei besondere Verfahren: Das BFL-Verfahren (Bergbau-Forschung/Lurgi) und das Ancit-Verfahren des Eschweiler Bergwerks-Vereins. Formkoks kann nach diesen Verfahren teilweise auch aus Kohle minderer Qualität erzeugt werden."
Ein besonderes Verfahren, aus Braunkohle mit geringem Schwefelgehalt Hochtemperaturkoks zu erzeugen, entwickelten der deutsche Hüttenfachmann Georg Bilkenroth (1898–1982) und der Techniker und Wissenschaftler Erich Rammler (geb. 1901). Das einstufige Verfahren wurde 1952 erstmals in der Großkokerei Lauchhammer, Sachsen, durchgeführt. Für metallurgische Zwecke verwendet, half dieser Braunkohlenkoks, erhebliche Mengen an Steinkohle einzusparen.

Die Chemiker: Kohle eine Fundgrube für Chemikalien

Die Nebenprodukte des Kokereibetriebs wurden zunächst nicht etwa systematisch untersucht, sondern die Chemie der Kohle und des Kohlenteers wurde langsam zu einem Puzzle zusammengesetzt, das bis heute nicht vollendet ist. Der Steinkohlenteer, so schätzt die Wissenschaft, enthält fünftausend bis zehntausend chemische Verbindungen, von denen bisher lediglich rund vierhundert identifiziert sind. Wissenschaftler und Techniker rückten der Kohle und der dunkelbraunen, zähflüssigen und übelriechenden Masse namens Steinkohlenteer schon recht früh durch Destillation zu Leibe und bauten wenig später eine ganze chemische Industrie auf, die aus den Destillationsprodukten Farb- und Explosivstoffe, Arznei- und Lösungsmittel, Kraftstoffe und technische Öle, Anstrich- und Isoliermassen, Dachpappe und Straßenteer herstellten.
Am 7. August 1746 erhielt der englische Chemiker Henry Haskins aus Northfleet in der Grafschaft Kent das Patent Nr. 619 für die Blasendestillation von Steinkohlenteer. Um 1770 soll leichtes Teeröl bereits als Lampenöl verwendet worden sein.
1819 fand der englische Chemiker Alexander Garden im Steinkohlenteer als Destillationsprodukt (oder Kristallisationsprodukt) farblose, nach Mottenkugeln riechende Kristalle. Der englische Chemiker und Physiker John Kidd (1775–1851), Professor für Chemie in Oxford, gab der Substanz 1821 den Namen Naphthalin. Dieser aromatische Kohlenwasserstoff sollte später unter anderem zur Herstellung von Farbstoffen, Insektiziden und Lösungsmitteln verwendet werden.
1830 entdeckte Carl Ludwig Freiherr von Reichenbach (1780–1869) im Holz- und Kohlenteer kristalline, wenig reaktionsfreudige (lateinisch *parum affinis*) Kohlenwasserstoffe, das Paraffin. Das Paraffin selbst ist ein Gemisch verschiedener Alkane (frühere Bezeichnung: Paraffine). Das einfachste Alkan ist übrigens das Methan. Bereits 1858 wurde in Gosserau bei Weißenfels die erste Braunkohleschwelerei gegründet, die Paraffin, wie schon Reichenbach vorgeschlagen hatte, zur Kerzenfabrikation herstellte.

Das chemische Zwischenprodukt Benzol

Anthracenöl ist eine zwischen 300 und 400 Grad Celsius siedende Fraktion der Teerdestillation. Es dient zur Herstellung von Ruß und als Holzschutzmittel. 1832 entdeckten die beiden französischen Chemiker Jean-Baptiste André Dumas (1800–1884) und Auguste Laurent (1807–1853), daß sich bei Abkühlung des Anthracenöls Kristalle bilden, die, durch Umkristallisation und Destillation gereinigt, in farblose Tafeln kristallisieren: das Anthracen. Es wurde (über das Oxidationsprodukt Anthrachinon) zum Ausgangsstoff für die große Gruppe der Alizarin- oder Anthracenfarbstoffe.
Friedlieb Ferdinand Runge (1795–1867), 1828 bis 1831 Professor für Chemie in Breslau, wird als Wegbereiter der modernen Teerfarbenchemie betrachtet. Er entdeckte nicht nur das Coffein und das Atropin, sondern machte sich Gedanken darüber, wie sich der Steinkohlenteer verwerten ließ, seinerzeit noch immer als übelriechendes Abfallprodukt angesehen. Bei seinen Untersuchungen fand er das Anilin und 1834 das Phenol, damals Carbolsäure genannt. Es wird vor allem zur Herstellung von Phenolharzen verwendet.
Die Stammsubstanz dieser aromatischen Kohlenwasserstoffe (Naphthalin, Anthracen und Phenol), das Benzol, hatte der berühmte englische Physiker und Chemiker Michael Faraday (1791–1867) 1825 in Kondensaten von Leuchtgas entdeckt, die sich bei Kälte in Gasrohrleitungen abgesetzt hatten. Der deutsche Chemiker August Wilhelm von Hofmann (1818–1892) gewann zwanzig Jahre später zusammen mit Charles Blachford Mansfield (1819 bis 1855) Benzol in größeren Mengen, und zwar aus Steinkohlenteer. Übrigens waren diese beiden Gewinnungstechniken, nämlich aus Kokereigas und Steinkohlenteer, in Deutschland bis etwa 1960 die wichtigsten Verfahren. Hofmann untersuchte das von Runge gefundene Anilin und wurde mit seinen Synthesen von Anilinfarbstoffen der Begründer der Teerfarbenindustrie. Kohlenteer, Benzol und Ammoniak hielten drei Generationen von Chemikern in Atem. Doch mit dem Aufkommen des Erdöls konzentrierte sich die Gewinnung des wichtigen chemischen Zwischenprodukts Benzol zunehmend hierauf.

Die Praktiker: Kohlengas erhellt die Nacht

1792 erhitzte der schottische Erfinder William Murdock (1754–1839), der auch einiges zur Verbesserung der Dampfmaschinen beigetragen hat, Kohle unter Luftabschluß und fing die entstehenden Gase auf. Er stellte fest, daß sie brennbar sind, und baute 1800 versuchsweise die ersten Gaslichter, die mit Kohlengas versorgt wurden. Der berühmte schottische Dichter Sir Walter Scott (1771–1832) hielt die Kohlengasbeleuchtung für einen „dummen Einfall“ und höhnte: „Bisher wußten wir, daß Rauch nur verdunkeln kann; jetzt will man uns davon überzeugen, daß Rauch auch erhellen kann.“ Irren ist menschlich, also auch in Schottland verbreitet. Bereits 1807 wurden in einigen Londoner Straßenzügen Gaslaternen eingesetzt, und von dem Zeitpunkt an breitete sich die Gasbeleuchtung immer mehr aus, bis Edisons Glühlampen sie verdrängten.
Aufgrund seiner wissenschaftlichen Forschung soll als erster Johann Josef Ritter von Prechtl (1778–1854) Steinkohlenleuchtgas erzeugt und auf dem europäischen Festland 1816 angewendet haben, und er soll 1817 auch das erste Werk über Steinkohlengasbeleuchtung verfaßt haben.
Die sinnvolle Gasverwertung war nicht so neu wie die Chemie der Nebenprodukte, und vor allem war sie in England schon weit verbreitet. Seit der britische Ingenieur Samuel Clegg (1781–1861), ab 1812 technischer Direktor der Chartered Gaslight and Coke Co. zu London, 1808 die chemische Reinigung des Leuchtgases mit Kalkmilch, 1813 den nassen Gasmesser und 1815 einen Gasdruckregulator erfunden hatte, ging die Entwicklung einer Gasversorgung mit Riesenschritten voran. 1814 erstrahlte bereits ein Teil Londons im Glanz von Gaslichtern. Um 1820 wurde in London eine „Portativ-Gesellschaft“ gegründet, die tagsüber tragbare Gaslampen in Form von Messingkugeln *(portativ)* mit Leuchtgas vollpumpte, abends leergebrannte Lampen entgegennahm und dafür gefüllte an die Abonnenten austeilte. 1826 konnten die Berliner abends auf ihrer von Gaslicht erhellten Repräsentationsstraße Unter den Linden flanieren. Installiert wurde die Anlage von einer englischen Gesellschaft, der Imperial Continental Gas Association.
1828 errichtete der deutsche Techniker Rudolf Sigismund Blochmann (1784 bis 1871) in Dresden das erste öffentliche Gaswerk. Auf mehreren Straßen und Plätzen hielt er damit eine größere Anzahl von Laternen regelmäßig in Betrieb. Blochmann gilt als Gründer der Gasindustrie in Deutschland und baute zusammen mit seinen Schülern in der Folgezeit in vielen anderen Städten ähnliche Anlagen. Die Engländer sahen sich auf dem Kontinent plötzlich einer zunehmenden Konkurrenz gegenüber, und dieser Wettstreit war der Ausbreitung der Gasindustrie durchaus förderlich.

Künstlich erzeugtes Gas

Neben dem hochwertigen Gas, das bei der Kokerei anfiel und vorwiegend aus Wasserstoff und Methan, aber auch aus Stickstoff und Kohlenmonoxid bestand, hatte die Industrie aber auch Bedarf an einem billigeren Gas mit geringerem Heizwert. Und das führte schließlich zu Verfahren, die gesamte Kohle komplett in Gas umzusetzen, ohne Koks als Nebenprodukt übrig zu behalten.
Ein Patent für künstlich erzeugtes Gas erhielt am 15. Mai 1824 der Engländer John Holt Ibbetson. Es handelte sich um Wassergas, daß sich bei Einwirkung von Wasserdampf und Luft auf glühenden Kohlenstoff (Koks, Kohle) bildet und in der Hauptsache aus Wasserstoff und Kohlenmonoxid besteht.
Ein wirtschaftliches Verfahren zur Herstellung eines solchen Generatorgases (so die heutige Bezeichnung) erfand um 1880 der deutschstämmige Chemiker und Industrielle Ludwig Mond (1839–1909). Mond wurde am 7. März in Kassel geboren und studierte in Marburg und Heidelberg Chemie. 1862 wanderte er nach England aus und gründete 1873 zusammen mit John Tomlinson Brunner die Chemiefirma Brunner, Mond & Company. Bei seinen Versuchen, aus Kohle und Koks Ammoniak für den Solvay-Prozeß herzustellen, erzeugte er auch Generatorgas. Bis 1920 lieferte das Mond-Verfahren billiges Gas und eine hohe Ausbeute an Ammoniak.

Benzin aus Gas: die Fischer-Tropsch-Synthese

Das Wasser- oder Generatorgas wurde wichtig für ein Verfahren zur synthetischen Gewinnung von Kohlenwasserstoffen: die Fischer-Tropsch-Synthese. Franz Fischer (1877–1947) und Hans Tropsch (1889–1935), beide Chemiker am Kaiser-Wilhelm-Institut für Kohleforschung in Mülheim/Ruhr, untersuchten die Umsetzung von Wassergas an Mischkatalysatoren (Eisen, Nickel, Kobalt) bei mäßigem Druck und einer Hitze von etwa 250 Grad Celsius. 1923 gelang es ihnen, den Wasserstoff und den Kohlenstoff des Ursprungsgases zu den Kohlenwasserstoffketten und -ringen zusammenzuschmieden, aus denen unter anderem Äthen besteht, das wichtigste Zwischenprodukt der späteren

Im September 1924 ging Matthias Pier (1882–1965), dem schon die Methanolsynthese gelungen war, bei BASF in Ludwigshafen an die katalytische Druckhydrierung von Kohlen, Teeren und Ölen. Diese „Hochdruckversuche" haben vielfältige Anstöße in der chemischen Technik bewirkt. Die Versuchsofenanlage von 1925 mit einer Anzahl kleiner Hochdrucköfen war so auch Ausgangspunkt für die Entwicklung eines legierten Stahls, der bei 500–600 °C und 300 at Druck genügende Warmfestigkeit und Wasserstoffbeständigkeit für derartige Anwendungen mitbrachte.

Petrochemie, oder eben und vor allem Benzin. Da das Wassergas aus Kohle entsteht, entwickelten Fischer und Tropsch mit ihrer Synthese also eine Möglichkeit zur Kohleverflüssigung. Und das kam Hitler und seinen Autarkieplänen sehr gelegen. Schon vor Beginn des Zweiten Weltkriegs lieferten neun Fischer-Tropsch-Anlagen jährlich 570000 Tonnen Treibstoff, auch für Panzer und Flugzeuge.
Südafrika entwickelte seit 1950 diese Technik weiter und baute bei der innerhalb weniger Jahre angelegten Stadt Sasolburg im Oranjefreistaat unter der technischen Leitung von Dr. At. Stander (1922–1989) die Fischer-Tropsch-Synthese-Anlage SASOL I der Energiegesellschaft SASOL (Suid Afrikaanse Steenkool-, Olie- en Gaskorporasie). Der erste Sprit floß 1955, dann verarbeitete die Anlage täglich 3000 Tonnen preiswerte Kohle zu 800000 Liter Benzin. Stander war in den Jahren 1974 bis 1983 auch Hauptverantwortlicher bei der erfolgreichen Realisierung der beiden Kohlevergasungsanlagen SASOL II und III im südafrikanischen Secunda auf dem kohlereichen Highfeld in Transvaal.

Synthesegas aus dem Winkler-Generator

Bis 1981 wurden rund vierzig Techniken zur Kohlevergasung entwickelt, von denen etwa ein Dutzend kommerziell eingesetzt werden könnte, sollte Erdöl knapp werden. Als erstes wurde das Winkler-Verfahren in großtechnischem Maßstab eingesetzt. Das Wirbelschichtverfahren des deutschen Chemikers Fritz Winkler (1888–1950) wurde zunächst bei der Kohlevergasung, dann beim katalytischen Fließstaub-Krackverfahren für Erdöl und schließlich in modernen Feuerungsanlagen eingesetzt. Fritz Winkler wurde am 22. Juni 1888 in dem Maingaustädtchen Zeil geboren. Wie so viele Erfinderbiographien kommt auch seine nicht ohne „schon frühzeitig" aus: Sinn für Naturbeobachtungen, Experimentierfreudigkeit. 1909 begann er sein Studium an der heutigen Technischen Universität in München und hörte naturwissenschaftliche Vorlesungen aus der Botanik über Physik bis zur Zoologie. 1914 promovierte er zum Doktor der technischen Wissenschaften und trat 1916 bei der BASF in Ludwigshafen ein. Im Dezember 1921 beobachtete er das Fließverhalten feinkörniger Kohle im Luftstrom. Statt Luft verwendete er nun reinen Sauerstoff und Wasserdampf. Die Reaktion fand bei rund 1400 Grad Celsius und Atmosphärendruck in der Wirbelschicht statt und lieferte viel Wasserstoff und wenig Methan. Später wurde die Temperatur auf etwa 900 Grad Celsius gesenkt.
„Die großtechnischen Entwicklungsversuche nach dem neuen Verfahren führte Fritz Winkler von 1924 an mit einer Zahl von Mitarbeitern in zäher, rastloser, jahrelanger Arbeit durch. Sie erstreckten sich auf die Herstellung von Kraftgas, Synthesegas und Heizgas aus Braunkohle, Koks und Steinkohle. Bereits am 3. Oktober 1926 konnte im Leunawerk der erste Generator mit Braunkohle in Betrieb genommen werden, später folgten dort weitere Generatoren und weitere mächtige Betriebsanlagen zur Herstellung von Kraftgas und Synthesegas nach dem Winkler-Verfahren in den Hydrierwerken Böhlen, Zeitz, Rothensee bei Magdeburg, Brüx, vier Anlagen in Japan, dort ausgehend von Steinkohle und Koks" (Paul Feiler).

Die Kohledruckvergasung

Mit erheblich weniger Hitze, dafür aber mit höherem Druck (von etwa 20 bar aufwärts) arbeitet die Lurgi-Kohledruckvergasung. Nach 1919 aus der 1897 gegründeten Metallurgischen Gesellschaft hervorgegangen, ist die Lurgi GmbH 1984 aus vier selbständig agierenden Lurgi-Gesellschaften geformt worden und gehört zur Metallgesellschaft AG in Frankfurt. Diese wiederum ist 1881 von Wilhelm Merton (1848–1916) gegründet worden. Die Lurgi engagierte sich in den dreißiger Jahren in der Kohletechnologie. Der Diplomingenieur Rudolf Drawe (1877–1967), 1915 als Ordinarius auf den Lehrstuhl für Verbrennungstechnik und Dampfkesselbau der Technischen Hochschule Berlin berufen, hatte die grundlegende Idee zur Druckvergasung. „Der kühne Gedanke, Kohle mit reinem Sauerstoff (statt Luft) in einem Schachtofen in heizkräftiges Gas zu verwandeln, ohne daß trotz hoher Wärmeintensität die Kohleasche schmilzt und die Schachteinbauten zerstört werden, wurde von ihm vor vier Jahrzehnten [1927] im ehemaligen Gaswerk Berlin-Tegel als technisch realisierbar erwiesen" (H.-G. Kayser).
Der Ingenieur Otto Hubmann (geb. 1891) war bei Lurgi ein Mann der ersten Stunde. Er trat schon 1920 in die Firma ein und arbeitete in der Brennstofftechnischen Abteilung. Zusammen mit seinem Kollegen Friedrich Dranulat (gest. 1954) bearbeitete er den Vorschlag von Drawe und brachte die Lurgi-Druckvergasung um 1935 zur Betriebsreife. Während die erste Generation der Vergasungsreaktoren sich mit Braunkohle begnügen mußte, konnte die dritte Generation der Lurgi-Gaserzeu-

1

1, 2 – Als modernste Technik der Kohledruckvergasung gilt heute das PRENFLO-Verfahren (*Pr*essurized *En*trained *Flo*w Gasification) von Krupp Koppers, eine Weiterentwicklung des Koppers-Totzek-Verfahrens. Beim Einsatz in kombinierten Gas- und Dampf-Turbinenkraftwerken (GUD-Kraftwerke) werden höchste Wirkungsgrade bei gleichzeitiger Umweltschonung erreicht. Eine Mischung aus Kohlenstaub und Sauerstoff gelangt über Brenner in den Vergaser und wird dort bei Temperaturen über 2000 °C und einem Druck von etwa 25 bar vergast. Bis zu 80 Prozent der Brennstoffasche werden sofort geschmolzen und granuliert. Das Rohgas mit bis zu 1600 °C erzeugt in einem Abhitzekessel Hochdruckdampf für die Dampfturbine und gelangt dann nach Entstaubung und Entschwefelung zur Verbrennung in die Gasturbine. – Das Foto zeigt die Pilotanlage in Fürstenhausen, Saarland, mit einem Tagesdurchsatz von 48 Tonnen Steinkohle.

3 – Das Schaubild verdeutlicht, daß die Kohle längst darüber hinausgewachsen ist, als „brennbare Steine“ nur die Stube zu heizen oder allenfalls eine Dampfmaschine anzufeuern.

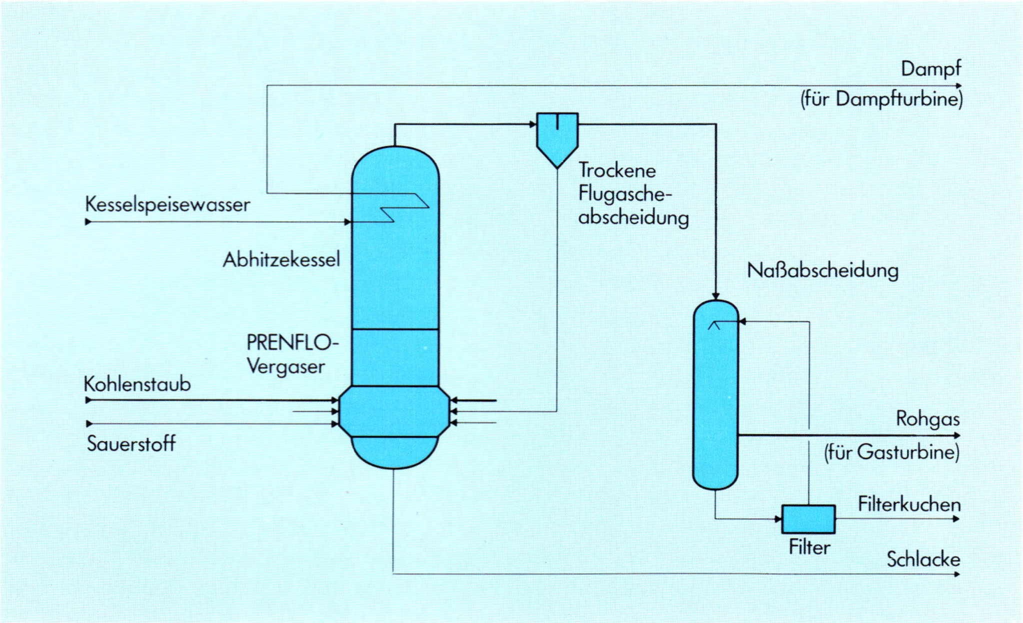

2

ger ab 1969 schon alle Kohlesorten verwenden. Die erste große Lurgi-Druckvergasungsanlage ging 1953 mit dem Dorstener Werk der Steinkohlengas AG, einer Tochter der Ruhrgas AG, in Betrieb.

Auf der Grundlage der von Heinrich Koppers vorgeschlagenen Techniken zur Synthesegaserzeugung entwickelte seine Firma 1949 das Koppers-Totzek-Verfahren. Kohlenstaub, Wasserdampf und Sauerstoff reagieren bei sehr hohen Temperaturen (um 1800 °C) in einer sogenannten Flugstaubwolke miteinander und liefern einen hohen Prozentsatz Kohlenmonoxid und weniger Wasserstoff als die beiden vorhergenannten Verfahren. 1976 wurde als Modifikation das Shell-Koppers-Verfahren vorgestellt. Es arbeitet mit noch höheren Temperaturen und Drücken bis 30 bar. Beim PRENFLO-Verfahren von Krupp Koppers wird die gemahlene Kohle

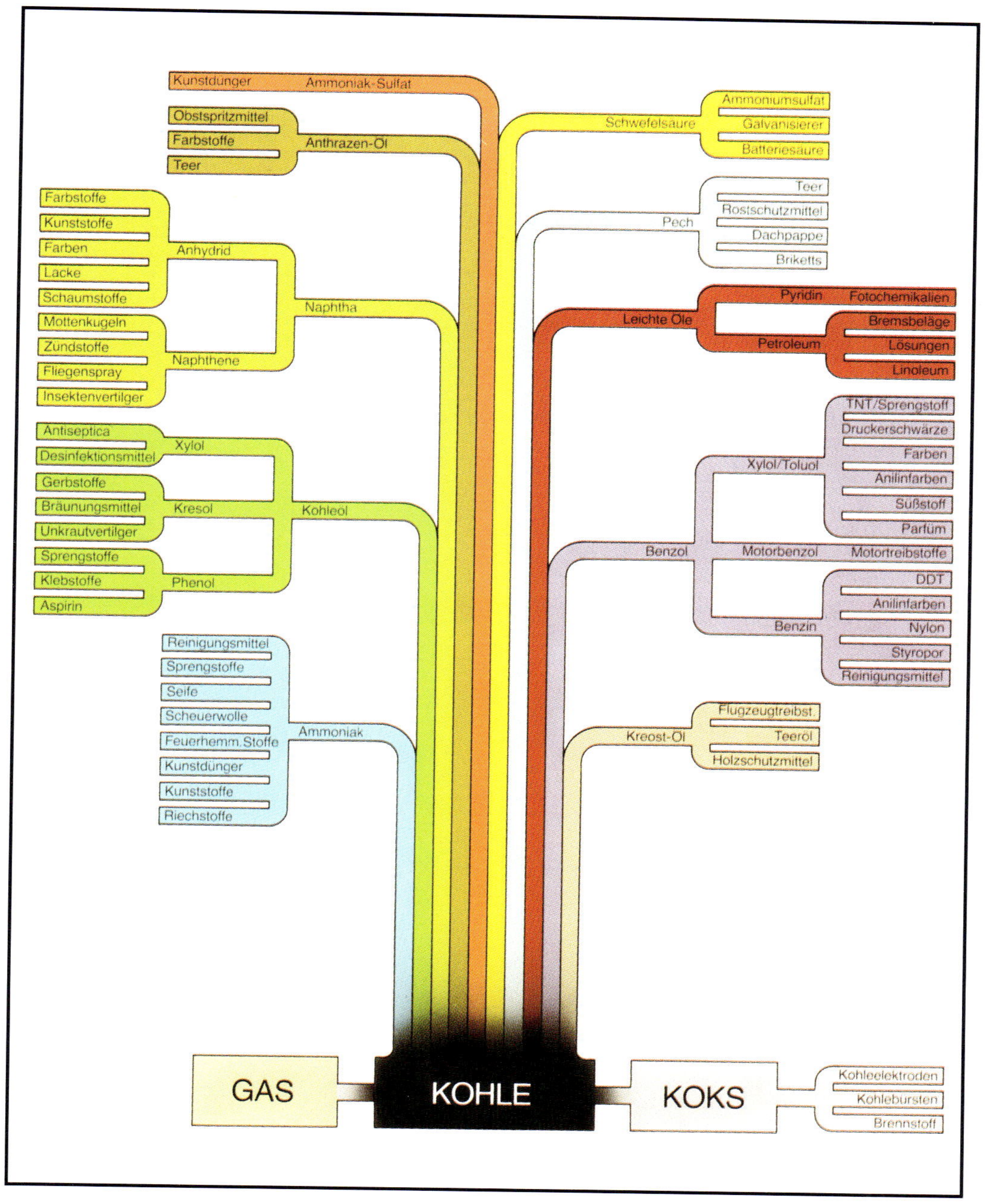

bei einer Temperatur zwischen 1350 und 1600 Grad Celsius und etwa 30 bar Druck vergast.

Fester Kohlenstoff wird verflüssigt

Mit der Fischer-Tropsch-Synthese wurde bereits ein Verfahren zur Umwandlung von Kohle in flüssige Kohlenwasserstoffe erwähnt. Aber während Fischer und Tropsch die Kohle zunächst vergasten und dann aus ganz einfachen Bausteinen komplizierte Kohlenwasserstoff-Moleküle aufbauten, werden bei der Kohlehydrierung nach Bergius-Pier die Makromoleküle der Kohle bei hoher Temperatur und hohem Druck gespalten und an den Bruchstellen Wasserstoffmoleküle angelagert. Das Ergebnis sind flüssige (und auch gasförmige) Kohlenwasserstoffe.

Das erste brauchbare Rezept für dieses Verfahren, festen Kohlenstoff durch Anlagern von Wasserstoff zu verflüssigen, formulierte 1913 der Industriellensohn und Privatdozent Friedrich Karl Rudolf Bergius (1884–1949). Er wurde am 11. Oktober in Goldschmieden geboren, besuchte das Realgymnasium und arbeitete dann als Volontär in einem Hüttenwerk im Ruhrgebiet. Von 1903 an studierte er zuerst in Breslau, dann in Leipzig Chemie und chemische Technologie und promovierte 1907. 1909 lernte er bei Fritz Haber Hochdruck-Arbeitsmethoden (zur Ammoniaksynthese) kennen. Als er sich dann 1911 als Privatdozent an der Technischen Hochschule Hannover habilitierte, führte er eigene hochdrucktechnische Experimente weiter. Er setzte schwere Öle und Ölrückstände zusammen mit Wasserstoff hohem Druck und hoher Temperatur aus, ersetzte dann Öl durch Braunkohle und Steinkohle und gewann schließlich 1913 bei der Hydrierung von einem Kilogramm Kohle unter anderem ein halbes Reagenzglas voll Benzin. Noch im selben Jahr bekam er auf sein Verfahren das Reichspatent Nr. 301231. 1931 erhielt er für diese Arbeiten (mit Carl Bosch) den Nobelpreis für Chemie. Bergius starb am 30. März 1949 in Buenos Aires.

Abfall in der norddeutschen Tiefebene

Trotz der Erfolge im Labor und einiger Versuche, das Bergius-Verfahren auf einen größeren Maßstab zu übertragen, wurden die Chancen der Kohlehydrierung zunächst skeptisch beurteilt. Das änderte sich erst, als sich die BASF in Ludwigshafen dafür zu interessieren begann und von Bergius die Schutzrechte erwarb. Dort bei der Badischen Anilin- & Soda-Fabrik hatte man durch die Ammoniaksynthese und die Methanolsynthese von 1923 einschlägige Erfahrungen mit katalytischen Hochdruck-Hydrierverfahren. Die Methanolsynthese war ein Kind des Physikochemikers Matthias Pier (1882–1965). Er wurde am 22. Juli im rheinhessischen Nakkenheim geboren und studierte ab 1902 Chemie und Physik in Heidelberg, Jena, München und Berlin. 1920 kam er zur BASF und sorgte nur drei Jahre später, im Juli 1923, für die Aufnahme der großtechnischen Methanolproduktion in Leuna. Ab 1924 prüfte er das Bergius-Verfahren kritisch auf seine mögliche Verwendbarkeit. Er erkannte, daß zunächst geeignete Katalysatoren gefunden werden mußten. Anfang 1925 gelang es seiner Arbeitsgruppe „Hochdruckversuche" mit einem Molybdänoxid-Katalysator, Braunkohlengeneratorteer fast vollständig in wasserhelles Benzin umzuwandeln. Im selben Jahr 1925 wurden die ersten Kraftwagen mit Synthesebenzin betankt und fuhren problemlos von Ludwigshafen nach München. Von diesem Erfolg ermutigt, stiegen Pier und seine Gruppe von Teer auf Braunkohle um, und Mitte 1926 fielen Großversuche zur Kohlehydrierung vielversprechend aus. Am 1. April 1927 wurde die erste Hydrierkammer der ersten Großanlage in Leuna angefahren. Sie war auf eine Jahresproduktion von 100000 Tonnen ausgelegt. Als Pier gefragt wurde, wohin der Rückstand der Anlage verfrachtet werden sollte, weil die Aufarbeitung noch nicht funktioniere, reagierte er ärgerlich: „Mein Gott, Herr Doktor. Sie haben noch die ganze Norddeutsche Tiefebene vor sich. Füllen Sie die doch erst einmal voll."

Den Philatelisten zur Freude haben die staatlichen Postverwaltungen in Ost und West den Themen Kohle und Erdöl von der Suche über die Gewinnung bis zur Verwertung eine Fülle von reizvollen Motiven abgewonnen. Die Auswahl aus den Postwertzeichen des Saarlands zeigt auch, wie die wirtschaftspolitische Bedeutung eines solchen Gebietes es zum Zankapfel zwischen Nachbarstaaten machen kann.

REPUBLICA POPULARA ROMINA
BUCURESTI-SEPTEMBRIE-1954
20 BANI
R.P. ROMINA
55 BANI
INSTALAȚII DE FORAJ
1.50 L
POSTA ROMANA
1.55 Lek
R P S E SHQIPERISE
20 DDR
GEOPHYSIK
Gravimeter
Gravimetrie Braunkohlenerkundung
25 DDR
Sonde
Bohrlochmessung Wassererkundung
35 DDR
Geophon
Seismik Erdöl-Erdgas-Erkundung
50 DDR
Seismologie Erdkrustenforschung
1.55 LEI
POSTA AERIANA
R.P. ROMINA
Norsk arbeidsliv I
Frimerkets dag 1985
2.00 +1.00
NORGE
Kr. 12,-
ENERGJETIKA NE VENDIN TONE
L.1,10
R P S E SHQIPERISE
b50
Utilaj de foraj
POSTA ROMANA
1986
Petrochimic Pitești
L2
POSTA ROMANA
1986
25 q
REPUBLIKA POPULLORE SOCIALISTE E SHQIPERISE
GDAŃSK-PORT PÓŁNOCNY
1 Zł
POLSKA
NEDERLAND 6c
50 JAHRE ERDÖL IN ÖSTERREICH
S 2.50
REPUBLIK ÖSTERREICH
1980
9p
OIL
10½p
COAL
11p
NATURAL GAS
13p
ELECTRICITY
17 PENCE · INDUSTRY YEAR 1986

KOSMOS
KOSMOS

Erdöl

Der Aufwand, der weltweit für die Suche und Förderung der flüssigen und gasförmigen Kohlenwasserstoffe namens Erdöl und Erdgas betrieben wird, ist gigantisch. Die Erdölindustrie scheint, seit sie seit Beginn dieses Jahrhunderts immer mehr an Bedeutung gewann, nur noch Superlative zu kennen. Da werden tiefste Löcher in die Erdkruste gebohrt und höchste Produktionsplattformen ins Meer gestellt. Da werden die längsten und teuersten Pipelines gebaut, die riesigsten Ultrasupertanker voller Erdöl über die Weltmeere gefahren – und es werden die gewaltigsten Umweltkatastrophen verursacht. Damals, im August 1859, als in Titusville im US-Bundesstaat Pennsylvania das Erdölzeitalter begann, da war alles noch viel einfacher. Die einen benutzten Erdöl als Medizin für und gegen so ziemlich alles, die anderen destillierten daraus Leuchtöl für ihre Lampen, und besonders pietistische Bürger von Titusville wollten die Bohrungen verboten sehen, weil der Teufel das Erdöl als Brennstoff für das Fegefeuer brauche.

Die Ölzeit nahm ihren Lauf und hielt die Welt in Atem. Zuerst war Petroleum der Verkaufsschlager, das bei der Destillation anfallende Benzin wurde bestenfalls als Fleckenwasser oder Medizin benutzt, schlimmstenfalls als unbrauchbarer Abfall in Flüsse geleitet. Dann fand die Elektrizität zunehmend Verbreitung, und die Petroleum-Nachfrage sank. Dafür ratterten bald die ersten Benzinkutschen über Europas und Amerikas Straßen und erhoben Benzin, das ehemalige Abfallprodukt der Destillation, zum wichtigsten Erdölprodukt.

Zu Beginn des 20. Jahrhunderts machte sich der gewaltige Finanzbedarf des Erdölmarktes bemerkbar und führte zu großen Konzernen mit der Kapitalkraft von mittleren Staatshaushalten. Sie kämpften um ihre Absatzmärkte, von den Zentren der westlichen bis zu den Dörfern der östlichen Welt. Jedenfalls bis zum Ersten Weltkrieg. Denn spätestens zu dem Zeitpunkt wurde die strategische Bedeutung der Erdöl-Kohlenwasserstoffe klar. Jetzt begann der Kampf der Konzerne um die Lagerstätten, und zu ihrer wirtschaftlichen gesellte sich jetzt auch noch die politische Macht.

1960 gründeten die wichtigsten Förderländer außer den USA und der UdSSR in Wien die „Organization of Petroleum Exporting Countries", die Organisation erdölexportierender Länder, kurz OPEC genannt. Sie kontrollierten etwa 93 Prozent des Welt-Erdölexports. Die OPEC setzte das Erdöl als politische Waffe ein, etwa 1973 während des vierten israelisch-arabischen Krieges. Die Lieferungen wurden gedrosselt, die Preise erhöht, und die westliche Welt erschauerte unter einem Sonntagsfahrverbot und leeren Heizöltanks und bezeichnete die OPEC als das mächtigste und erfolgreichste Kartell der Wirtschaftsgeschichte. Das sollte sich ändern.

Zunehmende Konkurrenz und sinkende Nachfrage drückten 1982 den Erdölpreis nach unten – trotz Kartell. Krieg zwischen den OPEC-Genossen Iran und Irak, Uneinigkeit über Förderquoten und simple Gier nach Petrodollars führten dann zum Preisverfall des Öls von 1986. Kuweits Ölminister Ali Chalifa el-Sabah jammerte: „Es kündigt sich eine Zeit der Preis-Anarchie an." Saudi-Arabien hatte sich entschlossen, nicht mehr den hohen Tarif der OPEC zu verlangen, sondern einen marktgerechten Preis, auf den sich einige Kartellmitglieder und kartellfreie Länder wie Mexiko und Großbritannien mit seinen Vorräten in der Nordsee längst eingestellt hatten.

Zu den eindrucksvollsten technologischen Unternehmungen der Gegenwart gehört für den Laien die Erdölgewinnung auf dem offenen Meer, auch wenn er im allgemeinen die riesigen Förderplattformen nie selbst zu Gesicht bekommt. Bei ihrem Produktionsstart im Juni 1984 setzte die Plattform Statfjord C der zum Exxon-Konzern gehörenden Statoil in Stavanger einen neuen Größenrekord. Aber genau wie im Sport haben solche Marken nur eine sehr begrenzte Lebensdauer. Weitaus wichtiger als rein äußerliche Rekordsucht ist es ja auch, Ökonomie und Ökologie in Einklang zu bringen. Außerdem darf das soziale Problem der auf diesen künstlichen Inseln arbeitenden und von der übrigen Welt weitgehend isolierten Menschen nicht vernachlässigt werden.

Aus der Frühzeit des Erdöls

Werkstoff, Licht und Medizin

Der Grieche Strabon (63 v. Chr. bis nach 23 n. Chr.) stammte aus Kleinasien. Er war einer der größten Geographen der Römerzeit und reiselustiger Berichterstatter in der damals bekannten Welt. Vom Schwarzen Meer und Armenien bis nach Äthiopien in Afrika war er unterwegs und legte im Alter seine gesamten geographischen Erfahrungen und Kenntnisse in 17 Büchern nieder. Neben geographischen Fragen (er glaubte bereits an einen Seeweg nach Indien durch Umschiffung der Südspitze Afrikas) befaßte er sich auch mit geologischen Problemen wie Bodenerosion und Erdbeben und äußerte sich über einen Rückstand des Erdöls wie folgt: „Asphalt ist Erde in Klumpen, die durch Hitze flüssig geworden ist, emporkam und sich ausgebreitet hat, wobei sie durch die Kälte von Wasser wieder zu einer festen Masse verdichtet wurde."
In Anbetracht der Tatsache, daß der Ursprung des klebrigen Rohstoffs und Schmiermittels Erdöl bis heute noch nicht restlos geklärt ist, verdient Strabons Versuch einer rationalen Erklärung durchaus Beifall. Spätere Jahrhunderte bemühten sich um weit mystischere Lösungen und deuteten das Erdöl als Überbleibsel aus dem Garten Eden, als zusammengeschwemmte Reste von Menschenleichen aus göttlichen Strafgerichten wie Sintfluten, als Drachenblut, Walfischurin oder Teufelsschweiß und schließlich auch als eine Art Regen, der von der Venus auf die Erde gefallen sei.
Rund 1800 Jahre nach Strabon, als in den letzten Augusttagen des Jahres 1859 in der Ortschaft Titusville, Pennsylvania, („ungefähr 125 Einwohner, keine Kirchen, zwei Hotels", so der Welt erster Petroingenieur Edwin Laurentine Drake bei seiner Ankunft im Dezember 1857) das Erdölzeitalter begann, war die gesunde Volksmeinung mit ihren Erklärungen noch nicht viel weiter gekommen. Der Ortspfarrer verlangte von US-Präsident Lincoln ein Bohrverbot, weil es nicht anginge, mit dem Erdöl dem Teufel den Brennstoff für sein Fegefeuer zu entziehen und durch diesen Frevel seine satanische Rache herauszufordern.
Wie sehr sich die Blickrichtung nach Beginn des Ölrausches änderte, dokumentieren zwei Zitate. Kurz vor dem Ersten Weltkrieg prophezeite US-Präsident Wilson: „Die Weltgeltung einer Nation wird von ihren Ölschätzen abhängen." 1918 telegrafierte Frankreichs Kriegspremier Clemenceau dem Verbündeten in Washington: „Ein Tropfen Öl ist uns einen Tropfen Blut wert." Strabons „Erde in Klumpen" wurde zuerst zum weltweit wichtigsten Primärenergieträger und dann auch noch zum praktischen Rohstoff für die Petrochemie.

Von Steinöl und Bergwachs

Wenn Erdöl von selbst aus dem Boden an die Erdoberfläche sickert, dann bilden sich im Lauf der Zeit Asphalt oder Erdwachs. Natürlicher Asphalt ist ein braunes bis schwarzes, zähflüssiges bis sprödes Gemisch aus Bitumen und mineralischen Bestandteilen. Er entsteht aus Erdöl durch Verdunsten der leichtflüchtigen und durch Oxidation und Polymerisation der schwerflüchtigen Bestandteile. Das Wort Asphalt stammt von der griechischen Bezeichnung *sphaltos* und bedeutet ursprünglich „unzerstörbar", wahrscheinlich weil Asphalt als Bindemittel Mauern unzerstörbar machte. Das Tote Meer nannten die Griechen übrigens „Asphaltsee", weil an seinen Ufern Asphalt angeschwemmt wurde, das aus Erdspalten am Grunde des Sees stammte. Die Perser bezeichneten den Asphalt als *mumia*, die Araber als *mumiyah*, und daraus entstand dann das Wort *Mumie*. Tatsächlich wurden schon im 3. Jahrtausend v. Chr. Leichname zum Schutz gegen Verwesung mit Konservierungsstoffen wie Asphalt, Natron und Harzen einbalsamiert. Die alten Ägypter nahmen zur Konservierung Verstorbener mit weniger zahlungskräftiger Nachkommenschaft Asphalt als Ersatz für kostbarere Ingredienzien.
Der alte lateinische Begriff Bitumen (Erdharz, Bergteer), der einmal ein zähflüssiges bis festes Erdölderivat bezeichnete, ist übrigens mit Vorsicht zu genießen, denn seine Definitionen sind je nach Zeit, Land und Quelle unterschiedlich. Sie reichen von „allgemeine Bezeichnung verschiedener, meist aus Kohlenstoff und Wasserstoff bestehender, flüssiger oder fester Substanzen, die sich durch einen eigentümlichen, brenzligen und teerartigen Geruch charakterisieren, wie Erdöl, Bergteer, Asphalt" (1898) über „klebende, zähe Kohlenwasserstoffe, vorwiegend natürliche und künstliche Abdunstungsreste von Erdölen" (1953) bis hin zu „durch fraktionierte Destillation von Erdölen ohne Zersetzung gewonnene, braungelbe bis schwarze, halbfeste oder springharte, schmelzbare Produkte", mit der Unterscheidung zwischen natürlichen Bitumina und destilliertem Bitumen (1987). Für die Engländer ist vom flüssigen Erdöl über Erdwachs bis zum Asphalt alles Bitumen. Und Erdöl heißt bei ihnen „Steinöl", nämlich *petroleum,* gebildet aus dem griechischen Wort *petros* = Felsen, Stein und der lateinischen Bezeichnung *oleum* = Öl. Bei den Römern wurde daraus *oleum petrae*. Spuren des Erdöls (Naphtha) und dieser Erdölprodukte (Asphalt oder Bitumen) ziehen sich durch fast alle Kulturen, und das seit der Morgendämmerung der Zivilisation.

Asphalt in Sumer und Babylon

Erdölhaltige Substanzen, so glaubt man, wurden bereits im 9. Jahrtausend v. Chr. als Werkstoffe eingesetzt, und zwar zum Abdichten von Häusern, Körben, Flechtwerk und Matten. Viele technikgeschichtliche Wege führen nach Mesopotamien, in das Land zwischen Euphrat und Tigris mit der recht lebhaften Geschichte und dem bunten Völkerreigen von den Sumerern über die Akkader und Babylonier bis zu den Assyrern, Medern und Persern. Sie alle kannten das Erdöl und seine festeren Abkömmlinge: Sie schöpften das klebrige Naphtha an der ältesten geschichtlich bekannten Quelle von Hit am Euphrat, nordwestlich vom heutigen Bagdad, und an ähnlichen natürlichen Austrittsstellen in Mesopotamien und anderen Gegenden um das östliche Mittelmeer; sie fürchteten, bewunderten oder verehrten die ewigen Erdölfeuer, die etwa auf der Halbinsel Apscheron am Kaspischen Meer aus der Erde schlugen; oder sie sammelten Asphalt bei Rapiqum am Euphrat oberhalb von Babylon und benutzten ihn als Baumaterial.
Im 4. Jahrtausend v. Chr. wurde Asphalt als Mörtel verwendet. Spätestens um 3300 v. Chr., so zeigen Funde, hatten sumerische Häuser Wände aus Rohrmatten, die mit Asphalt bestrichen waren. Sumerische Techniker dichteten damit Wasserleitungen, Zisternen, Körbe und andere Gefäße und kalfaterten Boote damit. Aber auch bei der Herstellung von Perlmutt- und Elfenbeinarbeiten kam Asphalt zum Einsatz, Mosaike aus Muschelschalen, Lapislazuli und rotem Stein wurden in Asphalt eingelegt.
Um 2300 v. Chr. gaben die Akkader dem Kind Erdöl einen Namen und nannten es *naptu*, das heißt „ausfließen", und das soll der Ursprung der Wortschöpfung

Schon seit der Antike waren bestimmte Stellen im Meer bekannt, wo Erdöl aus Quellen am Meeresboden austrat und durch sein geringeres spezifisches Gewicht an die Wasseroberfläche trieb. Dort konnte es, wie auf diesem Kupferstich um 1580 bei Agrigent auf Sizilien zu sehen, mit Schwämmen oder auf andere Weise aufgenommen werden.

„Naphtha" sein. Aber es gibt noch andere Deutungen, nämlich daß es von *nabatu* = leuchten, aufflammen abstammt oder daß es ein Begriff aus der Zeit der babylonischen Gefangenschaft der Juden ist. Dort „fanden die Juden Gruben, in welchen die Priester ihr heiliges Feuer verborgen hielten und in denen sich Erdöl sammelte. Diese Orte waren ihnen heilig, und sie nannten sie Vergebungs- oder Versöhnungsorte, *nephtar* oder *nephtoj*, wovon sich der Name Naphtha ableitet" (Meyers Konversations-Lexikon, 1898).

Erdöl in Nebukadnezars Badezimmer

Um dieselbe Zeit wurde in Mohenjo-Daro, einem der beiden Hauptzentren der Induskultur in Pakistan, ein 12 mal 7 Meter großes Badebecken mit einer dicken Schicht Asphalt abgedichtet. Etwa 2100 v. Chr. ließ sich König Gudea von Lagasch, einem Stadtstaat in Südmesopotamien, über hundert Tonnen Asphalt per Schiff anliefern. Es scheint also, daß ein schwunghafter Handel mit Erdölprodukten kein Privileg des Erdölzeitalters ist.
Um 2050 v. Chr. entstand die Nanna-Zikkurat von Ur, ein dreistufiger Turm, mit in Asphalt verlegten Brandziegeln und großflächigen, mit Asphalt bedeckten Terrassen. Etwa um dieselbe Zeit sollen flüssige Erdölprodukte schon als Lampenbrennstoff Licht gespendet haben. Um 1700 v. Chr. erwähnte der Babylonier Hammurabi Erdöl im Zusammenhang mit dem Wohnungsbau. Ab etwa 1400 v. Chr. verwendeten die Assyrer Asphalt bei Uferbefestigungen am Tigris, gruben sogar Ölbrunnen und benutzten Erdöl für ihre Fackeln. Sie hatten auch über den Einsatz von Erdölprodukten im Strafvollzug nachgedacht und gossen den Delinquenten heißen Asphalt über den Kopf.
Nebukadnezar II. (605–562 v. Chr.), der die Juden in die babylonische Gefangenschaft verschleppte und Babylon zur prächtigsten Großstadt seiner Zeit machte, erbaute die 6,35 Meter breite Pracht- und Prozessionsstraße Aibur-Schabu aus dicken Kalksteinplatten, die auf drei Lagen in Asphalt gebetteten Ziegeln ruhten. Auch Badezimmer wurden im Babylon Nebukadnezars mit Asphalt abgedichtet.
Der griechische Geschichtsschreiber Herodot (nach 490 bis nach 430 v. Chr.) beschrieb ausführlich die Stadt Babylon und berichtete, daß bei ihrem Bau Asphalt verwendet worden sei, dabei verriet er auch, woher der schwarze Stoff kam: „Daselbst ist ein kleiner Fluß, der Is heißt und sich in den Euphrat ergießt. Er führt viele Klumpen von Erdharz mit sich, und aus ihm wurde das Erdharz zu den Mauern Babylons geholt." Außerdem spricht er von Erdölquellen auf der ionischen Insel Zakynthos, die einen Teil Griechenlands mit der klebrigen Erdausscheidung versorgte.

Das Pech der Sintflut

Etwa um 2700 v. Chr. lebte der sumerische König Gilgamesch. Er wurde zum Helden der Gilgamesch-Dichtungen, die nach 1200 v. Chr. zu einem großen Epos zusammengestellt wurden. Darin ist auf der elften Tafel von dem Gilgamesch-Vorfahr und Sintfluthelden Utanapischtim die Rede, den Enki-Ea, der Gott der Wassertiefen und der Weisheit, vor einer vernichtenden Sintflut warnte und ihn anwies, ein Schiff für sich und seine Familie und alle Tiere der Erde zu bauen. Utanapischtim, der Noah Sumers, dichtete seine Arche innen und außen mit *kuupri* ab, mit Asphalt.
Aber während die sumerische Sintflut das Ergebnis eines Streits zwischen den Göttern war, ist der strafende Wassereinbruch aus der Genesis mit dem Titelhelden Noah auf den moralischen Verfall der Menschheit zurückzuführen, denn „Gott schaute sich die Erde an, und siehe, sie war verderbt". Und so trug er Noah (in Genesis 6,14) auf: „Mache dir eine Arche aus Nadelholz mit Schilfrohr dazwischen und verdichte sie von innen und außen mit Pech."
Die Genesis bietet überhaupt einige Quellen über Erdöl, ob als Teer, Pech, Erdpech oder Asphalt. Über den Turmbau zu Babel: „Und es diente ihnen der Ziegel als Stein, und das Erdpech diente ihnen als Mörtel" (Gen. 11,3). Im Tal Siddim am Südende des Toten Meeres lagen die berüchtigten Städte Sodom und Gomorrha. Über eine kriegerische Auseinandersetzung berichtet die Genesis (14,10): „Im Tale Siddim waren viele Erdpechgruben. Die Könige von Sodom und Gomorrha mußten fliehen und fielen da hinein. Die übriggebliebenen entkamen ins Gebirge."

„Angezündetes Bitumen vertreibt Fliegen"

Als die Griechen unter Alexander dem Großen das Erbe der Perser antraten und ihren Einflußbereich auch auf den Vorderen Orient ausdehnten, trat die praktische Bedeutung des Erdöls und seiner Abkömmlinge etwas in den Hintergrund. Um

1

240 v. Chr. allerdings baute Archimedes das Luxusschiff „Syrakusia“ und benutzte dazu auch Asphalt. Leider waren „alle Häfen für das Schiff teils zu klein, teils zu gefährlich“, wie der Gelehrte Moschion als Augenzeuge berichtete. Als Rohmaterial wurden unter anderem „Hanf und Teer aus der Gegend der Rhône“ verwendet. Später, 1832, begründete ein Graf de Sassenay mit den Rhône-Asphaltvorkommen die französische Asphaltindustrie.

In der Antike war man überzeugt, daß Asphalt auf glühenden Kohlen Schlangen vertreiben konnte, und im übrigen wurde er offenbar vornehmlich als Universalheilmittel eingesetzt. Der griechische Arzt Hippokrates (460–377 v. Chr.) verordnete Asphalt zur äußerlichen Anwendung. Dioskurides, griechischer Arzt und Drogenspezialist, bestimmte Asphalt im 1. Jahrhundert n. Chr. zum inneren Gebrauch.

Und Plinius d. Ä. weiß zusammenfassend in seiner „Historia naturalis“ zu berichten: „Angezündetes Bitumen vertreibt Fliegen durch seinen Geruch. Babylonisches Bitumen soll wirksam bei der Behandlung von grauem Star und Hornhautflecken ebenso wie bei Aussatz, Flechten und Juckreiz sein ... Es unterbindet Blutungen, schließt Wunden und zieht verletzte Muskeln zusammen ... Brennendes Bitumen deckt epileptische Krankheiten auf ... Mit Wein getrunken, beschleunigt Bitumen die Menstruation der Frauen.“

Eine ganz andere Verwendung von Erdöl fiel Plinius in Agrigent auf: „Ferner findet sich eine fettige Materie von öliger Konsistenz in einer Quelle zu Acragantum in Sizilien, welche dem Wasser ein farbiges Ansehen erteilt, von den dortigen Bewohnern mittels Rohrbüscheln, an welche sie sich gern anhängt, gesammelt und in Lampen statt [Pflanzen-]Öl gebrannt wird.“

Brandpfeile und Feuertöpfe

Die Römer benutzten das *oleum petrae* zunächst vornehmlich zu Beleuchtungszwecken und führten offenbar erhebliche Mengen davon aus dem Orient ein. Seltsamerweise scheint ausgerechnet bei den Römern, den Weltmeistern im Straßenbau, die mesopotamische Asphalttechnik in Vergessenheit geraten zu sein. Immerhin erleuchteten sie mit rußenden Erdölflammen ihre antike Weltstadt Rom und ihre nächtlichen Zirkusspiele. 205 n. Chr. sollen die byzantinischen Prunkthermen des römischen Kaisers und gebürtigen Afrikaners Septimius Severus mit Erdöl beheizt worden sein. Und in der ersten Hälfte des 5. Jahrhunderts wurde das Erdöl weder zum ersten- noch zum letztenmal als Waffe eingesetzt.

Bei ihren Kämpfen gegen die Wandalen in Nordafrika beschmierten die römischen Legionäre Wildschweine mit Asphalt, setzten sie in Brand und trieben sie in die feindlichen Linien. Fast 1500 Jahre früher waren die Chinesen auf die Idee gekommen, daß Erdöl nicht nur für ewige Flammen taugte. Von sogenannten Blitzwagen aus schleuderten sie Brandbomben, „Feuertöpfe“, mit brennendem Erdöl in die Reihen ihrer Feinde.

Brandpfeile, die Angreifer in eine belagerte Stadt schossen, oder Pechfackeln und Fässer mit brennendem Pech, die Belagerte in die Angreifer warfen und kippten, hatten längst schon ihre wehrtechnische Brauchbarkeit unter Beweis gestellt, als die Kriegführung mit dem „griechischen Feuer“ ganz neue Akzente erhielt. Die heiße Feuer-Waffe wurde erstmals 678 von den Byzantinern eingesetzt, als sie Konstantinopel gegen die Araber verteidigen mußten (andere Quellen nennen das Jahr 672).

Als Erfinder wird der Baumeister und Architekt Kallinikos aus Heliopolis in Syrien genannt. Kallinikos war 637 nach Konstantinopel gekommen und kannte sich von Berufs wegen mit gebranntem Kalk und seiner Löschung mit Wasser unter starker Wärmeentwicklung aus.

Das Erdöl als taktische Feuer-Waffe

Gebrannter Kalk und Erdöl (dazu vielleicht noch Steinsalz, Schwefel und Harze) waren ein brandgefährliches Gespann und, so S. J. von Romocki, „zweifellos gehört die Erfindung zu den größten in der Feuerwerkerei ... Bringt man eine größere Menge eines aus Erdöl und ungelöschtem Kalk bestehenden Feuersatzes mit vielem Wasser zugleich in Berührung – was etwa von einem Schiffe aus durch Ausspritzen der flüssigen Masse auf die Wasseroberfläche sehr vollkommen und ohne Gefahr geschehen kann –, so erfolgt nicht nur eine einfache, ruhige Entzündung, sondern die starke Erhitzung des Kalkes ruft aus dem Erdöl eine plötzliche, heftige Entwicklung von Dämpfen hervor, die in Vermischung mit der Luft stark explosiv sind.“

Byzantinische Galeeren wurden nun mit Flammenwerfern ausgerüstet, die aus einem Tank, einer Kolbenpumpe und einer Spritzdüse bestanden. Auch 718 zerstörte das griechische Feuer den größten Teil der erneut zur Belagerung von Konstantinopel herangeschwommenen Araberflotte.

941 bekam die russische Flotte bei einem Angriff auf Konstantinopel die Wirksamkeit des Erdöl-Flammenwerfers mit seinem „beflügelten Feuer“ zu spüren, aber mittlerweile war die Rezeptur kein Staatsgeheimnis mehr. Und als das Schießpulver das Töten mit höherer Durchschlagskraft und auf weitere Entfernung ermöglichte, kam das Erdöl als taktische Waffe außer Mode. Das 20. Jahrhundert entdeckte es neu – als wirtschaftliche Waffe.

Als Marco Polo 1272 durch Georgien reiste, reichte das Land noch vom Schwarzen bis zum Kaspischen Meer. Es scheint, daß er das berühmte Erdölgebiet um Baku im Auge hatte, als er später im venezianischen Kerker seine Erinnerungen einem Mitgefangenen diktierte. „In Richtung Norden liegt Giorgens, in dessen Grenzgebiet es eine Ölquelle gibt, aus der so viel Öl fließt, daß man damit hundert Schiffe auf einmal füllen könnte. Es ist kein Spei-

2

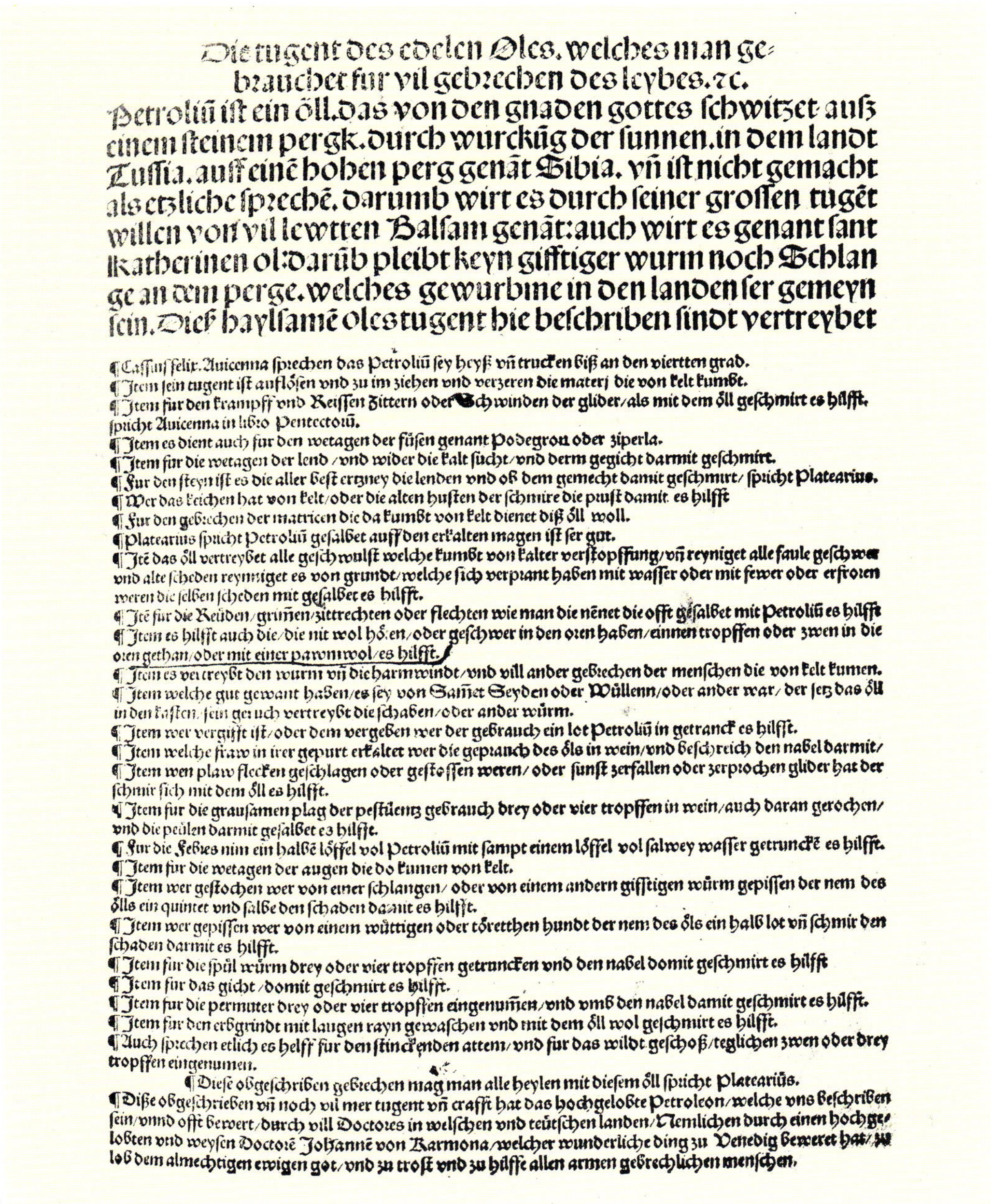

Die tugent des edelen Öles. welches man gebrauchet fur vil gebrechen des leybes. ꝛc.

Petroliũ ist ein öll. das von den gnaden gottes schwitzet auß einem steinem pergk. durch wurckũg der sunnen. in dem landt Tussia. auff einẽ hohen perg genãt Sibia. vñ ist nicht gemacht als etzliche sprechẽ. darumb wirt es durch seiner grossen tugẽt willen von vil lewtten Balsam genãt: auch wirt es genant sant Katherinen ol: darũb pleibt keyn gifftiger wurm noch Schlange an dem perge. welches gewurbme in den landen ser gemeyn sein. Dieß haylsamẽ oles tugent hie beschriben sindt vertreybet

¶ Cassius felix. Avicenna sprechen das Petroliũ sey heyß vñ trucken biß an den viertten grad.
¶ Item sein tugent ist auflösen vnd zu im ziehen vnd verzeren die materj die von kelt kumbt.
¶ Item fur den krampff vnd Reissen zittern oder Schwinden der glider / als mit dem öll geschmirt es hilfft. spricht Avicenna in libro Pentectoiũ.
¶ Item es dient auch fur den wetagen der füsen genant Podegron oder ziperla.
¶ Item fur die wetagen der lend / vnd wider die kalt sucht / vnd derm gegicht darmit geschmirt.
¶ Fur den steyn ist es die aller best ertzney die lenden vnd oß dem gemecht damit geschmirt / spricht Platearius.
¶ Wer das keichen hat von kelt / oder die alten husten der schmire die prust damit es hilfft
¶ Fur den gebrechen der matricen die da kumbt von kelt dienet diß öll woll.
¶ Platearius spricht Petroliũ gesalbet auff den erkalten magen ist ser gut.
¶ Itẽ das öll vertreybet alle geschwulst welche kumbt von kalter verstopffung / vñ reyniget alle faule geschwer vnd alte scheden reyniget es von grundt / welche sich verprant haben mit wasser oder mit fewer oder erfroren weren die selben scheden mit gesalbet es hilfft.
¶ Itẽ fur die Reüden / grinnen / zittrechten oder flechten wie man die nẽnet die offt gesalbet mit Petroliũ es hilfft
¶ Item es hilfft auch die / die nit wol hören / oder geschwer in den oren haben / einnen tropffen oder zwen in die oren gethan / oder mit einer parwmwol / es hilfft.
¶ Item es vertreybt den wurm vñ die harmwindt / vnd vill ander gebrechen der menschen die von kelt kumen.
¶ Item welche gut gewant haben / es sey von Samet Seyden oder Wüllenn / oder ander war / der setz das öll in den kasten / sein geruch vertreybt die schaben / oder ander würm.
¶ Item wer vergifft ist / oder dem vergeben wer der gebrauch ein lot Petroliũ in getranck es hilfft.
¶ Item welche fraw in irer gepurt erkaltet wer die gepranch des öls in wein / vnd beschreich den nabel darmit /
¶ Item wen plaw flecken geschlagen oder gestossen weren / oder sunst zerfallen oder zerprochen glider hat der schmir sich mit dem öll es hilfft.
¶ Item fur die grausamen plag der pestüentz gebrauch drey oder vier tropffen in wein / auch daran gerochen / vnd die peülen darmit gesalbet es hilfft.
¶ Fur die Febres nim ein halbẽ löffel vol Petroliũ mit sampt einem löffel vol salwey wasser getrunckẽ es hilfft.
¶ Item fur die wetagen der augen die do kumen von kelt.
¶ Item wer gestochen wer von einer schlangen / oder von einem andern gifftigen würm gepissen der nem des ölls ein quintet vnd salbe den schaden damit es hilfft.
¶ Item wer gepissen wer von einem wüttigen oder törretthen hundt der nem des öls ein halb lot vñ schmir den schaden darmit es hilfft.
¶ Item fur die spül würm drey oder vier tropffen getruncken vnd den nabel domit geschmirt es hilfft
¶ Item fur das gicht / domit geschmirt es hilfft.
¶ Item fur die permuter drey oder vier tropffen eingenumen / vnd vmb den nabel damit geschmirt es hilfft.
¶ Item fur den erbgrindt mit laugen rayn gewaschen vnd mit dem öll wol geschmirt es hilfft.
¶ Auch sprechen etlich es helff fur den stinckenden attem / vnd fur das wildt geschoß / teglichen zwen oder drey tropffen eingenumen.
¶ Diese obgeschriben gebrechen mag man alle heylen mit diesem öll spricht Platearius.
¶ Diße obgeschrieben vñ noch vil mer tugent vñ crafft hat das hochgelobte Petroleon / welche vns beschriben sein / vnnd offt bewert / durch vill Doctores in welschen vnd teütschen landen / Nemlichen durch einen hochgelobten vnd weysen Doctorẽ Johannẽ von Karmona / welcher wunderliche ding zu Venedig bewert hat / zu loß dem almechtigen ewigen got / vnd zu trost vnd zu hülffe allen armen gebrechlichen menschen.

3

1 – So pläsierlich der Anblick des griechischen Feuers im Rahmen eines Feuerwerks für uns Heutige ist, so verheerend muß physisch und psychisch der wahrscheinlich erste kriegerische Einsatz des Erdöls um 670 n. Chr. gewirkt haben. Die Zeichnung aus dem 10. Jahrhundert gibt die Verwendung in einer Art Flammenwerfer wieder.
2, 3 – Die beiden Flugblätter von etwa 1480 und 1500 dokumentieren, daß glücklicherweise die friedliche Nutzung des Erdöls überwog, und zwar vor allem als Arznei zu äußerer und innerer Anwendung. Ob allerdings „die tugent des edelen Öles" ausreichte, um „fur den steyn ... die aller best ertzney" zu sein, „die lenden und ob dem gemecht damit geschmirt", mag ebenso dahingestellt sein wie manche andere Empfehlung.

seöl, sondern man kann es zum Brennen, gegen die Krätze und für andere Zwecke gebrauchen. Von sehr weit her kommen die Leute, um sich von diesem Öl zu holen, neben dem kein anderes für Brennzwecke in dieser Gegend benutzt wird."

Ein Kapitel Frühgeschichte des Erdgases

Auch Erdgas kann auf eine Tradition zurückblicken. Im Iran machte ausströmendes Gas bereits zwischen 6000 und 2000 v. Chr. von sich reden. Später sollen die persischen Priester der Parsen ihre Altäre des „Ewigen Feuers" zweckmäßigerweise häufig über Erdgasquellen erbaut haben. Auch die Bibel berichtet von Vorkommnissen, in die durchaus die Mitwirkung von Erdgas hineininterpretiert werden kann. Der feurige Untergang der beiden Städte Sodom und Gomorrha, so wird vermutet, „ist auf ein tektonisches Erdbeben zurückzuführen, bei dem aus Erdspalten ausströmende Erdgase unter starker Rauchentwicklung verbrannten" (R. Osiander).

Die Chinesen bohrten vermutlich schon im 6. Jahrhundert v. Chr. (bisweilen wird auch die Zeit um 2000 v. Chr. genannt) nach Salz und stießen dabei auch auf Erdöl und Erdgas. Etwa ab 200 n. Chr. verwendeten sie das Gas als Heizmittel zum Eindampfen der Salzlauge und leiteten es sogar über Pipelines aus Bambus mit Brennerdüsen aus gebranntem Ton als Heiz- und Leuchtmittel in die Haushalte.

Die Japaner sollen sich die Heizkraft des Erdgases bereits um 700 v. Chr. zunutze gemacht haben. Sie nannten die ausströmenden, gasförmigen Kohlenwasserstoffe bildhaft „brennender Wind". Um 400 v. Chr. erwähnte der griechische Geschichtsschreiber und Leibarzt von Artaxerxes II., Ktesias von Knidos, der eine Geschichte Persiens und ein Werk über Indien schrieb, das Vorkommen von Erdgas in Kleinasien.

Die Sage vom europäischen Erdöl

Vom späten Mittelalter an tauchen immer wieder Nachrichten von Erdölquellen und Asphaltvorkommen in Mitteleuropa auf, zum Beispiel seit Mitte des 14. Jahrhunderts aus Seefeld in Tirol. Es war einmal ein Riese namens Haymo, der im Gefolge des Dietrich von Bern durch das Inntal in Tirol zog. Ein ortsansässiger Riese mit Namen Thyrsus versuchte sie aufzuhalten. Es kam zum Kampf, der Riese Haymo

1

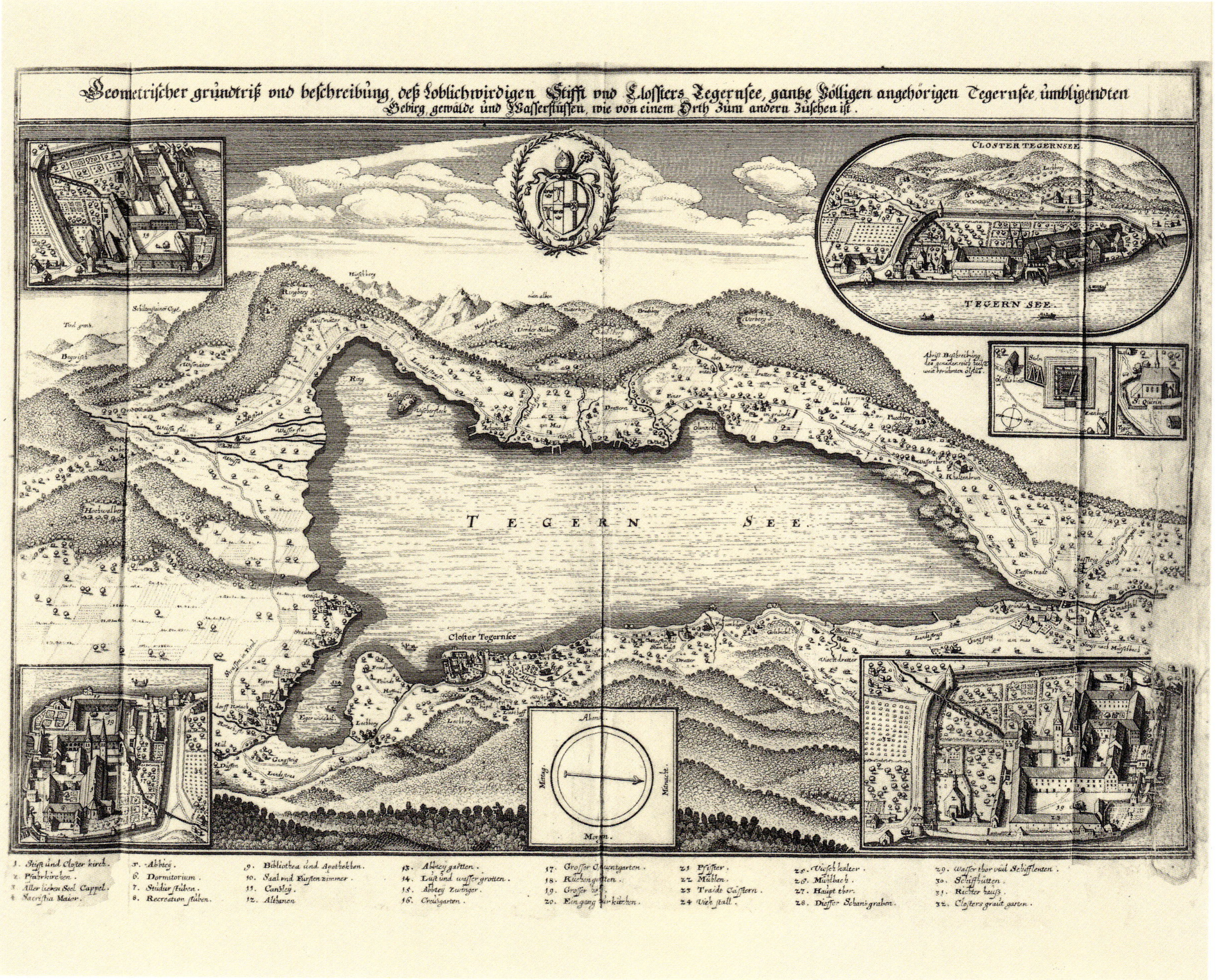

verletzte den Riesen Thyrsus tödlich. Der Tiroler Riese flüchtete blutend in Richtung Seefeld und tränkte dort den Boden mit seinem Blut. Seither sickert es dort als Türschenblut (oder Dürschenöl) aus dem Boden. Geologen sehen das nüchterner und bezeichnen das Vorkommen als bituminösen Schiefer (Ölschiefer).

Dürschenöl zur Wundbehandlung

Wann die Seefelder begonnen haben, Öl aus dem Gestein zu gewinnen, ist nicht genau bekannt. 1576 versuchte der Bergbauunternehmer Abraham Schnitzer, das Türschenblut für Grubenlampen zu verwenden, aber es rußte und stank wohl zu stark. Um 1600 wurde im Spitalbuch von Innsbruck der Ankauf von Dürschenöl als probates Heilmittel bei Verletzungen vermerkt. Sogenannte Steinölträger schleppten das braunschwarze, brenzlich riechende Öl in Fässern durch das Umland und verkauften es.

Aber wirklich interessant wurde das Seefelder Öl erst ab 1884. In diesem Jahr nämlich gründete der Hamburger Kaufmann Heinrich Cordes zusammen mit seinem Kollegen Hermanni die Ichthyol-Gesellschaft, die eine schwarze Salbe als desinfizierendes und entzündungshemmendes Mittel bei Hautleiden, Rheumatismus und zur Wundbehandlung vertrieb. Und das kam so: Heinrich Cordes hatte für seinen Sohn den Hobby-Geologen Schroeter als Hauslehrer eingestellt. Auf der Suche nach Silbervorkommen war Schroeter auf das ölhaltige Schiefergestein mit den eingelagerten Resten fossiler Fische bei Seefeld aufmerksam geworden. Es gelang ihm, das uralte Heilmittel mit Schwefelsäure und Ammoniak zu veredeln und sich das neue Produkt patentieren zu lassen. Er nannte es Ichthyol (nach dem griechischen Wort *ichthys* = Fisch und dem lateinischen *oleum* = Öl).

Kein Leuchtöl für Münchner Lampen

Quirin von Tegernsee, heiliggesprochener römischer Märtyrer, wurde vermutlich unter Kaiser Claudius (41–54) enthauptet. Die Legende berichtet, daß sein Leib in den Tiber geworfen, von Rompilgern herausgefischt und dann in der Pontianus-Katakombe bestattet wurde. 761 gelangten die Reliquien an den Tegernsee, und fortan war Quirin der Schutzheilige gegen die Pest und gegen Augen- und Ohrenleiden. 1433 wurde zum erstenmal eine Ölquelle am Tegernsee erwähnt. Die

1 – Schon 1433 war am Tegernsee bei der Kapelle des heiligen Quirin, dem Helfer gegen Pest wie gegen Augen- und Ohrenleiden, eine Ölquelle bekannt. Der Merian-Stich von 1644 „deß Loblichwirdigen Stift und Closters Tegernsee“ zeigt am rechten Kartenrand „Abriß Beschreibung des genadenreich heilsam weit berühmten Ölfluss“.
2 – Georgius Agricola beschreibt in seinem Werk „De re metallica“ 1556 nicht nur Gewinnung und Verhüttung von Erzen, sondern zeigt in einem Holzschnitt auch eine bitumenhaltige Quelle. Nach der Schilderung der Gewinnung und Destillation des flüssigen Bitumens schreibt er dazu: „Man verwendet es für verschiedene Zwecke, und manche vermischen es mit Pech, andere mit alter Wagenschmiere, um deren Zähigkeit zu mildern. Hart wird das Bitumen aber nicht, auch nicht beim Kochen in Töpfen.“

2

Mönche am Tegernsee kannten das Erdöl unter den Bezeichnungen *Petroleum praestantissimum* oder *Panac e Tegurinum*. Ein Erfolg wurde es aber erst, als es unter dem Namen Quirinus-Öl in kleine Fläschchen abgefüllt und als Heilmittel gegen körperliche und seelische Gebresten unters Volk gebracht wurde.
Fast vierhundert Jahre später, im Jahr 1809, isolierte der bayerische Arzt, Chemiker und Mineraloge Johann Nepomuk Fuchs (1774–1856) aus dem Erdöl vom Tegernsee wachsähnliche Körper, Paraffin-Kohlenwasserstoffe oder Alkane. Er fand zudem (acht Jahre vor de Saussures Elementaranalyse) heraus, daß es sich dabei um eine Verbindung von Kohlenstoff und Wasserstoff handelt. Auch von dem Münchner Chemiker Johann Andres Buchner (1783–1852) wird gesagt, er habe als erster Quirinus-Öl untersucht. Er soll ebenfalls Kohlenwasserstoffe daraus isoliert und sie Paraffin (aus lateinisch *parum* = zu wenig und *affinis* = teilnehmend an) genannt haben.

Flüssiges Bitumen auf Bächen und Flüssen

Nicht nur in Bayern hatte man ausfließende Kohlenwasserstoffe festgestellt. Auch im Elsaß bei Pechelbronn, Gersbach, Lampertsloch und anderen Orten wurden schon sehr früh Ölaustritte bemerkt. 1498 erwähnte der deutsche Humanist, Theologe, Professor für Poesie und Kinderpsychologe Jakob Wimpfeling (1450–1528), auch Wimpheling oder Wympfeling geschrieben, erstmals den Ort Pechelbronn fünfzig Kilometer nördlich von Straßburg, dessen Name „Pechbrunnen“ schon über seinen Bodenschatz Auskunft gibt. Das Öl wurde als Lampenbrennstoff abgeschöpft. Seit 1740 kümmerten sich Bergleute um die klebrige Absonderung der Pechelbronner Erde. Und „eine rudimentäre Raffinerie war entstanden, sicherlich die erste in Zentraleuropa“ (Gerhard Keppner).
Wenn es um Bodenschätze gleich welcher Art geht, darf natürlich Georg Bauer alias Georgius Agricola, der Verfasser des Standardwerkes „De re metallica“, nicht fehlen. Schon in seiner Schrift „Über die Natur der aus der Erde herausfließenden Dinge“ *(De natura eorum quae effluunt ex terra)* berichtete er 1546 über das Erdöl bei Schöningen in der Nähe von Braunschweig, am Deister südwestlich von Hannover oder in Hänigsen, zwischen Hannover und Celle. Und über die Gewinnung und Destillation schrieb er in

„De re metallica“: „Flüssiges Bitumen, das in größeren Mengen auf dem Wasser von Quellen, Bächen oder Flüssen schwimmt, wird mit Eimern oder anderen Gefäßen abgeschöpft. Kleine Mengen werden mit Hilfe von Flederwischen, Leinentüchern, Haarbüscheln, Häutchen von Binsenrohr und anderen Dingen, an die sich das Bitumen leicht anhängt, gesammelt, in großen kupfernen oder eisernen Gefäßen gekocht und in der Wärme verdichtet.“

1

Ein Anstrich gegen Holzwurmbefall

Leonhard Thurneysser (1531–1596), auch Thurnhäuser, genannt zum Thurn, war ein Abenteurer. Der Sohn eines Goldschmieds mußte seine Heimatstadt Basel aufgrund einiger Betrügereien verlassen und wanderte durch die damals bekannte Welt. Er machte am Hof Johann Georgs von Brandenburg ein Riesenvermögen durch den Verkauf von Heilmitteln. Als man ihn der Hexerei verdächtigte, begab er sich wieder einmal auf die Flucht und starb arm und verlassen in Köln. In diesem Zusammenhang ist sein Bericht von 1572 interessant, denn da war „bey Gerßbach ein alter Schacht oder Gruben, darin auß einer Caverna oder Klufft herfür rinnet eine schmutzige fettigkeit, gleich einem Öl, welches die nechstgelegenen Landleuth an stat der vermischten Karrensalb die Wagen schmieren, für war eine köstliche salben, deren Tugend noch biß zu meiner Zeit, vor mir nie keiner wahr genommen hat“. Für ihre medizinische Weiterverwendung, für Bade- und Heilzwecke, hat Thurneysser diese „schmutzige fettigkeit“ auch schon destilliert. Bei Lampertsloch machte der „Artzney Doctor, und Chur-Fürstlicher Pfalz Medicus“ Jacobus Theodorus Tabernaemontanus im Jahr 1584 eine Ölfontäne aus. Die Bauern der Umgebung verwendeten das Öl zum Schmieren von quietschenden Wagenrädern und als Leuchtmittel. 1625 berichtete Johan Volck, das Öl von Lampertsloch eigne sich vorzüglich als Heilmittelgrundlage und, mit Farbe vermischt, als Anstrich gegen Holzwurmbefall und Schäden durch Salzwasser bei Schiffen. Allerdings müsse es vorher durch Destillation von Verunreinigungen und Wasser befreit werden.

Ein Abstecher nach Rumänien und Galizien

Auch außerhalb Deutschlands im übrigen Europa war man schon auf das Erdöl aufmerksam geworden. Ploieşti in Rumänien, am Fuße der Südkarpaten, wurde zum wirtschaftlichen Mittelpunkt des reichsten rumänischen Erdölgebiets. Ölquellen in dieser Gegend waren schon seit der Zeit der Römer im Gespräch, die wirtschaftliche Ausbeutung übernahm die Geistlichkeit des Mittelalters. Vermutlich im 17. Jahrhundert begann man, den natürlichen Ölaustritt durch Gruben und Schächte etwas zu beschleunigen. Nach 1800 entstanden kleinere Raffinerien, die alle Lampenöl erzeugten. 1856 wurde in der Nähe von Ploieşti als Vorläufer einer modernen Raffinerie ein Destillierbetrieb gebaut. So wurde Bukarest 1858 zur ersten europäischen Großstadt, die ihre Straßenlaternen mit Petroleum betrieb. Die historische Landschaft Galizien am Nordabhang und im Vorland der Karpaten hat eine wechselvolle Geschichte mit verwickelten Besitzverhältnissen hinter sich. Die ersten (medizinischen) Anwendungen von Erdöl beschrieb 1556 ein gewisser Hyronimus Spiczinki. Die galizische Stadt Krosno am Fluß Wislok hatte im 16. Jahrhundert nicht nur viele deutsche Einwohner, sondern wahrscheinlich auch schon eine Petroleum-Straßenbeleuchtung. Südwestlich der Stadt lagen reiche Erdölquellen. Anfang des 19. Jahrhunderts begann in größerem Maßstab die Destillation von Leuchtöl aus dem galizischen Rohöl. Schrittmacher waren der österreichische Salinenbeamte Joseph Hecker in Drogobych (heute Ukrainische SSR), später Ignaz Lukaciewicz, ein Apotheker aus Lemberg (L'vov).

1817 sollen in Galizien die ersten Ölbohrungen niedergebracht worden sein. Der Magistrat von Prag lehnte im selben Jahr entrüstet einen Vorschlag Heckers ab, die Straßenbeleuchtung der Stadt mit Leuchtöl zu betreiben. Vermutlich war ihnen das Destillat durch seinen Anteil an Benzin und leichten Kohlenwasserstoffen zu feuergefährlich, oder es lag daran, daß Hecker wegen des besonders schneereichen Winters seine Leuchtöl-Lieferung nicht bis Prag durchbrachte. Es wird berichtet, daß sie erst im Frühjahr eintraf, der Magistrat die Annahme verweigerte und Hecker zu einer Konventionalstrafe von 6000 Gulden verurteilte. So kam es, daß Drogobych, am Nordrand der Waldkarpaten, als erste Stadt die Idee zur Verwendung des Leuchtöls aufgriff und ihre Straßen so lange beleuchtete, bis die Quelle versiegt war. Ab 1853 wurde für die Lampen des Krankenhauses von Lemberg Leuchtöl verwendet. Auch in Rußland gab es schon recht früh Destillationsanlagen und Erdölbohrungen. 1823 destillierten die Brüder Dubinin Erdöl in einer einfachen Fabrikationsanlage. Spätestens 1847, vielleicht sogar schon früher, wurde regelrecht nach Erdöl gebohrt. Ein Prinz Worontsow schrieb im Juli 1847 an das russische Staatssekretariat: „Ich genehmige neuerliche Ölexploration mittels Erdbohrungen im Bibi-Eibat-Abschnitt, Distrikt Baku, am Ufer des Kaspischen Meers und verwende hierzu die 1000 Rubel, die von Ihnen zu diesem Zweck zugeteilt wurden.“

Wietze und die erste deutsche Erdölbohrung

In Deutschland begann die neuere Geschichte der Erdölindustrie 1858 in der Lüneburger Heide, in dem kleinen Dorf Wietze bei Celle, zwischen Birken und Heidekraut. 1653 wurde zum erstenmal

1 – Die königlich hannoversche Regierung bekam am 6. März 1853 einen ersten Hinweis auf Erdölvorkommen, sogenannte Teerkuhlen, bei dem Dorf Wietze. Die ab Anfang April 1858 niedergebrachte Bohrung erbrachte zwar Öl, aber noch keinen wirtschaftlichen Erfolg. Der zeigte sich erst ab 1880 nach größeren finanziellen Investitionen. Und mit dem Erfolg kamen auch hochherrschaftliche Touristen, wie die „Illustrirte Zeitung" 1881 aus dem neugegründeten Ort Ölheim berichtet.
2 – Die handbetriebene Pumpvorrichtung im Erdölmuseum Wietze ist ein Urahn der Pumpenböcke, mit denen die Tiefpumpe bewegt wird.
3 – Solche Vierböcke, von denen im Erdölfeld Wietze einst etwa 1600 standen, dienten dazu, die Tiefpumpe in das Bohrloch hinabzulassen oder bei einer notwendigen Reparatur wieder herauszuziehen.

2

festgehalten, daß auf den Wiesen von sechs Bauern Erdöl in Kuhlen ausgetreten sei. Ein „Ölkeerl" mit Pferdefuhrwerk brachte das „Satanspech" von Wietze im ganzen Land unter die Leute.
Der Hofmedikus Johann Taube, der in Celle praktizierte, beschrieb „die Teergruben zu Wietze" im Jahr 1769. Er erklärte, wie Teer und Sand durch Umrühren in wassergefüllten Holzkästen getrennt wurde. Nach zweifacher Destillation des Teers beschreibt er das Endprodukt so: „Das feine, weiße und flüchtige Oel ist ein wahrer Berg-Balsam, Naphtha, denn es fänget sehr leicht Feuer, es brennt im Wasser geschwind und gänzlich weg, ohne den geringsten Ruß zurück zu lassen."
Das war der Beginn in Wietze. Und bis 1963 wurden aus dem Boden der Heide 3,2 Millionen Tonnen Öl gefördert. Zwischen diesen Daten lag eine Entwicklung vom stillen Heidedorf über eine Ölboom-Town bis zur idyllischen Erdölindustrie-Ruine.

Unterirdische Glühungen der Kohlenlager?

Mitte der fünfziger Jahre des 19. Jahrhunderts beschloß das Innenministerium der Regierung in Hannover, eine Bestandsaufnahme aller wichtigen Bodenschätze ihres Landes vornehmen zu lassen. Dabei dachten die Herren vornehmlich an Kohle, Mergel, Gips und Salz. Zum Zweck der gründlichen Exploration wurden Bohrungen niedergebracht. Die Leitung dieses Unternehmens „Bodenschätze" hatte der Salineninspektor Georg Wilhelm Hahse aus Sülze.
Aus einem Brief an sein Ministerium geht

3

ganz klar hervor, daß er keineswegs Pionier der Erdölbohrung werden wollte, sondern daß er Kohle suchte, die er „unfern der Teerquellen zu Wietze“ zu finden hoffte: „Hier ist mit großer Wahrscheinlichkeit ein Braunkohlenlager in nicht gar großer Tiefe zu erwarten, da die Erdölquellen ihre Entstehung dem Gährungs- oder Erhitzungsprozeß oder direkten unterirdischen Glühungen der fossilen Kohlenlager in den meisten Fällen verdanken.“ Hahse befand sich mit dieser falschen Ansicht über die Entstehung des Erdöls in guter Gesellschaft. Auch Leopold von Buch (1774–1853), der als größter Geologe seiner Zeit galt, hielt 1839 den Ursprung des Öls aus Kohleflözen für wahrscheinlich. Georg Christian Konrad Hunäus (1802–1882) war nicht nur Professor für Geologie und Mathematik an der Polytechnischen Schule in Hannover, sondern auch ein Studienkollege und Freund des Salineninspektors Hahse. Und da er mit der Materie vertraut war – er hatte eine geognostische Karte des Königreichs Hannover angefertigt –, wurde Hunäus mit der geologischen Oberleitung des Projekts Wietze beauftragt. Im Gegensatz zur Idee seines Freundes, Kohle zu finden, dachte der Professor eher an das Erdöl unter der Heide, denn das „bekannte Vorkommen von Bergtheer“ gehörte seiner Ansicht nach „zu den bis jetzt noch nicht gründlich gelösten Erscheinungen, und daher dürfte ein Bohrversuch bei Wietze schon in rein wissenschaftlicher Hinsicht von mir dem königlichen Ministerium des Inneren zu empfehlen sein“, schrieb er am 17. März 1858.

Kein Prioritätsanspruch für Wietze

Im April desselben Jahres begann Hahse mit der Bohrung. Mit einem zehn Meter hohen Dreibock, mit Haspel, Hanftau und Fallmeißel stieß die Bohrmannschaft im April 1858 in 25 Meter Tiefe auf Schwimmsand. Trotz Verrohrung des Bohrlochs mit genieteten Blechrohren von 25 Zentimeter Durchmesser kam die Arbeit zunächst zum Stillstand. Es folgten eine Geschiebetonschicht und weitere Unterbrechungen. Im Februar 1859 gingen die Bohrarbeiten weiter. Im April bemerkten die Männer um Hunäus Gasspuren. Am 1. Juli konnte Hahse begeistert melden: „Die bereits erbohrte beträchtliche Menge des reinsten und äußerst bequem zu gewinnenden Teers wird dem Vaterlande, insbesondere dem Dorfe Wietze und dem jetzigen Besitzer Wallmann, unabsehbaren Wohlstand und Segen bringen.“ Aber der Jubel war etwas verfrüht. Am 28. September 1859, also einen Monat nachdem Drake (offiziell) das Erdölzeitalter verkündet hatte, stießen Hahse, Hunäus und ihre Leute in 35,60 Meter Tiefe auf einen riesigen Findling und mußten aufgeben.

Zwar brachte eine Förderung von 5000 Litern dem Bauern Wallmann im selben Jahr noch einen Erlös von 540 Talern, aber die Ausbeutung von Wietzes „schwarzem Gold“ erreichte zunächst nur geringen Umfang – bis um das Jahr 1880. Dann kamen die Ölsucher aus Deutschland, Holland, England und Amerika und sogar aus Rußland. Sie brachten mit dem Geld von Banken zahlreiche Bohrungen nieder und eine Menge übler Begleiterscheinungen mit. Nach dem Chronisten Heinrich Walsemann „strömten Scharen von Spekulanten und Arbeitssuchenden“ in das Heidedorf, „Spekulationsteufel und Habgier trieben in den Gastwirtschaften ihr Unwesen. Dicht an dicht standen die Wagen der Ölmagnaten auf dem Hofe der Wirtschaften, während man drinnen bei Wein und Sekt die Verträge abschloß. In den Kantinen ging es hoch her und Schlägereien waren an der Tagesordnung.“

Wenige hundert Meter von Hahses Bohrloch entfernt stießen 1885 der Bergwerksdirektor Pook und sein Bohrmeister Hacke auf ein riesiges Ölfeld. Das Öl kam eruptiv, das heißt, es stand unter Gasdruck und schoß in den Himmel. Von den 52 Gesellschaften, die sich 1910 gegenseitig das Öl in Wietze und Umgebung abschöpften und -pumpten, schlossen sich 24 zusammen und gründeten 1911 die Deutsche Erdöl-Aktiengesellschaft (DEA). 1920 begann diese Firma mit dem bergmännischen Abbau von Ölsanden und förderte aus einer Tiefe von rund 250 Metern in Strecken von über 80 Kilometer Länge. Die Dampf-Schlagbohrtechnik wurde um 1930 vom Rotarybohrverfahren abgelöst, und 1963 war alles zu Ende.

Das amerikanische Öldorado

Fast überall auf der Welt war das Erdöl in unterschiedlichen Erscheinungsformen seit Jahrhunderten bekannt. Warum das moderne Erdölzeitalter 1859 aber ausgerechnet in den entlegenen Wäldern des Crawford County im Nordwesten des US-Bundesstaates Pennsylvania begann, das weiß kein Mensch. Der amerikanische Chronist Edgar Wesley Owen schrieb 1975 etwas ratlos: „Die Briten wußten mehr als irgendwer sonst über die weltweiten Ölvorkommen. Die Deutschen hatten die meiste Erfahrung auf dem Gebiet der organischen Chemie und der Technologie ... Die Tatsache, daß die gewaltige Summe der Erfahrung ausgerechnet in dieser Gegend wirksam wurde und daß die uralten Traditionen genau zu diesem Zeitpunkt ihr Reifestadium erreichten, ist einer der größten Widersprüche der Wirtschaftsgeschichte.“

Zwei Jahre nach diesem Datum war Pennsylvania das Irrenhaus der amerikanischen Nation, gab es Öl-Millionäre und Öl-Bettler, die Ölwoge brandete um die ganze Welt, entfesselte Kriege, ließ neue Industrien entstehen und nahm im Verlauf von rund hundert Jahren eine Größenordnung an, die vermutlich nicht einmal ein Rockefeller, Samuel, Detering oder Knox d'Arcy zu erträumen gewagt hatte. Von der Verwendung von Erdöl als Medizin der Seneca-Indianer am Ufer des Eriesees über die texanischen Erdöl-„Giganten“ bis zur Alaska-Pipeline war es ein langer Weg. Und er ist noch immer nicht zu Ende. Der OPEC-Coup mit der rapiden Verteuerung des Öls löste ab 1978 in den USA wieder einmal einen Ölrausch aus. Über 20000 *independents*, unabhängige Ölsucher, brachen als letzte Helden des Wilden Westens zur Jagd auf Erdöl- und Erdgasvorkommen auf. Rhonda Teachenor, weiblicher Sheriff der Kleinstadt Evanston, Wyoming, charakterisierte den Boom so: „Es ist wie in Klondike. Zu viele Schlägereien, zuviel Suff, zu viele Fremde und zu viele Nutten.“

Spaziergang über den Asphaltsee

Die Azteken im heutigen Mexiko sollen mit Asphalt Tongefäße wasserdicht gemacht und bei Festlichkeiten Räucherstäbchen aus Bitumen, vermischt mit duftenden Pflanzenharzen, abgebrannt haben. Spanische Seeleute und Eroberer entdeckten und beschrieben im 16. Jahrhundert aussickerndes Erdöl und Asphalt auf Kuba, in Mexiko, Bolivien, Ekuador, Kolumbien, Peru und Venezuela (ähnliche Entdeckungen machten die Holländer auf Java und Sumatra). Die frühen Seehelden kalfaterten damit ihre Schiffe und konservierten ihre Takelage. Im Landesinneren von Peru sollen die Bewohner bereits damals einen Destillationsprozeß entwickelt haben – völlig unabhängig von europäischem Know-how.

Den berühmten Asphaltsee von Trinidad (vielleicht auch nur einige kleinere Ausflüsse) fand 1595 der englische Abenteurer, Schriftsteller und Kolonisator Amerikas Sir Walter Raleigh (um 1554 bis 1618). „Von größerer Entfernung betrachtet, gleicht er einem ruhigen, von keinem Lufthauche bewegten See, kommt man

1 – Ab 1859, als Edwin L. Drake in Titusville die erste erfolgreiche Erdölbohrung gelang, kam es zuerst in Pennsylvania, dann auch in anderen US-Staaten zu einem ungeheuren Ölboom. Noch im selben Jahr betrug die Produktion in den Vereinigten Staaten 82 000 Barrel zu 159 Liter, 1869 schon über 4 Millionen, 1882 29 Millionen und 1891 54 Millionen Barrel – das benzingetriebene Automobil hatte in diesem Jahr erst seinen fünften Geburtstag.
2 – Im 19. Jahrhundert wurde in den Vereinigten Staaten vereinzelt auch schon eine städtische Straßenbeleuchtung mit Natur- oder Erdgas eingerichtet. Die hoch auflodernden Flammen legen die Vermutung nahe, daß der Verbrauch im Verhältnis zur Lichtausbeute immens gewesen ist, und bei stärkerem Wind mußte die Beleuchtung wohl abgestellt werden, um ein Übergreifen der Flammen auf die zum Teil sehr nahe stehenden Häuser zu verhindern.

1

2

näher, so vermeint man eine schwarze Glasmasse zu erblicken" (Wilhelm Bersch).
Auf dem nordamerikanischen Kontinent nutzten die Indianer das auf ihren Stammesgebieten aus dem Boden sickernde Öl als Medizin, als Mittel zur Körperbemalung und bei Kulthandlungen – und zwar längst bevor der weiße Mann mit der gespaltenen Zunge und der lächerlichen Gier nach gelbem Metall und Siedlungsland kam, sah und berichtete. Am Oil Creek, einem Nebenfluß des Allegheny River in Pennsylvania, aber auch in ölreichen Gebieten von Ohio und Kentucky, fand man Ölsammeltanks in Form von Gruben, die mit gefällten Baumstämmen ausgekleidet waren. Es ist aber nicht ganz klar, wer von den Einheimischen eigentlich so viel Interesse an derartigen Ölvorräten hatte.

Der brennende Fluß der Seneca

Der portugiesische Soldat und Entdecker in spanischen Diensten Juan Rodríguez Cabrillo (Cabrilho, gest. 1543) stach im Juni 1542 vom mexikanischen Hafen Navidad aus in See und entdeckte das sonnige Kalifornien. Er erkundete die Buchten von San Diego und Monterey, und bei Carpenteria in der Nähe von Santa Barbara waren schließlich seine Schiffe leck. Indianer aus dieser Gegend überzeugten ihn, daß das Pech aus der Erde, mit dem sie ihre Kanus wasserdicht hielten, auch für die Riesenkanus der Weißen geeignet sein müsse. Auf der Weiterreise brach Cabrillo sich auf einer der Inseln vor der kalifornischen Küste ein Bein. Es kam zu Komplikationen, er starb und wurde auf der Insel San Miguel begraben. Der spanische Entdecker und Konquistador Hernando de Soto (um 1496 bis 1542) fand Erdölquellen im Mississippidelta und in Louisiana. Als er am 21. Mai in der Nähe des heutigen Ferriday, Louisiana, starb, begruben ihn seine Leute im Mississippi, damit sein Leichnam nicht den Indianern in die Hände fiel, die er blutig bekämpft hatte.
Fast hundert Jahre lang hatte der weiße Mann in Nordamerika offenbar andere Sorgen, als sich um den stinkenden Stoff aus der Erde zu kümmern, der dreihundert Jahre später zum flüssigen Gold avancieren sollte. Am 18. Juli 1627 schrieb ein Franziskaner-Missionar einen Brief nach Frankreich. Sein Name war Joseph de la Roche d'Allion, und er beschrieb darin eine Ölquelle in Cuba, US-Bundesstaat New York. Indianer vom Stamme der Seneca hatten ihn zu einem Tümpel voll „schwarzen Wassers" geführt. Es scheint,

daß der Priester das Öl von den Seneca als Heilmittel gegen Cholera, Bronchitis und Schwindsucht übernahm. Aber darüber hinaus hatten die Seneca noch entschieden spektakulärere Anwendungsmöglichkeiten erschlossen. Sie leiteten Erdöl auf Gewässer und führten staunenden Besuchern das Flammenmeer eines brennenden Flusses vor.

Erdöl gegen steife Gelenke

1672 ist eine Ölquelle als *Fontaine de bitume* bei Cuba auf einer Karte verzeichnet worden. Urheber dieses ersten Erdöl-Lageplans auf dem amerikanischen Kontinent waren die beiden französischen Missionare François Dollier de Casson und René de Brehant de Galinée vom Priesterorden der Sulpizianer. Sie schickten die Karte an Jean Talon (um 1625 bis 1694), den ersten Verwalter von Neufrankreich, heute Kanada genannt.
1767 besuchte ein weiterer Missionar namens David Leisberger das ölhöffige Gebiet um den Allegheny River, Pennsylvania, und berichtete, die Indianer schöpften das Öl aus den Flüssen und Bächen, destillierten das Wasser ab und verwendeten es als Salbe bei Zahn- und Kopfschmerzen, bei Schwellungen, Verstauchungen und Rheuma. Manchmal, so versicherte er, würden sie das Öl auch einnehmen. Und ganz nebenbei stellte er noch fest: „Es kann auch in Lampen benutzt werden."
Erste Nachrichten von Ölquellen an einem Nebenfluß des Allegheny, dem Oil Creek, wurden schon 1748 überliefert, 1755 tauchen die Quellen in einer Karte auf. 1783 berichtete Benjamin Lincoln (1733–1810), General im amerikanischen Unabhängigkeitskrieg, von einer Rast seiner Truppe an einer Quelle am Oil Creek. Sie schöpften den „Barbados-Teer", der dort in einer Menge von mehreren Gallonen (1 Gallone = 3,8 Liter) pro Tag austrat. Die erschöpften Soldaten „badeten ihre Gelenke darin", und siehe da, das verschaffte ihnen „große Erleichterung und befreite sie augenblicklich von rheumatischen Beschwerden". 1795 brachte die Zeitung „Gazetteer of the United States" einen Artikel über den Oil Creek und seinen flüssigen Schatz, der „unter dem Namen Seneca oil bekannt" sei.
Dieses Seneca-Öl wurde als Medizin so erfolgreich, daß es das in der zweiten Hälfte des 18. Jahrhunderts in England und den USA so beliebte „British Oil" als „Heilmittel gegen Rheuma und Skorbut und andere Krankheitsfälle" vom amerikanischen Markt verdrängte.
1818 ließ ein gewisser Martin Beatty an der Mündung des Troublesome Creek in den Cumberland River, Kentucky, die Bohrtechniker Marcus Huling und Andrew Zimmerman nach Salzwasser bohren. In einer Tiefe von 163 Metern stießen sie statt dessen auf Öl. Weil die Brühe für sie wertlos war, warfen sie jede Menge Sand in das Bohrloch, aber der „Teufelsteer" (Beatty) floß weiter – und zwar in den Cumberland River. Bald bedeckte ein Ölteppich von 56 Kilometer Länge den Fluß, und ein Funken ließ nicht nur das Öl, sondern auch Bäume und Salzfabriken an den Ufern in Flammen aufgehen. Diese Quelle, 45 Kilometer südöstlich von Monticello, ging als erste, wenn auch zufällig, erbohrte und fließende Ölquelle der Vereinigten Staaten in die Geschichte des Erdöls ein.

Die Pioniere des Erdgases vom Eriesee

Im Jahr 1626 beobachteten französische Missionare auf dem nordamerikanischen Kontinent „aus flachen Gewässern kommende brennbare Gase". Auch in den darauffolgenden Jahrhunderten stießen Siedler immer wieder einmal auf Erdgas, aber sie schätzten den stinkenden Stoff gar nicht. Erst im 19. Jahrhundert begann die erstaunlich zögernde Entwicklung.
Auf der Suche nach Wasser bohrten die Bewohner der Stadt Fredonia, Chautauqua County, am Eriesee im Jahr 1821 in acht Meter Tiefe eine Erdgasquelle an, die genügend Gas für dreißig Lampen abgab. Die Fredonier legten eine Pipeline aus Bleirohren und leiteten das Erdgas zu den Verbrauchern, die 1824 erstmals in den USA Erdgas zu Beleuchtungszwecken einsetzten. Alle Welt in Amerika staunte über die Erdgasbeleuchtung am Eriesee. Aber später mißfiel den Fredoniern der unangenehme Geruch, und sie vermauerten die Erdgasquelle. Es dauerte fünfundzwanzig Jahre, bis sich 1850 der negative erste Eindruck gelegt hatte und eine neue Quelle erschlossen wurde. 1865 wurde mit der „Fredonia Gas Light & Water Works Company" die erste US-Firma gegründet, die Erdgas in ihr Angebot aufnahm.
Eine kommerzielle Nutzung des Erdgases versuchten ab 1841 Salzwerke in Pennsylvania und Virginia, die es zum Eindampfen von Salzsole verwendeten. 1872 wurde eine fünf Kilometer lange Erdgas-Pipeline von der Newton-Quelle nach Titusville, Pennsylvania, verlegt. Sie ging am 1. August 1872 in Betrieb. 1873 kam Erdgas in den Hochöfen der Eisenhütte Rogers and Burchfield in Leechburg, Pennsylvania, zum Einsatz.

Die Wissenschaft und das Erdöl

Die Stunde der Geologen

Bis ins 20. Jahrhundert hinein war die Wahl des richtigen Bohrpunktes meist reines Glück, noch ziemlich unbeeinflußt von einer Wissenschaft, die sich Geologie nennt. Von Erdölfallen wie etwa Antiklinale, tektonische oder stratigraphische Fallen oder Ölfallen an Salzdomen war so gut wie nichts bekannt. Oft wird die Geschichte von den amerikanischen *wildcatters*, den freien Ölsuchern, erzählt, die ihren Hut hinter sich warfen und dort zu graben oder bohren begannen, wo er auf die Erde auftraf. Um dem Glück etwas nachzuhelfen, erfanden die Ölmänner aus der vor-geologischen Zeit zwei Hypothesen: einmal die „Creekologie" (wie beim Oil Creek in Pennsylvania, so der fromme Aberglaube, befinde sich das Öl entlang der Flußtäler) und zum anderen die „Trendologie" (wo schon Öl sprudelt, kann man ruhig noch einen dritten, zehnten und so weiter Bohrturm hinstellen). Die Erdöl- oder Explorationsgeologen traten erst allmählich um 1910 auf. Um die Jahrhundertwende zeichnete sich ja eine gegenläufige Entwicklung im Verbrauch ab: Zwar weniger Lampenöl war gefragt, dafür um so mehr Treibstoff für Autos.

Die Griechen: erste geologische Bausteine

Die ersten geologischen Erfahrungen und Erkenntnisse dürften schon in frühgeschichtlicher Zeit gesammelt worden sein, als im 6. und 5. Jahrtausend vor unserer Zeitrechnung in verschiedenen Gebieten Asiens, Europas und Nordostafrikas frühe Prospektoren Metalle abbauten oder aus geheimnisvollen Pfützen im Mittleren Osten Erdpech schöpften. Aber irgendwelche geologischen Vorstellungen sind aus jener Zeit nicht überliefert. Erst das Altertum sorgte im Rahmen allgemeiner

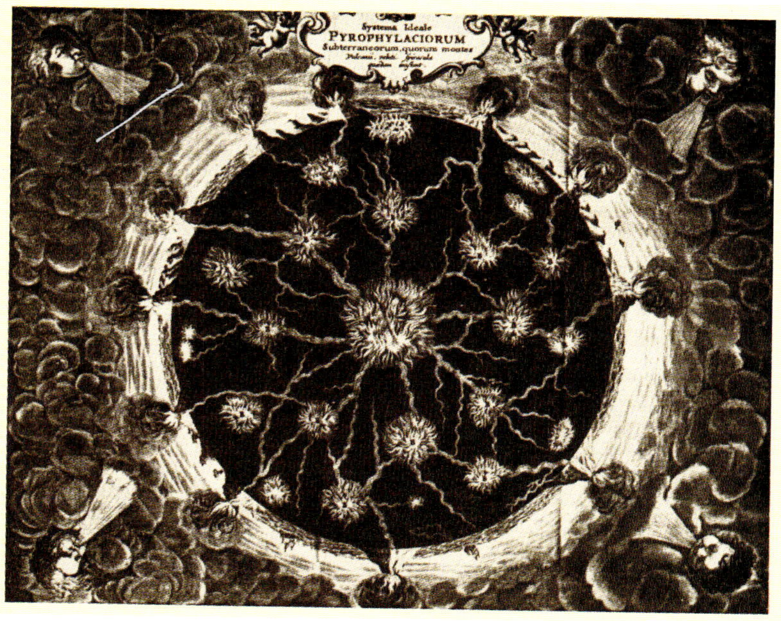

Mit seiner Vorstellung über das Innere der Erde stand der deutsche Universalgelehrte Athanasius Kircher (1602–1680) der Antike und dem Mittelalter noch nahe. Die Tafel aus seinem „Mundus subterraneus“ (Unterirdische Welt) von 1664 zeigt viele einzelne bis zum Erdmittelpunkt verteilte Feuerherde. Untereinander und mit der Erdoberfläche durch Kanäle verbunden, speisen sie die Vulkane.

Naturbetrachtungen für einige Bausteine zum Gebäude der Geologie.
Der griechische Philosoph Anaximander von Milet (um 610 bis um 546 v. Chr.), der sich als erster an der Zeichnung einer Erdkarte versuchte und eine Krümmung der Erdoberfläche annahm, hatte Fossilien in Kalkhöhlen entdeckt. Er wagte zu behaupten, daß es sich um Tier- und Pflanzenreste handele, die ursprünglich in weichem Erdboden begraben worden seien, der sich später dann in Stein verwandelt habe. Sein Landsmann Xenophanes (um 565 bis um 470 v. Chr.) soll nach Meinung späterer Schriftsteller die Ansicht vertreten haben, daß sich der Zustand der Erde mit der Zeit verändere. Er fand „in der Mitte der Erde und im Gebirge“ versteinerte Muscheln und schloß daraus, daß diese Berge früher unter Wasser gelegen und sich später durch eine Katastrophe daraus erhoben haben mußten.
Aristoteles (384–322 v. Chr.) hielt Erdbeben und Vulkanausbrüche für die bösartigen Auswirkungen heftiger unterirdischer Winde und glaubte, daß das Gestein sich unter dem Einfluß des Sternen- und Mondlichts auf der Erdkruste gebildet habe. Diese Erklärung genügte den Wissenschaftlern fünfzehn Jahrhunderte lang. Der griechische Gelehrte Theophrastos (um 372 bis um 287 v. Chr.), Vater der Botanik, unterschied die zwei Hauptkategorien Steine und Erden. Seine Abhandlung „De lapidibus“, über die Steine, blieb fast zweitausend Jahre lang das beste Werk über mineralische Substanzen. Außerdem ist er der Autor einer Arbeit über „Fische, die in einem trockenen Zustand bleiben“, einer Beschreibung von Fossilien, die in den Gesteinen südlich des Schwarzen Meers gefunden wurden.
Der Grieche Strabon (um 63 v. Chr. bis nach 23 n. Chr.) war der Überzeugung, daß die Entstehung mancher Inseln auf vulkanische Ursachen zurückzuführen sei. Außerdem lehrte er, daß sich ganze Länder langsam hoben und absenkten und es dadurch möglich sei, Fossilien in ehemaligem Meeresboden in Gebirgen zu finden. Alles in allem hatten die alten Griechen recht vernünftige Ansichten über die organische Natur der Fossilien. Im europäischen Mittelalter wurden statt dessen ziemlich unglaubliche Märchen in die bereitwillig gläubige Welt gesetzt.

Reste von Drachen und Riesen

Während das Europa des christlichen Mittelalters fest auf dem Boden der biblischen Schöpfungsgeschichte stand oder bestenfalls die antiken Schriftsteller zitierte oder abschrieb, verfaßte um 1080 im fernen Orient der chinesische Astronom und Mathematiker Shen Kua (1031–1095) sein berühmtes Werk „Meng ch'i pi t'an“. Darin wird erstmals der Magnetkompaß erwähnt, es enthält die erste Beschreibung von beweglichen Lettern, und Shen Kua sah Fossilien von Pflanzen als Beweis für eine durchgreifende Klimaänderung an. Er fand nämlich in der Nähe von Yenchou versteinerten Bambus, in einer Gegend, in der zu seiner Zeit keine Bambuspflanzen gedeihen konnten. So kam er zu dem Schluß, daß „das Klima vor sehr langer Zeit anders gewesen war, so daß es in der Gegend feucht, schattig und für Bambus geeignet war“. Die Entdeckung von Seemuschelschalen in bestimmten Gesteinsschichten des Gebirges Taihang Shan ließ ihn vermuten, daß dieses zu seiner Zeit weit vom Meer entfernte Gebiet einst an der Küste gelegen haben mußte.
Auf dem europäischen Kontinent entwickelte sich im 11. und 12. Jahrhundert ein recht beachtlicher Erzbergbau, der fast zwangsläufig zu einer ganzen Menge einzelner geologischer Erkenntnisse führte. Aber diese Informationen wurden nicht zu einer Erneuerung der geologischen Vorstellungen herangezogen. Es blieb bei der flachen Erde, bei dem Glauben, daß Fossilien geheime Inschriften der Geister auf Gestein seien oder daß große Überreste ausgestorbener Tierformen Reste von Drachen und Riesen seien, daß die Anziehungskraft der Sterne die Gebirge emporgehoben hätte, daß Minerale sich in den Körpern von Tieren und Pflanzen bilden und daß Erdöl nichts anderes als Drachenblut sei. Erst mit dem Zeitalter der Renaissance wagten in Europa einige Wissenschaftler die ersten zaghaften Schritte auf dem Weg zur Entdeckung und Beschreibung einer natürlichen Welt von Ursache und Wirkung und zogen aus ihren Beobachtungen logische Schlüsse.

Der Beginn der Erdgeschichtsforschung

Nikolaus Kopernikus verkündete zum Entsetzen aller Geozentriker, daß die Erde um die Sonne kreise und nicht die Sonne um die Erde. Galileo Galilei baute sich ein kleines Teleskop, beobachtete den Himmel und sagte mit den legendären Worten „Und sie bewegt sich doch“, daß Kopernikus recht habe. Johannes Kepler stellte die Gesetze auf, denen die Bewegung der Planeten um die Sonne gehorchte, und Isaac Newton fiel ein Apfel auf den Kopf und brachte ihn auf die Idee

über die Gravitation. Und schließlich begann man, die Erdkruste in der gleichen Weise zu erforschen wie zuvor den Himmel, und war aus dem mythologischen Dickicht heraus vorsichtig geneigt, natürliche Ursachen mit natürlicher Wirkung anzunehmen.
Im 16. und 17. Jahrhundert war unter den Alchimisten die Ansicht verbreitet, daß die Hitze aus dem Erdinneren in Zusammenarbeit mit den Gestirnen die Erzlager entstehen ließ. Die Sonne war für Gold, der Mond für Silber und der Mars für Eisen zuständig. Wissenschaftler wie Georgius Agricola (1494–1555), Vater der Mineralogie genannt, rückten diese Vorstellung etwas zurecht. Er unternahm mit seinem Werk einen ersten Versuch, seine systematischen Untersuchungen und die bis zu seiner Epoche gesammelten Erfahrungen eines blühenden Bergbaus ohne Mythologie und ohne Einteilung nach magischen Fähigkeiten zu ordnen und systematisch darzustellen. Unter anderem gelten heute besonders drei seiner Werke als Grundsteine für die moderne Geowissenschaft: „Die Entstehung der Stoffe im Erdinneren“ von 1546, „Die Natur der aus dem Erdinneren hervorquellenden Dinge“ mit seinen Berichten über Bitumen und „Die Mineralien“, beide gleichfalls aus dem Jahr 1546. Die Minerale ordnete Agricola aufbauend auf dem Mineralsystem von Avicenna (980–1037) und Albertus Magnus (um 1200 bis 1280) nach insgesamt 18 Eigenschaften. Weitere Gruppen bildeten bei ihm 83 Sorten von Erden, Salzen, Steinen und Bitumina.
Der Italiener Giordano Bruno (1548 bis 1600) war der Überzeugung, daß die Verteilung von Land und Meer nicht immer die gleiche war wie zu seiner Zeit. Er starb auf dem Scheiterhaufen. Es wurde zunehmend schwieriger, all diese Beobachtungen mit den Lehren der Bibel und der Kirche in Einklang zu bringen. Dabei war das erst der Beginn des Weges zu einer Art Erdgeschichtsforschung.

Ein großer Schritt auf dem Weg zur Geologie

Die eigentliche Grundlage der geologischen Wissenschaft war das Werk des dänischen Mediziners und Geologen Niels Steensen oder Stensen, genannt Nikolaus Steno (1638–1686). Steno begann als Anatom und entdeckte den Ausgang der Ohrspeicheldrüse. 1665 ging er nach Florenz und wurde Leibarzt des Großherzogs Ferdinand II. von Toskana. Diese Stellung ließ ihm offenbar zu ausgedehnten Reisen durch Italien Zeit. 1669 veröffentlichte er seine geologischen Beobachtungen in dem Werk „Nicolai Stenonis de solido intra solidum naturaliter contento dissertationis prodromus“ (Vorläufer einer Dissertation über feste Körper, die von Natur aus in andere feste Körper eingeschlossen sind). Es wurde ein Meilenstein der Geologieliteratur.
Steno vertrat die Ansicht, daß viele Schichtgesteine im Wasser abgelagert werden, also das Ergebnis einer Sedimentation sind. Fossilien waren für ihn die Überreste von Lebewesen früherer Zeiten, und er hatte beobachtet, daß sie jeweils auf bestimmte Schichten beschränkt sind. Darauf hatte ihn ein Haifischkopf gebracht, der ihm Ende 1666 zur Sektion überlassen worden war. In gewissen Gegenden wurden in großen Mengen sogenannte „Zungensteine“ gefunden, die Steno nicht als Spiele der Natur abtat, sondern als fossile Haifischzähne erkannte. Damit begründete er die Paläontologie. Er fand heraus, daß die Erdkruste eine chronologische Geschichte geologischer Ereignisse enthält, die sich durch detaillierte Untersuchungen der Schichten und Fossilien aufklären läßt. Er rief also auch noch die Stratigraphie ins Leben und stellte das sogenannte stratigraphische Grundgesetz auf: „Bei ungestörter Lagerung sind die tieferliegenden Schichten älter als die darüber befindlichen, hangenden.“
Zur Orogenese oder Gebirgsbildung hatte er ebenfalls seine eigene Meinung. Er hielt nicht viel von der Idee, daß die Berge wie Bäume aus dem Boden wachsen sollen, sondern glaubte, daß ursprünglich alle Schichten horizontal lagen und erst später durch erdinnere Kräfte gefaltet und zerbrochen wurden.

Gesteine als Zeugnisse der Vergangenheit

Ende des 17. Jahrhunderts, im Jahr 1691, wurde die erste konsequente Synthese aller bis dahin angesammelten Erfahrungen versucht. Der deutsche Universalgelehrte Gottfried Wilhelm Leibniz (1646–1716) sah in seiner „Protogäa“ die Entstehung der Erde und der Welt nicht mehr als einen übernatürlichen Schöpfungsakt an, sondern als eine Entwicklung, die sich in langen Zeiträumen vollzogen hatte.
Der weitere Aufschwung der Naturwissenschaft hielt die Gelehrten nicht mehr auf dem Planeten. Sie versuchten, die Entstehung der Erde in einen größeren, kosmischen Zusammenhang zu stellen, etwa der deutsche Philosoph Immanuel Kant (1724–1804) und der französische Astronom und Mathematiker Pierre Simon Marquis de Laplace (1749–1827) mit der Kant-Laplaceschen Theorie.
Doch zunächst einmal gingen die Forschungen auf der von Steno geschaffenen Grundlage weiter. Der Däne hatte also damit begonnen, geschichteten Steinen die Zeugnisse ihrer Vergangenheit zu entlocken. Mit seinem stratigraphischen Prinzip begann die relative geologische Zeitrechnung, begann die Wissenschaft der Schichtenkunde als Teil der historischen Geologie, der die Schichten nach ihrer zeitlichen Entstehung ordnet. Als Hilfsmittel dienen petrographische Methoden (petrographische Beschaffenheit der Gesteinsschichten), außerdem Fossilien (Leitfossilienprinzip) und Mikrofossilien.
Johann Gottlob Lehmann (1719–1767) wurde am 4. August in der sächsischen Ortschaft Langenhennersdorf geboren. Er studierte in Wittenberg Medizin und eröffnete in Dresden eine Praxis. Der sehr rührige sächsische Bergbau brachte ihm schließlich sein wahres Interessengebiet nahe, nämlich die Geologie. Lehmann kam vermutlich als erster auf die Idee, die Stärke von Gesteinsschichten tatsächlich nachzumessen und ihre Lagerungsfolge aufzuzeichnen. In seinem 1756 erschienenen Werk „Versuch einer Geschichte von Flözgebirgen“ führte er das erste geologische Profil auf, das auf dieser genauen Beobachtung beruhte. Er beschrieb die Gesteinsschichten und Fossilien und gliederte die Folge in eine Art Vorläufer zur modernen geologischen Zeitskala.

Das Leitfossilienprinzip des William Smith

Von Wissenschaftlern aus zahlreichen Ländern wurde nun Stein auf Stein zu einer Geochronologie zusammengetragen. Der englische Geologe Adam Sedgwick (1785–1873) benutzte 1838 als erster den Begriff Paläozoikum für den zweitältesten geologischen Hauptabschnitt. Bei der Unterteilung der Ära Paläozoikum in Perioden führte er das Kambrium ein und zusammen mit seinem Kollegen Sir Roderick Impey Murchison (1792–1871) das Devon. Der Engländer John Phillips (1800–1874) schlug 1840 die Bezeichnungen Mesozoikum und Känozoikum vor.
Während mit den verschiedenen Begriffen ursprünglich bestimmte Gruppen und Formationen von Gesteinen bezeichnet wurden, wandten die Wissenschaftler sie zunehmend auch im chronologischen Sinn an und meinten damit ganze Zeiträume. Auch die Spuren und Reste der alten Lebewesen in den Sedimenten, die Fossilien

1 – Der dänische Arzt und Naturforscher Nikolaus Steno (1638–1686) beschrieb 1664 die Entstehung der Schichtgesteine durch Sedimentation. Die spätere Faltung der ursprünglich horizontalen Schichten durch Kräfte aus dem Erdinneren habe zur Gebirgsbildung geführt. Ein schönes Beispiel ist der in den Alpes-de-Haute-Provence sich durch die Landschaft ziehende Faltenkamm, der bei Sisteron von den Wassern der Durance aufgesägt wurde.
2 – Der Schweizer Naturforscher Johann Jakob Scheuchzer (1672–1733) erklärte noch 1716: „Die eigentliche Zeit, in welcher unsere jetzigen schweizerischen und alle andern Gebirge entstanden, ist die Sündflut." Die „in gewisse gebrochene Strata oder Lager und die in diesen Lagern, ja in den härtesten Felsen eingeschlossenen ... Schnecken, Muscheln, Fische und Kräuter" seien „undisputierliche Überbleibsel der Sündflut". Auch Johann Scheuchzer, der jüngere Bruder, der diese Faltungen am Urner See gezeichnet hatte, hielt „die Auffassung Stenos, sie hätten sich in verschiedenen Zeiten durch verschiedene Ereignisse gebildet, ... für unwahrscheinlich".

1

gewannen in der Geochronologie immer mehr an Bedeutung. Der französische Naturwissenschaftler George Baron de Cuvier (1769–1832) gilt als der Begründer der wissenschaftlichen Paläontologie, der Wissenschaft von den Fossilien. Seine Typenlehre machte es möglich, Fossilien richtig einzuordnen und sogar unvollständig erhaltene Fossilien zu ergänzen. Diese Paläontologie sollte für die Erdölgeologie einmal große Bedeutung bekommen, weil sich mit ihrer Hilfe das relative Alter von Schichten schnell und einfach feststellen läßt.
Die Fossilien wurden in der Form der sogenannten Leitfossilien schließlich zum wichtigsten Hilfsmittel bei der Bestimmung des relativen Alters von Gesteinsschichten. Leitfossilien sind Reste von fossilen Organismen, die für einen bestimmten Zeitabschnitt der Erdgeschichte

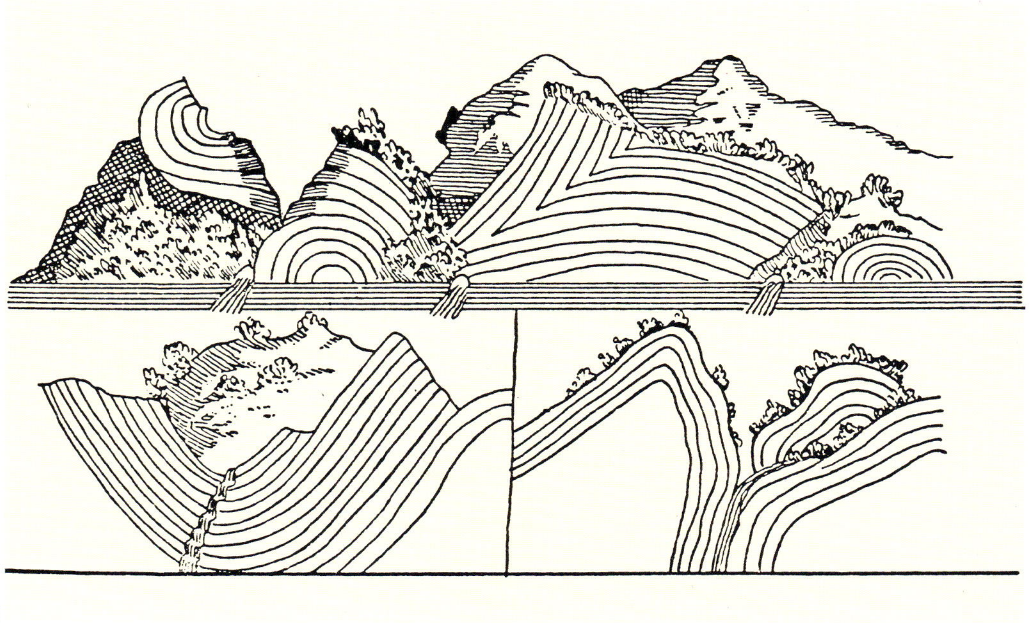
2

kennzeichnend sind. So sind beispielsweise Schichten mit bestimmten Arten von Foraminiferen, seit dem Kambrium im Meer lebenden Urtierchen, ideale Erdölbildungsstätten. 1790 hatte ein gewisser Johan von Fichtel anhand der Schalen solcher Tierchen in den Ölregionen von Galizien und Rumänien erstmals eine geologische Zuordnung zu bestimmten Schichten probiert.
Der englische Geologe und Ingenieur William Smith (1769–1839), „Schichten-Smith“ genannt, entdeckte die Horizontbeständigkeit der Fossilien von neuem. Er untersuchte die in den Erdschichten eingeschlossenen Versteinerungen und bestimmte mit ihrer Hilfe die Altersfolge der Formationen. Gleiche Fossiltypen in entfernt voneinander auftauchenden unterschiedlichen Schichten, etwa als Kalkstein oder als Tonstein ausgebildet, hatten nach Smith ungefähr das gleiche Alter. In den Jahren 1816 bis 1819 beschrieb er als erster die geologische Schichtenfolge Englands und begründete damit die Biostratigraphie.

Von Stufen und Zonen

Schon frühzeitig waren die Geologen bemüht, die großen geologischen Zeitabschnitte und Gruppen weiter und noch exakter zu unterteilen. Das Mesozoikum beispielsweise, das vor etwa 230 Millionen Jahren begann und vor rund 65 Millionen Jahren endete, wurde in Trias, Jura und Kreide gegliedert. Die Trias, mit der das Erdmittelalter beginnt, erhielt ihren Namen 1834 von dem deutschen Geologen Friedrich August von Alberti (1795–1878). Den alten Schweizer Formationsnamen Jura übertrug Alexander von Humboldt auf die gleichaltrigen hellen Kalke des übrigen Europas. Humboldt vertrat übrigens 1804 die Ansicht, daß vulkanisches Feuer für die Erdölentstehung verantwortlich sei. „Wir können nicht zweifeln, daß das Erdöl das Produkt der Destillation in einer immensen Tiefe ist und aus primitiven Gesteinen hervorgeht, unter welchen die Kräfte der ganzen vulcanischen Action liegen.“
Die Kreidezeit erkannte als erster der belgische Geologe Jean Baptiste Julien d'Omalius d'Halloy (1783–1875) im Jahr 1822. Es war die Jura-Formation, die als erste (lithostratigraphische) Formation mit Hilfe von Fossilien, speziell durch Ammoniten, in die zeitstratigraphischen Untereinheiten „Abteilungen“, „Stufen“ und „Zonen“ gegliedert wurde. Die erste Dreigliederung des Jura von 1837 (unterer, mittlerer, oberer) stammte von dem deutschen Geologen Leopold von Buch (1774–1853).
Der französische Wissenschaftler Alcide Dessalines d'Orbigny (1802–1857) nahm als erster eine feinere Untergliederung in Stufen vor. Seine Studien winziger Fossilien und Spuren von Pollen und Sporen in Sedimentgesteinen machten ihn zum Begründer der Mikropaläontologie, die später bei der Exploration von Erdöl besonders wichtig wurde. Ein Mitbegründer war der deutsche Biologe Christian Gottfried Ehrenberg (1795–1876). Er deckte Mikrofossilien in zahlreichen geologischen Schichten auf.
Friedrich August Quenstedt (1809–1889) wurde gleich mit drei Berufsbezeichnungen bedacht: Paläontologe, Geologe und Mineraloge. Er legte die Grundlage für die Geologie Schwabens und untergliederte die drei (englischen) Abteilungen des Jura noch genauer als d'Orbigny in je sechs Stufen, die er mit griechischen Buchstaben bezeichnete. Quenstedts Schüler Carl Albert Oppel (1831–1865) ging bei seinen Studien der Juraformation noch weiter und unterteilte die Stufen noch einmal in „Zonen“.

Der Ursprung aller Gesteine im Wasser?

Trotz aller guten Ansätze erwies sich die Geologie noch immer als Fleckerlteppich wissenschaftlicher Einzelleistungen. Um die einzelnen geologischen Bausteine zu einem einheitlichen wissenschaftlichen Gebäude zu vereinen, fehlte zunächst ein Baumeister. Als dieser Baumeister, der die praktischen Erfahrungen im Bergbau und die angesammelten mineralogischen und geologischen Erkenntnisse systematisch erforschte und in seiner „Geognosie“ darstellte, erwies sich der deutsche Mineraloge Abraham Gottlieb Werner (1749 bis 1817). Werner wurde am 25. September in Wehrau bei Görlitz geboren. Von 1775 bis 1817 war er Lehrer der Mineralogie, Geologie und Bergbaukunst an der Freiberger Bergakademie.
Werner war entschiedener Verfechter der sogenannten „neptunistischen“ Theorie, die der felsenfesten Überzeugung war, der Ursprung aller Gesteine sei im Wasser, dem „alles umfassenden wirksamen Prinzip“, zu suchen. Alle Formationen teilte er vor allem in neptunische, am Rande noch in vulkanische ein.
Diese neptunistische Theorie der Gesteins- und Gebirgsbildung blieb natürlich nicht unwidersprochen. Aber wie so oft bei solchen Gelegenheiten schlug das Pendel der wissenschaftlichen Theorie nach der entgegengesetzten Seite aus. Hatte Werner das Wasser in die Waagschale der geologischen Erkenntnis geworfen, drückten seine Gegner mit der entgegengesetzten Macht des Feuers in die andere Richtung. Der schottische Geologe und Chemiker James Hutton (1726–1797) erfand 1788 die plutonistische Schule und schrieb dem innerirdischen vulkanischen Feuer die Hauptrolle bei der Gesteinsbildung und bei geologischen Prozessen zu. Er unterschied bereits Ergußgesteine von Tiefengesteinen und faßte sie als „vulkanisch“ zusammen. Überhaupt war nach damaliger Ansicht alles vulkanisch, was sich im Erdinneren abspielte.

Das Aktualitätsprinzip

Noch in der Zeit, als Werners Neptunismus die geowissenschaftlichen Geister erregte, arbeitete der Geologe Karl Ernst Adolf von Hoff (1771–1837) in Thüringen an einer großen Tatsachensammlung, die zwischen 1822 und 1834 erschien. Er formulierte darin das Grundprinzip des geologischen Forschens und Denkens, die erste klare wissenschaftliche Methodik für die Geologie, nämlich den sogenannten Aktualismus. Dieses geologische Arbeitsprinzip besagt, daß die geologischen Vorgänge der erdgeschichtlichen Vergangenheit aus der Sicht analoger Abläufe der Gegenwart zu interpretieren sind – oder mit anderen Worten, „daß in den früheren Etappen der Erdgeschichte die gleichen Kräfte gewirkt haben wie in der Gegenwart“ (Rudolf Hohl), oder „Erforsche die Gegenwart, um aus ihr die Vergangenheit verstehen zu lernen“ (Kurd von Bülow).
Im Juli 1830 trat der Engländer Charles Lyell (1797–1875) mit dem ersten Band seiner „Principles of Geology“ (Grundzüge der Geologie) mit den gleichen Gedanken an die Öffentlichkeit. Aber während Hoff mit seinem Werk ziemlich unbeachtet blieb, fand der Aktualismus durch Lyell Verbreitung und Anerkennung. Lyell, als wortgewandter Vater der englischen Geologie bezeichnet, bereiste ganz Europa und Amerika und versuchte, die Zusammenhänge der Erdgeschichte durch die überall sichtbaren Zeugnisse zu deuten.
Bei der Untersuchung der Fossilien standen die Geowissenschaftler vor der schwierigen Frage, wie es zu den ständigen Formveränderungen der Organismen kam. Die Antwort darauf gab 1859 Charles Darwin (1809–1882) in seinem epochemachenden Werk „Über die Entstehung der Arten“, das gewissermaßen das Aktualitätsprinzip der Geologen auf das belebte Naturreich ausdehnte.

1 – Durch Kontraktion der Erdkruste und den dabei verursachten tangentialen Schub entsteht die Schichtenfaltung. Die Sattel- oder Antiklinalfalten stellen sich immer wieder als ergiebige Erdöllagerstätten heraus.
2 – Ein aus der Tiefe aufgestiegener Salzdom, der die umgebenden Schichten mitgeschleppt hat, kann eine bei Erdölprospektoren beliebte Ölfalle bilden. Auch am Scheitel eines Salzstocks kann sich Öl gesammelt haben, wenn es oberhalb durch eine undurchlässige Schicht abgedeckt wird.
3 – Eine tektonische Verwerfung durch eine ölführende Schicht wird leicht zu einer Ölfalle.
4 – In undurchlässigem, aber in sich porösem Gestein können sich die Öltröpfchen zu größeren fadenförmigen Gebilden zusammenschließen und dann schließlich mit Wasser und Erdgas aus dem Muttergestein in größere Hohlräume gepreßt werden, in die stratigraphische Falle.

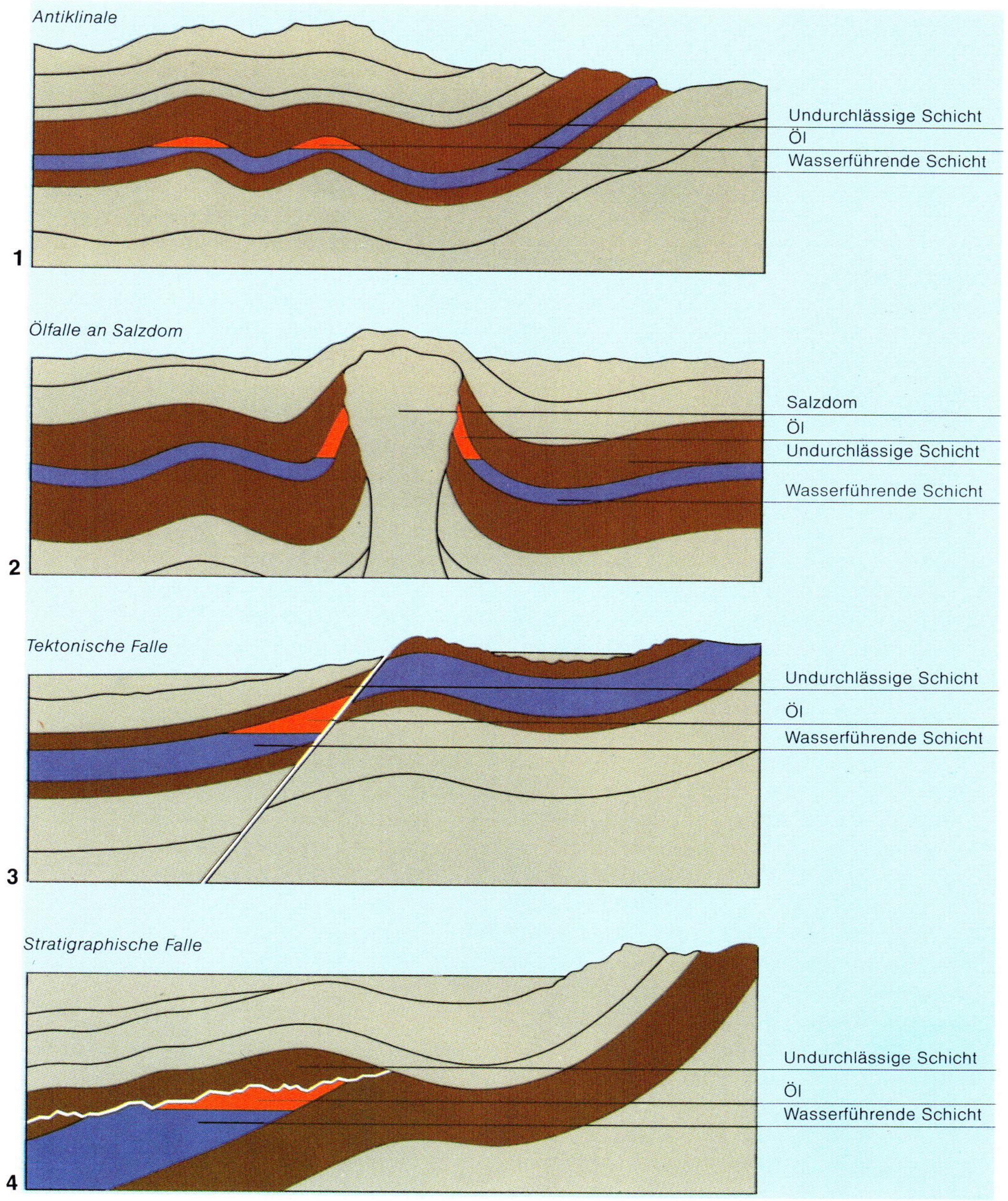

Die verwickelte Kunst der Geotektonik

Die Wissenschaft, die sich mit dem Bau der Erdkruste und den Ursachen und Mechanismen ihrer Entwicklung beschäftigt, die den Fragen nachgeht, wodurch sich die Struktur der Erdkruste verändert oder wie es zu Gebirgsbildungen kommt, wird als Geotektonik bezeichnet. Hans Cloos definierte fast aphoristisch: „Geotektonik aber ist die Kunst, Verwickeltes einfach, Ruhendes bewegt zu sehen."
Abseits von der schönen Theorie ist die Geotektonik auch für die Erdölgeologie (wie überhaupt für den Bergbau) von entscheidender Bedeutung, „denn es gibt eine ganze Reihe typischer Strukturen, die mit einer gewissen Wahrscheinlichkeit als Erdöl-Speicherformationen in Frage kommen" (Günter Schönwälder).
Daß die Erdoberfläche nicht der sprichwörtlich feste Boden unter den Füßen sei, das hatten schon die Alten vermutet. Hebung und Senkung größerer Erdkrustenteile wurde 1890 von dem amerikanischen Geologen Grove Karl Gilbert (1843–1918) als Epirogenese bezeichnet. Gilbert gilt als einer der Begründer der modernen Geomorphologie, der Wissenschaft von den Formen der Erdoberfläche.

Wie entstehen die Gebirge?

Während um 1829 Élie de Beaumont (1798–1874) Gebirge als Ergebnis senkrechter Bewegungen der Erdrinde in Folge einer Kontraktion ansah (er ist der Vater der Kontraktions- oder Schrumpfungstheorie), begannen bis zur Mitte des 19. Jahrhunderts auch horizontale Bewegungsvorgänge ins Blickfeld zu rücken. Die Wissenschaftler ahnten allmählich, daß Kräfte im Erdinneren Spannungen und Deformationen der Kruste bewirken und zu Faltungen, Verwerfungen, Verbiegungen und Bruchbildungen führen können. Durch Faltung von geschichtetem Gestein sind beispielsweise die meisten großen Gebirgssysteme wie Alpen oder Himalaja entstanden.
In Anlehnung an Beaumont wurde die Ansicht vertreten, daß die Kruste des einst flüssigen Planeten Erde durch die Abkühlung gewissermaßen Runzeln in Form von Gebirgen bekommen habe. Einer der Vertreter dieser Theorie der Schrumpfung in Zusammenhang mit der Abkühlung war der österreichische Geologe Eduard Suess (1831–1914). Er ist einer der Väter der tektonischen Forschung. In seinem Werk „Das Antlitz der Erde" beschreibt er die tektonischen Verände-

rungen der Kontinente und Meere im Lauf der Erdgeschichte. „Der Zusammenbruch des Erdballs ist es, dem wir beiwohnen", schrieb er 1883. Für Suess stand fest, daß die Kontraktion in erster Linie zu Senkungen der Kruste führte. Von ihm stammt auch die Ansicht, daß es einmal den großen südlichen Kontinent Gondwana gegeben haben müsse. Statt der Schrumpfung durch Abkühlung stellte der österreichische Geologe Leopold Kober (geb. 1883) die Theorie von gravitativ bedingter Kontraktion durch interatomare Kernverdichtung auf, „durch gravitative Anziehung und gravitativen Druck".

Gleichzeitig mit Suess belegte der Schweizer Geologe Albert Heim (1849–1937) in seinen heimatlichen Alpen die Kontraktion dieses Teils der Erdkruste durch den Nachweis eines tangentialen Schubs bei der Auffaltung der Alpenketten und klärte den Mechanismus der Schichtenfaltung. Er unterschied unter anderem Mulden- oder Synklinalfalten und Sattel- oder Antiklinalfalten. Die Antiklinalen wurden besonders bei der Erdölsuche wichtig, weil Öl stets an antiklinalen Strukturen oder Schichten angereichert ist, die durch tektonische Kräfte schiefgestellt wurden.

Die Wichtigkeit der Antiklinale als Erdölfalle erkannte wohl als erster der deutsche Geologe und Forschungsreisende Otto Wilhelm Hermann Abich (1806 bis 1886). Abich war ab 1842 Professor für Mineralogie in Dorpat und lebte ab 1877 in Wien. Zwischen 1847 und 1867 beschäftigte er sich intensiv mit den Erdöllagerstätten auf Apscheron, der ebenen und wüstenhaften Halbinsel am Kaspischen Meer mit Schlammvulkanen, dem Feuer der Parsis und natürlich mit Baku an der Südküste. Eines der Ergebnisse seiner Untersuchungen war, daß wirtschaftlich nutzbare Erdöllagerstätten sich seltsamerweise in den Hochlagen von Gesteinsstrukturen, an Aufwölbungen von Schichten ansammelten, in sogenannten Antiklinalenfallen. Amerikanische Geologen wie Henry D. Rodger, der 1860 solche geologischen Aufwölbungen bei den Erdölfeldern Pennsylvanias feststellte, Kanadier wie Thomas Sperry Hunt (1861), österreichische Geologen wie Hans Höfer-Heimhalt (1876) oder Russen wie N. I. Andrusow (1906) trugen entscheidend zur weiteren Entwicklung der Antiklinaltheorie bei.

Die Tektonik der Salzstöcke

Auch der deutsche Geologe Hans Stille (1876–1966) war Anhänger der Kontraktionslehre. 1922 schrieb er über die „Schrumpfung der Erde". Aber darüber hinaus trug er 1911 und 1917 wesentliche Erkenntnisse zur Tektonik der Salzstöcke oder Salzdome bei und beschrieb ihre Entstehung und ihre Bedeutung.

Die pfropfenförmigen Salzkörper wurden für die Geologen vor allem deshalb interessant, weil sich über ihrem Scheitel oder in den Aufschleppungszonen (der aufsteigende Salzpfropf schleppt die umgebenden Schichten mit) möglicherweise Erdöllagerstätten gebildet haben. Erste Vermutungen solcher Zusammenhänge hatte bereits 1905 Franz Beyschlag (1856–1935), Direktor und später Präsident der Preußischen Geologischen Landesanstalt, zusammen mit F. Monke geäußert, und zwar im Zusammenhang mit den Ölvorkommen um Wietze und Eddesse westlich und südlich von Celle.

Die seltsame Ehe zwischen Salzwasser und Erdöl war vor allem amerikanischen Salzwasser-Bohrmannschaften (zunächst) sehr unangenehm aufgefallen. Der deutsche Geologe Karl Ochsenius (1830 bis 1906) hatte mit seiner Barrentheorie die Entstehung großer Salzlager begründet. Danach wäre in Buchten mit nur schmalem Meerwasserzufluß das verdunstete Wasser durch Salzwasser angereichert worden. Als durch eine untermeerische Barre der Zufluß versiegte, habe die Salzausscheidung begonnen. So fand er 1882 auch für die Öl-Salzwasser-Auftritte eine Erklärung. Ausgehend von einer Entstehung des Erdöls aus pflanzlichen und tierischen Organismen glaubte er, daß die Salzlauge aus irgendwelchen Gründen diese Barriere überwunden, die Tier- und Pflanzenwelt des umgebenden Landes überschwemmt und so einen ölbildenden Verwesungsprozeß eingeleitet haben könnte.

M. T. Halbouty nennt 1970 in „Geology of Giant Petroleum Fields" 41 über die gesamte Erde verteilte Erdöl- und Erdgasbecken: 1 Colville/Alaska – **2** Cook Inlet/Alaska – **3** Alberta/Kanada – **4** Sacramento, San Joaquín, Ventura und Los Angeles/Kalifornien – **5** San Juan, Uinta und Powder River/Rocky Mountains – **6** Permian/Texas – **7** Anadarko und Amarillo/Oklahoma–Texas – **8** Golfküste – **9** Appalachen – **10** Maturín/Venezuela–Trinidad – **11** Maracaibo/Venezuela – **12** Magdalena/Kolumbien – **13** Piura/Peru – **14** Comodoro Rivadavia/Argentinien – **15** Nordsee – **16** Aquitanisches Becken – **17** Karpatenvortiefe – **18** Petschora – **19** Wolga–Ural – **20** Dnjepr–Donez – **21** Kaukasus–Mangyschlak–Turkmenistan – **22** Westsibirien – **23** Wiljui – **24** Dsungarei/China – **25** Pre-Nanshan/China – **26** Tsaidam/China – **27** Szetschwan/China – **28** Sungliao (Taching)/China – **29** Naher Osten – **30** Indus/Pakistan – **31** Erg Occidental/Algerien – **32** Erg Oriental/Algerien – **33** Syrte/Libyen – **34** Rotes Meer – **35** Nigerdelta – **36** Cabinda/Angola bzw. V.R. Kongo – **37** Zentralsumatra – **38** Nordborneo – **39** Großes Artesisches Becken/Australien – **40** Gippsland/Australien (Vict.) – **41** Maui/Neuseeland.

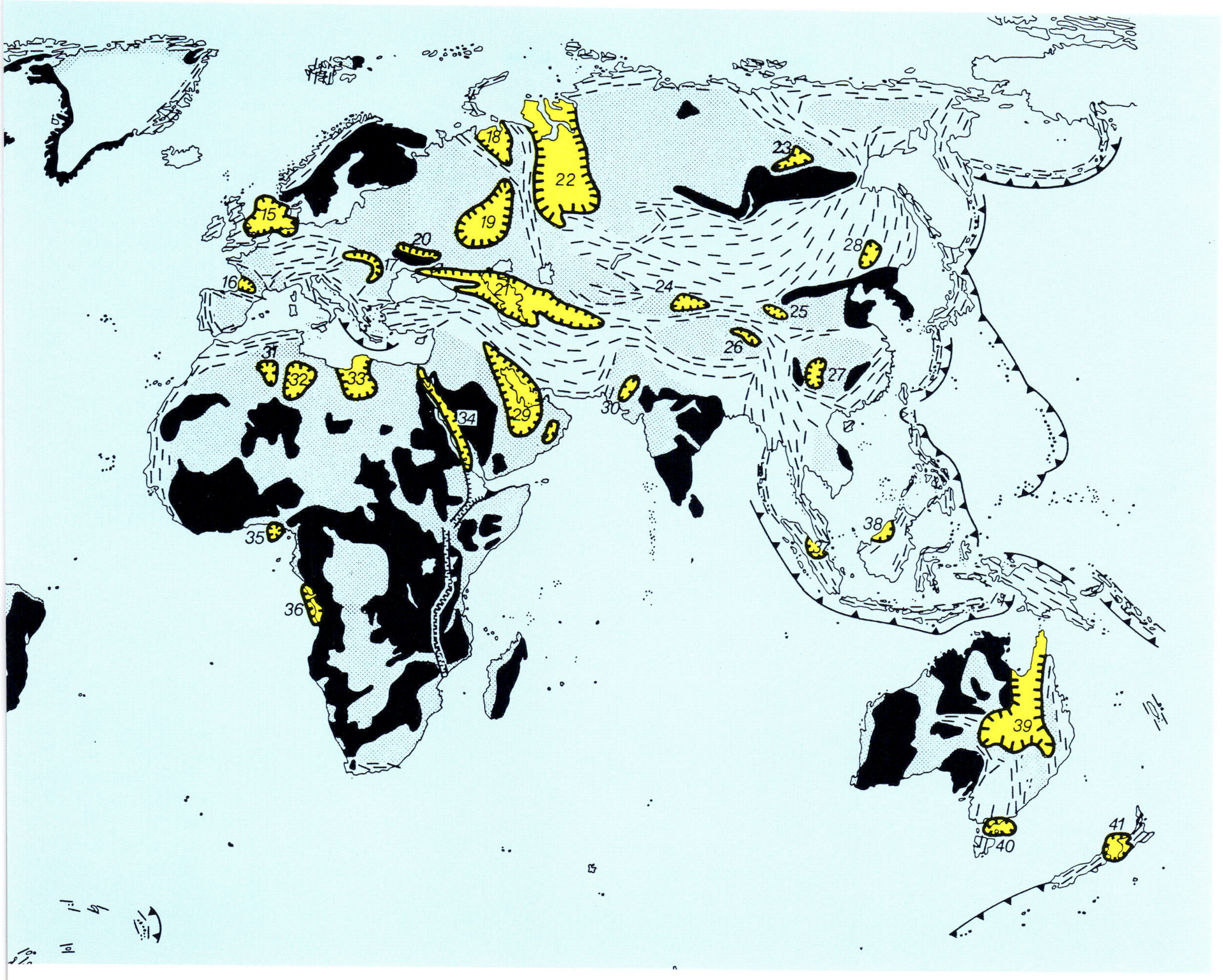

Der Teufelsschweiß aus Kohlenwasserstoffen

Angefangen von Strabos flüssig gewordener Klumpenerde über rührende Bemühungen, den Teufel über seine Körperausscheidungen („Teufelspisse" oder „Teufelsschweiß") irgendwie in die Entstehungsgeschichte des Erdöls einzubeziehen, und Deutungen wie „Fett der Felsen" oder Riesenblut, mußte das flüssige Gold im Laufe der Jahrtausende schon die verschiedenartigsten Ansichten und Hypothesen über sich ergehen lassen.

Zwar vertraten bereits im 18. Jahrhundert einige Autoren wie der Bergrat J. F. Henkel im Jahr 1725 oder M. Spielmann 1758 den Standpunkt, das Erdöl sei organischen Ursprungs und beispielsweise durch Erdwärme aus fossilem Kiefernharz destilliert, aber durch die erwähnte plutonistische Schule Huttons, die dem vulkanischen Feuer die Hauptrolle bei geologischen Prozessen zuwies, wurden natürlich auch die Theorien über die Entstehung des Erdöls beeinflußt.

Zwar tendierte beispielsweise der deutsche Geologe und Mineraloge Johann Friedrich Ludwig Hausmann (1782–1859) im Jahr 1846 zur biogenen Erdölgenesetheorie, doch die Anorganiker hatten die gewichtigeren Fürsprecher, zum Beispiel den französischen Chemiker Pierre Eugène Marcelin Berthelot (1827–1907). Seine Gedanken und Arbeiten beeinflußten im letzten Drittel des 19. Jahrhunderts die Entwicklung der Chemie, und als er den Gedanken Alexander von Humboldts weiterspann, nach dem das Erdöl unter Hitzeeinwirkung aus Gestein destilliert worden sei, griffen ihn die Chemiker seiner Zeit begierig auf.

Mendelejew und die Carbide

Berthelot hatte nach Davy das Acetylen (Ethin) erneut entdeckt und ihm den Namen gegeben. 1862 gelang es ihm, das Gas im elektrischen Lichtbogen aus Kohlenstoff und Wasserstoff herzustellen, und so spielte das Acetylen in seiner anorganischen Erdöl-Theorie eine entscheidende Rolle. Seltsamerweise hat er aber auch aus verschiedenen organischen Verbindungen mit Hilfe von Jodwasserstoff bei hohen Temperaturen Kohlenwasserstoffe erzeugt.

Auch der russische Chemiker Dmitri Iwanowitsch Mendelejew (1834–1907), einer der beiden Väter des Periodensystems der Elemente, tendierte zur Bildung komplexerer Kohlenwasserstoffe aus dem Acetylen. Bohuslav Brauner lieferte 1907 eine wunderschöne Beschreibung des großen

Chemikers: „Mendelejew war ein schlichter, einfacher Mensch, das Muster eines wirklich großen Mannes. Wer seinen massigen, ausdrucksvollen, von einer Löwenmähne grauer Haare umrahmten Kopf je gesehen hat, mit den durchdringenden grünblauen Augen, die mit einem jugendlichen Glanze strahlten, wenn er mit seinem leidenschaftlichen Temperament über eines seiner Lieblingsprobleme sprach, der wird den mächtigen Eindruck seiner Persönlichkeit nie vergessen."
1876 war Mendelejew Professor für Chemie an der Universität Petersburg geworden, und von der Zeit an untersuchte er auch das Erdöl von Baku. 1876 erlebte er auf einer USA-Reise die amerikanische Ölwelle und entwickelte nach diesen Eindrücken 1877 seine eigene Entstehungstheorie. 1882 konstruierte er eine kontinuierlich arbeitende Destillationsanlage zur weitgehenden Zerlegung des Erdöls.

Carl Engler: Kohlenwasserstoffe aus Fischtran

Die Hypothese der Organismenzersetzung bei der Erdölentstehung gewann recht langsam an Boden. Und zunächst bewegten sich die Gedanken neben der Entstehung aus fossilen Harzen in Richtung Kohle, die ja auch aus pflanzlichen Grundsubstanzen bestand und weil Erdöl bisweilen zusammen mit Kohle vorkam. Der deutsche Pionier des Bohrens Hunäus glaubte 1860, das Eddesse-Öl stamme aus den Kohlen der Wealden-Formation mit ihren zahlreichen Tier- und Pflanzenresten, während Hahse beim Wietze-Öl für eine Herkunft aus der Braunkohle stimmte. 1864 plädierte O. Buchner in seinem Werk „Die Mineralöle" für eine Entstehung aus pflanzlichen und tierischen Substanzen.
Während der russische Chemiker Nikolai Dmitriewitsch Selinski (1861–1953), der später grundlegende Arbeiten zur katalytischen Dehydrierung von Cyclohexan und zum Platforming-Verfahren bei der Erdölraffinierung lieferte, aus Sapropelkohle (bituminöse Faulschlammkohle) auf synthetischem Weg erdölähnliche Produkte herstellte, ging der deutsche Chemiker Carl Oswald Viktor Engler (1842 bis 1925) einen abgekürzten Weg. Er nahm für seinen berühmt gewordenen Versuch zum Nachweis der organischen Entstehung des Erdöls Fischtran und erzeugte daraus im Verlauf einer Druckdestillation (20–25 bar und 360–420 °C) unter Luftabschluß Kohlenwasserstoffe, die dem Erdöl sehr ähnlich waren.
Engler wurde am 5. Januar 1842 als Sohn eines Landpfarrers in Weisweil am Rhein, in der Nähe von Freiburg im Breisgau, geboren. Seine Vorliebe für das Fach Chemie zeigte sich bereits in der Emmendinger Lateinschule und verstärkte sich noch in der Höheren Bürgerschule in Freiburg. Trotzdem ließ Pfarrer Engler seinen Sohn nur ungern zum Chemiestudium nach Karlsruhe ans Polytechnikum, weil er für ihn eine solide Zukunft als Kaufmann vorgesehen hatte.
Als Carl Engler seine studentische Karriere begann, schrieb man das Jahr 1859: In dem Jahr brachte August Kekulé, der später den Benzolring als Molekülmodell vorschlug, sein klassisches Lehrbuch der organischen Chemie heraus, und der schon mehrfach erwähnte Colonel Drake erbohrte die Ölquelle von Titusville. 1867 habilitierte sich Carl Engler an der Universität Halle an der Saale und war ab 1876 Professor für technische Chemie und Direktor des Chemisch-Technischen Instituts der Technischen Hochschule Karlsruhe. Von da an beschäftigte er sich speziell mit der Erforschung des Erdöls und begann, sich über Vereinheitlichungen der Ölprüfmethoden Gedanken zu machen. Was dabei herauskam, waren das Engler-Viskosimeter und die Engler-Normaldestillation zur Ölanalyse. Als er 1887 Professor für reine Chemie und Direktor des Chemischen Instituts wurde, konzentrierte er seine Arbeit auf die Entstehung und Zusammensetzung des Erdöls.
Nach seiner Theorie entstand es „aus in tieferen Erdschichten abgelagerten, vornehmlich tierischen Resten unter Einfluß von hohem Druck und hoher Temperatur", schrieb Günter Schönwälder in einem Nachruf auf Engler. „Für den Bildungsprozeß unterscheidet er zwei Hauptstadien: 1. Übergang der Fett-, Wachs- und sonstigen Reste über lösliche Übergangsformen in unlösliche, hochmolekulare Kohlenwasserstoffgemische; 2. Abbau dieser Verbindungen durch Wärmeeinwirkung unter Druck in lösliche Spaltstücke, deren Endprodukt das Erdöl ist."

Die Rolle der Bakterien

Zu ähnlichen Hypothesen über die Entstehung des Erdöls war 1888 der österreichische Geologe Hans Höfer (1843–1924) in seinem vielbeachteten Werk „Das Erdöl und seine Verwandten" gekommen. Höfers Interesse für Erdöl hatte schon früher begonnen, nämlich als er anläßlich der Weltausstellung von 1876 nach Philadelphia reiste und bei der Gelegenheit die nordamerikanischen Öllagerstätten besuchte. „In seinem Reisebericht durch die USA faßte Höfer (1877) erstmals die dortigen Ergebnisse dahingehend zusammen, daß ‚durchwegs die porenreichen Gesteine (Conglomerate, grobkörnige Sandsteine, cavernöse Kalksteine) die hervorragenden Träger des Öls' in flachgewölbten Antiklinalen seien. Kluftöl sei nicht an bestimmte Formationen gebunden. Außerdem sprach Höfer sich klar für die Kohlenwasserstoff-Migration aus tieferen bituminösen Muttergesteinen über Klüfte in höhere Lagerstätten aus. Das Primärbitumen war für ihn eindeutig animalischer Herkunft" (Walter Rühl).
Höfer und Engler warfen ihre Theorien über das Erdöl zusammen und gaben in den Jahren zwischen 1909 und 1919 das fünfbändige Handbuch „Das Erdöl. Seine Physik, Chemie, Geologie, Technologie und sein Wirtschaftsbetrieb" heraus. Höfer ging 1913 im Alter von siebzig Jahren in den Ruhestand. Und bei dieser Gelegenheit wurde ihm der erbliche Adel mit dem Prädikat „Heimhalt" verliehen, deshalb sind in der Literatur verschiedene Namensschreibweisen zu finden: Höfer-Heimhalt, Edler von Heimhalt oder schlicht Hans von Höfer.
Die Engler-Höfer-Theorie blieb nicht lange unwidersprochen. Um 1922 kristallisierte sich heraus, daß weder die hohe Temperatur noch der hohe Druck eine wichtige Rolle spielen, wie Engler vermutet und anhand seines Versuches nachzuweisen versucht hatte. Es gelang der Nachweis, daß Bakterien schon bei geringen Temperaturen organische Reste zersetzen und reduzieren, wobei Erdöl-Kohlenwasserstoffe entstehen. 1931 wurden solche Bakterien zugleich in den USA und in der UdSSR im Erdöl gefunden, und in Deutschland konnten W. Schwartz und A. Müller den Befund wissenschaftlich untermauern.

Petroporphyrine vertragen keine Hitze

1934 gelang dem deutschen Chemiker Alfred Treibs (1899–1983) ein weiterer Beweis für die biologische Genese des Erdöls. Treibs wurde am 21. Juli in Idar-Oberstein geboren, er studierte zunächst an der Technischen Hochschule Aachen und ging dann als Schüler des Nobelpreisträgers Hans Fischer an die Technische Hochschule, heute Technische Universität München. In der bayerischen Landeshauptstadt promovierte er 1925 zum Dr.-Ing. und wurde 1929 Dozent.
Treibs hatte unter Fischer in erster Linie über körpereigene Farbstoffe, genannt Porphyrine, gearbeitet, biochemisch äu-

ßerst wichtige Substanzen. So sind beispielsweise das Chlorophyll der Pflanzen oder der Blutfarbstoff Hämoglobin und Enzyme wie Peroxidasen Porphyrin-Derivate. Bei seinen Untersuchungen gelang es Treibs 1934, Porphyrin-Metall-Komplexe, die auf Chlorophyll und Hämoglobin schließen ließen, in bituminösen Gesteinen nachzuweisen.
Mit Verfeinerungen seiner Tests konnte er später diese „Petroporphyrine“ in allen organisch gebildeten Gesteinen und anderen Substanzen nachweisen, zum Beispiel auch im Erdöl. Und da diese Naturfarbstoffe keine hohen Temperaturen vertragen, konnte die Engler-Höfer-Theorie in der ursprünglichen Form nicht bestehen bleiben. Mit Treibs' Entdeckung begann sich allmählich der Wissenschaftszweig der Paläobiochemie zu etablieren, in dem auch der Franzose Guy Ourisson an der Universität Straßburg Pionierarbeit leistete. 1936 bis 1945 arbeitete Treibs für die chemische Industrie. 1946 ging er zurück an die Technische Hochschule/ Universität München, wurde später dort Professor für organische Chemie und arbeitete in den fünfziger Jahren besonders über Pyrrolderivate.

Theorie der Erdölentstehung

Trotz aller Deutungsversuche und Genesetheorien müssen die Wissenschaftler eingestehen, daß der Ursprung des Erdöls immer noch mit einem großen Fragezeichen versehen ist. Die meisten Wissenschaftler sind heute aufgrund seiner chemischen Zusammensetzung der Ansicht, daß der Ölschatz aus organischen Stoffen von Lebewesen entstanden ist, die im Salz- und Brackwasser der Meere zu Hause waren. Ein ständiger Regen von abgestorbenen Einzellern, nämlich tierischem und pflanzlichem Plankton, aber auch von medusen- und korallentierartigen Hohltieren und Gliederfüßern wie Krebsen führte zu Ablagerungen am Boden, die sich mit meist tonigen Sedimenten mischten.
Über das organische Material legte sich eine Schicht klastisches Material wie Tonteilchen, Sandkörner und Kies, Sedimentgesteine, die durch mechanische Gesteinsverwitterung entstanden sind. Sind solche Sedimente sehr feinkörnig (feinklastisch), dann herrscht schon knapp unter der Oberfläche dieser Schicht bereits akuter Sauerstoffmangel, oder es ist überhaupt kein Sauerstoff mehr vorhanden. Jetzt kommen anaerobe Bakterien ins Spiel.
Diese Bakterien leben schon seit rund 3,5 Milliarden Jahren teilweise oder ganz ohne Sauerstoff, sind spezialisiert auf Cellulose, Methan, Wasserstoff und ähnliches und gewinnen ihre Energie durch Gärung. Sie zersetzen und reduzieren die Bestandteile der Tier- und Pflanzenleichen, nämlich Eiweißstoffe, Kohlenhydrate und Fette in erster Linie zu methanreichem Erdgas, Kohlendioxid, Wasser und Kerogen. Wenn sich die Sedimente immer mehr gestapelt haben, in einer Tiefe von 2000 bis 3500 Metern der Druck ansteigt und die Temperatur zwischen 50 und 80 Grad Celsius liegt, dann entstehen schließlich mit Hilfe von mineralischen Katalysatoren die begehrten Erdöl-Kohlenwasserstoffe und Erdgase, die reich an Ethan, Propan und Butan sind.

Der lange Weg des Erdöls

Das Erdöl sammelt sich in feinen Tröpfchen in den Poren des umgebenden, mittlerweile verdichteten und kompakten Sediments, Sandstein, Tonstein und Mergel, Erdöl-Muttergestein genannt. Nachfolgende Sedimente setzen das Erdöl erheblich unter Druck. Die Öltröpfchen in den Porenräumen schließen sich zu größeren fadenförmigen Gebilden zusammen (primäre Migration), und die werden schließlich zusammen mit dem Porenwasser und dem Erdgas aus dem Muttergestein ausgetrieben und begeben sich auf die Wanderschaft (sekundäre Migration).
„Die Kraft des fließenden Wassers bewegt das Erdöl durch die Porenräume des Gesteins. Gleichzeitig unterliegt das Öl auch den Einflüssen der Schwerkraft: da es leichter ist als Wasser, hat es auf seinem gemeinsamen Weg mit dem Wasser eine nach oben gerichtete Tendenz. Sie wird gestoppt, wenn es auf ein Gestein stößt, dessen zu geringer Porenraum einen weiteren Aufstieg nicht mehr gestattet. Das Öl hat damit eine abdeckende Schicht – den ‚cap rock‘ – erreicht, eines der wesentlichen Elemente einer sogenannten Ölfalle“, so eine Erläuterung aus dem „Buch vom Erdöl“ der Deutschen BP AG. In den Erdöl-Speichergesteinen – das sind vor allem Sande und Sandsteine, Kalke und Dolomite – können sich also ganze Ölseen ansammeln, vorausgesetzt, eine undurchlässige Schicht hält den Dekkel drauf. Und nach geologischen Zeiträumen tritt dann häufig eine Trennung des Gemisches nach der Dichte ein: Über dem Öl sammelt sich eine Erdgaskappe, unter dem Öl ist das sogenannte Randwasser. Wenn die Verhältnisse stimmen, kann sich das Erdgas auch selbständig machen, ohne Begleitung weiterwandern und sich irgendwo als Erdgasfeld niederlassen.
Das schon mehrfach erwähnte Erdgas, diese Sammelbezeichnung für brennbare Naturgase, die in der Erdkruste auftreten, wird mit dem Öl als Erdölgas aus den gemeinsamen Lagerstätten gefördert, oder es kommt als fast reines Methan an verschiedenen Stellen der Erde in geologischen Schichten in Riesenmengen vor. Hauptbestandteil von Erdgas ist Methan, darüber hinaus enthält es höhere Kohlenwasserstoffe wie Äthan und Propan, aber auch Stickstoff und Kohlendioxid, bisweilen Schwefelwasserstoff und technisch verwertbares Helium.

Die Vorstellung des Thomas Gold

Diese Vorstellung von der Entstehung des Erdöls ist eine Theorie, die von vielen Wissenschaftlern akzeptiert wird. Aber nicht von allen. Thomas Gold, am 22. Mai 1920 in Wien geborener britischer Astronom, Verfechter eigenwilliger Theorien, behauptete 1985: „Ein erheblicher Teil der Erdgas- und Erdölvorkommen ist abiogenen Ursprungs.“ Gold berief sich auf die Tatsache, daß sich überall im Sonnensystem Kohlenstoff nachweisen läßt, in Planeten, Meteoriten und Kometen, häufig auch in Form von Kohlenwasserstoffen. Als vor Milliarden von Jahren aus den kosmischen Gaswirbeln die Sonne und ihre Planeten entstanden, wurden riesige Mengen Kohlenwasserstoff im Inneren des Planeten Erde eingeschlossen.
In etwa 320 Kilometer Tiefe, so Gold, gebe es jede Menge Methangas, das durch geologische und mechanische Kräfte ständig in Richtung Erdoberfläche gedrückt wird und zusammen mit anderen Kohlenwasserstoffen schließlich Erdgas und Erdöl bildet. Und er prophezeite Öl- und Gasreserven in Mengen, man müßte nur tief genug bohren.
Nur knapp dreihundert Meter tief bohrten 1986 australische Geologen an der Nordküste Australiens und stießen auf Erdöl in einer Gesteinsformation, die vor 1,4 Milliarden Jahren, im Jungpräkambrium, entstanden war. In der Formation fanden sich Ablagerungen mit Bakterien und blaugrünen Algen, und das könnte die bisher angenommene Entstehungszeit von Erdöl und Erdgas in Frage stellen, wenn man voraussetzt, daß es in dem Gestein entstanden ist, in dem es gefunden wird. Und gefunden haben es die Geologen vor allem in Ablagerungen aus der Jura- (vor rund 200 bis 140 Millionen Jahren) und der Kreidezeit (vor rund 140 bis 65 Millionen Jahren) und aus dem Tertiär (vor rund 65 bis 2,5 Millionen Jahren). Die bis zu dem australischen Fund älteste erdölhaltige

Formation stammte aus dem Kambrium (vor rund 570 bis 500 Millionen Jahren) und wurde bei Hassi Messaoud in Algerien angebohrt.
Sowjetische Wissenschaftler schließlich fanden 1986 durch Bohrungen in Tiefen von acht Kilometern bei Temperaturen von über 200 Grad Celsius Erdöllagerstätten. Sie schlossen daraus, daß Erdöl auch durch anorganische Synthese von Wasserstoff und Kohlenstoff unter Mitwirkung vulkanischer Vorgänge in fünfzig Kilometer Tiefe entstehen könne. Durch poröse Schichten, so die Wissenschaftler, wanderten die Kohlenwasserstoffe in die Sedimentschichten.

Die Chemiker und die Kohlenwasserstoffe

Es waren ganze Scharen von Chemikern, die zur Entschlüsselung der Kohlenwasserstoffe und zur Isolierung von immer mehr Bestandteilen beigetragen haben, ob sie nun aus dem gehaltvollen Steinkohlenteer oder direkt aus Erdöl oder Erdgas stammten. Hier können nur einige Wissenschaftler kurz vorgestellt werden, die zur Systematik dieser nur auf Kohlenstoff und Wasserstoff aufgebauten Verbindungen beigetragen haben. Bestandteile des Erdöls sind flüssige, gelöste gasförmige und auch feste Kohlenwasserstoffe, darunter vor allem Alkane (gesättigte azyklische Kohlenwasserstoffe), Cycloalkane (gesättigte zyklische Kohlenwasserstoffe) und Aromaten (zyklische Kohlenwasserstoffe, die sich vom Benzol ableiten). Nicolas Théodore de Saussure beschäftigte sich nicht nur mit der Rolle des Kohlenstoffs beim Aufbau der Pflanzen. 1817 untersuchte er Erdöl aus Italien und stellte fest, daß es aus Kohlenwasserstoffen bestand. Über die Alkane (früher Paraffin-Kohlenwasserstoffe, vom Methan bis zum Hexadecan), die er 1830 im Holzteer fand, arbeiteten beispielsweise Carl Ludwig Freiherr von Reichenbach (1780–1869), Jean-Baptiste André Dumas (1800–1884), der die Paraffin-Chlorierung als Substitutionsreaktion erkannte, Théophile Jules Pelouze (1807–1867) und Auguste André Thomas Cahours (1813–1891), die beide um 1860 über Kohlenwasserstoffgemische in Erdöl aus Pennsylvania arbeiteten. Besonders wichtig aber wurden die Arbeiten von Carl Ludwig Schorlemmer (1834–1892) über Alkane.
Schorlemmer wurde am 30. September als Sohn eines Schreinermeisters in Darmstadt geboren. Nach einer Apothekerlehre und Vorlesungsbesuchen bei Bunsen in Heidelberg entschloß er sich 1859 zu einem Chemiestudium. Noch im selben Jahr ging er durch Vermittlung eines Freundes als Privatassistent zu Henry Roscoe (1833–1915), Chemieprofessor und Mitentwickler der Spektralanalyse am Owens College in Manchester. Schon 1861 nahm Roscoe den Deutschen als Assistenten, und im selben Jahr begann Schorlemmer mit seinen Untersuchungen über Alkane.

Schorlemmer und die Alkane

„In den USA hatte im Jahr 1859, wie kurz zuvor in Rumänien und in Deutschland, die Erdölgewinnung und -verarbeitung im modernen Sinne begonnen; sie war zunächst im wesentlichen auf die Erzeugung von Leuchtöl ausgerichtet. Die gleichzeitig hierbei anfallende Benzinfraktion, späterer Ausgangspunkt von Schorlemmers Arbeiten, fand in bescheidenem Umfang als Lösungs- und Extraktionsmittel Verwendung – noch war ja das Automobil unbekannt, das gerade auf diesem Gebiet entscheidende Umwälzungen in Technologie und Wirtschaft auslösen sollte. Die Produktion von Leuchtöl und Benzin aus Erdöl stimulierte nunmehr auch die Versuche, ähnliche Produkte aus Kohle durch Schwelung zu gewinnen“ (Heinz W. Prinzler).
Solche Leichtöldestillate aus Kohle untersuchte Schorlemmer und isolierte und identifizierte daraus die flüssigen Alkane vom Pentan bis zum Oktan. Die gleichen Produkte fand er im amerikanischen Erdöl und schloß daraus, daß das Öl als potentielle Alkanquelle ein chemischer Rohstoff erster Güte sei. Er wies nach, daß es sich bei Edward Franklands (1825–1899) „Aethylwasserstoff“ von 1849 und Adolf Wilhelm Hermann Kolbes (1818–1884) „Methyl“ von 1851 um denselben Stoff, nämlich um das chemisch und physikalisch identische Alkan Äthan (Ethan) handelte. Das verhalf der Strukturtheorie von Alexandr Michailowitsch Butlerow (1828–1886), Archibald Scott Couper (1831–1892) und August Kekulé (1829–1896) zum Durchbruch.
1868 stellte Schorlemmer fest, daß der Siedepunkt der Alkane von der Anzahl der Kohlenstoffatome abhängt. Sein Lebenswerk über die Alkane und ihre Derivate hoben ihn auf das Podest der Wegbereiter der Petrochemie.

Cycloalkane und Aromaten

Die ringförmigen Cycloalkane hießen früher Cycloparaffine. In größeren Mengen kommen beispielsweise die auch als Naphthene bezeichneten cyclischen Kohlenwasserstoffe Cyclopentan und Cyclohexan in Erdölen aus Baku oder Venezuela vor, deshalb spricht man in dem Fall von naphthenbasischem Erdöl. Es waren speziell zwei russische Chemiker, die sich mit den Cycloalkanen beschäftigten.
Friedrich Konrad Beilstein (1838–1906), Sohn eines deutschstämmigen Schneidermeisters in Petersburg, arbeitete zunächst über Alkene, ungesättigte azyklische Kohlenwasserstoffe, die reaktionsfreudiger als Alkane und wichtige Primärprodukte der Petrochemie sind (hergestellt durch Steamkracken). 1862 synthetisierte er die Alkene Propen und Penten aus Zinkethyl und Chloroform. Im selben Jahr entwikkelte Emil Erlenmeyer (1825–1909) am Beispiel der Doppelbindung des Ethen und der Dreifachbindung des Ethin die Theorie der Mehrfachbindungen bei ungesättigten Kohlenwasserstoffen. Doch zurück zu Beilstein. Bei seinen Untersuchungen des Baku-Erdöls wies er den hohen Gehalt an Cycloalkanen nach und erklärte damit die hohe Dichte des Öls. 1876 führte er bereits das Kracken bestimmter Erdölfraktionen durch.
Beilsteins Landsmann Wladimir Wassiljewitsch Markownikow (1837–1904), Schüler von Butlerow, Erlenmeyer und Kolbe, beschäftigte sich auch zunächst mit den Alkenen und stellte 1869 in seiner Dissertation die Markownikowschen Additionsregeln auf. „Sein eigentliches Lebenswerk waren Erdöluntersuchungen“, schrieb Winfried R. Pötsch. „Im kaukasischen Erdöl entdeckte Markownikow eine neue Gruppe ungesättigter Kohlenwasserstoffe, die er Naphthene nannte und als Cycloalkane erkannte. Die im Rohöl enthaltenen organischen Säuren erkannte er als Naphthensäuren und bewies dies durch Synthesen. Seine Untersuchungen wurden in den USA Vorbild zur Untersuchung der Zusammensetzung der eigenen Vorkommen.“
Und schließlich noch ein kurzer Blick auf die Aromaten, zyklische Kohlenwasserstoffe, die sich vom Benzol ableiten. Ursprünglich wurden einige aus Pflanzen isolierte Benzolderivate so genannt, die wie Zimtsäure oder Vanillin durch ihren angenehmen aromatischen Geruch auffielen. Benzol ist der Ausgangsstoff für zahlreiche organische Synthesen, wichtig wurde es aber zuerst im Steinkohlenteer. Aromatenreiche Erdöle kommen beispielsweise aus Texas oder Burma.
„Alle meine Entdeckungen gäbe ich hin gegen den einen Gedanken Kekulés“, erklärte der 72jährige August Wilhelm von Hofmann, Erforscher des Anilins. Gemeint war der deutsche Chemiker Friedrich August Kekulé von Stradonitz, und

Eine Aromatenanlage zum Erzeugen von Benzol und anderen Zwischenprodukten aus 273 000 Tonnen Pyrolysebenzin und 364 000 Tonnen Reformat pro Jahr plante und baute Krupp Koppers für die Erdölraffinerie Mannheim. In der 1983 fertiggestellten Anlage verspricht das MORPHYLANE-Verfahren höchste Produktausbeute und -reinheit bei niedrigem Energieverbrauch. Das Verfahren der Pyrolysebenzin-Vollhydrierung ist von BASF.

der so beneidete Gedanke war Kekulés Eingebung von 1865, wonach das Benzol eine sechseckige Ringstruktur aufweisen müßte, in der 6 CH-Gruppen abwechselnd durch Einfach- und Doppelbindungen miteinander verknüpft sind. Kekulé konnte bei seiner Benzoltheorie auf Erlenmeyer und dessen Hypothese der Mehrfachbindungen aufbauen. Zwei Jahre später, 1867, erschien sein Buch „Chemie der Benzolderivate“.
Ganz so klar wie in Kekulés Vorstellung war die Sache mit den Bindungen indes nicht. Die Elektronen, die für die Doppelbindung zuständig sind, lassen sich nicht eindeutig lokalisieren, sondern sind gleichmäßig über den gesamten Ring verteilt. Deshalb schlug der englische Chemiker Sir Robert Robinson (1886–1975) 1925 vor, das Benzolmolekül durch einen Kreis im Ring darzustellen.

Der Beginn des Ölzeitalters

Drake und seine Folgen

Ulysses S. Grant, 18. Präsident der Vereinigten Staaten von 1869 bis 1877, besuchte im September 1871 Titusville, den Geburtsort der Erdölindustrie, und erzählte seinen Landsleuten in Pennsylvania die immer wieder gern gehörte Geschichte von nordamerikanischer Vormachtstellung: „Durch Verwertung seiner ungeheuren Ölvorräte kann Amerika bald zu einem der größten Industriestaaten der Welt werden." Grant hatte nicht so unrecht, aber der Ölreichtum allein ließ diese Prophezeiung nicht wahr werden, und er hatte überdies auch nicht nur wirtschaftliche Auswirkungen. Rund hundert Jahre später konstatierte ein anderer Amerikaner, John William Oliver, in seiner Geschichte der amerikanischen Technik: „Die Auffindung des Erdöls hat die amerikanische Lebensform in unendlich größerem Maß verändert als zehn Jahre früher [1848/49 in Kalifornien] die Auffindung des Goldes."

Es waren mehrere Faktoren, die den Start in die Erdölindustrie begünstigten, die sich gegenseitig beeinflußten und verstärkten und die schließlich mit schwindelerregendem Tempo im Milliardengeschäft mit den gasförmigen und flüssigen Kohlenwasserstoffen gipfelten. Da war einmal die Bohrtechnik: Auf der Suche nach Salzquellen war man in den zwanziger Jahren des 19. Jahrhunderts dank des Know-hows der Salzbohrer schon bei tausend Metern und mehr angelangt.

Die Fortschritte der Chemiker: Sie destillierten in zunehmendem Maß Petroleum aus dem Rohöl, hielten aber zunächst das leichter siedende Benzin und die schwer siedenden Rückstandsprodukte für gänzlich unbrauchbar.

Der Bedarf in Europa und Amerika: Das Wachstum der Städte verlangte nach besserer Beleuchtung und preiswerterem Lampenbrennstoff; die Maschinen der industriellen Revolution benötigten geeignete und erschwingliche Schmiermittel. Damit waren die Voraussetzungen für den Siegeszug des Erdöls gegeben.

Schwarze Katzen und schielende Ochsen

Ähnlich wie rings um das Gold hatten sich Aberglaube, allerlei mystischer Nonsens und spiritistische Weisheiten bald auch der jungen Ölindustrie bemächtigt, von Wünschelruten bis zu Erdgeistern. Da beschwor ein Mann Präsident Abraham Lincoln in einem Brief, die Ölproduktion sofort zu stoppen, weil der Schöpfergott das Öl speziell zu dem Zweck in der Erde aufbewahre, um bei der täglichen Rotation des Erdballs die Erdachse zu schmieren.

Noch 1930 konnte der Amerikaner Guy Clifton Bell in einem Buch (übersetzt von dem bekannten österreichischen Geologen Karl Krejci-Graf) über haarsträubend abergläubische Sitten und Gebräuche der Ölleute berichten:

„Die meisten sind abergläubisch und würden unter keinen Umständen eine Bohrung am Freitag beginnen oder an einem 13. die Lagerstätte anbohren. Wenn in dem Gespann, das den Turm befördert, ein schielender Ochse ist, dann wird man kein Öl finden.

Wenn man eine schwarze Katze gesehen hat, soll man nicht auf den Kran steigen, man fällt sonst herunter. Wenn man einen Iltis getötet hat, soll man ihn in das Bohrloch werfen, dann bekommt man bestimmt Öl.

Unter anderem merkwürdigen Aberglauben findet sich folgender: Wenn ein trokkener Pfahl zum Markieren der Ansatzstelle der Bohrung verwendet wird, dann wird die Bohrung ein Fehlschlag. Unbedingt muß ein grüner Pfahl, von einem lebenden Baum geschnitten, verwendet werden."

Steinöl als natürliches Heilmittel

Daß beim Erbohren von Salzquellen auf der Westseite der Allegheny Mountains bisweilen gänzlich unerwünschtes Öl das Salzwasser verunreinigte, wurde schon erwähnt. Einige clevere Geschäftsleute übernahmen solche Öl-Salzwasser-Quellen, gründeten die American Medicinal Oil Company, füllten das „American Oil" in Flaschen ab und verkauften es als Heilmittel gegen fast alle Gebresten. Samuel M. Kier aus Pittsburgh, Pennsylvania, hatte 1848 bei seiner Salzquelle in Tarentum am Allegheny River ebenfalls Ärger mit dem lästigen Nebenprodukt Erdöl. Wie seine Nachbarn ließ er das Öl in den Pennsylvania Canal ablaufen – bis seine Ehefrau krank wurde.

Der Arzt, so behauptet die Legende, verschrieb Mrs. Kier nämlich „American Oil", und das Zeug roch genauso wie die Brühe, die aus Samuel Kiers Salzquelle kam. Von dem Tag im Jahr 1849 an wurde Kier Rock-Oil-Produzent und verkaufte das Steinöl als *„a natural remedy"*, als natürliches Heilmittel für fast sämtliche Krankheiten. Er startete eine grandiose Werbekampagne, und das mit solchem Erfolg, daß er bis 1858 etwa 250000 Halbliterflaschen, die Flasche zu einem Dollar, verkaufen konnte.

Untragbare Geruchsbelästigungen

Irgendwann nach 1850 kam Samuel M. Kier auf den Gedanken, daß die Nachfrage nach einem Lampenbrennstoff womöglich noch größer und einträglicher sein könnte als nach einem Allheilmittel. Er fragte den Chemiker J. C. Booth aus Philadelphia, und der empfahl ihm, das Rohöl zu destillieren. Kier schaute sich eine Whiskeybrennerei in Pittsburgh an und baute sich 1855 nach diesem Vorbild ebenfalls in Pittsburgh einen Erdöldestillationsapparat aus Kessel, Schlangenrohr und Sammelpfanne. Dabei entdeckte er, daß die leichteren Fraktionen des Rohöls, eine wasserhelle bis schwachgelbliche Flüssigkeit, genannt Leuchtöl, Kerosin oder Petroleum, vorzüglich in der Lampe brannten.

A. C. Ferris aus New York war begeistert von den Lampen von Kier, die er in Pittsburgh gesehen hatte, und beschloß, das Produkt in New York einzuführen. Er verwendete ab 1858 ein Raffinierverfahren (vermutlich mit Schwefelsäure), um dem Öl den widerwärtigen Geruch zu nehmen. „Verschiedene Male mußte er sein Quartier wechseln, da der Geruch des Öles seine Nachbarn veranlaßte, gegen ihn zu klagen. Außerdem hatte er Schwierigkeiten beim Verkauf des neuen Öles.

Seine Agenten gingen mit der Lampe in der einen Hand und der Ölkanne in der anderen Hand in die Läden, wo sie die neue Beleuchtung vorführten und sehr zufrieden waren, wenn sie Aufträge auf Lieferung einiger Liter Öl und einer Anzahl Lampen bekamen. Viel Mühe bereitete den Leuten zu Anfang die Handhabung der neuen Lampen, und Ferris mußte häufig Schadenersatz für verbrannte Möbel und Kleider leisten" (Waldemar Kaempffert). Der Pionier des Petroleums Ferris starb als reicher Mann.

Öle für Amerikas Lampen

Kier und Ferris waren keineswegs die ersten, die sich mit dem dringlichen Problem neuer Lampenbrennstoffe befaßten. Walfischtran war knapp und teuer geworden, Walratöl noch knapper und noch teurer,

„Die Kugel-Zylinder-Straßenlampe Modell 3 gibt mehr Licht mit weniger Öl und einfacherer Bedienung als irgendein anderes Modell von Öl-Straßenlampen auf dem Markt. Sie brennt eine Stunde für einen Cent und kann für eine Brenndauer zwischen vier und sechzehn Stunden eingestellt werden." Mit solchen und ähnlichen Anzeigen warben noch Ende des 19. Jahrhunderts die Lampenhersteller. Der amerikanische Erdölfachmann Benjamin Silliman jr. hatte 1855 endlich eine brauchbare Petroleumlampe erfunden. Ganz sicher hat das wesentlich zum Ölboom beigetragen, denn das Auto konnte ja seinen Öldurst anfangs noch nicht anmelden.

weil der schonungslos gejagte Wal vor den Küsten Neuenglands bis hinauf nach Neufundland immer schwerer zu finden war. „Aber Erbarmen gab es hier nicht", schrieb Herman Melville in seiner weltberühmten Wal-Tragödie „Moby Dick". „Der alte, blinde, einarmige Wal mußte sterben. Er wurde ermordet, denn sein Öl soll brennen zu den Festen der Menschen und den Feiern der Kirche, wo man die Liebe zu allen Geschöpfen predigt."
Kohlengas schien in diesem Stadium der Beleuchtungstechnik noch am besten geeignet zu sein, den Engpaß in der Versorgung mit Lampenbrennstoff zu beenden. Nach europäischen Städten wurde in den USA 1816 zuerst in Boston die Nacht vom Gaslicht verdrängt.
Zudem stellte sich heraus, daß Kohle bei trockener Destillation (Pyrolyse) Öle lieferte, die Lampen recht gut zum Leuchten brachten. Der schottische Chemiker James „Paraffin" Young (1811–1883) entwickelte 1850 solch ein Trockendestillationsverfahren zur Paraffingewinnung – er nannte es Kohleöl – zur Patentreife und baute es ab 1856 zur industriellen Herstellung mit riesigen Profiten aus. Bereits um 1847 hatte er sich auch mit der Aufbereitung von Erdöl zu Leuchtöl und Schmierölen beschäftigt und die schottische Schieferöl-Industrie begründet.

Pioniere der Leuchtölproduktion

Mit Ölschiefer kannte sich vor ihm bereits der französische Chemiker A. F. Selligue aus. Er war schon 1834 auf die Idee gekommen, in industriellem Maßstab mit überhitztem Wasserdampf Teer aus bituminösem Schiefer zu gewinnen und daraus dann Leuchtöl zu destillieren. Am 27. Juni 1854 ließ sich der kanadische Geologe Abraham Gesner (1797–1864) aus der Provinz New Brunswick gleich drei Patente, von Nr. 11203 bis 11205, auf einen Destillationsprozeß erteilen, bei dem er aus kanadischem Rohasphalt eine brennbare Flüssigkeit herstellte, die er Kerosin nannte. Am 27. März 1855 deckte ein weiteres Patent mit der Nr. 12612 die Kerosinherstellung aus Asphalt und aus Kohle ab.
1856 nahm die North American Kerosene Gaslight Company in Newton Creek, Long Island, New York, die Produktion des Kerosins nach Gesner auf – mit recht wenig Erfolg. Das neue Leuchtöl war zwar preiswerter als das Terpentindestillat, aber das Geruchsproblem war noch immer nicht gelöst.
Samuel Downer war Hersteller von Er-

zeugnissen aus Waltran und Walrat in Boston. Aufgrund der Flaute im Walfang wollte er auf Öl aus Kohleteer umsteigen, aber sein Chemiker Joshua Merrill brachte nur ein fürchterlich stinkendes Zeug, genannt *coup oil*, zustande. Trotzdem sollte das Kohleöl in England verkauft werden. Merrill und sein Kollege Luther Atwood reisten deshalb 1855 ins schottische Glasgow, und dort bekamen sie von James Young etwas Leuchtöl. Atwood, so wird berichtet, konnte daraus nach einigen Versuchen eine farblose Flüssigkeit herstellen, die mit heller Flamme brannte und kaum noch unangenehm roch.
Im Herbst 1857 hatte die von Downer kontrollierte United States Chemical Manufacturing Company alle Anlagen zur Herstellung von Leuchtöl aus Kohle entwickelt. 1860 gab es entlang der Ostküste der Vereinigten Staaten rund vierzig Raffinerien, die aus bitumenreicher schottischer Bogheadkohle Leuchtöle herstellten. Das Leuchtöl begann das Leuchtgas zu überrunden, weil es preiswerter und in vielen Teilen des riesigen Landes natürlich leichter erhältlich war als das an den Transport in Rohrleitungen gebundene Gas.
Die Pioniere der Leuchtölproduktion aus Kohle waren sich von vornherein darüber im klaren, daß Erdöl eigentlich viel billiger, bequemer und sauberer zu verarbeiten war als Kohle. Man konnte einen ganzen Produktionsschritt einsparen, nämlich die Verkokung der Kohle. Manche Leuchtölproduzenten verarbeiteten auch gelegentlich schon aus dem Boden sickerndes Erdöl, aber es haperte am Nachschub. Zumindest vorläufig noch, doch ein gewisser George H. Bissell hatte sich schon in den Kopf gesetzt, Amerikas Lampen mit Petroleum aus Erdöl zu versorgen.

Die erste Erdölgesellschaft der Welt

Wie der Rechtsanwalt, Grundstücksmakler und Dartmouth-Zögling George Henry Bissell aus New Haven, Connecticut, auf die Idee kam, Erdöl und sein Destillat Leuchtpetroleum könnte ein hervorragendes Geschäft sein, vorausgesetzt, es ließe sich in ausreichenden Mengen finden, darüber gibt es mehrere Versionen. Eine besagt, er sei im Jahr 1854 durch einen von Kiers Werbegags für dessen Wundermedizin auf das Öl aufmerksam geworden. Allerdings sei er weniger an den medizinischen Wundern des Erdöls interessiert gewesen als vielmehr (und das ist Version zwei) an seiner Eignung als hervorragender Lampenbrennstoff, auf die ihn seine ehemaligen Professoren im Dartmouth College aufmerksam gemacht hätten.
Entsprechend raffiniert, so der professorale Rat, brenne das Leuchtpetroleum womöglich heller als das Kerosin aus Kohle. Und schließlich, so Version Nummer drei, soll er beim Besuch seiner Alma mater im Sommer 1854 ein Fläschchen Titusviller Gesundheits-Steinöl zu Gesicht bekommen und in der Quelle ein gutes Geschäft gewittert haben. Jedenfalls gründete er am 30. Dezember 1854 zusammen mit Jonathan G. Eveleth, seinem Geschäftspartner in New York, die Pennsylvania Rock Oil Company of New York.
Ihr Präsident wurde der Arzt Francis B. Brewer, der ölfündiges Land von der väterlichen Farm beisteuerte, und ein Geldgeber, der bei diesem neuartigen Geschäft um eine stinkende Brühe ungenannt bleiben wollte, war der Bankier James M. Townsend aus New Haven. Die Firma saß jetzt zwar auf einer potentiellen Ölquelle und sollte ein Aktienkapital von einer viertel Million Dollar erhalten, aber weder Präsident Brewer noch die beiden Direktoren Bissell und Eveleth hatten genauere Vorstellungen davon, was sich mit dem klebrigen Zeug im Endeffekt anfangen ließ.
Townsend hatte schon vor der Firmengründung praktisch gedacht und je eine Ölprobe an Luther Atwood von der United States Chemical und an den Yale-Chemiker Benjamin Silliman jr. (1816–1885) geschickt. Atwood lieferte seinen Bericht schon im November 1854 ab. Silliman begann mit einer eingehenden chemisch-physikalischen Untersuchung des Erdöls, wandte die fraktionierte Destillation an, raffinierte die Fraktionen mit Schwefelsäure (um verharzende Bestandteile zu entfernen) und erzeugte so Leuchtgas, Leuchtöl (aus den leichteren Fraktionen) und Schweröle. In seinem berühmtem „Silliman Report" vom April 1855 weist er auf die außergewöhnlich gute Eignung von Erdölprodukten als Leucht- und Schmiermittel und für ungezählte andere Anwendungsmöglichkeiten hin.
Summa summarum wies er den Auftraggebern von der ersten Erdölgesellschaft der Welt das enorme wirtschaftliche Potential des aus der Erde quellenden Öls nach und gab damit indirekt den Anstoß zur ersten Erdölbohrung auf dem amerikanischen Kontinent. Silliman: „Zusammenfassend scheint mir, sehr geehrte Herren, daß Sie Anlaß zu der berechtigten Hoffnung haben, mit dem Ihrer Gesellschaft zur Verfügung stehenden Rohstoff durch einfache und billige Prozesse sehr wertvolle Produkte herzustellen. Es war mir ein Vergnügen festzustellen, daß der gesamte Rohstoff praktisch ohne Verlust aufbereitet werden kann."

Eine Freifahrt für Colonel Drake

Von diesem Report an wird die Überlieferung aus der 1805 von dem Landvermesser Jonathan Titus gegründeten Siedlung Titusville am Oil Creek in Pennsylvania etwas verwirrend. Wer hat wann Edwin Laurentine Drake nach Titusville geholt? War es Bissell oder Townsend? Hat William A. („Billy") Smith, Drakes Gehilfe, recht, wenn er in einem Interview von 1880 behauptete, am 12. August 1859 auf das erste Öl gestoßen zu sein? Andere Quellen sprechen vom 27., 28. oder vom 29. August.
Trotz des positiven Gutachtens hatten Bissell und Eveleth Probleme. Das eine Problem waren die Aktien, die keiner haben wollte. Damit vor allem Leute in New Haven das Firmenkapital aufstocken halfen, die keine New Yorker Rock-Oil-Aktien kaufen wollten, wurde rasch die Pennsylvania Rock Oil Company of Connecticut gegründet, diesmal mit James M. Townsend als Chef. Das zweite Problem war das Erdöl. Die aus dem Boden sickernde Menge war viel zu gering, obwohl sie Gräben aushoben, um das Öl zu sammeln.
1856 soll Bissell auf dem New Yorker Broadway vor einer Drogerie gestanden haben, die ein Plakat von Kier mit dem Erdöl-Wunderheilmittel im Schaufenster hatte. „Ungefähr vierhundert Fuß unter der Erdoberfläche wird es mit dem Salzwasser herausgepumpt", war da zu lesen. Und Kier hatte nach Salzwasser gebohrt – das hat vermutlich den Geistesblitz ausgelöst: Man mußte durch gezielte Bohrung eine unterirdische Erdöllagerstätte anzapfen, gewissermaßen den Ölsee, der offenbar im Boden verborgen war, anbohren und auspumpen. Es scheint, daß der Chef von Rock Oil, Townsend, durch Zufall in einem Hotel in New Haven auf den Eisenbahnschaffner Edwin Laurentine Drake (1819–1880) stieß. Rheumatismus hatte Drake gezwungen, seinen Job bei der Eisenbahn aufzugeben. Es kann aber auch sein, daß Drake im Besitz einiger Aktien von Townsends Firma gewesen ist – so oder so ist es ein unlösbares Geheimnis, warum der Bankier ausgerechnet Drake nach Titusville schickte (wenn er ihn schickte). Vielleicht, so wird gemunkelt, war sein Freifahrschein als ehemaliger Schaffner der Grund. Im Dezember 1857 bestieg Drake den Zug nach Erie, Pennsylvania, und nahm dann die Postkutsche nach Titusville.

Daß der ehemalige Eisenbahnschaffner Edwin L. Drake im August 1859 – das genaue Datum ist nicht einmal gesichert – bei Titusville am Oil Creek, Pennsylvania, mit seiner Bohrung auf Öl stieß, wird oft als der Beginn eines neuen Zeitalters bezeichnet, und fast ebensooft wird dazu dieses Foto abgedruckt, das Drake mit Zylinder zusammen mit seinem Freund Peter Wilson vor einem seiner bretterverschalten Bohrtürme zeigt. Anders als etwa beim Druck des ersten Buches mit beweglichen Bleilettern durch Johannes Gutenberg im Jahre 1456 oder beim Start des ersten künstlichen Erdsatelliten, Sputnik I, am 4. Oktober 1957 waren schon vor diesem epochalen Ereignis alle technologischen Voraussetzungen seit längerer Zeit gegeben. Auch waren genügend andere Erdölvorkommen, nicht nur in den Vereinigten Staaten, längst bekannt. Es ist also eher ein zufälliges Zusammentreffen verschiedener Umstände, vor allem aber die damals schon starke Nachfrage des Marktes nach Öl, die Titusville zum Geburtsort der Erdölindustrie gemacht haben.

Falscher Titel als Werbegag?

Edwin Laurentine Drake wurde am 29. März 1819 als Sohn eines Farmers in Greenville, New York, geboren. Mit achtzehn Jahren lief er von zu Hause fort, ohne je eine Schule besucht zu haben, und versuchte sich in verschiedenen Jobs: als Schreiber auf einer Fähre, als Farmarbeiter und Hotelangestellter, als Verkäufer und schließlich ab 1849 als Schaffner (oder Zugführer?) bei der Eisenbahn auf der Strecke New York–New Haven. Er ließ seine Bohrtechnik niemals patentieren. Zwar verließ er Titusville 1863 als reicher Mann und ging nach New York, aber innerhalb von drei Jahren verlor er sein ganzes Geld bei Ölspekulationen an der Wall Street. 1873 fand man ihn in New York, verarmt und im selben Mantel, den er bei seiner Bohrung angehabt hatte. Die Bürger von Titusville sammelten 4000 Dollar für ihn, und der Bundestaat Pennsylvania setzte ihm ob seiner Verdienste als erster Petroingenieur eine jährliche Pension von 1500 Dollar aus. Drake starb am 8. November 1880 in Bethlehem, Pennsylvania.

Rückblende: In Titusville angekommen, nahm sich Drake im American Hotel ein Zimmer und erkundete die Lage. Er sah, daß das aussickernde Öl mit Decken aufgesogen und dann über einem Behälter ausgedrückt wurde. Er besuchte die Salzbohrer und beobachtete sie bei der Arbeit. Von diesen ersten Besichtigungen sind Zitate von Drake überliefert, deren Authentizität wohl besser nicht untersucht werden sollte: „Schon zehn Minuten, nachdem ich mit Dr. Brewer das Gelände betreten hatte, sah ich ein, daß hier gebohrt werden mußte. Ich entschied mich für das Verfahren, das anderswo für die Erbohrung von Salzwasser angewandt wird.“ Die Idee mit dieser Bohrtechnik ließ ihn die nächsten zwei Jahre nicht mehr los, und er war überzeugt, daß „ich derjenige sein sollte, der sie ausführte“. Mittlerweile hatte Townsend als geschickte PR-Aktion einen Brief an Drake geschickt und ihm auf der Adresse den Titel „Colonel“ verliehen. Das sprach sich in dem 125-Seelen-Dorf natürlich herum, und so blieb Drake zeitlebens Colonel Drake, obwohl die einzige Uniform, die er jemals angehabt hatte, die eines Schaffners war.

Ein Lehrgang bei den Salzdrillern

Es scheint, daß der Colonel trotz seiner angeblich frühen Erleuchtung, nach Öl zu bohren, es zuerst doch mit dem Graben versuchte, aber mengenmäßig zu keinem Erfolg kam. In der Zwischenzeit scheint der Bankier und Entdecker Drakes, J. M. Townsend, auf den Geschmack gekommen zu sein. Er bootete seine Kompagnons Bissell, Eveleth und Brewer aus, liquidierte die Pennsylvania Rock Oil Company und gründete am 23. März 1858 die Seneca Oil Company.

Die Firma stellte Drake für 1000 Dollar pro Jahr als Generalbevollmächtigten an. Da das Schachtabteufen keinen Erfolg hatte, ging Drake nach Tarent und schaute sich die Salz-Öl-Brunnen von Samuel Kier an. Daß er nach dem Öl bohren mußte, war ihm mittlerweile klar. Und dazu brauchte er einen erfahrenen Salzdriller. Er heuerte einen Mann an, der im August 1858 bei ihm in Titusville erscheinen sollte.

Während der Wartezeit baute der Colonel seine Bohranlage auf. Sie arbeitete nach dem sogenannten Seilschlagverfahren. Die Meißelstange hing an einem Seil direkt ins Bohrloch, das Seil wurde von einer Seilklemme gefaßt, die am Bohrschwengel befestigt war. Der um die Mittelachse drehbare Hebel wurde über eine Kurbel von einer 6-PS-Dampfmaschine bewegt, eine „Long John"-Maschine mit liegendem Kessel, wie sie für die Dampfer auf dem Allegheny River gebaut wurde. Der Schwengel hob die Meißelstange an und ließ sie dann auf die Sohle des Bohrlochs donnern, wo sie schon durch ihr Gewicht das Gestein zertrümmerte.

Das Bohrseil, das je nach Bohrfortschritt nachgelassen wurde, lief über eine Rolle in der Spitze des zehn Meter hohen Bohrturms (Derrick) und dann zur Seilwinde neben dem Bohrloch. Alles war bereit, und Drake wartete auf seinen Driller aus Tarentum – aber der kam nicht. (Er hielt Drake für verrückt, so erklärte er später, und „dachte, der einfachste Weg, ihn loszuwerden, sei, den Vertrag zu unterzeichnen und vorzugeben, daß er später nachkommen würde".)

Ersatz für den abgesprungenen Driller war nicht zu finden. So mußte der Colonel seinen Bohrturm über den Winter stilllegen. Die Aktionäre in New Haven begannen schon, unruhig zu werden, da fand Drake endlich im April 1859 in Tarentum den Salzbohrer und Grobschmied William A. „Billy" Smith (1812 bis nach 1880) und dessen Sohn Samuel B. Mitte Mai kam die Familie Smith nach Titusville.

Der Trick mit den Futterrohren

Smith, genannt Uncle Billy, schmiedete sein Bohrwerkzeug selbst und machte sich an die Arbeit. Bereits vor seiner Ankunft hatten von Drake engagierte Arbeiter nach Salzdriller-Technik einen senkrechten Schacht durch das lockere Geröll gegraben. Er sollte bis zum gewachsenen Fels geführt und der Rest dann durch Bohren erledigt werden. Aber Wassereinbrüche brachten trotz Einsatzes von Pumpen die Arbeit zum Erliegen. Das Wasser stieg so schnell, berichtete Billy Smith später, „daß wir unser Werkzeug nehmen und aus dem Loch steigen mußten. Der Schacht war nun nämlich etwa 16 Fuß tief, und es war genügend Wasser darin, um uns alle zu ertränken. Mir war klar, daß es keinen Sinn hatte, ohne Futterrohre *(casings)* tiefer zu gehen."

Nach anderen Überlieferungen kam die rettende Idee mit den Casings von E. L. Drake, weil die Bohrlochwände im lockeren Gestein dauernd einstürzten. Der Colonel besorgte Eisenrohre, Smith fertigte Verbindungsstücke dafür an. Sie trieben das Rohr durch die lockeren Schichten bis auf den festen Fels in etwa 10 Meter Tiefe (32 Fuß, nach Billy Smith 49 Fuß und 8 Inches = 15,1 Meter). An dem Punkt begann die eigentliche Bohrarbeit.

Billy Smith und sein Sohn Samuel waren für die Bohrarbeit zuständig, Colonel Drake und ein gewisser E. B. Bowditch vertraten die „Seneca Oil". Zwar soll der Bohrfortschritt bisweilen drei Fuß pro Tag erreicht haben, trotzdem wurden die Geldgeber mit Townsend an der Spitze zunehmend unruhig. Und als der August sich dem Ende neigte, ohne daß ein Tropfen Öl gefördert worden war, beschloß der Bankier, das Projekt Erdölbohrung in Titusville aufzugeben. Er schickte Drake einen Kündigungsbrief, aber der traf erst mit der Postkutsche ein, als sich die Nachricht vom Ölfund am Oil Creek wie ein Lauffeuer verbreitete. Und damit war sein Inhalt hinfällig.

Am Tag, als das Erdöl kam

Es war vermutlich am Samstag, dem 27. August 1859, als die Bohrung eine Tiefe von 69,5 Fuß (21,18 Meter) erreicht hatte und der Meißel nach einem letzten Schlag plötzlich einige Zentimeter absackte, als sei er auf eine unterirdische Höhlung gestoßen. Was dann passierte, darüber gehen die Meinungen auseinander. Es kann sein, daß die Arbeit (weil Sabbat war) unterbrochen wurde und Drake mit Billy Smith das heraufsickernde Öl am Sonntag (28. August) entdeckte.

Es ist aber auch möglich, daß beide am Sonntag nicht auf der Bohrstelle waren, sich mit dem Gedanken trugen abzureisen und die ölige Überraschung am Montag, dem 29. August, vorfanden. Vielleicht erinnert sich auch Billy Smith mit Ausnahme des Datums 12. August richtig, als er Anfang 1880 sein Zeitungsinterview gab:

„Am 12. (?) August um 4 Uhr fand ich Öl. Mr. Drake war mit einer Menge anderer Leute anwesend. Plötzlich fand ich Öltropfen am Werkzeug. Ich beobachtete ständig das Bohrloch, in dem das Wasser bis etwa vier Fuß unter der Erdoberfläche stand. Ungefähr fünf Minuten später sah ich das Öl emporsteigen. ‚Da, sehen Sie!', rief ich Mr. Drake zu. ‚Was sagen Sie jetzt?' Er schaute in das Rohr hinab und fragte: ‚Was ist das?' ‚Das ist Ihr Vermögen', erwiderte ich . . . Irgendwo lag da ein kurzes, dünnes Rohr von drei Inches herum; ich trieb einen Pflock in das eine Ende und senkte es in das Öl. Es enthielt mehr als eine halbe Gallone. Ich schöpfte das Öl so rasch aus, wie ich konnte" (Übersetzt von H. Wein aus Paul H. Giddens, „Pennsylvania Petroleum 1750 bis 1872", Titusville, USA, 1947).

Drake installierte eine Pumpe, wahrscheinlich die erste Ölpumpe der Geschichte, und holte die langersehnte Flüssigkeit ans Tageslicht. Aber offenbar achtete kein Mensch darauf, wieviel Öl pro Tag gefördert wurde, denn die Angaben schwanken zwischen 30 und 5000 Litern. In Waschwannen und Whiskey-Barrels wurde der überraschende Reichtum aufbewahrt. Der Colonel wandte sich noch im September an den Destillierbetrieb von Kier und verschiffte sein Rohöl auf dem Flußweg nach Philadelphia. Am 17. Oktober ging Drakes Bohrturm mit allen Ölvorräten in Flammen auf. Angeblich hatte Billy Smith mit einer offenen Lampe ins Bohrloch geleuchtet. Der Colonel baute seinen Derrick wieder auf.

Booms und Pleiten

Das Ölzeitalter nahm seinen Lauf, die Umgebung von Titusville wurde nach den Goldfunden in Kalifornien, Colorado und Nevada zu einem weiteren Irrenhaus der Nation. Im November 1859 stießen in der Nähe von Drakes Quelle die Herren Barnsdale, Meade und Rouse in 26 Meter Tiefe ebenfalls auf Öl. Wenige Monate später sah der Oil Creek neunzehn produzierende Bohrungen. Der Run auf Pennsylvanias Ölfelder setzte ein. Über Nacht strömten Schürfer und Spekulanten, Glücksritter und Abenteurer, Spieler und Huren nach Titusville. Innerhalb von zwölf Wochen stieg die Einwohnerzahl des ehemals verschlafenen Dörfchens auf 9000 Menschen an.

1 – Die Erdölfelder in Pennsylvania waren sehr schnell ein Magnet für Spekulanten und, wie man sieht, auch für Schaulustige. Beim Anblick eines fast schon randvollen Ölfasses, in das noch immer der schwarze Segen hineinströmt, schaudert es uns heute für die Zukunft der noch idyllisch gezeichneten Umwelt.
2 – Mit solchem Gerät ging man in der Pionierzeit dem Erdöl zu Leibe. Der Arbeiter mit seinem hoffentlich kalten Pfeifchen im Mund ist gerade dabei, mit der Nachlaßschraube praktisch das Bohrgestänge zu verlängern, damit der Meißel am unteren Ende wieder mit Wucht auf das Gestein donnern kann. Links die Bohrwinde, mit der über eine Umlenkrolle in der Spitze des Bohrturms nach jedem Schlag das Bohrgestänge hochgezogen wird.

1

Das Paradebeispiel für eine Boom-Town war das legendäre Dörfchen Pithole bei Titusville. 1865 fand ein Wünschelrutengänger dort eine Ölquelle. Drei Monate später besaß Pithole fünfzig Hotels (und angeblich ebenso viele Bordelle), drei Zeitungen, eine Oper, ein Wasserwerk, drei Telegraphenbüros und eine Bevölkerung von 15000 Menschen. Nur ein halbes Jahr später war die Tagesproduktion von 8000 auf knapp 2000 Barrels gesunken. Und von da an ging es rasant bergab mit Pithole.
Aus 2000 in Pennsylvania geförderten Barrels im Jahr 1859 wurden ein Jahr später 500000, 1862 bereits 3 Millionen Barrels. Soviel Öl konnten die Amerikaner selbst bei einer ägyptischen Finsternis unmöglich in ihren Petroleumlampen verbrennen. Im April 1861 brach der amerikanische Bürgerkrieg aus, und im selben Jahr kam es zu einem Preissturz beim Erdöl. Aber trotz des Konflikts zwischen Nord und Süd erreichten Ölboom und Ölfieber 1862/63 einen ersten echten Höhepunkt. 1866 ging der Trend wieder abrupt nach unten. Es wurde ganz schlimm. Ein Holzfaß war fünfundzwanzigmal teurer als der Inhalt. Auf den Ölfeldern von Pennsylvania und West-Virginia wurden schlagartig 8000 Bohrtürme stillgelegt, 100000 Menschen waren ohne Arbeit.
Im Juni 1866 berichtete das „Mining und Manufacturing Journal“: „Das Spekulationsfieber ist vorüber. Es lohnt sich nicht mehr, über tägliche Veränderungen der Ölbranche zu berichten.“ 1870 war Öl längst wieder im Aufwärtstrend. In den Vereinigten Staaten gab es rund 250 Erdölraffinerien, und das Land produzierte mit 5 Millionen Barrel Erdöl rund 90 Prozent des Weltölverbrauchs.

2

1

Red Adair: Blow-out und Feuersturm

Die erste absichtlich erbohrte Ölquelle, die in Brand geriet, war ebenfalls in dieser Zeit des Aufbruchs zu verzeichnen. Am 17. April 1861 fing die Quelle Little and Merrick auf der Buchanan-Farm bei Rouseville am Oil Creek Feuer. Es war zugleich der erste *gusher* oder *springer,* der in den USA angebohrt wurde. Das Öl schoß wie bei einem Vulkanausbruch in den Himmel und entzündete sich kurz darauf. Drei Tage lang brannte die Quelle, dann konnte das Feuer durch eine Erdaufschüttung gelöscht werden. 19 Menschen kamen dabei um, 10 trugen Verletzungen davon.

Für Blow-outs, also plötzlich ausbrechende und unkontrolliert aus der Lagerstätte schießende Öl- und Gas-Geysire, haben die Ölexperten eine Faustregel parat: Auf 500 zahme Bohrlöcher kommt im Durchschnitt ein Super-Blow-out. Im allgemeinen genügt dann ein Funke, um einen Feuersturm zu entfachen, oder ein „flammendes Inferno" à la Hollywood. Doch die Filmindustrie hatte nicht nur Feuer, sondern auch einen „Lohn der Angst" zu bieten. Um brennende Quellen mit einer gewaltigen Explosion gewissermaßen auszublasen, wurde später Nitroglycerin zu den Bohrstellen gefahren und möglichst dicht an den Flammen gezündet. Die Idee dazu scheint um 1915 der Amerikaner K. T. Kinley gehabt zu haben. Er verwendete zum Ausblasen das weniger nervöse Dynamit. Sein Sohn, Myron Kinley, machte daraus eine Profession. Und schließlich trat der Texaner Paul Neal („Red") Adair auf den Plan und schwang sich zum bekanntesten Manager von Ölkatastrophen auf.

Red Adair wurde 1915 als Sohn eines Hufschmieds geboren. Damals waren seine Haare noch rot, daher der Spitzname. Er gründete in Texas die Paul Adair Fire & Blowout Company, die bald rund um den Globus operierte. Ob beim Blow-out auf der Förderplattform Bravo im Ekofisk-Ölfeld vor der norwegischen Küste im April 1977, beim Methan spuckenden Erdgasspeicher Frankenthal in Rheinland-Pfalz 1980 oder bei der brennenden Bohrinsel Piper Alpha in der Nordsee 1988, immer waren die Spezialisten der Mannschaft Adairs in ihren roten Overalls zur Stelle.
„Meine Erfolgsliste", so der Chef selbstbewußt, „ist hundertprozentig." Und dazu trug das in fünfzig Jahren zusammengetragene Know-how eine Menge bei. Die von Adair entwickelten Methoden und Geräte, etwa pneumatische ferngelenkte Schneidwerkzeuge, seine Technik zur

1 – Beim Anbohren der Lagerstätte kann der innere Druck so stark sein, daß das Öl in gewaltiger Fontäne nach oben schießt – der gefürchtete Blow-out. Und wenn dann auch noch irgendein Funke zur Entzündung führt, ist die Katastrophe vollständig wie hier auf dem Erdölfeld bei Baku. „Einer Feuersäule gleich steigt die lodernde Naphtha empor, und als brennender verheerender Strom ergießt sie sich über die Umgebung, alles vernichtend, was sie erreicht. Man kann nichts tun, als der abfließenden Naphtha einen Weg zu bahnen, und muß ruhig abwarten, bis die Springquelle zu fließen aufhört, indem sie sich durch den mitgeführten Sand verstopft, nachdem der Druck abgenommen hat." Das schrieb Emil Treptow 1900 zu dem Bild.

2 – So machtlos geduldig steht man einer solchen Katastrophe heute nicht mehr gegenüber. Schon um 1915 hat der Amerikaner K. T. Kinley einer brennenden Ölquelle mit einer Dynamitexplosion den nötigen Sauerstoff entzogen. Als zur Zeit weltweit bekanntester Experte für derartige Rettungsaktionen gilt Paul Neal „Red" Adair aus Texas. Das Foto zeigt ihn an Bord des Hilfsschiffs „Tharos" am 10. Juli 1988, kurz bevor er sich zusammen mit zwei Männern seines Teams zu der schon seit vier Tagen brennenden Ölplattform Piper Alpha nordöstlich von Schottland hinüberhieven ließ.

2

Brandbekämpfung und Bohrlochabdichtung sicherten ihm ein Monopol. Red Adairs Farbe ist Rot: Berufskleidung, Hemden und Büros seiner Mannschaft, seine Villen und angeblich auch seine Teppiche und seine Unterwäsche – alles rot. Nur seine Haare nicht mehr. Die sind inzwischen grau.

Die großen Ölimperien

„Zwei Jahre nach Drakes Fund", schrieb Anton Zischka in seinem Buch mit dem vielsagenden Titel „Ölkrieg" im Jahr 1939, „zerfleischten die Millionäre sich schon untereinander, werden durch Baisse und Hausse des Petroleums schon Unzählige zu Bettlern und einige Wenige zu Magnaten. Diese Magnaten treiben das Öl zur Weltmacht, werden selber durch Öl emporgetragen. Und die machen es auch zur Weltgefahr. Ihr typischer Repräsentant, der erfolgreichste unter ihnen, ist Rockefeller, der Sohn des Wunderdoktors."

Obgleich Rockefeller mit seinem genialen Trick „Öl für die Lampen Chinas" den Petroleumabsatz anzuheizen versuchte, hätte sich der Ölboom vermutlich über kurz oder lang totgelaufen, wenn der kostbare Stoff nur in Millionen von Petroleumlampen in aller Welt für eine Verlängerung der Tageszeit gesorgt hätte. Immerhin stand Edison mit seiner elektrischen Beleuchtung gewissermaßen schon vor den Stadttoren der Industrieländer. Da tauchte gerade rechtzeitig mit der Verbrennungskraftmaschine ein ganz neuer Verbraucher aus den Werkstätten der Erfinder im fernen Europa auf, der den Abmangel bald mehr als ausgleichen sollte.

Die Voraussetzungen

1873 stellte ein Ingenieur namens Julius Hock in Wien seinen „Petroleummotor" vor, vier Jahre später erhielt Nikolaus August Otto in Deutschland auf einen Viertakt-Gasmotor ein Patent. Im Frühjahr 1885 wagte Carl Benz mit seinem ersten Wagen mit liegendem Viertaktmotor eine Ausfahrt am Neckar entlang. 1892 knatterte der Bauernsohn aus Dearborn Henry Ford mit seinem selbstgebauten Auto durch die Straßen von Detroit. Das also war der zukünftige Markt für ein Erdölderivat namens Benzin. 1902 bretterten schon 23000 Automobile über Amerikas Straßen und verbrauchten 800000 Tonnen Benzin. Dann stieg die Kurve steil an. 1912, also nur zehn Jahre später, soffen eine Million Fahrzeuge drei Millionen Tonnen Benzin.

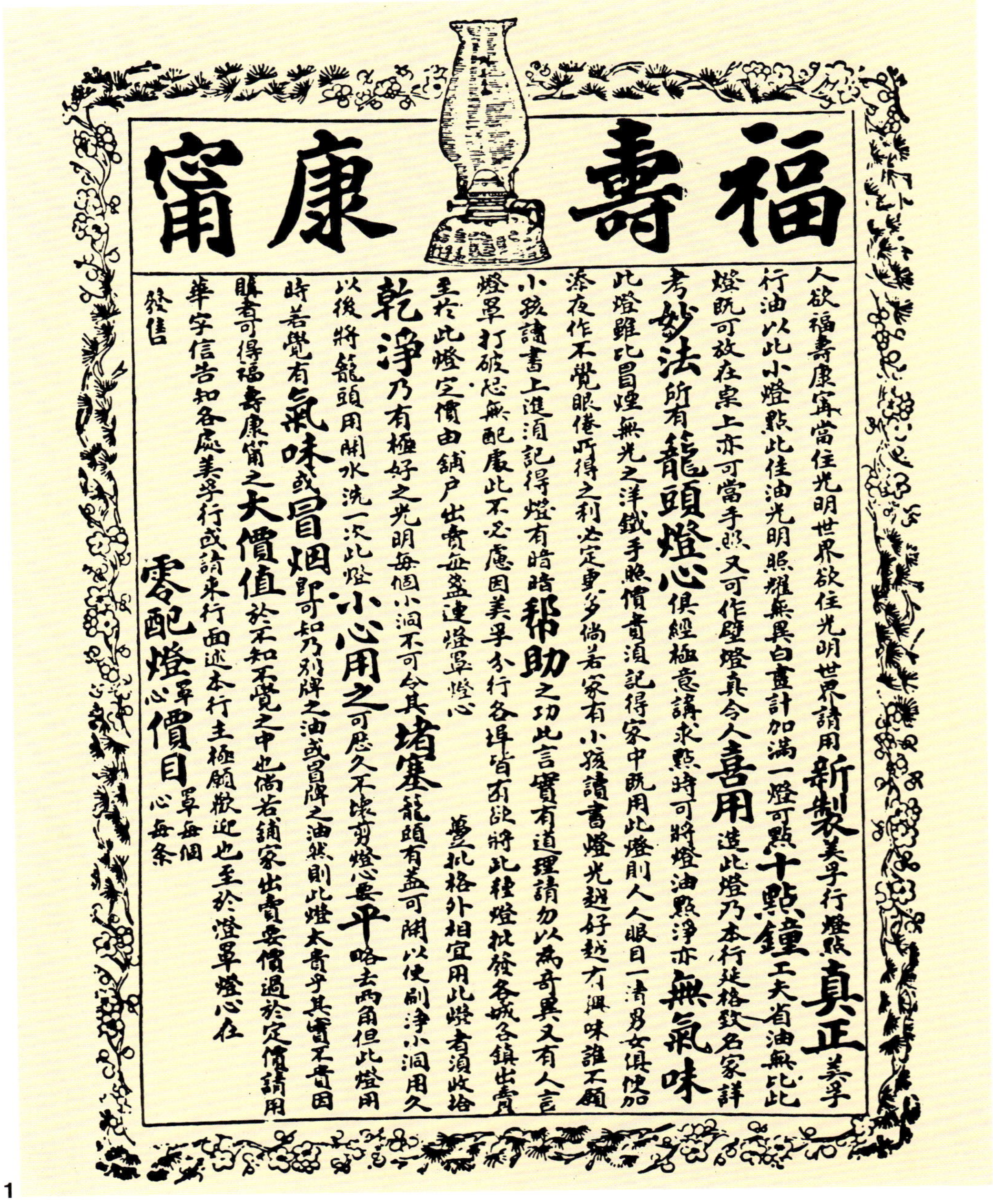

1

1 – Öl für die Lampen Chinas wollten John D. Rockefeller I und seine Standard Oil Company verkaufen, um sich einen großen neuen Absatzmarkt zu schaffen. Aber wo noch gar kein solcher Bedarf bekannt ist, muß er geweckt werden, und sei es durch den Verkauf von Öllampen zum Schleuderpreis. Ja, nicht nur gutes Licht versprach Standard Oil dem schlichten chinesischen Bürger oder Bauern, sondern auch Glück, langes Leben, Wohlergehen und Frieden, wenn er die Lampe kaufe – und natürlich viel, viel Öl dazu und in Zukunft.

2 – Heute brennt kaum noch in einer Lampe Öl, dafür ist ein anderer Verbraucher längst zum Renner geworden, auch ohne daß die Ölkonzerne ihn den potentiellen Kunden durch Schleuderpreise schmackhaft machen mußten. Einer ihrer besten Verkaufsförderer war Henry Ford I, der von seinem legendären Modell T, der Tin Lizzie, ab 1908 in zwanzig Jahren 15,2 Millionen Stück auf die Straßen und an die Tankstellen schickte.

Aber damit waren die Wachstumschancen der Erdölindustrie noch längst nicht ausgereizt. Um 1870 sollen schon die ersten Öltransportschiffe auf der Wolga mit Ölfeuerung ausgerüstet gewesen sein. Die Amerikaner experimentierten 1879 damit, Dampfschiffe von Kohle- auf Ölfeuerung umzustellen. Es dauerte bei ihrer Navy aber noch bis 1910. Die königliche Navy der Briten wurde 1908 umgerüstet.

Mit der Verbrennungskraftmaschine des Deutschen Rudolf Diesel konnten auch schwerentzündbare Öle an den Motor gebracht werden. Dieselmaschinen trieben Schiffe, Lokomotiven und Autos an. Dann ging der Mensch auch noch in die Luft und brauchte mit Flugbenzin und Kerosin wiederum Treibstoff aus Erdöl.

Seit etwa 1920 meldete sich die Petrochemie zu Wort und verarbeitete das Erdöl zu immer mehr und immer neuen Produkten. Neunzig Prozent aller Rohstoffe in der organischen Chemie stammen heute schließlich aus dem Erdöl. Von Kunststoffen und Farben über Dünger und Kleider bis hin zu Medizin, vom Autofahren bis zum Heizen verbraucht der Mensch nach einer Berechnung des Shell-Konzerns in seinem ganzen Leben 200000 Liter Erdöl.

Die Geschichte von Standard Oil

Mit Zahlen konnte John Davison Rockefeller I (1839–1937) schon als Kind umgehen. Sein Ruf als erfolgreicher Pfandleiher und Geldwechsler war schon vor seinem Highschool-Abschluß 1855 in Cleveland, Ohio, legendär. Er wurde am 8. Juli 1839 auf einer Farm in der Nähe von Richford, New York, geboren. Sein Vater war das, was man mit einer vorsichtigen Umschreibung als „lebensfroh" bezeichnen könnte. Er gelangte durch Spekulationen, Geldverleih, Wahrsagerei und den Verkauf von Erdöl als Medizin („Dr. William A. Rockefeller, der berühmte Krebsspezialist" von eigenen Gnaden) zu Wohlstand. Haftbefehle, monatelange Abwesenheit von Heim und Herd und zahlreiche Frauengeschichten hatten den umtriebigen Mann wohl so durcheinander gebracht, daß er bis zu seinem Tod 1906 in Bigamie lebte.

Dem kleinen John D. waren vom Vater Erfindungsreichtum und Geschäftstüchtigkeit, von der Mutter Sparsamkeit und baptistische Religiosität mitgegeben worden. Er arbeitete zunächst als Buchhalter, und als ihm eine Gehaltserhöhung verweigert wurde, gründete er 1859 zusammen mit dem Engländer Maurice B. Clark einen Kommissionshandel in der River

Street 32, Cleveland, und verkaufte Waltran und Kerzen, Tuch und Nahrungsmittel und bald auch Leuchtöl.
Als im April 1861 der Sezessionskrieg ausbrach, begann für die Firma Clark & Rokkefeller ein Wirtschaftsboom, und die beiden Inhaber beschlossen, einen Teil des Gewinns vorsichtig in Öl anzulegen. In Cleveland gab es nach 1860 schon an die dreißig Raffinerien, und Rockefeller schien das wirtschaftliche Potential des Geschäfts vorausgeahnt zu haben. 1863 beteiligte er sich an der kleinen Raffinerie des Selfmade-Chemikers Samuel Andrews, der den Ruf hatte, aus einer Tonne Erdöl mehr Petroleum preiswerter herausdestillieren zu können als jeder andere. 1865 war aus der Destille von Andrews die größte Raffinerie Clevelands geworden. Clark wurde die Sache unheimlich, und er ließ sich von Rockefeller auszahlen.

Der Coup mit dem Transportmonopol

John D. und Andrews suchten und fanden in dem Pfarrersohn und Getreidehändler Henry Morrison Flagler (1830–1913) einen neuen Geldgeber. Im Februar 1867 entstand Rockefeller, Andrews & Flagler mit Flaglers Schwiegervater als sehr stillem Teilhaber. Bei einem Umsatz von mehr als einer Million Dollar dachten die drei darüber nach, wie sich Produzenten, Transporteure, Vermarkter und Ölpreise am besten unter einen Hut bringen ließen. Am 10. Januar 1870 wurden die Kapitalbasis verbreitert und der Name der Firma in Standard Oil Company of Ohio umgeändert. (Aus den Anfangsbuchstaben S. O. entstand später die Bezeichnung Esso.) Und jetzt kam Rockefeller als Chairman der Standard Oil so richtig zur Geltung. „Wie die meisten Kapitalisten seiner Zeit hatte Rockefeller ein gestörtes Verhältnis zum Wettbewerb. Marktwirtschaft, so lautete das Kredo, nützt nur dem Stärksten, da nur er in der Lage ist, die Marktbedingungen wie Menge und Preis zu diktieren. Um aber der Stärkste zu werden, müssen die Schwächeren niederkonkurriert oder geschluckt werden" („Der Spiegel", Nr. 51/1973). 1871 begann der zukünftige erste Ölmilliardär der Geschichte, auf ein Transportmonopol hinzuarbeiten. Die drei größten Eisenbahngesellschaften trafen mit Rockefeller ein Abkommen, das Öl der Raffinerien, die zu einem bestimmten Kartell (South Improvement Company) gehörten, zu Sonderkonditionen zu befördern. Alle anderen Ölfirmen hätten erheblich höhere Frachtraten zu zahlen gehabt.
Aber bevor diese Tarife am 1. März 1872 in Kraft treten konnten, gingen halb Ame-

rika und die ganze amerikanische Presse auf die Barrikaden. Ein Ölboykott der Fördergesellschaften gegen Rockefeller verlief im Sande, statt dessen gelang es ihm, eine ganze Reihe von Raffinerien zu übernehmen. „Von den 250 Erdölraffinerien der USA im Jahre 1870 gab es 1875 nur noch ein paar Dutzend. Nach zum Teil erbitterten Kämpfen, Sabotageakten und auch Schießereien gehörten sie nun entweder zur Standard Oil oder hatten sich in Kooperationsverträgen unterordnen müssen ... das Geschäft war zu 95 Prozent in Rockefellers Hand" (Jochen Schmidt-Liebich).

Ein Konzern wird zerlegt

Bei Rockefeller hört sich die Übernahmeschlacht etwas anders an: „Die Standard Oil war weniger die Frucht einer Idee als bittere Notwendigkeit. Damals drohte allen Petroleumraffinerien der Bankrott, weil die Preise unter den Produktionskosten blieben. Verstimmung, Haß, Neid regierten in diesem Geschäft."

Als nächstes kamen die Transportwege an die Reihe. Bis Ende 1877 kontrollierte Rockefeller alle großen Pipeline-Gesellschaften, die das Öl durch ihre Rohre bis zu den Bahnstationen brachten. Damit mußten die Eisenbahnen Rockefeller-Öl zu seinen Bedingungen transportieren, und die öffentliche Meinung begann wieder, Gift und Galle zu spucken, bis sogar die Politiker nicht mehr umhin konnten, dem Konzern energisch auf die Finger zu klopfen.

1882 wurde die Firma in einen Trust umgewandelt, zu dem vierzig Gesellschaften gehörten. Das Kesseltreiben gegen das damals mächtigste Unternehmen Amerikas begann. Anklagen und Prozesse auf der einen Seite und raffinierte Firmenpolitik und die richtige Lobby auf der anderen Seite hielten sich die Waage und den Trust am Leben. 1892 ordnete das Oberste Gericht von Ohio die Auflösung des vielköpfigen Firmen-Monsters an, aber in Wirklichkeit liefen die Geschäfte, gelenkt von New York aus, weiter wie bisher.

Von 1904 an klagten zwanzig US-Bundesstaaten gegen den Trust, aber erst als 1906 die Bundesregierung in Washington gegen die Standard Oil Company of New Jersey den Kampf aufnahm, wuchsen die Chancen einer Zerschlagung. Am 15. Mai 1911 beschloß der Oberste Gerichtshof der Vereinigten Staaten eine Aufsplitterung in 33 juristisch und wirtschaftlich selbständige Gesellschaften. Aus der Teilung entstanden später durch Fusionen mit anderen Firmen beispielsweise die Mobil Oil Corporation (1931), und die Standard Oil Company of California erwarb 1984 die Gulf Oil Corporation und nannte sich fortan Chevron Corporation.

Im selben Jahr 1911 übergab John D. I die Firma seinem Sohn John D. II. Und mit dem steigenden Bedarf an Erdölprodukten wuchs auch die Rumpf-Standard rasch wieder. 1972 wurde Standard Oil Company (New Jersey) in Exxon Corporation umbenannt. Sie ist der umsatzstärkste Erdöl- und Industriekonzern der Erde, mit einem Pipeline-Netz von über 15000 Kilometern und einer Tankerflotte mit 9 Millionen Deadweight-tons. Und als ein Supertanker wie die „Exxon Valdez" sich den Bauch aufschlitzte und den Prince William Sound in Alaska mit seinem Öl verseuchte, da konnten Reinigungskosten, die bei etwa 1,28 Milliarden Dollar lagen, die Firma nicht an den Rand des Ruins treiben.

Die Mellons und die Gulf Oil

Während Rockefeller in heftigen Abwehrschlachten um seine Standard Oil kämpfte, rieb sich die Konkurrenz die Hände und etablierte neue amerikanische Ölkonzerne. Eine davon war die schon erwähnte Gulf Oil Corporation, die dann doch noch bei einer früheren Standard-Tochter landete, wenn auch mit einiger Verspätung.

Die Firma verdankt ihre Entstehung dem legendären Spindletop-Ölfeld im südöstlichen Texas zwischen Beaumont, Port Arthur und Orange, die heute Eckpunkte des Petrochemie- und Industriekomplexes „Golden Triangle", goldenes Dreieck, sind. Ein Händler namens Patillo Higgings hatte sich über austretendes Erdgas in diesem Gebiet gewundert, in geologischer Fachliteratur gewühlt und war auf das Phänomen der Salzstöcke gestoßen, die irgendwie mit Öl zu tun haben konnten. Eine Versuchsbohrung am Spindletop blieb 1892 in 125 Meter Tiefe stecken.

Da kam ihm Anthony F. Lucas (von ihm wird noch die Rede sein) zur Hilfe. 1899 wurde die zweite vergebliche Bohrung niedergebracht. Spione der Standard Oil hielten das Gebiet für wertlos. Lucas gründete zusammen mit den Pittsburgher Wildcatters J. M. Guffey und J. H. Galey 1900 die J. M. Guffey Petroleum Company, und die Mellon Bank in Pittsburgh, gegründet 1869 von Thomas Mellon (1813–1908), schoß das noch fehlende Geld zu. Statt des herkömmlichen Seilschlagverfahrens setzte Lucas das noch gänzlich neue Rotarybohrverfahren ein.

Am 10. Januar 1901 stieß die Crew in einer Tiefe von 347 Metern auf den Caprock, und dann kam es zu einer Explosion, die im Umkreis von mehreren Kilometern zu hören war. Mit einem Blowout schoß eine Fontäne aus Schlamm und Erdöl mehrere hundert Meter in die Luft. Neun Tage dauerte es, bis Lucas und seine Mannschaft den elementaren Ausbruch unter Kontrolle hatten. Pro Tag lieferte die Quelle rund 60000 Barrels (über 8000 Tonnen). Noch heute erinnern das Lucas Gusher Monument und die wiederaufgebaute Gladys City-Spindletop Boomtown in Beaumont an den nachfolgenden Run auf das Öl.

Thomas Mellon gründete die Tochtergesellschaft Gulf Refining, baute nach dem Fund in Port Arthur am Golf von Mexiko eine Raffinerie und verband sie durch eine Pipeline mit dem Spindletop-Feld. Die Brüder Mellon waren mittlerweile Haupt-

1 – Bei Baku auf der Halbinsel Apscheron am Kaspischen Meer waren schon im Altertum Erdölquellen bekannt. Der Kupferstich aus dem Jahr 1712 bezeichnet a) die schwarzen Naphthaquellen, b) sichtbare Naphthaquellen, c) ein Magazin für Naphtha, d) eine Herberge, e) das Dorf Bulganni und f) eine Naphtharaffinerie.
2 – Um die Wende vom 19. zum 20. Jahrhundert hatte das Gebiet um Baku die amerikanischen Ölproduktionszentren bereits überflügelt. Nur in dem älteren Erdölfeld zählte man schon weit über tausend Bohrtürme, und „im Jahre 1896 allein hat man im ganzen 53 000 m Bohrlöcher gestoßen ... Zwischen den Bohrtürmen und Behältern liegen gewaltigen Schlangen gleich die Rohrleitungen am Boden, ihre gesamte Länge soll bei Baku mehr als 300 km betragen." Diese Pipelines, wie wir heute sagen, gehörten zusammen mit der Eisenbahnlinie Baku–Batum und den Tankschiffen zu dem Konzept, mit dem Robert und Ludwig Nobel, finanziell unterstützt von ihrem Bruder Alfred, die amerikanische Konkurrenz aus dem Feld schlugen.

1

2

anteilseigner der im Mai 1901 gegründeten J. F. Guffey Petroleum Company. Die Firma erschloß weitere Felder in Texas, in Oklahoma und Louisiana, und 1923 war die Anlage in Port Arthur die größte Raffinerie der Welt. Nachdem die Mellons die ursprünglichen Gründer aufgekauft hatten, gründeten sie 1907 die Gulf Oil Corporation. Sie wurde die erste Ölfirma, die eine Tankstelle aufmachte, und zwar 1913 in Pittsburgh.

Wechselseitige Aufkäufe: Texaco und DEA

Auch The Texas Company verdankte ihre Entstehung dem Spindletop-Boom. Ursprünglich wollten sich der ehemalige Angestellte von Standard Oil Joseph S. Cullinan (1860–1937) und der Investmentberater Arnold Schlaet (1859–1946) nur in das Spindletop-Feld einkaufen, um Öl zu raffinieren und es dann im Norden an die Standard Oil zu verkaufen. Am 7. April 1902 gründeten sie ihre Firma, kamen auf den Geschmack und expandierten rasch. Die Firma baute ebenfalls eine Pipeline zur eigenen Raffinerie in Port Arthur.
Weitere Quellen in Texas, Oklahoma und Louisiana kamen dazu. 1908 schickte The Texas Company ihren ersten Tanker, die „Texaco", über den Atlantik, um in Europa Petroleum zu vermarkten. 1928 war der Konzern als erster in allen 48 US-Bundesstaaten vertreten, und wenig später folgten Operationen in Kanada, Kolumbien und Venezuela.
1940 geriet der Konzern in die Schlagzeilen, als sich ein Firmenrepräsentant in Deutschland als Spion der Nazis herausstellte, der einen streng geheimen Report von Texaco über die amerikanische Flugzeugindustrie weitergegeben hatte. 1959 wurde die Firma in Texaco Inc. umbenannt.
1966 kaufte die Texaco 97 Prozent der 1899 als Deutsche Tiefbohr AG gegründeten, 1911 in Deutsche Erdöl AG (DEA) umbenannten Firma. 1970 wurde daraus die Deutsche Texaco AG. Und 1989 schloß sich der Kreis. Aus der Deutschen Texaco, der UK Wesseling und Teilen der Rheinbraun Verkaufsgesellschaft mbH entstand wieder eine DEA Mineraloel AG.

Der russische Ölboom

Baku auf der Halbinsel Apscheron hatte schon eine bewegte Vergangenheit hinter sich, bevor die Stadt zum Mittelpunkt der russischen Erdölindustrie wurde und an der Wende zum 20. Jahrhundert sogar noch vor den Amerikanern das größte Erdölproduktionszentrum der Welt war. 1723 hatte Zar Peter der Große Baku erobert, 1735 gab Rußland die Stadt an Persien zurück. Im persisch-russischen Krieg (1804/13) eroberten die Truppen Zar Alexanders I. Baku erneut, und im Friedensvertrag von 1813 erhielt Rußland mit der Halbinsel Apscheron erstmals ein eigenes Erdölgebiet.

Bis 1872 war die recht magere Ölproduktion Staatsmonopol. Dann wurden die Ölfelder in Parzellen aufgeteilt und verkauft. Ein Jahr später zeigte sich, daß längst noch nicht alles Baku-Öl aus dem Boden gesickert oder in heiligen Feuern verbrannt war: Mit amerikanischem Gerät angebohrte Ölquellen spuckten gewaltige Fontänen in den Himmel. Jetzt war ein Macher gefragt, der das Öl raffinierte und als knallharte Konkurrenz zur US-amerikanischen Ölschwemme an den Mann brachte. Und da reiste Robert Nobel (1829–1896), der Bruder des Dynamit-Nobel, in den Kaukasus, um zähes und elastisches Walnußholz für Gewehrschäfte zu kaufen. Er wurde auf das Baku-Öl aufmerksam, ließ sich 1875 am Kaukasus nieder und begann zusammen mit seinem Bruder Ludwig Nobel (1831–1888), in Rußland eine Weltindustrie aufzubauen.

Die Brüder Nobel hatten von Anfang an vor, alle Glieder der Erdölkette in der Hand zu behalten, von der Produktion über die Raffinierung bis hin zum Transport und Verkauf. Aber die Konkurrenz auf der Halbinsel schlief nicht, und Rokkefeller versuchte mit Niedrigstpreisen für Petroleum, seine europäischen Abnehmer zu halten. „Nun griff Ludwig mit seinem Organisationstalent ein und rationalisierte, während Robert Verbesserungen in der Destillation und Raffinerie einführte. Die Brüder wandten ein Verfahren an, mit dem aus dem Rohöl vierzig Prozent gutes und leichtes Leuchtöl gewonnen wurde. Damit waren sie gegenüber den Amerikanern wettbewerbsfähig" (Rolf Wünnenberg).

Die Brüder Nobel: Konkurrenz für amerikanisches Erdöl

Zur Vergrößerung der Firma konnten die beiden Öl-Nobels auf die finanzielle Unterstützung ihres jüngeren Bruders Alfred zurückgreifen, der als Gegenleistung eine bessere Vertretung seiner Dynamit- und Nitroglycerinprodukte auf dem russischen Markt erhielt. Der 15. Mai 1879 war der offizielle Gründungstag der Naphtha-Gesellschaft Gebrüder Nobel. Schon vorher hatten die Nobels das Transportproblem in Angriff genommen. Da die Gegend um Baku von der übrigen russischen Welt ziemlich abgeschlossen war, bot sich zunächst eine Route durch das Kaspische Meer und dann die Wolga flußaufwärts an. 1877 ließ Ludwig nach eigenen Plänen kleine Binnenseedampfer bauen. Bis 1898 fuhren 53 Tanker für die Nobels.

1883 war die von dem russischen Ingenieur Palaschkowsky gebaute eingleisige Eisenbahnlinie zwischen Baku und Batum am Schwarzen Meer betriebsbereit. Ludwig ließ nach seinen Angaben Tankwagen konstruieren, die das Öl aus 26 Bohrungen in der Wüste um Baku aufnehmen konnten. Und schließlich finanzierte seine Firma im selben Jahr auch noch eine Pipeline, die jetzt das Öl in stetigem Strom über dieselbe Strecke in Richtung Westen transportieren konnte. Es wurde in Batum auf Tanker von Nobel gepumpt, die ihre Fracht dann über das Schwarze Meer durch die Dardanellen ins Mittelmeer brachten. Von dort ging es zu den Ölmärkten in Westeuropa.

Ebenfalls im Jahr 1883 besaß die Firma Nobel die größte Erdölraffinerie der Welt. Nach dem von Mendelejew 1882 entworfenen Prinzip einer kontinuierlich arbeitenden Anlage baute Robert in Baku die erste Destillationsbatterie mit Destillierblasen, die als Kaskade geschaltet waren. Eine verbesserte „Nobelsche Destillationsbatterie" wurde im Ausland ein Verkaufsschlager. Doch die Nobels mußten auch Rückschläge einstecken. „In Baku waren mehrere Explosionen, begleitet von Feuersbrünsten, erfolgt. Der Konkurrenzkampf erreichte seinen Höhepunkt. Ein Tanker wurde durch Sabotage zum Ken-

Die schon in vorspanischer Zeit bekannten Erdölvorkommen am venezolanischen Maracaibosee erschloß ab 1913 Hendrik Wilhelm August Detering mit der Royal Dutch/Shell-Gruppe, und ein Jahr später wuchsen die Bohrtürme auch schon aus dem flachen Lagunenwasser in die Höhe, bis heute mit etwa viertausend Stück eines der seltsamsten Erdölpanoramen der Welt.

tern gebracht, ein weiterer großer Tanker, die ‚Nordenskjöld', explodierte und brannte aus" (Rolf Wünnenberg). Außerdem hatte auch das Pariser Bankhaus Rothschild Profite durch Erdöl gerochen und war auf der Halbinsel Apscheron als Konkurrent eingestiegen. Und auf der Ölszene in anderen Teilen der Welt tauchten andere Ölprinzen auf und hoben weitere Ölimperien aus der Taufe.

Die Royal Dutch/Shell Group

„In dem Gewimmel von Gassen und finstern Gängen der Londoner City ... konnte man zu Beginn des Jahrhunderts oft einen dicken, kleinen Mann spazierengehen sehen, der, einen altmodischen Zylinder auf dem runden Kopf, Sommer und Winter einen dunkelgrauen glatten Überzieher mit breiten Seidenrevers anhatte und weite offene Kragen trug, die den breiten Nacken nicht beengten" (Anton Zischka). Dieser Mann war als Marcus Samuel (1853–1927), Sohn orthodoxer Juden, in Whitechapel geboren worden. Als er 1927 mit dem Titel eines Viscount starb, hatte er zusammen mit dem Holländer Hendrik Wilhelm August Detering (1866–1939) eines der weltgrößten Ölimperien gegründet: die Royal Dutch/Shell Group.

1878 hatte Marcus zusammen mit seinem Bruder Samuel in London den Import-Export-Laden seines Vaters übernommen. Marcus Samuel senior hatte schon seit 1830 Tee und Reis, Perlmutter und wunderschöne Muscheln aus Ostasien auf die britische Insel geschafft und dafür englische Industrieprodukte nach Fernost verfrachtet. Marcus junior fügte der Palette von Handelsprodukten noch Petroleum aus den Raffinerien in Baku hinzu. Zuerst verlud er das Öl in Blechkanistern auf gecharterten Schiffen, aber ab 1892 ließ er seine eigenen Tanker bauen, zunächst das 4200-Tonnen-Tankschiff „Murex" (Purpurmuschel) in Hartlepool. Damit fuhr er zum größten Ärger von Rockefellers Standard Oil russisches Öl durch den Suezkanal in den Fernen Osten.

Durch Tanker und Suezkanal war es Marcus Samuel gelungen, die Standard Oil zu unterbieten, weil Rockefeller sein Öl zum einen immer noch aus Pennsylvania und zum anderen immer noch in Fässern nach Singapur und Bangkok und so weiter transportierte. 1896 erwarb Samuel Schürfrechte und Raffinerien in Borneo, und ein Jahr später gründete er die Shell Transport and Trading Company Limited, benannt nach den Muscheln (englisch: *shell*), mit denen sein Geschäft begonnen hatte. Die Shell holte Petroleum aus Sumatra, Texas (von der Guffey Petroleum), Rußland, Rumänien und anderen Ländern.

Detering, der Napoleon des Öls

Aber in der Zwischenzeit war auch eine Gruppe von niederländischen Bankiers, Geschäftsleuten und ehemaligen Kolonialbeamten nicht untätig gewesen und hatte am 28. Mai 1890 eine Petroleumgesellschaft mit dem klangvollen Namen Koninklijke Nederlandsche Maatschappij tot Exploitatie van Petroleumbronnen in Nederlandsch-Indie gegründet, kurz Royal Dutch, Königlich Niederländische, genannt. Chef der Firma wurde J. B. August Kessler (gest. 1900). 1892 beutete die Firma ihre ersten Ölfelder in Langkat auf Sumatra aus und verfügte über eine Pipeline und eine Raffinerie. Hendrik Wilhelm August Detering war 1888 als Buchhalter nach Niederländisch-Indien gekommen. Er lernte Kessler kennen, der ihn abwarb und 1896 als seinen Assistenten und potentiellen Nachfolger einstellte. 1901, ein Jahr nach Kesslers plötzlichem Tod in Neapel, übernahm Detering die Leitung der Royal Dutch. Er ließ Tanker bauen, legte Öldepots an und baute eine Verkaufsorganisation auf.
1903 kamen sich Shell und Royal Dutch in der Asiatic Petroleum Company erstmals näher, weil die eine Firma hatte, was die andere wollte oder brauchte: Royal Dutch besaß das Erdöl, das Shell mit seiner Transportkapazität an die Verbraucher verteilen konnte. Und beide hatten auch etwas gemeinsam: Über ihnen schwebte drohend der Schatten der Standard Oil.

Als 1935 das erste Öl aus den riesigen nordirakischen Erdölfeldern von Kirkuk durch eine Pipeline zu dem etwa achthundert Kilometer entfernten syrischen Hafen Tripoli floß, konnte sich die damalige Anglo-Iranian Oil Company, heute British Petroleum, für ihre Transporte einen weiten Umweg um die Arabische Halbinsel und durch den Suezkanal ersparen.

1907 kam es zur vollständigen Fusion mit dem Namen Royal Dutch/Shell-Gruppe mit Detering als Chef. Auf der anderen Seite des Atlantiks wertete Rockefeller diesen Zusammenschluß als Kriegserklärung, und Detering, der „Napoleon des Öls", nahm den Fehdehandschuh gelassen auf und griff den Markt der Standard Oil in China an. Die Folge war, daß in Rockefellers chinesischen Petroleumlampen das billigere Detering-Öl brannte.
Damit gab sich der unermüdliche Arbeiter Detering (er soll gesagt haben: „Wenn ich Diktator wäre, ließe ich alle Faulenzer erschießen.") nicht zufrieden. Er griff den durch die Antitrustgesetzgebung geschädigten Rockefeller auf seinem eigenen Territorium an, baute eine Verkaufsorganisation in den USA auf und warf asiatisches und mexikanisches Öl auf den amerikanischen Markt. Die Gruppe hatte Produktionsstätten in Rumänien, Rußland, Irak, Ägypten und Mexiko, aber auch in Kalifornien und Oklahoma. 1913 erschloß Detering das Öl Venezuelas mit den Gebieten um den Maracaibosee. Das Venezuela-Öl wurde zweimal besonders wichtig: als die Sowjets im Oktober 1917 Revolution machten und die westlichen Ölgesellschaften in Baku enteigneten und viel später als Gegengewicht zum Öl der Schahs und Scheichs aus dem Nahen Osten.

The British Petroleum Company PLC

Die Ölgeschichte Persiens begann am 28. Mai 1901. An diesem Tag erhielt der britische Ingenieur William Knox d'Arcy gegen die Zahlung von 20000 Goldpfund und 16 Prozent Gewinnbeteiligung von Schah Mosaffar ed-Din mit einer Ölkonzession die Erlaubnis, „Erdgas, Erdöl, Asphalt und Ozokerit im ganzen persischen Reich, ausgenommen die fünf nördlichen Provinzen, zu suchen, auszubeuten, zu entwickeln, marktfähig zu machen, abzutransportieren und zu verkaufen". Die fünf nördlichen Provinzen ließ der Schah von dem Vertrag ausnehmen, weil er den Russen nicht zu nahe treten wollte.
William Knox d'Arcy stammte aus der englischen Grafschaft Devon. Er wanderte nach Australien aus, investierte in die Mount-Morgan-Goldmine und machte damit ein Vermögen. Mit all dem Geld wurde ihm Australien zu klein. Er kehrte nach England zurück, kaufte sich am Londoner Grosvenor Square ein Stadthaus und ließ dort für seine Gäste Stars wie Nelly Melba und Enrico Caruso singen. Wie der Goldmillionär auf mögliche Ölvorkommen in Persien aufmerksam wurde, darüber gehen die Meinungen auseinander. Jedenfalls beauftragte er im August 1901 den Ingenieur und Amateurgeologen George Bernard Reynolds, die Arbeiten drüben in Persien zu leiten. Sieben Jahre suchte die Crew von Knox d'Arcy unter entsetzlichen Klima- und Umweltbedingungen vergeblich nach Öl.

Knox d'Arcy und der Besitzerwechsel

Sechs Millionen Mark soll Knox d'Arcy in die bis dahin erfolglose Ölprospektion gesteckt haben, sein australisches Gold verschwand in trockenen persischen Bohrlöchern. Die von Schotten geleitete Burmah Oil Company stieg 1905 in das (zukünftige) Geschäft ein. Aber daraus schien nichts zu werden, Mitte Mai 1908 wurde Reynolds telegrafisch aufgefordert, das Unternehmen einzustellen. Doch am 26. Mai 1908 morgens um vier Uhr wurde Reynolds in Masjid-i-Sulaiman (Tempel des Salomon) fündig. Eine Ölfontäne stieg dreißig Meter hoch in den Himmel und markierte den Fundort eines der reichsten Erdöllager der Welt.
Knapp ein Jahr später, am 14. April 1909, wurde die Anglo-Persian Oil Company gegründet. Knox d'Arcy brachte seine wertvolle Ölkonzession mit in diese Company ein und wurde mit Aktien dafür entlohnt. Nach anderer Version habe er nur die Ölquelle an Salomons Tempel abgetreten, und die Konzession des Schahs sei durch einen üblen Trick des britischen Geheimdienstagenten Sidney Reilly in den Besitz der zukünftigen Anglo-Persian gekommen. Im Juni 1911 stand die erste, zweihundert Kilometer lange Pipeline zwischen dem Ölfeld und Abadan am Persischen Golf; im März 1912 hatte der erste Tanker den Bauch voller Öl; 1913 nahm eine Riesenraffinerie in Abadan den Betrieb auf. 1914 erzählte der Erste Lord der Admiralität, Winston Churchill, dem Unterhaus, daß mehr als die Hälfte der Aktien der Anglo-Persian der britischen Regierung gehöre, in erster Linie der Admiralität.
In den nächsten Jahrzehnten folgten zwei Namensänderungen: Anglo-Iranian Oil Company Ltd. im Jahr 1935 und British Petroleum Company Limited (BP) schließlich 1954. Mit der Zeit verteilte die Firma ihre Interessen auf Bahrain, Saudi-Arabien, Irak, Kuwait und Australien, aber auch auf die Prudhoe Bay von Alaska. 1965 entdeckte die BP das erste wirtschaftliche Erdgasfeld, 1970 das erste größere Erdölfeld in der Nordsee. Seit 1982 lautet der Name The British Petroleum Company PLC.

Suchen und Bohren

Die Exploration

Wenn irgendwo Kohlenwasserstoffe in Form von Erdgas, Erdöl oder Bitumen aus dem Erdboden austraten, dann gingen die Wildcutter der Frühzeit der Erdölsuche davon aus, daß unter dieser Stelle auch Erdöl zu finden sein mußte. Allerdings konnte niemand ahnen, wie groß die erschließbare Ölmenge sein würde. Für Ölfunde, die sich nicht durch Sickerstellen verrieten, sorgten der Zufall und die Wünschelrute, auch wenn Benjamin Silliman 1864 zu Recht wütete: „Die Behauptungen der Rutengänger sind wertlos. Die Kunst, Quellen oder Minerale durch irgendeinen Zweig zu finden, ist ein Selbstbetrug derer, die diese Kunst ausüben, ein Verbrechen gegen Verstand und gesunde Vernunft, ist unvereinbar mit den Gesetzen der Natur und verdient allgemeine Ablehnung."
Dann kamen die Geologen und zeigten den Ölleuten geologische Strukturen, die ergiebige Ölfelder vermuten ließen. Und die Rutengänger blieben und machten sich bisweilen geologische Karten zunutze, um ihre Trefferquote zu erhöhen. Um 1920 erhielten die Geologen mit ihrer bis dahin einzigen wissenschaftlichen Explorationsmethode Schützenhilfe durch die Geophysiker, die mit physikalischen Methoden die physikalischen Erscheinungen auf, über und in der Erde genauer untersuchten und geophysikalische Aufschlußverfahren wie Geomagnetik, Gravimetrie, Seismik und Geoelektrik für die Suche nach Bodenschätzen einsatzreif machten. Aber so ganz vertrauenswürdig schien den Ölfirmen diese geheimnisvolle neue Wissenschaft nicht zu sein. Noch 1924 engagierte eine US-Firma einen Pendler, der den exakten Bohrpunkt mit Hilfe einer ölgefüllten Eisenkugel an einer Kette ermitteln sollte.

In den frühen dreißiger Jahren des 20. Jahrhunderts kam als weitere Aufschlußtechnik die geochemische Prospektion hinzu, die sich der Untersuchung von Gesteins- und Bodenproben, aber auch von Pflanzen- und Wasserproben bedient. Als Begründer der modernen Geochemie gilt der schweizerisch-norwegische Mineraloge und Petrograph Victor Moritz Goldschmidt (1888–1947). Einen ersten Eindruck vermitteln natürlich schon topographische Karten. Ein echter Fortschritt waren Luftbilder, wie sie der Franzose Nadar schon 1858 von seinem Ballon aus aufnahm. Die Technik der Aerotopographie und Fotogeologie gab später den Geologen einen guten Überblick über mögliche Aufschlußgebiete. Schließlich wurden auch noch Erderkundungssatelliten in den Dienst der Ölexploration gestellt, die unter anderem mit Infrarotkameras durch Wärmeunterschiede im Meerwasser unterseeische Ölquellen ausmachen sollen. Auch der Großcomputer kommt zum Einsatz: Er verarbeitet geophysikalische Meßdaten zu dreidimensionalen Modellen der Lagerstätten.

1

Die ersten magnetischen Messungen

Die Geomagnetik oder schlicht Magnetik ist ein Verfahren zur Erforschung der obersten Erdkruste, der geologischen Struktur des oberflächennahen Untergrundes bei der Lagerstättenforschung. Sie nutzt dabei das Phänomen, daß Gesteine des Grundgebirges (Tiefen- und Ergußgesteine, metamorphe Gesteine) unterschiedlich starken Gesteinsmagnetismus aufweisen. Dadurch kommt es zu meßbaren Veränderungen oder Anomalien des normalen Erdmagnetfeldes, die Rückschlüsse etwa auf die Mächtigkeit einer (nicht magnetischen) Sedimentdecke, auf Magmaeinschlüsse, auf Lagerungsunterschiede der Gesteine und speziell auf Erzlager ermöglichen.
Zur Messung der Magnetfelder dient ein Magnetometer. Das einfachste Gerät dieser Art entwickelte Carl Friedrich Gauß (1777–1855) schon im Jahr 1832. Es bestand aus einem Magnetstab, der waagerecht an einem Golddraht aufgehängt war und sich in Richtung des Erdmagnetfeldes einzustellen suchte. 1838 publizierte Gauß seine „Allgemeine Theorie des Erdmagnetismus". Für ihn glich die Erde einem Magneten, dessen Nord- und Südpol sich mit den geographisch festgelegten Polen nicht genau deckten.
Eines der ersten Magnetometer, das bei der geophysikalischen Exploration eingesetzt wurde, stammte von dem deutschen Geophysiker Adolf Schmidt (1860–1944), die sogenannte Schmidtsche Schneidenwaage. Seine magnetische Feldwaage zur Relativmessung der Stärke der vertikalen Komponente des erdmagnetischen Feldes bestand aus einem horizontal auf einer Schneide gelagerten, genau in Ost-West-Richtung ausgerichteten Stabmagneten. Schmidt war von 1902 bis 1928 Direktor des damaligen Erdmagnetischen Observatoriums in Potsdam und arbeitete unter anderem über die Anwendung der Potentialtheorie auf den Erdmagnetismus. Seine Schneidenwaage war nur eines von mehreren Magnetometern seiner Konstruktion. In den USA untersuchte der Geophysiker Carl Heiland (geb. 1899) schon 1926 Gelände mit einer Magnetfeldwaage. Heiland war Leiter der geophysikalischen Abteilung der Bergakademie von Colorado. Er beschäftigte sich auch mit gravimetrischen und seismischen Untersuchungen und konstruierte 1930 ein Geophon.

Die Sonde des Friedrich Förster

Ein Magnetometer zur Messung sehr kleiner magnetischer Feldstärken nach Größe und Richtung entwickelte 1938 der deutsche Physiker und Metallforscher Friedrich Förster, die Förster-Sonde (Induktionsflußmagnetometer, Fluxgate-Magnetometer). Die Sensoren bestehen aus zwei parallelen weichmagnetischen Stabkernen, auf die ein Magnetisierungs- und ein Sekundärspulenpaar mit jeweils entgegengesetztem Wicklungssinn (Differentialspulen) gewickelt sind. Durch die Magnetisierungsspulen fließt ein Wechselstrom. Trifft die Sonde auf ein Magnetfeld, trit

1 – Zum Aufspüren von Bodenschätzen genau wie von Wasseradern wurde schon seit der Antike die Wünschelrute benutzt, im allgemeinen ein gegabelter Zweig vom Haselnußstrauch. Der dafür besonders begabte Rutengänger hält sie mit beiden Händen im labilen Spannungsgleichgewicht, bis sie über bestimmten unterirdischen Reizzonen ausschlägt. Wie in vielen montankundlichen Werken ist eine entsprechende Darstellung natürlich auch bei Georgius Agricola zu finden, den man übrigens links im Bild mit großem Hut zu erkennen glaubt. Daß bei der Erdölexploration von Beginn an auch die Rute, in moderner Form aus Metall, eingesetzt wurde, ist kein Wunder, wenn auch ihre Anhänger meist als wundergläubig angesehen werden.

2 – In oberflächennahen Schichten der Erdkruste gelagerte Erze können das normale Erdmagnetfeld verändern. Der Geophysiker Adolf Schmidt konstruierte 1907 die erste schneidengelagerte Feldwaage zur Messung der vertikalen Komponente solcher Veränderungen. Um 1920 übernahmen die Askania-Werke die Serienfertigung der Schmidtschen Feldwaage. Sie wurde bis etwa 1955 bei der Lagerstättenprospektion benutzt.

2

als Maß für die Magnetfeld-Komponente in Richtung der parallelen Stäbe in den Sekundärspulen eine unsymmetrische Spannung auf.

In spezielle Suchgeräte eingebaut, wurden mit dieser Sonde sogar Lawinenverschüttete aufgespürt, Blindgänger im Erdboden oder im Wasser oder gesunkene Schiffe geortet. Förster-Tripole mit drei senkrecht aufeinander stehenden Förster-Sonden eignen sich für erdmagnetische Messungen vom Flugzeug aus und dienen in Raumsonden (etwa Mariner 2) zur Messung der magnetischen Feldstärke im Weltraum. Für die Ölexploration soll erstmals 1944 ein Förster-Magnetometer vom Flugzeug aus eingesetzt worden sein.

Friedrich Förster wurde am 13. Februar 1908 in Hundisburg bei Magdeburg geboren. Er studierte bis 1932 in Göttingen, machte 1933 seinen Doktor und wurde 1935 Assistent am Kaiser-Wilhelm-Institut für Metallurgie in Stuttgart. 1948 gründete er zusammen mit einem Mitarbeiter die Firma Institut Dr. Förster. Die Firma hielt Patente auf dem Gebiet der Magnetfeldmessungen, der zerstörungsfreien Werkstoffprüfung, der Reaktor- und Raumfahrttechnik.

Newton, ein Apfel und die Fallbeschleunigung

Als die Astronauten von Apollo 15, David R. Scott und James B. Irvin, am 30. Juli 1971 das Apenningebirge auf dem Mond betraten, hatten sie auch ein ganz spezielles Experiment bei sich. Sie ließen nämlich aus gleicher Höhe zur gleichen Zeit einen Hammer und eine Feder fallen und beides landete, von der Fernsehkamera auf die weit entfernte Erde übertragen, zur gleichen Zeit im Mondstaub. Damit hatten die beiden Amerikaner den eindrucksvollen Beweis für die These eines ihrer frühen Kollegen geliefert, der schon 1590 aus Fallversuchen geschlossen hatte, daß im luftleeren Raum alle Gegenstände, unabhängig von ihrer Masse oder Gestalt, gleich schnell fallen. Auf der Erde hindert der Luftwiderstand viele Gegenstände, wie etwa die Feder, daran, sich nach dieser These Galileis zu richten. Durch die Anziehungskraft der Erde erfährt jeder fallende Körper eine gleichmäßig beschleunigte Bewegung, die sogenannte Fall- oder Schwerebeschleunigung mit dem Formelzeichen g.

Alle Körper üben aufgrund ihrer Masse eine gegenseitige Anziehung aufeinander aus. Dieses Phänomen heißt Gravitation oder Massenanziehung, und die Welt ver-

dankt das Gravitationsgesetz dem Faktum, daß Isaac Newton 1665 ein Apfel vom Baum auf den Kopf gefallen ist (das behauptete jedenfalls Voltaire und gab eine Nichte Newtons als Informantin an). Nach Newtons Gravitationsgesetz ziehen sich zwei kugelförmige Körper mit einer Kraft an, deren Betrag direkt proportional zum Produkt ihrer beiden Massen, aber indirekt proportional zum Quadrat des Abstandes ihrer beiden Mittelpunkte ist.
Der Betrag der Fallbeschleunigung auf der Erdoberfläche kann also laut Newton nicht überall gleich sein. Einmal hängt er von der geographischen Breite ab: Er ist in Meereshöhe am Äquator kleiner ($g = 9{,}78\,m/s^2$) als an den Polen ($g = 9{,}83\,m/s^2$), weil durch die Abplattung der Erde der Abstand Erdoberfläche–Erdmittelpunkt zu den Polen hin abnimmt. Ein Gesetz über die Größe der Fallbeschleunigung als Funktion der geographischen Breite stellte um 1740 der französische Mathematiker Alexis Clairault (1713–1765) auf. Außer Zentrifugalkraft, Gezeiten und Höhe über dem Meer können sich schließlich auch noch örtliche Abweichungen in der normalen Dichteverteilung der Erdkruste auswirken.
Oberflächennahe Gesteine mit Unterschieden in der Dichte beeinflussen das Schwerefeld und damit den Betrag der Fallbeschleunigung. Und Messungen der räumlichen Verteilung der lokalen Fallbeschleunigungen lassen Rückschlüsse auf die geologischen Verhältnisse, auf die Form und Lage verschieden dichter Gesteinskörper zu. So wird beispielsweise die Fallbeschleunigung über den sehr dichten Kernen von Antiklinalen oder über einem dichten Erzvorkommen etwas größer, über Salzstöcken oder normalen Sedimenten mit geringer Dichte etwas kleiner als der Normalwert bei diesem Breitengrad sein. Diese kleinen Unterschiede machen sich die Geophysiker bei der Exploration zunutze. Als Meßgerät zum Auffinden von Erz-, Salz- und Erdölvorkommen setzen die Geophysiker das Gravimeter ein.

Das Reversionspendel von Bohnenberger

Zur Zeitmessung verwendeten die Araber das Pendel wahrscheinlich schon im 12. Jahrhundert. Der Schweizer Mathematiker und Mitarbeiter Keplers Joost Bürgi (1552–1632) benutzte für astronomische Beobachtungen die Schwingungsdauer des Pendels. Er mußte also bemerkt haben, daß sie konstant war. Um dieselbe Zeit fiel Galilei die Verwandtschaft der Pendelschwingung mit dem freien Fall auf. Er stellte Versuche mit Fadenpendeln an, die aus einem langen dünnen Faden und einer Kugel (einmal aus Blei, einmal aus Kork) bestanden. 1609 fand er heraus, daß die Schwingungsdauer des Pendels (ähnlich der Fallzeit beim freien Fall) nicht vom Material und von der Dichte des Pendelkörpers abhängt, sondern von der Länge des Fadens.
Wissenschaftler wie Christiaan Huygens, Leonhard Euler, Johann I. Bernoulli und Siméon Denis Poisson untersuchten die Pendelschwingungen genauer und entwickelten Formeln, aus denen sich bei bekannter Schwingungsdauer die Fallbeschleunigung g berechnen ließ. Allerdings benutzte man später meist nicht mehr das Fadenpendel, sondern ein sogenanntes Reversionspendel. Das Reversionspendel besteht aus einer Pendelstange, die an zwei einander zugekehrten T-förmigen Schneiden als Drehpunkte eingehängt werden kann. Oberhalb der einen Schneide und zwischen den beiden Schneiden befindet sich je eine verschiebbare Masse. Durch Änderung der Massenverteilung läßt sich erreichen, daß das Pendel auf jeder der beiden Schneiden die gleiche Schwingungsdauer (Periode) hat.
In diesem Fall liefert der Abstand der Schneiden den Betrag der sogenannten reduzierten Pendellänge (Länge eines mathematischen Pendels gleicher Periode). Wird dieses Reversionspendel lange genug beobachtet, dann läßt sich seine Schwingungsdauer sehr exakt bestimmen. Mit Hilfe der für das mathematische Pendel abgeleiteten Formeln kann nun die Fallbeschleunigung mit hohem Genauigkeitsgrad berechnet werden.
Nach Vorarbeiten des französischen Ingenieurs Marie Riche Baron de Prony (1755–1839) im Jahr 1792 war die Ausarbeitung des Reversionspendels vor allem dem deutschen Astronomen Johann Gottlieb Friedrich von Bohnenberger (1765 bis 1831) zu verdanken. Er war ab 1798 Professor für Mathematik und Astronomie und Lehrer für Physik und Geodäsie in Tübingen. Er untersuchte die Auswirkungen der Erdrotation auf den freien Fall und fand 1811 das Prinzip des Reversionspendels. In England befaßte sich ab 1817 der Physiker Henry Kater (1777–1848) mit Reversionspendel-Messungen der Fallbeschleunigung. Von dieser Zeit an wurde das Reversionspendel bis in die Mitte des 20. Jahrhunderts zum wichtigsten Hilfsmittel bei absoluten Messungen der Fallbeschleunigung g. Dann entwickelten die Wissenschaftler Absolut-Gravimeter, die den freien Fall zur Messung der Fallbeschleunigung benutzen.
Absolutmessungen mit Reversionspendeln sind „eine außerordentlich mühsame und langwierige Angelegenheit", so der Geophysiker E. Hardtwig. „Die Schwierigkeit liegt im richtigen Anbringen von Korrektionen (wegen Luftdruck, Temperatur, Mitschwingen des Stativs, Elastizität des Pendels, ferner Schneiden und Uhrenkorrektion)." Als Ergänzungen wurden deshalb Relativmessungen herangezogen. Damit ließ sich bestimmen, „wievielmal die Schwere an einer Station größer ist als an einer Ausgangsstation, an der sie bereits bekannt ist" (Hardtwig). Die ersten ausgedehnten Relativmessungen unternahm der Prager Geodät Robert Daublebsky von Sterneck (1839–1910), deshalb wird er auch als der eigentliche Begründer der Gravimetrie angesehen.

Relativmessungen der Fallbeschleunigung

Robert Daublebsky von Sterneck wurde als Sohn einer alten und angesehenen Prager Familie am 7. Februar 1839 geboren. Nach Untergymnasium, Oberrealschule und technischer Hochschule in Prag trat er 1859 in die österreichische Armee ein und kämpfte in Solferino am Gardasee in einer der blutigsten Schlachten des 19. Jahrhunderts, in der Franz Josephs 160000 Mann am 24. Juni 1859 von den Franzosen und Piemontesen geschlagen wurden. 1862 schickten ihn seine Vorgesetzten ins k. u. k. Militärgeographische Institut, dem er bis zu seiner Pensionierung 1905 angehörte.
Von Sterneck arbeitete zunächst auf geodätischem Gebiet und führte als erste Grundlage für eine exakte Kartographie der Balkanhalbinsel astronomische Ortsbestimmungen und barometrische Höhenmessungen durch. Seine erste Arbeit im Zusammenhang mit der Fallbeschleunigung erschien 1876 mit dem Titel „Über den Einfluß des Mondes auf die Richtung und Größe der Schwerkraft der Erde".
Das nach ihm benannte Pendel für die relative Messung der Fallbeschleunigung war in seiner ursprünglichen Form ein Halbsekundenpendel mit einem Pendelstab aus temperaturunempfindlichem Material, einem Schneidenträger in T-Form mit Spiegel und einer Pendelmasse mit geringem Luftwiderstand. „Das Wesentliche an der Erfindung von Sternecks ist die Beobachtung der Schwingungsdauer des Pendels mit Hilfe des sogenannten Koinzidenzapparates, der auf dem Prinzip beruht, das von einem an dem schwingenden Pendel angebrachten Spiegel reflektierte Licht durch einen von der Beobachtungsuhr nach jeder Sekunde auf elektrischem

Auch das Schwerefeld der Erde wird örtlich durch das Vorhandensein von Gesteinsmassen größerer Dichte beeinflußt. Die Schwerkraft kann man berechnen, wenn man die Schwingungsdauer eines Pendels abhängig von seiner Länge mißt. Der aus Prag stammende Robert Daublebsky von Sterneck machte 1882 mit dem von ihm konstruierten Pendelapparat in dem böhmischen Bergwerk von Príbram die ersten Relativmessungen der Gravitation. Die Meßgenauigkeit wurde durch eine hier nicht abgebildete Vakuumkammer erhöht. Sterneck gilt als Begründer der praktischen Gravimetrie.

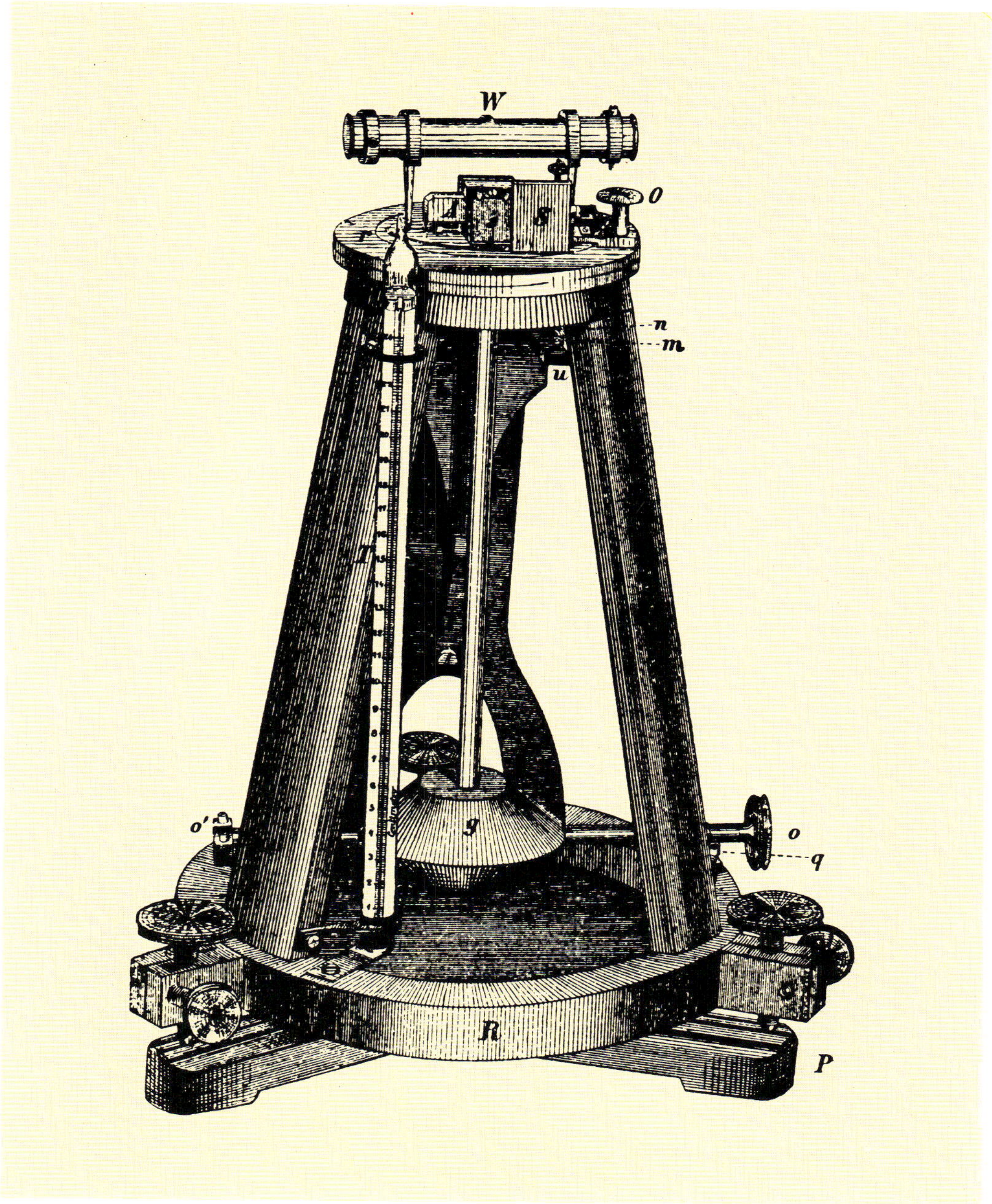

Wege für ganz kurze Zeit geöffneten Spalt in das Auge des Beobachters zu leiten und so zur Beobachtung der Elongation [Entfernung von der Ruhelage] des Pendels im Momente der Öffnung des Spaltes zu verwenden, wodurch es möglich ist, jene Sekunde anzugeben, in der die Elongation gleich Null ist, also Koinzidenz mit der Beobachtungsuhr stattfindet. Diese Methode gestattet die Ermittlung der Schwingungsdauer des beobachteten Pendels bis auf Einheiten der siebenten Dezimalstelle der Sekunde genau" (R. von Sterneck).

Robert Daublebsky von Sterneck begann mit seinen Messungen 1882, und zwar im 1000 Meter tiefen Adalbertschacht des Silberbergwerks in Príbram, Böhmen. 1884 stieg er in die Berge und nahm relative Messungen der Fallbeschleunigung unter anderem auf dem 3000 Meter hoch gelegenen Sandbüchel an der Hochwaldspitze in Tirol vor. Es folgten Messungen in ganz Österreich, im Karpatengebiet und in Ungarn, in Wien, Berlin und Hamburg, in Paris, Greenwich, Moskau und anderen Orten. In den letzten Jahren seines Lebens befaßte sich von Sterneck mit den Gezeitenbewegungen im Mittelmeer. Er starb am 1. November 1910 in Wien.

Die Drehwaage: Konkurrenz für das Pendel

Bis 1930 wurden fast ausschließlich Pendel unterschiedlicher Bauart für Relativmessungen der Fallbeschleunigung eingesetzt, beispielsweise das Holveck-Lejay-Pendelgravimeter. Es handelte sich dabei um ein sogenanntes stehendes Pendel in Form eines zylindrischen, rund sechs Zentimeter langen Körpers aus Quarzglas auf einer dünnen Blattfeder, das im Vakuum mit Perioden von einer bis sechs Sekunden schwang. Der Nulldurchgang wurde vor einer horizontalen Skala beobachtet.

Der französische Physiker Fernand Holveck (1895–1941) war Forschungsleiter im Centre National de la Recherche Scientifique. Außer seinen Arbeiten zur Gravimetrie zusammen mit Lejay befaßte er sich mit Röntgenstrahlen und entwickelte eine Molekularpumpe. Im Zweiten Weltkrieg, so eine französische Kurzbiographie, „war Holveck einer der ersten Widerstandskämpfer gegen die Besatzungsmacht. Er wurde 1941 verhaftet und von den Nazis wenige Tage nach seiner Verhaftung unter dramatischen Umständen getötet."

Doch mittlerweile stand den Geophysikern in Form der Torsions- oder Drehwaage noch ein anderes Meßgerät für Relativmessungen zur Verfügung. „Bei der Suche nach Erdöl, insbesondere nach Salzstöcken mit anstoßenden Ölhorizonten, kam man mit ihrer Hilfe in den zwanziger Jahren zu ungeahnten Erfolgen. Die ungemein reichen Vorkommen an der Golfküste von Texas gehen zum Beispiel auf das Konto der Drehwaage, mit der sich die Geophysik in die Erdöltechnik glänzend einführte" (Günter Schönwälder).

Das erste Gerät dieser Art war zum Messen der Gravitationskraft bestimmt und wurde von dem englischen Geologen John Mitchell (1724–1793) konstruiert. Mitchell wurde eher durch seine Studien über Erdbeben und damit als Begründer der Seismologie bekannt. Seine Torsionswaage machte erst nach seinem Tod im Cavendish-Experiment zur Bestimmung der Gravitationskonstanten Physikgeschichte.

An ein Torsionsband hängte der englische Chemiker und Physiker Henry Cavendish (1731–1810) horizontal und leicht beweglich einen Drehwaagebalken in Form eines leichten Stäbchens mit zwei kleinen Bleikugeln bekannter Masse an den Enden. Als er nun zwei große Bleikugeln in die Nähe der kleinen brachte, traten nach Newton Gravitationskräfte auf, die kleinen Kugeln wurden angezogen, und der Drehwaagebalken begann sich zu drehen. Die ganze Anordnung kam im Gleichgewicht mit der Torsionskraft des Bandes oder Drahtes zur Ruhe. Da die Massen, ihr Abstand und die Winkelrichtgröße des Aufhängebandes bekannt waren, ließ sich anhand des Newtonschen Gravitationsgesetzes die Gravitationskonstante berechnen.

Wie sich die menschliche Anziehungskraft messen läßt

Es war der ungarische Physiker Roland (Loránd) Baron von Eötvös (1848–1919), der die Cavendish-Drehwaage modifizierte und zur Messung kleiner räumlicher Schwereänderungen (Schweregradienten) und Massenunterschiede einsetzte. Der Baron baute unterschiedliche Ausführungen seiner Eötvös-Drehwaagen oder Schwerevariometer. So gelang ihm der 1909 mit einer speziellen Drehwaage durchgeführte und für die allgemeine Relativitätstheorie wichtige Nachweis, daß träge Masse und schwere Masse gleich sind. Einstein formulierte danach seine Äquivalenzhypothese, nach der Wirkungen der Schwerkraft und Wirkungen von Beschleunigungen grundsätzlich nicht zu unterscheiden sind, oder anders ausgedrückt: Ein Mann in einem abgeschlossenen Kasten kann durch keinerlei Experiment feststellen, ob sein Kasten ruhig in irgendeiner Ecke abgestellt ist und er seine Körpermasse durch ein Gravitationsfeld bekommt oder ob sein Kasten in Bewegung ist und eine gleichmäßige Beschleunigung für seine Masse sorgt. Roland Baron von Eötvös wurde am 27. Juli 1848 in Pest (heute Budapest) als Sohn des berühmten ungarischen Politikers und Schriftstellers József Freiherr von Eötvös geboren. Er studierte an den Universitäten von Pest und Heidelberg und wurde 1872 Professor für theoretische Physik an der Budapester Universität. Einige Jahre später übernahm er auch noch den Lehrstuhl für Experimentalphysik. Seit 1886 führte der Baron Untersuchungen zur Gravitation durch.

Seine erste Drehwaage erinnerte an das Cavendish-Gerät. An einem rund 100 Zentimeter langen Torsionsfaden hing ein 20 Zentimeter langer Waagebalken mit zwei zylindrischen, rund 30 Gramm schweren Massen an den Enden. Der horizontale Schweregradient verdrehte den Balken um einen bestimmten Winkel. Wie empfindlich beispielsweise ein Eötvös-Gerät namens Gravitationskompensator ist, beschrieb 1919 Desider Pekár: „Als Kuriosum erwähne ich, daß man mit seinem Kompensator zum Beispiel die Masse eines anderthalb Meter vom Apparat entfernt sitzenden Menschen bis zu ein Prozent Genauigkeit messen kann, und zwar auf Grund der Anziehungskraft, die er auf die Drehwaage ausübt."

Die Eötvös-Drehwaage findet einen Salzstock

Bei einem späteren Gerät hing eine der beiden Massen an einem etwa 60 Zentimeter langen Faden weiter nach unten, war also der Erde etwas näher als die Masse direkt am Balken. Dadurch wurde auch eine Messung der vertikalen Schwereänderung möglich. Mit seinen speziell zu diesem Zweck konstruierten Schwerevariometern spürte der Baron seit 1901 räumlichen Variationen der Schwerkraft nach. Dabei stieß er 1909 auf den nach ihm benannten Eötvös-Effekt. Ihm war aufgefallen, daß bei Messungen der Fallbeschleunigung von einem fahrenden Schiff aus die Eigenbewegung des Schiffes nicht berücksichtigt war, obwohl sie „den Wert der Schwerkraft in die Genauigkeit der Messungen weit übertreffendem Maß beeinflußt" (Pekár).

In dem Fall kommt die Coriolis-Kraft zum Tragen, eine besondere Trägheitskraft in rotierenden Bezugssystemen, die für eine Änderung der Fallbeschleunigung auf dem bewegten System „Schiff" sorgt: Sie wird bei einer Fahrt in Richtung Osten geringer, bei Bewegung in westlicher Richtung größer.

In den Jahren von 1889 bis 1905 war Baron von Eötvös Präsident der Ungarischen Akademie der Wissenschaften, zwischenzeitlich, 1894 und 1895, Minister für Unterricht und Kultur.

1915 sollen tschechische Geologen mit Eötvös-Drehwaagen als erste nach Erdölvorkommen gesucht haben. In den Vereinigten Staaten feierte die Eötvös-Drehwaage mit der Entdeckung des Nash-Salzstocks im Frühjahr 1924 ihren Einstand. Die Geräte wurden später etwa von W. Schweydar und O. Hecker, von dem deutschen Geophysiker Hans Haalck (geb. 1894) oder in den 1871 von Carl Bamberg gegründeten Askania-Werken abgeändert und verfeinert.

Roland Baron von Eötvös starb am 8. April 1919 in Budapest. Eine Maxime seines Lebens formulierte er mit der bemerkenswert selbstlosen Frage: „Warum genügt dem Forscher nicht der ihm gegebene unbeschreibliche Genuß, den die Entdeckung jeder, auch der geringsten Wahrheit bietet?"

Das Prinzip der Federwaage

Moderne transportable Gravimeter für relative Schweremessungen beruhen auf dem Prinzip der Federwaage. An eine Spiralfeder wird eine bestimmte Masse angehängt. Durch Änderung der Fallbeschleunigung ändert sich die Länge der Feder: Über Salzstöcken zum Beispiel kann sie sich verkürzen, über Antiklinalen weiter ausdehnen. Geringes Gewicht, kleine Abmessungen und kurze Meßzeiten gaben den Ausschlag, daß sich diese Federwaagen-Gravimeter in der internationalen Erdölexploration durchsetzten. Sie liefern Schwereunterschiede mit einer Genauigkeit von $\pm\ 10^{-7}\ m/s^2$.

Eine Schraubenfeder verwendete schon Leonardo da Vinci um 1500 bei einem Gewehrschloß, aber um sie als Waage einsetzen zu können, mußte der englische Naturforscher und Physiker Robert Hooke (1635–1703) im Jahr 1679 erst einmal das Hookesche Gesetz zur Elastizität aufstellen und für die Schraubenfeder festlegen, daß ihre Dehnung der wirkenden Kraft proportional ist.

Die Federwaage findet sich wohl zum erstenmal 1726 bei dem deutschen Feinmechaniker und Instrumentenbauer Jacob Leupold (1674–1727). Mit der Federwaage des deutschen Physikers Philipp

Daß ein Erzgang oder ein Salzstock, der gegenüber seiner Umgebung größere oder geringere Dichte aufweist, das Schwerefeld der Erde „stört", machten sich gegen Ende des 19. Jahrhunderts verschiedene Wissenschaftler zunutze. Der Ungar Roland (oder Loránd) Baron von Eötvös modifizierte 1891 die von dem Engländer Henry Cavendish erfundene Drehwaage zur Messung kleiner örtlicher Schwereänderungen. Dabei dient als Meßgröße für die horizontale Ablenkung die Drehung eines feinen Metallfadens, der einen Waagebalken mit zwei gleich schweren Gewichten in unterschiedlichen Ebenen trägt. Die Verdrehung wird über ein Spiegelsystem beobachtet.

von Jolly (1809–1884) wurden spezifische Gewichte bestimmt. Jolly bestimmte übrigens 1880 mit einer zweiarmigen Waage ebenfalls die Gravitationskonstante und errechnete daraus die Dichte der Erde.
Als Gravimeter wurde die Schraubenfeder in den verschiedensten Ausführungen eingesetzt: So gab es beispielsweise Bi- oder Trifilargravimeter, das Interferenzgravimeter von Tomaschek, das Thyssen-Gravimeter von 1934, benannt nach Stephan von Thyssen-Bornemisza, ein anderes Gravimeter, das A. Graf 1938 mit dem Artikel „Ein neuer statischer Schweremesser" vorstellte, oder das Gravimeter von Worden nach dem Prinzip des seismischen Vertikalpendels zu Beginn der fünfziger Jahre. Mit kreiselstabilisierter Aufstellung wurden Relativmessungen von Unterseebooten, Überwasserschiffen (Seegravimeter), Flugzeugen und Hubschraubern (Aerogravimeter) aus durchgeführt. Neuere Entwicklungen von Gravimetern benutzten beispielsweise die Schwingungen einer Saite, deren Frequenz von der Fallbeschleunigung abhängt, oder die Lage einer supraleitenden Kugel, die auf einem Magnetfeld schwebt. Zusätzliche nützliche Informationen über das Gravitationsfeld der Erde liefern Satelliten.

Seismik, das wichtigste Aufschlußverfahren

Am 18. April 1889 registrierten Seismographen des deutschen Geophysikers Ernst von Rebeur-Paschwitz in Potsdam und Wilhelmshaven zum erstenmal ein Fernbeben. Eine Stunde bevor die Erdbebenwellen in Deutschland ankamen, hatte der Boden auf der anderen Seite der Erdkugel in Japan gewackelt. Mit der Aufzeichnung dieses Aprilbebens begann eine ernsthafte internationale Zusammenarbeit in der Erdbebenforschung und fiel der Startschuß für die eigentliche Seismologie (Seismik, Erdbebenkunde).
Die angewandte Seismik, die als geophysikalisches Verfahren zur Untersuchung des geologischen Aufbaus der Erdkruste ölhöffige Strukturen aufspüren hilft, ließ noch ein Vierteljahrhundert auf sich warten. Dann erst, gerade rechtzeitig für einen zweiten gigantischen Erdölschub, erzeugten die frühen Seismiker künstliche Miniaturerdbeben in Form von elastischen seismischen Wellen, zunächst mit Sprengungen, dann mit niederfallenden Gewichten und mit Vibratoren (Schwingermaschinen).
Diese Wellen breiten sich im Untergrund je nach Gesteinsart verschieden schnell

aus, werden an geologischen Grenzflächen (Schicht- oder Verwerfungsgrenzen) gebrochen (Refraktionsseismik) oder zurückgeworfen (Reflexionsseismik), kehren wieder an die Erdoberfläche zurück und sorgen dort für Erschütterungen. Mikrophonähnliche Geophone, auch Erdhörer oder Seismophone genannt, wandeln diese Bodenschwingungen in elektrische Signale um. Die Signale werden in einem Meßwagen verstärkt und auf Magnetbänder als Seismogramme aufgezeichnet. Aus diesen Seismogrammen lassen sich Rückschlüsse auf tektonische Daten wie Art und Beschaffenheit der Gesteine, Lagerung und Schichtmächtigkeit ziehen.
Natürlich gingen die Seismiker mit ihren Messungen auch aufs Wasser. Sie lösen von Meßschiffen aus mit Luftpulsern *(airguns)* Impulse aus, die sich als Schallwellen durch das Wasser zum Meeresboden und in den Meeresuntergrund fortpflanzen. In speziellen Bojen untergebrachte Hydrophone fangen die zurückkehrenden Impulse auf und leiten sie über Kabel ins Schiffslabor weiter. Dort werden sie registriert und auf Magnetband aufgezeichnet. Die angewandte Seismik wurde zum wichtigsten, sichersten und rund um die Welt am häufigsten angewandten Verfahren beim Erdölaufschluß. Aber so neu sind Erdbebenmeßgeräte keineswegs. Ein Seismometer oder Seismoskop, das Bewegungen des Erdbodens registrierte und sogar die Richtung anzeigte, aus der das Beben kam, gab es schon vor über 1800 Jahren.

Kugelspuckende Drachen und Quecksilber

Chinesische Wissenschaftler hatten sich schon sehr früh mit mineralogischen Beobachtungen für alchimistische Zwecke und mit seismischen Vorgängen bei Erdbeben beschäftigt. So erfand der chinesische Mathematiker, Astronom und Geograph Chang Heng (78–139) bereits im Jahr 132 ein Instrument, mit dem sich Erdbeben noch auf größere Entfernung entdecken ließen und das als erstes Seismoskop in die Erfindungsgeschichte einging.
Es bestand aus einem annähernd zylindrischen Bronzekessel, der am oberen Umfang acht Drachenköpfe trug. Sie wiesen in die acht wichtigsten Himmelsrichtungen, und jeder Drachen hatte eine Kugel im Maul. Entsprechend saßen unten am Kesselumfang acht Frösche, die ihre offenen Froschmäuler ihrem jeweils zugeordneten Drachenkopf zugewandt hatten. Über das Innere des Chang-Heng-Seismoskops ist nichts bekannt, aber man vermutet, daß bei Erdbebenwellen ein schweres Pendel in Bewegung geriet und über einen sinnvollen Mechanismus in Richtung des Epizentrums eine Kugel aus dem entsprechenden Drachenkopf freisetzte. Der zugehörige Frosch fing die Kugel auf und gab Laut. Es wird berichtet, daß die Drachenmaschine ein 650 Kilometer entferntes Erdbeben anzeigte, das am Aufstellungsort niemand bemerkt hatte.
Die Europäer brauchten etwas länger, bis sie sich mit Instrumenten zur Entdeckung von Beben befaßten. Im 17. Jahrhundert versuchte ein Italiener, Erdbeben durch überlaufendes Wasser nachzuweisen. 1703 schlug der Franzose Jean de Hautefeuille (1647–1724) vor, eine Schüssel statt mit Wasser bis zum Rand mit Quecksilber zu füllen. Ein Erdbeben, so die Idee, würde Quecksilber über den Rand laufen lassen. Und da der Erfinder der Meinung war, ein großes Beben kündige sich durch kleinere Erdstöße an, propagierte er sein Seismoskop als Erdbeben-Frühwarngerät. Hautefeuille war ursprünglich Geistlicher und wandte sich später so weltlichen Dingen wie einem Meßmikroskop, einem mit Schießpulver betriebenen Explosionsmotor und der Verbesserung der Ganggenauigkeit von Uhren zu. Um die Priorität der Erfindung der Spiralfeder strengte er einen Prozeß gegen Christiaan Huygens an. Huygens verzichtete großmütig auf das Patent. Vielleicht hat er gewußt, daß Leonardo da Vinci um 1500 auf seinen Skizzen längst Spiralfedern gezeigt hatte.

Sprengseismik und Vesuv-Seismograph

1731 beobachtete Nicholas Cirillo mit einfachen Pendeln eine ganze Serie von Erdbeben in der Gegend von Neapel und Pozzuoli. Cirillo gewann dabei den Eindruck, daß sich der Pendelausschlag mit dem Quadrat der Entfernung zum Ausgangspunkt des Bebens verringerte. 1760 vertrat der englische Geologe John Mitchell die Ansicht, daß Erdbeben auf Wellenbewegungen der Erdkruste zurückzuführen seien. Das Zentrum des Bebens, so glaubte Mitchell, ließe sich aus den Laufzeiten der Erdbebenwellen an verschiedenen Orten errechnen.
Die Sprengseismik mit ihren durch Sprengung künstlich erzeugten Erdbebenwellen hatte 1851 ihr Geburtsjahr. In diesem Jahr zündete der britische Ingenieur Robert Mallet Dynamitladungen, um die Laufgeschwindigkeit der dadurch im Gestein erzeugten elastischen Wellen auf Entfernungen von etwa dreihundert Metern messen zu können. Dazu beobachtete er mit einem Vergrößerungsglas das Spiegelbild eines Fadenkreuzes, das sich an der Oberfläche eines quecksilbergefüllten Gefäßes zeigte. Leichte Bodenerschütterungen bewirkten, daß das Spiegelbild verschwamm oder ganz verschwand.
Ob der italienische Physiker Luigi Palmieri (1807–1896) tatsächlich der Erfinder des Seismographen zur fortlaufenden Aufzeichnung von seismischen Wellen war oder ob er eine Kombination mehrerer Seismoskope ohne die Möglichkeit der Aufzeichnung durch Seismogramme konstruierte, darüber sind die Ansichten geteilt. Für den ersten Fall wird sein Seismograph etwa so beschrieben: Mehrere U-förmige, quecksilbergefüllte Röhren waren nach den Haupthimmelsrichtungen ausgerichtet. Erdbebenwellen brachten das flüssige Metall zum Schwingen und schlossen einen Stromkreis. Dadurch wurde eine Uhr angehalten, gleichzeitig begann sich eine papierbespannte Trommel zu drehen, und ein Schwimmer auf der Quecksilberoberfläche zeichnete seine bebenbedingten Bewegungen auf. 1856 stellte Palmieri seinen *sismografo elettromagnetico*, seinen elektromagnetischen Seismographen im Vulkan-Observatorium am Vesuv auf. Die Anordnung hielt also Zeitpunkt, Dauer, relative Stärke und die ungefähre Richtung des Bebens fest.

In Japan bebt die Erde häufig

Das Gerät von Palmieri machte in Japan bis etwa 1885 recht erfolgreich darauf aufmerksam, daß der Boden des Inselreiches häufig in Bewegung gerät. Als 1880 die Hafenstadt Yokohama an der Tokio-Bucht von einem Beben heimgesucht

Um weit entfernte Erdbeben registrieren zu können, die mit menschlichen Sinnen normalerweise nicht wahrzunehmen sind, konstruierte der chinesische Forscher Chang Heng (78–139) ein Gerät mit optisch-akustischer Anzeige. Nach der alten Beschreibung hing in einem Bronzekessel ein Pendel. Bei leichter Erschütterung geriet es in Schwingung und öffnete über einen Kipphebel einem von acht ringsum angebrachten Drachenköpfen das Maul, aus dem dann eine Kugel in das Maul eines darunter sitzenden bronzenen Frosches fiel. An die Erkundung verborgener Bodenschätze konnte Chang Heng dabei natürlich noch nicht denken.

wurde, gründeten drei Briten, die sich auf Wunsch des Tenno als Wissenschaftler und Lehrer in Japan aufhielten, die Seismological Society of Japan. Durch ihre Arbeit wurde die Entwicklung der Seismographen erheblich beschleunigt, und sie zeichneten wohl auch als erste die Erdbewegungen als Funktion der Zeit auf (Laufzeitkurve).

John Milne (1850–1913) aus Liverpool hatte an der Royal School of Mines Bergbau studiert und anschließend an geologischen Expeditionen in Neufundland, Labrador und im Mittleren Osten teilgenommen. 1875 ging er als Professor für Geologie und Bergbau an das Imperial College of Engineering in Tokio. Er blieb zwanzig Jahre lang in Japan und beschäftigte sich vornehmlich mit der Untersuchung von Erdbeben. Sein Kollege, der Physiker James Alfred Ewing (1855–1935) aus dem schottischen Dundee, war in den Jahren von 1878 bis 1883 Professor für Maschinenbau an der Universität von Tokio. Ewing wurde, nachdem er nach England zurückgekehrt und 1890 Professor am King's College in Cambridge geworden war, vor allem durch seine Entdeckung der (magnetischen) Hysteresis bekannt, bei der die Magnetisierung eines ferromagnetischen Stoffes auch vom vorhergehenden magnetischen Zustand des Stoffes abhängt, nicht nur von der augenblicklich wirkenden magnetischen Feldstärke. Doch in Japan befaßte sich der Professor vornehmlich mit der Seismik.

1879 begann er mit einem 6,4 Meter langen normalen Pendel, und 1880 stellte er seine grundlegende Konstruktion vor, die auf dem Prinzip des Horizontalpendels (das Pendel schwingt in einer Ebene parallel zum Boden) basierte. Bei einem Beben sind die Bodenverschiebungen (sowie Geschwindigkeit und Beschleunigung) Vektoren, die ein Seismograph in drei senkrecht aufeinanderstehenden Richtungen aufzeichnen muß. Das Ewing-Pendel konnte zunächst nur die beiden waagerechten Komponenten erfassen. Dann baute er ein Instrument, das auch die senkrechten Erdbewegungen entdeckte. Die naheliegende Kombination der beiden Geräte übernahm schließlich die Cambridge Instrument Co.

Seismographische Stationen auf der ganzen Welt

Milne hatte sich in der Zwischenzeit mit dem Ingenieur Thomas Gray zusammengetan, und die beiden beschrieben 1883 mit dem Gray-Milne-Seismograph ein ähnliches Instrument mit Horizontalpendel. Aber da Ewing und Gray sich nicht lange in Japan aufhielten, „blieb es Milne überlassen, einen echten Durchbruch zu erzielen, der zu wirklich genauen und zuverlässigen Instrumenten führte" (John Wartnaby). Milne richtete zunächst in Japan eine Kette von Seismographenstationen ein und sprach sich energisch dafür aus, ein weltweites Netz solcher Beobachtungsstationen mit standardisierten Instrumenten zu knüpfen. 1895 kehrte er nach England zurück und gründete in der Nähe von Shide auf der Isle of Wight eine seismologische Station. Im selben Jahr stellte er auch die endgültige Form seines Horizontalpendel-Seismographen vor. Das Pendel trug an der frei schwingenden Spitze eine dünne Platte mit einem Schlitz parallel zur Pendelstange. Einen senkrecht dazu verlaufenden Schlitz wies eine darunter liegende Platte auf, die den Kasten mit der Aufzeichnungstrommel nach oben abschloß.

Das Licht einer Öllampe wurde über einen kleinen Spiegel durch den Schlitz am Pendel reflektiert und durch den zweiten Schlitz zu einem Lichtpunkt verengt, der die Schwingungen des Pendels mit Schlitzplatte auf lichtempfindliches Papier über der Trommel aufzeichnete. Der Instrumentenbauer R. W. Munro in London stellte das Gerät in Serie her, und drei Jahre später waren 22 solcher Milne-Seismographen in Stationen über die ganze Welt verteilt.

Galitzin-Pendel und Strain-Seismograph

Aber auch in anderen Ländern arbeiteten Wissenschaftler an dem Problem der fortlaufenden Aufzeichnung von seismischen Wellen. Ernst von Rebeur-Paschwitz hatte 1889 nicht nur das erste Fernbeben registriert, sondern benutzte bei seinen Instrumenten auch als erster die fotografische Registrierung. 1903 stellte der russische Physiker Boris Borissowitsch Fürst Galitzin (1862–1916) sein Tauchspulenseismometer oder Galitzin-Pendel vor. Eine sehr kleine Pendelmasse mit Induktionsspule schwingt bei Bodenbewegungen an den Polen eines starken Dauermagneten vorbei. Dadurch werden in die Spule elektrische Ströme induziert, die sich mit einem Spiegelgalvanometer messen lassen. Galitzin (auch: Golizyn) war Leiter des physikalischen Kabinetts der Petersburger Akademie der Wissenschaften. Seine wichtigsten Arbeiten umfaßten die Einführung physikalischer Methoden in die Seismik und die Meteorologie.

Die Tatsache, daß sich Schwingungen in der Erdkruste unterschiedlich fortpflanzen je nach Beschaffenheit der durchlaufenen Formationen, nutzte als erster Ludger Mintrop aus, um verborgene Erdöllagerstätten aufzuspüren. Ein durch Sprengung erzeugtes örtliches Beben wird von einem Vertikalpendel aufgefaßt und über ein Spiegel- und Linsensystem in einem 1 Meter entfernt aufgestellten fotografischen Registrierapparat aufgezeichnet. Im Herbst 1924 wurde in Texas von der Firma Seismos, heute Prakla-Seismos AG, erstmals auf diese Weise ein Salzstock „herausgeschossen" und damit eine neue Öllagerstätte erschlossen.

In der Folgezeit erfuhr der elektrodynamische Seismograph Modifikationen und Verbesserungen. Eine träge Masse wurde so leicht beweglich als Pendel aufgehängt, daß sie aufgrund ihrer Trägheit annähernd in Ruhe blieb, während der Boden sich bewegte. 1925 wurde der Wood-Anderson-Torsionsseismograph erfunden. Um 1930 entwickelte der amerikanische Geophysiker Hugo Benioff (1899–1968) einen Seismographen mit variabler Dämpfung und einen Strain-Seismographen, der für die Aufzeichnung von Mantelwellen, sehr langperiodischer Erdbebenwellen, wichtig wurde. Er besteht aus zwei fest mit dem Boden verbundenen Pfeilern im Abstand zwischen 20 und 50 Metern. Eine waagerechte Stange ist an einem der beiden Pfeiler befestigt und reicht bis kurz vor den zweiten Pfeiler. Bei Bodendeformationen durch Erdbebenwellen ändert sich der Abstand zwischen dem freien Stangenende und Pfeiler Nummer zwei. Doch in der Zwischenzeit hatte sich neben der reinen Erdbebenkunde auch die angewandte Seismik etabliert und sich des bis dahin erarbeiteten Wissens und Instrumentariums bedient. Der Mentor dieser Entwicklung war der Geophysiker Emil Wiechert (1861–1928) in Göttingen.

Emil Wiechert und die Erdbebenwellen

Ein Lexikon von 1935 beschreibt Wiechert als „Begründer der modernen Erdbebenkunde, der seismischen Aufschlußmethoden für das Erdinnere und für praktische Zwecke (mit künstlichen Erdbebenwellen) und der Erforschung der hohen atmosphärischen Schichten durch Schallwellen (Luftseismik)".

Emil Wiechert wurde als Sohn eines Kaufmanns am 26. Dezember 1861 in dem ostpreußischen Tilsit geboren. Er studierte an der Königsberger Universität Physik und erhielt 1896 den Titel Professor. Ein Jahr später erschien schon seine Schrift „Über die Massenverteilung im Erdinneren". Anschließend befaßte er sich mit Theorie und Praxis der Seismographen. Das Ergebnis dieser Studien waren das „astatische Wiechert-Pendel" und die „Theorie der automatischen Seismographen" von 1903. Aus brauchbaren Erdbebenaufzeichnungen schloß Wiechert einmal auf einen schalenförmigen Aufbau des Erdkörpers, und zum anderen resultierte daraus seine grundlegende Theorie „Über Erdbebenwellen I" von 1907.
Der deutschamerikanische Geologe Beno Gutenberg (1889–1960), Mit-Namengeber der Wiechert-Gutenberg-Diskontinuität (Grenze zwischen Erdmantel und Erdkern in rund 2900 Kilometer Tiefe), schrieb 1928 in einem Nachruf auf seinen Kollegen: „Mit ihm verschied ein Mensch, der von Anfang an, nur mit eigenen Kräften, unbekümmert um die Mitwelt, beseelt von dem Willen zur Erkenntnis des Naturgeschehens nie sein Ziel aus den Augen verlor, und der zahlreiche Ergebnisse der Geophysik teils selbst gewonnen, teils vorbereitet hat."
Emil Wiechert starb am 19. März 1928 in Göttingen. Noch auf dem Krankenlager hatte er an Verbesserungen für seine Instrumente gearbeitet. „Von Bedeutung wurde vor allem noch sein Gedanke, durch künstliche Erschütterungen die Schwingungen der obersten Erdschichten zu studieren, den Mintrop unter seiner Leitung im Göttinger Institut in die Praxis umzusetzen begann, und aus dem sich später die seismische Aufschlußmethode entwickelte, an deren Vervollkommnung Wiechert ebenfalls mitarbeitete" (Gutenberg).

Ludger Mintrop: Vater der Refraktionsseismik

Es war diesem Ludger Mintrop (1880 bis 1956) zu verdanken, daß am 19. November 1924 deutsche Geophysiker im Fort Bend County, Texas, mit Dynamit und Seismographen ein neues Kapitel der Erdölgeschichte beginnen und US-amerikanische Zeitungen über das „geheime Verfahren deutscher Wissenschaftler" berichten konnten oder über den „letzten Trick bei der Ortung von Öl", der, so etwa der „Houston Post Dispatch", „in den letzten Wochen Erregung unter den Operatorfirmen im Küstengebiet verursacht" hat. Die Erregung war verständlich, denn die Mintrop-Crew hatte an einer Stelle den berühmten Orchard-Salzdom „herausgeschossen", an der kein Geologe, Creek-Fachmann oder Wünschelrutengänger einen Salzstock, geschweige denn Erdöl vermutet hatte.
Der Vater dieses revolutionären Verfahrens der seismischen Messungen, Ludger Mintrop, wurde am 18. Juli 1880 auf dem elterlichen Gut Barkhoven bei Essen geboren. Seine erste Liebe galt der Landwirtschaft, seine zweite der kleinen Kohlengrube seines Vaters, und er beschloß, Markscheider zu werden. 1905 legte er am Oberbergamt Dortmund die Markscheiderprüfung ab und wurde Assistent an der Technischen Hochschule Aachen. 1907 entschloß er sich, bei Wiechert in Göttingen Geophysik zu studieren.

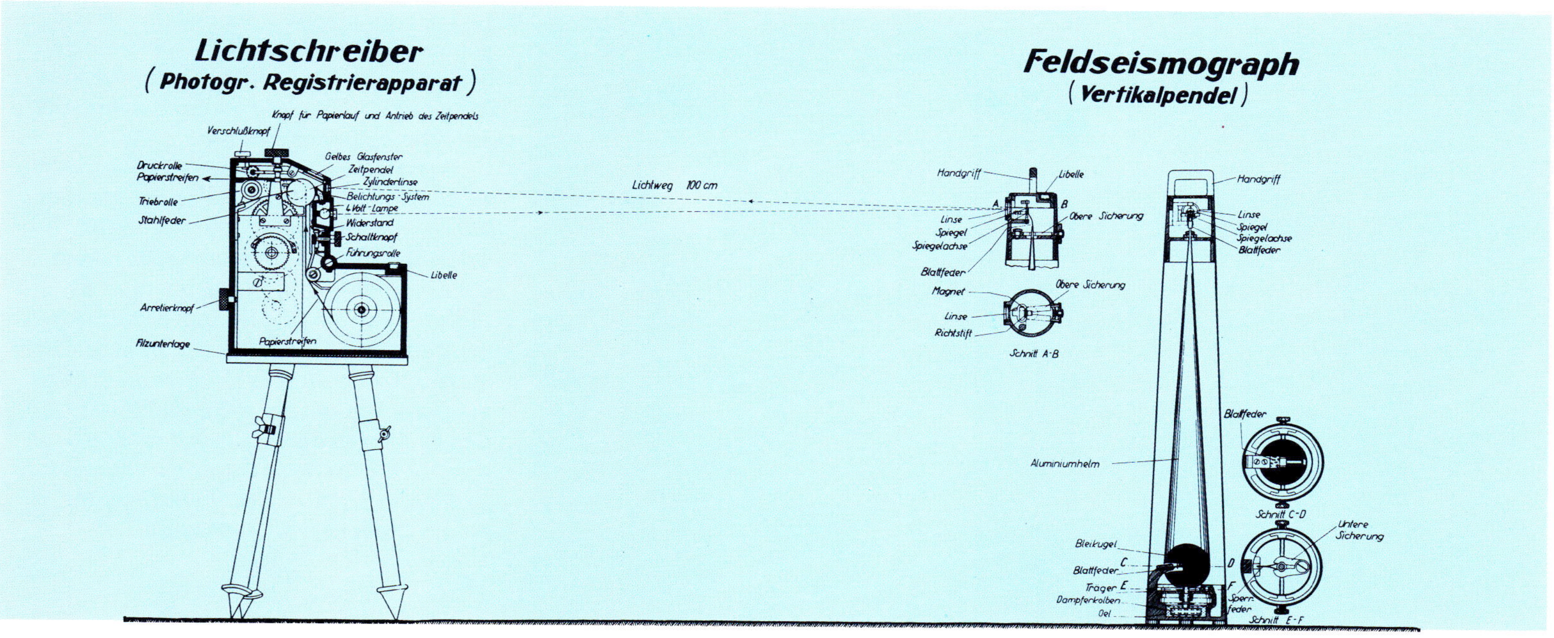

1908 hatte er zwei Tätigkeiten: Er war Dozent an der Bergbauschule in Bochum, und er begann auf Anregung seines Lehrers seine bahnbrechenden Versuche mit künstlichen Erdbeben, die er unter anderem mit Hilfe eines Fallwerks und einer 4000 Kilogramm schweren Stahlkugel erzeugte. Mintrop hatte damit schon die Grundlage für das später lange weltweit angewandte Thumper-Verfahren gelegt, bei dem von Spezialfahrzeugen aus tonnenschwere Eisenplatten aus mehreren Metern Höhe auf den Boden stürzten und Geophongruppen die Vibrationen registrierten.

Erschütterungen verraten Geschützstellungen

Parallel zu seinen Versuchen mit Kunstbeben befaßte er sich mit dem Bau hochempfindlicher und dabei leicht transportabler Seismographen. „Das geschah in einer Zeit, deren Tendenz auf den Bau immer schwererer, größerer und stationärer Seismographen ausging" (A. Schleusener). Das Fazit seiner Arbeiten war 1911 seine Dissertation mit dem Titel „Über die Ausbreitung der von den Massendrucken einer Großgasmaschine erzeugten Bodenschwingungen". Sie wurde zum Ausgangspunkt für seine Erfindung der Refraktionsseismik.
Im Ersten Weltkrieg wurde Mintrop zunächst Luftschiffer. Anschließend wandte er sich der Schallmeßtechnik zu, die schon 1912 mit dem Echolot des Physikers Alexander Behm (1880–1952) ihre erste Feuerprobe bei Tiefenmessungen im Meer bestanden hatte. Aber Mintrop dachte weniger an Schallwellen, sondern er wollte feindliche Geschützstellungen durch die von ihnen beim Abschuß ausgelösten seismischen Wellen mit tragbaren Feldseismographen orten.
1916 hatte er sein Verfahren so weit verfeinert und konnte den Standort so exakt berechnen, daß der Heereschef General Ludendorff sofort eine größere Bestellung für Meßtrupps aufgab, weil dank Mintrops Messungen angeblich bereits die erste deutsche Granate in der weit entfernt ausgemachten feindlichen Geschützstellung saß. 1917 meldete er die ersten seismischen Patente an. Sein Seismograph bestand aus einem rund vier Kilogramm schweren Pendel, das träge in Ruhe blieb, während sich das umgebende Gehäuse im Rhythmus der Bodenschwingungen bewegte. Über ein System von Spiegeln und Linsen wurde die Relativbewegung zwischen Pendel und Gehäuse fotografisch registriert.

Künstliche Erdbeben und die Mintrop-Welle

Als wichtigste Aufgabe erwies sich jetzt, die so aufgezeichneten Seismogramme richtig zu deuten und die Meßergebnisse bestimmten geologischen Strukturen zuzuordnen, denn je nach Weg und Schallgeschwindigkeit in den durchlaufenen Gesteinsschichten kommen die Wellen mit unterschiedlichen Laufzeiten beim Meßgerät an. Formeln und graphische Darstellungen für Tiefen, Neigungen und Wellengeschwindigkeiten mehrerer übereinanderliegender Gesteinsschichten mußten erarbeitet und überprüft werden.
Mintrop führte deshalb zunächst in solchen Gebieten seine Messungen durch, deren tektonische Daten durch bergbauliche Aktivitäten bereits bekannt waren. Das vereinfachte die Überprüfung seiner seismischen Meßergebnisse und führte 1919 zu der Entdeckung, daß an Grenzflächen zwischen verschiedenartigen Gesteinen Grenzflächenwellen auftreten, die Kopfwellen nach sich ziehen. Erst zwanzig Jahre später wurde die Kopfwelle im physikalischen Labor nachgewiesen und dem Entdecker zu Ehren als Mintrop-Welle bezeichnet.
Im Dezember 1919 erhielt er sein grundlegendes Hauptpatent Nr. 371 963 für ein „Verfahren zur Ermittlung des Aufbaues von Gebirgsschichten". Es „befaßt sich mit den grundlegenden Methoden der Refraktionsseismik und beruht auf dem von Mintrop erbrachten Nachweis, daß auch die seismischen Wellen kleiner künstlicher Erdbeben nicht nur durch Reflexion, sondern auch durch Refraktion (Brechung) an den Schichtgrenzen auf der Erdoberfläche verfolgt werden können. Das führte ihn zu den Laufzeitkurven seines Hauptpatentes" (A. Schleusener).

Ein Salzdom wird herausgeschossen

In Norddeutschland, vor allem bei Wietze, lernte Mintrop im darauffolgenden Jahr durch ausgedehnte seismische Auftragsmessungen, wie Seismogramme aussehen müssen, die auf Salzstöcke hinweisen. Am 4. April 1921 schließlich gründete er in Hannover die Seismos GmbH für geophysikalische Lagerstättenforschung. Nach ersten Erfolgen in Deutschland zündete die Firma ihre Sprengladungen in Österreich und Nordschweden und schickte im Frühjahr 1923 einen Meßtrupp

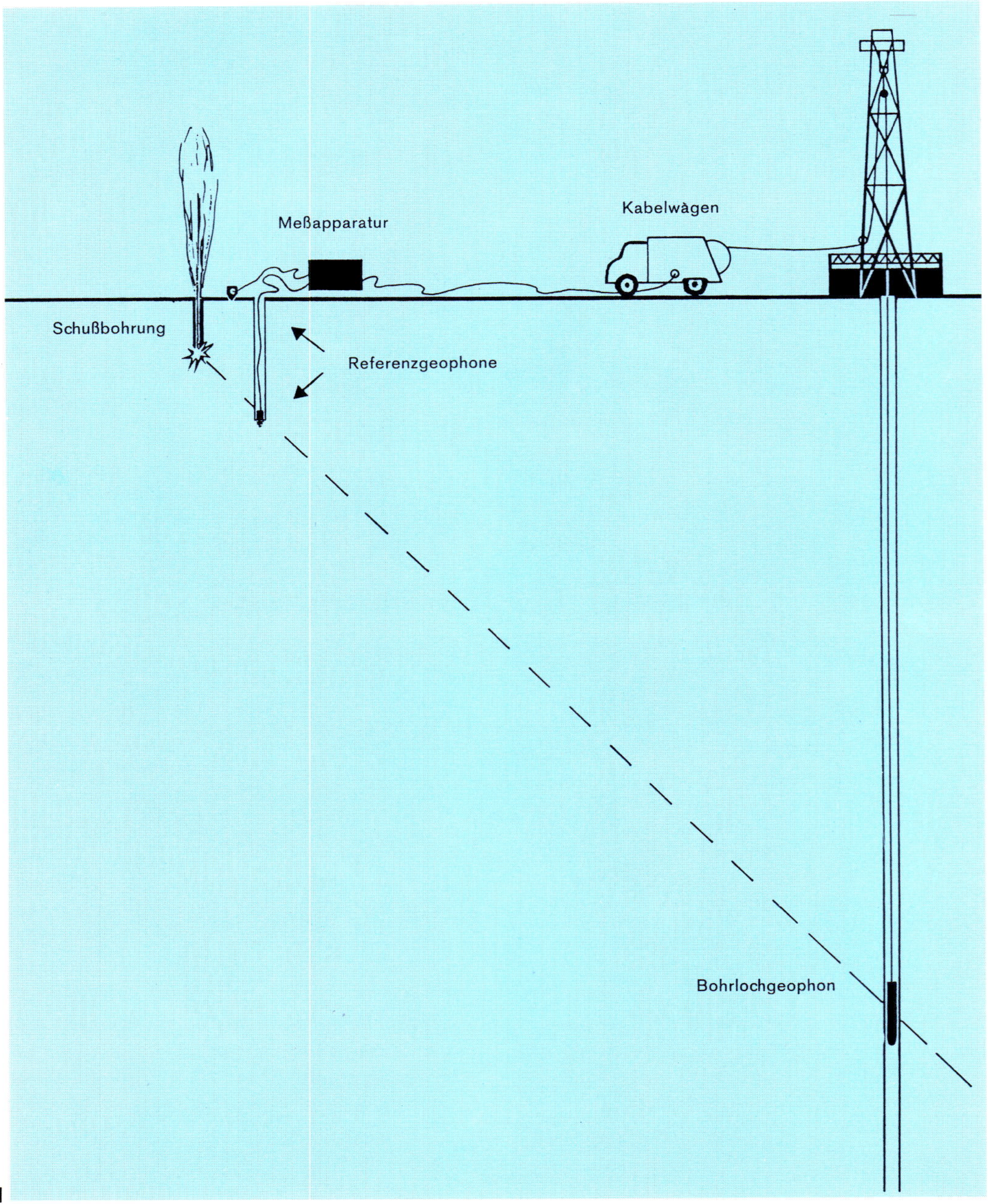

1

2

1 – Für seismische Geschwindigkeitsmessungen in Tiefbohrungen entwickelte die Prakla GmbH ein Bohrlochgeophon, das mit einem Druck- und einem Bewegungsaufnahmesystem arbeitet.
2 – Seismische Messungen gehören heute zu den üblichen Prospektionsmethoden. Sie können auch ohne Sprengungen vorgenommen werden, entweder nach dem Vibroseis-Verfahren, bei dem ein Vibrator von einem Lkw aus die Schwingungen erzeugt, oder indem man, wie hier in der Libyschen Wüste, von einem Lkw eine drei Tonnen schwere Stahlplatte auf den Erdboden abwirft. In jedem Fall werden die Schwingungen von hochempfindlichen Sensoren aufgefangen und in einem Computer ausgewertet.

in den mexikanischen Dschungel zwischen Tampico und Veracruz.
Im Juli 1923 holte die Gulf Oil Corporation die Deutschen unter der Leitung des Wiechert-Schülers Otto Geußenhainer nach Texas. Die Experten bei Gulf glaubten, in einer Krümmung des Brazos River im Fort Bend County bei Houston am Golf von Mexiko einen Salzstock ausgemacht zu haben. Doch nach zwei erfolglosen Bohrungen hatte sich noch immer kein Salzstock gezeigt, geschweige denn Erdöl. Auch der Seismos-Meßtrupp konnte an der angegebenen Stelle keine Spur von einem Salzstock ausmachen.
Auf eigene Verantwortung dehnten die Deutschen das Suchgebiet aus und wurden etwa acht Kilometer weiter südwestlich fündig. Geußenhainer berichtete dazu später: „Schon die ersten Schüsse in dieser neuen Gegend ließen die Anwesenheit

von Material mit hohen Geschwindigkeiten erkennen (typisch für Salz). Detailarbeiten überzeugten mich, daß hier eine Salzaufwölbung sein mußte, die charakteristischen Symptome eines Salzdomes waren den Seismogrammen zu entnehmen ... Am 20. September 1924 fixierten Mintrop und ich den Punkt ‚K' auf der Karte der untersuchten Region und schlugen der Gulf vor, genau an dieser Stelle zu bohren" (zitiert nach Gerhard Keppner). Am 19. November stieß die Bohrmannschaft von Orchard oder Moore 1, so die offizielle Bezeichnung, in 113 Meter Tiefe auf den prophezeiten Salzdom und im Dezember auf Öl.

Das Kind der Amerikaner: Reflexionsseismik

Der Erfolg der seismischen Methode nach Mintrop verbreitete sich in Ölkreisen wie ein Lauffeuer und versetzte die Ölfirmen in helle Aufregung. Die Firma Seismos war so gefragt, daß der übliche Kampf um Patentrechte, vor allem in der Neuen Welt, nicht ausbleiben konnte. Zwar konnte Mintrop seine Patente verteidigen, aber das Geheimnis der „*German dynamiters*" ließ sich nicht lange bewahren.
Amerikanische Wissenschaftler wie William Peter Hasemann, Everette Lee DeGolyer (1886–1956), Engelhardt August Eckhardt und Charles Blizard Bazzoni entwickelten zunächst verbesserte Refraktionsverfahren und machten dann mit ihrem eigenen Kind, der Reflexionsseismik, den deutschen Gründervätern der Seismik massive Konkurrenz. Sie verwendeten ab 1926 Elektronenröhren zur Impulsverstärkung und übertrugen den Detonationszeitpunkt statt wie bisher über Luftschall wesentlich exakter per Funk zur Meßstation. Der Abstand zwischen Sprengladung und Seismograph und damit die Eindringtiefe der Wellen konnten dadurch vergrößert werden. Zwischen 1953 und 1957 testete die Geophysical Analysis Group (GAG) in Zusammenarbeit mit dem MIT (Massachusetts Institute of Technology) erstmals den Einsatz von Computern bei der Speicherung und Auswertung von seismischen Daten.
Ludger Mintrop, der „in der glücklichsten und fruchtbarsten Weise die exakte Arbeitsweise des Markscheiders und Physikers mit dem Blick des Ingenieurs für die praktischen Anwendungsmöglichkeiten und dem Organisationstalent eines westfälischen Industriekapitäns" (W. Buchheim) verband, ging 1928 als Professor für Markscheidekunde und Geophysik an die Technische Hochschule Breslau und lehrte nach 1945 wieder in Aachen. Er starb nach kurzer schwerer Krankheit am Neujahrstag 1956. Im April 1971 schloß sich seine Firma mit der Firma Prakla Gesellschaft für praktische Lagerstättenforschung GmbH zur Prakla-Seismos GmbH (inzwischen Aktiengesellschaft in Hannover) zusammen. In ihren Laboratorien entstand unter anderem mit Sekan-5 eine Sondenkette für Bohrlochmessungen bei dem 1987 begonnenen Kontinentalen Tiefbohrprogramm (KTB) in der bayerischen Oberpfalz.

LOTEM-Verfahren: Wenn die Seismik nicht weiterhilft

Es gibt aber auch Gebiete, bei denen die üblichen seismischen Verfahren nur schlecht verwertbare Ergebnisse liefern, wenn beispielsweise die Erdoberfläche aus vulkanischem Gestein besteht. In diesem Fall ist es fast nicht möglich, die seismischen Wellen dazu zu bringen, unter diese Deckschicht vorzudringen und über die tektonische Struktur des Untergrundes zu berichten.
Für solche Problemgebiete setzten sich in den achtziger Jahren elektromagnetische Methoden durch, wie das unter der Leitung von Kurt Strack von der Abteilung Explorationsphysik des Instituts für Geophysik und Meteorologie der Universität Köln entwickelte LOTEM-Verfahren (Long-Offset Transient Electromagnetics). Die Technik beruht auf der unterschiedlichen elektrischen Leitfähigkeit der einzelnen Gesteinsschichten.
„Um zu messen, wird über einen geerdeten Dipol ein Gleichstrom in den Boden injiziert. Polt man diesen Gleichstrom um, so treten im Untergrund Induktionsströme auf, die sich mit der Zeit horizontal und vertikal ausbreiten ... In einem Abstand von fünf bis zwanzig Kilometern befindet sich als Empfänger eine Luftspule. Die in dieser Spule induzierten, zeitlich abklingenden (transienten) Signale werden von elektrischen Sensoren erfaßt und für die spätere Auswertung digital aufgezeichnet ... Die Ausbreitungsgeschwindigkeit des durch die in den Erdboden injizierten Stromimpulse entstandenen elektromagnetischen Feldes ist abhängig von der Leitfähigkeit der Gesteinsschichten. Die Stärke der in der Empfangsspule induzierten Signale bezogen auf die Zeit kann deshalb Aufschlüsse über die Beschaffenheit der Schichten geben" (Kristin Mierzowski).
Der Dipol besteht aus bis zu acht durch Kabel verbundenen Blechen, die etwa zwei Meter tief in den Erdboden eingelassen werden müssen. Die Empfängerspule ist ein 110adriges Kabel, 160 Meter lang, das zu einem Quadrat ausgelegt wird. Ein PDP-11/73-Rechner von Digital Equipment in einem Kleintransporter zeichnet die Meßwerte der verschiedenen Meßpunkte eines Tages auf. Pilot-Demonstrationsprojekte unterstützte das Bundesministerium für Forschung und Technologie zur Erdölexploration in seismischen Problemgebieten Chinas und Indiens.

Logging oder Bohrlochmessungen

Geophysikalische Meßverfahren wie Magnetik, Gravimetrie und Seismik liefern zu Land oder auf einem Explorationsschiff zu Wasser lediglich Anhaltspunkte dafür, wo sich Öllagerstätten befinden könnten, weil die entdeckten tektonischen Strukturen nach allen Erfahrungen darauf hindeuten. Aber der Nachweis, ob die Geophysiker tatsächlich einen Treffer gelandet haben, läßt sich nur durch eine Bohrung führen. Und dieses Bohrloch wird mit geologischen, chemischen und physikalischen Methoden gründlich analysiert.
Der Bohrungsgeologe untersucht die Bohrproben auf Mikrofossilien, um feststellen zu können, welche Formationen der Meißel gerade durchbohrt. Auch Spezialkameras werden in die Tiefe des Bohrlochs hinabgelassen, filmen die Gesteinslagen und geben den Geologen wichtige Hinweise, ob sie auf dem richtigen Weg zu Erdöl- oder Erdgaslagern sind. Durch verschiedene Bohrlochmessungen mit Hilfe von Meßsonden, oft an kilometerlangen Kabeln, kann der Geophysiker Arten, Eigenschaften und Schichtgrenzen von Gesteinen feststellen. Dabei wird vom elektrischen Widerstand der Gesteinsschichten über die Dichte und Porosität (Akustiklog, Gamma-Gamma-Log) auch die Radioaktivität (Gammalog) gemessen.
Pioniere des Loggings waren die Brüder Conrad (1878–1936) und Marcel Schlumberger (1884–1953).
Die Schlumbergers entstammten einer Industriellenfamilie im elsässischen Guebwiller (Gebweiler) im französischen Département Haut-Rhin. Ein J. von Schlumberger zeichnete übrigens 1898 als Herausgeber der Gebweiler Chronik verantwortlich. Die beiden Brüder erhielten eine Ausbildung als Physiker, Conrad an der École Polytechnique in Paris und im Corps des Mines. Von 1907 bis 1923 lehrte er an der Pariser École Supérieur des Mines Physik, dann trat er in die Firma Schlumberger Ltd. ein, die er schon 1912 zusammen mit seinem Bruder Marcel gegründet hatte.

Die erste elektrische Bohrlochsondierung

Die ersten Versuche zu geoelektrischen Aufschlußmethoden, in dem Fall zur elektrischen Leitfähigkeit der oberen Erdschichten (in die Bohrlöcher ging er erst später), fielen in das Jahr 1923. Er begann „seine Arbeit als Erzsucher unter Verwendung von Gleichstrom, ein vollkommen neues Verfahren. Indem er zwischen zwei entsprechend auseinanderliegenden Punkten ein Feld herstellte, untersuchte er die Potentiale dazwischenliegender Punkte und stellte dank einer sehr vorsichtigen Interpretation den Verlauf von besser leitenden Erzschichten fest. Er prüfte seine Methode im eisenhaltigen Gebiete der Normandie. Er befaßte sich auch mit erdölhaltigen Schichten, wobei er in Rumänien das Lager von Aricesti (1923) und später das von Buscani fand" (Felix Leprince-Ringuet).

1927 fragte eine Ölfirma aus Pechelbronn bei der Firma Schlumberger an, ob ihr Verfahren auch exakte Informationen über den Schichtenverlauf bei Probebohrungen liefern könne. Conrad war der Ansicht, daß Messungen der elektrischen Leitfähigkeit genausogut in Bohrlöchern möglich sein müßten. Wenn an einer bestimmten Stelle im Loch der elektrische Widerstand plötzlich stark abfiel, dann konnte Salzwasser im Spiel sein, und bekanntlich ist in dessen Nachbarschaft Erdöl zu vermuten. Conrad Schlumberger beauftragte seinen Schwiegersohn Henri Doll mit der technischen Durchführung einer entsprechenden Sonde, und am 5. September 1927 wurde die erste kontinuierliche elektrische Bohrlochsondierung *(electrical log)* durchgeführt. Das Meßgerät fuhr an einem Kabel, in dem sich auch die elektrischen Leitungen befanden, ins Bohrloch ein. Die Meßwerte wurden auf einem Papierstreifen aufgezeichnet, der sich synchron mit dem Kabel abwickelte.

1929 entdeckten die beiden erfindungsreichen Brüder Schlumberger, daß sich jedesmal, wenn Ölsande mit bituminösen Kohlenwasserstoffen im Bohrloch auftauchten, das elektrische Potential erhöhte. 1931 hatten sie die Potentialmessungen in ihr Logging-Programm aufgenommen. 1951 trat der Rechtsanwalt Jean Riboud (1919–1985) in die Firma ein, wurde sechs Jahre später ihr Präsident und führte Schlumberger Ltd. vom relativ kleinen Unternehmen für Erdölprospektion durch Bohrlochuntersuchungen zu einem weltweit operierenden Konzern mit Geschäftsinteressen im Bereich elektronische Instrumente, Halbleiter und CAD-Systeme.

Bohren nach Erdöl und Erdgas

Selbstverständlich ist Bohrung nicht gleich Bohrung, da haben die Geowissenschaftler und Ingenieure schon für eine ausreichende Differenzierung gesorgt. Zunächst einmal ist der Zweck der vorgesehenen Bohrung von Bedeutung.

Eine Aufschluß- oder Explorationsbohrung soll Auskünfte über den geologischen Untergrund liefern und möglichst die seismisch und anderweitig begründeten Vermutungen der Geophysiker bestätigen, daß an bestimmten Stellen da unten beispielsweise Erze, Erdöl oder Erdgas zu finden sein müßten. Mit der Produktionsbohrung werden die Bodenschätze gewonnen, und mit Erweiterungsbohrungen läßt sich unter anderem die Ausdehnung der Lagerstätte feststellen.

Die Tiefe des Bohrlochs bietet auch noch Unterscheidungsmerkmale: Bis 500 Meter Tiefe spricht der Fachmann recht geringschätzig von einer Flachbohrung. Für eine Tiefbohrung muß sich die Bohrkrone schon bis etwa 5000 Meter in die Erdkruste fressen. Es folgt dann nicht etwa die sehr tiefe, sondern die übertiefe Bohrung, von 5 Kilometer abwärts. Übertief geht es bei sowjetischen Geologen und ihrer Bohr-Crew zu. Nach fünfzehn Jahren aufreibender Bohrarbeit waren sie 1989 schon über 12 Kilometer in den Untergrund der Halbinsel Kola vorgedrungen.

Auch die Bundesrepublik Deutschland bemüht sich um Erkenntnisse aus übertiefen Bohrungen. Durch härtestes Urgestein, nämlich durch Gneis und Granit des einstigen Variskischen Gebirges, das vor etwa 350 Millionen Jahren bei der Kollision von zwei Platten des Urkontinents Pangäa entstand, soll modernste Bohrtechnik einen Vorstoß in unerforschte Tiefen der Erdkruste ermöglichen. Ort der Tiefbohrung ist Windischeschenbach in der Oberpfalz. Im März 1989 wurde dort die Pilotbohrung zum Kontinentalen Tiefbohrprogramm (KTB) in einer Tiefe von 4000 Metern erfolgreich abgeschlossen. 1990 begann zweihundert Meter vom Testloch entfernt der Hauptangriff auf die 14-Kilometer-Marke. Das Bundesforschungsministerium steckt jährlich rund sieben Millionen Mark in das Oberpfälzer Loch und hofft auf praktische Ergebnisse wie Nutzung von Erdwärme und Prognosen von Erdbeben sowie natürlich auf einen Technologieschub für die deutsche Bohrtechnik, vom Bohrgestänge über die Meißel bis hin zu den Meßgeräten und zur Bohrspülung.

Das KTB, so urteilt die Fachwelt, ist der vorläufige Höhepunkt einer rasanten Entwicklung auf dem Weg ins Erdinnere. Aber die Anfänge dieser Entwicklung liegen im Osten. Die Chinesen waren wieder einmal die ersten, sie sind auch Altmeister der Tiefbohrtechnik.

Brunnenbohrer im Fernen Osten

In den zwanziger Jahren unseres Jahrhunderts erhielten chinesische Archäologen bei ihrer Suche nach Königsgräbern tief unter der Erdoberfläche von unerwarteter Seite Hilfestellung. Seit undenklichen Zeiten benutzte die chinesische Landbevölkerung zum Brunnenbohren ein dreibeiniges Gerüst, von dem ein schwerer Balken mit Eisenspitze an einem Seil herunterhing. Die Bohrmannschaft zog den Balken hoch und ließ ihn dann samt seiner Spitze mit voller Wucht auf und in den Boden donnern.

Als wildfremde Leute plötzlich Interesse an (Orakel-)Knochen, Gräbern und Antiquitäten zeigten, erfanden die chinesischen Bauern eine wirksame Methode der angewandten Seismik und nutzten ihren Brunnenbohrer als Gerät zum Nachweis von Grabkammern. Sie montierten die Eisenspitze ab und ließen das stumpfe Balkenende auf dem Boden aufprallen. War eine Art dumpfes Echo zu hören, dann befand sich wahrscheinlich ein Hohlraum, vielleicht sogar ein Grab unter der Oberfläche, das zu plündern sich lohnte. Zum Schutz der Grabkammern stellten die Archäologen solche privaten Grab-Exploratoure als Mitarbeiter ein.

Wann genau dieses Schlagbohrprinzip mit dem schweren Meißel an einem Seil erstmals in China angewandt wurde, ist ungewiß. Im 6. Jahrhundert v. Chr. legten Techniker im Reich der Mitte 50 Meter tiefe Salzbohrungen an. Um 200 v. Chr. waren die auf und ab gehenden Meißel auf der Suche nach Sole schon in 140 Meter Tiefe vorgedrungen. Altchinesische Chroniken berichten über fast 250 Meter tiefe Bohrungen um das Jahr 347, die bei Tseliutsin in der Provinz Sichuan (Szechuan) niedergebracht wurden. Um 1100 hatten die Chinesen etwa 1000 Meter Tiefe erreicht. Die Bohrzeit lag zwischen zwei und fünf Jahren.

Die chinesische Seilbohrtechnik

Damit die Bohr-Crew den Meißel oder, zur Erhöhung der Schlagwirkung, den Meißel mit Schwerstange nicht nach jedem Stoß am Seil hochziehen mußte, kam ein findiger Kopf auf die Idee mit der Bohrwippe. Diese Technik des zweiarmigen Hebels, eine drehbar zwischen zwei senkrechten Holzpfosten oder in der Y-förmigen Astgabel eines Baumstamms gelagerte Stange mit einem Gewicht auf der einen und einem Eimer auf der anderen Seite, war in Form der vermutlich ältesten Wasserhebemaschine, des Schaduf, schon im 3. Jahrtausend v. Chr. in Mesopotamien bekannt.

Die Chinesen befestigten nun anstelle des Eimers das Seil mit dem Bohrmeißel. Durch das Gegengewicht am anderen Ende und die Federwirkung der Wippe (Bohrschwengel) wurde der Bohrmeißel angehoben. Zwei schwergewichtige Männer sprangen abwechselnd auf die Wippe und sorgten dafür, daß der Meißel mit der nötigen Schlagenergie nach unten sauste, und das bis zu 800mal pro Stunde.

Über dem Bohrloch erhob sich ein Gestell aus Holzstangen mit einer Seilscheibe oder Rolle an der Spitze, über die das Bohrseil lief. Das Seil wurde je nach Bohrfortschritt nachgelassen, das pulverisierte Gestein mit einem Schöpfgerät aus Bambus aus dem Loch geholt. Später setzten die chinesischen Tiefbohrer Ochsen ein, die im Kreis laufend an einem Göpel mit Winde das Bohrklein und die Salzsole aus der Tiefe heraufzogen.

Auf der Suche nach Solequellen

Während die Chinesen bis zum 17. Jahrhundert nach ihrer Seilbohrmethode laufend kilometertiefe Löcher in die Erde bohrten, um an Wasser und Sole und manchmal auch mehr oder weniger zufällig an Erdgas und Erdöl heranzukommen, kümmerte sich in Europa lange Zeit niemand um das Tiefbohren. Einen Erdbohrer mit spiraliger Spitze, „um die Erde

Ein 83 Meter hoher Turm nicht weit von dem oberpfälzischen Städtchen Windischeschenbach markiert den Punkt, wo sich eines Tages das tiefste Loch in der Erdkruste befinden könnte. Nach der Pilotbohrung begann am 8. September 1990 die Hauptphase des Kontinentalen Tiefbohrprogramms mit einer neuen Bohrung. Innerhalb von vier Jahren will man mindestens 10 000 Meter erreicht haben. Ob dieses wissenschaftlich-technologische Projekt dann noch ergänzt und weitergeführt wird, um das ehrgeizige Ziel von 14 000 Meter Tiefe zu erreichen, hängt weitgehend von den Temperaturverhältnissen in der kontinentalen Erdkruste ab. Bei 4000 Metern mahlt die Bohrkrone schon in fast 120 Grad Celsius heißem Gestein, die Reibungswärme noch gar nicht gerechnet.

1

anzubohren, für Wasser zu finden", skizzierte um 1500 Leonardo da Vinci, auch Stoßbohrer an einem Seil in einem Stützgestell waren wohl in Gebrauch, aber damit war die Eindringtiefe ziemlich begrenzt.
Erst um 1750 kam mit dem Gestängestoßbohren eine Technik auf, die immerhin Bohrtiefen von bis zu 200 Metern ermöglichte. Doch davon später, denn das genial einfache Seilbohren blieb keineswegs auf China beschränkt, sondern wurde in den USA adaptiert und weiterentwickelt und gewann vor allem in den fünfzig Jahren nach Drake zunehmend an Bedeutung.
Die Suche nach Solequellen führte auch im Landesinneren der Vereinigten Staaten zu entsprechenden Innovationen. Als man zur Haltbarmachung von Lebensmitteln weder Dosen- noch Tiefkühltechnik kannte, mußten Fisch und Fleisch hauptsächlich mit Salz konserviert werden. An der Ostküste der Staaten war das Salz im Meer, im Binnenland suchten die „*frontiersmen*", die Pioniere im Grenzgebiet zum unbekannten Westen, nach Solequellen. Und wenn die Sole nicht in ausreichender Menge floß, halfen sie durch Graben nach, bis sie auf gewachsenen Fels stießen. Aber auch dieses Problem wurde gelöst, und da kommt die Familie Ruffner ins Spiel, die einen beachtlichen Beitrag zur Entwicklung der Bohrtechnik auf Erdöl leistete.

Pioniere des Bohrens am Kanawha River: die Ruffners

1785 hatte Joseph Ruffner senior in West Virginia westlich der Alleghenies eine Farm gekauft. Auf diesem Land, knapp zehn Kilometer oberhalb von Charleston am Big Kanawha River, befand sich die „Great Buffalo Lick", die große Büffel-Salzlecke. Die mehrere hundert Meter lange Salzlecke wurde von einer Solequelle gespeist. 1806 beschlossen die beiden Söhne Ruffners, David und Joseph junior, die Salzgewinnung etwas zu forcieren und nach unten zur Quelle der Sole vorzustoßen. Da Sumpfboden und Schwimmsand ein einfaches Graben mit Pickel und Schaufel als ziemlich sinnlos erscheinen ließen, hatten die beiden ihre erste Idee und erfanden eine Technik, die im Kohlenbergbau später als Senkschachtverfahren bekannt wurde.
Sie fällten eine hohe Sykomore, höhlten sie auf einen Innendurchmesser von 120 Zentimetern aus und stellten sie senkrecht in ihr zukünftiges Bohrloch. Innen im hohlen Baum grub ein Mann Erde und

1 – Auf der Suche nach Salzsole drangen die Chinesen schon im 6. Jahrhundert v. Chr. etwa 50 Meter in die Tiefe vor, um 1100 n. Chr. bereits etwa 1000 Meter. Ihre Seilbohrtechnik zeigt das Diorama im Deutschen Bergbau-Museum: In einem Bambusgerüst hängt unter einer Seilscheibe ein schwerer Bohrmeißel am Seil, daran befestigt ein wippender Bohrschwengel. Zwei Mann springen von je einer Plattform im Takt auf den Bohrschwengel und wieder zurück, bis zu 800mal in der Stunde. Je nach erreichter Teufe kann das Seil nachgelassen werden. Von Zeit zu Zeit wird der Meißel durch einen Schlammlöffel ersetzt, mit dem durch einen ochsengetriebenen Göpel der Bohrschmand zutage gefördert wird.
2 – Allenfalls zum Setzen von Pfosten reichen die Bohrlöcher nach der Methode, die Leonardo da Vinci um 1500 im Codex Madrid I skizziert und beschrieben hat: „Das ist ein Verfahren, um Erdlöcher zu machen, deren Tiefe ungefähr bis zu anderthalb Ellen (etwas über 1 Meter) beträgt. Gedreht wird wie bei einem Bohrer. Und wenn die ganze Schraube um ihre doppelte Länge unten ist, dann stellt man den Bock mit seiner Winde über die Schraube und zieht sie gewaltsam heraus, zusammen mit der Erde, die man dann beiseite schafft. Daraufhin wird die Schraube wiederum in die Erde getrieben, so lange, bis du dein Loch gemacht hast."

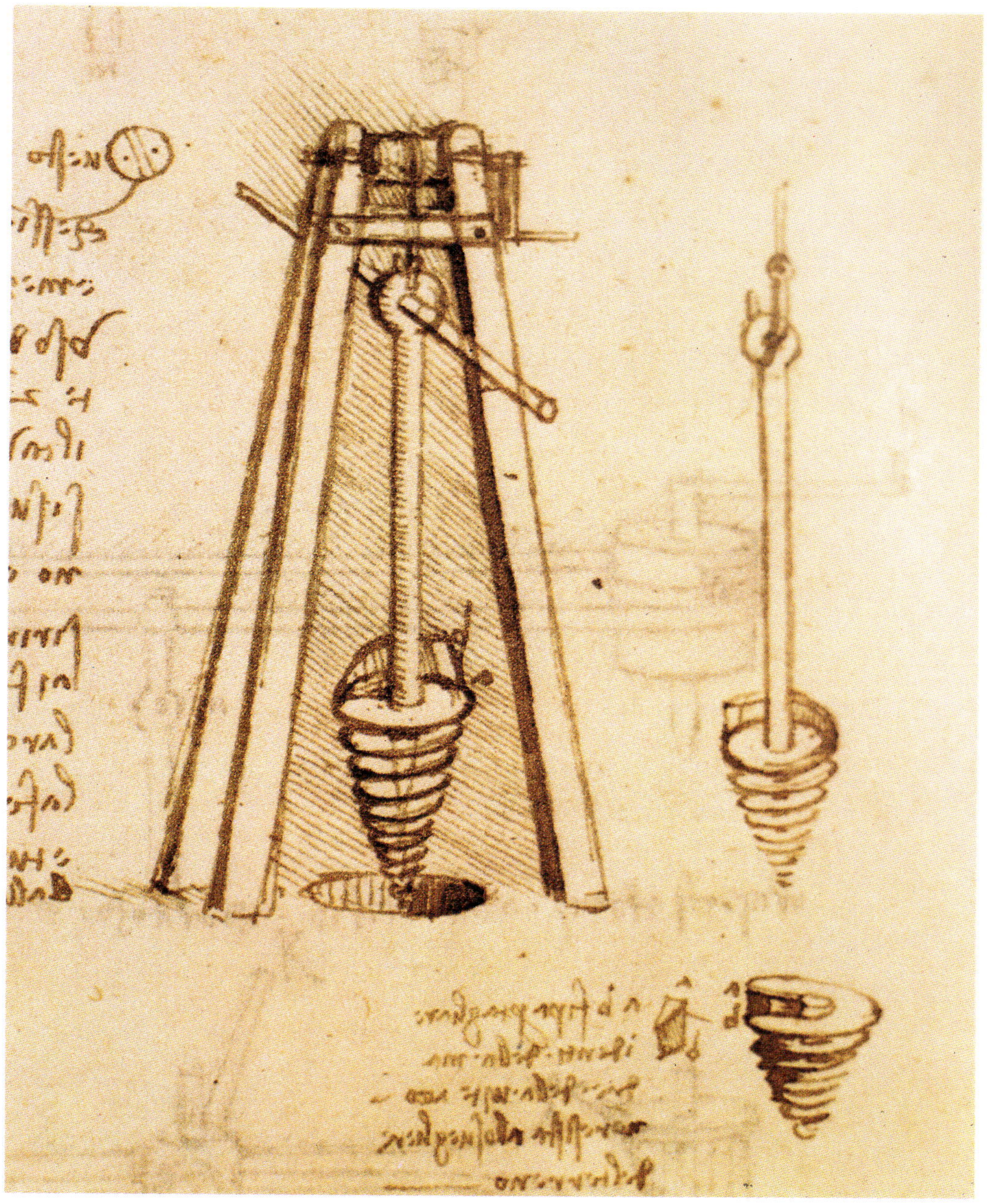

2

Gestein weg. Der Aushub wurde in einem alten Whiskeyfaß ans Tageslicht gezogen. Mit dem Grabungsfortschritt sank der Baumstamm tiefer, kleidete die Schachtwände aus und verhinderte, daß Sand nachfiel.

In fünf Meter Tiefe stießen die Ruffners auf Felsen. Sie bearbeiteten den unteren Rand des Baumstammes, damit er dicht auf dem Felsen auflag und kein vom Fluß einsickerndes Wasser ihr Salzwasser verdünnen konnte. Aber leider kam nicht allzuviel Sole, und so beschlossen sie, sich durch den Felsen nicht aufhalten zu lassen. Dazu bedurfte es einer zweiten Idee.

Sie befestigten einen eisernen, zweieinhalb Inch (6,4 cm) breiten Meißel an einer Schwerstange und hängten beides nach chinesischer Art mit einem Seil an das freie Ende einer Bohrwippe. Ganz außen am Wippenstamm hingen zwei Steigbügel herunter. Traten die zwei Brüder jetzt mit aller Kraft in die Bügel, bog sich die Wippe nach unten, der Meißel knallte auf den Felsen und zersplitterte das Gestein. Das Umsetzen des Meißels erfolgte per Hand, ebenso das Nachlassen des Seils entsprechend dem Bohrfortschritt. Am 1. November 1807 begannen die Ruffners, im wahrsten Sinne des Wortes zu Fuß zu bohren, am 15. Januar 1808 hatten sie 12 Meter harte Gesteinsbänke durchbohrt und stießen in 17 Meter Tiefe auf eine kräftige Solequelle.

Die ersten Casing-Rohre

Ihre Überlegungen, wie sie die Sole unverdünnt durch Sickerwasser nach oben bekommen könnten, führten zur dritten wichtigen Erfindung, die von den Bohrfachleuten später als *casing*, als Bohrlochverrohrung bezeichnet werden sollte. Joseph und David Ruffner spalteten einen Baumstamm der Länge nach, höhlten die beiden Hälften aus und bearbeiteten sie, bis sie zusammengelegt und zusammengebunden eine Röhre mit dem Durchmesser des Bohrlochs (6,4 cm) ergaben.

Damit ganz unten am Bohrlochgrund kein Grundwasser zwischen Fels und Rohr einsickern konnte, umwickelten sie das Rohrende mit einem Lederschlauch, der Flachssamen enthielt. Der durch Wasser aufquellende Samen preßte den Schlauch dann wasserdicht in den Spalt zwischen Fels und Rohr.

Auf der Grundlage der Ruffner-Methode bauten zunächst weitere Salzbohrer und schließlich die Ölbohrer auf. Es entwickelte sich die Technik, die auch Drake benutzte und die in der zweiten Hälfte des 19. Jahrhunderts als „pennsylvanisches Seilbohrverfahren“ berühmt wurde. Um 1815 brachte ein Blechschmied in Charleston Casingrohre aus Zinn heraus. Es folgten Kupferrohre mit geschraubten Verbindungen, die später durch sechs Meter lange, an beiden Enden mit Gewinden versehene Eisenrohre ersetzt wurden.

Die Wippe mußte einem maschinenbetriebenen Bohrschwengel weichen. Schwerstangen mit bis zu 15 Meter Länge und 1500 Kilogramm Gewicht sorgten für eine ausreichende Schlagwirkung des Meißels. Eine wichtige Neuerung war das Einschalten einer Rutschschere aus zwei langen, ineinander hängenden Kettengliedern zwischen Meißel und Seil. Um 1935 erreichte eine Bohrmannschaft mit der Seilbohrtechnik eine Tiefe von 2715 Metern. In der Zwischenzeit aber hatten noch andere Bohrtechniken von sich reden gemacht.

Bohrtechnische Variationen

Während Colonel Drake in Titusville schon mit Dampfmaschine und verkleidetem Bohrturm arbeitete, benutzten Wildcutter mit weniger finanzstarken Hintermännern weiterhin die Wippe mit einem daran befestigten langen Bohrmeißel. Der „Kicker“ trat fest in eine Seilschlinge und zog so die Wippenstange herunter. Manche Prospektoren erbohrten auf diese Art Vorkommen, die jahrelang Öl ausspuckten, andere stießen nur auf „weinende Quellen“, die lediglich tröpfelten.

Die Kanadier ersetzten das chinesisch-pennsylvanische Seil durch ein steifes Vollgestänge aus Holz, benutzten Rutschschere und Nachlaßkette und kreierten so das „kanadische Stoßbohrverfahren“. Aber zum richtigen Erfolg kam das Stoßbohren mit steifem Gestänge in Europa, genauer in England.

Die Engländer hatten da mit ihrem „englischen Stoßbohren“ eine Methode entwickelt, einen Bohrmeißel an einem steifen Gestänge zu befestigen, das ganze System ein Stück anzuheben und dann herunterfallen zu lassen. Die Meißelschneide zertrümmerte dabei das Gestein. Anschließend wurde das starre Gestänge mit Meißel wieder ein Stück angehoben, etwas gedreht, und dann stieß das ganze System aus Meißel und Gestänge wieder auf den gewachsenen Felsen herunter. Es ist einzusehen, daß diese Stöße dem Gestänge nicht gut bekamen, vor allem, wenn das Loch tiefer und das Gestänge damit sehr schwer wurde: Stauchungen oder Brüche blieben nicht aus. Um diese recht beachtliche Belastung des Gestänges zu vermeiden, dachten sich vor allem deutsche Ingenieure wie Oeynhausen, Fabian und Kind raffinierte Verbesserungen aus.

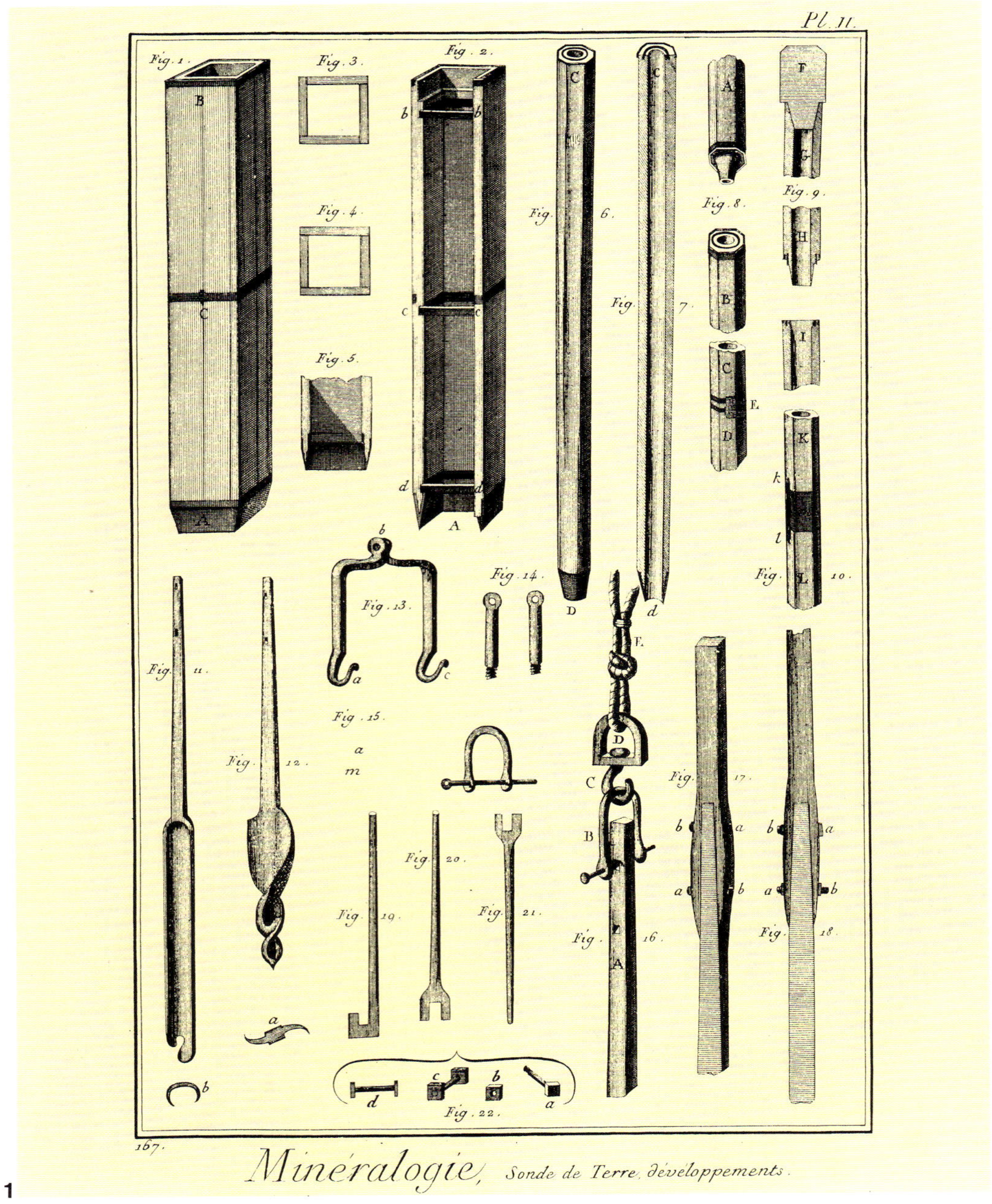

1

Rutschschere und Freifallvorrichtung

Karl Gotthelf Kind (1801–1873) wurde am 7. Juni als Sohn eines armen Bergmanns in Freiberg geboren. Bereits mit elf Jahren mußte er sein Geld in einer Grube verdienen, er kam nie in den Genuß einer umfassenden technischen Ausbildung. Seine ersten Erfahrungen mit Tiefbohrungen sammelte er beim Brunnengraben, und bald sann er darüber nach, wie er weiter in die Erdkruste vordringen könnte.

Der deutsche Bergingenieur Karl August Ludwig von Oeynhausen (1795–1865) und sein Mitarbeiter Karl Ludwig Althans (1788–1864) hatten die Belastung des Gestänges 1834 durch die Erfindung der sogenannten Rutschschere zwischen einem langen Obergestänge und einem kürzeren Untergestänge mit Bohrmeißel behoben. Das war im wesentlichen eine Vorrichtung, die es dem Untergestänge mit Bohrer ermöglichte, sich ein Stück in das Obergestänge hineinzuschieben. Beim Anheben des Bohrgestänges wird das in der Schere hängende Untergestänge mitgenommen. Beim Niederfallen knallt zwar der Bohrmeißel auf das Gestein und erschüttert das Untergestänge mit, aber die Schere ermöglicht es dem Obergestänge, noch ein Stück über das Untergestänge weiterzurutschen und langsamer abzubremsen.

Nach mehreren Mißerfolgen bei Bohrungen auf Steinsalz griff Kind Oeynhausens genialen Gedanken auf und entwickelte auf der Basis der Rutschschere 1844 sei-

1 – In der berühmten „Encyclopédie ou Dictionnaire raisonné des sciences, des arts et des métiers“, die Denis Diderot und Jean Le Rond d'Alembert von 1751 bis 1780 in 35 Bänden herausgaben, wird im Kapitel Mineralogie ein ganzes Sortiment von Bohrwerkzeugen gezeigt, vom Spiralbohrer bis zum Meißel. Auch ein Senkschacht mit Schneide am unteren Ende zum Ausfüttern des Bohrlochs ist bekannt.
2 – Auf ein dem chinesischen Seilbohren ähnliches Verfahren kamen 1807 in West Virginia die Brüder David und Joseph Ruffner, auch auf der Suche nach einer Solequelle. Immer wieder in die Steigbügel am Ende der Wippe tretend, durchstießen sie in zweieinhalb Monaten eine 12 Meter mächtige Gesteinsschicht und trafen in 17 Meter Teufe auf die Quelle. Zum Ausfüttern des Bohrlochs fügten sie zwei ausgehöhlte Baumstammhälften wieder zusammen.
3 – Beim Stoßbohren mit starrem Gestänge verstärkt zwar dessen ganzes Gewicht die Wucht des Aufpralls auf das Gestein, aber es kommt auch leicht zu Gestängebrüchen. 1844 entwickelte Karl Gotthelf Kind die von Karl August Ludwig von Oeynhausen erfundene Rutschschere weiter zum Freifallbohrer. Beim Aufziehen des Gestänges wird der schwere Bohrmeißel zum freien Fall ausgeklinkt. Voraussetzung ist, daß im Bohrloch Wasser steht. Dadurch wird das Hütchen H beim Auf- und Abgehen des Obergestänges so weit gehemmt, daß es die Zange Z öffnet und wieder schließt. Die rechte Skizze zeigt die Stellschraube zum Verlängern des Bohrgestänges je nach erreichter Teufe.

2

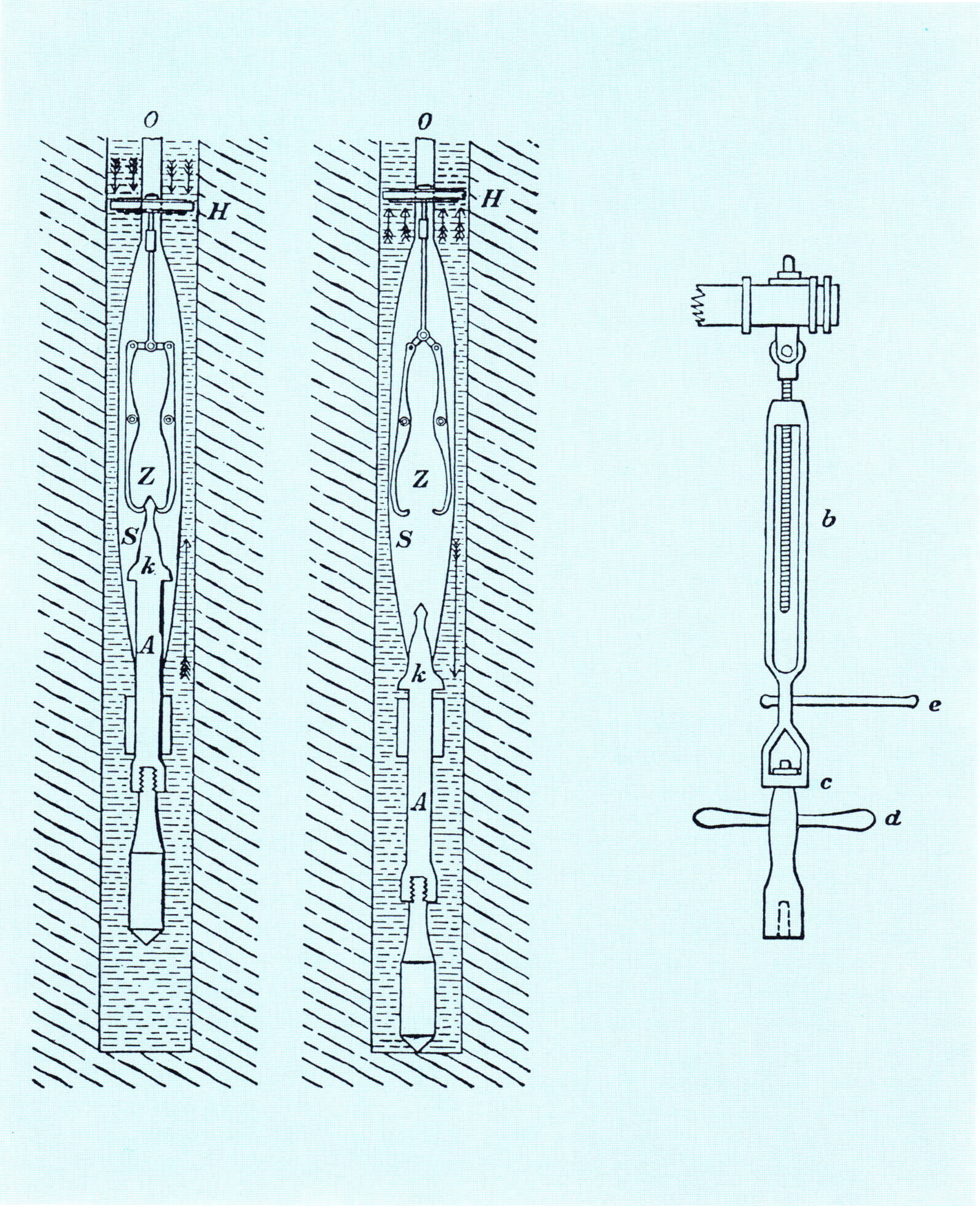

3

nen Freifallbohrer. Er bestand aus einem Obergestänge, das nun aus erheblich leichterem Material (wie Holz) bestehen konnte, aus der Sperrvorrichtung und aus dem Freifallstück mit einem schweren Bohrmeißel. Das Gestänge samt Meißel wurde vor jedem Schlag angehoben, aber in einer Höhe von etwa 30 Zentimetern wurde lediglich das Freifallgestänge mit dem schweren Bohrmeißel ausgelöst. Das Gestänge wurde wieder abgesenkt, die Freifallvorrichtung ergriff das Freifallstück, das ganze System wurde angehoben und so fort. Im selben Jahr 1844 bohrte Kind mit seinem System 715 Meter tief. Auch die Technik des Kernbohrens mit hohlem Gestänge hatte Kind bereits in Angriff genommen. Der dazu benutzte Meißel bestand aus einem eisernen Hohlzylinder an einem Rohrgestänge, der unten mit sechs bis acht Meißeln besetzt war.

Dadurch blieb in der Bohrlochmitte ein Gesteinskern stehen, der mit Hilfe einer Keilzange abgebrochen und herausgezogen werden konnte. Er kam damit den verzweifelten Wünschen der Geologen entgegen, „das erbohrte Material nicht in Form eines mehr oder minder feinen Pulvers zu Tage zu bringen, sondern es als Steinkern vor sich zu haben, in welchem der Wissende dann zu lesen im Stande ist wie in einem Buche" (Wilhelm Bersch). 1857 stoppte Kind eine solche Aufschlußbohrung auf Kohle bei Mouille zwischen Creusot und dem Canal du Centre in einer Tiefe von 920 Metern. Vier Jahre hatte diese (stoßende) Kernbohrung gedauert, der Bohrlochdurchmesser schrumpfte mit den Futterrohren von 30 Zentimetern mit zunehmender Tiefe auf 16 Zentimeter.

Karl Gotthelf Kind war nicht der einzige Tiefbohrer, der sich das System der Rutschschere zum Vorbild nahm. Auch der Oberbergrat Karl Leopold Fabian (1782–1855) aus Schönebeck machte sich 1848 daran, die Anordnung Oeynhausens zu vervollkommnen und das Untergestänge weitgehend vom Obergestänge unabhängig zu machen. Fabian wurde 1801 Eleve beim Salinenwesen, arbeitete ab 1809 zunächst als *sousingénieur des mines* unter französischer, dann ab 1815 als Leiter des Salzamtes zu Schönebeck unter preußischer Flagge. Die Karriereleiter führte ihn vom Salineninspektor (1818) über den Bergrat (1822) und Oberbergrat (1837) bis zum Geheimen Bergrat (1851). Am 14. März 1855, seinem Todestag, wurde unter Einsatz des Fabian-Freifallstücks bei Schönebeck zum erstenmal Salz erbohrt. Unter günstigen Bedingungen konnten mit dieser Technik Teufen bis zu 1400 Metern erreicht werden.

Wasser durch das Bohrgestänge: Spülbohren

Solange sich die Bohrer trocken in die Erdkruste fraßen, mußte der Meißel samt Gestänge oder Seil aus dem Bohrloch gezogen werden, damit das losgelöste Gestein, das mit Wasser versetzt und zu einer Art Schlamm verwandelt wurde, mit speziellen Bohr- oder Schlammlöffeln entfernt werden konnte. Das vermochte eine bis zu vier Meter lange Eisenblechröhre mit einem Klappen- oder Kugel-Bodenventil. Diese abwechselnde Bohr- und Förderarbeit war besonders beim Gestängebohren ziemlich mühsam, kostete eine Menge Zeit und damit Geld.

Da erschien es sinnvoll, das erbohrte Material für den Transport mit der Schlammbüchse nicht bloß ein bißchen anzufeuchten, sondern Bohrer und Gesteinsmaterial im Loch zu belassen und mit viel Wasser aus dem Bohrloch herauszuspülen. Die ersten tastenden Versuche mit dieser Wasserspülung haben europäische Bohrtechniker wohl schon 1815 unternommen. Sie sollte später für die Drehbohrverfahren besondere Bedeutung erlangen, obwohl sogenannte Fachleute lautstark und warnend darauf hinwiesen, daß das Spülwasser die Ölhorizonte gnadenlos verwässern würde.

1833 wandte der französische Ingenieur J. B. Fauvelle dieses Spülbohrprinzip an. 1846 erläuterte er sein Verfahren den hohen Herren der British Association for the Advancement of Science, dem 1831 gegründeten, größten naturwissenschaftlichen Verband Großbritanniens. Es wurde wie folgt beschrieben:

„Sein Apparat besteht aus einem hohlen, schmiedeeisernen Bohrgestänge, das aus Rohren zusammengeschraubt und am unteren Ende mit einem Hohlmeißel bestückt ist. Das obere Ende des Rohrgestänges ist über einen flexiblen Schlauch mit einer Druckpumpe verbunden. Diese Pumpe schickt während der Bohrarbeit einen Wasserstrom durch das Gestänge in das Bohrloch; das Wasser bringt beim Aufwärtssteigen alle losgebohrten Partikel mit nach oben, so daß das Bohrgestänge nur noch zum Auswechseln des Bohrmeißels gezogen werden muß. Monsieur Fauvelle stellte bei den Bohrarbeiten fest, daß es bei Bohrungen durch Kies- oder Geröllschichten, oder wenn beim Bohren größere Gesteinsstücke anfielen, günstiger war, das Wasser in das Bohrloch selbst zu pressen und es durch das Rohrgestänge aufsteigen zu lassen."

Fauvelle unterschied also bereits zwischen unmittelbarer (Frischwasser durch das Gestänge) und mittelbarer (Schlammstrom durch das Gestänge) Spülung. Aber das Wasser diente nicht nur als Transportmedium, sondern hielt auch die Bohrlochsohle sauber und erhöhte damit die Wirkung des Bohrers.

Die Schnellschlagbohrer des Herrn Raky

Ab 1855 kam das sogenannte dänische Spülbohrverfahren recht häufig zum Einsatz. Das Wasser strömte durch das Hohlgestänge, stieg in dem Fall zwischen Gestänge und Futterrohren in die Höhe und trat durch einen aufgesetzten Ausguß mit dem Bohrmaterial aus dem Loch. In beiden Fällen handelte es sich um stoßendes Bohren am steifen Gestänge von Hand, und bei milden Schichten lagen die Bohrtiefen meist bei hundert Metern.

Eine Rückkehr zum starren Bohrgestänge vollzog Anton Raky 1895 mit seinem „Schnellschlag-Bohrkran No. 7", ohne häufige Gestängebrüche zu riskieren. Die Wucht des Meißelaufpralls wird für das Gestänge durch die federnde Aufhängung des Bohrschwengels gemildert (rechts oben im Foto zu erkennen). Rakys Schnellschlagbohrer verdiente seinen Namen in doppelter Hinsicht, denn mit 105 Schlägen in der Minute brachte er innerhalb weniger Jahre Bohrungen im Elsaß, an Rhein und Ruhr, in Belgien, Holland, Lothringen, Ungarn, Rumänien, Rußland, Afrika und Südamerika nieder. Erdöl und Steinkohle waren die Hauptziele der Mutungsbohrungen. Die 1894 von Anton Raky mitbegründete Internationale Bohrgesellschaft ging als Wirth Maschinen- und Bohrgeräte-Fabrik GmbH 1977 an die Otto Wolff AG und gehört heute zur Houden Group PLC, Glasgow.

Für das stoßende Spülbohren mit Maschinenkraft erfand der deutsche Ingenieur Fauck 1877 die entsprechenden Zwischenstücke mit Wasserdurchfluß. Mit bemerkenswertem Erfolg setzte kurz vor der Jahrhundertwende der „große Pionier der Bohrtechnik und Erdölerschließung" (Martin) Anton Raky (1868–1943) die Wasserspülung ein, allerdings bei der neuen, von ihm erfundenen Technik der Schnellschlagbohrung, die sehr rasch das Bohren mit Zwischenstücken in der Gunst der Bohringenieure überflügelte.

„Der Grundgedanke dieser Bohrweise ist der", so führt die Bergbaukunde von Heise-Herbst-Fritzsche von 1938 aus, „daß mit starrem Gestänge gebohrt, dieses jedoch federnd aufgehängt oder federnd bewegt und der Aufhängepunkt in solcher Höhe gehalten wird, daß das Gestänge immer nur auf Zug beansprucht

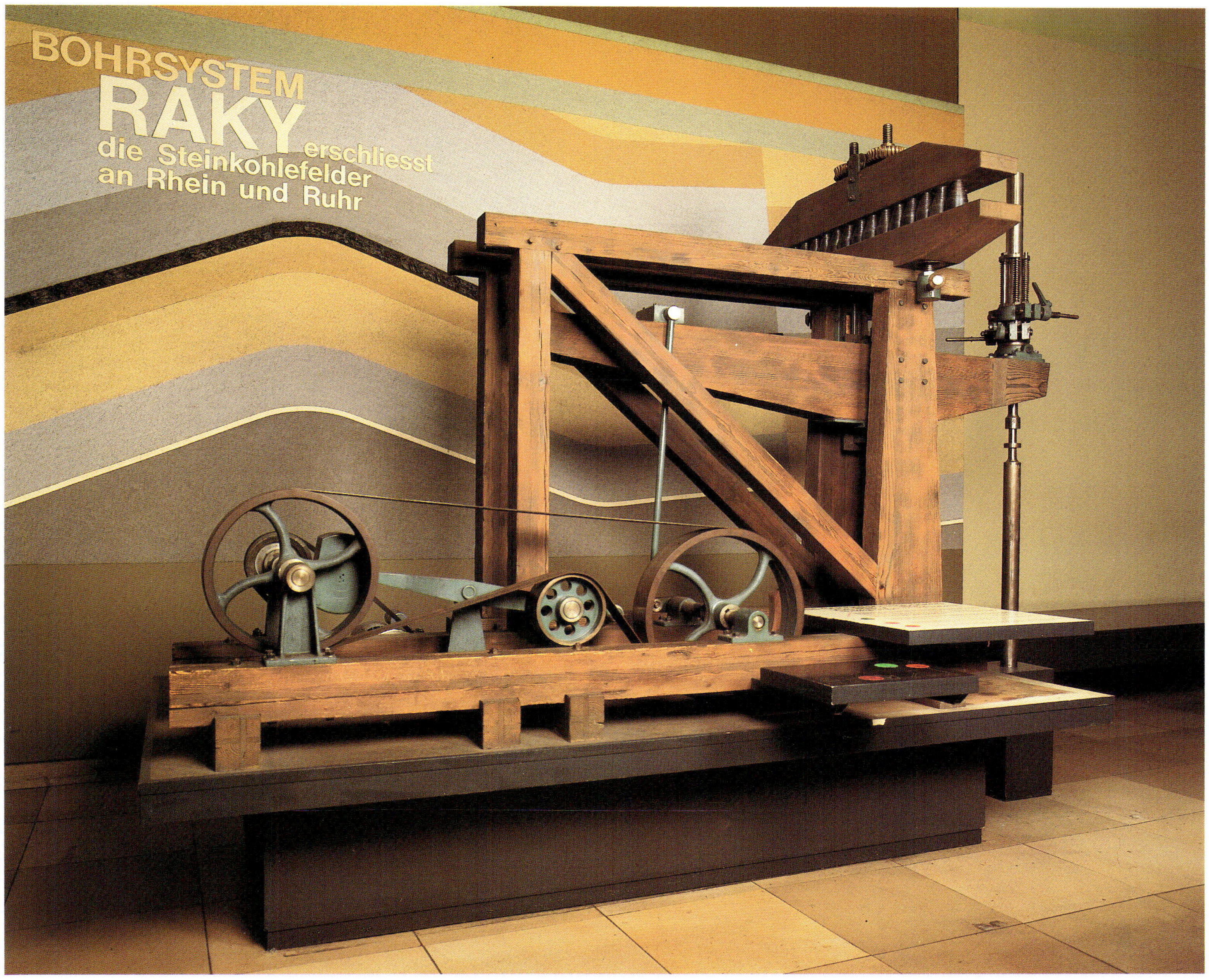

wird. Auf diese Weise wird das Gestänge mit dem Meißel einfacher verbunden und mehr geschont als bei Verwendung von Rutschschere und Freifall." Dazu führten Veränderungen im Bohrgestänge zu einer wesentlich verbesserten Zirkulation des Spülwassers.

Die Internationale Bohrgesellschaft

Anton Raky wurde am 5. Januar 1868 in Seelenberg im Hochtaunus geboren. Er besuchte die Realschule in Eltville und übernahm dann eine Arbeit in der Sägemühle seines Vaters in Kiedrich im Rheingau. Vater Franz hatte seinen Sohn als seinen Nachfolger vorgesehen, aber da kam im März 1887 der Bohrunternehmer Emanuel Przibilla auf der Suche nach Mineralwasserquellen nach Kiedrich, und da galten des Vaters Zukunftspläne plötzlich nichts mehr. Sohn Anton wollte Bohringenieur werden. Er absolvierte eine Lehre als Schlosser, arbeitete als Monteur auf zahlreichen Bohrstellen und sann über Verbesserungen der bisherigen Stoßbohrtechniken nach.

„1893 finden wir den jungen Bohringenieur im Elsaß wieder, wo er im Dienste des Bohrunternehmers Josef Vogt in Niederbruck steht, dessen Gewerkschaft ‚Gute Hoffnung' Bohrgeräte herstellt, schlecht und recht Lohnbohrungen auf Eisenerz, Mineralwasser, Salz und andere Mineralien ausführt, auch ein kleines Erdölfeld ihr eigen nennt und nun durch Rakys geniale technische Ideen plötzlich Auftrieb erhält", schrieb Gerald P. R. Martin in einem Artikel zu Rakys hundertstem Geburtstag. Die genialen Ideen gipfelten im selben Jahr in Rakys dampfbetriebenem „Schnellschlag-Bohrkran No. 7", der 1895 das Deutsche Reichspatent Nr. 79026 erhielt.

1894 gründeten Raky, der seine Patente einbrachte, und einige andere Leute, die das erforderliche Kapital hatten, in Straßburg die Internationale Bohrgesellschaft, später vom Volksmund „die Bohr" genannt. Eine Zweigniederlassung in Erkelenz unter der persönlichen Leitung Rakys folgte im Mai 1898, im Herbst 1902 wurde Erkelenz Hauptsitz der Firma und Raky, nachdem einige Gesellschafter ausgeschieden waren, Generaldirektor.

Erfolge und Rückschläge

Rakys Bohrverfahren und Bohrwerkzeuge rissen die Fachleute zu Begeisterungsstürmen hin, denn ihre bis 105 Schläge in der

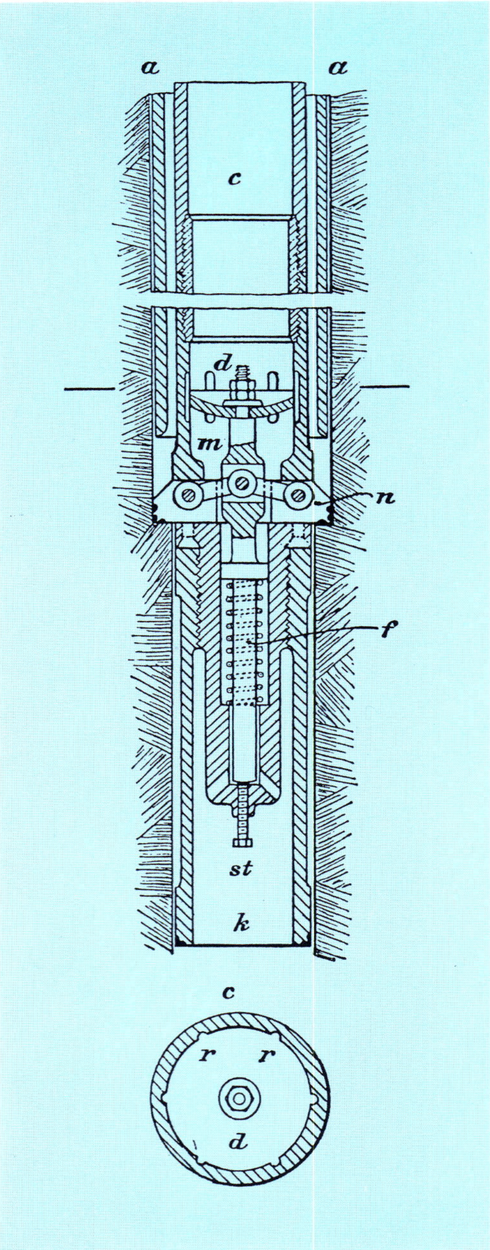

1

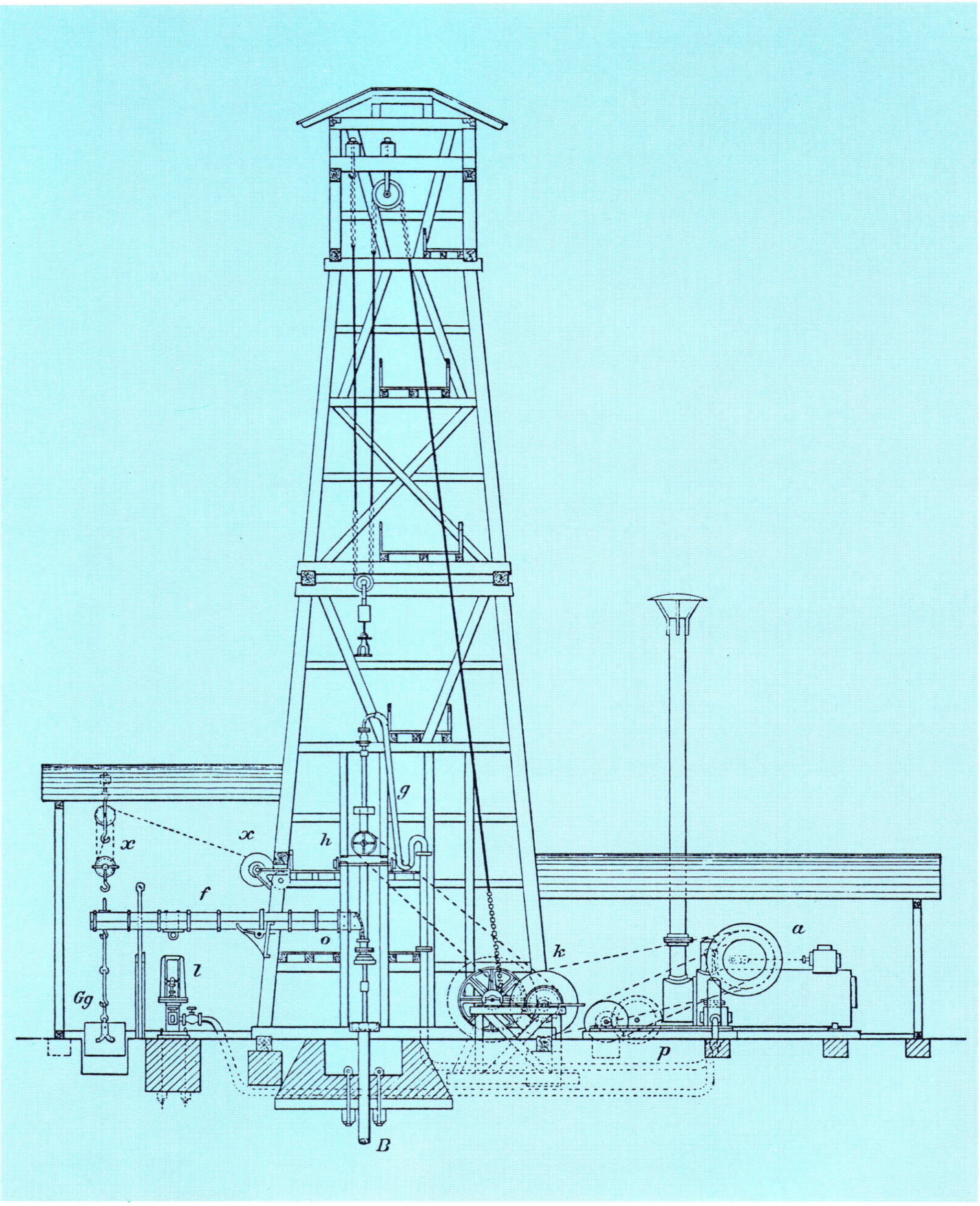

2

Minute ließen die Konkurrenz weit hinter sich. Schon 1895 brachte Raky im Elsaß Erdölbohrungen nieder, er bohrte in den Steinkohlerevieren im Rheinland, in Belgien, Holland und Lothringen. Er bohrte in Ungarn und Rumänien und in den nordwestdeutschen Erdölgebieten, er bohrte für fremde Auftraggeber in Rußland, Ägypten, Afrika, Südamerika und vielen anderen Ländern. Und er gründete und/oder kaufte eine Menge Firmen. Mehr als vierzig Gesellschaften konnten ihre Gründung mittelbar auf Raky zurückführen. „Dem hohen technischen Stand des Raky-Bohrsystems entsprach auch der wirtschaftliche Erfolg, der in der Geschichte der Industrie aller Länder ohne Beispiel dasteht", vermeldete 1911 der Bericht einer Bohringenieur-Versammlung in Budapest.
Aber es gab auch beachtliche Rückschläge. Am 1. Juli 1907 legte Raky gezwungenermaßen sein Amt als Generaldirektor der Internationalen Bohrgesellschaft nieder. Auch sein Unternehmen in Bukarest geriet in Schwierigkeiten. Raky starb am 22. August 1943 in Berlin. „Es wird oft behauptet, Anton Raky habe sich durch sein allzu heftiges Temperament, seine grenzenlose finanzielle Großzügigkeit, ein wirtschaftliches ‚ins-Blaue-hinein-Planen' ohne Rücksichtnahme auf die Tragfähigkeit des Fundaments, seine Selbstherrlichkeit . . . immer wieder selbst um den Enderfolg all seiner Bemühungen gebracht." Aber, so die Ansicht von Biograph Martin, das erkläre nicht ausreichend, „warum ein solcher Mann scheitern mußte". 1916 kaufte die Eisenhandelsfirma Otto Wolff AG in Köln die gesamten Werksanlagen der ehemaligen „Bohr" in Erkelenz einschließlich eines erheblichen Grundbesitzes auf. Gründervater Otto Wolff (1881–1940) hatte 1907 für Wirbel gesorgt, als er die Dürener Stadthalle zum Verschrotten aufkaufte. Im Oktober 1916 war aus der ehemaligen Raky-Firma die Maschinen- und Bohrgerätefabrik Alfred Wirth & Co. KG in Erkelenz geworden. Otto Wolff behielt „den maßgeblichsten Anteil", so eine Firmenschrift.
„Auf dem Gebiet der Herstellung von Bohrgeräten wurde an der Entwicklung neuer Bohrverfahren und der dazugehörigen Werkzeuge sehr zielbewußt weitergearbeitet . . . Ende des 19. Jahrhunderts übernahm Europa eine neue Bohrmethode, das sogenannte ‚Rotarybohrverfahren'. In klarer Erkenntnis der Bedeutung dieses Bohrverfahrens wurden die ersten Rotary-Anlagen gebaut und im Bohrfeld eingesetzt. Die hölzernen Bohrtürme

1 – Bereits um das Jahr 1860 war eine ringförmige Bohrkrone, um beim drehenden Bohren längere Standzeiten zu erzielen, mit Diamanten besetzt worden. Der deutsche Bohrtechniker Karl Köbrich benutzte diese Idee für seinen „Diamantbohrer mit Nachschneiden", auch Erweiterungsbohrer genannt. Der Vorbohrer k ist unten außen mit Diamanten bewehrt, ebenso die durch die Stellschraube st in der Weite verstellbaren Nachschneiden n des Erweiterungsbohrers.
2 – Mit seinen ab 1866 entwickelten Tiefbohrgeräten erbohrte Karl Köbrich 1893 in Paruschowitz bei Rybnik in Oberschlesien eine 2002,34 Meter tiefe Solequelle. Die Bohranlage kann entweder mit der Lokomobile a über ein Vorgelege k und die Drehvorrichtung h zum drehenden Bohren betrieben werden oder mit dem Dampfzylinder l über den Bohrschwengel f mit Gegengewicht Gg zum Stoßbohren. Durch die Pumpe p wird über die Zuführung g das Spülwasser in das Bohrloch gedrückt.
3 – Das Rotarybohrverfahren in seiner heutigen Form vereinigt viele Erfindungen in sich. Seine sensationelle Bewährungsprobe bestand es, als am 10. Januar 1901 eine Bohrmannschaft unter Anthony Francis Lukas im Spindletop Park von Beaumont mit einer mächtigen Ölfontäne den texanischen Erdölboom einleitete.

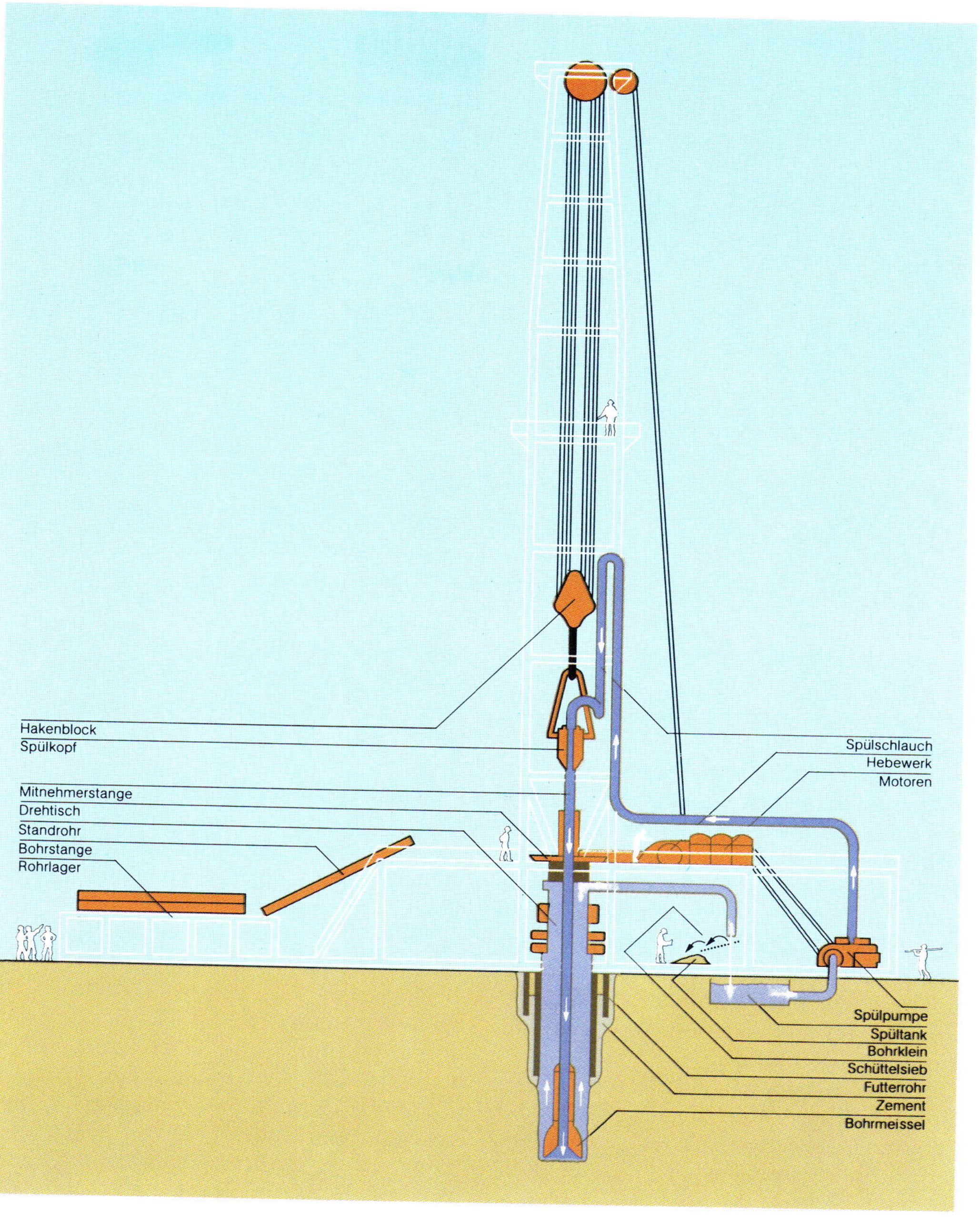

3

mit ihren verschiedenen Schlageinrichtungen verschwanden gänzlich, und an deren Stelle traten die schlanken Rotarytürme."
1977 wurde die Firma als „Wirth Maschinen- und Bohrgeräte-Fabrik GmbH" eine hundertprozentige Tochter der Otto Wolff AG und gehört heute zur Houden Group PLC, Glasgow. Neben Erdölbohranlagen stellt sie unter anderem auch Tunnel- und Großlochbohrmaschinen sowie Schachtbohranlagen her.

Eine Bohrkrone, mit Diamanten besetzt

Zwar feierte das Rotarybohrverfahren in den Vereinigten Staaten 1901 mit einem Blow-out seinen ersten Erfolg, aber die Grundlagen für diese Technik kamen wieder aus Europa. Bei losem und weichem Gebirge und für geringe Bohrtiefen wurde schon lange per Hand drehend gebohrt, und zwar mit Spiral- oder Tellerbohrern oder mit der Schappe, die im Gegensatz zu den Stoßbohrmeißeln schneidend wirkten.
Um drehend durch festes und hartes Gestein bohren zu können, mußte erst ein entsprechender Bohrer erfunden werden. Und wenn es um den Erfinder der mit Diamanten besetzten ringförmigen Bohrkrone geht, dann wird meist der Nachname Leschot genannt, die erstaunlich wenigen übrigen Daten variieren. Nach Feldhaus führte der Genfer Uhrmacher Georges Auguste Leschot die Diamantdrehbohrung 1857 ein, „indem er einen mit schwarzen Diamanten besetzten Kronenbohrer herstellte, den er durch ein Getriebe rasch umlaufen ließ". Eine französische Quelle läßt den Georges Leschot den Gesteinsbohrer mit Diamantenkrone 1862 erfinden. Amerikanische Erfindungsgeschichten nennen ihn mit dem Vornamen Rodolphe oder Rudolph und halten ihn für einen französischen Ingenieur oder Professor, der seine für zukünftige Ölbohrer so wichtige Tat 1860 oder 1863 vollbrachte. Auch das Jahr 1864 ist zu lesen. Und schließlich wird noch ein gewisser Hermann genannt, der am 3. Juni 1854 ein französisches Patent auf eine Bohrkrone mit Kristallen oder eckigen Fragmenten von schwarzen Diamanten erhielt. Nach dieser Version trugen Leschot (1860) und Pihet (1866) einige Verbesserungen zu Hermanns Erfindung bei.
1870 setzte der amerikanische Bohringenieur Bullock eine Leschot-Bohrkrone bei einer drehenden Bohrung in Pennsylvania ein. In der Zwischenzeit hatte man aber die Vorteile dieser Technik auch in Europa erkannt.

1

1 – Je nach Art der Bohrung, der erreichten Teufe und der Härte der zu durchbohrenden Erdschichten setzt der Bohrfachmann unterschiedliche Werkzeuge ein, vom Fischschwanzbohrer über die Diamantbohrkrone bis zum Rollenmeißel, auch in Kombinationen an einem Kopf.
2 – Um den Bohrkopf überholen oder auswechseln zu können, muß er mit dem ganzen über ihm befindlichen Bohrgestänge aus dem Bohrloch gezogen werden, und das sind oft Hunderte oder Tausende von Metern. Natürlich geht das nur abschnittsweise, wobei das Gestänge wieder in einzelne Rohre zerlegt wird.

Zwei deutsche Pioniere des Tiefbohrens

In Deutschland führte als einer der ersten Karl Köbrich (1843–1898), ein Bohrtechniker von Weltruf, das Diamantbohrverfahren ein und vervollkommnete seit 1866 die Tiefbohrgeräte. Zu seiner Rotationsbohreinrichtung gehörte als Vorläufer des späteren Rotarydrehtisches ein Bohrwagen, ein fahrbarer gußeiserner Rahmen mit Antriebsscheibe, Klauenkupplung und einem konischen Zahnräderpaar, das über eine Klemmvorrichtung die Drehbewegung der horizontalen Welle auf das Hohlgestänge übertrug.
Das Gestängegewicht wurde durch einen Bohrschwengel abgefangen und über ein verschiebbares Gewicht an seinem hinteren Ende ausbalanciert. Später konstruierte Köbrich kombinierte Tiefbohranlagen für stoßendes und drehendes Bohren. Am 27. Mai 1893 war eine Köbrich-Diamantbohrung im oberschlesischen Paruschowitz bei 2002,34 Metern angelangt.
Auf der Pariser Weltausstellung von 1867 wurde ein englisches Diamantbohrverfahren ausgestellt. Dort wurde ein anderer deutscher Pionier des Tiefbohrens, der Kaufmann und Industrielle Hermann Schmidtmann (1841–1919), auf das Verfahren aufmerksam und erkannte seine Vorteile beim Kernbohren. Er besorgte sich englisches Kapital, gründete eine Gesellschaft, verbesserte das Verfahren noch und begann in der Nähe der Stadt Aschersleben zu bohren.
„Er hatte sein Augenmerk auf das von ihm dort vermutete Vorkommen von Kalisalzen geworfen und wies, als er unter Verwendung von konzentrierter Chlormagnesiumlauge beim Bohren am 18. August 1877 erstmals fündig geworden, damit die südliche Fortsetzung der Kalilager im Staßfurt-Egelner Sattel nach“ (Serlo).

Das Rotarybohrverfahren

Die Voraussetzungen für das Rotaryverfahren waren also gegeben, und die wichtigsten Komponenten gab es schon: das Hohlgestänge und der dadurch ermöglichte Einsatz von Spülflüssigkeit; die Technik, das Gewicht des Gestänges abzufangen, damit der Druck auf die Bohrkrone nur durch eine Schwerstange geregelt wird; die Übertragung der Antriebskraft über Kegelräder; widerstandsfähige Diamantbohrkronen, obwohl in der Anfangszeit Fischschwanzbohrer eingesetzt wurden. Die Grundlagen zum Rotaryverfahren wurden erstmals im englischen Patent des Ingenieurs Robert Beart von 1884 beschrieben. 1887 soll ein gewisser Chapman ebenfalls ein Patent auf ein Rotaryverfahren erhalten haben. Der Drehtisch, der in seiner viereckigen Aussparung die Mitnehmer- oder Kellystange aufnimmt, die wiederum auf die gesamte Rohrtour mit Meißel die Drehtisch-Rotation überträgt, scheint erstmals 1894 in Corsicana, Navarro County, Texas, eingesetzt worden zu sein. Zwar hatte die Crew eigentlich nach Wasser gebohrt, aber man war auch mit dem Erdölstrom zufrieden und errichtete dort 1896 die erste texanische Ölraffinerie. Den sensationellen Durchbruch aber schaffte das Rotarybohrverfahren 1901 am Spindletop.
Ein 18 Meter hoher Obelisk aus Granit im Spindletop Park von Beaumont in Texas weist noch heute auf das epochale Ereignis hin, und der Name „Lucas Gusher Monument“ zeugt von dem Mann, dem es zu verdanken war: Anthony Francis Lucas (1855–1921). Lucas wurde am 9. September als Anton Franz Luchich in der jugoslawischen Hafenstadt Split (damals gehörte sie zu Österreich-Ungarn) geboren. Vater Luchich war Schiffsbauer und Reeder. Sohn Anton Franz wurde Marineoffizier, wanderte dann aber 1879 nach Amerika aus, nur fünf Jahre nach seinem berühmten Landsmann Michael Pupin (Pupin-Spule).
1893 kam er nach Texas, „wo er zuerst in Salzbergwerken mit Erfolg bohrte“, schrieb Stefan Logigan in einer Kurzbiographie über den altösterreichischen Erdölpionier in Amerika. „Hier kamen ihm die ersten Gedanken über die Zusammenhänge zwischen Salzstöcken und Erdölvorkommen an deren Flanken. Mit dem damals verwendeten Seilschlagverfahren konnte man das Bohren tiefer Löcher in solchen Strukturen nicht meistern. Lucas setzte dafür erstmals das aus dem Bergbau bekannte drehende Bohren mit Spülungsumlauf ein und konnte damit alle technischen Schwierigkeiten meistern. Es war die Geburtsstunde des Rotary-Bohrens für die Erdölgewinnung.“
Das Ergebnis ist bekannt. Am 10. Januar 1901 schoß das Spindletop-Öl mit elementarer Gewalt in den Himmel und leitete die boomartige Entwicklung der texanischen Erdölindustrie ein. Lucas war von der Gründung im Jahr 1914 bis 1916 Präsident des Oil and Gas Committee des AIME (American Institute of Mining and Metallurgical Engineers).
1957 wurde das AIME in „American Institute of Mining, Metallurgical, and Petroleum Engineers“ umbenannt. Der ursprüngliche Verband stiftete 1936 die An-

1

thony-Lucas-Goldmedaille für verdiente Petroingenieure. Der auf diese Weise nachträglich Geehrte war am 22. September 1921 in Washington gestorben.

Eine 54 Meter lange Stricknadel

Zwar wird Colonel Drake gern als erster Petroingenieur der Weltgeschichte bezeichnet, aber erst zwischen 1900 und 1920 begann sich die Erdöltechnik *(petroleum engineering)* wirklich zu etablieren. Auf der School of Engineering der Universität in Pittsburgh, Pennsylvania, hielt Professor Roswell Hill Johnson im Universitätsjahr 1912/13 den ersten Kurs über Erdöl- und Erdgastechnik in den Vereinigten Staaten ab. Die ersten Diplome wurden 1915 verliehen. Auch die University of California in Berkeley nahm die Erdöltechnik 1910 ins Vorlesungsprogramm und bot fünf Jahre später ein vierjähriges Studium für angehende Petroingenieure an. Andere Länder folgten diesem Beispiel, und so dauerte es nicht lange, bis zahlreiche Verbesserungen die Bohrtechnik immer weiter vorwärts brachten.
Da der Fischschwanzbohrer nur für weichere Gebirgsschichten geeignet war, wurden Rollenbohrer entwickelt, die einen hohen Bohrdruck aushielten. Von 1920 an sorgten Hartmetalle für eine längere Lebensdauer der Bohrmeißel. Je nach Härte des Gesteins wurden Bohrmeißel unterschiedlicher Konstruktion und Form entwickelt, hauptsächlich Rollen- und Diamantmeißel. Für die Pilotbohrung des Kontinentalen Tiefbohrprogramms kamen äußerst widerstandsfähige, mit Diamantsplittern durchsetzte Hartmetall-Bohrkronen, entwickelt von Eastman Christensen in Celle, zum Einsatz. Welche Anforderungen an das Bohrgestänge gestellt werden, verdeutlicht folgendes Beispiel: Bei einem 3500 Meter langen Bohrstrang hat sich der Drehtisch schon bis zu zwanzigmal gedreht, bevor sich die Torsionskraft über das Gestänge fortgepflanzt hat und den Bohrmeißel zur Rotation bringt; wollte man von dieser Bohranlage mit 3500 Meter langem und 13 Zentimeter starkem Gestänge ein Modell bauen und als Bohrgestänge eine 2 Millimeter dicke Stricknadel verwenden, müßte die Nadel etwa 54 Meter lang sein.

Richtungsbohren und Spülflüssigkeit

Zwischen 1920 und 1930 lernten die Petroingenieure, Futterrohre mit geeigneten Durchmessern zu verwenden, Absperr-

2

3

1 – Das Kontinentale Tiefbohrprogramm (KTB) bei Windischeschenbach in der Oberpfalz dient einerseits der Wissenschaft mit neuen Erkenntnissen über die tieferen, dem Erdmantel schon näher liegenden Schichten der Erdkruste. Andererseits regten die Anforderungen bei der angestrebten Bohrteufe von 10 000 bis 14 000 Metern auch Neu- und Weiterentwicklungen in der Technologie an.
2, 3 – Bei jeder Tiefbohrung wird bis zum Bohrkopf hinunter ein Spülmittel gepumpt, um den Meißel zu kühlen und zu schmieren und um das Bohrmehl nach oben zu spülen. Das Chemieunternehmen Henkel in Düsseldorf hat mit Dehydril HT eine neue Bohrspülsuspension entwickelt. Je stärker sie in Bewegung gerät, desto flüssiger wird sie. Trotzdem läßt sie feste Körper – wie in der Demonstration Bleikügelchen – nicht nach unten sinken.

ventile und Dichtungen zu benutzen. Und sie setzten bereits das Richtungs- oder Ablenkbohren als interessante Variante zur Senkrecht-nach-unten-Technik ein. Das wurde später in der Off-shore-Technik wichtig, wenn zur Ölgewinnung von einer Bohrplattform aus Bohrungen in mehrere Richtungen abgelenkt wurden. Schon 1895 wurde die Richtungsänderung des Bohrlochs mit Hilfe von Stahlkeilen *(removable whipstock)* im Bohrloch bewerkstelligt.

1933 entschloß sich ein kalifornischer Bohrunternehmer auf dem Bohrfeld Huntington Beach, keine Stege in den Pazifischen Ozean zu bauen, um sie als Bohrplattformen zu verwenden. Statt dessen zapfte er das Ölvorkommen unter dem Wasser von der Küste aus durch mehrere schräge Richtbohrungen an. Heute läßt sich das eleganter mit einem gelenkigen Bohrstrang und einem Bohrmeißel mit einem separaten Hydraulikantrieb lösen, etwa mit ADS, einer Spezialentwicklung der Preussag von 1986. Auch der Spülflüssigkeit wurden außer ihrem ursprünglichen Einsatz zur Förderung des losgelösten Gesteins neue und zusätzliche Aufgaben zugewiesen. Sie soll den Bohrmeißel kühlen, der heute mit bis zu maximal 200 Umdrehungen pro Minute rotiert. Ihr hohes spezifisches Gewicht sorgt dafür, daß die Bohrlochwand nicht nachfällt, solange die Futterrohre nicht eingesetzt sind; außerdem wirkt die Flüssigkeitssäule dem Öl- und Gasdruck entgegen und kann unter Umständen ein Ausbrechen der Lagerstätte verhindern.

Heute werden noch eine ganze Reihe weiterer Anforderungen an die Spülflüssigkeit gestellt. So entwickelte die deutsche Firma Henkel für das Kontinentale Tiefbohrprogramm als Spülmittel das synthetische Silikat Dehydril. Es ist bis 350 Grad Celsius temperaturstabil. Nach 1930 begannen Wissenschaftler wie William Hurst und Ralph Schilthuis, die Physik der Erdöl- und Erdgaslagerstätten genauer zu erforschen. 1937 veröffentlichte Morris Muskat sein Werk über die Bewegung homogener Flüssigkeiten in porösem Gestein, „The Flow of Homogeneous Fluids Through Porous Media", und war damit einer der Begründer der Lagerstättentechnik *(reservoir engineering)*.

Gewinnungsmethoden: mit Torpedos und Atombomben

Durch den natürlichen Druck in der Lagerstätte können bei der sogenannten Primärförderung nur bis zu 20 Prozent des Erdöls gewonnen werden. Da kam im Jahr 1862 der Colonel Edward A. L. Roberts aus New York auf die Idee, „Torpedos in artesischen Brunnen zur Explosion zu bringen" („*exploding torpedos in artesian well*", wie es in seinem Patent Nr. 47458 vom 25. April 1865 hieß). Das Roberts-Torpedo wurde dann zwar nicht für Wasserbrunnen interessant, sondern zur Vergrößerung des Erdölstroms in müden Lagerstätten mit verstopften Ölträger-Poren. Das erste Experiment wurde am 21. Januar 1865 in der Ladies'-Erdölquelle in Watson Flats bei Titusville gestartet. Die Explosion riß im Ölträger Klüfte auf und verstärkte dadurch den Ölfluß wieder. In der Folgezeit konnte der Colonel seine Nitroglycerin-Torpedos nicht schnell genug herstellen.

Und Roberts hatte auch noch einen Nachfolger. Die Amerikaner hatten 1967 über einen friedlicheren Einsatz der Atombomben nachgedacht, allen voran ihr nimmermüder Prophet der Kernkraft und Vater der Wasserstoffbombe Edward Teller (geb. 1908). Teller äußerte am 10. Februar 1958 die feste Überzeugung, daß Test-Kernexplosionen in der Atmosphäre „weder gegenwärtige noch zukünftige Generationen ernsthaft gefährden". Es ist also nicht weiter verwunderlich, daß er zum einflußreichen Fürsprecher der Projekte „Gasbuggy" und „Plowshare" wurde, die sich mit friedlicher Nutzung der Kernenergie befassen sollten. Zum Glück wurde das „Pflugschar-Programm" zum raschen Ausheben von Häfen und Kanälen nicht weiter verfolgt.

Aber „Gasbuggy" zur Erdgasgewinnung hatte Ende 1969 Premiere. Unweit von Colorado, in 1300 Meter Tiefe, wurde in einer Erdgas führenden Gesteinsschicht ein Nuklearsprengsatz von 26 Kilotonnen gezündet. In der geröllgefüllten Explosionshöhle sammelte sich das im umgebenden Fels gelagerte Erdgas, das durch Bohrung abgezapft wurde.

Mit Wasser, Tensiden und Polymeren

Auf einen weniger brisanten Gedanken kam 1903 der amerikanische Ingenieur C. L. Dunn auf einem Ölfeld in Ohio. Er preßte Erdgas in eine erschöpfte Lagerstätte, um den Lagerstättendruck künstlich zu erhöhen. Die Quelle fing wieder an zu sprudeln. Nach diesem Erfolg tat Dunn sich mit Harvey E. Smith zusammen, und die beiden schickten im August 1911 mit ausgezeichnetem Erfolg Preßluft in das Ölfeld. Die Produktion auf einem Nachbarfeld konnte dank dieser Technik von

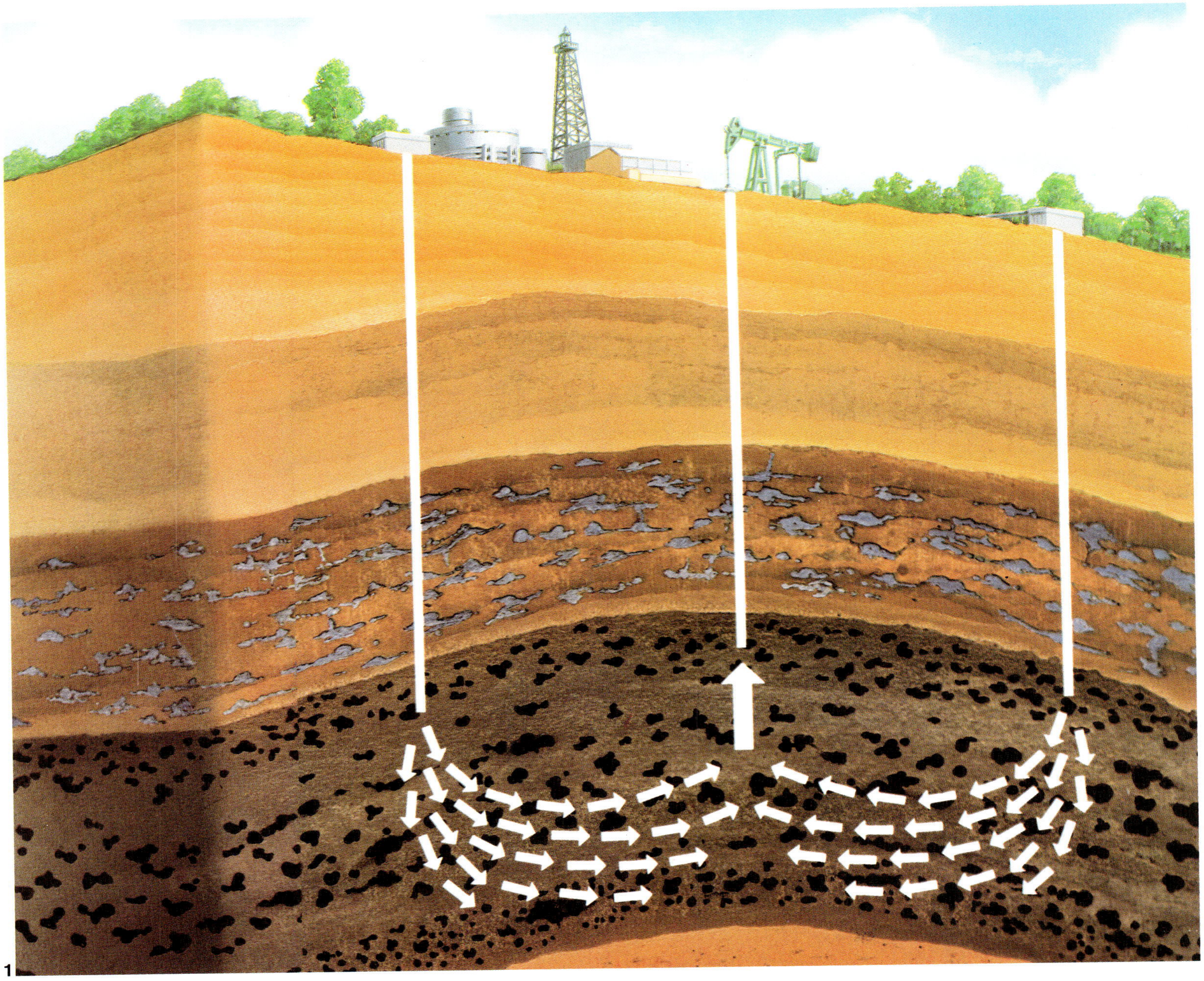

1

9500 Barrel pro Jahr auf fast 16000 Barrel gesteigert werden. Nach 1920 entwickelten die Petroingenieure Gestängepumpen, um das Öl nach oben zu holen, wenn es nicht mehr von selbst sprudelte, und sie preßten neben Erdgas auch Wasser in die Lagerstätten. Mit den unterschiedlichen Sekundärförderungsmethoden betrug der Ausbeutegrad im Mittel 30 bis 35 Prozent. Mit Hilfe der Tertiärverfahren oder *Enhanced-Oil-Recovery*-(EOR-)Prozesse läßt sich die gewinnbare Ölmenge im Schnitt noch einmal um bis zu 15 Prozent steigern. In einer Anzeige von 1984, „Wie man mehr Erdöl findet, ohne danach zu suchen", faßte die Hoechst AG die Techniken so zusammen:
„Neben den Flutverfahren mit Dampf oder Kohlendioxid sind es vor allem die chemischen Flutverfahren, durch die der Ertrag auf 40 bis 50 Prozent, in Sonderfällen sogar auf über 50 Prozent gesteigert werden kann. Das Öl muß verdünnt, das Wasser verdickt werden. Es geht darum, die Kapillarkräfte herabzusetzen, die das Öl in den oft mikroskopisch kleinen Poren der Lagergesteine binden. Dazu haben wir von Hoechst oberflächenaktiv wirkende Chemikalien entwickelt, sogenannte Tenside, die ähnlich so funktionieren wie in unseren Waschmitteln, wo sie den Schmutz aus dem Gewebe lösen. Hier lösen sie das Öl aus dem porösen Gestein. Darüber hinaus können dem Flutwasser Polymere zugesetzt werden, die es viskoser, also zähflüssiger machen. Dadurch wird erreicht, daß die Wasserflut das viskose Öl vor sich her schiebt und bis zur Fördersonde drückt, ohne dabei das Öl zu überholen. Dazu gibt es von uns salzstabile und temperaturbeständige synthetische Polymere. Weiterhin arbeiten wir an der Isolierung von Mikroorganismen, die Bipolymere herstellen. Schon geringste Mengen davon erhöhen die Viskosität des Wassers und wäßriger Salzlösungen, die in die Lagerstätten gepumpt werden."

Turbinen- und Elektrobohrer

Im Jahr 1978 kam es in den Vereinigten Staaten zu einem ernsten Engpaß bei der Beschaffung von Bohrgeräten. Der gestiegene Ölpreis hatte einen neuen Bohrboom ausgelöst, und die Ausrüsterfirmen kamen mit ihren Lieferungen an Gerätschaften nicht nach. Auf den Bohrstellen im Süden und im Südwesten des Landes sann man auf Abhilfe: An Ausrüstungen gestohlen wurde alles, was leicht zu demontieren war, und wenn die betroffenen Ölbohrfirmen auf raschen Ersatz erpicht wa-

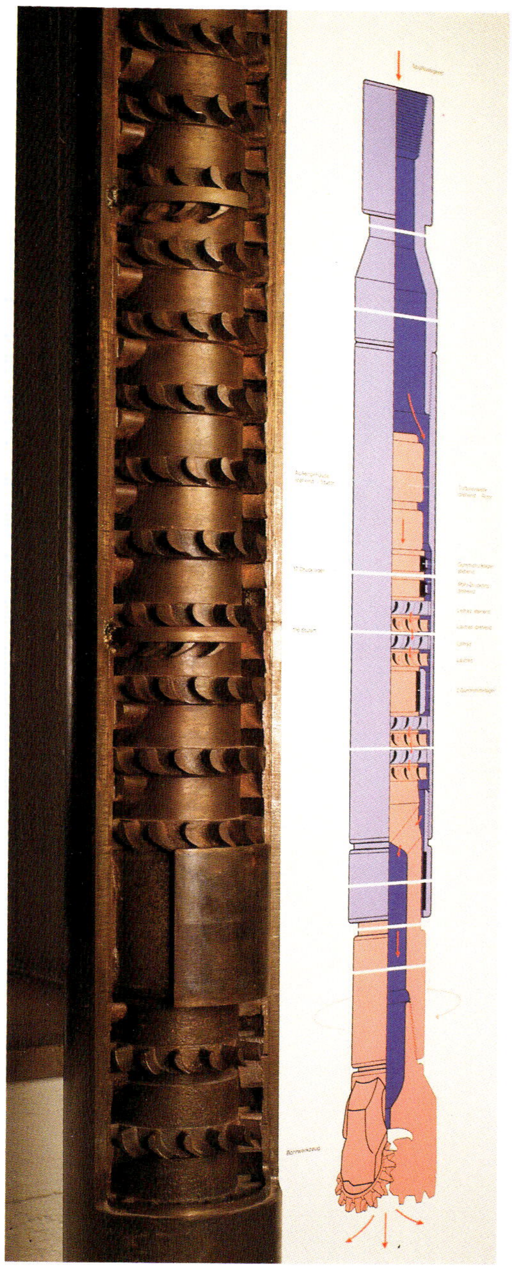

2

1 – Erdöl kann man unter Ausnutzung des natürlichen Lagerstättendrucks in der sogenannten Primärförderung nur zu 10 bis 20 Prozent aus den mehr oder weniger kleinen Gesteinsklüften gewinnen. Bei den Sekundärfördermethoden wird Erdgas, Preßluft oder Wasser in die Lagerstätte gepumpt, so daß wenigstens 30 bis maximal 35 Prozent aus dem Boden gepreßt oder geschwemmt werden können. Um auch das mit Kapillarkräften in den teils mikroskopisch feinen Gesteinsporen festgehaltene Öl herauszulösen, setzt man bei den jüngsten Methoden, der Tertiärförderung, Dampf, Kohlendioxid und auch chemische Mittel ein. So hat die Hoechst AG Tenside entwickelt, die das Öl aus den Poren „waschen". Oder mit Polymeren als Zusatz zum Flutwasser wird dessen Viskosität so weit erhöht, daß es das zähflüssige Öl bis zur Fördersonde vor sich her drücken kann, ohne es zu „überholen". Mit solchen Methoden kann der Entölungsgrad auf 40 bis 45 Prozent gesteigert werden.

2 – Beim Rotarybohren muß einerseits die ganze Masse des langen Gestänges unter hohem Energieaufwand in Bewegung gesetzt werden, abgesehen von der „Bremswirkung" des Gesteins auf den Meißel. Andererseits bringen die Torsionskräfte eine extreme Materialbelastung des Gestänges mit sich. Bei dem Turbinenbohrverfahren, das der sowjetische Techniker Matwei Alkinowitsch Kapeljuschnikow entwickelt hat, wird die Spülflüssigkeit als Antriebsmittel für eine Turbine unmittelbar über dem Bohrmeißel benutzt. Mit diesem Verfahren, für das die Salzgitter Maschinenbau GmbH 1957 eine Lizenz erwarb, sind auch Richtungsbohrungen möglich.

ren, konnten sie auf einem blühenden Schwarzmarkt ihre abhanden gekommenen Teile zurückkaufen.

1982 hatten die USA wieder ein neues Delikt, nämlich Rohöldiebstahl. Mit Hilfe manipulierter Meßgeräte wurde heimlich produziertes Öl beiseite geschafft, Lastkähne voller Öl verschwanden auf dem Weg in die Raffinerien an der texanischen Küste, oder größere Ölmengen wurden bei Einbrüchen in Vorratslager gestohlen. 8,5 Millionen Barrel pro Jahr, so die Schätzung, verschwanden in dunklen Kanälen.

Aber lange bevor es zu diesen Zuständen kam, wurden die ersten Versuche gemacht, nicht mehr das Bohrgestänge auf seine ganze Länge rotieren zu lassen, sondern den Bohrmeißelantrieb direkt auf die Bohrsohle zu verlegen. Immerhin scheint es in den ersten Jahrzehnten dieses Jahrhunderts immer häufiger vorgekommen zu sein, daß das Rotarybohrgestänge bei 4000 Meter tiefen Löchern die tangentialen Reibungskräfte an den Bohrlochwänden nicht überlebte.

Bereits 1900 schlug eine galizischer Bohringenieur namens Wolski vor, die Energie der Spülwasser-Säule im Hohlgestänge nach dem Prinzip des hydraulischen Stoßwidders für eine Schlagbohrvorrichtung zu nutzen. Ähnliche Geräte bauten von Vangel (Deutsches Reichspatent Nr. 255533) und Kegel (DRP Nr. 320947). Die revolutionäre Idee mit dem Turbinenbohrer hatten zu Beginn der zwanziger Jahre der französische Ingenieur E. Lachamp (DRP Nr. 454304) und der sowjetische Techniker Matwei Alkinowitsch Kapeljuschnikow (geb. 1886).

Direkt über dem Bohrmeißel ist dabei eine mehrere Meter lange, bis zu hundertstufige Turbine von etwa 25 Zentimeter Außendurchmesser angebracht. Als Antriebmittel dient die Spülung, die durch das hohle Bohrgestänge mit hohem Druck nach unten gepreßt wird. 1922 stellte Kapeljuschnikow ein Versuchsmodell seines Bohrers westlichen Bohrspezialisten in Baku vor. Das Prinzip erschien zwar bestechend, aber die konstruktive Lösung war noch unbefriedigend.

Erst 1939 wurde das ursprüngliche Aggregat durch eine Gruppe von sowjetischen Ingenieuren unter der Leitung von P. P. Schumilow als verbesserter Mehrstufenbohrer auf den Markt gebracht und erregte in der ganzen Welt Aufsehen. Das Gerät ermöglichte zur Rotary-Anlage höhere Drehzahlen bei weniger Lärm, einen höheren Bohrfortschritt, und der Meißel ließ sich nicht nur senkrecht führen, sondern konnte in jeder beliebigen Richtung vorangetrieben werden. Aber auch Nachteile zeigten sich: Der Bohrmeißel war einem höheren Verschleiß unterworfen und mußte deshalb in zeitraubender Arbeit häufiger ausgewechselt werden. Erstmals einen Elektromotor statt der Flüssigkeitsturbine verwendeten 1938 in der UdSSR die Ingenieure A. P. Ostrowski und P. W. Alexandrow. Im Westen stellte die amerikanische Firma Electrodrill Corporation ihren Elektrobohrer 1949 vor.

Bohren im Wasser: die Off-shore-Technik

Die Off-shore-Technik, also die Öl- und Gassuche unter dem Meer, vor der Küste, hat eine Affinität zu Superlativen. Es gibt die größten Ölbohrplattformen der Welt, die gewaltigsten beweglichen Bauwerke, die teuersten Bohrinseln aller Zeiten und die schwersten Katastrophen in der Geschichte der Off-shore-Technik, von der britischen Bohrinsel „Sea Gem", die 1965 vor der mittelenglischen Küste sank, bis zur Ölbohrinsel „Piper Alpha", die 1988 in der Nordsee durch Gasexplosionen auseinandergerissen wurde. Es kommt auch vor, daß U-Boote mit Ölplattformen kollidieren, so im März 1988, als die norwegische Oseberg-Plattform von einem U-Boot der deutschen Bundesmarine gerammt wurde.

Aber darüber hinaus sind es großartige Höchstleistungen der Technik, wie eine Esso-Werbung von 1985 begeistert zusammenfaßte: „Riesige stählerne Inseln mitten im Meer, schwimmend oder mit kirchturmhohen Pfeilern sicher im Meeresboden verankert. Eigene Kraftwerke, Werkstätten, Computerzentralen, Funkstationen, Landeplattformen für die mit

1, 2 – **Zweimal Erdölförderung im Golf von Mexiko: Mit einem Kostenaufwand von mehr als 1 Million Dollar errichtete Exxon einst eine der ersten Förderplattformen *off shore* (von der Küste entfernt). Mehr als 250 Millionen Dollar werden Bau, Installation und Ausrüstung der Plattform „Bullwinkle" der Shell Oil (USA) gekostet haben, bevor ab 1992 mit der regulären Förderung von voraussichtlich 3 Millionen Tonnen Rohöl und 900 Millionen Kubikmeter Erdgas im Jahr aus bis zu 60 Bohrungen begonnen wird. Mehr als 500 Millionen Dollar verschlingt das gesamte Projekt dieses Giganten. Mit 492 Metern und 25 Zentimetern ist er gut dreimal so hoch wie der höchste Kirchturm der Welt, das Ulmer Münster, doch nur 80 Meter ragen aus dem Wasser. Für den Transport des 416 Meter hohen Unterteils – natürlich in gekipptem Zustand – von Corpus Christi an der texanischen Küste bis zum Konzessionsblock Green Canyon etwa 240 Kilometer südöstlich New Orleans mußte ein spezieller Lastkahn mit „nur" 260 Meter Länge gebaut werden, den Dimensionen eines Riesentankers ähnlich.**

1

Helicoptern einfliegende Besatzung. Hotelähnliche Unterkünfte, Restaurants, Kinos – ein Szenarium wie in einem Science-fiction-Film. Und doch schon lange Realität. Hier auf der Erde, direkt vor unserer Tür; in der sturmgepeitschten Nordsee."

Kein Land mehr in Sicht

Zu einer Zeit kurz nach den ersten Bohrungen von Drake, als man noch nicht einmal in der Lage war, mit festem Boden unter den Füßen gezielt Erdölvorkommen aufzuspüren, da kam schon der amerikanische Ingenieur Thomas F. Rowland auf die Idee, daß auch im Untergrund der Seen und Meere Erdölvorkommen sein müßten, denn immerhin steht ja der größte Teil des Erdballs ständig unter Wasser. Am 4. Mai 1869 meldete Rowland eine ortsfeste Bohrplattform zum Patent an. Sie sollte bis zu einer Wassertiefe von 15 Metern geeignet sein, und einige technische Anlagen waren wohl auf einem neben der Plattform ankernden Schiff untergebracht.

1896 standen im flachen Wasser der kalifornischen Küste vor Summerland, Santa Barbara County, die ersten Bohrgerüste, die auch tatsächlich Öl produzierten. Sie waren über wenige Meter lange Stegbrükken mit dem Land verbunden. Und von diesem Zeitpunkt an erwiesen sich die Amerikaner als die wahren Pioniere der Off-shore-Technik. 1908 fanden sie das erste echte Off-shore-Feld in Trinidad-Tobago. 1914 tasteten sich amerikanische Bohr-Crews nach der Entdeckung des Mene-Grande-Feldes in den venezolanischen Maracaibosee vor, einen bis zu fünfzig Meter tiefen Brackwassersee. 1920 fanden sie auf eigenem Gebiet große Ölfelder unter Wasser.

Doch erst nach dem Zweiten Weltkrieg verließen die Bohringenieure Binnenseen und Küstengewässer und wagten sich mit den Bohrungen auch schon ins offene Meer, außer Sicht des Landes. Ausgangspunkt war der Golf von Mexiko, und man wollte zunächst Erdöllager ausbeuten, die sich vom Festland aus in die Küstengewässer fortsetzten. 1945 hatte man dort eine Holzplattform für Explorationsbohrungen in das sechs Meter tiefe Wasser gestellt. Am 14. November 1947 wurde 17 Kilometer vor der Küste von Louisiana im Golf von Mexiko eine Erdölbohrung der amerikanischen Kerr-McGee Corporation fündig. Es war eine feststehende Plattform aus einem fachwerkartigen Stahlträgergerüst, das in zehn Meter Wassertiefe gegründet war.

2

Etwas andere Ausmaße hatten die Nachfolger dieser ersten festen Bohrplattformen. Sie erreichten 1988 Höhen bis zu einem halben Kilometer.

Eine Hubinsel für den Golf von Mexiko

Die erste schwimmfähige Bohrinsel bauten amerikanische Ingenieure 1949: die „Breton Rig 20". Schlepper brachten die auf flaschenförmige Ponton-Beine aufgesetzte Plattform zur Bohrstelle, die Beine wurden geflutet und die Insel dadurch auf Grund gesetzt. Das Prinzip wurde in den achtziger Jahren bei den gewaltigen Förderplattformen aus Stahlbeton vom Typ „Gullfaks C" zur Vollendung gebracht, aber zunächst zeigte sich, daß sich das vielfüßige Monstrum speziell bei unruhiger See nicht gut schleppen ließ. Und so dachten sich die amerikanischen Konstrukteure etwas anderes aus. Es war durchaus sinnvoll, schwimmfähige Plattformen zu bauen, die im Gegensatz zu den festen Bohrplattformen als mobile Einheiten ihren Einsatzort verändern konnten. Aber die Beine sollten natürlich nicht beim Schleppen stören. So kamen sie auf das Prinzip der schwimmfähigen Plattform, genannt Hubinsel *(jack-up-barge)*, die ihre Säulenbeine nach unten bis zum Meeresboden ausfährt und dann an ihnen bis etwa zwanzig Meter über den Wasserspiegel hochklettert. Erstmals beschrieben hatte diese Technik schon 1869 ein gewisser Samuel Lewis. Doch bis zu ihrem ersten Einsatz verging noch über ein Dreivierteljahrhundert.
Es waren Techniker der amerikanischen Stahlbaufirma De Long Corporation, die 1952 die erste Hubinsel in den Golf von Mexiko schleppten und ihre Stahlbeine hydraulisch in den Meeresgrund absenkten. Das Verfahren bewährte sich, und amerikanische Werften taumelten in einen Bohrinsel-Boom. In den darauffolgenden Jahren verringerte sich die Zahl der stählernen Beine von anfangs vierzehn auf nur noch drei. Aber für diesen technischen Fortschritt mußte auch eine Menge Lehrgeld gezahlt werden. Zwischen 1955 und 1957 verunglückten fünf dieser mobilen Bohrinseln, meist während der Schleppfahrt oder beim Absenken oder Hochziehen der stämmigen Beine.

Halbtaucher für stürmische See

Für Wassertiefen über hundert Meter setzten die Ölgesellschaften noch andere teure Gerätschaften ein, nämlich Bohr-

schiffe *(drill ships)* und sogenannte Halbtaucher *(semi-submersibles)*. Das erste Bohrschiff schwamm 1953 zu seiner Bohrlokation, 1961 kam erstmals die sogenannte dynamische Positionierung zum Einsatz, eine Technik, das Bohrschiff mit Hilfe von Steuerpropellern an der Bohrstelle festzuhalten. Bei den Halbtauchern stehen die Bohrplattformen auf riesigen Schwimmtanks. Die Insel wird zum Bohrpunkt geschleppt, und die Pontons werden so weit mit Seewasser geflutet, daß sie in vom Seegang unbeeinflußten Wassertiefen schwimmen, die Plattform aber noch in sicherer Höhe über den Wellen ist. Durch ihren tiefliegenden Schwerpunkt haben die Halbtaucher ausreichende Stabilität.
Die erste Bohrplattform nach diesem Prinzip war die 1962 gebaute „Blue Water 1". „Da die Schwimmtanks tief im Wasser liegen und die das Deck tragende Gitterstruktur den Wellen nur wenig Widerstand bietet, liegen Halbtaucher auch bei stürmischer See recht ruhig und erlauben auch bei schlechterem Wetter das Fortsetzen der Bohrarbeiten. Die optimale Wassertiefe für Halbtaucher liegt bei circa 100 bis 300 Metern. Eine Bohrinsel dieses Typs hat zum Beispiel im Winter 1972/73 östlich der Shetlands erfolgreich eine Bohrung niedergebracht und damit zum erstenmal bewiesen, daß man auch in dieser Jahreszeit in der nördlichen Nordsee arbeiten kann" (Florian Schwarz).

Ölrausch auf der Nordsee

Die erste Unterwasserbohrung in Europa wurde am 23. Juli 1955 auf dem großen Haffsee Lac de Biscarrosse et de Parentis

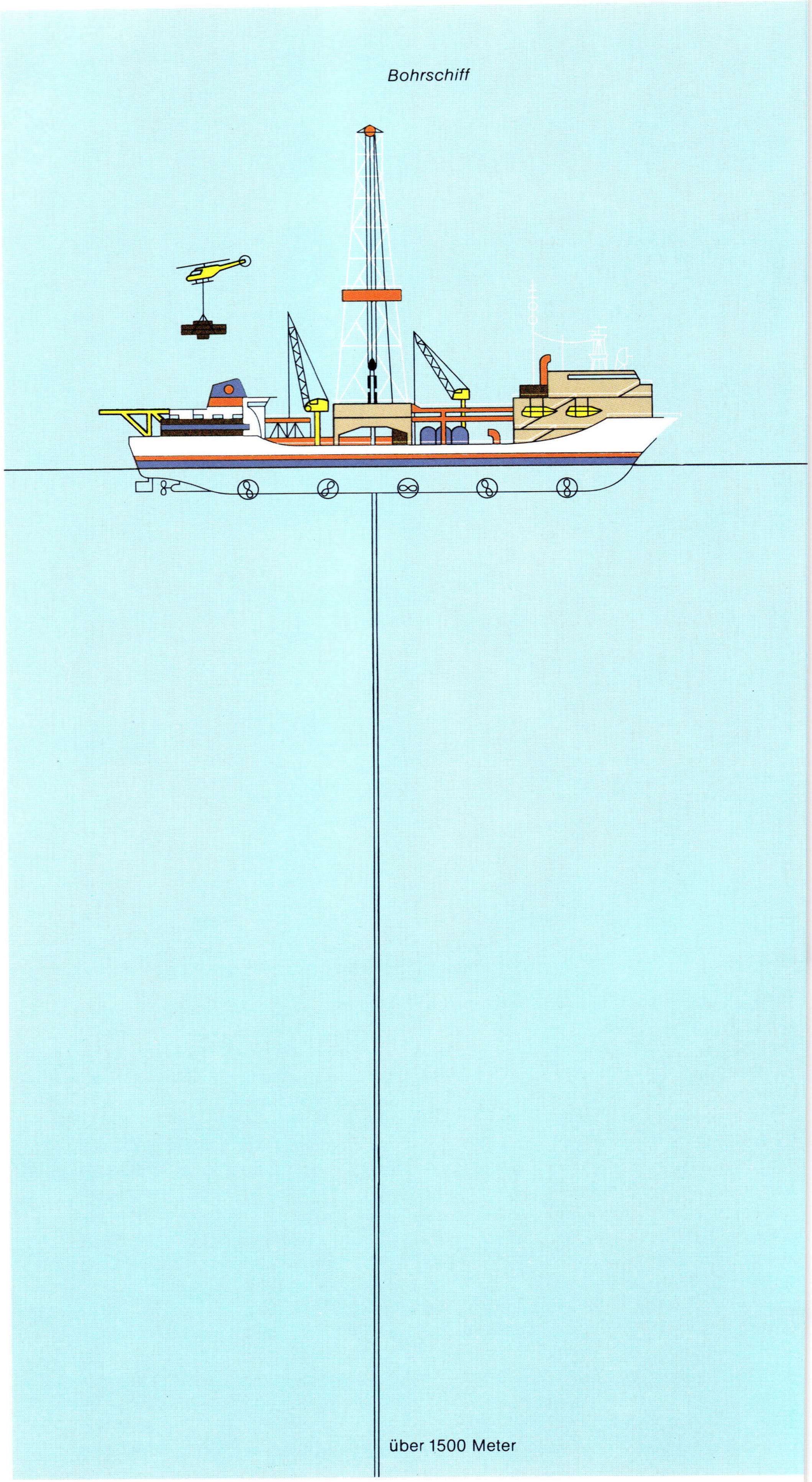

Außer den ortsfesten Produktionsplattformen werden bei Off-shore-Bohrungen nach Erdöl und Erdgas drei verschiedene, mehr oder weniger bewegliche Arten von Bohreinrichtungen verwendet. Höchste Beweglichkeit über größten Meerestiefen bis mehr als 1500 Meter lassen Bohrschiffe zu, die durch elektronikregulierte Steuerpropeller stabilisiert werden können. Halbtaucher oder *semi-submersibles*, deren Schwimmpontons über dem Einsatzort geflutet und dadurch abgesenkt werden, arbeiten im allgemeinen über 100 bis 300 Meter Meerestiefe, 750 Meter sind das Maximum. Hubinseln oder *jack-up-barges* fahren ihre Standbeine bis zu 90 Meter auf den festen Meeresboden aus und hangeln sich dann noch weitere 20 Meter über den Meeresspiegel nach oben.

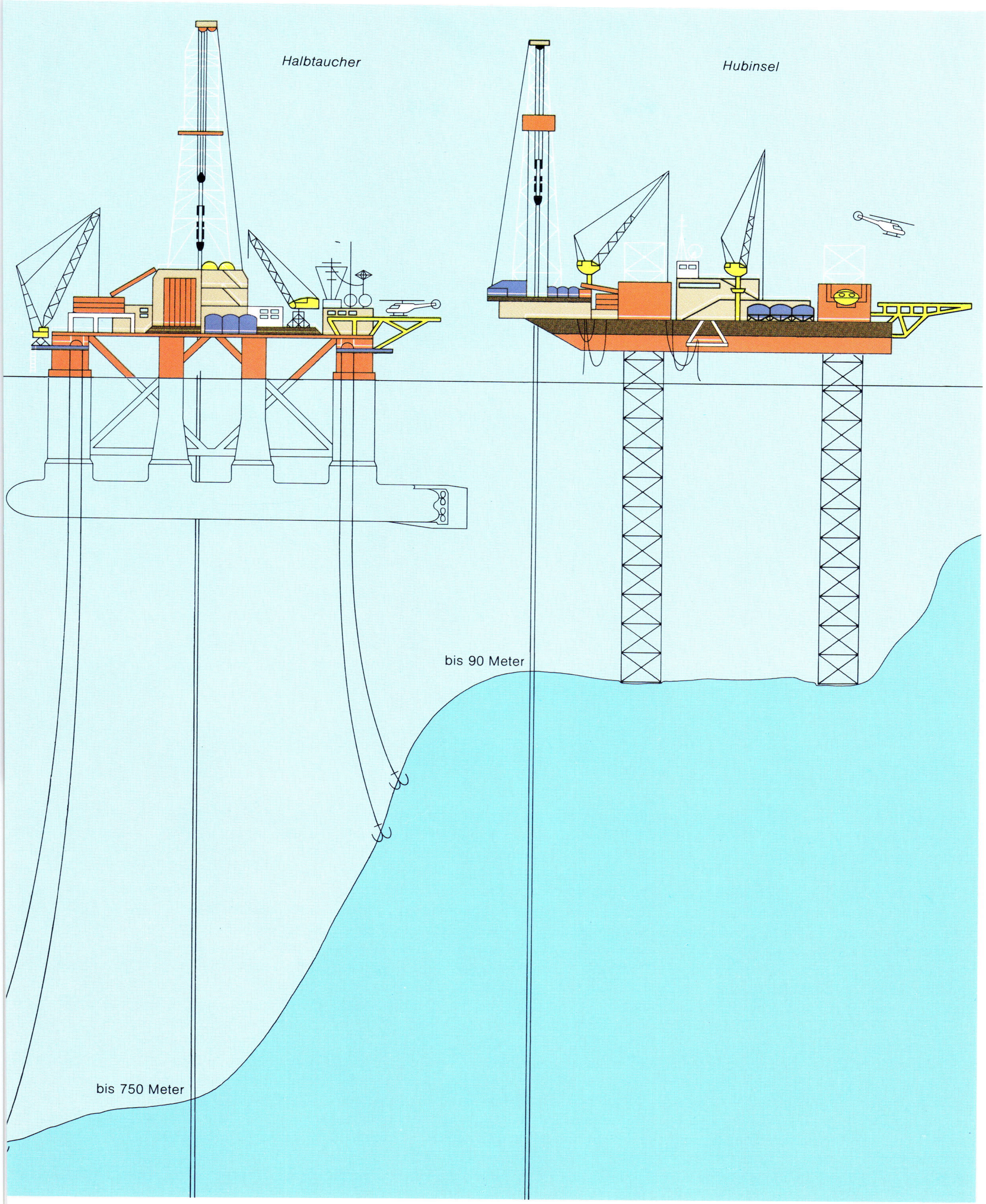
Halbtaucher
Hubinsel
bis 90 Meter
bis 750 Meter

südwestlich der französischen Stadt Bordeaux in Angriff genommen. Zuerst stellten die Ingenieure der Standard Oil nach gewohnter Manier eine stationäre Plattform mit Bohrturm und allen Maschinen ins Wasser. Als weitere Bohrungen niedergebracht werden sollten, erwies sich das Verfahren als zu umständlich. Die Maschinerien wurden auf Kähne montiert und die Kähne je nach Bedarf an einer Plattform mit Bohrturm vertäut. Eine stürmische Entwicklung nahm die Offshore-Technik in Europa dann mit Erschließung der Nordsee, und das trug auch in erheblichem Umfang zum heutigen technologischen Stand bei. Es begann am 29. Juli 1959. An diesem Tag bohrte die Nederlandse Aardolie Maatschappij (NAM) mit „Slochteren 1" in einem Zuckerrübenfeld in der holländischen Provinz Groningen eine Gasblase an. Man hielt sie für eines der größten Erdgasvorkommen der Welt. Den Geologen war klar, daß sich die gasverdächtigen Formationen nebenan fortsetzen mußten. Und nebenan war die Nordsee.

1964 zogen Hochseeschlepper im Zeitlupentempo die zwölfbeinige Hubinsel „Mister Louie" von der texanischen Küste aus über den wintersturmgepeitschten Atlantik in Richtung Nordsee. Am 26. Mai 1964 begannen auf der Insel die Bohrarbeiten, etwa 54 Kilometer nördlich der ostfriesischen Insel Juist. Und „Mister Louie" stieß auf eine Gasblase. Das Meer um die Insel begann zu sprudeln, die Nordsee kochte, die Erdgasaktien stiegen – dann stellte sich heraus, daß es sich bei der Gaseruption um Stickstoff handelte. 20 Kilometer nördlich von Borkum errichtete die Hamburger Werft Blohm + Voss AG eine feste Bohrinsel auf vier Stahlrohrbeinen. Etwa zur gleichen Zeit entstand in den Kieler Howaldtswerken-Deutsche Werft AG eine Hubinsel mit Namen „Transocean 1" für die Transocean Drilling Company, Oklahoma. Das deutsche „Nordseekonsortium" hatte mit seinen Ölplänen in der Nordsee nicht viel Glück, weil die Deutschen mit dem „Entenschnabel" den am wenigsten aussichtsreichen Sektor zugewiesen bekamen.

1965 fanden die Engländer mit „West Sole" auf Anhieb ein kleines Erdgasfeld, 1968 hatten sie bereits achtzehn Bohranlagen in der Nordsee. Am 2. August 1969 zapften die Bohrtrupps der US-amerikanischen Firma Phillips Petroleum 25 Kilometer nördlich der britischen Nordseezone das Ekofisk-Feld an. Im August 1974 hatten die Norweger erneut Glück. Eine Bohr-Crew der Mobil Oil stieß auf das riesige Statfjord-Feld.

Mittlerweile hatte sich nach dem Verlust mehrerer Bohrinseln gezeigt, daß die harten Umweltbedingungen der stürmischen Nordsee größere und komplexere Konstruktionen und Anlagen erforderlich machten. Riesenhafte Produktionsplattformen wurden konstruiert. Britische Werften bauten 1974 für das Forties-Feld 180 Kilometer vor der schottischen Küste eine 165 Meter hohe Produktionsplattform auf Gitterbeinen. Für den Transport zur Bohrstelle verschalten die Werftingenieure die Beine mit neun Meter dicken Rohren, pumpten sie voll Luft und benutzten sie als Pontons. An Ort und Stelle wurden sie geflutet, die Verschalungen abgesprengt und die Beine mit 200 Meter langen Stahlnägeln verankert, die der „Rammbär MR BS 7000“ der Hamburger Menck & Hambrock GmbH in den Nordseegrund nagelte.

Künstliche Inseln im stürmischen Meer

Und schließlich stiegen die Ingenieure auf Stahlbetonkonstruktionen um. Wie das Probestück von Stavanger aus dem Jahr 1973, der Riesentank aus Beton von der Höhe eines dreißigstöckigen Wolkenkratzers, wurden die Teile der Produktionsplattformen in Werften an Land vorgefertigt. Die Inseln stehen allein aufgrund ihres Gewichts fest auf dem Meeresgrund. Nach der ersten Plattform „Statfjord A“ von 1977 folgte 1981 „Statfjord B“. Die Krönung dieser Serie bildete die 1984 bei Stavanger fertiggestellte „Statfjord C“.
Sie besteht einmal aus der „Gravity Base Structure“, dem Sockel aus zwanzig wabenförmig angeordneten Stahlbetonzellen, aus dem die vier leicht flaschenförmigen Stahlbetonbeine 175 Meter in die Höhe ragen. Der zweite Teil, das Deck

Auf den noch leeren Stahlbetonbeinen schwimmend, die am Einsatzort dann als Ölbunker dienen werden, wird die Produktionsplattform „Statfjord B“ 1981 von fünf Schleppern aus dem Gandafjord bei Stavanger auf die hohe See hinausgeschleppt. Vier weitere Schlepper steuern mit verminderter Kraft gegen, damit der Riese nicht durch Wind oder Meeresströmung vom richtigen Kurs abdriftet.

mit sämtlichen Aufbauten, entstand als gesonderte Konstruktion. Als alles soweit fertig war, zogen Schlepper den schwimmenden Unterbau aus der Werft in den 500 Meter tiefen Yrkjefjord achtzig Kilometer nördlich von Stavanger. Dann wurde so lange Ballastwasser in die Zellen gepumpt, die später als Rohölspeichertanks dienen sollten, bis das Ende der Beine nur noch knapp über den Wasserspiegel ragte. Das Deck kam auf Pontons ebenfalls aus Stavanger, wurde zentimetergenau über die Beine gezogen und aufgesetzt. Die Stahlbetonzellen wurden leergepumpt, die Insel hob sich aus dem Wasser, und Schlepper zogen sie am 1. Juni 1984 an ihren Einsatzort im Statfjord-Feld.
Erbauer von Statfjord C war der Holländer Henk van Zante, Chefkonstrukteur bei Mobil Oil. Van Zante ist ein Mann der ersten Stunde. Er hatte im Mai 1975 als Konstruktionsaufseher in Stavanger begonnen, als die Konstruktionsgruppe Norwegian Constructors die Fundamente für Statfjord A baute. 1976 erhielt er einen festen Vertrag bei Mobil Oil und wurde ins technische Büro nach London berufen. „Zehn Jahre lang habe ich mich mit dem Statfjord-Projekt befaßt, und wenn ich ein Fazit ziehe, dann war dabei die menschliche Seite das wichtigste Kriterium, nicht die Technik", sagte Henk van Zante nach dem geglückten Rendezvousmanöver.
Einen neuen Superlativ schenkten sich die Norweger 1989 mit der noch größeren und noch höheren Produktionsplattform „Gullfaks C" mit ihren 262 Meter hohen Beinen. Rund vier Milliarden Mark kostete das bewegliche Riesenbauwerk, das ab 1990 170 Kilometer vor Bergen im Erdöl- und Erdgasfeld Gullfaks förderte.

1984 nimmt die dritte und größte der Förderplattformen im Statfjord-Feld der Nordsee die Produktion auf. Wie auf der Tafel Seite 214 zu sehen, steht im allgemeinen neben der eigentlichen Arbeitsplattform noch eine Versorgungsplattform. Hubschrauberlandeplätze als wichtigste Verbindungsstelle zum Festland haben beide.

STATFJORD C
BLOKK 33/9

1

Transport und Verarbeitung

Vom Barrel zum Supertanker

Das Erdölzeitalter kam zu überraschend. Als nach 1859 in Titusville und Umgebung das Öl in zahlreichen Quellen aus dem Boden sprudelte, war weder die Lager- noch die Transporttechnik auf die klebrige Flut vorbereitet. Pittsburgh lag, als einzige größere Stadt in der Nähe der Ölfelder, zwar nur rund 150 Kilometer entfernt, aber der Versand des Erdöls wurde durch haarsträubende Improvisationen zum Abenteuer. Ganz ohne die gewohnte nüchterne Sachlichkeit beschrieb ein Lexikon um 1898 die Transportmethoden:
„Die Zustände in den Öldistrikten waren anfangs durchaus chaotisch; oft ergossen sich kolossale Mengen von Erdöl, ohne daß die Besitzer der Quellen genug Fässer herbeischaffen konnten, um diesen unerwarteten Reichtum zu bergen. Dazu fehlte es an Transportmitteln; man bildete Flöße aus aneinander befestigten Fässern und ließ das Öl in großen, flachen Kästen den Allegheny hinab nach Pittsburgh schwimmen. Dabei entstanden die ärgsten Verwirrungen, und nicht selten entzündeten sich dem Erdboden entströmende Gase, bildeten ein Feuermeer und richteten die schrecklichsten Verwüstungen an; ja, das Feuer ergriff den Fluß, dessen Wasser mit einer Ölschicht bedeckt war, und dann erlahmten alle Anstrengungen, des Feuers Herr zu werden. Aber der Energie der Amerikaner gelang es bald, bessere Zustände herbeizuführen: Eisenbahnen, Kunststraßen und Kanäle vermitteln nun den Verkehr, und in einem Jahrzehnt sind blühende Städte in den Öldistrikten entstanden. Zum Transport des Öles nach den Raffinier- und Hafenplätzen wurden meilenlange Rohrleitungen angelegt. In wenigen Jahren war Petroleum der drittwichtigste Ausfuhrartikel der Vereinigten Staaten geworden und sein Sieg über alle anderen Leuchtmaterialien, mit Ausnahme des Leuchtgases, entschieden."
Viele Errungenschaften der modernen Erdöltransporttechnik, von der Riesen-Pipeline quer durch Alaska bis hin zu den Supertankern mit mehreren Seemeilen Bremsweg, bahnten sich schon im vorigen Jahrhundert an.

Barrel, ein Faß für 159 Liter

Wenn J. R. Ewing mit seinem *„ten-gallon hat"* (Zehn-Gallonen-Hut) im Oil Barrel Club von Dallas auftaucht, dann gerät meist nicht nur das metrische System aus den Fugen. Mit Barrel und Gallone sind hier zwei Maßeinheiten angesprochen, die sich bis heute gehalten haben. Die Ölleute geben die Tagesproduktion in *barrels per day* an, also in Fässern, nicht etwa in Tonnen pro Tag, und Amerikas Autofahrer wollen wissen, wie viele Meilen per US-Petroleumgallone (3,77994 Liter) ihr Gefährt im Schnitt schafft. In ein Barrel passen 42 US-Gallonen oder 159 Liter (genauer: 158,75748 Liter). Aber so einfach war das zu Beginn des Unternehmens „Erdöltransport" keineswegs.
Als Drake und seine Kollegen ihr Öl vermarkten wollten, mußten in den Eichenwäldern rund um Titusville riesige Mengen Holz für Fässer geschlagen werden. Die *barrelmakers* hatten Hochkonjunktur und stellten pro Tag bis zu sechshundert dieser bauchigen Behältnisse her, und zwar mit völlig unterschiedlichem Fassungsvermögen: vom ehemaligen Whiskeyfaß für 31 Gallons bis hin zum Riesenfaß mit über 50 Gallons. Schließlich einigte man sich auf die Faßgröße der ehemaligen Konkurrenz des Leuchtöls, auf die Barrels der Walfänger für 42 Gallons.
Die Ölfässer wurden nun auf Frachtwagen geladen und mit Pferdegespannen zum Fluß, zur Bahnstation oder zur nächsten Raffinerie gefahren. In den Jahren 1862 und 1863 sollen über sechstausend solcher Wagen auf den völlig überfüllten und verschlammten Straßen den Pendeltransport mit leeren und vollen Barrels aufgenommen haben. Um dem öldurchsetzten Morast der Wege zu entgehen, trieben manche Fuhrleute ihre Gespanne quer über die eingezäunten Felder der Farmer.

Über den Fluß und in die Städte

Ganze 400 Dollar pro Boot kostete es, wenn das Erdöl mit einer Art Schwemmtransport etwa von Oil City aus den Oil Creek und dann den Allegheny River flußabwärts nach Pittsburgh verfrachtet werden sollte. Dazu wurde das Wasser am Oil Creek und anderen Nebenflüssen aufgestaut. Hatten sich an den Anlegestellen der Ölfelder genügend viele beladene Kähne gesammelt, im Mittel zweimal pro

1, 2 – Einen anschaulichen Blick in die Frühzeit der Erdölgewinnung gewährt das Erdölmuseum in Wietze bei Celle. Mit Pferdefuhrwerken wurde das Öl zum nächsten Bahnhof nach Celle gefahren, bevor erst 1903 Wietze einen eigenen Bahnanschluß bekam. Zur Zwischenlagerung diente bestenfalls ein gemauerter Bunker unter der Erde, aus dem das Öl mit einer Handpumpe in den Tankwagen gepumpt wurde. Emil Treptow berichtet 1900 aus Baku: „Das Rohöl wird in unmittelbarer Nähe der Bohrlöcher in größeren Erdgruben aufgefangen, die in dem sandigen Boden ausgehoben werden; das ausgeschachtete Erdreich ist ringsum zu Dämmen aufgeschüttet, wodurch an Tiefe gewonnen wird. Hier findet die Abscheidung der Naphtha von dem Sande und Wasser statt ... Auch haben einzelne bedeutendere Gesellschaften gemauerte Behälter von gewaltigem Fassungsvermögen – man spricht von Millionen Tonnen – angelegt, die mit leichter Abdeckung versehen sind.“ Die Umweltschäden in der Umgebung der Förderstätten werden beträchtlich gewesen sein, auch wenn sie in den zeitgenössischen Berichten nur ausnahmsweise erwähnt werden.

2

Woche, dann wurden die Staudämme geöffnet, und die Flutwelle spülte die Boote zu ihrem Bestimmungsort – oder auch nicht.
Kollisionen waren an der Tagesordnung, Öl aus zertrümmerten Fässern ergoß sich in den Fluß. Aber wer durchkam, kassierte eine saftige Prämie. Der amerikanische Chronist Paul H. Giddens schilderte dieses Verfahren in seinem Buch „Pennsylvania Petroleum 1750–1872“ wie folgt: „Kähne, kleine und große, mit 10000, 20000 und 30000 Faß Öl entweder in Fässern oder im Tank geladen, trieben gerade und quer auf einer Flutwelle und erkämpften sich wild ihren Weg den Oil Creek abwärts, der nur 45 Meter breit war und sich in starken Krümmungen durch steiles Bergland wand.“
Bereits 1763 hatte ein gewisser William Henry ein dampfbetriebenes Boot gebaut und ohne großen Erfolg auf dem Conestoga Creek bei Lancaster, Pennsylvania, ausprobiert. Mehr Glück hatte der amerikanische Pionier des Dampfschiffs John Fitch (1743–1798), der am 22. August 1787 sein 14 Meter langes Dampfschiff auf dem Delaware River probefahren ließ. Mit dem Dampfbetrieb kehrte auch auf den Wasserwegen zwischen Oil City und Pittsburgh etwas Ruhe ein.
Der Binnenschiffahrtskapitän Jacob J. Vandergrift füllte den Laderaum eines Kohlendampfers mit leeren Barrels aus, fuhr flußaufwärts und bunkerte in Oil City Erdöl. Aber als Transportwege waren Creeks und Rivers in Pennsylvania nicht unproblematisch, denn im Sommer sank der Wasserstand gefährlich ab, und im Winter waren sie zugefroren. Da kam die Eisenbahn als wetterunabhängiges Transportmittel.

Öl auf dem Schienenweg

Die erste Eisenbahnlinie hatte ihren Schienenstrang 1863 ins Ölgebiet vorgeschoben, bis 1865 hatten sich drei weitere unabhängige Gesellschaften an das Transportgeschäft mit dem Erdöl angehängt, darunter die Oil Creek Railroad und die Warren and Franklin Railroad. Bis 1864 wurden die Fässer, wie sie die Fuhrleute zur Verladestation brachten, auf die Waggons gestellt. Dann kam Charles P. Hatch von der Empire Transportation Company in Philadelphia, Pennsylvania, auf die Idee, statt vieler kleiner Fässer nur noch drei große Holztanks mit rund 13000 Liter Inhalt zu verwenden. Aber das dabei verwendete Klebemittel überstand das Regenwetter an der Ostküste nicht und löste sich auf: Die Tanks begannen zu lecken.
Am 1. September 1865 montierte ein ge-

1

3

2

4

5

1, 2 – Wie es seinerzeit beim Abfüllen und beim Verladen des Erdöls zuging, zeigt die Zeitschrift „Scientific American" in ihrer Ausgabe vom 18. Mai 1872. Als Transportgebinde dienten vorwiegend Holzfässer, *barrels,* aber auch Blechkanister. Ob die *barrels* damals schon genau 158,757 Liter faßten, das heute international gebräuchliche Maß für Erdöl, mag dahingestellt sein. Für den Transport auf dem Wasserweg wurden die Fässer auf Segelschiffe verladen. Dampfschiffe wurden für solch leichtentzündliche Fracht wie hin und wieder leckende Ölfässer wohl als zu gefährlich angesehen.
3 – Rund fünfzig Jahre später, im ersten Drittel des 20. Jahrhunderts, waren für den Seetransport natürlich längst Tankschiffe wie die „Phoebus" der Deutsch-Amerikanischen Petroleum-Gesellschaft üblich, die hier im Hamburger Petroleumhafen ihre Ladung löscht. Aber an Land wurden neben Großtanks auch immer noch Fässer verwendet.
4, 5 – Um die Jahrhundertwende bis in die dreißiger Jahre wurde Petroleum als Lampenöl in pferdebespannten Tankwagen zu „Kolonialwarenhändlern" und anderen Kleinverteilungsstellen transportiert, nach und nach auch in Tankkraftwagen. Um 1920 wurden sie nach Einbau besonderer Sicherungsvorrichtungen auch für Benzin zugelassen, um Drogerien als Bezugsquellen der Automobilisten beliefern zu können. An dem im Original im Deutschen Museum stehenden Dapolin-Tankwagen Baujahr 1909 ist der Sening-Apparat zu erkennen – benannt nach der Herstellerfirma –, mit dem abwechselnd aus den zwei konischen Meßbehältern zwanzigliterweise in die damals üblichen Kannen abgefüllt wurde.

1

wisser Amos Densmore je zwei Holztanks mit je rund 6500 Liter Öl auf zwei Pritschenwagen und schickte die Fracht von Miller's Farm am Oil Creek über die Schienen der Atlantic and Great Western Railroad nach New York. 1871 war aus zwei oder drei Tanks ein zylindrischer, waagerecht montierter Eisentank geworden, der als Kesselwagen allen Anforderungen genügte.
Mr. Rockefeller erkannte blitzartig die Vorzüge dieses schienengebundenen Transportsystems, kaufte die ersten Kesselwagen, handelte mit dem Eisenbahnunternehmer Vanderbilt und anderen in geheimen Absprachen niedrige Transportkosten aus und verlangte dann für seine Öltransportwagen eine horrende Miete. Aber mittlerweile hatte noch eine andere Transporttechnik von sich reden gemacht, vor allem, weil es elegante Lösungsmöglichkeiten für das immer noch bestehende Problem des Erdöltransports von der Quelle zu den Eisenbahn- oder Schiffsverladestellen anbot: die Pipelines.

Die Pipeline des Samuel van Syckle

Rohre wurden schon seit undenklichen Zeiten als Transportmittel benutzt – recht neu ist lediglich die Bezeichnung Pipeline. Um 5000 v. Chr. bauten südchinesische Techniker Wasserleitungen aus Bambusrohren. Später nutzen sie ihre Kenntnisse im Rohrleitungsbau für Salzsole und Erdgas. Im Laufe der Jahrtausende wurden Wasserleitungen aus den unterschiedlichsten Materialien gebaut (siehe Band „Textil · Bauen und Wohnen · Beleuchtung"). Aber damit aus einer altbekannten Rohrleitung eine Pipeline wurde, mußte sie schon Erdöl befördern, später auch Erdgas (1872), Erdölprodukte (1901) oder, mit hydraulischem Rohrtransport, fein zermahlene Feststoffe wie Kohle (1913) oder Erze (1977).
Die erste Ölpipeline war undicht. Unter der Leitung von J. L. Hutchins von der Firma Barrows & Co. begannen 1862 die Rohrverlegungsarbeiten bei der James Tarr Farm am Oil Creek. Am 19. Februar 1863 hatte das 50 Millimeter dicke Rohr mit Bleimuffen die vier Kilometer entfernte Humboldt-Raffinerie bei Plumer, Pennsylvania, erreicht. Sie wurde bald darauf stillgelegt, weil sie unterwegs zu viel Erdöl an die Umwelt abgab. Der zweite Anlauf war erfolgreich und ging als „das wunderbarste der vielen Wunder von Pithole" in die Erdölgeschichte ein. Der große Tag war der 9. Oktober 1865, als die rund acht Kilometer lange Pipeline aus

1 – Um in einem Gewölbe eine Beleuchtung fortwährend mit Brennstoff aus einer entfernten Erdölquelle zu versorgen, schlug ein unbekannter Erfinder 1665 eine Pipeline aus Bleirohren vor.
2 – Genau zweihundert Jahre später, am 9. Oktober 1865, lief das erste Erdöl durch eine etwa acht Kilometer lange Pipeline von Miller's Farm am Oil Creek nach Pithole, Pennsylvania. Der Erbauer Samuel van Syckle setzte zwei Pumpen von Red & Cogswell ein, um das Öl durch die 50 Millimeter dicken geschmiedeten Eisenrohre zu drücken.
3 – Zur Herstellung nahtloser Stahlrohre entwickelten die Brüder Max und Reinhard Mannesmann ab 1884 in der Remscheider Feilenfabrik A. Mannesmann das Schrägwalzverfahren. Die britische Patentschrift von 1887 zeigt eine schematische Darstellung. Mannesmann-Rohre zusammen mit deutscher Pipelinetechnologie waren rund achtzig Jahre später auch das Tauschobjekt, als die Sowjetunion mit der Bundesrepublik Deutschland ein langfristiges Abkommen über die Lieferung von sibirischem Erdgas aushandelte.

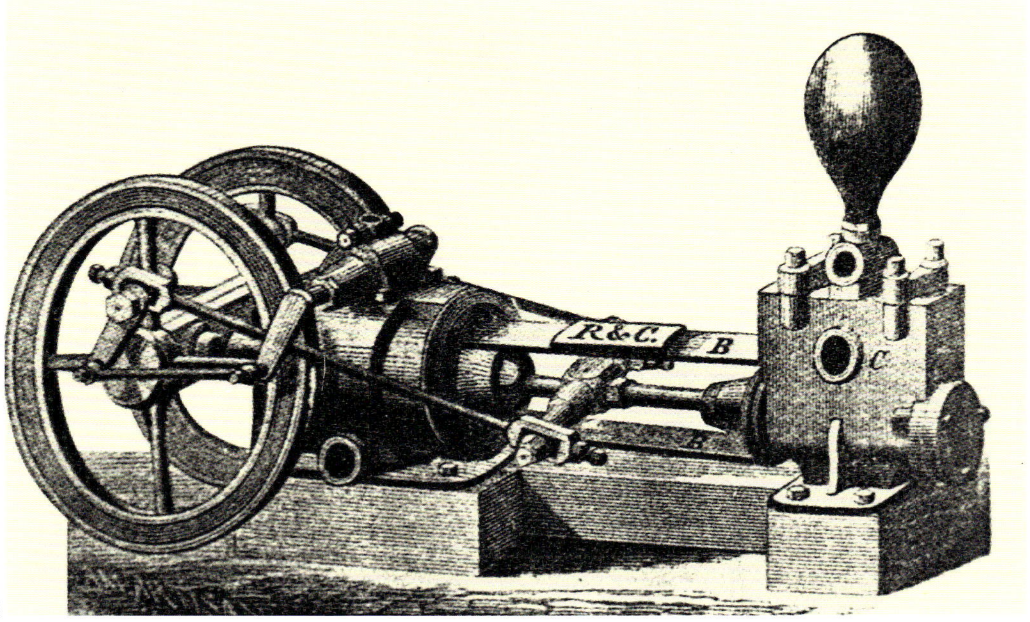

2

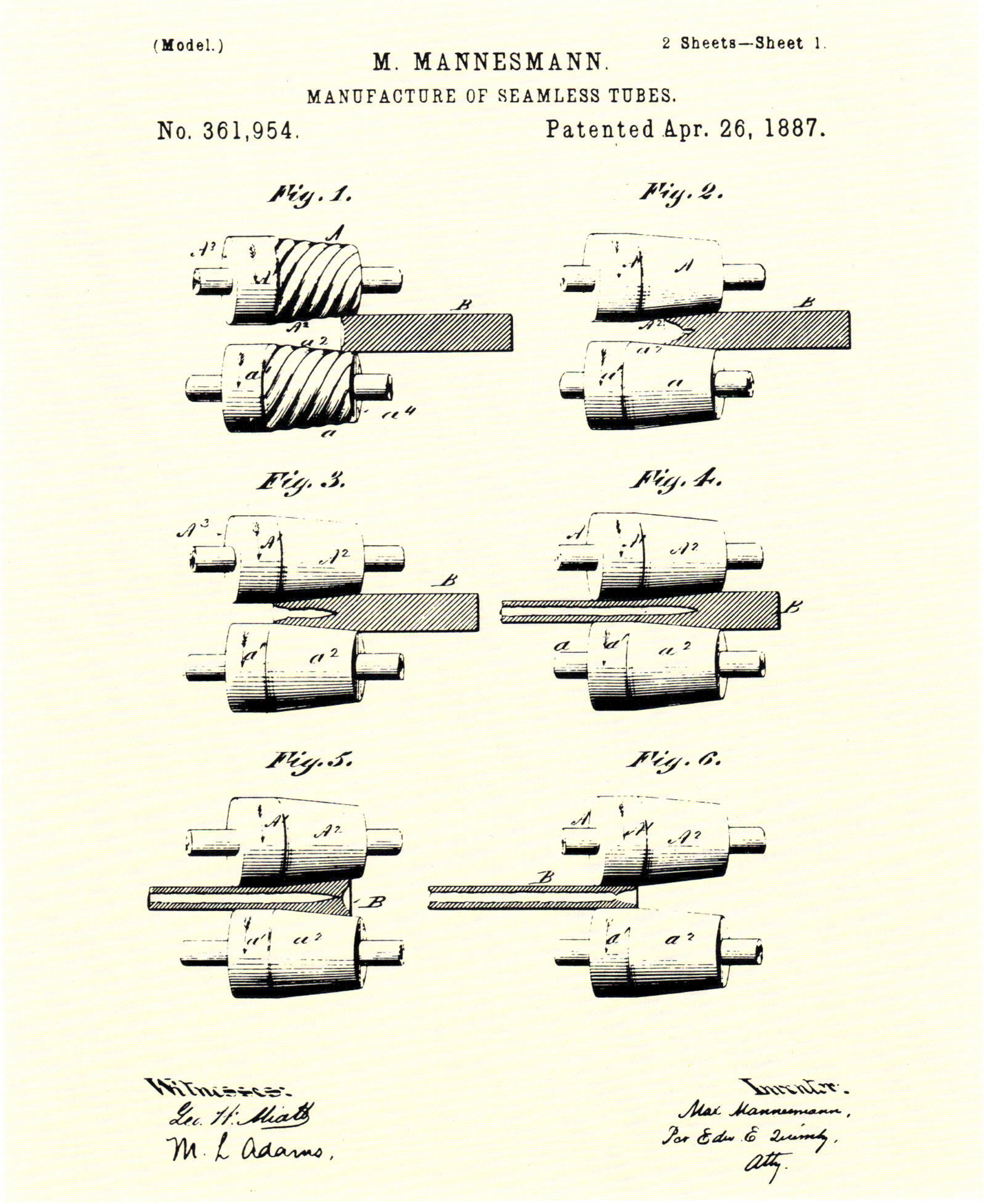

3

50 Millimeter dicken Schmiedeeisenrohren über Berg und Tal Erdöl von Miller's Farm am Oil Creek nach Pithole transportierte, und zwar ohne Leckverluste. Die 4,6 Meter langen Teilrohre hatten Gewindeverschraubung und waren dicht unter der Erdoberfläche verlegt. Zwei Dampfpumpen drückten das Öl durch die Rohrleitung.
Der Erbauer dieser Anlage war Samuel van Syckle aus Titusville. Legt man die unterschiedlichen Schreibweisen zugrunde, dann war der Konstrukteur wohl als Samuel van Sickel aus Holland eingewandert. Er hatte mit einigen Geschäftspartnern eine Erdölfirma gegründet und regte sich über das Beförderungsmonopol der Fuhrleute auf, die ihre Transportpreise pro Barrel ständig in die Höhe trieben. Die Pipeline schien die richtige Antwort zu liefern – allerdings nicht in den Augen

der *teamsters*, der Faß-Fuhrleute. Ihre Kampfansage folgte postwendend. Aus dem Boden gerissene und durchlöcherte Rohre und angezündetes Erdöl waren die ersten Sabotageakte.

Schüsse nach Sonnenuntergang

Syckles Partner wollten sich mit den Fuhrleuten einigen. „Aber der dickschädelige Holländer schüttelte den Kopf. So leicht wollte er sich der Gewalt nicht beugen. Auf eigene Faust ließ er sich aus New York zwei Dutzend rauhe Burschen kommen, gab ihnen Flinten in die Hand und ließ sie ab Sonnenuntergang entlang der Pipeline Patrouille gehen. Zwar brannte es jetzt nicht mehr an der Rohrleitung, aber Nacht für Nacht kam es zu Schießereien, denn auch die Fuhrleute waren nicht allzu zimperlich" (Günther Speicher).
Bereits nach drei Monaten hatte die Firma die Baukosten wieder hereingeholt, aber Syckles Kompagnons war das Gefecht mit den Teamsters zu gefährlich geworden, und sie bestanden darauf, das acht Kilometer lange Rohr stillzulegen. Der Holland-Amerikaner zog gegen die Fuhrleute zu Gericht, konnte aber keinen der Saboteure überführen. Die Rechtsanwälte kosteten ihn einen Haufen Geld, und eines Tages erklärten ihm seine Mitgesellschafter freundlich, aber bestimmt, daß sein Firmenanteil von den Prozeßkosten aufgezehrt sei. So strengte van Syckle gleich auch noch einen Prozeß gegen sie an. Er verlor sein gesamtes Vermögen.
Einige Jahre später wurde auf der Grundlage der Erfindung Syckles die Titusville Pipe Line Company gegründet. War man bisher der Überzeugung gewesen, daß bei einer längeren Rohrleitung alle paar Kilometer eine Pumpe das Öl in Fluß halten müsse, so widerlegte ein Betriebsführer der Firma diese Theorie und setzte bei einer 16 Kilometer langen Pipeline nur noch eine Fernpumpe ein. 1879 war das amerikanische Pipelinenetz schon 1200 Kilometer lang. Eine der wichtigsten Voraussetzungen für den Bau großdimensionierter Pipelinesysteme war die Erfindung des nahtlosen Stahlrohres durch das Schrägwalzverfahren der Brüder Max (1857 bis 1915) und Reinhard Mannesmann (1856 bis 1922) vom 22. August 1886.

Ein Netz von Öl- und Gaspipelines

Ein kurzer Abstecher zum Erdgas. Zwar wußten die Amerikaner, bedingt durch ihre reichen Erdgasfunde, schon recht früh den hohen Energiegehalt dieses Gases zu schätzen und leiteten es bereits 1872 durch die erste Gaspipeline, aber erst ab 1920 ließen technische Verbesserungen rings um die Gaspipelines den Verbrauch in den USA rapide ansteigen. Europa verwendete bis in die fünfziger Jahre vornehmlich Kokerei- und Hüttengas. In Gasfernleitungen wurde der Brennstoff zum Verbraucher gebracht, etwa vom Ruhrgebiet nach Frankfurt und Berlin.
Das Erdgas trat als Konkurrenz auf, als in den Niederlanden das Riesenfeld von Slochteren, in Frankreich die Erdgasfelder von Lacq und in Italien Erdgas in der Poebene gefunden wurden. In den fünfziger und sechziger Jahren waren die Europäer auf den Geschmack gekommen und begannen verstärkt mit der Erdgasexploration. Mitte der sechziger Jahre hatte sich das US-amerikanische Gaspipelinenetz auf 700000 Kilometer ausgedehnt, Westeuropa verfügte nach einer Aufholjagd im Erdgasverbrauch, den auch sibirische Felder decken, in den achtziger Jahren über 600000 Kilometer Gaspipelines.
1900 hatten US-amerikanische Ölpipelines schon fast 19000 Kilometer Länge erreicht. Aber auch andere Länder bedienten sich der öldurchflossenen Rohre. 1906 ging die 883 Kilometer lange Pipeline zwischen Baku und Batum in Betrieb. 1927 stellte das American Petrol Institute mit den API-Standards die erste Norm für Pipelines auf. 1951 floß das erste arabische Öl von den Quellen am Persischen Golf quer durch die Arabische Halbinsel über die rund 1800 Kilometer lange „TAP-line", Trans-Arabian Pipeline, bis zur Mittelmeerküste im Libanon. Gebaut wurde dieses Mammutprojekt von der amerikanischen Bechtel Corporation, einer Gründung des Ingenieurs Stephen Davison Bechtel (1901–1989). Mit dem Bau der ersten Erdölfernleitung in der Bundesrepublik wurde im Frühjahr 1958 begonnen. Sie führte von Wilhelmshaven nach Köln-Wesseling. Anfang Oktober 1967 nahm die Transalpin-Ölleitung zwischen Triest und Ingolstadt ihren Betrieb auf. Und zehn Jahre später machte das Abenteuer der Alaska-Pipeline von sich reden.

Erdölleitung durch das Land des Dauerfrostes: Alaska-Pipeline

Goldfunde in Alaska lösten um die Jahrhundertwende einen Run auf diesen nördlichsten Bundesstaat der USA aus. Hunderttausende aus aller Welt waren dem „Lockruf des Goldes" (Jack London) erlegen und steckten im Land des Dauerfrostes ihre Claims ab. Der 16. Februar 1968 markierte den Beginn einer zweiten Invasion. An diesem Tag nämlich schoß aus der Wildcat-Bohrung „State No. I" der Atlantic Richfield Company (ARCO) an der Prudhoe Bay im Norden Alaskas eine Erdölfontäne aus über 2800 Meter Tiefe.
Weitere Bohrungen folgten, und bald standen die Ölfirmen vor dem Problem, das kostbare schwarze Gold Alaskas von der Prudhoe Bay am Polarmeer zum eisfreien Ölverladehafen Valdez am Prince William Sound zu transportieren. Also beschloß man den Bau einer Pipeline, 1285 Kilometer lang, durch eintönige Tundra, die sich im kurzen arktischen Sommer in einen Morast verwandelt, über drei Gebirgsketten, sechshundert Flüsse und Wildbäche und eine aktive Erdbebenspalte. Das bis dahin größte privatwirtschaftliche Bauprojekt der Geschichte verschlang acht Milliarden Dollar.
Am 20. Juni 1977 morgens 9.00 Uhr Alaska Standard Time floß das erste Öl durch die 122 Zentimeter dicken Rohre, aber bis es so weit war, mußte ein abenteuerlicher Weg zurückgelegt werden. Amerikas Umweltschützer waren nämlich auf die Barrikaden gestiegen, als die Öffentlichkeit von dem Plan für die Pipeline erfuhr. Sie sahen die unberührte Wildnis Alaskas durch diesen monströsen Eingriff in die Natur gefährdet – und als die düsteren Prophezeiungen am Karfreitag 1989 kurz nach Mitternacht in Erfüllung gingen, kam die Ölpest nicht von der Pipeline, sondern von einem mit 163200 Tonnen Alaska-Rohöl beladenen Tanker. Im November 1973 erteilte der amerikanische Kongreß die Erlaubnis zum Bau der Pipeline. 20000 Arbeitskräfte in dreißig Camps zwischen der Prudhoe Bay und Valdez waren am Bau beteiligt, ein Auf-

Auf der Suche nach neuen Quellen gegen den unersättlichen Öldurst der Menschheit wurden amerikanische Prospektoren am 16. Februar 1968 mit einer Fontäne aus einem 2800 Meter tiefen Bohrloch belohnt. Doch das neue große Erdölfeld liegt an der Prudhoe Bay im Norden Alaskas. Tagestemperaturen von minus 50 bis 60 Grad Celsius in dieser Gegend sind das größte Problem für Mensch und Technik. Zudem ist die benachbarte Beaufortsee als Teil des Nordpolarmeeres weitgehend von Packeis bedeckt und kaum schiffbar. Der nächste eisfreie Hafen ist Valdez am Nordostzipfel des Pazifiks.

marsch, wie ihn Amerika seit dem Bau der berühmten Union-Pacific-Eisenbahn quer durch den Kontinent nicht mehr erlebt hatte. Und Szenen wie damals im Wilden Westen spielten sich auch in Alaska ab. Die plötzliche Menschenschwemme ließ Kriminalität und Prostitution schlagartig ansteigen, und wenn die „*pipeliner*" und „*boomer*" zur erholsamen Freizeit aufbrachen, war in den Städten der Teufel los. Aber ihre Pipeline wurde ein Wunderwerk moderner Technik.

Wegen der Erdbebengefahr und der beträchtlichen Temperaturunterschiede zwischen Sommer und Winter wurden 650 Kilometer der Rohre im Zickzack auf Stelzen verlegt. Die Leitung hält eine horizontale Verschiebung von sechs Metern aus. Durch eine sogenannte Schuh- und Sattelmontage haben die Gleitlager eine seitliche Toleranz von über zwei Metern. Besonderes Kopfzerbrechen bereiteten den Konstrukteuren die großen Gebiete mit Dauerfrostboden. Da das Öl mit einer Temperatur von etwa 60 Grad Celsius in die Rohrleitung schießt, würde der Boden auftauen und die Konstruktion im Schlamm versinken. Deshalb wurden die Stelzen als selbständige Kühlschränke ausgebildet und von innen mit flüssigem Ammoniak gekühlt.

Zwölf Pumpstationen pressen pro Minute maximal 220000 Liter Rohöl durch die Rohrschlange. Jede Station ist mit vier Hochdruck-Zentrifugalpumpen ausgerüstet, die von Gasturbinen mit je 9930 Kilowatt Leistung angetrieben werden. Alle zehn Sekunden überprüft ein Computersystem alle Daten der Pipeline wie Temperatur, Druck und Fließgeschwindigkeit des Öls. 95 acht Meter hohe *gate-valves*, Blockventile, mit Elektromotoren können, von Valdez aus ferngesteuert, den Ölfluß sofort in beiden Richtungen sperren. 80 Kontrollventile, *check-valves*, sperren automatisch den Ölrückfluß, wenn die Rohrleitung bergauf führt. Außerdem gehören Luftpatrouillen, Bodeninspektionen und ein Satellit zum Überwachungssystem. „Alaska", so verkündete im Februar 1980 US-Präsidentschaftskandidat Ronald Reagan, „hat größere Ölreserven als Saudi-Arabien." Das U.S. Department of Energy sah die Sache anders. Es schätzte das Verhältnis der Reserven auf 1 zu 3 zugunsten der Saudis, andere Vermutungen reichen bis 1 zu 9.

Daß es trotz aller Vorsorgemaßnahmen beim Transport des Alaskaöls dann doch zu einer der folgenreichsten Umweltkatastrophen kam, lag nicht am Versagen der Technik, sondern des Menschen. Die „Exxon Valdez" lief durch Unachtsamkeit der Besatzung auf ein Riff.

1

Schiffe mit langem Bremsweg: Tanker

Sie sind beinahe so lang wie das Empire State Building hoch, randvoll mit mehreren hunderttausend Tonnen Rohöl und kreuzen mit einer Besatzung von nur wenigen Leuten auf allen Weltmeeren: die Supertanker. Sie haben einen Bremsweg von fünf bis zehn Kilometern, wenn sie aus voller Fahrt abgestoppt werden müssen. Mit ihrem Tiefgang von rund zwanzig Metern können sie die meisten Häfen gar nicht anlaufen. Und trotzdem haben sie sich zu einem der wichtigsten Beförderungsmittel der Welt entwickelt. 1987 wurden über 1,3 Milliarden Tonnen Rohöl auf dem Seeweg von den Ölfeldern zu den Verbraucherländern gefahren. Und immer wieder wird in Frage gestellt, ob diese Technologie noch beherrschbar ist.

Daß die Sicherheitsanforderungen an Öltanker nicht hoch genug angesetzt werden können, haben zahlreiche Berichte über Tankerkatastrophen und ölverseuchte Strände überdeutlich gemacht. Die erste große Ölpest der Schiffahrtsgeschichte ereignete sich am 18. März 1967, als der Tanker „Torrey Canyon" mit rund 120000 Tonnen Rohöl an Bord auf die Seven-Stones-Felsen vor der Südwestküste Englands lief. Mit Bomben wurde die nicht ausgelaufene Ladung von 40000 Tonnen Öl in Brand gesetzt. Tausend Meter hoch stieg die Rauchsäule in den Himmel.

Befriedigende Möglichkeiten, mit den ausgelaufenen Erdölmassen fertig zu werden, gibt es bis heute nicht. Das Abbrennen belastet die Atmosphäre und vernichtet nur die leicht entflammbaren Ölbestandteile, die ohnehin in die Atmosphäre entweichen. Chemische Mittel, sogenannte Dispergatoren, die den Ölfilm in

1 – Um den Ölsegen von der Prudhoe Bay quer über die Halbinsel Alaska bringen und im Prince William Sound auf Tanker verladen zu können, beschlossen die an der Förderung beteiligten Firmen, eine 1285 Kilometer lange Pipeline durch die arktische Tundra zu bauen. Unter schweren Auflagen begann 1973 das gewaltige Unternehmen. So mußte die Trasse durch das erdbebengefährdete Gebiet im Zick-Zack verlegt werden. Wie eine Ziehharmonika sollen die Rohrleitungen dadurch Verformungen unbeschadet überstehen.
2 – An kaum erwarteter Stelle und mit kaum absehbaren Folgen trat dann die Katastrophe ein: Am 24. März 1989 läuft der vollbeladene Tanker „Exxon Valdez" noch innerhalb des Sunds auf ein Riff. Die eingeleiteten Gegenmaßnahmen – Leerpumpen des Havaristen durch einen anderen Tanker (Bild), Ölsperren und anderes – können nicht verhindern, daß 40 000 Tonnen Öl die empfindliche Ökologie innerhalb des Sunds und in den Küstenbereichen ringsum auf viele Jahre schädigen werden. Der 1973 gegründete Alaska Pipeline Liability Fond sieht sich Schadenersatzforderungen in Höhe von rund 60 Milliarden Dollar gegenüber.
3 – Ölbekämpfungseinheiten wie diese kleinere, auf der Elbe eingesetzte können bei Ölkatastrophen die Schäden nur vermindern, ganz beseitigen kann man sie nicht. Doch die scheinbar unvermeidlichen Schicksalsschläge wurden Anfang 1991 im wahren Sinn des Wortes noch weit in den Schatten gestellt: Der Qualm aus rund sechshundert brennenden Ölquellen macht in Kuwait den Tag zur Nacht, Ströme von Erdöl werden in das offene Meer des Persischen Golfs geleitet, weil ein Saddam Hussein es so will.

2

feine Partikel zerstäuben und mit dem Wasser verquirlen sollen, töten am Ende mehr Fische als das Öl selbst und können auch nur bei bestimmten Wetterbedingungen halbwegs erfolgreich eingesetzt werden. Entsorgungsschiffe, die mit sogenannten Fegarmen das Öl absaugen sollen, können nur bei spiegelglatter See operieren. Eine düstere Prophezeiung besagt: Wenn zehn Supertanker zerbrechen, stirbt unsere Welt an der Ölpest. Eine „Amoco Cadiz", „Olympic Bravery", „Atlantic Empress" und „Exxon Valdez" waren schon ein beachtlicher Anfang. Wahrscheinlich steuern die USA den richtigen Kurs dagegen: Nach dem „Oil Pollution Act" von 1990 haften dort die Reeder unbeschränkt für die Folgen von Tankerunfällen, und vom Jahr 2015 an müssen in US-Hoheitsgewässern alle Tanker eine doppelte Stahlhülle haben.

3

Explosive Fracht auf der Atlantikroute

Von solchen Sorgen war Kapitän Charles Bryant noch unbelastet, als er am 12. November 1861 mit der 224 tdw (*tons deadweight* = Zuladungsgewicht in Tonnen) großen Brigg „Elizabeth Watts“ von Philadelphia nach London aufbrach. Die Firma Peter Wright and Sons hatte das Schiff gechartert, um 901 Barrels Petroleum und 428 Barrels Kohleöl nach England zu liefern. Es war der erste Petroleumexport nach Europa. Interessant ist, wie Kapitän Bryant zu seiner Mannschaft kam. Weil sich kaum ein Seemann bereit erklärte, über einer gefährlichen Petroleumfracht zu arbeiten, wurde kurzerhand eine Crew schanghait, das heißt, gewaltsam angeheuert und an Bord gebracht.
In den Jahren von 1869 bis 1872 pendelte ein früher Öltanker namens „Charles“ aus Antwerpen zwischen Europa und den USA hin und her. Seine 59 Eisentanks faßten über eine Million Liter. Sie waren in Reihen im Laderaum des Zwischendecks untergebracht. In diesen Jahren befuhren immer mehr Petroleumsegler mit ihrer explosiven Fracht die Atlantikroute. Da die Dichtigkeit der Ölfässer häufig zu wünschen übrig ließ, verschwand mancher Clipper unterwegs spurlos. Nicht nur aus diesem Grund erwies sich die Verladung in Barrels als unrentabel, und man suchte nach Wegen, das Öl in einem einzigen großen Tank, im *„bulk“*, zu verschiffen. Die Brüder Nobel hatten 1877 in Baku mit ihren Tank-im-Tank-Schiffen eine Lösungsmöglichkeit aufgezeigt. Aber dieser Luftraum zwischen Tankwand und Außenwand erwies sich als Gasfalle und führte sehr leicht zu Explosionen. Deshalb gaben die Nobels bei der Motala-Lindholmen-Werft in Stockholm mit „Moses“ den ersten Einhüllentanker in Auftrag, die Urmutter des klassischen Tankschifftyps. Entworfen hatte das Schiff mit dem Eisenrumpf als Tankwand der Cheftechniker von Motala-Lindholmen, S. Almquist.

Der Petroleumtanker „Glückauf“

Auch der Geestemünder Importkaufmann und Mitbegründer der Deutsch-Amerikanischen Petroleum-Gesellschaft Wilhelm Anton Riedemann befaßte sich mit der Problematik der Öltanker. Zunächst ließ er das Vollschiff „Andromeda“, das vorher Barrels transportiert hatte, bei der Tecklenborg-Werft in Geestemünde in einen Segeltanker umbauen. Statt 12 000 Fässern übernahmen nun 72 eingebaute Tanks den Transport und vereinfachten Laden und Löschen. Zwar schielten viele Reeder auf die Vorteile der Dampfer, aber die Explosionsgefahr durch die Kesselfeuer schien zu groß. Wilhelm Anton Riedemann dachte da anders und wandte sich an die Werft Armstrong, Mitchel & Co. in Newcastle.
Nach seinen Vorstellungen sollte es sich um ein Schiff handeln, „bei dem Schiffsboden wie auch Seitenwände und das Deck die unmittelbare Begrenzung für die Olladung sein sollen“, schrieb Jochen Brennecke in seiner „Geschichte der Schiffahrt“. „Zu einer Zeit, in der man das Öl noch in Fässern transportiert, ist dies eine revolutionäre und gefährliche Idee. Alle deutschen Werften lehnen den Bau eines solchen Schiffes ab. Am 25. November 1885 wird in Newcastle dann doch der Kiel für einen Petroleumtanker gestreckt, wie er nach Riedemanns Vorstel-

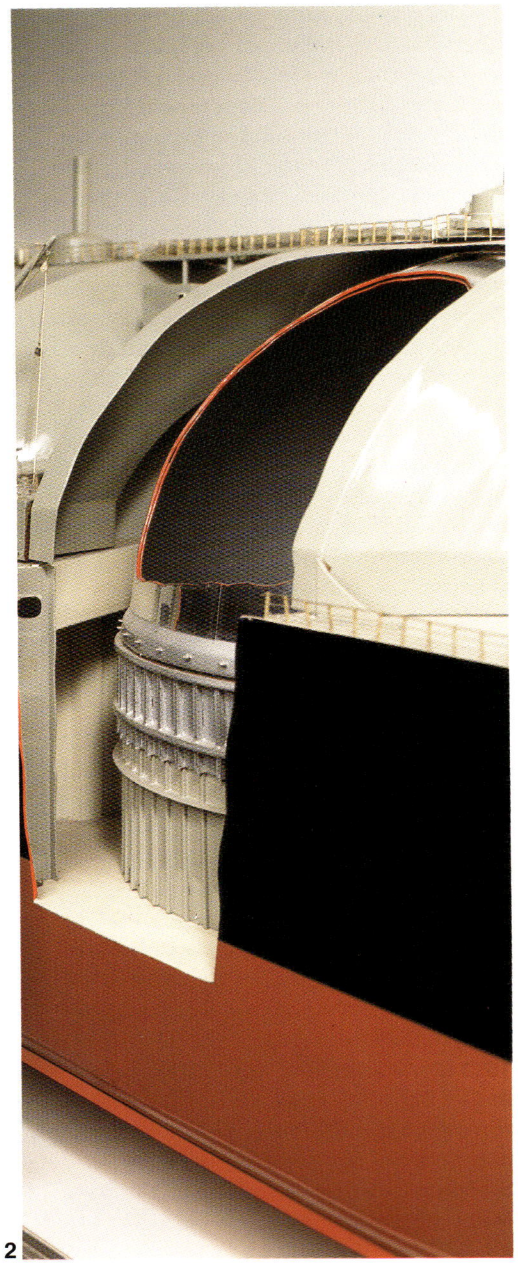

2

1

lung auf dem Zeichenbrett von Oberst Henry F. Swan im Detail entstand. Der Bau kommt gut, aber nicht schnell voran, denn die neuartige Konstruktion dieses Dampfertyps, der einschließlich des für die Kohle bestimmten Raums 3000 t Tragfähigkeit haben soll, bereitet der schiffbautechnisch erfahrenen Werft einiges Kopfzerbrechen."

Der Stapellauf des 97 Meter langen, „Glückauf" getauften Tankers erfolgte am 16. Juni 1886. Seine Konstruktionsdetails bestimmten auch die nachfolgenden Tankerbauten, darunter die Unterteilung durch ein Mittellängsschott, gesonderte Ausdehnungstanks, Entgasungsrohre, Rahmenversteifungen in den Öltanks, Hauptölleitung und Pumpenraum, Antriebsmaschine im Hinterschiff, so daß die Propellerwelle im Wellentunnel nicht durch einen Ladetank geführt werden mußte.

Japans aufgeblasene Riesen

Das erste Tankmotorschiff ließen sich 1909 wieder die Brüder Nobel einfallen. Es war die „Emanuel Nobel".

Nach dem Zweiten Weltkrieg stieg der Ölverbrauch sprunghaft an, die Rohölverschiffung gewann an Bedeutung, und die Tankertonnage mußte demzufolge erheblich vergrößert werden. 1950 bestaunten die Briten einen Tanker mit 28000 Deadweighttons noch wie ein technisches Wunderwerk und holten für den Stapellauf ihre Prinzessin Margaret. Der nächste Sprung erfolgte am 25. Juli 1953, als bei Howaldtswerke-Deutsche Werft AG in Hamburg der Turbinentanker „Tina Onassis" vom Stapel lief. Mit 45242 Tons hatte sich das Schiff das Prädikat „weltgrößter Tanker" verdient.

Es dauerte nur sechs Jahre, dann war die

1 – Die 1886 gebaute 2145 BRT große „Glückauf" ist der erste hochseegängige Tankdampfer für den Atlantikverkehr. Das bei seiner Konstruktion angewandte Einhüllenprinzip gilt bis heute im Tankerbau: Auch Supertanker wie die „Globtik Tokyo" mit ihren 483 664 BRT haben nur *eine* Schiffswand zwischen dem Wasser des Meeres und der Ölladung.

2, 3 – Um auch Erdgas und Erdölgas transportieren zu können, wird es durch Abkühlung auf minus 163 Grad Celsius verflüssigt. Die 1977 bei Howaldtswerke-Deutsche Werft AG in Kiel gebauten Flüssiggastanker haben fünf Kugeltanks. Das aufgeschnittene Modell zeigt den inneren kältefesten Aluminiumtank (rot) und den Außentank. Zur Isolierung werden 26 Zentimeter dicke Polystyrol-Hartschaumschalen eingefügt und untereinander verklebt.

1, 2 – **Die Hamburger Gaswerke GmbH beziehen ihr Erdgas zum größten Teil über ein mehrere hundert Kilometer langes Fernleitungsnetz aus Lagerstätten in der Nordsee. Um die stark schwankende Abnahme durch die Verbraucher zwischen Winter und Sommer, Tag und Nacht, wochentags und Wochenende im Verhältnis bis zu 1:25 auf eine möglichst gleichbleibende eigene Abnahme ausgleichen zu können, entschloß man sich, einen neuen riesigen Erdgasspeicher über dem Salzstock Reitbrook im Südosten Hamburgs anzulegen. Aus dem Gebiet südlich der Hansestadt wird schon seit 1910 Erdgas und seit 1938 Erdöl gefördert. Im November 1910 war bei Neuengamme auf der Suche nach Wasser unvermutet ein Erdgasvorkommen angebohrt worden. Seit 1973 werden die Gesteinsklüfte, die durch die Förderung des Erdölbetriebs Reitbrook Konsortium Preussag/Mobil Oil geleert sind, als Erdgasspeicher mit einem Volumen von inzwischen 250 Millionen Kubikmetern und einer Entnahmeleistung von 270 000 Kubikmetern pro Stunde genutzt.**

1

Tonnage verdoppelt, und die Japaner stellten die „Universe Apollo" mit 106190 Tons in Dienst. 1966 stürmte der 306 Meter lange Schiffsriese „Tokyo Maru" mit 153685 Tons die Weltmeere. Und 1973 hatte sich die Tragfähigkeit im Vergleich zur „Tina Onassis" verzehnfacht: Japan stellte seinen ULCC *(Ultra Large Crude Carrier)* „*Globtik Tokyo*" mit 483664 Tons der staunenden Welt vor. Nach Sperrung des Suezkanals entstanden in den siebziger Jahren eine ganze Reihe von Supertankern mit über 500000 Tonnen Tragfähigkeit.

Tankschiffe für flüssiges Erdgas

Eine Klasse für sich sind die Gastanker. Sie sind die Junioren unter den Tankschiffen, denn lange Zeit schien es zu gefährlich, solche schwimmenden Bomben zu bauen. Bestärkt wurden die Gegner der Gastanker durch die Katastrophe von Cleveland, Ohio. Die Stadt hatte ihre Gasversorgung auf Erdgas umgestellt. Ein Sammeltank wurde undicht, Gas strömte aus, entzündete sich und verursachte eine Erdgasexplosion, der 128 Menschen zum Opfer fielen.

Die Amerikaner verfügten über so viele ergiebige Erdgasquellen, daß sie mit zwei Dritteln davon nichts Besseres anzufangen wußten, als sie abzufackeln. In England raufte sich der Vorsitzende des britischen Gas Board, Sir Harold Charles Smith, die Haare, weil das Stadtgas durch kletternde Kohlepreise immer teurer wurde und trotz aller Explorationsbemühungen in Großbritannien kein Erdgas zu finden war. Er beschloß, Erdgas aus den gasreichen USA konkurrenzlos billig in großen Tankschiffen auf die britische Insel zu transportieren.

Um ausreichende Mengen verfrachten zu können, plante er, das Erdgas auf minus 162 Grad Celsius abzukühlen und so zu verflüssigen. Das Gas, das dann nur noch ein Sechshundertstel des ursprünglichen Volumens hatte, sollte in vier riesige Spezial-Thermotanks mit einem Fassungsvermögen von insgesamt 2200 Tonnen gefüllt werden. Da Stahl bei Kontakt mit dieser superkalten Flüssigkeit spröde und brüchig wie Glas werden würde, beschlossen die Schiffbauingenieure, für die Tanks des ersten Gasfrachters Aluminium zu verwenden. Für die wichtige Kältedämmung sorgte eine Umkleidung mit Balsaholz. Später wurden auch Nickelstahllegierungen wie Invar, erfunden von dem Franzosen Charles Édouard Guilleaume (1861–1938), als Tankmaterial verwendet.

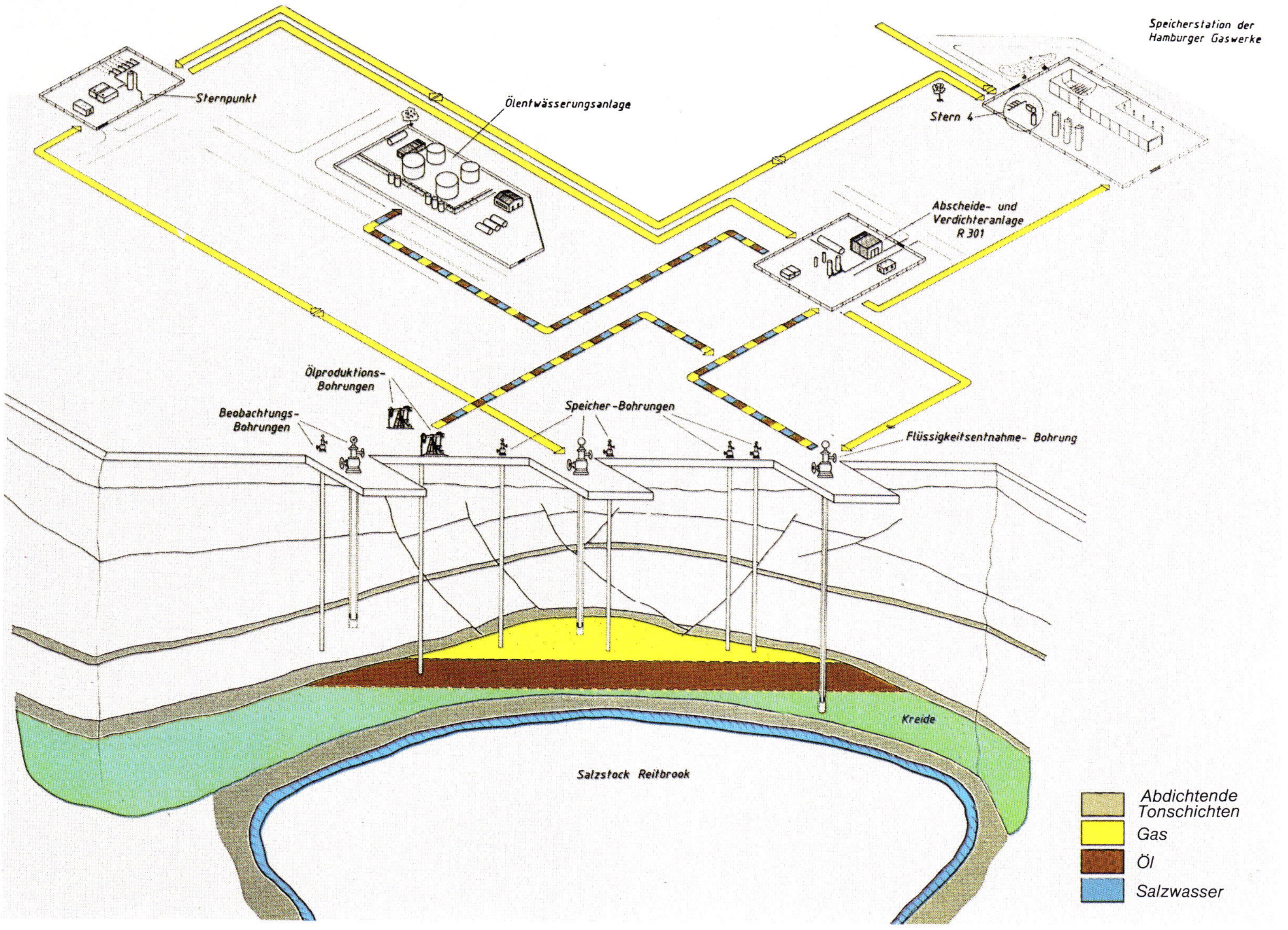

Keine Crew für Selbstmörderschiffe

Wie nicht anders zu erwarten, blieben diese Ideen zu einem neuen Frachtschifftyp mit der Bezeichnung LNG-Carrier *(liquefied natural gas)* nicht unwidersprochen. Eine finstere Prophezeiung kam ausgerechnet aus der Ölbranche, nämlich von J. W. Platt, einem Ölfachmann bei Shell: „Wenn ein solches Gasschiff jemals gebaut werden sollte, wird es wahrscheinlich in keinem Hafen der Welt eine Einfahrterlaubnis erhalten. Ebensowenig würden sich Seeleute finden, die auf einem solchen Selbstmörderschiff fahren wollen." Doch das Selbstmörderschiff wurde gebaut. Am 31. Januar 1959 verließ der erste Flüssiggastanker der Welt mit dem bezeichnenden Namen „Methane Pioneer" den Golf von Mexiko in Richtung England. Offizieller Auftraggeber für seinen Bau war das englische North Thames Gas Board.

Allen Unkenrufen zum Trotz setzte sich dieser Schiffstyp durch, nicht nur zum Transport von Naturgas, sondern auch als LPG-Carrier (*liquefied petroleum gas*, Erdölgase, die bei der Erdölgewinnung oder -verarbeitung anfallen). Allein 1970 gingen bei den Werften 46 Bestellungen für Flüssiggastanker ein. 1973 wurde ein neuer Typ entwickelt. Er trug eine Vielzahl senkrecht stehender zylindrischer Aluminiumtanks von drei Meter Durchmesser. Das kältetechnische System konstruierte die Linde AG. Der Tanker wurde auf der Route Algerien–Europa eingesetzt. 1977 liefen in Kiel die ersten Flüssiggastanker mit fünf Kugeltanks von 35 Meter Innendurchmesser vom Stapel. Zum Transport von Erdölgasen wurden auch Druckgastanker entwickelt. Sie benötigen keine Tiefstkühlanlage, sondern halten die Gase, darunter Propan und Butan, unter Druck flüssig.

Tanks über und unter der Erde

Im selben Maße wie die Tragfähigkeit der Rohöltanker nahm auch die Kapazität der Tanks zur Lagerung von Rohöl ständig zu. Was einmal mit hölzernen Tanks in Titusville begann, führte wegen der Feuersgefahr und der häufigen Dichtigkeitsprobleme direkt zu den eisernen Tanks von Oil City. 1863 wurde ein Verschlußkopf für das Steigrohr eingeführt, der wegen seiner nach vielen Seiten hin abzweigenden Ventile „Christbaum" genannt wurde. 1864 wurden in der Boom-town gleich drei solcher Eisentanks aufgestellt, jeder faßte über 1200 Kubikmeter Erdöl. Das Dach

war „feuersicher und leckfest“ mit Kies beschichtet.
Der Erdölstrom aus Pennsylvania schwoll an, ebenso die Nachfrage nach größeren Speichertanks. Rund 5000 Kubikmeter Fassungsvermögen war die nächste Station. Hochfeste Stahlbleche und neue Konstruktionsmethoden wie Schwimmdächer, die sich mit dem Rohölspiegel hoben und senkten und dadurch Verdampfungsverluste weitgehend verhinderten, führten schließlich zu Tanks mit einem Speichervermögen von etwa 150000 Kubikmetern. 1973 wurde vor der norwegischen Stadt Stavanger ein 90 Meter hoher schwimmender Riesentankkessel mit 90 Zentimeter dicken Wänden aus Spannbeton gebaut. Rings um den Kessel diente in fast 20 Meter Abstand eine 1,80 Meter dicke, mit 7950 metergroßen Löchern perforierte Betonmauer als Wellenbrecher. Entwickelt hatte dieses Monster der Chefingenieur der französischen Compagnie Générale pour le Développement Opérationel des Recherches sousmarines, kurz DORIS, der Kanadier Jerry Jarlan. Zum Bau des Jarlan-Tanks, der 1971 begonnen hatte, mußte extra eine neun Meter tiefe Bucht trockengelegt werden.
Ende Juni 1973 wurde der Riesentank für 160000 Kubikmeter Erdöl von sechs Schleppern ins Ekofisk-Feld zwischen Norwegen und England bugsiert und in 70 Meter tiefem Wasser auf Grund gesetzt.
„Noch immer bilden oberirdische Fest- und Schwimmdachtanks zusammen mit den attraktiven Kugeltanks für die Gaseinlagerung ein charakteristisches Detail der Raffinerieanlagen oder das bestimmende Element der Petroleumhäfen“, faßte das „Buch vom Erdöl“ der BP zusammen. „In den fünfziger Jahren haben sie jedoch eine unsichtbare Konkurrenz bekommen. Damals begann man in Skandinavien in zunächst kleinem Maßstab mit der sogenannten Untergrundspeicherung, das heißt mit der Einlagerung von Erdöl in unterirdischen Kavernen. Im folgenden Jahrzehnt hat sich dieses Prinzip weiter durchgesetzt, und heute ist die Methode, Flüssigkeiten und Gase unterirdisch und behälterlos zu lagern, ein anerkanntes und verbreitetes Lagerverfahren.“

Salzkavernen und Porenspeicher

Im Prinzip geht es also darum, unter immensen Kosten kilometertiefe Löcher in die Erdkruste zu bohren, um Erdöl und Erdgas ans Tageslicht zu fördern, und dann die Energielieferanten wieder unter die Erde zu schicken, in geeignete geologische Formationen, etwa in Fels- oder Salzkavernen, Porenspeicher (Aquifer) oder aufgelassene Bergwerke.
Die Einlagerung von Kohlenwasserstoffen in Salzkavernen ließ sich als erste die Deutsche Erdöl AG patentieren. Man schrieb das Kriegsjahr 1916 und entwickelte dieses Untertageprojekt als Maßnahme gegen Luftangriffe. Während die Amerikaner in der Folgezeit schon die ersten Erfahrungen mit dem Aussolen von Hohlräumen in Salzstöcken sammelten, sollte das DEA-Projekt erst 1962 zur Durchführung kommen. Deutschlands erster Flüssiggas-Kavernenspeicher entstand bei der Raffinerie Heide in Schleswig-Holstein. 1964 gingen die Franzosen unter die Erde und legten eine Salzkaverne in Manosque östlich von Avignon an.
Wenig Glück mit einem unterirdischen Naturgasspeicher mit sechs Milliarden Kubikmeter Fassungsvermögen hatte Frankreich am 25. September 1989 in Chemery, Département Loir-et-Cher. Nach routinemäßigen Wartungsarbeiten an einem Gasfilter schossen plötzlich aus einem fünf Zentimeter breiten Riß in der 1100 Meter tief reichenden Rohrleitung stündlich rund 150000 Kubikmeter Erdgas 20 Meter hoch in die Luft. Nach drei Tagen gelang es einem früheren Mitarbeiter von Red Adair, Joe Bowden, und seinem Sohn, das Leck abzudichten. Zunächst hatten sie versucht, das Rohr mit einer überdimensionalen hydraulischen Kneifzange zusammenzupressen. Als das nichts half, wurde es abgeknickt und eine Schlammasse mit Kugeln aus Stahl, Aluminium und Gummi als Abdichtung eingepumpt.
„Der erste Porenspeicher im Gebiet der heutigen Bundesrepublik wurde 1929 im Neuengammer Gassand des Erdgasfeldes Reitbrook-Tertiär bei Hamburg angelegt, nachdem dort die Öl- und Gasförderung zum Erliegen gekommen war. 1956 wurde eine Teilscholle dieser Struktur zum Raffineriegas-Speicher erweitert“ (Gotthard Fürer). Einen weiteren Porenspeicher Reitbrook richtete 1973 das Konsortium Preussag/Mobil Oil für die Hamburger Gaswerke GmbH in dem seit 1938 fördernden Ölfeld Reitbrook-Kreide ein. 250 Millionen Kubikmeter Erdgas wurden in etwa 700 Meter Teufe in das Kalkgestein der Oberkreide injiziert. Für die Versorgung der Region können bei extremem Bedarf pro Stunde bis zu 270000 Kubikmeter Gas entnommen werden. Die geologischen Umstände sind günstig. Die ölführenden Schichten, inzwischen durch Förderung zu großen Teilen freigeworden, werden nach oben durch eine bis zu 75 Meter mächtige Tonschicht abgedichtet, nach unten durch eine Schreibkreide- und eine weitere Tonschicht.

Verarbeitung des Erdöls

Das französische Verb *raffiner* bedeutet ursprünglich „verfeinern, läutern“, und in diesem Wortsinn wurde auch in den Jugendjahren der Ölindustrie das durch Destillation gewonnene Petroleum oder Leuchtöl, das durch seinen Gestank und seine Rußentwicklung unangenehm auffiel, mit Hilfe von Chemikalien verfeinert, eben raffiniert. Was heute in modernen Raffinerien mit dem Rohöl alles angestellt wird, hat mit dem ursprünglichen Wortsinn nicht mehr viel gemein. Daran erinnern höchstens noch das Hydrotreating zur Entschwefelung von Fraktionen oder das Süßverfahren zur Entfernung der häßlich riechenden und korrosiven Mercaptane im Benzin (zum Beispiel mit dem Merox-Verfahren). Durch Einsatz und Kombination verschiedener Prozesse, etwa Destillation, Reformieren und Kracken, verwandeln die Raffinerien „Rohöl in vorprogrammierte Mengen von Produkten mit Eigenschaften, die ihre Herkunft aus dem Rohöl häufig nicht mehr verraten“ (Deutsche BP).
Die Raffinerien hatten noch einen anderen Ableger, nämlich die Petrochemie. Kohlenwasserstoffe als Basis der organischen Chemie lieferte zuerst die Kohle. 1920 wurde in den USA erstmals aus Raffineriegasen über die Dehydrierung von Isopropylalkohol Aceton hergestellt und als wichtiges Lösungsmittel bei der Sprengstoffherstellung eingesetzt. Seit 1924 stellten amerikanische Chemiker Ethanol und Essigsäure aus Erdöl her. Bis 1945 hatte sich in den USA eine leistungsfähige petrochemische Industrie entwickelt, die Erdöl und vor allem Erdgas als Grundstoff verarbeitete. In Europa erlebte die Petrochemie nach 1950 ihren Aufschwung, als große Mengen billiges Erdöl zur Verfügung standen. In Deutschland war es vor allem Professor Karl Winnacker (1903–1989) von Hoechst, der die Umstellung von der Kohlechemie auf die Petrochemie vorantrieb und der Herstellung moderner Chemiefasern und Kunststoffe den Weg ebnete.

Aristoteles und das Destillationsprinzip

Der erste Schritt bei der Erdölverarbeitung ist die Zerlegung in Fraktionen mit unterschiedlichem Siedebereich. Man nennt diesen Vorgang Destillation, und seine Wurzeln reichen sehr weit zurück. „Verdampft man einen aus flüssigen und festen Bestandteilen gemischten Körper, so entsteht Dampf, den man zur Flüssigkeit kondensieren kann, während die fe-

Um dem Erdöl seine unangenehme Eigenschaft zu nehmen, beim Verbrennen zu stinken und zu qualmen, waren Araber als die großen Chemiker des Mittelalters auf die Idee gekommen, die leichter siedenden Bestandteile durch Hitzeeinwirkung abzuscheiden und nur diese als Leuchtöl zu verwenden. Eine Destillationseinrichtung über einem Dampfbad zeigt die Darstellung in der „Cosmographia" des arabischen Schriftstellers Ad Dimaschki (gest. 1327).

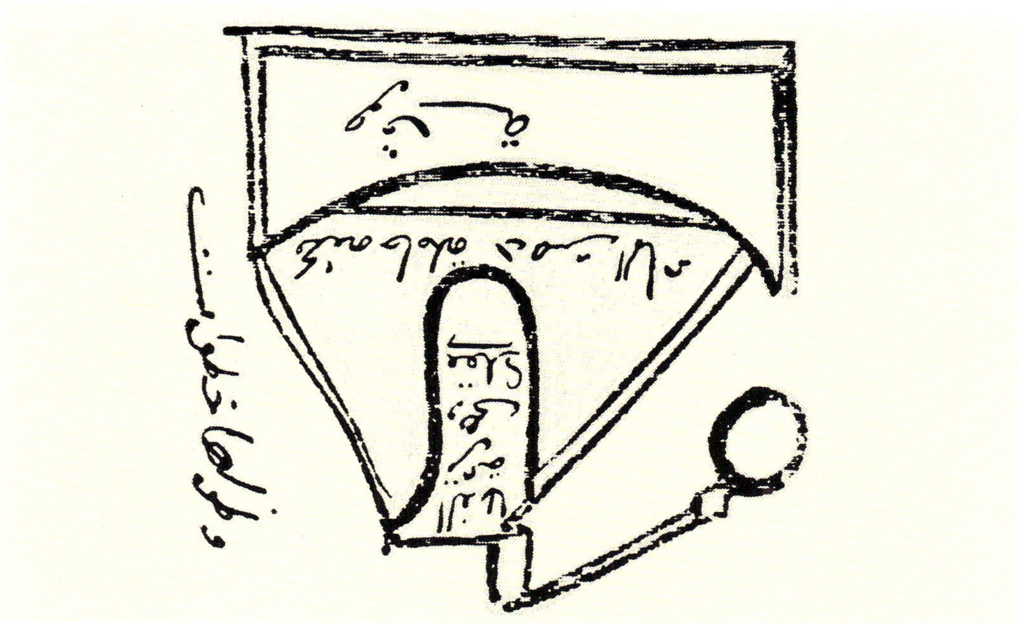

sten Bestandteile zurückbleiben." Diese klare Formulierung des Destillationsprinzips stammt von keinem Geringeren als dem griechischen Philosophen Aristoteles (384–322 v. Chr.). Aber die ersten Spuren von Destillationsversuchen mit primitiven Destilliertöpfen führen nach Mesopotamien, Indien und Ägypten. Um Christi Geburt entwickelten sich, aufbauend auf dem Wissen der Perser und der Griechen, die Araber zu den großen Chemikern am Mittelmeer. Sie verbesserten die Destillationstechnik, trennten aus dem Erdöl schon leichter siedende Fraktionen ab und verwendeten dieses Leuchtöl als Lampenbrennstoff. Vermutlich setzten sie die leichter entzündliche Flüssigkeit später auch in ihren Flammenwerfern ein.
Um 400 überlieferte der Philosoph und alchimistische Schriftsteller Zosimos aus dem oberägyptischen Panopolis (etwa 350 bis 420) in seinem Werk „Über die Kraft" eine Beschreibung des Destillationsvorgangs in allegorischer Darstellung. Seine Geräte sind mit noch recht mangelhafter Kühlvorrichtung ausgestattet. Im 9. Jahrhundert soll der arabische Arzt Juhanna ben Musaweihi (Mesue der Ältere, gest. 857) eine Methode beschrieben haben, aus bituminösem Gestein das Bitumen zu gewinnen. Das zerkleinerte Gestein kam in einen feuerfesten Tiegel, der mit einem gelochten Eisenblech abgedeckt wurde. Den Tiegel stellte man umgekehrt auf eine Herdplatte mit Ableitungsröhre und Auffanggrube zur Sammlung des ausschmelzenden und zum Teil destillierten Bitumens. Auf ähnliche Weise wurde schon im Altertum Holzteer, etwa aus Koniferen, hergestellt. Auch die Seefelder Hersteller von Türschenblut benutzten dieses Verfahren bei ihrem bituminösen Schiefer.

Ein Abstecher zu Ölschiefer und Ölsand

Das erste Patent für eine derartige Gewinnung und Verarbeitung von Kohlenwasserstoffen aus Ölschiefer erhielten übrigens 1694 unter der Nummer 330 die Engländer Martin Eele, Thomas Hancock und William Portlock. Sie verkauften die so gewonnenen Produkte als Allheilmittel und als Pech zum Kalfatern von Schiffen. In Deutschland kümmerte sich der Chemiker Adolf Spiegel (1856–1938) um das Ölschiefervorkommen in Messel bei Darmstadt. Er entwickelte neue Schwelöfen zur Gewinnung von Paraffin, Mineralöl und Ammoniak und war damit einer der Pioniere der Ölschieferverwertung.
Auch Ölsand wurde zur Rohölgewinnung herangezogen, beispielsweise in den riesigen Ölsandfeldern am Athabasca River in der kanadischen Provinz Alberta. Die Entwicklung der kommerziellen Nutzung von Teersand begann in Kanada um 1930. 1968 ging die erste Anlage der Great Canadian Oil Sands Ltd. in Betrieb. Mit heißem Wasser wird das Bitumen mechanisch von den mineralischen Teilchen gelöst (Heißwasserverfahren). Seit 1976 arbeitete die Anlage wirtschaftlich. Aber damit ist der Entwicklung etwas vorgegriffen; zurück zu den Destillen.
Im 13. Jahrhundert überlieferte der arabische Schriftsteller Ad Dimaschki (gest. 1327) die Destillation von Erdöl. Von etwa dieser Zeit an breitete sich diese Technik in den Alchimistenküchen und Apotheken ganz Westeuropas aus.
Den Gegenstromkühler zur Kondensation von Destillaten erfand der Mediziner und Chemiker Christian Ehrenfried Weigel (1748–1831) aus Stralsund. Er beschrieb dieses Gegenstromprinzip 1771 in seiner Dissertation und schlug in anderen Veröffentlichungen einen Kühler aus Eisenblech und einen Glaskühler vor. Das Gerät wurde später unter dem Namen Liebig-Kühler bekannt.
Die Vakuumdestillation stellten 1902 der Chemiker und Entdecker des Veronals Emil Hermann Fischer (1852–1919) und sein Mitarbeiter und Kautschukforscher Carl Dietrich Harries (1866–1923) vor. Diese Technik wurde zum Beispiel bei den Maschinenöl-Fraktionen des Erdöls angewandt, die sich bei einer Destillation unter normalem Atmosphärendruck zersetzen würden. Durch Drucksenkung im Destillationsapparat wurde auch die Siedetemperatur gesenkt. Verminderten Druck bei der Schmieröldestillation nutzten die Brüder Nobel schon 1883 in ihrer riesigen Raffinerie in Baku.

Leichtbenzin gegen Eingeweidewürmer

Die Erdölverarbeitung in größerem Maßstab begann in den Vereinigten Staaten und in Rußland. Die amerikanischen Pioniere von Kier über Gesner bis Silliman wurden schon erwähnt, ebenso Vasilij Dubinin und seine Brüder mit ihrem ersten moderneren russischen Erdöldestillationsbetrieb in Mozdok. „Zu Drakes Zeiten", so R. Osiander im Ölfeuer-Jahrbuch 1960, „verwandte man zur Erdöldestillation zuerst Walzen-, dann Waggonkessel und später Dosenkessel, bei denen mittels Kohle-Rostfeuerungen schon teilweise mit Nachheizflächen in den Feuerzügen, teilweise auch schon mittels einer Ölzusatzheizung das Erdöl getrennt und in Schlangenkühlern oder in Wasserrieselkühlern wieder kondensiert wurde."

Die erste (*„commercial"*) Erdölraffinerie in den USA mit etwas größerem Durchsatz nahm im Juni 1860 im Oil Creek Valley, Pennsylvania, den Betrieb auf. Die Inhaber waren William Barnsdall und William Hawkins Abbott. Nachdem das Rohöl mechanisch von Wasser und anderen Verunreinigungen wie Sand befreit worden war, wurden die aufeinanderfolgenden Fraktionen abdestilliert: leichtersiedendes Benzin, Leuchtöl (Petroleum, Kerosin, Standardwhite) und schwersiedende Rückstandsprodukte. Gesammelt und verkauft wurde lediglich das Leuchtöl, das dem Walöl und dem *„Rock oil"* als Lampenbrennstoff Konkurrenz machen sollte.
Für das bei der Destillation anfallende Benzin fanden die Besitzer zunächst eine haarsträubende Entsorgung: Sie leiteten es als unbrauchbares Abfallprodukt in den Oil Creek. Das sollte sich ändern, aber nicht nur durch die heraufdämmernde Automobiltechnik. In die Gruppe Leichtbenzin fällt nämlich eine Fraktion, die ein Lexikon von 1898 *Benzinum Petrolei*, Petroleumbenzin (Siedepunkt 55–75 °C) nennt und dem es folgende medizinischen Eigenschaften zuschreibt: „... tötet alle niedern Tiere und dient zur Beschleunigung des Blutumlaufs, zur Anregung der Thätigkeit der Haut und der Schleimhäute, zur Vermehrung der Harnabsonderung, gegen gastrische Leiden, Eingeweidewürmer, Krätzmilben und Ungeziefer."

Von der Nobel-Raffinerie zu den Fraktionierkolonnen

Ende 1861 traf das erste amerikanische Rohöl in Europa ein, und schon wenige Monate später, 1862, stellte sich ein Destillationsbetrieb in Salzbergen bei Rheine von bituminösem Gestein auf Erdöl um. Was die kontinuierliche Erdöldestillation anbelangte, so konnten die frühen Erdölraffinerien Anleihen bei den Kohleteerdestillen nehmen. Bereits am 18. Dezember 1866 erhielt John Ambrose Coffey aus London das amerikanische Patent Nr. A 60477 auf eine „kontinuierliche Destillation und Fraktionierung von Ölen in einem kolonnenartigen Apparat". 1874 baute der russische Ingenieur A. Tawrisow in Baku eine Batterie von Destillationsblasen, die ihm eine weitgehende Zerlegung des Erdöls ermöglichte. Das Prunkstück der damaligen Zeit aber errichteten 1883 die Brüder Nobel in Bakus Industrieviertel Tschorni-Gorod.
Das Herzstück ihrer Raffinerie waren die Petroleum- und die Schmierölfabrik. Die Petroleum- oder Kerosinfabrik bestand aus drei kontinuierlich arbeitenden Batterien von je siebzehn treppenförmig angeordneten, zylindrischen Destillationskesseln. „Die letzten acht Kessel einer jeden Batterie sind mit Dephlegmationsvorrichtungen [zur Abkühlung des Dampfgemisches] versehen. Die hohe Temperatur der ununterbrochen abfließenden Residuen [Destillationsrückstände] wird in dazu geeigneten Vorwärmern ausgenützt, um das Erdöl für die Destillation entsprechend anzuwärmen, ehe es in den ersten Kessel einer jeden Reihe gelangt. Bei dem sogenannten mittleren Gange liefert die Destillation pro Tag 50000 Pud (820 Tonnen) Cerosindestillat, welches Quantum bei vollem Gange auf 60000 Pud (984 Tonnen) gehoben werden kann" (Wilhelm Bersch).
Das Wasser für die Kühler schafften zwei riesige Zentrifugalpumpen aus dem Kaspischen Meer heran. Dem unangenehm stechenden Geruch des Destillats rückten die Nobels in Wasch- und Klärbassins zuerst mit Schwefelsäure, anschließend mit Natronlauge zu Leibe. Ebenfalls aus siebzehn, als Kaskade geschalteten Kesseln bestand die Batterie für die kontinuierliche Schmieröldestillation. Mit Hilfe von Wasserstrahlpumpen wurde der Druck in den Kesseln reduziert und die Destillationstemperatur dadurch herabgesetzt, um eine Zersetzung (Kracken) der Schmierölmoleküle zu verhindern.
Besonders bemerkenswert erschienen Wilhelm Bersch die sozialen Errungenschaften der Raffinerie von Nobel, etwa „reichliche und gesunde Wohnungen", Schule, Krankenhaus und Bank. „Der größte Theil der höheren Beamten ist in schönen Wohnungen der großartig angelegten ‚Villa Petrolea' untergebracht, deren großes, parkartig angelegtes Terrain mit Wolgawasser bewässert wird, welches die Cerosin- und Oeldampfer als Ballast von Neufuß nach Baku führen. Dank dieser Einrichtung, bei deren Anlage durch besondere Pumpen, Reservoirs, Rohrleitungen u.s.w. große Geldopfer erforderlich waren, ist Villa Petrolea jetzt eine lachende Oase in der sie umgebenden schwarz verräucherten Wüste."
Die hohen Türme der modernen Fraktionierkolonnen mit ihren zahlreichen Zwischenböden, Glocken- oder Ventilböden genannt, auf denen sich die Fraktionen sammeln, sollen 1926 von der amerikanischen Power Speciality Company eingeführt worden sein. Das Rohöl wird in einem Röhrenofen auf rund 350 Grad Celsius erhitzt und tritt als Dampf-Flüssigkeits-Gemisch im unteren Drittel des Destillationsturms ein. Die leichtesten Bestandteile des Erdöls sieden am schnellsten und steigen am höchsten durch die Böden nach oben (flüchtige Gase wie Petroläther). Darunter werden die Leicht- und Schwerbenzine abgezapft, ziemlich weit unten bleiben die Schmieröle und ganz unten, im Turmsumpf, lagern sich die nicht verdampfbaren Anteile ab, die Destillationsrückstände.

Waschen mit Schwefelsäure: Reinigungsprozesse

Als gläubige Kranke zu Beginn des 19. Jahrhunderts in Amerika sich noch Seneca-Öl auf die rheumatischen Glieder schmierten, war der Raffiniervorgang für diese Allroundmedizin noch herzerfrischend einfach: Es wurde erhitzt und dann durch einen Wollstrumpf gefiltert. 1826 versuchte ein Dr. Hildreth in Ohio eine Filterung durch Holzkohle.
Wissenschaftler wie Benjamin Silliman jr., Luther Atwood und James Young schlugen andere Wege vor, um das Destillationsprodukt Petroleum von seinem unangenehmen Geruch zu befreien und die Rußbildung in den Petroleumlampen zu reduzieren. Sie behandelten ihr Produkt in Rührbottichen mit Schwefelsäure und Natronlauge. Später wurde noch aus dem Rohschmieröl das Paraffin auskristallisiert.
Es ist leicht vorstellbar, daß bei ständig steigenden Raffineriekapazitäten der Schwefelsäureverbrauch in beachtliche Höhen kletterte. Der gesicherte Säurenachschub war dem englischen Chemiker Joshua Ward (1685–1761) zu verdanken. Er hatte 1736 ein technisches Verfahren erfunden, durch Verbrennen von Schwefel mit Salpeter in Gegenwart von Wasser in größerem Maßstab Schwefelsäure zu erzeugen. Um 1740 errichtete er in Richmond bei London Englands erste Schwefelsäurefabrik. 1746 entwickelte der Mediziner John Roebuck (1718–1794) daraus zusammen mit Garbett das Bleikammerverfahren zur großtechnischen Schwefelsäureherstellung. Auf das Schwefelsäure-Kontaktverfahren erhielt Peregrin Phillips aus Bristol 1831 das erste Patent. Es beruhte auf der katalytischen Oxidation von Schwefeldioxid. Der deutsche Chemiker Clemens Winkler (1838–1904) übertrug 1875 die Idee von Phillips in die Praxis.

Die Entschwefelung nach Hermann Frasch

Die meisten Rohöle enthalten kleinere Mengen von Schwefelverbindungen, Alkanthiole (frühere Bezeichnung Mercaptane), die sich durch einen widerwärtigen

1 – Als die Brüder Nobel 1883 bei Baku eine neue Erdölraffinerie errichteten, galt sie als die modernste ihrer Zeit. Zur Beheizung der Kessel diente überhitzter Wasserdampf. Die Temperatur wurde von Kessel zu Kessel gesteigert bis auf etwa 230 Grad Celsius. Als Destillate fielen nacheinander Gasolin, Benzin und Petroleum oder Kerosin an.
2 – Bei der modernen Rohölverarbeitung tritt in der ersten Stufe, der atmosphärischen Destillation, das auf 350 bis 400 Grad Celsius erhitzte Rohöl von unten in den Fraktionierturm ein. Die erst bei höheren Temperaturen siedenden Bestandteile fließen unten ab, die leichter siedenden Fraktionen steigen dampfförmig auf und werden stufenweise in den Glockenböden aufgefangen und abgeleitet.

1

und noch in größter Verdünnung wahrnehmbaren Geruch auszeichnen und überdies korrosiv sind. Entdeckt wurden die Alkanthiole übrigens von dem dänischen Chemiker William Christoph Zeise (1789–1847), dem die erste Synthese einer organischen Schwefelverbindung gelang. Und es war ein deutschamerikanischer Chemiker, der den stinkenden Schwefelverbindungen in den Produkten der jungen Erdölindustrie mit Erfolg zu Leibe rückte und das „saure Öl süß machte“: Hermann Frasch (1851–1914).
Frasch wurde am 25. Dezember 1851 als Sohn des Schultheißen im schwäbischen Oberrot geboren. Nach seinem Besuch der Lateinschule in Gaildorf sollte er auf väterlichen Wunsch Buchhändler werden. Doch nach Beendigung seiner Lehrzeit änderte sich seine Zielvorstellung. Von einem Oheim ermutigt, wanderte er, kaum siebzehn Jahre alt, nach Amerika aus.
In Philadelphia studierte er am College of Pharmacy Chemie und erhielt schon bald eine Assistentenstelle. Sein Hauptaugenmerk richtete er auf die stürmische Entwicklung der Erdölindustrie. Frasch stellte fest, daß zwischen Petroleum aus kanadischem und pennsylvanischem Rohöl trotz gleicher Schwefelsäurewaschungen ein starker Unterschied im Geruch bestand. Das Pennsylvania-Petroleum roch ziemlich neutral und verkaufte sich glänzend, das Kanada-Petroleum war trotz geruchsbedingter Niedrigstpreise kaum loszuschlagen. 1887 hatte Frasch ein Verfahren erfunden, das die organischen Schwefelverbindungen herausholt, ohne die anderen Ölbestandteile zu verändern.
„In dieser Absicht ließ er auf Proben des Rohöls Kupferoxyd bei höherer Temperatur einwirken, wodurch es tatsächlich ge-

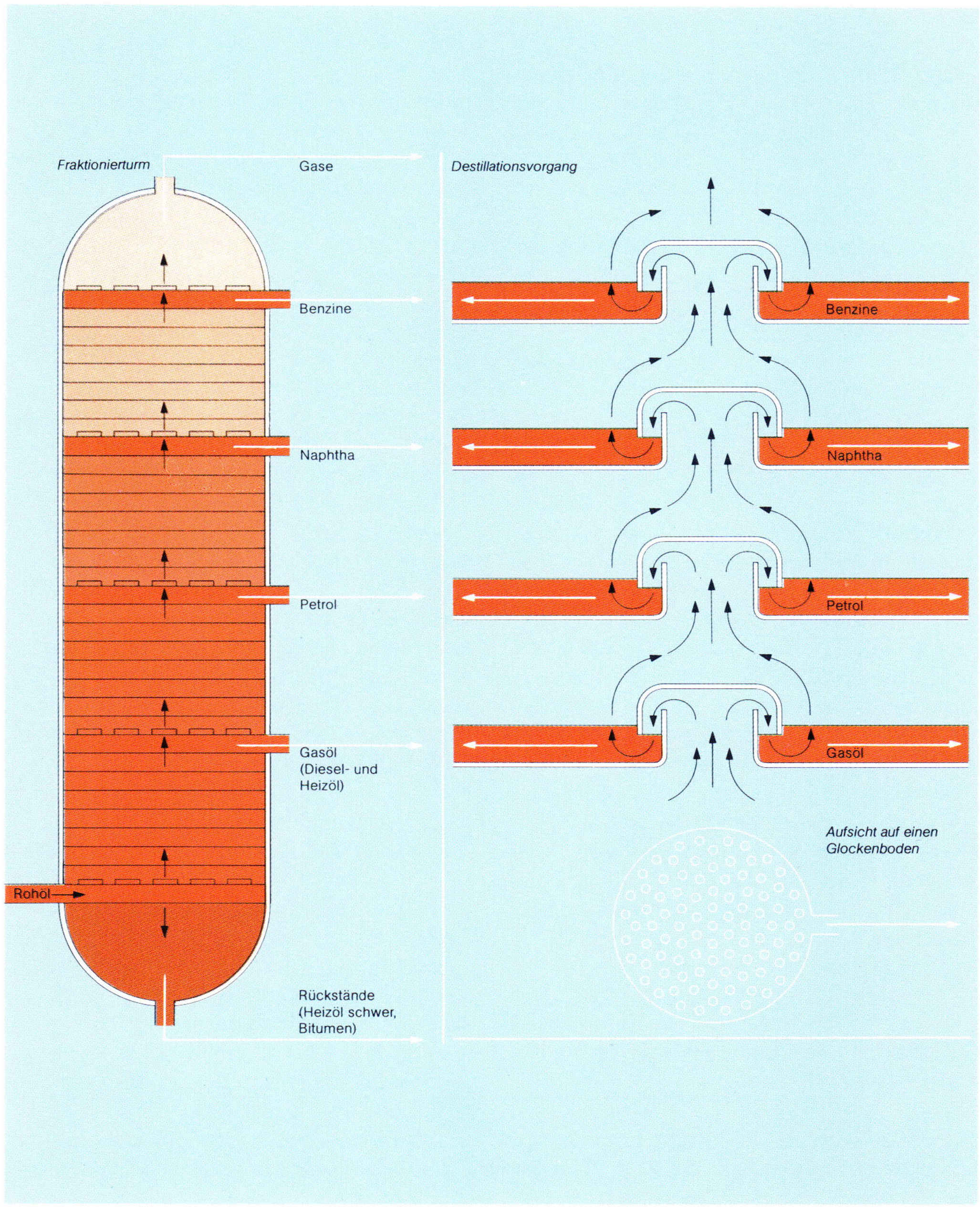

2

lang, den Schwefel an Kupfer zu binden und ihn in Form von unlöslichem Schwefelkupfer abzuscheiden. Das von der Flüssigkeit getrennte Schwefelkupfer ließ sich dann durch Rösten im Luftstrom in Kupferoxyd zurückverwandeln und so immer wieder zu neuer Zersetzungsarbeit befähigen; gleichzeitig wurde der Schwefel des Schwefelkupfers auf Schwefelsäure verarbeitet" (Carl Haeußermann, 1917).

Sinkende Geruchsbelästigung, steigende Aktien

Frasch kaufte sich in der kanadischen Provinz Ontario eine Raffinerie und versorgte fortan Kanadas Lampen mit entschwefeltem Petroleum.
Sein Ruf kam der Direktion von Standard Oil zu Ohren, die ihre Probleme mit häßlich riechendem Erdöl aus Illinois, Indiana und Ohio hatte. Rockefeller kaufte Fraschs Patente, Fraschs Raffinerie und Frasch selbst (mit einer Stellung im Direktorium). Die Aktien des Lima-Feldes in Ohio, die Rockefeller spottbillig mit seinem Privatkapital gekauft hatte, zogen dadurch enorm an. Bei Whiting am Michigansee, südöstlich von Chicago, baute die Standard Oil of Indiana für das saure, stark schwefelhaltige Lima-Öl 1889 „*the world's largest complete oil refinery*", die (seinerzeit) größte Raffinerie der Welt.
Frasch verbesserte sein Verfahren noch und fand auch eine Möglichkeit, das „eigenartig zusammengesetzte" kalifornische Erdöl zu raffinieren. Aber damit waren seine innovativen Fähigkeiten noch lange nicht ausgeschöpft. Der Name Frasch-Verfahren hat nämlich nichts mit geruchsbehafteten Erdölen zu tun, sondern bezeichnet eine Technik zur Schwefelgewinnung aus tiefgelegenen Lagerstätten. Die Idee dazu kam Frasch 1891. Ein Bohrloch wird bis zum Schwefel vorangetrieben, in das drei konzentrische Rohre hinabgesenkt werden. Auf 170 Grad Celsius überhitztes Wasser wird durch das äußere Rohr in das Lager gedrückt. Der Schwefel schmilzt, vermischt sich mit Druckluft, die durch das innerste Rohr kommt, und steigt im mittleren Rohr nach oben. Hermann Frasch starb während eines kurzen Aufenthalts in Paris am 1. Mai 1914. Er wurde in Gaildorf begraben.

Schonende Erdölbehandlung nach Edeleanu

Neben den geruchskräftigen organischen Schwefelverbindungen, die den Einsatz von Leuchtöl in geschlossenen Räumen beträchtlich behinderten, war bei Leuchtöl aus manchen Rohölen auch eine erhebliche Rußentwicklung zu beklagen, die den Glaszylinder der Petroleumlampe schnell fast undurchsichtig machte. Verantwortlich dafür waren die Aromaten und die ungesättigten Aliphaten unter den Kohlenwasserstoffen des Erdöls.
Sie wurden recht brutal mit Riesenmengen Schwefelsäure abgetrennt und dabei in nicht weiter verwendbare Abfallprodukte umgesetzt. Das änderte sich erst, als der rumänische Chemiker und bekannte Erdölfachmann Lazar Edeleanu (1861 bis 1941) um 1902 sein schonendes Edeleanu-Verfahren entwickelt hatte. Er reinigte das Erdöl mit flüssigem Schwefeldioxid in Rührbottichen, Agitatoren genannt, von den rußenden Bestandteilen. Der Rumäne hatte damit einen Vorläufer der modernen Lösungsmittelextraktion geschaffen, die bei der Schmierölerzeugung mit Hilfe von Lösungsmitteln wie Phenol und Furfurol die Aromaten als Extrakt abtrennt.
Edeleanu wurde am 14. September 1861 in Bukarest geboren. Er studierte und promovierte (1887) in Berlin, ging anschließend nach England ans Royal Artillery College und kehrte 1889 nach Rumänien zurück. 1900 wurde er zum Chef des Laboratoriums am Ministerium für Domänen ernannt und begann seine Forschungen zu Erdölreinigungsprozessen (Treating). „Ab 1904 übernahm Edeleanu nebenberuflich die Leitung der Vega-Raffinerie, eines rumänischen Betriebes der Disconto-Gesellschaft in Berlin, und wertete dort seine wissenschaftlichen Erkenntnisse technisch aus. 1910 wurde er Geschäftsführer der ebenfalls zur Disconto-Gesellschaft gehörigen [Edeleanu-] Gesellschaft zur Verwertung seines Schwefeldioxid-Extraktionsverfahrens. Weiterhin führte Edeleanu die Hochvakuumdestillation in die Erdölindustrie ein" (Winfried R. Pötsch). Lazar Edeleanu starb am 7. April 1941 in seiner Heimatstadt Bukarest.

Die Erdölmoleküle werden manipuliert

Von diesen Grundlagen ausgehend, hatte die Erdölindustrie noch eine ganze Menge guter Ideen zu anderen Raffinationsverfahren, vom „Süßen" (Sweetening) durch die Mercaptan-Oxidation (Merox-Verfahren) über das Hydrotreating (hydrierende Entschwefelung) bis etwa zu den Molekularsieben. Doch mittlerweile war neben der Reinigung des Erdöls oder bestimmter Fraktionen noch ein anderes Problem aufgetaucht.
Das Auto machte sich nach dem Ersten Weltkrieg zunehmend als Benzinfresser bemerkbar, und plötzlich reichten die bei der Destillation gewonnenen leichtsiedenden Anteile als Motorenkraftstoffe nicht mehr aus. Ein Wirtschaftsfachmann würde von einer Differenz zwischen Produktenausbeute und Marktbedürfnissen sprechen. Die Erdölindustrie mußte also geeignete Verfahren einsetzen, durch Manipulation an den Kohlenwasserstoffmolekülen das natürliche Gleichgewicht von leichten und schweren Destillaten zu verschieben.
Da gab es einmal die Möglichkeit, große Kohlenwasserstoffmoleküle in kleinere Bruchstücke aufzuspalten: Das gelang durch unterschiedliche Krackverfahren, die für hochoktanige Kraftstoffkomponenten für Alkene als Rohstoffe der Petrochemie sorgten.
Die Chemiker überlegten sich aber auch einen umgekehrten Prozeß und bauten durch katalytische Polymerisation aus leichten Raffineriegasen Benzin-Kohlenwasserstoffe zusammen. Grundlegende Arbeiten zum Kracken, zur Polymerisation und Isomerisierung lieferte der russisch-amerikanische Chemiker Wladimir Nikolajewitsch Ipatjew (1867–1952). 1935 gelang ihm erstmals die Alkylierung von Paraffinen mit Olefinen (die Grundlagen lieferte die Friedel-Crafts-Reaktion). 1943 wurde er für seine Forschungen zur verbesserten wirtschaftlichen Gewinnung von Flugbenzin ausgezeichnet.
Aber all diese interessanten Entwicklungen der modernen Erdöltechnik führen in diesem Zusammenhang zu weit. Das wichtigste Verfahren war zunächst einmal das Kracken, und zwar als einfachstes und ältestes Verfahren das sogenannte thermische Kracken, das Spalten großer Moleküle durch Wärmebehandlung.

Mehr Leuchtöl durch Erhitzen

Im Grunde begann die ernsthafte Suche nach einer Möglichkeit, dem Erdöl einen größeren Prozentsatz der am besten verkäuflichen Fraktion, nämlich Petroleum, zu entlocken, bereits nach der Jahrhundertwende. Und Auslöser war zunächst eigentlich auch weniger die zunehmende Motorisierung als vielmehr die heimliche Angst der Petroleumindustrie, der Erdölnachschub könnte versiegen. Der Weg zu einer besseren Nutzung des vorhandenen Ölschatzes wurde schon 1855 gewiesen. In diesem Jahr nämlich entdeckte der Yale-Professor Benjamin Silliman jr. bei seinen Erdöluntersuchungen, daß sich schwersiedende Fraktionen unter starker

Hitzeeinwirkung zerlegen lassen und sich dadurch leichtflüchtige Erdölprodukte bilden. Damit scheint erstmals das thermische Kracken beobachtet worden zu sein. Um 1860 machten Luther Atwood und Joshua Merrill von der Downer Kerosine Oil Company bei Steinkohleteeröl ähnliche Erfahrungen, als sie nach der Destillation die schweren Fraktionen auf über 320 Grad Celsius erhitzten.
1877 war im Jahresbericht über die Fortschritte der Chemie zu lesen: „Herr Alexander Letniy, Assistent am Chemischen Labor des technologischen Institutes in Petersburg sowie die Herren Liebermann und Burg haben nun Zersetzungsversuche mit Teerölen der verschiedensten Provenienz angestellt, zum Teil in großem Maßstabe. Aus diesen Versuchen ergibt sich, daß man aus allen diesen Materialien, namentlich aber aus den hochsiedenden Steinkohlen- und Braunkohlenteerölen, unter teilweiser Vergasung aromatische Kohlenwasserstoffe erhält, welche größere oder geringere Mengen des für die Farbenindustrie nutzbaren Benzols, Toluols und Anthracens enthalten." Alle frühen Versuche zum thermischen Kracken der schweren Destillate fanden unter atmosphärischem Druck statt und lieferten hauptsächlich Kerosin (Leuchtöl) und Gasöl. Da fanden im Jahr 1889 die beiden britischen Wissenschaftler James Dewar (1842–1923) und Boverton Redwood heraus, daß bei Erhöhung des Drucks im Reaktionsgefäß auch noch ein Teil des Gasöls gekrackt wurde und sich der Benzinanteil auf Kosten der Kerosinmenge erhöhte. Sie ließen sich ihr Verfahren in England unter der Nummer 10277 patentieren.

Burton und das thermische Kracken

Das etwa war der Stand der Dinge, als der Chemiker von Standard Oil William Meriam Burton (1865–1954) damit begann, ein großtechnisches Verfahren auf der Grundlage des thermischen Krackens zu entwickeln. „Allerdings wußte man fast nichts über die richtigen Temperaturen und Drucke, über die zur Durchführung der Reaktion erforderliche Apparatur oder wie sich die für die Crack-Reaktion erforderlichen idealen Bedingungen herstellen ließen. Mit diesen Problemen sahen sich die Wissenschaftler der Erdöl-Raffinierungsindustrie im allgemeinen und Burton in Indiana insbesondere konfrontiert" (John Lawrence Enos).
William M. Burton wurde am 17. November 1865 als Sohn eines Arztes in East Cleveland, Ohio, geboren. Die Grundlagen seiner Chemikerkarriere legte er in einem kleinen Labor in der Scheune seines Vaters. Er studierte an der Western Reserve University in Cleveland Chemie und promovierte 1889 an der Johns Hopkins University in Baltimore. Anschließend arbeitete er bei der Standard Oil Company (Ohio) zusammen mit Frasch, wurde aber ein Jahr später zur Super-Raffinerie in Whiting von der Tochtergesellschaft des Konzerns in Indiana versetzt. 1896 ernannte man Burton zum Direktor der Raffinerie Whiting. Ab 1909 befaßte er sich zusammen mit seinen Kollegen von Johns Hopkins Robert E. Humphreys und F. M. Rogers mit dem thermischen Kracken.
Zuerst versuchten sie es als Gasphasenreaktion. Sie leiteten die schweren Fraktionen wie Gasöl und Schmieröl durch ein erhitztes Rohr, in dem sie zuerst verdampften und dann zerlegt wurden. Der Benzinanteil lag bei rund dreißig Prozent. Burton stellte fest, daß sich der Anteil mit steigender Temperatur erhöhen ließ. Deshalb leitete er den Gasöldampf durch geschmolzenes Blei. Die Krackreaktion erfolgte sehr rasch und ergab einen hohen Benzinanteil. Aber das Krackbenzin zeigte beim Autotest gewisse Tücken. Instabile Kohlenwasserstoffe im Benzin polymerisierten und überzogen Tank, Benzinleitungen und Zylinder mit einer gummiartigen Schicht und verstopften nach wenigen Kilometern den Vergaser.
Erst als Burton und sein Team bei einem Druck von 500 Kilopascal und Temperaturen zwischen 350 und 450 Grad Celsius das Rohmaterial in der flüssigen Phase hielten, funktionierte die Sache und lieferte eine Benzinausbeute bis zu sechzig Prozent. Am 7. Januar 1913 erteilte das U. S. Patent Office Burton das Patent Nr. 1049667 auf *„Manufacture of Gasolene"*, auf eine Benzinerzeugung. Bis zur großtechnischen Umsetzung 1915 waren noch zahlreiche Probleme zu bewältigen. So flog beispielsweise eine Experimentalanlage in Whiting in die Luft. Und es mußte der richtige Reaktor in Gestalt der liegenden, zylindrischen *Burton-Clark tube cracking still* entwickelt werden, nach einer Idee des Managers von Standard Oil in Wood River, Illinois, Edgar M. Clark. William M. Burton wurde 1918 Präsident der Standard Oil of Indiana und trat 1928 in den Ruhestand. Er starb am 29. Dezember 1954 in Miami.

Der Houdry-Prozeß: katalytisches Kracken

Das thermische Kracken lieferte Benzin mit etwa siebzig Oktan, es war also nach modernen Standards nicht sonderlich klopffest. Außerdem war die Technik, wie sich ein Erdölchemiker ausdrückte, „eine brutale Art, Kohlenwasserstoffe zu behandeln". Ein sanfteres Krackverfahren, eine der wichtigsten Errungenschaften der Erdölindustrie, erdachte der französische Ingenieur und Selfmade-Chemiker Eugène Jules Houdry (1892–1962) mit dem Houdry-Prozeß oder katalytischen Kracken.
Houdry war der Sohn eines Stahlfabrikanten und wurde am 18. April 1892 in Domont bei Paris geboren. 1911 machte er seinen Abschluß als Ingenieur, arbeitete in der Firma seines Vaters und wurde 1914 zum Militär einberufen. Er schloß den Ersten Weltkrieg mit dem *Croix de guerre* ab. Neben seiner Arbeit im Stahlwerk begann er sich für Autorennen zu interessieren. Bei einem Besuch der Fünfhundert Meilen von Indianapolis in den USA 1922 kam er zu der Ansicht, daß erst bessere Kraftstoffe bessere Motorkonstruktionen möglich machen würden. Er hörte von einer katalytischen Hydrierung von Kohlenmonoxid zu Kohlenwasserstoffen (wie sie 1925 Franz Fischer und Hans Tropsch beobachteten und die zur Grundlage des ursprünglich zur Treibstoffsynthese konzipierten Fischer-Tropsch-Verfahrens wurde) und beschloß, die Katalysatoridee zur Benzinerzeugung zu nutzen.
Am 8. Februar 1923 gründete er zusammen mit Alfred Joseph, Eugène Dinorie und René Le Grain eine Firma, die aus Braunkohle Benzin herstellen sollte. Doch zwei Jahre später schon, 1925, begann die Houdry-Crew, sich mit der katalytischen Behandlung von Rohölfraktionen zu befassen. Als erstes mußte ein geeigneter Katalysator gefunden werden. Viele Hunderte Materialien wurden getestet, und zwei Jahre später, im April 1927, hatten sie mit einem Silicium-Aluminium-Katalysator ihren ersten Erfolg beim Kracken. Houdry testete das Benzin mit Erfolg in seinem Bugatti. Aber mit den Katalysatorkörnern gab es Probleme. Während des Krackvorgangs lagerte sich auf ihnen eine Kohlenstoffschicht ab und verringerte ihre Wirksamkeit. Houdry fand eine einfache Lösung: Er leitete Luft in den Reaktor und brannte den Kohlenstoff einfach weg, ohne daß die Katalysatorkörner dabei angegriffen wurden.

Europäische Konkurrenz

Vertreter der verschiedenen großen Erdölkonzerne sahen sich 1929 den noch etwas rudimentären Houdry-Prozeß an und winkten ab. Speziell die Standard Oil hatte ein anderes, vielversprechendes

Verfahren im Auge, mit dem die deutsche Chemie aus fester Kohle flüssige Kraftstoffe erzeugte: die Kohlehydrierung. „Durch einen Zufall kam es 1926 zu einer folgenreichen Berührung zwischen amerikanischer Erdöl- und deutscher Kohlechemie. Während einer Europareise machte Frank A. Howard, Forschungsleiter der Standard Oil of New Jersey, einen Abstecher nach Ludwigshafen", schrieb „Der Spiegel" 49/1973 in einer Titelstory. „BASF-Chemiker Pier führte ihm seine Hydrieranlage vor – und sogleich verständigte Howard den Präsidenten seiner Gesellschaft, der mit seinem ganzen Stab von Paris nach Heidelberg eilte und dort für einige Tage gleich ein ganzes Hotel mietete. Nach erneuter Besichtigung und Beratung kamen die Amerikaner zu dem Schluß: Dieses sei die wichtigste Erfindung seit Beginn der Erdölwirtschaft. Sie übernahmen das Verfahren und konnten fortan aus ihrem Rohöl zu jeweils gewünschten Anteilen Benzin oder andere Ölfraktionen gewinnen oder auch mindere Destillationsprodukte veredeln – je nach Marktlage und Nachfrage."

Eine der ersten Reaktionen mit Wasserstoffanlagerung war die Umwandlung von aus Buten polymerisiertem Octen in Isooctan (i-Octan), dessen Anteil in einer Benzinmischung die Oktanzahl bestimmt. Das Verfahren wurde zur Herstellung von hochoktanigem Flugbenzin eingesetzt. Später fanden Wissenschaftler im BP-Forschungszentrum Sunbury heraus, daß sich je ein Molekül Buten und Isobutan unter Mitwirkung von Schwefelsäure zu einem Molekül Isooctan zusammenschlossen. Damit war die Alkylierung geboren. Heute wird die Hydrierung hauptsächlich in zwei Verfahren genutzt, einmal beim Hydrotreating zum Entschwefeln von Erdölfraktionen, zum anderen beim Hydrokracken, das aus hochsiedenden Fraktionen schwefelfreie, gesättigte Kohlenwasserstoffe wie Benzin oder Gasöl erzeugt.

Flugbenzin von „Mr. Catalysis"

Doch zurück zu Houdry. Er hatte zunächst Probleme, für seinen katalytischen Krackprozeß einen Interessenten in der Industrie zu finden. Schließlich einigte er sich 1930 mit der Vacuum Oil Company und baute seine Anlage in ihrem Laboratorium in Paulsboro, New Jersey, auf. 1931 gründeten Houdry und Vacuum Oil die Houdry Process Corporation, doch kurze Zeit später verband sich die Vacuum mit Standard Oil (New York). Als Socony-Vacuum Oil Company behielt sie aber immer noch ein Drittel der Anteile. Als neuer Partner stieg die Sun Oil Company ein. Es zeigte sich, daß Houdry zwar ein qualitativ hochwertiges Benzin (bis 91 Oktan) herstellen konnte, daß aber der Verfahrensschritt, bei dem zur Regenerierung des Katalysators eine Menge Luft eingeblasen werden mußte, die Angelegenheit sehr verteuerte.

Da baute 1931 die Firma Brown, Boveri & Cie. in der Schweiz den ersten wirtschaftlich arbeitenden Turbokompressor (Axialverdichter) der Welt, und den holten sich die Leute von Sun Oil Houdry für ihre Pilotanlage. Trotzdem wurde es schwierig, denn diese zyklische Operation von Kracken (verbraucht Wärme) und Regenerieren (erzeugt Wärme) erforderte eine komplizierte Maschinerie, um Explosionen zu verhindern und den Wärmefluß in den Griff zu bekommen. 1933 hatten sie ein Verfahren mit zyklisch eingesetzten Festbett-Katalysatorkammern entwickelt. 1934 ließ Houdry sich ein Verfahren patentieren, das mit einer Temperatur von 450 Grad Celsius, aktivierten Aluminosilicaten und erhöhtem Druck in der Gasphase krackte. Sein Benzin erreichte 100 Oktan. Die erste kommerziell arbeitende Houdry-Anlage mit einer Kapazität von 2000 Barrels leichtes Gasöl pro Tag stellte aber im Juni 1936 die Socony-Vacuum auf. Fast ein Jahr später, im April 1937 folgte Sun Oil mit einer 12200-Barrels-Anlage für schweres Gasöl. Insgesamt 30 Millionen Dollar mußten die beteiligten Firmen aufwenden, bis das Verfahren vervollkommnet war.

1939 kehrte Eugène Houdry nach Frankreich zurück und versorgte während des Zweiten Weltkrieges die Luftwaffe der Alliierten mit von ihm entwickeltem Flugbenzin. 1948 zog Houdry sich aus dem Management der Houdry Process Corporation zurück. Er entwickelte noch den Houdryflow-Prozeß und befaßte sich in weiser Voraussicht mit der Luftverschmutzung. Am 18. Juli 1962 starb „Mr. Catalysis" in Upper Darby, Pennsylvania.

Kracken mit fließendem Staub

Als Konkurrenz zum Houdry-Verfahren beschloß 1938 ein Konsortium nahezu aller Erdölgiganten wie Standard Oil, British Petroleum, Royal Dutch/Shell, Texaco, W. M. Kellogg Company und Universal Oil Products Company, mit einer Riesenmannschaft an Wissenschaftlern eine Art Manhattan Project der Erdölindustrie ins Leben zu rufen. Das Ergebnis war 1942 der *„Fluid Catalytic cracking Process"*, das Fließbettverfahren oder das katalytische Fließstaub-Krackverfahren. Hauptanteil an der Entwicklung hatte der amerikanische Chemie-Ingenieur und Professor am Massachusetts Institute of Technology Warren Kendall Lewis (1882–1975). Er erhielt nach der 1940 erfolgten Anmeldung zusammen mit seinem Kollegen Edwin R. Gilliland am 21. Februar 1950 das US-Patent Nr. 2498088 auf die *„Conversion of Hydrocarbons with Suspended Catalyst"*.

Dieses Verfahren nutzt die Tatsache aus, daß ein staubfeiner Katalysator (ein Aluminium-Hydrosilicat) sich in einem Luft- oder Gasstrom wie eine Flüssigkeit verhält und sich infolgedessen leicht durch U-förmige Verbindungsrohre zwischen Reaktor und Regenerator hin und her transportieren läßt. Das Gasöldampf-Katalysator-Gemisch wird innerhalb von wenigen Sekunden bei Temperaturen über 500 Grad Celsius gespalten. Die gekrackten Öldämpfe werden in einem Trennturm in Gase, Benzine, Gasöl und Restmengen von Heizöl zerlegt. Der kohlenstoffbeladene Katalysator sinkt in den Regenerator ab und wird durch Abbrennen wieder aktiviert. Am 25. Mai 1942 ging die erste Fließbettanlage in Baton Rouge, in der Raffinerie der Standard Oil Company of Louisiana in Betrieb. Sie hatte einen Tagesdurchsatz von 10200 Barrels Gasöl.

Katalytisches Reformieren

Das bei der Destillation anfallende Schwerbenzin oder Straightrun-Benzin hat eine unangenehm niedrige Oktanzahl (OZ) von rund 40, das bedeutet eine niedrige Klopffestigkeit: Bei der Verdichtung in den Zylindern des Motors entzündete sich das Benzin-Luft-Gemisch nicht genau auf den Funken der Zündkerze hin, sondern außerplanmäßig und meist zu früh. Die Folge war, daß der Motor klopfte, klingelte, an Leistung verlor und auf die Dauer beschädigt wurde.

Schuld an der niedrigen Klopffestigkeit dieses Schwerbenzins haben die geradkettigen Kohlenwasserstoffe mit Namen Alkane. Verzweigte Alkane dagegen und ringförmige Kohlenwasserstoffe wie Aromaten neigen im Motor viel weniger zum Klopfen. Es mußte also ein Verfahren gefunden werden, die geradkettigen Alkane entsprechend umzubauen, um ein hochoktaniges, klopffestes Benzin zu erhalten. Den Weg dazu wies der amerikanische Chemiker Vladimir Haensel mit dem Platforming (Platin Reforming), ein katalytisches Reformieren. Die Katalysatoren enthielten nach Haensels Entwicklung ursprünglich geringe Mengen Platin auf sau-

Im Gegensatz zu den rein physikalisch arbeitenden Destillationsverfahren werden bei den Konversionsverfahren die großen Moleküle der schwer zu destillierenden Erdölbestandteile aufgebrochen und in leichte Produkte wie Benzin und Heizöl extraleicht umgewandelt. Die erste Anlage, die mit dem katalytischen Fließstaub-Krackverfahren arbeitete, ging 1942 in Baton Rouge bei der Raffinerie der Standard Oil of Louisiana in Betrieb. In dieser Fließbettanlage „fließt" staubfeines Aluminium-Hydrosilikat als Katalysator mit dem Gasöldampf in den Reaktor, hilft die Moleküle aufzubrechen *(to crack)*, wird im Regenerator durch Abbrennen vom Kohlenstoff befreit und fließt mit frischem Gasöldampf wiederum in den Reaktor.

rem Aluminiumoxid, daher die Bezeichnung Platforming. Bei hohen Temperaturen (etwa 500 °C) und Drücken von 10–40 bar wird durch verschiedene Reaktionen (etwa Dehydrierung, Cyclisierung, Isomerisierung) aus dem Schwerbenzin ein hoher Anteil klopffestes Benzin mit Oktanzahlen zwischen 90 und mehr als 100 erzeugt.

Vladimir Haensel wurde am 1. September 1914 in Freiburg geboren und kam anschließend ziemlich herum in der Welt. Bis 1928 ging er in Moskau zur Schule, dann kamen kurze Abstecher nach Deutschland und Österreich. Bis 1935 studierte er an der Northwestern University in Evanston, Illinois, Ingenieurwissenschaft. Zwei Jahre später machte er am Massachusetts Institute of Technology (MIT) seinen Master of Science in chemischer Technologie. Im selben Jahr bekam er eine Stellung bei der Universal Oil Products Company (UOP). 1941 promovierte er an der Northwestern University unter Wladimir N. Ipatjew in Chemie und arbeitete dann wieder für die UOP, und zwar mit Ipatjew zusammen, der als der größte Katalyse-Spezialist seiner Zeit galt. Die erste kommerzielle Platforming-Anlage wurde 1949 für die Old Dutch Refining Company in Muskegon, Michigan, gebaut. Innerhalb der nächsten zwei Jahre wurde im Schnitt alle zwei Wochen eine Platforming-Lizenz vergeben.

Die Geschichte des Benzins: Bleiverbindungen als Klopfbremse

Als der Erste Weltkrieg sich zum Ende neigte, hatten zumindest die Flugzeugkonstrukteure dazugelernt. Je höher die Verdichtung ihrer Motoren, desto höher mußte die Oktanzahl des Kraftstoffs sein, sonst kam es zu vorzeitigen Explosionen in den Zylindern oder auch zu Zündaussetzern. Krackbenzin, das nach dem thermischen Burton-Verfahren erzeugt wurde, konnte die wachsenden Qualitätsansprüche der Flugzeugmotoren und ab etwa 1920 auch der leistungsstärkeren Automotoren nicht mehr befriedigen. Neue Raffinerieverfahren waren zu jener Zeit noch nicht ausgereift, und so suchten die Benzinchemiker nach einer anderen Klopfbremse.

Nachdem er in fünfjähriger Versuchsarbeit 33 000 Verbindungen auf ihre Antiklopfeigenschaften hin getestet hatte, war der amerikanische Chemiker und Ingenieur Thomas Midgley jr. (1889–1944) im Jahr 1921 endlich erfolgreich. In Zusammenarbeit mit seinem Chef Charles Franklin

Kettering (1876–1958), der unter vielem anderen auch den elektrischen Anlasser erfand, entdeckte er die vielversprechenden Eigenschaften des Bleitetraäthyls, einer hochgiftigen Substanz, die auch durch die Haut resorbiert werden kann. Aber immerhin ließ sich durch die Beimischung dieser öligen, farblosen Flüssigkeit die Klopffestigkeit künstlich erhöhen. Für Reformat-Benzin mit hohem Anteil an Aromaten wurde später auch Bleitetramethyl zugesetzt. Am 2. Februar 1923 wurde das erste verbleite Benzin von einer Tankstelle in Dayton, Ohio, angeboten.

Thomas Midgley jr. wurde am 18. Mai 1889 in Beaver Falls, Pennsylvania, geboren. 1911 machte er sein Maschinenbaudiplom an der Cornell University in Ithaca, New York. 1916 trat er in die Forschungsabteilung der Delco (Dayton Engineering Laboratories Company) ein. Die Firma war 1909 von Kettering zusammen mit Edward A. Deeds gegründet worden und wurde 1916 eine Tochter der späteren General Motors Corporation. Neben dem Bleizusatz für Benzin (der von 1972 an wegen zunehmender Umweltbelastung ständig reduziert wurde und ganz abgeschafft werden soll) erfand Midgley 1930 auch noch den Fluorchlorkohlenwasserstoff Freon (der heute im Zusammenhang mit dem Ozonloch für weltweite Nachdenklichkeit sorgt).

Er hatte während des Ersten Weltkriegs einen propellerbetriebenen Lufttorpedo entwickelt, beschäftigte sich mit synthetischem Gummi und arbeitete auch über Katalysatoren zum Kracken. 1940 wurde er Direktor und Vizepräsident der Ohio State University Research Foundation. Im selben Jahr erkrankte er an Polio. Um trotz Lähmung allein aufstehen zu können, ließ er eine Konstruktion aus Gurten und Rollen anfertigen, mit der er sich am 2. November 1944 selbst strangulierte.

Ein Additiv für alle Fälle

1924 entwickelte Charles M. Kraus zusammen mit der Esso-Forschung ein billigeres Herstellungsverfahren für Bleitetraäthyl. Die Oktanzahl ließ sich durch diesen Zusatz bis durchschnittlich 87 erhöhen, und so kam in dem Jahr das erste Superbenzin auf den Markt. Doch das Blei hatte nicht nur Vorteile für den Motor, sondern führte auch zu Ablagerungen. Dagegen mischten die Chemiker als erste Additive die Spülmittel Äthylendibromid und Äthylendichlorid ins Benzin, die praktischerweise die Verbrennungsprodukte von Antiklopfverbindungen entfernten.

1950 waren die Shell-Chemiker Robert Graham und Alun Lewis darauf gekommen, daß auch gegen Zündkerzenverschmutzungen und Korrosion, etwa an den Auslaßventilen, etwas unternommen werden mußte, und sie entwickelten Tricresyorthophosphat (TCP). Im Sommer 1953 kam das so mit TCP verfeinerte Benzin zunächst in amerikanischen Straßenkreuzern zum Einsatz. 1954 wurde es, umgetauft auf I.C.A. (Ignition Control Additive) auch in Europa verwendet. Die Esso-Chemiker konterten im selben Jahr mit dem Additiv „E 54", die BP-Leute kamen mit einem geheimnisvollen „08"-Zusatz heraus.

Bald folgten (bei Benzin wie bei Diesel) noch eine Reihe weiterer „Antis" in Form chemischer Zusatzmittel, etwa Antioxidantien zur Erhöhung der Lagerfähigkeit, Antirostmittel, Antivereisungsmittel, Obenschmiermittel, Detergentien und Farbstoffe.

Bleifreies Benzin wurde in den USA bereits 1975 angeboten, zwei Jahre später folgte Japan. Bundesdeutsche Tankstellen konnten erstmals im November 1983 mit dieser umweltfreundlicheren Variante dienen. 1988 wurde verbleites Normalbenzin in der Bundesrepublik Deutschland verboten. Bereits 1956 erschien in England von BP ein Super-Plus-Kraftstoff auf dem Markt. Er verschwand wieder, um 1989 erneut aufzutauchen, mit hoher Oktanzahl, aber ohne Blei. Und im Juli 1989 hatten sich die Mineralölkonzerne etwas gegen den Dieselgestank ausgedacht. Esso und Shell boten an ihren Zapfsäulen Diesel mit einer „angenehm frischen Duftnote" an.

Synoptische Zeittafel

Bergbau, Kohle

vor 280 bis 350 Millionen Jahren
Entstehung der Kohle aus fossilem Pflanzenmaterial
vor rund 2,6 Millionen Jahren
Verwendung erster einfacher Steinwerkzeuge („pebble tools“) in Afrika
vor 50000 Jahren
Hacken und Hämmer aus Hirschgeweih
vor 35000 Jahren
Steinwerkzeuge erhalten Stiele (Äxte, Hämmer)
vor rund 30000 Jahren
ältestes Bergwerk bei Nazlet Khater, Oberägypten
vor rund 20000 Jahren
Höhle von La Mouthe, Dordogne, Frankreich: Leuchtschalen aus Sandstein, mit ausgelassenem Fett gefüllt
vor rund 10000 Jahren
älteste Form eines Bergmannfäustels

um 8000 v. Chr.
Ende der Altsteinzeit; erste Kupferfunde

um 5500 v. Chr.
Erfindung der Kupferverhüttung
um 5000 v. Chr.
Beginn der Jungsteinzeit im Orient
Blei als Gebrauchsmetall in Ägypten
5. Jahrtausend v. Chr.
Warna, Bulgarien: ältester europäischer Fund von Goldobjekten
um 4000 v. Chr.
Ägypten: Hammerköpfe aus Kupfer
erste Silberfunde aus Königsgräbern
um 3800 v. Chr.
Bleistatue im Osiristempel von Abydos in Mittelägypten
um 3500 v. Chr.
Bronzegegenstände in Ur
Bearbeitung von Kupfer, Gold, Silber und Blei bei den Sumerern
etwa 4. Jahrtausend v. Chr.
Jordanien: Kupferbergbau im Gebiet um Fenan
Beginn des Kupferbergbaus im Revier von Timna (heute südisraelische Negev)

um 3000 v. Chr.
Bronzewerkzeuge
Kupferbergbau in Syrien, Palästina und auf der Sinaihalbinsel
Nubien: Untertage-Goldbergbau
Ägypten: Einsatz des Lots als Setzwaage
Anfang 3. Jahrtausend v. Chr.
Zinnminen am Südhang des Taurusgebirges in Anatolien
etwa ab 2700 v. Chr.
Kupfergewinnung im Wadi Maghara, Sinaihalbinsel
um 2300 v. Chr.
sumerischer Text mit Hinweis auf Bergbau
um 2200 v. Chr.
eiserner Dolch als Grabbeigabe im Ruinenhügel von Alaça Hüyük, Zentral-Anatolien

Erdöl

9. Jahrtausend v. Chr.
Mesopotamien: erdölhaltige Substanzen als Werkstoffe

zwischen 6000 und 2000 v. Chr.
Berichte über ausströmendes Erdgas im Iran

um 5000 v. Chr.
China: Wasser-Pipelines aus Bambusrohren

4. Jahrtausend v. Chr.
Mesopotamien: Asphalt wird als Mörtel verwendet

um 3300 v. Chr.
Sumer: Hauswände aus asphaltbestrichenen Rohrmatten

um 2300 v. Chr.
Akkader bezeichnen Erdöl als „naptu“
um 2200 v. Chr.
Mohenjo-Daro, Pakistan: mit Asphalt abgedichtetes Badebecken

Bergbau, Kohle

3. Jahrtausend v. Chr.
Feuersteinbergbau in Europa mit bis zu 30 Meter tiefen Schächten (etwa Grimes Graves, England)

um 2000 v. Chr.
phönizischer Bleibergbau in Spanien

etwa ab 2000 v. Chr.
Goldbergbau in Böhmen und Siebenbürgen
Einsatz des Sink-Schwimm-Verfahrens bei der Goldwäsche in Ägypten

um 1750 v. Chr.
erste Erwähnung von Eisen zur Zeit des Hethiterkönigs Anittas

um 1600 v. Chr.
Pechkohle-Halsbänder der Wessexkultur in Südengland

nach 1600 v. Chr.
Mitterberg, Österreich: Einsatz einer Haspel zur Förderung

zwischen 1600 und 700 v. Chr.
Kupferbergbau bei Salzburg mit Verzimmerung, Förder- und Steiganlagen

um 1400 v. Chr.
Ägypten: Vermessungen von Grundstücksgrenzen

14. Jahrhundert v. Chr.
Hethiter in Anatolien entwickeln eine Eisentechnologie

um 1200 v. Chr.
Sprengen des Gesteins im Bergbau durch Feuersetzen

etwa ab 1200 v. Chr.
Beginn der Eisenzeit

nach 1200 v. Chr.
Kenntnis der Eisenverarbeitung breitet sich im westlichen Eurasien rasch aus

2. Jahrtausend v. Chr.
Honan, China: Untertage-Kupfer- und -Zinnbergbau

vor 3000 Jahren
Stollen, senkrechte Förder-, Luft- und Lichtschächte im Kupferrevier von Timna (heute südisraelische Negev)

um 1000 v. Chr.
Zink in einer Legierung mit Kupfer (= Messing)

nach 1000 v. Chr.
Eisen verdrängt in Griechenland und Italien die Bronze

9. Jahrhundert v. Chr.
Untertage-Salzbergwerke in Oberösterreich

1. Hälfte des 1. Jahrtausends v. Chr.
Kienspanfackeln im oberösterreichischen Steinsalzbergbau

um 700 v. Chr.
Stollenbau für die Wasserleitung von Jerusalem

um 600 v. Chr.
Lampen mit geschlossenem Ölbehälter

600 v. Chr.
Griechenland: bemaltes Tontäfelchen mit der ältesten bekannten Bergwerksdarstellung

um 560 v. Chr.
Beginn des Silberbergbaus im alten griechischen Bergwerksbezirk Laureion

Erdöl

um 2100 v. Chr.
Lagasch, Südmesopotamien: König Gudea läßt sich per Schiff 100 Tonnen Asphalt anliefern

um 2050 v. Chr.
Nanna-Zikkurat von Ur: in Asphalt verlegte Ziegel und mit Asphalt bedeckte Terrassen

3. Jahrtausend v. Chr.
Einbalsamierung Verstorbener mit Asphalt, Natron und Harzen

um 1700 v. Chr.
Hammurabi, Babylon: Erwähnung von Erdöl im Zusammenhang mit Wohnungsbau

ab etwa 1400 v. Chr.
Assyrer verwenden Asphalt für Uferbefestigungen am Tigris

etwa 1000 v. Chr.
China: Brandbomben unter Verwendung von Erdöl

um 700 v. Chr.
China: Erdgas als Heizmittel

Bergbau, Kohle

Mitte des 1. Jahrtausends v. Chr.
Mittelmeerländer: Schlägel, Spitzeisen, Keile, Pickel, Spitz- und Breithauen

6. Jahrhundert v. Chr.
Eisen ist in Europa, Indien und Nordchina das vorherrschende Gebrauchsmetall

nach 500 v. Chr.
Reines Zink wird zuerst in Persien gewonnen; danach auch in China und Indien

4. Jahrhundert v. Chr.
Aristoteles berichtet über Kohle („thrakischer Stein")

um 300 v. Chr.
Theophrast von Eresos berichtet über den Gebrauch von Kohle

um 230 v. Chr.
Philon von Byzanz: Beschreibung einer Radpumpe und einer Schöpfeimerkette

1. Jahrhundert v. Chr.
Vitruv: Beschreibung eines Hubkolbengebläses (Zylindergebläse)

1. Jahrhundert n. Chr.
Plinius der Ältere berichtet von Steinkohleverwendung beim Kupfergießen
Heron von Alexandria: ältestes Modell eines Theodoliten (Dioptra)
Kerzen aus Bienenwachs und Talg

2. Hälfte des 1. Jahrhunderts
Heron von Alexandria: Saug- und Druckpumpe

vor 400
Kohle als Brennstoff in römischen Siedlungen Britanniens

7. Jahrhundert
Chinesische Alchimisten entdecken vermutlich das erste Schießpulverrezept

9. Jahrhundert
erste Spuren des Steinkohlenbergbaus in England

852
erste bekannte Aufzeichnung über die Benutzung von Kohle in England (Abtei von Peterborough)

Erdöl

6. Jahrhundert v. Chr.
China: Funde von Erdöl und Erdgas bei 50 Meter tiefen Salzbohrungen mit der Seilbohrtechnik

um 400 v. Chr.
Ktesias von Knidos: Bericht über Erdgasvorkommen in Kleinasien

4. Jahrhundert v. Chr.
Aristoteles formuliert erstmals das Prinzip der Destillation

um 240 v. Chr.
Archimedes: Verwendung von Asphalt im Schiffbau

um Christi Geburt
Araber verbessern die Destillationstechnik und trennen vom Erdöl leichter siedende Fraktionen ab

1. Jahrhundert n. Chr.
Asphalt als Medizin und zu Beleuchtungszwecken

132
Chang Heng, China: Erfindung des Seismoskops

ab 200
China: Erdgas als Heiz- und Beleuchtungsmittel

205
Thermen in Byzanz werden mit Erdöl beheizt

um 400
Zosimos, Ägypten: Beschreibung des Destillationsvorgangs

678
Kallinikos, Konstantinopel: Kriegführung mit „griechischem Feuer"

9. Jahrhundert
Juhanna ben Musaweihi, Arabien: Beschreibung der Bitumendestillation

Bergbau, Kohle

zwischen 10. und 13. Jahrhundert
In Deutschland entstehen mehrere große Bergbauzentren (Harz, Mansfeld, Sachsen, Erzgebirge)
Ende des 1. Jahrtausends
Kohlenbergbau wichtiger Wirtschaftszweig in China
um 1100
Beginn des Kohlenbergbaus im Zwickauer Steinkohlebecken, Sachsen
um 1113
erster europäischer Steinkohlenbergbau unter Tage in Klosterrade, Herzogtum Limburg
1113
erste Erwähnung des Steinkohlenbergbaus im Wurm-Gebiet bei Aachen
12. Jahrhundert
Chinesische Feuerwerker bauen vermutlich die ersten Schießpulver-Bomben
Einsatz der Schubkarre zum Transport unter Tage
1158
Kaiser Friedrich I. Barbarossa stellt das Bergregal als Hoheitsrecht des Königs fest
1171
In Freiberg in Sachsen werden Silbergänge entdeckt
um 1187
Alexander Neckam erwähnt die Kompaßnadel
1198
Beginn des Kohlenbergbaus in Lüttich
1228
In London trifft die erste Kohle per Schiff ein („Seekohle")
1232
China: erster schriftlich belegter Einsatz von Explosivkörpern
1242
Roger Bacon, England: Schwarzpulverrezept
1243
urkundliche Erwähnung des Kohlenbergbaus in Newcastle-on-Tyne
13. Jahrhundert
Auftreten des Kompasses im Markscheidewesen
1299
Marco Polo berichtet über Kohlenverwendung in China
14. Jahrhundert
Kompaß wird mit einer Windrose versehen
Wahrscheinlich hat ein gewisser Berthold Schwarz eine verbesserte Pulvermischung erfunden
1306
Englands König Edward I. erläßt Verbot, Londons Öfen mit Kohle zu beheizen
1315
Ein königliches Dekret verbietet den Handwerkern in London wegen Rauchbelästigung den Gebrauch von Steinkohle
1317
Nachrichten über Kohle im Ruhrgebiet
1371
Rechnung der Stadt Essen mit Ausgaben für Holz und Kohlen
1391
Geoffry Chaucer, England: Bericht über Kompaßwindrosen mit einer Gradeinteilung von 32 Punkten
1394
erste Erwähnung des Eschweiler Kohlbergs in der Inde-Mulde bei Aachen

Erdöl

um 1100
China: 1000 Meter tiefe Bohrungen mit Hilfe der Seilbohrtechnik
12. Jahrhundert
Araber verwenden das Pendel zur Zeitmessung
13. Jahrhundert
Ad Dimaschki, Arabien: Bericht über Erdöldestillation
1272
Marco Polo, Italien: Reise durch das Erdölgebiet von Baku

Bergbau, Kohle

1429
erste Erwähnung von Kohlegruben im Saargebiet

15. Jahrhundert
Wasserhaltung mit Kunstgezeuge
um 1500
Erfindung der Setzarbeit in Tirol
Leonardo da Vinci: Erwähnung des Kompasses mit kardanischer Aufhängung
1505
erste Erwähnung eines Kompasses für den Bergbau
Sigismund von Maltitz, Deutschland: Naßpochwerk

16. Jahrhundert
England: Ausbreitung der Kohleverwendung von den Schmieden auf Zinngießer und Büchsenmacher
etwa Mitte 16. Jahrhundert
Aufzeichnung der ersten Grubengrundrisse
1553
Wolfgang Lascher, Tirol: Kehrrad zur Schachtförderung im Kupferbergbau
1571
Leonard Digges, England: erste genaue Beschreibung eines Theodoliten

Ende des 16. Jahrhunderts
erste Energiekrise in Europa durch exzessive Abforstung
Anfang 17. Jahrhundert
erste Grubenkarten senkrecht zur Zeichenebene (Seigerrisse)
1608
Abt Conrad von Werden erläßt Bergbaubestimmungen und unterscheidet mehrere Kohlearten

1612
England: erster Einsatz von Kohle in Spezialöfen zum Glasschmelzen
vor 1617
Seilgewichtsausgleich bei Schachtförderanlage im Harz
um 1620
M. und N. Schellhorn, Deutschland: Glockengebläse für Harzer Bergwerke
Einsatz von Blasebälgen zur Grubenbewetterung in Harzer Bergwerken
1627
Caspar Weindl, Schemnitz: erste Sprengung mit Schwarzpulver im Bergbau
1632
Georg Illig, Clausthal: Einführung der Schwarzpulversprengung im Harzer Bergbau
1633
Balthasar Rößler, Sachsen: Erfindung des Hängekompasses
1636
Henning Hutman: erster Einsatz der Maschinenbohrung für Sprengarbeiten im Bergbau

Erdöl

1433
Deutschland: Erwähnung einer Ölquelle am Tegernsee

1546
Georgius Agricola, Deutschland: Bericht über Erdöl bei Schöningen, am Deister und in Häningsen sowie über Gewinnung und Destillation; Agricola: „Die Natur der aus dem Erdinneren hervorquellenden Dinge"
16. Jahrhundert
Berichte über aussickerndes Erdöl und Asphalt auf Kuba, in Mexiko, Bolivien, Ekuador, Kolumbien, Peru, Venezuela, Java

1595
Walter Raleigh, England: Entdeckung des Asphaltsees von Trinidad
um 1600
Innsbruck: „Dürschenöl" als Heilmittel bei Verletzungen

1609
Joost Bürgi, Schweiz: Schwingungsdauer des Pendels abhängig von der Pendellänge

1627
Joseph de la Roche d'Allion, Frankreich: Bericht über eine Ölquelle in Cuba, US-Bundesstaat New York

Bergbau, Kohle

seit 1636
Thomas Peyton, England: Koks zum Darren von Malz
1661
Georg Andreas Böckler, Deutschland: Zeichnung eines wasserradbetriebenen Bergwerksbecherwerks zur Wasserhaltung
1666
Robert Boyle, England: Beschreibung von Schlagwetterexplosionen in Bergwerken
1670
Bergmännisches Schießen (Sprengen) wird in England bekannt
1679
Louis Johannes Hennepin entdeckt Kohle am Illinois River, USA
1684
England: urkundliche Erwähnung von 70 Kohleminen in der Nähe von Bristol
1685
Karl Zumbe, Clausthal: Lettenbesatz für Bohrlöcher bei Sprengungen
1689
Johann Andreas Lufft, Zellerfeld: geleimte Schwarzpulver-Papierpatronen
1694
Christopher Polhem, Schweden: Erzförderanlage mit Kunstgestänge
Johannisschacht bei Clausthal: erster Spiralkorb bei der Schachtförderung wird in Betrieb genommen
1698
Thomas Savery, England: Dampfpumpe zum Wasserheben in Bergwerken („Miner's Friend")
1699
Humphrey Mackworth, England: Einsatz von Koks zum Bleischmelzen
1713
Johann Justus Bartels, Zellerfeld: Bergbohrmaschine
1715
erster künstlicher Hafenbau in Duisburg-Ruhrort
1721
Grigori Kapustin, Rußland: Entdeckung der Kohlevorkommen im Donezbecken
um 1730
An der Ruhr beginnt ein geregelter Kohlenbergbau
Jonathan Sisson, England: Theodolit mit Beobachtungsfernrohr und Wasserwaage
Carlisle Spedding, England: Feuerstein-Stahl-Mühle als Geleucht
1732
Wassertrommelgebläse in Harzer Bergwerken
um 1740
Benjamin Huntsman, England: erfindet den Tiegelstahl neu

Erdöl

1669
Nikolaus Steno, Dänemark: Grundlagen der geologischen Wissenschaft
1679
Robert Hooke, England: Hookesches Gesetz zur Elastizität
1691
Gottfried Wilhelm Leibniz, Deutschland: „Protogäa"
1694
Eele/Hancock/Portlock, England: erstes Patent für Gewinnung und Verarbeitung von Öl aus Ölschiefer
1703
Jean de Hautefeuille, Frankreich: Quecksilber-Seismoskop
1740
Alexis Clairault, Frankreich: Gesetz über Höhe der Fallbeschleunigung als Funktion der geographischen Breite
USA: Nachrichten über Ölquellen am Oil Creek (Nebenfluß des Allegheny River, Pennsylvania)

Bergbau, Kohle

1742
Pater Lally entdeckt Kohlelager am James River, Virginia, USA
1745
Gowin Knight, England: Kompaß mit magnetisierter, rhombischer und drehbar gelagerter Nadel
1746
Henry Haskins, England: Patent für die Blasendestillation von Steinkohleteer
1750
erste Kohlezechen der USA bei Richmond, Virginia
1761
Michael Menzies, Schottland: Patent für die ersten Schrämmaschinen
1764
Preußen: Friedrich II., der Große, setzt Prämie für Vorschlag zur Kohlenverwendung in der Eisenindustrie aus
1765
Gründung der Bergakademie in Freiberg, Sachsen

1768
Wyoming Valley, USA: erste Verwendung von Kohle für ein Schmiedefeuer in Amerika
Erste Wattsche Dampfmaschine wird in einer schottischen Kohlegrube bei Kinneil eingesetzt

um 1770
Von Böhmen aus dringt der Langstoßherd in andere Bergbaugebiete vor

1773
erste Dampfpumpe im Bergbau des Saarlandes
Georg Andreas Stelzner, Deutschland: Teufenanzeiger für Förderkorb im Schacht
1776
Harrisburg, USA: Kohle wird per Schiff verfrachtet
1780
Preußen: Kommißbrote werden in kohlenbeheizten Öfen gebacken
James Watt, England: Kofferkessel
1781
Archibald Cochrane, Schottland: Patent für Koksofen mit Teergewinnung
1784
Erfindung der Puddeltechnik in England
erste Kokshochöfen auf dem europäischen Kontinent in Le Creuzot, Frankreich
1785
Oliver Evans, USA: Zylinderkessel
1786
Claude Louis Berthollet, Frankreich: Kaliumchlorat
etwa ab 1787
Jesse Ramsden, England: Theodolit mit Mikrometer-Mikroskop

Erdöl

seit 1740
Pechelbronn, Deutschland: Anfänge einer Ölraffinerie

um 1750
Aufkommen des Gestängestoßbohrens

1767
David Leisberger, USA: Bericht über das ölhöffige Gebiet um den Allegheny River, Pennsylvania

1769
Johann Taube, Deutschland: Beschreibung der „Teergruben zu Wietze“

1771
Christian E. Weigel, Stralsund: Gegenstromkühler zur Kondensation von Destillaten

Bergbau, Kohle

1788
John Curr, England: Fördergestelle und Spurlatten für die Schachtförderung
Joseph von Baader, England: verbessertes Glockengebläse
1790
Claus Friedrich von Reden, Deutschland: erster Einsatz eines Drahtseils bei der Schachtförderung
nach 1790
Alexander von Humboldt, Deutschland: Hohlraumschießen
1791
Pennsylvania, USA: Kohlefunde im Lehigh County
seit 1795
England: gußeiserne Tübbings für den Schachtausbau
1796
Gleiwitz, Oberschlesien: Johann Friedrich Wedding erbaut den ersten deutschen Kokshochofen
1797
George Bass berichtet über Kohlevorkommen am Coalcliff südlich von Sydney, Australien
Barnes, England: erste Bremsbergförderung
Carl Emanuel Löscher, Deutschland: Druckluft-Wassserheber (Mammutpumpe)
1798
Erste Dampfmaschine des Ruhrgebiets kommt bei Unna zum Einsatz
Einführung des Grubentheodoliten in Deutschland
John Curr, England: Patent auf ein flaches Hanfseil
1800
Brüder Perrier, Frankreich: Patent auf eine Dampffördermaschine
Richard Trevithick, England: Flammrohrkessel
William Murdock, Schottland: mit Kohlengas betriebene Gaslichter
ab 1800
Kohleabbau am Hunter River, Australien

1801
Franz Dinnendahl bringt für die Zeche Vollmond bei Bochum die erste deutsche Dampfmaschine zum Laufen
1803
Franz Dinnendahl liefert seine erste Dampfmaschine an die Zeche Wohlgemut bei Essen
1804
Nicolas Théodore de Saussure, Schweiz: Pflanzen nehmen aus der Luft Kohlenstoff auf
Schaffhausen, Schweiz: Johann Conrad Fischer erzeugt den ersten Gußstahl auf dem Kontinent
1805
Chancel, Frankreich: Tauchfeuerzeug
1808
Mit Hilfe einer Dampfmaschine wird auf der Zeche Vollmond bei Bochum eine Teufe von 46 Metern erreicht
Samuel Clegg, England: chemische Reinigung von Leuchtgas mit Kalkmilch
1809
Charles Cagniard Baron de Latour, Frankreich: Spiralgebläse

1810
Quest, Frankreich: Patent auf die Herstellung von Steinkohlebriketts
1811
erste Dampffördermaschine im Ruhrgebiet

Erdöl

1795
USA: Zeitungsartikel über Oil Creek und das „Seneca oil"

nach 1800
Ploieşti, Rumänien: kleine Ölraffinerien zur Erzeugung von Lampenöl

1808
Brüder Ruffner, USA: erster Einsatz von Casing-Rohren

1809
Johann Nepomuk Fuchs, Deutschland: Isolierung von Alkanen aus Erdöl vom Tegernsee

1811
Johann G. F. von Bohnenberger, Deutschland: Prinzip des Reversionspendels

Bergbau, Kohle

1813
erstes Patent für einen Flüssigkeitskompaß
John Curr, England: Patent für Seilförderung
William Hedley, England: „Puffing Billy", Lokomotive zum Kohlentransport
1814
H. Buff: Einteilung der Steinkohlearten nach Koksbeschaffenheit
1815
William Reid Clanny, England: erste brauchbare Sicherheitslampe
George Stephenson, England: Einführung einer schlagwettersicheren Grubenlampe
Humphry Davy, England: Vorstellung einer Sicherheitsgrubenlampe
1816
Beginn der Kokserzeugung im Ruhrgebiet
ab 1818
Friedrich Harkort baut in Wetter an der Ruhr Dampfmaschinen für Wasserhaltung und Förderung
1824
John Holt Ibbetson, England: Patent auf Wassergaserzeugung
1826
Köln: Gründung der Preußisch-Rheinischen Dampfschiffahrtsgesellschaft
nach 1826
Preßluft als Antriebskraft in den Zinnbergwerken von Cornwall auf der britischen Insel
1827
John Walker, England: Streichhölzer
um 1830
Einsatz der Dampfmaschine im Landverkehr
Bequem erreichbare Kohlevorräte an den Ruhrufern sind erschöpft
Philander Shaw: elektrische Zündung einer Schießpulverladung
Plauenscher Grund bei Dresden: Stauchsieb zur Kohleaufbereitung
1830
Dieudonné Gérard, Belgien: Entwurf einer Untertage-Dampfpumpe
1831
Justus von Liebig, Deutschland: Elementaranalyse
William Bickford, England: Sicherheitszündschnur
1832
A. A. Sablukow, Rußland: Konstruktion eines Kreiselgebläses
1833
Georg L. W. Dörell, Deutschland: Fahrkunst
ab 1833
Bad Dürrenberg, Sachsen: Versuche zur Herstellung von Braunkohlebriketts

Erdöl

um 1815
Charleston, USA: Casing-Rohre aus Zinn
1816 bis 1819
William Smith, England: Begründung der Biostratigraphie
1817
erste Ölbohrungen in Galizien
ab 1817
Henry Kater, England: Reversionspendel-Messungen der Fallbeschleunigung
1818
Kentucky, USA: Ölfund in 163 Meter Tiefe bei einer Salzwasserbohrung
1821
Fredonia am Eriesee, USA: zufällige Erbohrung einer Erdgasquelle
1824
Fredonia am Eriesee, USA: Erdgas-Pipeline und erste Erdgasbeleuchtung in den USA
1830
Charles Lyell, England: „Principles of Geology" (Grundzüge der Geologie, Bd.1)
1832
Graf de Sassenay, Frankreich: Gründung der französischen Asphaltindustrie
Carl Friedrich Gauß, Deutschland: einfache Magnetometer
1833
J. B. Fauvelle, Frankreich: Anwendung des Spülbohrprinzips

Bergbau, Kohle

1834
Franz Haniel: erster Mergelschacht im Ruhrgebiet
Wilhelm August Julius Albert, Deutschland: erster Test des Albert-Drahtförderseils
Firma Felten & Guilleaume, Deutschland: Beginn der Drahtseilproduktion
um 1835
A. A. Sablukow, Rußland: erste betriebsfähige Kreiselpumpe
1837
Henri Victor Regnault, Frankreich: Klassifizierung der Kohle nach Gehalt an Kohlenstoff und Wasserstoff
1840
L. (M.) Mueseler, Belgien: Sicherheitslampe mit Glaszylinder
Ernst Alban, Deutschland: Schrägrohrkessel
1841
Triger, Frankreich: Druckluftsenkschachtverfahren
1843
Erfindung des eisernen Schleppkahns
Daniel Gooch, England: Kulissensteuerung für Dampfmaschinen
William Wylam, England: hartes Teerpech bei der Herstellung von Steinkohlebriketts
zwischen 1843 und 1847
Ascanio Sobrero, Italien: Erfindung des Nitroglycerins
um 1845
Franz Peter Ritter von Rittinger, Deutschland: Spitzkasten
August Wilhelm von Hofmann/Charles B. Mansfield: Benzol aus Steinkohleteer
1845
Friedrich Schönbein, Deutschland: Schießbaumwolle
Jean-Baptiste Machecourt, Frankreich: Fangvorrichtung für Förderkörbe
1846
Idstein, Taunus: Einsatz von Schießbaumwolle beim Tunnelbau
Armstrong T. R. Robinson, Irland: Schalenkreuz- Anemometer
1847
erste Eisenbahnfahrt mit Ehrengästen von Köln nach Minden
1848
Heinrich Robert Göppert, Deutschland: „Über die Entstehung der Steinkohlen"
William George Armstrong, England: Druckwasserförderanlage
1849
Mülheim/Ruhr: Julius Römheld baut den ersten Kokshochofen des Ruhrgebiets
Joseph James Couch, USA: Patent auf eine dampfbetriebene Gesteinsbohrmaschine
ab 1849
Karl Gotthelf Kind/Josef Chaudron: Patente für das Kind-Chaudron-Schachtabteufverfahren

Erdöl

1834
A. F. Selligue, Frankreich: Leuchtöl aus bituminösem Schiefer
Karl A. L. von Oeynhausen, Deutschland: Erfindung der Rutschschere
1838
Carl Friedrich Gauß, Deutschland: „Allgemeine Theorie des Erdmagnetismus"
1844
Karl Gotthelf Kind, Deutschland: Freifallbohrer
1846
Johann F. L. Hausmann, Deutschland: Theorie der biogenen Erdölgenese
1847
Erdölbohrungen in Rumänien
zwischen 1847 und 1867
Otto W. H. Abich, Deutschland: Nachweis nutzbarer Erdöllagerstätten in Antiklinalfallen
ab 1848
Karl Leopold Fabian, Deutschland: Entwicklung des Fabian-Freifallstücks
1849
Samuel M. Kier, Tarentum, USA: Verkauf von Steinöl als natürliches Heilmittel
um 1850
Alcide Dessalines d'Orbigny, Frankreich: Begründung der Mikropaläontologie

Bergbau, Kohle

1850
Zechen am German Creek in Queensland, Australien

1852
Paolo de San Roberto, Italien: zu Blöcken gepreßtes Schwarzpulver
Gutehoffnungshütte, Deutschland: erste Zwillingsfördermaschine

1853
Peace, England: Patent auf eine Kettenschrämmaschine

1855
Carl Gottfried Schumann, Sachsen: Druckluft-Gesteinsbohrmaschine
Daniel Colladon, Schweiz: Vorschlag, Tunnelbaumaschinen mit Preßluft zu betreiben
Sella, Italien: Magnetscheider mit Elektromagneten

1856
Johnson und Dixon, England: Stangenschrämmaschine

1857
erster Einsatz von Gußeisentübbings im Ruhrgebiet
Henry Rossiter Worthington, USA: Duplex-Dampfpumpe
United States Chemical Manufacturing Company, USA: Produktion von Leuchtöl aus Kohle

1858
Lammot du Pont, USA: Schwarzpulver mit Chilesalpeter (Natriumnitrat)
Eli Whitney Blake, USA: Patent auf den ersten Backenbrecher
Carl Exter, Deutschland: Exter-Presse zur Brikettherstellung
Gosserau, Deutschland: erste Braunkohleschwelerei mit Paraffinherstellung

1859
A. Convreux, Frankreich: erster Eimerkettenbagger mit Dampfantrieb und Schienenführung
Carr, England: Schleudermühle (Desintegrator)

um 1860
A. Dumas und Benoit, Frankreich: erste tragbare elektrische Grubenleuchte

1860
England: über 100 Patente für Schrämmaschinen
Jules Guibal, Frankreich: Guibal-Ventilator
Martin Neuerburg, Deutschland: Kolbensetzmaschine mit großer Durchsatzleistung
William Haynes, England: Patent auf ein Flotationsverfahren

1861
Germain Sommeiller, Frankreich: Druckluft-Stoßbohrmaschine
Firth, England: „Pick machine" (Schrämmaschine)
A. Lopatin, Rußland: erster Gurtbandförderer
Franz Fritz Freiherr von Dücker, Deutschland: Drahtseilbahn

Erdöl

1850
James Young, Schottland: Paraffingewinnung durch Trockendestillation von Kohle

1851
Robert Mallet, England: erste Anwendung der Sprengseismik

1853
Lemberg, Rumänien: In Krankenhauslampen wird Leuchtöl verwendet

1854
Abraham Gesner, Kanada: Patent auf Destillation von Kerosin aus Rohasphalt
USA: Gründung der Pennsylvania Rock Oil Company of New York

1855
Samuel M. Kier, Pittsburgh, USA: Destillation von Erdöl zu Petroleum
Benjamin Silliman jr., USA: „Silliman Report" über die Anwendungsmöglichkeiten des Erdöls; Beobachtungen zum Kracken von Erdöl

1856
Luigi Palmieri, Italien: Aufstellung eines elektromagnetischen Seismographen am Vesuv

zwischen 1857 und 1862
Georges Auguste Leschot, Schweiz: Diamantbohrkrone

1858
Bukarest, Rumänien: erste europäische Großstadt mit Petroleum-Straßenlaternen
A. C. Ferris, New York, USA: Erdölraffinierverfahren mit Schwefelsäure
USA: Gründung der Seneca Oil Company

1859
Georg C. K. Hunäus, Deutschland: erste Erdölbohrung bei Wietze, Lüneburger Heide
Titusville, Pennsylvania, USA: Edwin Laurentine Drake wird mit seiner Bohrung fündig

1860
Oil Creek Valley, USA: erste kommerzielle Erdölraffinerie

1861
Oil Creek, Pennsylvania, USA: Erster „gusher" wird in den USA angebohrt
erster Öltanker von den USA nach Europa

Bergbau, Kohle

1863
Alfred Nobel, Schweden: Patent für „Nobels Patent-Sprengöl" (Nitroglycerinprodukt)
Alfred Nobel, Schweden: Patent auf „Nobels Patentzünder"
1864
Loiter, Frankreich: Versteinungsverfahren mit Zementbrei
William Baird & Co., Schottland: erste erfolgreiche Kettenschrämmaschine
1865
„Allgemeines Berggesetz für die Preußischen Staaten"
1866
Alfred Nobel, Schweden: Erfindung des Dynamits
um 1867
Wilhelm Siemens, England: Vorschlag zur Kohlevergasung unter Tage
1867
Schweden: erstes Patent für einen Sprengstoff mit Beimengungen von Ammonsalpeter
1868
Gillott & Copley, England: Patent auf eine Radschrämmaschine
1869
Rußland: erste Eisenbahnverbindung zum Donezbecken
Wigan, England: erster Einsatz einer Scheibenschrämmaschine von J. Scarsbrick Walker
1870
Eduard Borchers, Deutschland: „Die praktische Markscheidekunst unter Anwendung des Luftblaseniveaus und des Theodoliten"
Firth, England: „Iron man" (Schrämmaschine)
1871
Simon Ingersoll, USA: Patent auf eine Gesteinsbohrmaschine
1872
Leon Mekarski, Frankreich: Druckluftlokomotive zum Ziehen von Förderwagen
ab 1874
Haniel & Lueg bringt als erstes deutsches Werk gußeiserne Tübbings auf den Markt

Erdöl

ab 1861
Carl Ludwig Schorlemmer, Deutschland: wichtige petrochemische Arbeiten über Alkane
1862
Friedrich Konrad Beilstein, Rußland: Synthese der Alkene Propen und Penten
Emil Erlenmeyer, Deutschland: Theorie der Mehrfachbindungen bei ungesättigten Kohlenwasserstoffen
In Pennsylvania, USA, werden im Jahr drei Millionen Barrel Erdöl gefördert
1864
O. Buchner, Deutschland: „Die Mineralöle"
1865
Friedrich August Kekulé, Deutschland: Ringstruktur des Benzols
Amos Densmore, USA: Holztanks für Öltransporte per Schiene
Samuel van Syckle, USA: erste Ölpipeline (rund 8 km lang)
1866
John A. Coffey, England: Patent auf eine „kontinuierliche Destillation und Fraktionierung von Ölen"
seit 1866
Karl Köbrich, Deutschland: Vervollkommnung von Tiefbohrgeräten
1867
Friedrich August Kekulé, Deutschland: „Chemie der Benzolderivate"
1869
Thomas F. Rowland, USA: Patent für eine ortsfeste Bohrplattform im Wasser
Samuel Lewis: erste Beschreibung einer Hubinsel
um 1870
Rußland: erste Öltransportschiffe auf der Wolga mit Ölfeuerung
1871
USA: Einsatz der ersten Kesselwagen für Öltransporte
1872
Titusville, Pennsylvania: fünf Kilometer lange Erdgas-Pipeline
1873
Julius Hock, Österreich: Petroleummotor
Rußland: verstärkte Ölproduktion in Baku

Bergbau, Kohle

1875
Alfred Nobel, Schweden: Sprenggelatine und Gelatinedynamite
nach 1875
Alfred Brandt, Deutschland: hydraulische Drehbohrmaschine
letztes Viertel des 19. Jahrhunderts
Fritz Honigmann, Deutschland: Schachtabteufen durch Tiefbohrung mit Dickspülung

1877
Harrison, USA: „Puncher" (Schrämmaschine)
Carl Friedrich Koepe, Deutschland: Patent für eine Fördermaschinenanlage (mit Koepe-Scheibe)
1878
H. Julius Smith, USA: elektrische Zündmaschine für Sprengungen
Carl Kley, Deutschland: Patent auf Pumpmaschine mit ununterbrochener Rotation
1879
Werner von Siemens, Deutschland: Patent auf eine Solenoid-Stoßbohrmaschine
um 1880
Oscar Bilharz, Deutschland: Stauchsiebstrom-Setzmaschine
Ludwig Mond, England: Mond-Verfahren zur Erzeugung von Generatorgas

1881
James Peterson, England: Sicherheitspreßluftbremse für Fördermaschinen
Carl Otto/Albert Hüssener, Deutschland: erste Koksöfen mit Nebenproduktengewinnung in Deutschland
1882
Siemens & Halske, Deutschland: erste brauchbare elektrische Grubenlokomotive
Carl Wolf, Deutschland: Benzinsicherheitslampe mit innerer Zündvorrichtung und Magnetverschluß
Thomas Alva Edison, USA: erstes öffentliches Elektrizitätswerk
1883
Friedrich Hermann Poetsch, Deutschland: Patent auf Schachtabteufen nach dem Gefrierverfahren
1884
Latch und Batchelor, England: verschlossene Drahtseile

um 1885
George M. Capell, England: Capell-Lüfter
1885
Thomas Seale, USA: Parallelschlagdrahtseile

Erdöl

1876
Friedrich Konrad Beilstein, Rußland: Kracken bestimmter Erdölfraktionen
Robert Daublebsky von Sterneck, Prag: „Über den Einfluß des Mondes auf die Richtung und die Größe der Schwerkraft der Erde"
1877
Nikolaus August Otto, Deutschland: Patent auf einen Viertakt-Gasmotor

1879
USA: 1200 Kilometer langes Pipelinenetz

1880
Philipp von Joly, Deutschland: Berechnung der Erddichte
Alfred Ewing, Schottland: Ewing-Pendel für seismische Messungen

1882
Dmitri I. Mendelejew, Rußland: kontinuierlich arbeitende Erdöldestillationsanlage
ab 1882
Robert Daublebsky von Sterneck, Prag: Relativmessungen der Fallbeschleunigung

1883
John Milne/Thomas Gray: Gray-Milne-Seismograph
Brüder Nobel, Baku: modernste Erdölraffinerie ihrer Zeit
1884
Robert Beart, England: Beschreibung der Grundlagen des Rotarybohrverfahrens

1885
Pook/Hacke, Deutschland: Aufschluß eines Ölfelds in Wietze, Lüneburger Heide
Carl Benz, Deutschland: Ausfahrt mit seinem ersten Motorwagen
1886
Brüder Mannesmann, Deutschland: Schrägwalzverfahren für nahtlose Stahlrohre
Stapellauf des Petroleumtankers „Glückauf"

Bergbau, Kohle

ab 1887
Sicherheitssprengstoff „Kohlen-Carbonit"

1888
Stanley, England: „Stanley Header", erster Schrämlader

1890
C. Raty, Frankreich: Rohrmühle für kontinuierlichen Durchgang

1891
Carl Hoffmann, Deutschland: elektrische Kurbel-Stoßbohrmaschine
Harry Ward Leonard, USA: Patent auf eine stufenlose Drehzahlregelung für Elektromotoren (Leonard-Schaltung)

1892
Auguste Rateau, Frankreich: Vorschlag für den Rateau-Lüfter

1893
John George Leyner, USA: Stoßbohrmaschine
Joseph A. Jeffrey, USA: „Jeffrey Chain Header" (Kettenschrämmaschine)

1895
Carl von Linde, Deutschland: flüssige Luft als Sprengstoff
Pilar Mayer: Grubenrettungsgerät

ab 1895
Acetylenlampen beginnen in schlagwettersicheren Gruben die Öllampen zu ersetzen

1896
Firma Deutz AG, Deutschland: erste Grubenlokomotive mit Benzinmotor
USA: elektrische Kopflampen

1898
Francis Edward Elmore, England: Patent auf „Bulk oil process" (Flotationsverfahren)

1899
Dortmund-Ems-Kanal
John George Leyner, USA: Patent auf einen Bohrhammer (Jackhammer)

Ende 19. Jahrhundert
Heinrich Pattberg, Deutschland: Senkschachtverfahren

um 1900
Gustave Léon, Frankreich: tragbare Grubengasmesser

1900
Firma Ingersoll, USA: „Airpuncher" (Schrämmaschine)
AEG, Deutschland: Zwei elektrische Fördermaschinen werden erstmals direkt über dem Schacht aufgestellt

1901
AEG, Deutschland: erste große Drehstrom-Fördermaschine Deutschlands
Carl Ilgner, Deutschland: Patent auf den Ilgner-Umformer für elektrische Fördermaschinen

Erdöl

ab 1886
Roland Baron von Eötvös, Ungarn: Untersuchungen zur Gravitation; Eötvös-Drehwaage (Schwerevariometer)

1887
Hermann Frasch, Deutschland/USA: Erdölentschwefelungsverfahren

ab 1887
Carl O. V. Engler, Deutschland: Versuche zur Entstehung und Zusammensetzung des Erdöls

1888
Hans Höfer, Österreich: „Das Erdöl und seine Verwandten"

1889
Deutschland: Erstmals registrieren Seismographen ein Fernbeben
Dewar/Redwood, England: thermisches Krackverfahren mit Druckerhöhung

1892
Henry Ford, USA: erste Ausfahrt mit seinem selbstgebauten Auto

1894
Corsicana, Texas, USA: erster Einsatz eines Drehtischs beim Rotarybohrverfahren

1895
Anton Raky, Deutschland: Patent auf einen Schnellschlag-Bohrkran
Richtungsänderung des Bohrlochs mit Hilfe von Stahlkeilen

1901
Anthony Francis Lucas, Österreich-Ungarn: Durchbruch des Rotarybohrverfahrens am Spindletop-Ölfeld in Texas, USA

Bergbau, Kohle

1902
Blackett, England: Einführung des Kratzförderers im britischen Bergbau
1903
Oberschlesien: erste Versuche, ein Kohlenflöz mit einem dünnen Druckwasserstrahl zu unterschrämen

1904
Otto Heinrich Flottmann, Deutschland: Patent auf den pneumatischen „Flottmann-Bohrhammer mit Kugelsteuerung"
Heinrich Koppers, Deutschland: Koksofen mit Einzel- und Querregeneratoren
um 1905
Francis E./Alexander S. Elmore, England: „Elmore vacuum process" (Flotationsverfahren)
1905
Rußland: Fertigstellung der Transsibirischen Eisenbahn
Zeche Rheinpreußen, Deutschland: erster Einsatz einer Schüttelrutsche
1906
Gustaf Gröndal, Schweden: naß arbeitender Magnetscheider

1908
Hermann Anschütz-Kaempfe, Deutschland: erster technisch ausgereifter Kreiselkompaß
Berliner Maschinenbau-A. G.: Druckluftlokomotive für den Bergbau
Brown, Boveri & Cie., Schweiz: Fördermaschine mit Steuerdynamo-Dampfturbine-Koppelung
ab 1908
Sicherheitslampen mit Cereisen-Zündvorrichtung

um 1910
Firma Carl Zeiss, Deutschland: Schlagwettermesser
1910
P. E. Leroux, Frankreich: Druckluft-Compound-Grubenlokomotive
Firma Hinselmann, Deutschland: Rollenrutsche
um 1911
Mission Field, Illinois, USA: Löffelbagger im Tagebau

1912
Wissemann, Deutschland: Patent für schälende Kohlegewinnung

1913
Friedrich Bergius, Deutschland: Patent auf ein Verfahren zur Kohlehydrierung

Erdöl

um 1902
Lazar Edeleanu, Rumänien: Edeleanu-Verfahren zur Erdölentschwefelung
1902
Fischer/Harris, Deutschland: Vakuumdestillation

1903
Boris B. Fürst Galitzin, Rußland: Galitzin-Pendel (Tauchspulenseismometer)
Emil Wiechert, Deutschland: „Theorie der automatischen Seismographen"
C. L. Dunn, USA: Sekundärförderungsmethode mit Erdgaseinpressung in die Lagersättte

1906
Inbetriebnahme der 883-Kilometer-Pipeline zwischen Baku und Batum
1908
Im Iran wird eines der reichsten Erdöllager der Welt angebohrt (Tempel des Salomon)
Trinidad-Tobago: amerikanische Bohringenieure finden das erste echte Off-shore-Feld

1909
Roland Baron von Eötvös, Ungarn: Eötvös-Versuch
zwischen 1909 und 1919
Höfer/Engler: „Das Erdöl. Seine Physik, Chemie, Geologie, Technologie und sein Wirtschaftsbetrieb"

1911
Hans Stille, Deutschland: Zusammenhang zwischen Salzstökken und Erdöllagerstätten
Iran: 200 Kilometer lange Pipeline zwischen dem Ölfeld „Tempel des Salomon" und dem Persischen Golf
Ludger Mintrop, Deutschland: „Über die Ausbreitung der von den Massendrucken einer Großgasmaschine erzeugten Bodenschwingungen"
1912
USA: Eine Million Fahrzeuge verbrauchen drei Millionen Tonnen Benzin
Alexander Behm, Deutschland: Echolot

Bergbau, Kohle

um 1914
USA: Kohlenstaubfeuerung
1914
Rhein-Herne-Kanal
R. E. Klasson, UdSSR: Druckwassertechnik zum Torfabbau
1915/16
Georg Klingenberg, Deutschland: Braunkohle-Großkraftwerk Golpa-Zschornewitz

um 1920
weltweiter Einsatz der Kohleflotation
1921
Anschütz & Co., Deutschland: Patent über einen „Kreiselkompaß für Vermessungszwecke"
Mark Benson, England: Benson-Kessel
Fritz Winkler, Deutschland: Wirbelschichtverfahren

1923
Franz Fischer/Hans Tropsch, Deutschland: Fischer-Tropsch-Synthese
1924
Grube Plessa, Niederlausitz: Erste Abraumförderbrücke geht in Betrieb

1925
Matthias Pier, Deutschland: Kohlehydrierung nach dem Bergius-Pier-Verfahren
1926
Fritz Winkler, Deutschland: Winkler-Verfahren zur Herstellung von Kraftgas und Synthesegas
1927
Firma Krupp, Deutschland: Widia-Stahl
Firma Friemann & Wolf, Deutschland: Patent für elektrische Bergbau-Kopfleuchte
Rudolf Drawe, Deutschland: Vorarbeiten zur Lurgi-Kohledruckvergasung
Produktionsbeginn in der Kohlehydrier-Großanlage in Leuna, Deutschland

um 1930
K. N. Stschepotiew/W. P. Iwanow, UdSSR: Großlochbohrverfahren
O. Ohnesorge, Deutschland: Ohnesorge-Schuhkettenscheibe (Schachtführung)
ab 1930
Großraumförderwagen im deutschen Bergbau
1931
Lippe-Seitenkanal
Gewerkschaft Eisenhütte Westfalia Lünen, Deutschland: Erfindung des Bremsförderers

Erdöl

um 1915
K. T. Kinley, USA: Ausblasen einer brennenden Ölquelle mit Dynamit
1915
Tschechoslowakei: erste Erdölexploration mit der Eötvös-Drehwaage
William M. Burton, USA: großtechnisches thermisches Krackverfahren
1919
Ludger Mintrop, Deutschland: Patent für ein „Verfahren zur Ermittlung des Aufbaues von Gebirgsschichten" (Refraktionsseismik)

1921
Midgley jr./Kettering, USA: Bleitetraäthyl als Klopfbremse im Benzin

1922
Matwei A. Kapeljuschnikow, UdSSR: Turbinenbohrer
1923
Conrad Schlumberger, Frankreich: erste Versuche zu geoelektrischen Aufschlußmethoden
1924
USA: Entdeckung des Nash-Salzstocks mit einer Eötvös-Drehwaage
Seismos GmbH, Deutschland: Entdeckung des Orchard-Salzdoms mit Hilfe der Refraktionsseismik
Charles M. Kraus/Esso-Forschung: preiswertes Herstellungsverfahren für Bleitetraäthyl

1926
Power Speciality Company, USA: Einführung moderner Fraktionierkolonnen
1927
Conrad Schlumberger, Frankreich: Schlumberger-Sonde (elektrische Bohrlochsondierung)

1929
Deutschland: erster Erdgas-Porenspeicher
um 1930
Hugo Benioff, USA: Seismograph mit variabler Dämpfung und Strain-Seismograph

1930
Kanada: Beginn der kommerziellen Nutzung von Teersand

Bergbau, Kohle

1933
Donezbecken, UdSSR: ausgedehnte Versuche zur Kohlevergasung unter Tage

1935
Otto Hubmann/Friedrich Dranulat, Deutschland: Lurgi-Druckvergasung

1936
W. S. Mutschik, UdSSR: Druckwassertechnik zum Steinkohle-Untertagebau

1938
ummantelte Wettersprengstoffe
Firma Gebrüder Eickhoff, Deutschland: Schrämlader SSK 30

1939
UdSSR: Kohlenkombine PK-1

Ende der 30er Jahre
Erste Schaufelradbagger gehen im Braunkohleabbau in Betrieb

1940
Wilhelm Löbbe, Deutschland: Doppelkettenkratzförderer („Panzerförderer")

1941
Konrad Grebe, Deutschland: funktionsfähiger Kohlehobel

1948
USA: „Joy Ripper", erster Continuous Miner für das amerikanische Kammerbausystem

1949
Einsatz des Löbbe-Schnellhobels im Ruhrbergbau
Koppers-Totzek-Verfahren zur Synthesegaserzeugung

1950
Jeffrey Manufacturing Company, USA: „Jeffrey Colmol"
Firma Gebrüder Eickhoff, Deutschland: elektrohydraulische Schrämmaschine SE III

1952
England: „Shearer" (Walzenschrämlader)
Firma Westfalia Lünen, Deutschland: Anbauhobel für vollmechanisierte schälende Kohlegewinnung
Georg Bilkenroth/Erich Rammler, Deutschland: Braunkohleverkokung

1953
UdSSR: erste Kohlezeche der Welt mit Hydrogewinnung

1954
Firma Eickhoff, Deutschland: erster deutscher Walzenschrämlader W-SE III

Erdöl

1933
schräge Richtungsbohrungen in Kalifornien

1934
Alfred Treibs, Deutschland: Nachweis der biologischen Genese des Erdöls
Eugène J. Houdry, Frankreich: Patent auf katalytisches Krackverfahren

um 1935
USA: Mit der Seilbohrtechnik werden 2715 Meter Tiefe erreicht

1938
Friedrich Förster, Deutschland: Förster-Sonde (Induktionsflußmagnetometer)

1942
Warren K. Lewis, USA: katalytisches Fließstaub-Krackverfahren

1944
erste Ölexploration mit der Förster-Sonde vom Flugzeug aus

1947
Kerr-McGee Corporation, USA: feststehende Stahlträger-Bohrplattform 17 Kilometer vor der Küste

1949
Electrodrill Corporation, USA: Elektrobohrer
USA: erste schwimmfähige Bohrinsel
Vladimir Haensel, USA: erste kommerzielle Platforming-Anlage

1950
Graham/Lewis, USA: TCP als Benzinadditiv gegen Korrosion

1951
Inbetriebnahme der 1800 Kilometer langen Trans-Arabian Pipeline

1953
Einsatz des ersten Bohrschiffs
Stapellauf des Turbinentankers „Tina Onassis"

Bergbau, Kohle

1955
Eberhard Au, Deutschland: Dahlbusch-Bombe
1956
Melvin A. Cook, USA: Sprengstoff aus Ammoniumnitrat, Aluminium und Wasser (Wassergel)
1959
erster Einsatz des „Meridianweisers MW 4 A“
1960
Firma A. Beien, Deutschland: Einbau-Hobelanlage
etwa seit 1960
Manuell gesetzte Stahlstempel werden durch den vollmechanischen Schreitausbau abgelöst
1962
USA: „Raise borer“
1965
Firma Eickhoff, Deutschland: Doppelschwenkwalzenschrämlader EDW 130-L
seit 1975
England, USA: Einsatz der Wirbelschichtfeuerung
1978
Einheit von Kreiselgerät und Theodolit („Gyromat“)
Firma Krupp Industrietechnik, Deutschland: Schaufelradbagger, der pro Tag 240000 Kubikmeter Material bewegt
Texaco-Verfahren zur Synthesegaserzeugung
1980
AEG, Deutschland: Entwicklung einer automatisierten Schachtförderanlage
1981
rund 40 Techniken zur Kohlevergasung entwickelt
Siemens, Deutschland: Förderanlage mit 3 Synchron-Drehstrommotoren
1982
Mechanisierungsgrad bei der Kohlegewinnung im Ruhrgebiet liegt bei 99 Prozent
1983
Gewerkschaft Sophia-Jacoba, Deutschland: computergesteuerte Wasch- und Aufbereitungsanlage für Anthrazitkohle
1985
Firma KHD Humboldt Wedag, Deutschland: Stauchsetzmaschine mit kontinuierlichem Materialtransport

Erdöl

1955
Frankreich: erste Unterwasserbohrung in Europa
1959
England: erster Flüssiggastanker der Welt
1960
Gründung der Organization of Petroleum Exporting Countries, OPEC
1962
erste Bohrplattform nach dem Halbtaucher-Prinzip
Deutschland: erster Flüssiggas-Kavernenspeicher
1963
Wietze, Lüneburger Heide: Bis zu diesem Jahr wurden 3,2 Millionen Tonnen Öl gefördert
1964
Beginn der Bohrarbeiten auf der Hubinsel Mister Louie in der Nordsee
1965
BP, England: erstes wirtschaftliches Erdgasfeld in der Nordsee
1967
Inbetriebnahme der Transalpin-Ölleitung zwischen Triest und Ingolstadt
1969
Erschließung des Ekofisk-Feldes in der Nordsee
1973
Japan: Stapellauf des ULCC „Globtik Tokyo“
Jerry Jarlan, Frankreich: schwimmender Riesentank für das Ekofisk-Feld
1974
Erschließung des Statfjord-Feldes in der Nordsee
1975
USA: bleifreies Benzin
1977
Norwegen: Produktionsplattform Statfjord A
USA: Inbetriebnahme der Alaska-Pipeline
Deutschland: erste Flüssiggastanker mit fünf Kugeltanks
80er Jahre
Kurt Strack, Deutschland: LOTEM-Verfahren
1984
Norwegen: Produktionsplattform Statfjord C

Bergbau, Kohle

1986
Bergwerk Prosper-Haniel, Deutschland: 3700 Meter lange Förderbandanlage (Förderberg)

1988
MAN-Gutehoffnungshütte/Siemens, Deutschland: Schachtfördermaschine mit Antriebsmotor in der Treibscheibe

Erdöl

1987
Windischeschenbach, Deutschland: Beginn des Kontinentalen Tiefbohrprogramms

1989
Halbinsel Kola, UdSSR: 12 Kilometer tiefes Bohrloch
Norwegen: Produktionsplattform Gullfaks C
Diesel mit „angenehm frischer Duftnote“

Literaturübersicht

Abderhalden, E. (Hg.): Fortschritte der naturwissenschaftlichen Forschung. Mehrere Bände. o.O. 1910

Altenmüller, Georg H.: Spitzentechnik unter Tage (in: Bild d. Wiss. 1983/4)

Asimov, Isaac: Biographische Enzyklopädie der Naturwissenschaften und der Technik. Freiburg im Breisgau 1973

Aus Lehm und Gold. Über 7000 Jahre frühe technische Kultur. Stuttgart 1967

Bakirov, A. A., Pätz, H., und Rjabuchin, G. E.: Die Geschichte der Erdöl-/Erdgasgeologie und der Beitrag sowjetischer und deutscher Wissenschaftler zu ihrer Entwicklung (in: Z. geol. Wiss. 1976/3)

Banse, Gerhard, und Wollgast, Siegfried (Hg.): Biographien bedeutender Techniker, Ingenieure und Technikwissenschaftler. Berlin 1983

Bavier, Th. von: Die Entwicklung von Ventilatoren und Kompressoren im deutschen Bergbau (in: Internationaler Kongreß für Bergbau, Hüttenwesen ... Berichte der Abt. f. Angew. Mech. Düsseldorf 1910)

Bax, Karl: Schätze aus der Erde. Die Geschichte des Bergbaus. Düsseldorf 1981

Bersch, Wilhelm: Mit Schlägel und Eisen. Wien 1898 (Düsseldorf 1985)

Biographical Memoirs of Fellows of the Royal Society

Bischoff, Gerhard, und Gocht, Werner (Hg.): Energietaschenbuch. Braunschweig 1979

Bono, Edward de (Hg.): Buchers Illustrierte Geschichte der Erfindungen. Vom Rad zum Computer. Frankfurt/Main 1975

Brockhaus, Der große. 20 Bände. Leipzig ab 1928

Brockhaus' Konversations-Lexikon. 17 Bände. Leipzig 1898

Burford, Alison: Künstler und Handwerker in Griechenland und Rom. Mainz 1985

Busch, Gabriel Christoph Benjamin: Handbuch der Erfindungen. Div. Bände. Eisenach 1821

Canning, John (Hg.): 100 Great Modern Lives. London 1972

Cerf, Christopher, und Navasky, Victor: The Experts Speak. New York 1984

Conrad, Walter (Hg.): Wer – was – wann? Entdeckungen und Erfindungen in Naturwissenschaft und Technik. Leipzig 1980

Deutsche BP Aktiengesellschaft (Hg.): Das Buch vom Erdöl. Hamburg 1978

Deutsche Shell AG (Hg.): Vom Erdöl. Ein Blick in die Welt eines Rohstoffes. Hamburg 1960

Deutsches Museum. Abhandlungen und Berichte: Bergbaukundliches Tagebuch des Schweizer Mineralogen Hanns Caspar Hirzel. München 1983

Eichmeyer, Helmut (Hg.): Schacht- und Tunnelbau-Kolloquium. Berlin 1979

Enos, John Lawrence: Petroleum – Progress and Profits. Cambridge 1962

Fassmann, Kurt (Hg.): Die Großen der Weltgeschichte. 12 Bände. Zürich 1971

Feiler, Paul: Fritz Winkler (in: Die BASF 1951/4)

Feldhaus, Franz Maria: Die Technik der Antike und des Mittelalters. Potsdam 1930

Feldhaus, Franz Maria: Die Technik. Ein Lexikon der Vorzeit, der geschichtlichen Zeit und der Naturvölker. München 1970

Feldhaus, Franz Maria: Kulturgeschichte der Technik I/II. Berlin 1928.

Feldhaus, Franz Maria: Lexikon der Erfindungen und Entdeckungen. Heidelberg 1904

Feldhaus, Franz Maria: Ruhmesblätter der Technik. Von den Urerfindungen bis zur Gegenwart. Leipzig 1910

Ferch, Fritz, und Süssenguth, A: Kurzgeschichte der Chemie. Mittenwald 1936

Franke, Hermann (Hg.): dtv-Lexikon der Physik. 10 Bände. München 1970

Freise, Fr.: Skizzen zur Geschichte der bergmännischen Förderung bis um die Mitte des XIX. Jahrhunderts. Kattowitz 1907

Fürst, Artur: Das Weltreich der Technik. Band 4: Lastenförderung, Kraftmaschinen, Starkstrom. Berlin 1927

Geologisches Jahrbuch. Hannover 1967

Germa, Pierre: Depuis quand? Les origines des choses de la vie quotidienne. Paris 1982

Gesamtverband des deutschen Steinkohlenbergbaus: Der Steinkohlenbergbau in der Bundesrepublik Deutschland. Essen o.J.

Giddens, P. H.: Early Petroleum History (parts 1 and 2). Philadelphia 1974

Giller, Th.: Druckluft-Lokomotiv-Förderung im deutschen Bergbau (in: Internationaler Kongreß für Bergbau, Hüttenwesen ... Berichte der Abt. f. Angew. Mech. Düsseldorf 1910)

Giscard d'Estaing, Valerie-Anne (Hg.): Das große Hörzu Buch der Erfindungen. Frankfurt/Main 1987

Gööck, Roland (Hg.): Menschen, die die Welt veränderten. Schicksale – Taten – Wirkungen. Gütersloh o.J.

Haeubler, L. (in: Matschoss, Conrad: Männer der Technik, s.d.)

Halban, George: Unternehmen Alaska-Pipeline. München 1978

Handlungslexicon: Curieuses und reales Natur-Kunst-Berg-Gewerck- und Handlungslexicon. o.O. 1717

Häneke, H. (in: Matschoss, Conrad: Männer der Technik, s.d.)

Hansen, Georg: Steinöl und Brunnenfeuer. o.O. 1975

Hartmann, Carl: Ueber die zum Fahren der Bergleute in den Schächten angewendeten Maschinen oder die sogenannten Fahrkünste. Quedlinburg und Leipzig 1846

Heise-Herbst-Fritzsche: Lehrbuch der Bergbaukunde. 2. Bd. Berlin 1938

Hendrichs, Franz: Der Weg aus der Tretmühle. Düsseldorf 1967

Henneke, Johannes: Möglichkeiten und Grenzen beim Einsatz von Hochdruckwasserstrahlen auf Tunnelbohrmaschinen (in: Schacht- und Tunnelbau-Kolloquium, Berlin 1979)

Herder, Der große. 12 Bände. Freiburg im Breisgau ab 1931

Hubig, Peter: 160 Jahre Wetterlampen. Essen 1983

Jericho, Kurt: 50 Jahre Fördermittel im Ruhrbergbau. o.O. 1949

Joest, Hans-Josef: Pionier im Ruhrrevier. Stuttgart 1982

Johannsen, Otto: Geschichte des Eisens. Düsseldorf 3. Aufl. 1953

Johnson, Allen, und Malone, Dumas (Hg.): Dictionary of American Biography. New York 1957

Kaempffert, Waldemar: Bahnbrechende Erfindungen in Amerika und Europa. Berlin 1927

Kane, Joseph Nathan: Famous First Facts. New York 1964

Keppner, Gerhard: Zündstoff Erdöl. Das Ende des Ölzeitalters. Wien, München 1979

Kirk-Othmer (Hg.): Encyclopedia of Chemical Technology. New York 1980

Kisslinger, C.: The Birth and Early Growth of Seismology (in: Trends and Opportunities in Seismology). Washington 1977

Klausmeier, Alfred: Das Ruhrgebiet. Umrisse und Akzente seiner Geschichte und Gegenwart. Gütersloh 1984

Kleinebeckel, Arno: Unternehmen Braunkohle. Köln 1986

Klemm, Friedrich: Geschichte der Technik. Der Mensch und seine Erfindungen im Bereich des Abendlandes. Reinbek bei Hamburg 1983

Koch, Heinrich: Erinnerungsschrift zum 125jährigen Jubiläum des GHH-Dampffördermaschinenbaues. o.O. 1949

Konzelmann, Gerhard: Öl – Schicksal der Menschheit? Künzelsau 1976

Kosser, Theodor (Hg.): Neueste Erfindungen und Erfahrungen. Mehrere Bände. Wien, Pest, Leipzig ab 1891

Krause, C.: Beiträge zur Geschichte der Entwicklung der Instrumente in der Markscheidekunde. Freiberg in Sachsen 1908

Kraus-Weysser, Folker: Kohle. Aufstieg, Fall und neue Zukunft. München 1981

Krötz, Robert: Dicke Luft (in: Kultur und Technik 1980/1)

Kundel, Heinz: Der technische Fortschritt im Steinkohlenbergbau. Essen 1966

Landels, John Gray: Die Technik in der antiken Welt. München 1979

Landes, David S.: Der entfesselte Prometheus. München 1983

Lange, Fritz, und Schönmüller, J. R.: Die Aufbereitung der Steinkohle einst und jetzt. Essen 1956

Leprince-Ringuet, Louis (Hg.): Die berühmten Erfinder, Physiker und Ingenieure. Köln o.J.

Linck, G., und Jung, H.: Grundriß der Mineralogie und Petrographie. Jena 1935

Lueger, Otto (Hg.): Lexikon der gesamten Technik. 7 Bände. o.O. ab 1894

Macco, A.: Vorkommen und Gewinnung von Kohle und Torf (in: Miethe, A. [Hg.]: Die Technik im zwanzigsten Jahrhundert, s.d.)

Maser, Werner: Am Anfang war der Stein. Die Geschichte des Abendlandes – ein Wettlauf um die Bodenschätze. München 1984

Matschoss, Conrad: Die Stellung des Berg- und Hüttenwesens in der Geschichte des Maschinenbaus (in: Internationaler Kongreß für Bergbau, Hüttenwesen ... Berichte der Abt. f. Angew. Mech. Düsseldorf 1910)

Matschoss, Conrad (Hg.): Beiträge zur Geschichte der Technik und Industrie. Mehrere Bände. Berlin ab 1909

Matschoss, Conrad: Große Ingenieure. Lebensbeschreibungen aus der Geschichte der Technik. München 1942
Matschoss, Conrad: Männer der Technik. Ein biographisches Handbuch. Berlin 1925
McGraw-Hill. Modern Scientists and Engineers. 3 Volumes. New York 1980
McGraw-Hill. Encyclopedia of Science and Technology. New York 1971
Meyer, Ernst von: Geschichte der Chemie. Leipzig 1905
Meyers Konversations-Lexikon. 18 Bände. Leipzig 1897
Miethe, A. (Hg.): Die Technik im zwanzigsten Jahrhundert. 3 Bde. Braunschweig 1911
Negendank, Jörg: Geologie. München 1981
Neuburger, Albert: Die Technik des Altertums. Leipzig 1919
Nicolls, William Jasper: The Story of American Coals. Philadelphia 1904
Oliver, John William: Geschichte der amerikanischen Technik. Düsseldorf 1959
Osiander, R.: Eine Studie. Hundert Jahre Erdölindustrie (in: Das Ölfeuer-Jahrbuch. Jg. 1960)
Pekár, Desider: Baron Roland v. Eötvös' wissenschaftliche Laufbahn (in: Die Naturwissenschaften 1919/22)
Pelzer, Arnold: Ein halbes Jahrhundert Abbautechnik im deutschen Steinkohlenbergbau. Essen 1963
Peugler, Hanns: Alfredt Brandt – der Tunnelbauer (in: Ausbau 1953/7)
Philippi, W.: Die Entwicklung des elektrischen Fördermaschinenantriebes (Sonderabdruck der Siemens-Schuckertwerke). o.O. 1918
Philippi, W.: Elektrizität im Bergbau (in: Internationaler Kongreß für Bergbau, Hüttenwesen ... Berichte der Abt. f. Angew. Mech. Düsseldorf 1910)
Poell, Karl: Die Treibscheiben-Förderung. Essen o.J.
Pötsch, Winfried R. (Federführung): Lexikon bedeutender Chemiker. Frankfurt 1989
Radzio, Heiner: Unternehmen Energie. Düsseldorf 1979
Repetzki, Kurt: 3000 Jahre Grubengeleuchte. Wien 1973
Ress, Franz Michael: Geschichte der Kokereitechnik. Essen 1957
Romocki, S.J. von: Geschichte der Explosivstoffe. Berlin 1895 (1983)
Rühl, Walter: Frühe Vorstellungen von der Genese der deutschen Erdölvorkommen (in: Erdöl und Kohle-Erdgas-Petrochemie 1967/9)
Sachs, J. S.: Some Aspects of the Early History of Seismology (in: Earthquake Information Bulletin). March-April 1979
Sandermann, Wilhelm: Das erste Eisen fiel vom Himmel. Die großen Erfindungen der frühen Kulturen. München 1978
Schenzinger, Karl Aloys: Anilin. Berlin 1937
Schiffner, C.: Aus dem Leben alter Freiberger Bergstudenten. Freiberg 1935
Schönwälder, Günter: Carl Engler – Porträt eines großen Mineralöl-Wissenschaftlers (in: Motortechn. Zs. 1963/6)
Schuh, Frieder (Gesamt-Redaktion): Enzyklopädie Naturwissenschaft und Technik. 5 Bände. München 1979
Schulz-Briesen, Bruno: 50 Jahre rückwärts. Erinnerungen eines alten Bergmanns. Essen 1904
Schwerin von Krosigk, Lutz Graf: Die Große Zeit des Feuers. Der Weg der deutschen Industrie. 3 Bände. Tübingen ab 1957
Semjonow, Juri: Die Güter der Erde. Berlin 1937
Serlo, Walter: Männer des Bergbaus. Berlin 1937
Shell International Petroleum Company: The Petroleum Handbook. London 1966
Siemens, Georg: Der Weg der Elektrotechnik. Geschichte des Hauses Siemens. 2 Bände. München 1961
Simon, Heinrich: Kohlen-Hau, Fräs- oder Schrämm-Maschinen und Kohlenbrecher. Klagenfurt 1874
Solberg, C.: Oil Power. New York 1976
Solling, Ernst: Illustriertes Jahrbuch der Erfindungen. 5. bis 13. Jahrgang. Leipzig ab 1905
Stephan, Enno: Das Revier der Pioniere. Hamburg 1966
Strandh, Sigvard: Die Maschine. Freiburg 1980
Taschenbuch der Geologie: Die Entwicklungsgeschichte der Erde. Hanau/Main 1962
Taylor, Gordon R., u.a.: Vom Faustkeil zum Laserstrahl. Die Erfindungen der Menschheit von A–Z. Stuttgart 1982
Tillmann, Fr.: Streckenförderung unter Tage (in: Internationaler Kongreß für Bergbau, Hüttenwesen ... Berichte der Abt. f. Angew. Mech. Düsseldorf 1910)
Treptow, E. (in: Matschoss, Conrad: Männer der Technik; und in: Lueger, Otto [Hg.]: Lex. d. ges. Technik, s.d.)
Treptow, E., Wüst, F., und Borchers, W.: Bergbau und Hüttenwesen. Leipzig 1900
Treue, Wilhelm: Wirtschaft, Gesellschaft und Technik in Deutschland vom 16. bis zum 18. Jahrhundert (in: Gebhardt, Bruno: Handbuch der deutschen Geschichte. Bd. 2. Stuttgart 9. Aufl. 1970)
Treue, Wilhelm: Gesellschaft, Wirtschaft und Technik Deutschlands im 19. Jahrhundert (in: Gebhardt, Bruno: Handbuch der deutschen Geschichte. Bd. 3. Stuttgart 9. Aufl. 1971)
Troitzsch, Ulrich, und Weber, Wolfhard (Hg.): Die Technik. Von den Anfängen bis zur Gegenwart. Braunschweig 1982
Varchmin, Jochim, und Radkau, Joachim: Kraft, Energie und Arbeit. Reinbek 1981
Vogel, Emil Ferdinand: Geschichte der denkwürdigsten Erfindungen. Div. Bände. Leipzig 1843
Walker, Sydney F.: Coal-Cutting by Machinery in the United Kingdom. London 1902
Walton, R. J.: The Power of Oil. Economic, Social, Political. New York 1977
Wein, Martin (Hg.): Ich kam, sah und schrieb. Augenzeugenberichte aus fünf Jahrtausenden. München 1964
White Junior, Lynn: Die mittelalterliche Technik und der Wandel der Gesellschaft. München 1968
Who is Who in America. New York div. Jahrgänge
Who was Who in America: Historical Volume 1607–1896. Chicago 1963
Who was Who in American History – Science and Technology. New York o.J.
Wissenschaft und Menschheit: Internationales Jahrbuch. Leipzig (div. Jahrgänge)
Wünnenberg, Rolf: Alfred Nobel – Dynamit und Frieden. München 1973
Ziegler, Konrat, und Sontheimer, Walter (Hg.): Der Kleine Pauly. Lexikon der Antike. 5 Bände. München 1979
Zischka, Anton: Kohle im Atomzeitalter. Gütersloh 1961
Zischka, Anton: Ölkrieg – Wandlung der Weltmacht Öl. Berlin 1939
Zola, Emile: Germinal. Berlin o.J.

Zeitschriften/Periodika

Annals of Science
Archiv für Kulturgeschichte
Ausbau
Bayerischer Braunkohlenbergbau
Beiträge zur Geschichte d. Technik u. Industrie
Bergbau-Rundschau
Bergbautechnik
Bild der Wissenschaft
Biographical Memoirs
Blätter für Technikgeschichte
Blätter und Geschichte der Technik
Brennstoff-Chemie
Chemical and Engineering News
Chemie in unserer Zeit
Chemiker-Zeitung
Civilingenieur
Daedalus
Das Markscheidewesen
Das Werk
Deutsches Museum. Abhandlungen und Berichte
Die BASF
Die Naturwissenschaften
Die Umschau
Dinglers Polytechnisches Journal
Draht-Welt
Elektrotechnische Zeitschrift
Endeavour
Energie
Erdöl und Kohle
Esso Magazin
Esso Oilways
Fördern und Heben
Forum Stifterverband
Glückauf
History Today
Hoechst heute
Industrial archaeology
Kali und verwandte Salze
Kultur und Technik
Magazin Brennpunkte
Meteorologische Zeitschrift
Mitteilungen aus dem Markscheidewesen
Motortechnische Zeitschrift
New Scientist
Petroleum Engineering
Petroleum und tägliche Berichte über die Petroleumindustrie
Physikalische Blätter
Popular Science
Royal Society of London. Notes and Records
Science
Scientific American
Shell Briefing Service
Spektrum der Wissenschaft
Stahl und Eisen
Stromthemen
Technikgeschichte
Technology and Culture
The Futurist
Tonindustrie-Zeitung
Transactions of the Newcomen Society
VDI-Nachrichten
Wissenschaftsmagazin
Zeitschrift des Vereins deutscher Ingenieure
Zeitschrift für Geophysik

Ein Wort des Dankes

Um ein so umfassendes Werk wie das hier vorliegende herausbringen zu können, waren Autor und Verlag auf vielfältige Unterstützung angewiesen, insbesondere bei der Beschaffung von Bildmaterial. Nur zum Teil konnte auf Archivfotos zurückgegriffen werden, viele Bilddokumente wurden neu aufgenommen. Museen, Bibliotheken, Firmen und andere Institutionen haben uns geholfen, indem sie uns entweder eigene Fotos zur Reproduktion überließen oder es unserem Fotografen ermöglichten, teils wertvollste Originale neu aufzunehmen. Ihnen allen sagen Autor und Verlag sehr herzlichen Dank für ihr freundliches Entgegenkommen. Die Ziffern hinter den Namen verweisen auf die Seitenzahlen. Bei mehreren Abbildungen auf einer Seite verweisen die Ziffern in Klammern auf die Bildnummern.

AEG Firmenarchiv, Frankfurt/Main 162 (1, 2)
Anschütz & Co. GmbH, Kiel 60, 61 (2, 3)
BASF Aktiengesellschaft, Unternehmensarchiv, Ludwigshafen 209
Bundesanstalt für Geowissenschaften und Rohstoffe, Hannover 28/29
Deilmann-Haniel GmbH, Dortmund 71, 118/119
Deutsche Babcock Aktiengesellschaft, Oberhausen 203 (2)
Deutsches Bergbau-Museum, Bochum 14/15, 17, 21, 55 (6), 67, 69 (1, 2), 77 (3, 4), 83, 86 (1), 87 (3), 112 (1, 2, 3, 4), 113 (6), 117 (2), 122 (1), 137 (2), 141 (3), 147, 153, 156, 157, 160, 169 (2), 179 (1, 2), 268, 273
Deutsche Shell Aktiengesellschaft, Hamburg 283
Deutsches Museum, München 10, 70, 104, 105, 123, 130 (2), 131 (3, 5), 140, 168, 172/173, 181 (5, 6), 198 (1), 255, 262, 281, 293 (5), 300 (2)
DMT-Gesellschaft für Forschung und Prüfung mbH, Essen 52 (1), 53
Drägerwerk Aktiengesellschaft, Lübeck 180 (3)
Dynamit Nobel AG, Troisdorf 103
Gebr. Eickhoff Maschinenfabrik u. Eisengießerei GmbH, Bochum 122 (2)
Emschergenossenschaft, Essen 46 (1, 2), 47 (3, 4, 5)
Erdölmuseum Wietze 276, 290, 291
Erdöl-Vereinigung, Zürich 231 (1–4), 275, 284/285, 307 (2)
Esso AG, Hamburg 311
Hamburger Gaswerke GmbH, Hamburg 302, 303
Henkel KGaA, Düsseldorf 267, 278, 279 (1, 2)
Hoechst Aktiengesellschaft, Frankfurt a. M. 280
IZE – Informationszentrale der Elektrizitätswirtschaft e.V., Frankfurt a. M. 35, 48, 49, 205 (2–5)
KHD Humboldt Wedag AG, Köln 194, 195 (4), 196, 211
Klöckner-Humboldt-Deutz AG, Unternehmensarchiv, Köln 141 (2)
Körting Hannover AG, Hannover 171 (4), 175
Fried. Krupp GmbH, Historisches Archiv, Essen 195 (2, 3)
Krupp Industrietechnik GmbH, Duisburg 132/133 (1, 2, 3)
Krupp Koppers GmbH, Essen 210 (1, 2), 237
MAN Gutehoffnungshütte AG – Oberhausen-Sterkrade, Werkarchiv und Historische Schau 43 (1), 161, 165
Mannesmann Aktiengesellschaft, Düsseldorf 142 (2), 295 (3)
Sammlung Heinrich Meier, Neubulach 55 (5), 59 (1), 180 (2, 4), 183, 187 (1, 3)
Prakla-Seismos AG, Hannover 263, 264 (1)
Preussag Aktiengesellschaft Metall, Goslar 57
Rheinbraun Aktiengesellschaft, Köln 131 (1), 133 (4, 5), 199 (4)
Ruhrkohle AG, Essen 44, 45
Ruhrkohle Niederrhein AG, Duisburg 143 (3, 4)
Shell Photo Service, London 277
Hermann E. Sieger GmbH, Lorch 212/213
Siemens Aktiengesellschaft, Siemens-Museum, München 88
Sophia-Jacoba GmbH, Hückelhoven 120/121 (4), 197
Statoil, Stavanger 214, 286/287, 288/289
L. & C. Steinmüller GmbH, Gummersbach 203 (1)
Gebrüder Sulzer Aktiengesellschaft, Winterthur 87 (4), 203 (3)
Thyssen Schachtbau GmbH, Mülheim/Ruhr 63 (2), 72, 115
Universität Halle, Hochschul-Film- und -Bildstelle 261
Gewerkschaft Eisenhütte Westfalia GmbH, Lünen 121 (5, 6), 126/127

Bildquellen

Die Ziffern verweisen auf die Seitenzahlen. Bei mehreren Abbildungen auf einer Seite geben die Ziffern in Klammern die Bildnummern an.

AEG Firmenarchiv, Frankfurt/Main 162 (1, 2)
Agricola, Georg: Zwölf Bücher vom Berg- und Hüttenwesen. Nachdruck Düsseldorf 5. Auflage 1978. 144 (1), 150, 151, 177 (3), 191 (1), 221, 254
Al-Dimaschqi: Cosmographia. 13./14. Jh. 305
Anschütz & Co. GmbH, Kiel 60, 61 (2, 3)
Archiv für Kunst und Geschichte 30, 51, 81 (2), 107, 159 (1), 163, 182
Associated Press 245, 299 (2)
BASF Aktiengesellschaft, Unternehmensarchiv, Ludwigshafen 209
Biblioteca Nacional, Madrid 218
Bildarchiv Preußischer Kulturbesitz 154
Bilderberg/Eberhard Grames 204
Biringuccio, Vannoccio: De la pirotecnia. Venedig 1540. 27 (2), 148 (1)
Bundesanstalt für Geowissenschaften und Rohstoffe, Hannover 28/29
Calvör, Henning: Beschreibung des Maschinenwesens und der Hülfsmittel. Nachdruck Lünen 1986. 174
Deilmann-Haniel GmbH, Dortmund 71, 118/119
Deutsche Babcock Aktiengesellschaft, Oberhausen 203 (2)
Deutsches Bergbau-Museum, Bochum 40, 57, 59 (2), 93 (1, 2), 101, 108, 109, 117 (1), 120 (2, 3), 125 (1, 2), 138, 139, 159 (2)
Deutsche Shell Aktiengesellschaft, Hamburg 283
Deutsches Museum 220, 222, 257, 259
Diderots Enzyklopädie. Die Bildtafeln 1762–1777. Nachdruck München 1979. 94, 95, 270
DMT-Gesellschaft für Forschung und Prüfung mbH, Essen 52 (1), 53
Drägerwerk Aktiengesellschaft, Lübeck 180 (3)
Dynamit Nobel AG, Troisdorf 103
Gebr. Eickhoff Maschinenfabrik u. Eisengießerei GmbH, Bochum 122 (2)
Emschergenossenschaft, Essen 46 (1, 2), 47 (3, 4, 5)
Erdöl-Vereinigung, Zürich 231 (1–4), 275, 284/285, 307 (2)
Esso Foto 311
Grundriß der Bergtechnik. Hg. v. d. Westfälischen Berggewerkschaftskasse, Bochum. 3. Auflage 1985. Essen: Verlag Glückauf GmbH 100 (2)
Halbouty, M. T. (Hg.): Geology of Giant Petroleum Fields (in: Amer. Assoc. Petrol. Geol. Mem. 1970/14) 232/233
Hamburger Gaswerke GmbH, Hamburg 302, 303
Erhard Hehl 301
Heilfurth, Gerhard: Der Bergbau und seine Kultur. Zürich und Freiburg/Breisgau 1981. 25, 27 (1), 41 (3), 136
Henkel KGaA, Düsseldorf 267, 278, 279 (1, 2)
Heuchler, Eduard: Die Bergknappen. Zweites Heft, o. O. 1857. 170, 192 (2)
Historia-Photo 52 (3), 65 (3), 130 (4), 149, 180 (1), 219 (3), 225 (2), 243, 246, 249 (1), 282, 292/293 (3, 4)
Hoechst Aktiengesellschaft, Frankfurt a. M. 280
IZE – Informationszentrale der Elektrizitätswirtschaft e.V., Frankfurt a. M. 35, 48, 49, 205 (2–5)
Johannsen, Otto: Geschichte des Eisens. Düsseldorf 3. Auflage 1953. 206
KHD Humboldt Wedag AG, Köln 194, 195 (4), 196, 211
Klöckner-Humboldt-Deutz AG, Unternehmensarchiv, Köln 141 (2)
Körting, Johannes: Geschichte der deutschen Gasindustrie. Essen 1963. 207 (3)
Körting Hannover AG, Hannover 171 (4), 175
Kraemer, Hans: Welt der Technik im XIX. Jahrhundert. Düsseldorf 1984. 43 (2), 225 (1)
Fried. Krupp GmbH, Historisches Archiv, Essen 195 (2, 3)
Krupp Industrietechnik GmbH, Duisburg 132/133 (1, 2, 3)
Krupp Koppers GmbH, Essen 210 (1, 2), 237
Kyeser von Eichstätt, Konrad: Bellifortis. Nachdruck Düsseldorf o. J. 91
MAN Gutehoffnungshütte AG – Oberhausen-Sterkrade, Werkarchiv und Historische Schau 43 (1), 161, 165
Mannesmann-Archiv, Düsseldorf 142 (2), 295 (3)
Mauritius/Westlight 85
McClure's Magazine, Feb. 1903. 271 (1)
Friedhelm Messow 199 (3)
Mönnich, Horst: Aufbruch ins Revier – Aufbruch nach Europa. Hoesch 1871–1971. 41 (2)
Museo delle Antiquità Egizie, Turin 12/13
Museum Carolino Augusteum, Salzburg 142 (1), 192 (1)
Okapia 18 (3 – Jacques Delacour), 19 (4 – Nas B. Enting), 19 (5 – Jeff Foott), 19 (6 – Heppner)
Österreichische Nationalbibliothek, Wien 189
Pieper, Wilhelm: Ulrich Rülein von Calw und sein Bergbüchlein. Berlin 1955. 39, 54 (1, 2)
Prakla-Seismos AG, Hannover 263, 264 (1)
Privatbesitz 54 (3)
Rheinbraun Aktiengesellschaft, Köln 131 (1), 133 (4, 5), 199 (4)
Ruhrkohle AG, Essen 44, 45
Ruhrkohle Niederrhein AG, Duisburg 143 (3, 4)
Ruhrlandmuseum der Stadt Essen 18/19 (1)
Günther Schmidt 55 (4), 113 (5), 176, 177 (2), 223 (1, 2), 229 (1), 269, 276, 290, 291
Schönemann, Fritz: Vom Schöpfrad zur Kreiselpumpe. Düsseldorf 1987. 167 (2), 169 (3), 171 (2, 3)
Scientific American in the 19th Century. Nachdruck New York 1977. 97, 239, 292 (1, 2)
Shell Photo Service, London 277
Hermann E. Sieger GmbH, Lorch 212/213
Siemens Aktiengesellschaft, Siemens-Museum, München 88
Simonin, L.: La vie souterraine ou Les mines et les mineurs. Paris 1867. 65 (2), 76 (2), 159 (3, 4)
Sirius Bildarchiv/Peter Carmichael 36/37
Sirius Bildarchiv/Erhard Hehl 14/15, 17, 21, 55 (5, 6), 59 (1), 64, 67, 69 (1, 2), 70, 77 (3, 4), 83, 86 (1), 87 (3), 104, 105, 112 (1, 2, 3, 4), 113 (6), 117 (2), 122 (1), 123, 130 (2), 131 (3, 5), 137 (2), 140, 143 (3), 147, 153, 156, 157, 160, 168, 169 (2), 172/173, 179 (1, 2), 180 (2, 4), 181 (5, 6), 183, 187 (1, 3), 198 (1), 255, 262, 268, 273, 281, 293 (5), 300 (2)
Sophia-Jacoba GmbH, Hückelhoven 120/121 (4), 197
Staatliche Museen zu Berlin 79
Staatsarchive, Genf 219 (2)
Statoil, Stavanger 214, 286/287, 288/289
Das Steinkohlenbergwerk. Erschienen als Wandkarte und Handkarte. 3. Auflage. Essen: Verlag Glückauf GmbH 74/75
L. & C. Steinmüller GmbH, Gummersbach 203 (1)
J. Stradanus, um 1580, Kupferstich von Th. Galle 217
Süddeutscher Verlag 251, 252
Gebrüder Sulzer Aktiengesellschaft, Winterthur 87 (4), 203 (3)
Thyssen Schachtbau GmbH, Mülheim/Ruhr 63 (2), 72, 115
Tiroler Landesmuseum Ferdinandeum, Innsbruck 76 (1), 145/146 (2), 152
Transglobe Agency/S. Beuren 299 (3)
Treptow, E., Wüst, F., und Borchers, W.: Bergbau und Hüttenwesen. Leipzig 1900. 18 (2), 81 (1), 86 (2), 137 (1), 155, 187 (2), 191 (2), 193, 198 (2), 200, 244, 249 (2), 271 (2), 274 (1, 2), 307 (1)
Öffentliche Bibliothek der Universität Basel 63 (1)
Universität Halle, Hochschul-Film- und -Bildstelle 261
Verlagsarchiv 31, 81 (3), 146, 294, 295 (2), 300 (1)
Wagenbreth, Otfried, und Wächtler, Eberhard: Der Freiberger Bergbau. Technische Denkmale und Geschichte. Leipzig 1986. 38
Gewerkschaft Eisenhütte Westfalia GmbH, Lünen 121 (5, 6), 126/127
Winkelmann, H.: Bergbuch des Lebertals. Lünen 1962. 135
Wünnenberg, Rolf: Alfred Nobel. Dynamit und Frieden. München 1972. 100 (1)
ZEFA 2 (Damm), 33 (J. A. Kraulis), 120 (1 – Robin Smith), 167 (1 – Havlicek), 297

Namen- und Sachregister

Halbfett gedruckte Seitenzahlen verweisen auf Bildunterschriften.
Die Umlaute ä, ö und ü sind alphabetisch wie a, o und u behandelt (Cäsar hinter Casanova).
Bei Regenten ist statt der Lebensdaten die Regierungszeit angegeben.

Aachen, Aachener Revier 22, 44, 46, 50, 68
Aachener Hüttenverein 44
Abadan, Persischer Golf 253
Abbauhammer 83, 88, 106
Abbaupflug 127
Abbott, William Hawkins (19. Jh.), Ölraffineriebesitzer 306
Abd-Allah Ibn-Albaythar (gest. 1248), arabischer Schriftsteller und Gelehrter 90
Abel, Sir Frederick Augustus (1827–1902), englischer Chemiker 92, 99
Aberglaube 15, 25, **27,** 174, 184, 215, 233, 238, **255**
Abgasreinigung in Kraftwerken 203–206, **205**
Abich, Otto Wilhelm Hermann (1806–1886), deutscher Geologe 232
Ablenk- oder Richtungsbohren 279, **281,** 281
Abraham, Albert (geb. 1881), Ingenieur 72
Abraumbagger 130, **131**
Abraumförderbrücken 130, **131 f,** 134
Absetzer **132,** 134
Abteuf- oder Schachtbohrmaschinen **70,** 72 f
Acetylen als Lampenbrennstoff 184, 233
Achenbach, Adolf (1825–1903), preußischer Berghauptmann 39
Ackerman, Jerome O. (20. Jh.), amerikanischer Ingenieur 80
Adair, Paul Neal („Red“, geb. 1915), amerikanischer Spezialist für Erdöl- und Erdgasbrandbekämpfung 244 f, **245,** 304
Ad Dimaschki (gest. 1327), arabischer Schriftsteller **305,** 305
Additive im Benzin 312
AEG, Allgemeine Electricitäts-Gesellschaft **157, 162,** 163 f, 187, 202
AEG-Telefunken 165, 197
Agatharchides (2. Jh. v. Chr.), griechischer Historiker und Geograph 15
Agricola, Georgius, eigtl. Georg Bauer (1494–1555), deutscher Gelehrter und Bergbaufachmann 24 f, 56, 78, 136, **145,** 146, 150, **151,** 168, **169,** 173, **176,** 178, 188, 190 f, **191,** 193, **221,** 221, 228, **255**
Ägypten 12 ff, **13,** 53, 124, 146, 188, 253, 305
Ahlen in Westfalen 43, 45
Airgun, Luftpulser 260
Airpuncher, Stoßschrämmaschine 115
Akre, Robert (20. Jh.), amerikanischer Sprengstoffexperte 107
aktive Beimengungen 102, **103**
Aktualismus, Aktualitätsprinzip in der Geologie 230
Alaça Hüyük, Anatolien, archäologischer Fundort 14
Alaska, Alaska-Pipeline 253, **296,** 296, 298, **299**
Alban, Ernst (1791–1856), deutscher Augenarzt und Maschinenbauer 201
Albert, L. C. A. (18./19. Jh.), französischer Erfinder 111
–, Wilhelm August Julius (1787–1846), deutscher Berghauptmann **148,** 148 f, 152, **155,** 155 f
Albertus Magnus (um 1200 bis 1280), deutscher Geistlicher und Naturforscher 90, 228
Albrecht, Pierre (20. Jh.), französischer Kohleforscher 28
Aldenhoven bei Jülich 193
Alembert, Jean Le Rond d' (1717–1783), französischer Mathematiker und Schriftsteller **95,** 271
Alexandrow, P.W. (20. Jh.), sowjetischer Ingenieur 281
Algerien, Erdölvorkommen 236
Alkane 207, 236, 310
Alkanthiole, Schwefelverbindungen im Rohöl 306 f
Alkene 221
Allendorf an der Werra 204 f, 236
Allgemeine Electricitäts-Gesellschaft, AEG, Berlin **157, 162,** 163 f, 187, 202
Alma, Zeche 44
Alte Haase, Zeche 43
Alte Mordgrube, Silbererzgrube, Freiberg 170
Altenberg, Sachsen, Erzbergbau 190
Althans, Karl Ludwig (1788–1864), deutscher Bergrat **171,** 270
American Institute of Mining, Metallurgical, and Petroleum Engineers (AIME) 276
Ammendorf, Sachsen 199
Ammon-Gelite 103, **104**
Ammoniakgewinnungsverfahren 208, 211, 305
Ammoniumnitrat, Ammonsalpeter 102 ff, 107
Amur, ostsibirischer Fluß, Kohlegebiet **34,** 34
Anatolien, Türkei, Zinn- und Eisenerzbergbau 12, 14
Anaximander von Milet (um 610 bis um 546 v. Chr.), griechischer Philosoph 227
Anderson, Boyes & Co. **122**
Andrews, Samuel (19. Jh.), amerikanischer Ölraffineriebesitzer 247
–, Thomas (1813–1885), irischer Chemiker und Mediziner 202
„Andromeda“, Segeltanker 300
Anemometer, Windmesser 179 f, **181**
ANFO-Sprengstoffe 103, 107
Anglo-Iranian/Anglo-Persian Oil Company **252,** 253
Anilin, Anilinfarbstoffe 208
Anschütz & Co., Kiel 60, **61**
Anschütz-Kaempfe, Hermann (1872–1931), deutscher Ingenieur 60, **61**
Anthracen, Anthracenöl 208
Anthrazit, anthrazitartige Kohle 16, **20,** 22, 26 f
Antiklinalenfalten als Erdölfallen **231,** 232, 234, 256, 258
Apollonius (um 262 bis um 190 v. Chr.), griechischer Mathematiker 58
Appold (19. Jh.), englischer Ingenieur 171
Apscheron, Halbinsel im Kaspischen Meer, Erdölvorkommen 216, 232, **248,** 249 ff
Araber **305,** 305
Aramo, Spanien, Kupferbergbau 13
ARBED, luxemburgischer Stahlkonzern 50
Arbeitsbedingungen **31,** 31, 39, 73, **76, 85,** 88 f, 98, 108, **109,** 134 f, 145, **153,** 165, 173, 190, 199
Archibald, Grubenfeld, Schmidlingen bei Aschersleben 70
Archimedes (um 285 bis 212 v. Chr.), griechischer Mathematiker und Physiker 177, 218
archimedische Schraube **167,** 167
Aristoteles (384–322 v. Chr.), griechischer Wissenschaftler und Philosoph 23, 166, 227, 305
Armstrong, William George (1810–1900), englischer Ingenieur und Industrieller 151
Arnimsche Steinkohlenbergwerke, Planitz **162,** 163
Aromaten, zyklische, von Benzol abgeleitete Kohlenwasserstoffe 236, **237,** 308, 310
Artois, belgisches Kohlerevier 22
Asiatic Petroleum Company 252
Askania-Werke AG, Dessau/Berlin 180, **255,** 258
Asphalt, Erdwachs 27, 216, 218 f, 239, 253
Assyrien, Assyrer 216 f
ATG, Allgemeine Transportanlagen-Gesellschaft, Leipzig **131**
Athabasca River, Kanada, Ölsandfelder 305
Athen, Attika 173 f, **174**
Atwood, Luther (19. Jh.), amerikanischer Chemiker 306, 309
Au, Eberhard (geb. 1921), deutscher Ingenieur **181,** 182
Auer von Welsbach, Carl Freiherr von (1858–1929), österreichischer Chemiker 186
Auergesellschaft, Berlin 180
Aufbereitung **188,** 188–197, **191 f, 195 f**
Aufschleppungszonen an Salzdomen 232
Aufschlußbohrungen 66
Aufsuchen von Lagerstätten 51 ff (s. a. Exploration)
Auger mining, Abbau mit Schneckenbohrer 134
Aumund, H. (20. Jh.), deutscher Professor 144
Ausbau von Stollen, Schächten **15,** 62 ff, **65,** 66, 68, 73, 118, **121 f, 127**
Ausbeutbogen **39**
Australien, Kohlenbergbau 22 f, 32 ff, 51, 129
–, Erdöl 235, 253
Automobil 245, **246, 293,** 306, 308, 311 f
Avicenna (980–1037), Ibn Sina, arabischer Philosoph und Arzt 228
Axiallüfter, Schraubenlüfter 181 f

Baader, Franz Xaver von (1765–1841), deutscher Arzt und Oberbergrat 92
–, Joseph von (1763–1835), bayerischer Ingenieur und Eisenbahnkonstrukteur 176 f
Babcock AG, Deutsche, Oberhausen 139, 202, **203**
Babylon, Babylonier 216 f
Bachmutski, A. I. (20. Jh.), sowjetischer Bergbautechniker 122
Backenbrecher oder Steinbrecher 190
Bacon, Francis (1561–1626), englischer Philosoph und Staatsmann 92
–, Roger (um 1220 bis um 1292), englischer Mönch und Naturforscher 90
Bad Dürrenberg 199
– Grund, Harz 101, **157,** 166
– Oeynhausen **148,** 149 f
Baesweiler bei Aachen 50

Bagger 124, 130, **131f**, 134
Bahrain, Erdölvorkommen 253
Baildon, John (1772–1846), englischer Ingenieur 42
Baird & Co., William (19. Jh.), schottischer Bergbaukonzern 111, **112**
Baku, UdSSR, Erdölbezirk 218, 222, 234, **245, 248**, 249ff, 253, **291**, 305f, **307**
Baldauf, Richard Julius (1848–1931), böhmischer Konstrukteur 130
Balg- oder Schlauchgebläse 177
Ball, Clinton M. (19./20. Jh.), amerikanischer Ingenieur 196
Bandförderung **74**, 124, **132**, 134, 142f, **143**
Barbara, Heilige **173**
Bärlappe als Kohlebildner **18**, 20
Barnsdall, William (19. Jh.), amerikanischer Ölraffineriebesitzer 306
Barrel, Faß mit 159 Liter 290, **293**
Barrentheorie zur Entstehung von Salzlagern 232
Bartels, Johann Justus (17./18. Jh.), Zellerfelder Maschinendirektor 79
BASF AG, Ludwigshafen 204, **209**, 209, 211, **237**, 310
Bass, George (1771–1803), englischer Wundarzt und Entdecker 32f
Baton Rouge, Louisiana 310, **311**
Batum, UdSSR, Ölpipeline **248**, 250
Baum, F. (19./20. Jh.), deutscher Ingenieur und Maschinenfabrikant 194
BBC, Brown, Boveri & Cie. 164
Beart, Robert (19. Jh.), englischer Ingenieur 276
Beaumont (19. Jh.), Konstrukteur einer Streckenvortriebsmaschine 80
–, Léonce Élie de (1798–1874), französischer Geologe 28, 231
Becher, Johann Joachim (1635–1682), deutscher Chemiker, Arzt und Reiseschriftsteller 205
Becherwerk oder Schöpfeimerkette 167
Behm, Alexander (1880–1952), deutscher Physiker 263
Beien, A., Maschinenfabrik, Herne 124, 127f
Beilstein, Friedrich Konrad (1838–1906), russischer Chemiker 236
Belgien 24, 51, 66, 68, 153, 186
Benioff, Hugo (1899–1968), amerikanischer Geophysiker 262
Benoit (19. Jh.), französischer Erfinder 186
Benson, Mark (19./20. Jh.), englischer Physiker und Erfinder 202
Benz, Carl (1844–1929), deutscher Ingenieur und Automobilpionier 245
Benzin 306, **307**, 309
Benzol 208, 236f, **237**, 309
Bergakademien und -schulen 39
Bergbau-Forschung GmbH, heute: DMT-Gesellschaft für Forschung und Prüfung mbH, Essen 51f, **52**, 128, 182, 207
Bergbau Gesellschaft für betriebstechnische Neuerungen mbH, Dortmund 139, **141**
Bergbruch **56**
Bergeversatz, Hohlraumauffüllung 76
Berggefälle, Bergbauabgabe 38, 48
Berggeister 15f, 25, **27**
Bergius, Friedrich Karl Rudolf (1884–1949), deutscher Chemiker 211
Bergkamen, Ruhrgebiet 165
Bergkompaß **55**, 56
Bergrecht **39**, 40, 49
Bergregal 38, **39**, 48
Bergtruhe, vierrädriger Förderkasten 78
Bergzehnt 38, 48
Berlin 201f, 208f
Berliner Akkumulatoren-Fabrik 187
Berliner Maschinenbau Actiengesellschaft vorm. L. Schwartzkopff 139
Bernoulli, Johann I. (1667–1748), Schweizer Mathematiker und Physiker 256
Berthelot, Pierre Eugène Marcelin (1827–1907), französischer Chemiker 92, 233
Bertholdus niger (14. Jh.), Mönch und Erfinder (Schwarz, Berthold) 91f
Berthollet, Claude Louis Graf von (1748–1822), französischer Chemiker 96, 103
Besatz, chemisch neutrale Bremse beim Sprengen 94f, **103**, 104
Bessel (19. Jh.), Brüder, deutsche Erfinder 194
Bessemerverfahren zur Stahlerzeugung **43**
Betstube **173**
Beust, Friedrich Ferdinand Freiherr (Graf) von (1809–1886), deutscher Staatsmann 39
Beust, Zeche, Haßlinghausen 158
Beuthen, Oberschlesien 164
Bewetterung 13, **15**, 59, 66, 81, 173–182, **174, 176, 179**
Bexbach, Saarland 48f
Beyling, Carl (1871–1938), deutscher Grubeningenieur 92, 105
Beyschlag, Franz (1856–1935), deutscher Geologe 232
Bickford, William (18./19. Jh.), englischer Lederwarenhändler und Erfinder 97
Bienenkorbkoksofen 206
Bilharz, Oscar (gest. 1917), deutscher Oberbergrat 193
Bilkenroth, Georg (1898–1982), deutscher Hüttenfachmann 207
Biringuccio, Vannoccio (1480–1539), italienischer Gelehrter 25f, **27, 148**
Bissell, George Henry (19. Jh.), amerikanischer Leuchtölfabrikant 240, 242
Bitterfeld, Sachsen, Braunkohlegebiet 202
Bitumen 216, 218, **221**, 224, 253, 305
Blake, Eli Whitney (1795–1886), amerikanischer Erfinder 190
Blankstöten, Schweden 153f, **155**
Blasebalg zur Bewetterung **176**, 177
Blei, Bleibergbau 14f, 50, **167**, 206
Bleichert, Adolf (19. Jh.), deutscher Seilbahnkonstrukteur 149
Bleitetraäthyl und -methyl als Klopfbremse für Verbrennungsmotoren 312
Blochmann, Rudolf Sigismund (1784–1871), deutscher Techniker 208
Blohm + Voss AG, Hamburg 286
Blow-out, Ausbruch einer Erdgas- oder Erdölquelle 244, **245**, 248
„Blue Water I“, Halbtaucher 284
Bobine, schmale Seiltrommel 146, 149, 155f, **157**
Bochum 42f, **157**, 157f, 161
Bochumer Verein für Bergbau und Gußstahlfabrikation 42
Böckler, Georg Andreas (17. Jh.), deutscher Architekt und Ingenieur 167
Böhmen 14, **39**, 153, **188**, 193
Bohnenberger, Johann Gottlieb Friedrich von (1765–1831), deutscher Astronom 256
Bohrgerät 78
Bohrhämmer 50, 79ff, 83f, 96
Bohrinseln **215**, 281–288, **282, 284, 287f**
Bohrloch-Fernsehanlage **52**, 52
Bohrlochmessung oder -sondierung **264**, 265f
Bohrlochverrohrung 242, 268ff, **271**, 278
Bohrmaschinen mit Kraftbetrieb 80–89, **81, 83, 85, 87f**
Bohrschiffe **284**, 284
Bohrverfahren 224, 242, **243**, 248, 266–288, **267, 269, 271f, 275f, 279, 281f, 284, 287f**
Bolivien, Erdöl- und Asphaltvorkommen 224
Borchers, Eduard (1815–1902), deutscher Markscheider 58, 166
Borda, Jean Charles (1733–1799), französischer Seemann und Mathematiker 58
Borneo, Erdölvorkommen 251
Borsig, Lokomotiv- und Maschinenfabrik A., Berlin 71, 139
Böttger, Rudolf Christian (1806–1881), deutscher Chemiker 99
Bottrop, Ruhrgebiet 44, **59, 125**, 142
Boyle, Robert (1627–1691), englischer Naturforscher 174
BP, The British Petroleum Company PLC **252**, 253, 310, 312
Braconnot, Henri (1781–1855), französischer Naturforscher 98
Branca, Giovanni (1571–1640), italienischer Erfinder 190
Brandau, Karl (1849–1917), Ingenieur 88
Brand-Erbisdorf, Silbererzgrube, Freiberg 170
Brandt, Alfred (1846–1899), deutscher Ingenieur 86ff, **87**
Brassert, Hermann Friedrich Wilhelm (1820–1901), preußischer Berghauptmann 39f
Brauchtum 15, **16**
Braunkohle(nbergbau) **20**, 22f, 26f, 70, 124, 129f, **131f**, 134, 197, **198**, 199f, 202, 207, 211, 224, 234
„Bravo“, Förderplattform im Ekofisk-Ölfeld 244
Breithaupt, Johann Christian (1736–1800), deutscher Konstrukteur 58
–, Heinrich Karl Wilhelm (1775–1856), deutscher Mathematiker und Markscheider 58, **59**
Bremsbergförderung 138, **139**
Bremsförderer, Hemmförderer 127, 141
Brendel, Christian Friedrich (1776–1861), sächsischer Maschinenbeamter 170
„Breton Rig 20“, amerikanische Bohrinsel 283
Briart, Alphonse (1835–1898), belgischer Ingenieur 158
Briketts, Brikettierung von Braun- und Steinkohle 197–200, **198, 201**
Bristol, englische Kohleregion 30
British lustre, Anthrazit 32
British Petroleum Company PLC, The (BP) **252**, 253, 310, 312
British Westinghouse Electric and Manufacturing Co. 164
Brongniart, Adolphe Théodore (1801–1876), französischer Botaniker 28
Bronze, Bronzezeit 14
Brown, William (18. Jh.), englischer Bergwerksingenieur 110

Brown, Boveri & Cie., BBC 164, 310
Brun, E., Zünderwerke **104**
Brunel, Isambard Kingdom (1806–1859), englischer Ingenieur 139
Brunton, D. W. (1849–1927), Konstrukteur eines Kompasses 56
Buch, Leopold von (1774–1853), deutscher Geologe 224, 230
Buchner, Johann Andres (1783–1852), Münchner Chemiker 221
Budapest, Ungarn 77
Bulgarien, tertiäre Steinkohle 22
„Bullwinkle", Bohrinsel der Shell Oil (USA) **282**
Bunsen, Robert Wilhelm (1811–1899), deutscher Chemiker 92
Bürgi, Joost (1552–1632), Schweizer Mathematiker 256
Burmah Oil Company 253
Burton, William Meriam (1865–1954), amerikanischer Chemiker 309, 311

Cable Belt Ltd. 158
Cabrillo, Juan Rodríguez (gest. 1543), portugiesischer Entdecker für Spanien 225
Cádiz, Südspanien, Erz- und Metallhafen der Karthager 14
Caguiard Baron de Latour (1777–1859), französischer Ingenieur 181
Cahours, Auguste André Thomas (1813–1891), französischer Chemiker 236
Calvör, Henning (1686–1786), deutscher Pfarrer und Mathematiker **174,** 175
Capcoal Management Pty. Ltd., australische Kohlegesellschaft 34
Capell-Lüfter, Schleudergebläse 178, **179**
Carbide & Carbon Chemicals Co., Charleston 117
Carbidlampe, Carbidofen 184
Carbolsäure, Phenol 208
Carbonite **103,** 104
Carnot, Nicolas Léonard Sadi (1796–1832), französischer Physiker 202
Caroline, Erzgrube, Harz 148, 166
Carr (19. Jh.), englischer Ingenieur 190
–, Ferdinand Philippe Edouard (1824–1900), französischer Erfinder 69
Carret & Marshal-Schrämmaschine **112**
Casingrohre, Bohrlochverrohrung, Futterrohre 242, 268 ff, 278
Cavendish, Henry (1731–1810), englischer Chemiker und Physiker 258, **259**
CEAG, Concordia Elektrizitäts-AG, Dortmund **187,** 187
Cellulosenitrat (Nitrocellulose) 98 f
Chancel (18./19. Jh.), französischer Erfinder 184
Chang Heng (78–139), chinesischer Mathematiker, Astronom und Geograph **260,** 260
Chapin Mining Company, USA 70
Charleroi, belgische Kohlenbergbaustadt 22
Chaudron, Josef (1822–1905), belgischer Ingenieur 66 ff, **67**
Chemery, Frankreich 304
chemische Verfestigungsverfahren 71 f
Chevron Corporation 248
China 13 f, 23 f, 35 ff, **37,** 51, 56, 90, 135, 218 f, **246,** 253, 266 f, **271,** 294
Chorobates, Richtscheit mit Hilfsloten und Wasserwaage 54
Cirillo, Nicholas (18. Jh.), italienischer Physiker 260
Clairault, Alexis (1713–1765), französischer Mathematiker 256
Clanny, William Reid (1776–1850), irischer Arzt und Erfinder 185
Clark & Rockefeller, Cleveland 247
Clausthal (-Zellerfeld), Harz **56,** 79, 94, 101, 148 f, 152 f, 155, 166, 175
Clegg, Samuel (1781–1861), englischer Ingenieur **207,** 208
Coalcliff, Australien 33
Cochrane, Archibald (1749–1831), schottischer Erfinder 206
–, Thomas (1775–1860), englischer Admiral und Erfinder 66
Cockerill (18./19. Jh.), Aachener Unternehmerfamilie aus England 42, 161
Coffey, John Ambrose (19. Jh.), amerikanischer Erdölchemiker 306
CO-Filter-Selbstretter **181,** 182
Colladon, Daniel (1802–1893), Genfer Professor und Erfinder **81,** 82
Colmol, Teilschnittmaschine 117
Combes, Charles (1801–1872), französischer Bergbauingenieur 58 f, 179
Compagnie Générale pour le Développement Opérationel des Recherches sousmarines, DORIS 304
Compagnie Internationale d'Électricité, Liège 164
Compton, C. E. (geb. 1915), amerikanischer Konstrukteur 134
Concordia, Zeche, Oberhausen **161,** 161
Concordia Elektrizitäts-AG (CEAG), Dortmund **187,** 187
Conrad von Werden (16./17. Jh.), deutscher Abt und Bergbauunternehmer 26
Continuous Miners, Bohrschrämmaschinen 116 f, **117**
Convreux, A. (19. Jh.), französischer Konstrukteur 130
Cook, Melvin A. (geb. 1911), amerikanischer Sprengstoffexperte 106 f
Coppée, Evence (19. Jh.), belgischer Ingenieur 206
Cordaiten, erdgeschichtlich frühe Nacktsamer 20
Cordes, Heinrich (19. Jh.), Hamburger Unternehmer 220
Cornelli, P. (17./18. Jh.), italienischer Erfinder 95
Cornwall, SW-England, Erzbergbau 15, 81, 97
Couch, Joseph James (19. Jh.), amerikanischer Erfinder 80
Couffinhal 200, **201**
Coulson, William (19. Jh.), englischer Abteufer 64
Coxe, Eckley Brinton (1839–1895), amerikanischer Bergingenieur und Kohleindustrieller 190
Créplet, L. (19./20. Jh.), belgischer Ingenieur 164
Cunningham, Allan (18./19. Jh.), britischer Geologe 33
Curr, John (1756–1823), englischer Erfinder und Bergbauunternehmer 138, **139,** 146, 158, **159,** 160
Cuvier, George Baron de (1769–1832), französischer Naturwissenschaftler 229
Dahlbusch-Bombe, Rettungsgerät im Bergbau **181,** 182
Dampfhammer **43**
Dampfkessel 201 ff, **203**
Dampfkraftwerke 201 f
Dampfmaschinen 16, 30, 40 ff, **41,** 47, 50, 80, 138, **139,** 151, 156, 158–164, **161 f,** 168 ff, **169,** 177, 270
Dampfpumpen 16, 30, 43, 47, 62, 159, **169,** 170, 295
„Daniel Knappius", sagenumwobener Bergmann 78
Dapolin **293**
Darby, Abraham I (1677–1717) und Abraham II (1711–1763), englische Eisen- und Kohleindustrielle 206
Darling Downs, Australien, Kohle-, Erdöl- und Erdgasvorkommen 33
Darrsteine, Kohlenziegel oder Preßkohle 199
Darwin, Charles (1809–1882), englischer Biologe 230
Daublebsky von Sterneck, Robert (1839–1910), Prager Geophysiker 256 f, **257**
Davy, Humphry (1778–1829), englischer Erfinder 89, 184 f, **187**
DEA, Deutsche Erdöl-Aktiengesellschaft, und DEA Mineraloel AG 224, 249, 304
Dechen, Ernst Heinrich Karl von (1800–1889), deutscher Geologe und Mineraloge 39
Decker, Valentin (17. Jh.), Markscheider **56**
Dehydril HT, Bohrspülsuspension **279,** 279
Deichmann, Carl (1866–1936), deutscher Tiefbohringenieur und Erdölunternehmer 71
Deilmann-Haniel GmbH, Dortmund 70
Delius, Christoph Traugott (1728–1779), österreichischer Bergbeamter 155
Delprat, Guilleaume Daniel (19./20. Jh.), australischer Verfahrensfachmann 196
Demag AG, Duisburg **112,** 127, 139, **143**
Deprez, Marcel (1843–1918), französischer Elektrotechniker und Mathematiker 140
Destillation von Erdöl 222 ff, 234, 238 ff, 250, 304 ff, **305, 307,** 308–311
Detering, Hendrik Wilhelm August (1866–1939), niederländischer Erdölindustrieller **250,** 251 ff
Deutsch-Amerikanische Petroleum-Gesellschaft **293,** 300
Deutsche Erdöl-Aktiengesellschaft (DEA) 224, 249, 304
Deutsches Bergbau-Museum, Bochum **65, 67, 137, 153,** 160, **161, 169**
Deutsche Tiefbohr AG 249
Deutsche Union, Sprengstoffkartell 104
Deutschland 15, 37–51, **43, 49,** 56, 64, 109 f, 124, 129, 137 f, 173, 175, 197, 201, 203
Deutz AG 140, **141**
Dewar, James (1842–1923), britischer Wissenschaftler 309
Diamant 16, **20**
Diamantbohrverfahren 85, **87, 275 f,** 275 f, 278
Dickspülung bei Kohle- und Erdölbohrungen 68
Diderot, Denis (1713–1784), französischer Schriftsteller und Philosoph **95, 271**
Diesel, Rudolf (1858–1913), deutscher Ingenieur 246
Digges, Leonard (um 1520 bis um 1573), englischer Mathematiker 58
Dillingen, Saarland 48

Dinnendahl, Franz (1775–1826), deutscher Mechaniker und Fabrikant 42, 160
–, R. W., Firma **179**
Dioptra (Theodolit), Vermessungsinstrument 54ff, 58
Dioskurides (1. Jh. n. Chr.), griechischer Arzt 218
Dippoldiswalde, Sachsen, Erzbergbau 190
Dixon (19. Jh.), englischer Konstrukteur 114
DMT-Gesellschaft für Forschung und Prüfung mbH, Essen, früher: Bergbau-Forschung GmbH 51f, **52,** 128, 182, 207
Dobbs (18./19. Jh.), englischer Ingenieur 42
Dominit-Werke GmbH, Hoppecke **187**
Donezbecken/Donbass, UdSSR, Kohlenbergbau **34,** 34
Donnersmarckhütte AG, Hindenburg **162,** 164
Dörell, Georg Ludwig Wilhelm (1793–1854), Harzer Bergmeister 152f, **153, 155**
Dorothea, Erzgrube, Harz 166
Dorsten am Niederrhein 45, 210
Dortmund 37f, 42, **46,** 129, 138, **162,** 164, 186
Dosco Miner, Teilschnittmaschine **117,** 117
Douglas, Gewerkschaft 70
Drägerwerk AG, Lübeck 180, 182
Drahtseile 146–149, **148,** 153
Drake, Edwin Laurentine (1819–1890), erster Petroingenieur der Welt 216, **225,** 240ff, **241,** 270
Dranulat, Friedrich (gest. 1954), deutscher Ingenieur 209
Drawe, Rudolf (1877–1967), deutscher Ingenieur 209
Drebbel, Cornelis Jacobszoon (1572–1633), niederländischer Mechaniker und Physiker 96
Drehbohrmaschine 84f, 89
Drehbohrverfahren auf Erdöl und Erdgas 272, 274f, **275, 281**
Drehwaage 257f
Dreizehnlachter-Stollen, Harz 166
Dresden 208
Drogobych, Galizien/Ukraine 222
Druckluft unter Tage 81–89, 111, 114, 116, 127
Druckluftbohrmaschinen **81,** 82ff, **83, 85,** 86, 89, 115
Druckluftlokomotiven 86ff, 139, **141**
Druckluftsenkschacht 66
Druckluft-Wasserheber oder Mammutpumpe 170
Druckwasser-Drehbohrmaschine **87,** 88
Dubinin, Vasilij (18./19. Jh.), russischer Erdöldestillateur 222, 305
Dubochet, Vincent (19. Jh.), französischer Erfinder 206
Dücker, Franz Fritz (Freiherr) von (1827–1892), deutscher Erfinder **148,** 149f
Dudweiler, Saarland 47f
Duisburg 40, 44f, 109
Dumas, Jean-Baptiste André (1800–1884), französischer Chemiker 98, 208, 236
Dunn, C. L. (19./20. Jh.), amerikanischer Ingenieur 279
du Pont, Lammot (1831–1884), amerikanischer Chemie-Erfinder und -Industrieller 96
du Pont de Nemours, Eleuthère Irénée (1771–1834), amerikanischer Pulver- und Chemiefabrikant 96
– & Company, E. I. 96, 101, 106
Dürrnberg, Österreich, Salzbergwerk 78
Dürschenöl, Seefelder Schiefer- oder Steinöl 220, 305
Düsseldorf 45, 50, 204
Dynamit 50, 82, 98f, 101–104
Dynamit Nobel AG 128

Eastman Christensen, Celle 278
Écoles des mines 39
Eddesse, Lüneburger Heide, Erdölvorkommen, 232, 234
Edeleanu, Lazar (1861–1941), rumänischer Chemiker 308
Edgeworth, Richard Lovell (1744–1817), angloirischer Erfinder 138
Edison, Thomas Alva (1847–1931), amerikanischer Erfinder 142, 196, 201
Eduard/Edward I., englischer König (1272–1307) 11
Ehrenberg, Christian Gottfried (1795–1876), deutscher Biologe 230
Eickhoff, Gebr., Maschinenfabrik und Eisengießerei mbH, Bochum **122,** 123f, 141f
Eimerkettenbagger 124, 130, **131**
Einschienenhängebahn **74, 120**
Eisen, Eisenzeit 14, **43**
–, Bergmannsgezähe **24, 63,** 73, **76,** 77
Eisenerz 20, 35, 42, 48
Eisen- und Stahlindustrie 42, 44
Eisenverhüttung 25, 42f, **43,** 48, 206
Eisenzimmerung **121**
Eiserner Bergmann, Schrämbagger 130, **131**
Ekofisk-Ölfeld in der Nordsee 286, 304
Ekuador, Erdöl- und Asphaltvorkommen 224
electrical log, elektrische Bohrlochsondierung 266
Electrodrill Corporation 281
elektrische Fördermaschinen **157, 162,** 162–165, **164**
elektrische Grubenbahnen 47
elektrische Zündung 83, 97, **101**
Elektromotoren unter Tage 47, **83, 88,** 89, 111, 114ff, 139f, **141,** 170f, **171**
Elis, Griechenland, Kohlevorkommen 23
Elisabeth I., Königin von England (1558–1603) 136
Elmore, Alexander Stanley (1867–1944) und Francis Edward (1864–1932), englische Ingenieure und Erfinder 194f
„Emanuel Nobel“, Tanker 301
Elsaß 136, **137**
Emschergenossenschaft **46**
Emscherzone, Ruhrgebiet 42, 44
Energiekrisen 11, 45, **49,** 129, 215, 224, 280
Energieverbrauch **49,** 168, 201, 243, 245, **296,** 296
Engelbert II., Graf von der Mark (14. Jh.) 38
England 12, 16, 23f, 29–31, **31,** 41f, 51, 63f, 76f, 81, 94, 97, 109, 118, **122,** 137, **147,** 153, 158f, 174f, 302
Engler, Carl Oswald Viktor (1842–1925), deutscher Chemiker 234f
Englerth, Christine geb. Wültgens (1767–1838), deutsche Bergbauunternehmerin 50
English (19. Jh.), Konstrukteur einer Streckenvortriebsmaschine 80
Enhanced-Oil-Recovery-Prozesse, Tertiärförderung von Erdöl und Erdgas 280
Entenschnabel, deutscher Nutzungssektor in der Nordsee 286
Entschwefelung, Entstaubung, Entstickung in Kraftwerken 129, 203–206, **205, 210**
Entsorgungsschiff bei Ölunfällen **299,** 299
Eötvös, Roland (Loránd) Baron von (1848–1919), ungarischer Physiker 258, **259**
Epirogenese, Hebung und Senkung großer Erdkrustenteile 231
Erdgas 33, **34,** 45, **49,** 219, **225,** 226, **231f,** 234, 253, 265f, 279, **284,** 286, 294, 296, **301f,** 303f
Erdöl 11, 16, 24, 27, 29, 32f, **34,** 45, **49,** 101, 170 u. ö.
Erdölfalle **231,** 232, 234f
Erdölgeologie 227, 230, 232, 234f, 253, 259ff
Erdöllagerstätten **231f,** 232, **248, 250,** 250, 265, 279
Erdölmuseum Wietze **223, 291**
Erdölraffinerien 221f, 234, 238, 240, 243, 247f, **248,** 249ff, 253, 294, 305–312, **307, 311**
Erdpech, Erdwachs, Asphalt 216
Ericsson, John (1803–1889), schwedischer Ingenieur 81
Erkelenz bei Mönchen-Gladbach 68
Erlenmeyer, Emil (1825–1909), deutscher Chemiker 236f
Ernst-August-Stollen, Gittelde 166
Erzbergbau **24, 56, 104, 143,** 145, 151, 188, 191, **192**
Erzgebirge 15, **24,** 24, 39, **93,** 93, **169, 173**
Eschweiler bei Aachen 50
Eschweiler Bergwerks-Verein AG, Kohlscheid 193, 207
Essen, Ruhrgebiet **18,** 26, 38, 42, **43f,** 129, 160, 175, 206
Eßkohle 26
Esso, Exxon 247f, 312
Euler, Leonhard (1707–1783), Schweizer Mathematiker 256
Eupalinos (6. Jh. v. Chr.), griechischer Ingenieur 54
Europäische Gemeinschaft 50
Evans, Oliver (1755–1819), amerikanischer Konstrukteur 201
Ewing, James Alfred (1855–1935), schottischer Physiker 261
Exploration von Erdgas und Erdöl 253–266, **255, 262, 264,** 282, 296
Exter, Carl (1816–1870), deutscher Eisenbahntechniker und Erfinder **198,** 199f
Extradynamit 104
Exxon Corporation **215,** 248, **282**
„Exxon Valdez“, Tanker 248, 298, **299**
Eytelwein, Johann Albert (1765–1849), deutscher Wasserbauingenieur 158

Fabian, Karl Leopold (1782–1855), deutscher Oberbergrat 272
Fahrkunst oder Fahrmaschine 145, 152ff, **153, 155**
Fahrten, Leitern im Schacht **56,** 144, **145, 153,** 153
Fakoussa, R. M. (20. Jh.), Mikrobiologe 129
Fall- oder Schwerebeschleunigung 255–258
Fangvorrichtungen für Förderkörbe 158, **159,** 186
Faraday, Michael (1791–1867), englischer Physiker und Chemiker 208
Farkasrét, archäologischer Fundort in Ungarn 77
Farne als Kohlebildner **18,** 20
Fauck (19. Jh.), deutscher Ingenieur 272

Fäustel, Bergmannsgezähe 77
Fauvelle, J. B. (19. Jh.), französischer Ingenieur 272
Favre, Louis (1826–1879), Schweizer Ingenieur und Bauunternehmer 86
Felbeck, George T. (20. Jh.), amerikanischer Bergbaukonstrukteur 117
Felten & Guilleaume GmbH, Köln 149
Fenan, Jordanien, Kupferbergbau 12
Ferrand (19. Jh.), französischer Erfinder 200
Ferris, A. C. (19. Jh.), amerikanischer Leuchtöl- und Lampenfabrikant 238
Ferroux-Druckluft-Stoßbohrmaschine 87
Fettkohle **20**
„Feuermaschine", Dampfmaschine 42, 110, 160, 168
Feuersetzen, Methode, hartes Gestein zu sprengen 15, 78
Feuerstein 12, 77f
Fife, schottische Grafschaft, Abbau von „Seekohle" 24
Filterselbstretter **181,** 182
Fink, Karl (1821–1888), deutscher Maschinenbauer 180
Firth (19. Jh.), englischer Erfinder 110, **112**
Fischer, Emil Hermann (1852–1919), deutscher Chemiker 305
–, Franz (1877–1947), deutscher Chemiker 208f
–, Johann Conrad (1773–1854), Schweizer Metallurg 42
Fischer-Tropsch-Synthese zur Kohleverflüssigung 208f, 211
Fischschwanzbohrer **276,** 276, 278
Flammkohle 26
Fließbettverfahren in Kohlekraftwerken 204
– oder Fließstaub-Krackverfahren, katalytisches 209, 310, **311**
Flotation oder Schwimmaufbereitung 194ff, **195f**
Flottmann, Friedrich Heinrich (1844–1899), deutscher Maschinenfabrikant 84
–, Otto Heinrich (1875–1944), deutscher Maschinenbauindustrieller 84, **87**
Flottmann-Bohrhammer 84, **87**
Flow Industries, Inc., Seattle 128
flüssige Luft 106
Flüssiggastanker **301,** 303
Fontaine (19. Jh.), Erfinder einer Fangvorrichtung 158, **159**
Ford I, Henry (1863–1947), amerikanischer Automobilindustrieller 245, **246**
Förderbänder 65, 88, 109, 124, 142, **143**
Förderkorb, -kübel, -tonne **56,** 146, **147,** 158
Förderschächte **74**
Förderseile 146–149, **147f**
Fördertürme, Fördergerüste **4, 74,** 145, 158
Förderung mit Dampfkraft 42
–, fahrende 78, **135,** 136–141, **137, 139, 141**
–, schleppende **31,** 134f, 138
–, tragende 134, **135**
Förderwagen 135–138, **137, 139**
Forschungsgesellschaft zur Kohlegewinnung Zweite Generation 129
Förster, Friedrich (geb. 1908), deutscher Physiker und Metallurg 254f
Forties-Ölfeld in der Nordsee 287
Fossilien 227ff, **229,** 230, 265
Foucault, Léon (1819–1868), französischer Physiker 59f, **61**
France, Antoine (1875–1945), belgischer Ingenieur 194
François, Albert (19./20. Jh.), belgischer Ingenieur und Bohrunternehmer 72
François Cementation Co. Ltd., Doncaster 72
François-Ofen 206
Frankenthal, Rheinland-Pfalz 244
Frankreich 50f, 71, 296
Franz August, Grube, Clausthal 155
Franz Haniel, Zeche, Oberhausen **4**
Frasch, Hermann (1851–1914), amerikanischer Chemiker deutscher Herkunft 307f
Frechen bei Köln, Braunkohletagebau **131**
Fredonia Gas Light & Water Company, erste US-amerikanische Erdgasfirma 226
Freiberg, Sachsen, Silberbergbau, Bergakademie 15, **16, 39,** 39, **55,** 56, 94, **137,** 170, **183**
Freifallbohrer, -vorrichtung 66, **67, 271,** 272f
Friedrich I. Barbarossa, deutscher König (1152–1190) und Kaiser des Hl. Römischen Reiches (ab 1155) 38
Friedrich II., der Große, König von Preußen (1740–1786) 38
Friemann & Wolf (FRIWO), Zwickau/Duisburg 186, **187,** 188
Fröhliche Morgensonne, Zeche, Wattenscheid **161**
Fuess, Rudolf (1838–1917), deutscher Erfinder und Fabrikant von Meßgeräten **74,** 76f, 180, **181**
Fürstenhausen, Saarland **210**
Furttenbach, Joseph von (1591–1667), deutscher Baumeister und Schriftsteller 96
Fushin und Fushun, chinesische Städte, Kohle-Tagebau 36f, **37**
Futterrohre 242, 268ff, 278

Galilei, Galileo (1564–1642), italienischer Mathematiker und Physiker 256
Galitzin, Boris Borissowitsch Fürst (1862–1916), russischer Physiker 261
Galizien 222, 230
Garden, Alexander (18./19. Jh.), englischer Chemiker 207
Garforth-Schrämmaschine **112**
Gartsherry-Maschine, Kettenschrämmaschine 111, **112**
Garzweiler bei Köln, Braunkohletagebau **132**
Gasbeleuchtung 82, **207,** 208
Gasflammkohle 26
Gas-Motoren-Fabrik Deutz AG 140, **141**
Gasolin **307**
Gaudin, Antoine Marc (1900–1974), amerikanischer Mineraloge türkischer Herkunft 196
Gauß, Carl Friedrich (1777–1855), deutscher Mathematiker, Geodät, Astronom und Physiker 58, 254
Gay-Lussac, Joseph Louis (1778–1850), französischer Chemiker 26
Gebhardt & Koenig Deutsche Schachtbau AG 70
Gebirgsbildung und -faltung 22, **74,** 228, **229,** 231
Gebläse 149, **174,** 175–178, **176, 179,** 181
Gefäßförderung **74,** 138, 158
Gefrierverfahren 68–71, **69**
Gelatinedynamite 99, 102, 104
Geleucht 13, 15, 89, 96, **97, 183,** 183–188, **187,** 219
Gelsenkirchen 44, **125,** 182, 201
Gelsenkirchener Bergwerks AG 44
Generatorgas 208
Genf, Schweiz 82
Geochronologie 228f
Geologie, Geologen 226–232, **227, 229,** 234f, 253
Geomagnetik 254
Geophon, Seismophon 253, 260, **264**
Georgi, Max Ferdinand (1854–1940), deutscher Markscheider und Bergingenieur 87, 105
Georgien, UdSSR, Erdölgebiet 218
Georg-Wilhelm-Schacht, Harz 146
German Creek, australisches Kohlegebiet 34
Gersbach, Elsaß, Erdölvorkommen 221f
Gerstner, Franz Joseph Ritter von (1756–1832), österreichischer Mathematiker, Ingenieur und Astronom 156
Gerwig, Robert (1820–1885), deutscher Eisenbahningenieur 86
Gesellschaft für chemische Verfestigung und Abdichtung mbH, Berlin 72
Gesner, Abraham (1797–1864), kanadischer Geologe 239
Gestängewasserhaltung 168f
Gesteinsbohrmaschinen 78–89, **81, 83, 85, 87f**
Gestellförderung **74,** 138, 158, **159**
Gewerkschaft, Zusammenschluß der Eigentümer eines Bergwerks **39,** 39
Gewinnungsmethoden 73–134
Gezähe, Werkzeug des Bergmanns **24,** 73, **76,** 77f, 108, **109**
Gilbert, Grove Karl (1843–1918), amerikanischer Geologe und Geomorphologe 231
Gillott, John (19. Jh.), englischer Maschinenbautechniker 114
Giorgo Martini, Francesco di (15. Jh.), italienischer Konstrukteur 56
Gladbeck, Ruhrgebiet 44
Glaubersalz, Natriumsulfat 103
Gleiwitz, Oberschlesien 42
Glockengebläse 176
Glückauf, Bergmannsgruß 39
„Glückauf", Tanker **301,** 301
Glycerintrinitrat, Nitroglycerin 92, 98ff, **101,** 101ff, **103,** 279
Goens, L. J. (19. Jh.), belgischer Erfinder 146
Gold, Goldbergbau 12, **13,** 14, **15,** 16, 93, 128, 188, 190f, 194
Gold, Thomas (geb. 1920), britischer Astronom 235
Goldschmidt, Victor Moritz (1888–1947), norwegischer Mineraloge Schweizer Herkunft 254
Golpa-Zschornewitz bei Bitterfeld 202
Golyer, Everette Lee (1886–1956), amerikanischer Wissenschaftler 265
Gomorrha, historische Stadt am Toten Meer 217, 219
Gooch, Sir Daniel (1816–1889), englischer Ingenieur 161
Goolden (19./20. Jh.), englischer Maschinenkonstrukteur 115
Göpel 16, **56,** 138, **139, 145,** 145, 150, **151,** 160, **188,** 267, 269
Göppert, Heinrich Robert (1800–1884), deutscher Botaniker 28
Gorleben, Niedersachsen, ehemaliges Salzbergwerk 68
Gotthardtunnel, Schweiz 82, 86ff, **87,** 139

Gradbogen, Hängebogen oder Hängeniveau 57
Graham, Robert (20. Jh.), Chemiker 312
Grandie (19. Jh.), italienischer Ingenieur 82
Graphit 16, **20**
Grattini, Severino (19. Jh.), italienischer Ingenieur 82
Graupen, Erzgebirge, Zinnbergbau 15
Gravimeter, Gravimetrie 254ff, **257,** 257ff, **259**
Gray-Milne-Seismograph 261
Great Canadian Oil Sands Ltd. 305
Grebe, Konrad (1907–1972), deutscher Bergbautechniker 124, **127,** 127
Griechenland 14f, 23, 54, 73, **78,** 78, 177, 194, 217, 305
griechisches Feuer 218, **219**
Grillo, Friedrich (1825–1888), deutscher Industrieller 44
Grimberg, Zeche 118
Grimes Graves, England, archäologischer Fundort 12, 78
Groma, Winkelkreuz mit vier Loten 54
Grommestetter, Paul (15./16. Jh.), österreichischer Bergbautechniker 190
Gröndal, Gustaf (19./20. Jh.), schwedischer Ingenieur 196
Großbohrlochverfahren 72f
Großbritannien 16, 23f, 26, 29–31, **31,** 41f, 51, 63f, 76f, 81, 94, 97, 109f, 115, 118, **122,** 137, **147,** 153, 158f, 174f, 200
Grubenbetrieb **74**
Grubenbewetterung 13, **15,** 59, 66, 81, 173–182, **174, 176, 179**
Grubengasmesser 106, 180
Grubengebäude **74,** 76f
Grubengult, Bergbauabgabe 48
Grubenhund (Hunt), kastenförmiger Förderwagen **24,** 136, **137,** 138, **139**
Grubenlampen **183,** 183–188, **187,** 220
Grubenrettungswesen 180, **181,** 182
Grubenriß, Grundriß einer Grube **56,** 58
Grubentheodolit 58f, **59**
Grubenzwerg, Druckluftlokomotive 139
Gruhl, Carl (1862–1947), deutscher Konstrukteur 130, **131**
Grund im Harz, Erzbergwerke 101, **157,** 166
GUD-Kraftwerke **210**
Guffey Petroleum Company 248f, 252
Guibal, Jules (1813–1888), französischer Bergbauingenieur 178
Guilleaume, Charles Édouard (1861–1938), französischer Physiker 302
–, Franz Carl (19. Jh.) und Theodor (1812–1879), Kölner Seilfabrikanten 149
Gulf Oil Corporation 248f, 264
Gullfaks-Erdöl- und Erdgasfeld vor Norwegen 283, 288
Gümbel, Wilhelm von (1823–1898), deutscher Geologe 28
Gurney, Sir Goldsworthy (1793–1875), englischer Chirurg und Erfinder 201
Gurt(band)förderer 134, 142, **143**
gusher (springer), natürlich sprudelnde Erdölquelle 244, 248, 276
Gutehoffnungshütte, Oberhausen-Sterkrade 40, 42, **43,** 128, **161,** 161, **169**
Gutenberg, Beno (1889–1960), deutschamerikanischer Geologe 262
Gyromat, Vermessungskreisel mit Theodolit 61f
Haggard, Sir Henry (1856–1925), englischer Publizist 13
Hahse, Georg Wilhelm (19. Jh.), deutscher Salineninspektor und Ölbohrer 223f, 234
Halbach & Braun Maschinenfabrik GmbH + Co., Wuppertal **122**
Halberghütte, Saarland 206
Halbtaucher, Bohrplattformen **284,** 284
Halle an der Saale 200
Hallein, Österreich 78
Halley, Edmond (1656–1742), englischer Astronom 66
Hallstatt, Österreich, Salzbergwerk 14
Haltern, Westfalen 45
Hambach, Niederrhein, Braunkohletagebau **132,** 134
Hamburg **293**
Hamburger Gaswerke GmbH **302,** 304
Hamm, Westfalen 45
Hammurabi (1728–1686 v. Chr.), babylonischer König 217
Hancheng, chinesische Kohlenbergbaustadt 36
Handbohrmaschinen 79, **81,** 84
Handklaubung oder Handscheidung **188**
Handstreichsteine oder Klütten, Vorläufer der Briketts **198,** 199
Hängebank 144, **147**
Hängebogen, Gradbogen 57
Hängekompaß **55,** 57f
Hangendes, Gesteinsschicht über dem Flöz 77
Haniel, Franz (1779–1868), deutscher Industrieller 42, 62f, 123, 206
–, Gerhard (1774–1834), deutscher Industrieller 42
Haniel & Lueg 64, 70
Hänigsen bei Hannover, Erdölvorkommen 221
Hannover-Hannibal, Zeche, Bochum 127, **157,** 157f, 192
Hansa, Zeche, Dortmund 118, 129
Harkort, Friedrich (1793–1880), deutscher Industrieller 42
Harpener Bergbau AG **162,** 164
Harries, Carl Dietrich (1866–1923), deutscher Chemiker 305
Harrison (19./20. Jh.), amerikanischer Konstrukteur 115
Hartkohle oder Anthrazit **20**
Harz, deutsches Mittelgebirge 15, **16, 56, 93,** 136, 145ff, **147,** 148f, 151, **153,** 153, 155, 166, **169, 174,** 175ff
Harzer Pumpensätze 168
Haselberg, Johann (16. Jh.), Autor **39**
Haskins, Henry (18. Jh.), englischer Chemiker 207
Haspel, Winde als Förderantrieb 134, **135,** 138, **145,** 145, 150, **188**
Haßlinghausen 158
Hatch, Charles P. (19. Jh.), amerikanischer Tank-Konstrukteur 291
Hathor, altägyptische Göttin, Patronin der Bergleute 13
Hauhinco Maschinenfabrik G. Hausherr, Jochums GmbH & Co. KG, Sprockhövel 144
Haupt, Herman (1817–1905), amerikanischer Ingenieur und Erfinder 83
Hausmann, Johann Friedrich Ludwig (1782–1859), deutscher Geologe und Mineraloge 233
Haussmann, K. (19./20. Jh.), deutscher Geodät **61**
Hautefeuille, Jean de (1647–1724), französischer Erfinder 260
Haynes, William (19. Jh.), englischer Erfinder 194
heading machines, Schrämmaschinen 116
Hebei, chinesische Bergbau- und Industrieprovinz 37
Hedley, William (1779–1843), englischer Lokomotivkonstrukteur 138
Heide, Schleswig-Holstein, Flüssiggas-Kavernenspeicher 304
Heiland, Carl (geb. 1899), amerikanischer Geophysiker 254
Heim, Albert (1849–1937), Schweizer Geologe 232
Heinitz, Zeche, Oberschlesien 128
Heinrich III., englischer König (1216–1272), 24
Heinzenkunst zur Wasserhaltung **169**
Hellwag, Wilhelm Konrad (19./20. Jh.), 2. Bauleiter am Gotthardtunnel 86f
Hellwegzone im Ruhrgebiet 44
Helmont, Johann Baptist van (1577–1644), niederländischer Arzt und Naturforscher 92
Hemmförderer, Bremsförderer 127, 141
Henan (Honan), chinesische Bergbauprovinz 37
Henkel KGaA, Düsseldorf **279,** 279
Henschel, Carl Anton (1780–1861), deutscher Maschinenbauer 139
Herd, Herdaufbereitung **192,** 193
Herodot (nach 490 bis nach 430 v. Chr.), griechischer Geschichtsschreiber 54, 217
Heron von Alexandria (1. Jh. n. Chr.), griechischer Mathematiker und Physiker 54f, 57f, 168, 177
Hertel-Presse 199
Herten, Ruhrgebiet 44
Herzog-Georg-Wilhelm-Schacht, Clausthal 153
Hibernia, Zeche, Gelsenkirchen 64, 175
Hilfe Gottes, Erzbergwerk, Bad Grund **157**
Hilgenstock, Gustav (1844–1913), deutscher Konstrukteur 206
Hilt, C. (geb. 1873), deutscher Geologe und Kohleforscher 26
Hindenburg, heute Zabrze, Oberschlesien **162**
Hipparchos (190 bis um 125 v. Chr.), griechischer Astronom 58
Hippokrates (460–377 v. Chr.), griechischer Arzt 218
Hiskia, König von Juda (um 700 v. Chr.) 53
Hochöfen 42, 48
Hock, Julius (19. Jh.), österreichischer Ingenieur 245
Hodgson (19. Jh.), englischer Seilbahnkonstrukteur 149
Hoechst AG, Frankfurt a. M. 280, **281,** 304
Hoesch, Eberhard (1790–1852), deutscher Bergwerks- und Hüttenbesitzer 42
Höfer(-Heimhalt), Hans (1843–1924), österreichischer Geologe 232, 234
Hoff, Karl Ernst Adolf von (1771–1837), deutscher Geologe 230
Hoffmann, Carl (19./20. Jh.), deutscher Ingenieur 89
–, Gustav (19./20. Jh.), deutscher Konstrukteur 206
Hofmann, August Wilhelm von (1818–1892), deutscher Chemiker 208

Hohlraumschießen 96
Holland, Zeche, Wattenscheid 178, 206
Hollertszug, Eisenzeche, Herdorf 163
Holtzhausen, August Friedrich Wilhelm (1768–1827), deutscher Ingenieur 42
Holveck-Lejay-Pendelgravimeter 257
Holz, fossiles **20**
Holzmann & Co./AG, Philipp, Frankfurt a. M. 66
Honan, China, Kupfer- und Zinnbergbau 13
Honigmann, Fritz (1841–1913), deutscher Bergwerksbesitzer und Erfinder 68
–, Ludwig (1822–1898), deutscher Bergbaufachmann 66
Hooke, Robert (1635–1703), englischer Physiker 258
Hoosac-Tunnel, Massachusetts 80, 82f, 101
Houdry, Eugène Jules (1892–1962), französischer Ingenieur und Chemiker 309f
Howaldtswerke-Deutsche Werft AG, Kiel und Hamburg 286, **301,** 301
Howard, Edward Charles (1774–1816), englischer Chemiker 96
Hubinseln, schwimmfähige Bohrplattformen 283, **284**
Hubkolbengebläse, Zylindergebläse 177f
Hubmann, Otto (geb. 1891), deutscher Ingenieur 209
Hückelhoven bei Aachen 165, **196,** 197
Humboldt, Alexander Freiherr von (1769–1859), deutscher Naturforscher 96, 174, 230, 233
Hunan, südchinesische Kohleprovinz 36
Hunäus, Georg Christian Konrad (1802–1882), deutscher Geologe und Mathematiker 224, 234
Hunt oder Hund (Grubenhund), kastenförmiger Förderwagen **24,** 136, **137,** 138, **139**
Hunt, Thomas Sperry (19. Jh.), kanadischer Geologe 232
Hunter Valley, Australien, Kohlegebiet 23, 33
Huntsman, Benjamin (1704–1776), englischer Uhrmacher und Erfinder 42
Hurd, Frederick senior und junior (19./20. Jh.), englische Erfinder 111
Hurst, William (20. Jh.), Geowissenschaftler 279
Hutchins, J. L. (19. Jh.), Pipeline-Konstrukteur 294
Hutmann, Henning (16./17. Jh.), deutscher Bergbaufachmann 79
Hutton, James (1726–1797), schottischer Geologe und Chemiker 230, 233
Huygens, Christiaan (1629–1695), niederländischer Physiker, Mathematiker und Astronom 256, 260
Huyssen, Heinrich Arnold (1779–1870), deutscher Kaufmann 42
Hydroabbau, hydromechanische Gewinnung 128f
Hydrokracken 310
Hydrotreating zur Entschwefelung von Erdöl 310

IBAK GmbH & Co. KG, Kiel **52,** 52
Ibbenbüren, Steinkohleabbau 46, 50, 124, **127**
Ibbetsen, John Holt (18./19. Jh.), englischer Chemiker 208
Ibn Sina, Avicenna (980–1037), arabischer Philosoph und Arzt 228
Ichthyol, veredeltes Schieferöl 220
Idstein im Taunus 99
I.G. Farbenindustrie AG 202
Ilgner, Carl (1862–1921), deutscher Ingenieur **162,** 164
Illing, Georg (1569–1644), Clausthaler Oberbergmeister 79, 94
Illinois, USA 32
Imperial Continental Gas Association 208
Inde-Mulde bei Eschweiler 50
Indien 14, 305
Indonesien, Steinkohlevorkommen 20
Ingersoll, Simon (1818–1894), amerikanischer Erfinder 83
Ingersoll-Rand Company **83,** 83f, 115
Ingersoll-Sergeant Drill Co. **112**
Ingolstadt 296
Initialzündung 100, **101**
Inkohlung 22f, 26f
Internationale Bohrgesellschaft, Straßburg, später Erkelenz **272,** 273f
Internationale Ruhrbehörde 45
in-the-seam-mining, Einsohlenbergbau 77
Ipatjew, Wladimir Nikolajewitsch (1867–1952), amerikanischer Chemiker russischer Herkunft 308, 311
Irak 12, **252,** 253
Iran 219, 253
Irland, Erzabbau 15
iron man, Gewinnungsmaschine 110
Iron Mountain, Michigan 70
Iwanow, W. P. (19./20. Jh.), russischer Ingenieur 73

Jackhammer, Hohlbohrer von Leyner 84
jack-up-barge, Hubinsel 283, **284**
Jacobi, Gottlob (1770–1823), deutscher Eisenindustrieller 42
Jacobi, Zeche, Gelsenkirchen **125**
Jacobi, Haniel & Huyssen 42
Jakutien, sibirisches Kohlegebiet 34
Japan **15,** 22, 219
Jarlan, Jerry (20. Jh.), kanadischer Tankkonstrukteur 304
Java, Erdöl- und Asphaltvorkommen 224
Jeansville Ironworks, Pennsylvania 170
Jeffrey, Joseph Andrew (1836–1928), amerikanischer Bergbauunternehmer 115f
Jerusalem, Wasserleitungsbau 53f
Joachimsthal, heute Jáchymov, ČSFR 168, 190
Johann, englischer König (1199–1216) 24
Johannesburg, Südafrika, Kohlebergbau 16
Johannisschacht, Clausthal 155
Johnson (19. Jh.), englischer Erfinder 114
–, Roswell Hill (19./20. Jh.), amerikanischer Petroingenieur 278
Jolly, Philipp von (1809–1884), deutscher Physiker 259
Jordan (18./19. Jh.), Erfinder eines Bohrhammers 79, **81**
Jordanien 12
Joosten (19./20. Jh.), Konstrukteur 72
Joy machine, Teilschnittmaschine 116
Joy Ripper, Teilschnittmaschine 117
Juden 217
Jukes (19. Jh.), englischer Erfinder 202

Kalamiten, baumgroße Schachtelhalmgewächse im Karbon 20
Kalifornien 253
Kalisalzbergbau **81**
Kammer- oder Pfeilerbauweise **76,** 77, 116
Kamp-Lintfort bei Duisburg 43
Kanada 31f, **33,** 226, 249, 270, 305, 307
Kapeljuschnikow, Matwei Alkinowitsch (geb. 1886), sowjetischer Techniker **281,** 281
Kapustin, Grigori (17./18. Jh.), Entdecker der Kohlevorkommen im Donez- und Kusnezk-Becken 34
Karaganda, Kasachstan, Kohlenbergbau 35
Karbon, geologischer Zeitabschnitt (System) im Erdaltertum vor 350–280 Mio. Jahren **18,** 20f
Karimowa (20. Jh.), sowjetische Geologin 41
Karoline, Zeche 42
Karthago, Karthager 14
Kasachstan, Kohlegebiet 34f
katalytische Druckhydrierung **209,** 211
katalytisches Fließstaub-Krackverfahren 209
Kater, Henry (1777–1848), englischer Physiker 256
Kaustobiolith 27
Kavernenspeicher 304
Kehrherd 193
Kehrrad, Wasserrad mit Umkehreinrichtung 150, **151, 153,** 166
Kekulé von Stradonitz, Friedrich August (1829–1896), deutscher Chemiker 236f
Keldenich, Eifel, römisches Bergwerk 134
Kelten 14, 134
Kenia 12, 77
Kernbohrungen 271f, 276
Kerosin 238f, 306, **307,** 309
Kerr McGee Corporation 282
Kessler, J. B. August (gest. 1900), Erdölindustrieller 252
Ketten zur Schachtförderung 146ff, **147,** 150, **151**
Ketten- und Seilförderung 138, **139**
Kettenschrämmaschinen 50, 110f, **112,** 116
Kettering, Charles Franklin (1876–1958), amerikanischer Ingenieur und Erfinder 312
KHD Humboldt Wedag, Bochum 193, **195f,** 196
Kidd, John (1775–1851), englischer Chemiker und Physiker 207
Kier, Samuel M. (19. Jh.), amerikanischer Salzbohrer und Leuchtölfabrikant 238, 240, 242
Kind, Karl Gotthelf (1801–1873), deutscher Bergbautechniker 66ff, **67,** 270ff, **271**
Kind-Chaudron-Schachtabteufverfahren 66ff, **67**
Kinley, K. T. und Myron (19./20. Jh.), amerikanische Erdölfachleute 244, **245**
Kirdorf, Emil (1847–1938), deutscher Industrieller 44
Kirgisien, Kohlegebiet 34
Kirkuk **252**
Klagenfurt, Österreich 78
Klassifizierung der Kohle **20,** 26f
Klasson, R. E. (19./20. Jh.), russischer Ingenieur 128
Klemm, Dietrich und Rosemarie (20. Jh.), deutsche Wissenschaftler **13**
Kleve, Niederrhein 42
Kley, Carl (1831–1914), deutscher Ingenieur **169,** 170, 178
Klingenberg, Georg (1870–1925), deutscher Ingenieur 202

Klöckner Ferromatik Desma GmbH **122**
Klöckner-Humboldt-Deutz AG **141,** 141, 194
Klosterrade, heute: Rolduc, Belgien 24, 108
Klütten, Handstreichsteine **198,** 199
Knallquecksilber, Quecksilberfulminat 96, 100
Knapp, Maschinenfabrik 122
Knappschaftskasse 39
Knight, Gowin (1713–1772), englischer Erfinder und Wissenschaftler 56
Knoppers, Baron de (17./18. Jh.), deutscher Erfinder 178
Knox d'Arcy, William (19./20. Jh.), britischer Ingenieur und Industrieller 253
Kober, Leopold (geb. 1883), österreichischer Geologe 232
Köbrich, Karl (1843–1898), deutscher Bohrtechniker **275,** 276
Koch, Hermann (1814–1877), deutscher Oberbergrat 101
Koepe, Carl Friedrich (1835–1922), deutscher Bergbautechniker 158
Koepe-Treibscheibenförderung 149, 155, 157f
Kohle 11, 20ff, 24, 29–41, **34, 37, 43,** 45, 48f, **49,** 51, 77, 89
Kohlebildung **18,** 20f, 24–28
Kohlegewinnung, maschinelle 108–134, **109, 112, 114, 117, 121f, 125, 127, 131f**
Kohlehobel 45, 124f, **125, 127,** 127f, 144
Kohlehydrierung 37, **209,** 211, 240, 310
Kohlekraftwerke 201–204, **205**
Kohlekrise 45, 108
Kohlenbergbau 16, 24f, 30f, **31, 33,** 33ff, 42ff, 48, 73, 76, **97,** 97f, 106, 109, **117,** 117, **121,** 123, 140, 174f
Kohlenkombine, russische Gewinnungsmaschine 122f
Kohlenquetsche, Quetschwalzwerk 190, **191**
Kohlenstaub(explosionen) 94, 98f, **103,** 104ff, 182
Kohlenstaubfeuerung 202ff
Kohlenstoffkreislauf 16, 20
Kohlenziegel, Darrsteine, Preßkohle 199
Kohleverflüssigung 37, **209,** 211, 240, 310
Kohlevergasung 108, 129, **207,** 208ff, **210**
Kohlscheid-Alsdorf bei Aachen 50
Koinzidenzapparat bei der Messung von Pendelschwingungen 256
Koks 48
Koksofen **74**
Kola-Halbinsel, UdSSR 266
Kolbenpumpen 168f, 171
Kolbensetzmaschine 193f
Kollodiumwolle 98f, 102, **103**
Köln **198**
Kölner Bergwerks-Verein, Essen-Altenessen 139
Köln-Rottweil AG 105
Kolumbien, Erdöl- und Asphaltvorkommen 224, 249
Kompaß **55,** 56, 59, **61,** 227
Kompressions-Stoßbohrmaschine 82f
Kompressor 81f, 84
König, Louis Christian (19. Jh.), Betriebsführer von Mulvany 64
Königsborn bei Unna 42
Kons. Heinitzgrube, Beuthen 164
Kontinentales Tiefbohrprogramm (KTB), Oberpfalz 265f, **267,** 278f, **279**
Kontraktions- oder Schrumpfungstheorie zur Erdgestalt **231,** 231f
Koppers, Heinrich (geb. 1872), deutscher Ingenieur und Industrieller 206, 210
Koppers-Totzek-Verfahren zur Synthesegaserzeugung **210,** 210
Korfmann GmbH, Maschinenfabrik, Witten 124
Korinth, Griechenland, historische Tongruben **78,** 78
Körting Hannover AG **171, 174,** 175
Kost, Heinrich (1890–1978), Generaldirektor von Gewerkschaft Rheinpreußen 123
Köttgen, Carl (1871–1951), deutscher Ingenieur **162,** 164
Kracken, Zersetzen von Erdölfraktionen 236, 306, 308ff, **311**
Kraft de la Saulx, Johann Ritter von (1832–1920), Ingenieur 161
Kratzförderer 118, **122,** 123ff, 127f, **143,** 144
Kraus, Charles M. (19./20. Jh.), Chemiker 312
Kreiselgebläse oder -lüfter **176,** 178, **179**
Kreiselkompaß 59ff, **60f**
Kreiselpumpe **171,** 171
Kreiselrätter 190
Kreta, phönikischer Bergbau 15
Kriwoi Rog, UdSSR, Eisenerz 34
Kronprinz, Grube, Saarland 47
Krupp, Alfred (1812–1887), deutscher Industrieller 42, **43**
Krupp, Friedrich (1787–1826), deutscher Kaufmann und Industrieller 42
Krupp GmbH, Fried., Essen 85, **195,** 196
Krupp Industrietechnik GmbH, Duisburg **132,** 134
Krupp Koppers GmbH, Essen **210,** 210, **237**
Krussná Hora, Böhmen, Eisenerzgrube 155
KTB, Kontinentales Tiefbohrprogramm 265f, **267,** 278f, **279**
Ktesias von Knidos (5./4. Jh. v. Chr.), griechischer Geschichtsschreiber 219
Ktesibios aus Alexandria (3. Jh. v. Chr.), griechischer Mechaniker und Ingenieur 81, 168, 177
Kuba 224
Kugelmühle 190
Kühnle, Kopp & Kausch AG, Frankenthal 182
Kunigunde (18./19. Jh.), Fürstäbtissin von Essen, Hüttengründerin 42
Kunstgestänge, Kunstgezeug, Stangenkunst 16, **56,** 152, 168f
Kunstkreuz 152, 169
Kupfer, Kupferbergbau 12–15, 53, 129, 134
Kupferschiefer 15, 25
Kurbel-Stoßbohrmaschine **88,** 89
Kusnezker Kohlebecken, Kuzbass, UdSSR 34f, 118
Kuttenberg, heute Kutná Hora, ČSFR **145,** 150, **188**
Kuwait 253, **299**
Kux, Anteil am Gewerkschaftsvermögen **39,** 40
Kyeser von Eichstätt, Konrad (1366 bis nach 1405), deutscher Kriegstechniker **91,** 92, 149

Lachamp, E. (19./20. Jh.), französischer Ingenieur 281
Lachter, Längenmaß **147**
Lacq, Frankreich, Erdgasfelder 296
La Croix-aux-Mines, Lothringen, Bergbaugebiet **135**
Lahmeyer & Co. 164
Lampenöl 219, 238ff, **239,** 250, 253, 290, **293, 305,** 305f, 308f
Lampertsloch, Elsaß, Erdölvorkommen 221f
Langen, Eugen (1833–1895), deutscher Unternehmer 141
Langenbrahm, Zeche, Essen 175
Langlois (19./20. Jh.), Konstrukteur eines Fotoapparats **52**
Laser beim Streckenvortrieb und Abbau 62, 80, 128
Lauchhammer, Sachsen 207
Laureion, Griechenland, Silberbergbau 14f
Laurent, Auguste (1807–1853), französischer Chemiker 208
Lauterthal, Saarland 48
Leberthal, Elsaß, Silberbergbau 136
Le Chatelier, Henri Louis (1850–1936), französischer Chemiker und Bergingenieur 106
Lechner, Francis M. (19. Jh.), amerikanischer Bergbaukonstrukteur 116
Lehigh Coal Company 32
Lehmann, Johann Gottlob (1719–1767), deutscher Geologe 228
Leibniz, Gottfried Wilhelm (1646–1716), deutscher Philosoph und Gelehrter 155, 179, 228
Leichhardt, Friedrich Wilhelm Ludwig (1813–1848), deutscher Entdecker 34
Leitfossilienprinzip 228ff
Lemberg/L'vov, Galizien 222
Lemielle (19. Jh.), französischer Ingenieur 158
Lena-Kohlebecken, UdSSR 34
Lengede, Niedersachsen 182
Léon, Gustave (1863–1916), französischer Erfinder 180
Leonard, Harry Ward (1861–1915), amerikanischer Erfinder **162,** 163f
Leonardo da Vinci (1452–1519), italienischer Künstler, Architekt und Naturforscher **55,** 56, 147, **176,** 176f, 179, **181,** 268, **269**
Leroux, P. E. (gest. 1943), französischer Ingenieur 139
Leschot, Georges Auguste (19. Jh.), Genfer Uhrmacher 85, 275
Leuchtgas 129, **207,** 208, 239f, 290
Leuchtöl 219, 221f, 226, 236, 238ff, **239,** 250, 253, 290, **293, 305,** 305f, 308f
Leunawerk 209, 211
Leupold, Jacob (1674–1727), deutscher Feinmechaniker und Instrumentenbauer 258
Lewis, Alun (20. Jh.), Chemiker 312
–, Samuel (19. Jh.), Ingenieur 283
–, Warren Kendall (1882–1975), amerikanischer Chemiker 310
Leyen, von der (17./18. Jh.), rheinisches Fürstengeschlecht 48
Leyner, John George (1860–1920), amerikanischer Erfinder 84ff
Leyner Engineering Works Company 84
Liaoning, chinesische Kohleprovinz 36
Libra, einfache Wasserwaage 54
Liebig, Justus von (1803–1873), deutscher Chemiker 26, 305
Liedbeck, Alarik (1834–1912), schwedischer Ingenieur 102
Liège/Lüttich, belgische Kohlenbergbaustadt, Bergakademie 22, 24
Liegendes, Gesteinsschicht unter dem Flöz 77
Ligurien, Italien 23
Lilienthal, Otto (1848–1896), deutscher Ingenieur und Flugpionier 114

Linde, Carl von (1842–1934), deutscher Kältetechniker 69, 106
Linde AG 303
Linkenbach, C. (19./20. Jh.), deutscher Konstrukteur 194
Lippezone 41, 45
Lisbeth (19. Jh.), Konstrukteur einer Handbohrmaschine **81**
LNG-Carrier, Flüssiggastanker **301,** 303
Löbbe, Wilhelm (1890–1950), deutscher Maschinenbauingenieur **125,** 125, **127,** 127
Lockyer, Edmund (18./19. Jh.), britischer Geologe 33
Loesche, Maschinenfabrik und Ingenieurbüro, Berlin/Düsseldorf 202
Löffelbagger 134
Logan, Patrick (18./19. Jh.), britischer Geologe 33
Lohberg, Bergwerk **114**
Löhneysen, Georg Engelhard von (1552–1622), Harzer Berghauptmann 155, **176**
Lokomotivförderung 138–141, **141**
Lomonossow, Michail Wassiljewitsch (1711–1765), russischer Naturforscher 27f
London **207,** 208
Lopatin, A. (19. Jh.), russischer Ingenieur 142
Lorini, Buonaiuto (geb. um 1545), italienischer Kriegsingenieur **65,** 66
Löscher, Carl Emanuel (1750–1813), deutscher Bergmeister 170
Lostrommel für den Förderbetrieb 154f
LOTEM-Verfahren, geoelektrisches Meßverfahren 265
Lothringen 48, **135**
Louisiana, Erdölgebiet 224, 249, 282
LOX, *liquid oxygen explosives* 106
LPG-Carrier, Flüssiggastanker **301,** 303
Lucas, Anthony Francis (1855–1921), amerikanischer Erdölpionier jugoslawischer Herkunft 248, **275,** 276f
Lünen, Westfalen 45
Lufft, Johann Andreas (17./18. Jh.), deutscher Buchbinder und Erfinder 95
Luft, Karl-Friedrich (20. Jh.), deutscher Konstrukteur 182
Luftpulser 260
Lurgi GmbH, Frankfurt a. M. 204, 207, 209f
Lürig, Hans-Joachim (geb. 1935), deutscher Bergbauingenieur 128
Lüttich/Liège, belgische Kohlenbergbaustadt, Bergakademie 22, 24
L'vov/Lemberg, Galizien, Leuchtölproduktion 222
Lyell, Charles (1797–1875), englischer Geologe 230

Machecourt, Jean-Baptiste (19. Jh.), französischer Bergbauingenieur 158
Machina nova, schwedische Erzförderanlage 153f, **155**
Magerkohle **20**
Magnetometer 58, 254f, **255**
Magnetscheidung **196,** 196
Malakowturm, Förderturm 145
Mallard, Ernest (1833–1894), französischer Geologe und Mineraloge 106
Mallet, Robert (19. Jh.), britischer Ingenieur 260
Malpas-Tunnel, Frankreich 80
Maltitz, Sigismund von (15./16. Jh.), deutscher Bergbautechniker 190, **191**
MAN Gutehoffnungshütte AG **43,** 128, 134, **164,** 165
Manchester, England, Kohlegebiet 16
Mankowski, G. I. (19./20. Jh.), russischer Ingenieur 73
Mannesmann, Max (1857–1915) und Reinhard (1856–1922), deutsche Stahlindustrielle **295,** 296
Mannesmann Demag, Duisburg **112,** 137, 139, **143**
Mannheim **237**
Manosque, Frankreich, Salzkaverne 304
Mansfeld, Harz, Kupferschieferbergbau 15, 166, **183**
Mansfield, Charles Blachford (1819–1855), britischer Chemiker 208
Mao Tse-tung (1893–1976), chinesischer Politiker 35, 37
Maracaibosee, Venezuela, Ölfelder **250,** 253, 282
Marietta Miner, Teilschnittmaschine 117
Markownikow, Wladimir Wassiljewitsch (1837–1904), russischer Chemiker 236
Markscheidekunde **51,** 51–62, **55f, 118**
Marsais, E. (19. Jh.), französischer Grubendirektor 200
Marsaut, Jean-Baptiste (1833–1914), französischer Bergingenieur 186
Maschinenbau-Actiengesellschaft vorm. L. Schwartzkopff, Berlin 139
Masjid-I-Suleiman, Iran, Erdölvorkommen 253
Massachusetts Institute of Technology (MIT) 265
Mauss, Heinrich (19. Jh.), belgischer Ingenieur 82
Mayer, Jacob (1813–1875), deutscher Metallurg 42
–, Pilar (19./20. Jh.), österreichischer Ingenieur 180
medizinische Verwendung von Erdöl **219,** 220ff, **221,** 224ff, 238, 246, 305f
Mekarski, Léon (19. Jh.), französischer Architekt und Erfinder 139
Mellon, Thomas (1813–1908), amerikanischer Bankier und Erdölindustrieller 248f
Mendelejew, Dmitri Iwanowitsch (1834–1907), russischer Chemiker 129, 233f, 250
Mene Grande, Venezuela, Erdölvorkommen 282
Menzies, Michael (1719–1766), schottischer Erfinder 110f
Mercaptane, heute Alkanthiole, Schwefelverbindungen im Rohöl 306
Meridianweiser, Markscheideinstrument 61
Merrill, Joshua (19. Jh.), amerikanischer Chemiker 309
Mesopotamien 216f, 305
Messel, Ölschiefergrube bei Darmstadt 305
Messing, Legierung aus Kupfer und Zink 14
Mesue der Ältere, Juhanna ben Musaweihi (gest. 857), arabischer Arzt 305
Metallgesellschaft AG, Frankfurt a. M. 209
Mexiko 224, 253
Michigan, USA 35
Midgley, Thomas jr. (1889–1944), amerikanischer Chemiker und Ingenieur 311f
Migration, Wanderung von Erdöl im Gestein 234
Mijnbouw N. V., Arnhem 68
Milne, John (1850–1913), englischer Geologe und Seismologe 261
Minenkrankheit 98
„*Miner's Friend*", Vorläufer der Dampfmaschine 168
Mintrop, Ludger (1880–1956), deutscher Markscheider und Geophysiker **262,** 262f, 265
„Mister Louie", Hubinsel 286
Mitchell, John (1724–1793), englischer Geologe und Seismologe 258, 260
Mitscherlich, Eilhardt (1794–1863), deutscher Chemiker 105
Mitterberg, Österreich, keltischer Kupferbergbau 14, 134
Mittry, F. K. (20. Jh.), amerikanischer Konstrukteur 80
Mobil Oil Corporation 248, 286, 288, **302,** 304
Moissan, Ferdinand Frédéric Henri (1852–1907), französischer Chemiker 85, 184
Mond, Ludwig (1839–1909), englischer Chemiker und Industrieller deutscher Herkunft 208
Mons, belgische Kohlenbergbaustadt 22
Mont-Cenis-Tunnel 80, **81,** 82
Montana, USA 32
Morphylane-Verfahren **237**
„Moses", Tankschiff 300
Mowbray, George (19. Jh.), amerikanischer Chemiker 101
Mueseler, L. (oder M., 1799–1866), belgischer Ingenieur 185f
Mülheim an der Ruhr 44
Müller, Emil (20. Jh.), deutscher Chemiker 105
Mulvany, William Thomas (1806–1885), irischer Vermessungsingenieur und Bergbauunternehmer 63f, **65,** 175
Münster, Münsterland 41, 44, **44,** 50
Münster, Sebastian (1488–1552), deutscher Theologe und Geograph 136, **137**
Murchison, Sir Roderick Impey (1792–1871), schottischer Geologe 20, 228
Murdock, William (1754–1839), schottischer Erfinder 208
Murgue, Daniel (1840–1918), französischer Ingenieur 179
Mutschik, W. S. (20. Jh.), sowjetischer Bergbauingenieur 128

Nachterstedt bei Magdeburg, Braunkohlengrube 186
Naphtha, alter Begriff für Erdöl 216f, **248, 291**
Naphthalin 207f
Naphthene, Naphtensäuren 236
Napoleon I. Bonaparte, Kaiser der Franzosen (1804–1815) 49
Napoleon III., Kaiser der Franzosen (1852–1870) 49
Nasmyth, James (1808–1890), schottischer Ingenieur **43**
National Coal Board, Großbritannien 34, 200
Nazlet Khater, Oberägypten, archäologischer Fundort 12
Nebenproduktengewinnung in Koksöfen 206ff
Nebukadnezar II. (605–562 v. Chr.), babylonischer König 217

Neckam, Alexander (1157–1217), englischer Theologe und Wissenschaftler 56
Nederlandse Aardolie Maatschappij (NAM), niederländischer Ölkonzern 286
Negev, arabische Wüste 13
neptunistische Theorie zur Entstehung der Gesteine 230
Nering & Co., Isselburg **161**
Neuengamme bei Hamburg, Erdgasvorkommen **302,** 304
Neuerburg, Martin (19. Jh.), deutscher Ingenieur 194
Neu-Essen, Hütte bei Emscher 42, **43**
Neuglück, Zeche, Bochum **41**
Neu-Monopol, Zeche, Bergkamen 165
Neunkirchen, Saarland 47f
Neuseeland, Kohlenbergbau **121**
Neusohl, heute Banská Bystrica, ČSFR 94
Neuss, archäologische Kohlefunde 23
New South Wales, Australien, Kohlegebiet 23, 33
Newcastle-on-Tyne, England, Kohlenbergbau 24
Newcomen, Thomas (1663–1729), englischer Ingenieur 168
Newton, Sir Isaac (1643–1727), englischer Mathematiker, Physiker und Astronom 256, 258
–, W. (19. Jh.), konstruierte sägende Schrämmaschine 110
Newton, Chambers & Co. 114
Nicol, William (um 1758 bis 1851), englischer Physiker und Erfinder 28
Nidda, Otto Ludwig Krug von (1810–1885), preußischer Oberberghauptmann 88
Niederlande 68, 296
Niederrheinische Bergwerks-AG 137
Nitrocellulose (Cellulosenitrat) 98f
Nitroglycerin (Glycerintrinitrat) 83, 92, 98ff, **101,** 101ff, **103,** 279
Nitromannit 99
Nobel, Alfred Bernhard (1833–1896), schwedischer Erfinder und Industrieller 96, 98–102, **101, 103f,** 104ff, **107, 248,** 250
–, Immanuel (1801–1872), schwedischer Unternehmer 100
–, Ludwig (1831–1888) und Robert (1829–1896), schwedische Industrielle 100, **248,** 250, 300f, 305f, **307**
Nobelpreis 99, 106, **107**
Noble, Andrew (1831–1915), schottischer Wissenschaftler 92
Nordsee, Erdölfelder 253, 286
Nordstern, Zeche, Gelsenkirchen 182
Nordwanderung der Zechen im Ruhrgebiet 43, **44, 46,** 62
Norres, Josef, Gelsenkirchen 97
North Thames Gas Board 303
Northumberland, englische Kohleregion 23f
Norton, Sheldon (19./20. Jh.), amerikanischer Ingenieur 196
Nowosibirsk, UdSSR, Kohlegebiet 16
Nubien, historischer Goldabbau 12
Nuklearsprengungen zur Gewinnung von Bodenschätzen 89
Nuneaton Engineering Company 116

Oahe-Damm, South Dakota 80
Oberhausen **4,** 42, **43, 46, 161,** 161
Oberschlesien 22, 127
Obsidian 12
Ochsenius, Karl (1830–1906), deutscher Geologe 232
Oeynhausen, Karl August Ludwig Freiherr von (1795–1865), preußischer Bergingenieur 39, 66, 270, **271,** 272
Off-shore-Bohrtechnik **215,** 279, 281–288, **282, 284, 287f**
Ohio, USA 32
Ohnesorge-Schuhkettenscheibe 158
Oil Creek, Pennsylvania, Erdölgebiet 290f, 294, **295,** 306
O&K Orenstein & Koppel AG, Lübeck **132**
Oklahoma, Erdölvorkommen 249, 253
Ölbohrplattformen **215,** 281–288, **282, 284, 287f**
Ölentsorgungsschiffe **299,** 299
Ölheim, Lüneburger Heide, Erdölvorkommen **223**
Ölsand 305
Ölschiefer, bituminöser Schiefer **37,** 239f, 305
Omalius d'Halloy, Jean Baptiste Julien d' (1783–1875), belgischer Geologe 230
Ontario, USA 35
OPEC, Organisation erdölexportierender Länder 215
Oppel, Carl Albert (1831–1865), deutscher Geologe 230
Orban, Henri (1779–1846), belgischer Bergbautechniker 158
Orbigny, Alcide Dessalines d' (1802–1857), französischer Naturwissenschaftler 230
Orogenese, Gebirgsbildung 228, **229,** 231
„Oseberg", norwegische Bohrinsel 281
Osram-Gesellschaft 85
Österreich 14, 78, 134, 184
Ostrowski, A. P. (20. Jh.), sowjetischer Ingenieur 281
Otto, Carl (19./20. Jh.), deutscher Konstrukteur und Industrieller 206
–, Nikolaus August (1832–1891), deutscher Ingenieur 141, 245
–, Theodor (19. Jh.), deutscher Seilbahnbauer 149
Otto-Hoffmann-Ofen zur Kokserzeugung 206, **207**
Ourisson, Guy (20. Jh.), französischer Biochemiker 28

Palästina, Kupferbergbau 12
Palmieri, Luigi (1807–1896), italienischer Physiker 260
Panzerförderer, „Panzerjohanna" 118, **120, 122, 127,** 127f
Papin, Denis (1647–1712), französischer Physiker **171,** 171, 178
Paraffine 207, 221, 239, 305
PA-Sprengstoffe 103
Paternoster 15, 167
Pattberg, Heinrich (1862–1934), deutscher Bergwerksdirektor und Erfinder 65f
Paurat GmbH, Voerde **117**
Pauwels, Antoine (19. Jh.), französischer Erfinder 206
pebble tools, erste Steinwerkzeuge der Menschen 12, 77
Pechelbronn, Elsaß, Erdölvorkommen 221
Pechkohle **20,** 23
Pelouze, Théophile Jules (1807–1867), französischer Chemiker 98, 236
Penniman, R. S. (19./20. Jh.), amerikanischer Sprengstoffexperte 104
Pennsylvania, USA 32, 124, 224ff, **225,** 232, 240ff, **241, 243,** 243, 251, 291, 294, **295,** 306f
Pennsylvania Rock Oil Company 240, 242
Penteskouphia bei Korinth, Griechenland **78,** 78
Perkins, Jacob (1766–1849), amerikanischer Erfinder 69
Pernolet, M. V. (19. Jh.), Erfinder 194
Perrier, Auguste Charles (18./19. Jh.) und Jacques Constantin (1742–1818), französische Maschinenbauunternehmer 156
Persien/Iran 14, 216, 219, 253, 305
Persischer Golf **299**
Personenfahrung **74**
Peru, Erdöl- und Asphaltvorkommen 224
Peter I., der Große, russischer Zar (1682–1725) 34
Peterborough, englische Abtei 24
Peterson, James (19. Jh.), englischer Ingenieur 161
Petit, Alexis Thérèse (1791–1820), französischer Physiker 175
Petroleum 238, **239,** 240, 249, 251, 253, **293,** 306, **307,** 308
Petschorabecken, nordrussisches Kohlegebiet 34
Peyton, Thomas (17. Jh.), englischer Brauereibesitzer 205
Pfandhöfer, Eberhard (18./19. Jh.), Gründer der Gutehoffnungshütte, Sterkrade 42
Pferde im Bergbau 16, 50, 135, **137,** 138, **141**
Phenol, Carbolsäure 208
Philipp, Graf von Nassau-Saarbrücken (16. Jh.) 48
Philippi, Wilhelm (19./20. Jh.), Oberingenieur bei Siemens 88
Phillips, John (1800–1874), englischer Geologe 228
–, Peregrin (19. Jh.), englischer Chemiker 306
Phillips Petroleum, USA 286
Philon von Byzanz (3. Jh. v. Chr.), griechischer Mechaniker 167, 177
Phoenix Gummiwerke AG, Hamburg 142, **143**
Phönikien, Phöniker 14f
Photosynthese 16f, 20
Piatti, G. B. (1813–1867), italienischer Ingenieur 82
Piccolomini, Enea Silvio (1405–1464), italienischer Geistlicher, Staatsmann und Gelehrter, ab 1458 Papst (Pius II.) 26
pick machine (Maschinenpickel) 110
Pier, Matthias (1882–1965), deutscher Physikochemiker **209,** 211, 310
Pinge, flache Grube **44**
Pipelines 219, 226, **248,** 248, 250, **252,** 253, 290, 294–298, **295, 299**
„Piper Alpha", Nordsee-Ölbohrinsel 244, **245,** 281
Pithole, Pennsylvania, Erdölvorkommen 243, 294f, **295**
Pittsburgh, USA, Kohlegebiet 16
Plastiksprengstoffe 98f, 102
Planherd 193
Planitz bei Zwickau, Sachsen, Steinkohlenbergbau **162,** 163
Platforming, Platin Reforming, katalytisches Reformieren 234, 310f
Plauenscher Grund bei Dresden 193

Plessa Kreis Liebenwerda, Niederlausitz 130, **131**
Plinius der Ältere, Gaius Plinius Secundus (23–79), römischer Historiker und Schriftsteller 15, 23, 218
Ploiešti, Rumänien, Erdölzentrum 222
Pluto, Zeche, Herne-Wanne 178, 206, **207**
plutonistische Theorie zur Gesteinsentstehung 230, 233
pneumatische Entwässerung 66
Pochen, Pochwerke **188,** 190, **191**
Poebene, Italien, Erdgasfelder 296
Poetsch, Friedrich Hermann (1842–1902), deutscher Bergingenieur und Markscheider 68ff, **69,** 72
Poisson, Siméon Denis (1781–1840), französischer Mathematiker und Physiker 256
Polhem, Christopher (1661–1751), schwedischer Bergingenieur 153f, **155**
Pollak, Charles François (geb. 1859), französischer Erfinder und Fabrikant galizischer Herkunft 186
Polo, Marco (1254–1324), venezianischer Weltreisender 23, 35, 218
Polygonzug, Schnurzug, antikes Vermessungsgerät 54f, 57
Porenspeicher für Erdgas **302,** 304
Porta, Giambattista della (1534/1535–1615), italienischer Naturforscher 175
Port Arthur, Texas 249
Porter Company, H. K., Pittsburgh 139
Portier, H. (gest. 1944), französischer Ingenieur 72
Poseidonios (um 135 bis 50 v. Chr.), griechischer Philosoph und Universalgelehrter 167
Potter, Charles Vincent (19./20. Jh.), amerikanischer Verfahrensfachmann 196
Prakla-Seismos GmbH/AG und Prakla GmbH, Hannover **262,** 265
Prallmühle 190
Precarbon-Verfahren 206
Prechtl, Johann Josef Ritter von (1778–1854), deutscher Wissenschaftler 208
PRENFLO-Verfahren **210,** 210
Preßluft unter Tage 111, 114, 116, 127, 139, **141**
Preßlufthämmer, -gesteinsbohrmaschinen 81ff, **87,** 109, 115
Preussag AG 50, **56,** 124, 279, **302,** 304
Preußen 38ff, 49f, 145, 161, 186
–, Zeche, Dortmund **162,** 164
Prince William Sound, Alaska 248, 296, **299**
Probebohrungen 30, 51, **52,** 66, **87**
Procédés de Cimentation „François“ 72
Produktivität 45, 50, **122,** 122, 128, 134, **225,** 242f, 280, **281**
Proklos von Byzanz (411–485), griechischer Philosoph 16
Prony, Marie Riche Baron de (1755–1839), französischer Ingenieur 256
Prosper-Haniel, Zeche, Bottrop **59, 125,** 142, **143**
Prudhoe Bay, Alaska, Erdölgebiet 253, **296,** 296
Puddelverfahren 42
Pulsator-Bohrmaschine **83**
Pulver als Schießmittel 82, 89–99, **91, 93, 95,** 99, 105
Pumpelly, Raphael W. (1837–1923), amerikanischer Geologe 35f
Pumpen zur Wasserhaltung 16, 41, 50, 65, 68, 88, **167,** 167–171, **169, 171**
Pumpenböcke zur Erdölförderung **223**
Puncher, Drucklufthammer 115
Pyrolyse, trockene Destillation 239

Quecksilberfulminat, Knallquecksilber 96, 100
Queensland, Australien, Kohlegebiet 33f
Quenstedt, Friedrich August (1809–1889), deutscher Geowissenschaftler 230
Querschlag **74,** 76f
Quest (18./19. Jh.), französischer Erfinder 200
Quirinus-Öl 220f, **221**

Radbod, Zeche 118
Radpumpen 167
Rad- oder Scheibenschrämmaschinen 110f, **112,** 114, 116
Raffinieren, Raffinerien 221f, 234, 238, 240, 243, 247ff, **248,** 250f, 253, 294, 305–312, **307, 311**
raise borer, Raisebohrverfahren, Bohren von unten nach oben **73,** 73
Raky, (Martin) Anton (1868–1943), deutscher Bohrunternehmer **272,** 272ff
Raleigh, Sir Walter (um 1554 bis 1618), englischer Abenteurer, Kolonisator und Schriftsteller 224
Rammler, Erich (geb. 1901), deutscher Techniker und Wissenschaftler 207
Ramsden, Jesse (1735–1800), englischer Mechaniker und Optiker 58
Ramses II., ägyptischer Pharao (gest. 1224 v. Chr.) **13**
Ramsey, William (1852–1916), britischer Chemiker 129
Rateau, Auguste (1862–1930), französischer Wissenschaftler und Konstrukteur 178, **179**
Rätter, Stoßsieb 190, 192
Raty, C. (19./20. Jh.), französischer Hüttentechniker 190
Raumnadel 95
Rebeur-Paschwitz, Ernst von (19./20. Jh.), deutscher Geophysiker 261
Recklinghausen 42, 44, 141
Reden, Claus Friedrich von (1736–1791), Harzer Berghauptmann 147, 152
Reflexionsseismik 260, 265
Refraktionsseismik 260, 263, 265
Regenerativkoksofen 206
Regnault, Victor (1810–1878), französischer Chemiker und Physiker 26
Reichenbach, Carl Ludwig Freiherr von (1780–1869), deutscher Chemiker 207, 236
–, Georg Friedrich von (1771–1826), deutscher Instrumenten- und Maschinenbauer 58
Reicher Bergsegen, Silbererzgrube, Freiberg 170
Reitbrook, Erdgas- und Erdölfelder bei Hamburg **302,** 304
Relativmessungen der Erdanziehung 256ff, **257,** 259
Remy, Christian Friedrich (1783–1861), deutscher Hüttenbesitzer 42
Resal, Henri (1828–1896), französischer Bergwerksingenieur 92
Reversionspendel zur Messung der Erdanziehung 256
Reynolds, George Bernard (19./20. Jh.), Ingenieur und Geologe 253
Rhein-Elbe, Zeche 44
Rheinische Braunkohlenwerke AG **132,** 134
Rheinisch-Westfälisches Kohlensyndikat 44
Rheinland, Gewerkschaft 65
Rheinmetall AG 139
Rheinpreußen AG für Bergbau und Chemie 123, 137
Rheinpreußen, Zeche, Homberg 65, 141, 144, **169**
Rhenanus, Johannes (16. Jh.), deutscher Pfarrer und Salzsiedefachmann 204
Rhône, Rhônetal, Asphaltvorkommen 218
Riboud, Jean (1919–1985), französischer Unternehmer für Bohrlochuntersuchungen 266
Richmond, Kohleregion in Virginia 32
Richtschacht 53
Richtstrecke **74,** 76f
Richtungs- oder Ablenkbohren 279, **281,** 281
Ridley (19. Jh.), britischer Erfinder 110
Riedemann, Wilhelm Anton (19. Jh.), deutscher Kaufmann und Tankschiffreeder 300
Riedler, Alois (1850–1936), österreichischer Ingenieur 171
Riemer, J. d. Ältere (19./20. Jh.), deutscher Konstrukteur 64
Ring und Silberschnur, Erzgrube, Harz **147**
Riquet, Pierre (17. Jh.), französischer Tunnelbauer 80
Rittinger, Franz (Peter) Ritter von (1811–1872), deutscher Ingenieur 170, **171,** 178, **192,** 193
Rivero, Mariano de (18./19. Jh.), chilenischer Naturforscher 96
Robbins, James S. (20. Jh.), amerikanischer Konstrukteur 80
Roberts, Edward A. L. (19. Jh.), amerikanischer Ingenieur 101, 279
Robinson, Sir Robert (1886–1975), englischer Chemiker 237
–, Thomas Romney (19. Jh.), irischer Astronom 180
Röchling, Johann Gottfried (18. Jh.), Kammerrat in Nassau-Saarbrücken 48
Rockefeller, John Davison I (1839–1937), amerikanischer Industrieller 245–248, **246,** 250, 253, 294, 308
Rodger, Henry D. (19. Jh.), amerikanischer Geologe 232
Rodman, Thomas Jackson (1815–1871), amerikanischer Sprengstoffexperte 96
Roebuck, John (1718–1794), amerikanischer Mediziner 306
Rohmer, Michael (20. Jh.), Kohleforscher 28
Rohrmühle 190
Rolduc (früher Klosterrade), Belgien 24, 108
Rollenmeißel **276,** 276, 278
Rollenrutsche 141
Rom, Römer 15, 23, 50, 54, 56, 73, **167,** 218, 222
Romberg, Freiherr von (18./19. Jh.), deutscher Grubenbesitzer 42
room-and-pillar-Methode, Kammer- oder Pfeilerbau **76,** 77, 116
Rosenbusch, Karl Harry Ferdinand (1836–1914), deutscher Geologe und Petrograph 28
Roßkunst zur Wasserhaltung 50, **151**
Rößler, Balthasar (1605–1673), sächsischer Markscheider 57
Rostsiebmaschine 192

Rotarybohrverfahren 72, 248, 272, 274f, **275, 281**
Rothschild, Bankhaus, Paris 250
Rowland, Thomas F. (19. Jh.), amerikanischer Ingenieur 282
Royal Dutch/Shell Group **250,** 251ff, **282,** 310, 312
Ruffner, David, Joseph jun. und Joseph sen. (18./19. Jh.), amerikanische Salzbohrer 268f, **271**
Ruhrgas AG, Essen 210
Ruhrgebiet 16, 22, 26, 37–45, **41, 43f,** 62f, 66f, 73, 105f, 108f, **109,** 124, 127f, 137, 142, 149, 160, **161,** 163, 166, 170, 175, 182, 206
Ruhrkohle AG 34, 45ff, 124, 128f, 142, **143**
Ruhrlandmuseum Essen **18**
Ruhrstatut 45
Ruhr und Rhein, Zeche, Duisburg **109**
Rülein von Calw, Ulrich (um 1465 bis 1523), Arzt und Bergbaufachmann **55,** 56
Rumänien, Erdölvorkommen 222, 230, 252f
Runge, Friedlieb Ferdinand (1795–1867), deutscher Chemiker 208
Rußland, Erdölvorkommen 222, 250, 252f, 305
Rutschen als Fördermittel 124, 127, 138, 141f, 144
Rutschschere 66f, 270, **271,** 272f
Ryff, Andreas (1550–1630) **63**

Saarbergwerke AG 50, 143
Saarbrücken 48f
Saargebiet 22, 46, 49f, 111, 127
Sablukow, A. A. (19. Jh.), russischer Konstrukteur 171, 178
Sachalin, Insel vor Ostsibirien, Kohlegebiet **34,** 34
Sachsen **16, 24,** 24, **139,** 178, 190
Sackzug, Fördermittel **143**
Saddam Hussein (geb. 1937), irakischer Politiker 299
Sado, japanische Insel, Goldbergbau **15**
Saint-Étienne, Frankreich, École des Mineurs **18**
Saline 42
Salomo, König von Israel und Juda (um 965 bis 926 v. Chr.) 13
Salpeter 90, 92, **95,** 95f, 102ff, 106
Salzbergbau 14, 66, **76,** 78, 124, 134, 184
Salzbergen bei Rheine, Destillationsbetrieb 306
Salzburg, Österreich, keltischer Kupferbergbau 14
Sälzer und Neuack, Zeche, Essen 149, 160f, 206
Salzgitter Maschinenbau GmbH **281**
Salzstock, Salzdom **231,** 232, 248, 256, **262,** 262ff, **302**
Samos, griechische Insel 15, 54
Samsonschacht, St. Andreasberg **153**
Samuel, Marcus (1853–1927), englischer Erdölindustrieller (Shell) 251
Sander, Christoph (1526–1601), Harzer Bergtechniker 146
St. Andreasberg, Harz **153**
St.-Antony-Hütte, Oberhausen 42, **43**
St. Georg und St. Elisabeth, Gruben bei Clausthal, Harz **56**
St. Ingbert, Saarland 48f
St. Joachimsthal, heute Jáchymov, ČSFR 168, 190
San Roberto, Graf Paolo de (19. Jh.), italienischer Sprengstoffexperte 96
Sardinien, phönikischer Bergbau 15
Sassenay, Graf de (18./19. Jh.), französischer Asphaltfabrikant 218
Sattel, Sattelfalte, tektonische Struktur **231**
Saudi-Arabien 253
Saug- und Druckpumpe 168
Saussure, Nicolas Théodore de (1767–1845), Schweizer Naturwissenschaftler 26, 236
Savery, Thomas (um 1650 bis 1715), englischer Techniker 168
SBA *(slurry blasting agents* oder *slurries)* 107
Schachtabteufen 13, 42, 50, **51,** 62–73, **63, 65, 67, 70, 73,** 78, 170
Schachtbohrmaschinen und -verfahren **70,** 72f
Schachtelhalmgewächse als Kohlebildner **18,** 20
Schachtförderung 134, **143,** 144–165, **147, 151, 153, 155, 157, 159, 161f, 164**
Schachtwendelrutsche 127
Schaffhausen, Schweiz 42
Schalke, Vorort von Gelsenkirchen 44
Schalker Eisenhütte **116**
Schaufelradbagger 130, **131f,** 134
Schaumburger Öfen 206
Scheiben- oder Radschrämmaschinen 110f, **112,** 114, 116
Schell (19. Jh.), deutscher Pochsteiger 101
Schemnitz, Karpaten (heute: Banská Štiavnica, ČSFR) **93,** 93f
Schenk, Ernst Otto (1859–1920), sächsischer Bergrat 158
Scheuchzer, Johann Jakob (1672–1733) und Johann, Schweizer Naturforscher **229**
Schießbaumwolle 98f
Schießen, bergmännisches Sprengen 78ff, **81,** 82, 89–107, **93, 97, 101, 103f,** 109
Schießpulver, Schwarzpulver 82, 89–99, **91, 93, 95,** 105
Schildausbau 118, **121f, 127**
Schildvortrieb 45, 80
Schilling von Cannstadt, Baron Pawel Lwowitsch (1786–1837), russischer Erfinder 97
Schilthuis, Ralph (20. Jh.), Geowissenschaftler 279
Schlägel, Bergmannsgezähe **24, 63,** 73, **76,** 77f
Schlägel + Eisen, Schachtanlage, Ruhrgebiet 141
Schlagwetter 50, 89, 92, 94, **97,** 97f, **103,** 104ff, 139f, 171, 173ff, 180, **181,** 182, 184ff, **187**
Schlepper, Schleppförderung **31,** 134f, 138
Schleppschaufelbagger 124
Schleudergebläse 178, **179**
Schleuderpumpe, Kreiselpumpe **171,** 171
Schlumberger, Conrad (1878–1936) und Marcel (1884–1953), elsässische Physiker 265f
Schlüsselstollen, Wasserlösungsstollen 166
Schmidt, Adolf (1860–1944), deutscher Geophysiker 254, **255**
Schmidt, Kranz & Co., Nordhausen **157**
Schmidtmann, Hermann (1841–1919), deutscher Bohrunternehmer 276
Schmidtsche Schneidenwaage zu erdmagnetischen Messungen 254, **255**
Schnellhobel **125,** 127
Schnellschlagbohrung nach Raky **272,** 272ff
Schölerpad, Zeche, Essen-Borbek 206
Schönbein, Christian Friedrich (1799–1868), deutscher Chemiker 98f
Schöningen bei Braunschweig, Erdölvorkommen 221
Schopf, James Morton (1911–1978), amerikanischer Geologe, Paläobotaniker und Dünnschliffexperte 27
Schöpfeimerkette oder Becherwerk 167
Schorlemmer, Carl Ludwig (1834–1892), deutscher Chemiker 236
Schottland 24, 26, 41, 110, 239f
Schrämeisen 78, 108, **109**
Schrämlader **114,** 117f, **122,** 122ff, 127
Schrämmaschinen 50, 88, 108–124, **112, 114, 117**
Schranz, Hubert (1893–1960), deutscher Ingenieur **195,** 196
Schrapper 124, **125,** 130
Schraubenlüfter 181f
Schraubenpumpe, archimedische Schraube oder Schnecke **167,** 167
Schreitausbau 118
Schröter, Karl (geb. 1885), deutscher Chemiker und Ingenieur 85
Schrumpfungstheorie zur Erdgestalt **231,** 231f
Schüchtermann & Kremer-Baum AG, Dortmund 178,**179,** 192, 200, **201**
Schuhkettenscheibe nach Ohnesorge 156
Schuler, Maximilian (1882–1972), deutscher Maschinenbauingenieur und Konstrukteur 60, **61**
Schulz-Briesen, Bruno (1832–1919), deutscher Markscheider und Bergwerksdirektor 67
Schumann, Carl Gottfried (1813–1867), sächsischer Modellmeister und Erfinder 81f
Schumilow, P. P. (20. Jh.), sowjetischer Ingenieur 281
Schuppenbaum, baumgroßes Bärlappgewächs im Karbon **18,** 20
Schürfbergbau 40
Schürfkübelbagger 124
Schüttelrutsche 65, 88, 124, 141
Schwalbach, Saarland 47
Schwartzkopff, Louis (1825–1892), deutscher Maschinenbauunternehmer 139
Schwarz, Berthold (14. Jh.), Mönch und Erfinder (Bertholdus niger) 91f
Schwarzpulver, Schießpulver 82, 89–99, **91, 93, 95,** 99, 105
Schwaz, Tirol, Schwazer Bergbuch 51, **76, 145,** 150, **153,** 166
Schweden 73, 94
Schweigger, Johann Salomon Christoph (1779–1857), deutscher Physiker 175
Schwerebeschleunigung 255–258
Schwerevariometer, Eötvös-Drehwaage 258, **259**
Schwertrübesortierung 188, 190, 193, **196**
Schwimmaufbereitung, Flotation 188, 190, 194ff, **195f**
Schwingeisen, Bergmannsgezähe **63**
„Sea Gem", britische Bohrinsel 281
Seale, Thomas (19./20. Jh.), amerikanischer Seilkonstrukteur 149
Sedgwick, Adam (1785–1873), englischer Geologe 228
Seefeld, Tirol, bituminöse Schiefer 219f, 305
Seekohle 24
Séguion, Marc (1786–1875), französischer Ingenieur 201
Seigerriß, Grubenkarte senkrecht zur Zeichenebene **56**

Seikantunnel, Japan 80
Seilbohrtechnik 266–270, **269, 271,** 276
Seilfahrtschacht 76
Seilförderung 47f, 50, 138, **139,** 146–149, **147f**
Seilkorb, Seilscheibe, Seiltrommel 153–158, **157**
Seilschlagverfahren, Bohrverfahren 248, 276
Seismik, Seismologie, Erdbebenkunde 51, 254, 258–265, **260**
Seismographen, Seismometer, Seismoskope 260–265, **260**
Seismophone, Geophone 254, 260, **264**
Seismos GmbH, Hannover, später Prakla-Seismos GmbH/AG **262,** 263ff
Sekundärförderung von Erdöl und Erdgas 279f, **281**
Sekurit, Wettersprengstoff 105
Selinski, Nikolai Dmitriewitsch (1861–1953), russischer Chemiker 234
Sella (19. Jh.), italienischer Ingenieur 196
Selligue, A. F. (19. Jh.), französischer Chemiker 239
Seneca oil/-Öl, als Medizin benutzt 224ff, 306
Sening-Apparat, Abfüllvorrichtung an Tankwagen **293**
Senkkastengründung **65,** 66, 268, **271**
Senkschachtverfahren 64ff
Setzarbeit 193f, **196**
Setzwaage, altes markscheiderisches Hilfsmittel 53f
Shaanxi (Shensi) und Shanxi (Shansi), chinesische Bergbauprovinzen 36
Shandong, chinesische Bergbauregion 37
Shaw, Philander (19. Jh.), Sprengstoffexperte 97
shearer, Walzenschrämlader 118, 122
Sheffield, England 42, 138
Shell, Royal Dutch/Shell Group **250,** 251ff, **282,** 310, 312
Shell Transport and Trading Company Ltd. 251f
Shell-Koppers-Verfahren zur Synthesegaserzeugung 210
Shen Kua (1031–1095), chinesischer Astronom und Mathematiker 227
Sibirien, Kohle- und Erdgasvorkommen 34, 296
Sicherheitslampen 89, 96, 184ff, **187**
Sicherheitssprengstoffe 101, **103,** 103ff
Sicherheitszündschnur 96f
Siebe 191ff
Siebenbürgen, Goldbergbau 14, 188
Siebwäsche **24**
Siegelbaum, baumgroßes Bärlappgewächs im Karbon **18,** 20
Siegen, Westfalen 163
Siemens, Werner von (1816–1892), deutscher Unternehmer 60, **61, 88,** 89, 140
–, Wilhelm (Sir William, 1823–1883), englischer Unternehmer deutscher Herkunft 129, 206, **207**
Siemens Aktiengesellschaft **164,** 165
Siemens & Halske 140, **141, 162,** 164, 196
Siemens-Martin-Verfahren zur Stahlerzeugung **43,** 43
Siemens-Schuckertwerke 140, 164, 182, 202
Silber, Silberbergbau 14ff, **16,** 25, 93, 136, **137, 167,** 168
Silber-Segen, Schacht, Harz 166
Silliman jr., Benjamin (1816–1885), amerikanischer Chemiker **239,** 240, 253, 306, 308
Silschede, Ruhrgebiet **161**
Sinai-Halbinsel 12, 53
Sisson, Jonathan (17./18. Jh.), englischer Mechaniker 58
Sizilien, Erdölvorkommen **217,** 218
Slochteren, Niederlande, Erdgasfeld 286, 296
slurries (water gels), Gruppe von Sprengstoffen 107
Smeaton, John (1724–1792), englischer Ingenieur 66
Smith, H. Julius (19. Jh.), amerikanischer Erfinder 97
–, Harvey E. (19./20. Jh.), amerikanischer Ingenieur 279
–, John (19. Jh.), amerikanischer Ingenieur 196
–, William (1769–1839), englischer Geologe und Ingenieur 230
–, William A. („Billy“, 1812 bis nach 1880), amerikanischer Schmied, Salzbohrer und Erdölpionier 242
Snyder, Clifford (20. Jh.), amerikanischer Bergbaukonstrukteur 117
Sobrero, Ascanio (1812–1888), italienischer Chemiker 99
Socony-Vacuum Oil Company 310
Sodom, Stadt am Toten Meer 217, 219
söhlig (horizontal) 76
Solenoid-Stoßbohrmaschine **88,** 89
Sommeiller, Germain (1815–1871/1878?), französischer Ingenieur **81,** 82
Sommerfeld, Arnold (1868–1951), deutscher Physiker 60
Sophia Jacoba GmbH, Gewerkschaft, Hückelhoven **121,** 165, **196,** 197
Sorby, Henry Clifton (1826–1908), englischer Geologe 28
Souheur, Baudouin (19./20. Jh.), belgischer Ingenieur 182
South Hetton, nordenglische Kohlezeche **31**
South Improvement Company 247
soziale Bedingungen **31,** 31, 38f, 50, 73, 98, 108, 123, 134f, 145, 190, **215,** 243, 306
Spanien 13ff, **167,** 167
Spedding, Carlisle (1696–1755), englischer Grubenaufseher und Erfinder 185
Spiegel, Adolf (1856–1938), deutscher Chemiker 305
Spiegelthal-Hoffnung, Grube, Zellerfeld 152f
Spindletop-Ölfeld, Texas 248f, **275,** 276
Spiralkorb, Spiraltrommel 155f
Spitzkasten **192,** 193
Sprengarbeit 78ff, **81,** 82, 89–107, **93, 97, 101, 107,** 109
Sprenggelatine, Plastiksprengstoffe 98f, 102, 105
Sprengluftverfahren 106
Sprengöl 99ff, 104f
Sprengseismik 260, **262,** 263ff
Sprengstoff AG Carbonit 104
springer oder *gusher,* natürlich sprudelnde Erdölquelle 244
Sprossenbau **56**
Spülbohrverfahren 272f, 276, **279, 281,** 281
Spurnagelhunt 136, **137**
Stahl- und Eisenindustrie 42ff, **43,** 108
Standard Oil Company (Esso) **246,** 247ff, 251, 253, 286, 308ff, **311**
Stangenkunst, Kunstgestänge 16, **56,** 152, 168f
Stangenschrämmaschinen 111, **112,** 114ff
Stanley Header, Schrämmaschine **114,** 116, 118
Statfjord-Ölfeld vor Norwegen **215,** 286ff, **287f**
Statoil, Stavanger **215**
Stauchsetzmaschinen 193, **195**
Stauchsieb 193
Stavanger, Norwegen **287,** 287f, 304
Steele, E. G. und W. G. (19./20. Jh.), amerikanische Ingenieure 193
Steensen, Niels, genannt Steno, Nikolaus (1638–1686), dänischer Mediziner und Geologe 228, **229**
Steigbaum **15**
Steinbrecher oder Backenbrecher 190
Steinkohle **11,** 16, **18,** 20–24, **24,** 26ff, 32, **33,** 34, **37, 41, 44,** 45, 47f, 50f, 68, **74,** 77, 80, 200, **201**
Steinkohlekraftwerke 108
Steinkohlenbergbau 24f, **33,** 33f, **37,** 96, 110, **122,** 124, 128f, 138
Steinkohlenbergwerk **74**
Steinkohleneinheit 29
Steinkohlenteer(pech) 207f
Steinmüller GmbH, L. & C., Gummersbach 201f, **203**
Stelzner, Georg Andreas (1725–1803), Clausthaler Oberbergmeister 147f
Steno, Nikolaus, eigentlich Steensen, Niels (1638–1686), dänischer Geologe 228, **229**
Stempel zum Stollen- und Streckenausbau 118, **121**
Stephenson, George (1781–1848), englischer Techniker und Gründer der ersten Lokomotivenfabrik 26, 185, 201
Sterkrade, Stadtteil von Oberhausen 42
Sterneck, Daublebski von St., Robert (1839–1910), Prager Geophysiker 256f, **257**
Stetigförderung 141–144, **143**
Stille, Hans (1876–1966), deutscher Geologe 232
Stinnes, Hugo (1870–1924), deutscher Industrieller 40, 44
–, Mathias (1790–1845), deutscher Unternehmer 40
Stolberg bei Aachen 50
Stollenbergbau 40, **41,** 42, 62, **63,** 78, **137**
Stopes, Marie Charlotte Carmichael (1880–1958), englische Petrologin und Kohleforscherin 27
Stoßbohrmaschine **81,** 84
Stoßschrämmaschinen **109,** 110, 112, 115
Stoßsiebe, Stoßherde **192,** 192f
Stowsche Welle **88,** 89
Strabon (63 v. Chr. bis nach 23 n. Chr.), griechischer Geograph und Geschichtsschreiber 216, 227
Strack, Kurt (20. Jh.), deutscher Geophysiker 265
Strahlgebläse **174,** 175f
Strain-Seismograph von Benioff 262
Stratigraphie 228, 230
stratigraphische Erdölfallen **231**
Streb, Strebbauweise 77, 118, **121**
Strebförderer 118, **122,** 122ff, 128
Streckenbau **137**
Streckenförderung 138f, **139,** 140f, **141,** 143
Streckenvortrieb 76ff
Streckenvortriebsmaschinen **74,** 80, 98
Stromapparat 193
Stschepotjew, K. N. (19./20. Jh.), russischer Ingenieur 73
Stumpfelt, Daniel (17. Jh.), Techniker 205

Sturm, Leonhard Christoph (1669–1719), deutscher Mathematiker, Architekturtheoretiker und Baumeister 56
Südafrika 16, 51, 156
Suess, Eduard (1831–1914), österreichischer Geologe 231 f
Sulzbach, Saarland 47
Sulzer AG, Gebrüder, Winterthur **87,** 87, 202, **203**
Sumatra 22, 224, 252
Sumer, Sumerer 11 f, 14, 216 f
Sunnyhill Coal Co. 117
Surirey de Saint Remy (17./18. Jh.), erfand einen Pistolenprober 96
Suttner, Bertha Freifrau von (1843–1914), österreichische Pazifistin und Schriftstellerin **107**
Sutton, H. M. (19./20. Jh.), amerikanischer Ingenieur 193
Syckle, Samuel van (19. Jh.), amerikanischer Erdölindustrieller niederländischer Herkunft **295,** 295 f
Sydney, Australien, Kohleregion 32
Synthesegas 209 f

Tabernaemontanus, Jacobus Theodorus (16. Jh.), deutscher Arzt 222
Taffanel, Jacques (1875–1946), französischer Grubeningenieur 106
Tagebau auf Braun- und Steinkohle 32, **33,** 36, **37,** 129–134, **131 f**
Tagesanlage **74**
Tagesbruch 43
Tagesschacht 76
Tangentialpresse für Eierbriketts 200
Tanker, Tankschiffe **248,** 249 ff, **293,** 296, 298–303, **299, 301**
Tanks zur Lagerung **291,** 291, **293,** 294, 303 f
Tankstellen 249
Tarnowitz, Oberschlesien 42
Tatung, chinesische Kohlenbergbaustadt 36
Taube, Johann (18. Jh.), deutscher Arzt 223
Taucherglocke **65,** 66
Tauchspulenseismometer, Galitzin-Pendel 261
Tawrisow, A. (19. Jh.), russischer Ingenieur 306
Teer 218, 223, 239
Teerfarbenchemie 208
Teergewinnung, Koksofen mit 207 f
Teersand 305
Tegernsee, Bayern 220 f, **221**
Teilschnittmaschinen **117 f,** 117
tektonische Verwerfungen als Erdölfallen **231**
Tele-Mole, Tunnelbohrmaschine 80
Teller, Edward (geb. 1908), amerikanischer Atomphysiker 279
Temple-Ingersoll-Bauart von Bohrmaschinen **83**
Terall (18. Jh.), französischer Ingenieur 178
tertiäre Steinkohlelager 22
Tertiärverfahren zur Erdölförderung 280, **281**
Teufenanzeiger **147,** 147 f
Texaco, Texas Company 249
Texas 248 f, 252, 258, **275**
Thenard, Louis Jacques (1777–1857), französischer Chemiker 26
Theodolit 54, 57 f, **59**
Theophrastos von Eresos (um 372 bis 287 v. Chr.), eigtl. Tyrtamos, griechischer Wissenschaftler 15, 23, 227
Thiessen, Reinhardt (20. Jh.), amerikanischer Spezialist für Kohle-Dünnschliffe 27
Thomasverfahren in der Stahlerzeugung 43, 48
Thomsen, Christian Jürgensen (1788–1865), dänischer Archäologe 12
„thrakischer Stein“, altgriechischer Begriff für Kohle 23
Througton (19. Jh.), englischer Ingenieur 194
Thulin, Belgien 129
Thumper-Verfahren zum Erzeugen künstlicher Erdbeben 263
Thurneysser (auch: Thurnhäuser), Leonhard (1531–1596), Baseler Abenteurer, Alchimist und Chemiker 222
Thyssen, August (1842–1926), deutscher Industrieller 44, 70
Thyssen-Bornemisza, Stephan von (19./20. Jh.), deutscher Geologe 259
Thyssen Schachtbau GmbH **114**
Tiefbohrung 66
Tiefe Wasserstrecke, Harz 166
Tiefer Georg-Stollen, Harz 166
Tiefkälteverfahren **69,** 70
Timna, Wüste Negev, Kupferbergbau 13
Tirol **16,** 94
Titusville, Pennsylvania 216, **225,** 226, 240 ff, **241,** 243, 270, 279, 296
Tomson-Bock, Fördergerüst 145
Tongchuan, chinesische Kohlenbergbaustadt 36
Torf 16, **20,** 22 f, 26 f, 128, 199
„Torrey Canyon“, Tanker 298
Torsionswaage nach Mitchell zur Messung der Gravitationskonstanten 257 f
Townsend, James M. (19. Jh.), amerikanischer Bankier und Erdölindustrieller 240 ff
Trachten der Bergleute **16**
Transalpin-Ölleitung 296
„Transocean I“, Hubinsel 286
Trappe, Zeche, Silschede **161**
Treckejungen, Schleppförderung **31**
Treibs, Alfred (1899–1983), deutscher Chemiker 234
Treibscheibe 149, 155, 157 f
Trepanner, Bohr- und Schrämmaschine **122,** 122
trepan shearer, britische Kombination von Walzenschrämmaschine und Trepanner 122
Treptow, Max (geb. 1890), deutscher Ingenieur 134
Tretrad 150
Trevithick, Richard (1771–1833), englischer Lokomotivkonstrukteur 138, 201
Triest, Italien 296
Triger (19. Jh.), französischer Ingenieur **65,** 66
Trinidad, Asphaltvorkommen 224
Trinidad-Tobago, Off-shore-Ölfeld 282
Trinitrotoluol 104
Tripoli **252**
Trockenpreßstein, Darrpreßkohle oder Braunkohlebrikett 199
Troll, Druckluftlokomotive 139, **141**
Tropsch, Hans (1889–1935), deutscher Chemiker 208 f
Trouvé, Gustave (1839–1902), französischer Erfinder 186
Trüper, Hans Georg (geb. 1936), deutscher Mikrobiologe 129
Tschichatschow, N. A. (20. Jh.), sowjetischer Bergbauingenieur 122
Tschikanal, Nikolaj (20. Jh.), sowjetischer Bergbaukonstrukteur 118
Tschulmym-Jenisseiski-Kohlegebiet, UdSSR 34
Tübbings, eiserne Schachtringe 63 f, **65,** 66, 68
Tunk- oder Tauchfeuerzeug 184
Tunnelbau 53 f, 56, 79–88, **87,** 99, 101, **118,** 128
Tunnelbohrmaschinen 82, 128
Turbinenbohrverfahren **281,** 281
Turbopumpe, Kreiselpumpe **171,** 171
Turmfördermaschinen **74**
Türschenblut, Schiefer- oder Steinöl aus Seefeld 220, 305
Türstockzimmerung **121**
Tyrtamos, genannt: Theophrastos (um 372 bis 287 v. Chr.), griechischer Wissenschaftler 15, 23

UdSSR, Kohlenbergbau 16, **34,** 34 f, 51, 89, 118, 122 f, 128
–, Erdöl, Erdgas **295**
Umweltschutz 11, 20, 24, 37, 42, **46,** 47, 129, 200 f, 203, **205,** 206, **210, 215,** 215, **243,** 248, 290, **291,** 296, 298, **299,** 312
Union-Briketts **198**
Unna, Westfalen 160
Untergrundspeicherung von Erdöl und Erdgas **302,** 303 f
Unterseil **155,** 155
Untertagevergasung 129
Ur, Irak 12, 217
Ural 34 f
Ural-Kusnezk-Kombinat 35
Urbanus, Zeche, Bochum 161
USA, Kohlenbergbau 16, 31 f, 35, 51, 70, 77, 80, 82, 89, 101, 108 f, 115 ff, 124, 129, 134, 137
–, Erdöl, Erdgas **225,** 226, 236, 240, 243, 248 f, 253, 268, 275, 280, 290, 296, 299, 302, 305, 312
Usbekistan 34 f

Valdez, Alaska, Erdölhafen **296,** 296, 298, **299**
Vanderbilt, Cornelius (1794–1877), amerikanischer Unternehmer 294
Venezuela, Erdöl- und Asphaltvorkommen 224, 249, **250,** 253, 282
Verbrennungsmotoren in Grubenlokomotiven 140 f, **141**
Verein der Bergwerke am linken Niederrhein 66
Verein für die bergbaulichen Interessen, Essen 123, 137
Vereinigte Aluminiumwerke, Lünen 204
Vereinigte Poertingsiepen-Carl Funke, Zeche, Essen 129
Vereinigte Stahlwerke AG 44
Verkehrswege 29 ff, **31,** 31, 40, **41,** 49, 51, 85
Verkokung, Vergasung, Verflüssigung von Kohle 204–211, **207, 209 f**
Vermessungskreisel 60 ff, **61**
Vermessungswesen 51–62
Verne, Jules (1828–1905), französischer Science-fiction-Autor 98
Versteinungsverfahren 71 f
Vestische Zone im Ruhrgebiet 44
Vibroseis-Verfahren **264**
Vieille, Paul-Marie-Eugène (1854–1934), französischer Forscher 92, 99

Vierböcke zur Erdölförderung **223**
Virginia, USA 32, 226
Vitruv (1. Jh. v. Chr.), römischer Baumeister und Architekturtheoretiker 54, 177
Viviani, Vincenzo (1622–1703), italienischer Physiker 168
Vogt, Karl (1817–1895), Schweizer Zoologe und Geologe deutscher Herkunft 28
Voigtel, Nicolaus (1658–1714), sächsischer Bergmann und Markscheider 57
Vollmond, Zeche, Bochum **41,** 42
Vollschnitt(bohr)maschinen 80, **114,** 116
Volmarstein, Teilgemeinde von Wetter **161**
Volta, Alessandro (Graf) (1745–1827), italienischer Physiker 174
Von der Heydt, Zeche, Saarland 47

Wales, Steinkohlenbergbau 24
Walker, John (1781–1859), englischer Apotheker und Erfinder 184
–, J. Scarsbrick (19. Jh.), englischer Konstrukteur 111
Walzenbrecher, Quetschwalzwerk 190, **191**
Walzenschrämlader 45, 118, 122, 124
Wanderrost 202
Wanne-Eickel, Stadtteil von Herne 178, 206, **207**
Ward, Joshua (1685–1761), englischer Chemiker 306
Warndschacht, Saarland 50
Wasagchemie Sythen GmbH **104**
Wasseige, Jean (18. Jh.), Mechaniker und Dampfmaschinenbauer aus Lüttich 50
Wasser(trommel)gebläse 175
Wasserhaltung **15,** 15f, **24,** 50, 62, **74, 145,** 150, 152, 166–171, **167, 169, 171, 188**
Wasserhaltungsmaschinen 30, **41,** 41f, 150, 160, **161**
Wasserhammer, Wasserkanone 128f
Wasserlösungsstollen 166
Wasserräder 16, 50, **56,** 145, 150, 152f, 167f, **176,** 176, 190
Wassersäulenmaschine 166, 170, **171**
Wasserschöpfrad oder Radpumpe 167
Wasserwaage 53f
Water Leyner Rock Drill 84
Watt, James (1736–1819), englischer Ingenieur und Erfinder 201
Wattenscheid, Ruhrgebiet **161,** 178, 206
Weigel, Christian Ehrenfried (1748–1831), deutscher Mediziner und Chemiker 305
Weindl, Caspar (Caspar „Sprenger", 16./17. Jh.), Tiroler Sprengmeister 93f
Weisbach, Julius Ludwig (1806–1871), deutscher Markscheider und Physiker 58, 180
Weiszeug, Teufenanzeiger **147,** 147f
Wendelrutsche **74,** 138
Wenge zu Dieck, Franz Ferdinand Freiherr von der (1707–1788), Domherr zu Münster und Gründer einer Eisenerzgrube 42
Werden, Vorort von Essen 26
Werner, Abraham Gottlieb (1749–1817), deutscher Mineraloge 230
Westermann GmbH, Witten **157**
Westfalen 68, 153
Westfalia Lünen, Eisenhütte **121,** 125, **127,** 127f, 141
Westfalia-Dinnendahl-Gröppel AG 178
Westfälische Berggewerkschaftskasse, Bochum 61
Westinghouse Electric and Manufactoring Co., British 164
Westrheinische Tiefbohr- und Schachtbau GmbH, Düsseldorf 68
West-Virginia, Erdölvorkommen 243
Wetter an der Ruhr 42, **161**
Wetterlampen 89, 96, 184ff, **187**
Wetterofen **174,** 175
Wetterschacht **74**
Wetterschleusen, Wettertüren **74,** 174, 179
Wettersprengstoffe 98, 104ff
Wetterzug 173ff, **174**
Weyerhammer, Bayern 176
Whiting-Bauart der Treibscheibe 158
Widia-Stahl 85
Wiechert, Emil (1861–1928), deutscher Geophysiker 262
Wiesche, Zeche 42
Wietze, Lüneburger Heide, frühes deutsches Erdölzentrum 222ff, **223,** 232, 234, 263, **291**
Wildemann, Harz 166
Wilfley, A. R. (19./20. Jh.), amerikanischer Ingenieur 194
Wilhelm Heinrich, Graf von Nassau-Saarbrükken (1740–1768) 48
Wilson, Thomas L. (19./20. Jh.), kanadischer Erfinder 184
Wimpfeling, Jakob (1450–1528), deutscher Theologe und Wissenschaftler 221
Winde, Haspel als Förderantrieb 134, **135,** 138, **145,** 145, **188**
Windischeschenbach, Oberpfalz 266, **267, 279**
Windsichter 193
Winkelweiser 57f
Winkler, Clemens (1838–1904), deutscher Chemiker 306
–, Fritz (1888–1950), deutscher Chemiker 204, 209
–, Johann Heinrich (1703–1770), deutscher Physiker und Sprachwissenschaftler 97
Winnacker, Karl (1903–1989), deutscher Chemiker 304
Winstanley (19. Jh.), englischer Bergbauingenieur 114
Wirbelschichtfeuerung 203f, 209
Wirth Maschinen- und Bohrgeräte-Fabrik GmbH, Erkelenz 128, **272,** 274f
Wöhler, Friedrich (1800–1882), deutscher Chemiker 184
Wohlgemut, Zeche, Essen 42
Wolf, Carl (1838–1925), deutscher Zeugschmied und Feinmechaniker 186f, **187**
Wolff AG, Otto, Köln **272,** 274f
Wolski (19./20. Jh.), galizischer Bohringenieur 281
Wood, W. (19. Jh.), britischer Erfinder 110
Wood-Anderson-Torsionsseismograph 262
Worthington, Henry Rossiter (1817–1880), amerikanischer Konstrukteur **169,** 170
Wright, Edward (16./17. Jh.), englischer Konstrukteur 58
Wülfingsburg, Zeche, Volmarstein **161**
Wünschelrute **137,** 243, 253, **255**
Wurm, Franz Xaver (19. Jh.), österreichischer Erfinder 149
Wurmrevier, Wurm-Mulde bei Aachen 22, 50
Wylam, William (19. Jh.), englischer Brikettfabrikant 200
Wyoming, USA 32

Xenophanes (um 565 bis um 470 v. Chr.), griechischer Dichter und Philosoph 227

Young, James (1811–1883), schottischer Chemiker 239, 306

Zante, Henk van (20. Jh.), holländischer Konstrukteur 288
Zauckerroda, Sachsen, Steinkohlenbergwerk 140, **141**
Zeise, William Christoph (1789–1847), dänischer Chemiker 307
Zeiss-Stiftung, Carl 180
Zellerfeld, Harz 79, 152f, 166
Zementierverfahren **70,** 71f
Zentrifugalgebläse 178, **179**
Zentrifugalpumpe, Kreiselpumpe **171,** 171
Zinin, Nikolai (1812–1880), russischer Chemiker 100
Zink, Zinkbergbau 14f, 81
Zinn, Zinnbergbau 12f, 15, 25, 97, 190
Zirkel, Ferdinand (1838–1912), deutscher Geologe und Petrograph 28
zirkulierende Wirbelschichtfeuerung (ZWS) 204
Zola, Emile (1840–1902), französischer Schriftsteller 146, 159, 166
Zosimos (etwa 350 bis 420), ägyptischer Philosoph 305
Zulegplatte 58
Zumbe, Karl (17. Jh.), sächsischer Bergbautechniker 95
Zündung zum Sprengen 96f, 100, **101, 104**
Zwickau, Sachsen **24, 162,** 163
Zwittermühle 190
Zylindergebläse, Hubkolbengebläse 177f
Zypern, Kupferbergbau 12, 15

Die großen Erfindungen

Eine Enzyklopädie in 13 Bänden auf etwa 4250 Seiten